U0254066

“十二五”国家重点图书出版规划

世界兽医经典著作译丛

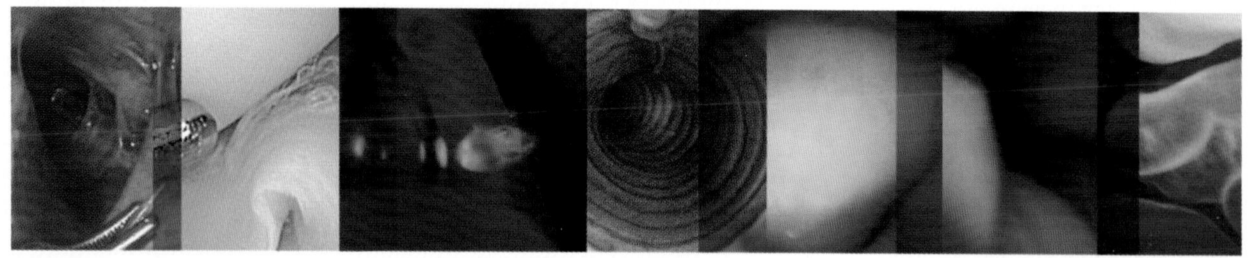

兽医内镜学

以小动物临床为例

[美] Timothy C. McCarthy 编著

刘 云 田文儒 冯新畅 主译

中国农业出版社

图书在版编目（CIP）数据

兽医内镜学：以小动物临床为例 / （美）麦卡锡（MaCarthy,T.C.）编著；刘云，田文儒，冯新畅译. —北京：中国农业出版社，2014.5
（世界兽医经典著作译丛）
ISBN 978 - 7 - 109 - 16496 - 3

Ⅰ. ①兽… Ⅱ. ①麦… ②刘… ③田… ④冯…
Ⅲ. ①动物疾病—内窥镜检 Ⅳ. ①S854.4

中国版本图书馆CIP数据核字（2012）第007500号

中国农业出版社出版
（北京市朝阳区农展馆北路2号）
（邮政编码100125）
责任编辑　邱利伟　黄向阳
文字编辑　白　瑜　栗　柱

北京通州皇家印刷厂印刷　　新华书店北京发行所发行
2014年5月第1版　　2014年5月北京第1次印刷

开本：889mm × 1194mm　1/16　　印张：36.5　　字数：930 千字
定价：398.00元
（凡本版图书出现印刷、装订装错，请向出版社发行部调换）

翻译委员会

主　译　刘　云　田文儒　冯新畅

参译人员及分工（排名不分先后）

李　林　（沈阳农业大学，翻译第一章）

丁明星　（华中农业大学，翻译第二章）

李广兴　（东北农业大学，翻译第三章）

郑家三　（黑龙江八一农垦大学，翻译第五章）

武　瑞　（黑龙江八一农垦大学，翻译第五章）

李　冉　（黑龙江八一农垦大学，翻译第五章）

夏　成　（黑龙江八一农垦大学，翻译第六章）

徐　闯　（黑龙江八一农垦大学，翻译第六章）

孙东波　（黑龙江八一农垦大学，翻译第七章）

郭东华　（黑龙江八一农垦大学，翻译第七章）

葛利江　（山东农业大学，翻译第八章，第十三章）

肖建华　（东北农业大学，翻译第九章）

张建涛　（东北农业大学，翻译第十章）

王　强　（黑龙江生物技术学院，翻译第十一章）

李守军　（华南农业大学，翻译第十二章）

冯新畅　（东北农业大学，翻译第十四章）

卢德章　（东北农业大学，翻译第十四章）

熊惠军　（东北农业大学，翻译第十四章）

刘伟成　（东北农业大学，翻译第十四章）

刘　云　（东北农业大学，翻译前言、致谢以及第四、十四、十五、十六章）

审　校　田文儒　刘　云　郭荔娟　冯新畅　王洪斌

《世界兽医经典著作译丛》译审委员会

顾　　问　贾幼陵　于康震　陈焕春　夏咸柱　刘秀梵　张改平　文森特·马丁

主任委员　张仲秋

副主任委员（按姓名笔画排序）

才学鹏　马洪超　孔宪刚　冯忠武　刘增胜　江国托　李长友　张　弘　陆承平
陈　越　徐百万　殷　宏　黄伟忠　童光志

委　　员（按姓名笔画排序）

丁伯良　马学恩　王云峰　王志亮　王树双　王洪斌　王笑梅　文心田　方维焕
田克恭　冯　力　朱兴全　刘　云　刘　朗　刘占江　刘明远　刘建柱　刘胜旺
刘雅红　刘湘涛　苏敬良　李怀林　李宏全　李国清　杨汉春　杨焕民　吴　晗
吴艳涛　邱利伟　余四九　沈建忠　张金国　陈　萍　陈怀涛　陈耀星　林典生
林德贵　罗建勋　周恩民　郑世军　郑亚东　郑增忍　赵玉军　赵兴绪　赵茹茜
赵德明　侯加法　施振声　骆学农　袁占奎　索　勋　夏兆飞　高　福　黄保续
崔治中　崔保安　康　威　焦新安　曾　林　谢富强　窦永喜　雒秋江　廖　明
熊惠军　操继跃

执行委员　孙　研　黄向阳

支持单位

农业部兽医局　　中国动物疫病预防控制中心
中国动物卫生与流行病学中心　　中国农业科学院兰州兽医研究所
中国农业科学院哈尔滨兽医研究所　　中国兽医协会
青岛易邦生物工程有限公司　　哈尔滨维科生物技术开发公司
中农威特生物科技股份有限公司　　大连三仪集团
中国牧工商（集团）总公司

《世界兽医经典著作译丛》总序

引进翻译一套经典兽医著作是很多兽医工作者的一个长期愿望。我们倡导、发起这项工作的目的很简单，也很明确，概括起来主要有三点：一是促进兽医基础教育；二是推动兽医科学研究；三是加快兽医人才培养。对这项工作的热情和动力，我想这套译丛的很多组织者和参与者与我一样，来源于“见贤思齐”。正因为了解我们在一些兽医学科、工作领域尚存在不足，所以希望多做些基础工作，促进国内兽医工作与国际兽医发展保持同步。

回顾近年来我国的兽医工作，我们取得了很多成绩。但是，对照国际相关规则标准，与很多国家相比，我国兽医事业发展水平仍然不高，需要我们博采众长、学习借鉴，积极引进、消化吸收世界兽医发展文明成果，加强基础教育、科学技术研究，进一步提高保障养殖业健康发展、保障动物卫生和兽医公共卫生安全的能力和水平。为此，农业部兽医局着眼长远、统筹规划，委托中国农业出版社组织相关专家，本着“权威、经典、系统、适用”的原则，从世界范围遴选出兽医领域优秀教科书、工具书和参考书50余部，集合形成《世界兽医经典著作译丛》，以期为我国兽医学科发展、技术进步和产业升级提供技术支撑和智力支持。

我们深知，优秀的兽医科技、学术专著需要智慧积淀和时间积累，需要实践检验和读者认可，也需要具有稳定性和连续性。为了在浩如烟海、林林总总的著作中选择出真正的经典，我们在设计《世界兽医经典著作译丛》过程中，广泛征求、听取行业专家和读者意见，从促进兽医学科发展、提高兽医服务水平的需要出发，对书目进行了严格挑选。总的来看，所选书目除了涵盖基础兽医学、预防兽医学、临床兽医学等领域以外，还包括动物福利等当前国际热点问题，基本囊括了国外兽医著作的精华。

目前，《世界兽医经典著作译丛》已被列入“十二五”国家重点图书出版规划项目，成为我国文化出版领域的重点工程。为高质量完成翻译和出版工作，我们专门组织成立了高规格的译审委员会，协调组织翻译出版工作。每部专著的翻译工作都由兽医各学科的权威专家、学者担纲，翻译稿件需经翻译质量委员会审查合格后才能定稿付梓。尽管如此，由于很多书籍涉及的知识点多、面广，难免存在理解不透彻、翻译不准确的问题。对此，译者和审校人员真诚希望广大读者予以批评指正。

我们真诚地希望这套丛书能够成为兽医科技文化建设的一个重要载体，成为兽医领域和相关行业广大学生及从业人员的有益工具，为推动兽医教育发展、技术进步和兽医人才培养发挥积极、长远的作用。

农业部兽医局局长

《世界兽医经典著作译丛》主任委员

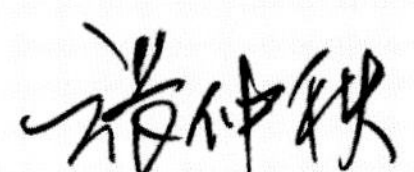

前　言

我使用的第一台内镜是一台二手软胃镜。1982年以500美元购入时，没料到它的维护费会很高。当时所想到的只是这个内镜用起来会很有趣。现在我拥有33台内镜，我的临床收入有75%是靠内镜所得。现在在我的临床实践中，没有几个病例不是借助于内镜来对某些病症进行诊断或实施手术的。

当我得知，与其他方法比较而言，多数病例可以通过内镜进行更有效、更安全的检查和治疗的时候，我越发酷爱内镜检查术。20世纪80年代初期，我主要是将内镜用于诊断，那时还没有将内镜开发到外科手术领域的意图。随着时间的推移，身为外科医生的我渐渐明白，作为手术工具，内镜能增强可视性，还能以最小的损伤接近肌体组织，从而为患病动物带来较好的术后效果。

现代内镜硬镜和软镜的镜片及构造使得临床医师能诊断、采样并治疗很多疾病，从而能明显提高治疗的精确度，降低发病率。此外，内镜还拥有能降低术后疼痛和加快康复等优点，因而可以说内镜检查术是较好的医疗手段。

此外，我还认识到，硬镜与软镜相比，具有镜片好、设计简单、成本低的优点，而且具有实施腹部、胸腔、关节等外科手术所需的刚性。所有这些都是促使我拓展硬镜业务的因由。出版本书目的是想提供一本补充性课本，从外科医生的角度把着重点放在能用来进行诊断的硬镜技术上。此外，把目前临床上应用的损伤性最小的手术方法列入本书。

在小动物临床中，胃肠内镜检查术已经是一种完好的诊断和治疗手段。它彻底改变了我们对胃肠疾病的理解，也改变了我们对此类疾病的诊断方法及治疗方法。在对机体其他部位疾病的诊断和治疗上，硬镜检查术正发挥同样的作用。膀胱镜检查术是当今兽医界应用最多的内镜技术。人们已经对膀胱镜检查术在实践中的潜在作用有了全面的认识，其应用必将超过胃肠镜检查术，亦将彻底更改兽医学对下输尿管疾病的定义。鼻镜检查是一种高效的诊断方法，它能降低发病率和死亡率，也可以更容易、更直接地接近鼻腔、鼻旁窦，从而对其进行检查，为诊断、采样、治疗提供方便，同时把手术探查的损伤降低到最小程度。腹腔镜检查术和胸腔镜检查术，包括从腹部卵巢到胸部肺叶的检查已被确定为高效的诊断方法，而胸腔及腹腔微创外科手术操作规程的应用也在确定中。以胸部内镜检查及腹部内镜检查为辅助手段的技术理念受到青睐，这些技术将内镜的可视性与标准的开放式手术技术相结合，各取其精华。

视频耳镜检查术在小动物临床中的应用彻底改变了医生对耳科学的认识和实践，可以更清晰地观察耳道内及耳鼓膜区域的变化，尤其是中耳内区域的变化。此外，视频耳镜检查使得临床医师能向宠物主人演示临床检查结果，从而使宠物主人更能服从医生的诊治。关节镜检查术在小动物矫形外科上的应用是我职业生涯中最显著的进步，可以提供比其他任何诊断方法都详细的关节内疾病信息，并以最小的手术损伤开展手术获得较好的效果。

本书作为内镜手术的实践指导，可与其他任何一种小动物临床实践训练及操作指南结合使用。笔者鼓励大家尽可能参加专题讨论会和培训班实践课，任何读物和观察都代替不了有价值的、实际动手操作的培训课。而且各个领域中针对不同水平的专门培训课程在世界各地越来越多。

本书前三章主要介绍了内镜设备、麻醉及活检技术。第四至十四章是依据解剖学原理安排的章节内容，其中每一章都包括器械操作基本原理、已确立的操作技术及最新开发的手术。可能的情形下，本书也将插图与内镜影像放在一起以帮助读者快速理解内镜解剖学。最后两章是对未来的展望，更多的内镜检查术也定会成为未来医学的一部分。

Timothy C. McCarthy

原书作者

Editor

Timothy C. McCarthy

Diplomate, American College of Veterinary Surgeons

Surgical Specialty Clinic for Animals

Beaverton, Oregon

Assistant Editor for the Artwork

Gheorghe M. Constantinescu, DVM, PhD, Drhc

Professor of Veterinary Anatomy and Medical Illustrator

Professional Member of the Association of Medical Illustrators

Diplomate of the Romanian College of Veterinary Pathologists

Honorary Member of the Romanian Academy of Agricultural and Forestry Sciences

Department of Biomedical Sciences

College of Veterinary Medicine

University of Missouri-Columbia

Columbia,Missouri

James S. Barthel, MD
Associate Professor of Medicine
Director of Endoscopy
Gastroenterology Section Chief
H. Lee Moffitt Cancer Center and Research Institute
Tampa, Florida

Christopher J. Chamness, DVM
Director of International Marketing–Veterinary
Karl Storz GmbH & Co.
Goleta, California

John R. Dodam, DVM, MS, PhD, DACVA
Associate Professor of Veterinary Medicine, Surgery, and Veterinary Biomedical Sciences
Department of Veterinary Medicine and Surgery
College of Veterinary Medicine
University of Missouri
Columbia, Missouri

Karen K. Faunt, DVM, MS, DACVIM
Medical Advisor for Quality Assurance
Banfield®, The Pet Hospital
Portland, Oregon

Marjorie E. Gross, DVM, MS, DACVA
Clinical Associate Professor
Department of Veterinary Medicine and Surgery
College of Veterinary Medicine
University of Missouri
Columbia, Missouri

W. Grant Guilford, BVSc, PhD, DACVIM
Professor and Head of Institute
Institute of Veterinary, Animal and Biomedical Sciences
Massey University
Palmerston North, New Zealand

Ronald J. Kolata, DVM, DACVS
Research Fellow
Ethicon Endo-Surgery, Inc.
Cincinnati, Ohio

Brendan C. McKiernan, DVM, DACVIM
Staff Internist
Denver Veterinary Specialists
Wheat Ridge, Colorado

Eric Monnet, DVM, PhD, DACVS, DECVS
Associate Professor
Endoscopy Training Center Department of Clinical Sciences
College of Veterinary Medicine
Colorado State University
Fort Collins, Colorado

Keith P. Richter, DVM
Hospital Director
Veterinary Specialty Hospital of San Diego
Rancho Santa Fe, California
Adjunct Associate Professor
Department of Clinical Sciences
Cornell University Hospital for Animals
Ithaca, New York

Rod A.W. Rosychuk, DVM, DACVIM
Associate Professor
Department of Clinical Sciences
Colorado State University
Fort Collins, Colorado

David C. Twedt, DVM, DACVIM
Professor
Department of Clinical Sciences
College of Veterinary Medicine and Biomedical Sciences
Colorado State University
Fort Collins, Colorado

Beth A. Valentine, DVM, PhD, DACVP
Assistant Professor
Department of Biomedical Sciences
College of Veterinary Medicine
Oregon State University
Corvallis, Oregon

Marion S. Wilson, BVMS, MVSc, MRCVS
Director
Glenbred Artificial Breeding Services Ltd.
Te Kuiti, New Zealand

致　谢

有很多人员参加了本书的编写工作。

首先感谢父母的养育之恩，同时也感谢他们对我的支持、鼓舞和关爱！

感谢Don博士和Betty Bailey博士，是他们把我引入兽医领域，使我选择了兽医学校。

感谢曾努力教育和鼓励我的所有老师和教授们，特别是Jim Creed, Glenn Severin, Pat Chase, Harry Gorman及Henry Swan。

感谢Karl Storz, Sybill Storz以及Christopher的支持。

感谢我的同事为我提供病历和素材，使我掌握此项技术。

感谢所有宠物主人对我的信任和对宠物的爱。

感谢我的妻子和儿子的支持。

目　录

《世界兽医经典著作译丛》总序

前　言

第一章　兽医内镜及其器械简介 ······ 1

第二章　内镜麻醉事宜 ······ 21

第三章　内镜活检样品处理与病理组织学 ······ 31

第四章　膀胱镜 ······ 49

第五章　鼻镜：慢性鼻病的诊断方法 ······ 137

第六章　支气管镜 ······ 201

第七章　胸腔镜诊断与手术技术 ······ 229

第八章　上消化道内镜检查 ······ 279

第九章　结肠内镜检查 ······ 321

第十章　腹腔镜技术与临床经验 ······ 355

第十一章　视频耳镜 ······ 385

第十二章　犬阴道内镜检查和内镜下经子宫颈授精技术 ······ 411

第十三章　其他内镜 ······ 421

第十四章　关节镜在小动物临床诊断与外科中的应用 ······ 445

第十五章　硬质内镜展望 ······ 553

第十六章　软质内镜展望 ······ 563

第一章 兽医内镜及其器械简介

内镜（endoscopy）一词源于希腊语，其前缀endo，意思是“内部组成的”，skopein意思是“有目的查看或观察”[1]。于是就有了这个贴切的术语：进入活体体腔进行查看。内镜最早引入兽医行业始自20世纪70年代初，随着兽医逐渐了解其诊断和治疗的适应证，兽医内镜的应用越来越多。

第一节 内镜史

第一个有记载的内镜检查是在1806年，由Phillip Bozzini尝试着进行泌尿道的观察[2]。他借助蜡烛照亮锡管，然后利用镜子反射控制光线方向进行泌尿道观察（图1-1）。1868年，Adolf Kussmaul研制并使用了第一台胃镜[3]。光源由乙醇和松节油混合物燃烧产生。第一批受试者是那些表演吞剑绝活的艺人，他们比较适合这个试验，原因是这个器械很坚硬。1879年，Nitze首次引入光学内镜，将它用作膀胱镜来研究尿道膀胱的病理结构[4]。1902年，Georg Kelling报道了利用膀胱镜对犬腹腔内容物进行可视化观察[5]。大约10年后，H.D. Jacobaeus在人类医学中提出了用“腹腔镜检查术”这个词来表示对腹腔内容物的可视化观察，同时也对胸腔镜检查术进行了描述[6、7]。美国第一例腹腔镜检查术的报道是在1910年由Bertram Bernheim完成的，他是利用直肠镜对胆囊进行了可视化检查[8]。

小动物内镜检查始于20世纪70年代早期。O'Brien于1970年报道了犬、猫下呼吸道的内镜评价方法[9]。1972年首次报道了利用内镜对肝脏和胰脏疾病进行评估[10、11]。1976年Johnson和他的同事首次报道了胃肠内镜在小动物诊疗中应用[12]。初期，在小动物诊疗中，应用最多的为胃肠内镜。之后支气管镜检查术也得到了广泛的认可，渐渐地其他内镜检查术也逐渐地发展起来了。

现在小动物的内镜涉及领域很多。除了前面所提到的那些内镜外，还有鼻镜、膀胱镜、关节镜、阴道镜、耳镜、胸腔镜以及禽类内镜检查都是通过硬质或者软质内镜对小动物进行常规检查。这个领域发展飞速，没有仅限于诊断方面，兽医内镜术的先行者正与内镜制造商合作，发展越来越多实用

图1-1 第一个硬质内镜，由Bozzini在19世纪初发明，光源是一个蜡烛。（图片来自Tams TR: Small animal endoscopy, ed 2, St Louis, 1999, Mosby）

的、微创的内镜手术技术。

第二节　内镜器械概述

内镜分为两大类：软质内镜和硬质内镜（图1-2）。软质内镜可以沿弯曲的路径向前伸，因此它通常被应用于具有弯角或弯曲的管道或带有管腔的解剖部位（胃肠道、呼吸道、雄性泌尿道等）。硬质内镜是高质量的医疗级内镜，不能弯曲；但有不同的视角和视野，术者可通过不同型号的内镜从不同方向进行观察（图1-3）。硬质内镜用来检查没有孔道或管腔的体腔（腹腔、胸腔、关节、口腔、禽的体腔、爬行类动物等）。硬质内镜具有优质的光学效果和较低的成本，兽医中的耳镜、雌性膀胱镜、鼻镜、结肠镜、食管镜和胃镜等应用的多为硬质内镜。硬质内镜棱镜光学系统成像效果要优于软质内镜纤维光学系统或者数字图像成像系统。软质内镜比硬质内镜昂贵，需要更多的维护和保养。

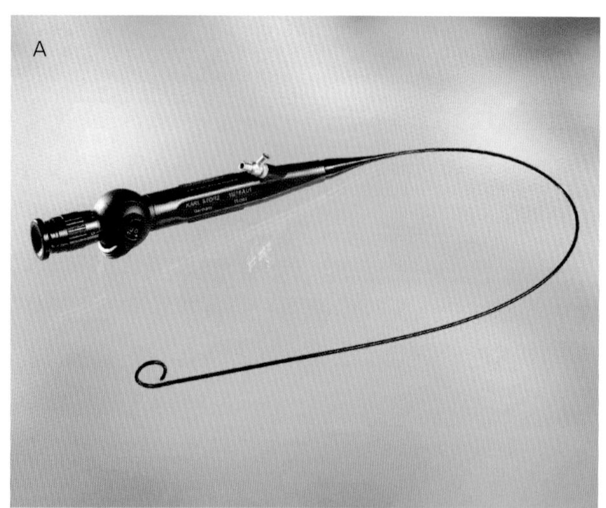

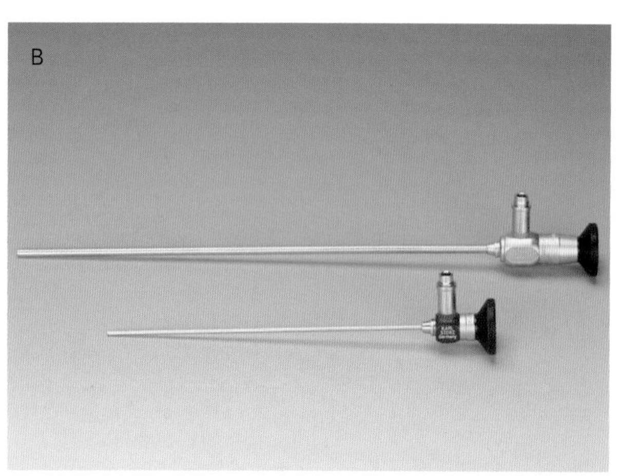

图1-2　内镜的类型：A，直径5mm的软质内镜，常用于呼吸道内镜检查。B，直径5mm的硬质内镜，0° 视角，常用于人和动物的腹腔镜检查和胸腔镜检查；直径2.7mm，30° 视角，常用于人的关节镜检查和小动物多种检查，它被称为万能硬质内镜，广泛应用于小动物诊疗

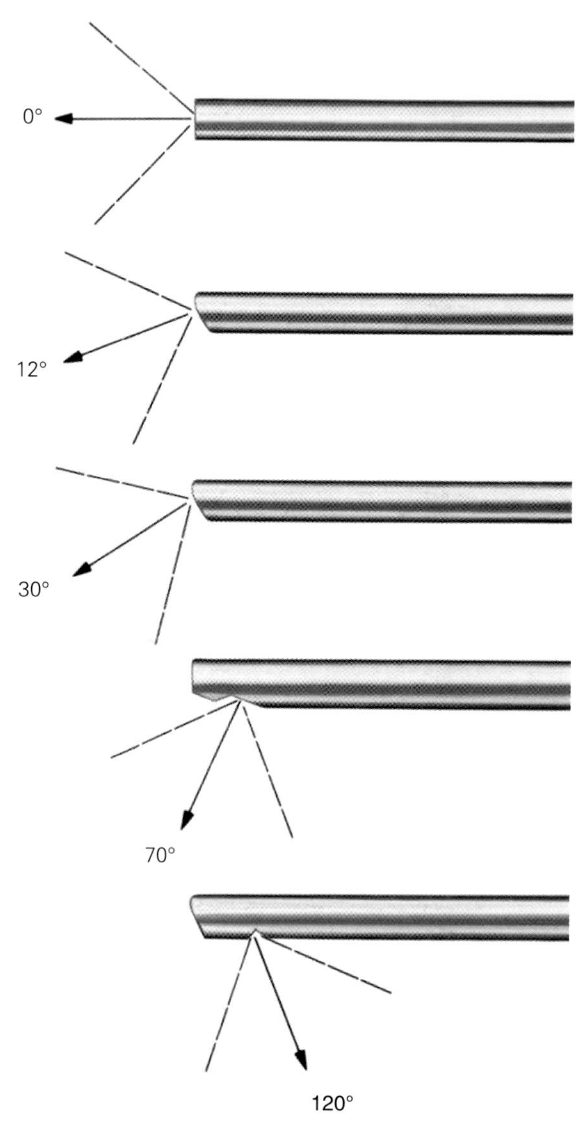

图1-3　硬质内镜的通用视角。视角是指视野的中心领域

即使内镜检查可以通过目镜直接观察来完成，还是有很多临床医生通过在内镜的目镜上安装摄像机，然后在视频监视器上观察检查的过程（图1-4）。视频影像不仅对内镜操作者更为舒适，而且可以在检查过程中与助手或者其他医疗成员共享信息。视频影像可以通过视频输出、录像带或者数字图像等方式将操作过程记录下来，留给临床医师和动物主人术后观看。

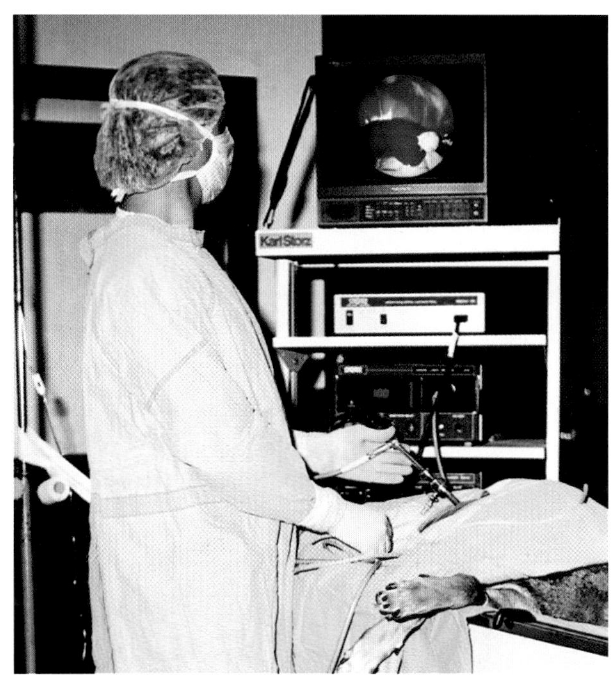

图1-4　犬的视频腹腔镜检查

第三节　硬质内镜

在小动物诊疗中，用得最多的如耳镜、膀胱镜、腹腔镜、胸腔镜、关节镜和鼻镜均为硬质内镜。硬质内镜也用于支气管内镜检查、食管内镜检查、胃镜检查、结肠镜检查、阴道镜检查、子宫颈授精以及其他不常用的检查。

最简单的硬质内镜只由空心管构成，其无法用于传送图像的光纤或者透镜系统。光纤电缆能把光传送到远端。此类器械有直肠镜，还有人类医学中的乙状结肠镜。这种器械虽已经在兽医诊疗中用于直肠检查和食管检查，但在大多数情况下，已被更多先进的设备所取代。

最高品质的硬质内镜（也称光学内镜）由内有一系列高分辨率光学玻璃柱透镜金属管组成。与传统的镜片系统相比，霍普金斯透镜系统利用了更多的玻璃，对于传送图像来说这是比空气更好的媒介（图1-5）。在这个透镜系统中，玻璃媒介中的空气充当了一个凹透镜，这与普通内镜的玻璃镜片在空气媒介中是相反的。它可传送更多的光，并具有更广阔的视野。这种内镜周围有光学玻璃纤维，其可传送光到内镜远端照亮要检查的部位。光通过光导连接器沿着可弯曲的光导纤维进入内镜，光导纤维一端连接内镜，另一端连接冷光源（图1-6）。

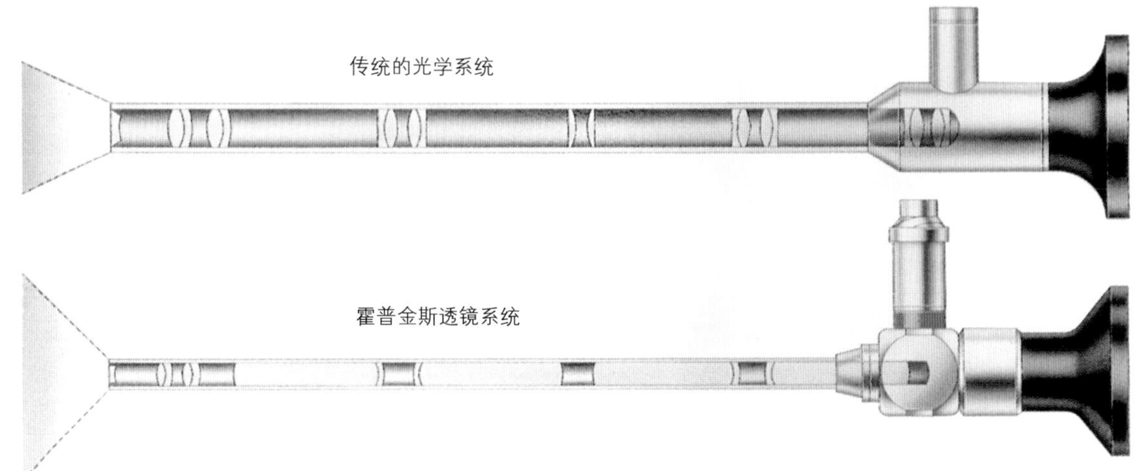

图1-5　传统的光学系统与霍普金斯透镜系统比较。（图片来自于Tams TR: Small Animal endoscopy, ed 2, St Louis, 1999. Mosby）

因为内镜和光导纤维内含优质光学玻璃，所以需要小心操作，不能跌落、重击或压碎。内镜中离我们最近的透镜是目镜，通过目镜可以直接观察图像，也可以连接内镜摄像机。尽管直接观察可以在多种内镜检查中应用，但有些操作必须连接摄像机，如微创手术及技术含量较高的关节内镜检查和禽类内镜检查等。

硬质内镜的外径范围变化很大，从1～10mm不等。它可以直视（0°）或者成角度（10°，25°，30°，45°，70°，90°，120°），允许离开内镜的轴线进行观察，以及通过旋转器械增加可视范围（图1-3和图1-7）。直视硬质内镜使用起来最容易，但很多病例要实行彻底的内镜检查必须选用具有角度的内镜来完成。在小动物最常用最普遍的内镜是“通用”或者“多功能”硬质内镜，它的直径为2.7mm，长18cm，视角为30°（图1-8）。

内镜学家通过内镜透镜产生的光学放大效果，可以观察到比通过肉眼观察更清晰的器官表面、血管或病理变化。优质的内镜要求适当平衡以下条件：视角、景深、放大倍数、图像亮度、图像质量和对比度、失真和图像尺寸。当对两个内镜作比较时，首先要了解每个内镜的这些参数及其相互联系，一个参数值的升高会引起另一个参数值的下降。

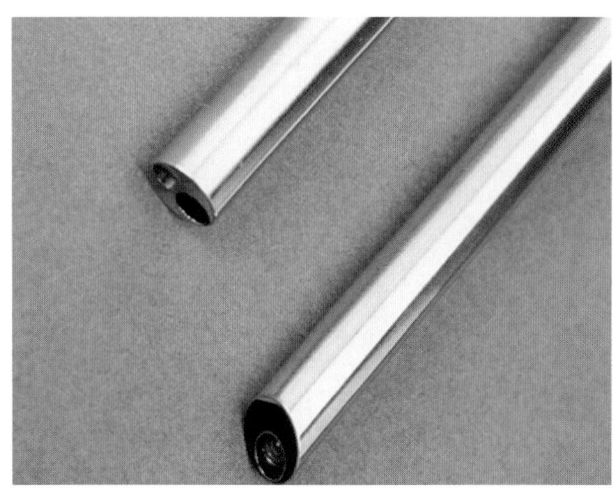

图1-7 两个直径10mm、0° 和30° 两种视角的腹腔镜镜头特写。（引自Tams TR: Small Animal endoscopy, ed 2, St Louis, 1999. Mosby）

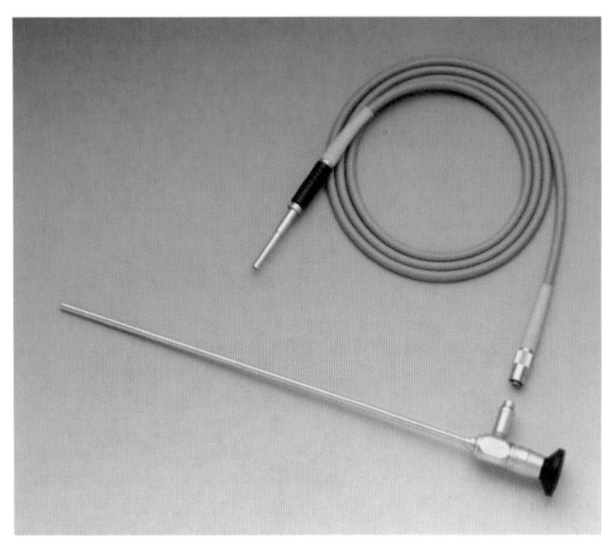

图1-6 硬质内镜和软质内镜的光缆。光缆一端连接在内镜的光导连接器上，另一端连接冷光源

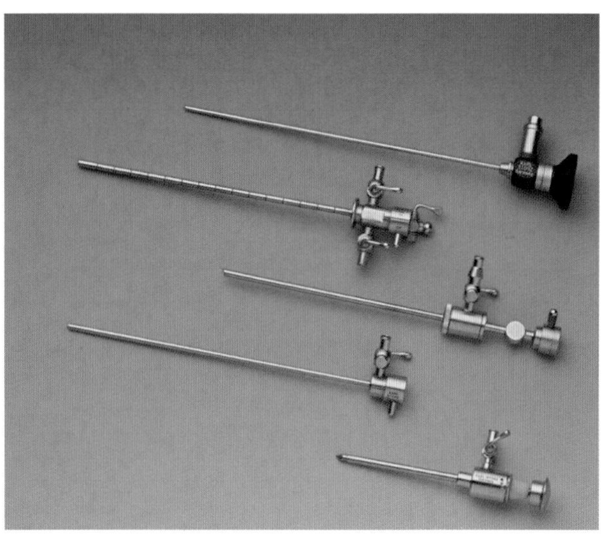

图1-8 多功能硬质内镜，直径2.7mm，长18cm，视角30° 。这种内镜的附件包括（从上到下），手术或膀胱镜护套、关节镜护套、检查保护套、腹腔镜套管针或套管

第四节　硬质内镜附属器械的使用

硬质内镜通常借助一个防护套或者特别设计的套管插入患者体内来完成手术过程和内镜的应用。防护套和套管除了保护内镜外，还可以作为进入没有洞孔的体腔的入口，能把对周围组织的伤害降到最低，为液体或者气体的通过提供路径，为附属器械进入体腔提供通道。例如，膀胱镜检查时需对膀胱充气或充水，可通过泌尿护套的侧口完成。护套还有一个操作通道，可使一些灵活的器械进入获取活检标本，取出结石或者异物（图1-9）。护套也可以联合适当的器械进行鼻镜检查，其可减小出血和渗出物的干扰，实现可视化操作。

除了防护套系统，能灵活通过套管的器械是光学钳。光学钳具有不同的样式和尺寸，它将防护套和活检钳或回收钳整合于一个器械上，以最小外径固定在内镜上，设计简单，同时增加了工具的强度和可操作性，可以用一只手操作（图1-10）。光学钳通常用于支气管镜、食管镜、胃镜、结肠镜、膀胱镜及阴道镜检查。

做腹腔镜检查和胸腔镜检查的附件有套管针和套管。内镜借助它们进入体腔。许多硬质器械和内镜一样，是借助套管进入体腔，之后再撤出套管（图1-11）。有关各种内镜及其推荐附件的详细信息将在以后的章节介绍。

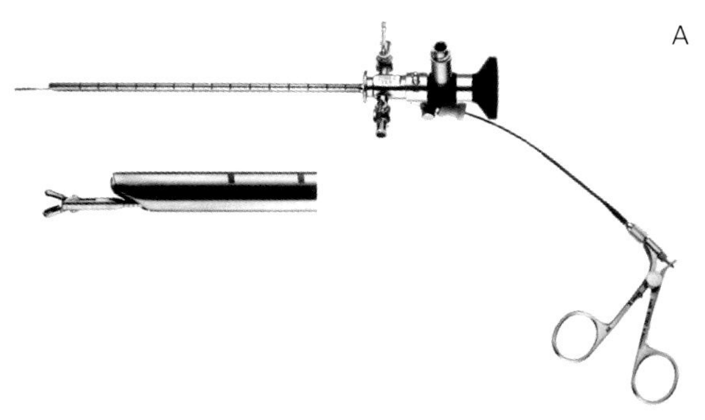

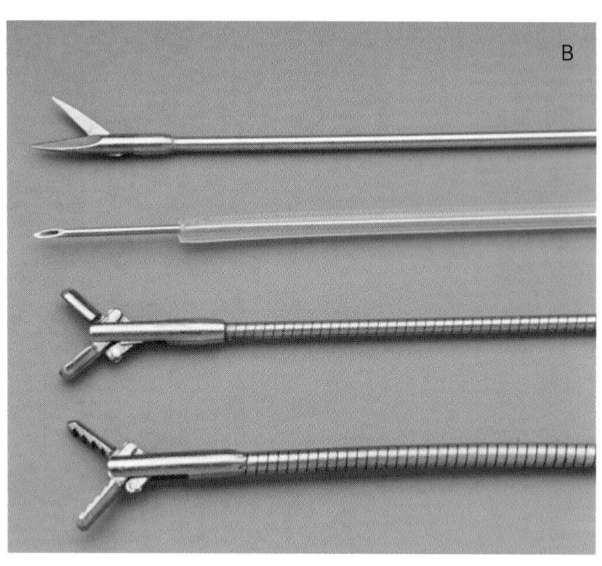

图1-9　一个带有操作护套和纤维器械直径为2.7mm的硬质内镜。A，为通过操作护套的通道插入活检钳；B，为通过操作护套进行的纤维器械：剪刀、注射器或抽吸、针头、活检钳、鳄鱼钳。（引自Tams TR: Small Animal endoscopy, ed 2, St Louis, 1999. Mosby）

第五节　软质内镜

软质内镜有两种：纤维内镜和视频内镜。纤维内镜或纤维镜通过玻璃纤维束传送图像，而视频内镜使用计算机技术进行图像传输。两种内镜的视频图像都可以传送到监视器上。但纤维内镜需要配备一个内镜视频摄像机。多数兽医选用纤维内镜，价格比较便宜，而且带有可以选择可拆卸的内镜视频摄像机。此摄像机还可用于其他硬质或者软质内镜。然而，和人类医学一样，更多兽医师喜欢用视频内镜，因为它更优于纤维内镜。

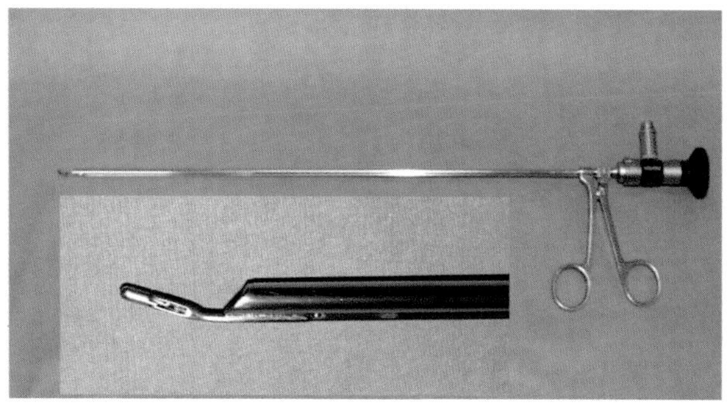

图1-10　规格为2.9mm×36cm带有通用光学钳的内镜

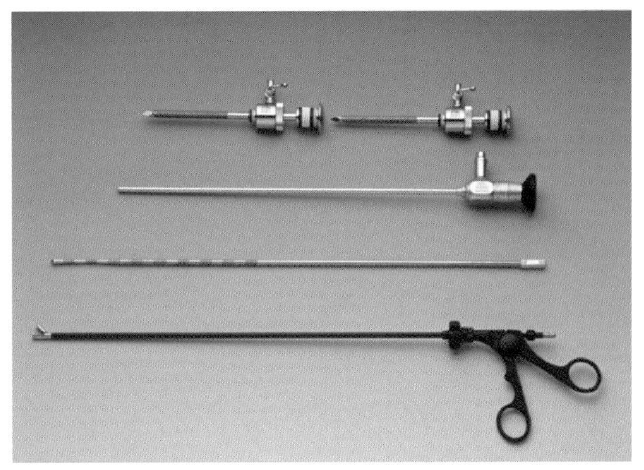

图1-11 一个直径为5mm的腹腔镜基本组成：两个套管针、一个内镜、一个触诊探针和一个活检钳

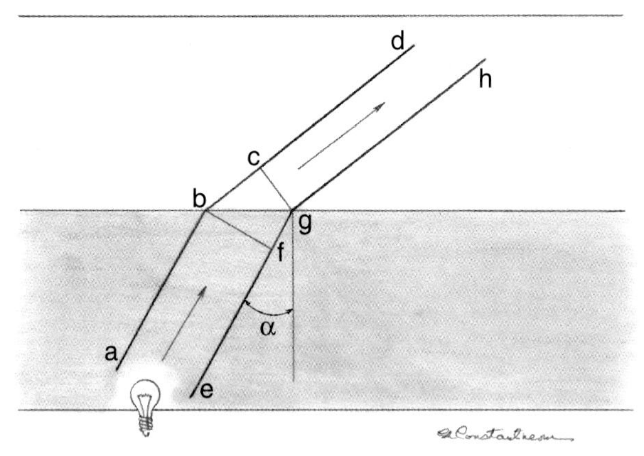

图1-12 当光束从一个介质进入另一个低折射率介质时，光束被弯曲

一、纤维内镜

光纤概念是指通过细长的光学玻璃纤维来传送光和图像。光从玻璃纤维一端进入后，在内部经反射和折射（因为不同介质中光速不同），从另一端射出。

光从一个密度的介质到另一个密度的介质会有不同的折射率（折射率=真空中光速/介质中光速），光波弯曲或折射。在图1-12中，光在黑暗介质中的折射率更高（暗介质中光速更快）。如果光波以同样的角度射向两个不同介质的界面，光波“ab”快于光波“eg”穿过界面。其中一光波经“fg”才能到两介质的界面，另一光波已经过“bc”。“bc”比“fg”长，因为“bc”在第二个密度相对小的介质速度更快。这都是由于光波的折射或弯曲造成。如果光波的入射角“α”增大，那么折射光的角度也增大。如果“α”（图1-12）等于“c”（图1-13），那么折射光沿着两介质界面传播。这个角度就是入射角的临界角。当光束到界面的入射角大于临界角，那它将被反射回最初的介质中（图1-13）。

光进入玻璃纤维的一端，如果其表面清洁并被低折射率物质包裹时，光就在纤维中传输（图1-14A）。这就是所谓的全内反射光。每个纤维周围被比其中心折射率低的物质（通常为玻璃）包围。内镜中光纤维非常细，所以可以弯曲，很多光纤组合在一起成为可弯曲的光纤束。如果没有适当包裹纤维，或者有异物在纤维上，或者纤维彼此接触，光会在这些点漏出，全内反射光将不存在，且光会从这些纤维面上流失（图1-14B）。

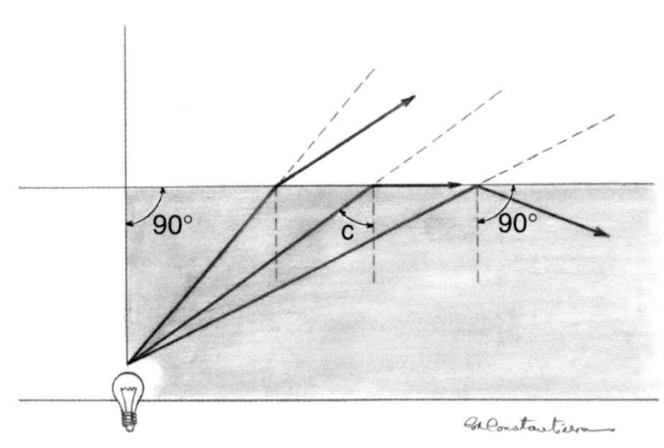

图1-13 光束折射的角度取决于它射入低折射率介质中的角度

在实践中，不是所有进入纤维的光都从另一端射出，很多变量都会决定光的射出量。光可被纤维吸收，其损失与光路长度成正比。

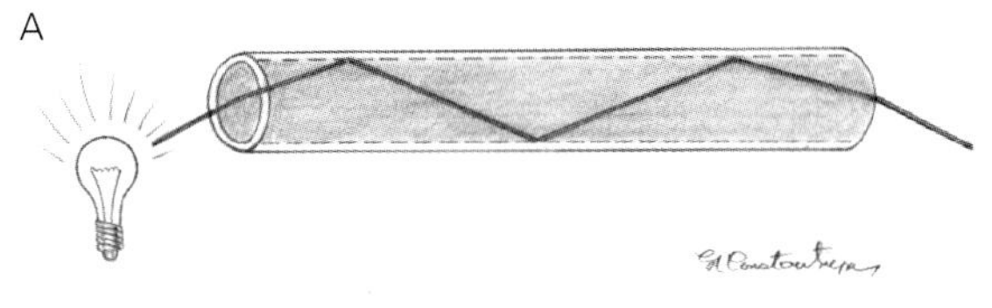

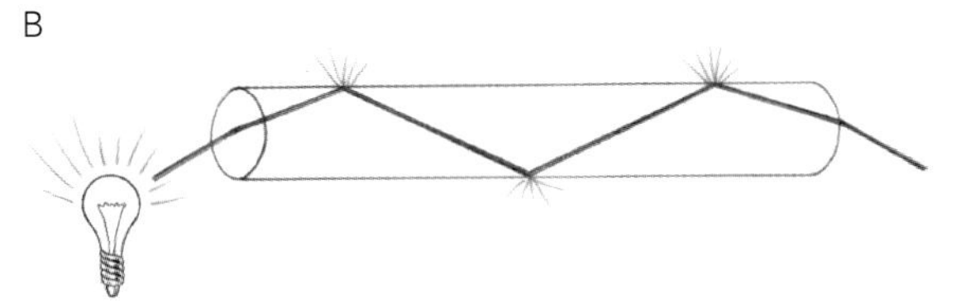

图1-14　与光学玻璃纤维光的全内反射 。A，表面有合适包被的玻璃纤维在光通过纤维传送过程中损失最小。 B，不适当的包被当光射到表面时会导致光损失

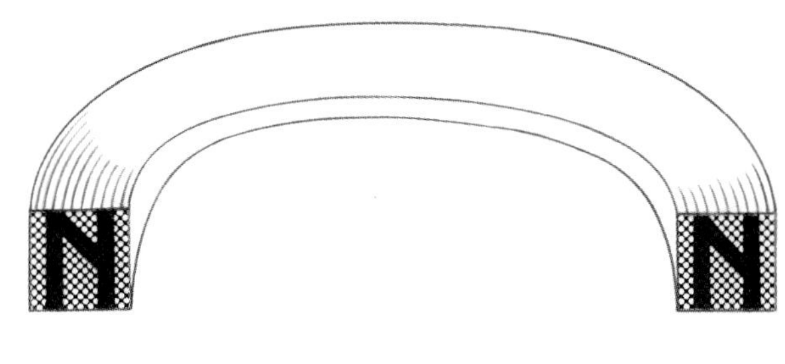

图1-15　相干纤维束通过每单个纤维在两端保持正确的排列的方式来传送图像

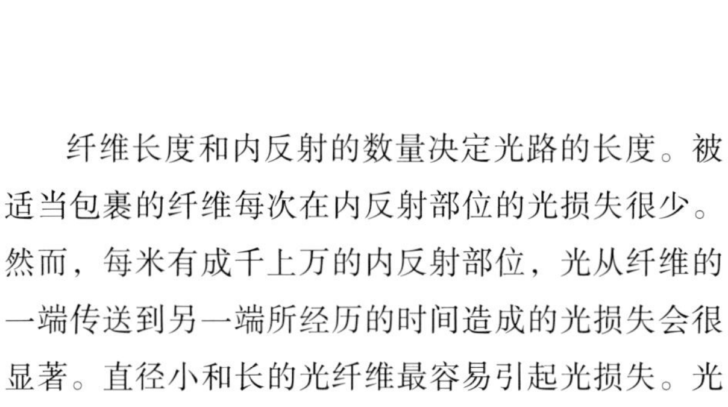

纤维长度和内反射的数量决定光路的长度。被适当包裹的纤维每次在内反射部位的光损失很少。然而，每米有成千上万的内反射部位，光从纤维的一端传送到另一端所经历的时间造成的光损失会很显著。直径小和长的光纤维最容易引起光损失。光也可能在每个纤维末端的表面损失。光可能会反射回两端。在纤维束中，纤维间的光或在包裹层的光不能被传输到远端。

纤维束有两类：分相干和不相干的。相干纤维束有空间导向，在纤维束一端和另一端有同样的空间定位。每个独立的玻璃纤维仅传送整个图像的一小部分，相干纤维将图像从远端传送到目镜。图像通过相干纤维传送类似完成一个拼图游戏，每个纤维传送一块拼图（图1-15）。这种类型的纤维束称为导像束。一般来说，导像束由金属包裹的小直径纤维组成，可提高图像分辨率。

不相干纤维束由随机分布的复合纤维组成，其用于把光从光源传送到插入管的远端，这种类型的纤维束被称为导光束。因为图像分辨率并不重要，单个纤维要比导像束的粗，因此导光束在光的传导上更有效率。软质内镜有一个或者两个不相干纤维束将光从光源传输到末端。

二、视频内镜

视频内镜第一次在医疗中使用是在20世纪80年代中期。其不再使用纤维束将图像传送到内镜的目镜，而用一个微电子电荷耦合器件（CCD）集成电路片定位在内镜远端并且接受图像。图像传输到一个处理器后，被转换为某种格式传送至视频监视器供观察。图像分辨率优于软质内镜产生的图像。影响视频内镜技术发展的唯一重要因素是CCD的小型化。直径太小的软质内镜（小于6mm）现在还不能应用视频内镜。

视频内镜除了没有目镜和导像束外，其他组成与软质内镜相似。与软质内镜一样，视频内镜有一个或两个不相干纤维束将光传送到插入管的末端。

三、软质内镜的构造

用于小动物医学内镜的选择有一些重要的标准。胃肠内镜的插入管外径不应该超过10mm。兽用的和儿科用胃肠内镜的直径范围为7.8 ~ 10mm（图1-16）。直径较小的胃肠内镜容易通过幽门，但通常检查通道也比较小。直径较小的胃肠内镜可用于支气管镜检查，尤其是猫的十二指肠镜，其工作长度从80 ~ 150cm不等，多数长度为100 ~ 110cm。

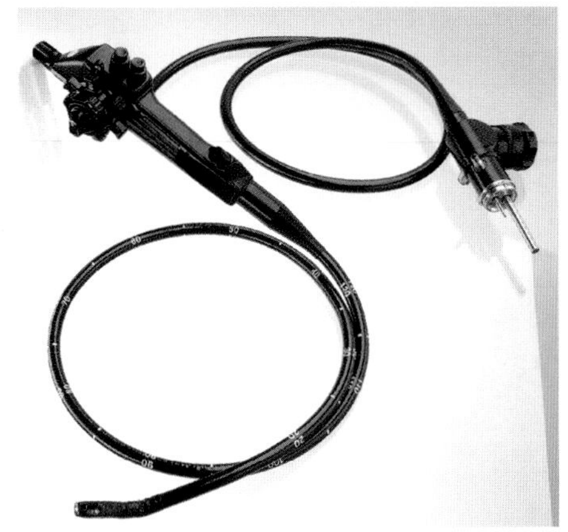

图1-16 消化道或多用功能兽医专用内镜：直径9mm，工作长度140cm

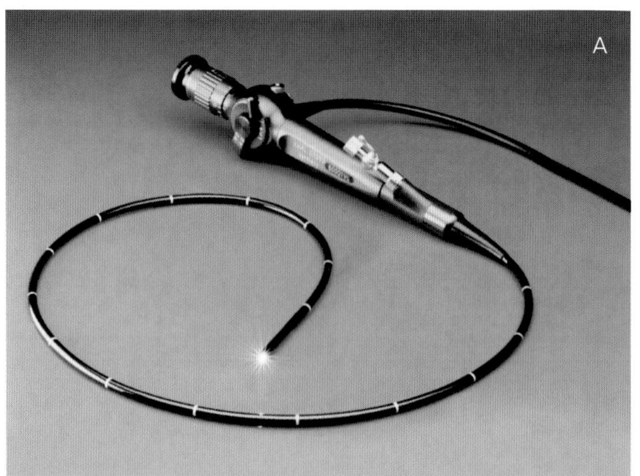

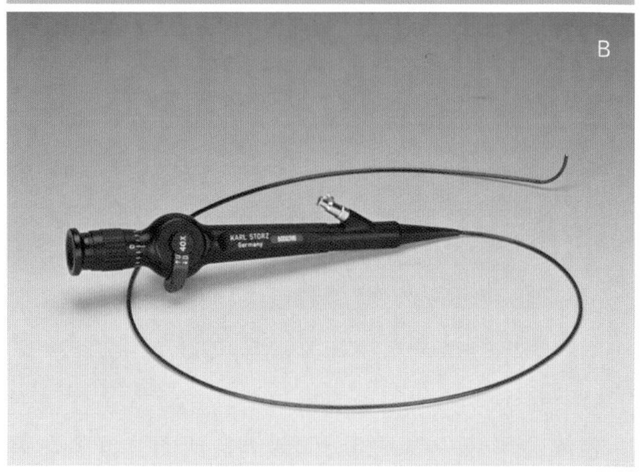

图1-17 小直径纤维内镜。A，小动物支气管5mm×85cm。B，专业纤维内镜2.5mm×100cm

100～110cm长的胃肠内镜，适用于大多数病例，更长一些的适于大型犬的十二指肠检查。直径小于7.8mm的软质内镜在小动物诊疗方面有特殊的应用，可用于支气管镜检查、鼻镜检查，以及雌性动物尿道膀胱镜检查。内镜直径通常为2.5～6mm，长度55～100cm（图1-17）。因为尺寸的限制，较小的软质内镜通常只有一个或两个弯曲的尖端口和一个小的工作通道。直径较小和不同工作长度的组合拓宽了一些软质内镜在兽医中的应用，这部分内容见于多功能内镜的描述。对于小动物诊疗工作者来说它是在实践中应用最广的内镜，其的特征包括角度控制旋钮、冲洗部分、喷洒部分和一个允许软质器械通过和吸取的附属通道。消化道内镜（包括上消化道和下消化道）以及支气管镜均可用于大型犬。胃肠纤维内镜的组成包括光导连接器、操纵光缆、操纵部、插入部和远端前端部（图1-18）。

（一）光导连接器

操纵电缆的一端包括光导连接器，光导连接器通过其端口可连接光源、冲水设备、洗液管、气泵、压力补偿系统。压力补偿系统用于泄漏检测，联合使用保护盖盖在端口上来均衡内镜的内腔和外部环境之间压力，防止内镜损坏。这些在极端压力（如高压灭菌、航空运输）可起到对内镜的保护作用。为防止液体进入镜内，在内镜浸入液体时，不要盖上压力补偿盖。

（二）操纵电缆

操纵电缆内含不相干的光纤束，光纤束将光传输到内镜的远端。在内镜的这一部分也含有孔道，供进气、镜头冲洗液和吸出。

（三）操纵部

内镜操纵部的设计是左持式的（图1-19）。这样就使右手闲下来把握和操作插入管。偏转旋钮控制远端弯曲部分。一些内镜只有一个或两个偏转头。对于胃肠内镜来说，我们强烈建议其应有一个至少可以旋转180°的四向偏转头。四个方向偏转头和一个小弯曲半径提高了内镜的可操作性。一些内镜有一个锁定系统用来固定远端防止偏转，内镜锁定后，内镜操作者即使松开他或她控制旋钮的手后，内镜仍偏转方向也会不变。这个功能很有用，

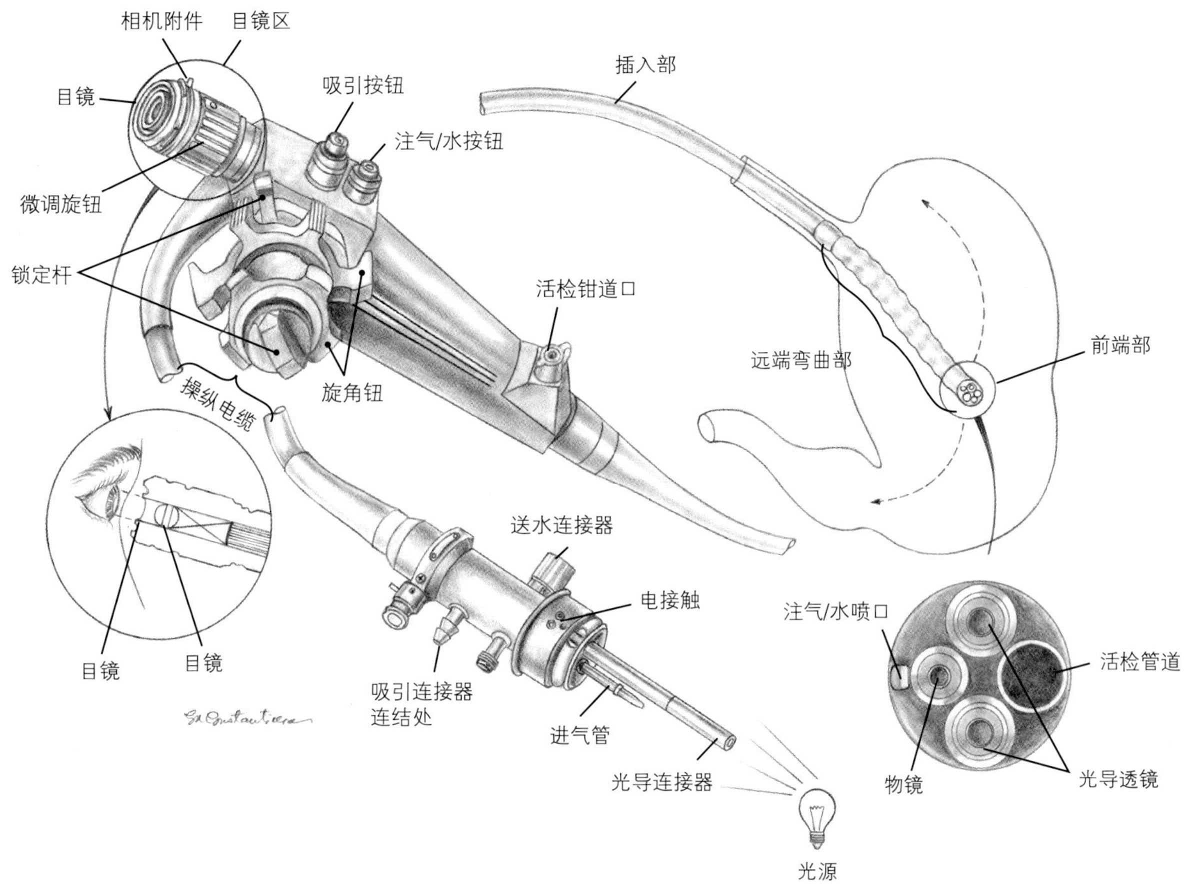

图1–18　多功能或胃肠软质内镜图解

尤其在需要内镜头保持稳定用活检钳获得目标活体标本或在特定位点抓取异物时。为避免损坏内镜，操作者必须小心，当内镜被锁定时，不要无意中迫使旋钮旋转。

吸引按钮和注气/水按钮位于内镜的操纵部。其特殊功能因制造商不同而不同。外部气泵连接到操纵光缆的光导连接器上提供气体或液体引流所需负压。当开启吸引阀，这些物质可通过工作通道被吸进吸泵的收集瓶。

胃肠内镜检查需要充气，由位于光源内或附近的气泵来完成。当打开气阀（大多数情况用手指按压内镜气阀或水阀口上的按钮），气体从内镜的头部充入。充入气体用来适当扩张待检测的部位，以

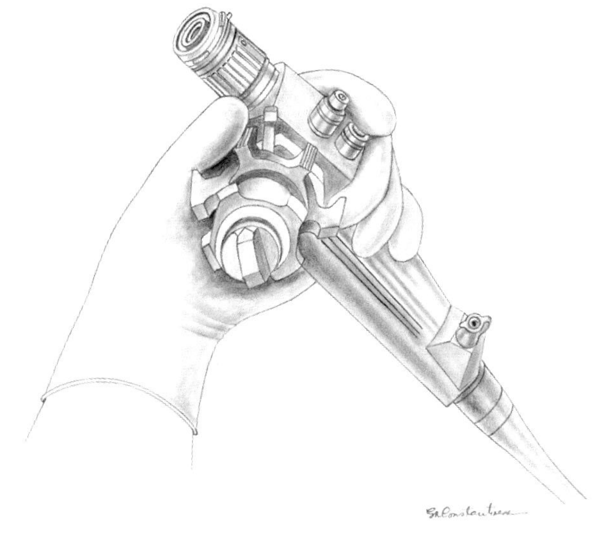

图1–19　左手握持内镜操纵部的标准姿势

便实现内镜的可视化。把水阀或气阀完全压下，水从喷口射出喷向远端的镜片。因为黏液和碎片通常留在镜片上使视线模糊或使视图出现失焦现象，所以要用水来冲洗镜片。

目镜有个屈光度旋钮，在使用之前应该调节焦距。视线通常被镜片上的黏液和碎屑所散焦，镜头需要用流水冲洗系统进行冲洗。

操纵部还设有开放的通道，各种柔软灵活的器械可以由此通过。可更换的橡皮盖可使操纵部上的操作口处于封闭状态，因此，水和气体不能随意进出操作口。适当的吸引功能对于维持内脏的膨胀状态是非常重要的。盖子上有小孔可以允许操作器械通过，同时保持密封状态。

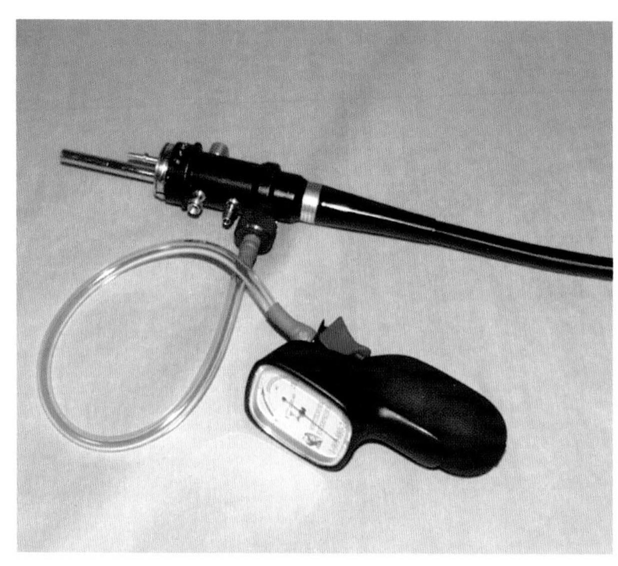

图1-20 内镜泄漏测试仪（压力表）。将其连接到压力补偿阀测试内镜密封的完整性

（四）插入部

内镜的插管包括导像束或CCD芯片连接线、将光传入到远端的不相干的光纤束、配件/吸入通道、空气和水的通道和偏转光缆。因为插入管内含有玻璃纤维，内镜的这部分结构最容易损坏。我们应该小心避免损坏插入管，避免过度弯曲、扭结或被压碎插入管。在用内镜检查患者口腔之前，口镜最为常用。在操作的时候，不要用力压内镜。柔软的器械通过强行的方式通过配件通道，尤其是遇到阻力时，向下弯曲的头部可能造成内部戳穿。

当插入管被折断或戳穿以及液体进入到镜的内部功能区域时，软质内镜将受到最严重的损坏。稍不注意湿气就可能进入纤维镜的内部，这可能迫使更换整个插入管。然而，如果通过压力检测及时发现漏洞，可使损失减到最小。每次工作前后都应该进行检测，检测只需不到1min的时间。操作比较简单，将压力表连接到内镜的压力补偿阀上即可（图1-20）。当检查到漏洞时，应当立即联系内镜的生产商或供应商来提供售后服务。

大部分软质内镜都配有一个操作通道供活检钳、抓取钳、刷子和其他的器械进入进行样品采集或手术操作。大多数的操作通道也作为吸引通道用。在多数胃镜和多功能内镜中，操作通道直径大小为2～3mm不等，操作通道的大小通常由插入管空间的大小决定。插入管的大小和内镜的大小成正比。一个大的操作通道允许较大的器械进入内镜。例如，较大的活检钳可以通过较大的操作通道，可以获得较大的样本，有助于病理学家做出正确判断。内镜检查的一个主要优势是能够通过一个相对无创性操作来进行组织学诊断。此外，有一个较大的操作通道，可使较大的镊子通过，这就增强了内镜抓取异物的能力。

（五）前端部

一个典型的软质内镜插入管远端末端如图1-18所示。在末端的表面有几个镜头和通道开口或喷口。导像束的物镜把图像聚焦在导像束的远端，然后传输到目镜以提供更广阔的视野。导光束上的镜头可发光，提供一个非常明亮的视野。

最大的开口是用于手术或抽吸的通道。小的开口用于充气和冲洗镜头的通道，其带有喷口，可吹掉或冲洗掉镜头上的废物，包括黏液、血液、内容物。有一些型号，一个喷口既用于气体又用于液体进入。

第六节 软质内镜的配件

软质内镜配件有多种，最常见的是活检钳、细胞刷、异物钳、取石篮、息肉切割器、凝固电极、注射或吸入针、剪刀、碎石探针、扩张球和激光光纤等（图1-21）。

一、活检钳

不同活检钳的基本特征相似，但也有一些差异。活检钳的尺寸可能是最关键的因素，因为活检样本的大小应该和活检钳的尺寸相称。其他特征包括是否具有针刺，锯齿形边缘，有孔杯状钳（图1-22）。针刺有助于防止钳子沿黏膜壁滑落，但可能会导致活检样本中心部位的创伤。锯齿形杯状钳有助于撕掉坚韧的组织。带孔杯状钳能缓解钳子杯内的压力，在它们关闭过程中，减少对样品的损伤。大部分类型的活检钳都能采集足够的样品，选择哪一种依据个人偏好。

获取样品时，应将内镜置于距离活检部位大约1～2cm处，然后将活检钳通过操作通道送到活检口。打开钳子，然后向前移动直到接触到黏膜，轻轻地对钳轴施力，使钳子张开（图1-23），然后闭合钳子，切割活检样本后从操作通道中退出。

为了提高诊断率，钳子应在活检的特定位置采样，常规做法是将钳子放在正常组织和异常组织的交接处。内镜检查不足之处是获得的样品较小，而病理学家比较喜欢较大的样品。为了弥补这个不足，可以从多点获取样品。因病变部位经常在下层，第二次获得活检样本最好与第一次取样在同一部位，这样可以提高诊断率。

管状器官，如食管、十二指肠，使用钳子沿着黏膜较难获取活体样品。在这种情况下，一个位于中心的刺针有助于将钳子固定在黏膜上。一些已充入气体的器官，可使其轻微塌陷，这样不仅可以产生更多的褶皱，而且又能使活检钳夹得更深一些。

二、细胞刷

对获得的组织样品进行细胞学评价是一个非常重要的辅助程序。最好使用带护套的细胞刷，因为它能防止从活检通道撤出刷子时细胞样本的损失（图1-24）。带护套细胞刷从内镜活检通道进入，到活检口后，将刷子伸出护套，放在病变部位来回摩擦，使病变部位的细胞黏附于刷子上。然后将刷子缩回护套内，将护套和刷子一起退出内镜。再使刷子伸出护套，在载玻片上轻轻地旋转刷子，把细胞样品转移到载玻片上。

三、取异物设备

使用可变的能伸缩的器械通过操作口来取出食管、气管、胃肠异物。最常用的器械包括鼠齿抓钳或活检钳。如果异物边缘是平面的，例如硬币或瓶盖，建议使用带齿的钳子；带两个或三个叉的钳子适合于抓取编织物或形状不规则的异物，息肉切割器或金属篮网适合于球形异物的抓取。

第七节 视频塔

视频影像比直接通过目镜观察更具优势。在监视器上观看手术过程，多个人可以同时看到具体的图像，可以缩短手术时间。因为在手术过程中，内镜操作者和辅助技术人员会配合更加默契。此外，较大的图像增强了可视化程度，减少了对病灶的遗漏，也减少了对视频内镜操作者眼睛和颈部的损伤，这对于每天进行大量操作的人来说非常重要。在监视器上观看操作过程，操作者就没有必要把他或她的脸贴近内镜的通道，这样就可避免内镜里的液体或患病动物分泌液溅到操作者的面部。视频内镜也有利于同事或客户审查文件和分享研究成果。

视频塔指的是内镜车，它包括一个摄像机、视频监控器及光源，另外还有其他可选择的器械，如视频打印机、录像机、数字采集装置、吹入器、抽气泵、切除器和电刀。这些设备应该长期保存在内

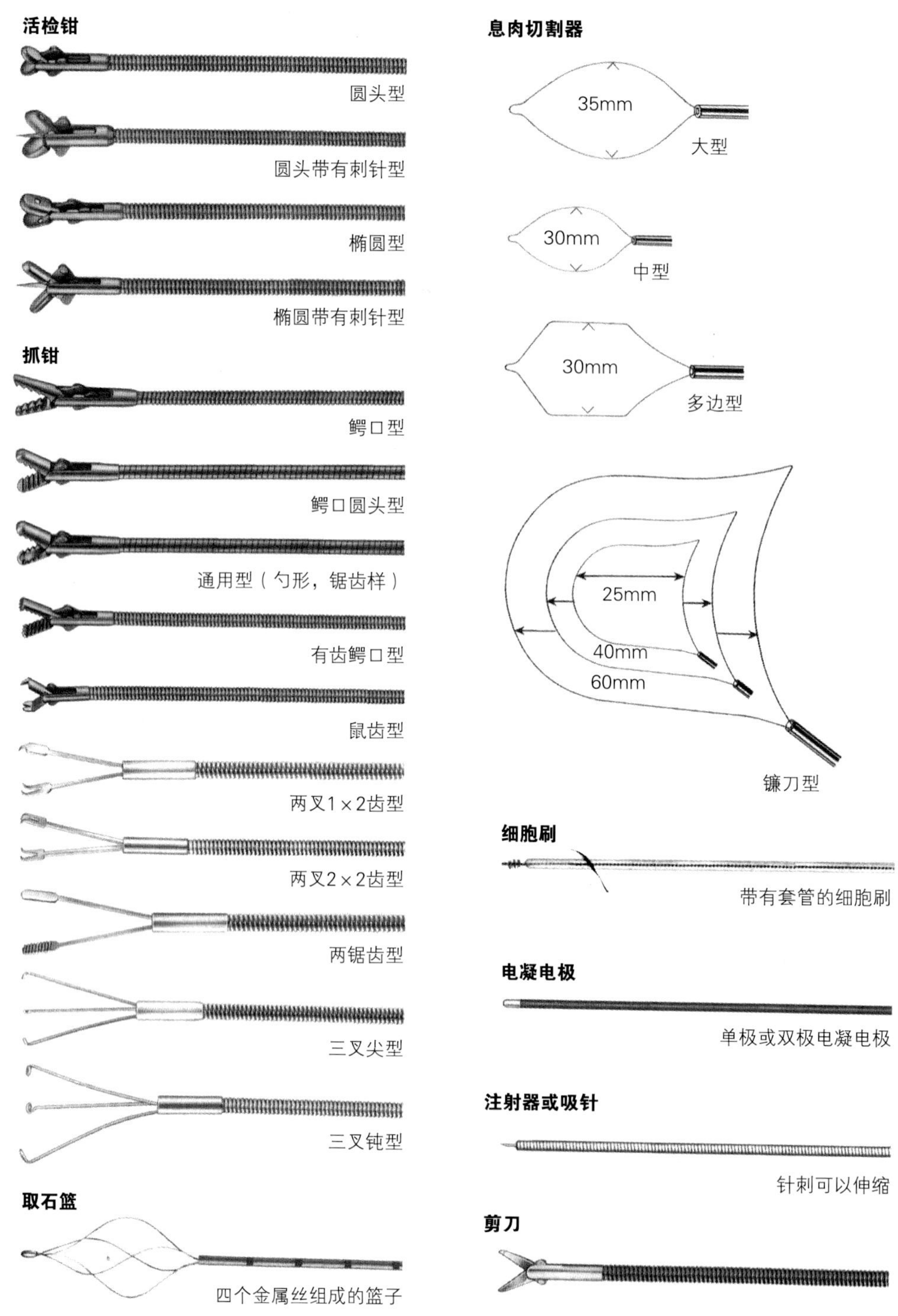

图1-21 各种能通过内镜工作通道的软质器械。（引自 Tams TR: Small animal endoscopy, ed 2, St Louis, 1999, Mosby）

镜车中，以减少组装时间。该塔应该放在一个适当的地方，以方便使用。

较小的视频塔（图1-25）有时可以存放在较大的检查室内，如对患者进行视频耳镜检查。更精细的视频塔（图1-26）通常放置在手术或治疗区。

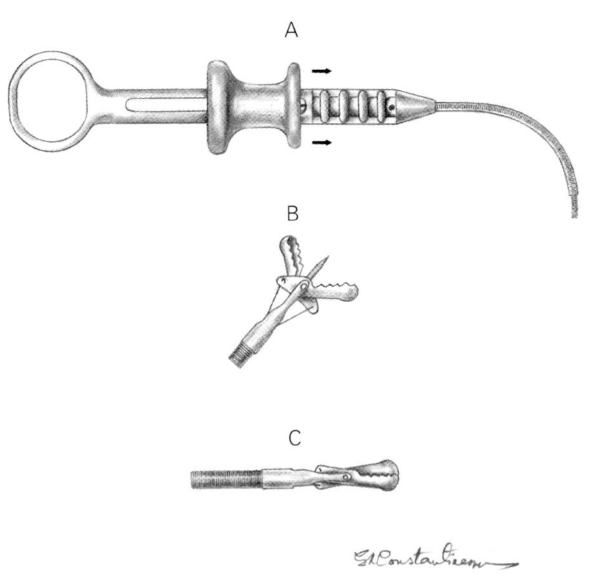

图1-22　带有针的锯齿型杯活检钳详细介绍。A，把柄；B，张开时的杯状钳；C，闭合时的杯状钳

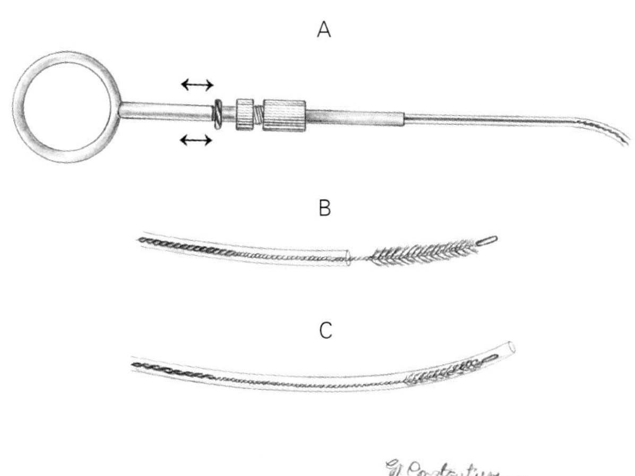

图1-24　带护套细胞刷的详细介绍。A，把柄；B，伸出套管状态的细胞刷；C，细胞刷在套管内的状态

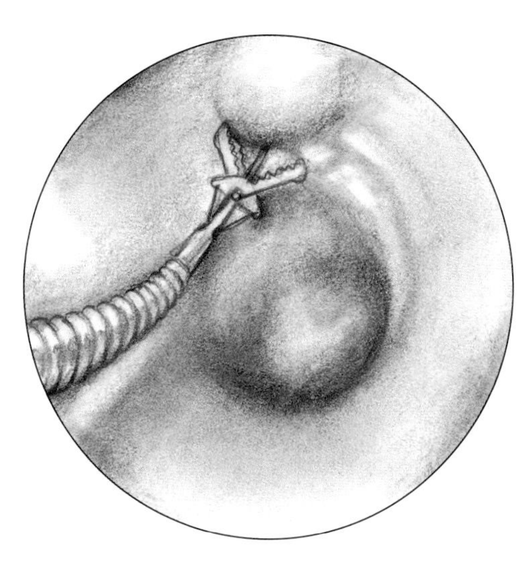

图1-23　向着黏膜方向轻轻地对钳轴施力，使钳子张开，然后进行样品采集

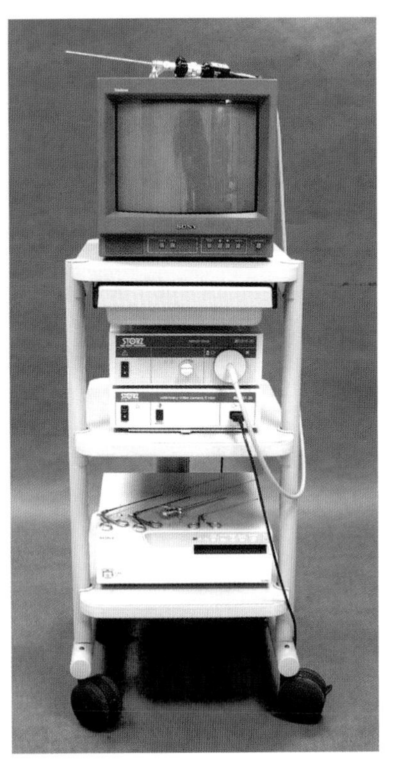

图1-25　基本视频塔配备包括13寸的视频显示器、卤素光源、照相机和打印机

一、光源

光源是内镜系统的一个重要组成部分，在操作过程中照亮被检查的解剖部位。有多种类型的光源可选用，包括相对低功率的卤素灯和高密度的氙灯。光导纤维传输光缆可以配备各种来自不同制造

图1–26　外科视频塔包括19寸视频监测器、键盘、视频打印机、氙光源、电子气腹机、两个摄像机控制单元、医疗级录像机

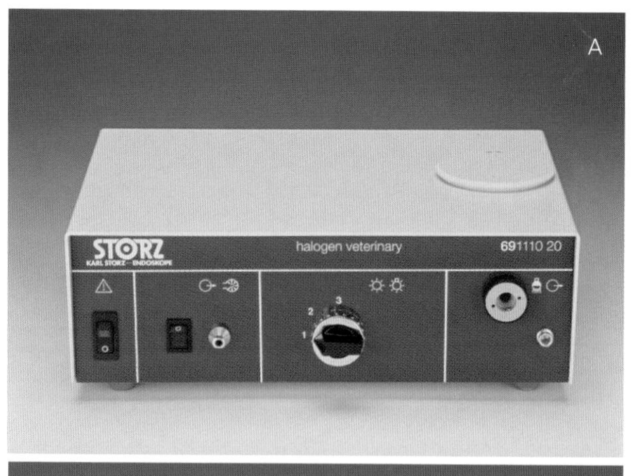

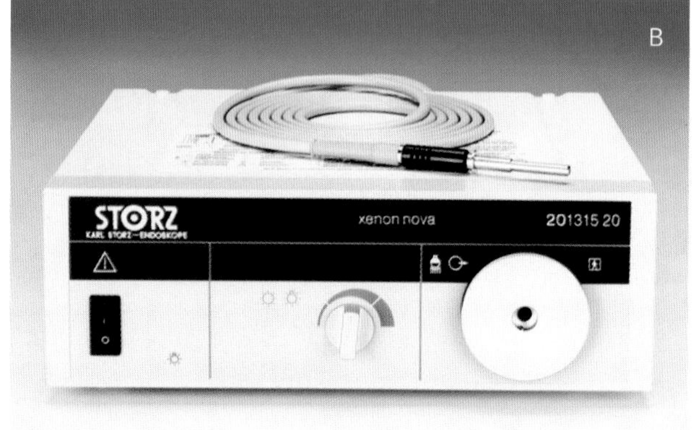

图1–27　光源。A，一个配有真空泵的供胃肠镜检查用的150W的卤素灯光源；B，175W的氙气光源

商生产的各种光源，所以只要买一个光源，无论硬质或软质内镜都可以用。

对于小动物内镜，配备150～175W的卤素灯或氙光源比较适合（图1–27）。150W的氙灯比150W的卤素灯亮，因为氙灯泡每瓦可产生更多的流明（光通量单位）。其不仅产生耀眼的光芒，而且氙光的颜色更接近自然光，可提供一个更白亮的光，能更准确地再现活体组织的颜色。卤素光源可满足于肉眼直接检查，但氙气光源更适合视频影像和图像。氙光源能为大的空腔脏器提供更好的照明，例如大型犬的腹部和膨胀的胃肠。最高端的光源都配备了变阻控制旋钮来调整光线强度。只有当检查的解剖位置照明度降低，才可以调节刻度盘。这样既可延长昂贵氙灯的寿命，又可减少沿着电缆传递到镜头热量的产生。

在人和马的腹腔镜检时，常选用300W的氙光源。光源越强越好，但大于300W的光源在小动物诊疗中很少用。功率越高的光源，器械本身和灯泡就越贵。胃肠内镜检查充气用的气泵有的与光源在一起，有的分开。

导光电缆或不相干光导纤维束的质量和状态也非常重要。光纤束断裂、外层损坏和光缆表面不清洁都能明显阻碍光的传导。同样，内镜上光导连接器的表面也必须保持清洁。清洁这些部位和其他的光学器械表面最好的方式是用浸过中性酶试剂的纱布或软布擦拭，其可溶解黏附的组织碎片和清除颗粒物。然后用酒精和不含棉绒的软纱布擦净。光导束必须小心处理，卷起时要松散些，以减少对光纤的损坏。

二、气腹机

气腹机是用于腹腔镜检查过程中向腹腔充气的电子设备（图1-28）。类似的设备偶尔也用于关节内镜检查和膀胱内镜检查时对关节和膀胱的扩张，但对关节和膀胱的扩张多采用液体。气腹机不能与用于胃肠内镜检查时充气的气泵相混淆。向腹部、膀胱或关节腔充入空气会导致空气栓塞，可导致患病动物死亡或对腔室造成污染。虽然也可以充入氧化亚氮，但通常充入二氧化碳。腹腔充入氧化亚氮后效果也很好，但因是易燃气体不能用于电烙术中。气腹机会自动按照选择的流量充气直到使用者设定的腹腔压力为止（推荐压力在10～15mmHg*）。气腹机不能依靠其技术先进而取代操作者的监测。在腹腔镜手术过程中腹腔过度膨胀以及胃肠镜检查过程中胃部的过度膨胀会导致心肺功能降低。这些问题的发生虽然极其罕见，但应注意监测。

三、视频成像系统

内镜视频成像系统的基础是内镜视频摄像机（图1-29）。摄像机由带有内镜接口的摄像头组成，它连接在内镜的目镜上，包括一个可以成像的处理器或摄像机控制单元（CCU）和一个视频监视器（图1-30）。摄像头包含1个或3个半导体(CCDs)，它可以感应图像并将其转化成一种电子信号。电子内镜的基本设计有所不同，在本章之前提到过，它在内镜头包含了一个芯片。现代视频摄像机轻便、防震，并可用蒸汽灭菌，某些还可以进行高压蒸汽灭菌。它们有的还包含自动曝光控制、变焦镜头、增强对比度功能。摄像机上的按钮可以调控各种设置或激活外周设备。

CCD是指单个或3个芯片的摄像机。现代单芯片摄像机的光学质量非常高，但三芯片摄像机效果更好。三芯片摄像机的水平分辨率和再生色彩的准确度都非常优秀。在单芯片相机中，需要一个电子处理器进行加工重建色彩和原始图像，但不可能被完全恢复。在三芯片摄像机中，会绕过这一过程，

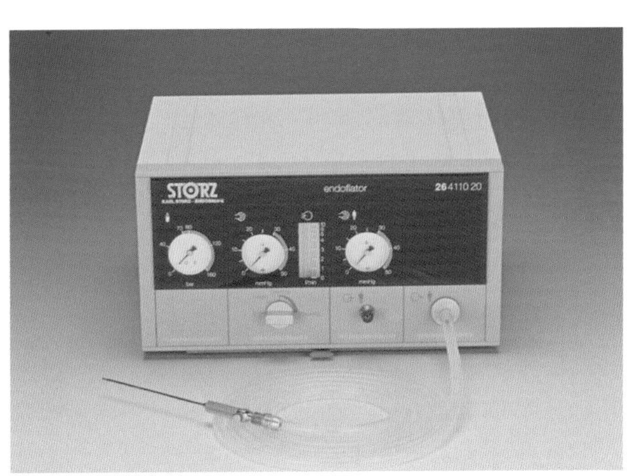

图1-28　用于腹腔镜检查的气腹机，它附带有充气管和气腹针

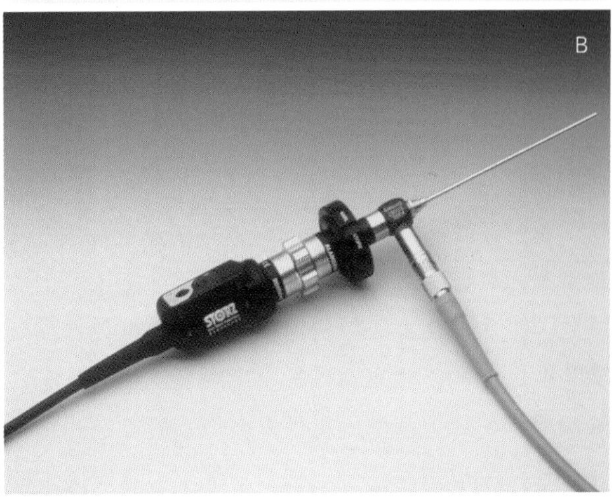

图1-29　内镜摄像机。A，带有摄像头的控制单元；B，与关节内镜连接的摄像头。（引自Tams TR: Small animal endoscopy, ed 2, St Louis, 1999, Mosby)

注：*1mmHg = 133.322Pa

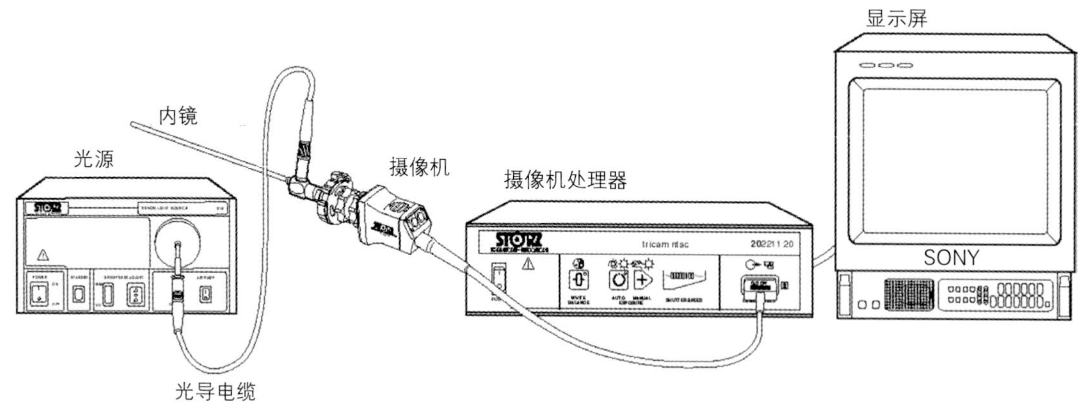

图1-30　视频链

3个传感器会分别传输3种色彩中的一种（红、绿和蓝），使重建的色彩非常准确，所有信号都是为了完成这个目的。三芯片摄像机相对于通常平均分辨率达450线的单芯片摄像机水平分辨率要高出750线。因为单芯片相机价格相对比较实惠，所以与三芯片摄像机相比，在兽医领域使用更广泛。单芯片摄像机用于临床绰绰有余，它能提供优质的图像。单芯片摄像机和三芯片摄像机在捕捉用于出版和发表的静态图像上有明显区别。三芯片摄像机技术可以提供更高质量的数码影像。

四、“数字”内镜摄影机

最新内镜摄像机一直围绕着数字图像这一概念在发展。数字摄像机最明显的优势在于可直接将图像传送到数字记录设备或计算机上（详见记录设备章节里有关数字图像捕捉的论述）。此外，数字视频信号在通过电缆或数字元件时不会衰减，具有提高图像精确性和降低外界干扰的特性。

人们对数字内镜摄像机的术语和价值认识比较混乱，因为市场上流行的内镜视频摄像机技术没有是完全数码的。现在通用的CCD内镜视频摄像机在感知原始图像上与数码摄像机类似，沿着它的路径将信号转化成数字信号。很多情况下，在CCU中的数字信号会再次转化回模拟信号，这样就可以发送到模拟监视器。视频信号每次转化成数字信号再转化回来会降低图像质量。虽然未来会建立数字图像，但对于内镜医师，需意识到这一点并不是内镜真正的优势。

数字内镜摄像机其他有价值的特征包括数字对比度增强、数字输出[即火线、数字视频接口（DVI）、串行数字接口（SDI）]、电脑摄像头控制，可以升级且使用方便。

五、视频监视器

视频监视器和其他种类的视频外设（如打印机、卡带式录像机、数字录像机）可通过这些设备后面的电缆连接口串联或并联到CCU上。模拟信号传输到监测器可通过下面3种电缆类型之一进行：复合型（BNC接口）、分量视频型（Y/C）（S-video）或RGB接口型（图1-31）。S-video是单芯片视频摄像机质量最高的信号，这与用于产生S-VHS录像带的信号相同。三芯片摄像机使用4种不同电缆包括BNC型连接器。15针VGA连接器（HD 15）有时候也用于传送RGB信号。

带有数字输出功能的摄像机可能会有连接器和电缆，比如DV（数字视频或火线）、DVI或SDI。这些电缆在没有接头的情况下不能插入大多数模拟阴极射线管（CRT）监视器，但是这一设计可连接到数字记录设备或平板监视器上。平板监视器吸引人之处在于它们尺寸和重量合理，但是它们成本过高，图像质量也与医疗级的模拟CRT监视器标准不匹配。现在通用的模拟CRT监视器大多数是一样的，这些设

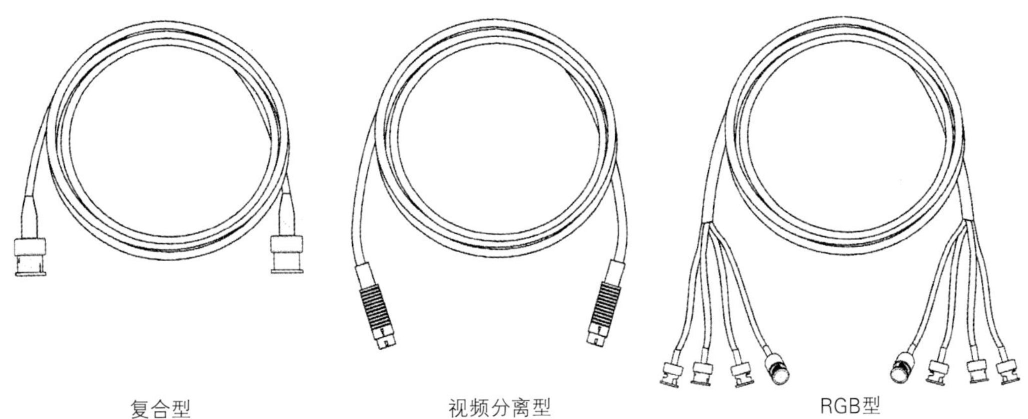

图1-31　通用视频电缆种类

备都具有价格便宜、工作表现优良的特性。

视频连接的终端是视频监视器。最终图像的质量与连接中最弱的部分相关。举例来说，高质量视频摄像机与普通监视器相连就不能提供最好的图像。一系列附加辅助设备可引起图像质量下降。

可提供较高质量图像的内镜摄像机配有多个输出端口，其中一个可以用于连接周边设备，而其他可用于直接连接到监视器上。

六、记录设备

内镜最常见的记录设备是视频打印机（图1-32）。临床医师只要按一下按钮，生成的图像就可以用于医疗记录，为客户提供可视化结果或者向兽医提供参考图像。视频打印机通常有一个远程遥控或在检查过程中方便操作的脚踏板。也可选择添加一些程序，例如加个标题，为每张打印图像编号，统计打印数量。

另一种常见的视频记录设备是录像机。几乎任何一个录像机都能用于记录操作过程。一般推荐的设备是S-VHS，因为它可再现高分辨率内镜视频图像的所有品质。S-VHS能提供更精确更完整的色度或色彩信息，同时水平分辨超过VHS标准约100线。S-VHS的唯一缺点是它的视频录像带只能用S-VHS播放器播放。

最新的采集和储存内镜图像的方法是通过计算机进行的。将一个视频捕捉卡和相关软件安装在计算机上，图像可通过摄像机的输出线直接下载到计算机上。特别为内镜设计的小巧便携的数字图像捕捉设备同样适用（图1-33）。这种设备可以储存上百张图片和数分钟的CD或DVD视频，也可以与中央计算机系统联网。图像可以被存档，备以后检索、处理和重新生成之用。数字图像可以以电子邮件的形式发送或转换用于医疗记录、临床教学或供其他兽医工作者参考的印刷品、幻灯片及包含文本的报告。可以在很低的成本下获得大量的数字图像（没有胶片和视频格式的要求），并且不会随时间的流逝而失真。

另一个简单的内镜记录方式是用连接到内镜目镜的数码相机或胶片单反相机拍摄图片。固定在相机的镜头卡口的适配器可以直接从内镜生产商处

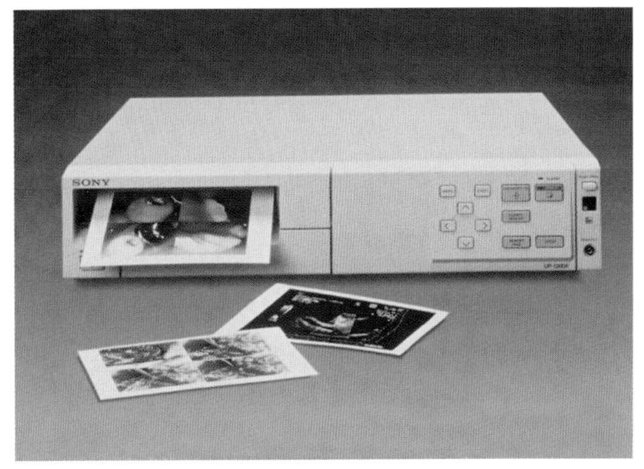

图1-32　视频打印机

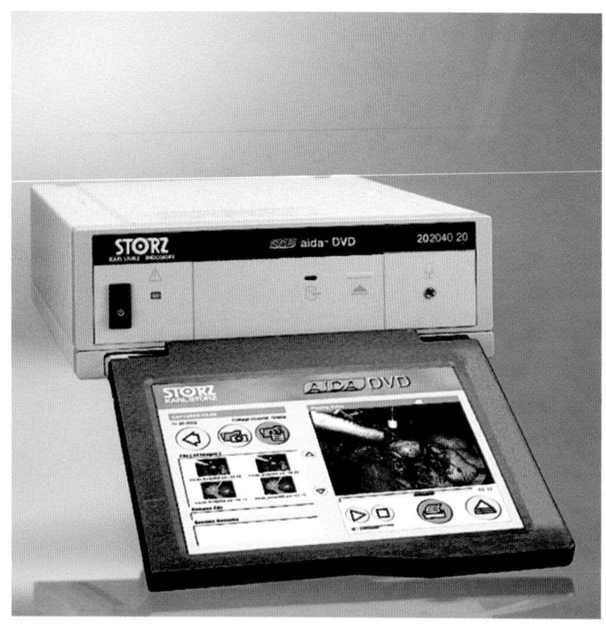

图1-33　带触摸屏的拉出式数字捕获设备，具有捕获CD和DVD静态图像和影像功能

获得。

目前已有大量的记录设备可供选用，新的设备又不断出现。购买者购买设备需考虑的最重要因素是：①使用方便或可编程；②分辨率或每英寸点数（dpi）；③媒介的成本（印刷品、录像带、碟片）。其他需要考虑的因素还包括扩展性、远程控制和计算机兼容性等。

第八节　在临床诊疗中你使用内镜吗?

内镜作为临床实践中的诊疗工具有两个重要原因。第一，可以提高对患病动物的医疗服务质量；第二，可以改善财务状况。不对其付出努力，要对患病动物进行根本治疗就是不切实际的。

技术是不断发展的，然而研制新设备和学习新技术这一实践过程必将耗费大量的时间和资源。要想较好地学习新技术，一个优秀的内镜医师必须有足够的耐心和学习的诚心。想成为一名合格的内镜医师，就必须学习相关课程以及勤加练习。技术人员在实践过程中也要学习新的操作技术以便能协助兽医进行诊疗，他们也必须学习新技术来维护设备。

一旦定制好了内镜投入，就要制定一个长期的发展计划。大多数情况下，是没有资金基础或者同时也没有能进行各种内镜操作的服务人员。开始进行何种内镜实践取决于临床实践中不同器官系统的病例数量和医生的兴趣（例如，一名骨外科医生可能会先着手研究关节内镜）或各种内镜操作技术的难易程度。

为了制定一个计划，应当收集数据来确定适合应用内镜的病例数量。这些数据可以从某一时期内用内镜进行检查的医生、前台工作人员或跟踪某些病例的技术人员处获得。如果用计算机对这些医疗记录进行分析，那么这个任务将会变得非常容易并能发现潜在的规律。病例研究也可以通过追溯进行。根据这些数据，操作人员可以决定首先提供何种内镜服务，然后再制定一个长期的内镜实践计划。传统来说，在小动物方面最先使用胃肠内镜，可能因为胃肠内镜技术已得到了很好的阐述。小动物临床是内镜广泛应用的第一个领域。在小动物临床病例中，胃肠疾病所占比例很高。硬质内镜具有先进的视频技术和使用方便及高性价比的特点，也广泛应用于其他疾病领域。在决定应用哪些内镜后，再考虑采购哪种设备。有关设备的具体信息将在后面章节加以介绍。通过考虑相关设备的成本和内镜在实践应用中产生的收入，每年都应对每一次临床诊疗的成本和使用的次数进行评价。一个内镜也可以用于多个领域。例如，用腹腔镜可以进行腹腔手术、胸腔检查和支气管检查；一个直径2.7mm的多功能硬质内镜可以进行鼻镜检查、膀胱镜检查、关节镜检查和耳镜检查，有时还可进行腹腔镜和胸腔镜检查和其他一些内镜检查。要考虑每一个内镜临床应用的适应证。实践决定了应用内镜病例的数量。通过临床应用需要支付的设备成本和赚取的利润来估计净利润。内镜检查术所产生的收入和费用不只局限于内镜手术费用，还包括提供其他服务，如血液检查、组织病理切片、细菌培养和药敏实验、细胞学、麻醉、影像学、手术监测和住院治疗等。

第九节　内镜术与实践相结合

一旦购入内镜设备，就要使用这个设备。即使有时应用内镜诊疗效果会更好，但因忙于工作，人们会忽视对内镜新的实践研究，而不用内镜，照常进行诊疗活动。

设备安装后，兽医和技术人员要详细阅读使用手册。器械的维护非常重要，需要严格遵守。购买新的内镜后，大多数销售员会安排一个内部培训班，介绍设备的维护和保养。另外，对兽医的培训也非常必要，负责维护内镜的技术人员（通常是高级技术员）同样也要参加内部培训。建议安排一个专门的技术人员负责内镜设备的保养和维护。这是出于对设备维护一致性的考虑，可以延长设备的使用寿命和减少维修成本。

内镜设备装配非常重要，这样使用起来会快速简单。如果不这么做，设备就无法使用。在医院里应设立一个内镜检查室用来放置设备和进行内镜检查。这个房间可以是诊疗室、放射室、手术室（特别对于腹腔镜、胸腔镜和关节镜这类内镜需要在无菌的环境进行检查）或一个特殊的内镜检查室。将设备永久地放置在这个区域，这样进行内镜操作会非常省力。如果未组装内镜塔或没有相关附属设备，那么即使有适用内镜检查的病例也很难进行内镜操作。内镜检查室和设备的组装可以使内镜附件在操作中发挥最大效率，例如活检钳，细胞刷等内镜辅助设备。

一旦购入内镜设备并组装起来，首先应选一个临床医生为首席内镜医师。内镜的操作程序的入门学习比较难，每个人都要花一定的时间来掌握内镜技术。首席内镜师要训练有素并具有丰富经验，有能力高效地进行各种操作，同时有丰富的知识去解释说明操作过程中的各种问题。这些可以改善对患者的护理，极大延长设备的预期寿命，增加内镜的应用次数。

第十节　设备的清洁和保养

内镜和内镜设备的维护要像维护其他贵重的手术设备一样确保延长使用寿命和降低维护成本。一旦确定某位兽医师和某一技术人员负责使用内镜，他们对内镜就要有深入的了解，与没有经验的技术员相比，要尽量减少对内镜设备造成损坏。按相同的逻辑，不建议两个或以上技术员负责同一个内镜设备。

一般来说，要按照生产商给出的建议对设备进行清洁、消毒和保养。下列指导适用于多数内镜及其附件。

为了清洁和消毒，某些零件需要拆开，以便去除或灭活所有体液、残骸和传染性媒介。用浸有内镜专用中性酶稀释液的刷子和海绵对内镜进行彻底的机械清洗和消毒。如果没有可利用的酶类清洁剂，任何中性、无腐蚀作用的清洁剂也可使用。按生产商的推荐规范或建议对内镜进行定期润滑和擦拭。

大多数高质量、可重复利用的设备，如内镜、套管、光缆和摄像机头都可存放在环氧乙烷气体中消毒。除了光学器件，其他器械及配件通常情况下可高压灭菌。某些摄像头、内镜和光缆都能耐受高压灭菌，但是一定要遵守生产商对于高压灭菌的一些具体标准，如时间、温度、压力范围和冷却方法。摄像机、内镜和光缆的大部分零件易碎且受震荡后易损坏。它们需要与其他器械区分开进行仔细操作和清洗。通常推荐使用的冷冻消毒剂或高级别消毒剂是戊二醛（建议使用浓度为2%、有效期14d的低表面活性溶液，例如碱性戊二醛）。大多数内镜可以浸泡，但一般不被推荐延长浸泡时间。最长浸泡时间为30 ~ 45min，就可彻底消毒。

所有的内镜和附件都应存放在干燥的环境下防止接触任何能对其造成损害的物体。商业上对内镜设备的消毒与储藏设有一种专用托盘装置。对于所有内镜，无论软质或硬质的，光学清晰度是最重要的。因此，对光学器械表面要保持彻底清洁并严格保护其不受损坏。

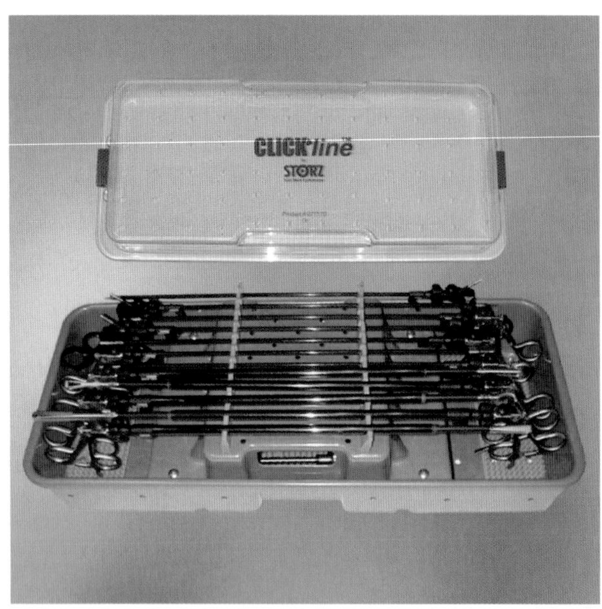

图1-34　用于储存和消毒内镜设备的托盘

第十一节　前景

在小动物诊疗实践中内镜的应用早已不是新鲜事，无论是在全科医生还是专科医生中应用均越来越普遍。原因有两个，一是由于电子产品消费的激增，二是应用微创诊断技术可将病变部位以视觉形式显现出来，同时放大病变部位的图像。由于微创诊断和手术方面应用不断增加，其已成为人类医学诊疗的标准方法，现在许多宠物主人希望在宠物诊疗中也能使用此技术。此外，紧跟时代的兽医们开始意识到内镜技术可以成为新的获利手段，同时也是一个好的治疗方法。与内镜生产商合作，兽医在学术和个人实践方面能促进专为小动物诊疗需求而设计的产品的发展。新的内镜操作技术和设备的成功发展依赖专业兽医与产业革新者之间持续且有效的交流。

参考文献

1. Haubrich WS: History of endoscopy. In Sivak MV, editor: *Gastroenterologic endoscopy*, Philadelphia, 1987, WB Saunders.
2. Bozzini PH: Lichtleiter, Eine Erfindung zur Anschauung Innere Teile und Krankheiten, *J Prakt Heilk* 24:207, 1806.
3. Killian G: Zur Ceschichte der Oesophago- Und Gastroskopie, *Dtsch Z Chir* 58:499-512, 1901.
4. Nitze M: Beobachtungs und Untersuchungsmethode für Harnrohre Harnblase und Rectum, *Wien Med Wochenschr* 24:1651, 1879.
5. Kelling G: Ueber Oesophagoskopie, Gastroskopie, und Kolioskopie, *Munch Med Wochenschr* 49:21, 1902.
6. Jacobaeus HC: Ueber Laparo- und Thorakoskopie, *Beitr Kim Erforsch Tuberk* 25:183, 1912.
7. Jacobaeus HC: Ueber Die Moglichkeit Die Zystoskopie Bei Untersuchung Seroser Hohiungen Anzuwenden, *Munchen Med Wochenschr* 57:2090-2092, 1910.
8. Bernheim BM: Organoscopy; cystoscopy of the abdominal cavity, *Ann Surg* 53:764-767, 1911.
9. O'Brien JA: Bronchoscopy in the dog and cat, *J Am Vet Med Assoc* 156(2):213-217, 1970.
10. Dalton JFR, Hill FWG: A procedure for the examination of the liver and pancreas in dogs, *J Small Anim Pract* 13: 527-530, 1972.
11. Lettow E: Laparoscopic examination in liver diseases in dogs, *Vet Med Rev* 2:159-167, 1972.
12. Johnson GF, Jones BD, Twedt DC: Esophagogastric endoscopy in small animal medicine, *Gastrointest Endosc* 22:226, 1976.

第二章　内镜麻醉事宜

内镜检查是适用于兽医众多领域的一种快速而先进的诊疗技术。胃肠道内镜、关节内镜和支气管内镜检查在许多兽医临床中已经成为常规检查方法。内镜也偶尔应用于耳、瘘管、裂创和眼底等检查。麻醉与内镜检查的结合是手术成功的必要条件，但在一些内镜操作中可能需要注意一些特殊的麻醉问题。

第一节　一般病例处理

与其他手术的麻醉一样，全面的身体检查及适当的血液分析和诊断结果，决定了麻醉方案的选择。注意考虑患病动物全身状况，包括与需要进行内镜检查的疾病或不相关的疾病。肝脏疾病通常会影响胃肠道机能，并导致其解毒能力丧失和凝血因子、白蛋白等物质的合成不足。在给予麻醉剂之前，应使患病动物处于较佳的营养状态，纠正水与酸碱平衡失衡。肾功能和药物代谢产物的排泄可能受到疾病和全身性或肾性血流动力学改变的影响。

术前一般应禁食12h和禁水2h[1]，这样可以减少麻醉期间呕吐或胃内容物返流。然而，术前较长时间禁食会增加胃食道逆蠕动和胃酸分泌[2]。给犬喂肉罐头或干谷物食物时[3]，胃排空时间为10h，水完全排空平均需54min[4]。为了避免麻醉期间或麻醉后产生低糖血症，兽医师应为3月龄以下的动物或葡萄糖代谢障碍的动物制定一个较短的禁食时间[1]。

因慢性胃肠道或肝脏疾病引起的体重减轻，可能导致某些药物分布容积和蛋白结合率降低，并可能影响其麻醉药物剂量需要和作用时间。对于这些动物，通常应减少麻醉药物的用量。硫巴比妥酸盐类和丙泊酚的麻醉恢复期则在一定程度上依赖其重分配，所以需要减量使用这些药物。丙泊酚经肝内和肝外代谢，可用于患有肝病的个体。同样，异氟醚很少经肝脏代谢，可用于肝病患病动物的吸入麻醉。相反，甲氧氟烷和氟烷分别有50%~70%及10%~25%经肝脏代谢[5-7]，对肝脏有疾患动物应慎用这两种药。

抗胆碱药可预防因器械刺激或药物不良反应而产生的分泌物，尽管一些临床医生可能不喜欢使用药物抑制分泌物的产生，而只是采取吸除分泌物的方法。抗胆碱药还可防止因内镜刺激气道或手术刺激内脏引起的心动过缓。然而，人医在检查开始之前5min静脉注射阿托品，可有效防止内镜检查期间的心动过缓[8]。

第二节　胃肠道内镜和腹腔镜检查

呕吐或返流以及吸入性肺炎是何全身麻醉的潜在并发症，特别是伴有呕吐的患有胃肠道疾病的动物。

抗胆碱药可降低胃分泌物的酸性[9]并能防止胃内容物吸入气道而引起异物性肺炎。阿托品或格隆溴铵用作犬的麻醉前给药时并未观察到胃内pH的变化[10]。

抗胆碱药也可引起胃食道括约肌松弛[11, 12]，干扰胃返流的防护机制。胃食道括约肌松弛能更容易地将内镜送入胃内，但会增加返流和胃内容物吸入肺内的可能性。吗啡、哌替啶、地西泮[13]、隆朋和乙酰丙嗪等药物可以降低胃食道括约肌的张力。丙泊酚麻醉犬与硫喷妥钠麻醉犬相比，前者胃张力和胃食道括约肌压力显著低于后者[14]。氯胺酮可以很好地保持喉咽反射，一旦发生胃返流，吞咽反射则不能完全保护气道[15]。

无论采用何种麻醉方案，诱导麻醉的目的都是快速插入气管插管使套囊充气，以保护气道，防止胃内容物的吸入。患病动物应俯卧保定，使头仰起，直至插管和套囊充气完成。由于内镜检查胃肠道前段时会刺激胃返流，必须保持套囊充气，并在手术期间进行定期检查。

患食道阻塞或胃异物的动物，应避免使用催吐药物作为麻醉前给药，否则可能因呕吐导致食道损伤。使用隆朋作为麻醉前给药常引起猫呕吐，偶尔也会引起犬呕吐。对于大型犬，使用隆朋麻醉时，可因吞气症或副交感神经活动而引起急性腹部膨胀[16]。吗啡可导致犬恶心、呕吐和排便，继而胃肠道蠕动减慢[17]。另外，使用吗啡和阿托品作为麻醉前给药用氟烷麻醉的犬，内镜进入近端十二指肠时明显受阻[18]。使用羟吗啡酮和芬太尼之后偶见呕吐和排便。乙酰丙嗪和其他吩噻嗪镇静剂具有止吐特性[19]，可防止麻醉期间发生呕吐。

氧化亚氮从血液中进入含气体的空间时会引起膨胀。因此，氧化亚氮应避免用于患有胃肠道扩张或气胸的动物，也不应在可能发生气胸的手术中作为混合气体麻醉。采用食道镜除去胸段食道异物或进行食道狭窄扩张术时，可能会突然发生气胸[4]。故在这些手术期间应作好充分准备，以防突发气胸。如果在胃或腹部采用充气法进行内镜检查，麻醉时不应使用氧化亚氮[20]。

胃肠道内镜检查和腹腔镜检查需要充入气体以帮助显影。人们多采用氧化亚氮作为显影气体。因为它可以避免因注入空气所致的致命性气栓形成[21,22]，以及因注入二氧化碳而造成机体的酸碱紊乱[23]。然而，在使用烧灼术的内镜手术期间，二氧化碳则是防止燃烧的首选充气气体。腹腔镜检查时，腹部气体压力不能超过20 mmHg[24]。若注入氧化亚氮或二氧化碳使腹腔的压力达到20~40mmHg时，犬心输出量会下降40%以上[25]。胃或腹腔扩张后会使膈前移，影响呼吸。因而，此时常需要进行间歇正压通气。在进行腹腔充气的腹腔镜检查时，建议每分通气量减少30%[24]。腹腔充入10~20mmHg气体时，潮气量减少19%~20%。腹腔内压为30mmHg时，则潮气量减少38%[26]。

尽管局部麻醉已成功用于人的腹腔镜检查[27]，但全身麻醉更实用，并推荐用于兽医临床病例。全身麻醉也被推荐用于经尿道和经皮肤的膀胱镜检查[28]以及阴道镜检查。

内镜检查期间，结肠或直肠充气可导致严重的心动过缓，并可影响呼吸[4]。随着充气时间的延长，可伴发胃返流发生肠液的逆向流动。

内镜检查时，肠功能的评价要考虑到麻醉药物是否影响肠管蠕动。阿托品[29]、隆朋[29]、哌替啶[17]、布托啡诺和喷他佐辛[30]均可使肠蠕动性下降。乙酰丙嗪能降低肠壁的电传导性，但可增加肠内容物排送量[31]。硫巴比妥酸盐类能够在肠活动的初期抑制之后，提高肠肌肉组织紧张度和蠕动性[32]。氟烷可降低犬胃、空肠和结肠的蠕动，但停药后[33]，其收缩活动会很快恢复。氯胺酮则不改变肠的蠕动性[34]。

第三节　呼吸道内镜检查

呼吸道内窥检查需要在全身麻醉状态下进行[35]。浅麻醉有利于评价喉的功能，而深麻醉可能会掩盖喉微弱的异常变化[36]。

已使用硫喷妥钠[37-39]、丙泊酚[38]和地西泮-氯胺酮来评价喉的功能。在我们进行的一项比较硫喷妥钠、丙泊酚和地西泮-氯胺酮对喉功能影响的研究中，硫喷妥钠在保持喉功能同时可使手术视野更加开阔[40]。

对于患有呼吸道疾病或呼吸困难的动物，可用麻醉面罩在术前供氧，应尽可能地减少这些患病动物的诱导期兴奋，如出现呼吸困难则应给予呼吸支持。对于呼吸困难的患病动物，应避免使用麻醉面罩进行麻醉诱导，因为这可能延迟开放性气道的建立。氧化亚氮可以显著减少吸入氧气的比例，因而也不应用于这些患有呼吸道疾病的动物[41]。

对于需快速建立通气的患病动物，可在无麻醉前用药的情况下采用硫代巴比妥或丙泊酚快速麻醉诱导，这种快速麻醉诱导可能会导致低血压，硫代巴比妥的快速麻醉诱导还会导致心律不齐。在硫代巴比妥或丙泊酚快速麻醉诱导之后可能会出现剂量依赖性的呼吸暂停，必要时应给予呼吸支持。

对于患有呼吸系统疾病的动物，全身麻醉可能会进一步加重呼吸抑制[41]。因而，最好在给予有效的呼吸支持之后使用阿片类药物[8]。但是对一些混合型阿片受体激动-颉颃剂，如布托啡诺，均有诱导呼吸抑制的上限剂量[42]。

停止使用七氟醚和异氟醚麻醉后，咽喉反射恢复迅速。在氟烷或异氟醚麻醉下，动脉血二氧化碳分压增加，支气管平滑肌张力下降，对二氧化碳的通气反应随麻醉药物剂量依赖性下降，肺氧的转运可能受损[43]。使用氯胺酮麻醉猫时，唾液分泌增加，使气管插管复杂化。为了避免发生此现象，可在麻醉前给予抗胆碱药。长吸式呼吸、潮气量降低和呼吸速率增加是机体对氯胺酮的特征反应。氯胺酮麻醉时呼气末二氧化碳浓度增加，但对二氧化碳通气反应仍然很高[44]，气道阻力下降，支气管痉挛解除[45]。

检查上呼吸道时不能使用气管插管，或者检查小型患病动物，其气管内不能同时插入内镜，对这些动物可用注射麻醉剂维持麻醉。若需对下呼吸道进行检查，且呼吸道大小足够允许使用内镜时，可采用一种特殊的旋转适配器进行气体麻醉。这种适配器带有隔板，可防止麻醉废气泄漏（图2-1）。但无论经注射途径麻醉还是气体吸入性麻醉，内镜的插入均会阻塞气道，增加气道阻力，导致换气不足[41]。呼吸道内镜检查要快速，以尽量减少阻塞和降低通气的时间，并需供氧以缓解呼吸困难。当气管插管插入困难时，可通过内镜供给氧气[41]或沿内镜旁单独插入导管供给氧气[46]。为了避免肺气压伤和发生纵隔气肿或气胸，供氧仅在内镜周围并且有足够空间以允许气体在呼气阶段排出时才有可能进行。在猫，用利多卡因进行局部麻醉可防止喉痉挛[41]，有利于内镜的通过。隆朋也可使喉松弛，便于内镜的插入[47]。在人医临床，气管内镜检查的不良反应包括动脉氧分压降低、二氧化碳分压增加、心律不齐以及呼气末暂时性压力增加，引起耳气压伤[48, 49]。

上呼吸道或上消化道内镜检查，如鼻腔镜、气管镜检查、喉镜检查或食道镜检查，可能会导致出血，血液流入咽和气管，并有被吸入肺的危险。同样，在做内镜检查时，冲洗液可流入咽和气管，也有可能被吸入肺内。在这些操作中，应重视保持气管插管套囊适当充气的重要性。因鼻腔对各种刺激较敏感，在鼻腔镜检中全身麻醉可能很难降低这种敏感性，需要增加额外的麻醉或镇痛以及正压通气。鼻出血是鼻腔镜检查的主要并发症[36]。气胸或咯血可因活组织取样或内镜物理性损伤引起，事先应估计充分，并适当给予通气和抽吸残留的液体。在拔出气管插管前，应吸除血液或其他液体和残留物，以防吸入。拔管应在吞咽反射出现后进行。放低患病动物头部，保持套囊充盈状态，拔出气管插管以“扫出”残留物。应注意控制呼吸道出血，并在拔管前吸除血液。鼻腔镜检后的镇静有助于减少喷嚏和出血，但不应抑制患病动物对呼吸道的保护性反射。在患病动物从各种并发症（如呼吸困

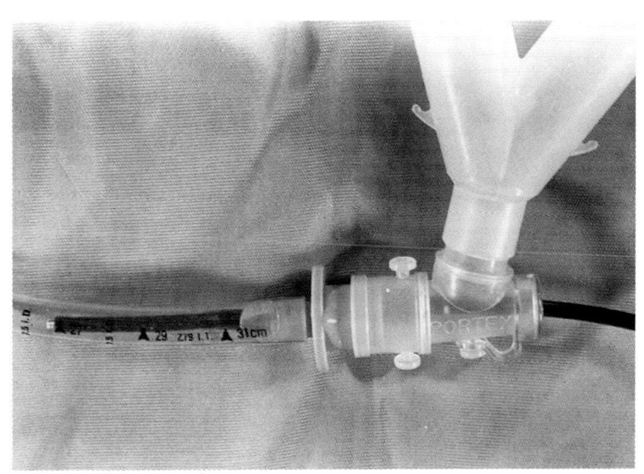

图2-1 具有通气和支气管镜镜检双重功能的旋转适配器

难、咳血、出血过多）的恢复过程中，应注意实时监控。

如果预测到内镜检查后呼吸道会发生肿胀，应使用皮质激素或气管切开术以缓解和排除阻塞[1]。

第四节 胸腔内镜检查

胸腔镜检查与开胸术相比具有微创性的特点。事实上，人医临床上某些胸腔镜的操作不需全身麻醉。然而，兽医胸腔镜操作需要对患病动物实施全身麻醉。需要做胸腔检查和诊断的动物可能因疾病而易出现心肺功能不稳定，还可因麻醉药物和技术的本身问题而引起某些心肺功能异常，兽医师应在实施麻醉前仔细评价患病动物的状态。此外，在检查过程中也应仔细监控患病动物，以避免发病或死亡。

胸腔镜检查可在各种镇静、镇痛、诱导麻醉和维持麻醉类药物的作用下进行。通常麻醉药物的选择取决于动物机体的状态而非操作过程。然而，无论开胸术还是胸腔镜检查都需要停止自主呼吸运动。因此，神经肌肉阻断剂常在胸腔镜检查动物的麻醉中合并使用。在兽医临床，神经肌肉阻断剂主要在麻醉诱导、气管插管的插入和机械通气开始后使用。重要的是，兽医师在胸腔镜操作过程中，特别是在操作完成后，以及麻醉撤除或通气支持之前，应对神经肌肉阻断剂的有效性进行评价。若在神经肌肉阻断剂药效终止之前通气支持停止，可能会发生危及生命的低氧血症和高碳酸血症。自主呼吸运动是神经肌肉阻断剂作用降低的标志，然而，更客观的评价是通过使用外周神经刺激器定位刺激腓神经或尺神经来获得。许多不同的刺激模式可以用来评价神经肌肉阻滞，但在我们的实践中常使用4个成串刺激和双短强直刺激两种刺激方法。

神经肌肉阻断剂分为去极化型和非去极化型两种。去极化型神经肌肉阻断剂通过激活肌纤维运动终板上的烟碱乙酰胆碱受体而发挥作用。使用这类药物后，可观察到激活的肌肉去极化和肌纤维震颤。神经肌肉阻断剂持续引起受体的激活，可导致烟碱乙酰胆碱受体的脱敏和肌肉麻痹。琥珀酰胆碱是一种典型的去极化型神经肌肉阻断剂。该药物起效迅速，但用药后会伴发明显的心血管效应，且不可逆转[50, 51]。

在小动物兽医临床上，非去极化型神经肌肉阻断剂比琥珀胆碱更常用。他们主要是通过阻断在肌肉终板处乙酰胆碱与乙酰胆碱受体结合而发挥作用[51]。非去极化型神经肌肉阻断剂的作用可被胆碱酯酶抑制剂（如新斯的明和氯化腾喜龙）逆转[50]。抗胆碱药物可在抗胆碱酯酶抑制剂之前使用，以防止心动过缓、支气管收缩以及因胆碱酯酶抑制的毒蕈碱作用所致口腔和呼吸道分泌物的增加[51]。

阿曲库铵是一种非去极化型神经肌肉阻断剂，对犬和猫的作用时间短（15~30min）。这种药物在体内大部分通过非酶类代谢（霍夫曼）消除。药物一部分以原形经肾脏排泄，另一部分在肝内和肝外通过酶代谢。由于有多种排出途径，该药作用时间很少受肝肾功能不全的影响[51]。虽然阿曲库铵能诱导组胺释放，引起低血压，但临床剂量下对这些影响轻微[51]。由于具有短效性、可逆性、肝和肾代谢相对独立性以及血流动力学稳定性，阿曲库铵成为兽医麻醉医师的首选麻醉辅助药。顺式阿曲库胺是已被批准用于人医的阿曲库铵同分异构体。顺式阿曲库铵和阿曲库铵具有相同正极属性，且不会引起动物组胺的释放。溴化双哌雄双酯和维库溴铵是两个化学相关的非去极化型肌松剂[51]。溴化双哌雄双酯比阿曲库铵作用时间长，应用时，由于它对迷走神经松解作用和引起的去甲肾上腺素释放增加，从而使心率加快、血压升高和心输出量增加[51, 52]。维库溴铵无这些心血管作用，也比溴化双哌雄双酯作用时间短。多库氯铵、美维库铵和罗库溴铵是可应用于猫、犬的新型非去极化型肌松药[51]。

在肺塌陷和未塌陷情况下均可进行胸腔镜检查。当进行常规肺插管和开放胸腔时，肺脏不需长时间和完全排气。这种技术同大多数开胸术中所采用的技术相同，也是最简单的麻醉处理。然而，在开胸状态下由于胸腔手术侧肺随每一呼吸周期而充气，常规呼吸通气可能使手术操作更困难。肺脏的运动可能干扰手术操作，充气的肺可能限制胸腔内视野。

在胸腔手术操作中，肺脏需排气时，可选择性安插肺插管或维持气胸。单侧肺通气法常用于人的胸腔镜检查[53]。此技术可使在手术侧胸内的肺脏塌陷，增加手术视野，与常规双肺通气相比更容易进行手术操作[54]。单肺通气也适用于肺脓肿患者，可以防止血液或渗出物从施术肺进入非施术肺[53]。此外，单侧肺通气被用于防止有局部病灶（大疱、囊肿或支气管胸膜瘘）的特定肺区域的通气[53]。

在人医，单侧肺通气可通过使用双腔气管内插管、支气管内插管或支气管阻塞器完成[53]。双腔气管内插管和支气管内插管不适用于兽医临床，而支气管阻塞器已应用于麻醉犬的单侧肺隔离[55]。带有支气管阻塞器的单腔双囊支气管插管可用于兽医临床（Univent管，富士山系统有限公司，东京）。该装置是一个带套囊的气管内插管，在其管壁内有一管道，便于可充气性的支气管阻塞器通过。Univent管在常规喉镜的直视下，通过口—支气管途径将其插入气管。给套囊充气，供给患病动物氧气，再进行通气。然后，使用光纤支气管镜直接放置支气管阻塞器。阻塞器由Univent管的附属管道送入，使其阻塞手术肺。Univent主管的凹面可用于引导阻塞器的送入[53]。给阻塞器充气以刚好阻塞手术肺为宜，然后退出支气管镜。常规气管内插管和Fogarty取栓导管也可采用相似于Unuvent管的方式应用，但支气管阻塞器（Fogarty导管）需由支气管内插管的主管腔或沿支气管内插管旁向下插入[53, 54]。

一旦肺隔离完成，可采用下述方法之一实施肺塌陷术：①在支气管阻塞器充气囊膨胀之前向胸膜腔施加正压（强迫气胸），或②支气管阻塞器的腔与抽吸装置连接，以排出施术肺气体[53, 54]。

心肺对单侧肺通气的反应不同于常规机械通气。Cantwell及其同事研究了氟烷麻醉对犬单侧肺通气的血液动力学影响[55]。使用支气管阻塞器隔离左侧肺之前，犬潮气量为10mL/kg，且以一定的频率使呼气末CO_2分压稳定在40mmHg。结果显示，在单肺通气过程中，心率、平均动脉压和动脉CO_2分压增加，动脉氧分压降低，但未观测到具有临床意义的血氧不足现象。最后，Cantwell发现，呼气末CO_2测量值在单侧肺通气中不能反映动脉CO_2分压[55]。

如上所述，与常规通气相比，单肺通气增加了手术视野，对血流无明显影响[53, 56]。即使如此，单肺通气也有一定的风险。插管的位置异常或套囊充气过度可导致支气管破裂。插管位置错误还会引起通气不足和血氧过低。在支气管镜的可视化操作下，小心放置插管和支气管阻塞器，能减少错位和支气管创伤的风险。然而，即使借助支气管镜，在犬单侧肺通气可能因为早期肺叶分支而定位不准。此外，为犬设计的专用插管还未商业化。最后，正确放置支气管栓塞器需要时间和光纤支气管镜的帮助。

作为单侧肺通气的替代方法，持续性气胸状态下的双肺通气可以提供胸腔镜操作空间，而无需花费时间去放置支气管内插管或支气管阻塞器。持续性气胸是通过向胸腔内注入气体（通常是氧化亚氮或二氧化碳），以产生高于大气压的压力而形成的。要维持胸内的正压，有必要对器械和照相机端口进行封闭。当单侧肺通气失败或被认为过于危险时[54]，胸腔检查中使用持续性气胸状态下的常规通气法。双肺通气和持续性气胸存在的主要问题是因持续性的胸内正压引起心肺损害，而这种正压可用于提供适当的术野和操作空间。在使用戊巴比妥或异氟烷麻醉猪时，常规通气和持续性气胸（注入二氧化碳气体）的联合应用易引起心脏指数和平均动脉压下降[56]。相反，有意识的犬可以耐受胸腔150%肺容量，而不改变其平均动脉压、心率和心脏指数[57]。更重要的是，我们观察到在常规通气、持续性氧化亚氮气胸和胸腔镜肺组织活检过程中，健康麻醉犬的心输出量和平均动脉压会增加[58]。常规机械通气使这些犬保持在呼吸频率14次/min，潮气量保持在10mL/kg。尽管氧分压下降，但血红蛋白饱和度没有降低。混合静脉氧分压也一直保持恒定。此外，肺结构的可视化便于进行肺脏活检，而且这种方法同样被应用于胸腔镜心包开窗术[59]。然而，因为这些研究只是在没有呼吸和心血管疾病的健康犬体内进行，所以常规机械通气和持续性气胸应仅在只需短暂手术操作和术前心肺功能稳定的患病动物中谨慎使用。

为了进行胸腔镜检查，对患病动物的评价是麻醉前准备的最重要环节。实际上，术中改变麻醉方法可能会影响手术结果。麻醉程度可以通过呼吸系统和心血管系统的监控来判定。患胸腔疾病的动物在胸腔镜检查过程中，供氧和通气可能受到影响，因此，本章将对麻醉期间供氧和通气的评价方法进行讨论。

一、动脉血氧

动脉氧分压（PaO_2）常用来评价肺的功能和输送氧到组织的能力。在呼吸室内吸入空气（21%的O_2）时，正常动脉氧分压约100mmHg。由于氧合血红蛋白解离曲线的形状和位置，在此动脉氧分压下血红蛋白饱和度约为100%。随着动脉氧分压低于正常水平（低氧血症），血红蛋白饱和度和动脉血压氧含量下降[60]。

麻醉期间，如果给予患病动物100%氧气，动脉氧分压大约为500mmHg。在胸腔镜检查，特别是对患肺和心血管疾病动物的胸腔镜检查时，动脉氧分压可能明显低于理想值，甚至需要供给100%的氧气。氧分压下降最主要的原因是由于肺血液循环生理性的短路引起的气体交换效率下降。Cantwell和Faunt研究表明，动脉氧分压在单侧肺通气或两侧肺通气的胸腔镜检查中均低于预期水平[55, 58]。

二、脉搏血氧定量法

脉搏氧饱和度仪将分光光谱测量和体积描记术相结合于一体，其工作原理是：当血红蛋白分子结合氧时[61]，血红蛋白的吸光特性发生改变。该器械利用光探头检测脉搏血流，并计算动脉血血红蛋白饱和百分比（S_{pO_2}）：

$$\frac{\text{氧合血红蛋白}}{(\text{氧合血红蛋白}+\text{脱氧血红蛋白})}\times 100$$

应用脉搏血氧饱和度仪连续监测动脉血氧饱和度，在使用前无需校准，而且是无创操作。鉴于这些原因，该器械对于胸腔镜检查是一种很有价值的监测工具。脉搏血氧饱和度仪的准确性和可靠性受高铁血红蛋白症、碳氧血红蛋白血症、皮肤色素沉着、外周血管收缩、动物活动、光干扰和电磁干扰的影响[61, 62]。虽然反射探头已发展为可应用于食道和直肠测定，但在麻醉期间的血氧饱和度常采用透射探头夹在舌头上进行测量[62]。

三、血二氧化碳分压

二氧化碳在有氧代谢的线粒体中产生，扩散进入毛细血管，通过肺的换气排出体外。二氧化碳以碳酸氢盐和碳酸的形式或与血浆蛋白或血红蛋白结合的形式运输。尽管溶解的二氧化碳只占血液中二氧化碳的10%，但这部分二氧化碳是唯一可用常规方法直接检测到的成分，并且也是唯一具有膜通透性的成分[60]。并且，正是这部分二氧化碳的参与决定了血液和肺泡气体之间或血液和组织之间的压力梯度。

动脉血二氧化碳分压受两方面因素影响：通气量和二氧化碳生成量（代谢率）[60]。二氧化碳生成量可能与体温、机体活动、战栗、内分泌变化（如甲亢、儿茶酚胺的释放）、恶性高热以及富含高糖的肠外营养等因素有关。多数情况下，二氧化碳生成量（代谢产生）是相对恒定的，吸入的气体几乎无二氧化碳。

肺泡通气量是一种有效通气量，能将二氧化碳从机体排出。无效腔通气量则是无用通气量，由残留在呼吸循环气道（解剖无效腔）中、无通气功能肺泡（肺泡无效腔）中的气体和气体双向流动或再呼吸的麻醉回路（器械无效腔）中的气体组成。如果肺泡通气量超过代谢生成量，就会发生低碳酸血症（Pa_{CO_2}< 35mmHg）。自主通气过度（如由疼痛或焦虑引起）、医源性过度换气（由机器或手控通气过度）、低氧血症、低血压和代谢性酸中毒均能引起低碳酸血症。高碳酸血症（Pa_{CO_2}> 45mmHg）被定义为肺泡通气不足，可由中枢神经系统抑制（如麻醉药作用、中枢神经系统损伤）、呼吸肌麻痹或损伤（如神经肌肉阻断剂作用）、胸壁完整性破坏、呼吸衰竭或者恶性高热等引起。

二氧化碳监测仪是一种估测动脉血二氧化碳分压的非侵袭性方法[61]。一般来讲，最大呼出二氧化碳分压（呼气末二氧化碳）与动脉血二氧化碳分压密切相关，但小于5mmHg[61]。通过监测呼出的二氧化碳分压，可了解通气状态、麻醉回路功能和心血管活动变化。然而在胸腔镜检查中，二氧化碳监测仪不是一种评价动脉血二氧化碳分压的可靠方法。Cantwell发现，在单侧肺通气时呼出的二氧化碳分压与动脉血二氧化碳分压无关[55]。同样，Faunt也观察到在常规通气和胸腔镜检查中肺泡无效腔明显增加[58]。因此，在胸腔镜检查中利用血气分析评价动脉血二氧化碳分压是评价通气是否适当的首选方法。

四、术后疼痛管理

胸廓切开术后的疼痛控制富有挑战性，且效果常常不明显。相反，微创胸腔手术的恢复期相对无疼痛，经适当的护理无并发症发生。在术前、术中和术后使用阿片类药物是控制疼痛的主要措施。μ-受体激动剂，如吗啡、羟吗啡酮、芬太尼，给药后能起到很好的止痛效果，但也会伴有明显的呼吸抑制[63]。在术后使用这些药物时必须密切观察动物的反应。由于胸腔镜检查是无创性的，阿片类的部分受体激动剂或混合型受体激动-颉颃剂足以控制术后疼痛。丁丙诺啡是一种可以缓解中度疼痛的部分μ-受体激动剂，伴有轻度的呼吸抑制[63]。布托啡诺同样可有效缓解轻度至中度疼痛，也伴有轻度的呼吸抑制，但由于其短效性，在犬需频繁注射才能维持有效镇痛[63]。

使用局部麻醉药物也是控制胸腔镜检查术后疼痛的一种有效方法[64]。我们常在位于器械和摄像机入口的背侧注射局麻药物，以阻断肋间神经。事实上，使用摄像机有助于将局麻药注射在靠近肋间神经的部位。在患病动物常使用布比卡因，因为其相对长效（6h）。对于犬或者猫，布比卡因总量不应超过1mg/kg。

非甾体抗炎药物也可用于治疗术后疼痛。目前，多数非甾体抗炎药物可引起明显的肠胃、肾脏和血凝方面的不良反应。新型、低毒的非甾体抗炎药物可缓解疼痛且无明显的心肺功能抑制作用，在围术期使用极有价值。

参考文献

1. Trim CM: Anesthetic considerations of the gastrointestinal tract. In Short CE, editor: *Principles of veterinary anesthesia*, Baltimore, 1987, Williams & Wilkins.
2. Galatos AD, Raptopoulos D: Gastro-oesophageal reflux during anaesthesia in the dog: the effect of preoperative fasting and premedication, *Vet Rec* 13:479-483, 1995.
3. Burrows EF, Bright RM, Spencer CP: Influence of dietary composition on gastric emptying and motility in dogs: potential involvement in acute gastric dilatation, *Am J Vet Res* 46:2609-2612, 1985.
4. Leib MC and others: Gastric emptying of liquids in the dog: serial test meal and modified emptying-time techniques, *Am J Vet Res* 46:1876-1880, 1985.
5. Holaday DA, Rudofsky S, Treuhaft PS: The metabolic degradation of methoxyflurane in man, *Anesthesiology* 33: 589-593, 1970.
6. Rehder K and others: Halothane biotransformation in man: a quantitative study, *Anesthesiology* 28:711-715, 1967.
7. Holaday DA and others: Resistance of isoflurane to biotransformation in man, *Anesthesiology* 43:325-332, 1975.
8. Donlon JV: Anesthesia for eye, ear, nose, and throat. In Miller RD, editor: *Anesthesia*, ed 2, New York, 1986, Churchill Livingstone.
9. Short CE: Anticholinergics. In Short CE, editor: *Principles and practice of veterinary anesthesia*, Baltimore, 1987,

Williams & Wilkins.

10. Roush JK and others: Effects of atropine and glycopyrrolate on esophageal, gastric, and tracheal pH in anesthetized dogs, *Vet Surg* 19:88-92, 1990.
11. Brock-Utne JF and others: The effect of glycopyrrolate (Robinul) on the lower oesophageal sphincter, *Can Anaesth Soc J* 25:144, 1978.
12. Strombeck DR, Harrold D: Effects of atropine, acepromazine, meperidine, and xylazine on gastroesophageal sphincter pressure in the dog, *Am J Vet Res* 46:963-965, 1985.
13. Hall AW and others: The effects of premedication drugs on the lower oesophageal high pressure zone and reflux status of Rhesus monkeys and man, *Gut* 16:347, 1975.
14. Waterman AE, Hashim MA: Effects of thiopentone and propofol on lower oesophageal sphincter and barrier pressure in the dog, *J Small Anim Pract* 33:530-533, 1992.
15. Wright M: Pharmacologic effects of ketamine and its use in veterinary medicine, *J Am Vet Med Assoc* 180:1462-1470, 1982.
16. Booth NH: Non-narcotic analgesics. In Booth NH, McDonald LE, editors: *Veterinary pharmacology and therapeutics*, ed 5. Ames, 1982, Iowa State University Press.
17. Sawyer DC: Use of narcotics and analgesics for pain control. Proceedings from the AAHA 52nd Annual Meeting, Orlando, March 1985.
18. Donaldson LL and others: Effect of preanesthetic medication on ease of endoscopic intubation of the duodenum in anesthetized dogs, *Am J Vet Res* 54:1489-1495, 1993.
19. Smith TC, Wollman H: History and principles of anesthesiology. In Filman AG, Goodman LS, Hall TW, Murad F, editors: *The pharmacological basis of therapeutics*, ed 7, New York, 1985, Macmillan.
20. Steffey EP, Gauger GE, Eger EI: Cardiovascular effects of venous air embolism during air and oxygen breathing, *Anesth Analg* 53:599-604, 1974.
21. Gilroy BA, Anson LW: Fatal air embolism during anesthesia for laparoscopy in a dog, *J Am Vet Med Assoc* 190:552-554, 1987.
22. Thayer GW, Carrig CB, Evans TE: Fatal venous air embolism associated with pneumocystography in a cat, *J Am Vet Med Assoc* 176:643-645, 1980.
23. Baratz RA, Karis JG: Blood gas studies during laparoscopy under general anesthesia, *Anesthesiology* 30:463-464, 1969.
24. Jones BD, Hitt M, Hurst T: Hepatic biopsy. In Jones BD, editor: *Veterinary clinics of North America small animal practice: veterinary endoscopy*, Philadelphia, 1985, WB Saunders.
25. Ivankovich AD and others: Cardiovascular effects of intraperitoneal insufflation with carbon dioxide and nitrous oxide in the dog, *Anesthesiology* 42:281-287, 1975.
26. Gross ME and others: The effects of abdominal insufflation with nitrous oxide on cardiorespiratory parameters in spontaneously breathing isoflurane-anesthetized dogs, *Am J Vet Res* 54:1352-1358, 1993.
27. Ciofolo MJ and others: Ventilatory effects of laparoscopy under epidural anesthesia, *Anesth Analg* 70:357-361, 1990.
28. McCarthy TC, McDermaid SL: Cystoscopy. In Jones BD, editor: *Veterinary clinics of North America small animal practice: veterinary Endoscopy,* Philadelphia, 1990, WB Saunders.
29. Hsu WH, McNeel SV: Effect of yohimbine on xylazine-induced prolongation of gastrointestinal transit in dogs, *J Am Vet Med Assoc* 183:297-300, 1983.
30. Sojka JE, Adams SB, Lamar CH: The effect of two opiate agonist-antagonists on intestinal motility in the pony (abstract). Second Equine Colic Research Symposium, Athens, GA, 1985.
31. Davies JV, Gerring EL: Effect of spasmolytic analgesic drugs on the motility patterns of the equine small intestine, *Res Vet Sci* 34:334-339, 1983.
32. Booth NH: Intravenous and other parenteral anesthetics. In Booth NH, McDonald LE, editors: *Veterinary pharmacology and therapeutics*, ed 5. Ames, 1982, Iowa State University Press.
33. Marshall FTV, Pittinger CB, Long JP: Effects of halothane on gastrointestinal motility, *Anesthesiology* 22:363-366, 1961.
34. Healy TEJ and others: Effect of some IV anaesthetic agents on canine gastrointestinal motility, *Br J Anaesth* 53:229-233, 1981.
35. McKiernan BC: Lower respiratory tract diseases. In Ettinger SJ, editor: *Textbook of veterinary internal medicine: diseases of the dog and cat*, ed 2, Philadelphia, 1983, WB Saunders.
36. Roudebush P: Diagnostics for respiratory diseases. In Kirk RW, editor: *Current veterinary therapy*, ed 8, Philadelphia, 1983, WB Saunders.
37. Greenfield CL: Canine laryngeal paralysis, *Comp Contin Educ Pract Vet* 9:1011-1020, 1987.
38. LaHue TR: Laryngeal paralysis, *Semin Vet Med Surg (Small Anim)* 10:94-100, 1995.
39. Gaber CE, Amis TC, LeCouteur RA: Laryngeal paralysis

in dogs: a review of 23 cases, *J Am Vet Med Assoc* 186: 377-380, 1985.

40. Gross ME and others: A comparison of thiopental, propofol, and diazepam-ketamine anesthesia for evaluation of laryngeal function in dogs premedicated with butorphanol-glycopyrrolate, *J Amer Anim Hosp Assoc* 38:503-506, 2002.
41. Riedesel DH: Diagnostic or experimental surgical procedures. In Short CE, editor: *Principles and practice of veterinary anesthesia*, Baltimore, 1987, Williams & Wilkins, 1987.
42. Nagashima H and others: Respiratory and circulatory effects of intravenous butorphanol and morphine, *Clin Pharmacol Ther* 19:738-745, 1976.
43. Marshall BE, Wollman H: General anesthetics. In Gilman AG, Goodman LS, Hall TW, Murad F, editors: *The pharmacologic basis of therapeutics*, ed 7, New York, 1985, Macmillan.
44. Jaspar N and others: Effect of ketamine on control of breathing in cats, *J Appl Physiol* 55:851-859, 1983.
45. Bovill JF and others: Some cardiovascular effects of ketamine in man, *Br J Pharmacol* 41:411-412, 1971.
46. Landa JF: Bronchoscopy: general considerations. In Sackner MA, editor: *Diagnostic techniques in pulmonary disease*, vol 16, New York, 1980, Marcel Dekker.
47. Gleed RD: Tranquilizers and sedatives. In Short CE, editor: *Principles and practice of veterinary anesthesia*, Baltimore, 1987, Williams & Wilkins.
48. Lindholm CE and others: Cardiorespiratory effects of flexible fiberoptic bronchoscopy in critically ill patients, *Chest* 74:362-368, 1978.
49. Shrader DL, Lakshminarayan S: The effect of fiberoptic bronchoscopy on cardiac rhythm, *Chest* 73:821-824, 1978.
50. Cullen LK: Muscle relaxants and neuromuscular blockade. In Thurmon JC, Tranquilli WJ, Benson GH, editors: *Lumb & Jones veterinary anesthesiology*, ed 3, Baltimore, 1996, Williams & Wilkins.
51. Adams HR: Neuromuscular blocking agents. In Adams HR, editor: *Veterinary pharmacology and therapeutics*, ed 7, Ames, 1995, Iowa State University Press.
52. Reitan JA, Warpinske MA: Cardiovascular effects of pancuronium bromide in mongrel dogs, *Am J Vet Res* 36: 1309-1311, 1975.
53. Benumof JL, Alfery DD: Anesthesia for thoracic surgery. In Miller RD, editor: *Anesthesia*, ed 4, New York, 1994, Churchill Livingstone.
54. Hasnain JU, Keasna MJ: Anesthetic, equipment, and pathophysiologic considerations of thoracoscopic surgery. In Bailey R, editor: *Complications of thoracoscopic surgery*, St Louis, 1994, QMP.
55. Cantwell SL and others: One-lung versus two-lung ventilation in dogs: comparison of cardiopulmonary parameters, *Vet Surg* 29:365-373, 2001.
56. Jones D and others: Effects of insufflation on hemodynamics during thoracoscopy, *Ann Thoracic Surg* 55:1379-1382, 1993.
57. Bennett RA and others: Cardiopulmonary changes in conscious dogs with induced progressive pneumothorax, *Am J Vet Res* 50:280-284, 1989.
58. Faunt KK and others: Cardiopulmonary effects of bilateral hemithorax ventilation and diagnostic thoracoscopy in dogs, *Am J Vet Res* 59:1494-1498, 1998.
59. Faunt KK and others: Evaluation of biopsy specimens obtained during thoracoscopy from lungs of clinically normal dogs, *Am J Vet Res* 59:1499-1502, 1998.
60. West JB: *Respiratory physiology—the essentials*, ed 5, Baltimore, 1995, Williams & Wilkins.
61. Moon RE, Campmoresi EM: Respiratory monitoring. In Miller RD, editor: *Anesthesia*, ed 4, New York, 1994, Churchill Livingstone.
62. Haskins SC: Monitoring the anesthetized patient. In Thurmon JC, Tranquilli WJ, Benson GJ, editors: *Lumb & Jones' veterinary anesthesia*, ed 3, Baltimore, 1996, Williams & Wilkins.
63. Thurmon JC, Tranquilli WJ, Benson GJ: Preanesthetics and anesthetic adjuncts. In Thurmon JC, Tranquilli WJ, Benson GJ, editors: *Lumb & Jones' veterinary anesthesia*, ed 3, Baltimore, 1996, Williams & Wilkins.
64. Skarda RT: Local and regional anesthetic and analgesic techniques. In Thurmon JC, Tranquilli WJ, Benson GJ, editors: *Lumb & Jones' veterinary anesthesia*, ed 3, Baltimore, 1996, Williams & Wilkins.

第三章　内镜活检样品处理与病理组织学

本章描述理想的内镜样品采集方法和对样品的病理检查，并且简要介绍不同疾病内镜样品的特征性病理结果。

第一节　内镜活组织采样的问题所在

应用内镜活组织采样技术评判各种生物样品在很多环节中都可能会出现问题。采样错误可以发生在所采取的样品不能代表所发生的病变。例如，只采取了样品浅表区域观察到的坏死和炎症变化，而没有观察到下层组织的肿瘤病变；或者样品组织太小而不能给出确切的病理学评价。活组织样品处理出现问题可以发生在样品采取和处理之时（多数情况下是由于组织受挤压而变形），或者是采样后未能及时固定，或者是固定不规范，或者是无意中丢失样品。在实验室制作切片过程中的错误，包括包埋时样品放置方向错误和由于未采取相关措施导致小体积样品的丢失。虽然其他错误也可导致不能得出诊断或者对组织变化做出错误的解释，但是让作者感到惭愧的经验是，病理组织学检查中最易出现的错误是读片错误。如果病理组织学解释不能很好地与临床检查结果相符合，检查者应该毫无迟疑地与病理学家沟通，讨论所出现的问题。只需要多了解一点点临床和临床病理学信息，就可能更好地帮助病理学家做出正确的诊断或者列出鉴别诊断目录。检查中也需要对病理标本进行反复观察，有时只是在第二天早晨观察就可能得出令人眼界大开的结果，作者也常常惊叹于这些固定和处理的组织切片一夜之间“改变自己”的神奇变化（框3–1）。

框3–1　内镜活组织采样错误的来源

样品采取

样品处理

切片制作

读片解释

Willard和他的同事曾经做过如下试验，当同样的肠道活组织样品切片由不同的病理学家进行观察时，不同观察者之间常出现令人吃惊的差异[1]。这项研究得出一个结论，对来自犬和猫的肠道样品病理变化进行解释时需要一个较好的标准。评价和解释内镜活组织采集样品和其他生物样品时，对于一名临床医生来说，与能够通过病理观察并对患病动物的管理和预后结果总体上给出积极性建议的病理学家建立工作关系尤为重要，这样在需要的时候可以进行咨询。

第二节　活检样品的处理

内镜活组织采集的样品包括黏膜组织、实质器官、肿块状病变和关节内样品。处理和解释生物样品的最佳技术取决于各种生物样品的类型。一般情况下，应该小心地从取样器中取出样品，取出过程中应使用像针头一样细而尖的器械，并且操作应轻柔（图3–1和框3–2）。

一、黏膜

在兽医临床中，普遍从呼吸系统、胃肠道系统和泌尿生殖系统采取黏膜样品。为了做出正确充分的病理组织学解释，正确的样品方向尤为重要。

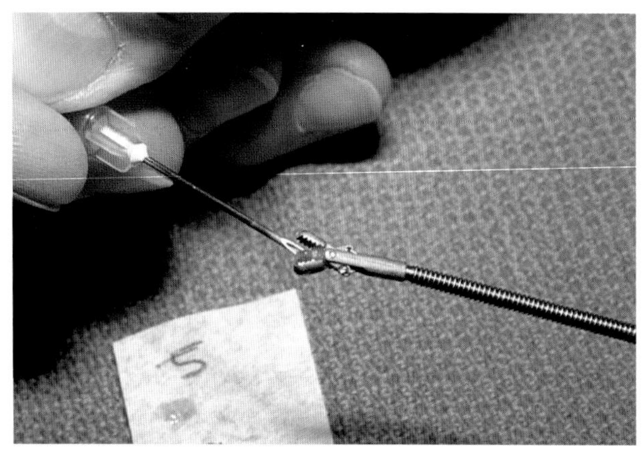

图3-1 使用针头或其他细而尖的工具将样品从活组织取样器中轻柔地取出来。（Timothy McCarthy博士惠赠）

例如，如果切片只切到浅表的黏膜层，就不可能对小肠黏膜的绒毛结构和隐窝损伤进行充分的评价；不适当的切片可能无法观察到深层的炎症或肿瘤病变。

框3-2 生物样品总体评价

由于其本身的局限性，内镜生物样品一般较小
样品越多越好
从病变多个区域采集样品
如果可能，最好从不同病变区域采集独立的样品并单独标记
处理样品时应轻柔
不要将小的样品放进血液采集管或其他狭长的容器内
黏膜样品最好按照一定的方向进行操作（参见正文）

当黏膜样品自由漂浮在装有福尔马林溶液的固定瓶内时，病理学家或者组织病理学家可能很难确定样品的方向。

虽然在外科手术时简单地将样品放入到装有福尔马林溶液的容器内很省事儿，但是，如果多花一点时间来确保样品的方向，可以极大地提高诊断的准确性。鼻黏膜活组织样品在这方面很少出现问题，这是因为鼻甲骨高度折叠而使其一侧或两侧表面包含有典型的黏膜组织。

从胃肠道和泌尿生殖系统采取的黏膜样品很容易出现问题。采取特殊的操作程序来确保样品的正确方向显得更为重要，这样完整厚度样品的病理组织学病变可以得到评价。最佳的技术包括：①防止黏膜样品卷曲；②在实验室内，提供一个平面并识别样品的深层边缘，这样在样品包埋时从边缘开始而确保切片时能够得到完整厚度的切片；③保持黏膜的完整性。以下介绍几种相关的操作程序：

一些作者喜欢将黏膜样品放置到一张特殊准备好的黄瓜片上，这样黄瓜片和所有组织将被接着固定和处理[2]。这种技术虽然可行，也还有一些其他简单技术。

一些病理学家喜欢将黏膜样品肌层组织在下放在一个木质压舌板上，并将它们一起放入到装有福尔马林溶液的容器内[3]。这个技术的缺陷就是在石蜡浸润前需要将样品从压舌板上取下来，这样容易造成人为的病理变化。

另一种技术是取一个用于准备制作石蜡组织块的塑料材质组织盒，其内有塑料泡沫海绵，这可防止小体积样品从盒孔中丢失。黏膜样品以肌层组织在下的方向被放置在盒内的两层海绵间，并接着后续处理[2]。虽然此操作技术似乎可以给实验室人员提供便利，但根据笔者同事Peter Rowland博士的经验，这样操作常常导致意料不到的组织压伤[3]。

将黏膜样品以肌肉层组织在下的方式放在一层塑料海绵上，并让海绵以样品在下面的方式轻浮在福尔马林溶液上，而不是将样品和海绵置入组织包埋盒内，这是提交黏膜活组织样品的一种可接受的方法[4]。这种方法已在一个兽医教学医院中开始应用，黏膜样品应直接亲手提交到实验室，然而，在运输到实验室的过程中，此方法不能保证样品一直保持在液面上。

有一种处理样品的技术经笔者使用效果最好。即将样品以黏膜面向上、肌层组织在下的方式放置在一张滤纸上（图3-2），再将滤纸放在像压舌板一部分的坚硬物体上，如此样品就黏附在滤纸上，接着用擦镜纸宽松地缠绕压舌板和附着有样品的滤纸（图3-3）。

图3-2　当进行胃肠道或者膀胱黏膜活组织采样时，将样品黏膜面向上放在一张滤纸上。用铅笔在滤纸上标记出样品的来源。（Timothy McCarty博士惠赠）

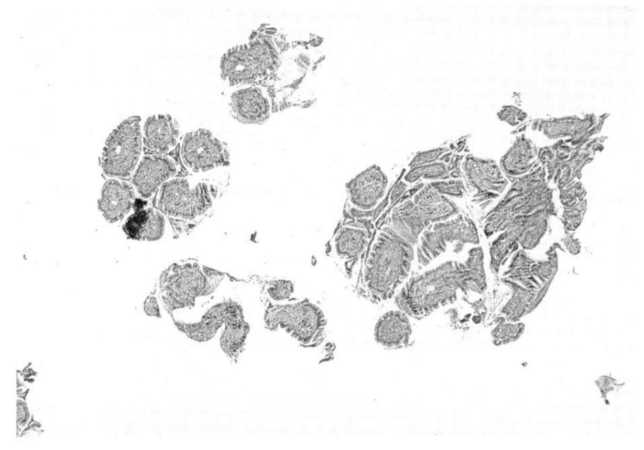

图3-4　由于肠道黏膜活组织样品放置不正确，导致病理组织学切片的破碎和折叠，从而难以解释镜检结果。HE染色。（Michael Willard博士惠赠）

图3-3　采集多块样品非常重要，从同一个区域采取的所有样品可以放在同一张滤纸上。（Timothy McCarty博士惠赠）

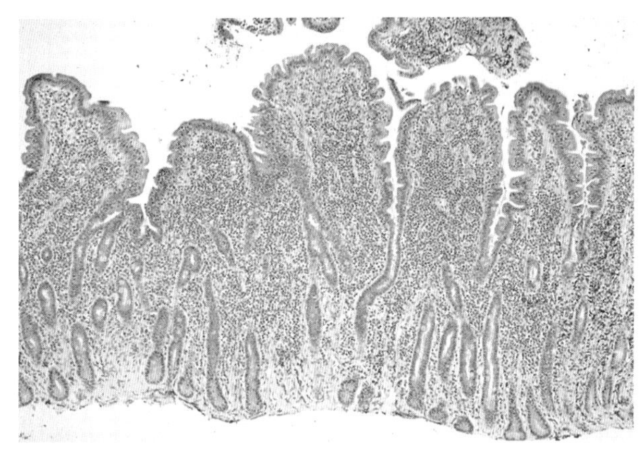

图3-5　正确处理的肠道黏膜样品可以制作出评价整个黏膜厚度、绒毛长度和宽度的病理组织学切片。这种情况下，浸润的淋巴细胞和浆细胞增加了固有层的细胞数量，也增加了上皮内淋巴细胞的数量，这是淋巴细胞-浆细胞性肠炎的特征。HE染色。（Michael Willard博士惠赠）

当样品采集自如胃和十二指肠病变的不同区域时，样品的来源可以标记在压舌板或者滤纸上。当样品到达实验室后，附着有样品的滤纸可以进行修整并放入组织包埋盒内，从而保证在石蜡浸润过程中保持样品的方向，包埋时，小心地取下样品并沿着样品的边缘进行包埋和切片，多块组织可以被包埋在一个蜡块内。

Willard和他的同事们从事犬和猫十二指肠黏膜活组织样品的研究工作，他们的研究结果证实了合理处理内镜采集样品的重要性[4]。在样品比较中，在塑料泡沫上沿样品边缘包埋并漂浮在福尔马林溶液上的样品，在包埋过程中样品的方向不能辨识，6%～26%自由漂浮样品的切片明显不能满足诊断目的，而在海绵附着的样品仅仅0～4%的切片不满足（图3-4和图3-5）。

不管如何细心处理，总是有一些样品不能用作诊断。在进行内镜采样时，收集尽可能多的样品很重要。虽然笔者尽可能避免“以数量进行病理评判”，但仍建议每次采集6个或更多活组织样品[2]。Willard及其同事们的研究表明，对于十二指肠内镜活组织采样最少应该采集8个样品[4]。

二、实体器官

实体器官生物样品包括从肺脏、肾脏、肝脏、胰脏、脾脏、肾上腺、淋巴结或者从其他实体器官采集的样品。足够的样品采集取决于器官和病理变化的本质。必须细心处理样品，以减少人工挤压导致的病变假象。因为实体器官生物样品的方向性已不再是关键问题，故提交浸泡在福尔马林溶液中的样品即可。实验室应该提交尽可能大的组织样品。

三、块状病变

如果在利用内镜技术进行腹腔、胸腔或者呼吸道、胃肠道或者泌尿生殖器官的腔道内观察到块状病变时，应该尽可能应用环状结扎技术，采集足够大的诊断样品进行病理组织学评价。从病理学家的角度来说，即使是利用内镜技术检查到块状病变，人们还是认为利用探查式外科手术切取生物样品比使用内镜采样要好。

四、关节内损伤

在小动物，人们越来越有兴趣利用内镜技术对患病动物关节进行病理学评价。关节活体组织样品与呼吸道黏膜采取样品相似，对组织样品的精准方向放置进行病理组织学切片的要求没有胃肠道黏膜组织样品那样高。如果能同时进行关节液的细胞学评价和细菌培养，可以利用关节活体组织样品进行确诊。

第三节　细胞学和细胞培养

应用内镜技术进行细胞学研究工作包括：①体液吸出进行细胞学和细菌培养；②冲洗细胞的准备；③在载玻片上滚动活组织采集样品制备印迹性涂片并进行福尔马林固定。体液吸出是一种非常有用的技术，用于评价胃脏或十二指肠样品内出现的病原微生物，例如螺杆菌、贾第鞭毛虫和胃线虫；或者提交样品进行细菌培养以识别小肠内细菌过度增生紊乱。冲洗的细胞制备物非常适合用于鉴定胃肠道、呼吸道和泌尿生殖道的各种炎症和肿瘤状况。活组织采集样品的印迹性涂片有时也有重要价值，但是即使采取最细心的技术，这种操作在涂片进行福尔马林固定后也可能会出现人工假象，给病理组织学评价增加了困难。

在兽医诊断病理学中，细针穿刺抽吸（FNA）细胞学的价值在很大程度上依赖于采样的器官或组织以及吸出制备物的质量。例如，肝脏细针抽吸制备物通常难于解释，仅在很小比例的情况下可能得出确切的诊断。在有些病例，细针抽吸也有价值。常有可能仅依靠细胞制备物对于区分成淋巴性白血病和单核细胞白血病、髓淋巴细胞型白血病或者髓单核细胞性白血病。鉴定猫肠道的大颗粒淋巴细胞（LGL）肿瘤也需要进行肿瘤细胞的细胞学评价。虽然有些参考文献报道肿瘤细胞的典型胞浆内颗粒在组织学切片时可以应用特异性染色，如姬姆萨染色观察到、过碘酸反应和磷钨酸—苏木素染色[5,6]；根据笔者的经验，只有在细胞制备物中才能观察到猫肠道大颗粒淋巴细胞肿瘤，而在福尔马林固定的组织学切片中无论是否采用特殊染色都不能观察到（图3-6）。

来源于任何动物的低分化肿瘤细胞，与组织病理切片相比，更容易在细胞制备物中识别。有些病

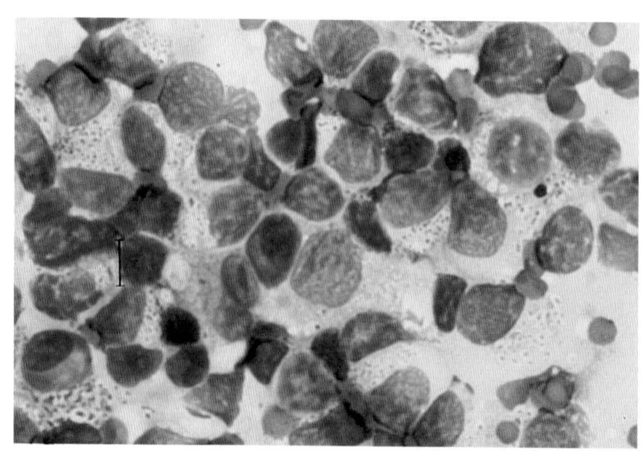

图3-6　大颗粒淋巴细胞肿瘤中典型的小嗜酸性胞浆内颗粒仅可能在细胞制备物中观察到，与猫小肠的结节性大颗粒淋巴细胞肿瘤一样。Diff-Quik染色。（Barry Cooper博士惠赠）

例，一名有领悟能力和有经验的临床病理学家可以在细胞制备物中确定其细胞类型。即使Diff-Quik染色或其他染色能够用来观察细胞制备物，这些染色和未染色的切片都应该提交给一位有经验的兽医临床病理学家进行观察和解释。虽然像Diff-Quik染色这类快速染色技术非常有用，但是临床病理实验室应用的瑞氏—姬姆萨染色更有助于解释细胞制备物。

第四节　样品的提交

常用福尔马林来固定内镜和其他活组织采样标本。10%福尔马林应该具有足够的缓冲能力，使用非缓冲福尔马林溶液常常会导致人工假象，导致难以解释结果。有些实验室提供预混合的福尔马林，这比单独的福尔马林更容易使用而且效果更好。

福尔马林与样品的最小容积比应为9：1，这个比例的福尔马林对于小块的内镜活组织样品可以起到很好的固定效果（图3-7）。小块样品不能使用血液采集管提交，因为很难从中取出样品。

样品在福尔马林溶液中需小心包装，以免在运输过程中发生泄漏，双层袋包装样品更为理想。正确的样品包装对各种诊断分析越来越重要，尤其是因为美国和其他国家邮政服务对可能造成的环境污染和生物毒害物质危险变得越来越敏感。

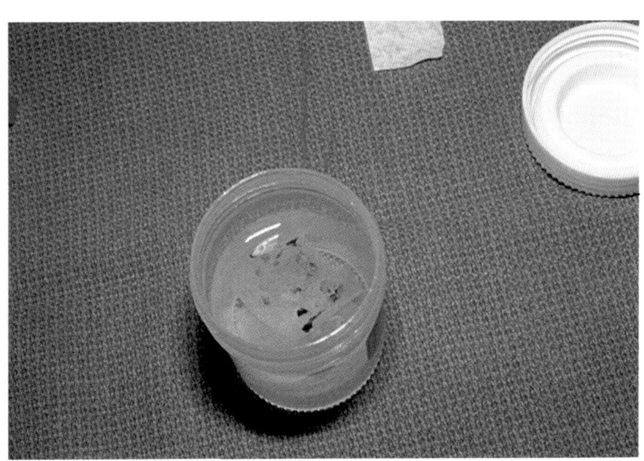

图3-7　将样品放入充足容积的10%中性缓冲福尔马林中。（Timothy McCarthy博士惠赠）

福尔马林会在0℃下结冰，其人工冷冻损伤会造成样品作废。在寒冷气候运输过程中，应该给予样品充分的保护，而温度升高似乎不是问题。

样品提交单上的相关信息对保证最好和最准确的病理学解释来说也非常重要。临床诊断和鉴别诊断有时可以帮助减少最后诊断所用的时间。例如，如果临床医生怀疑是霉菌性鼻炎，那么在样品处理过程中对霉菌的特殊颜色就可以进行相关准备，而不需要等待到样品切片经过苏木素—伊红染色（HE）完成后进行检查（框3-3）。

框3-3　样品提交单

为所有样品提供的：

- 完整的描述；如果不知道具体的年龄，即使是“年轻的”、“成年的”、“成熟的”或“老龄的”都是有用的信息
- 内镜发现的描述，包括是否出现块状病变、糜烂或溃疡
- 临床症状的完整记述
- 先前治疗的记录及其治疗效果或无效果
- 相关的临床病理学结果，包括一些实际的生理学数据和细胞学结果（如已检查）
- 样品采集位置的描述
- 临床诊断或者鉴别诊断

鼻腔和窦腔黏膜和关节内活组织采样，也包括以下内容：

- X线检查
- 已完成或未进行的细菌和霉菌培养

胃肠道黏膜活组织采样，也包括以下内容：

- X线或超声造影术检查
- 粪便寄生虫检查结果
- 钡餐和其他影像检查结果

泌尿生殖系统活组织采样，也包括以下内容：

- 尿分析结果
- X线或超声造影术检查
- 其他影像学检查结果
- 已完成或未进行的细菌培养

第五节　病理组织学技术

所有的组织学实验室都配备有经福尔马林固定组织进行常规石蜡包埋、切片和染色的器械，而各实验室病理切片的制作质量可能不同，特别是在小的私人实验室。样品切片和染色的质量会影响病理学家对病理学变化的解释结果。美国兽医实验室病

理学家协会（AAVLD）在给兽医诊断实验室颁发认证之前，会深入评价实验室的各个方面。但是，许多未经认证的实验室也可以制作出优质的病理切片。

所有的实验室都应该提供常规的HE染色和一些被称为特殊染色的组织化学反应。利用特异性抗体鉴定细胞类型、病毒、细菌、霉菌或其他传染性病原的免疫组织化学检验不是所有实验室都能操作的，即使在一些经常利用免疫组织化学检验进行诊断的实验室，也不是所有的抗体都有。如果需要，病理学家可以查询哪个实验室可以提供某种特殊的免疫组织化学检验。使用互联网可以快速收集电子信息，并且在美国兽医实验室病理学家协会网站上可以找到有关免疫组织化学问题的答案。当一个病例令人感兴趣或不常见时，不用花费额外的费用就有可能进行免疫染色。

在能够常规处理人类组织的实验室里，完全可以处理动物组织。但是不建议人医病理学家评价动物组织。作为一位对比较医学感兴趣的兽医病理学家，笔者对检看人的组织非常感兴趣，但是从未考虑过进行相关诊断。

常规病理组织学

所有经福尔马林固定样品都在石蜡中包埋并进行常规染色，多数实验室使用不同的HE染色方法。多数情况下，HE染色切片足以进行诊断。特殊染色的使用取决于HE染色结果。用于诊断目的的人类组织，需要特殊染色时不可避免地涉及到额外的费用，但是有医疗保险承担。有些兽医诊断实验室也会因为特殊染色而额外收费，但是有些兽医实验室，特别是那些与学术研究所有关的实验室，仍然提供“常规特殊染色”而没有额外收费（表3-1）。

表3-1　重用的特殊染色

染色	应用
姬姆萨染色	多种细菌性、原虫性和霉菌性微生物；识别肥大细胞和嗜酸性粒细胞；帮助鉴定浆细胞
甲苯胺蓝染色	检查肥大细胞颗粒和软骨样基质
革兰氏染色	区别革兰氏阳性和革兰氏阴性细菌
过碘酸反应（PAS），Gomori氏六胺银染色（GMS）	酵母和霉菌、一些原虫（阿米巴原虫）和一些藻类的染色
抗酸染色	鉴定抗酸性微生物，如结核分支杆菌
银染染色	检测螺旋体
三色染色法	胶原纤维染色并检测
网状纤维染色	显示受损肝脏的结构改变
过碘酸反应（PAS），Jones氏六胺银染色（JMS）	显示肾小球和肾小管碱性基底膜改变
刚果红染色	识别淀粉样物质
罗丹宁铜染色	检测铜
普鲁士蓝染色	检测铁
糖原的过碘酸反应	检测糖原
油红O，苏丹黑染色	检测脂质
磷钨酸苏木素染色（PTAH）	染色一些颗粒淋巴细胞颗粒和纤维素；显示骨骼肌细胞的横纹

免疫组织化学染色

很久以来，免疫组织化学在研究领域中常用来识别细胞类型，并且越来越多地应用于兽医病理学诊断中。免疫组织化学可用来识别淋巴细胞表面标志，例如，可帮助识别和分辨淋巴细胞性炎症和淋巴细胞性肿瘤，可分辨B细胞和T细胞淋巴细胞瘤。免疫组织化学可以用来鉴定上皮细胞标志，常常是细胞角蛋白；也可以用来识别侵袭的硬化型癌病例中的癌细胞，此病例中的肿瘤细胞数量非常小且经常规病理学检查难以检测到。

在多数情况下，没有特异性抗体可以区别正常细胞和肿瘤细胞，这样免疫组织化学检测不是其自身的答案。有经验的病理学家在做出准确的解释之前，需要细心地观察和评价免疫组织化学切片。越来越多的抗体正被用来鉴定传染病的致病性病原因子。许多实验室提供常规的特殊染色而不需要额外的费用，免疫组织化学检测需要特殊的试剂并且需要耗费大量的人力，且需要额外的费用。

第六节　病理组织学变化

本节内容描述了区分不同器官不同病理过程的总体指导原则，同时阐述了病理学家可能遇到的困惑。

一、胃肠道

内镜活组织采样可作为诊断胃肠道疾病的一个重要工具，只有涉及到黏膜层的疾病才可以使用此技术进行检测。

（一）萎缩

黏膜萎缩，特别是胃黏膜萎缩，虽然可发生于各种慢性炎症，但是在大多数病例中利用黏膜活体组织样品进行诊断是不可能的。可发现各种不同程度的绒毛萎缩和溶解，并伴有各种慢性肠道炎症病变，但这需要在病理组织学切片时保证样品的放置方向精确才能观察到。

（二）增生

胃肠道黏膜的增生包括继发于犬［左林格—埃利森综合征（Zollinger-Ellison syndrome）］胃泌激素分泌性胰岛细胞瘤[7]的增生性胃炎变化、犬的肥大性幽门性胃病[8]、犬和猫的腺瘤性息肉[9]变化。亚洲猫（例如暹罗猫和喜马拉雅猫）发生十二指肠的腺瘤性息肉可能性很高[9]。利用活体组织样品检测增生变化，尽可能采集多而大的样品，且必须给病理学家提供黏膜增厚或者息肉状组织的外观描述。

任何一只犬都可由水肿引起胃黏膜增厚，并表现呕吐症状。真正的黏膜增生可能只涉及到胃黏膜的一部分，这是巴辛吉犬胃肠常见的病理变化[10,11]。

（三）肿瘤

胃肠道淋巴瘤可以引起胃和肠道壁的肿块状或弥漫性浸润病理变化，因此淋巴瘤最可能是利用内镜进行胃肠道黏膜活体组织采样而得到诊断的肿瘤。问题在于正常肠道黏膜内也存在淋巴细胞，而且上皮层和固有层内淋巴细胞的数量会因为淋巴细胞性、浆细胞性和嗜酸性粒细胞性小肠结肠炎的发生而增加。密集的淋巴细胞结节通常与螺杆菌的感染有关，也可发生在胃黏膜。对病理学家来说，很难清楚地区分淋巴细胞性肿瘤病理过程和淋巴细胞性炎症状况，特别是当活组织采集样品的大小、数量和条件都不是十分理想时。胃肠道淋巴瘤也常常伴发淋巴细胞性和浆细胞性炎性细胞浸润，这将混淆潜在的肿瘤病变[12]。胃壁内淋巴瘤常常伴发有黏膜溃疡和继发性的炎症变化，同时有深部黏膜下层组织的肿瘤细胞浸润，这将使利用内镜活组织采样进行的检查和诊断变得十分困难。

淋巴瘤细胞通常是B细胞源性，观察时常呈现相对均一且轻微的非典型性淋巴细胞密集浸润，无浆细胞出现，这些变化都使其正常结构变得模糊（图3-8）。在全厚度样品切片中，病理学家可寻找黏膜下层淋巴瘤细胞的浸润，以进行淋巴细胞瘤的诊断，但黏膜样品中并非如此。如果病理学家不想依靠内镜活组织样品得出淋巴细胞瘤的确切诊断，这也无可非议。淋巴细胞瘤也可以是上皮性的，典型变化是出现大量形态相对均一的上皮内淋

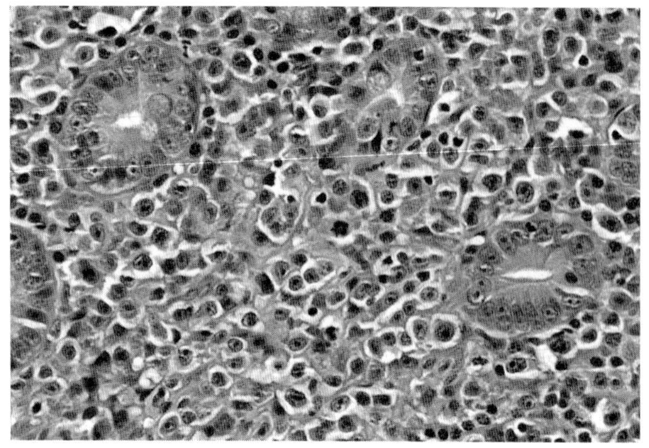

图3-8 典型的淋巴细胞瘤是由大量相对均一且常呈现非典型淋巴细胞形态的肿瘤细胞组成，常导致肠道结构紊乱和消失，如此犬肠道淋巴细胞瘤样所示。淋巴细胞瘤必须与炎性肠道疾病相区分（图3-5和图3-6）。HE染色。（Barry Cooper博士惠赠）

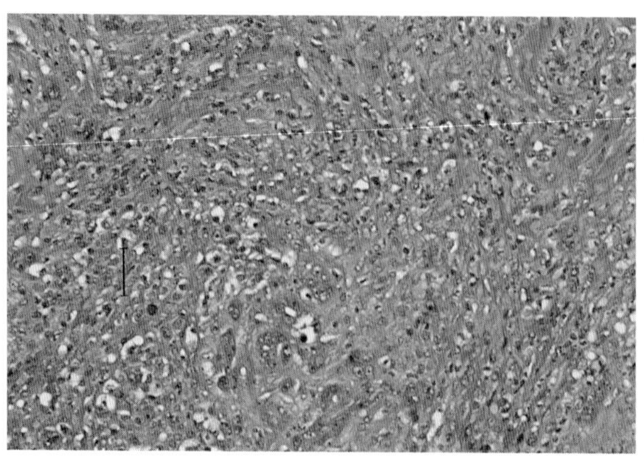

图3-9 猫的肠道恶性腺癌的上皮细胞肿瘤巢状病变，由于密集排列的肉芽组织而使结构模糊。HE染色。（Barry Cooper博士惠赠）

巴细胞，并且使基底膜结构模糊。上皮样淋巴细胞瘤在沙皮犬中更常见[13]。

病变区域浸润细胞的有丝分裂活性可以帮助区分肿瘤与炎症病变，但这在分化较好的淋巴细胞瘤中不太明显。对于较难以诊断的病例，可以应用免疫组织化学方法对淋巴细胞表面标志进行染色，识别大量形态均一的B细胞或者T细胞可以确认病变区肿瘤的特征，并可以确认其细胞来源。相对于T细胞性淋巴细胞瘤，B细胞性淋巴细胞瘤较易通过化疗得以控制，确定肠道淋巴细胞瘤的细胞来源非常重要。

在犬和猫，胃肠道癌症和恶性腺癌比淋巴细胞瘤更为常见[14-16]。暹罗猫比其他品种猫更容易患恶性腺癌[17]。恶性腺癌形成典型的肿块状病变，通常采用探查性外科手术切取样品而不采用内镜活组织采样方法。恶性腺癌常常具有明显的纤维化，导致形成硬化性（有时称为硬变性）恶性腺癌，病变中少量浸润的肿瘤细胞周围存在有大量的胶原纤维成分。黏膜溃疡、继发性炎症和肉芽组织也很普遍（图3-9）。恶性腺癌的这些特征给小体积黏膜组织样品病理诊断造成了困难，在活跃的肉芽组织中增生的成纤维细胞和内皮细胞可被误读为间质性肿瘤。应用免疫组织化学方法通过识别入侵的上皮细胞可使难以确诊的上皮细胞肿瘤病例易于诊断。

胃肠道肌层组织的肿瘤，包括平滑肌瘤和平滑肌肉瘤，只有在肿瘤生长的后期才蔓延到黏膜[18]，而且不是黏膜活体组织样品的典型病变。肠道肿瘤不常见，包括内分泌腺细胞肿瘤（良性肿瘤）、肥大细胞瘤、浆细胞瘤、球状白细胞瘤或大颗粒淋巴细胞瘤，所有这些肿瘤可形成肿块状病变并可侵袭黏膜，其研究和诊断最好是通过探查性外科手术进行。

犬的食道肿瘤包括鳞状上皮癌、恶性腺癌和平滑肌瘤。在尾线虫寄生和流行的地区，也可发生食道骨肉瘤和纤维肉瘤[19]。

（四）炎症

炎症是犬和猫的胃肠道样品最常见的病理变化[20-24]。在胃组织中出现任何类型的白细胞都是不正常的，出现任何水平的中性粒细胞都不正常。笔者认为，在犬和猫胃肠道黏膜中任何水平的嗜酸性粒细胞浸润也是不正常的。在小肠和大肠中出现的淋巴细胞性和浆细胞性炎症较难确诊，因为正常状况下，肠道固有层中也存在这些细胞。

炎性肠道疾病（IBD）是由超敏反应和蛋白丢失性肠道病引起的，在某些品种犬中是遗传性疾病，例如爱尔兰长毛猎犬、巴辛吉犬、爱尔兰软毛㹴、约克郡犬和挪威猎麋犬[25-27]。有研究表明，家养的短毛猫更易发生炎性肠道疾病[20]。纯种猫中更易发生淋巴细胞性/浆细胞性结肠炎[21]，当解释这些病理组织学切片时，知晓动物的品种是很重要的病理学线索。

在多数炎性肠道疾病病例中，胃黏膜中炎性细胞的数量很少，不易观察到。以笔者经验来看，小肠黏膜内的炎症比结肠炎症更严重，除非其病理变化主要为结肠炎。Jergens及其同事们在猫的炎性肠道疾病中也有相同的发现，但是在这项研究中，炎性肠道疾病患犬的结肠炎症比十二指肠炎症更严重。通常采取大块结肠黏膜样品比小块肠黏膜样品更容易一些，这些样品检测结果即使是轻微的炎症，也足以确诊为肠道炎性疾病。

如果出现中性粒细胞，不管是原发性还是继发性，一般都表示有细菌感染。中性粒细胞浸润区域常伴发有黏膜损伤或溃疡，故中性粒细胞的出现不总是表明原发性细菌疾病。当从患病动物黏膜发生缺失的区域取样时，应该依次分别从病变的边界、病变的中心的深部区域和明显未受影响的黏膜部位采集。

嗜酸性粒细胞是肠道黏膜的正常存在细胞，并且已经在正常马和家畜肠道黏膜中得到鉴定。但是在猫和犬，嗜酸性粒细胞在肠道黏膜中的出现却表示为炎性疾病[20,24]，这可能是由内源性寄生虫或超敏反应引起的。嗜酸性粒细胞浸润在黏膜深部和腺体基底部分布最多，在绒毛固有层中分布较少。这需要细心的观察和寻找识别，但嗜酸性粒细胞的浸润是病理学评价的重要组成部分。嗜酸性粒细胞性炎性肠道疾病常伴发有淋巴细胞和浆细胞增多、上皮内淋巴细胞增多和嗜酸性粒性单核细胞散布于腺体黏膜上皮细胞之间。这些腺体内的细胞可依据细胞内颗粒的大小命名为珠状白细胞或大颗粒淋巴细胞。大颗粒淋巴细胞胞浆内存在小的颗粒，而珠状白细胞内则有大的颗粒，这两种细胞被认为是同类型细胞的变异，有些病理学家将其认定为上皮内嗜酸性粒细胞。在所有的病例中，只要在黏膜样品的任何区域内发现含有嗜酸性颗粒的细胞，在做出由超敏反应引起的嗜酸性粒细胞性炎性肠道疾病的诊断之前，必须排除内源性寄生虫感染和新近感染的可能性。提供有关内源性寄生虫实验或先前治疗的信息，可以帮助病理学家确定是否为炎性肠道疾病。除其他种类药物和食物治疗之外，嗜酸性粒细胞性炎性肠道疾病通常需要使用皮质类固醇药物治疗，因此对于病理学家来说，区分嗜酸性粒细胞性炎性肠道疾病和淋巴细胞性与浆细胞性炎性肠道疾病尤为重要。罗特威尔犬和德国牧羊犬似乎对一种比较严重的嗜酸性粒细胞性炎性肠道疾病易感。笔者曾经遇到过一例犬肠道穿孔，特别是这些敏感品种犬，在其病例发生过程中，嗜酸性粒细胞性炎性肠道疾病被认为是主要原因。虽然有些资料表明，犬的蛋白丢失性肠道病最常与肠道淋巴管扩张相关，依作者经验，犬肠道中蛋白丢失最常见于嗜酸性粒细胞性炎性肠道疾病。虽然笔者没有特意去分析这些数据，我猜测至少20%～30%表现出慢性胃肠道疾病临床症状的犬、猫活体组织检查黏膜样品表明有潜在的嗜酸性粒细胞性炎性肠道疾病。

淋巴细胞和浆细胞是肠道固有层的正常细胞成分，确定是由于淋巴细胞性和浆细胞性炎性肠道疾病而引起这些细胞数量的增加有一个评判的问题。上皮内淋巴细胞数量的增加伴发黏膜固有层中这些细胞的增加（图3-10和图3-5）。在严重病例，绒毛比正常情况变短变宽并可能表现绒毛融合，但这些病理变化只能在最佳放置的组织切片中观察。在许多病例，病理学家常常在一定程度上依赖慢性胃肠道疾病的临床病史来做出淋巴细胞性和浆细胞性炎性肠道疾病的诊断。笔者在无胃肠道疾病病史犬的一些病理剖检样品中更多地观察到了这种疾病，而在一些活体组织检查样品中却很少见，这可能是由于在死前，未观察到犬胃肠道疾病临床症状，或

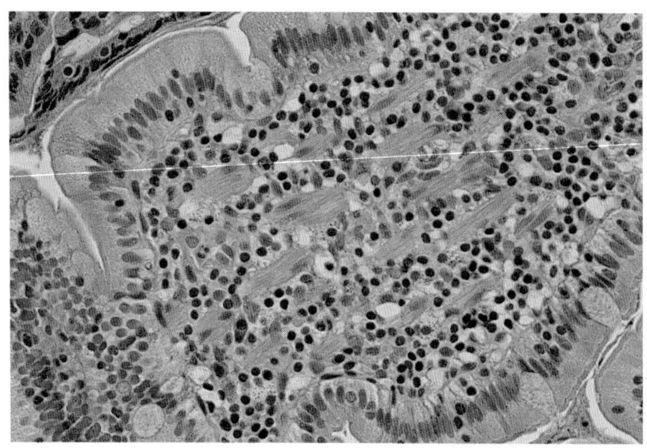

图3-10 对肠道结构无影响的淋巴细胞和浆细胞的混合浸润，同时伴发有增多的上皮内淋巴细胞是淋巴细胞细胞性—浆细胞性炎性肠道疾病的典型变化。这必须与肠道淋巴细胞瘤进行区分（图3-8）。HE染色。（Barry Cooper博士惠赠）

由于被捕杀犬患有其他更严重的疾病，如转移性骨肉瘤，而胃肠道疾病没有被认为是疾病病史中的重要部分。Willard及其同事们召集病理学家所进行的一项研究发现，从临床正常试验犬的肠道样品中检测到了病理变化[28]。毫无疑问，当淋巴细胞和浆细胞进入到犬、猫的消化道内时，其数据仍然处于正常阈值内。另一个研究得出的结论是，只有将犬、猫肠道固有层中的炎性细胞进行计数后，才能确诊为淋巴细胞性和浆细胞性炎性肠道疾病[29]。而这种分析应用到诊断实验室环境中兽医病理学家检查的样品中显然是不可行的。其病理样品的解释取决于病理学家的经验、疾病特征的描述和临床病史。临床医生应该给病理学家提供所有必需的信息以对病理样品进行解释和评判。

由于巨噬细胞浸润而导致的犬、猫组织细胞性（肉芽肿性）炎症并不常见。这是拳师犬组织细胞性结肠炎的典型病理特征，仅见于肠道结核分支杆菌或霉菌感染的少量病例中。结肠炎拳师犬巨噬细胞胞浆内含有PAS阳性颗粒状物质。抗酸染色用于鉴定结核分支杆菌，而PAS或者Gomori氏六胺银染色（GMS）用于鉴定霉菌。

黏膜部位无伴发炎症的小肠隐窝炎，被认为是犬蛋白丢失肠病的病因[1]。增宽的隐窝内充满黏液和细胞变性是其典型变化。犬、猫肠道未出现炎症而观察到隐窝坏死是肠道细小病毒感染的特征，虽然这种罹患急性胃肠炎动物常常不进行内镜活组织采样。隐窝丢失的类似病理组织学变化模式与猫白血病病毒感染有关，该病毒感染猫在临床上呈现亚急性到慢性腹泻[30]。确诊这种病毒性肠病需要使用免疫组织化学方法，以检测受影响肠道黏膜内存在的猫白血病病毒抗原，不能依据未能深入到隐窝部分的黏膜样品进行诊断。

（五）溃疡

在胃和十二指肠最常见的病变是溃疡。虽然各种原因引起的炎症均可导致黏膜溃疡，但多数溃疡与潜在的肿瘤有关，或者与应用药物治疗有关，如使用非皮质类固醇类抗炎药物。猫的溃疡性胃炎与线虫性寄生虫感染有关[31]。从溃疡病灶浅表部位取得的活组织样品无使用价值，因为这种样品只包含有坏死碎屑和炎症反应，而不能说明潜在的病因。从溃疡深部和边缘部位进行活组织采样可以用来鉴定深层组织的肿瘤，从具有正常外观的黏膜部位进行活组织采样对于鉴定潜在的炎性肠道疾病非常有用。

（六）传染性因素

胃的淋巴细胞性炎症常常伴发有螺杆菌属细菌的感染。黏膜深层组织中密集排列的淋巴小结较常见，如果对这些区域采样时，可能会误诊为淋巴细胞瘤。在常规HE染色切片中，肠道黏膜表面和浅表腺体中可以观察到螺旋体，但是螺旋体的计数只能通过专门针对螺旋体的银染色法才有意义。螺杆菌的感染是否与胃炎和呕吐的临床症状有关，或患炎性肠道疾病犬，其胃内环境改变是否会引起病原微生物增加，这些都不清楚。一些研究表明，犬胃螺杆菌感染和临床疾病无关[32,33]；另一些研究认为螺杆菌疾病与慢性胃炎有关[34]。笔者认同Simpson及其同事的观点，即螺杆菌的感染在犬、猫临床明显胃炎中作用仍不清楚。但是笔者仍然认为，螺杆菌的存在值得注意和研究。在发现有大量螺旋体病原的病例，即使证明有潜在的炎性肠道疾病，应用抗生素治疗也应该采取审慎的方案。

从胃肠道表面采集的活体组织检查黏膜样品中，有时会发现原虫类微生物，如贾第鞭毛虫和毛滴虫，但少见。粪便中微生物的检查是可选的诊断实验[36]。在活体检查黏膜样品中常常可以发现细胞内和黏膜内微生物，如隐孢子虫[37]、球虫和变形虫，但是样品采集错误可导致假阴性结果。组织切片的姬姆萨染色剂、过碘酸反应或者Gomori氏六胺银染色有助于这些微生物的鉴定。这些原虫类微生物的出现可伴有不同程度和类型的炎症。在一些病例，炎症不太明显。

肠道球菌的感染可以引起猫犬的腹泻，与在绒毛表面观察到的黏附的革兰氏阳性球菌有关[38-40]。组织切片的革兰氏染色可以确认这些细菌的性质。弯曲杆菌感染是另一种与犬肠炎有关的细菌感染[41]，但这种微生物通常存在于空肠，并能引起增生性肠炎，在十二指肠或者结肠的内镜活体检查中不明显。鉴定螺旋体的银染色方法可以用来鉴定弯曲杆菌。毛状产气荚膜梭菌（以前认为是杆菌）感染引起的结肠炎可发生在幼猫和成年猫，导致腺体增生，并在结肠黏膜中出现淋巴细胞和浆细胞的混合浸润，有时也含有中性粒细胞。在HE染色切片中不能清楚辨认这些微生物，只能利用螺旋体的银染色方法进行确认[42]。

（七）纤维化

纤维化经常在胃黏膜样品中检测到，但也可在肠黏膜样品中观察到。各种不同程度的纤维化可伴发各种类型的慢性炎症病变。纤维化是硬化性肿瘤和恶性腺癌的特征，也可发生在各种类型的溃疡性黏膜病变。纤维化是一种不可逆的病变，能改变药物治疗痊愈的预后。

胃黏膜内间质的纤维化病变，伴发有小球白细胞和散在淋巴小结的大量增多，这是猫胃线虫感染的典型病变[43]。在内镜检查时，可以发现这种细小的线虫部分包埋在黏膜的表面，极少出现在黏膜活体样品组织切片中。显然，这种诊断是建立在猫特征性的病理组织学病变基础上，并结合慢性呕吐的病史。虽然对这种寄生虫最早的描述是在太平洋西北地区的猫体内，但是它显然是无处不在的。笔者曾经仅仅在纽约州的北部地区遇到过猫的胃线虫感染，也有时发现由不明原因引起的犬黏膜类似病理变化。

（八）血管和淋巴病变

犬的淋巴管扩张是犬小肠淋巴管的一种先天性或获得性异常病变，可导致蛋白丢失性肠病。这种病变可以出现在各种年龄的犬[44]。黏膜活组织采样表现绒毛乳糜管明显和弥漫性扩张，其内充满蛋白成分。这可能与炎症有关，因为一些乳糜管扩张可以伴发各种炎症病变，大多数病例在做出初步淋巴管扩张诊断之前，这些病变一定是很明显的。在一些病例，淋巴管扩张可伴发肉芽肿性炎症，是由淋巴从扩张的淋巴管中泄漏导致的，但这种典型病变只见于黏膜下层和浆膜层淋巴管[44]，它在黏膜活体组织检查中不明显。

犬有时可发生肠壁血管异常[45]。这些病例表现为肠道出血，可发生于相对幼龄犬，有时出血会非常严重并能威胁生命。在黏膜活体组织检查时很难发现这些血管损伤，因为受损血管常常位于黏膜下层。在受影响的黏膜样品中，病理学家认为典型的血管扩张，管壁变薄是不正常的。

（九）未有明显黏膜变化的情况

在内镜活体组织样品检查中，有几种情况可以影响胃肠道的功能，但不引起光镜下可见的黏膜改变[46,47]。质量足够高的样品被诊断为“未有明显损伤”而不被认为是令人失望的结果。要发生此种情况，首先要排除某些病理情况，并按下列步骤，一一进行排查（框3-4）。

框3-4 极少或没有胃、十二指肠或结肠黏膜变化的情况

肠系膜丛的病变
肠壁的肿瘤
肠壁寄生虫性肉芽肿
肠壁性肠炎
刷状缘缺损
细菌过度生长
回肠疾病

二、呼吸道

呼吸系统组织样品采自鼻和窦的组织、气管和支气管病变组织以及肺脏。从鼻道采集的样品常含有无诊断意义的细菌，并常见继发性细菌感染导致的损伤或溃疡性病变。因此从低于溃疡表面的深部组织采集的样品对于诊断溃疡表面以下的肿瘤是必需的。

（一）肿瘤

呼吸道内可见各种肿瘤。在上呼吸道，鼻恶性腺癌最常见，其次为鳞状上皮癌、淋巴癌、肥大细胞瘤、骨肉瘤、软骨肉瘤和鼻侧脑膜瘤[48-50]。大多数肿瘤也伴发有一定程度的炎症和坏死。很难区分反应性和肿瘤性的表面及黏膜腺体上皮细胞。在对上呼吸道样品进行解释时，病理学家通常依赖于临床和X线检查结果。一个病例的病史必须包括X线和内镜观察结果。

在犬喉头内，横纹肌瘤（大嗜酸粒细胞瘤）是一种不太常见的肿瘤，可形成典型的平滑的结节状肿块并突出于管腔中。病理组织学检查表明，肿瘤由典型的充满PAS阳性颗粒的圆形细胞组成。平滑肌瘤可以从气管平滑肌内生长突起，形成一个由平滑肌细胞组成的表面平滑的突起肿块[18]。

肺脏活体组织采样技术对兽医医学来说是新补充的内容。对这些样品的解释是有困难的，特别是需要对反应性和肿瘤性过程进行区分时。Ⅱ型肺泡上皮细胞和细支气管上皮细胞在反应性过程中有时会发生明显的改变，常常涉及有丝分裂和再生，很像肿瘤。真正的肿瘤可以是原发性肿瘤，也可以是恶性腺癌，还可反映转移性疾病。

（二）炎症

如胃肠道黏膜一样，出现中性粒细胞常表明有细菌性感染。嗜酸性粒细胞数量增多则表明变态反应或寄生虫病。表明真菌感染，特别是与坏死碎屑和变性的中性粒细胞有联系时，但巨噬细胞浸润也可见于对外来异物的反应时。在肺脏内，从肉芽肿性炎到脓性肉芽肿性炎可以发生在结核分支杆菌和真菌感染时。

炎症性息肉常见于鼻腔通道、窦和喉头内，并且临床上与肿瘤相似。对从同一个病灶不同区域采取的多个样品进行检查可以帮助排除潜在的肿瘤。由奥氏类丝虫引起的寄生虫结节可以出现在犬的气管内。

三、实体器官

从坚硬的组织器官采取的样片多用来检查炎症或者肿瘤。如胃肠道样品一样，很难区分淋巴细胞性炎症和淋巴细胞瘤。在一些病例中，可能没有确切的诊断结果。淋巴细胞瘤的病理组织学诊断依赖于组织类型、检查细胞浸润、检查淋巴细胞浸润导致的组织结构明显改变或消失，以及浸润细胞的细胞学特征。组织结构的特征在小的组织样品中可能识别不出来。

（一）肾脏

如果可能的话，肾脏活组织采样应该包括肾脏皮质和髓质的切片。这些活组织采样应该用来评价肾小管和肾小球疾病、炎症、纤维化和肿瘤。出现中性粒细胞大多数情况下表示细菌性肾盂肾炎。犬、猫肾脏常见的病理变化是淋巴细胞性间质性炎症，其意义取决于炎症的严重程度。从肉芽肿性炎到脓性肉芽肿性炎是猫传染性腹膜炎的典型变化。只有观察到足量的肾小球以评价肾小球（肾小球性肾炎和肾小球性淀粉样变性）以及肾小管和间质的疾病时，才可以说肾脏活组织采样样品采集是充分的。一些疾病，例如沙皮犬[51]和阿巴希尼亚猫[52]的肾淀粉样变，主要影响肾脏髓质的间质。先天性疾病，如肾脏发育异常、肾脏发育不全和幼年的肾脏疾病，与各种眼观和病理组织学变化有关。肾脏发育异常特征是部分肾脏的病变，表现为胎儿肾小球的发育滞留和出现胚胎期的肾小管和间质组织[53]。肾脏发育不全表现为胎儿肾小球发育滞留的弥漫性皮质变薄，以及各品种犬表现为原发性肾小球病的犬幼年肾脏疾病[54]，主要有金毛猎犬、贝高犬、萨摩耶犬、牛头㹴、可卡犬、伯尔尼兹山地犬、罗特威尔犬、爱尔兰软毛㹴、纽芬兰犬、沙皮犬和杜宾犬。特殊染色，包括三色染色法、过碘酸反应、Jones氏六胺银染色和刚果红染色法，常用来评价肾脏疾病样品。

（二）肝脏

采集肝脏活组织样品时体积应足够大，数量应足够多，样品应包括多个门管区和中心区的样品，以评价肝小叶分布性病变。最近研究表明，当用针头活组织取样取代楔式取样时，肝脏疾病诊断的准确性出现明显降低[55]。能观察到肝小叶结构对于准确解释肝脏病理变化非常重要。

肝脏活组织采样可用来评价脂肪变性、空泡变性、坏死、血管异常、淀粉样变和铜积聚，同时也可用来发现肝脏结构改变、炎症和肿瘤。特殊染色方法可以用来检查胶原蛋白、网状蛋白、淀粉样物质、糖原、铁或铜。有些缺乏经验的病理学家在观察肝脏活组织样品时，可能将由正常肝细胞中存在的高浓度糖原导致的中度弥漫性空泡变化解释为病理变化，因为尸体剖检后肝脏样品通常发生糖原的分解。

利用常规的HE切片染色时，很难观察到肝脏狄氏隙（注：窦状隙）内淀粉样物质的沉积。这种淡粉色无定形物质可能被误认为是血清或纤维蛋白。在犬的各种慢性炎症中，肝脏很少发生淀粉样物质沉积。肝脏淀粉样物质沉积在周期性发热的沙皮犬[56]中最常见，也可见于暹罗猫[57]、阿巴希尼亚猫和东方猫。特殊染色，例如刚果红染色，可以确认肝脏样品中存在的淀粉样物质。猫和犬中严重的淀粉样物质沉积可以导致肝脏破裂和大量的腹腔内出血。

对于猫、犬肝脏发生的各种炎症和变质性变化，铜的评价值是肝脏病理学评价的一个非常重要方面。在一些品种的犬和猫，例如贝灵顿犬、斯开岛㹴犬、大麦町犬[58]和暹罗猫[57]，肝脏由于确定的或疑似的原发性铜处理功能缺陷，而导致肝内铜贮过多。在另一些品种犬，如杜宾犬、可卡犬和其他一些品种犬，包括杂交品种犬，慢性活动性肝炎继发铜贮过多。因为在HE染色切片上很难检测到铜，所以铜的鉴定需要使用一种特殊的染色程序（图3-11和图3-12）。不管铜贮过多是原发性还是继发性病变，其对治疗均具有重要意义，如果组织化学方法检测到铜贮过多，在治疗处方中应包含有金属螯合剂[59]。

以小体积样品很难对肝脏结节性增生和肝腺瘤进行诊断，因为这两种病理变化都包含有相对正常的肝细胞。在提交这样的样品时应该提供块状病变的描述信息。肝脏血管肉瘤也很难进行检查，因为病变主要由有组织排列的出血或者肿瘤性内皮细胞组成，而肿瘤性内皮细胞可以弥漫性浸润并排列在窦状隙内，而不形成单个的块状组织。对于由淋巴细胞瘤或者原发性及转移性癌形成的结节状病变，即使是小体积样品也易于作出诊断，如白血病或者肥大细胞增多症形成的弥漫性浸润。姬姆萨和甲苯胺蓝特殊染色方法可用于鉴定肝脏肥大细胞肿瘤。

（三）脾脏

影响脾脏的病理过程包括块状病变和弥漫性浸润病变，脾脏的块状病变常常是出血性的，常见血液流进腹腔。

当发现脾脏大量出血时，首先应该考虑脾脏的血管肉瘤。但是良性病变，如老龄犬的结节性增生、血肿和血管瘤看起来很相似。Spangler和Culbertson的研究发现，犬脾脏发生的这些良性病变比发生血管肉瘤更为常见[60]。脾脏内所有类型的结节状病变都易于发生大面积的出血和坏死，因此，当提交整个脾脏进行组织病理学研究时，很难做出病理学解释。在很多病例，对从不同区域肿块以及肿块与正常脾脏界面的几个切片的检查非常必

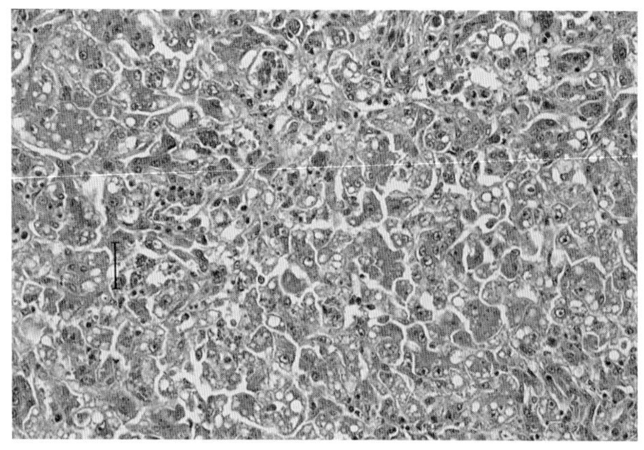

图3-11 猫慢性铜相关的肝病，其特征性变化包括肝脏组织结构明显破坏，肝细胞内出现色素颗粒和空泡。在常规染色切片中不易辨别出铜颗粒（图3-12）。HE染色。（Barry Cooper博士惠赠）

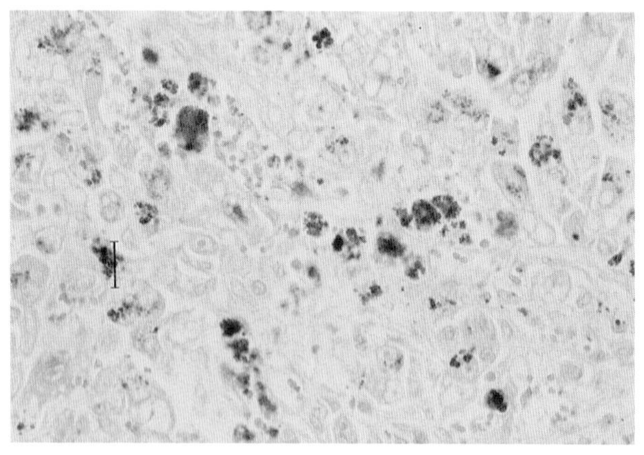

图3-12 在HE染色时通常不能鉴定肝细胞内的铜颗粒（图3-11），只有通过铜特殊染色才可以鉴定。罗丹宁染色铜颗粒。（Barry Cooper博士惠赠）

要，这有助于将血管肉瘤与血肿、血管瘤或者结节状增生病变区分开。利用内镜活组织样品进行脾脏确诊相当困难。其他可以在脾脏内形成肿块的原发性肿瘤包括平滑肌瘤、平滑肌肉瘤、纤维肉瘤和纤维组织细胞瘤。

白血病、淋巴细胞瘤、髓细胞性增生性疾病和系统性肥大细胞增生症在脾脏的浸润性病理过程中最常见。猫脾脏的浸润性肿瘤比肿块病变更为多见[61]。除肥大细胞肿瘤外，利用小块脾脏样品进行病理学检查很困难，因为脾脏内含有的淋巴细胞性和骨髓样成分可以发生有丝分裂，导致淋巴细胞增生和明显的髓外造血过程（EMH）。特别是这种髓外造血过程在老龄犬中很普遍。在猫系统性肥大细胞增多症，肥大细胞的出现可能被忽视，这是因为HE染色切片中肥大细胞胞浆内的颗粒常淡染，表现不明显。姬姆萨染色或甲苯胺蓝染色等特殊染色易于检测到肥大细胞。细胞制备物有助于清楚鉴定非典型肿瘤细胞的存在。

由于潜在的各种全身性疾病，脾脏可发生梗死，导致局部肿胀，表示有肿块状病变[62]。从这些区域采取的样品可见到坏死性病变，其原因（动脉性血栓性栓塞）不清楚。老龄犬的脾脏被膜易于形成结节或者坚硬的白斑，称为铁质沉着、铁质纤维素或铁质钙化斑或结节。这些良性病变被认为是一种偶发性损伤。

（四）胰脏

胰脏的活组织采样有助于区分胰脏的内分泌部和外分泌部胰腺炎、胰岛疾病及肿瘤性病理过程。胰脏活组织采样也助于进行外分泌部胰脏萎缩的诊断。

胰腺炎可以伴发间质性炎性反应，或者仅表现为胰脏实质和胰脏周边脂肪组织的坏死。慢性复发性胰腺炎与胰脏的纤维化和实质损失有关。

导致糖尿病的胰岛变性疾病症状包括炎性反应、慢性复发性胰腺炎继发的胰岛的损失、空泡变性、萎缩和猫胰岛淀粉样物质沉积。当怀疑有胰岛疾患时，建议在胰脏的左侧叶（脾脏侧叶）进行活组织采样，因为胰岛在这个区域数量较多。在猫开始出现明显的糖尿病之前，胰岛会发生淀粉样物质沉积，并且可以作为最终发展到糖尿病的一个提示[63]。

胰岛细胞瘤可以是良性的（腺瘤）也可以是恶性的（癌），依据其产生的激素种类而呈现各种各样的临床症状。由胰岛瘤造成的低糖血症最为常见，但是产生的胃泌激素也可以引起犬的增生性胃病（左林格-埃利森综合征）[7]。区分良性和恶性胰岛细胞瘤通常采用切除式活组织采样，然后利用病理组织学检查来辨认被膜性或者血管性入侵，因为胰脏内分泌部肿瘤细胞的特征一般无预见性。

胰脏外分泌部的结节状肿块病变包括结节状增生、腺瘤和腺癌。结节性增生常可导致老龄犬胰脏的弥散性结节病变，其组织学特征是大量的增生结节与实质萎缩区域相互混杂。这在老龄犬中是一种常见的病变，并被认为是一种良性的偶发性病变。腺瘤可以发生在结节状增生区域内。胰腺瘤和胰腺癌少见，结节性增生较多见。

犬可发生外分泌部胰腺萎缩，并导致吸收障碍，尤其是德国牧羊犬。这种疾病被认为是德国牧羊犬和粗毛柯利牧羊犬的一种遗传性疾病。最近人们认为，外分泌部胰腺细胞的损失继发于淋巴细胞性胰腺炎，表明这是一个免疫介导的过程。在该病的早期阶段，T淋巴细胞浸润到腺泡内不是经过弥散过程，因此，需要采取多个活组织样品来检查炎症性变化[64]。在疾病的后期阶段，仅仅可以观察到腺泡的萎缩和损失。

（五）肾上腺

肾上腺异常在犬较多见，而猫少见。肾上腺的增生性变化可影响到皮质，肿瘤可以发生在皮质，也可以发生在髓质。

弥散性皮质增生、皮质腺瘤和腺癌可以引起皮质增生综合征并引起相应的临床症状。在老龄犬中，皮质的结节状增生是一种常见的偶发性变化。与胰岛细胞瘤相似，仅仅依靠细胞学特征来区分腺瘤和腺癌很困难。被膜性或血管性浸润是皮质腺癌的标志，而这些病理变化的检查通常需要切除式活体组织采样。

嗜铬细胞瘤是中年到老龄犬最常见的一种肾上腺髓质肿瘤。大约50%的嗜铬细胞瘤不引起功能性变化，被认为是一种偶发性病变。产生儿茶酚胺的肿瘤可引起高血压和神经症状[65, 66]，因为直到最近才建立测量犬血压的方法，这样许多罹患嗜铬细胞瘤的犬虽然血压增高，但在过去却未能诊断出。患嗜铬细胞瘤犬的突然死亡归因于心血管功能障碍，如心律失常。恶性嗜铬细胞瘤常常入侵到后腔静脉，并接着发生转移。嗜铬细胞瘤局限于肾上腺髓质，引起肾上腺总体积增大。恶性肿瘤常常入侵被膜并进入后腔静脉。肿瘤细胞转移发生率为13%～24%[65,66]。

（六）淋巴结

肠系膜或胸腔内淋巴结内镜活体组织采样有时能得到可以做出诊断的样品，有时则不能。为了区分反应性增生和淋巴细胞瘤，病理学家更倾向于依据淋巴结有无结状结构做出诊断，而不依据其细胞学特征。结状结构在小体积的节点样品中不容易观察到。在小体积组织样品中常可观察到炎症状况。细胞学制备物有助于区分反应性增生和淋巴细胞瘤。在小体积的内镜活体组织样中可能（或不能）检测到转移性肿瘤。在多数病例中，切除式活体组织采样是采集淋巴结样品的常用方法。

四、膀胱和尿道

到目前为止，炎症变化是膀胱黏膜最常见的病理变化。炎症性息肉也较常见，并且与肿瘤相似。膀胱炎的病因包括黏膜刺激和细菌感染。与其他组织类似，中性粒细胞的出现表示细菌感染。在猫的间质性膀胱炎综合征中，可以观察到黏膜下层水肿、出血和血管反应，血管反应时可以观察到轻微或者无炎症反应[67]。笔者曾经偶然在犬和猫的膀胱样品中发现黏膜下层散在分布有嗜酸性粒细胞，具发病机理不清楚，但是笔者怀疑是由于上皮细胞损伤后尿液渗漏到黏膜下层所致。

泌尿系统中的变异上皮细胞具有很强的反应能力，有时其增生性变化很像肿瘤病变。变异上皮细胞癌是犬膀胱和尿道最常见的肿瘤[68]。变异上皮细胞癌的诊断常依据于观察到肿瘤细胞的入侵现象，这种现象在黏膜的活体组织检查中不明显。有些病理学家可能不愿意仅仅依据上皮发生变异性变化的小体积的黏膜组织样品而给出确切的诊断，特别是在发现坏死变化的情况下。

壁细胞肿瘤，如平滑肌瘤和平滑肌肉瘤，最常发生于膀胱，而尿道和输尿管极少发生[18]。即使这些肿瘤突入到膀胱腔，利用内镜活体组织检查进行平滑肌肿瘤的诊断也比较困难，特别是对于分化程度好的平滑肌瘤。当一个活体组织样品出现平滑肌细胞排列轻度紊乱时，对这种肿块状病变描述的信息将给病理学家以极大的帮助，以确定其是代表人为处理样品失误、还是一个反应性过程或者是平滑肌肿瘤。

五、关节

跛行和关节肿胀是由于关节炎症、增生性反应和肿瘤造成的。关节内镜活体组织采样结合关节液的细胞特征和细菌培养，在评价犬、猫关节疾病中有重要的诊断价值。

炎症反应包括细菌感染、免疫介导的异常和自发性的功能异常。中性粒细胞是败血症病例关节液中的主要成分，也可在关节样品中观察到不同程度的存在。犬、猫关节的细菌感染不如大动物多见。由于莱姆病[69]、全身红斑狼疮、自发性多发关节炎和风湿性关节炎引起的关节疾病常可导致关节液中存在有大量的中性粒细胞，但是关节炎症样品中或主要是中性粒细胞，或主要是淋巴细胞和浆细胞，并含有少量或无中性粒细胞[70]。在一些病例，中性粒细胞可以很快地从脉管系统移行进入关节腔中，而不浸润关节组织。在犬的增生性变化中，其关节腔内存在大量吞噬含铁血黄素的巨噬细胞，这与马的色素性关节炎相似[71,72]。淋巴细胞—浆细胞性关节炎与关节内软骨和骨骼结节性病变有关，发生于犬关节软骨[73]。犬有时散发自幼年开始的多发性关节炎，且对于秋田犬可能存在遗传学因素[74]。在猫可以发生由于支原体感染和病毒相关的进行性多发关节炎[75,76]。

利用内镜活体组织采取的关节滑膜和关节囊样品对于评价炎症和增生性病变具有重要价值，而用来评价关节内肿瘤则问题很大。病理学家不能仅依靠小块的组织样品对关节肿瘤做出确诊。反应性关节滑膜与肿瘤相像，且分化程度好的关节肿瘤也可被误诊为反应性变化，这种解释可能是错误的。最常见的关节内肿瘤是滑膜肉瘤和黏液瘤。

参考文献

1. Willard MD and others: Intestinal crypt lesions associated with protein-losing enteropathy in the dog, *J Vet Intern Med* 14:298-307, 2000.
2. Jergens AE, Moore FM: Endoscopic biopsy specimen collection and histopathologic considerations. In Tams TR, editor: *Small animal endoscopy*, ed 2, St Louis, 1990, Mosby.
3. Rowland P: Personal communication, March 11, 2002.
4. Willard MD and others: Quality of tissue specimens obtained endoscopically from the duodenum of dogs and cats, *J Am Vet Med Assoc* 21:474-479, 2001.
5. McEntee MF and others: Granulated round cell tumor of cats, *Vet Pathol* 30:195-203, 1993.
6. Wellman ML and others: Lymphoma involving large granular lymphocytes in cats: 11 cases (1982-1991), *J Am Vet Med Assoc* 201:1265-1269, 1992.
7. Happé RP and others: Zollinger-Ellison syndrome in three dogs, *Vet Pathol* 17:177-186, 1980.
8. Leib MS and others: Endoscopic diagnosis of chronic hypertrophic pyloric gastropathy in dogs, *J Vet Intern Med* 7:335-341, 1993.
9. MacDonald JM, Mullen HS, Moroff SD: Adenomatous polyps of the duodenum in cats: 18 cases (1985-1990), *J Am Vet Med Assoc* 202:647-651, 1993.
10. MacLachlan NJ and others: Gastroenteritis of Basenji dogs, *Vet Pathol* 25:36-41, 1988.
11. Ochoa R, Breitschwerdt EB, Lincoln KL: Immunoproliferative small intestinal disease in Basenji dogs: morphologic observations, *Am J Vet Res* 45:482-490, 1984.
12. Couto CG and others: Gastrointestinal lymphoma in 20 dogs, a retrospective study, *J Vet Intern Med* 3:73-78, 1989.
13. Steinberg H and others: Primary gastrointestinal lymphosarcoma with epitheliotropism in three Shar-Pei and one boxer dog, *Vet Pathol* 32:423-426, 1995.
14. Patnaik AK, Hurvitz AI, Johnson GF: Canine gastrointestinal neoplasms, *Vet Pathol* 14:547-555, 1977.
15. Sautter JH, Hanlon GF: Gastric neoplasms in the dog: a report of 20 cases, *J Am Vet Med Assoc* 166:691-696, 1975.
16. Slawienski MJ and others: Malignant colonic neoplasia in cats: 46 cases (1990-1996), *J Am Vet Med Assoc* 211:

878-881, 1997.

17. Kosovsky JE, Matthiesen DT, Patnaik AK: Small intestinal adenocarcinoma in cats: 32 cases (1978-1985), *J Am Vet Med Assoc* 192:233-235, 1988.
18. Cooper BJ, Valentine BA: Tumors of muscle. In Meuten DJ, editor: *Moulton's tumors in domestic animals*, ed 4, Ames, 2002, Iowa State Press.
19. Ridgway RL, Suter PF: Clinical and radiographic signs in primary and metastatic esophageal neoplasms of the dog, *J Am Vet Med Assoc* 174:700-704, 1979.
20. Baez JL and others: Radiographic, ultrasonographic, and endoscopic findings in cats with inflammatory bowel disease of the stomach and small intestine: 33 cases (1990-1997), *J Am Vet Med Assoc* 215:349-354, 1999.
21. Dennis JS, Kruger JM, Mullaney TP: Lymphocytic/plasmacytic gastroenteritis in cats: 14 cases (1985-1990), *J Am Vet Med Assoc* 200:1712-1718, 1992.
22. Dennis JS, Kruger JM, Mullaney TP: Lymphocytic/plasmacytic colitis in cats: 14 cases (1985-1990), *J Am Vet Med Assoc* 202:313-318, 1993.
23. Jacobs G and others: Lymphocytic-plasmacytic enteritis in 24 dogs, *J Vet Intern Med* 4:45-53, 1990.
24. Jergens AE and others: Idiopathic inflammatory bowel disease in dogs and cats: 84 cases (1987-1990), *J Am Vet Med Assoc* 201:1603-1609, 1992.
25. Kimmel SE, Waddell LS, Michel KE: Hypomagnesemia and hypocalcemia associated with protein-losing enteropathy in Yorkshire terriers: five cases (1992-1998), *J Am Vet Med Assoc* 217:703-706, 2000.
26. Littman MP and others: Familial protein-losing enteropathy and protein-losing nephropathy in soft coated Wheaten terriers: 222 cases (1983-1997), *J Vet Intern Med* 14:68-80, 2000.
27. Manners HK and others: Characterization of intestinal morphologic, biochemical, and ultrastructural features in gluten-sensitive Irish setters during controlled oral gluten challenge exposure after weaning, *Am J Vet Res* 59: 1435-1440, 1998.
28. Willard MD and others: Interobserver variation among histopathologic evaluations of intestinal tissues from dogs and cats, *J Am Vet Med Assoc* 220:1177-1182, 2002.
29. Yamasaki K, Suematsu H, Takahashi T: Comparison of gastric and duodenal lesions in dogs and cats with and without lymphocytic-plasmacytic enteritis, *J Am Vet Med Assoc* 201:95-97, 1996.
30. Reinacher M: Feline leukemia virus-associated enteritis: a condition with features of feline panleukopenia, *Vet Pathol* 24:1-4, 1987.
31. Curtsinger DK, Carpenter JL, Turner JL: Gastritis caused by *Aonchotheca putorii* in a domestic cat, *J Am Vet Med Assoc* 203:1153-1154, 1993.
32. Happonen I and others: Detection and effects of helicobacters in healthy dogs and dogs with signs of gastritis, *J Am Vet Med Assoc* 213:1767-1774, 1998.
33. Yamasaki K, Suematsu H, Takahashi T: Comparison of gastric lesions in dogs and cats with and without gastric spiral organisms, *J Am Vet Med Assoc* 212:529-533, 1998.
34. Lee A and others: Role of *Helicobacter felis* in chronic canine gastritis, *Vet Pathol* 29:487-494, 1992.
35. Simpson K and others: The relationship of *Helicobacter* spp. infection to gastric disease in dogs and cats, *J Vet Intern Med* 14:223-227, 2000.
36. Gookin JL and others: Diarrhea associated with trichomonosis in cats, *J Am Vet Med Assoc* 215:1450-1454, 1999.
37. Wilson RB, Holscher MA, Lyle SJ: Cryptosporidiosis in a pup, *J Am Vet Med Assoc* 183:1005-1006, 1983.
38. Collins JE and others: *Enterococcus (Streptococcus) durans* adherence in the small intestine of a diarrheic pup, *Vet Pathol* 25:396-398, 1988.
39. Hélie P, Higgins R: Diarrhea associated with *Enterococcus faecium* in an adult cat, *J Vet Diagn Invest* 11:457-458, 1999.
40. Jergens AE and others: Adherent gram-positive cocci on the intestinal villi of two dogs with gastrointestinal disease, *J Am Vet Med Assoc* 198:1950-1952, 1991.
41. Collins JE, Libal MC, Brost D: Proliferative enteritis in two pups, *J Am Vet Med Assoc* 183, 886-889, 1983.
42. Nimmo Wilkie JS, Barker IK: Colitis due to *Bacillus piliformis* in two kittens, *Vet Pathol* 22:649-652, 1985.
43. Hargis AM, Prieur DJ, Blanchard JL: Prevalence, lesions, and differential diagnosis of *Ollulanus tricuspis* infection in cats, *Vet Pathol* 20:71-79, 1983.
44. Van Kruiningen HJ and others: Lipogranulomatous lymphangitis in canine intestinal lymphangiectasia, *Vet Pathol* 21:377-383, 1984.
45. Rogers KS and others: Rectal hemorrhage associated with vascular ectasia in a young dog, *J Am Vet Med Assoc* 200:1349-1351, 1992.
46. Rutgers HC and others: Small intestinal bacterial overgrowth in dogs with chronic intestinal disease, *J Am Vet Med Assoc* 206:187-193, 1995.
47. Willard MD and others: Diarrhea associated with myenteric ganglionitis in a dog, *J Am Vet Med Assoc*

193:346-348, 1988.
48. O'Brien RT and others: Radiographic findings in cats with intranasal neoplasia or chronic rhinitis: 29 cases (1982-1988), *J Am Vet Med Assoc* 208:385-389, 1996.
49. Patnaik AK and others: Canine sinonasal skeletal neoplasms: chondrosarcomas and osteosarcomas, *Vet Pathol* 21:475-482, 1984.
50. Patnaik AK and others: Paranasal meningioma in the dog: a clinicopathologic study of ten cases, *Vet Pathol* 23:362-368, 1986.
51. DiBartola SP and others: Familial renal amyloidosis in Chinese Shar Pei dogs, *J Am Vet Med Assoc* 197:483-487, 1990.
52. Chew DJ and others: Renal amyloidosis in related Abyssinian cats, *J Am Vet Med Assoc* 181:139-142, 1982.
53. Picut CA, Lewis RM: Comparative pathology of canine hereditary nephropathies: an interpretive review, *Vet Res Commun* 11:561-581, 1987.
54. Rha J-Y and others: Familial glomerulopathy in a litter of beagles, *J Am Vet Med Assoc* 216:46-50, 2000.
55. Cole TL and others: Diagnostic comparison of needle and wedge biopsy specimens of the liver in dogs and cats, *J Am Vet Med Assoc* 220:1483-1490, 2002.
56. Loeven KO: Hepatic amyloidosis in two Chinese Shar Pei dogs, *J Am Vet Med Assoc* 204:1212-1216, 1994.
57. Haynes JS, Wade PR: Hepatopathy associated with excessive hepatic copper in a Siamese cat, *Vet Pathol* 32:427-429, 1995.
58. Cooper VL and others: Hepatitis and increased copper levels in a Dalmatian, *J Vet Diagn Invest* 9:201-203, 1997.
59. Twedt DC: Copper chelator therapy. Proceedings of the 10th ACVIM Forum, San Diego, May 1992, pp 53-55.
60. Spangler WL, Culbertson MR: Prevalence, type, and importance of splenic diseases in dogs: 1,480 cases (1985-1989), *J Am Vet Med Assoc* 200:829-834, 1992.
61. Spangler WL, Culbertson MR: Prevalence and type of splenic diseases in cats: 455 cases (1985-1991), *J Am Vet Med Assoc* 201:773-776, 1992.
62. Hardie EM and others: Splenic infarction in 16 dogs: a retrospective study, *J Vet Intern Med* 9:141-148, 1995.
63. O'Brien TD and others: High dose intravenous glucose tolerance test and serum insulin and glucagon levels in diabetic and non-diabetic cats: relationships to insular amyloidosis, *Vet Pathol* 22:250-261, 1985.
64. Wiberg ME, Saari SAM, Westermarck E: Exocrine pancreatic atrophy in German shepherd dogs and rough-coated collies: an end result of lymphocytic pancreatitis, *Vet Pathol* 36:530-541, 1999.
65. Gilson SD and others: Pheochromocytoma in 50 dogs, *J Vet Intern Med* 8:228-232, 1994.
66. Barthez PY and others: Pheochromocytoma in dogs: 61 cases (1984-1995), *J Vet Intern Med* 11:272-278, 1997.
67. Buffington CAT, Chew DJ, Woodworth BE: Feline interstitial cystitis, *J Am Vet Med Assoc* 215:682-687, 1999.
68. Norris AM and others: Canine bladder and urethral tumors: a retrospective study of 115 cases (1980-1985), *J Vet Intern Med* 6:145-153, 1992.
69. Kornblatt AN, Urband PH, Steere AC: Arthritis caused by *Borrelia burgdorferi* in dogs, *J Am Vet Med Assoc* 186: 960-964, 1985.
70. Pedersen NC, Pool R: Canine joint disease, *Vet Clin North Am* 8:465-493, 1978.
71. Kusba JK and others: Suspected villonodular synovitis in a dog, *J Am Vet Med Assoc* 182:390-393, 1983.
72. Somer T and others: Pigmented villonodular synovitis and plasmacytoid lymphoma in a dog, *J Am Vet Med Assoc* 197:877-879, 1990.
73. Flo GL, Stickle RL, Dunstand RW: Synovial chondrometaplasia in five dogs, *J Am Vet Med Assoc* 191:1417-1422, 1987.
74. Dougherty SA and others: Juvenile-onset polyarthritis syndrome in Akitas, *J Am Vet Med Assoc* 198:849-856, 1991.
75. Pedersen NC, Pool RR, O'Brien T: Feline chronic progressive polyarthritis, *Am J Vet Res* 41:522-535, 1980.
76. Moise NS and others: *Mycoplasma gateae* arthritis and tenosynovitis in cats: case report and experimental reproduction of the disease, *Am J Vet Res* 44:16-21, 1983.

第四章 膀胱镜

100多年前，膀胱镜就已应用于人医泌尿科检查，但直到现在，膀胱镜在兽医学领域的应用还不多。虽然在小动物临床诊疗中下泌尿道疾病占较大比例，但这种在人医诊断和管理已成为常规的方法，在兽医学领域的应用也很有限。

1930年，Vermooten[1]首次报道膀胱镜作为一种科研技术应用于犬。在20世纪80年代中期，文献中开始出现膀胱镜用于小动物临床的诊断，并且大部分集中应用于母犬[2-6]。同一时期，也有膀胱镜经尿道[3,4]、会阴皮肤穿刺[4,7]和耻骨前皮肤穿刺[8]应用于公犬的报道。直到1986年，才有关于膀胱镜用于猫临床诊疗的报道[8]。还有人描述了在尿道膀胱镜的引导下进行母犬输尿管插管术[3,5]。有人评估了膀胱镜首次用于疾病治疗，是用电液冲击波清除犬膀胱结石[9]。在人医方面，膀胱镜常用于诊断和处理下尿路的各种疾病[10-14]。作为研究的目的，膀胱镜还被应用于各种动物上。

很多被引用的兽医出版物都源于大学实践经验，并未考虑经济因素。笔者的经验在私人小动物手术中得到了提高，膀胱镜的应用不仅要考虑经济上可行，而且还要考虑收益的回报。

膀胱镜有许多优于其他诊断技术的方面，用它可以对阴道、尿道口、尿道、膀胱和输尿管口进行无创性直视。用膀胱镜观察这些结构及其所属结构，非常有优势，因为膀胱镜有能够放大和良好的照明功能，并且不会像在膀胱切开术或其他泌尿道手术时引起病变组织结构的变形。

在小动物临床实践中遇到的公、母犬和猫的病例，都可通过现有的尿道膀胱镜（TUC）检查。不能选择应用尿道膀胱镜时，或是因尿道病理因素时可用耻骨前皮肤膀胱镜（PPC）检查膀胱和近端尿道。

笔者于1983年开始使用膀胱镜，本章中所描述的技术，包括正常解剖结构和观察到的异常结构都源于那时的经验。在19年的时间里，在389个病例身上进行了462次膀胱镜检查（表4–1）。在213只母犬（体重在2.3 ~ 50 kg不等）、102只公犬（体重在3.5 ~ 59 kg）、46只母猫、29只公猫、33只公猫（之后立即实施了会阴尿道造口术）、1只乌龟和1只美洲驼实施了TUC检查；而有17只公犬（5.9 ~ 41 kg），3只母犬（19 ~ 34 kg），10只公猫和7头猪用PPC检查。这些系列诊断程序列于表4–2。

表4–1 膀胱镜检查程序

（从1983年8月1日至2002年8月1日，在389个病例上做462次检查）

尿道膀胱镜（TUC）

- 213只母犬（2.3 ~ 50 kg）
- 102只公犬（3.5 ~ 59 kg）
- 29只公猫
- 33只公猫（之后立即做了尿道造口术）
- 46只母猫
- 1只美洲驼
- 1只乌龟

耻骨前皮肤膀胱镜（PPC）

- 17只公犬（5.9 ~ 41 kg）
- 10只公猫
- 3只母犬（19 ~ 34 kg）
- 7头猪

表4-2 膀胱镜诊断

（从1983年8月1日至2002年8月1日，在389个病例上做462次检查）
正常：47（12%）
炎症：120（31%）
肿瘤：79（20%）
解剖异常：33（8%）
创伤：62（16%）
结石：46（12%）
肾性血尿：2（0.5%）
异物：1（0.5%）

第一节 适应证

膀胱镜可用于检查泌尿系统的各种病变（表4-2），可用其观察起源于或穿透黏膜的肿瘤、测量肿瘤的范围和采集活体样本，用其确定慢性炎症的界限并且可以采集活体组织样本，做病理切片和组织培养研究；可用于确定炎性涉及的范围和评估膀胱扩张、收缩力。在清除大块结石之前，如果有必要，可用电液压或激光碎石。TUC可用于检查泌尿道的损伤，并能快速检查整个尿路。还可用TUC诊断输尿管异常。用膀胱镜可以有效地检查膀胱憩室。膀胱镜的使用也受限，不能用它检查尿道和膀胱内部的可见病变、深埋在黏膜内的病变、输尿管开口处的病变。

任何难以解决的急、慢性泌尿系统疾病，都适合用膀胱镜检查（框4-1）。膀胱镜检查结果构成评估患病动物下尿路疾病数据库中的一部分，也是泌尿系统检查的基本诊断工具。现在的问题并非是否用膀胱镜来处理下尿路疾病，而是什么时候用膀胱镜来处理下尿路疾病。

一、慢性膀胱炎

保守疗法对膀胱炎无效，或者利用更小的有创技术未能形成明确诊断，这时就需要使用膀胱镜检查。什么时候使用膀胱镜因病例不同而异。选择膀胱镜作为诊断方法，也就意味着决定同时或之前使用对比膀胱造影术或超声波扫描术检查。大部分慢性膀胱炎病例，与X线检查和超声波扫描检查相比，膀胱镜可提供更多的诊断信息。可以获取膀胱的活检标本，以用于制作组织病理切片、细菌培养性敏感试验。

框4-1 膀胱镜的适应证

慢性膀胱炎
血尿症
里急后重（痛性尿淋漓）
排尿频率增加（尿频）
尿失禁
尿流改变
创伤
囊性或尿道结石
沉淀物中有肿瘤细胞
影像学诊断异常
超声诊断异常

二、血尿症

持续的轻度血尿和急性严重血尿病例需要进行膀胱镜或膀胱尿道镜检查。内镜检查可以排除血尿的多种病因，还能找到出血的位置。在老龄母犬，肿瘤是引起慢性非敏感性血尿的常见病因。和其他的诊断工具比，膀胱镜能够更容易、更早地发现和确定肿块并对其活检采样。根据输尿管中流出尿液的特性，可以判定肾出血的位置。确定涉及到的一侧肾脏或双侧肾脏，并且经输尿管插管可收集特定的样本。用膀胱镜可以确定膀胱壁的出血，并且采集适当的标本，以确定病源。

三、里急后重或痛性尿淋漓

膀胱炎和尿道炎的常见标志是常作排尿姿势，但也有可能是其他原因引起。除了膀胱炎和尿道炎，里急后重也可能由肿瘤、胆囊结石、尿道结石、前列腺疾病、狭窄所致的尿道阻塞和非泌尿系统疾病所引起。膀胱镜和尿道镜检查可以辅助鉴别病因。检查母犬揭示其下尿路慢性疾病很重要，因为在控制尿道移行细胞癌的时候，早期诊断会得到积极主动的结果[15-17]。一只8岁母腊肠犬排尿困难，膀胱镜检查显示尿道有一小的移行细胞癌，随后进行手术治疗。此犬在术后的3年时间里都没有表现出任何症状。该病例并不能表明手术切除对所有的病例都有效，然而，当确诊多数移行细胞癌波及到尿道和膀胱的大范围组织时，就不能再进行手术切除。这个病例只能说明，膀胱镜检查对早期诊断的重要性。

四、尿频

尿频是下尿路疾病的标志，但也有可能是多尿症所致。膀胱镜检查对确定下尿路疾病的病因或排除增加排尿频率的病因很有帮助。

五、尿失禁

尿淋漓，特别是青年母犬，提示要对下部泌尿生殖道进行内镜检查。青年母犬尿失禁常见的原因是输尿管异位。TUC能够较容易并精确地检查阴道、尿道和膀胱三角区。内镜的放大功能能够在下尿路的任何地方找到尿道开口，并且明确其病理情况和分类。尿道畸形常伴有输尿管异位，并且能够精确确定。在很多病例中，由于内镜都能穿过膨胀的尿道，因此能够发现经常伴发输尿管异位的输尿管积水。输尿管异位手术的预后和下尿路输尿管的入口位置、输尿管和尿道病理有关。因此，术前精确的膀胱内镜检查必不可少。在一些病例中，用尿路造影术对输尿管异位进行影像学检查，也可以建立诊断，但是，对输尿管开口的精确定位、尿道病理理解就比较困难。输尿管和尿道病理的超声检查也不如膀胱镜检查，并且骨盆前部会对其造成阻碍。由于沿着尿道壁有很长一段异位的输尿管，所以对异常的输尿管解剖结构进行手术检查特别困难。输尿管异位常以正常的位置进入膀胱壁的外部表面，并且向尿道腔开口之前，在尿道壁内向后延伸的长度不等。输尿管异位可能引起整个尿道壁对尿道口开放。外科手术只能确定输尿管以正常的位置进入膀胱壁，很难定位输尿管开口，或者需要更广泛剖开才能确诊输尿管和尿道病因。由于上述原因，首选TUC检查和诊断青年母犬尿失禁。

老龄母犬尿失禁是由一系列原因引起的，可能源于泌尿器官，也可能源于非泌尿器官。要全面了解尿失禁，需检查下尿路，并且还可排除尿道肿瘤所导致的尿失禁。

六、尿流转向

尿流的大小和流向改变可能预示着包括前列腺炎、结石、狭窄和肿瘤在内的尿道病变。使用TUC可以容易确诊。

七、创伤

TUC可用于检查母犬和猫尿道的创伤。小而灵活器械使得TUC可用于检查公犬尿道的创伤，这种器械具有头部弯曲控制功能。用TUC可有效排除尿道的重大创伤。可以检查挫伤、黏膜撕裂、穿透性割伤、膀胱破裂、输尿管和肾脏的外伤。通过观察两侧输尿管流出尿液的清晰度，可以确定肾脏和输尿管的完整性。无尿或者严重的血尿预示要对上尿路详细检查。回顾用膀胱镜检查的36例骨盆骨折的病例发现，尿路创伤的发病率为92%（表4–3），而用X线诊断100例骨盆骨折的病例，结果发现，尿路创伤的发病率为39%。可以用膀胱减压这种保守疗法来控制绝大多数尿路创伤的病例，直到治愈。

表4–3 盆骨折犬和猫膀胱镜检查结果

（36个病例的38次检查）
正常3只（8%）
挫伤、瘀点或淤斑22只（67%）
黏膜破坏或坏死9只（27%）
膀胱破裂2只（6%）
两侧输尿管尿液清晰33只（92%）
一侧输尿管血尿3只（8%）

尿道检查可作为独立的程序实施，或者在整形重建手术的麻醉期实施。如果发现膀胱创伤需要进行手术，那么矫形手术和泌尿系统重建就要推迟。对尿路创伤进行内镜检查所需要的时间和费用比影像学检查、尿路造影术和膀胱尿道造影术都少。如果不能用内镜对公犬实施检查，就要用膀胱尿道造影术。表现正常的尿频不能排除严重的泌尿道损伤。常发生的腹后部尿道损伤、骨盆损伤、延迟诊

断导致的严重后果、患病动物预后和动物主人的经济损失都使得准确检查尿道损伤至关重要。

八、膀胱和尿道结石

膀胱和尿道结石可引起里急后重、血尿、慢性非敏感性膀胱炎、尿流转向，这些都需要做膀胱镜检查。由于其他原因使用影像学检查，偶然发现结石，也需要用膀胱镜检查。当用X线或触诊确诊膀胱结石后，可做膀胱镜检查，以获取结石样本，用作分析，也可取黏膜组织样本，以作组织病理切片和培养用。如果对结石的组成有精确的了解，采用适当的医疗和饮食治疗对敏感性结石有疗效，从而可以避免手术治疗。较小块结石的清除治疗可以使用异物钳、活检钳、结石篮，或者使用冲洗和抽吸法。如果是大块结石，在移除前需要进行粉碎或震波碎石。

第二节　器　械

人医可用的膀胱镜很多，但是对小动物来说，人医用的多数膀胱镜直径都太大。小口径的人用硬质膀胱镜可用于中型或大型母犬的TUC检查。儿科膀胱镜或专为其应用而设计的硬质内镜做小型母犬、母猫的TUC检查，或做过会阴尿道造口术公猫的TUC检查。在人医，要做经前耻骨弓皮肤膀胱镜检查，可用特定的器械，但是这种器械对大多数小动物来说都太大。要在犬和猫身上实施PPC，理想的选择是关节镜。要在公犬和公猫身上实施TUC，人医用的泌尿生殖小型软质内镜比膀胱镜更有效。用于活体采样、碎石、结石清除、肿瘤和息肉去除和狭窄扩张的器械有各种尺寸，都可以用于小动物。

一、经尿道检查母犬和猫的膀胱镜

用于母犬和猫尿道检查的膀胱镜系统包括：镜管、套管、套针或封闭器、连接器和手术器械。

（一）内镜

对小动物来说，实施TUC最有效的内镜（图4-1）有：直径为1.9mm、工作长度18.5cm、30° 角视野膀胱镜（Karl Storz型，#63017BA）；直径为2.7mm，工作长度18.5cm、30° 角视野的多功能镜管（Karl Storz型，#64018BS）和直径为4mm，工作长度为30cm、30° 角视野的膀胱镜（Karl Storz型，#63005BA）。用于小动物的硬质内镜，30° 视野大大增加了检查的范围，是最佳角度。因为内镜能旋转360° 检查组织结构，而不是只观察器械纵轴直对着的范围。

（二）套管

膀胱镜镜管的套管（图4-2）有以下几种适合用于小动物诊疗：10 F（2.6mm × 3.8mm）的套管，用于直径为1.9mm的膀胱镜（Karl Storz型，#67031E）；14 F（3.8mm×5.5mm）的套管，用于直径为2.7mm的多功能镜管（Karl Storz型，#67065C）；以及直径为4mm的膀胱镜，配有从17～25 F的多功能套管。人们常用17 F（5mm×6.5mm，Karl Storz型，#63026U）到20 F（6mm×8mm，Karl Storz型，#63026C）的套管。10 F的套管常与以下膀胱镜合用：镜管直径1.9mm，工作长度14.3cm，具有两个流液口，一个直径1.2mm

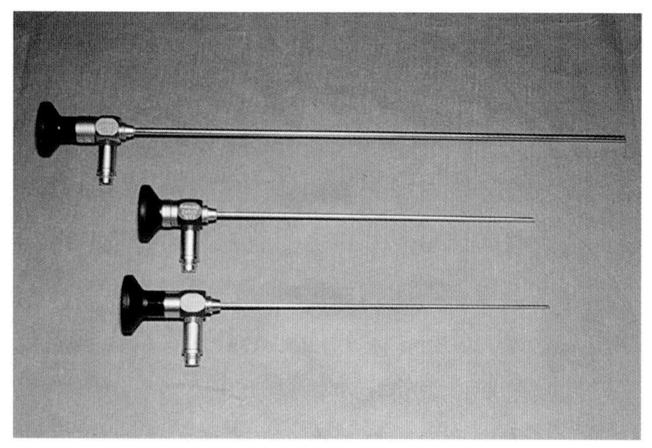

图4-1　用于母犬和猫尿道膀胱镜的硬质内镜。从上到下为：直径4mm、视野为30° 角的膀胱镜；直径为2.7mm、视野为30° 角的多功能镜管；直径为1.9mm、视野为30° 角的膀胱镜

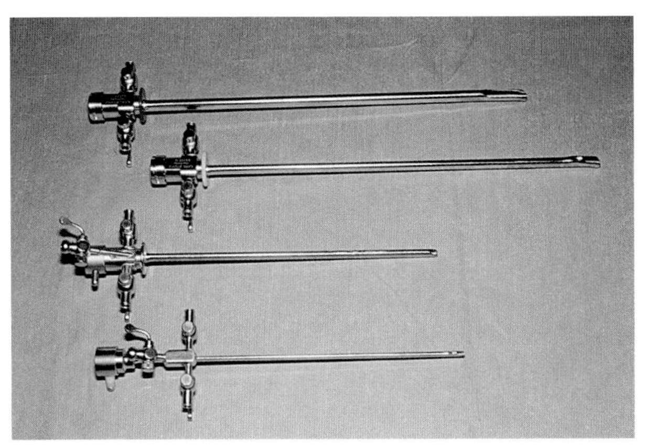

图4-2 用于母犬和猫尿道膀胱镜镜管使用的套管。从上到下为：用于直径为4mm、20 F（6mm×8mm）和17 F（5mm×6.5mm）膀胱镜的套管；用于直径为2.7mm、14 F（3.8mm×5.5mm）多功能膀胱镜的套管；用于直径为1.9mm、10F（2.6mm×3.8mm）膀胱镜的套管。用于直径为4mm膀胱镜的套管，其工作长度为23cm，并且还有一个或两个连接端口。使用连接器的套管，有1～3个通道，供手术器械通过。用于直径为2.7mm多功能镜的套管（14 F），其工作长度为16.3cm，有两个液体流出口，一个直径为1.7mm（5 F）的活检通道。10 F的套管，其工作长度为14.3cm，有两个液体流出口，一个直径为1.2mm（3.5 F）的活检通道。最下面的两种套管都是一体式结构，没有连接器

（3.5 F）的活检通道。14 F的套管与以下多功能内镜合用：直径2.7mm，工作长度16.3cm，具有两个流液口，直径1.7mm（5F）的活检通道。这两种套管都是一体式结构，没有单独的连接器。直径为4mm的膀胱镜所用的套管，工作长度23cm，在内镜和套管之间有一连接器。目前有1～2个流体连接端口和连接器的套管，有1～3个通道供手术器械通过，手术器械直径范围从5F（用17F的套管）到12F，或供直径更小的器械（用25F的套管）通过。

膀胱镜套管（Karl Storz型，#61029D）也可用于直径1.9mm的关节镜，其工作长度为7cm，椭圆形断面构造规格为2.5mm×3.6mm（9F），并且还有一个活检通道，可供直径为1mm的活检钳通过。这种套管对远端尿道的检查太短，因此不推荐使用。

（三）套针

当在非直视情况下将套管盲目地穿入尿道时，需要使用钝性套针。这种技术已经在人医使用，但是还未应用于小动物，因此这里不需要钝性套针。

（四）连接器

连接器是用来连接直径为4mm镜管和膀胱镜套管的。连接器是直的，没有检查器械通确诊仅有1～3个器械接入口。用于直径为1.9mm和2.7mm镜管的套管，由于其尺寸小，因此不用连接器，而是用活检和冲洗通道一体式插管。一种特殊的连接器，带有活检或导管偏转机制，叫做Albarran操作杆，该操作杆的顶部通过插管，可操控活检钳，抓握器械、导管或结石篮，从而可以使其在硬质内镜轴外工作（Karl Storz型，#63026E，图4-3）。30°角的镜管可观察偏离Albarran操作杆范围内的视野。还有手术连接器可以把器械弯曲，进入70° 和110° 镜管的可视范围。膀胱镜连接器的通道和套管允许各种软质器械通过，基于套管尺寸和连接器的轮廓，可允许从3 F配备较小系统的软质器械至12 F的器械通过，或是允许多种较小器械通过。

（五）配套器械（图4-4）

软质活检钳 [Karl Storz型，#61071ZJ（3F），#67161Z（5F），#63177A（7F）]；结石或异物钳[Karl Storz型，#61071T（3F），#67161T（5F），#27175A（7F）]；结石篮[Karl Storz型，#67023VV（5F）和Microvasive，#300-311（3F），#300-104（5F），具有多种尺寸和形状]；息肉切除术可控套圈钢丝[Karl Storz型，#26159L（5F）和Microvasive，#550-180（7F）]；细胞学刷[库克兽医产品，V-ECB-5-180-3-S（5F），Microvasive，510-104（3 F）和510-100（5F）]，气囊扩张导管[Microvasive，#218-110（3F），#221-200（5F），和#217-200（6F）：具有多种尺寸和形状）]，激光纤维[AccuVet#BFHF-403（400μm），#BFHF-603（600μm），和#BFHF-1003（1000μm）：具有多种尺寸和配置]，还有很多其他的手术器械供膀胱镜插管系统用，其尺寸范围为：3F（供最小膀胱镜使用）到12F（供最大膀胱镜使用）。小动物多数使用3～7F的活检钳、

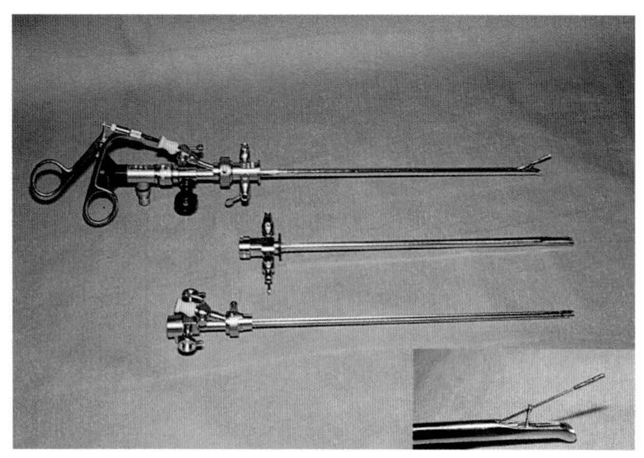

图4-3 可偏转连接器或Albarran操作杆，可与直径为4mm的膀胱镜合用，该膀胱镜有一个直径为2.3mm（7 F）的活检通道。图的最上面为一个组装膀胱镜，包括镜管、20 F的插管、Albarran杠杆连接器、活检钳。在图中间的是插管，图的最下面是Albarran操作杆连接器。插入图是Albarran偏转器顶部放大，示可灵活弯曲的活检钳

结石和异物钳、气囊扩张导管、结石篮和激光纤维。

关节镜常用于PPC，但也用于TUC。相对于镜管而言，关节镜的主要优势是插管的尺寸更小，因此可用于经尿道检查小型母犬和母猫，方便检查会阴尿道造口术后的公猫。关节镜套管用于膀胱镜的主要缺点是，这些套管没有器械通道。用于膀胱镜检查的关节镜系统包括：镜管，套管，锐性套管针，带套管针的二次穿刺套管，用于获取活检标本的器械，移除结石，完成震波碎石，清除肿瘤和息肉，并扩张狭窄结构的器械。

在公犬和猫，将硬质内镜用在TUC上受限制。在会阴尿道造口术后的公猫，可以用直径为1mm的半硬质镜管和直径为1.9mm的膀胱镜，或直径为2.7mm的多功能硬质镜管经尿道检查。对某些体型巨大的公犬，其远端笔直部分的尿道也可用这些小型硬质内镜检查。

这3种尺寸的膀胱镜系统可以有效地用于实践中所见到的各种小动物。在TUC检查上，直径为4mm的镜管和它所配备的套管已用于体重超过18kg的母犬。膀胱镜用于体重小于18～23kg的小型母犬，一些体型较大的母猫，可使用直径为2.7mm的多功能硬质镜管（图4-6）检查。多数母猫，最小体型的母犬以及幼犬可以用直径为1.9mm的膀胱镜（图4-7）检查。选择多大尺寸的膀胱镜取决于患病动物尿道的大小和长度。

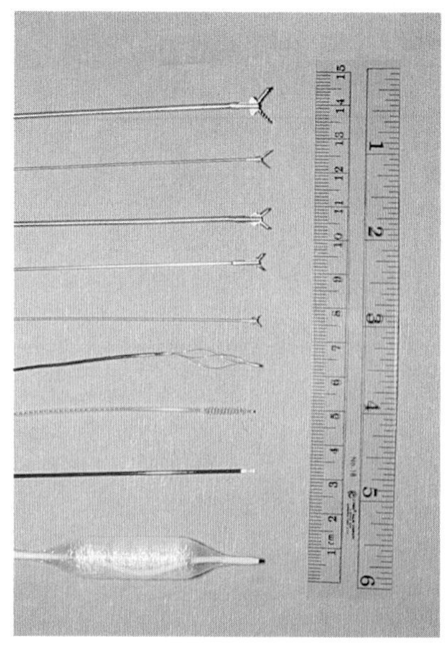

图4-4 用于母犬和猫尿道膀胱镜的硬质内镜配套器械。从上到下分别为，7 F和3 F的鳄鱼式异物或结石抓握器，7 F、5 F和3 F的并置杯式活检钳，3 F的三线结石篮，5 F的细胞学刷，1000mm的激光纤维，6 F的气囊扩张导管。所有的这些器械都是软质的，可以通过膀胱镜连接器和Albarran操作杆的弯曲通道相连

二、经耻骨前皮肤检查的犬和猫膀胱镜

PPC检查所用的器械系统包括：硬质镜管，带锐性套管针的套管，二次穿刺套管和套管针，手术器械。

（一）镜管（图4-8）

用于PPC的硬质镜管为：直径为1.9mm（Karl Storz型，#64301B）和2.4mm（Karl Storz型，#64300BA），工作长度为10cm的30°角视野关节镜；直径为2.7mm，工作长度为18.5cm的30°角多功能硬质镜管（Karl Storz型，#64018BS）；直

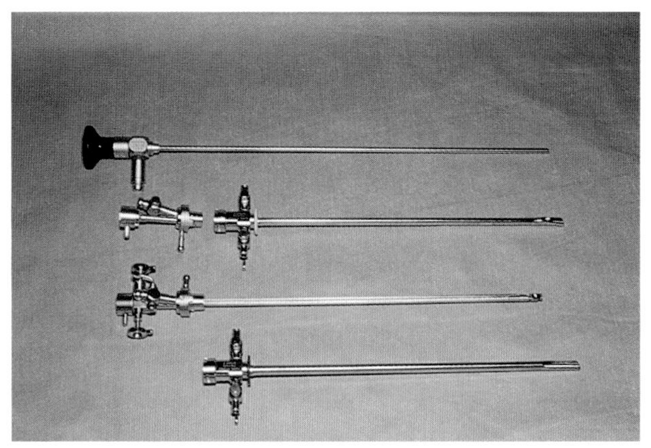

图4–5　用于直径为4mm的Storz膀胱镜检查的系列。从上到下分别为，全长为35.5cm、工作长度为30cm、30°视野的镜管。这各系列的位于顶部的插管，其尺寸为17 F（5mm×6.5mm），工作长度为23cm，两个液体流出端口，一个活检通道，该活检通道足够使一个5 F的或两个4 F的器械通过。这种插管所使用的连接器具有单一的活检通道，可允许5 F（直径为1.7mm）的器械通过。与20F的插管合用的第二种连接器是一个偏转连接器（Albarran操作杆），该操作杆有直径为2.3mm（7 F）的活检通道。最下面的插管，其尺寸为20 F（6mm×8mm），工作长度为23cm，有两个液体流出端口，一个活检通道，允许7 F的或两个5 F的器械通过

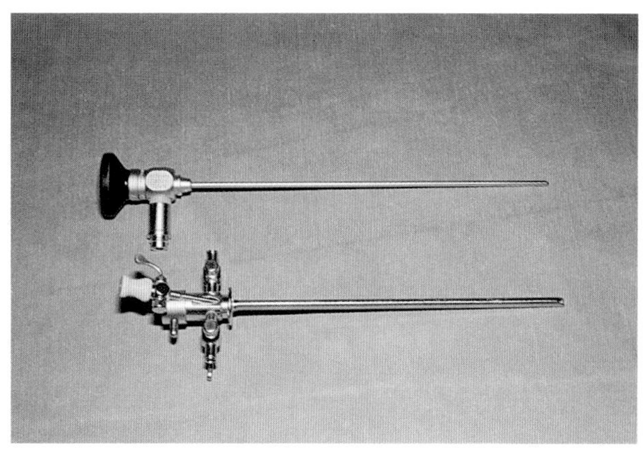

图4–6　直径为2.7mm的Storz多功能镜管的膀胱镜系列。从上到下：全长为23.2cm、工作长度18cm、30°视野的镜管。一体式插管，其外部尺寸为14 F（3.8mm×5.5mm），工作长度16.3cm，具有两个液体流出端口，一个可使5 F（直径为1.7mm）器械通过的活检通道

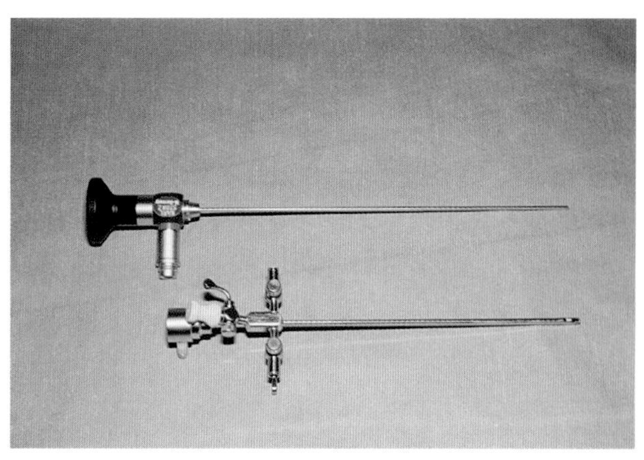

图4–7　直径为1.9mm的Storz膀胱镜系列。从上到下分别为，全长为24cm、工作长度18.5cm、30°视野的镜管。镜管顶部到末端7.5cm，其直径为1.9mm，另一个长度11.5cm，其直径为2.2mm。一体式插管的外部尺寸为10 F（2.6mm×3.8mm），工作长度为14.3cm，两个液体流出端口，器械通道可允许3.5 F（直径为1.2mm）的器械通过

径为4mm，工作长度为30cm的30°角视野膀胱镜（Karl Storz型，#63005BA）；直径为5mm，工作长度为29cm的0°角视野腹腔镜（Karl Storz型，#62006AA）。用于PPC检查的直径为2.7mm多功能硬质镜管，可以用于各种体型的小动物。这两种较小的关节镜非常适用于猫和体型微小的犬。在体型较大的犬，直径为4mm的膀胱镜和直径为5mm的腹腔镜可以传送更多光，检查更便利。

（二）套管（图4–9）

用于PPC检查、与上述镜管合用的套管没有器械通道，并且是圆形的，且不是TUC检查用的椭圆形套管。外部直径的范围为8.4 F（2.8mm）、用于直径1.9mm的关节镜插管[（Karl Storz型，#64302BN（用于64302BN的54302BS锐性套管针）]；9.6 F（3.2mm）的，用于直径为2.4mm的关节镜插管[Karl Storz型，#64303BM（用于64303BM的64302BU锐性套管针）]；12 F（4mm）、用于直径为2.7mm的多功能硬质关节镜[（Karl Storz型，#64128AR（用于64128AR的64122AS锐性套管针）]和腹腔镜（Karl Storz型，#62155KP）套管；用于腹腔镜插管（Karl Storz型，#62160FZ）的18 F

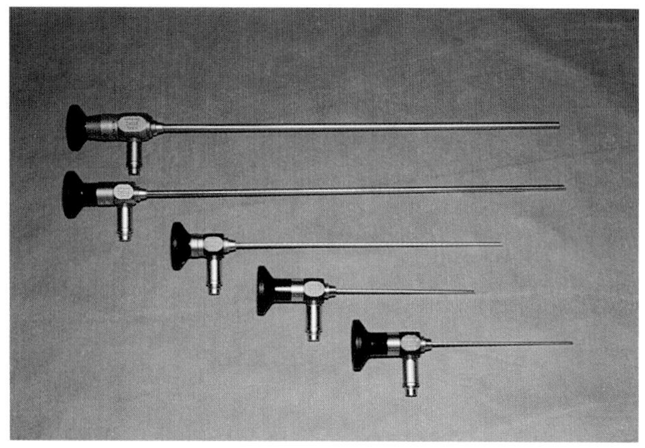

图4-8 用于经耻骨前皮肤检查犬和猫膀胱镜硬质镜管。从上到下分别为，直径为5mm，0° 角视野的Storz腹腔镜；直径为4mm、30° 角视野的Storz膀胱镜；直径为2.7mm、30° 角视野的Storz多功能镜；直径为2.4mm、30° 角视野的Storz关节镜；直径为1.9mm、30° 角视野的Storz关节镜

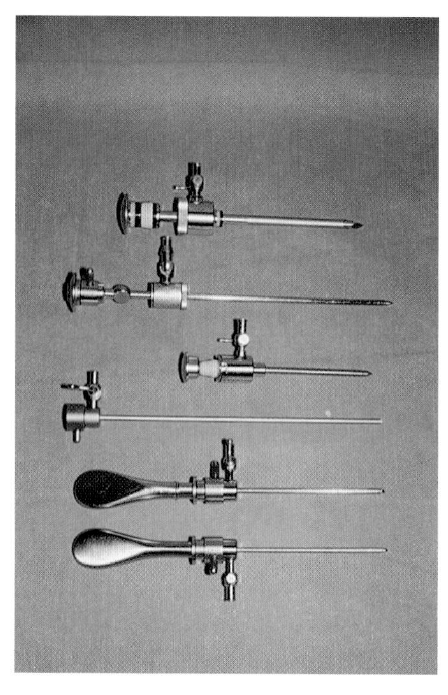

图4-9 用于经耻骨前皮肤检查犬和猫的膀胱镜套管。图4-8中所示的套管是用于插入镜管以及与其配套的套管针。从上到下分别为，用于5mm腹腔镜和4mm膀胱镜的18 F（直径为6mm）腹腔镜插管；用于2.7mm多功能镜管的12 F（直径为4mm）关节镜插管；用于2.7mm多功能镜管的12 F（直径为4mm）腹腔镜插管；在使用腹腔镜插管时，保护鞘可保护2.7mm多功能镜管；用于2.4mm关节镜的9.6 F（直径为3.2mm）关节镜插管；用于1.9mm关节镜的8.4 F（直径为2.8mm）关节镜插管。关节镜套管没有适配器和连接器，也没有器械端口和通道，能直接连接并卡住内镜。在进行检查时，腹腔镜套管不能卡住镜管，但能在镜管上自由滑动，它的阀门和垫圈系统可以阻止镜管周围泄漏，保护鞘卡住多功能镜管，然后其滑过腹腔镜插管。所有的套管都有单一的或双重的接口连接器，以供流体灌输用

（6mm）套管，与直径为4mm的膀胱镜和直径为5mm的腹腔镜合用。关节镜套管没有适配器和连接器，并且也没有器械端口和通道，就能直接连接并卡住内镜。这种腹腔镜套管用于直径为2.7mm的多功能镜管、直径为4mm的膀胱镜、直径为5mm的腹腔镜，它不能卡住镜管，但它能在镜管上自由滑动。在进行检查时，阀门和垫圈系统可以阻止镜管泄漏。当与腹腔镜插管合用时，强烈推荐使用保护鞘（Karl Storz型，#64018US）来保护2.7mm的多功能硬质镜管。关节镜和腹腔镜套管是PPC的理想选择。所有的套管都有一个或双重的连接器，以供流体灌输用。

（三）套管针

尖锐性套管针用于关节镜和腹腔镜套管，也可在PPC中用于穿透腹部和膀胱壁。关节镜套管针能直接卡住套管，而腹腔镜套管针能自由滑进套管，二者都有防水密封装置。

（四）二次穿刺套管（图4-10）

当实施PPC获取样本、清除结石或进行手术时，套管针和套管都用于膀胱的二次穿刺。由于第一个的镜管套管没有活检通道，因此需要进行二次穿刺，以造成通路。在没有活检通道的情况下，使用套管执行TUC时，这种技术也可以单独经皮肤穿刺使用。可以使用直径为2mm（Karl Storz型，#64032X）、3.5mm（Karl Storz型，#62115KP）、5mm（Karl Storz型，#62160FZ）和10mm（Karl Storz型，#62103FZ）的关节镜和腹腔镜套管。这些套管具有锐性的套管针，用于穿透腹壁和膀胱。当器械不在套管内时，套管的阀门可以阻止流体泄漏

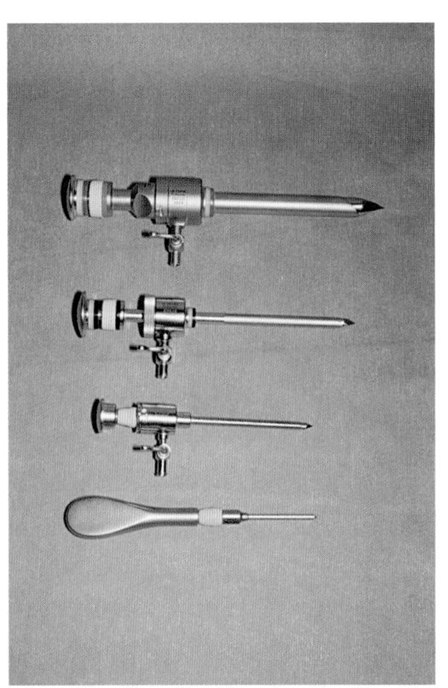

图4-10　用于经耻骨前皮肤检查犬和猫的膀胱镜的二次穿刺套管。当实施经耻骨前皮肤膀胱镜检查时，抽出套管针，用于制造膀胱通路。从上到下分别为，直径为10mm的腹腔镜套管，直径为5mm的腹腔镜套管，直径为3.5mm的腹腔镜套管，直径为2mm的关节镜器械入口套管。所有的这些套管都有一个锐性的套管针，用于穿透腹壁和膀胱。在进行检查时，除了2mm的关节镜套管，其他的套管都有一个垫圈和阀门系统，以阻止流体泄漏

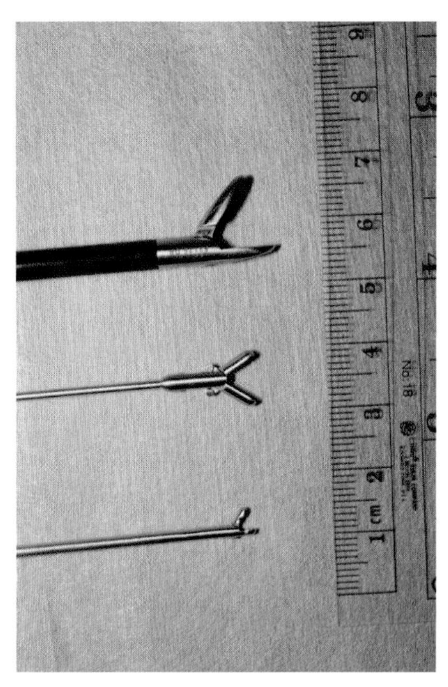

图4-11　经耻骨前皮肤检查犬和猫的膀胱镜的附件和手术器械。图4-10中所展示的用于二次穿刺套管的硬质活检钳。从上到下分别为，直径为5mm的腹腔镜活检钳，直径为3.5mm的杯状活检钳，直径为2mm的杯状关节镜活检钳

和膀胱塌陷，插管中的垫圈可以使装置形成一个密闭系统。

（五）附件和手术器械（图4-11）

用于PPC的活检钳包括：5mm硬质腹腔镜活检钳，杯状或切割钳［Karl Storz型，#34221DZ（杯）和#34221DH（打孔凿）］，3mm硬质活检钳（Karl Storz型，#723033），有杯状的2mm硬质关节镜活检钳（Karl Storz型，#64302L）。结石或异物钳、关节镜咬骨钳、结石篮、细胞刷、气囊扩张导管、凝固电极、碎石器、激光纤维和微创手术器械也可用于PPC。

三、用于公犬和猫尿道膀胱镜检查的器械

两个软质内镜和一个半硬质镜管用于公犬和猫的TUC检查。常使用直径为1.2mm（3.6 F）的软质膀胱尿道镜（三菱型，#AS-011/1.2，图4-12）用于公猫TUC检查，偶尔也会用于小型公犬。此内镜中使用溶解硅技术，可以提供高质量的成像，它能使12000束成像纤维以足够小的尺寸轻易地通过公猫尿道。在这种内镜中，直径为0.3mm（1 F）的送液通道可以通过气体或液体，从而达到尿道和膀胱扩张，但是对于活检器械或手术器械来说，通道太小。该内镜的工作长度为50cm，在公猫和小型公犬，足以用于TUC检查，具有极清晰图像，并且有足够的光源，用于摄影和视频，使得尿道检查便利、有效。由于这种内镜没有头部弯曲度控制系统，用其检查膀胱比较困难。把膀胱壁移到内镜视野范围内，可以克服这个难题。用于膀胱直视的光线充足，但是用于摄影记录和录像的光线受限。把活检钳穿入尿道就能获取膀胱病变的样品，不用放

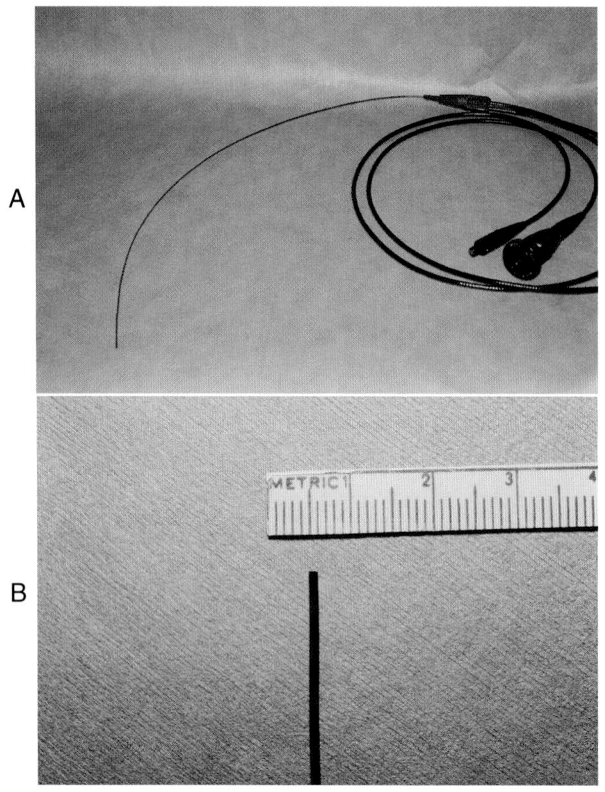

图4-12　A，用于公猫尿道膀胱镜检查的软质纤维内镜：直径为1.2mm（3.5 F）的三菱膀胱尿道镜，其工作长度为50cm，有直径为0.3mm（1 F）的输液通道。这种内镜没有头部弯曲控制系统。B，直径为1.2mm的软质纤维内镜，其头部用于公猫的尿道膀胱镜检查

置内镜，就能获取未知的黏膜活检样品，用于组织病理切片和培养。在尿道内放置内镜，并结合经耻骨前皮肤穿刺，然后穿入活检器械，就能获取局部病灶的样品。

直径为1mm（3 F）的半硬质镜管（Karl Storz型，#11512）也能用于公猫的TUC检查（图4-13）。这种内镜的工作长度为20cm，视野为0°。通过溶解硅束传递图像，可以形成极好的成像质量。这种内镜没有器械通道和流体通道。其半硬质构造使其不需要使用套管就能使用，因为器械的半弯曲不会引起损伤，但也不能像软质纤维内镜那样随意弯曲。

直径为2.5mm/2.8mm（7.5 F/8.5 F）的兽用软

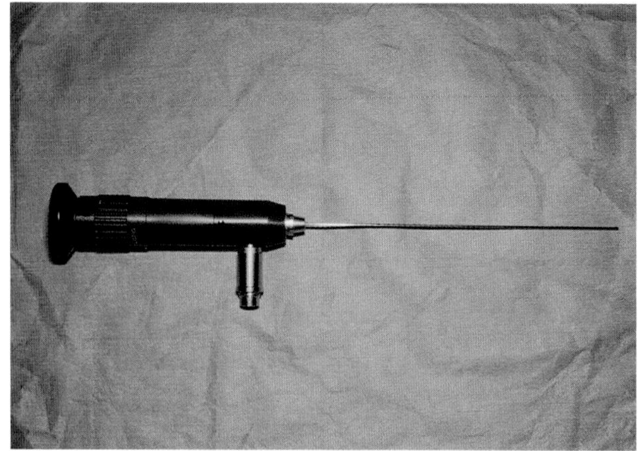

图4-13　直径为1mm，视野为0°的Storz半硬质镜

质纤维镜（Karl Storz型，#60003VB）用于公犬的TUC检查（图4-14），其工作长度为100cm，具有90°~170°的头部双向弯曲控制系统和直径为1mm（3 F）的器械通道。此内镜有两种直径，一个为其远端较灵活并稍小（2.5mm）的末端控制部分，较大直径（2.8mm）的主要为插管部分。内镜的双向弯曲控制系统显著加强了它的实用性，使膀胱、尿道的检查更便利、更快速、更全面。用于这种软质内镜的器械包括：3 F的软质活检钳（Karl Storz型，#60275FE），细胞刷[Microvasive，#510-104（3 F）]，结石篮（Microvasive，#300-311），气囊扩张器（Microvasive#218-100），激光纤维[AccuVet#BFHF-403（400μm）和#BFHF-603（600μm）]（图4-15）。

直径为2.3mm（7 F）至3mm（9 F）的其他软质内镜也能用于公犬的TUC检查。工作长度为80~100cm、直径为1~1.3mm（3~4 F）的操作通道，具有双向头部弯曲偏向控制系统，在进行小动物TUC检查时，这些都是所推荐的标准。外部直径大于4mm（12 F）、操作通道小于1mm（3 F）、工作长度小于80cm、双向头部弯曲控制系统的内镜，足以用于公犬的TUC检查。

尿道的直径与公犬的大小有关。直径为2.3~3mm的小型软质膀胱镜，用于体重为3.5kg或更重公犬

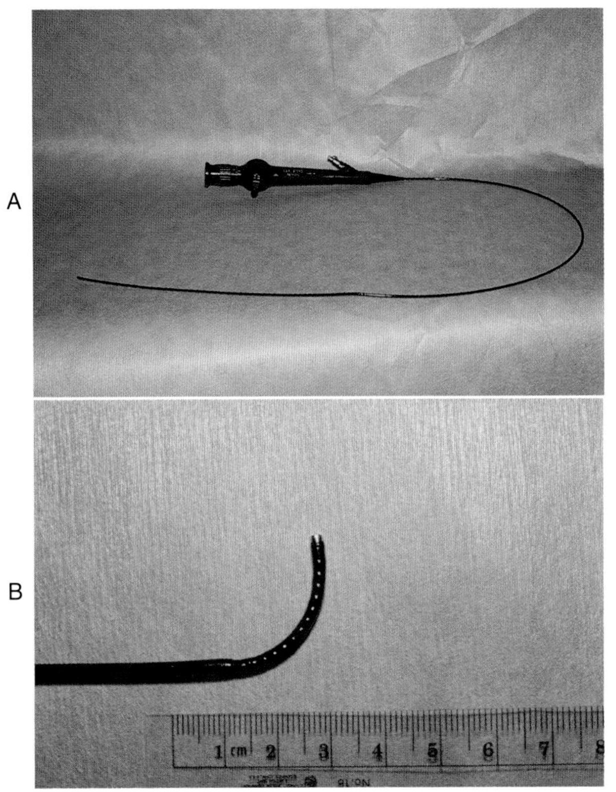

图4–14　A，用于公犬尿道膀胱镜检查的软质纤维内镜：直径为2.5mm/2.8mm的Storz兽用纤维镜，其工作长度为100cm；带活检通道，可容纳直径为1mm（3 F）的器械；90°～170°的双向头部弯曲控制系统。B，直径为2.5mm/2.8mm的软质兽用纤维镜，其可控头部是用于公犬的尿道膀胱镜检查。这两种尺寸的不同在于：直径为2.5mm的较小内镜具有可控制尖端；直径为2.8mm的较大内镜的主要部分为插入管

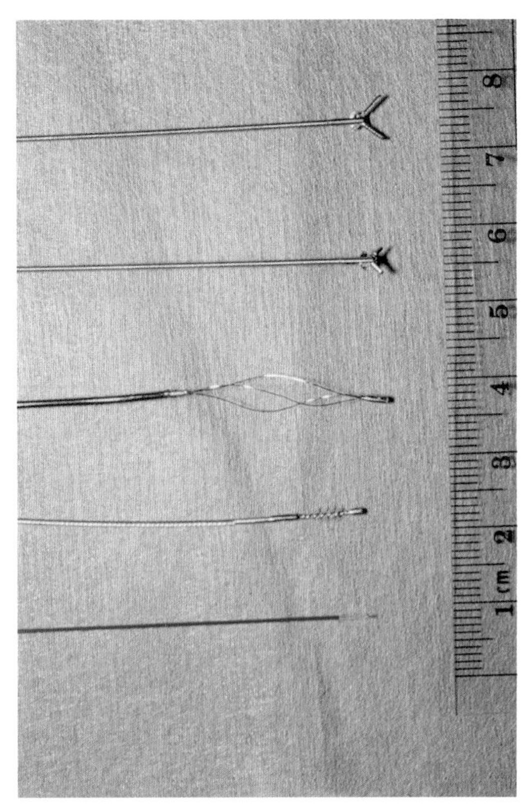

图4–15　直径为2.5mm/2.8mm软质膀胱尿道镜所使用的3 F器械。从上到下分别为，异物钳和/或结石移除器、活检钳、结石篮、细胞刷、550μm的激光纤维

的尿道检查。直径为2.5mm/2.8mm的软质兽用纤维镜已成功应用于小至3.5kg的犬，但是不能用于大于35kg的犬。直径为1.2mm的软质内镜主要用于公猫的TUC检查，但是也可用于一些非常小的公犬。

用于膀胱镜检查的内镜对所列的器械没有限制。无论是小直径硬质内镜系统，还是具有足够长度和容量、以供流体或气体穿过器械以扩张尿道或膀胱的小型纤维内镜，有无数的选择可供使用。

在内镜检查或是使用膀胱镜的过程中，私人小动物诊所需要慎重考虑的是：在不同的检查中，适应和使用个别内镜的能力，而非内镜是为何种目的而设计的。例如：直径为2.7mm的关节镜已被用于TUC检查、经皮肤的膀胱镜检查、鼻镜检查、上颌窦镜检查、耳镜检查、支气管镜检查、胸腔镜检查、腹腔镜检查、瘘管镜检查、肛门镜检查、咬伤和割伤的内镜检查、穴状或囊状肿瘤的内镜检查、眼部检查和关节镜检查。这种内镜能应用于大范围的检查，这就是它被认为是多功能硬质镜的原因。这就使得内镜检查不仅经济可行，而且具有经济回报。

第三节　记录系统

把内镜摄像机安装在任何硬质或软质内镜，视频内镜系统可用于膀胱镜检查。视频内镜系统检查是一种更加舒适的检查技术，并且可以供多人同时

观察检查过程。缺点是摄像机比直视内镜需要更多光。摄像机有利于内镜检查的记录。使用视频打印机或电子视频捕获技术，可以从视频中采集和保存图片。

第四节　患病动物准备

TUC检查和经皮肤的膀胱镜检查需要全身麻醉。需要实施标准的麻醉前禁食。根据患病动物的年龄和医疗要求，在麻醉前收集麻醉剂数据库。如果最近没有做尿常规检查和微生物培养，需要在膀胱镜检查之前收集样品，因为程序中所进行的液体冲洗会使尿常规检查和微生物培养无效。

TUC检查还未作为无菌程序实施，但是使用了防止尿道污染技术。长毛雌性动物的阴门区域需要剪毛，而短毛患病动物不需剪毛。然后清洁阴门区域的分泌物或脏物，但是不对患病动物进行无菌手术刷洗或覆盖创巾。在公犬，将包皮回缩，使阴茎头暴露，然后像要插导尿管那样清洁阴茎头。在内镜插到最深处之前，需要一直回缩包皮。雌性患病动物的保定常用右侧或左侧卧，但也可以用俯卧或仰卧保定。在公犬，侧躺和仰卧都可以。

PPC检查需无菌操作。将患病动物全身麻醉后，对腹部剪毛，类似于要做膀胱切开术和留置导尿管。患病动物仰卧定位，腹部刷洗、覆盖无菌创巾。使用无菌器械，并且医疗小组的穿着要适当。可以用戊二醛、环氧乙烷或高压灭菌器消毒内镜器械。消毒时应严格防止损害器械。

第五节　技　术

一、母犬和猫的尿道膀胱镜检查

笔者所用的母犬和猫内镜的检查技术，在几个主要方面都与文献中报道的技术[3,4,6]有所不同，未使用无菌制剂和创巾。使用直视流体持续冲洗法制造内镜通道，而不是用钝性套针盲目地制造通道。将1L的消毒盐水或林格氏溶液，放在离患病动物大约40cm（5～80cm）的高处，用标准的静脉液体注射装置（图4-16）连接到内镜的冲洗端口。液体开始流动后，将内镜经外阴进入阴道，然后捏紧外阴，液体扩张阴道，可看到尿道口。把观察器械伸入尿道，当尿道腔被液体扩张后，可观察到尿道腔。这种技术比盲目地用手指或开膣器进入更快、更便利、更安全，并且随内镜深入而检查尿道。极大地增强了检查的安全性，因为能识别和避开任何病理，以避免在内镜向前插入时损伤和穿透尿道壁。

一旦器械进入膀胱，就停止流入液体，膀胱内尿液经内镜套管全部流出，液体重新流入膀胱，而当膀胱充满液体时可进行检查。如果尿液浓缩或含有血液，膀胱内朦胧不清，需继续进行流体冲洗膀胱。通常冲洗1~2次就足以获得清晰的视野。也能用气体、氧化亚氮或二氧化碳来扩张膀胱。当用液体不能获得清晰视野时才用气体扩张，常发生在因出血而使视野持续模糊时。当使用气体扩张时，偶

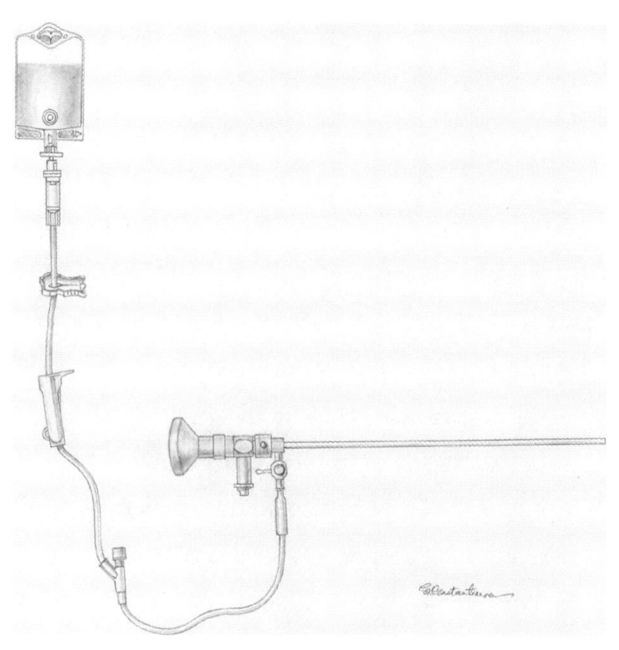

图4-16　用于尿道膀胱镜检查的冲洗系统：1L瓶装的消毒盐水或林格氏溶液，将静脉输液装置连接到内镜的冲洗端口

尔也可使用少量的液体冲洗，以使内镜镜头保持干净。使用室内空气扩张膀胱时，潜在的并发症是气体栓塞。使用氧化亚氮或二氧化碳就能避免这种危险。

如果膀胱已达到检查所需要的大小，应停止用液体或气体扩张。必须注意防止膀胱过度扩张，以及一些后续损害。膀胱破裂是膀胱镜检查的一种罕见并发症，但是过度扩张或者膀胱壁有严重的病变时，可能发生破裂。也可能发生黏膜层部分撕裂，但浆膜肌层未受损伤。膀胱镜检查时，膀胱壁损伤的最常见形式是黏膜轻微撕裂，导致出血，从而干扰检查。这种形式的损伤常导致膀胱严重的慢性炎症，形成二次疤痕组织，影响膀胱壁的正常伸展。

用30° 角视野的膀胱镜可以观察整个尿道和膀胱壁。检查尿道是否有肿瘤、结石、异位输尿管开口、狭窄、挫伤、黏膜创伤、壁穿透或破裂。检查膀胱黏膜的轮廓、纹理和颜色。血管的数量、大小和结构；检查整个膀胱是否有肿瘤、结石、憩室、黏膜撕裂、膀胱壁撕裂或穿透；检查输尿管开口是否位于膀胱三角区，输尿管开口的解剖位置、结构以及尿液流动和特性。

获取肿瘤、异常的膀胱结构或尿道黏膜的活检标本，用于制作组织病理切片。获取的黏膜样品还可以用于细菌培养和敏感性研究。可以作为治疗程序将小块结石清除，也可以按严格的诊断程序作结石分析。可单独对输尿管进行插管，用于逆行肾盂造影、单侧肾功能研究或者收集局部样品，以确定肾出血或感染的源头。

当使用关节镜套管时，因没有器械通道，活体样品采集变得复杂。使用套管时，可有几个采集样品的选择方法。局部尿道病变时，可用硬质活检钳沿内镜套管外侧平行穿入。使活检钳的钳瓣位于内镜稍前方插入，以便能通过内镜看见活检钳的穿入过程。然后可以辨别尿道病变的类型，准确地获取病变部位的活检标本。这种技术操作比较困难，但是只要勤于练习，能在多数病例上快速有效地完成。对于大面积膀胱壁病变，活检的位置并不重要，通过内镜套管，活检钳可以摸索着插入。像前面所描述的那样，内镜和套管可以直视放入膀胱。检查完成后，移出镜管，套管留在原来的位置上，将活检钳穿过套管采集样品。只有当病变呈弥漫性时才使用这种技术，因为不能看到或控制采集样品的位置，因此所收集样品的位置并不重要。

第三种选择就是实施耻骨前皮肤穿刺，将活检钳或结石移除器穿过皮肤套管（图4-17）。这种技术更加复杂，并且需要更多的器械、物资和人员。但是对不能插入2.7mm膀胱镜镜管的小型患病动物，在没有膀胱镜套管或没有带膀胱镜套管的1.9mm镜管的情况下，对患病动物膀胱内局部病变检查非常必要。检查时，确定需要采集局部组织样品后，并且不能通过尿道采集样品时，才能移开内镜。将患病动物像做膀胱镜检查那样剪毛，使其仰卧于手术台的末端，以便术者更易接近会阴区，做TUC检查。像做膀胱镜检查那样，在腹部膀胱处做消毒处理。内镜通过尿道插入膀胱，扩张膀胱，直到通过腹壁可以轻易地触摸到膀胱呈坚实并不坚硬的状态。在膀胱处的皮肤上做一小切口，当活检套管和套管针通过腹壁和膀胱壁垂直插入时，用一只手固定好膀胱。一旦套管针到达适当的位置，移出套管针，插入活检钳或其他器械。经尿道放置的内镜引导着器械到达样品采集处，通过经皮肤插入的套管完成样品采集。

完成TUC检查，膀胱排空，取出器械。如果进行了皮肤穿刺，需插入留置导尿管，留置48～72h，以减少膀胱压力，使膀胱穿刺口愈合。根据器械的大小、腹壁穿刺口可用单筋膜缝合和皮肤缝合法闭合。

二、公犬的尿道镜检查和经尿道的膀胱镜检查

将包皮回缩，暴露阴茎头，可用软质内镜插入尿道。为尽可能减少膀胱和尿道的污染，在内镜插入前要清洗阴茎头，在内镜到达膀胱最深处前，要保持包皮回缩状态。插入内镜前，先插入导尿管，

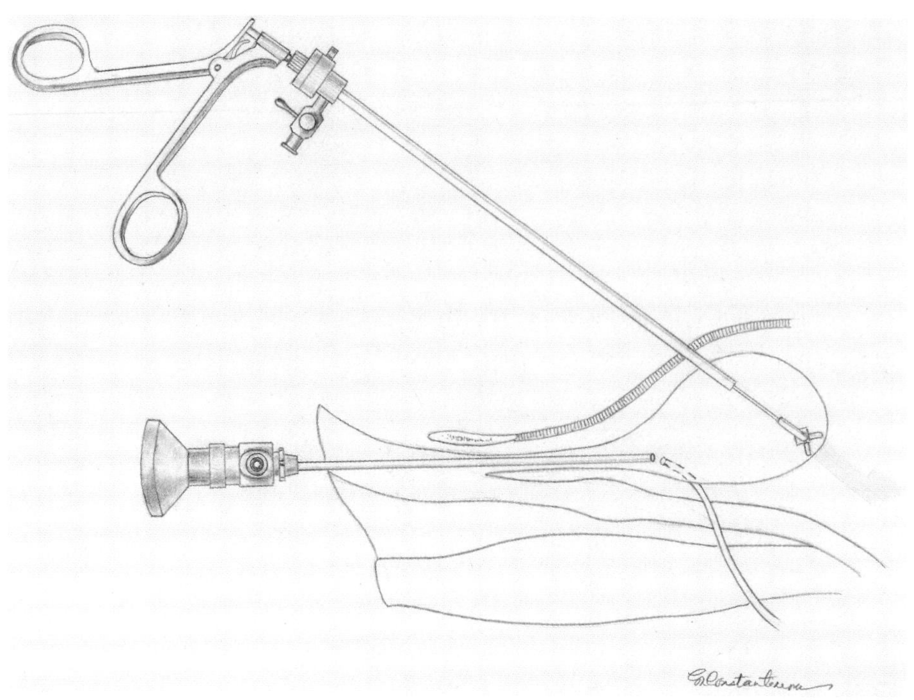

图4–17 用耻骨前皮肤穿刺技术结合尿道膀胱镜活检采样

排空膀胱。这比用内镜排空膀胱更容易，因为小型软质内镜的手术通道口径小，而使得排尿过程变得费时又困难。尽可能充分地排空尿液。不断地用液体或气体注入，以使膀胱扩张，便于检查，并且还能使内镜在直视的情况下穿入。最常用液体灌注，通过把静脉液体注射装置连接到内镜的手术通道端口就能完成该灌注操作。用消毒盐水或林格氏溶液灌注。

可以在内镜插入或退出尿道的同时进行尿道检查。如果要检查尿道，那么在内镜插入时就要进行仔细检查。如果膀胱是主要的检查目标，内镜可快速通过尿道，只用于引导通过通道不做充分的检查。在抽出器械时，可更仔细而全面地检查尿道。某些公犬末端的阴茎孔会阻碍内镜头插入。该处通常是尿道的最狭窄处，需要轻压或调整，以使内镜通过。不可过度用力，否则会损害尿道或内镜，或两者都受损。当内镜不能通过时，可以使用较小的内镜，也可以用充分润滑的、柔软的钝头导尿管或尿道扩张器扩张尿道。尿道的大小和犬的大小无多大关系，相对于犬的体积而言，有各种大小的内镜能通过犬的尿道。2.5mm/2.8mm的软质Karl Storz兽用纤维镜可以通过3.5~50kg犬的尿道。

在取出内镜的同时进行尿道检查可以避免回缩包皮的需要。在内镜到达膀胱最深处前，要一直保持包皮回缩状态，而到达后，就可让包皮回到正常的位置，并不用担心泌尿道感染。

调节内镜头部的弯曲度会使尿道和膀胱的检查更便利。双向头部弯曲度调节远远优越于单向调节，而在做膀胱尿道镜检查时，弯曲度调节是选择内镜首要考虑的因素。从阴茎头到坐骨弓正下方的远端尿道段相对较直，简单地调整就很容易进入并检查。在这点上，内镜的头部和相应的视野随着尿道的弯曲而弯曲，并检查目标区域。

使用1.2mm头部无弯曲软质膀胱尿道镜时，必须用手指操控内镜、尿道或膀胱及其周围组织，以完成尿道和膀胱的检查。在公犬，操控阴茎头至坐骨弓处的尿道可用拇指和其他手指抓住尿道及其周围组织，当用食指把较近端尿道往内推的同时，将尿道及其周围组织往外拉。手相对内镜的头部反复前后移动，还需要左右移动以完成检查。当内镜穿过盆腔尿道时，手尽可能地向直肠内探入并操控。根据犬大小以及前列腺头侧移位的程度，用此方法不能触摸到整个尿道。可经腹部、在膀胱镜前操控膀胱壁的各个部分，以检查整个膀胱。

将活检钳穿过2.5mm软质膀胱尿道镜的手术通道，可获取活检样品。此小型软质膀胱镜有活检通道，可允许1mm（3 F）的器械通过。在选择内镜时，是否具有活检通道是一个重要的参考因素。

如果器械不能穿过内镜，或者需要获取较大的活检样品，可以用其他的技术。膀胱壁弥漫性病变时，可以通过尿道插入软质活检钳，盲目地获取活检标本。用此方法可使用不能通过内镜通道的较大型活检钳，并且可采集其不能通过2.8mm软质内镜小型患病动物的膀胱样品。此方法使用的器械包括来自于小口径膀胱镜组（5 F）的软质杯状活检钳和胃肠镜活检钳。尿道局部病变的活检样品也可通过盲目地插入软质活检钳来获取。距离尿道病变的长度由内镜插入的深度确定，然后将活检钳插入同样的深度。触诊病变以及活检钳的头部便于检查。像在母犬和猫检查中所描述的那样，对于膀胱局部的病变，通过耻骨前皮肤穿刺插入活检钳，结合直视尿道膀胱镜，获得活检样品。

三、公猫尿道镜和尿道膀胱镜检查

公猫的TUC检查是尿道检查中最难操作的。这是因为公猫尿道的直径小，并且没有直径为1.2mm的头部弯曲调控的膀胱尿道镜。在内镜上加上头部弯曲调控系统会使尿道和膀胱的检查便利很多。实施了会阴尿道造口术的公猫可以用硬质镜检查，检查过程和做雌性膀胱镜检查类似。

如果没有弯曲调控系统，必须操控内镜、尿道、膀胱以及周围组织，以进行膀胱尿道镜检查。为了把内镜插入公猫的尿道，伸展阴茎以暴露尿道口、伸直尿道。使阴茎保持伸展状态有以下两种方式：用拇指和食指抓住阴茎的基部，使用纱布增加抓握力，减少所需要的力度；用蚊钳、拇指钳或在包皮和阴茎处组织做两根4-0的牵引线，以牵引住阴茎基部的松散组织。当内镜轻易地进入尿道，通过尿道远端段无阻力，简单操控就能直视尿道时，使用第一种技术。如果遇到困难，所做的牵引线就有利于检查，并且使阴茎和包皮的创伤最小化。在插入内镜时，用杀菌溶液清洗阴茎头，将软质膀胱尿道镜的头部引入尿道，同时启动液体流入。内镜上直径为0.3mm的灌注通道太小，妨碍液体靠重力流入，所以在注射端口连接了一个3～12mL的注射器，在检查中能手动注入液体。气体比液体能更容易通过内镜，应用也更多。抓住内镜头部处的阴茎组织，使其向背侧、腹侧移动，可观察阴茎头至坐骨弓处的尿道。向前推进内镜时要不断地重复这一过程，并且手指在相对于内镜尖端处前后移动。当膀胱尿道镜到达盆腔尿道时，上下左右移动，并旋转内镜，以使尿道处于视野范围内。如果需要，也可以经直肠操控。腹部处尿道和膀胱的检查如下：通过腹部操控尿道和膀胱，并且在检查完膀胱之前，将膀胱壁的各个部分置于内镜前。

通过软质膀胱镜的操作通道不能获得活检样品。1.2mm内镜上的通道（0.3mm，1 F）不能通过器械。膀胱弥漫性病变时，可通过从尿道盲目地插入1mm（3 F）的软质活检钳采集活检样品。判断病变和内镜的距离，然后以此插入活检钳，也能盲目地采集尿道病变的活检组织。触诊病变和活检钳的头部有利于检查。如前所述，通过耻骨前皮肤穿刺，插入活检钳，结合尿道镜观察，能采集膀胱局部病变的活检样品。

会阴尿道造口术后，可使用硬质镜完成公猫的尿道镜检查和TUC检查。有关节镜套管的2.7mm多功能硬质镜管和有改良膀胱镜套管的1.9mm膀胱镜可用于此项检查。各有优缺点。远端尿道的检查也可用1.9mm的关节镜，但是这种器械对于近端尿道或膀胱则太短。尿道造口术之后可立即进行内镜检查，也可以延迟到创孔痊愈后。

立即检查的优点是，可获得术后护理的附加信息；不需要二次麻醉管理。在此时实施检查必须非常小心，以免损害术部。内镜套管用无菌的水溶性凝胶润滑，内镜要缓慢温和地导入。启动液流来扩张尿道，当尿道可用肉眼观察时穿入内镜。如果遇到阻力，应停止插入。如果穿入镜管的力度过大，术部就会受到损害，增加了尿道狭窄的几率，尿道还可能在术部撕开。如果小心仔细，多数患病动物都不会受影响。另一种技术是，等到创孔痊愈，在2周后的任何时间都能实施检查，但是通常会延迟4周。此外，这种技术和术后立即检查没有区别。一旦到达近端尿道，这种技术及其检查发现与母猫检查一样。

四、经耻骨前皮肤膀胱镜检查

PPC检查需要手术水平的全身麻醉。麻醉后，将患病动物仰卧保定，像在膀胱镜检查中那样剪毛、准备、覆盖创巾，进行无菌手术。导尿以排空膀胱，并且将导尿管保留。使用红色橡胶无菌导尿管。不需要Foley导尿管或球状导尿管。用无菌盐水、林格氏溶液或乳酸林格氏溶液中度扩张膀胱。方法是，可将导尿管连接到静脉液体注射装置，以保持持续的液流（图4-18）；或者将导尿管连接到带注射器的三通阀上，以便能够间断性地注射液体。第一种技术在大型犬实施效果较好；后者在小型犬和猫实施效果较好，因为它可以对液体流入进行精确的控制，减少膀胱过度扩张的风险。当容易触摸到膀胱、感觉其坚实而不坚硬时，膀胱已充满；膀胱必须能被很容易地握住并固定，以进行器械穿入。外科医生和患病动物都需做适当的无菌手术的准备，然后将患病动物覆盖上创巾，暴露扩张的膀胱。如果实施单一穿刺，在膀胱最突出部分的下腹正中做一小的皮肤切口（图4-19）。对于需要采集样品的双重穿刺，在中线两侧做两个等距的切口，所分开的距离要足以进行器械的三角测量（图4-19）。由于器械缺少活检通道，因此需要做双重穿刺。

持续用力推动锐性套管针的内镜套管，并旋转穿过腹壁和膀胱壁，进入膀胱腔适当的位置。在穿刺操作过程中（图4-20），将穿刺针垂直地对准膀胱壁的穿入部位。单一穿刺时，套管要垂直腹壁。双穿刺时，在放置内镜的切口下横向移动膀胱，在这种情况下插管在放置过程中是垂直的(图4-21)；或者将膀胱固定在中线处，插管偏向穿刺一侧，直到在穿入点处，使其垂直于膀胱壁（图4-20）。一旦套管针套管的尖端进入了膀胱腔，就要停止插入，以防穿透对侧膀胱壁。对大型的患病动物较容易完成，因为其膀胱有足够的空间使套管针安全地刺入；但是如果在较小的犬和猫，就比较困难和危险，因为其膀胱空间较小，不允许出现差错。如果套管针插入得太深，就可能对膀胱黏膜、膀胱壁、以及膀胱外的结构造成损伤。仅仅损伤膀胱黏膜还未发现对患病动物有何害处，但是也应避免。然而，膀胱黏膜损伤会使检查变得更加困难，因为出血会使冲洗液变模糊，还会干扰检查。如果穿透了对侧的膀胱壁，液体会漏出，从而使膀胱难以维持扩张状态，而影响检查或二次穿刺。应该避免穿透对侧膀胱壁，但是即使穿透对患病动物影响也不大，因为穿孔愈合的时间和穿刺部愈合的时间相同。膀胱外部结构的明显损伤对患病动物不利，如果套管针穿过对侧膀胱壁，会很危险，因为穿透处会有肠管、输尿管、主动脉和后腔静脉，可能会导致粪便污染腹腔、尿液渗漏、因伤疤形成而造成输尿管狭窄和出血。笔者还未遇到过膀胱外部结构的损伤。因对侧膀胱壁穿透而妨碍在检查时膀胱的适度扩张只出现过一次；对侧膀胱黏膜受损但并未穿透的情况也很少出现。

将套管针和套管插入膀胱的适当位置，移出套管针，插入镜管，然后拆开连接在液体容器上的静脉输液装置，使其连接到患病动物身下的空容器上，尿道液流灌注系统转换为排出装置。静脉输液装置第二次连接到内镜流体冲洗端口，将另一端

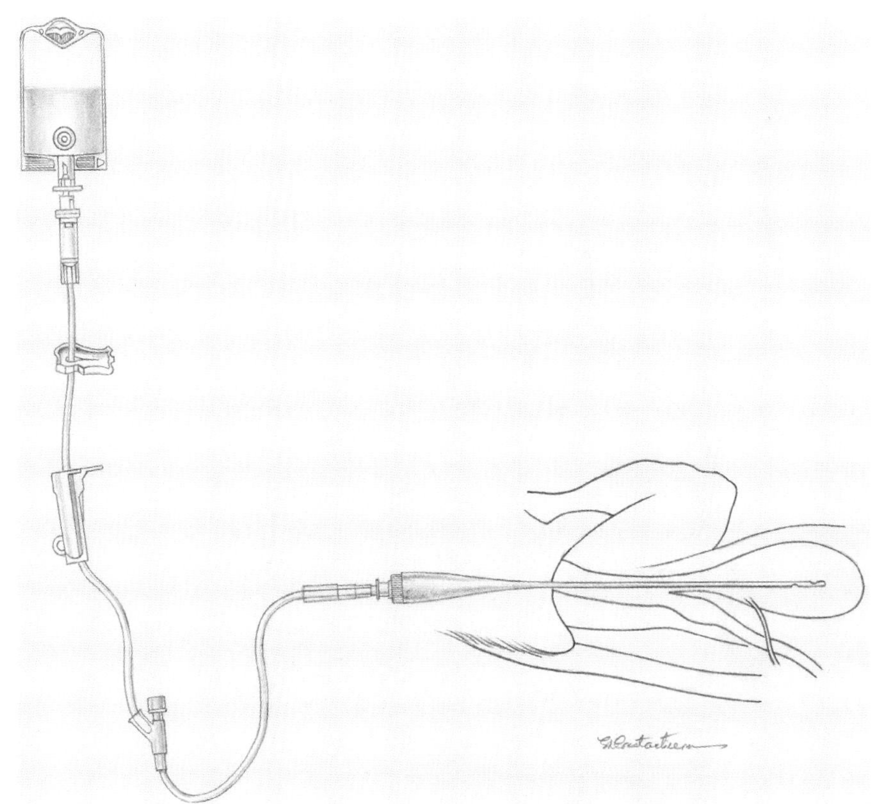

图4-18 供经耻骨前皮肤膀胱镜检查的冲洗扩张装置，使用静脉输液装置，将1L无菌盐水或林格氏溶液连接到导尿管

连接到装有无菌盐水或林格氏溶液的容器上（图4-22）。这个系统可以控制液体流进流出的速率，因此能控制膀胱的扩张。液体流进的速率是用于维持干净清晰的视野，外科医生通过灵活地控制静脉输液装置上的调节器或内镜上的活塞控制流速。通过对液流的调节以平衡流进和流出的量，或通过间歇性地注射液体来维持膀胱的扩张。

内镜插入到适当的位置，并且膀胱扩张适当，可开始进行检查。除在穿刺部周围的部分，可看到膀胱壁整个黏膜表面。可以对尿道口的位置、结构，尿液的形状、特征进行检查。在公犬和公猫，近端尿道的检查通常到前列腺末端；在母犬和母猫，近端尿道的检查通常到盆腔中部。

为了采集样品，通过单一的皮肤切口将二次穿刺套管置入，放置技术和内镜套管的放置类似。内镜到位后，固定好膀胱的位置，套管针套管的角度

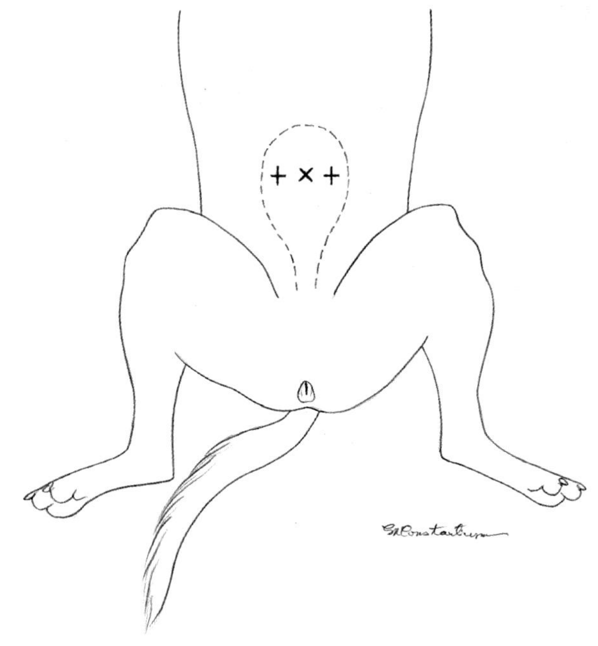

图4-19 单穿刺的切口位置（X），经皮的前耻骨膀胱镜检查时双穿刺的切口位置（+）

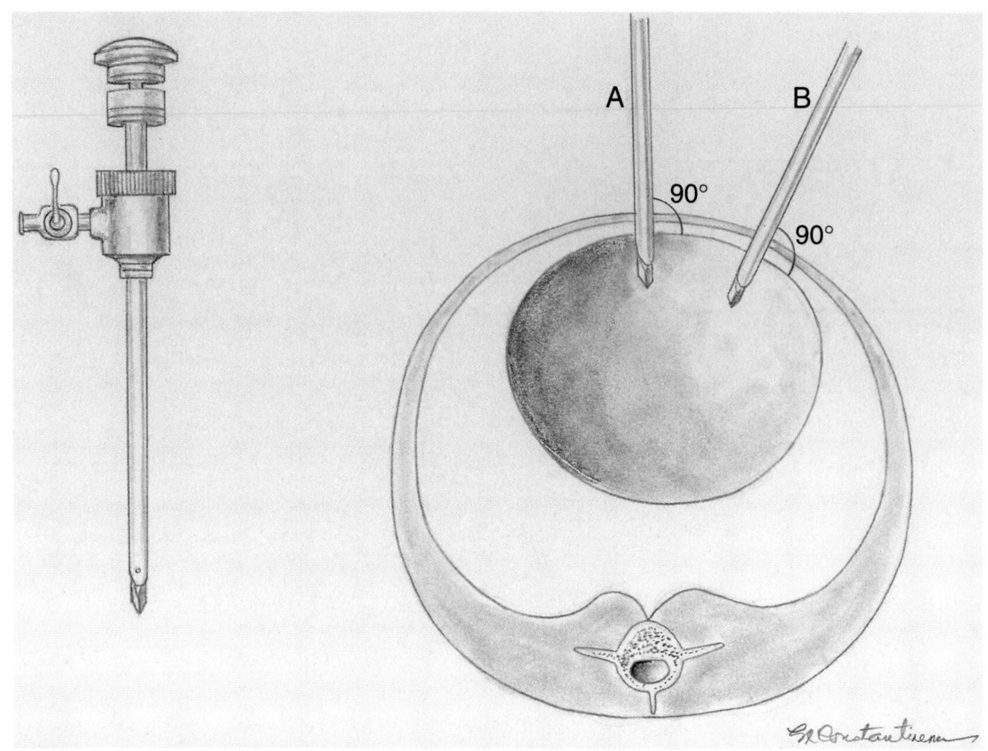

图4-20 单一穿刺时穿透膀胱壁的内镜套管和套管针的位置（A）；经耻骨前皮肤膀胱镜检查时双重穿刺，将膀胱固定在中线上（B）

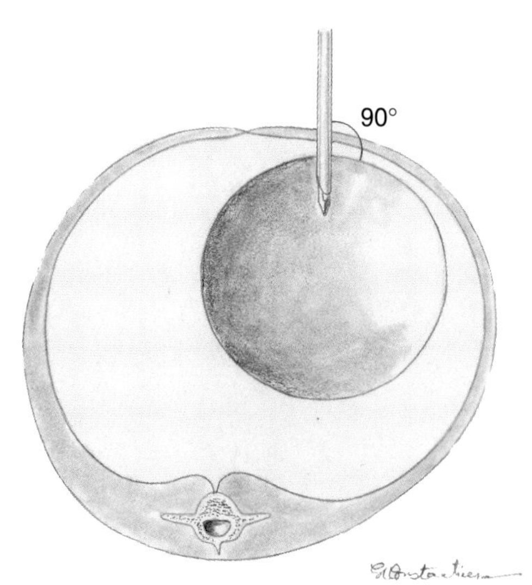

图4-21 膀胱横向转移，经耻骨前皮肤膀胱镜检查的双重穿刺时，穿透膀胱壁的内镜套管和套管针的位置

需和膀胱壁垂直（图4-23）。虽然二次穿刺的皮肤切口可能和内镜置入切口是同时做的，但也偶尔需要在膀胱的更适当位置上做一额外的切口。套管穿入膀胱后，移出套管针，将选择的器械穿入套管。黏膜的活检或其他一些操控程序在直视下实施。

有时穿刺周围发生液体泄漏。如果需要，可增加液流的速度来维持膀胱的膨胀度。轻微移动插管有助于减少泄漏。一个人即可实施经皮的膀胱镜检查，但是需要在检查过程中不时地将套管置于腹壁上，这会使其与膀胱壁形成了锐角，并增加泄漏的量。如果有人当助手，可以减少器械的移动，缩短手术时间，使检查完成得更顺利。在小体积的膀胱或者双穿刺的情况下很难维持膀胱的适度扩张。

完成检查后，排空膀胱，移出器械，皮肤切口可用非吸收性缝线做单一的间断性缝合。如果使用较大型的器械，直径为5mm或更大的，用单层筋膜

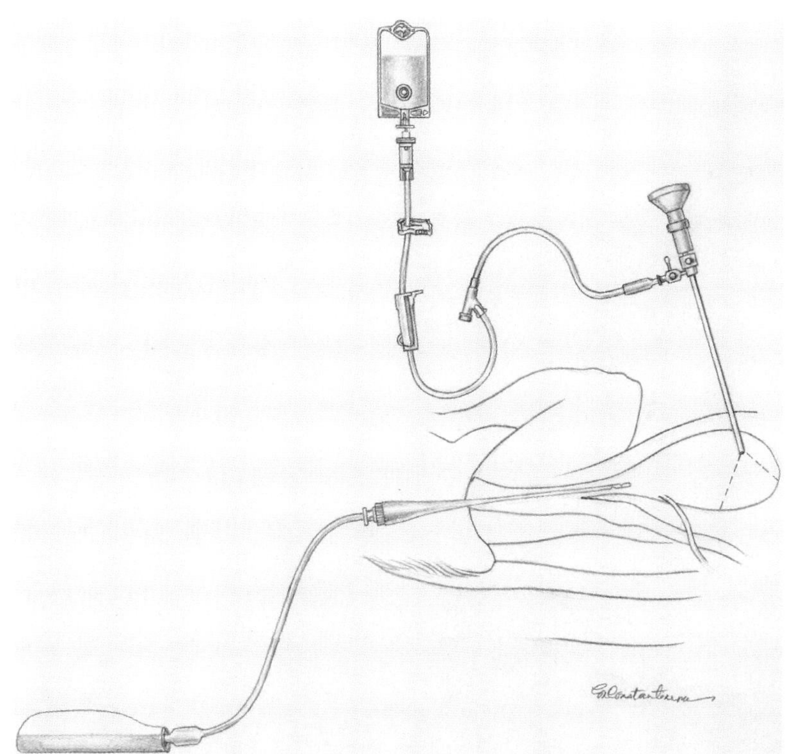

图4-22 经耻骨前皮肤膀胱镜检查所用的液流系统，从内镜流入，导尿管流出。无菌静脉输液瓶内有1L无菌盐水或林格氏溶液，并且连接在内镜套管的输液端口上。前面用于灌注膀胱，使其膨胀的静脉输液装置保持和尿道套管连接，将其另一端连接到置于患病动物下面的容器上，以排出膀胱内液体

缝合和皮肤缝合。

留置导尿管48~72h，以减少膀胱压力，并且可使膀胱的穿刺部密闭。导尿管留置时间间隔是按照惯例确定的，但并没有具体研究确定减压必须维持多久才能确保膀胱穿刺口愈合。

第六节 存在的问题、并发症以及禁忌证

在选择膀胱镜检查病例时，有几个限制因素，但是在兽医学上没有明确的禁忌证。动物的体型和性别仅仅会限制所需要的器械和所使用的技术，并非禁忌证。人医方面有人建议，在膀胱镜检查之前应先控制严重的膀胱感染。源于创伤或其他原因的膀胱破裂病例，很难或不可能实施经皮肤膀胱镜检

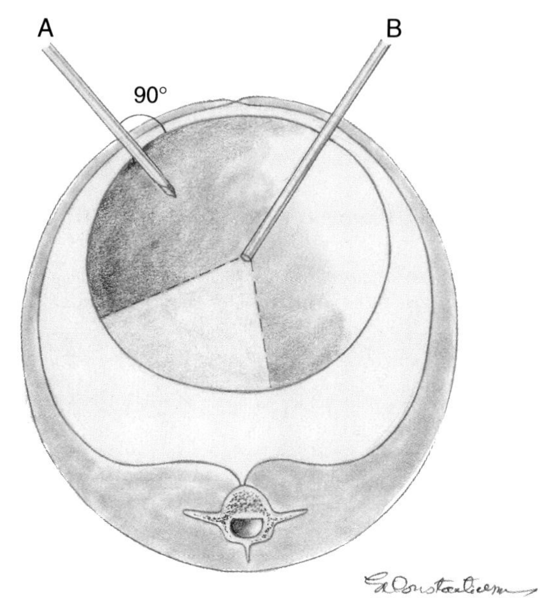

图4-23 经耻骨前皮肤的膀胱镜检查，二次穿刺膀胱壁时活检套管和套管针的位置（A），内镜（B）已经插入

查，因其检查依赖于膀胱扩张，怀疑膀胱创伤或尿道损伤提示要进行TUC检查。尿道病变，如肿瘤，会阻碍插入，从而可能限制或阻止内镜从尿道穿入膀胱，但是可以从尿道接近明显病变处并采集活检标本。如果有必要，可以通过皮肤进入膀胱。不能适度扩张的、壁非常厚的小个膀胱，经皮进入可能很困难或不可能，或者能够进入，但在检查过程中也不可能足以维持膀胱扩张，从而不能固定内镜或二次穿刺插入器械。这些都是技术性限制因素或者增加技术困难的因素，但不是禁忌证。

膀胱镜检查中所遇到的最常见难题是，出现血尿或高度浓缩的尿液，使视野模糊。检查中反复冲洗结合快速的静脉液体注射，可以稀释浓缩的尿液。多次排液，并且使膀胱充满清洁的溶液，或用气体扩张膀胱可以克服血尿对观察的干扰。气体可以使用空气、氧化亚氮或二氧化碳。出血可能源于疾病本身，也可能是医源性的，源于膀胱的过度扩张、器械的放置、活检的部位或过于粗鲁的器械操作。正常膀胱的过度扩充，或有病膀胱的正常扩充都会引起膀胱的过度扩张，从而引起的黏膜瘢痕组织的撕裂。

在19年的时间里，使用经尿道和经皮的膀胱镜实施的462次检查中出现的并发症有，两例膀胱破裂、一例经皮肤穿刺后出现持续的尿失禁、两例因尿道炎而引起暂时性功能障碍、一例尿道裂伤。膀胱破裂出现在母犬的TUC检查中，一例是在移除大量结石时出现了膀胱破裂，这是由于膀胱镜的运用不当所致，因为当时需要手术治疗。另一病例是在检查严重血尿，注入空气时控制机械泵不当而引起。这两例患病动物的膀胱都已重建，没有留下不良后果。在一例实施经皮膀胱镜检查和采集活检样本的公猫身上发生了持续的尿失禁。留置导尿管会引起阻塞，并且不能充分维持术后膀胱处于减压状态。尿道炎引起的暂时性功能障碍发生在两只做TUC检查的母猫身上。其中较小的那只猫，内镜在其尿道中很紧，并且穿入时有明显的阻力，另一只猫需要多个器械通道，以完成检查和样品采集，留置导尿管解决了这两个病例的难题。一只尿道狭窄的母猫，其尿道太小，因而发生了尿道裂伤。过分地尝试着去扩张狭窄，导致尿道黏膜狭窄末端撕裂。用导尿管插入膀胱以绕开尿道的受损区域，并且留置导尿管直至完全治愈。细心的应用膀胱镜检查技术会使并发症最小化。

第七节　下尿路的正常外观

母犬和母猫

母犬或母猫的TUC检查起始于尿道的末端，第一个看到的结构是位于阴道腹侧或底部的尿道口。在卵巢切除的母犬和母猫，尿道孔位于尿道乳头的背后部，其外观看上去通常像一条纵向的狭缝（图4-24和图4-25）。卵巢切除的雌性动物，其尿道乳头和尿道口的外观不同，相对于前者而言，未手术的母犬具有较大而多的阴道黏膜皱褶或纹路。未手术母犬的背部到尿道口，具有组织的横向纹路或突出部分。这些组织在发情期变得更加突出，它可能完全覆盖真正的尿道口，而产生一种横向的口道假象，这种情况发生在组织所接触到的阴道末端至真正尿道口处。这种组织是众多阴道增生的起源地。

通常在母犬和母猫的尿道乳头底部周围看到小的开口或压痕（图4-26），其大小和数量从少量的分散压痕到多种大的深腔不等。据我所知，以前未被命名，现在作者或许可以称其为“麦卡锡隐窝”。这些开口或压痕的意义和功能不为人所知，但重要的是要知道，其与异位输尿管口不同。

如果开始就进入雌性尿道，或者如果没有扩张尿道，可以看到许多纵向皱褶（图4-27）。用液体扩张尿道，纵向皱褶消失，尿道变成光滑的圆管（图4-28）。通过液体观察时，尿道黏膜呈淡粉红色，通过气体观察时，呈深粉红色或红色。通常可看见尿道黏膜的血管，并且越向前越明显。背侧皱褶或脊常见于猫，甚至在尿道完全扩张时也能看

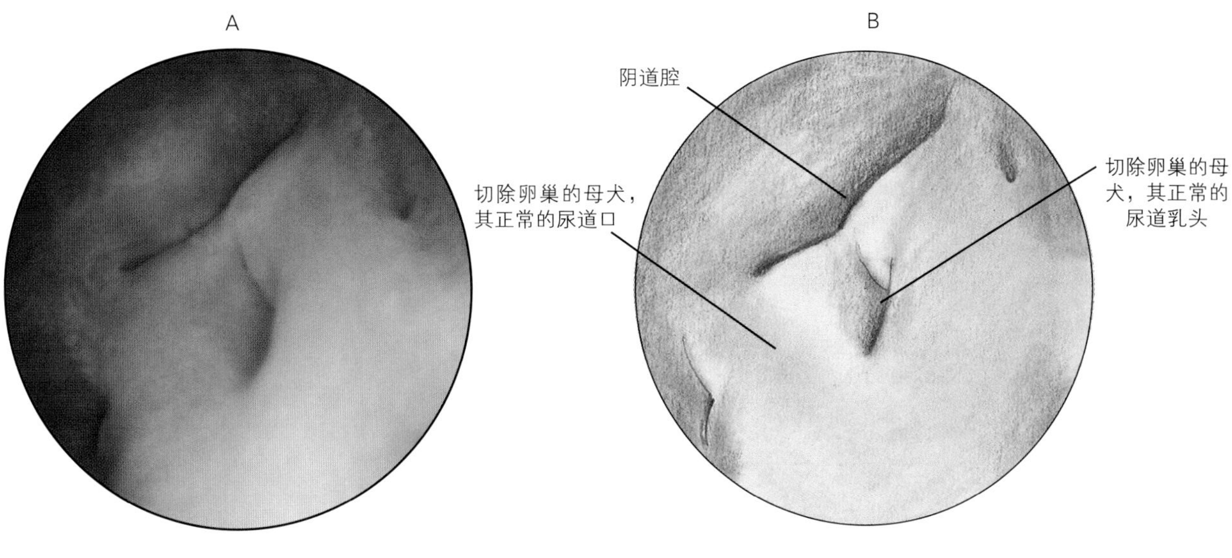

图4-24　尿道膀胱镜检查切除卵巢的母犬时看到的正常乳头和尿道口

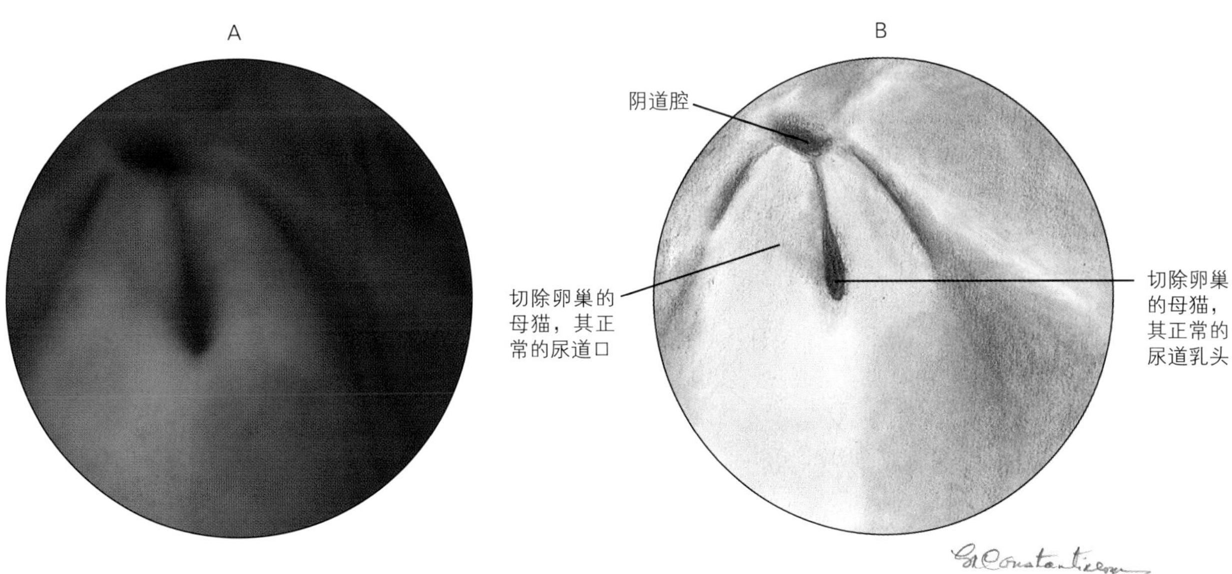

图4-25　尿道膀胱镜观察到切除卵巢母猫的正常尿道口

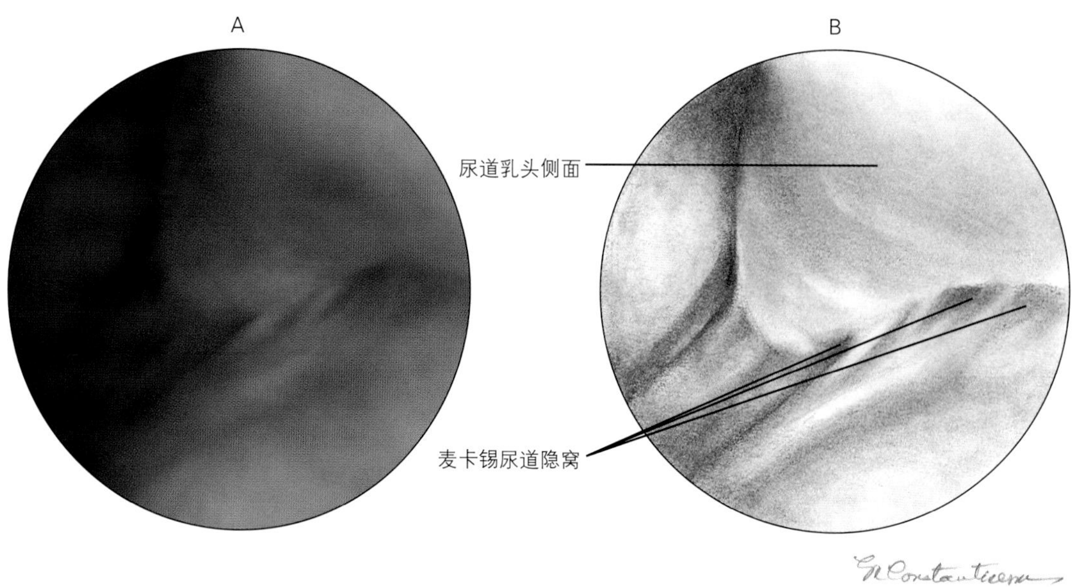

图4-26 尿道膀胱镜检查母犬时所观察到的正常尿道压痕（麦卡锡隐窝）。这些不会和异位输尿管口混淆

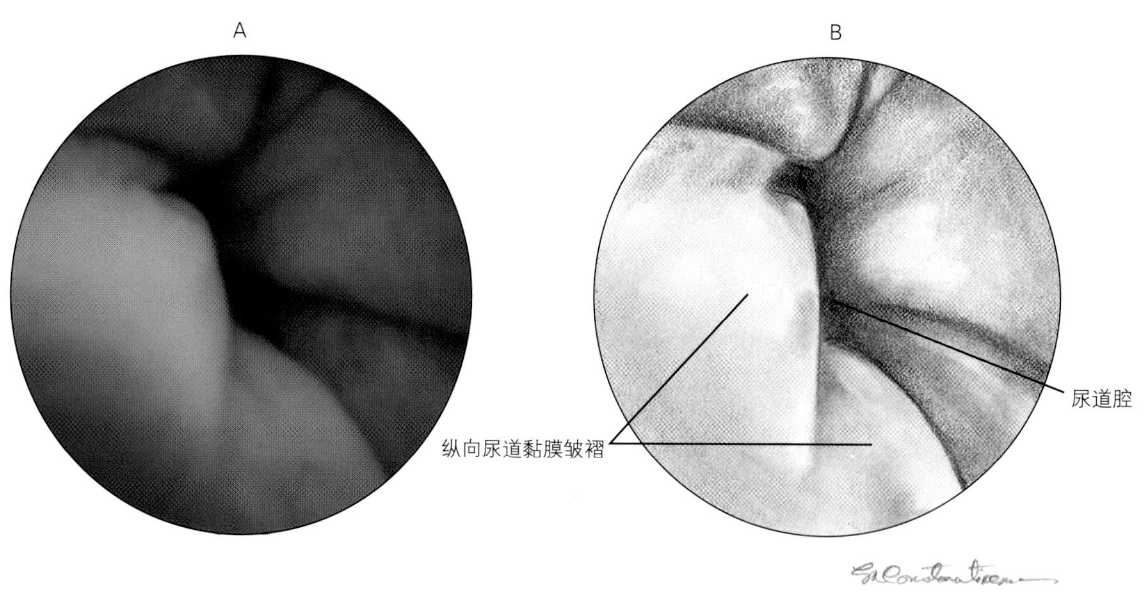

图4-27 尿道膀胱镜检查母犬见到的塌陷尿道上的正常纵向黏膜皱褶

见。脊的外观各不相同，从平坦的白色或淡色的带状（图4-28）到突出的脊（图4-29）。黏膜压痕或憩室常见于母犬和母猫的尿道（图4-30），其重要性还不清楚，但与麦卡锡隐窝一样，需要和异位输尿管口区别。

公犬的尿道黏膜呈光滑的淡粉红色，并且其直

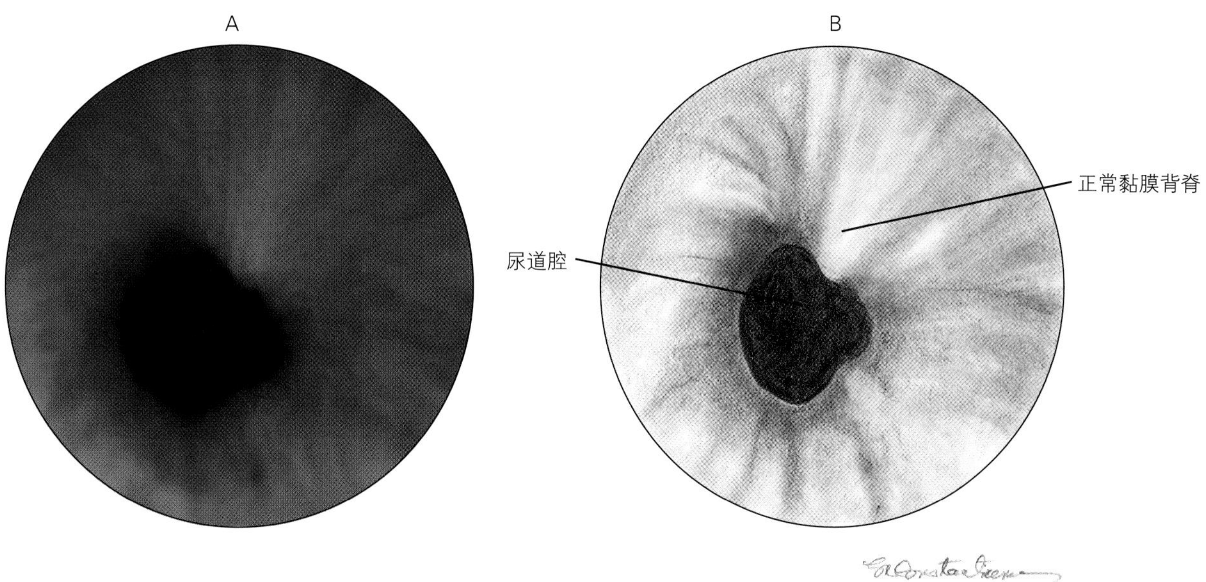

图4-28　尿道膀胱镜所观察到的母猫正常扩张尿道。尿道黏膜呈亮红色，尿道前部的血管更突出

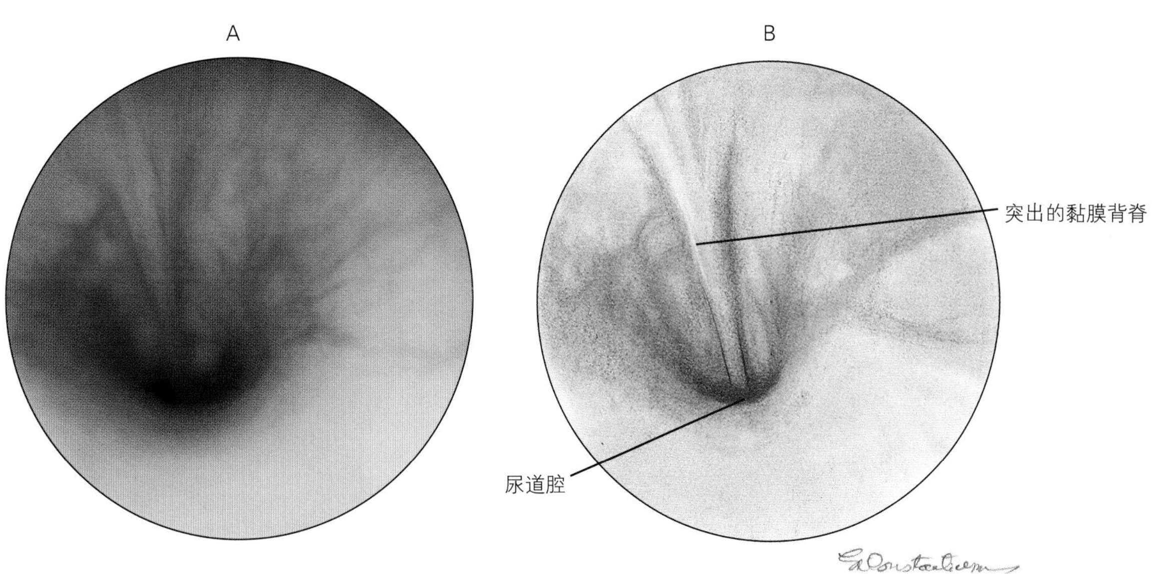

图4-29　在会阴尿道造口术后的公猫立即实施尿道膀胱镜检查，见到尿道正常的黏膜嵴，可见此嵴从平坦的白色或浅色带状（图4-28）到突出的嵴状

径从坐骨弓远处开始都一致（图4-31），此段尿道的扩张和伸展有限。雄性尿道的关闭通常以很小的收缩力将圆口状结构压扁成平缝状，或用均衡的收缩产生像雌性尿道那样的黏膜褶来关闭尿道。公犬尿道的最狭窄部分通常是在阴茎外口的后侧。有些病例可看到其尿道狭窄部分，但其他的病例只能靠

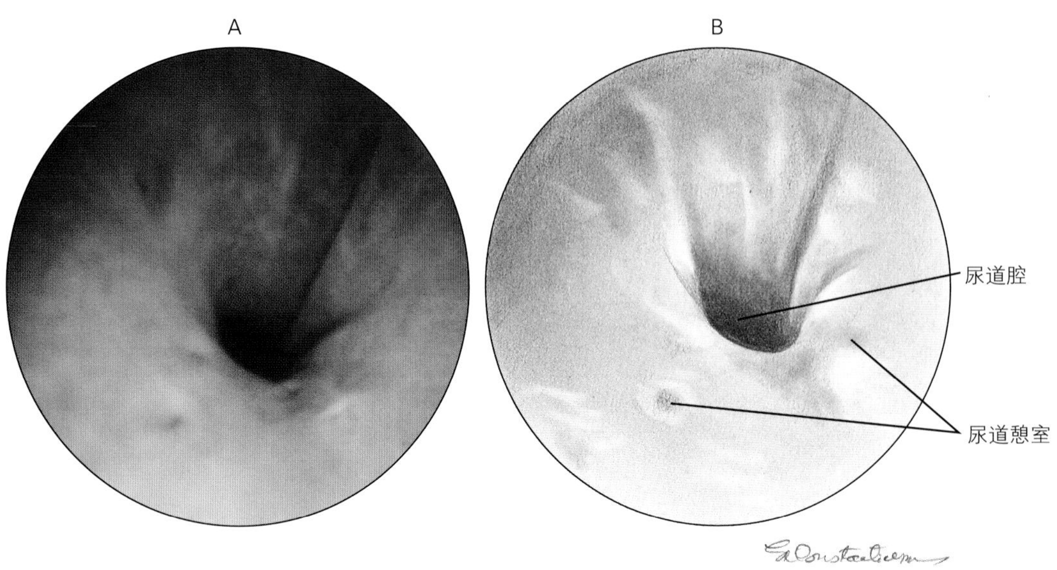

图4-30 尿道膀胱镜检查母犬所观察到的尿道正常黏膜压痕或憩室

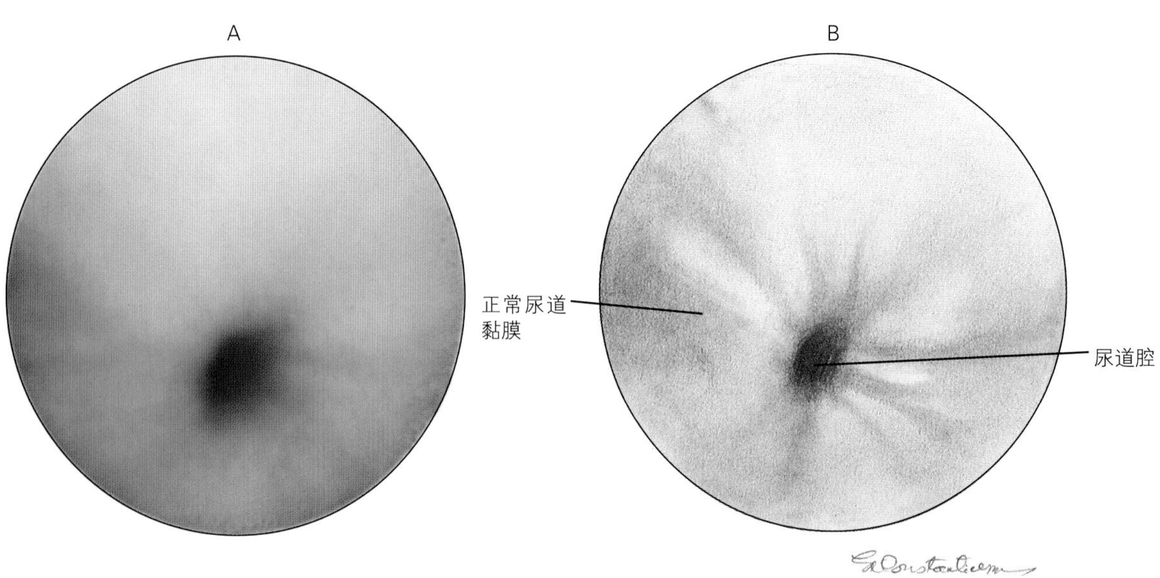

图4-31 用软质膀胱尿道镜检查公犬尿道所观察到的阴茎孔后侧正常尿道

通过内镜时的困难程度判断。阴茎外口后侧的尿道比阴茎尿道稍大，通常以背侧轻度弯曲形式进入坐骨弓。接近坐骨弓时，尿道弯度变大，通过坐骨弓时，尿道的弯曲最大（图4-32）。骨盆处的尿道明显大于较远端的尿道，并且能用液体扩张得更大。正常情况下，前列腺尿道扩大后，前列腺尾端会出现尿道狭窄。猫（图4-33）和犬（图4-34）可见到前列腺尿道远端上的精阜，大小变化不一，从小的团块到突出的下垂结构。有时能看到输精管口，或看到精阜的背侧。可以看到大量的前列腺管分布在前列腺处尿道的表面（图4-35）。前列腺前端尿道会再一次出现尿道狭窄。

根据个体解剖结构和膀胱扩张的情况，从三角区处的尿道开始，膀胱壁的角度从平缓的曲线变化

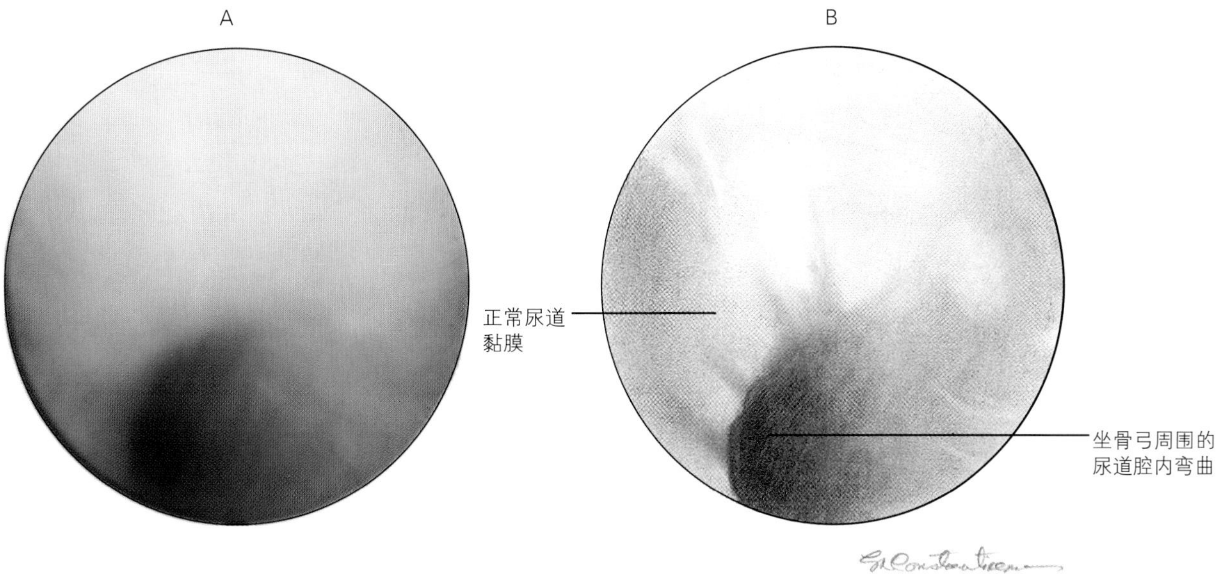

图4-32　用软质尿道膀胱镜检查公犬尿道，所观察到得坐骨弓段远端弯曲的正常尿道

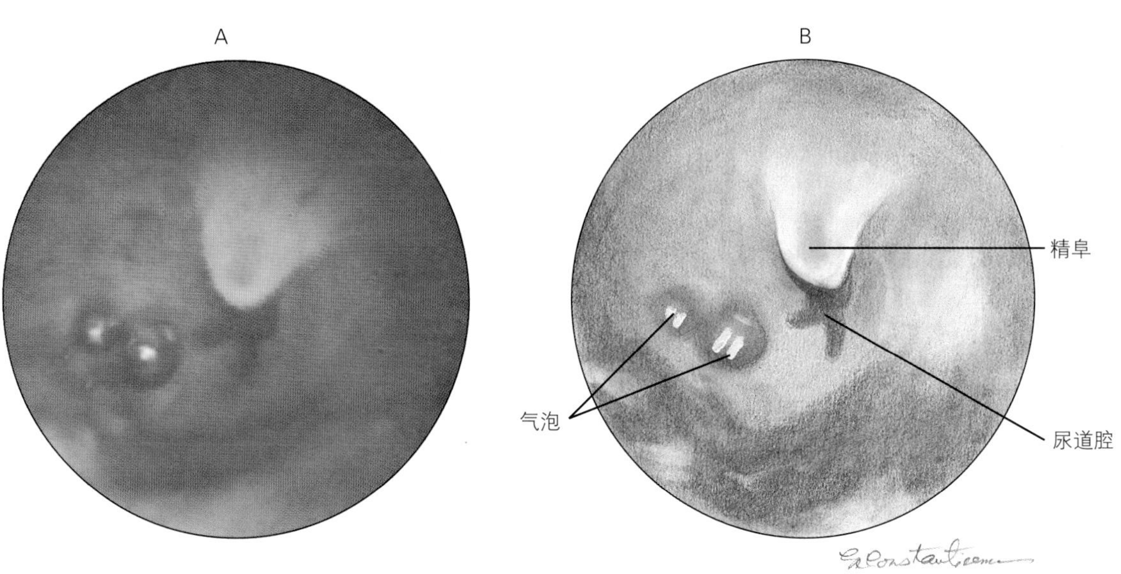

图4-33　尿道膀胱镜检查去势的公猫时，用直径为1.2mm软质膀胱尿道镜从尾侧所观察到的正常精阜

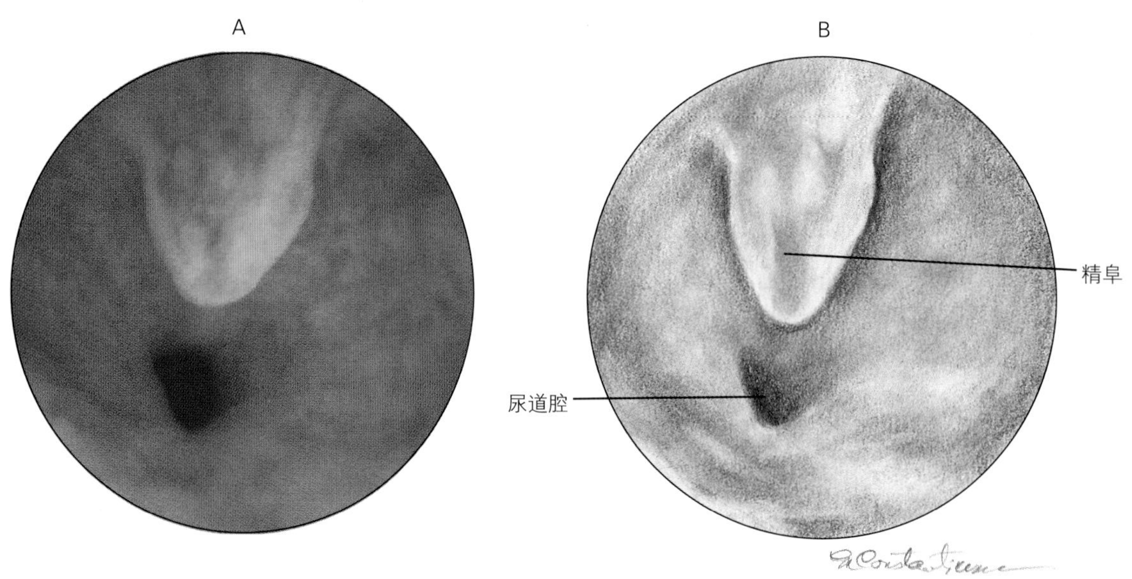

图4-34 未去势的公犬，经耻骨前皮肤膀胱镜检查时，从前端所观察到的正常精阜

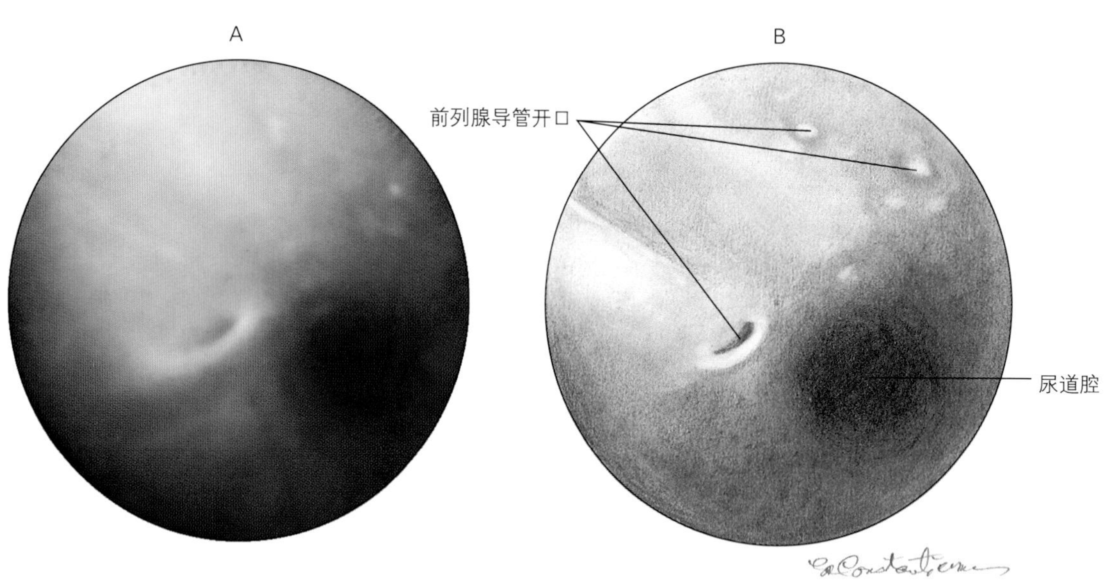

图4-35 用软质膀胱尿道镜所观察到的公犬前列腺尿道处的前列腺导管开口

到陡峭的边缘。中等水平扩张时，膀胱黏膜光滑，没有褶皱或波纹，并呈淡粉红色，可轻易看到黏膜下的血管及其分支（图4-36和图4-37）。相对而言，血管比较直，无弯曲，并且在黏膜内没有增多。当膀胱扩张，黏膜变薄，血管更清晰。一旦膀胱破裂，血管就会消失，黏膜出现波纹或折皱，还可能膀胱变平，没有明显的波纹或折皱。

在膀胱三角区两边的背外侧可看到输尿管口，膀胱扩张时其位置和结构会变化。犬膀胱轻度扩张或塌陷时，输尿管口接近尿道和膀胱的交界处，并在乳头状上呈现直的或略斜的狭缝（图4-38）。随着扩张的增加，尿道气孔向头侧移动，远离膀胱和

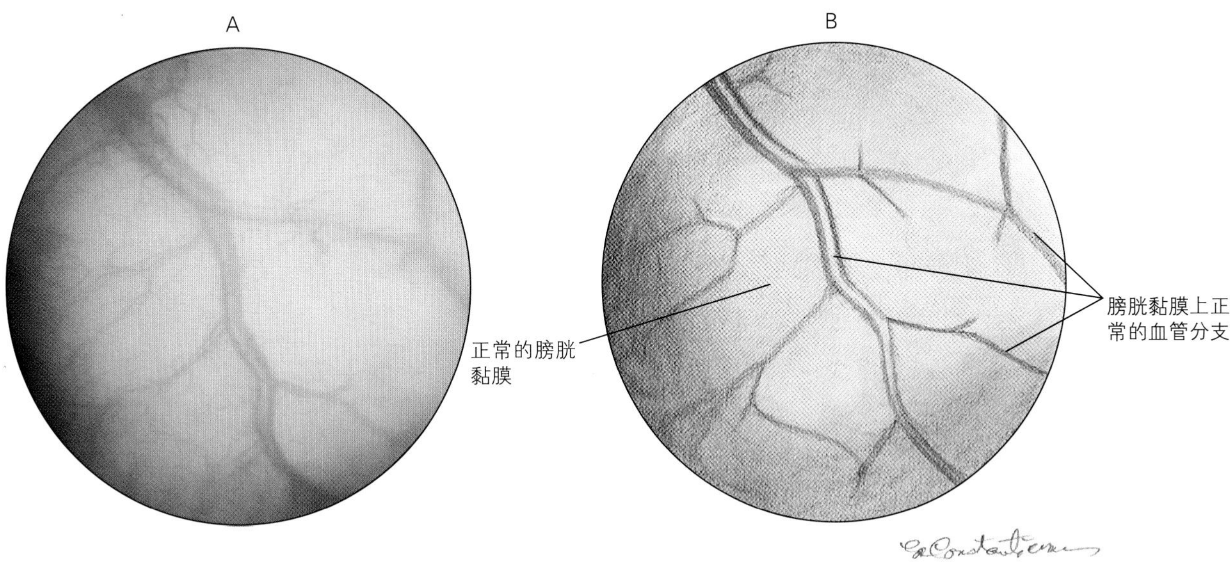

图4-36　尿道膀胱镜检查母犬时所见的正常膀胱黏膜及血管分支

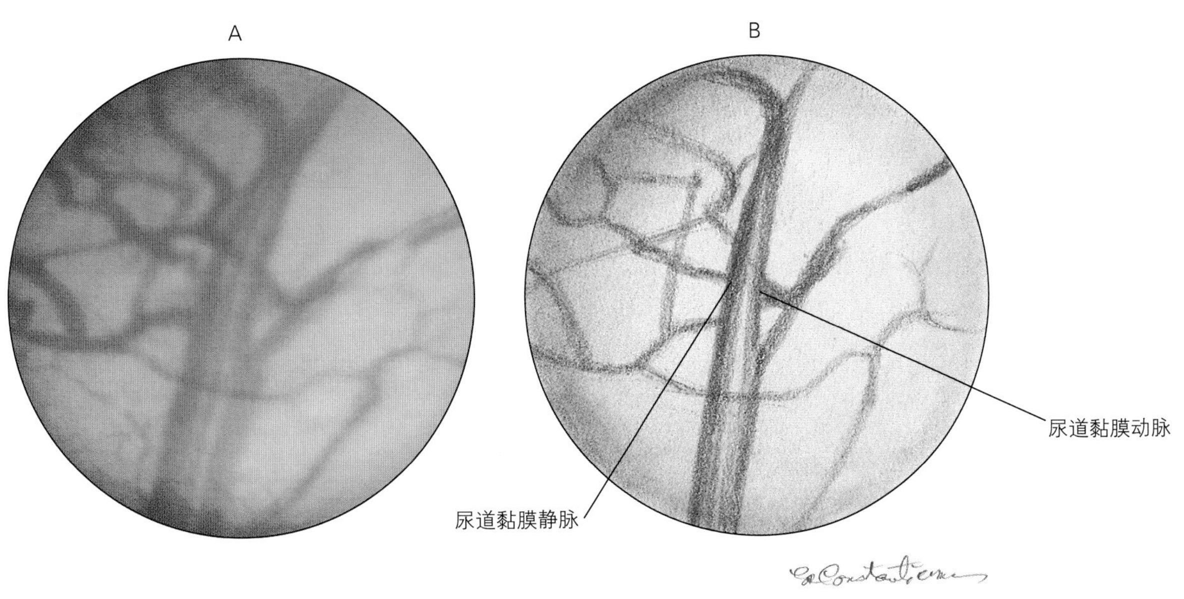

图4-37　经耻骨前皮肤膀胱镜检查公犬时，膀胱上血管的特写镜头

尿道的交界处，乳头状突起变平并且消失，尿道口变成凸起、游离缘增厚的弯曲狭缝。膨胀的膀胱，其尿道口的游离缘变得更薄，狭缝的曲折度增加，最终与狭缝边缘分离（图4-39）。猫的输尿管口呈圆形，膀胱塌陷或中度扩张，其位于乳头状突起上（图4-40）。膀胱过度扩张时，乳头状突起会像犬那样消失，但是尿道气孔还维持圆形。可以看到尿液以不同频率的节奏，根据尿液产生的速率，从尿道流出（图4-40）；波动频率的变化从几乎持续不断到间隔不同时间。浓缩的尿液较容易观察，但是节奏的频率有所增加。量多而稀释的尿液，其产生更加频繁，但是尿液较难观察。

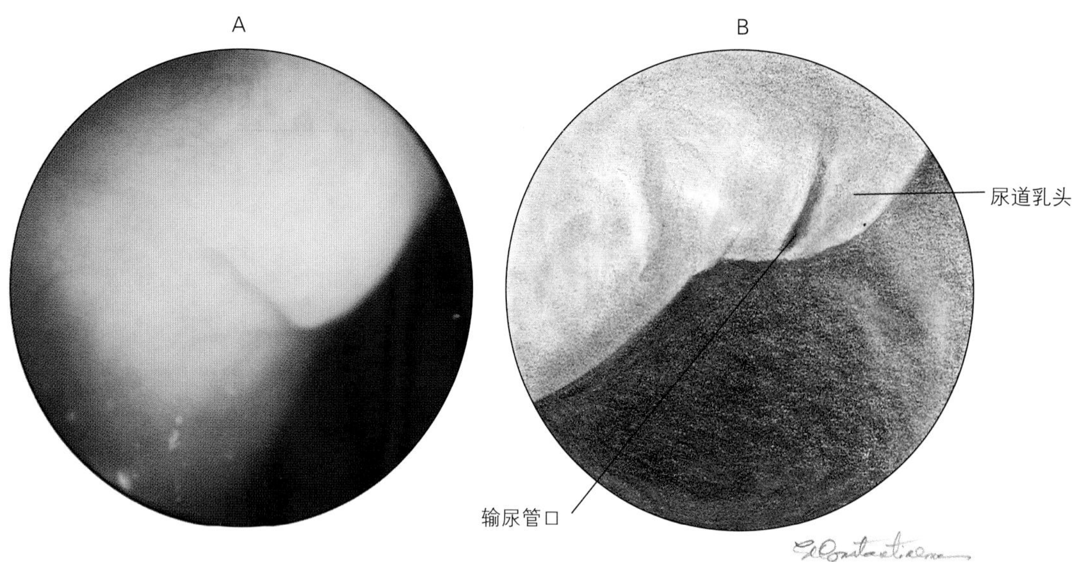

图4-38 尿道膀胱镜检查母犬所见到的未扩张的膀胱上正常的输尿管口

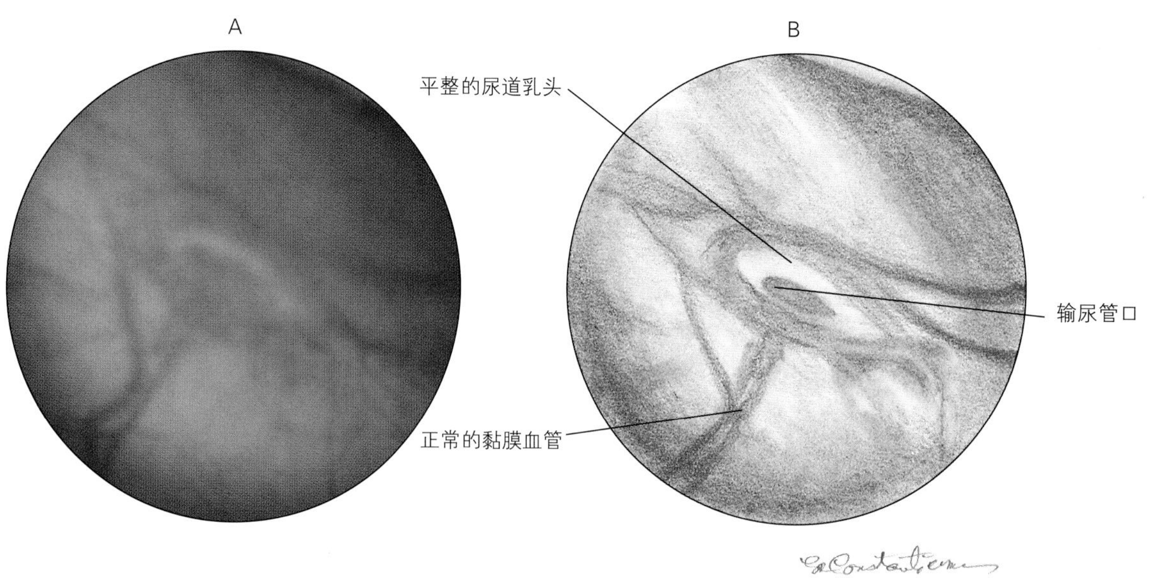

图4-39 经耻骨前皮肤膀胱镜检查公犬所见到的过度扩张的膀胱上的正常输尿管口。膀胱一旦扩张，尿道乳头就变得平整且消失。膀胱的过度扩张会导致输尿管口的变形，使其从直缝状变成“C”形

第八节 病 理

一、肿瘤

母犬常发生膀胱和尿道肿瘤，这使得膀胱镜成为一种特别有用的诊断工具(15,20,21)。膀胱和尿道肿瘤也可见于公犬和猫(20,21)。移行细胞癌是犬科膀胱和尿道最常见的肿瘤(15,20,21)，可见于膀胱体、三角区或尿道的任何部位。发生在尿道的占较大的比例，表现为尿道部分或完全阻塞。肿瘤在尿道中生长的位置使得其他诊断技术很难对其进行检查。阳性、阴性或双向对比的膀胱造影术不能显示尿道病变，除非特殊关注尿道。通过将Foley导尿管或其他球状导尿管放入尿道后部，并用对比材料扩张尿道就可完成对尿道的检查。放置导尿管尽可能使尿道成像，不移开导尿管是很困难的。在内镜直视下，

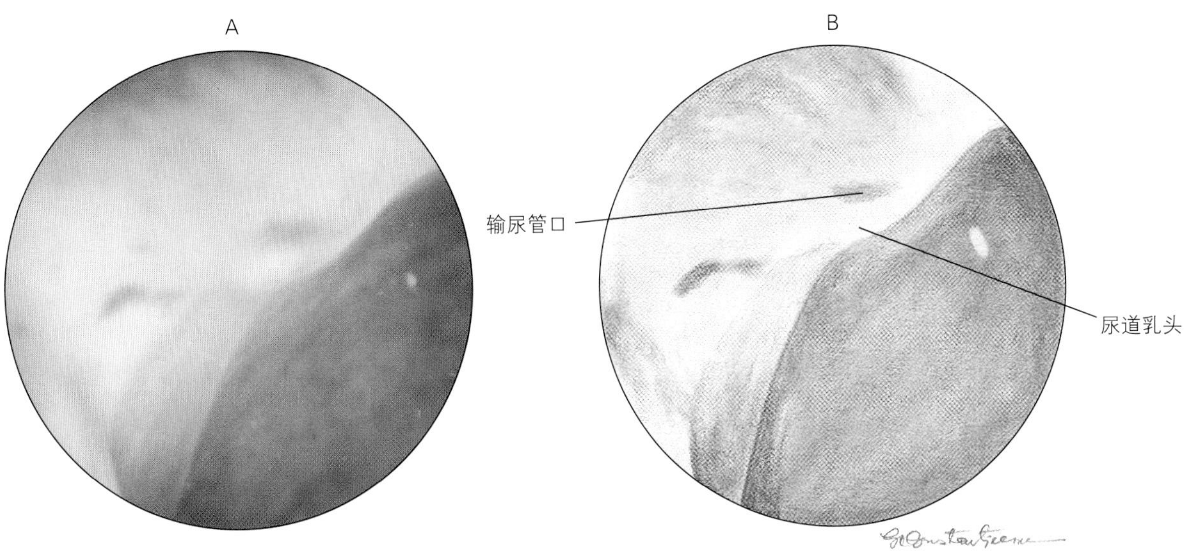

图4-40　尿道膀胱镜检查所见到膀胱未扩张的母猫乳头上正常的圆形输尿管口。可以看见尿液从输尿管口流出

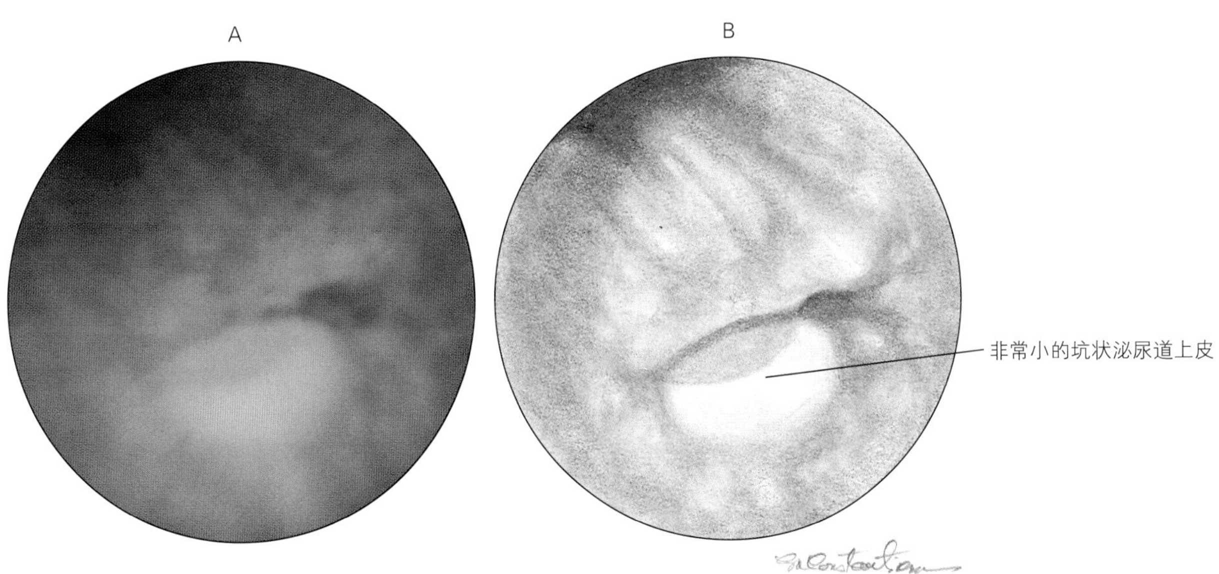

图4-41　母犬尿道膀胱镜检查时所见的尿道上一个非常小的泌尿道上皮。这是在一些小的尿道病变时所见的坑状外形

插入导尿管会更容易。超声波扫描术可用于对膀胱的成像，但是要扫描尿道会受周围骨盆的限制。用手术方法来探测尿道也受到骨盆的限制。

根据移行细胞癌的大小和位置，其外观上有所不同。小尿道肿瘤可能是平的或者像陨石坑（图4-41）、突起（图4-42）或最常见有毛缘（图4-43）。个体毛缘上常见有血管（图4-44）。此毛缘是移行细胞癌的典型特征，见到就可以确诊。当尿道病变扩大时，它们就变成不规则的分叶块（图4-45），并且能部分或完全代替尿道，而使尿道阻塞（图4-46）。较大型的移行细胞癌的组织呈白色、易碎，并且有少量的脉管分布。随着其生长

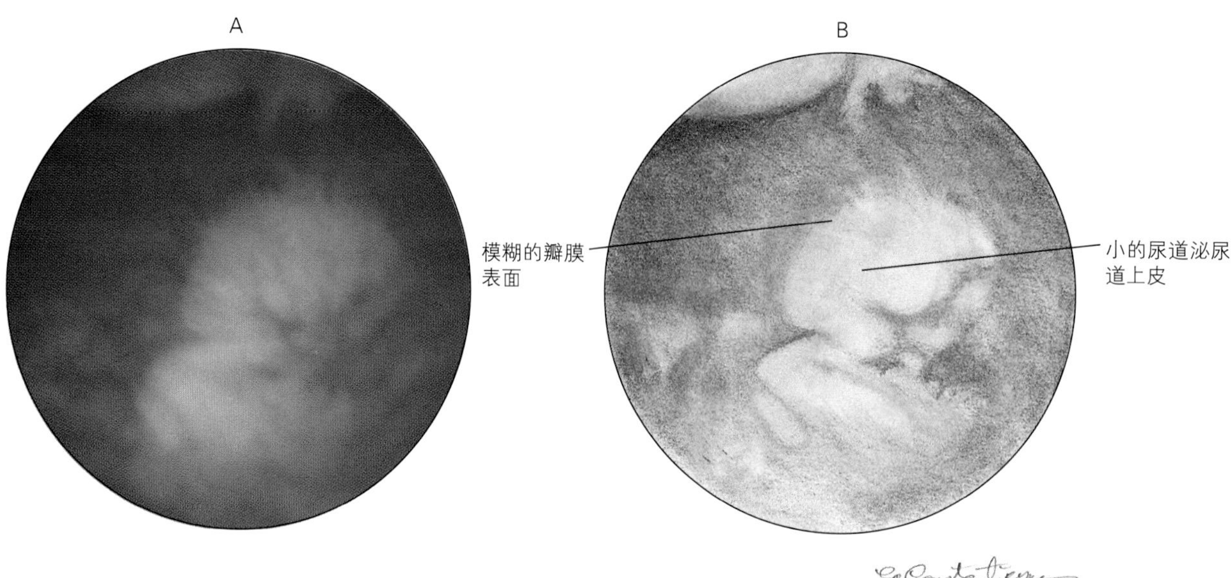

图4-42　母犬尿道膀胱镜检查所见的，尿道上一个小的凸起的泌尿道上皮病变。该病变最开始有毛缘形成，这种现象在检查时清晰可见，但是在文件资料中看不清。毛缘形成是尿道移行细胞癌的典型外观

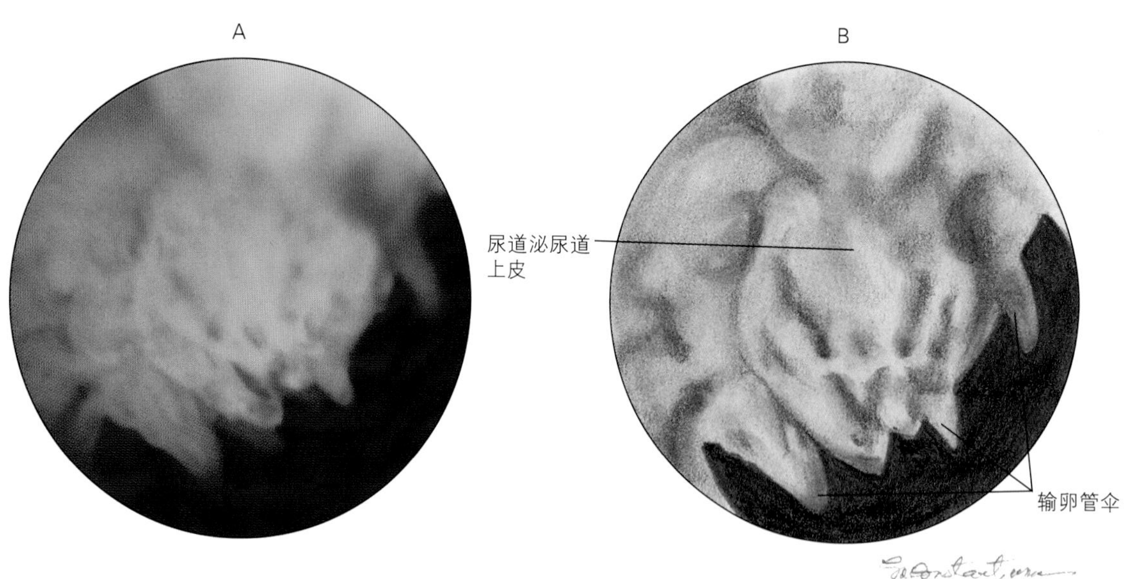

图4-43　尿道膀胱镜检查母犬时，可轻易地看见后部尿道上皮的菌毛。菌毛形成是移行细胞癌的特征

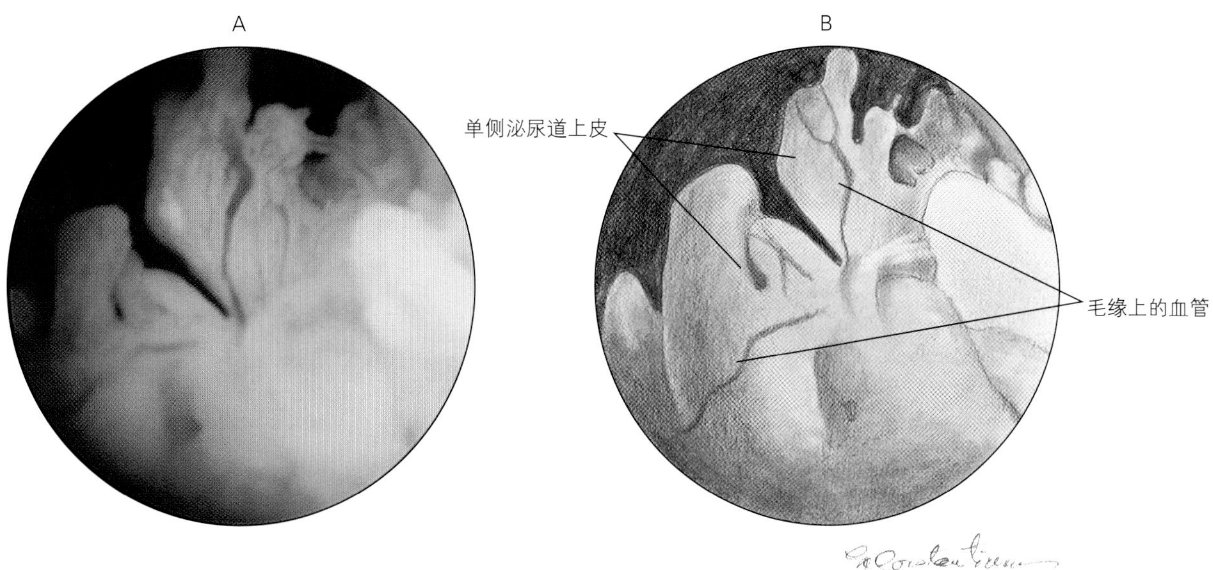

图4-44 尿道膀胱镜检查时所见的具有大毛缘的泌尿道上皮，并且在单个的毛缘上可看到血管。这些病变是在母犬的后部尿道上所见的

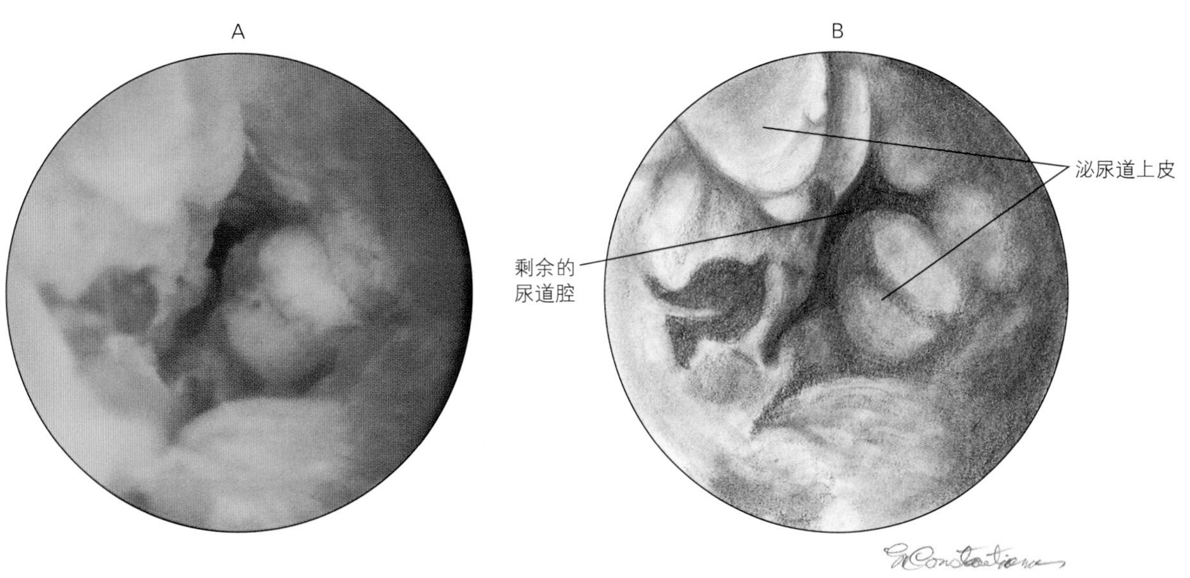

图4-45 尿道膀胱镜检查母犬时，尿道有大而不规则的分叶移行细胞癌。随着体型的增大，移行细胞癌失去了典型的特征，呈分叶状或形状不规则，有限的血液供应使其颜色变白。该病变侵害整个尿道圆周，完全占据了尿道的一部分

和扩展，其向前可延伸至膀胱，向后延伸出尿道口（图4-47）。

膀胱上移行细胞癌的外观比尿道上的更多变，并且能表现出一些炎性病变，使基于外观的诊断更加不可预测。轻微的膀胱病变常常是光滑和突起的（图4-48），但也可能有毛缘（图4-49）或呈息肉状（图4-50）。当膀胱病变扩大时，其仍然可保持着光滑外表（图4-48），分叶状（图4-51），坏死和溃疡（图4-52）或发展成毛缘状（图4-53）。如果有出血，可能被新鲜的血液覆盖，或覆盖成熟、

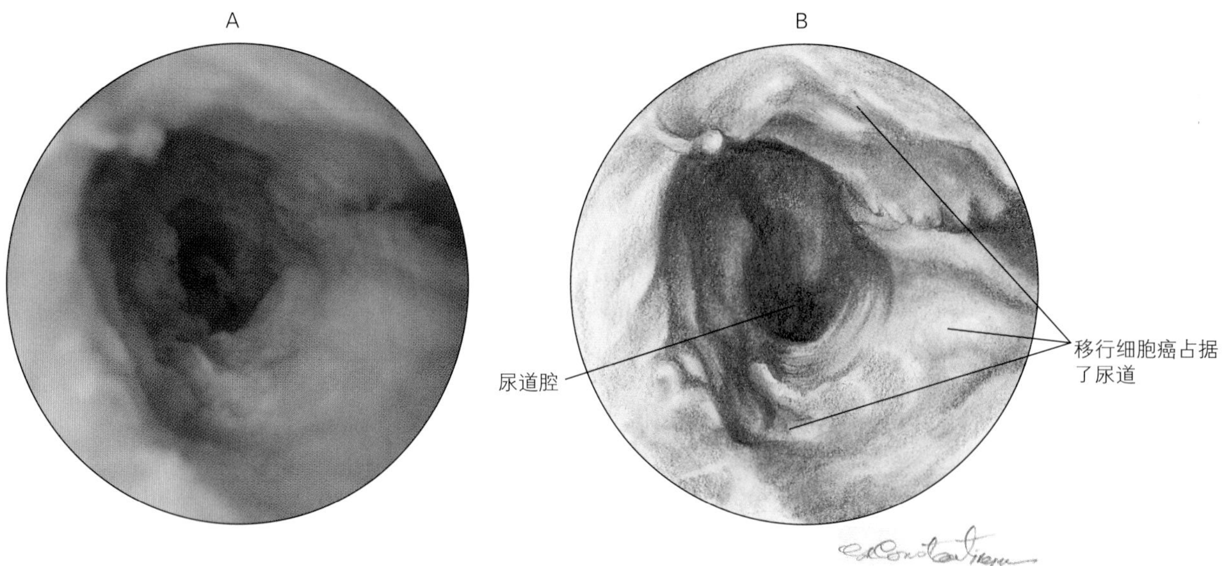

图4-46 尿道膀胱镜所见母犬大量尿道移行细胞癌，完全充满尿道腔，并且完全代替了尿道黏膜

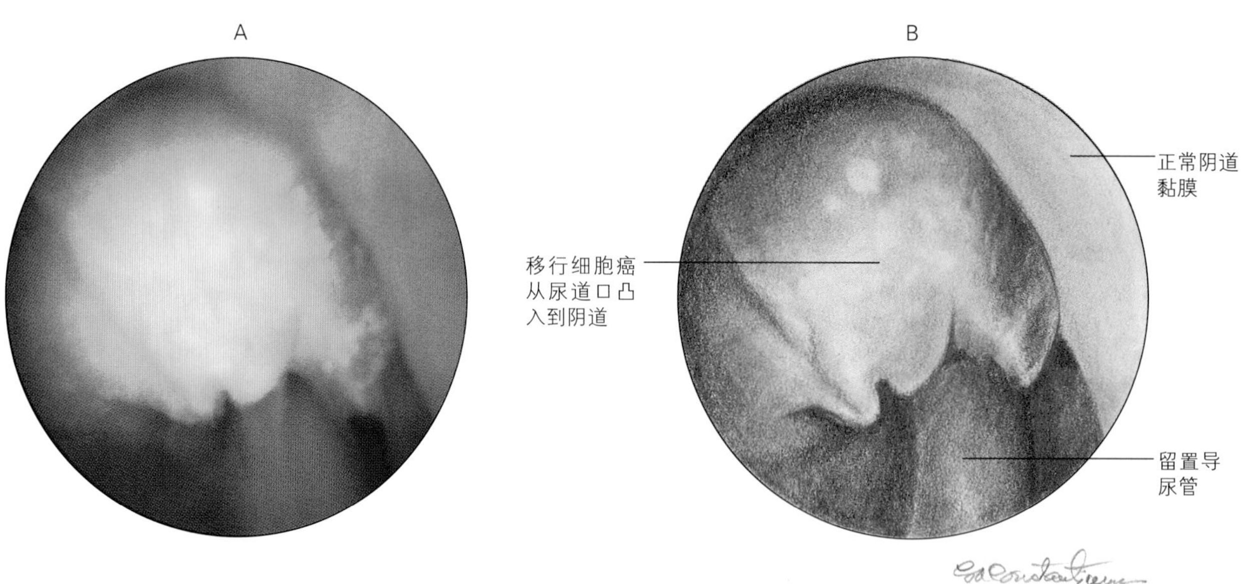

图4-47 用尿道膀胱镜观察到的母犬移行细胞癌，向后部延伸出尿道口进入阴道。此犬尿道完全被肿瘤组织所取代，产生阻塞，并且向两端延伸，进入膀胱和阴道

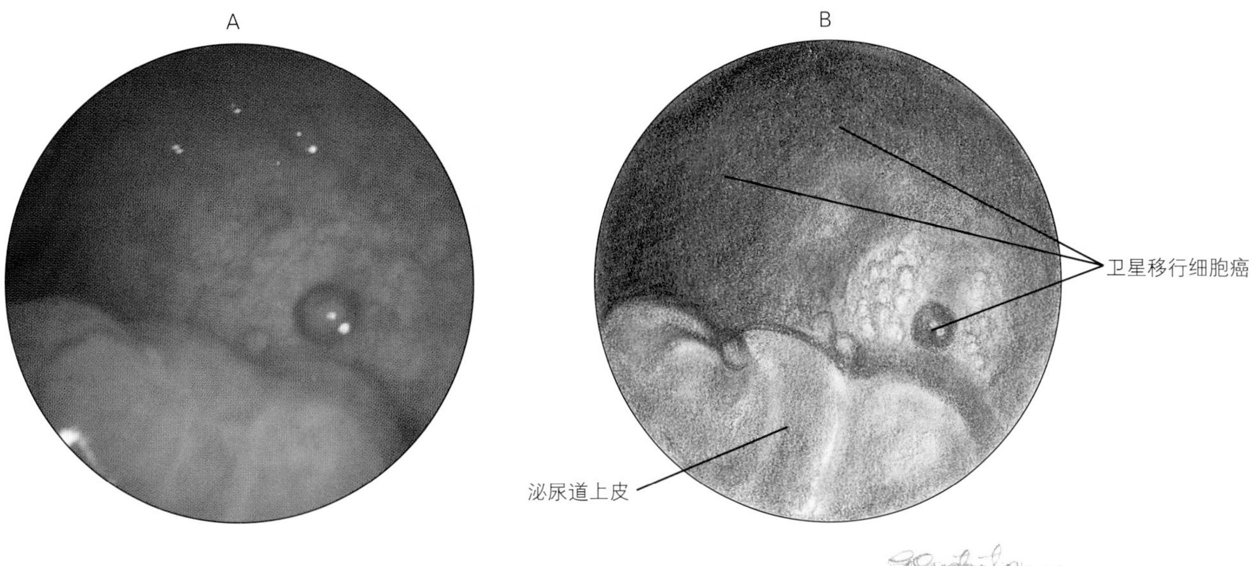

图4-48　用尿道膀胱镜观察到母犬的多种移行细胞癌，可以看到几个小的、凸起的光滑病变，大块光滑的肿瘤。这是个原发性肿瘤和多种卫星病变。没有内镜的放大，太小的卫星病变因小未能看见

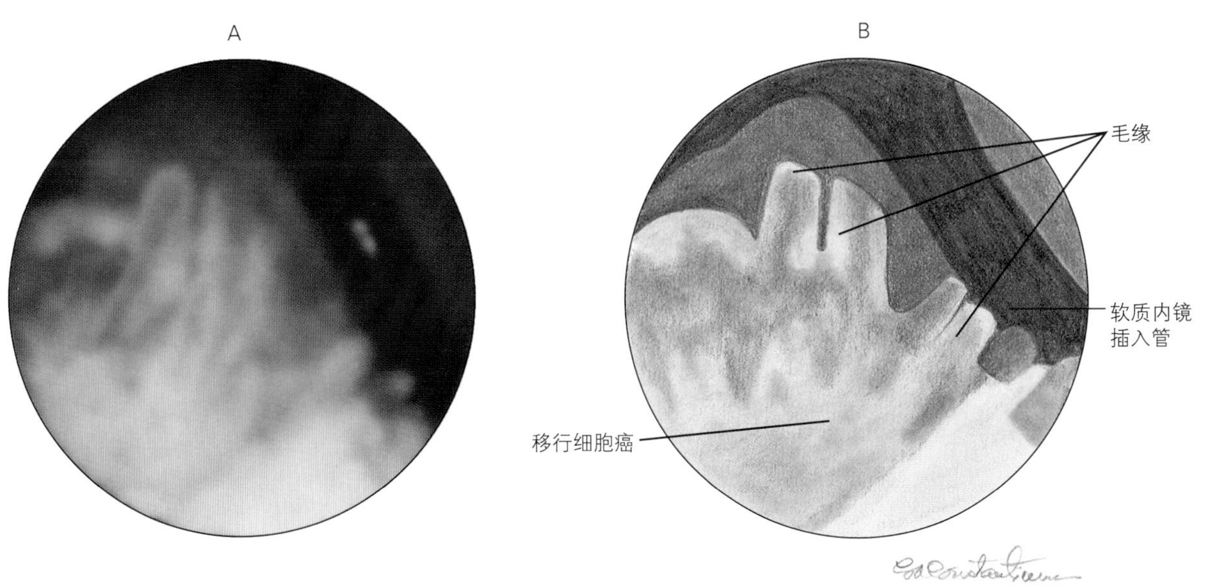

图4-49　用软质尿道膀胱镜观察到的公犬膀胱毛缘形成的移行细胞癌。与尿道相比，毛缘少见于膀胱

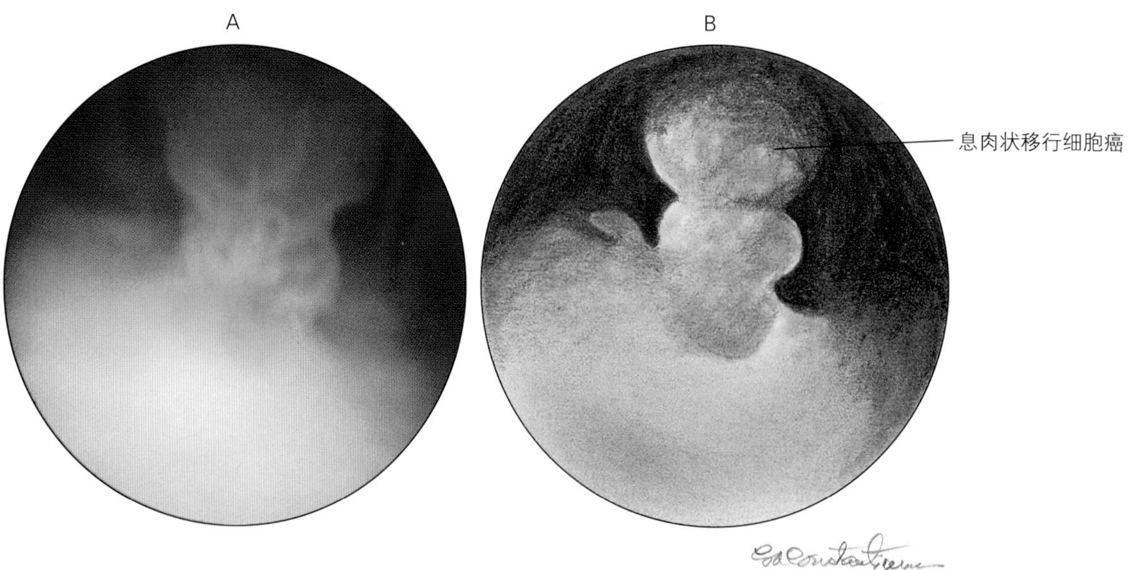

图4–50　尿道膀胱镜检查时观察到母犬膀胱上小块息肉状移行细胞癌，外观异常，需做病理切片才能区别

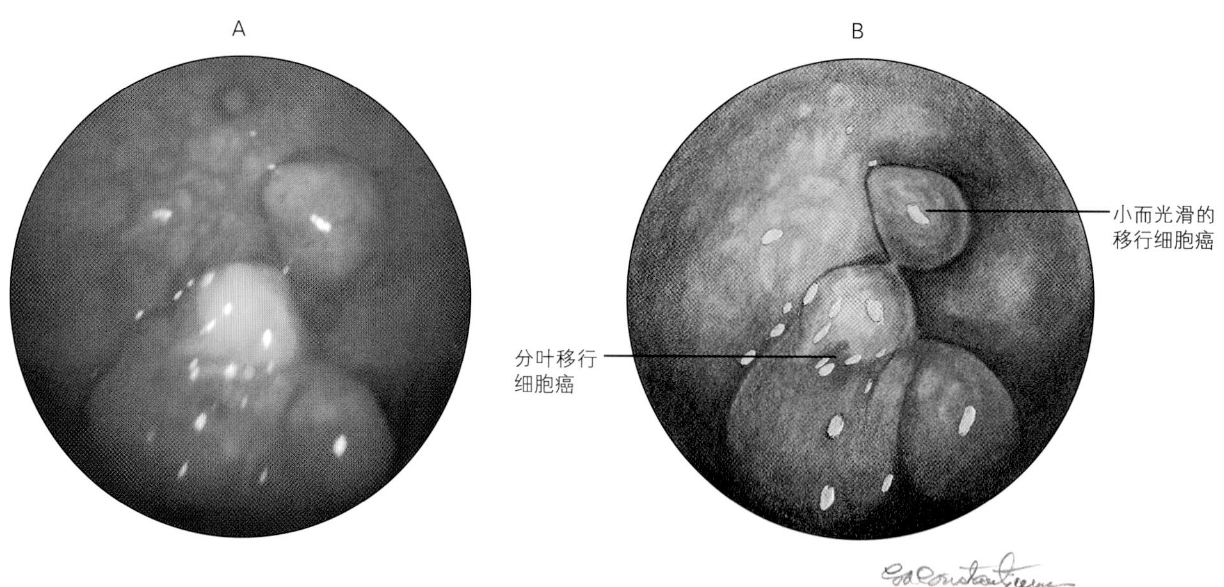

图4–51　尿道膀胱镜检查时观察到的母犬膀胱大块分叶移行细胞癌和较小而光滑的卫星病变

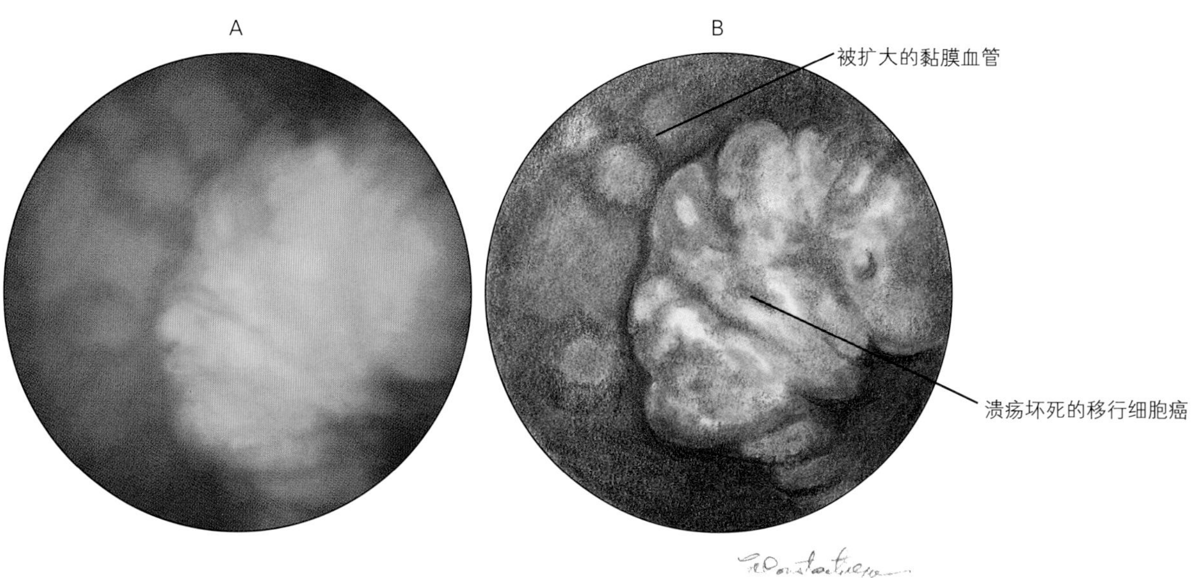

图4-52　母犬尿道膀胱镜检查时观察到的，膀胱上具有溃疡的大块坏死移行细胞癌

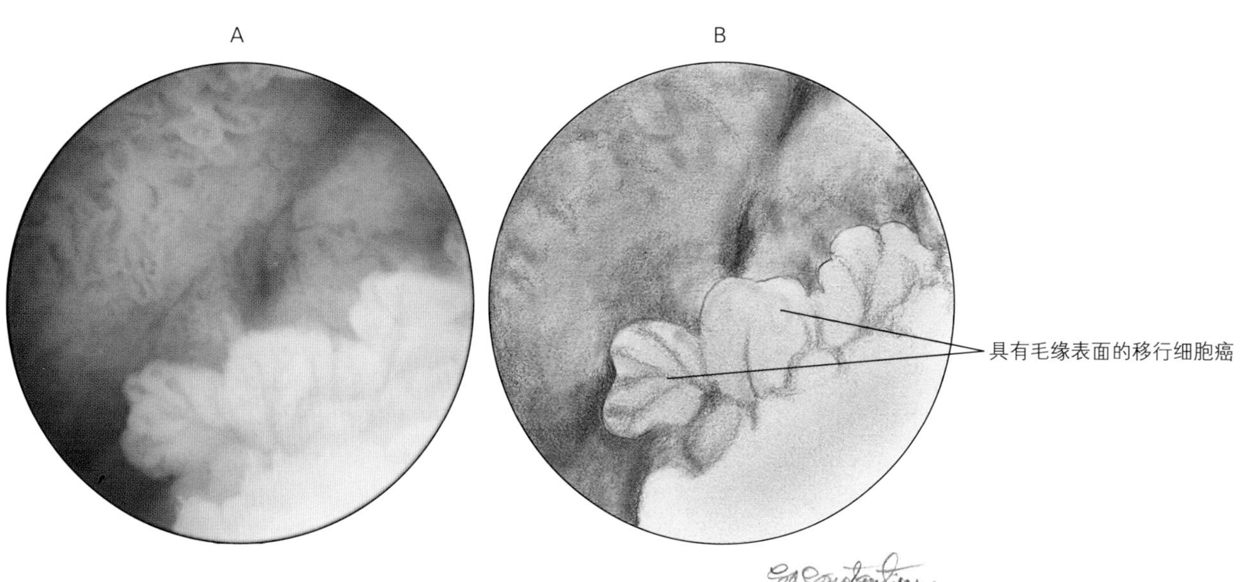

图4-53　尿道膀胱镜检查母犬时见到膀胱的有毛缘移行细胞癌。与尿道相比，毛缘较少见于膀胱

排列整齐的紫色到黑色的血凝块，被误认为是肿瘤组织。采集活检样品将肿瘤切开，呈现白色，并且有像尿道病变那样的毛缘（图4-55），或膀胱病变的外观是光滑的或分叶的（图4-56）。如果毛缘在三角区的移行细胞癌上发展，会比尿道病变上的大（图4-54）。可将移行细胞癌看做是单独的病变（图4-50和图4-52）、卫星状病变原发性肿块（图4-48和图4-51）或是多种原发肿块。

移行细胞癌常发生在母犬，但也可见于公犬的尿道（图4-57）、膀胱（图4-49和图4-56）和猫

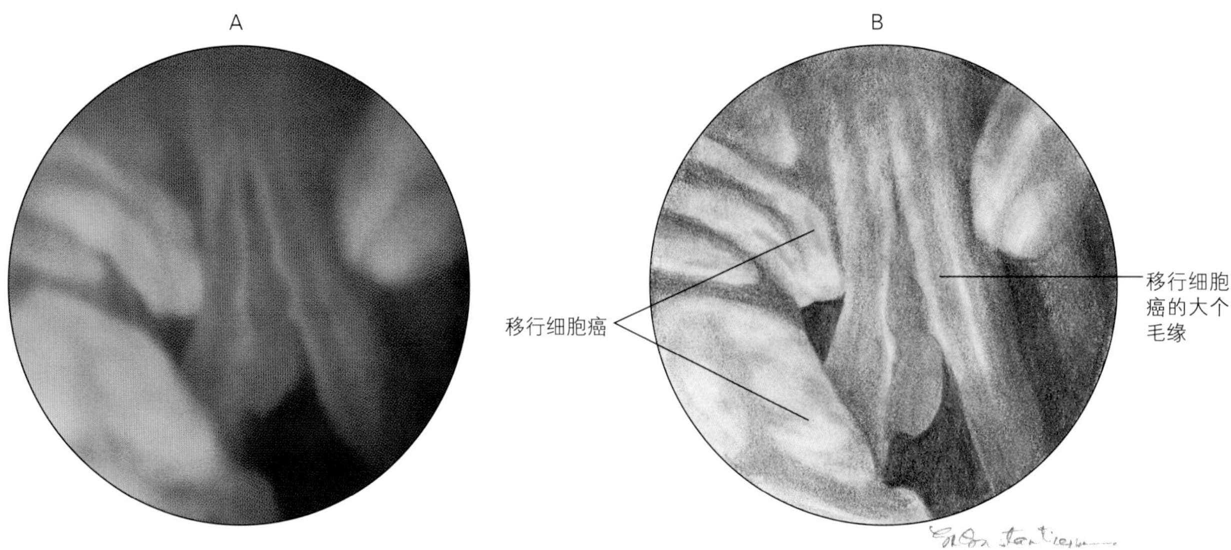

图4-54 尿道膀胱镜检查母犬时见到的三角形移行细胞癌上大个毛缘。三角形移行细胞癌可以形成毛缘或光滑。形成毛缘时其体积比尿道中的大

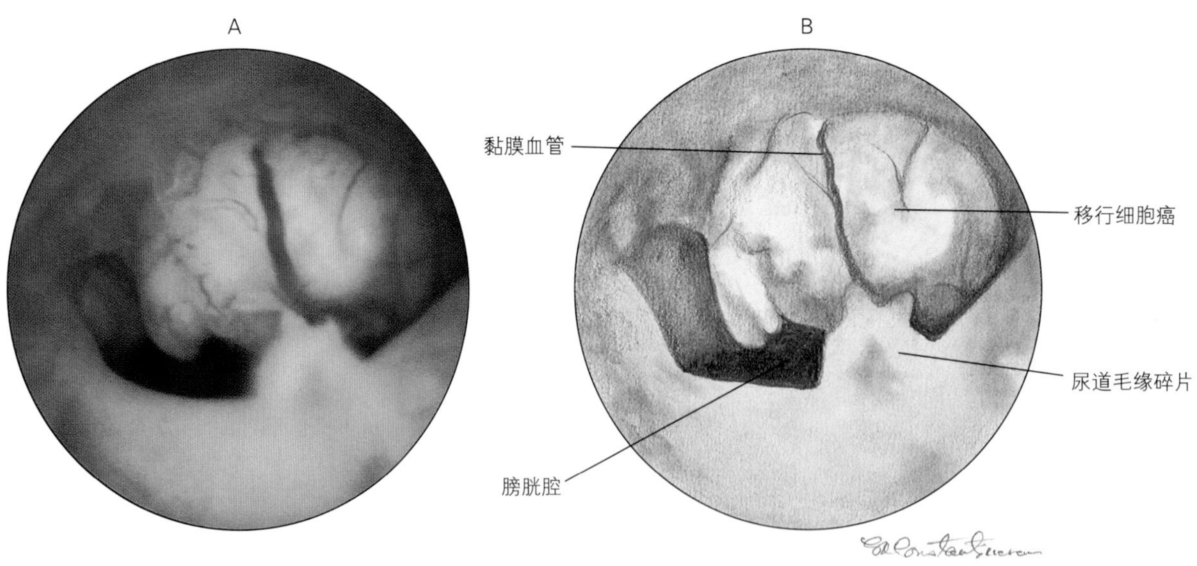

图4-55 尿道膀胱镜检查母犬时观察到的三角形移行细胞癌

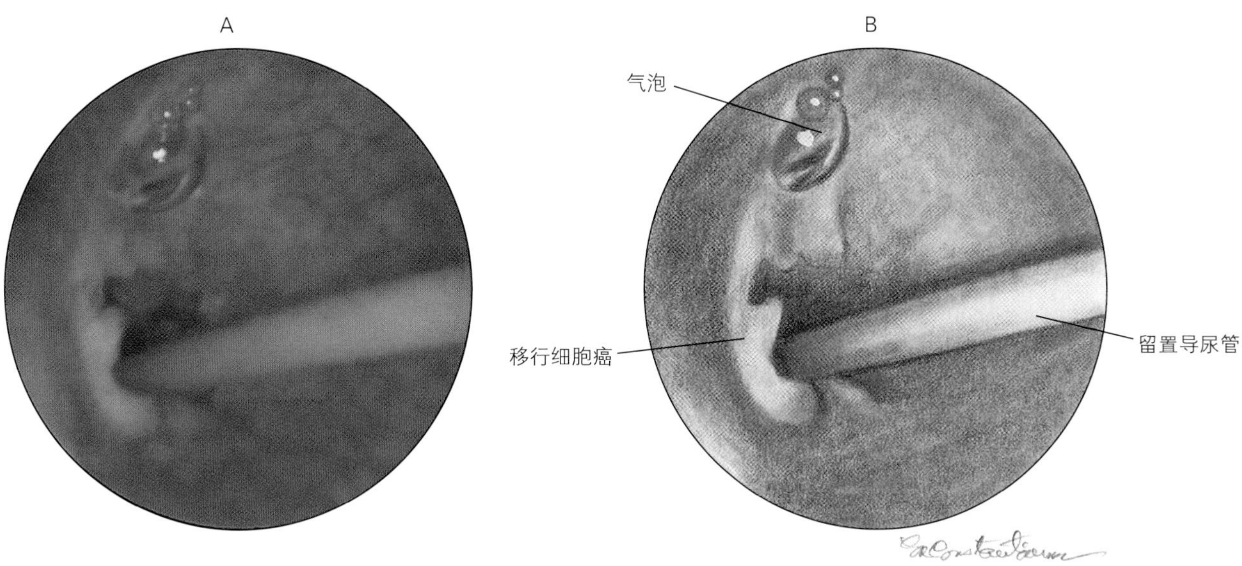

图4-56　经耻骨前皮肤膀胱镜检查时观察到的公犬三角区的分叶状移行细胞癌

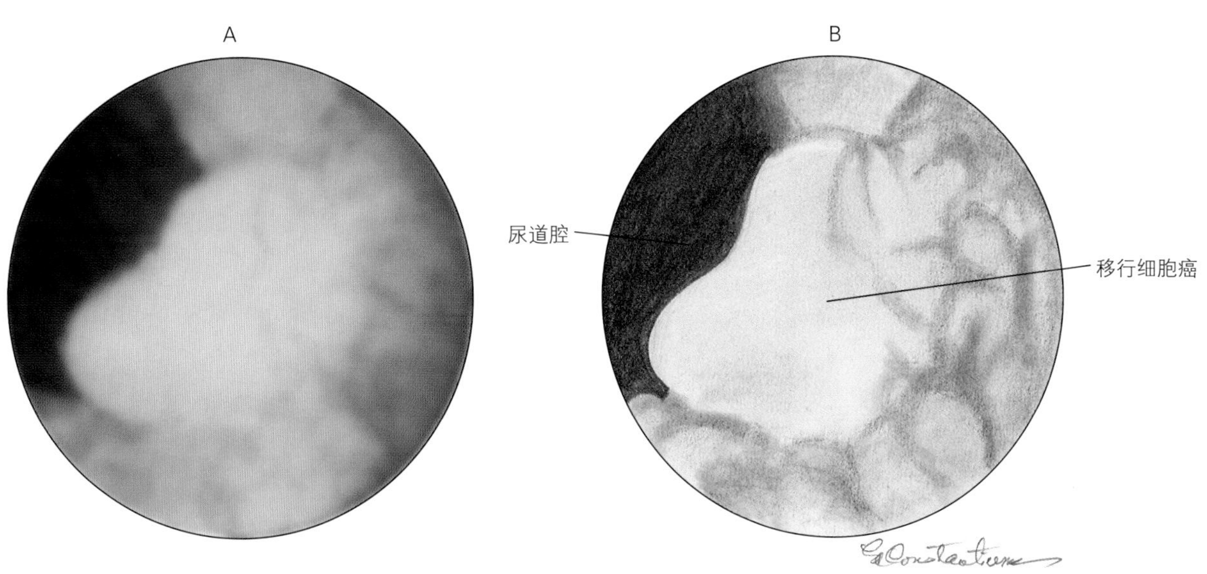

图4-57　尿道膀胱镜检查公犬时，用软质膀胱尿道镜观察到的尿道移行细胞癌

膀胱（图4-58和图4-59）。前列腺癌也可通过内镜观察到（图4-60）。通过膀胱镜检查了少量病例，足以对公犬和猫的前列腺肿瘤进行精确的描述。检查的前列腺癌没有毛缘，较常出现于尿道或膀胱壁内，穿透黏膜而不是起源于黏膜表面。猫科动物的移行细胞癌呈现均匀状光滑或分叶状，无毛缘，并且仅见于膀胱。

其他形式的肿瘤罕见移行细胞癌，包括光滑的肌肿瘤（平滑肌瘤和平滑肌肉瘤），鳞状细胞癌和肺腺癌。光滑的肌肿瘤出现于膀胱壁，用膀胱镜可

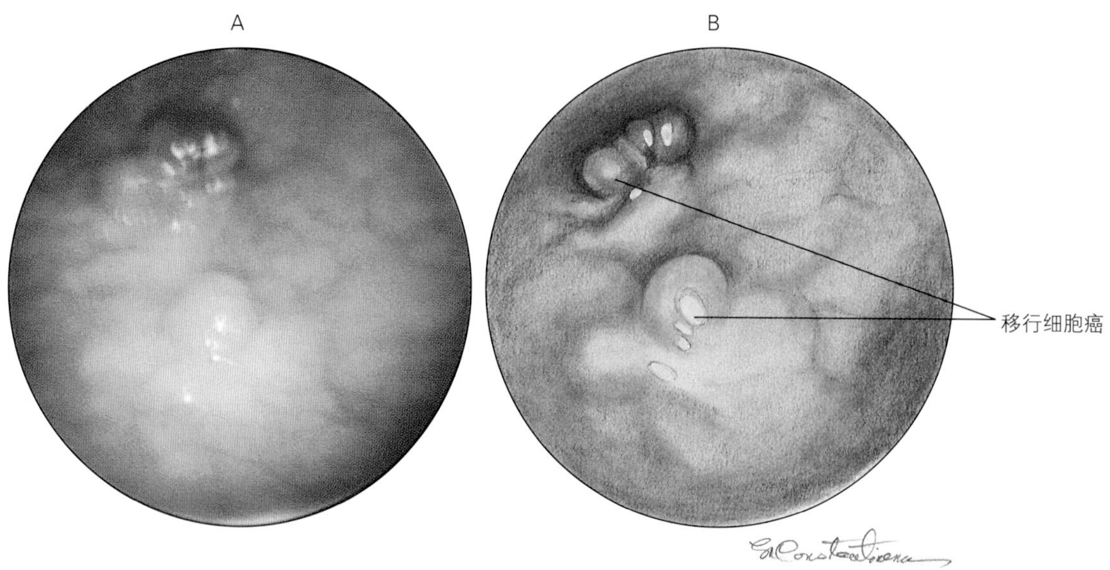

图4–58 尿道膀胱镜检查母猫时观察到的膀胱上多种小的移行细胞癌，呈现光滑和分叶两种形式

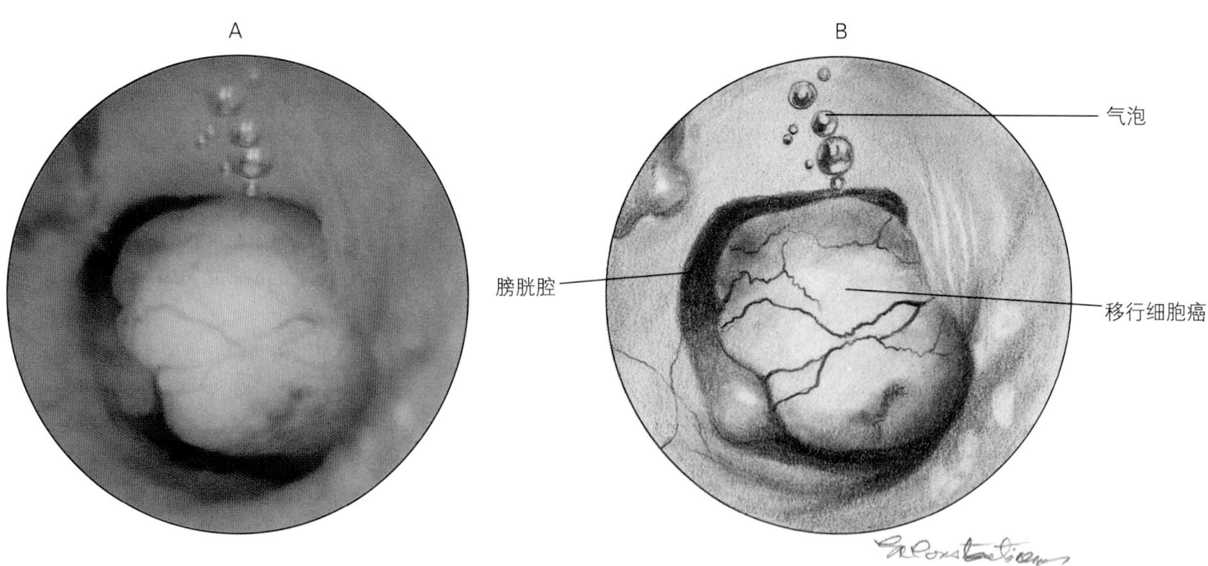

图4–59 尿道膀胱镜检查时观察到母猫三角区的移行细胞癌。猫科动物的移行细胞癌表面光滑或呈分叶状，且无像犬那样的毛缘

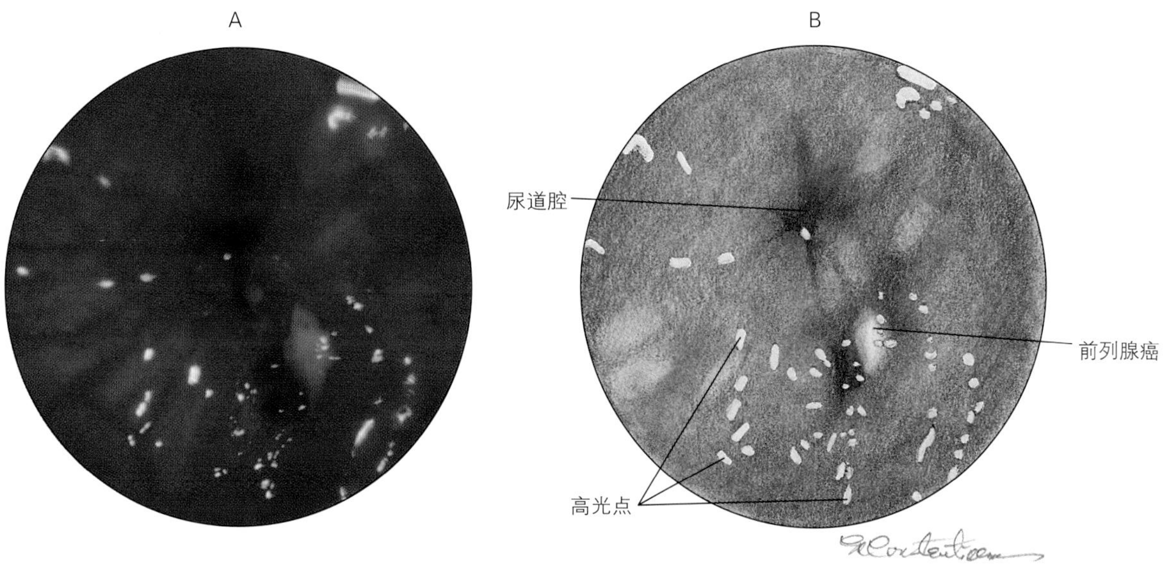

图4-60　用经耻骨前皮肤膀胱镜观察到的公犬前列腺癌，其透过膀胱黏膜

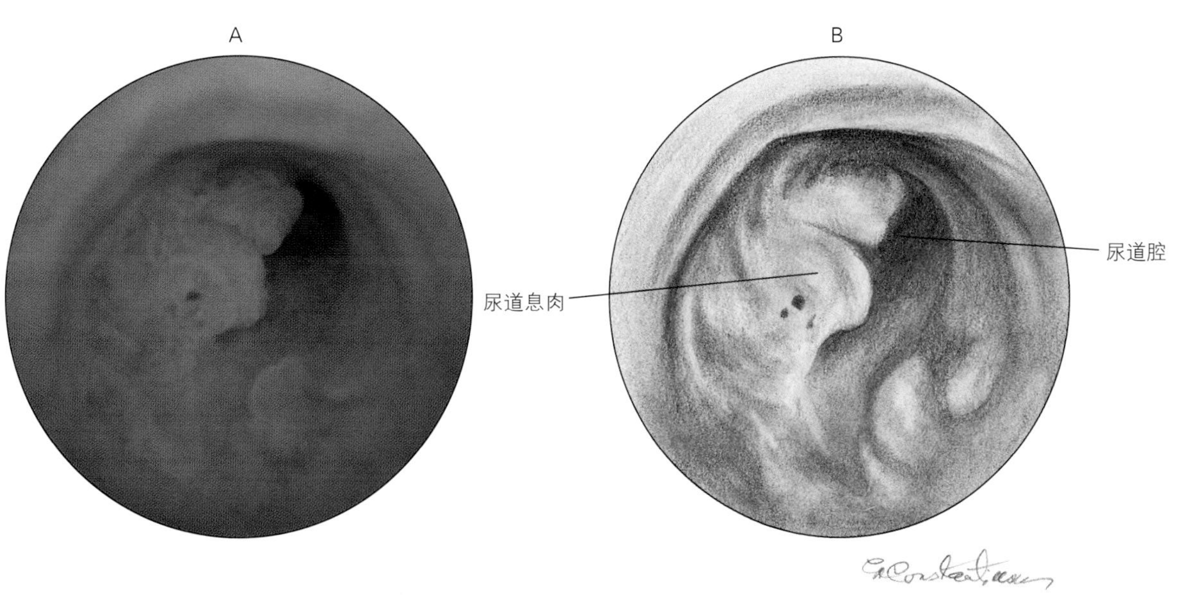

图4-61　会阴尿道造口术后，立即实施尿道膀胱镜检查的公猫良性尿道息肉

能看不见。类似见于尿道（图4-61）和膀胱（图4-62和4-63）肿瘤的良性炎性息肉。组织病理切片是区分炎性病变和肿瘤病变所必需的。尿道移行细胞癌的毛缘外观是其典型特征，并且还未见出现在其他形式的肿瘤上。大的尿道移行细胞癌失去了毛缘，其特征是白色、易碎、近似棉花样的外观。膀胱上小型移行细胞癌和小型炎症息肉或淋巴浆细胞性结节看起来相似。淋巴浆细胞性结节或息肉在多处都能看到，如下尿路、阴道和身体的其他很多部位。当通过空气（图4-64）和液体（图4-65）观察

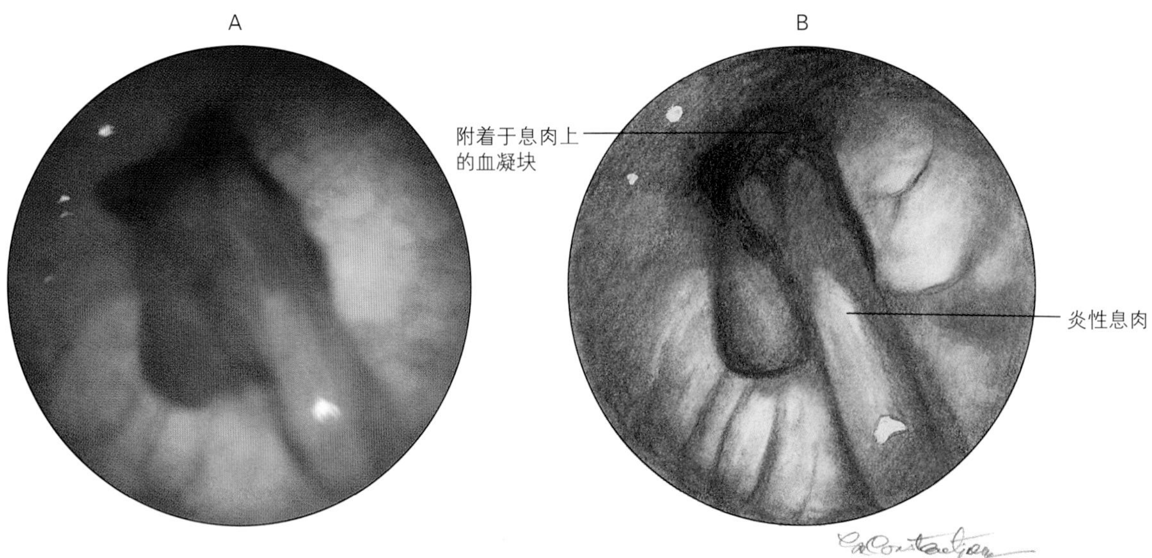

图4–62 经耻骨前皮肤膀胱镜检查观察到的公犬膀胱上的良性炎性息肉

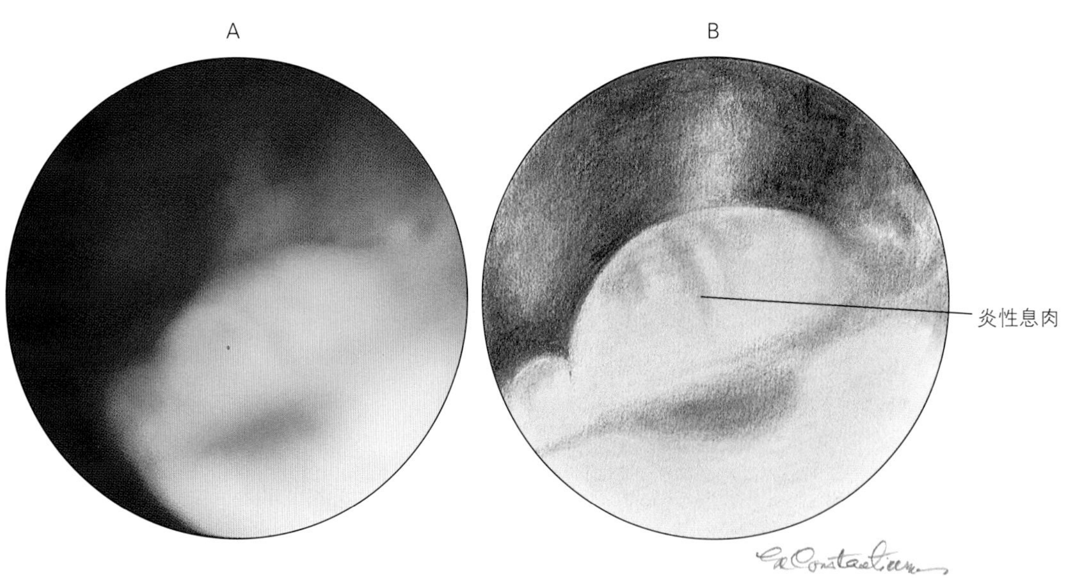

图4–63 会阴尿道造口术后立即实施尿道膀胱镜检查所见的公猫膀胱上的炎性息肉

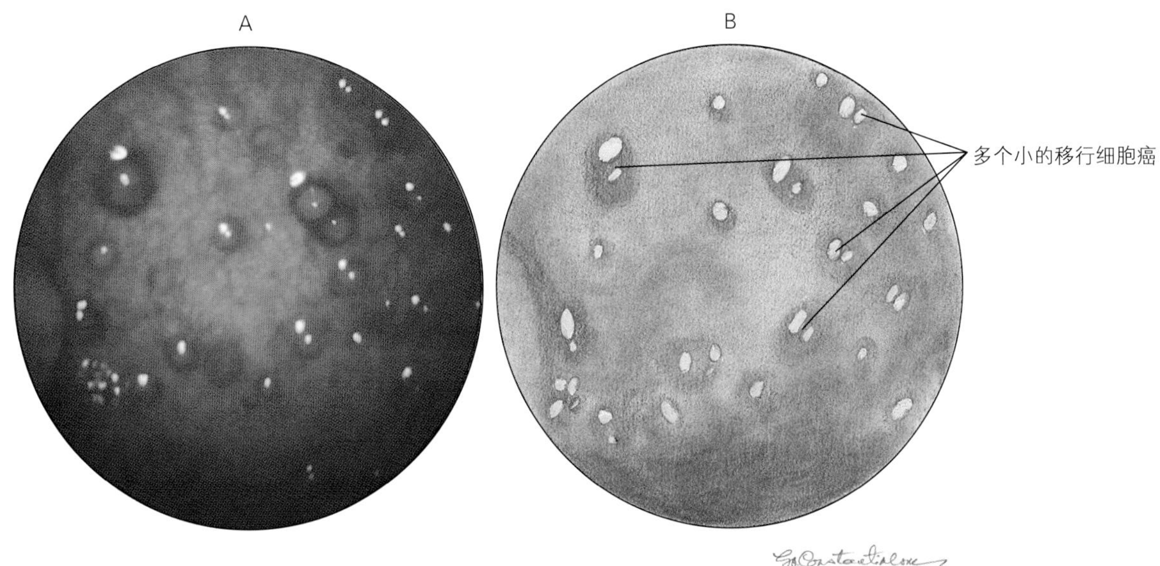

图4-64　用尿道膀胱镜检查，通过空气所观察到的母犬膀胱上多种小的移行细胞癌。通过空气观察更清晰

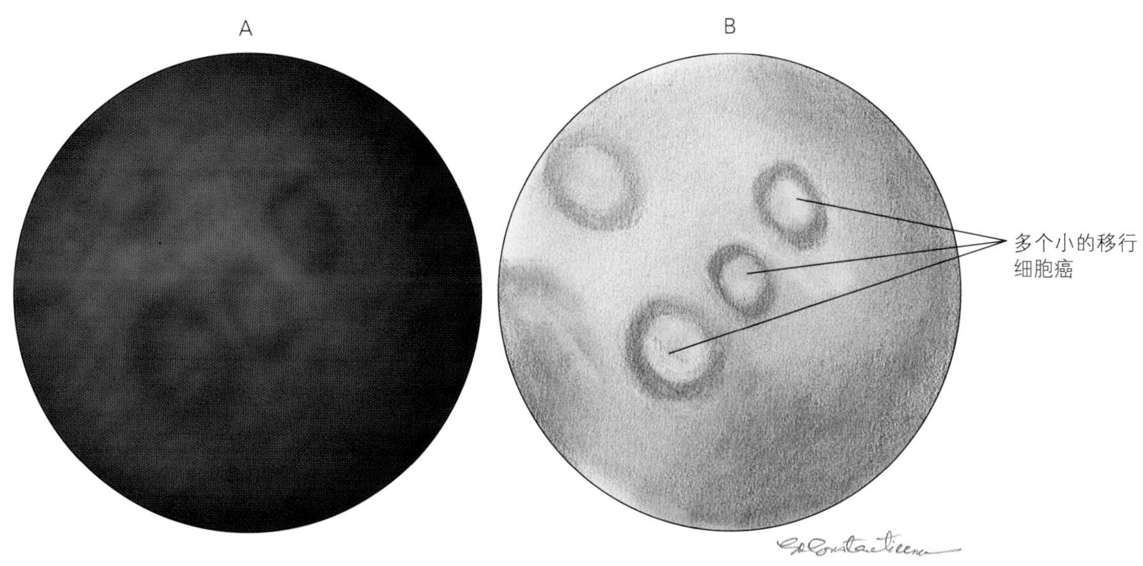

图4-65　通过盐水观察到的与图4-64一样的病变。借助液体媒介，可见病变周围出血，表面平滑或凹陷。未做病理组织学研究，不能将其与炎性息肉区别

时，这些小而光滑的结节看上去是不同的。即使一些移行细胞癌具有典型特征，仍然需要依赖组织病理学切片来做最后的确诊。

二、慢性膀胱炎和尿道炎

炎症变化显然不如肿瘤病变容易辨别。炎症变化可以从急性的表面充血到慢性增厚的纤维疤痕组织形成。膀胱黏膜的炎症有出血（图4-66）、血管增生（图4-67）、局部黏膜水肿、肿胀或增厚（图4-68），弥散性黏膜水肿、肿胀、或增厚（图4-69），黏膜浑浊（图4-69和图4-70），出血点或“肾小球样出血”（图4-71），淤斑（图4-72）或广泛性出血（图4-73）。随着慢性炎症的发展，黏膜浑浊度增加，弹性降低。这些变化增加膀胱扩

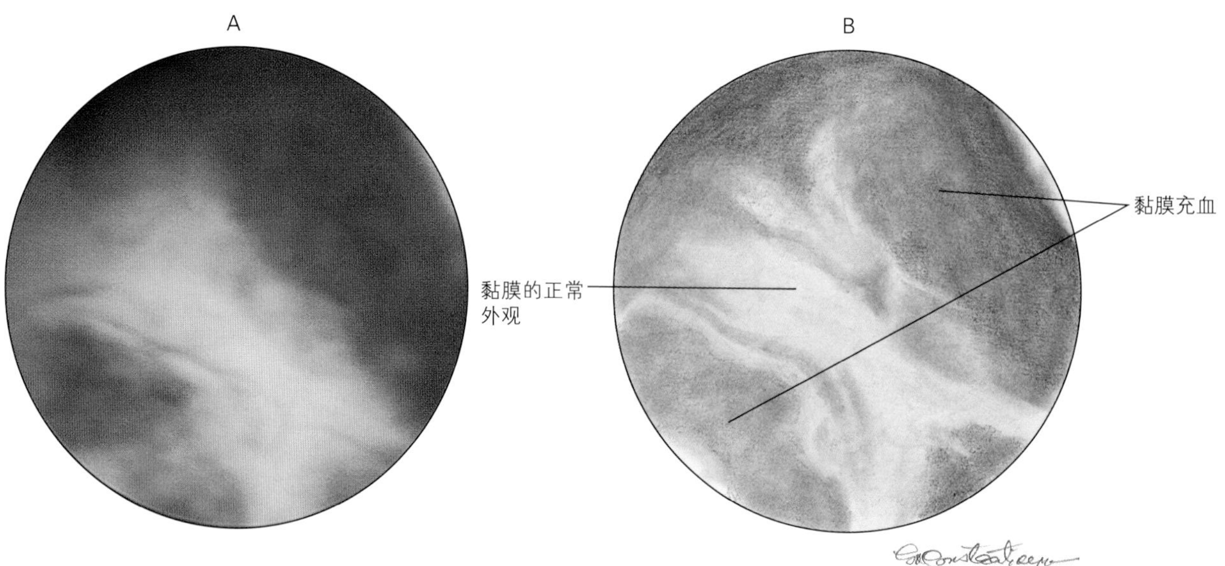

图4–66　用尿道膀胱镜观察到的患急性严重膀胱炎母犬的膀胱黏膜充血

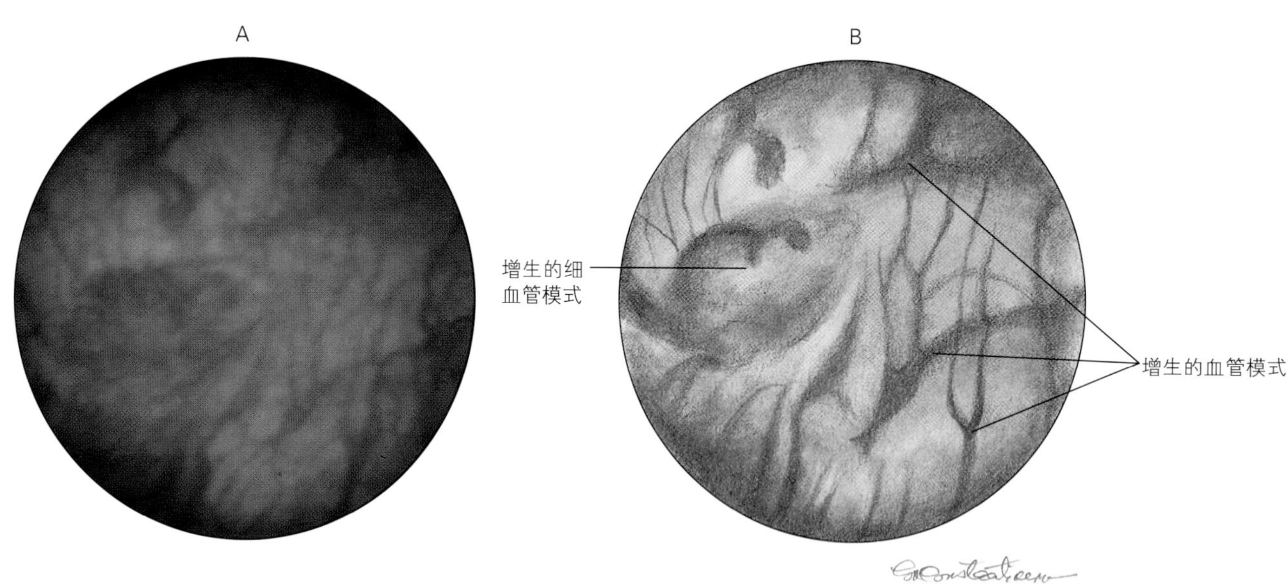

图4–67　尿道膀胱镜观察到的患膀胱黏膜炎母犬膀胱黏膜大、小血管数量增加

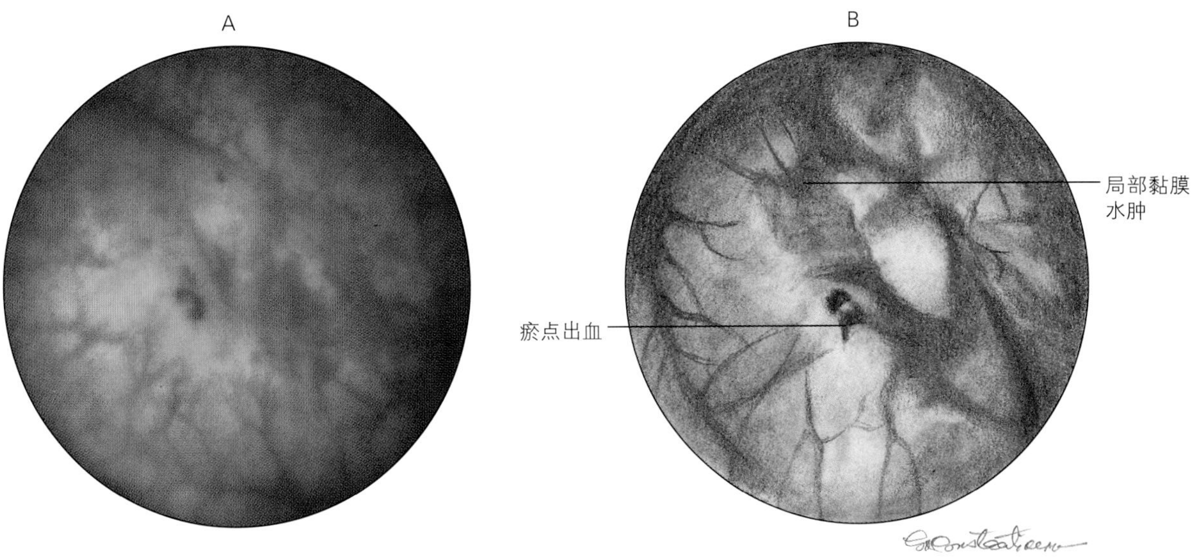

图4-68　用尿道膀胱镜观察到的患膀胱炎的母犬膀胱局部黏膜水肿或增厚

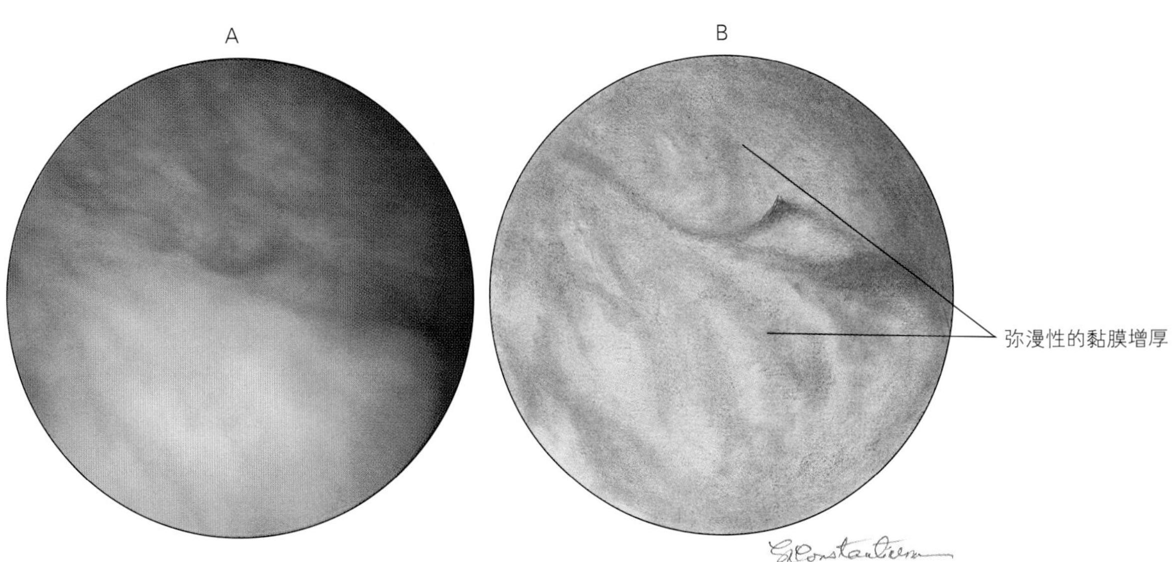

图4-69　用尿道膀胱镜观察到的母犬水肿并增厚的膀胱黏膜的弥漫性炎症

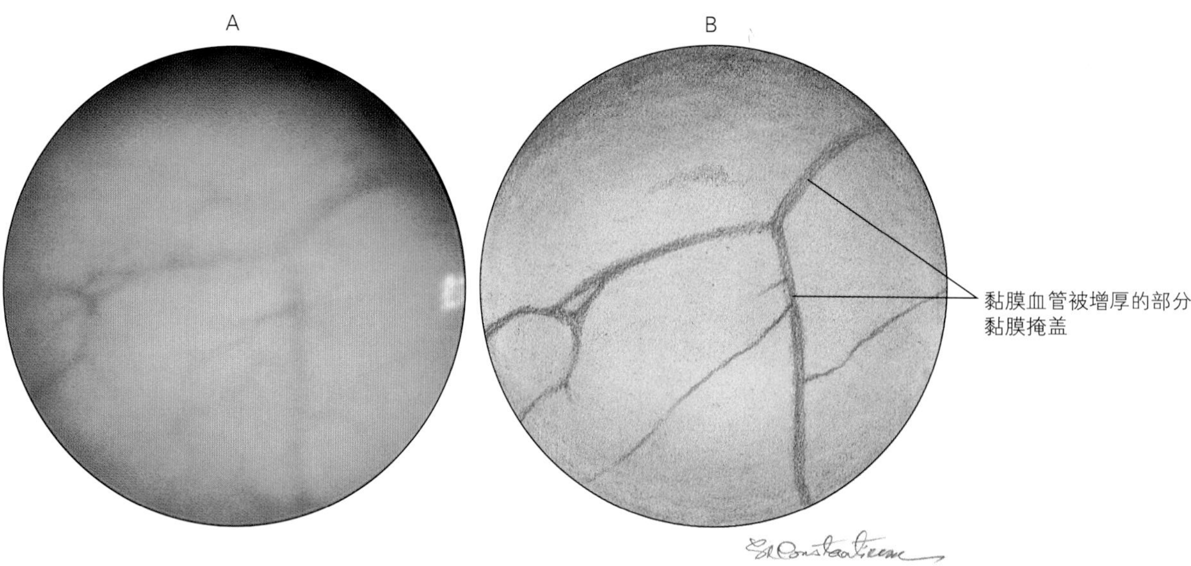

图4-70　对公猫会阴尿道造口术后立即经尿道检查，下尿路慢性疾病导致黏膜增厚，看不见血管（图4-36和图4-37为正常）

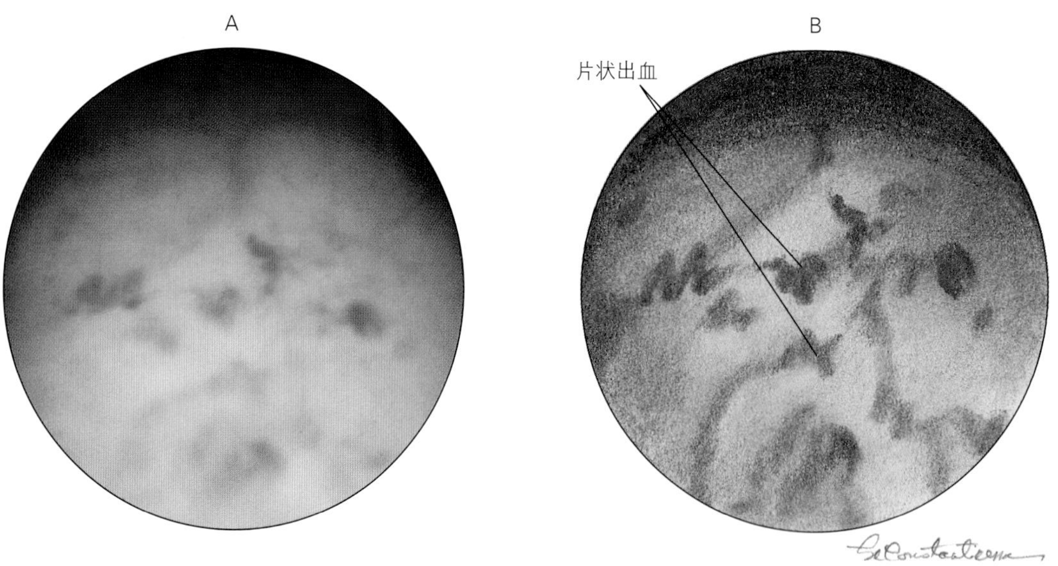

图4-71　经耻骨前皮肤膀胱镜检查时观察到的患膀胱炎公猫的膀胱黏膜出血点或“片状出血”

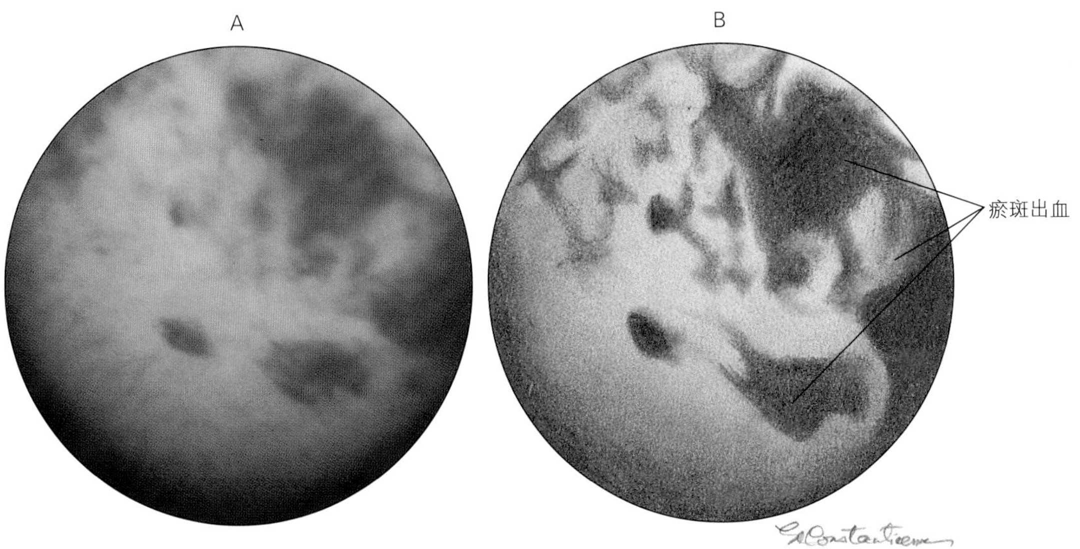

图4-72　用尿道膀胱镜观察到的急性严重的嗜酸性膀胱炎母犬的膀胱淤斑出血

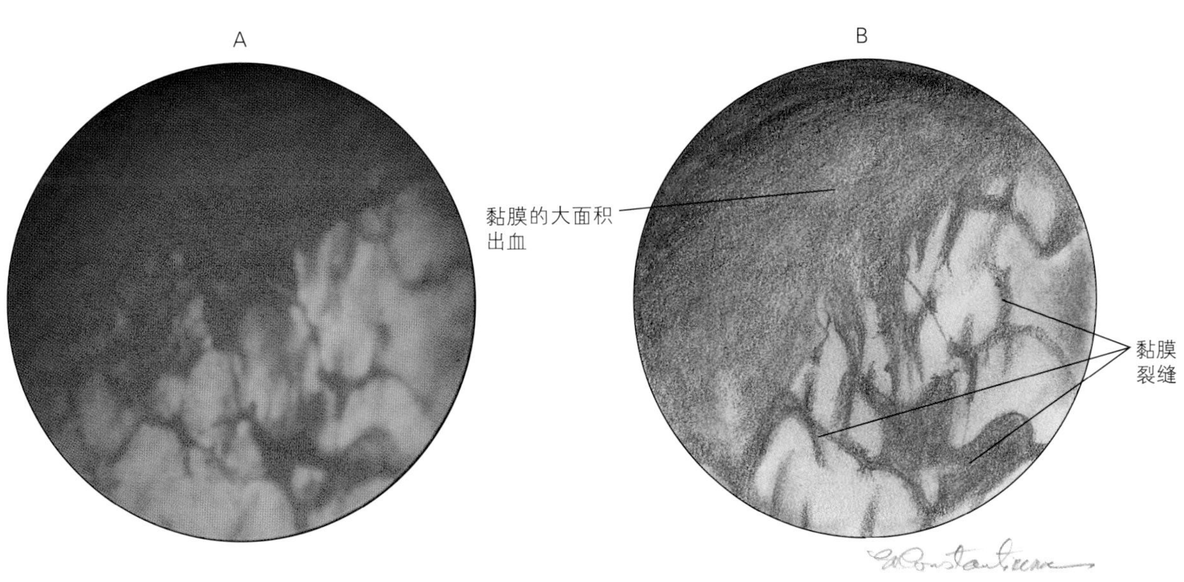

图4-73　用尿道膀胱镜观察到的出血性膀胱炎母犬膀胱黏膜的大面积出血

张的难度，作为尿的容器，可扩张性减小，膀胱排空的收缩性能降低，发生上述病变的膀胱，排空时黏膜皱缩（图4-74）。纤维疤痕组织可以是局部的（图4-75），或广泛的和弥漫性的（图4-76），从而妨碍局部或大范围的膀胱扩张。黏膜撕裂更常出现于不断增加的黏膜纤维化、但能正常扩张的膀胱（图4-77）。

炎症伴有血管的变化。在急性和一些慢性严重的炎症可见小血管数量增加（见图4-67）。随着病程的发展，较小血管的数量会增加，从而导致黏膜

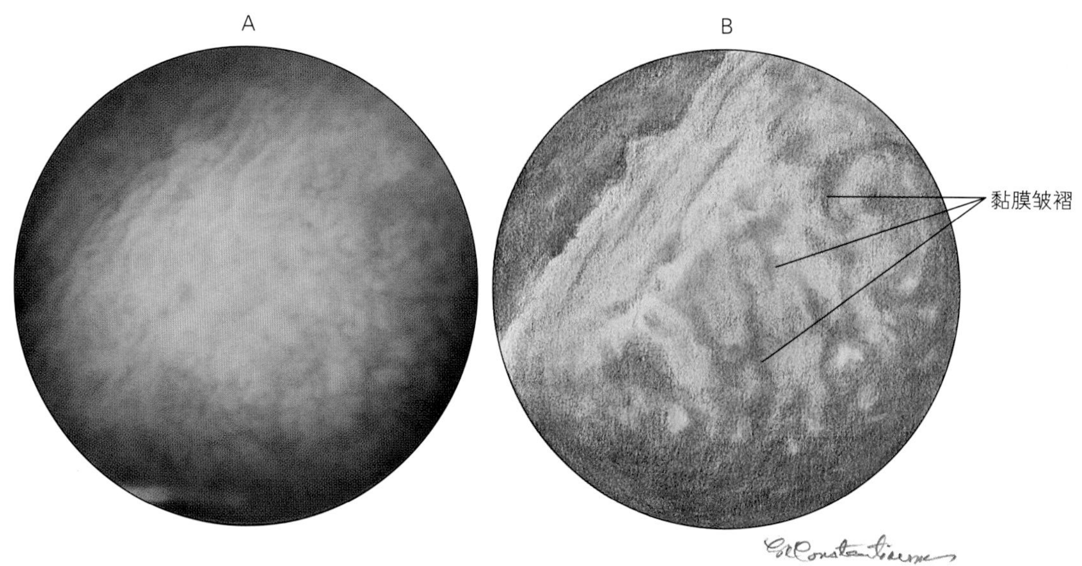

图4–74 尿道膀胱镜观察到的患慢性膀胱炎母犬膀胱黏膜皱褶。膀胱壁的纤维化妨碍了膀胱的正常扩张，并且使黏膜变得平整和光滑

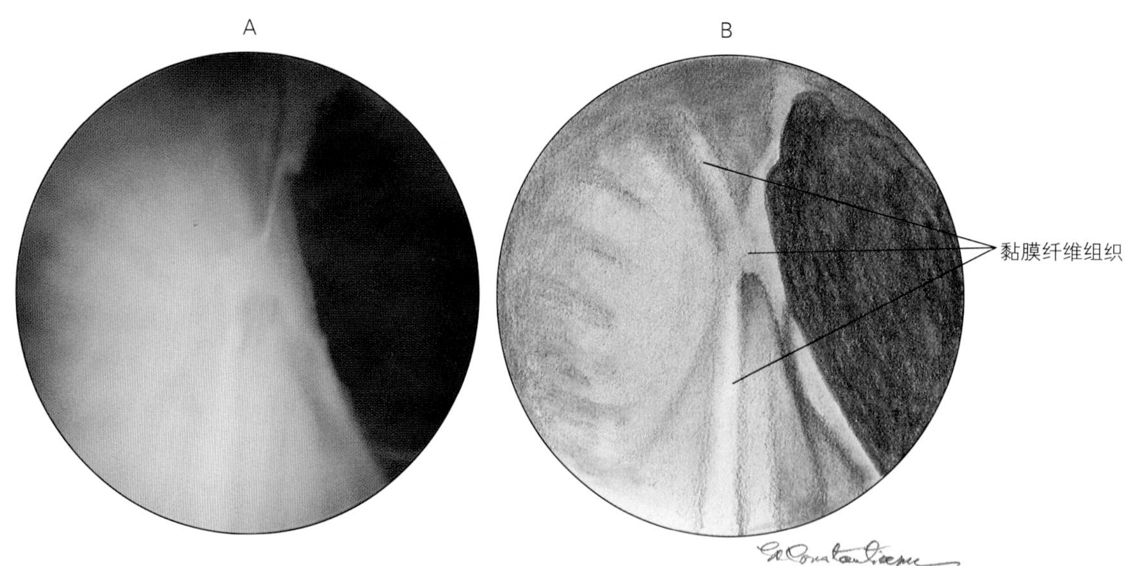

图4–75 经尿道检查所见患慢性膀胱炎母犬黏膜的局部瘢痕组织

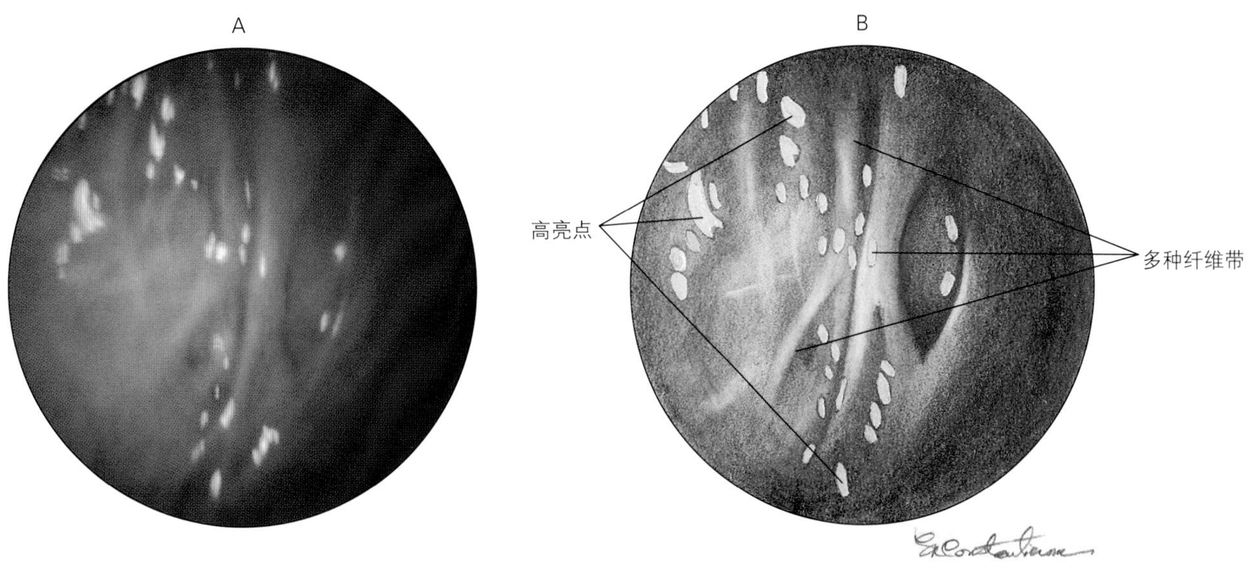

图4-76　经耻骨前皮肤膀胱镜观察到的公犬慢性非化脓性纤维组织带阻碍了膀胱的正常扩张

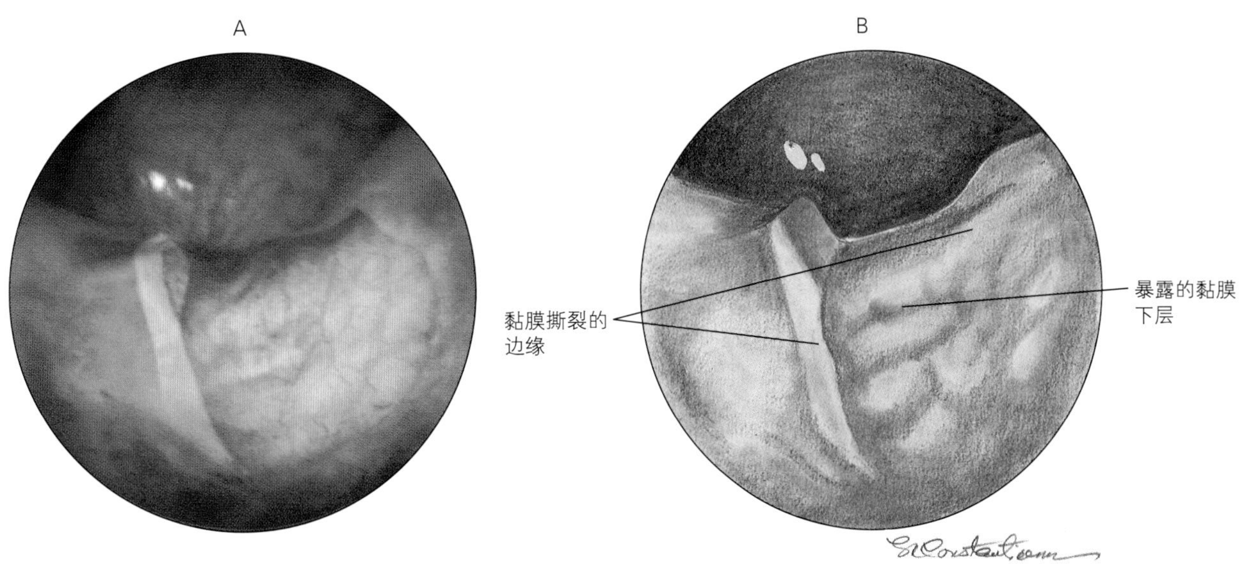

图4-77　患慢性膀胱炎母犬膀胱黏膜撕裂。膀胱正常扩张，黏膜的瘢痕组织致黏膜撕裂。膀胱壁的纤维化会使得膀胱中央形成狭窄或带，从而干扰了膀胱的扩张

增厚，而较大血管的数量可能增加也可能减少（图4-70）。较大血管表现在弯曲度增加和增粗，并且可能突出到膀胱腔（图4-78）。

炎性息肉伴发着慢性炎症而发展（图4-61到图4-63）。多种小的移行细胞癌以及通过空气和液体所观察的不同外观见图4-64和图4-65。小的淋巴浆细胞性结节或息肉和小的移行细胞癌外观完全相同，需用组织病理学切片与移行细胞癌区别。淋巴浆细胞性结节可能是单独存在的（图4-79）或连成片的（图4-80）。息肉形成的进展来自于淋巴

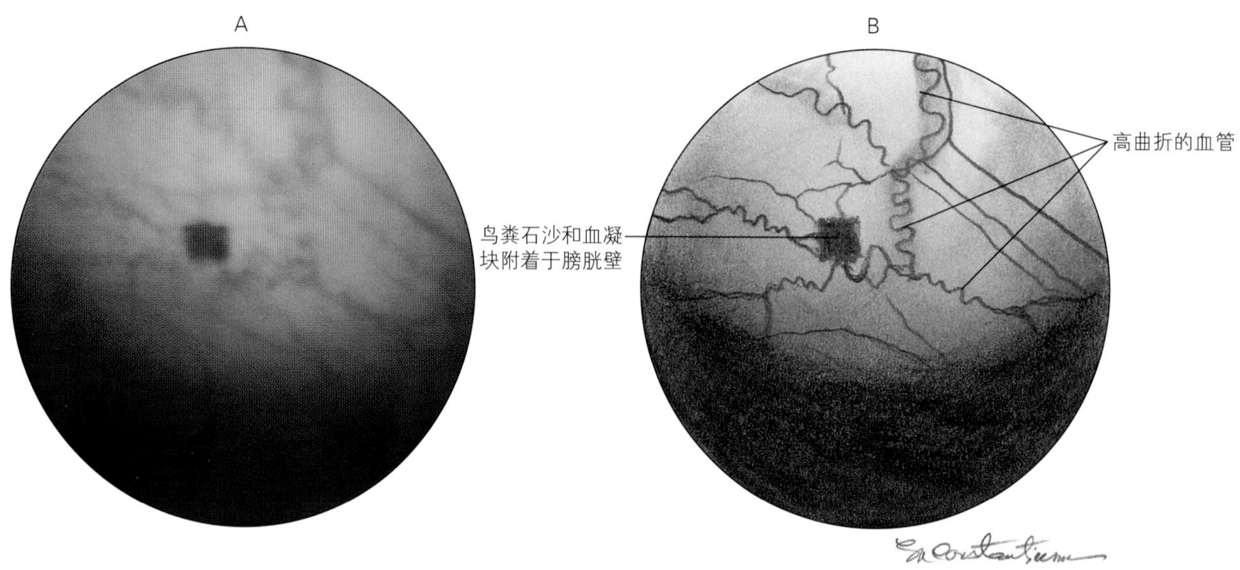

图4-78 经耻骨前皮肤膀胱镜观察到的患慢性膀胱炎和鸟粪结石的公猫膀胱黏膜上突出而弯曲的血管

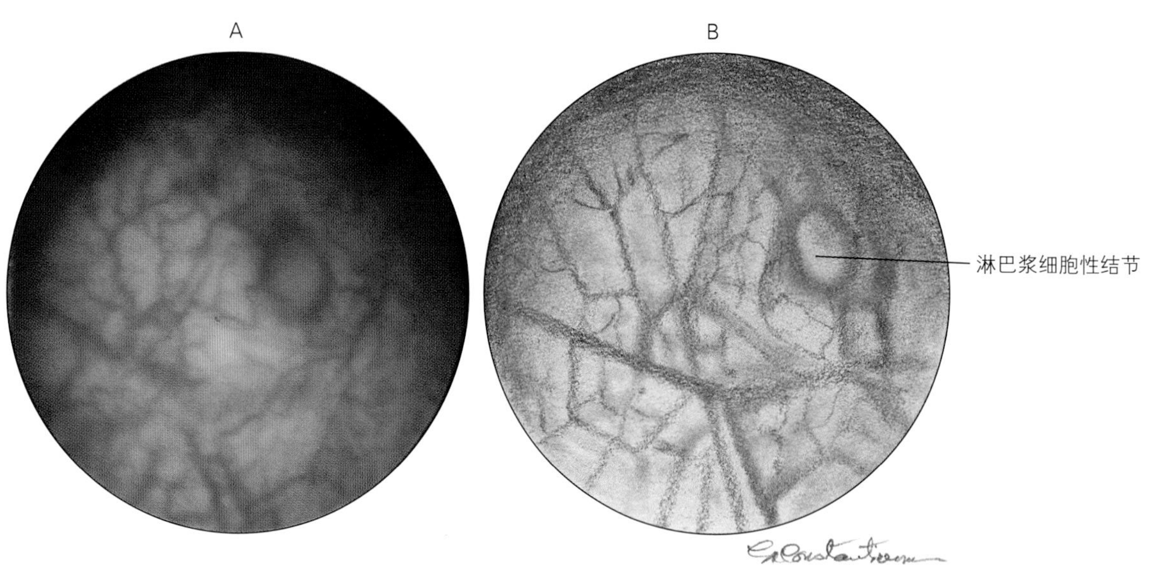

图4-79 母犬膀胱淋巴浆细胞性结节或息肉，该犬同时有膀胱憩室

浆细胞性结节或较多血管组织的积累（图4-81和图4-82）。随着面积的增加，炎性息肉看上去有两种形式：血管密布的（图4-62和图4-83）和/或少量小血管分布的（图4-63，图4-84和图4-85）。

膀胱黏膜上的可见变化受疾病进程长短、炎症严重性、膀胱扩张程度和器械接触，以及是否采集活检样品的影响。发炎的膀胱和尿道黏膜对医源性干预更加敏感，检查时要小心，防止因检查所致的创伤变化掩盖真实病变。

尿道检查可见急性和慢性炎症变化，但通常

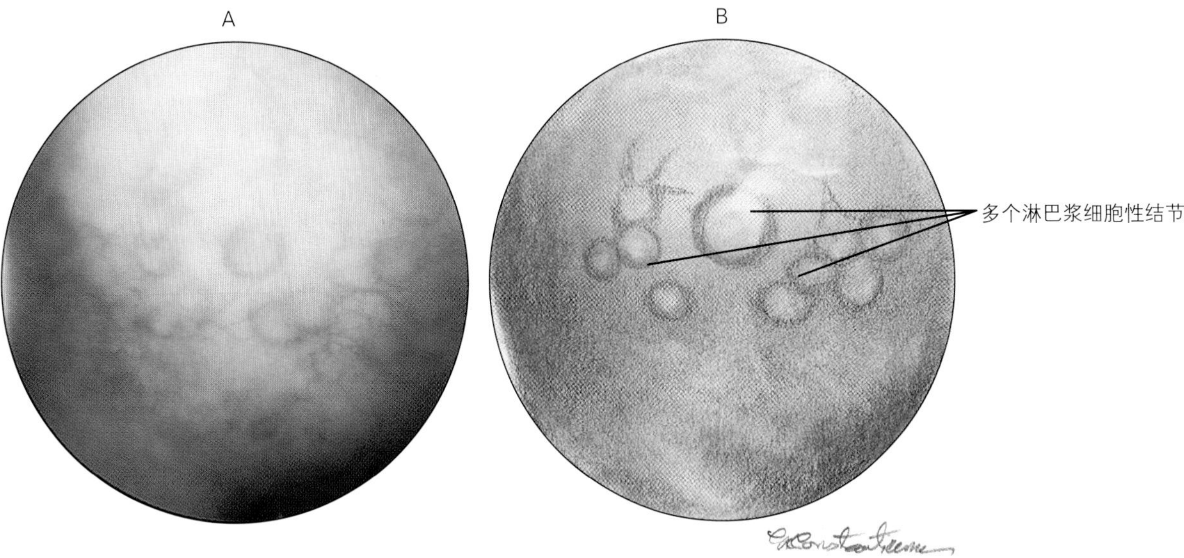

图4-80　膀胱结石继发慢性膀胱炎的母犬，膀胱上的多个淋巴浆细胞性结节或息肉

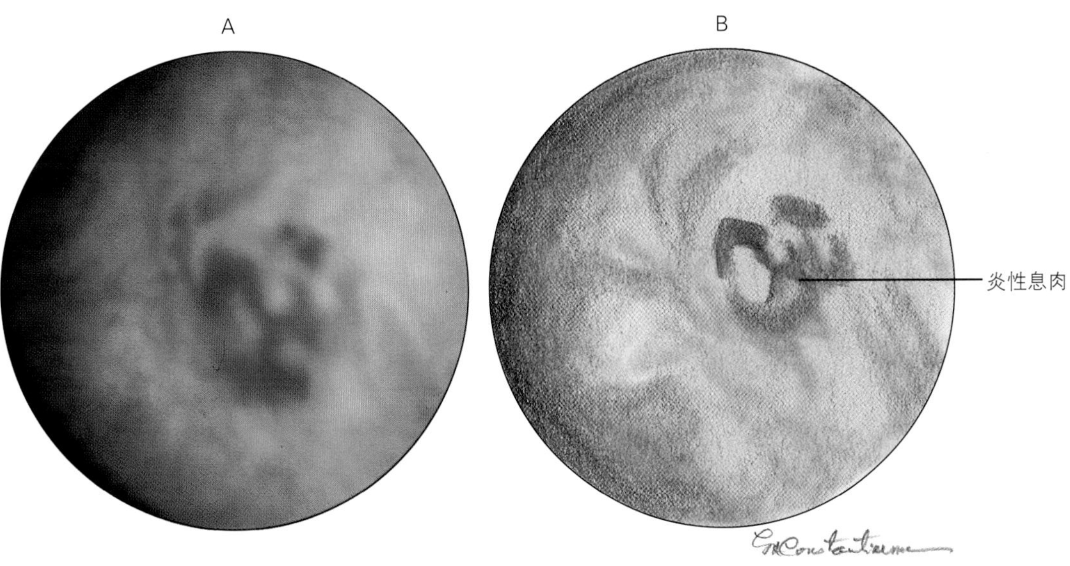

图4-81　患慢性膀胱炎动物的膀胱黏膜表面，从一簇血管处发展成早期小个炎性息肉

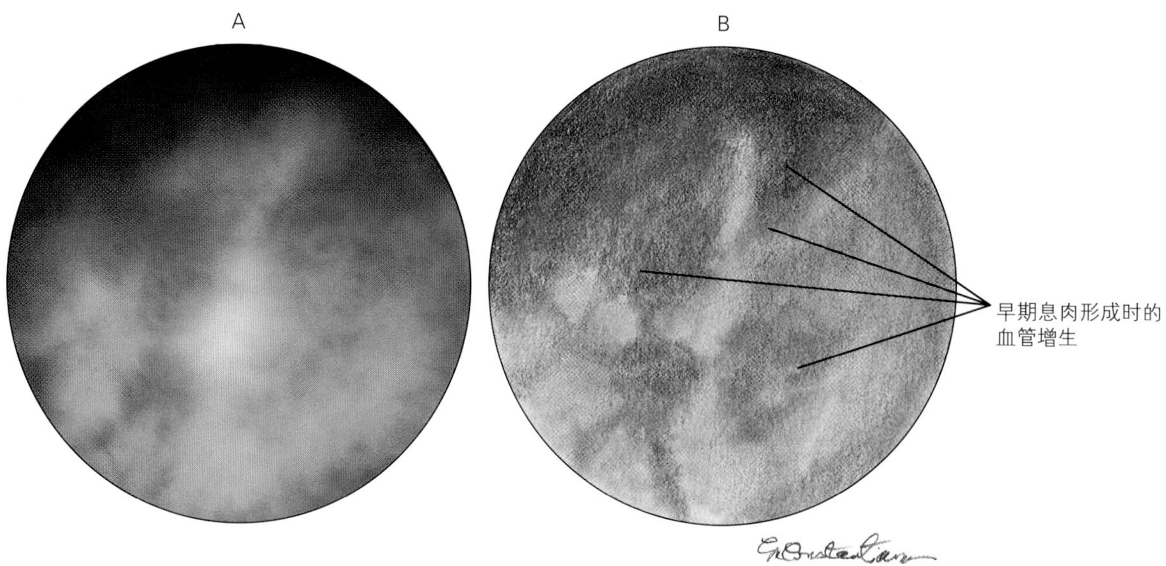

图4-82 炎性息肉形成早期大范围的血管堆积（和图4-81是同一个病例）

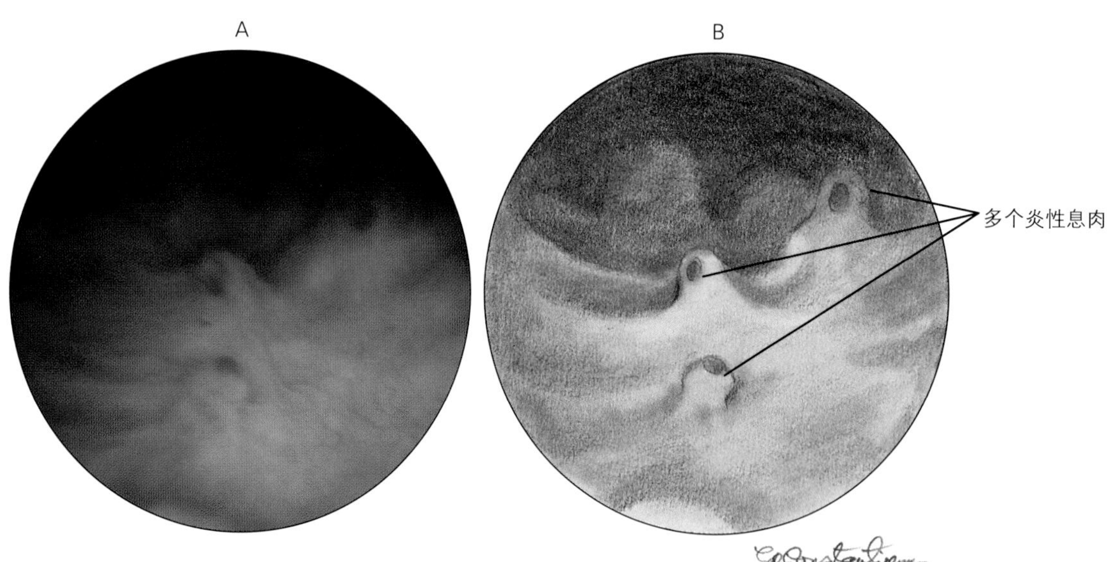

图4-83 患慢性淋巴浆细胞性膀胱炎的犬，膀胱上多个血管性炎性息肉

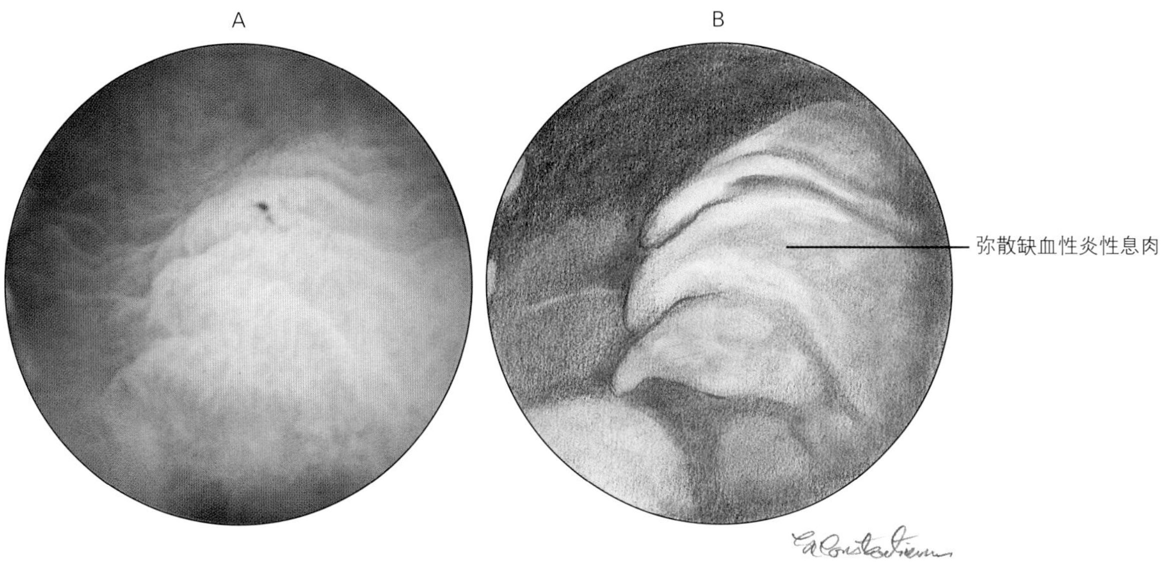

图4-84　膀胱结石患犬缺少血管分布的大块炎性息肉

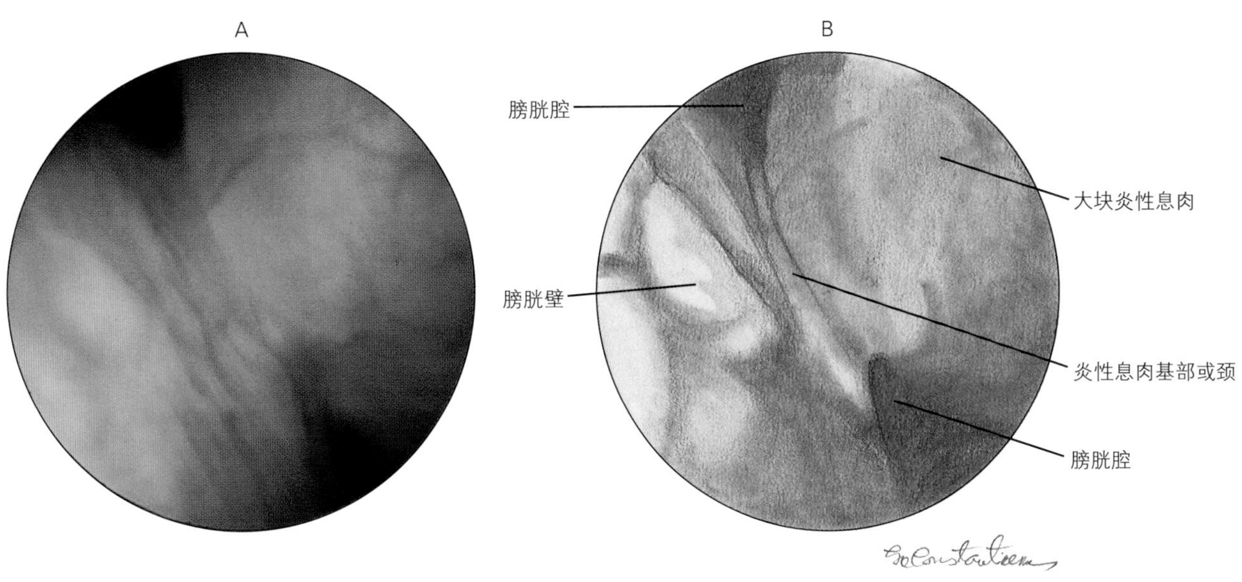

图4-85　患慢性膀胱炎的母犬膀胱大块炎性息肉的基部

不如膀胱病变容易辨别。可见黏膜充血（图4-86和图4-87）、肿胀和粗糙（图4-88）、溃疡（图4-89）、血管增生（图4-90）、淤点出血（图4-91）和淤斑出血（图4-92）。常见雌性尿道前端血管数量和大小增加（图4-28），需与炎症变化相区别。慢性可能会导致尿道黏膜皱褶（图4-93）。尿道狭窄偶尔可见于雌性动物，但更多见于雄性（图4-94），急性尿道炎伴发尿道粘连（图4-95）。医源性尿道狭窄可用TUC诊断（图4-96），用探条、气囊或导尿管扩张（图4-97）。

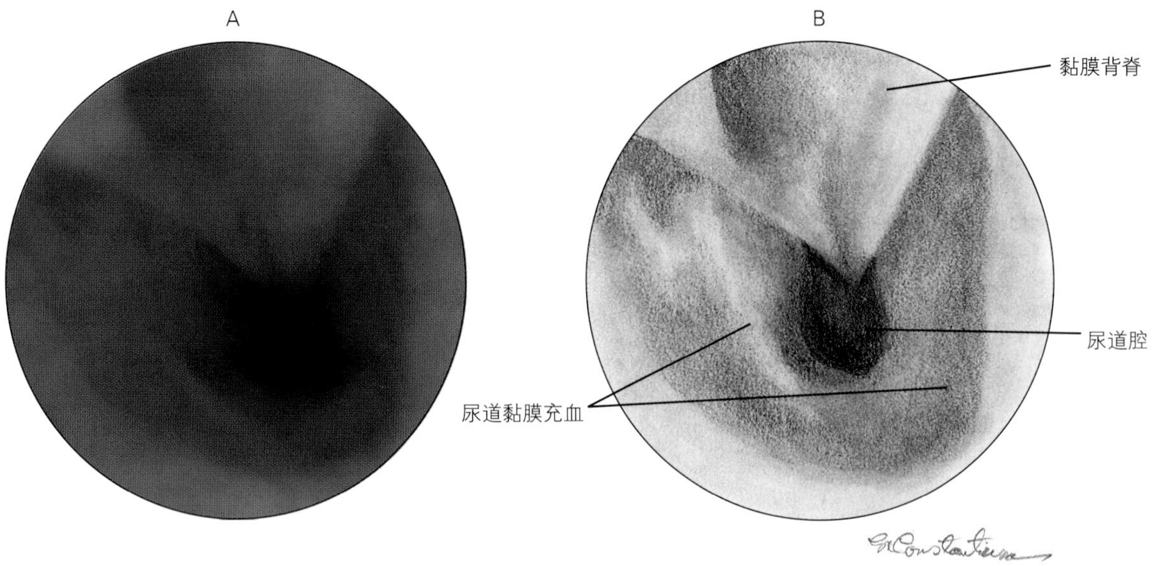

图4-86 经耻骨前皮肤穿刺公猫膀胱，将内镜从膀胱尾部穿入尿道所观察到的近端尿道黏膜的充血

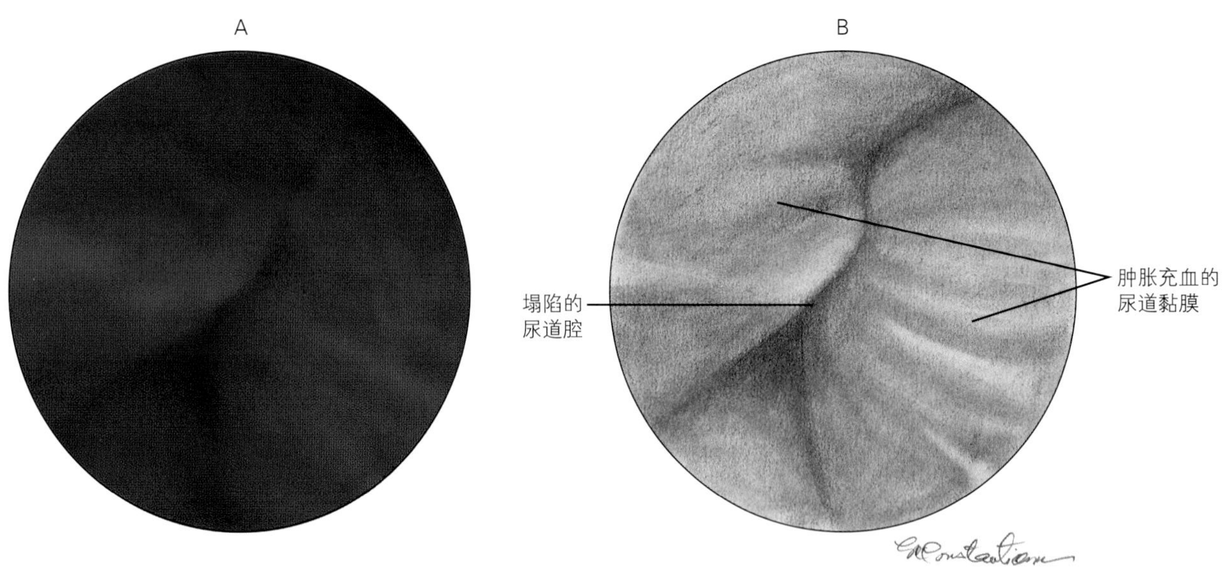

图4-87 患急性严重尿道炎母犬的尿道黏膜充血

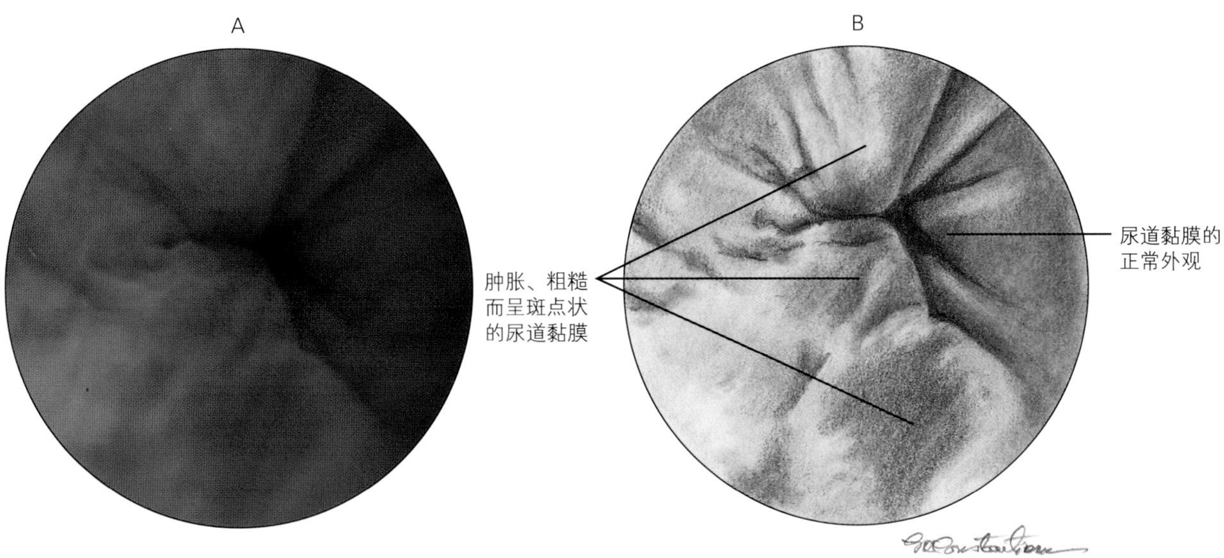

图4-88　患膀胱炎和尿道炎的母犬，用尿道膀胱镜观察到肿胀和粗糙的尿道黏膜

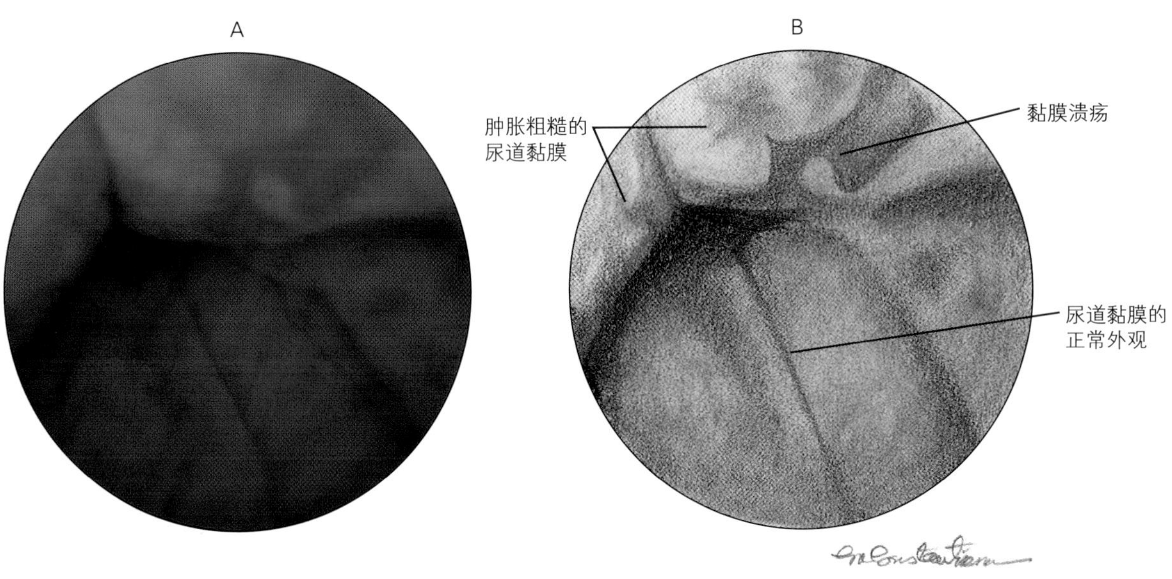

图4-89　患淋巴浆细胞性膀胱炎和尿道炎母犬的尿道黏膜溃疡

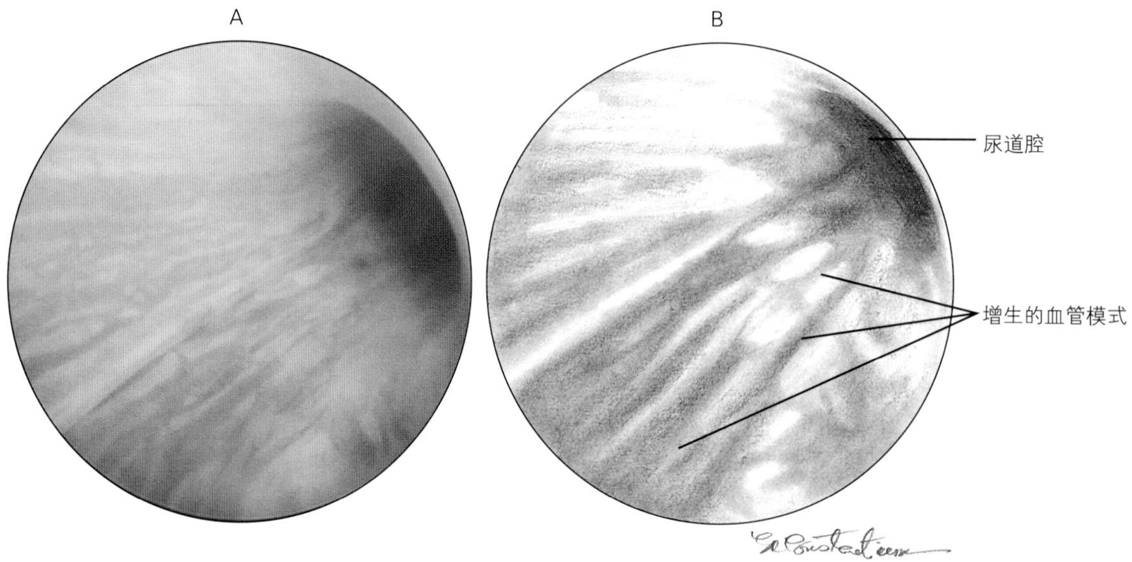

图4-90　患尿道炎母犬增生的尿道血管

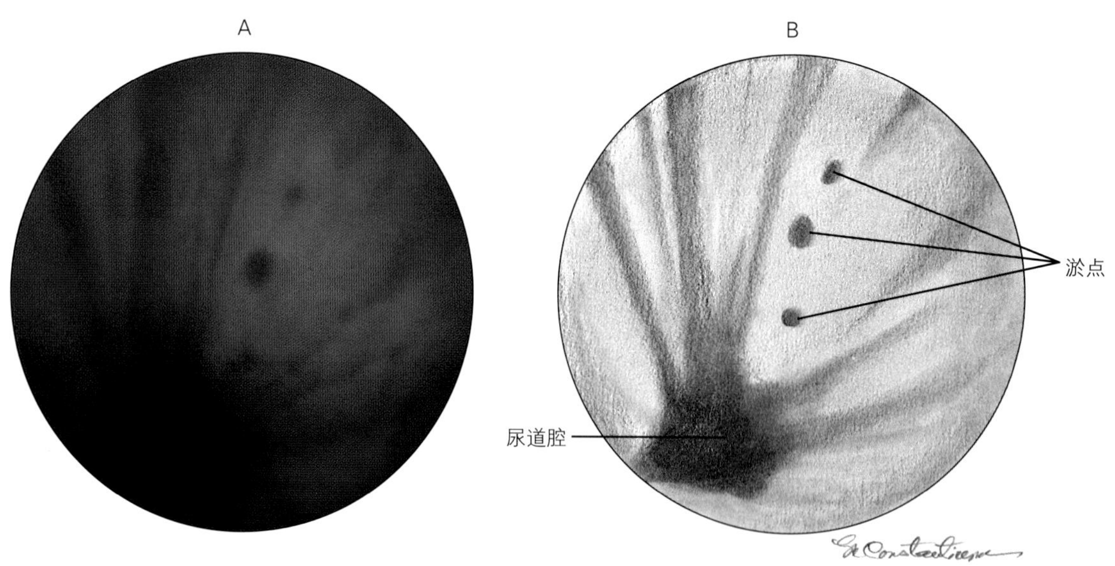

图4-91　患淋巴浆细胞性尿道炎和膀胱炎的母犬尿道淤点状出血

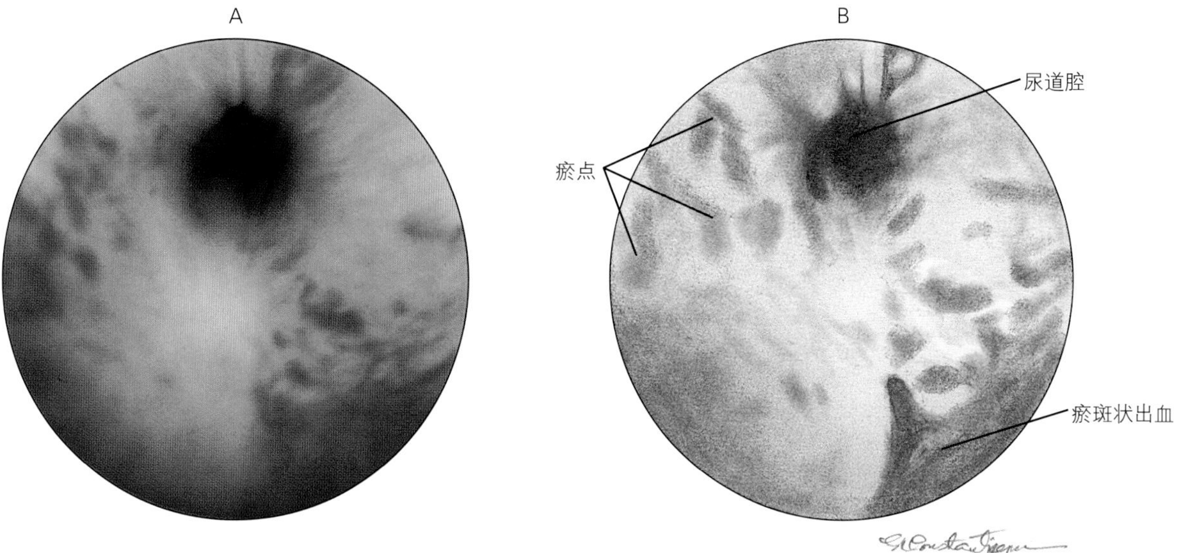

图4-92　会阴尿道造口术后立即执行尿道膀胱镜检查观察到的，公猫近端尿道的淤斑状出血。严重时会阻塞尿道

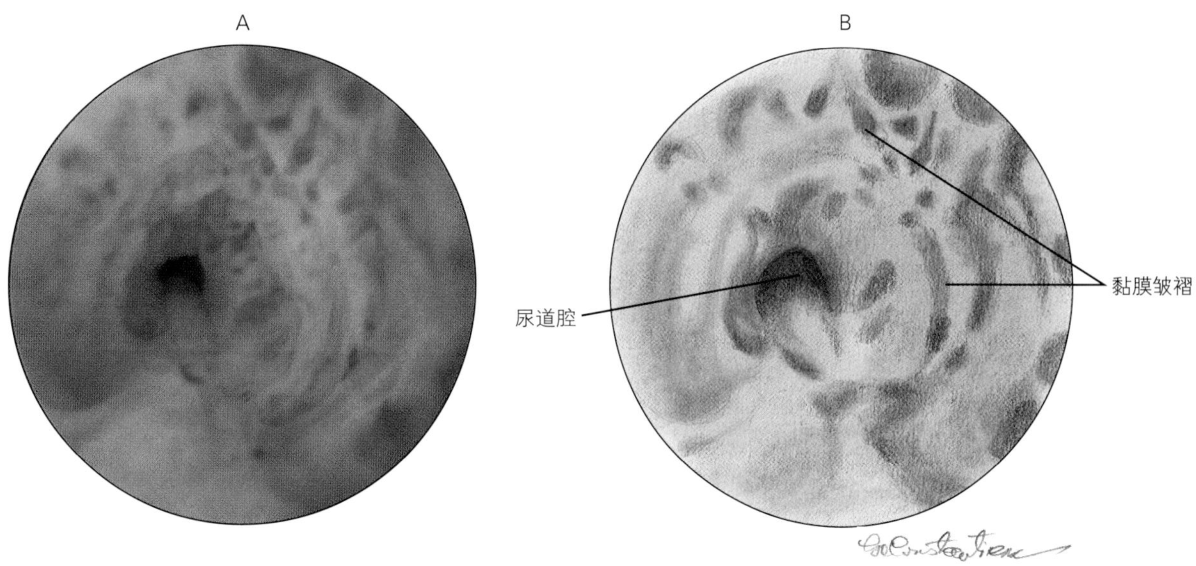

图4-93　患慢性尿道炎的18岁母猫，明显的尿道黏膜皱褶

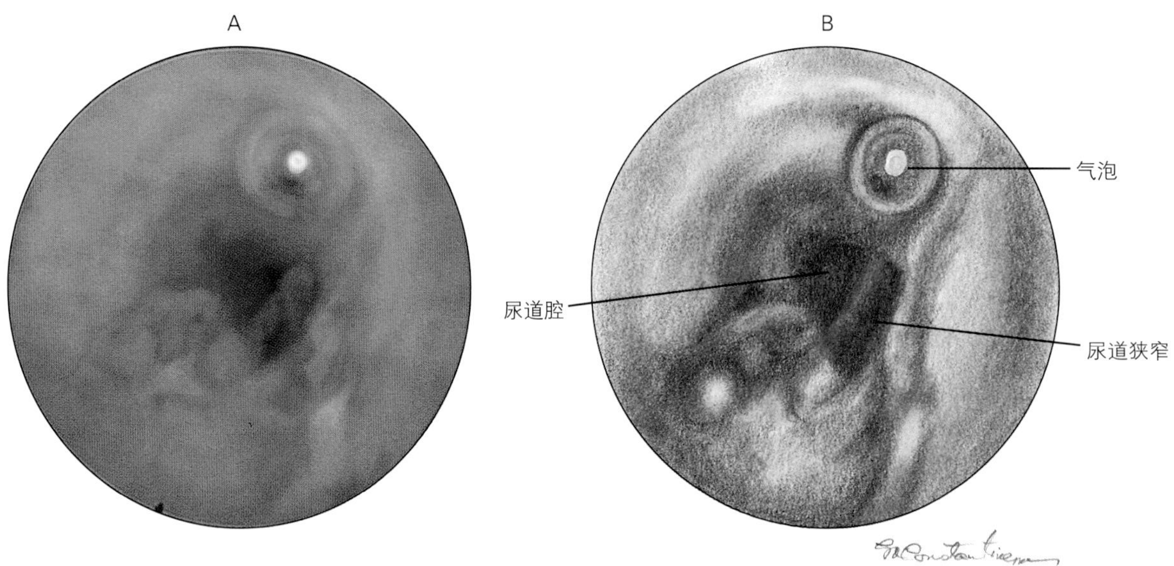

图4-94 患膀胱结石和尿道结石的公犬，阴茎部尿道狭窄。用直径为2.7mm的关节镜经尿道检查。用内镜扩张狭窄部，不需要进行外科手术

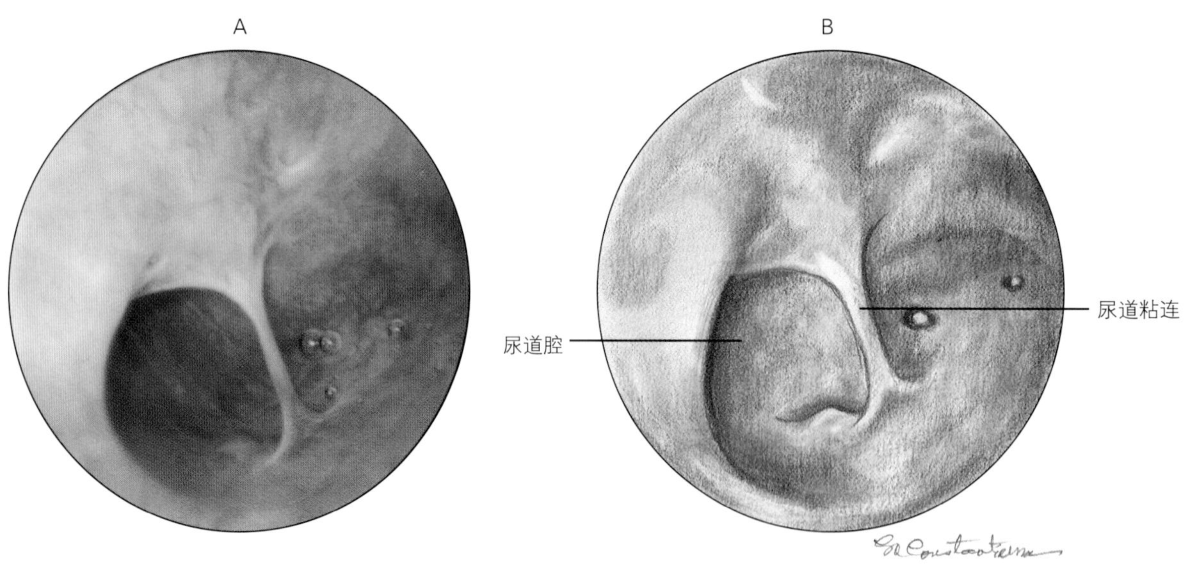

图4-95 膀胱炎和尿道炎治愈后的母犬，用尿道膀胱镜观察到的尿道粘连

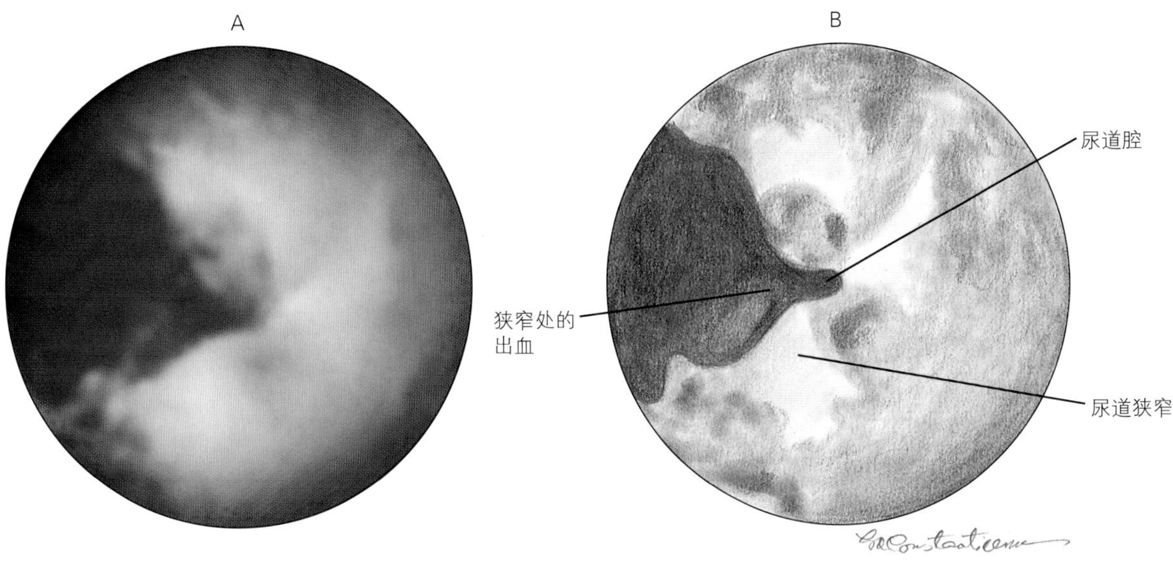

图4-96　尿道膀胱镜检查时，用软质膀胱尿道镜观察到的，医源性尿道狭窄的公犬进行尿道吻合术

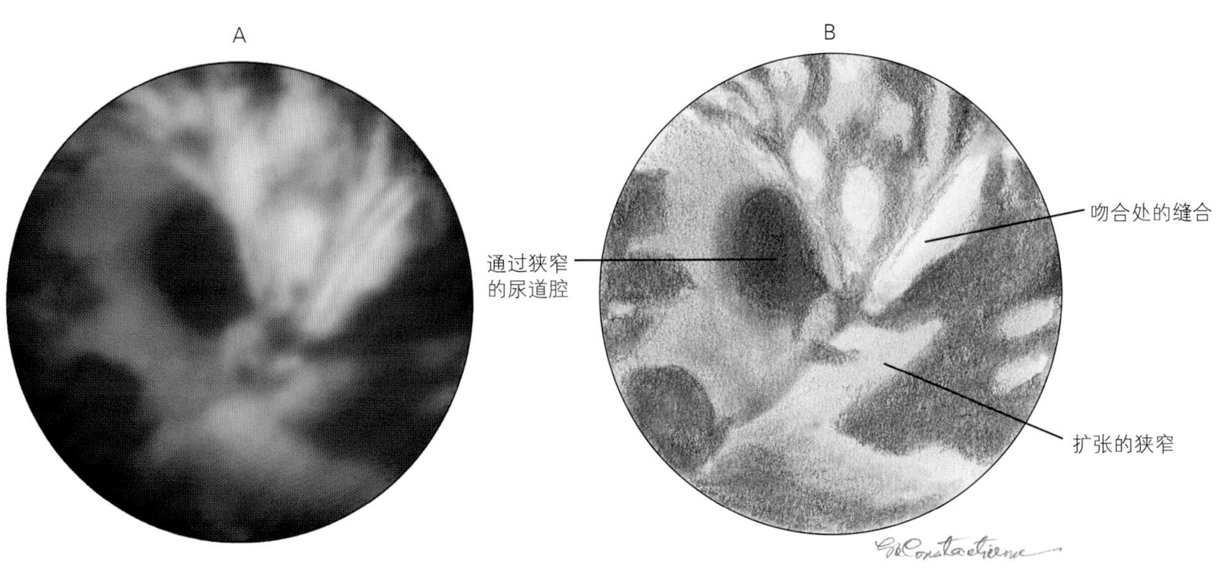

图4-97　用气囊扩张图4-96所示的尿道狭窄，单一的气囊扩张，以消除狭窄

三、前列腺炎

前列腺炎症和出血可导致前列腺处尿道黏膜的变化，包括黏膜表面的粗糙或不规则化，从白色到紫色的斑片状变色和淤点出血（图4-98）。随着前列腺炎性疾病的发展，前列腺处尿道变窄，并且会产生完全的尿道阻塞（图4-99）。闭塞性疾病妨碍尿道扩张，不阻碍内镜进入膀胱可实施检查。

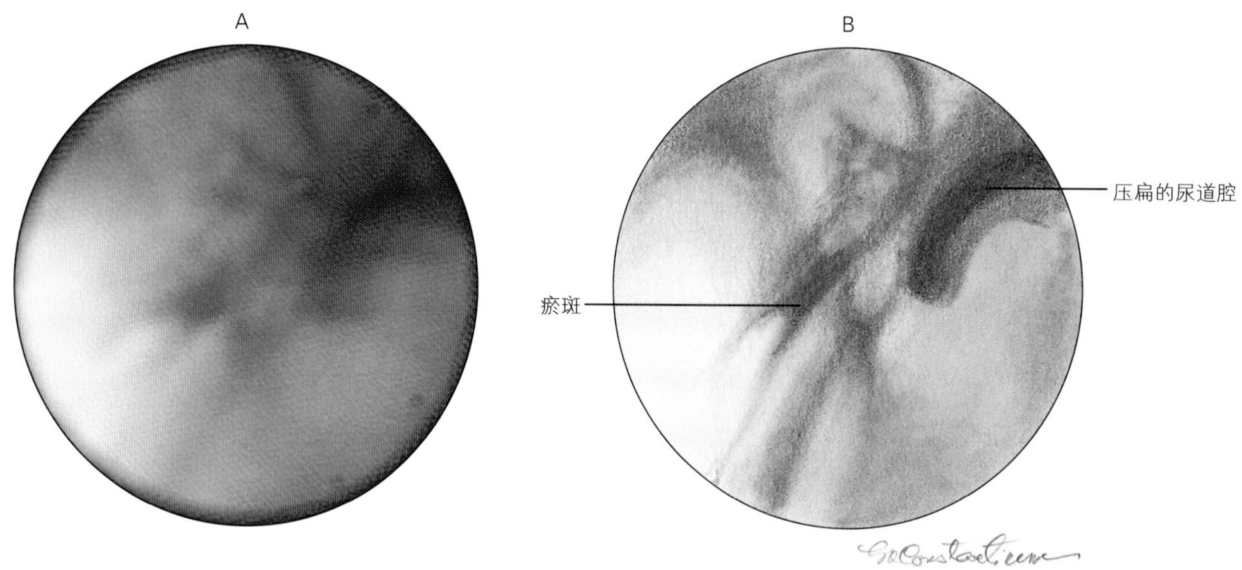

图4-98 用软质尿道膀胱镜观察到的患前列腺炎公犬的前列腺尿道淤斑

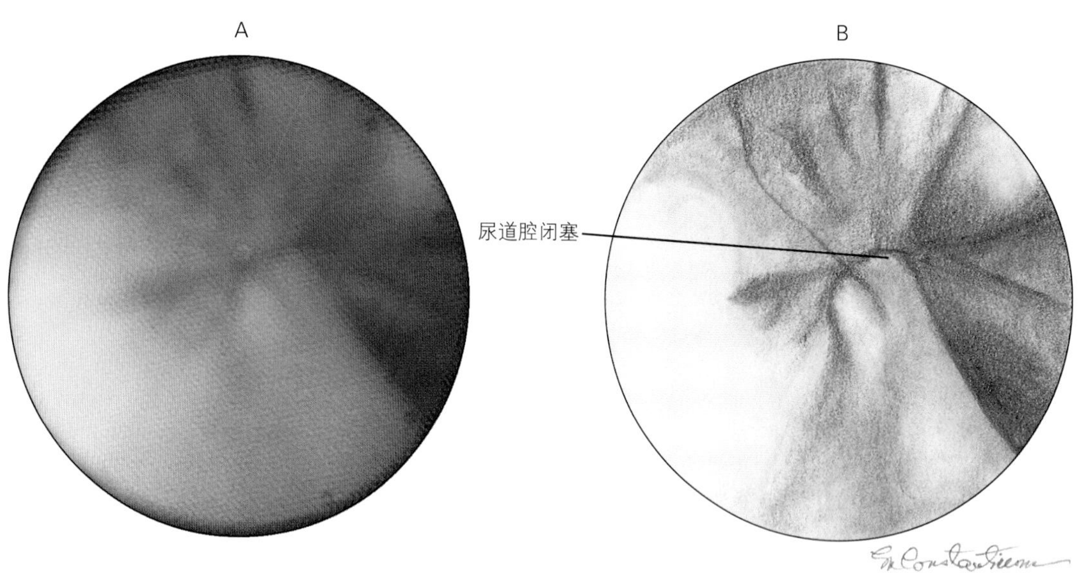

图4-99 用软质膀胱尿道镜观察到公犬因前列腺疾病引起的尿道闭塞

四、结石

用膀胱镜很容易看到囊性和尿道结石。根据组成成分不同，结石的外观变化很大。大小的变化从不定形的碎片或沉淀（图4-100）和细沙（图4-101）、粗沙（图4-102）、单一的或多个小结石（图4-103和图4-104）到单一或多个大结石（图4-105和图4-106）不等。细小的结石、沙或沉淀（图4-100至图4-102）可通过内镜或通过皮肤插管吸出。体积较小的结石（图4-103和图4-104）可用钳子或结石篮移除，或用作结石成分分析。在某些病例有掺杂血液的沙或结石，为移除结石增加了难

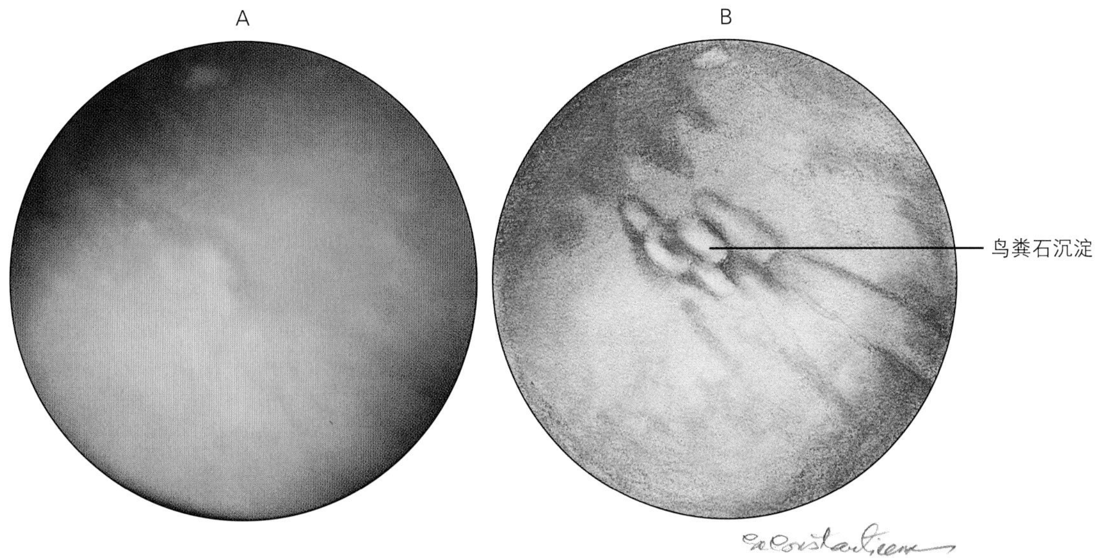

图4-100　患淋巴浆细胞性膀胱炎母犬膀胱的鸟粪石的不规则碎片或沉淀，可以轻易冲洗掉或用膀胱镜抽吸清除

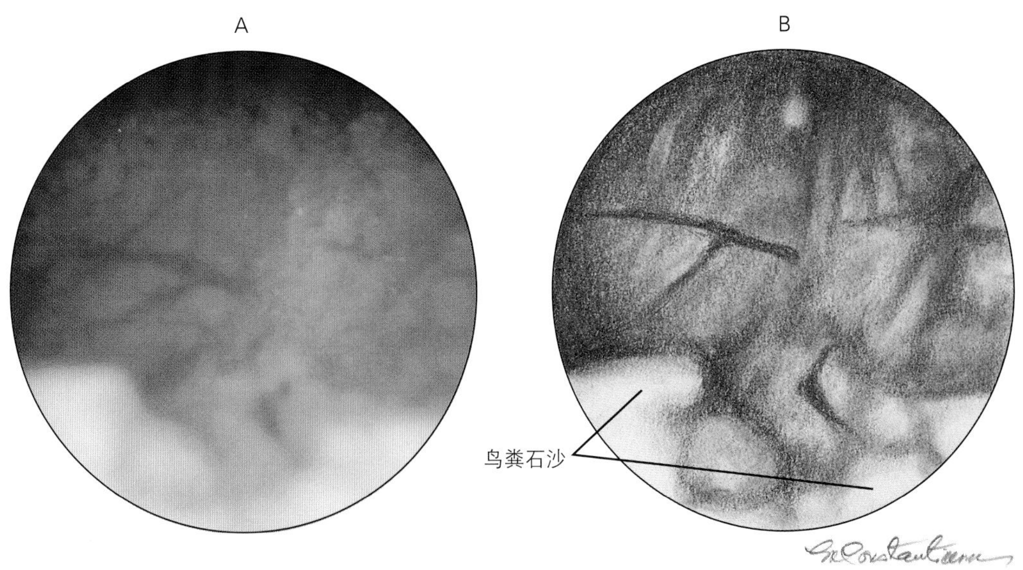

图4-101　经耻骨前皮肤膀胱镜检查患慢性复发性膀胱炎的公猫，膀胱内细小的鸟粪石沙，可以经膀胱镜冲洗掉或经二次穿刺套管吸出

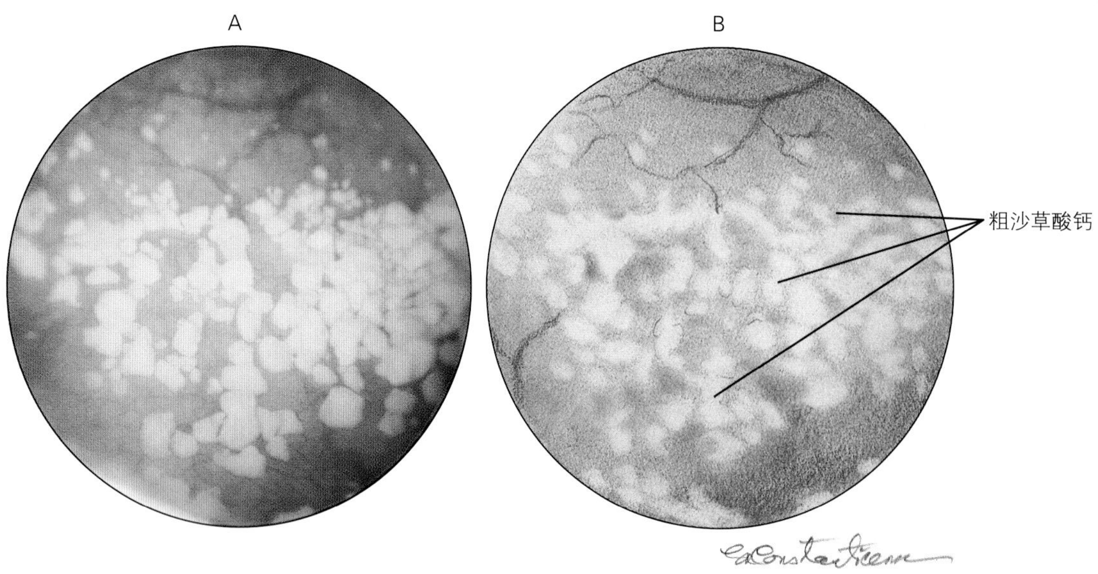

图4-102 患慢性膀胱炎母犬膀胱内的粗沙草酸钙，可经尿道插入膀胱镜冲洗或吸出

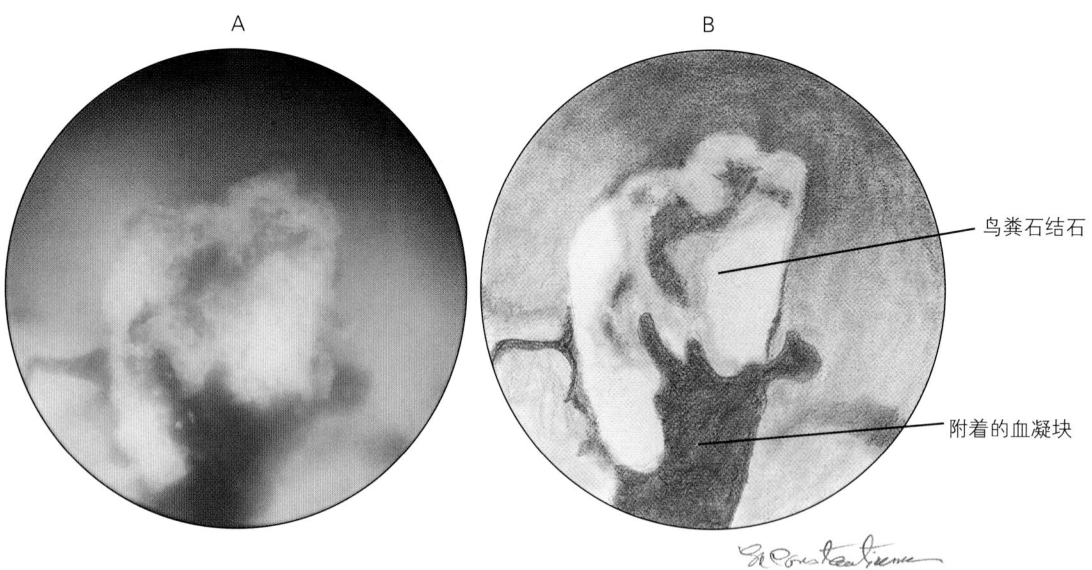

图4-103 患慢性膀胱炎的母猫膀胱内小的鸟粪石结石，可用尿道膀胱镜清除

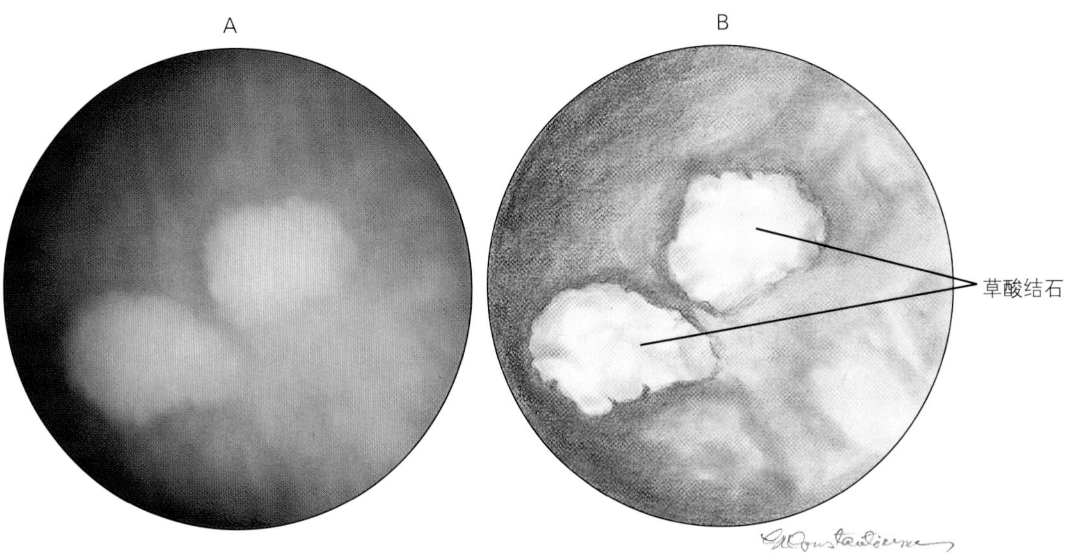

图4-104　患慢性下尿路病母犬膀胱内的两个小草酸结石。从尿道插入膀胱镜和结石篮可以将其清除

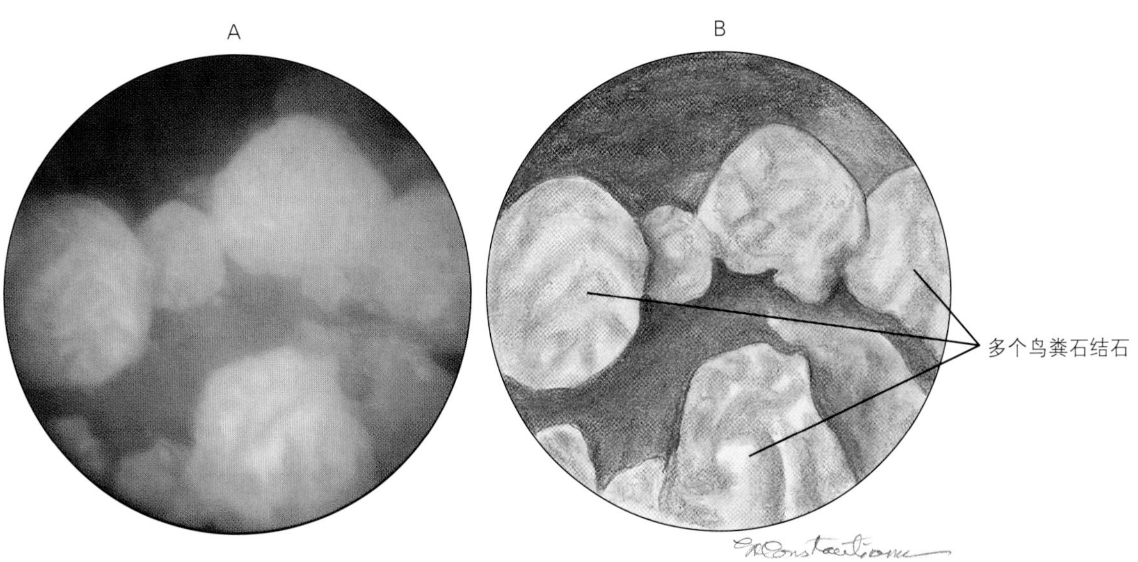

图4-105　用尿道膀胱镜观察到母犬膀胱内多个体积较大的鸟粪石结石，可通过外科手术清除

度（图4-107），而在其他病例中，则不可能移除结石（图4-108）。体积较大的结石（图4-105和图4-106）可用钳子夹碎，或用激光或电液碎石术击碎，然后通过内镜插管、钳子或结石篮将碎片移除。随着经验的增加和器械的改善，用膀胱镜清除膀胱结石越来越凸显优点。沙和小块结石一直是通过内镜移除。内镜的放大作用极大地方便结石的辨别，并且可清除外科上看不到的结石和沙。通过内镜移除结石最多的病例是在一只公犬清除了26颗结石。外科手术仍然用于清除多种大块结石和多个小

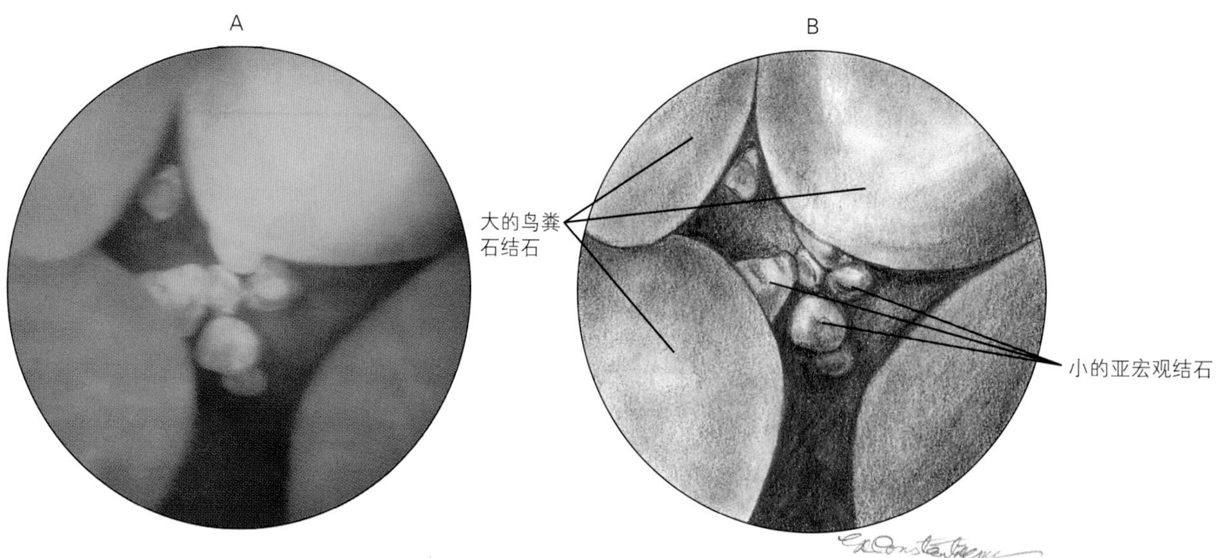

图4-106 经耻骨前皮肤膀胱镜检查观察到母犬膀胱内多个大小不等的鸟粪石结石，需经外科手术移除。此处用膀胱镜观察到的小结石和沙粒状的结石，手术时看不到

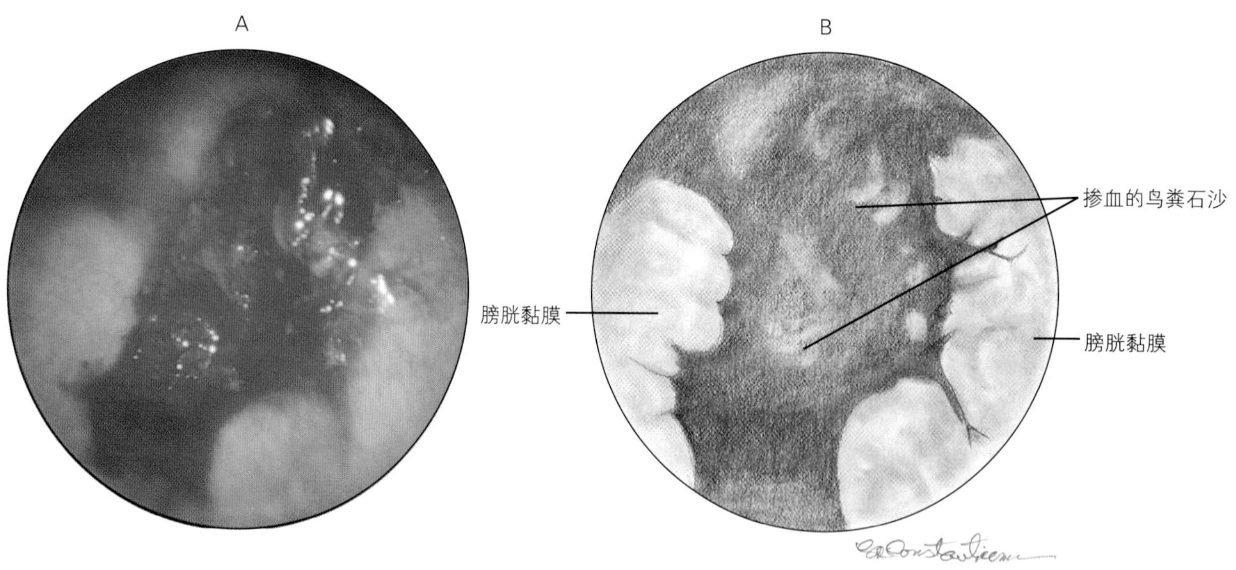

图4-107 用尿道膀胱镜观察到母猫膀胱里掺血的鸟粪石沙，因有血液增加了内镜清除沙和结石的困难

结石。如果不能清除所有的结石或有迹象表明，内镜不能清除结石，又排出使用外科手术清除结石，要采集样品用于结石分析和培养，此时需要用适当的饮食或医学治疗。

公犬（图4-109至图4-111）、母犬（图4-112）和猫（图4-113和图4-114）的尿道结石可轻易地用TUC定位。然后基于内镜的检查结果选择清除的方法，用冲水法将结石成功推回膀胱后，用TUC进行检查，完全要用外科手术来移除的囊性和尿道结石用膀胱镜检查。尿道结石移除后或被冲回膀胱后

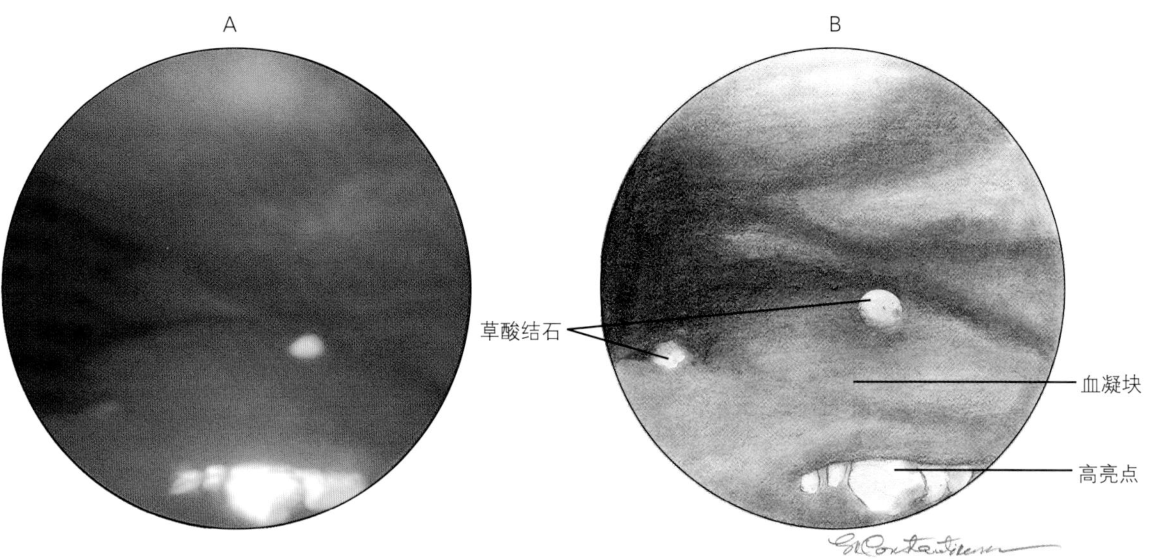

图4-108　会阴尿道造口术后立即执行尿道膀胱镜检查的公猫，膀胱内大血凝块里的草酸沙状结石。因血凝块的体积大，不可能经内镜清除沙石

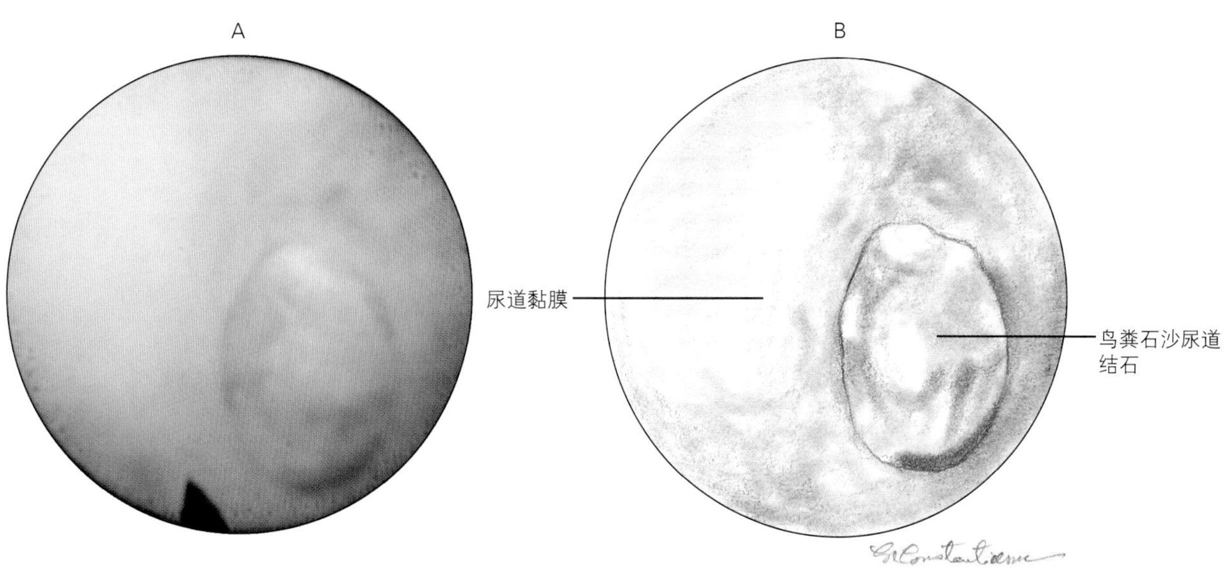

图4-109　嵌入公犬尿道中的鸟粪石结石，用喷水将其推进膀胱，然后再通过手术清除

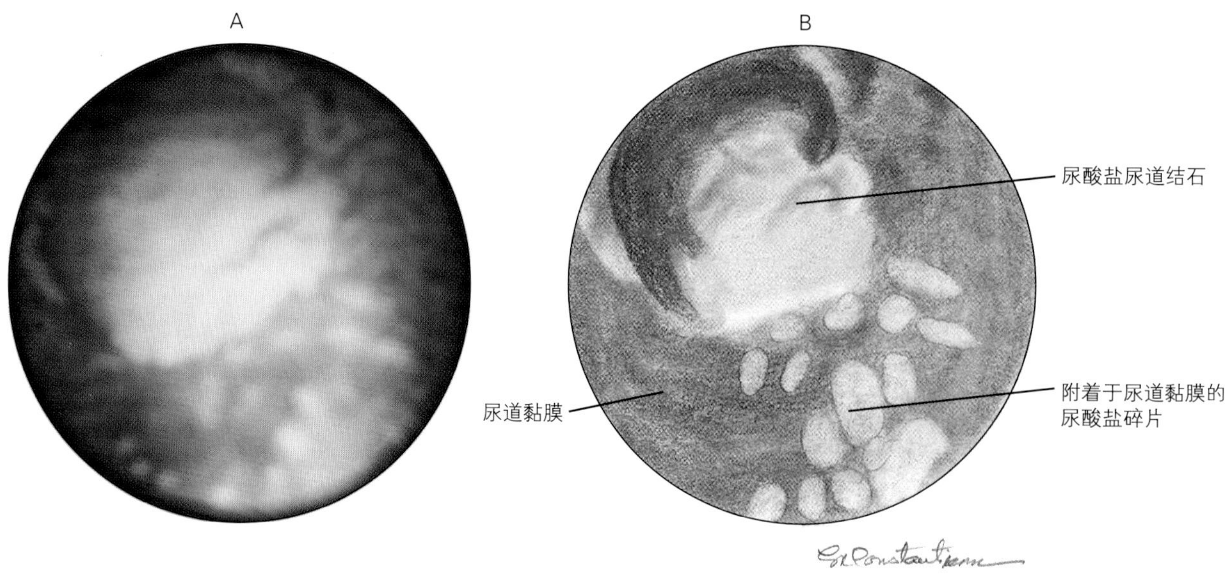

图4-110　公犬尿道中的尿酸盐结石和尿酸盐沉淀，用喷水将其推进膀胱，然后再通过手术移除

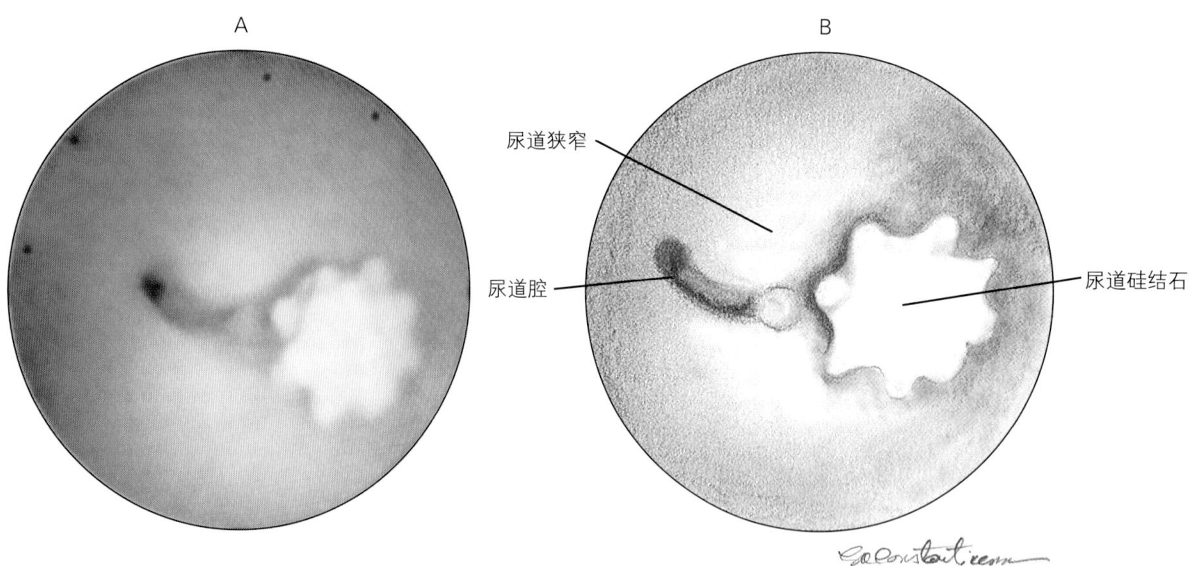

图4-111　曾因用尿道切开术清除结石，硅结石在两个尿道狭窄的中间处。扩张狭窄尿道后放入结石篮清除

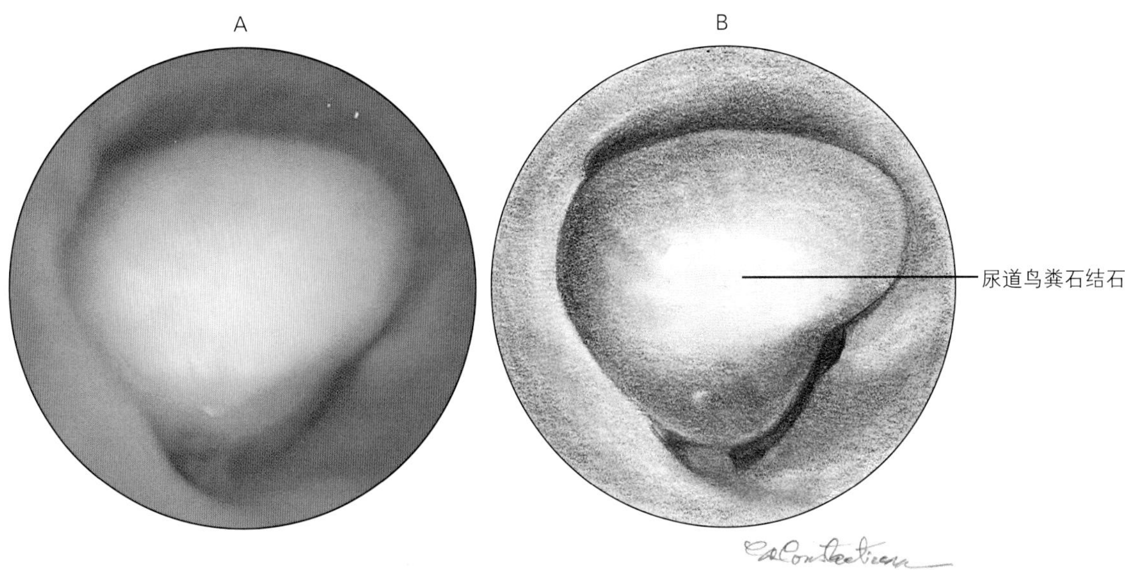

图4-112　用尿道膀胱镜观察母犬因尿道鸟粪石结石性阻塞，经尿道将结石击碎，然后用抓握器或冲洗法将其一块一块地清除

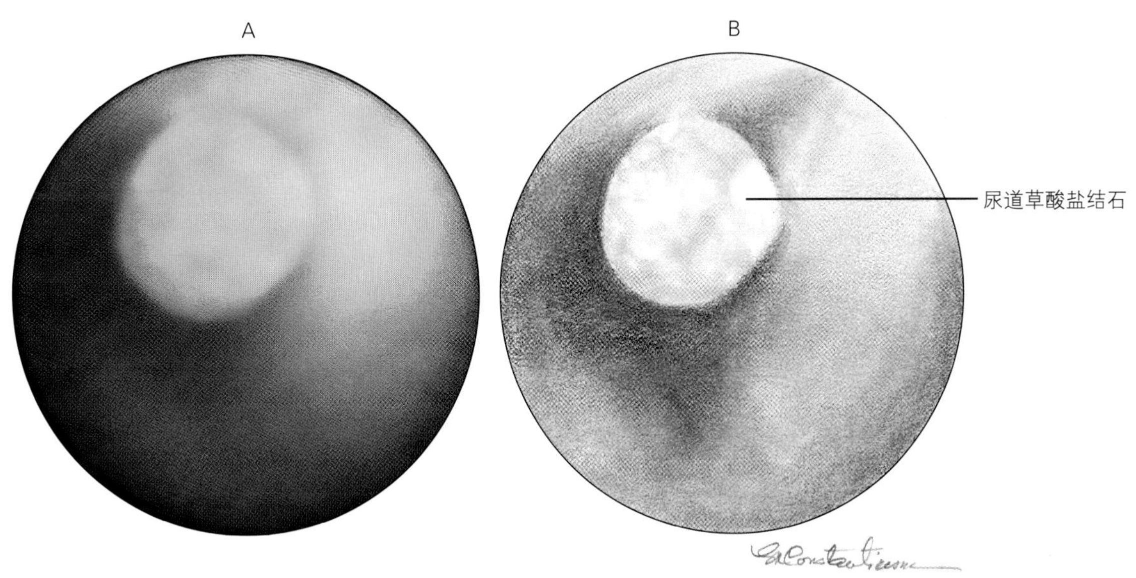

图4-113　用直径为1.2mm的膀胱尿道镜检查公猫，观察到的尿道中单一草酸盐结石致间歇性阻塞

（图4-115和图4-116），要对尿道黏膜状况进行常规检查。检查尿道损伤来预测尿道狭窄形成，并且用以决定是否需要治疗，以阻止尿道形成狭窄。有内镜的检查结果，有利于清除尿道结石。自从应用TUC结合冲水法清除尿道结石后，再也不必使用尿道切开术来移除尿道结石了。

五、创　伤

用TUC可以很容易地检查母犬和母猫的尿路创伤。可使用软质内镜检查公犬尿路，但是技术更

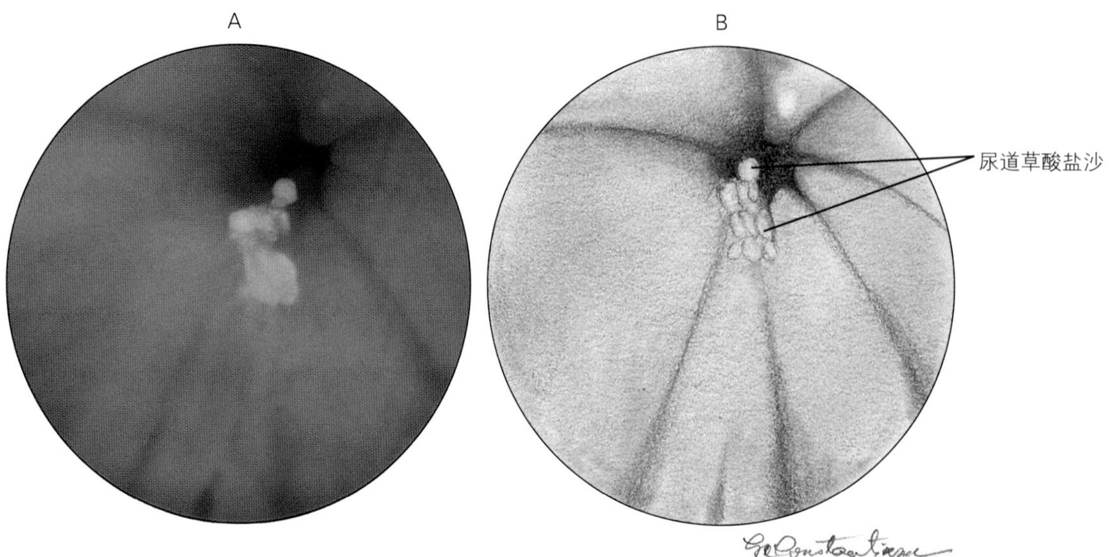

图4-114 会阴尿道造口术后立即实施尿道膀胱镜检查的公猫所见的尿道中的草酸盐沙，可经内镜冲洗治疗

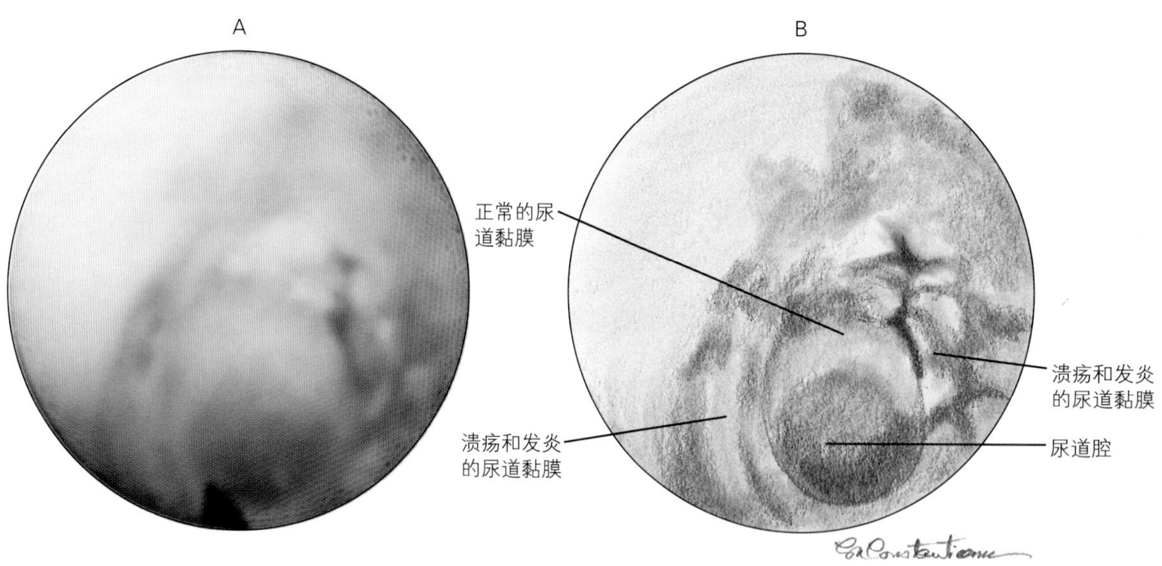

图4-115 图4-109中的病例，用冲水法移开结石后，可见到的尿道炎症区域，尿道侧面的炎症和溃疡，但背、腹侧只有轻微炎症。尿道周炎大大增加了狭窄的可能性

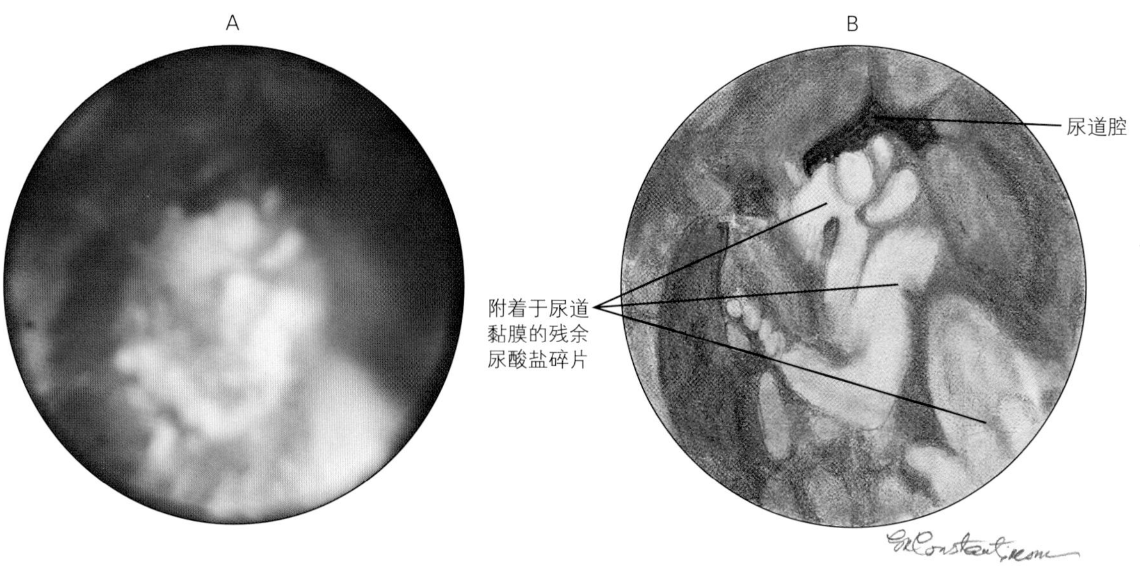

图4-116　图4-110中的病例移除结石后，仍然存在尿道炎和尿酸盐沉淀，沉淀附着于发炎的尿道黏膜，并且增加了结石再形成的可能性。用冲洗法清除

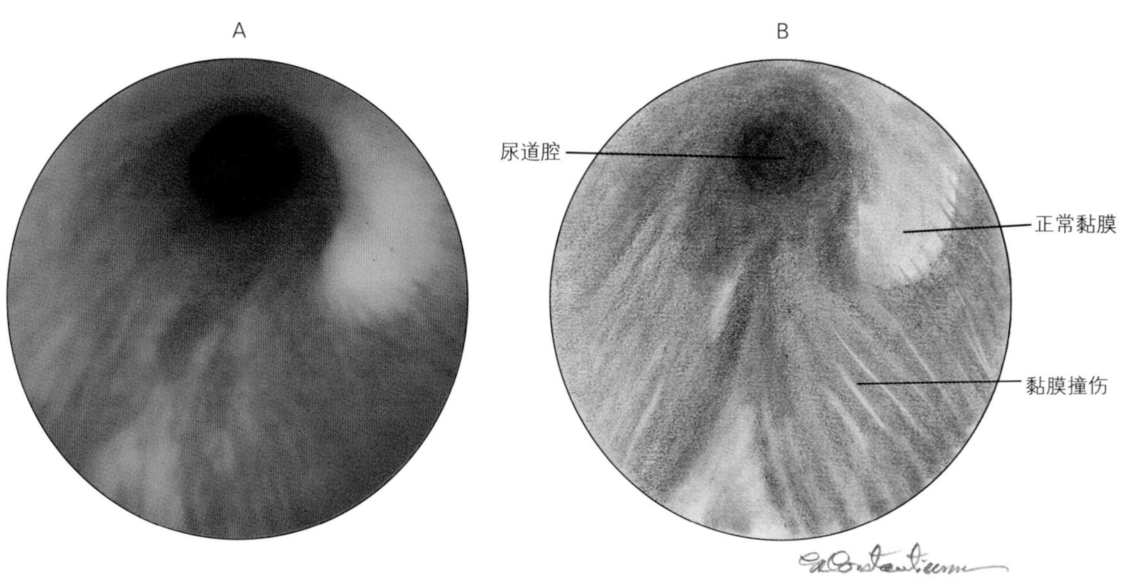

图4-117　用尿道膀胱镜观察到骨盆骨折母犬的尿道损伤

难。如果直径为1.2mm的膀胱尿道镜没有头部偏转控制系统，检查公猫尿路创伤就不会那么有效。对骨盆骨折病例的尿路创伤检查，膀胱镜比对比射线显影法更灵敏。对膀胱镜检查过的42个病例进行研究发现，38例（90%）有不同形式的尿路创伤，而用对比射线显影法发现，盆骨骨折犬尿路创伤的概率仅为39%。

尿道和膀胱的挫伤表现为充血（图4-117）、黏膜淤点（图4-118和图4-119）和黏膜淤斑（图4-120和图4-121），如果挫伤非常严重，会发展成

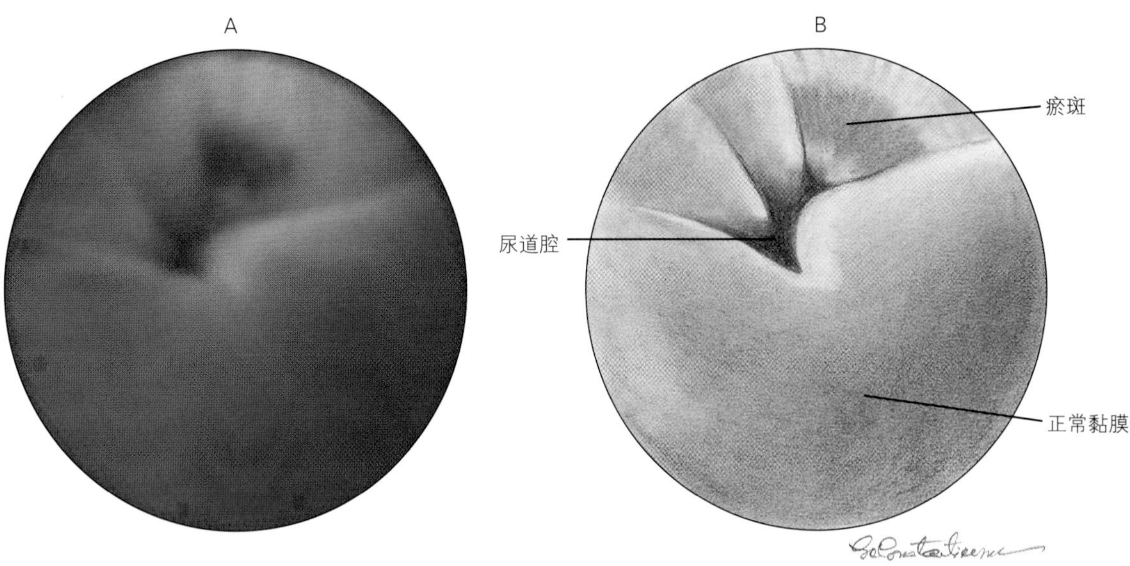

图4-118 用软质膀胱尿道镜观察到骨盆骨折公犬的骨盆部尿道的淤斑

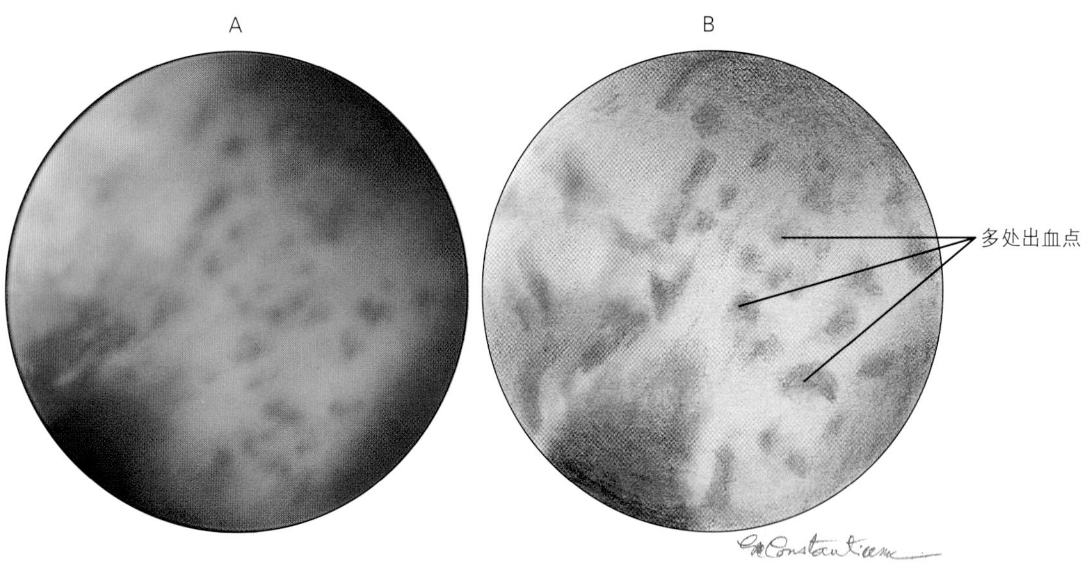

图4-119 尿道膀胱镜观察到骨盆骨折母犬膀胱上的出血点

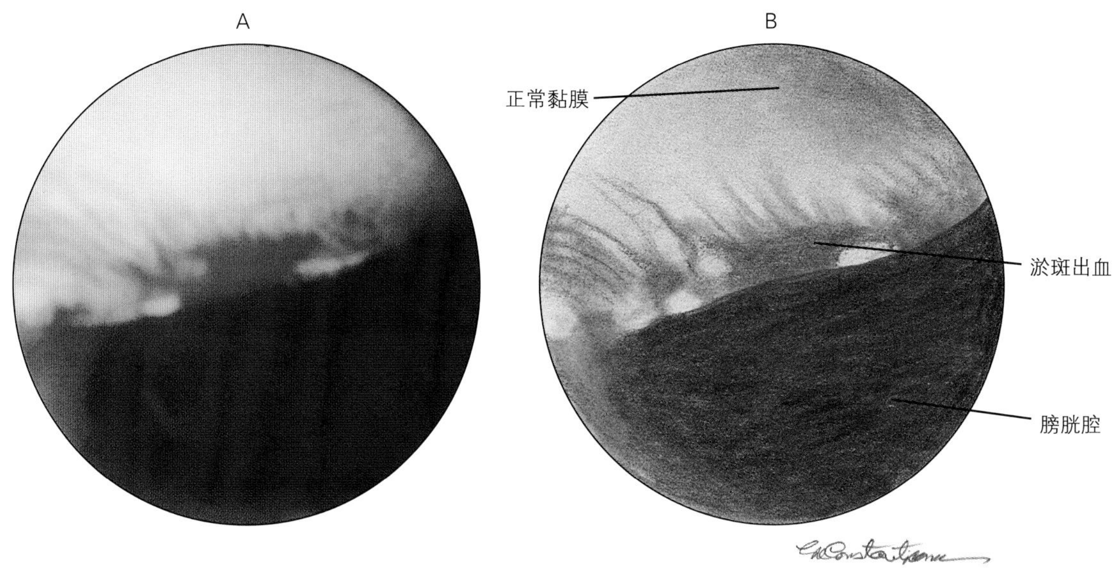

图4-120　尿道膀胱镜观察到的骨盆骨折母猫三角区的淤斑出血

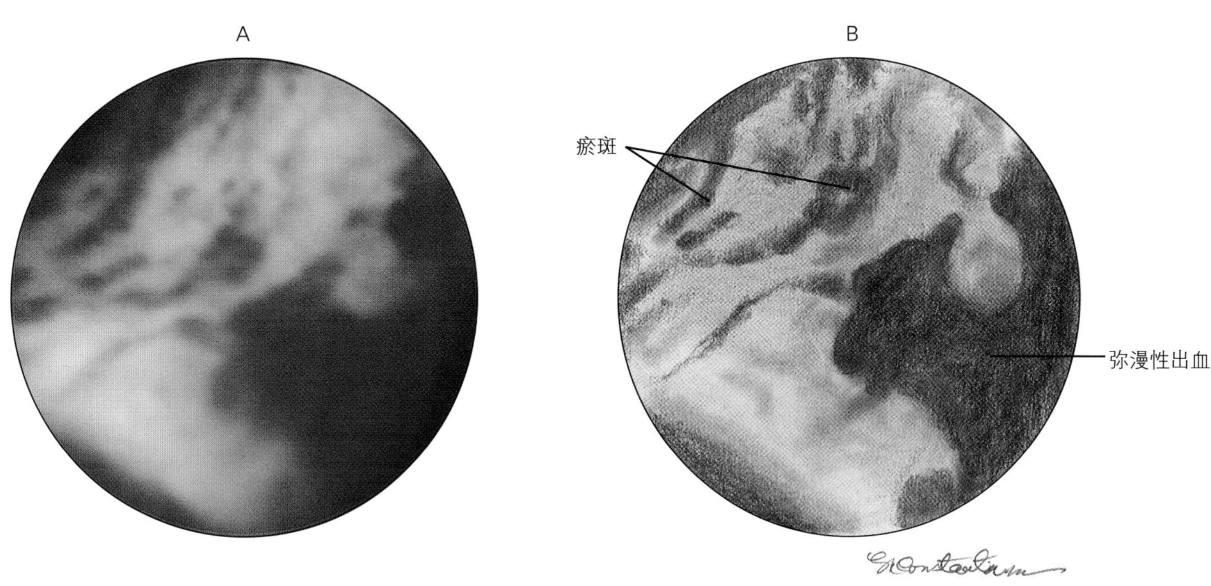

图4-121　用尿道膀胱镜观察到的骨盆骨折母犬膀胱上的淤斑出血和弥漫性出血

小面积（图4-122）或大面积（图4-123）的黏膜坏死。在尿道中可发现未穿透肌层的黏膜损伤，并常见于膀胱内（图4-124和图4-125）。一只2.3kg重的约克郡犬，被小车撞过后盆骨多处骨折（图4-124），其膀胱三角区的黏膜有360° 的圆形撕裂。尿道和膀胱的穿透性损伤，可以通过暴露的黏膜、肌层边缘和组织边缘的坏死来识别。小的穿孔或穿透性损伤可能较难识别，并且仅仅只有小区域的坏死，可能有或没有纤维蛋白附着（图4-126）。中型大小的病变可允许膀胱扩张，以用

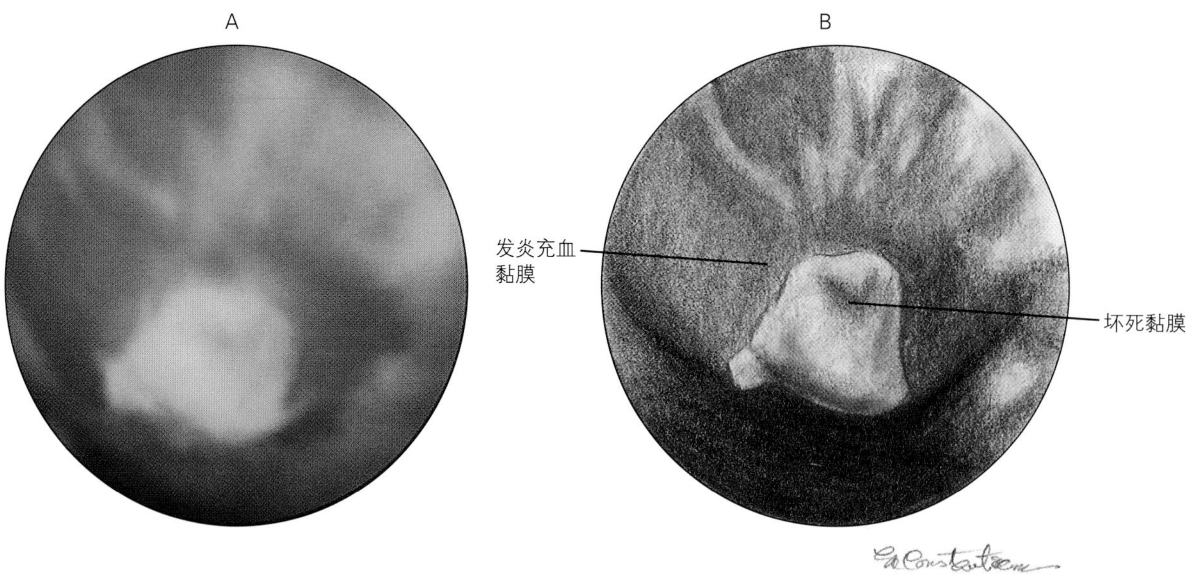

图4-122 用尿道膀胱镜观察到骨盆骨折到母犬膀胱上小区域黏膜充血、坏死

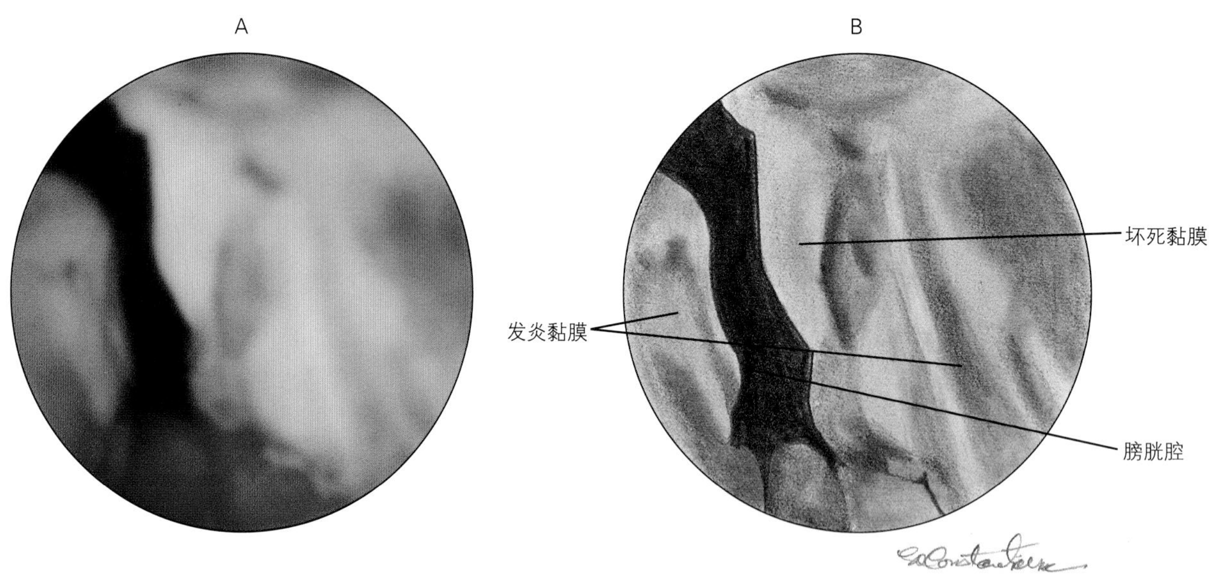

图4-123 用尿道膀胱镜观察到的骨盆骨折母犬膀胱黏膜大范围的坏死

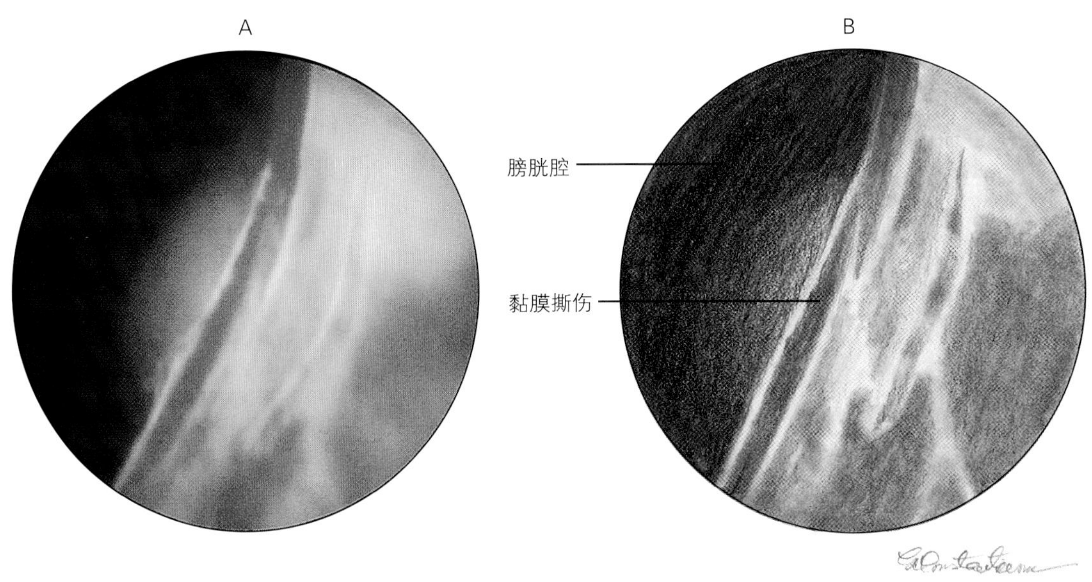

图4-124　一只2.3kg的母犬被小车撞后，多处骨折，尿道膀胱镜检查可见黏膜撕伤。膀胱三角区360° 撕裂，穿透黏膜，但未损伤肌层。留置导尿管维持膀胱减压，以完成尿路检查

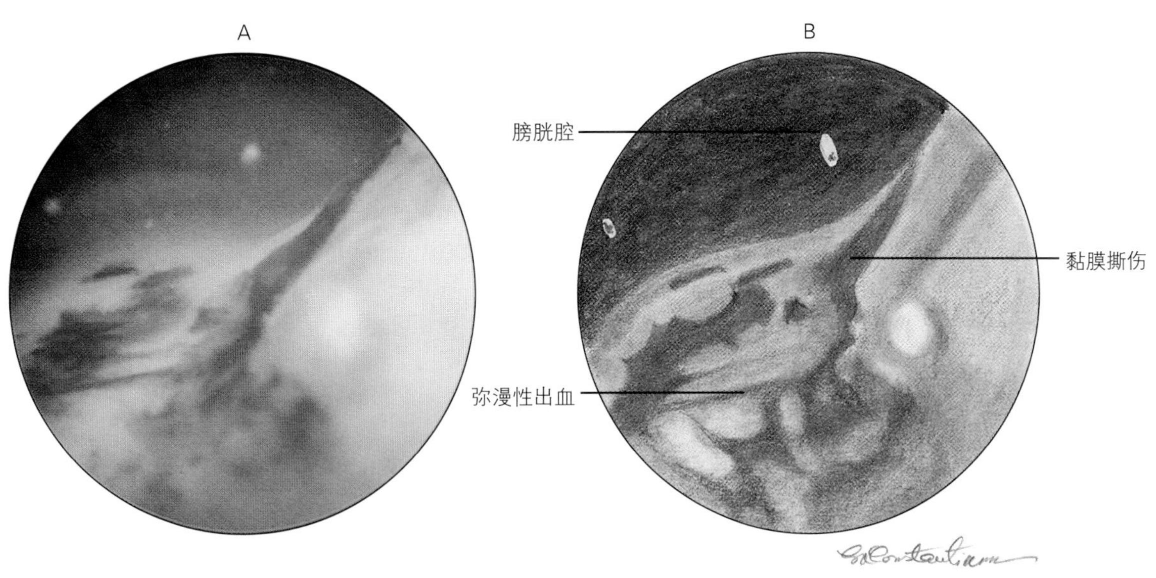

图4-125　用尿道膀胱镜观察到骨盆骨折母猫膀胱黏膜的撕伤

于检查，并且能轻易地识别穿孔。在一某些病例中，内镜可以通过病变部位。大的损伤或膀胱的完全破裂会导致大量泄漏，从而阻碍了膀胱扩张，使得检查困难或不能检查（图4-127）。在膀胱不能扩张、膀胱壁有严重病变的前提下，对这些病例做出诊断。TUC也能发现因创伤而致的尿道狭窄（图4-128）

也可使用TUC检查肾脏和尿道的创伤，如果观察到从两侧输尿管口流出的尿液都是清澈的，就可以确认输尿管是完整的，并且肾脏的功能正常，没

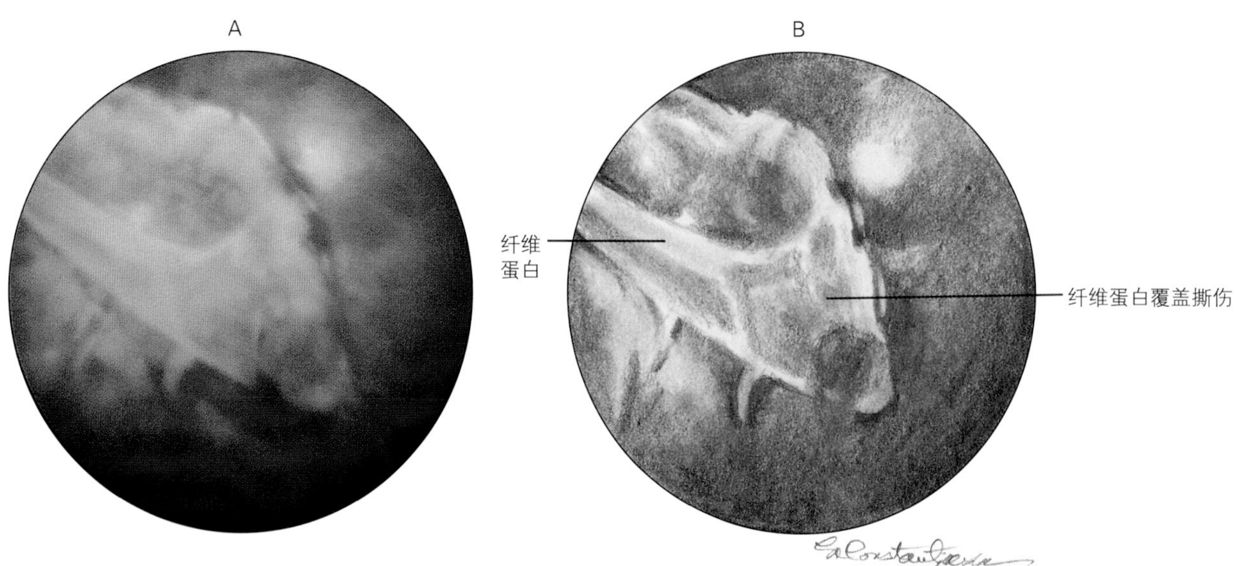

图4-126 用尿道膀胱镜观察到母犬穿透膀胱壁的裂伤，并附着纤维蛋白

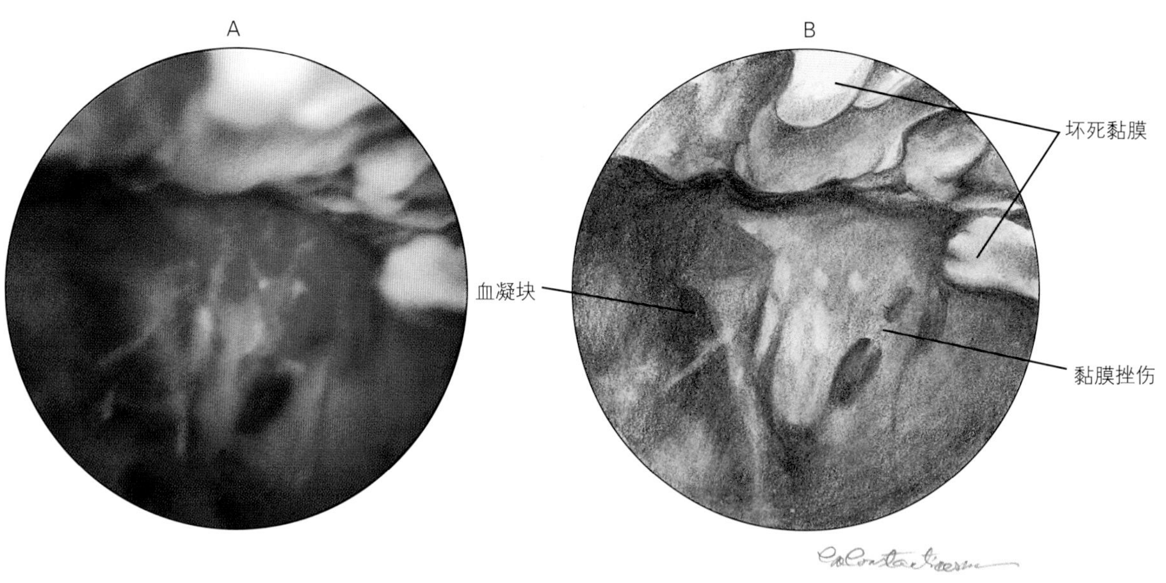

图4-127 用尿道膀胱镜检查母犬膀胱壁严重损伤——破裂，看不到膀胱的头侧壁，膀胱无法充分扩张以实施检查

有持续明显的创伤。如果输尿管不能流出尿液，可能暗示着输尿管破裂或断裂，或者严重的膀胱创伤而导致的肾关闭。输尿管流出血尿，暗示着肾脏有出血性创伤，但是肾脏和输尿管的功能正常（图4-129）。检查公犬输尿管流出的尿液，向尿道内插入软质器械比向母犬插入硬质器械更难，现有器械几乎不能做公猫的检查。

当不能用内镜检查尿路，或怀疑肾脏或输尿管病理时，就要用对比射线显影法、尿路造影术、超声波或试探性手术进一步检查。对盆骨骨折或其他

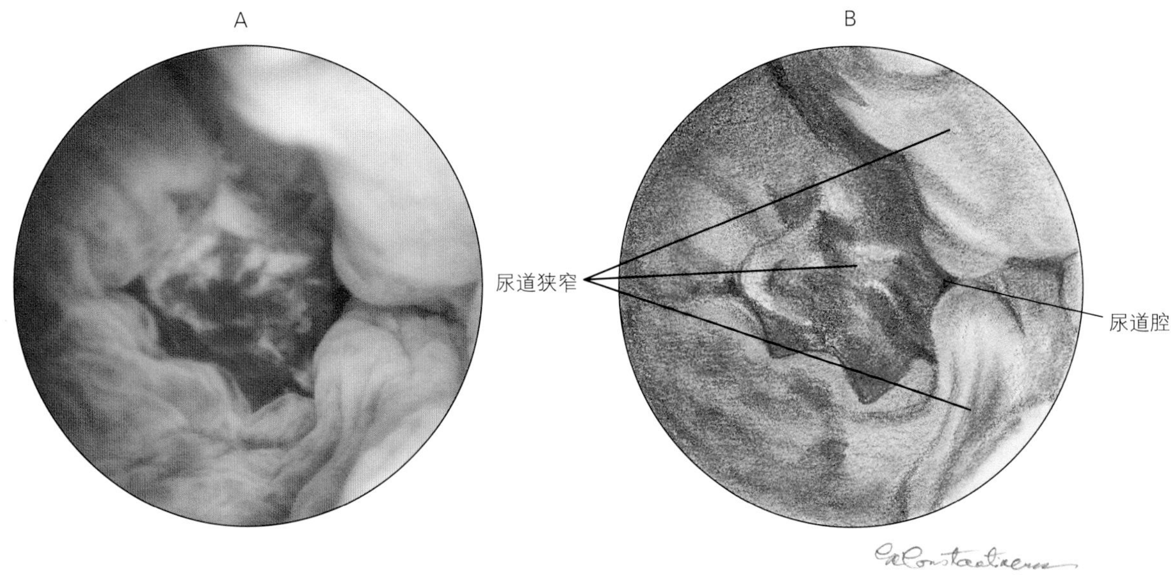

图4-128 创伤和骨盆骨折恢复后3周的母犬，尿道膀胱镜检查所见到的尿道狭窄

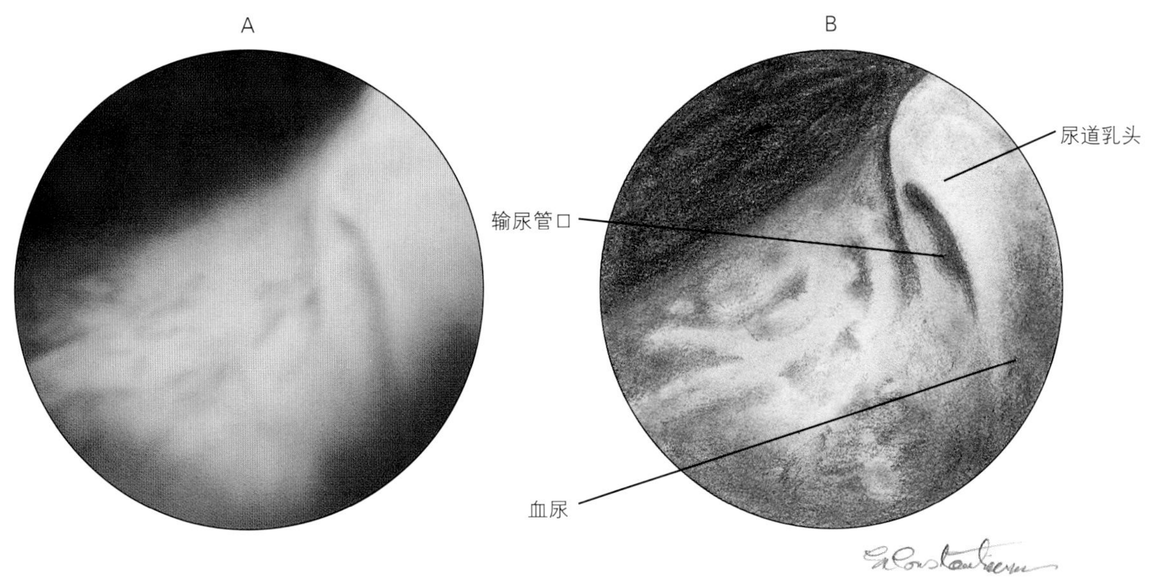

图4-129 尿道膀胱镜观察到骨盆骨折母犬的尿道血尿

骨损伤或软组织损伤的病例都需要进行外科手术，当患病动物手术做麻醉后，对尿路进行膀胱镜检查。如果排除了需要进行手术的尿路损伤，需实施骨科或软组织的重建。如果找到了需要进行手术的尿路损伤，需实施尿路重建，骨科重建需在随后麻醉中实施。

六、输尿管异位

与输尿管异位有关的病理检查，TUC比包括试探性手术在内的其他诊断方式更简便、更精确。通常比输尿管口异位更常见的异常包括：整个尿道、输尿管、膀胱三角区和阴道的异常。可以在膀胱上

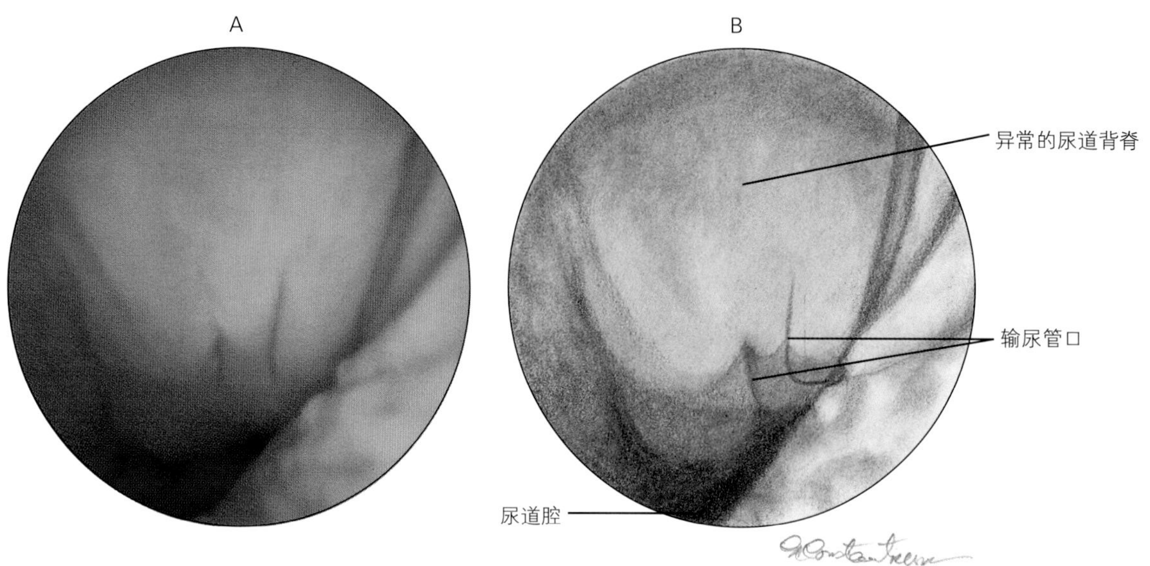

图4–130　尿道膀胱镜观察到母犬外观正常的异位输尿管口，其向近端尿道的中尾部异位

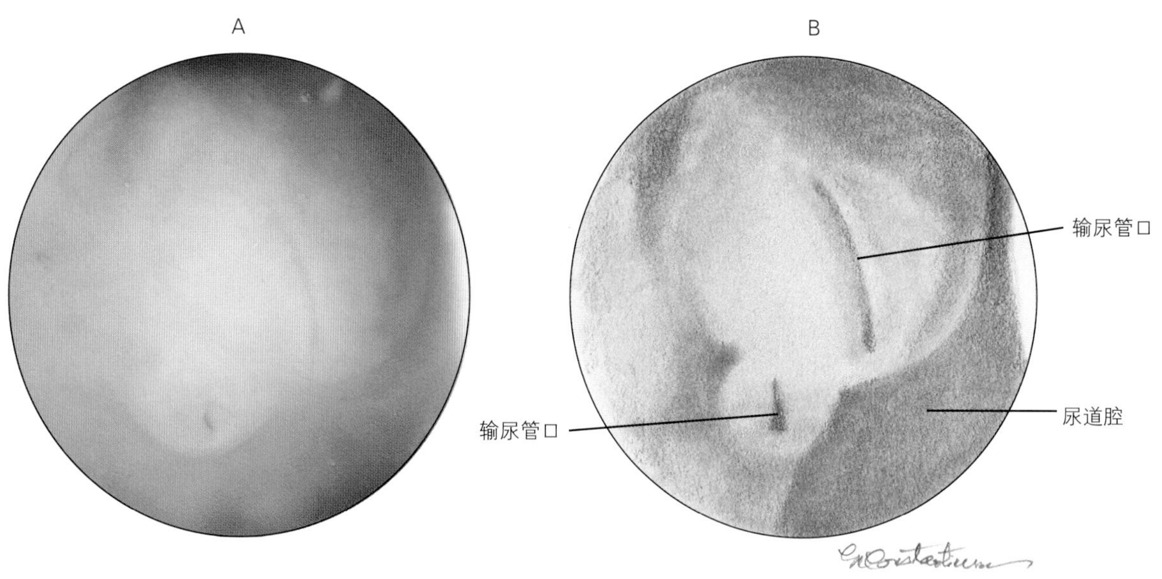

图4–131　异位输尿管向近端尿道的中尾部异位，一个尿道呈正常的狭缝结构，一个变形成圆口

正常开口的下尿路尾侧找到输尿管口。尿道病理可以是单侧的也可以是双侧的。

与阴道相比，输尿管异位较多开口于尿道。尿道口位置和结构的改变相对比较小，向内侧尾端延伸入尿道颅侧的异位，正常（图4–130）或稍异常的（图4–131）尿道口。输尿管可能在相对膀胱正常的位置上开口，但是结构异常（图4–132），可能有单侧或双侧的凹槽穿过膀胱括约肌，并顺沿着尿道（图4–132和图4–133）。输尿管口尾侧进入尿道的异常通常与输尿管口的畸形、尿道异常（图4–134）有关。最常见的尿道畸形包括：尿道扩张、弹性降低和收缩力差（图4–134）。尿道的部

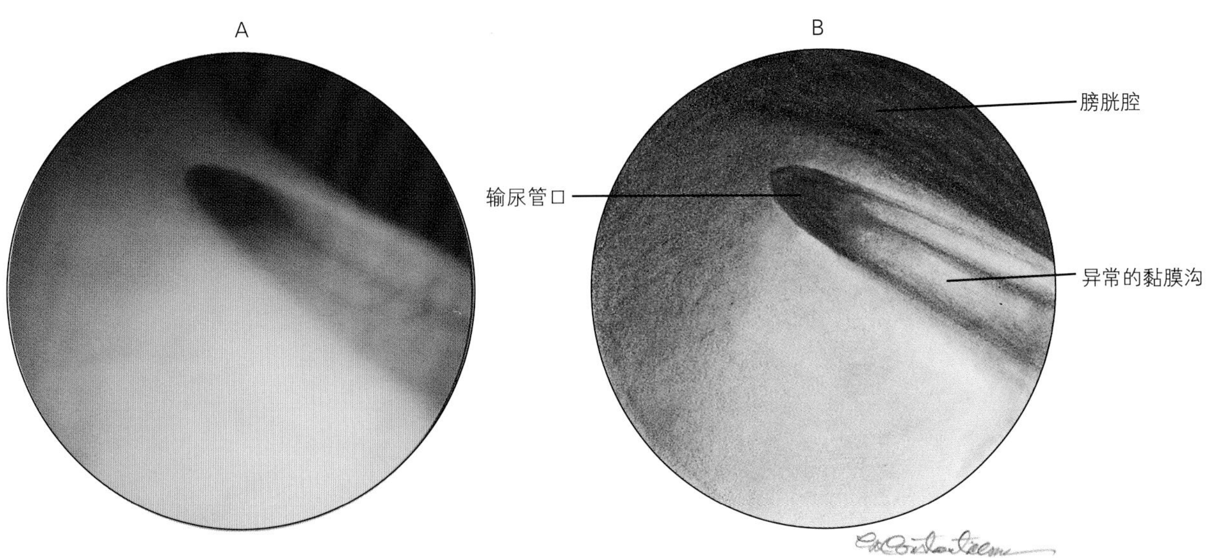

图4-132 位置正常的尿道口的异常外观，黏膜沟向尾侧延伸，经膀胱括约肌进入尿道。此病变是用尿道膀胱镜检查母犬时发现的

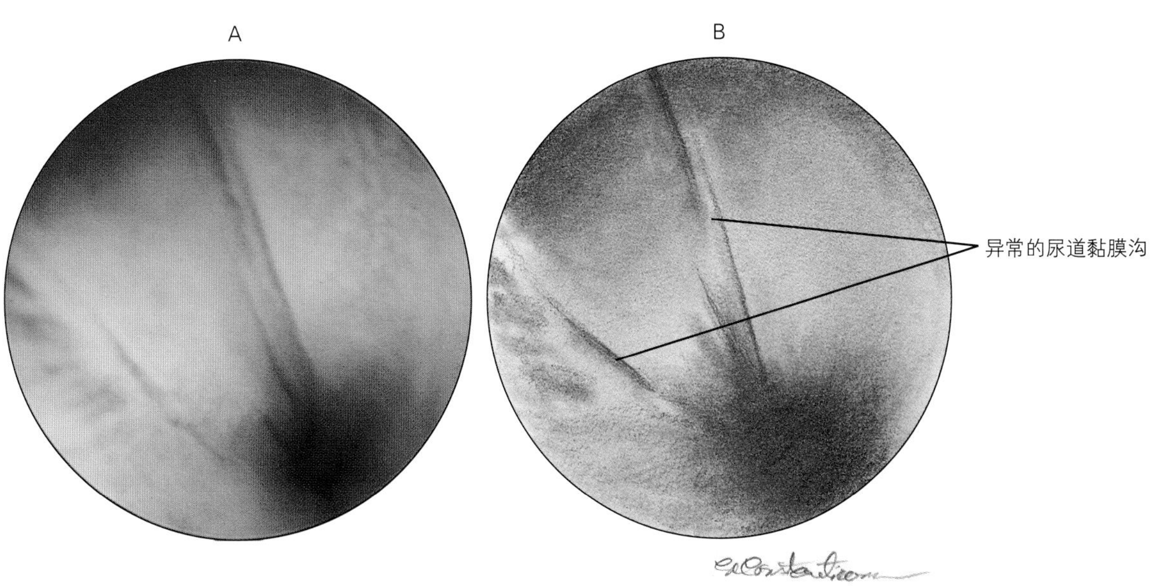

图4-133 用尿道膀胱镜观察到的母犬尿失禁，尿道口位置和结构正常，两侧尿道沟向两边扩展

分或全部分隔是尿道或尿道病理更典型的例子。完全的尿道分隔发生在输尿管延伸入尿道尾侧处，它的大小与尿道相同（图4-135）。不完全的尿道分隔可能有开口（图4-136），可能只有部分下沿至尿道（图4-137）或两者都有。区分某些病例的输尿管和尿道仅仅能用哪个可以通向膀胱来确定（图4-138）。这些病例的输尿管可以充分扩张，允许内镜插入输尿管（图4-139）。膀胱上同侧正常尿

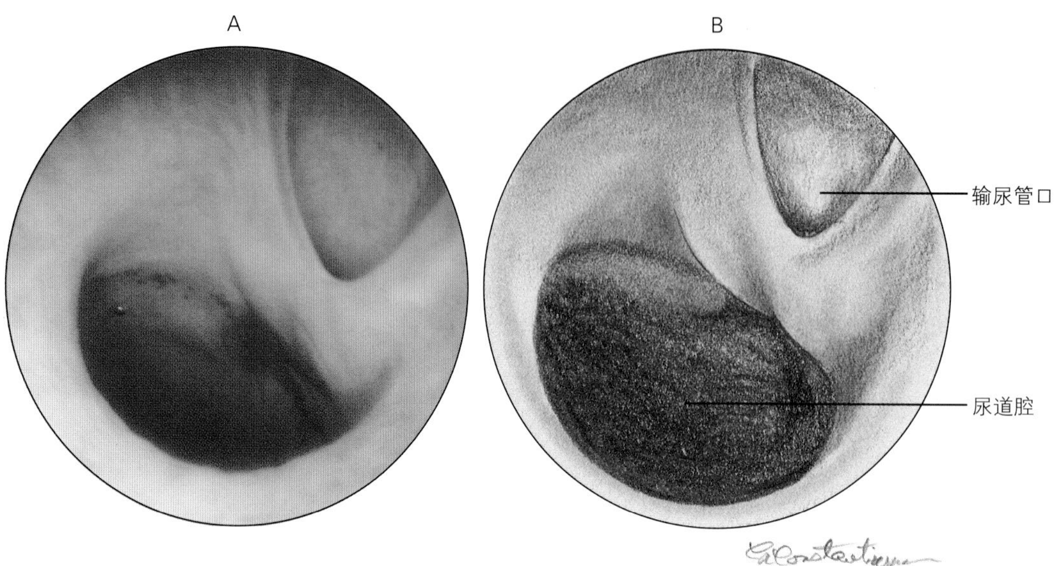

图4-134 通过尿道膀胱镜观察到尿道上位置和结构都异常的异位输尿管口。尿道口和尿道明显扩张。该母犬的尿道直径增大，并且收缩能力有限

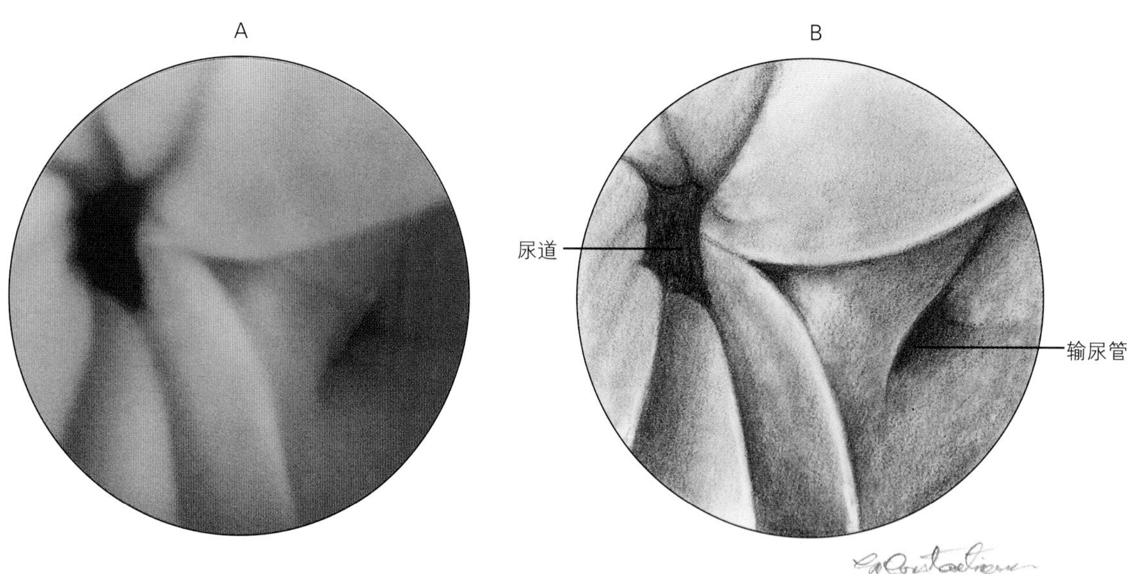

图4-135 尿道隔膜尾侧的尿道开口和异位输尿管。不能从大小和形状上看出哪个是尿道口，哪个是异位输尿管口。需确认哪个进入膀胱来加以区分

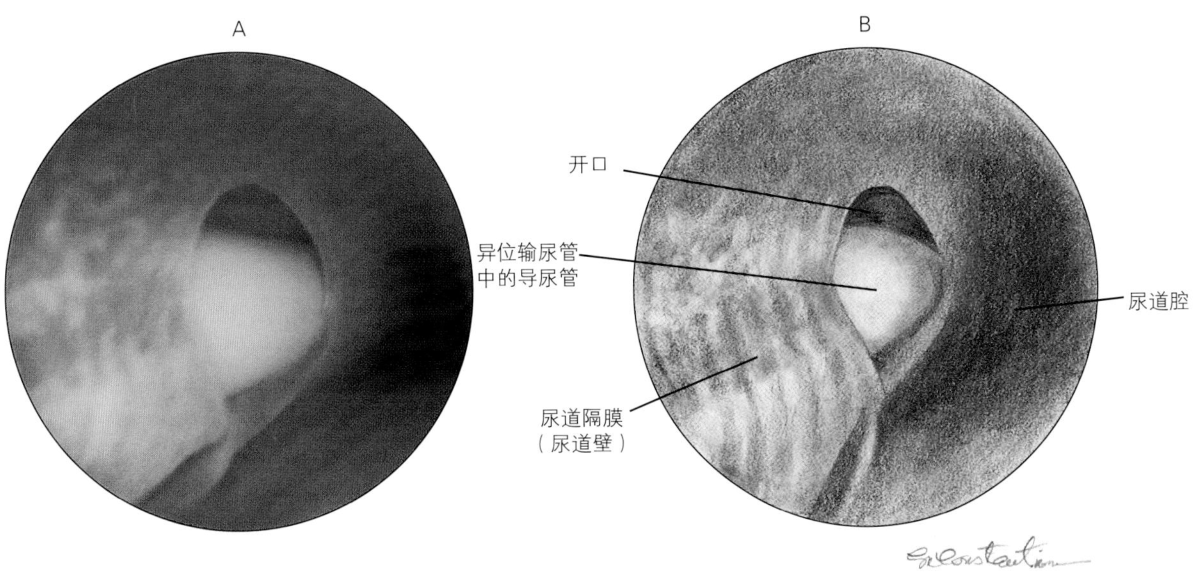

图4-136　双侧输尿管异位的母犬，因输尿管异位形成的不完整的尿道隔膜，尾侧尿道上的开口几乎扩展了整个尿道。经开口可见导尿管置于输尿管内

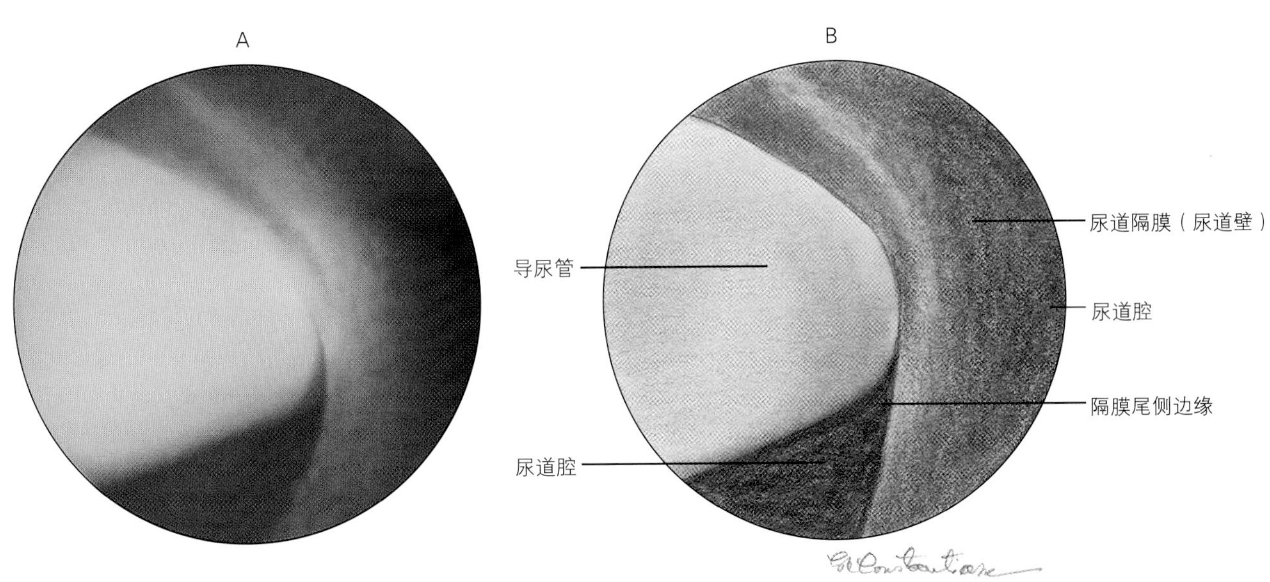

图4-137　用尿道膀胱镜观察到母犬异位输尿管形成的不完整的尿道隔膜的尾侧边缘。可见导尿管插入尿道

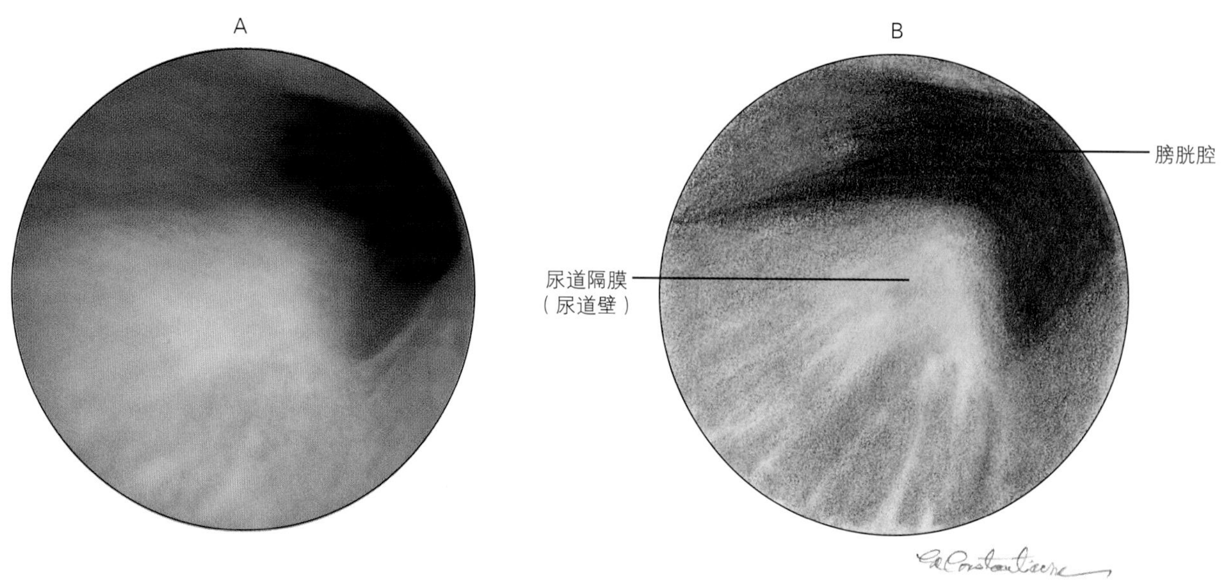

图4-138 图4-136所示的病例，尿道隔膜进入膀胱的颅侧部分

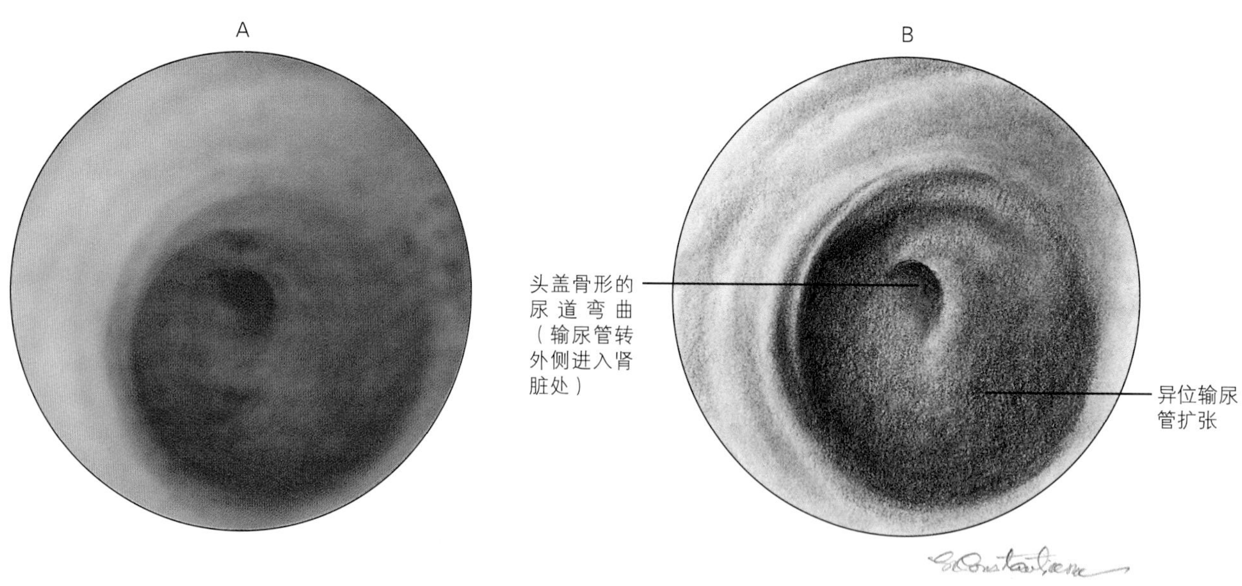

图4-139 患双侧输尿管异位的母犬，用输尿管镜检查扩张的异位输尿管。可以通过尿道接近输尿管

道口的位置上，可能会有异位输尿管黏膜凹陷（图4-140）或高起伏的黏膜脊（图4-141），但是没有开口进入膀胱。异位输尿管可以单侧发生，双侧对称（图4-130和图4-131）或不对称（图4-142和图4-143）。确定没有腔时就可以将尿道憩室和异位输尿管区别开来（图4-144）。

阴道的异位输尿管比尿道的少见。其开口需与尿道口（图4-135）、尿道周黏膜口（图4-145和图

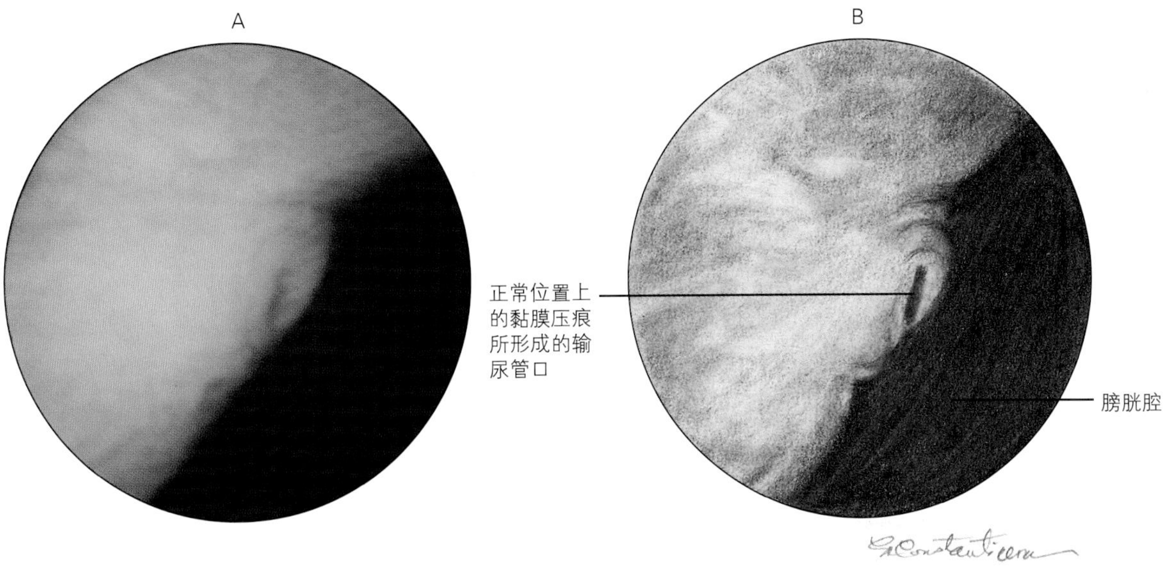

图4-140 开口于颅侧尿道的双侧输尿管异位的母犬，用尿道膀胱镜观察，尿道口正常位置上的黏膜凹孔

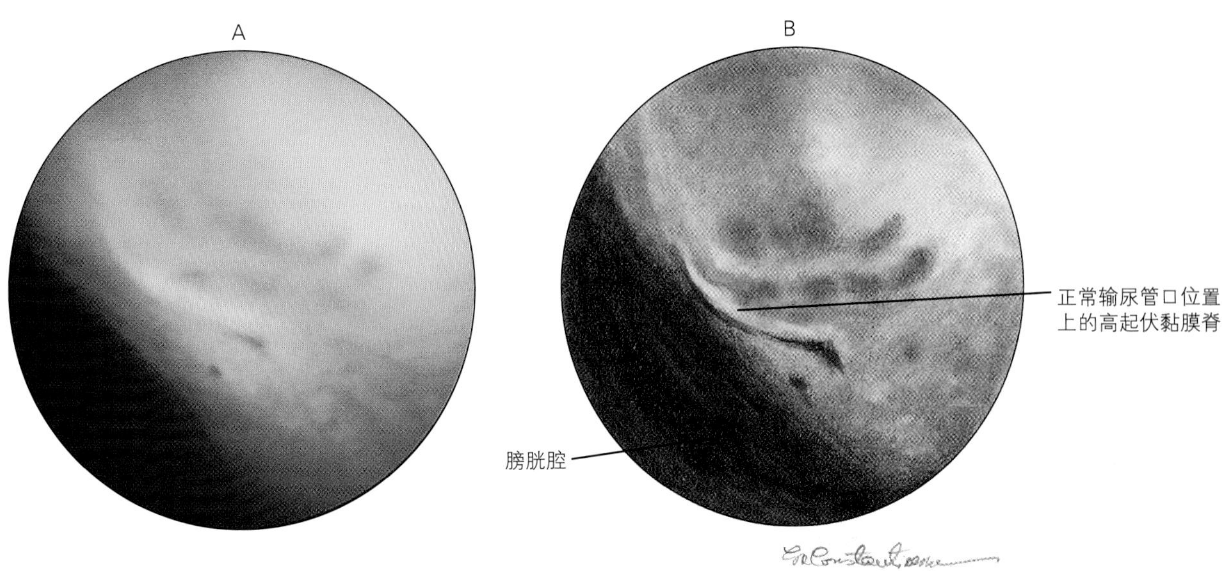

图4-141 双侧异位的输尿管，开口朝向尾侧尿道，用尿道膀胱镜所观察到的母犬正常输尿管口位置上的高起伏黏膜脊

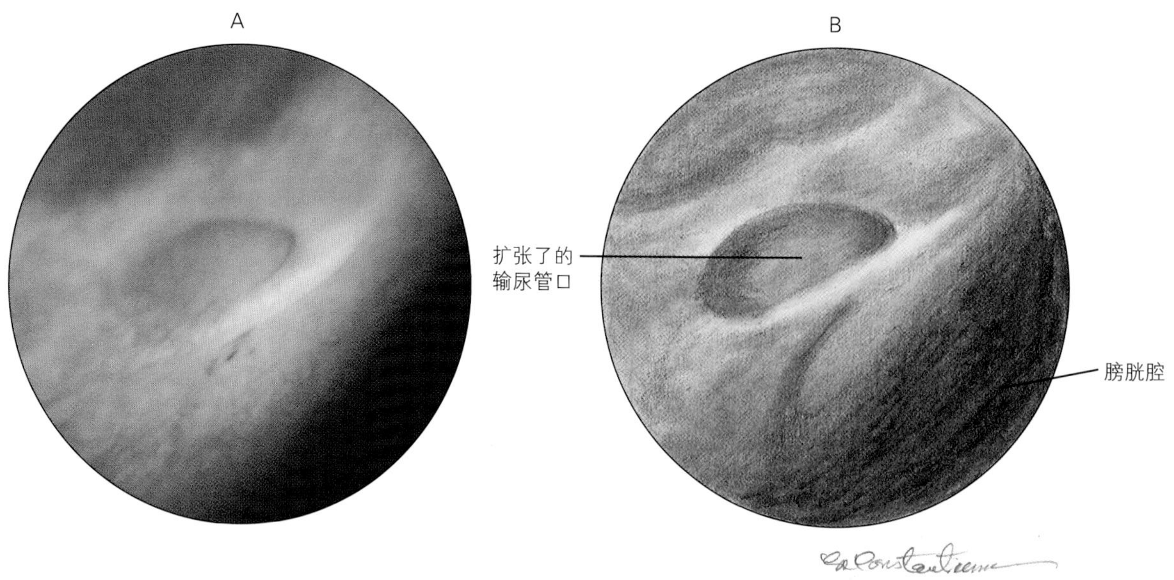

图4-142 图4-137和4-138所示病例，异位输尿管所形成的部分尿管隔膜犬的对侧输尿管口，其位置正常，但是增大，并且向扩张的尿道开口

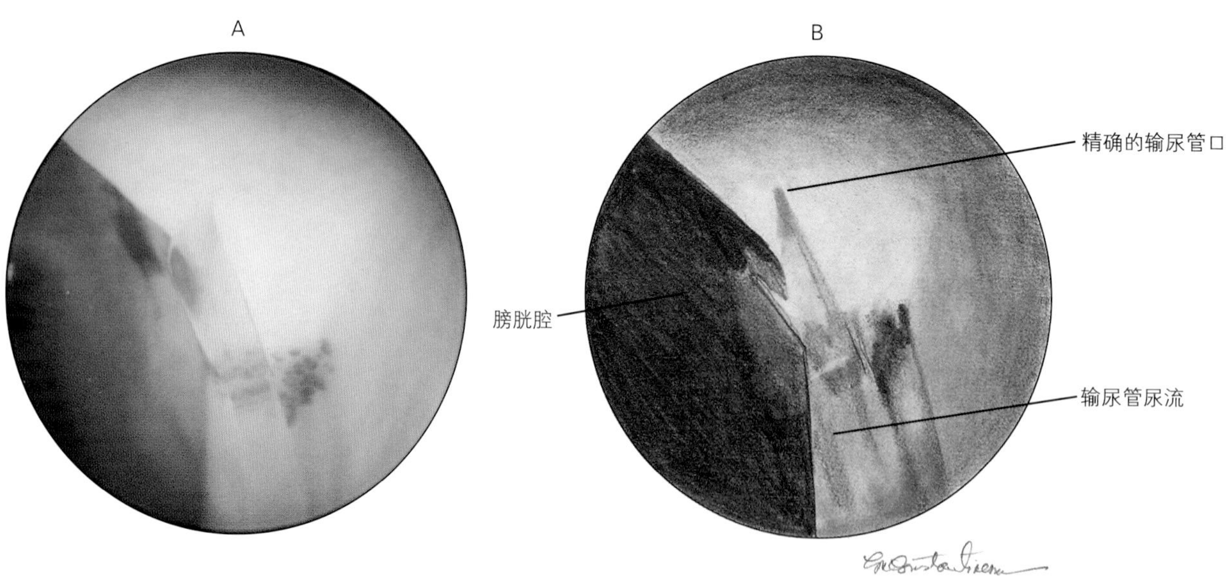

图4-143 扩张和移位的异位输尿管，如图4-134所示犬的对侧输尿管口，针尖大小的圆形孔，位于输尿管游离壁上的膀胱三角区，肉眼可见从输尿管口流出尿流

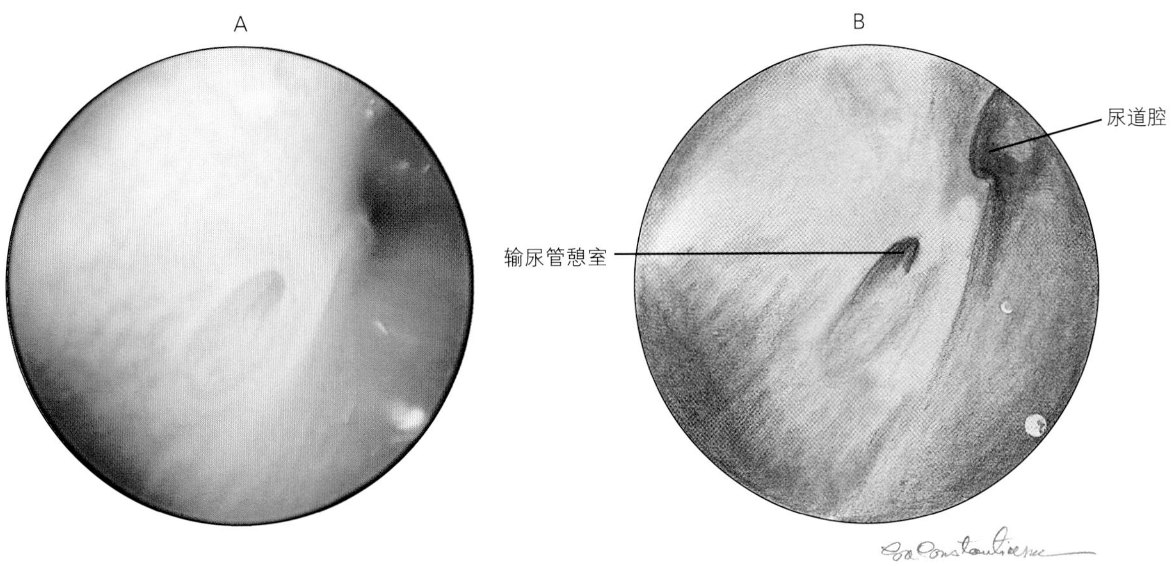

图4-144 用尿道膀胱镜观察到的母犬输尿管憩室

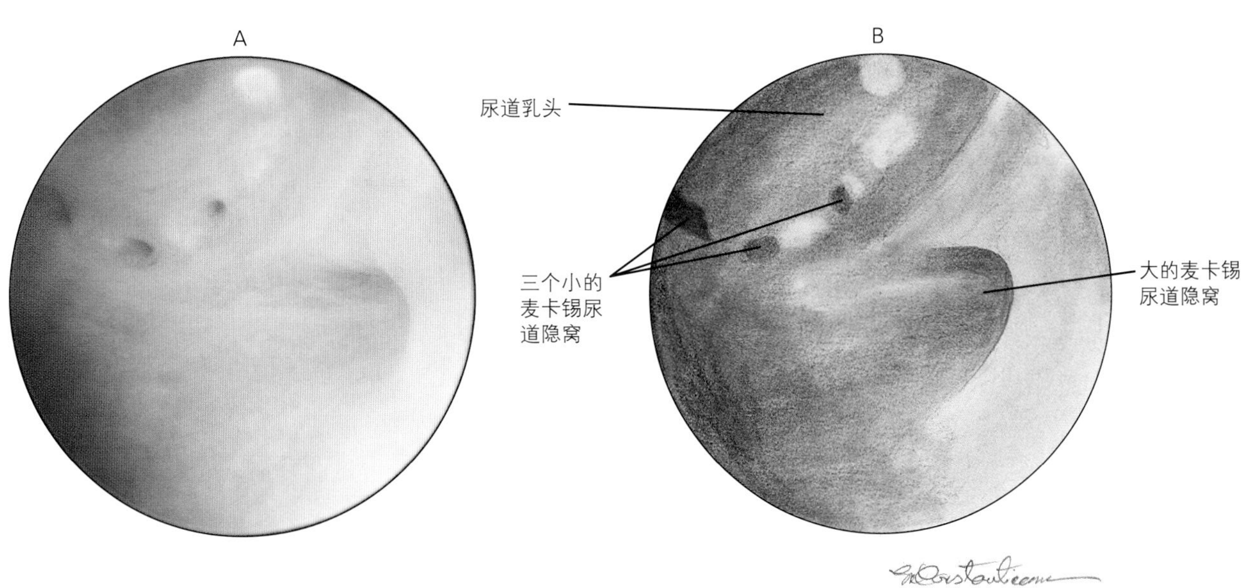

图4-145 母犬的多个麦卡锡尿道隐窝。这些压痕是正常的，但该图所示其足够大，易被误认为是异位输尿管开口。每个口都必须用内镜探查，或者用导尿管确认其是压痕而不是输尿管

4-146）及阴道颅侧口相区别（图4-147）。区分某些病理的多种结构有一定困难，有些病例可轻易地发现其区别（图4-148）。在确定腔前，将内镜或导尿管插入有问题的结构，从气孔流出尿液就可以确定其是异位输尿管。在确定异位输尿管口（图4-147）时，位于尿道口的粗短阴道隔膜也可以引起混淆。隔膜口两边穿过内镜，通过从两个口对阴道腔的观察可以确认这个结构。用TUC诊断双分子宫的病例，并且也有相似的粗短阴道隔膜，但是隔膜样结构的两侧口开向各自的颅侧阴道，具有自

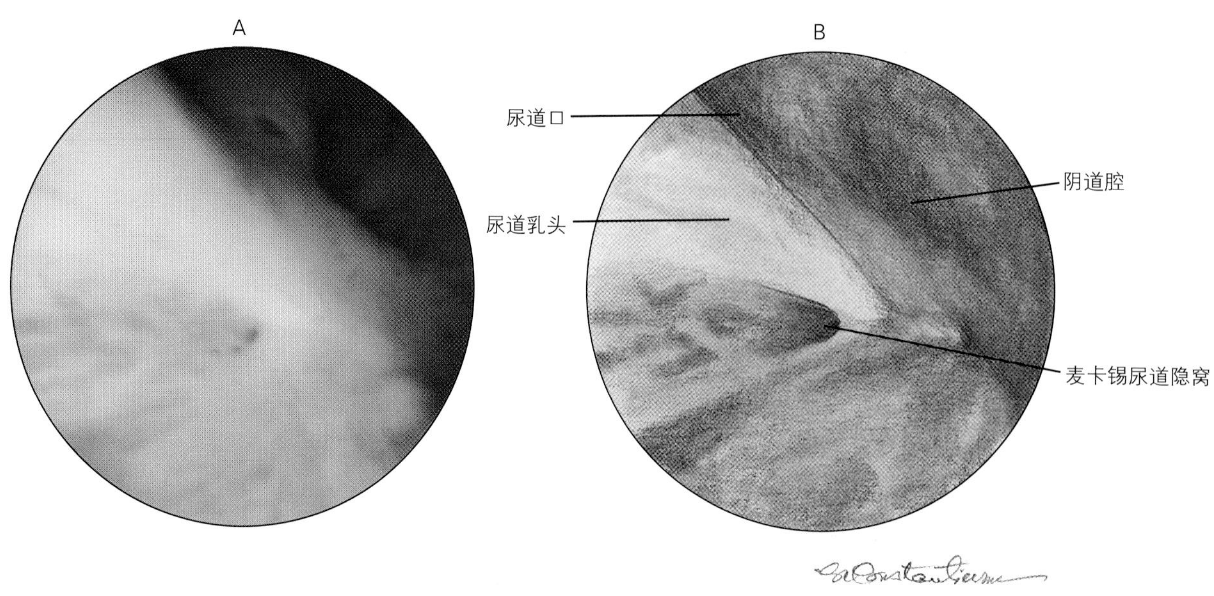

图4-146 母猫麦卡锡尿道隐窝，猫比犬更少见，但是犬也会出现，需对其详细研究

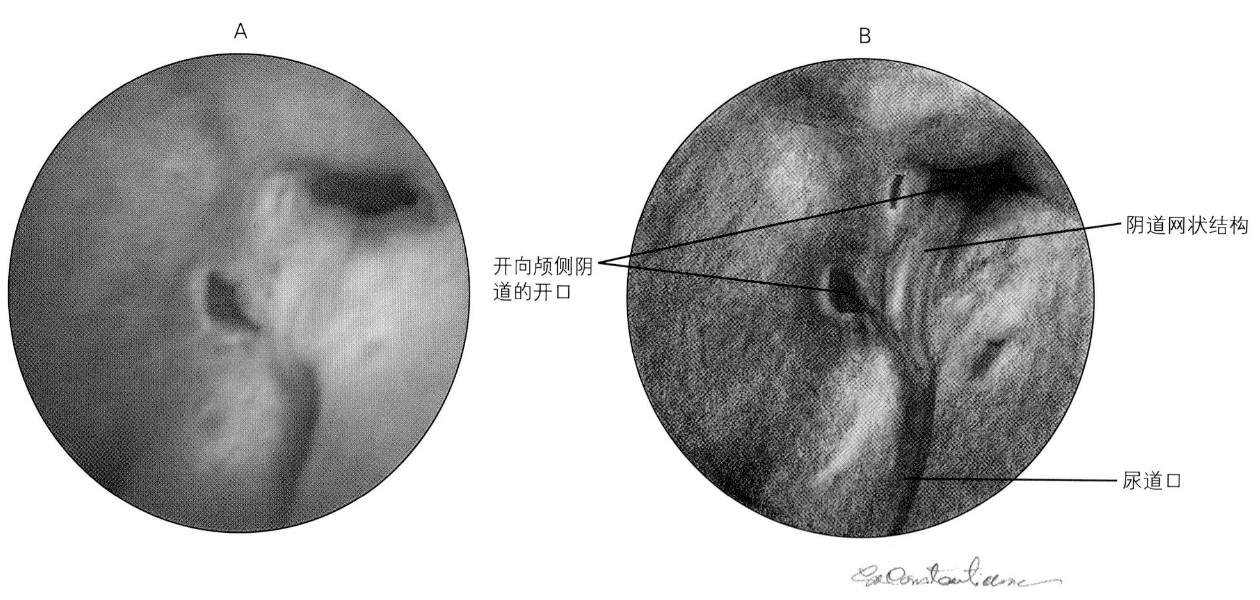

图4-147 用阴道镜检查母犬尿失禁时所见到的短而厚的阴道网状结构，产生了两个开口，会被误认为异位输尿管口。将每个开口插入内镜，以证实内镜都进入颅侧阴道。在尿道上发现双侧异位输尿管口

己的子宫颈（图4-149）。异位输尿管最常见于母犬，但也可见于公犬的尿道（图4-150）。TUC是检查和诊断异位输尿管的方法之一。

七、膀胱憩室

通过尿道或经皮的膀胱镜检查，膀胱里有缺陷的黏膜组织可以确认膀胱憩室，其在膀胱壁的颅侧

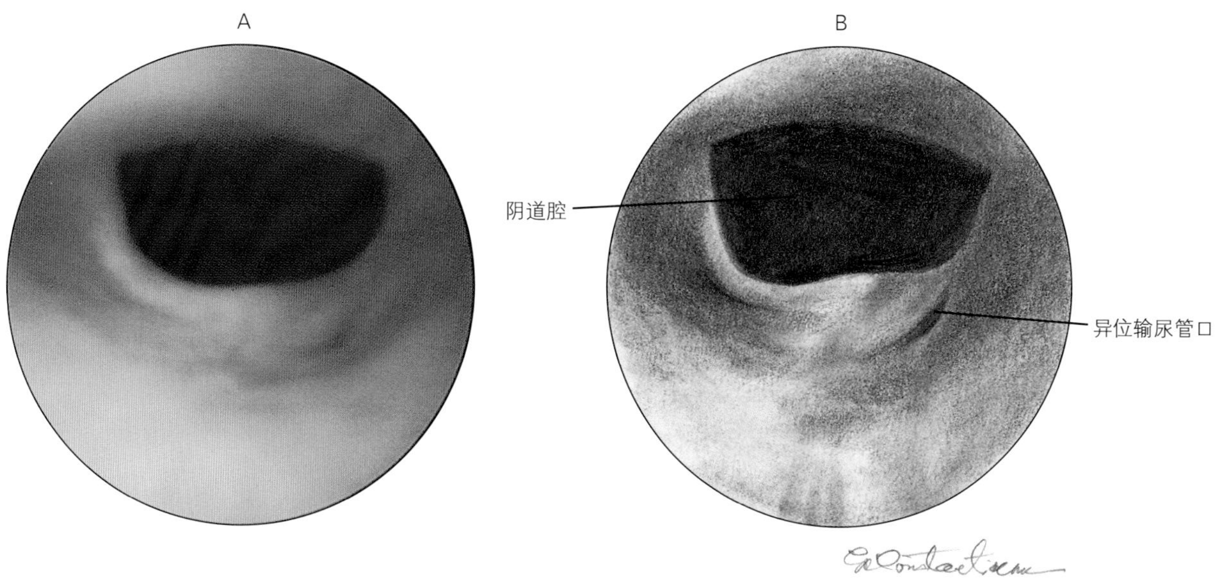

图4–148　阴道镜检查所见的母犬阴道至尿道口的异位尿道口。另一侧输尿管异位，并且朝尿道开口

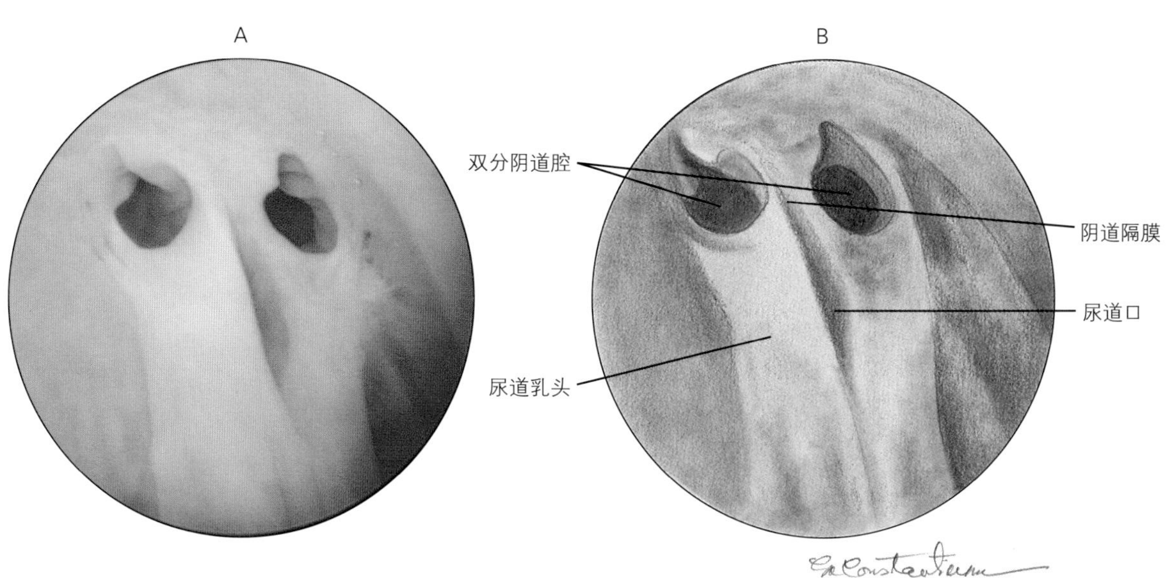

图4–149　尿失禁母犬的双分子宫。将内镜一直往里插，直到找到两侧子宫颈，尿道口上的两个开口才被确认为是阴道开口。此病例的输尿管位置和结构均正常

区域最常出现，并且这个位置也最常见脐尿管残留。没有内镜的放大作用，很多憩室太小而不能看见。很小的病变像是增厚的膀胱黏膜上的浅凹，被充血膨胀的黏膜所包围（图4–151）。能够轻易地看到大的憩室，其体积的增加使炎症反应（图4–152）的发病率会较低。憩室的大小会随着膀胱扩张的程度而改变。

八、肾血尿

原发性肾血尿，也称为自发性血尿，会导致失

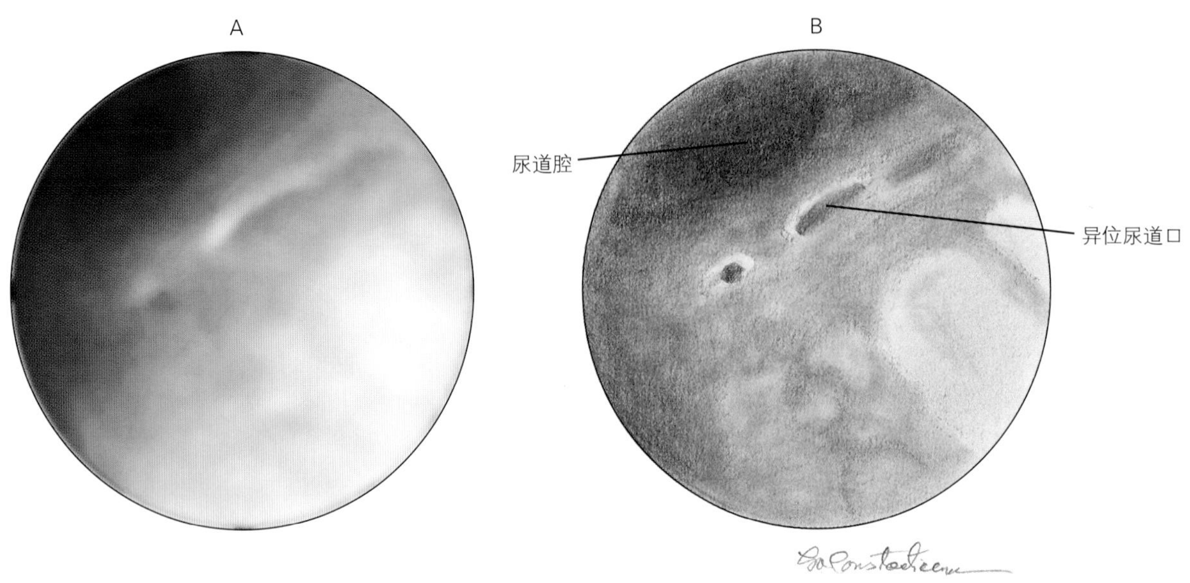

图4-150 软质膀胱尿道镜检查所观察到的公犬盆腔尿道尾侧的异位尿道口

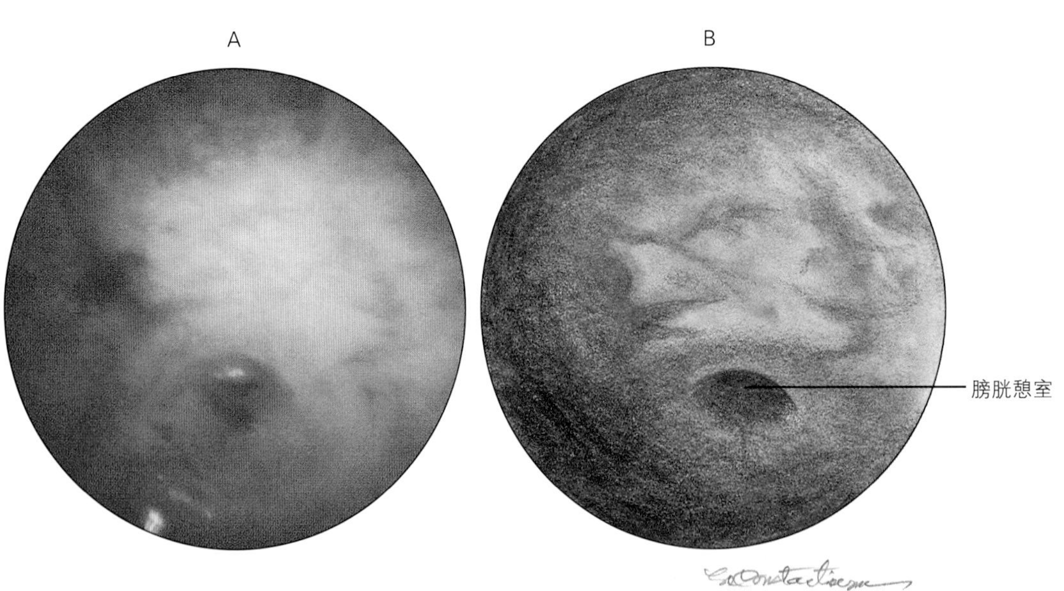

图4-151 尿道膀胱镜观察到的母猫的膀胱憩室（持续的脐尿管）。憩室口周围组织发炎，妨碍对憩室口的观察

血[22-24]，从而危及生命。有大量的肾源性血尿，与创伤无关，更多是单独的疾病，没有明确的或病理学的出血源。如果是单侧出血，推荐的治疗方法是将患侧肾切除。正确切除患肾是治疗和使患病动物存活的关键。由于外观上相同，决定去除哪个肾比较困难。可用膀胱镜轻易地、快速地、准确地确定要切除的肾（图4-153和图4-154）。

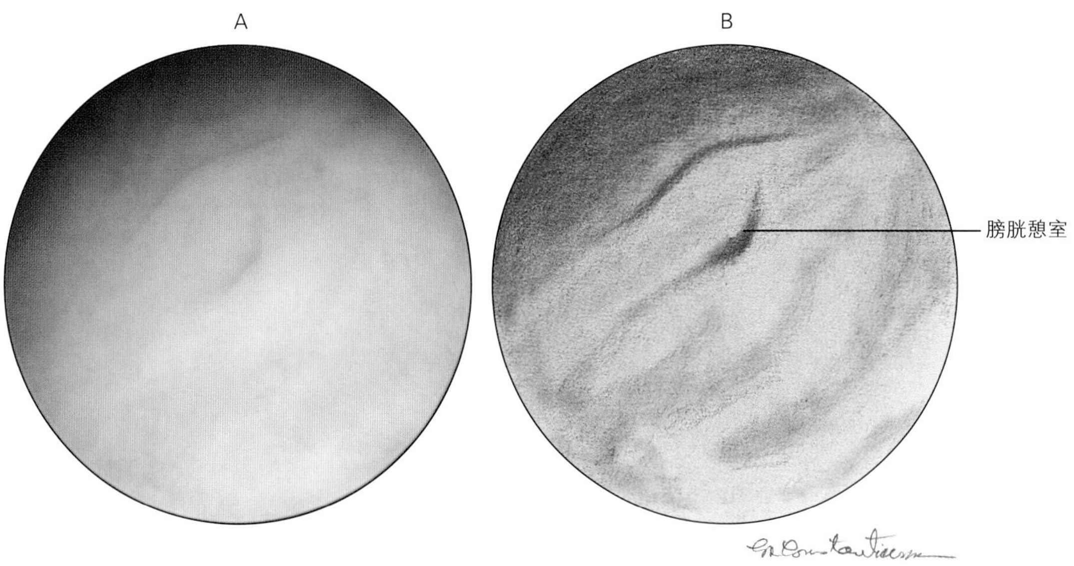

图4-152　用尿道膀胱镜观察到的母犬膀胱壁上的膀胱憩室（永久性脐尿管）

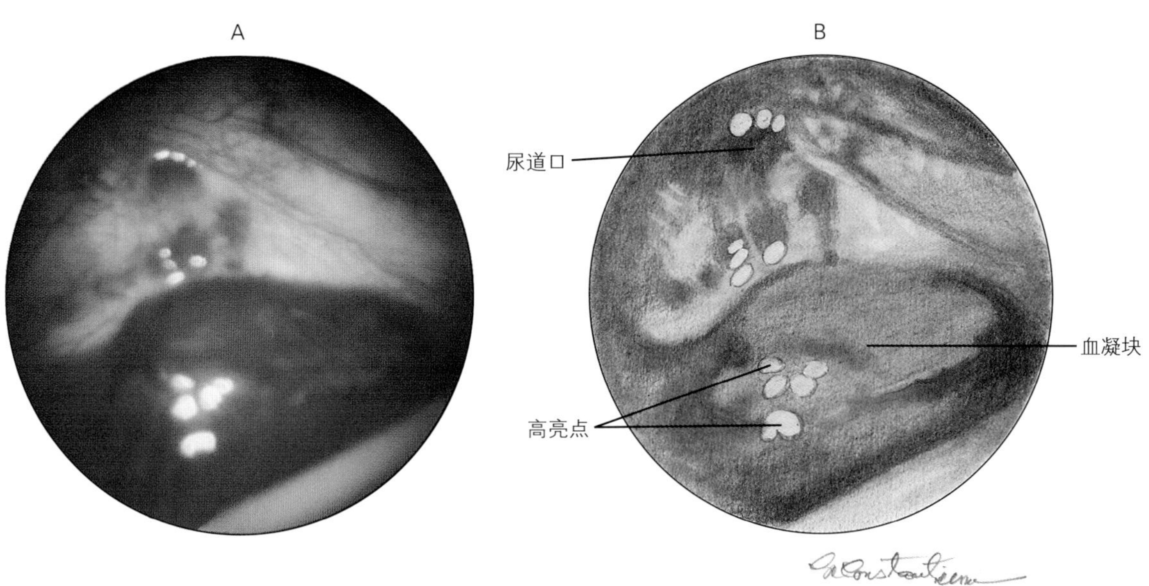

图4-153　经耻骨前皮肤膀胱镜观察到的具有家族性肾血尿雄性德国牧羊犬的膀胱，使用气体扩张膀胱。此犬膀胱内有太多血液，不能经套管通过液体和完成适当的检查。在膀胱底部和左输尿管口可以见到大块血凝块

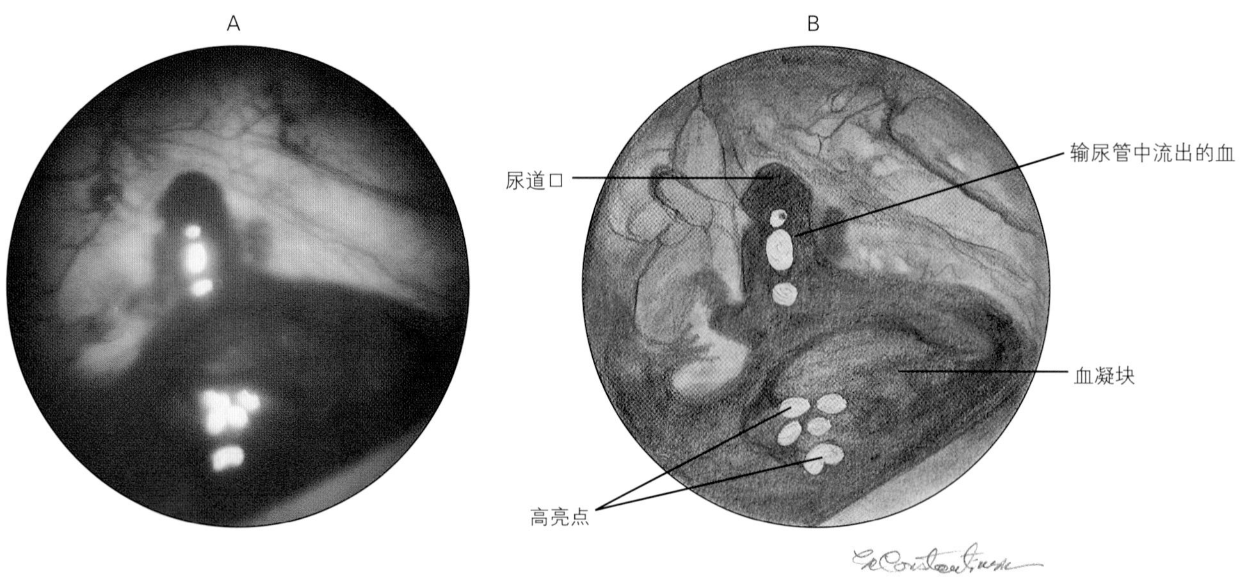

图4-154 图4-153病例的膀胱，其左边输尿管有血流脉冲，而右边输尿管流出的尿液是清洁的，以此确认左侧肾患病。膀胱镜检查完成后立即实施了外科手术

第九节 总 结

膀胱镜是兽医学领域利用最为充分的内镜技术，此技术在临床实际中很有价值，与外科手术相比，它可以更好地检查下尿道的疾病过程，降低发病率和死亡率。如果膀胱镜在实际操作中充分发挥了它的潜能，其用处将会超过胃肠镜，并将改写对兽医学下尿道疾病的理解和治疗，基于侵害和创伤都更小的膀胱镜技术来获得诊断信息，会有更多的病例得到有效治疗。

参考文献

1. Vermooten V: Cystoscopy in male and female dogs, *J Lab Clin Med* 15:650-657, 1930.
2. Biewenga WJ, van Oosterom RAA: Cystourethroscopy in the dog, *Vet Q* 7:229-231, 1985.
3. Brearley MJ, Cooper JE: The diagnosis of bladder disease in dogs by cystoscopy, *J Small Anim Pract* 28:75-85, 1987.
4. Cooper JE and others: Cystoscopic examination of male and female dogs, *Vet Rec* 115:571-574, 1984.
5. Senior DF, Newman RC: Retrograde ureteral catheterization in female dogs, *J Am Anim Hosp Assoc* 22:831-834, 1986.
6. Senior DF, Sundstrom DA: Cystoscopy in female dogs, *Compend Small Anim* 10:890-895, 1988.
7. Brearley MJ, Milroy EJG, Rickards D: A percutaneous perineal approach for cystoscopy in male dogs, *Res Vet Sci* 44:380-382, 1988.
8. McCarthy TC, McDermaid SL: Prepubic percutaneous cystoscopy in the dog and cat, *J Am Anim Hosp Assoc* 22:213-219, 1986.
9. Senior DF: Electrohydraulic shock-wave lithotripsy in experimental canine struvite bladder stone disease, *Vet Surg* 13:143-145, 1984.
10. Albata DM, Grasso M: *Color atlas of endourology,* Philadelphia, 1999, Lippincott-Raven.
11. Ballentine H, Carter MD: Instrumentation and endoscopy. In Walsh PC, Retik AB, Vaughan ED, Wein AJ, editors: *Campbell's urology,* ed 7, Philadelphia, 1998, WB Saunders.
12. Jenkins AD: Endourology. In Resnick MI, Older RA, editors: *Diagnosis of genitourinary disease,* ed 2, New York, 1997, Thieme.
13. Smith AD and others: *Smith's textbook of endourology,* St Louis, 1996, Quality Medical Publishing.
14. Sosa ER and others: *Textbook of endourology,* New York, 1996, WB Saunders.

15. Valli VE and others: Pathology of canine bladder and urethral cancer and correlation with tumor progression and survival, *J Comp Pathol* 113:113-130, 1995.
16. Barentsz J: Bladder cancer. In Pollack HM, McClennan BL, editors: *Clinical urology,* ed 2, Philadelphia, 2000, WB Saunders.
17. Jung I, Messing EM: Screening, early detection, and prevention of bladder cancer. In Vogelzang NJ, Scardino PT, Shipley WU, Coffey DS, editors: *Comprehensive textbook of genitourinary oncology,* ed 2, Philadelphia, 2000, Lippincott Williams & Wilkins.
18. McCarthy TC: Cystoscopy for urinary tract assessment in dogs and cats with pelvic fractures. In *Proceedings of the Veterinary Orthopedic Society 21st Annual Conference*, Snowbird, Utah, February 26-March 5, 1994, p 29.
19. Selser BA: Urinary tract trauma associated with pelvic trauma, *J Am Anim Hosp Assoc* 18:785-793, 1982.
20. Phillips BS: Bladder tumors in dogs and cats, *Compend Cont Educ Pract Vet* 21:540-564, 1999.
21. Rocha TA and others: Prognostic factors in dogs with urinary bladder carcinoma, *J Vet Intern Med* 14:486-490, 2000.
22. Hawthorne JC and others: Recurrent urethral obstruction secondary to idiopathic renal hematuria in a puppy, *J Am Anim Hosp Assoc* 34:511-514, 1998.
23. Kaufman AC, Barsanti JA, Selcer BA: Benign essential hematuria in dogs, *Compend Contin Educ Pract Vet* 16: 1317, 1994.
24. Mishina M and others: Idiopathic renal hematuria in a dog; the usefulness of a method of partial occlusion of the renal artery, *J Vet Med Sci* 59:293-295, 1997.

建议阅读资料

Cannizzo KL and others: Uroendoscopy, evaluation of the lower urinary tract, *Vet Clin North Am Small Anim Pract* 31:789-807, 2001.

Holt PE: *Color atlas of small animal urology,* London, 1994, Mosby-Wolfe.

Lulich JP and others: Canine lower urinary tract disorders. In Ettinger SJ, Feldman EC, editors: *Textbook of veterinary internal medicine,* ed 5, Philadelphia, 2000, WB Saunders.

Osborne CA and others: Feline lower urinary tract disease. In Ettinger SJ, Feldman EC, editors: *Textbook of veterinary internal medicine,* ed 5, Philadelphia, 2000, WB Saunders.

Park RD, Wrigley RH: The urinary bladder. In Thrall DE, editor: *Textbook of veterinary diagnostic radiology,* ed 4, Philadelphia, 2002, WB Saunders.

Pechman RD: The urethra. In Thrall DE, editor: *Textbook of veterinary diagnostic radiology,* ed 4, Philadelphia, 2002, WB Saunders.

Reuter HJ: *Atlas of urologic endoscopic surgery* (Translated by RJ Kohen and MA Reuter), Philadelphia, 1982, WB Saunders.

Senior DF: Cystoscopy. In Tams TR, editor: *Small animal endoscopy,* ed 2, St Louis, 1999, Mosby.

Willard MD: Urinary tract endoscopy. In Fossum TW, editor: *Small animal surgery*, ed 2, St Louis, 2002, Mosby.

第五章　鼻镜：慢性鼻病的诊断方法

鼻病的诊断难点在于多数鼻腔疾病都可表现出相似的症状，并且难以直接检查鼻腔。鼻镜可以轻易地进入鼻腔和额窦，进行直接检查、采集诊断样品或治疗某些病例。在成功应用鼻镜检查前，除了有限的检查之外，绝大多数病例须进行外科手术，以暴露鼻腔。与鼻镜检查法相比，由于暴露鼻腔进行诊断，发病率和死亡率居高不下。鼻部疾病的症状包括喷嚏，黏液性、黏液脓性、血性或者混合型的鼻液，鼻出血或鼻腔气道堵塞。这些症状在多种鼻部疾病中都可见到，但是没有特异性。面部畸变或肿胀预示肿瘤形成，鼻疼痛预示霉菌感染，但是都无法作为诊断的依据。因此，为了建立诊断，充分地检查鼻腔非常重要。

有效的鼻镜检查对鉴别诊断鼻腔疾病非常必要，但并非对所有病例都能提供诊断依据。结合必要的检查程序，能够在慢性鼻病建立准确的诊断。病史，临床检查，放射照相，细菌培养和敏感性测定，鼻镜检查，组织病理学，真菌血清学，变态反应，CT扫描或核磁共振成像可能都是必须的。上述检查的顺序在鼻腔诊断评价上也很重要，否则，基本诊断信息可能会被改变或破坏。

采用完整连续鼻镜检查法，对90%以上的慢性鼻病都可以成功地做出诊断，而不用手术探查。这与鼻镜检查诊断成功的报道结果相似[1-4]。其高诊断率主要归因于3个方面：应用鼻镜检查作为完整诊断评价的一部分，而不是作为一项单独的技术，为提高鼻镜检查的观察效果，同时进行鼻腔冲洗，使用硬质内镜而不用软质内镜。

第一节　适应证

当有急重疾病、慢性或反应迟钝性疾病，对鼻疾病需要实施完整的诊断程序。对于持续剧烈打喷嚏保守治疗无效这种情况，即使维持时间较短，也应该对鼻腔进行诊断评价。对没有危及生命的大量鼻出血是另一种紧急情况，需要用全面系统的方法进行诊断，包括对可能的系统性病因的评价。需要进行全面鼻病诊断的急性情况少见。逆向喷嚏，通常伴发鼻咽疾病，也是鼻镜检查的适应证。鼻镜检查最常见的适应证是经治疗无效的、慢性、原因不明性且未建立诊断的疾病。

与鼻病相关的病史包括打喷嚏、逆向喷嚏、流涕、鼻出血、呼吸困难或杂音、咳嗽、阻塞或气哽、鼻或面部擦伤、鼻镜溃疡、面或鼻疼痛或过敏、面部肿胀或畸形、鼻或口腔异味以及吸入或摄入异物（框5-1）。鼻疾病可能表现为非特异性的症状，如全身不适、嗜睡、食欲减退、体重减轻和被毛凌乱。患病动物全身症状的初期评价针对原发疾病的鉴别。确定鼻部症状是原发症状还是由继发因素所致对疾病过程的诊断很重要，在评价过程中需要对所获得的信息进行鉴别。

鼻病的诊断过程可以分为两类，有些可以在清醒的状态下进行，有些需要麻醉。在动物清醒状态下进行的有病史调查、体格检查和血液化学指标检测，包括全血计数（CBC）、血凝判定、甲状腺机能检测、变态反应检查以及霉菌感染的血清学实验。鼻腔和牙齿的X线片、鼻样品采集、采集细胞样品时进行的鼻冲洗、鼻镜检查、手术探查、CT扫描和磁共振成像都必须在麻醉的状态下进行。鼻腔镜检查前的麻醉对于判断鼻腔疾病是否为原发疾病很重要。

框5-1 通常与鼻病相关的病症

喷嚏
流涕
鼻出血
呼吸困难
咳嗽
阻塞或气哽
鼻或面部擦伤
鼻镜溃疡
鼻或面部的疼痛或过敏
面部肿胀或畸形
吸入或摄入异物

鼻病的特殊病史列于框5-2中。体格检查首先需确定鼻部是否为疾病的位置，然后确定鼻病的范围、位置和特征。确定鼻液的特征和发病侧鼻腔。一些犬或猫习惯舔掉鼻液，所以在检查时即使没有鼻液也不能排除鼻腔疾病。外鼻孔或者周围的溃疡很重要，可能是原发病的蔓延，也可能是由于舔或刺激而继发。用显微镜载玻片放在鼻孔处，通过判断冷凝液的面积评价鼻道的通畅性，也可通过观察位于鼻孔处的被毛在呼吸时的运动情况判定，或阻塞一侧鼻孔，观察有无呼吸困难或者听诊鼻腔导气管声音来判断鼻腔的通畅性。面部和口鼻疼痛或敏感是很有价值的信息。仔细触诊整个鼻面部，可以直观地检查出肿胀、变形和骨溶解形成的柔软区域。听诊和叩诊时鼻腔和咽部区域密度不同。耳镜检查可以看到肿块、异物或者中耳的情况。此检查对猫尤其重要，因为猫后鼻孔息肉发病率高。猫若耳部肿胀，需要做鼻腔诊断。还要仔细检查口腔，检查上颌牙齿有无损坏或者牙齿牙龈的感染、肿块、硬腭骨溶解形成的柔软区域和损伤情况。如果不能在清醒时检查患病动物的口腔，就需要镇静或者在麻醉后再进行检查。检查眼睛功能和视线是否对称，并且触诊眼球，检查向后侧移位是否有抵抗力。检查咽部和肩胛骨上部淋巴结，检查到这一步，通常可获得充足且可以排除某些鼻病和全身疾病的信息，并可提示如何进行下一步检查。

框5-2 获取鼻病病史资料

疾病持续的时间
疾病进展
单侧还是双侧发病
发作过程中另一侧是否同样发病
分泌物的特征
是否整个过程都有相同或者有任何变化
鼻出血的出现和特征
有无鼻疼痛症状
鼻或面部有无搔抓和擦伤
鼻或面部有无形状或轮廓的变化
呼吸困难
呼吸杂音
有无咳嗽、阻塞或气哽

第二节 器 械

应用于鼻镜检查的硬质内镜包括直径为1.9mm的关节内镜和直径为2.7mm的多功能硬质内镜（图5-1）。两个内镜的观察角度均为30°，前者总长度为15.2cm，工作长度为9.8cm，后者总长度为23.3cm，工作长度为19cm。关节镜及膀胱镜或手术套管均可用于这类内镜。用于2.7mm内镜的关节镜套管有4mm的外径，工作长度为14.3cm，有一个单独的液体冲洗开关并且可以锁定内镜。膀胱镜或者手术套管有两个带开关的灌洗孔，一个为6 F活检通路，工作长度16.5cm，横断面为椭圆形，尺寸为

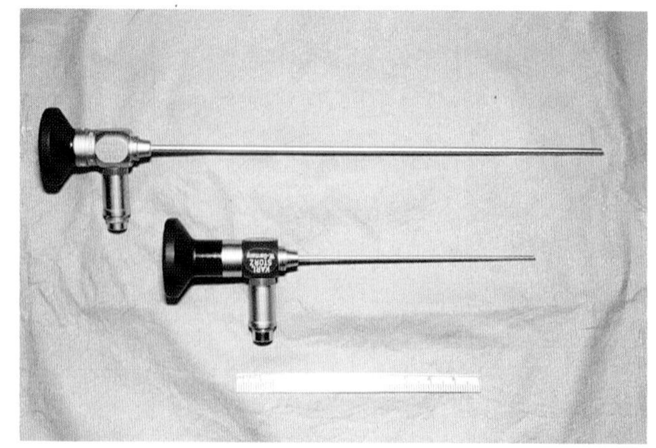

图5-1 鼻镜检查的硬质内镜。多功能硬质内镜：直径2.7mm，30°视角，操作长度19cm；关节内镜：直径1.9mm，30°视角，操作长度9.8cm

4mm×5.5mm（4 F）（图5-2）。1.9mm的关节内镜套管直径3mm，工作长度9.2cm，有一个用于活检的套管（图5-3）。

这些内镜和套管的尺寸适合鼻镜检查，能够检查所有的小动物。直径为2.7mm多功能硬质内镜和其套管均适用于多数猫和犬。直径为1.9mm的内镜更适用于检查小型犬和猫，但是由于其工作长度短，不适用于大型犬。直径2.7mm的鼻镜，其长度

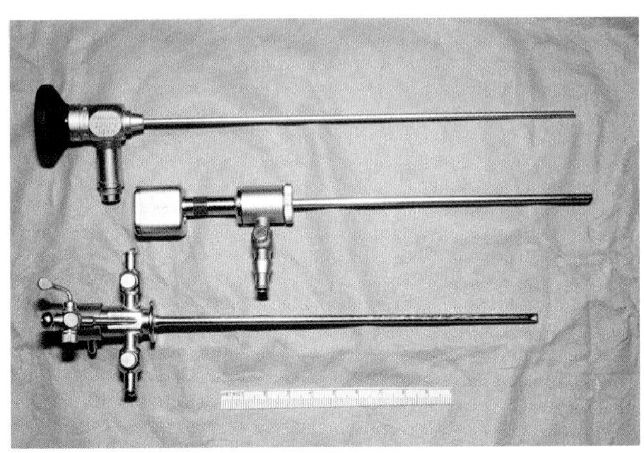

图5-2　2.7mm的多功能硬质内镜使用膀胱镜检查和关节镜检查的套管，膀胱镜检查套管操作长度16.5cm，椭圆形横断面尺寸为4mm×5.5mm（14 F），活检通道使用5F器械，外关节镜检查套管直径4mm，操作长度14.3cm，关节镜检查的套管没有活检通道

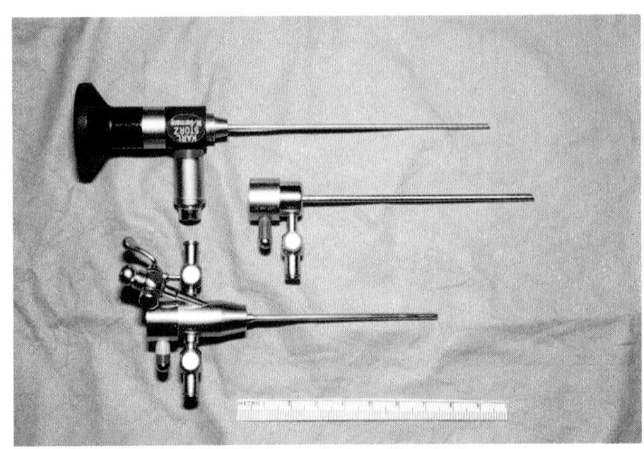

图5-3　1.9mm的关节内镜使用膀胱镜检查和关节镜检查的套管，膀胱镜套管操作长度7cm，椭圆形横断面尺寸为3mm×3.7mm（10 F），它有活检通道，使用3 F的器械，关节镜套管直径3mm，操作长度9.2cm，关节镜套管没有活检通道

就不能充分检查大型犬的鼻腔，需要用膀胱镜或者其他更长的内镜。这些内镜的主要优点是，在鼻镜检查期间，可以进行连续大流量的灌洗，使观察更清晰。

带活检通路套管的内镜的主要优点是，体积较小，并且是圆形而不是椭圆形，更容易通过鼻腔。普通套管的主要缺点是没有活检通路。活检和其他样品采集通过活检钳或者其他与套管相似的器械来完成。许多活检器械都可以应用，但是最常使用并且最适合的器械是硬质直径3mm的杯状活检钳，工作长度为14.5cm，用于2.7mm的内镜；直径2mm的杯状活检钳，工作长度是10cm，用于1.9mm的内镜（图5-4）。

3 F和5 F两种不同型号的软质活检钳可应用于膀胱镜检查的套管（图5-5）。软质活检钳应用膀胱镜检查套管的优点是容易放置活检钳，但是缺点是获得的活检样品要比硬质活检钳要小得多，并且套管过大不易通过。硬质活检钳较难放置，但是能取得更大的组织样品。

小型的软质内镜也可应用于鼻镜检查。支气管镜，儿科支气管镜，柔软膀胱尿道镜（图5-6），特制的鼻喉镜和其他直径在2.5~4mm的小型软质内镜都适用。这些小型软质的内镜可以向后检查到鼻咽和鼻腔末端。在这方面，软质器械操作优于硬质器械。硬质内镜可以很容易地进入到鼻腔，在多数情况下都用硬质器械。软质内镜也可用于检查鼻腔，但是在检查过程中无法或者只能简单冲洗，因此观察损伤部位的清晰度有限，硬质器械要优于软质器械。

在人医，很多器械都可有效地应用于鼻镜、窦镜、咽镜和喉镜检查，但这并不适用于小动物，因为上述器官的大小和解剖学特征都不同。对小动物来说，大多数手术器械都过大。小型硬质器械的型号和设计方面都适用，但是与关节内镜较相似，并不比这些手术器械更有优势。在动物的鼻镜检查中需要灌洗，而在人医不需要灌洗，因此在器械的设计上不同，有些器械可以进行灌洗，而有些不可

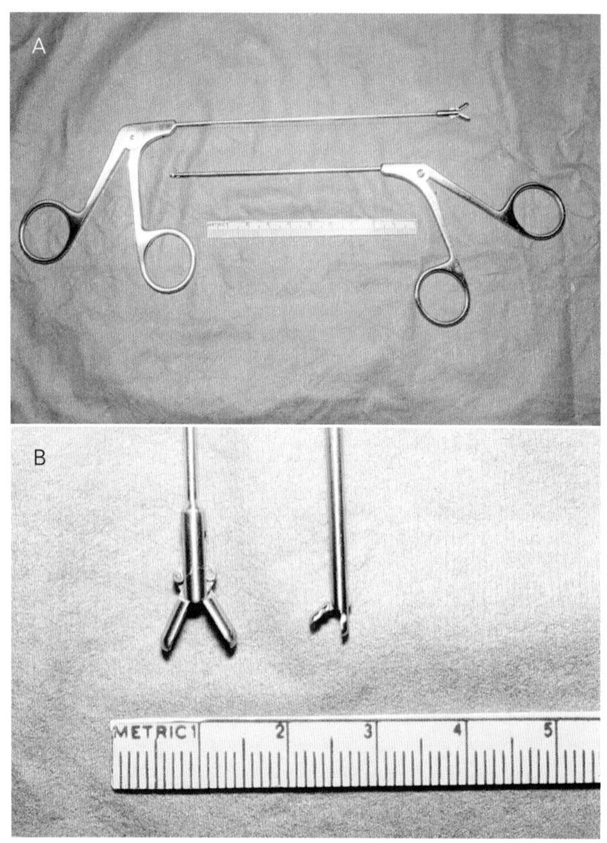

图5-4　A，直径2.7mm和1.9mm关节内镜套管使用的硬质活检钳，大的是直径3mm并列杯状活检钳，工作长度14.5cm，用于2.7mm的内镜；小的用于1.9mm内镜，直径2mm杯状活检钳，操作长度10cm。B，3mm和2mm直径活检钳的顶端，显示活检杯的大小

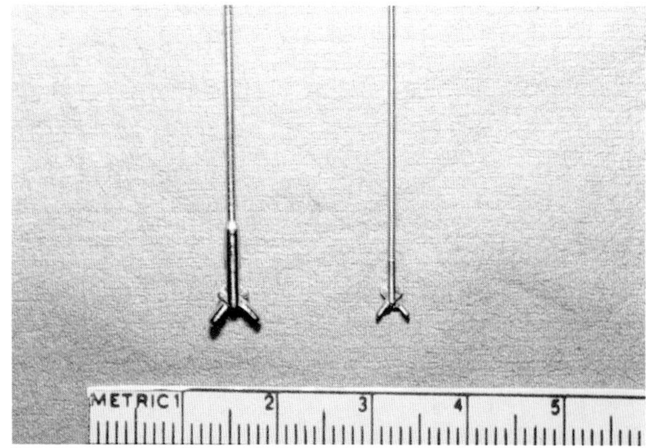

图5-5　2.7mm和1.9mm膀胱镜检查的套管使用的软质活检钳，大的是5 F（1.6mm直径）用于2.7mm内镜套管，小的是3 F（1mm直径）用于1.9mm内镜套管

以。在整个操作过程中，可应用关节内镜通过套管进行连续灌洗，这在鼻腔检查中非常必要。

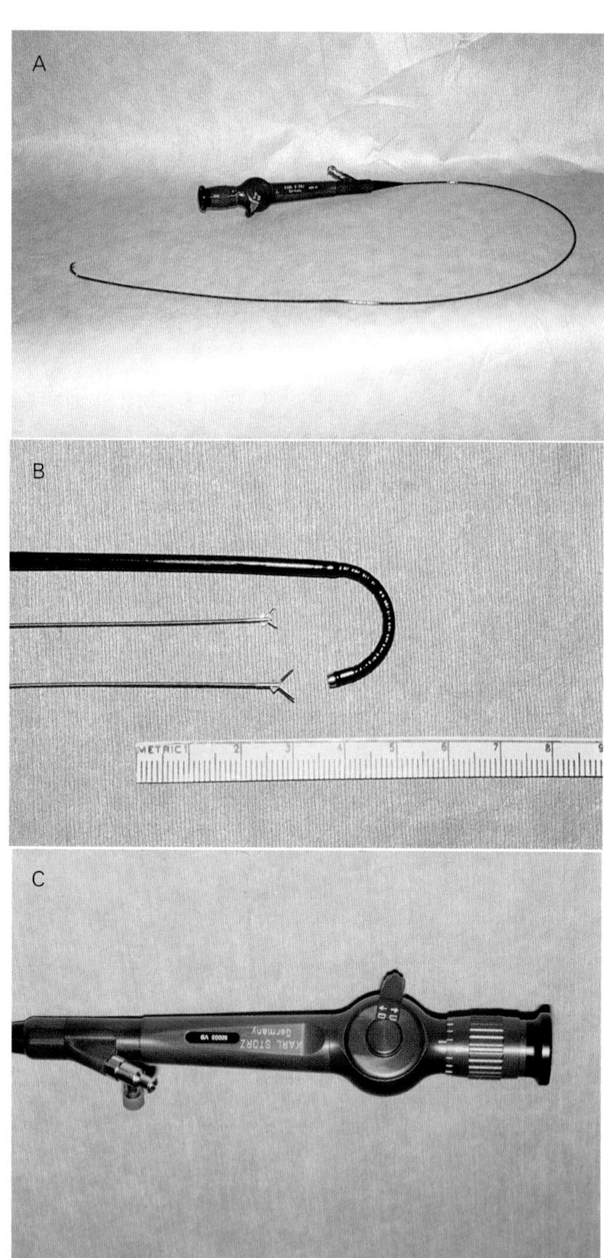

图5-6　A，用于小动物鼻镜检查的直径2.5mm/2.8mm的软质兽医专用纤维镜，操作长度100cm，活检通道可以通过直径1mm的器械，顶端双向偏离范围向上170°，向下90°。B，直径2.5mm/2.8mm软质兽医专用纤维镜顶端能够偏转170°，内镜远端控制部分直径2.5mm，大部分插入管的直径是2.8mm，器械显示1mm（3 F）活检钳。C，兽医专用纤维镜的机头，有用于远端偏转控制的手柄，操作通道接入端口和聚焦环

第三节　患病动物的准备

老龄患病动物患慢性鼻腔疾病的几率很高，需要在麻醉前作适当检查，包括病史、临床检查、血液化学检查、血常规、尿检、胸部X线片和心电图。如果较年轻的患病动物表现出全身性疾病的体征，意味着需要在麻醉前做相同检查。进行普通检查时不需要麻醉患病动物，而进行鼻的特殊诊断时则需要进行麻醉。

鼻镜检查时需要进行全身麻醉。鼻腔很敏感，镇静或者浅麻时都不能进行检查。如果没有完全麻醉，在鼻镜检查时就会引起动物剧烈地打喷嚏，这样就会加重患病动物鼻腔损伤，还有可能破坏器械。只有在完全麻醉的状态下才能进行鼻腔X线片，确定患病动物的损伤部位。采集培养用样品不会对患病动物造成伤害，并且样品污染几率小，但也需要对患病动物进行全身麻醉。麻醉对某些患病动物来说很危险，需要谨慎处理，若使用有效的麻醉剂并且进行监护，危险性会降低。麻醉对患病动物造成的应激比镇静和物理保定小。节省诊断时间并提高诊断信息的准确性可以减少危险的发生。

对患病动物来说，应用麻醉方法进行鼻镜检查很安全，麻醉必须达到一定深度，使痛觉消失，才能在鼻镜检查过程中不引起打喷嚏。患病动物在麻醉前12h禁食，皮下注射乙酰丙嗪和甘罗溴铵诱导麻醉。如果患病动物的状况不好或者有乙酰丙嗪禁忌证，就用地西泮和布托啡诺代替。安置静脉内导管，用静脉麻醉药诱导麻醉，在气管内插入套囊，使套囊膨胀。使气管密封，这样在进行鼻镜检查灌洗的时候不会进入气管。应用异氟烷或七氟醚维持麻醉。此外，应进行适当监护（心电图检查、血压、血氧饱和度和二氧化碳检测）和静脉输液。

第四节　操作技术

正确的手术操作顺序很重要，能够防止由于之前使用了其他诊断技术造成的信息失真。麻醉后仔细检查口腔，仔细观察齿、齿龈、硬腭、软腭、咽部和鼻炎。使用卵巢子宫切除牵引钩或者其他软组织牵引器使软腭收缩，从而检查后鼻咽区。鼻腔、额窦和牙齿的X线片是诊断的第一步，然后采集细菌或者真菌样品进行培养，最后进行鼻镜检查。如果首先进行鼻镜检查，灌洗和出血都会改变鼻腔内细菌总量，将改变X线片的结果。鼻镜检查时，灌洗的液体会流到鼻腔外的被毛和皮肤上。在进行鼻镜检查前，照X线片也很重要，可以评估损伤的位置和范围，从而确定鼻镜的检查范围。在获得X线片以后，再进行培养样品的采集，因为采集样品可引起鼻腔出血，改变X线片的位置。如果可以看到菌落，在鼻镜检查的同时进行样品采集，然后做组织病理学、细胞学检查和真菌培养。如果培养结果得出诊断结果，一部分收集的检测样品就可以弃掉。如果没有结论性的结果，所有样品都要培养，这种方法既经济又安全。

一、X线照片

X线检查是患病动物麻醉后首先要进行的诊断步骤。4～6张系列的X线片可以更充分地呈现鼻腔和额窦的状态。用电脑软件可使胶片更清楚地显示在屏幕上。

首先是鼻窦的侧位平片，照片要显示鼻腔的前端到软腭的末端，额窦背侧到硬腭和牙齿根部（图5-7）。通过使用瞄准仪光线排列和重叠上面（远离照片）裂齿和下面（挨近照片）裂齿的阴影，可以精确完成标准的侧面平片（图5-8）。在操作过程中，保持嘴张开，头用泡沫材料或者其他定位器固定。第一张X线片应用最适条件暴露鼻中区域，以评估鼻甲。第二张侧面照片充分提高鼻咽曝光度，因为这个区域在第一张照片中曝光不足（图5-9）。

鼻腔的腹背侧照片最好应用腹背开口位投照，X线向患犬尾端倾斜20°（图5-10），在猫则倾斜10°。为摆正体位，患病动物应背侧躺卧。上颌用2.5cm或5.0cm宽的胶带通过犬的切齿和犬齿之间固定于X线桌面上。气管插管与麻醉机分离，下颌骨牵拉出X线范围，上颌用瞄准仪照射。应用下颌犬齿在软腭两侧对称的阴影作为标准进行定位。如果气管内插管正好暴露于X线范围内，在拍照的时候可以瞬间折叠末端。该体位可以完全使下颌骨移除视野之外，可以使整个鼻腔的显影向尾侧延伸至鼻咽（图5-11）。闭嘴的颅骨腹背位X线片，有一半

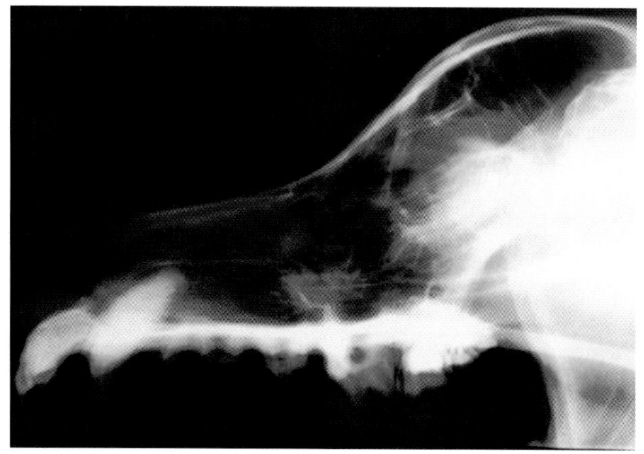

图5-7 正常犬侧位平片显示颅骨的区域包括鼻甲最佳的初始影像显影

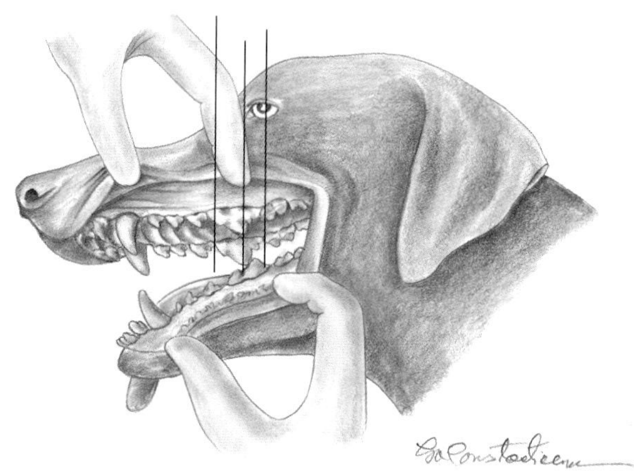

图5-8 显示牙齿排列影像技术的鼻腔侧位X线投射的定位

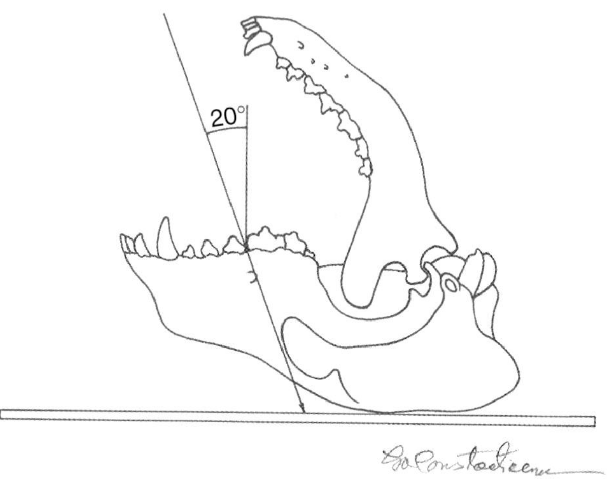

图5-10 鼻腔的开口位投照，X线向背尾侧倾斜20° 角

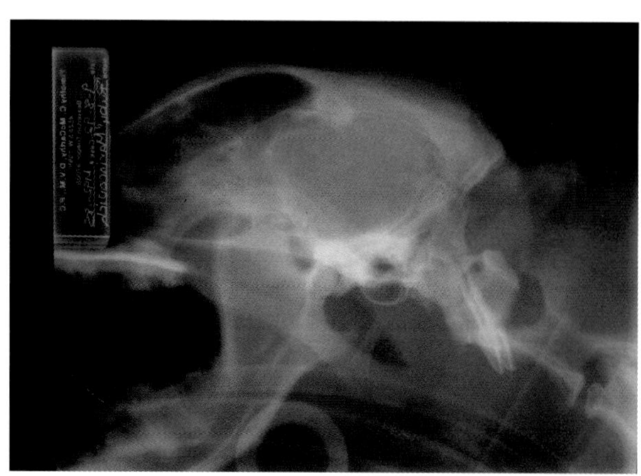

图5-9 正常犬侧位平片显示颅骨的区域包括鼻咽区域的侧位鼻缘

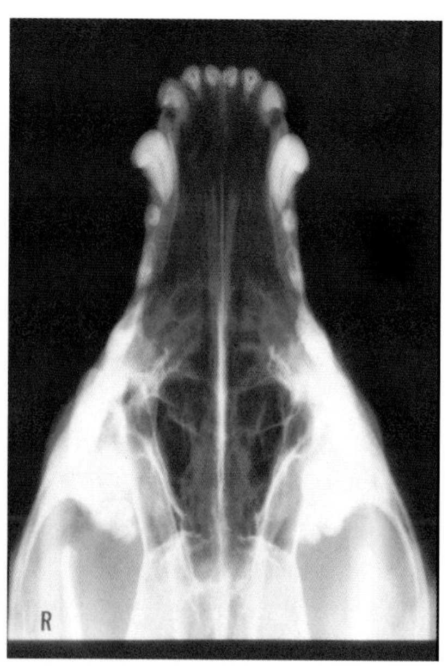

图5-11 正常犬向腹侧头背尾侧倾斜20° 的鼻腔开口位投照入显示鼻腔的影像区域和鼻腔正常的X线片

以上的鼻腔区域由于下颌骨的原因模糊不清。

患病动物仰卧，并且鼻正对X线光束进行吻尾投影，以获得额窦的相片（图 5-12）。根据患病动物独特的解剖结构，有些需要轻微的倾斜。用手或定位器将嘴打开，固定下颌骨的边缘处，以控制头的位置。精确的校整可以在咽的后部或上颌看到均匀的上牙齿阴影。精确的位置可以看到额鼻窦的空影像（图5-13）。

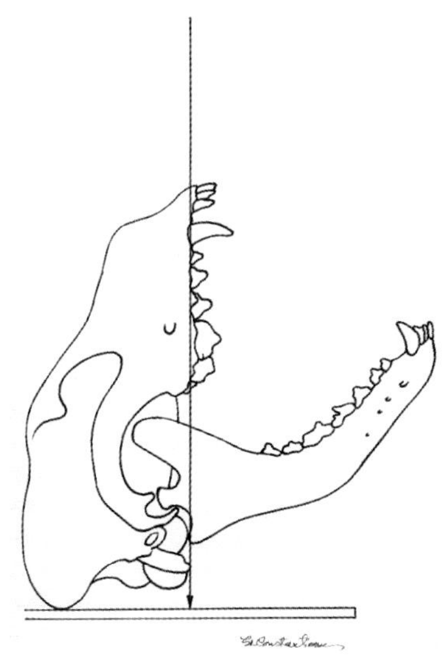

图5-12　额窦成像的颅骨首尾位投照定位

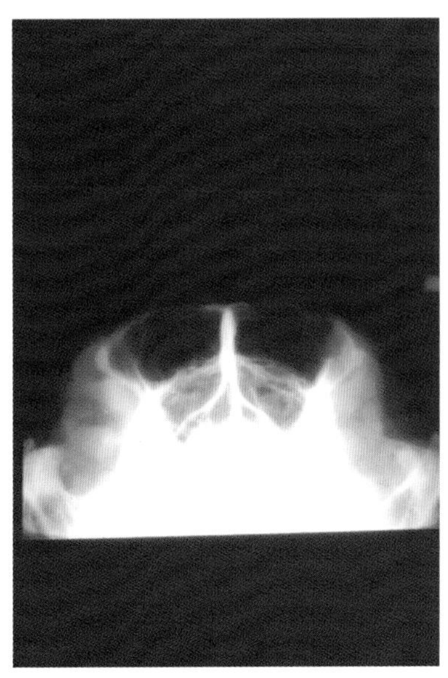

图5-13　颅骨首尾投照显示于正常的额窦

如果通过病因学怀疑有牙齿疾病，需要上颌骨牙齿倾斜的胶片。在某些长头型和中头型的犬，转动头的腹侧朝向胶片，延伸至脸的外侧面的自由位置完成X线照射的定位。根据患犬体型大小，将嘴张开4～6cm，将鼻侧嘴根部抬起，使背中线平行于胶片，可获得双边匀称的倾斜相片。还需要从侧面观察额鼻窦并且应用相同的技术成像。

二、培养样品的采集

在拍摄X线片之后，在内镜检查之前，采集做培养的样品非常重要。因为向鼻腔插入棉签易引起出血，改变X线影像的外观。鼻腔镜检查之前进行样品采集，插入内镜可引起细菌感染，为减少细菌的感染，在检查时应用盐水冲洗鼻腔，可大大减少细菌感染的几率。

采集鼻腔样品做培养可使用两种技术。应用培养棉签通过外鼻腔采集样品或用导管通过鼻腔进行冲洗。采用第一种方法时，用聚维酮碘或酒精消毒外鼻腔。用棉签或微型棉签进入鼻腔，到达射影显示的病变部位采集样品。第二种方法是使用小直径（3 F或5 F）导管、注射器和无菌盐水。将导管放入鼻腔，用盐水经抽吸冲洗鼻腔。这种技术与经气管冲洗采集的样品相似。一部分样品可用于细胞学检查。这两种技术都可使用，并可为细菌和真菌培养提供合适的样品。

由于鼻腔内正常菌群的广泛性以及与原发病无关的继发性细菌生长的可能性，鼻腔培养的有效性存在争议。由于直到鼻腔疾病的晚期猫和犬才表现典型的症状，因此列出的正常细菌群的有效性受到怀疑。除非对所有的犬、猫建立完整的用于诊断鼻疾病的正常评价指标，否则在样品采集时其“正常”状况受到质疑。

三、鼻镜检查法

完成前面提到的程序后，开始进行鼻镜检查。患病动物背侧卧，用毛巾将头包裹，并将鼻嘴部保定在检查桌的边缘。斜靠在任何一侧都可以，但是如果做单侧检查，通常将患侧朝下放置。正常侧受感染的几率会小，因为冲洗要使用大量的冲洗液，并且冲洗液很容易通过外鼻腔和鼻咽流出。将患病动物的体位变为背侧卧，且靠向检查者。需使用密闭的导管和具有膨胀气囊的气管内插管。在鼻腔镜检查中，冲洗开始之前，要检查气管的密闭性。

桌子的高度应允许检查者在检查期间可以舒适地站着或坐着。将废物桶放在患病动物鼻子正下方的桌子下面，可以接住流出的冲洗液。如果检查者坐着，检查者的膝盖上放吸水性强的毛巾或防水布，因为检查期间会使用大量的冲洗液（多达4L），所以，如果检查准备工作不充分，检查者及其周围都会被弄湿。

鼻镜检查需要冲洗时，使用关节镜和膀胱镜带有连接端口的导管，将其端口连接于标准的静脉注射装置，还需要连接装有生理盐水或林格氏液容器。理论上，关节镜和膀胱镜套管适用于冲洗，因为关节镜检查和膀胱镜检查时也需要相似的液体冲洗。液体中应无葡萄糖，因为冲洗后很难清洗。将液体容器置于高于患病动物约70cm处，并且将静脉滴灌的流速开至最大。液体的流量要随着内镜开关而控制，因为这样更便于操作。

上述操作结束后，开始进行鼻镜检查。将内镜管插入一侧外鼻孔，开始灌入液体。如果两侧鼻腔都有病，先检查哪一侧并不重要。如果一侧有病，通常要首先检查正常的一侧，以降低由于检查患侧时液体、渗出液和血液引起的变化。对正常鼻腔的检查要小心，以防止大量出血，并且不要对患侧产生严重的影响。检查的顺序不是十分重要，个别的特殊病例可能需要先检查发病侧鼻腔。将患病动物斜侧卧，并且将正常的一侧放置在上面，以便在检查中使正常一侧受污染的危险降到最小。

鼻腔系统的检查应确保观察到所有能达到的区域。不要试图识别所有正常的解剖结构和鼻甲骨，因为随着病情的发展，鼻甲骨会变形，不可能识别出正常的鼻甲骨。根据患病动物体型的大小，对鼻腔检查的程度不同。对于大型患病动物，可以检查绝大部分鼻腔，整个鼻腔不能用硬质内镜或目前使用的软质内镜检查。而对于小型犬和猫，可以检查鼻腔的重要部位。

检查鼻甲骨的大小、形状、轮廓和相对数目。检查出血、凝血块、炎症、异物、肿块、真菌群落和分泌物及其性质。确定鼻腔病变的区域，病变是广泛的还是局部的，是单侧的还是双侧的。如果是局部的，要确定位置和范围。如果是单侧患肿瘤或霉菌感染，要检查鼻中隔，以防影响另一侧。

有大量渗出时，在施行检查之前，可用适当的冲洗液冲洗。在大多数病例，通过内镜套管冲洗都可以使鼻腔更清晰，利于鼻腔检查。当渗出物特别多或者黏稠时，可以使用注射器进行强力的冲洗。如果已经开始检查，而鼻腔不够清洁，移走内镜后用大量盐水冲洗鼻腔。对于小型犬和猫，使用12～20mL注射器冲洗；对于大型犬，应用60mL注射器冲洗。每侧鼻腔用注满盐水的注射器冲洗3～5次，然后重新插入内镜进行检查。这个程序需要重复，直到鼻腔完全清洗干净后再进行检查。

鼻镜检查有时会出血，如前面描述的冲洗技术，出血量不足以干扰检查。随着大量液体的冲洗，一些血液被冲出，视野清晰，检查随即完成。有时采集活组织样品后会大量出血，使得进一步检查或采集样品更加困难，所以，在采集活组织样品之前，需完成全部检查。偶尔需要通过抬高容器或加压来增加水流的速度以完成样品的采集。鼻镜检查引发的出血不会导致低血压而危及患病动物的生命。

完成双侧鼻腔检查操作之后，再进行活组织样品的采样。关节镜套管没有活组织采样通道，因此，需通过平行于内镜的通道操作活检钳。在内镜的视野里，内镜和活组织钳的操作主要是对病变部位进行活组织采样并且放置活检杯。对于大部分病例来说容易操作，可精确地采集样品。吻缘和鼻甲损坏能为操作提供通道，使操作更加容易。病变位置靠后且面积小时更不容易采集活组织样品，操作困难，易使初学者沮丧。但是随着采集样品次数的增加，操作会趋于熟练。膀胱镜检查套管的活检通道能通过活组织钳，且很容易直接到达病变部位。这两种器械各有优缺点。关节镜套管外部平行技术可以获取更大的活组织样，但是操作更加困难。膀胱镜检查内部活检通道技术操作方便，但是采集样品的大小受限。

通过采集多个活组织样品可增加用于病理组织学检查的样品量，为了采集多个样品，可保持内镜的位置，每采一个样品将组织钳抽出，或是每采一个样品将内镜和活检钳一起抽出，然后再一起进入。选择哪种方法取决于病变的大小或位置、流血或分泌物、患病动物的大小和身体体型。

肿瘤可能被血肿掩盖，如果活组织样品采集不当，将不能得到准确的结果。足够大小的组织样品、适当的采样深度，多位点采集活组织样品能够降低诊断错误。对于全身性的炎症过程，许多样品可通过鼻腔采集。正常和病变的黏膜外观可能没有显著的改变。为了判断是轻度还是中度炎症，需要对所有病例采集样品。有脓性分泌物的任何部位都需采样做组织病理学检查，对疑似部位采样进行真菌感染检查。

如果发现异物，用钳子取出，大多数情况下，用15cm的鳄牙钳都能取出异物。对体积小的异物，可通过外鼻孔取出。如果异物太大而不能从鼻孔取出时，需向后推，然后从鼻咽取出。因为可能有许多异物，所以需对整个鼻腔做仔细检查。当发现异物时，在鼻腔镜检查之前采集培养样品，但不能采集活组织样品。在检查期间可尝试治疗性地冲洗出鼻腔分泌物。

作为鼻腔全部检查的一部分，应检查鼻咽和咽部。不可能用冲洗液完全填充鼻咽部，这样会产生气—液面，从而干扰观察。当发生这种情况时，停止冲洗并且通过空气进行检查。不断地用冲洗液冲洗内镜镜头，以清除血液和分泌物，保持清晰的视野。对有双侧鼻肿块的中到大型犬，可用直径2.7mm的多用途硬质内镜，通过外鼻孔，经鼻腔插入鼻咽部。对于小型犬或猫，一般不能将2.7mm的内镜通过鼻腔插入鼻咽部，可以应用1.9mm直径的内镜。对于一些更小的动物，1.9mm的也不可用，可使用其他内镜检查。可用小型软质内镜经口绕到软腭后部边缘检查鼻咽部。检查鼻咽后部时，可以开张嘴，用神经或组织牵开器收缩软腭前部。用此方法可对某些病例实施全面检查。如果检查中发现有分泌物，可用冲洗液冲洗。内镜可以用于冲洗和协助观察直视看不到的部位。鼻咽喉的其他检查技术包括在咽管固定区域使用经皮穿刺术。该技术可以直接进入并且完成鼻咽和鼻腔后部的全部检查。随着直径1.9mm和2.7mm内镜的应用，这些技术已得到广泛应用，但是使用硬质器械从外鼻孔进入鼻咽部的通路尚有缺陷。

完成鼻腔镜检查后，应清除鼻腔中冲洗液、碎片和凝血块。检查外鼻孔和咽部有无大量出血。使患病动物慢慢恢复，尽量减少刺激并保持患病动物安静，必要的时候可以使用镇静剂。麻醉诱导是不可逆转的，如果使用，要保证出现全身性并发症时能迅速苏醒。在麻醉和恢复期间，需静脉输液。

即使患病动物已经完全从麻醉中苏醒，强烈推荐检查后的当晚患病动物住院治疗，出院后与主人团聚的兴奋刺激易引发鼻出血。内镜导致的鼻出血不会危及患病动物，但是鼻出血加上打喷嚏和兴奋可导致动物主人的焦虑。如果在鼻腔镜检查之后患病动物安静休息一晚，将减少鼻出血的发生几率。

通过其他的途径和方法也可以采集鼻活组织样品，而采用这些方法的结果不可预测，并且由于所获得的诊断材料过少而不被接受。可通过冲洗鼻腔和收集冲洗液的方法采集细胞学检查样品。有时可通过强力冲洗鼻腔而获得肿瘤或真菌检查的固体组织样品。对于采集穿透组织肿瘤的样品，使用针吸或针刺采样更有效，也可经触诊皮肤和硬腭感知肿瘤。利用针吸和穿刺采集鼻腔前、后部活检样品是盲目的，且不能控制采集样品的位置。进行盲目活组织采样时，将聚丙烯导管切割成尖头，从外鼻孔穿入，用力刺入肿瘤的核心，此法与针吸和穿刺活检一样都有不足之处。随着炎症的发展，此法能获得肿瘤和真菌样品，但是一些小的肿瘤和真菌可能被遗漏，而且病理组织学检查并不能诊断被遗漏的病变。从大的病变处可获得充足的样品，但是小的病变可能被遗漏。异物、齿病和其他病变也可能被忽略。

另一方面，鼻镜检查时可直视鼻腔，并且能够提供初步诊断，且在采集样品之前找到适当的采样点。在视野内可用活检钳直接在典型的病变组织内采集样品，极大地提高组织病理结果的精确度。各种样品可从同一种或多种活组织检查中被挑选出来。真菌菌落活组织检查和菌落培养有助于鉴别真菌的种类。通过鼻腔镜检查，从真菌菌落获得活组织样品与从鼻腔冲洗采集的样品相比，前者可以培养出大量且生长茂盛的真菌菌落。应用鼻腔镜能直视病变组织采样，并且由于其发病率和死亡率较低，使得鼻腔镜成为鼻组织样品采集选择的方法。

鼻腔的手术探查也可以用于采集活组织样品。手术暴露鼻腔可直视腔内组织。在样品采集和确定采集位点之前首先进行大体诊断，但其致死率远远超过鼻腔镜法。除非其他方法的诊断结果都失败，否则不推荐采用鼻腔切开探查术。自从鼻镜检查用于诊断慢性鼻腔疾病以来，18年间，在400例病犬中只有1例采用了外科探查术，并且在这种情况下，鼻腔镜检查所获得的信息远超过外科探查术。

四、额窦镜检查

猫和犬的额窦可以通过鼻内镜直接检查。疾病使鼻甲受损时更容易从鼻腔进入额窦。多数病例都需要在患病额窦背侧游离壁经皮环钻一个直径为3～5mm的孔，检查时可不需要灌注液，也可在通过空气或液体冲洗情况下进行。如果有明显的病变，用液体冲洗可以充分显示病变。需要冲洗时，圆锯孔的直径一定要足够大，可使内镜套管周围的冲洗液自由流出。当有明显的病理变化时，上颌窦可能被堵塞，因此仅从内镜周围流出液体。活组织采样时，圆锯孔要足够大，以允许在内镜旁边建个活组织检查通路。如果病变范围广泛，采集样品的位点并非十分重要，可打一小孔，在没有内镜直视的情况下采集样品。通过这种方法可以进行额窦的治疗性清创术，例如真菌菌落或骨坏死清创术。

第五节　正常的鼻腔和额窦

正常的鼻腔没有分泌物或血液，可能含有少数的黏液，这些黏液不会堵塞气道或影响观察。正常的鼻甲骨光滑并位于中间，轮廓曲线缓和（图5-14）。通常可见鼻甲骨分支（图 5-15）。两侧鼻甲筛骨呈皱褶样，它们的起伏、厚度和空间分布也一样（图5-16）。正常的鼻甲骨几乎完全充满鼻腔，鼻甲骨之间空间非常小。鼻甲骨的气道之间狭窄，但它们之间界限明显并且通畅（图 5-17）。内镜从其后面通过而无影响，除非是小型患病动物。正常的鼻中隔光滑、平坦（图 5-18），但是后部表现粗糙不平（图 5-19），终止于尾部凹面边缘（图5-20）。前部和中部非常容易通过，特别是中间部分。鼻咽的腹中部最容易进入，并且出现圆形光滑的腔，腔的背部和腹部可以用鼻内镜轻轻地使其平整（图 5-21）。在鼻咽的侧壁，耳咽管开口可看成纵向的裂缝（图 5-22）。在鼻腔的吻缘能看见鼻泪管的开口（图 5-23）。

鼻黏膜光滑且可由粉色变为红色。当通过空气检查时，黏膜颜色在亮粉色到红色之间；当通过冲洗液检查时，黏膜变得苍白，从中度苍白到淡粉色。二者可通过以下方法进行鉴别，在开始检查时不冲洗，观察时冲洗。可观察到黏膜颜色立即改变，原因是由于冷冲洗液使血管收缩。鼻腔的大部分黏膜的性质相同，有相同的颜色和质地。有两个

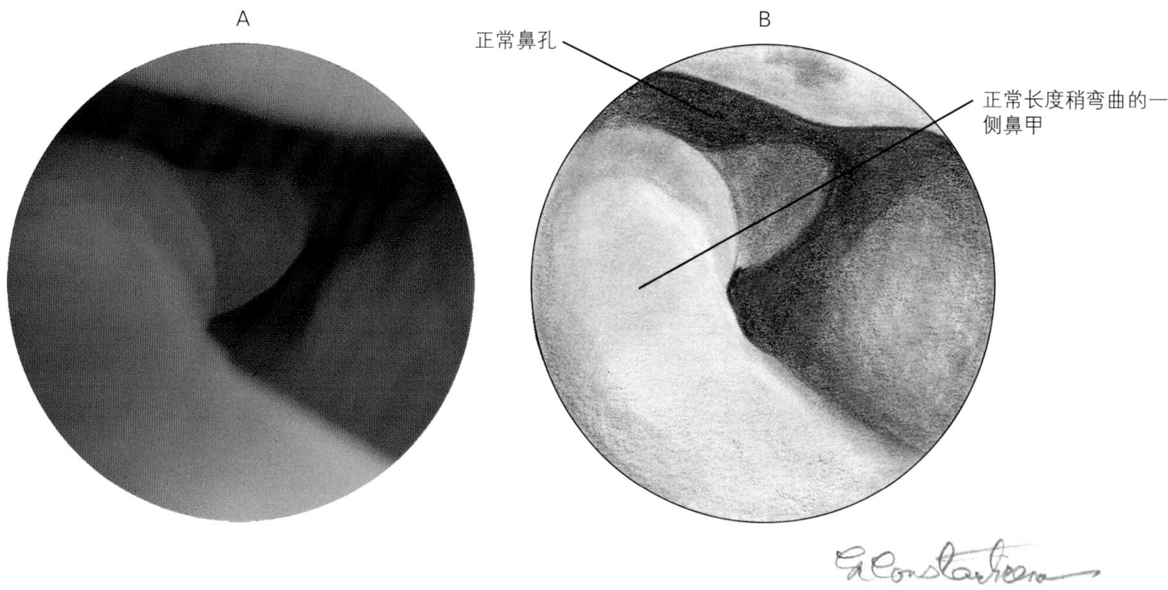

图5–14　正常鼻甲平滑粉红色的黏膜，鼻甲的结构，无渗出液，可见正常长度、稍弯曲的一侧鼻甲（从此处开始，若无其他说明，所有的鼻镜检查照片均采用直径为2.7mm的内镜拍摄）

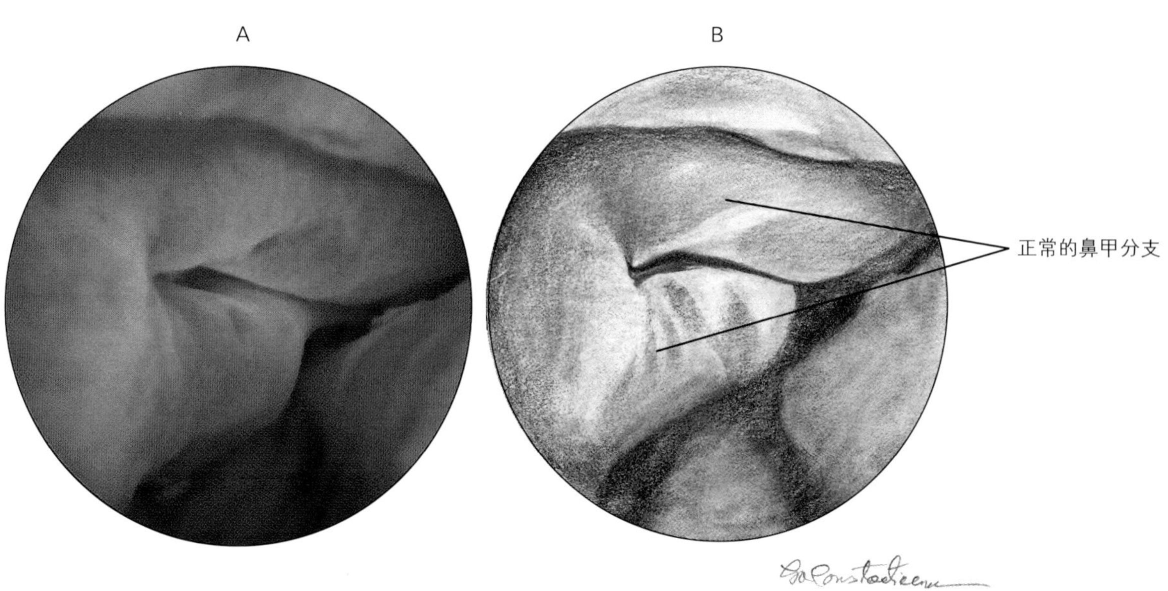

图5–15　如图所示为正常的鼻甲分支

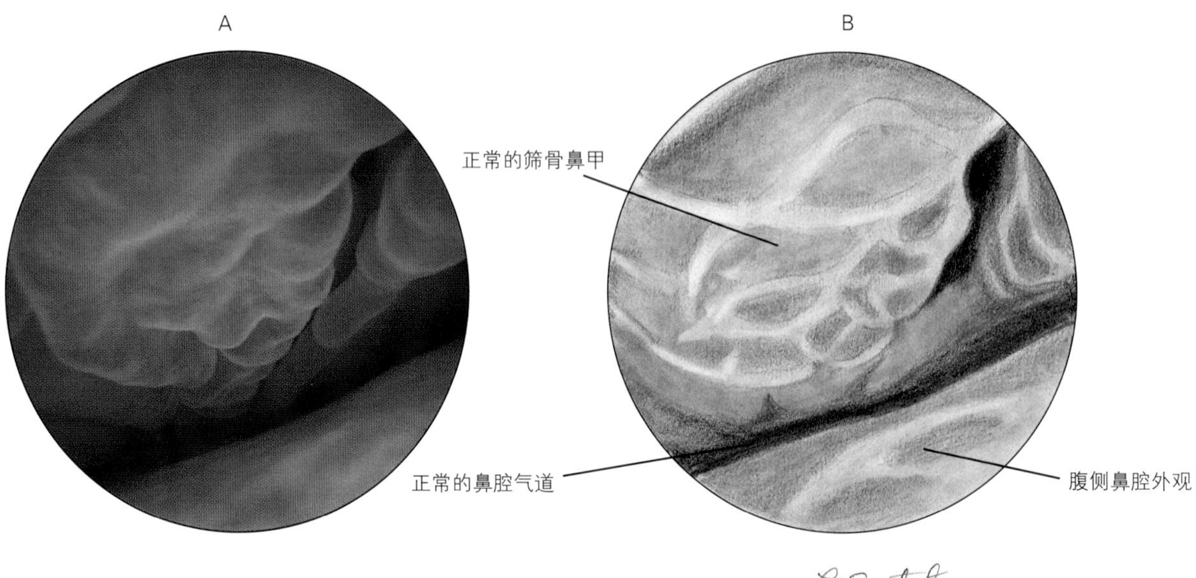

图5-16　正常的皱褶外观特征的筛骨鼻甲

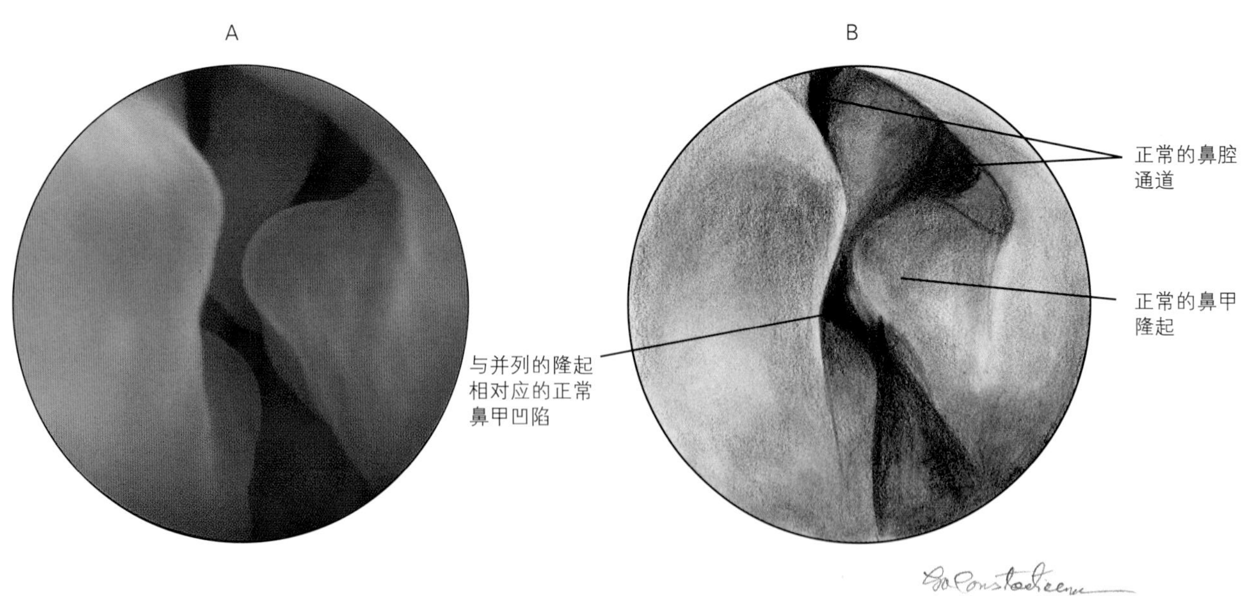

图5-17　鼻甲之间正常的气道是狭窄的，但是很清晰且无阻塞，鼻甲隆起和凹陷一一对应，是具有结合在一起的特点

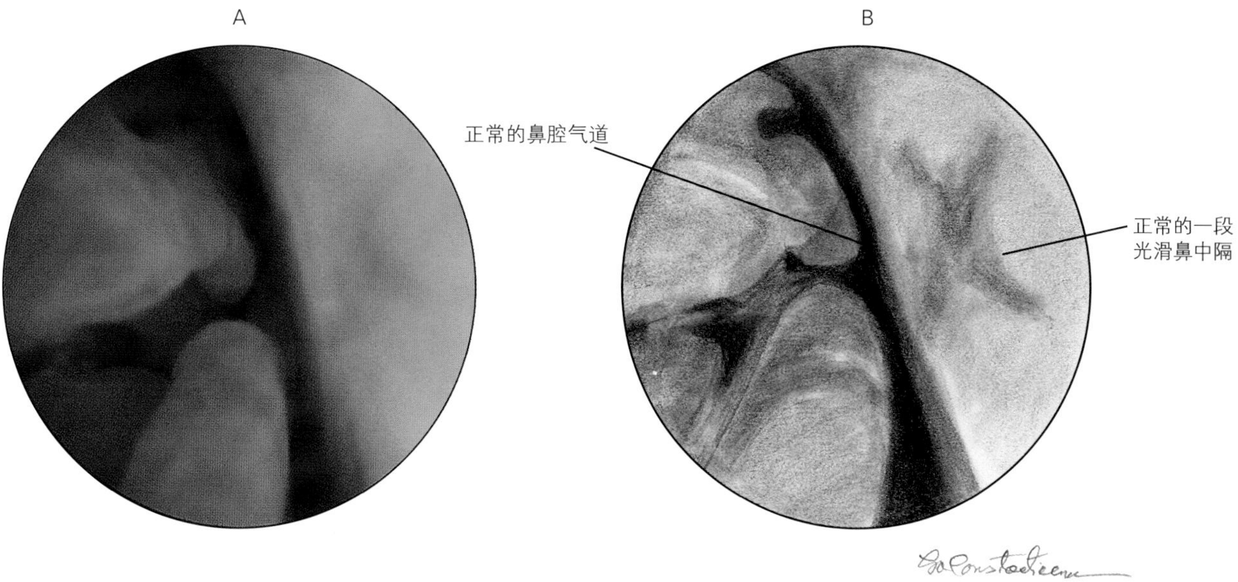

图5–18 鼻中隔正常的光滑平坦部分

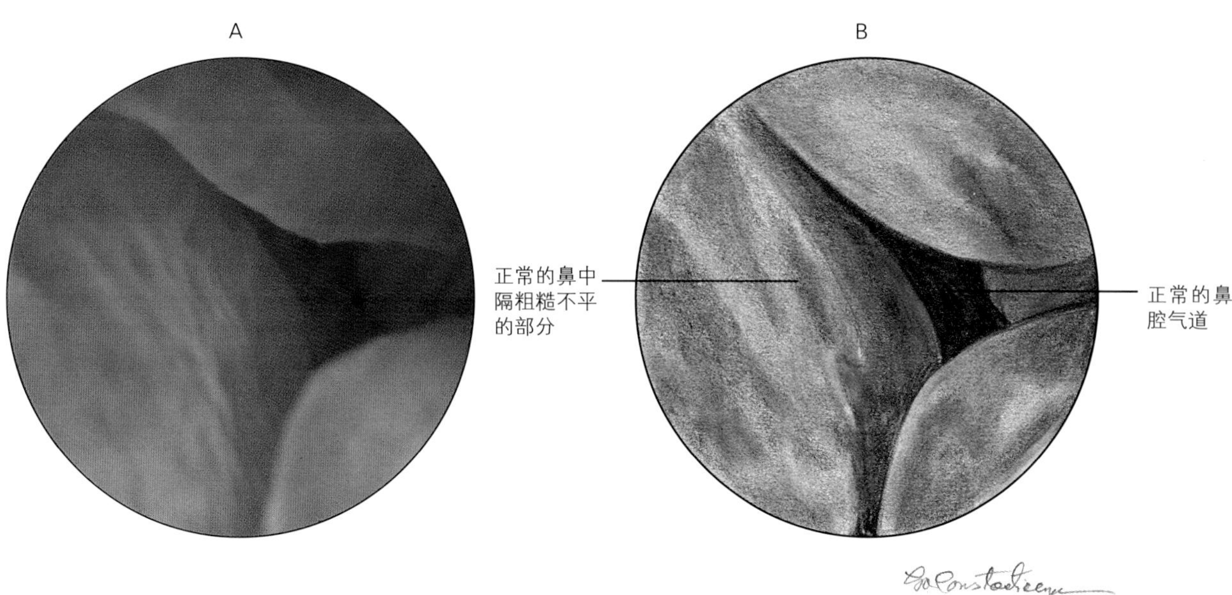

图5–19 正常的鼻中隔末端粗糙不平的区域

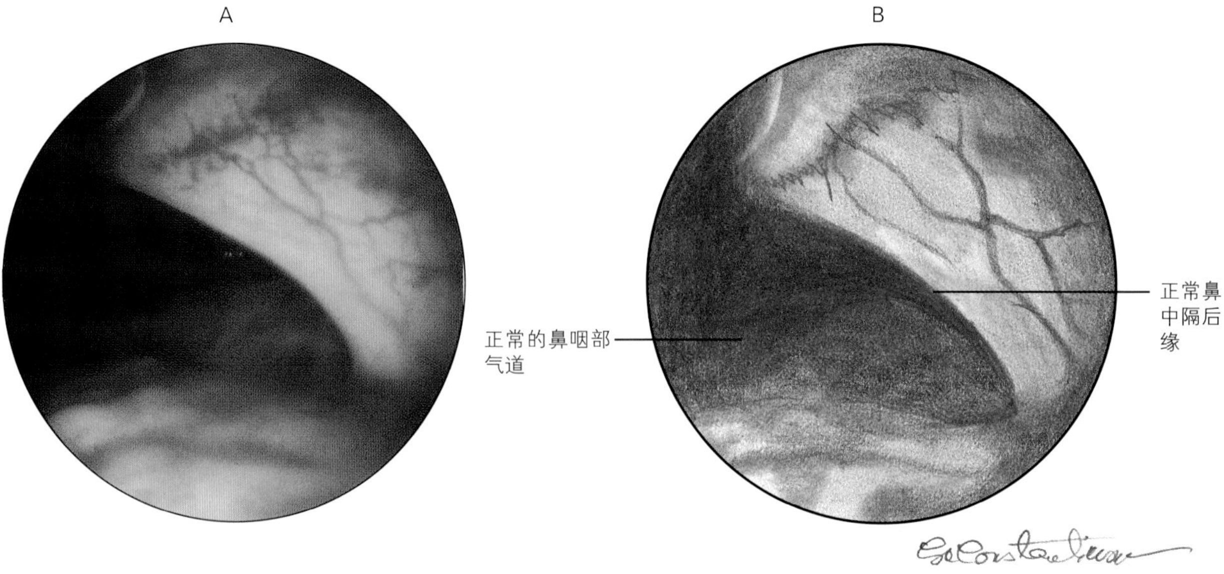

图5-20 正常的凹面的鼻中隔后缘

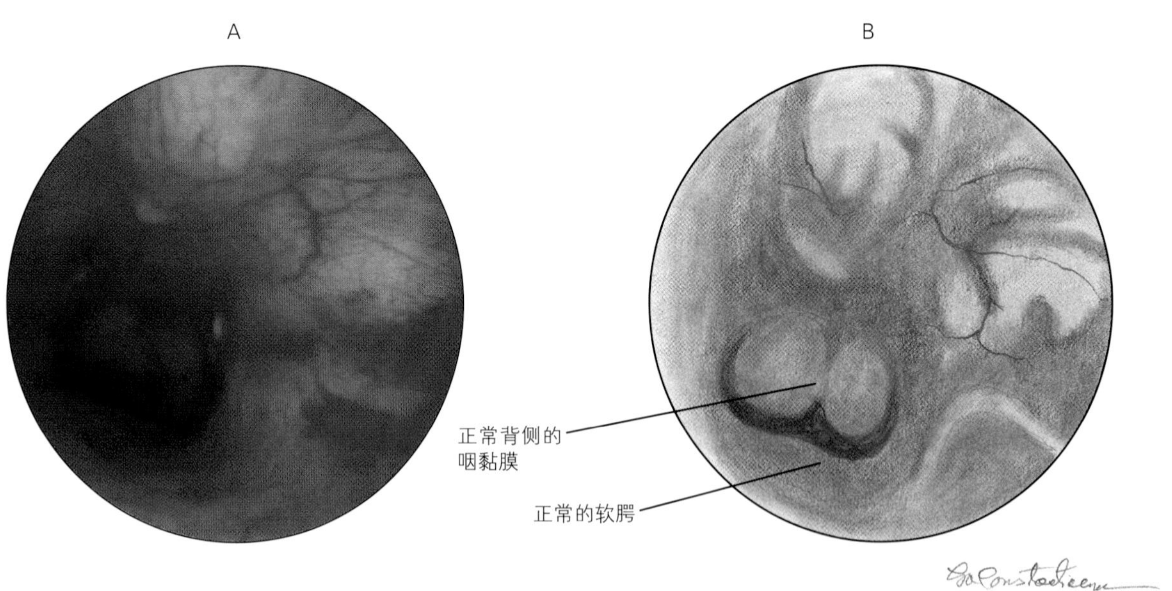

图5-21 通过内镜看到的正常鼻咽

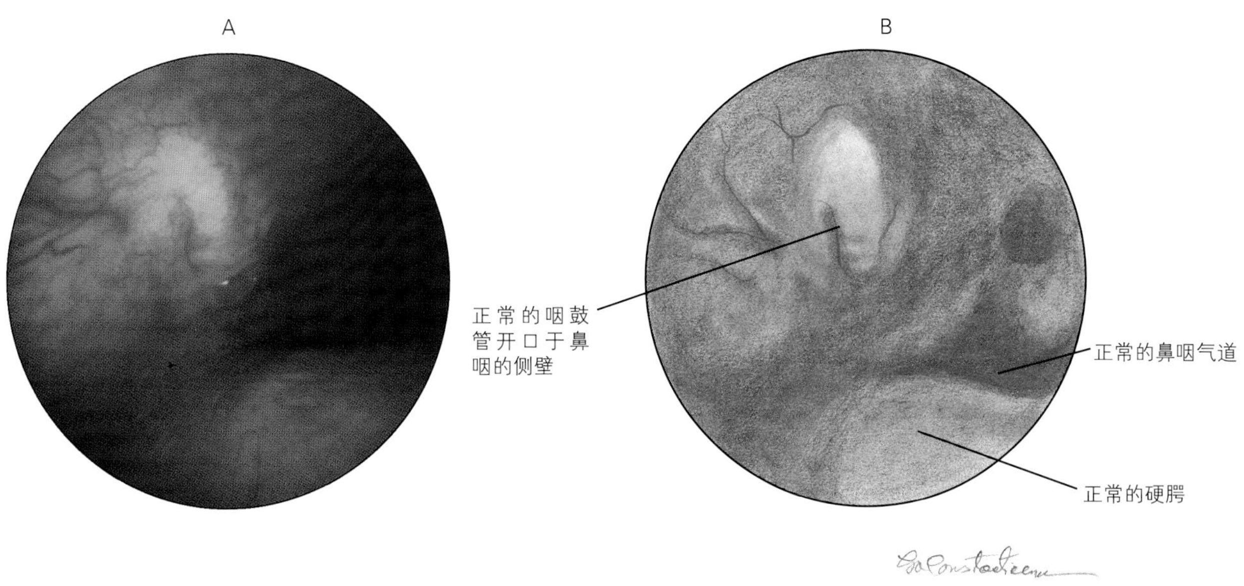

图5-22　正常的咽鼓管开口于鼻咽的侧壁（通过内镜可以看到）

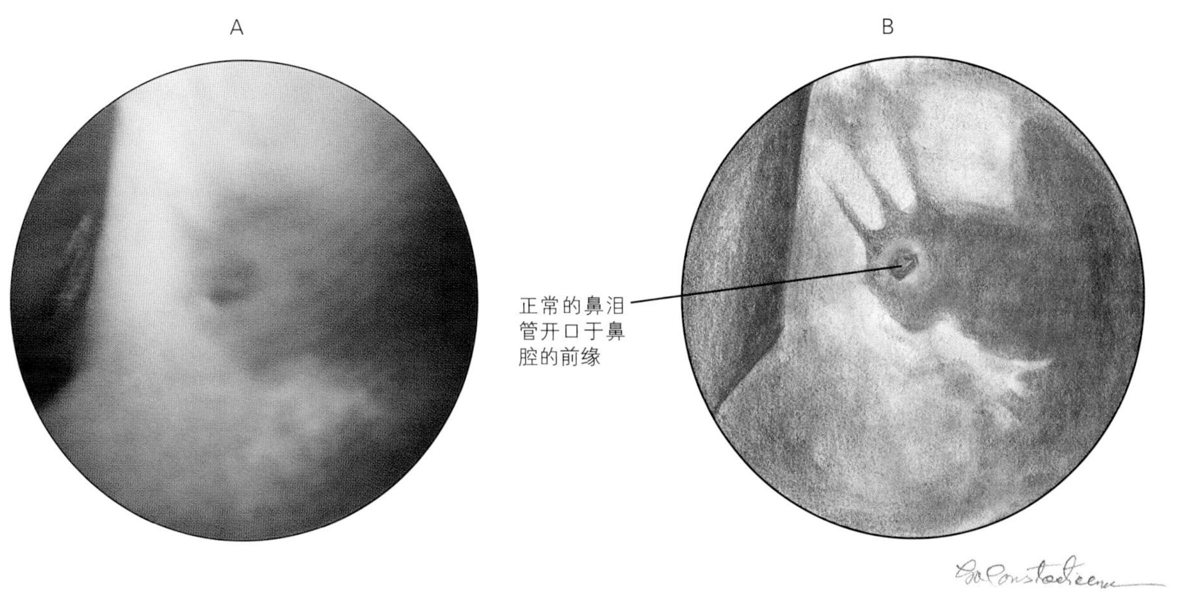

图5-23　正常的鼻泪管开口于鼻腔的前缘

区域比较特殊，一个在背面，另一个在侧面，在这两部分的黏膜覆盖有褐绿色的薄膜（图 5-24）。嗅觉器官区域（嗅觉神经末梢）的黏膜光滑且厚度相同，之后黏膜表面致密。黏膜容易被内镜破坏，而下层黏膜不易被破坏（图 5-25）。在鼻中隔的尾部或中部有个特殊的区域，其表面粗糙（图 5-19）。

在黏膜的许多地方都可见到大小和构型不同的血管。血管构型各异，且形成分支，最后形成血管树。鼻黏膜柔软且易受到内镜的损伤。做鼻镜检查时易出血，但是冲洗可使视野清晰。从正常的黏膜

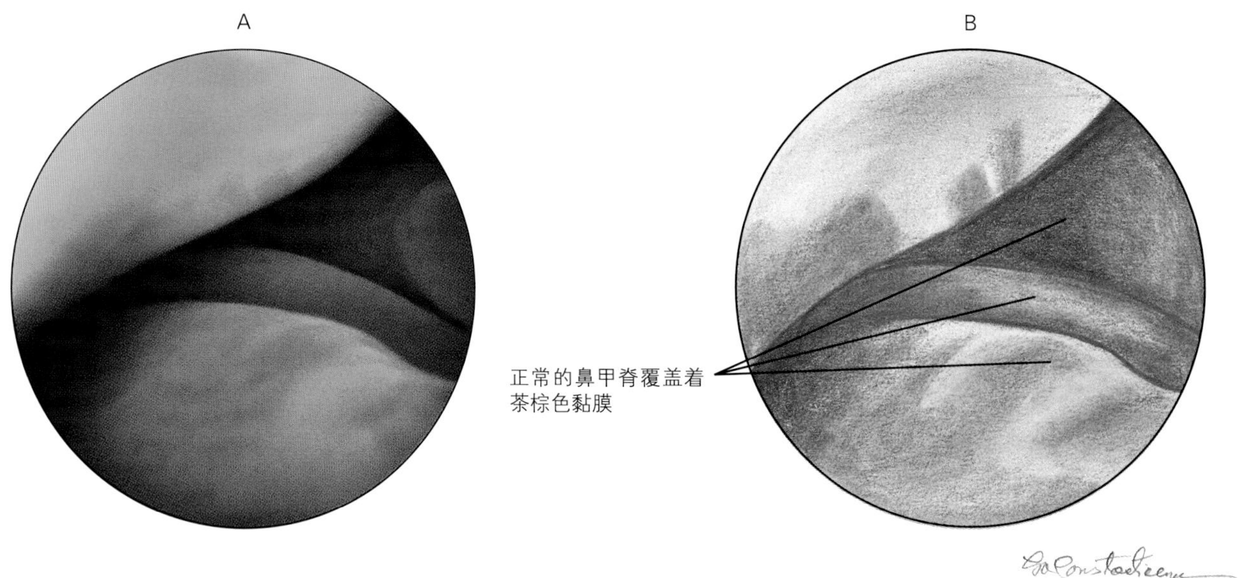

图5-24 嗅觉器官区域正常的茶棕色黏膜

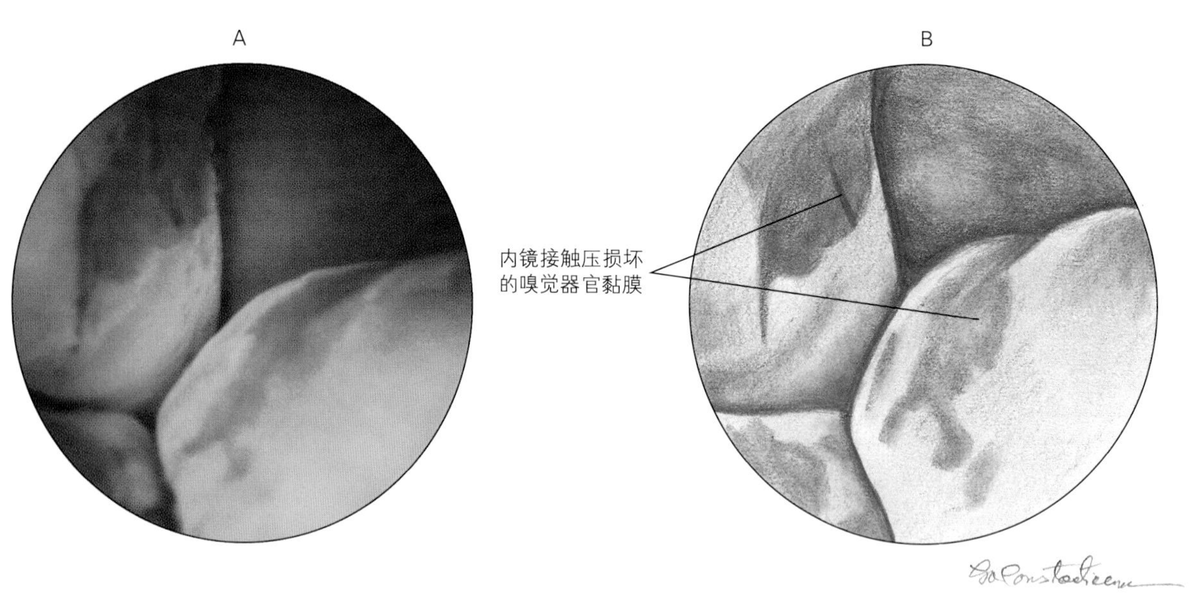

图5-25 内镜检查过程中，被损坏的正常嗅觉器官黏膜

取样时会再次发生少量出血，但不会干扰检查。检查正常鼻腔或活组织采样所致的出血常在检查完成后停止，并且在恢复期间和恢复之后不会再出血。正常的额窦充满空气，没有液体、渗出物、组织和碎片。额窦内排列着透明的薄膜和致密、清晰可见的血管网（图5-26）。有很多骨嵴延伸到额窦腔（图5-27）。在额窦的前部能够看到内膜向正常的鼻甲黏膜过渡（图5-28）。在一些大型犬，内镜能够通过其鼻腔。

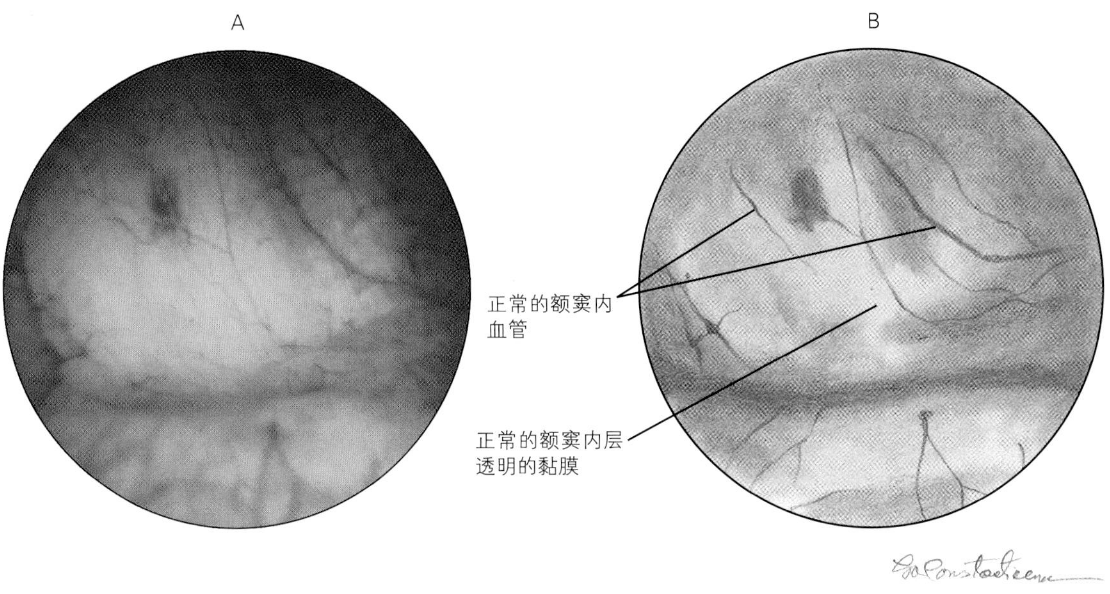

图5-26　正常的充满空气的额窦腔，里面有清晰的透明内膜，没有分泌物、渗出物、液体、组织或碎片

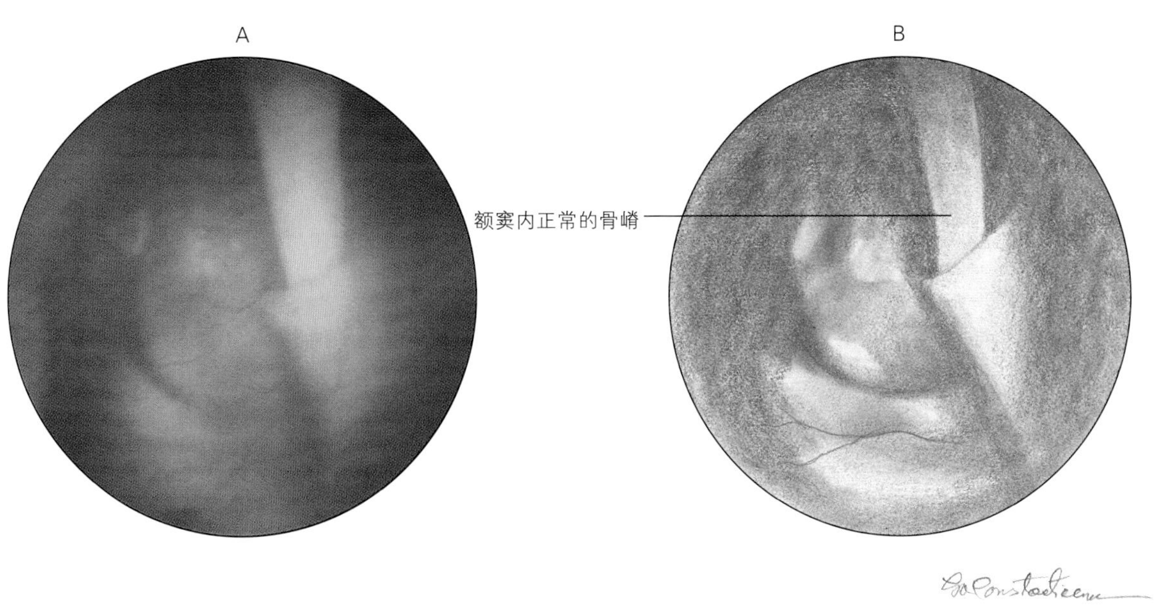

图5-27　正常的骨嵴延伸入额窦腔

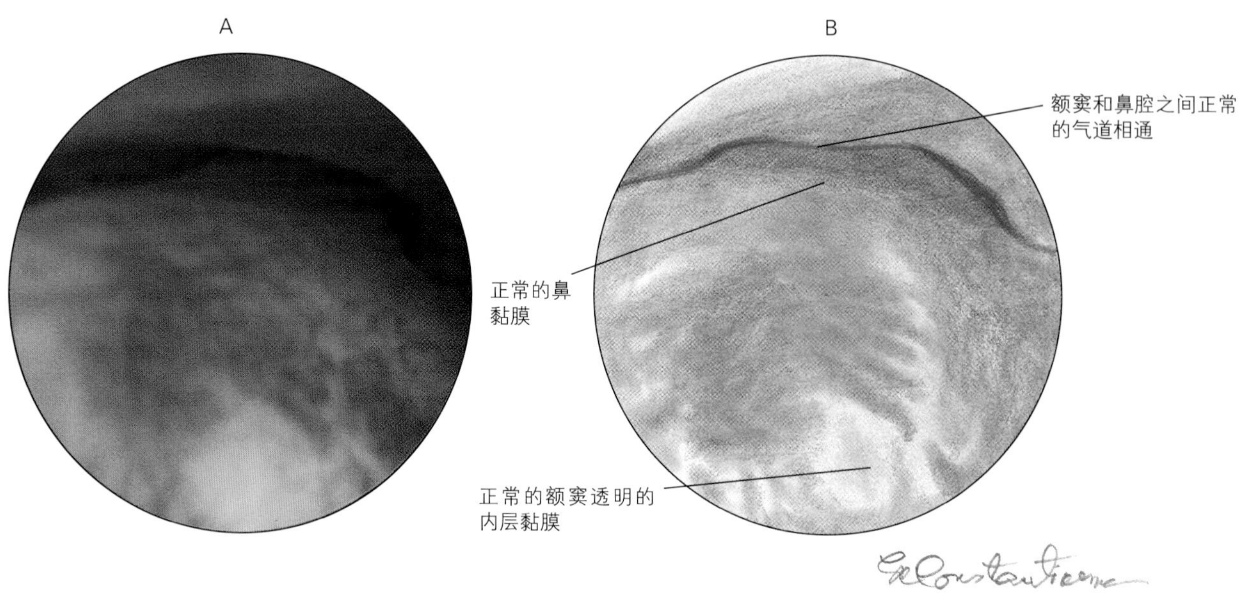

图5-28 在额窦的前段，薄的透明的额窦内膜向正常的鼻黏膜的过渡

第六节 鼻病理学

鼻腔早期的异常包括肿瘤、霉菌性鼻炎和鼻窦炎、异物、牙齿疾病继发的鼻炎、细菌性鼻炎和鼻窦炎、过敏性鼻炎、寄生虫性鼻炎、耳炎继发的鼻炎和鼻咽炎、特发性鼻炎或者原因不明性鼻炎。全身状况显示鼻部征兆，包括病毒感染、血凝异常、高血压、埃立克体（*Erlichia*）感染，原发性血管炎和其他非特异性的全身性衰竭性疾病。

一、肿瘤

大多数鼻腔肿块都能通过鼻镜检查发现，当鼻腔疾病的症状变得明显的时候，肿瘤早已形成，且肿瘤体积很大。鼻腔可出现不同类型的肿瘤，这些肿瘤来源于鼻腔的任何组织或者从身体的其他部位转移到鼻腔。通过鼻镜连续对100个病例的肿瘤进行外观检查和活组织采样检查，诊断出19个不同组织学类型的鼻肿瘤（框5-3），包括11种不同类型的肉瘤，5种不同类型的癌和3种良性肿瘤。这些肿瘤的位置不同，颜色、形状、轮廓和质地也不同。肿瘤的外观和类型之间没有太大的相关性，但是也有一些例外。大多数肿瘤表面都被浓稠的分泌物包围，用内镜冲洗很容易将其去除。有的肿瘤表面还有先前出血留下的凝血块。许多凝血块与新形成的亮红色新鲜凝血块混合在一起，影响观察，使健康的组织和肿瘤没有明显的差别（图5-29）。

肿瘤表面的外观，如颜色、轮廓、质地和血管易变。有的肿瘤的表面光滑、无血管并且有囊包（图5-30和图5-31）或坚硬（图5-32和图5-33）；光滑并且带有明显血管扩张的包囊（图5-34）；光

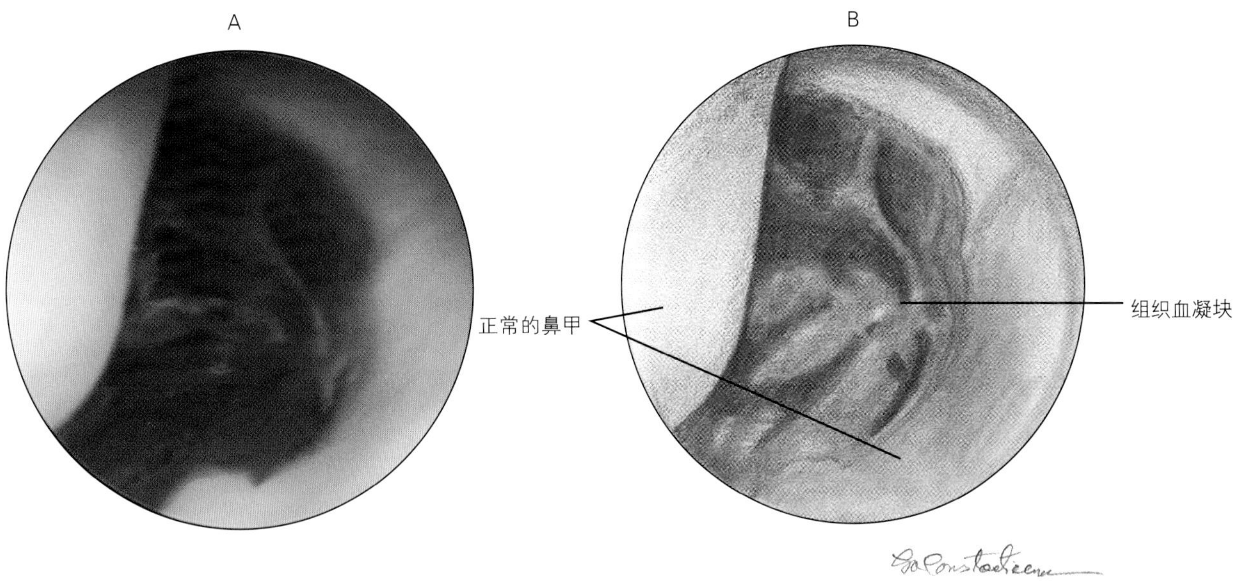

图5-29　鼻腔骨肉瘤的犬鼻腔组织表面可见组织血凝块

滑坚硬，有血管肿块（图5-35）或者有些肿瘤包含所有上述表现（图5-36）。肿瘤也可能是分叶（图5-37）、粗糙（图5-38）、溃烂（图5-39）或鼻甲骨受损呈网状（图5-40），不规则（图5-41）或者带有毛缘（图5-42和图5-43）。肿瘤表面呈白色（图5-32，图5-33和图5-37）、粉红色（图5-42，图5-43和图5-44）、红色（图5-39）、紫色（图5-45）、棕色（图5-46）、灰绿色（图5-47），还可能是上述表现的综合（图5-45和图5-48）。相同肿瘤的不同区域可能有不同的表面形态和颜色（图5-38，图5-45和图5-48）。深紫色不规则的肿瘤表面夹杂着白色斑纹，且混有血凝块，在这些区域慎用活检，以避免诊断信息不准确。

鼻镜检查时，当切开恶性肿瘤后，其内部组织外观通常一致。被破坏的组织表面通常易碎，与外

框5-3　用鼻镜检查法对从1982年7月14日到1996年10月29日的100个连续病例诊断的鼻腔肿瘤类型

癌瘤
- 呼吸癌
- 腺癌
- 未分化癌
- 鳞状上皮细胞癌
- 表皮样鼻癌

肉瘤
- 淋巴肉瘤
- 软骨肉瘤
- 纤维肉瘤
- 未分化肉瘤
- 黑色素瘤
- 骨肉瘤
- 神经纤维肉瘤
- 肥大细胞瘤
- 恶性神经鞘瘤
- 组织细胞肉瘤
- 横纹肌肉瘤

其他
- 炎性息肉
- 软骨瘤
- 腺瘤

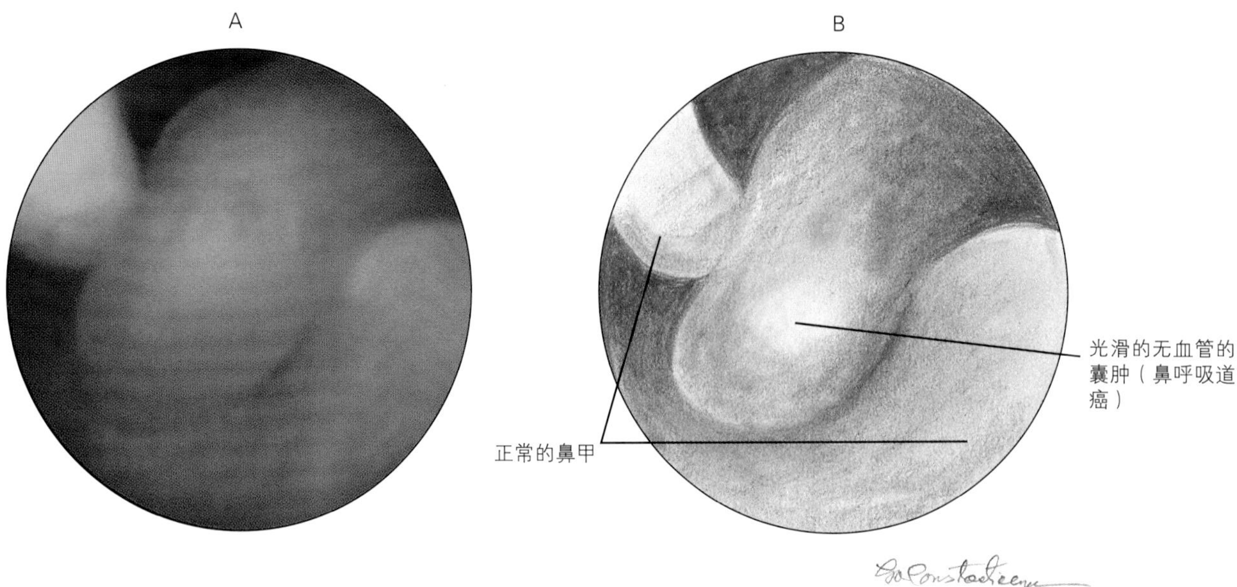

图5-30 光滑的无血管的囊状外观的犬鼻呼吸道癌

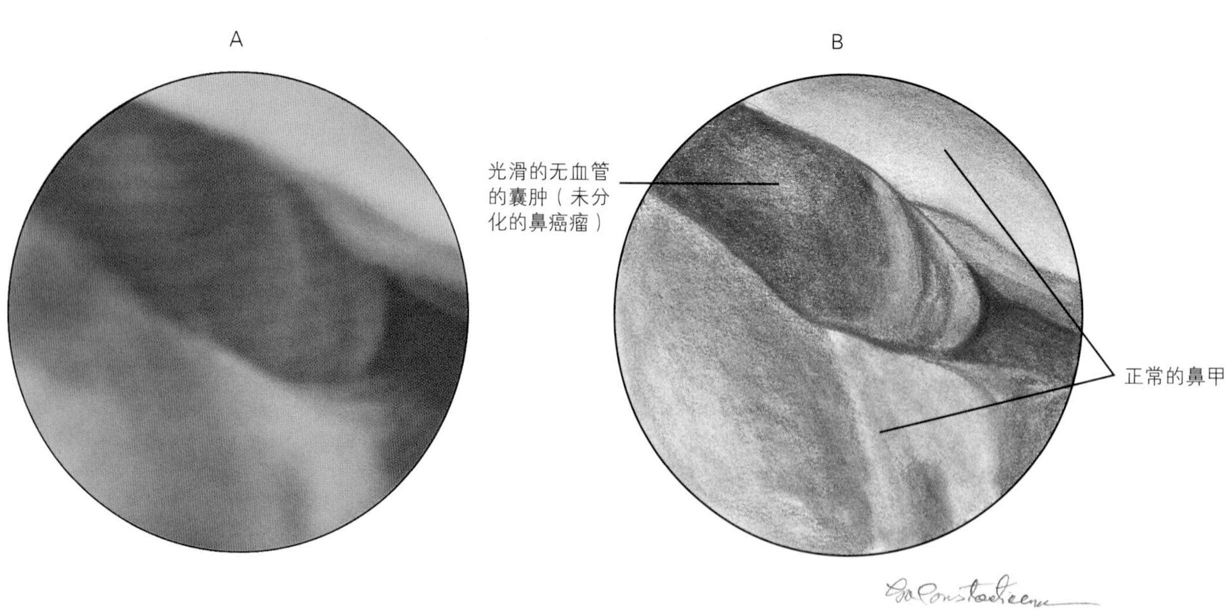

图5-31 犬光滑无血管囊状外观的未分化鼻癌瘤

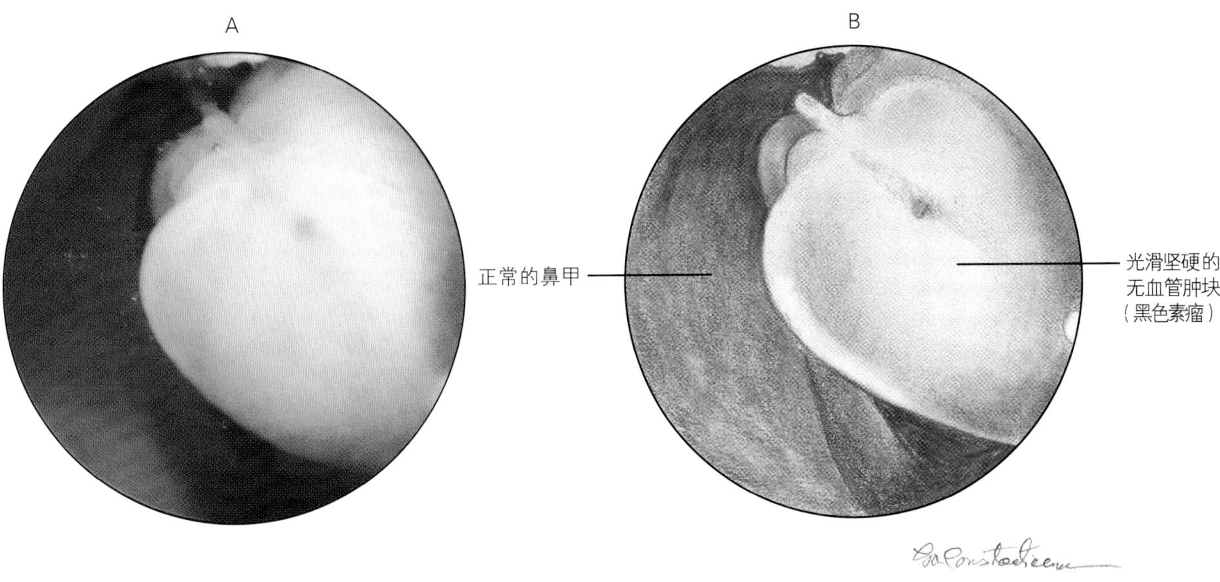

图5-32　光滑、坚硬无血管外观的鼻咽黑色素瘤

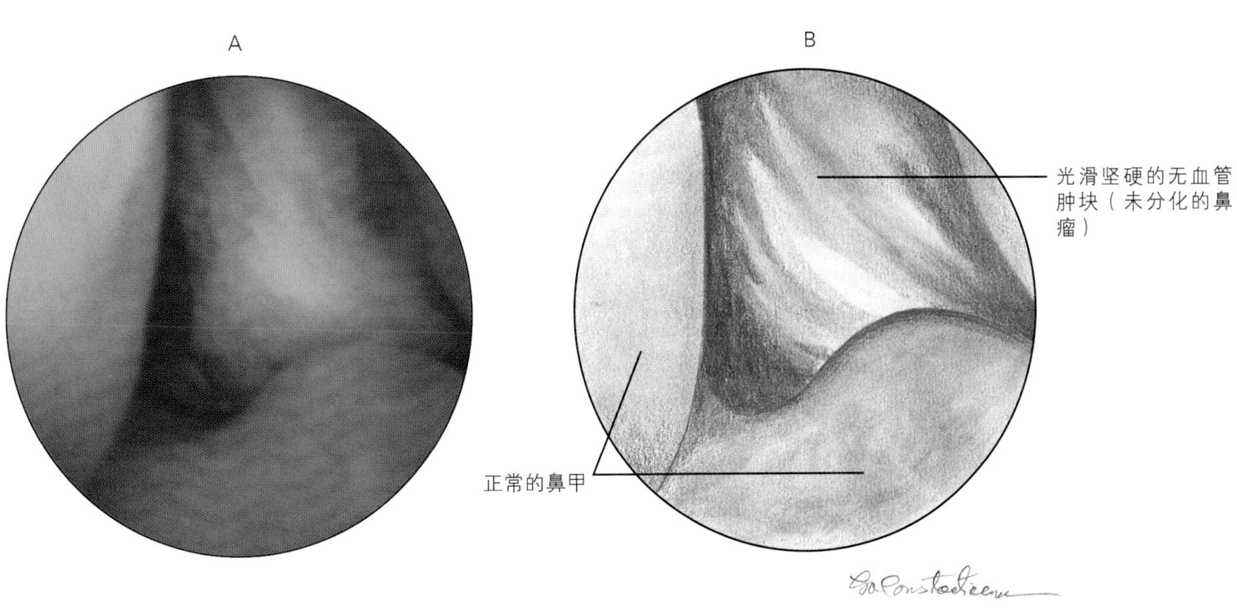

图5-33　犬鼻腔内光滑、无血管外观的未分化癌

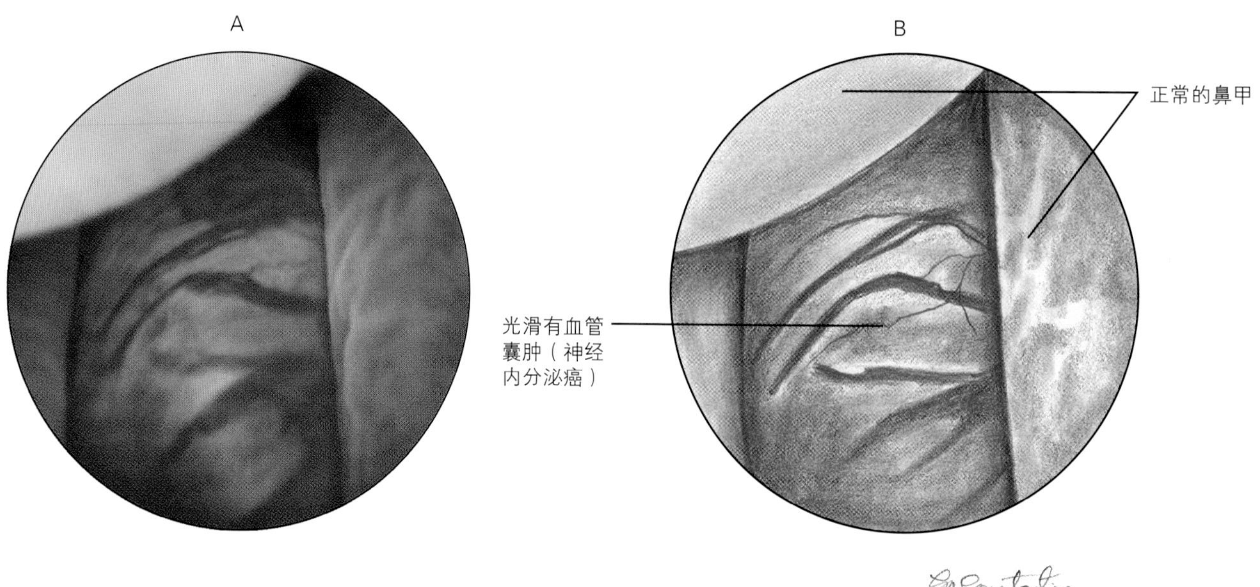

图5-34 11岁拉布拉多猎犬鼻腔内的神经内分泌癌，囊肿表面光滑，血管扩张

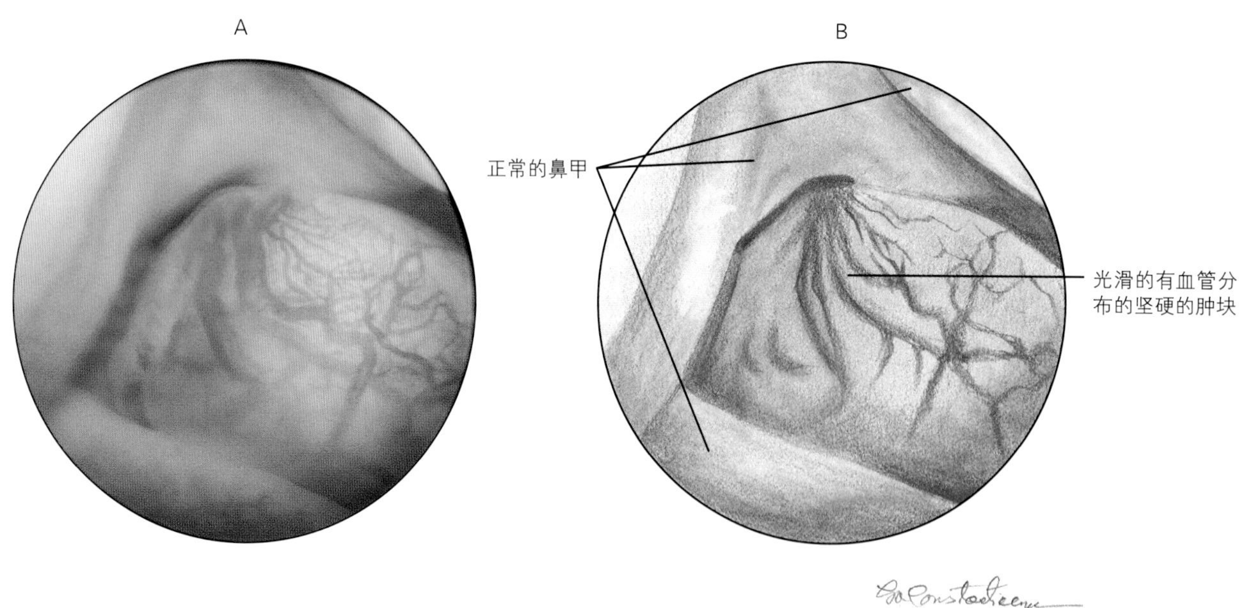

图5-35 犬鼻腔内的腺癌，表面光滑坚硬，血管扩张

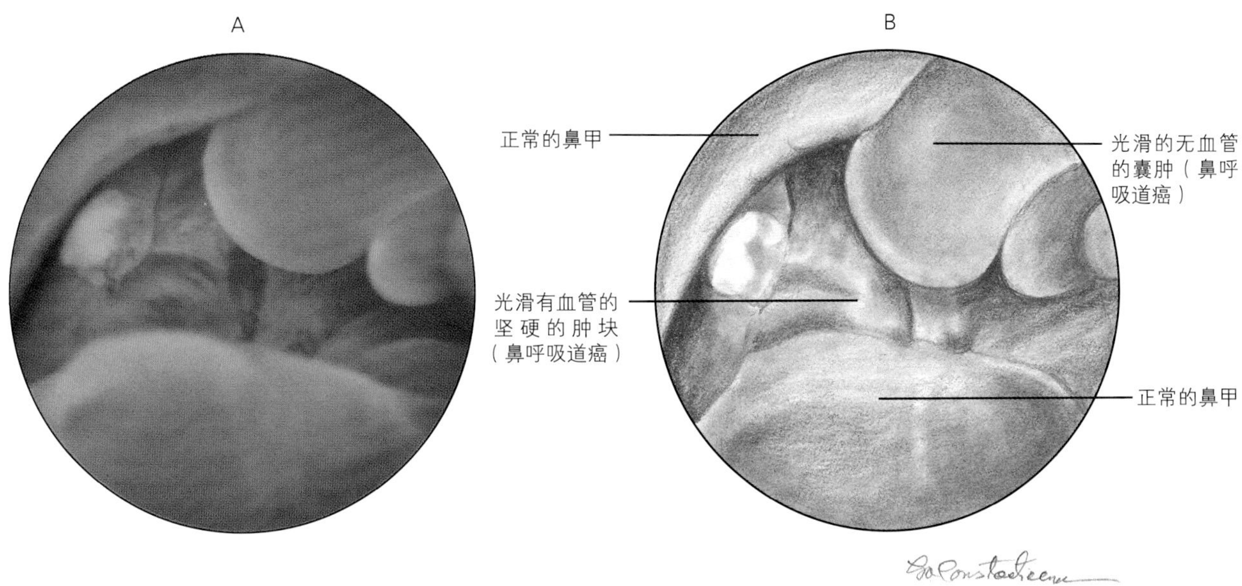

图5-36　具有光滑、无血管囊状区域及光滑坚固有血管区域的鼻呼吸道癌

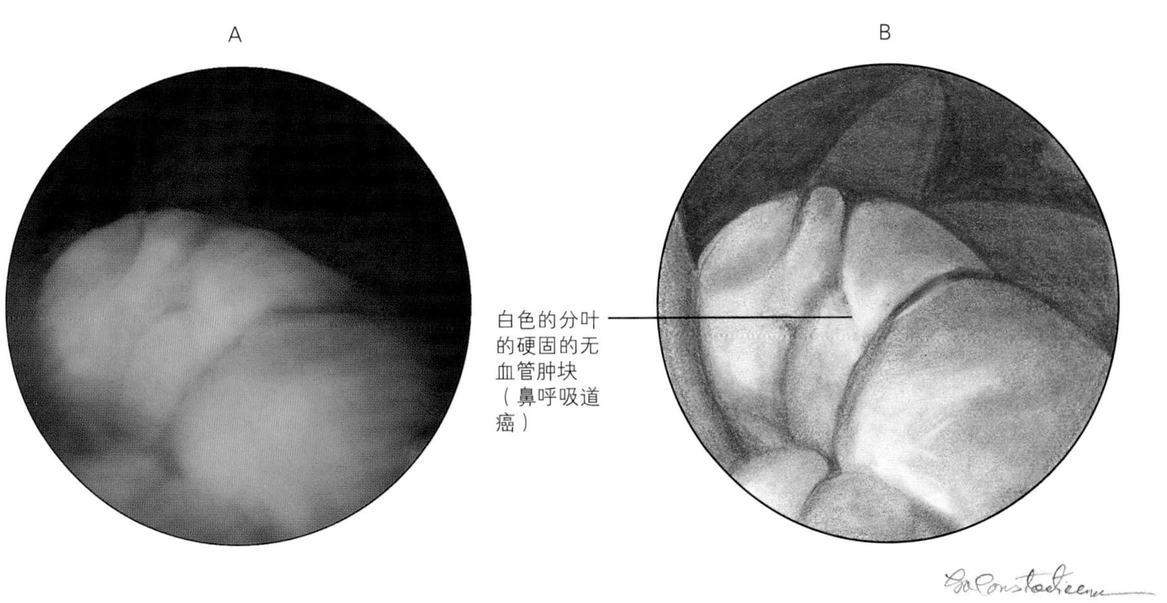

图5-37　犬的鼻呼吸道癌，具有白色分叶状坚硬的无血管外观

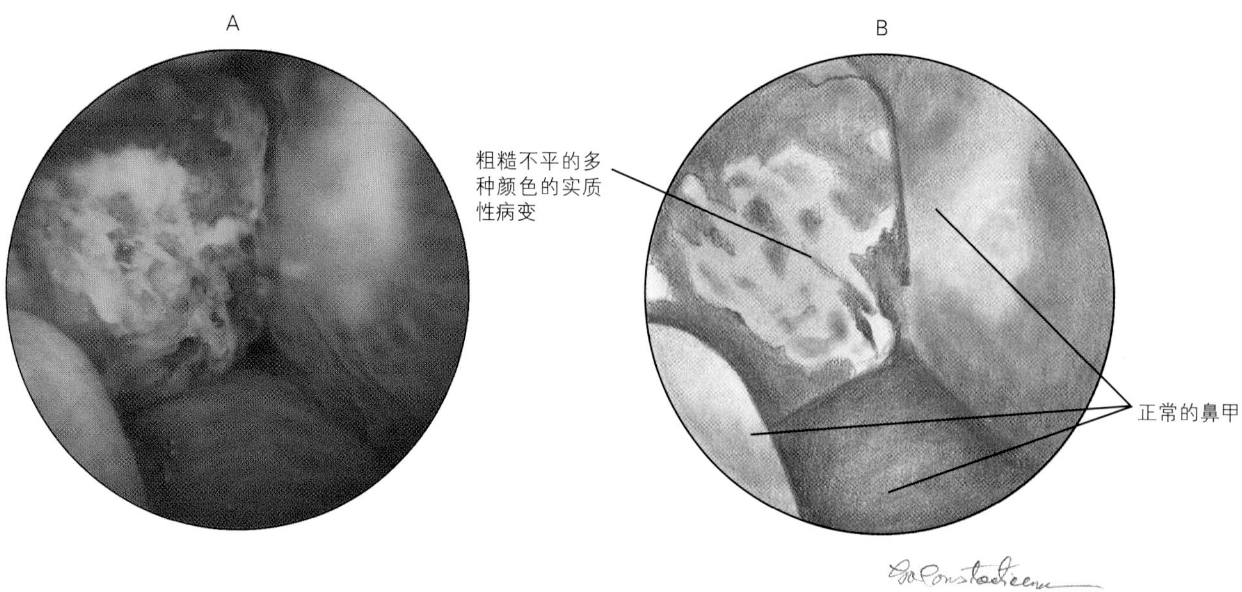

图5-38　犬鼻腔内有多种颜色、表面粗糙不平的纤维肉瘤

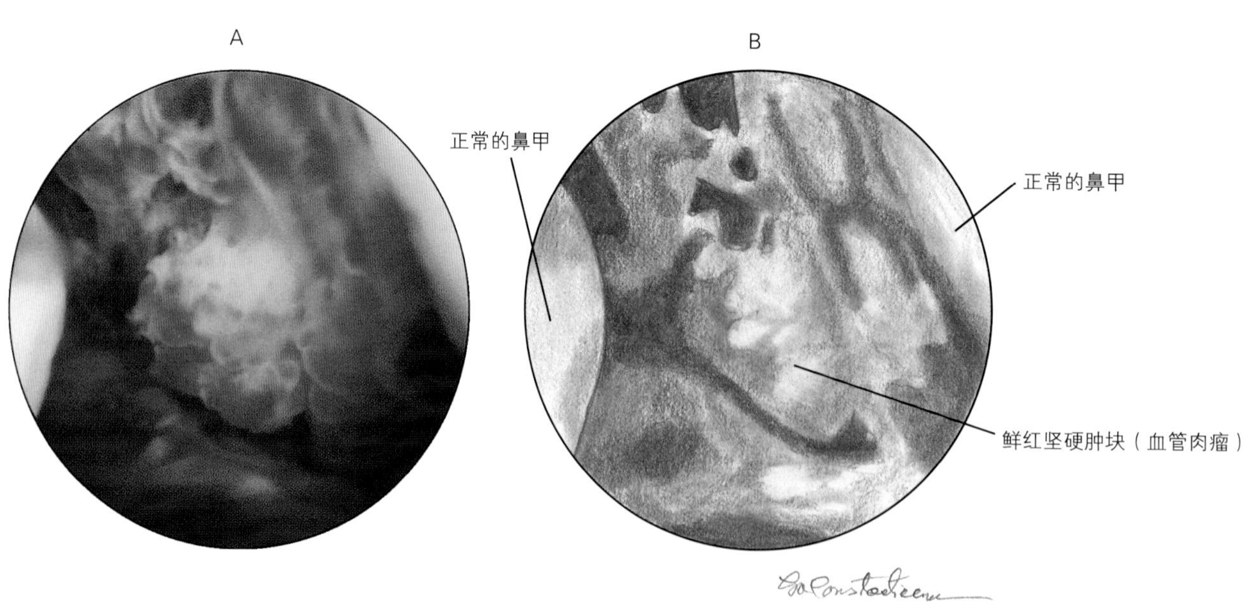

图5-39　猫鼻腔表面鲜红的血管肉瘤

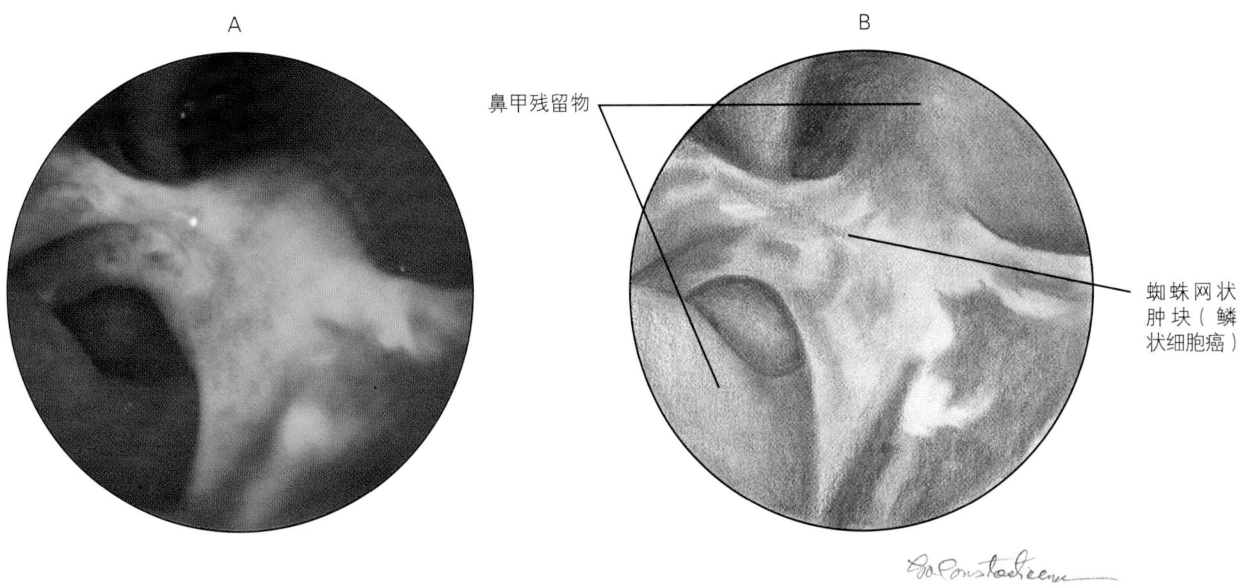

图5-40　犬的鼻腔鳞状细胞癌，具有网状外观，伴有鼻甲损坏

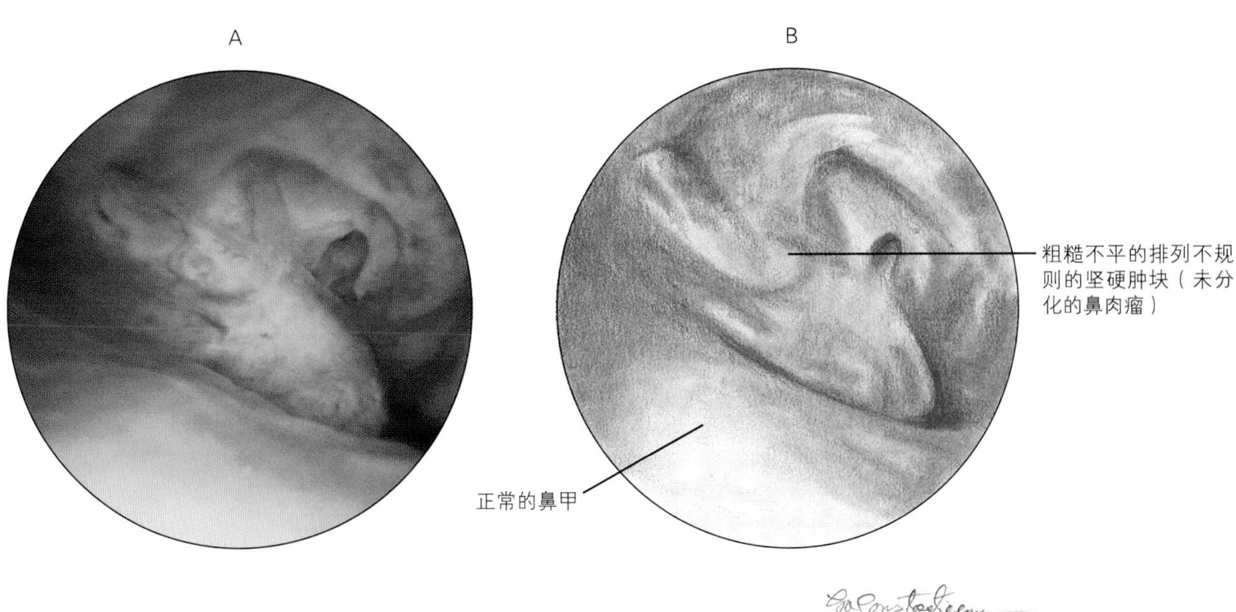

图5-41　一只8岁猫的未分化的鼻肉瘤，肿瘤表面粗糙不平，排列不规则

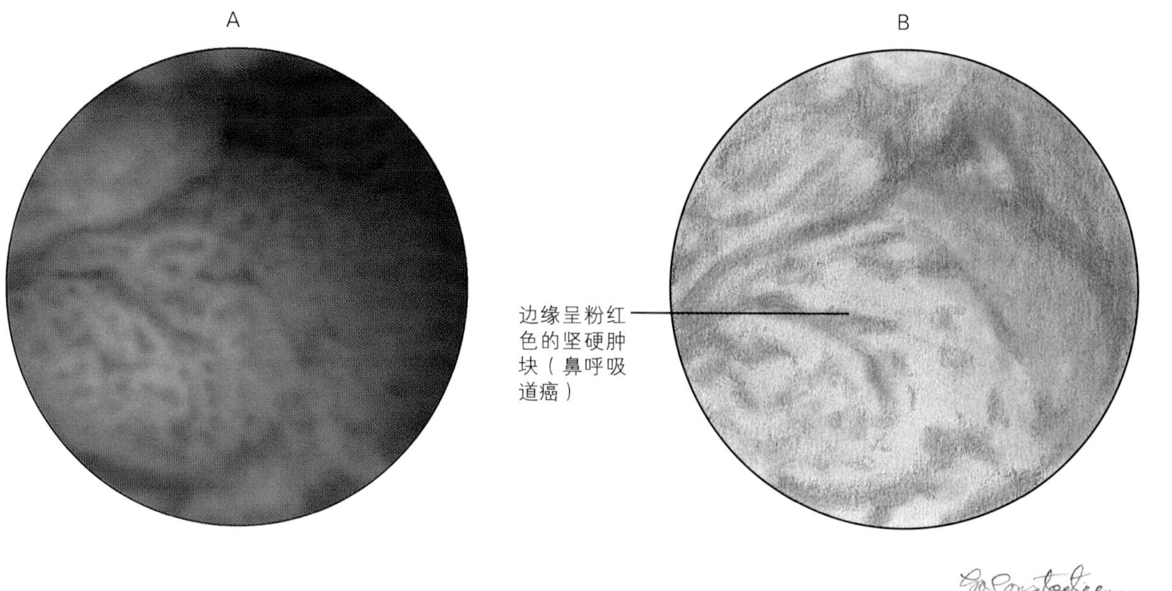

图5-42 边缘表面呈粉红色的犬鼻呼吸道癌

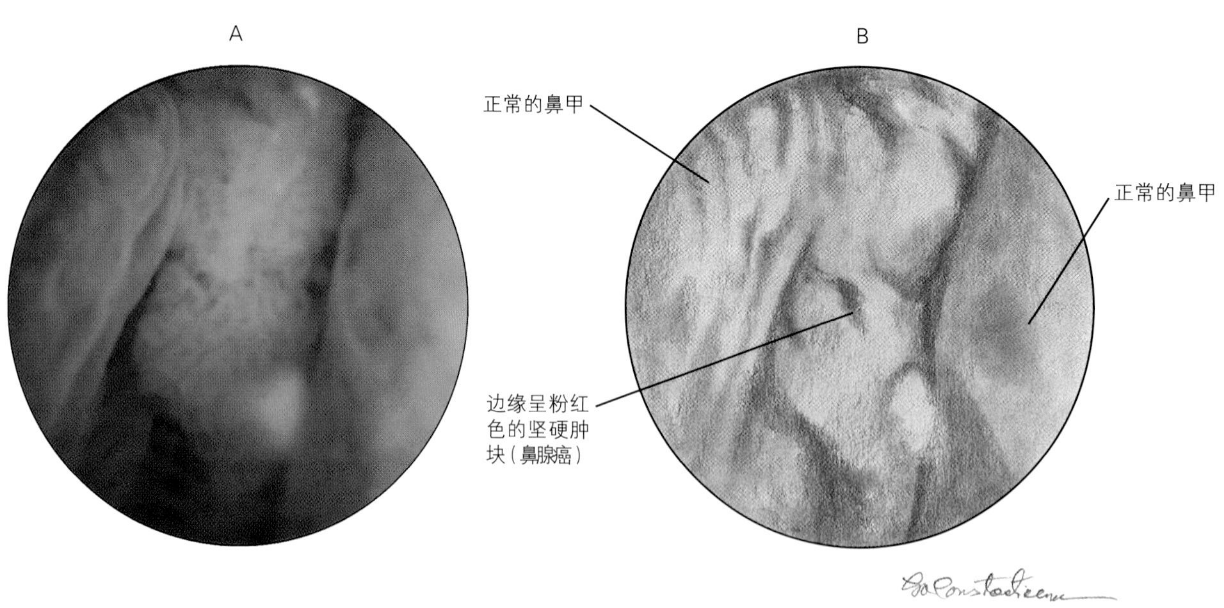

图5-43 先前出现鼻塞症状的14岁杂种犬鼻腔的良性腺瘤，可见边缘呈粉红色外表

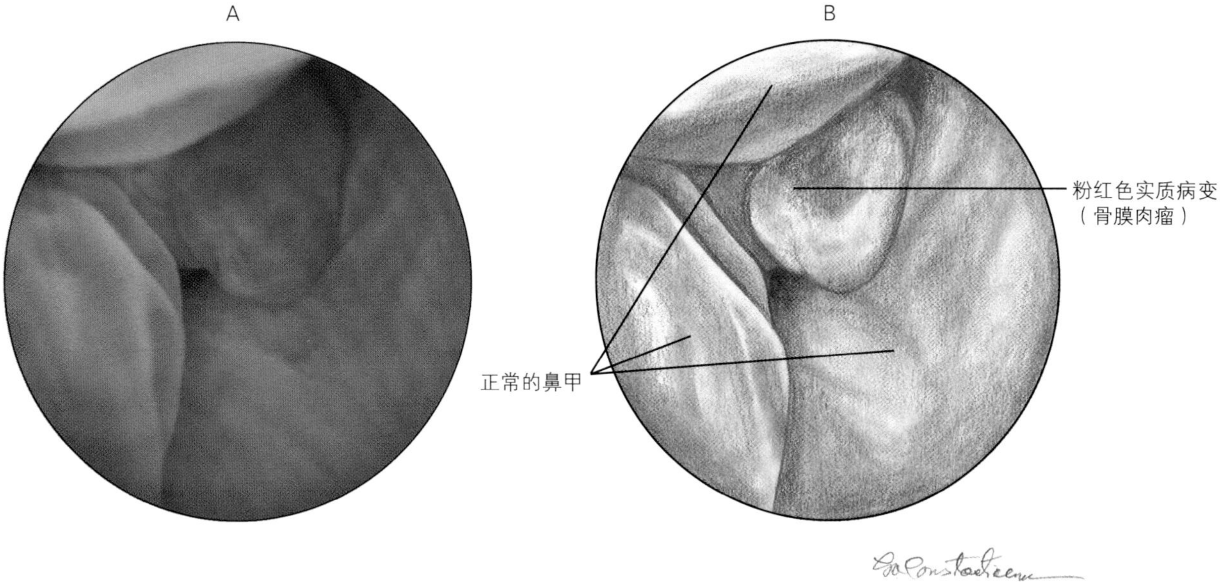

图5-44　犬鼻腔内粉红色外观的骨膜肉瘤

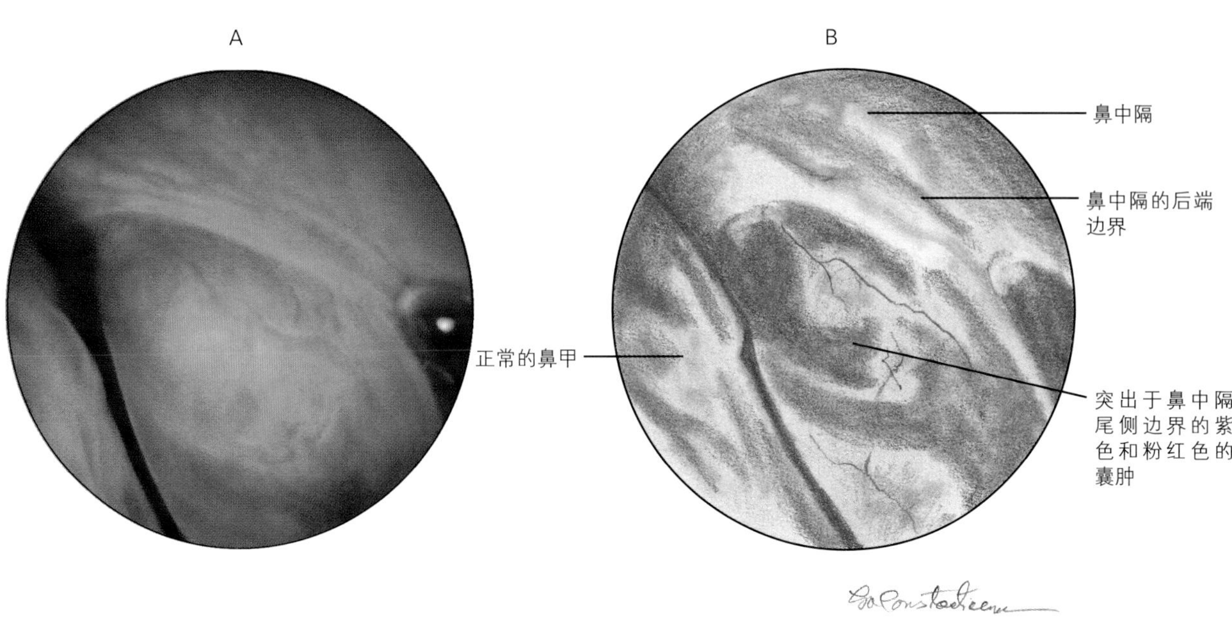

图5-45　从对侧的鼻腔可以看到鼻咽部呈粉红色，紫色外表的鼻呼吸道癌突出于鼻中隔的后端边界进入鼻咽

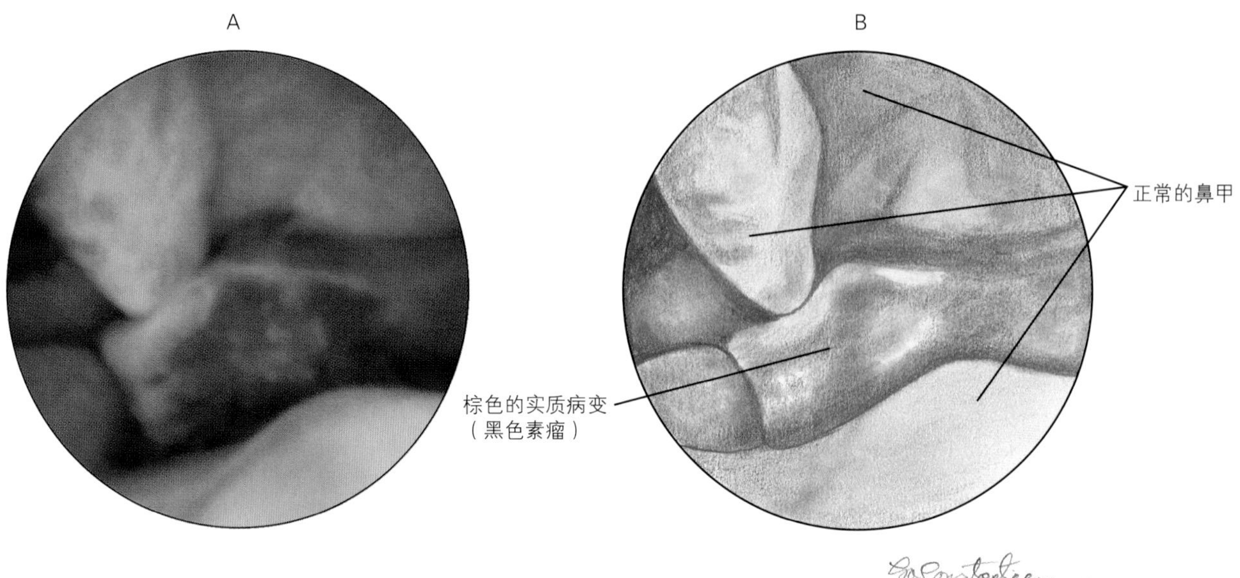

图5-46 犬鼻腔有棕色色素的黑色素瘤

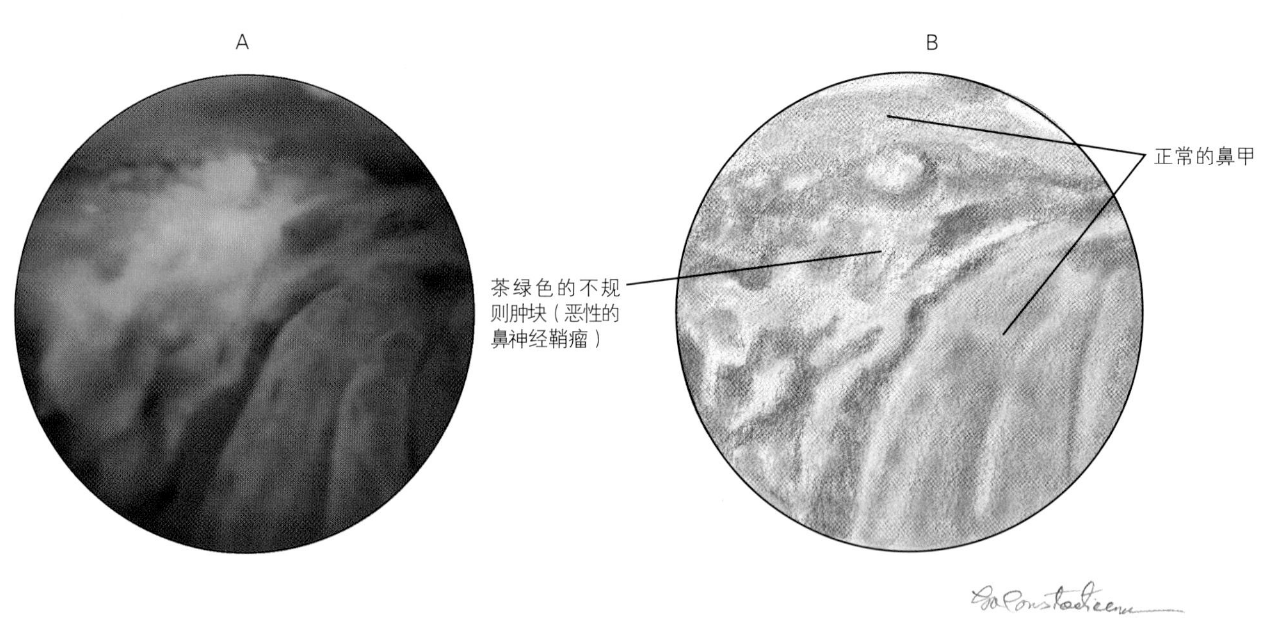

图5-47 犬鼻腔嗅觉器官区域黏膜的茶绿色恶性神经鞘瘤

表面着色相似，在内镜检查放大直视的情况下，有纤维状的外观。内部血管的排列可能从小到大，在肿瘤坏死、有毛缘肿瘤和肿瘤的囊状区域这些表现消失。良性肿瘤很少有密度增加和易碎的组织，但是这种情况不是绝对的。

猫的鼻咽息肉呈特征性的粉红色，且表面粗糙不平、呈分叶状或者有毛缘，血管供应或多或少（图5-49）。息肉也可能是深紫色或者青绿色，同时伴有白色到粉红色的斑状区域（图5-50）。一个息肉也可能同时表现出两种外观（图5-51）。脆

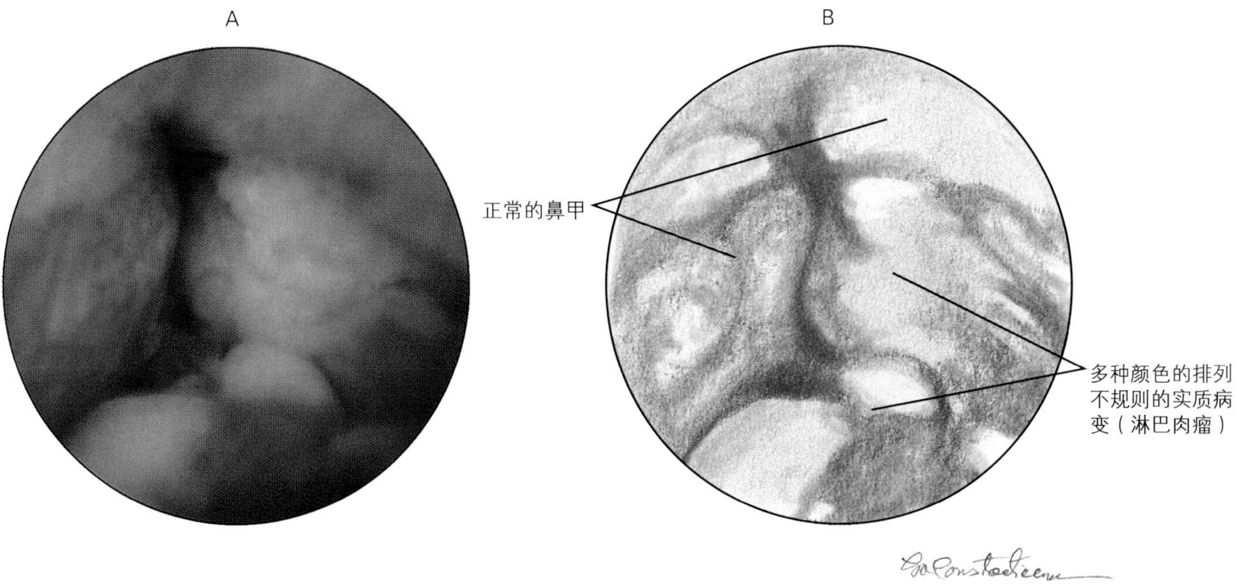

图5-48　猫鼻腔内有多种颜色外观排列不规则的淋巴肉瘤

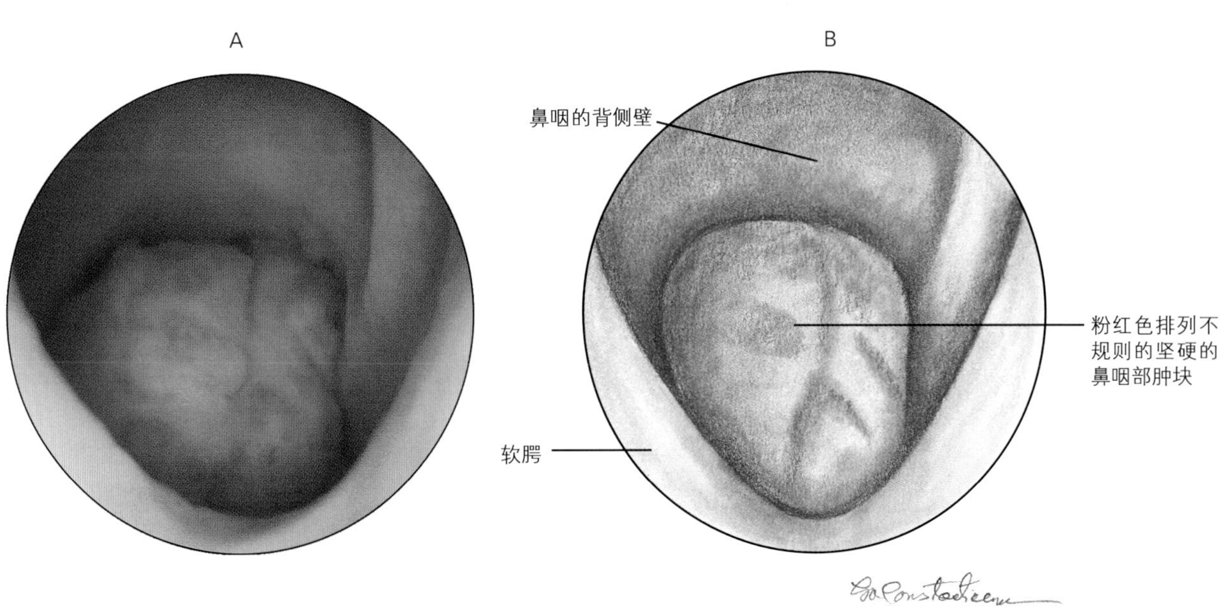

图5-49　猫鼻咽部的良性息肉，外观呈粉红色，排列不规则，造成鼻咽部气道完全阻塞

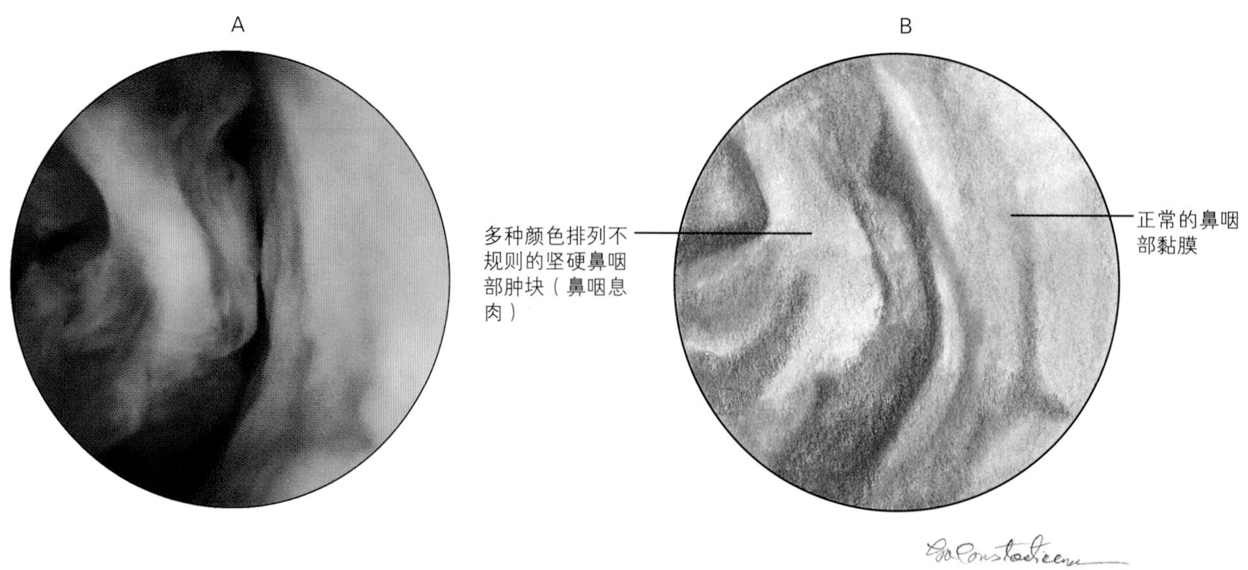

图5-50 猫鼻咽部外观多种颜色的炎性鼻咽息肉

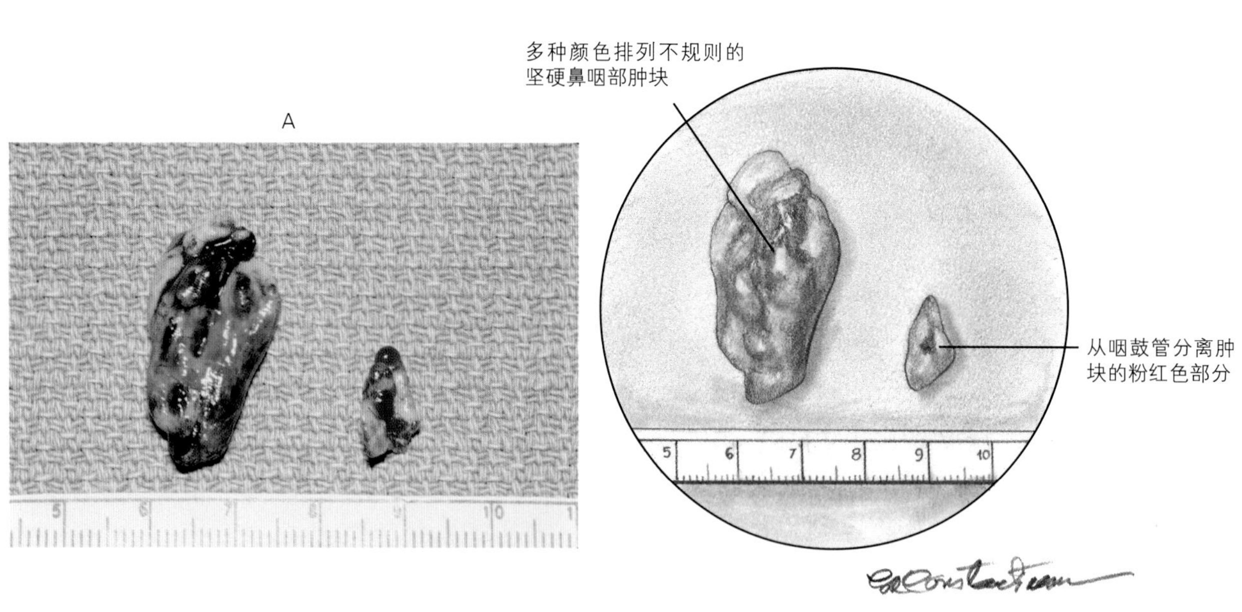

图5-51 用鼻镜检查法将猫的两块鼻咽息肉移除，两部分具有完全不同的外观，一个呈紫色，另一个呈粉红色

性不定且内部组织颜色与外部表面着色相似。根据发病原因不同，猫鼻咽息肉通常是单侧性的，但是由于部分或全部堵塞鼻咽气道，常表现双侧堵塞的症状（图5-49）。当鼻咽息肉从咽鼓管退出的时候，用鼻镜检查法能够直视猫鼻咽息肉的茎部（图5-52）。通过前端收缩软腭，能够观察到鼻咽息肉，并进行活组织采样或摘除（图5-53）。可通过活检钳牵引或推进息肉的办法，用鼻镜清除鼻咽息肉。软腭前端收缩可以使内镜进入咽鼓管进行检查，并且可以切除咽鼓管和中耳段的息肉。由于息肉茎部继发引起咽鼓管扩大，使得直径为1.9mm的活检钳或者硬质内镜可能进入中耳。

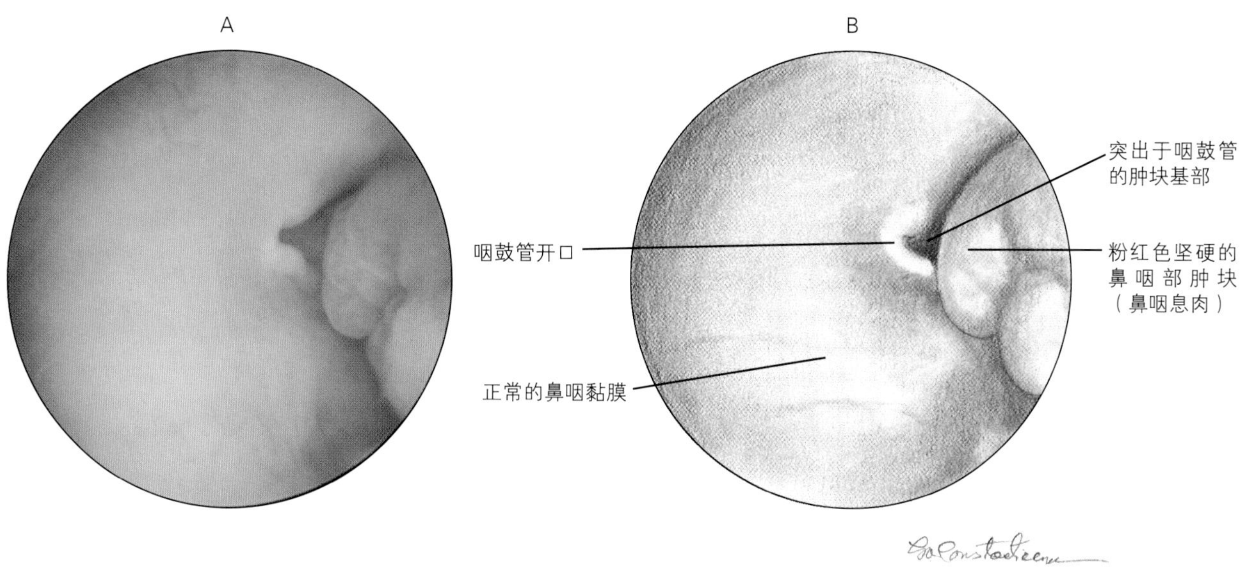

图5–52　猫的鼻咽息肉在鼻咽鼓管出口的基部

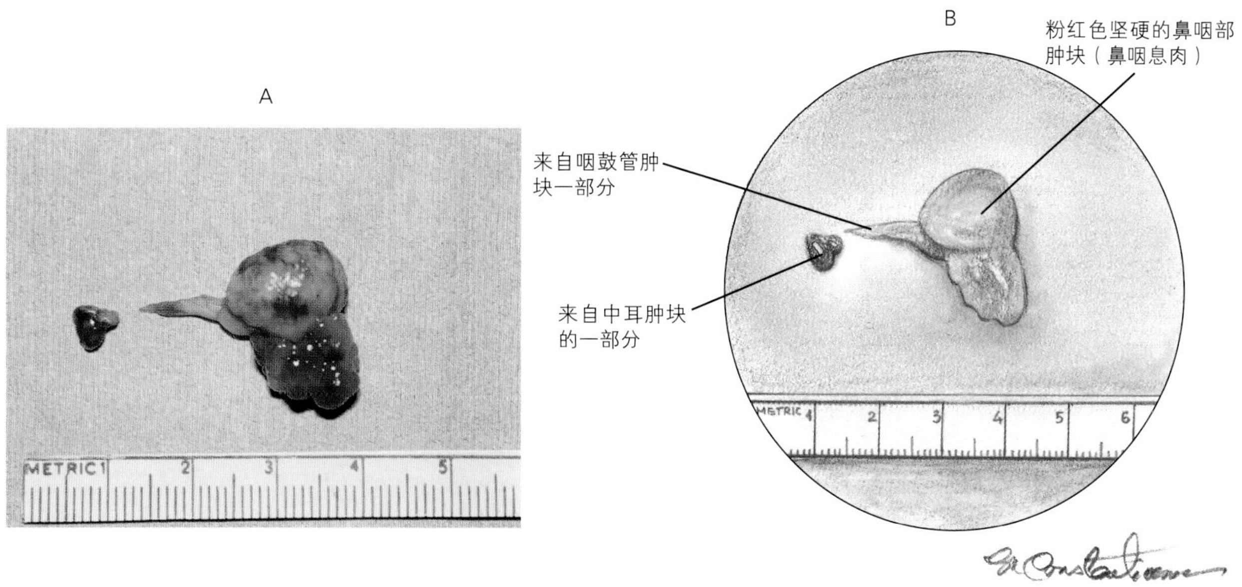

图5–53　用鼻镜检查法从猫鼻咽部取出的3块息肉，最大的一块是在鼻镜引导下用抓取钳取出的鼻咽息肉，鼻咽部的咽鼓管出现松动，小的中耳段是通过鼻咽鼓管用直径1.9mm的内镜取出

鼻肿瘤的类型很多，因此不能对所有肿瘤组织的类型进行鉴别。为了鉴别鼻肿瘤的类型，需要做组织病理学检查。鼻肿瘤的形状受鼻腔形状和鼻甲的解剖结构影响。肿瘤可以被看成没有明显的移位或损坏的鼻甲之间狭窄的片状区域的延伸（图5-30，图5-31，图5-34，图5-43和图5-44）。它们有时也可以被看成伴有明显、广泛的鼻甲损坏、变形和侵害的肿块（图5-40和图4-48）。大型肿瘤往往伴有广泛的鼻变化，但是由于检查空间较小，很难通过内镜加以鉴别。由于缺少检查空间，很难确定肿瘤的大小。有时可通过对单侧鼻腔的鼻咽区域检查而确定单个侵袭肿瘤后端的界限。如果肿瘤肿块后部延伸到鼻中隔边缘，可以看作是肿块延伸进入鼻咽（图5-45）。由于肿瘤扩张并完全填充于鼻咽气道，或者由于鼻中隔后部柔软部分的移位，造成对侧气道的阻塞，因此单侧肿瘤能够造成双侧鼻腔气道阻塞。

肿瘤后端界限也可以在软腭吻侧回缩时通过口腔进行评价，或者通过弯曲的柔软的内镜从软腭背侧进入鼻咽区域进行评价。

单侧鼻腔患肿瘤时，对侧的鼻中隔表面可能表现正常，即没有移位、变形或者被侵入，也可能有与肿瘤侵袭相关的变化。侵袭中隔时，最早的表现是对侧中隔表面的炎症反应，表现为相邻的鼻甲和鼻中隔粘连（图5-54）。中隔向正常一侧移位或者变形，有或没有侵入黏膜。也可能肿瘤出现在鼻中隔，但是鼻中隔未变形或移位。侵入性较低的损伤通常表现为白色到粉红色，而且比正常黏膜周围的颜色要淡（图5-55）。外观表现光滑、隆起，或者平整性病变，形状上可能不规则或者分叶。当肿瘤界限或范围扩大而影响对侧时，肿块在外观上开始变得更像原发性一侧。

二、霉菌性鼻炎和鼻窦炎

曲霉菌是使鼻腔和额窦产生病理学变化的最常见的霉菌性生物体。曲霉菌感染引起的变化包括单侧或双侧鼻腔的黏液脓性渗出物、黏膜充血、黏膜炎症、黏膜脆性增加、炎性息肉、鼻甲变形、鼻甲损伤、肉芽肿形成等。霉菌的数量不等。霉菌感染时黏液脓性渗出物的量更多，比患肿瘤还多。单侧病变时，即使在缺乏可辨认霉菌菌落的情况下，对侧鼻腔的黏液脓性鼻液也会很明显。鼻液可能含有血液，但是罕见有大出血或者血凝块。炎性反应、

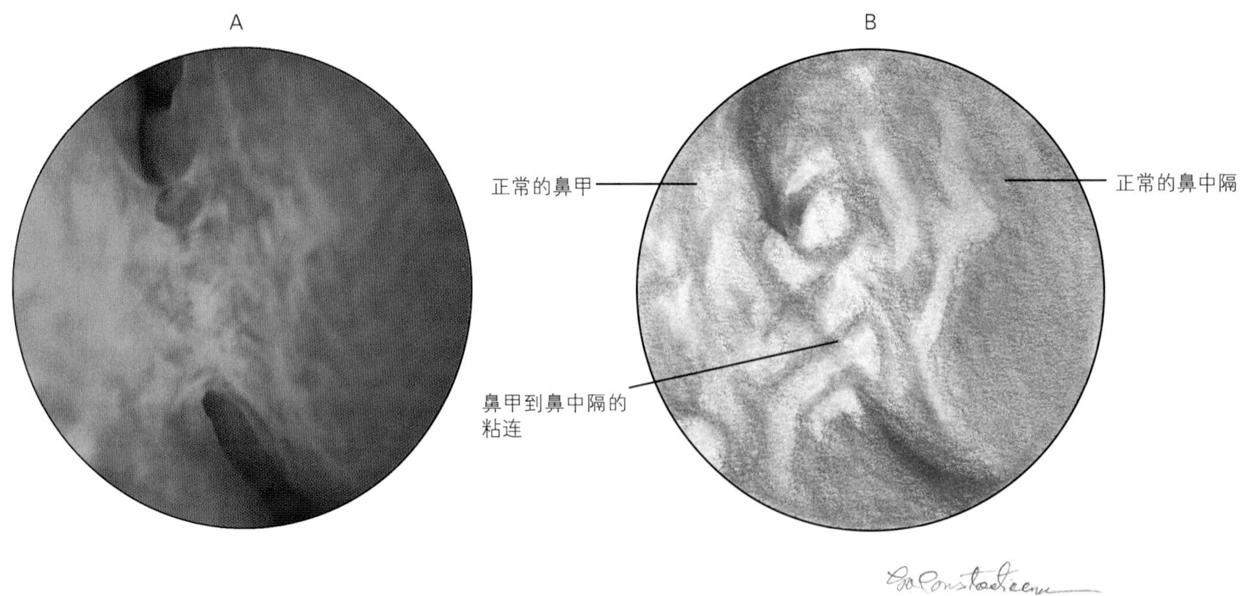

图5-54 鼻软骨肉瘤的犬在对侧鼻中隔从鼻甲内侧面到鼻中隔的粘连，这是肿瘤浸润到对侧鼻腔的早期表现

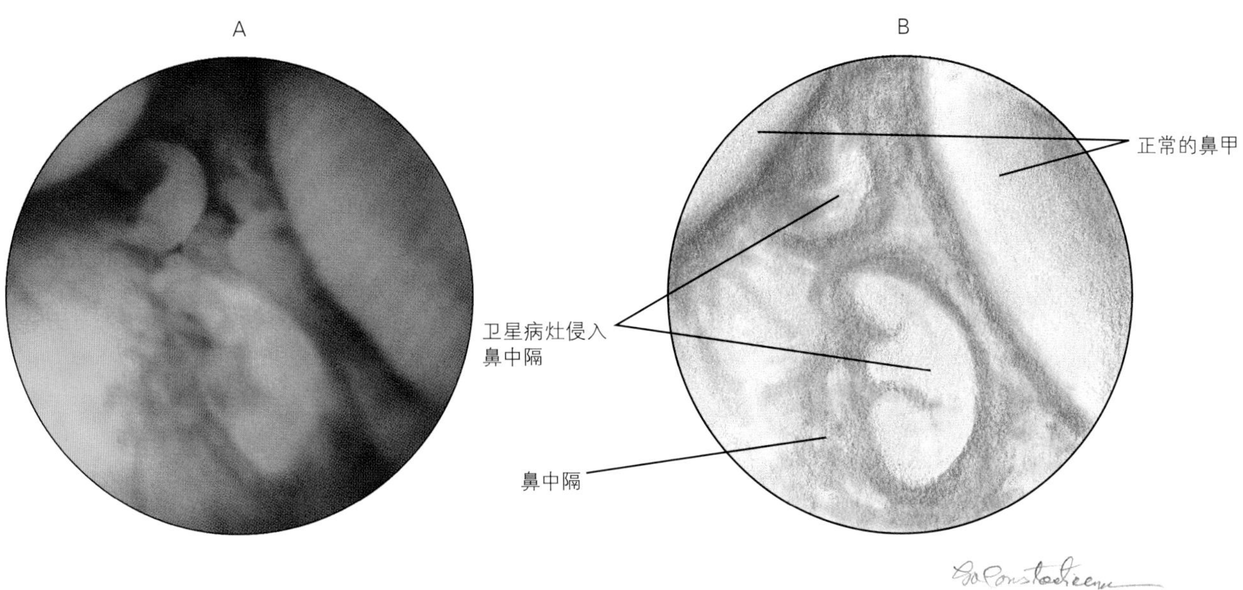

图5-55　多发性离散的肿瘤肿块已经侵入鼻中隔

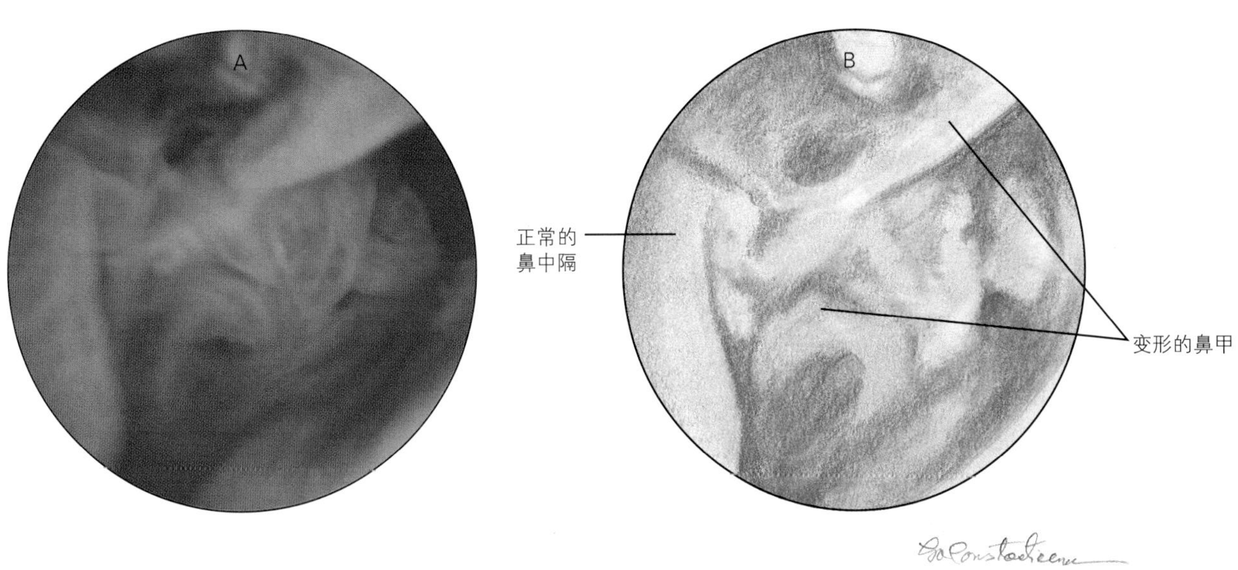

图5-56　12岁杂种犬由于霉菌性鼻炎造成鼻甲变形

肉芽肿以及与慢性霉菌感染相关的纤维形成反应导致的鼻甲损伤和变形。在慢性和相对急性的病例，变形比损伤更严重。在发病早期，轻微的损伤可能表现不明显，但是，检查看起来可能比正常的犬更容易检查，因为增大了鼻甲之间的空间。早期筛窦鼻甲变形表现的最明显，因为外观呈褶皱和萎缩样（图5-56）。随着病情进一步发展，由于软骨损失，鼻甲变得无支持结构（图5-57）；内镜检查时，鼻甲好像在液体里浮动。随着疾病进一步发展，鼻甲缺失更多，变形更严重。鼻腔内衬着粗糙不平、排列不规则的炎性肉芽组织，这是整个损伤过程的最终结果（图5-58）。

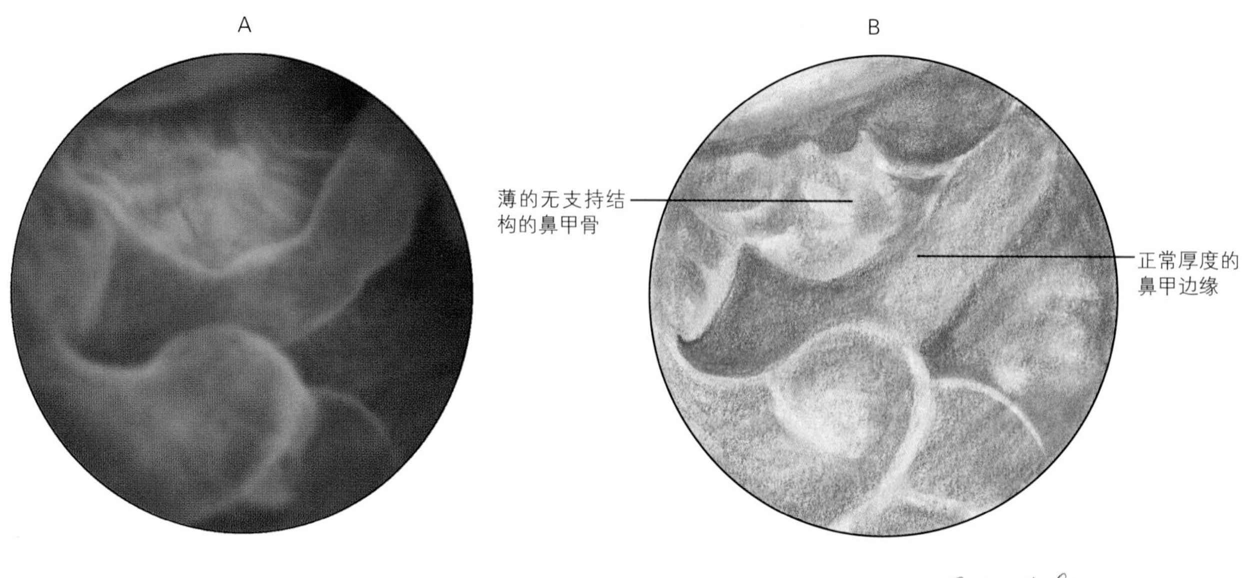

图5-57 德国牧羊犬复发性鼻腔曲霉菌病造成鼻甲支持软骨的缺失

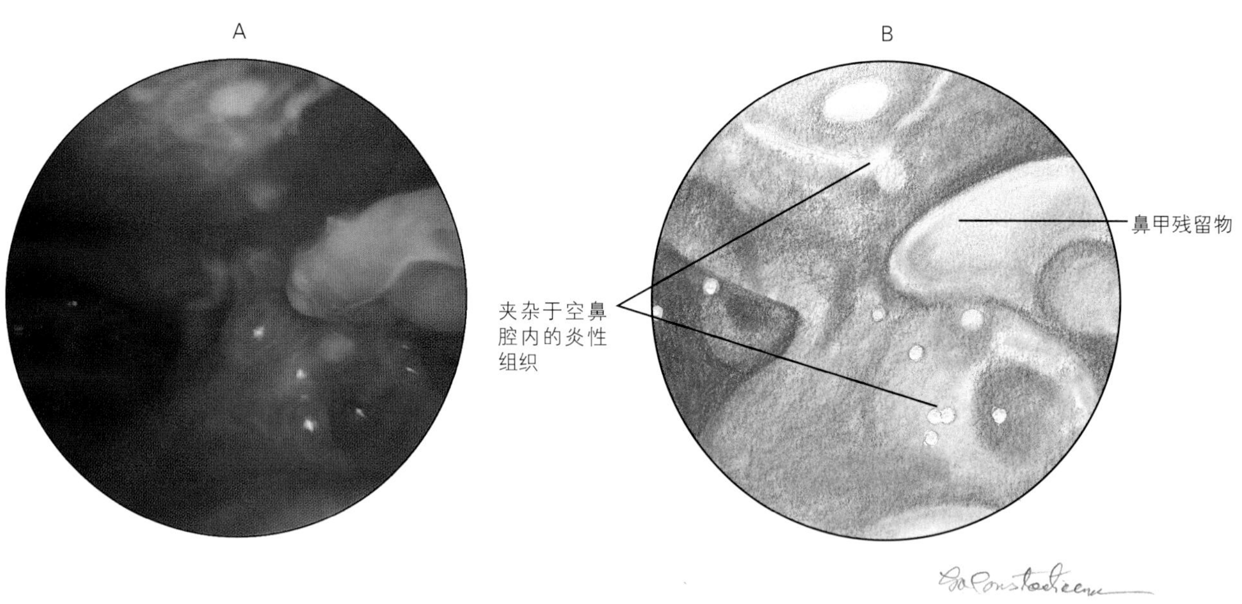

图5-58 犬慢性鼻曲霉病造成鼻甲广泛性损害

黏膜的变化包括充血（图5-59）、血管增加（图5-57）、易碎，且霉菌菌落区域有更多的黏膜受影响。整个发病鼻腔出现变化，甚至扩散到对侧鼻腔。随着黏膜变厚，表面粗糙不平、易碎和血管增加，肉芽组织潜在层也在早期形成。随着疾病进程的进一步扩大和严重，大部分的鼻黏膜伴有肉芽肿的炎性过程，直到鼻甲完全损坏，整个鼻腔充满炎性组织（图5-58）。

霉菌感染也能够继发炎性息肉，息肉在鼻甲上表现为单个、小而光滑的白色结节（图5-60），也可能表现大片的连续性息肉（图5-61），或者表现为鼻甲大量丧失且鼻腔有大肿块（图5-62）。

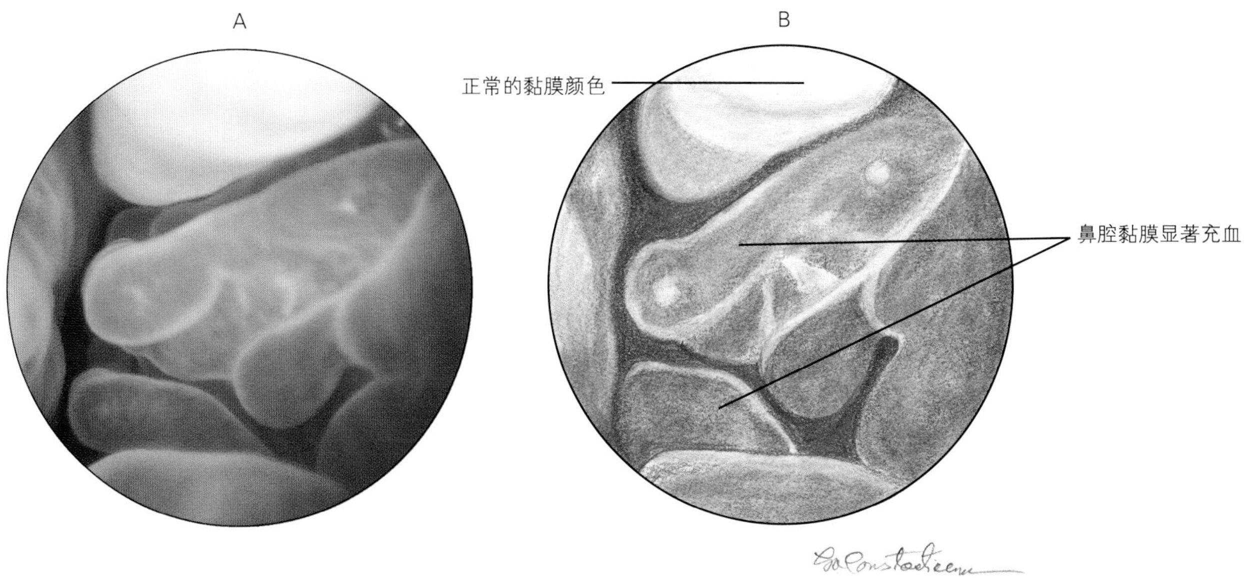

图5-59　由于鼻腔曲霉菌感染造成黏膜充血和鼻甲轻微变形

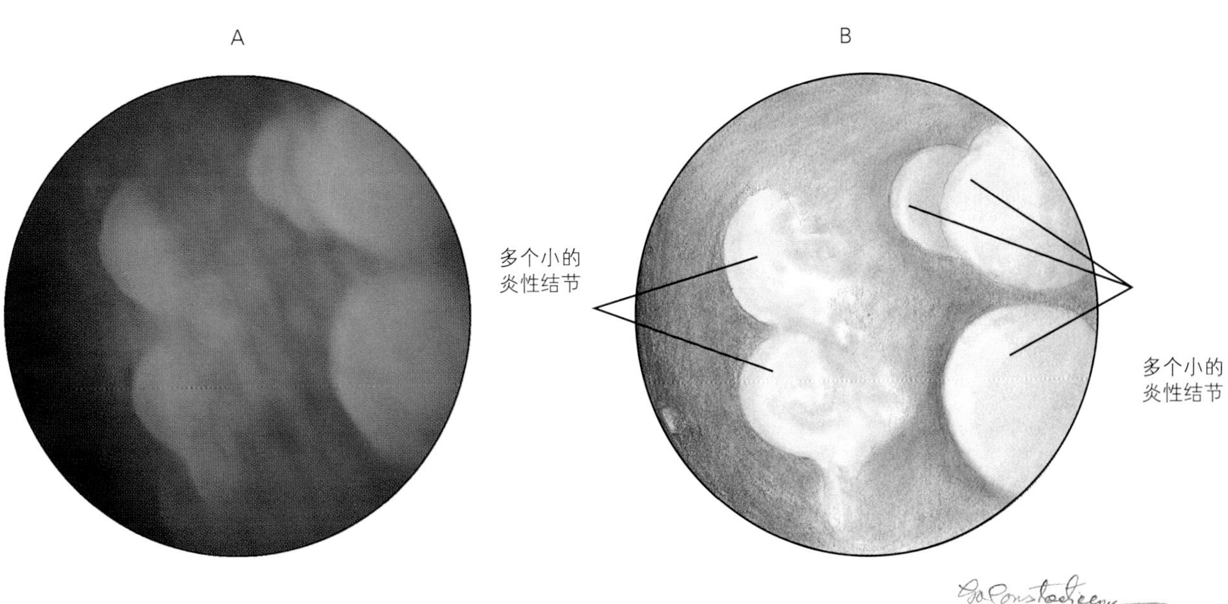

图5-60　由于鼻腔曲霉菌感染造成的单个小白色炎性结节息肉

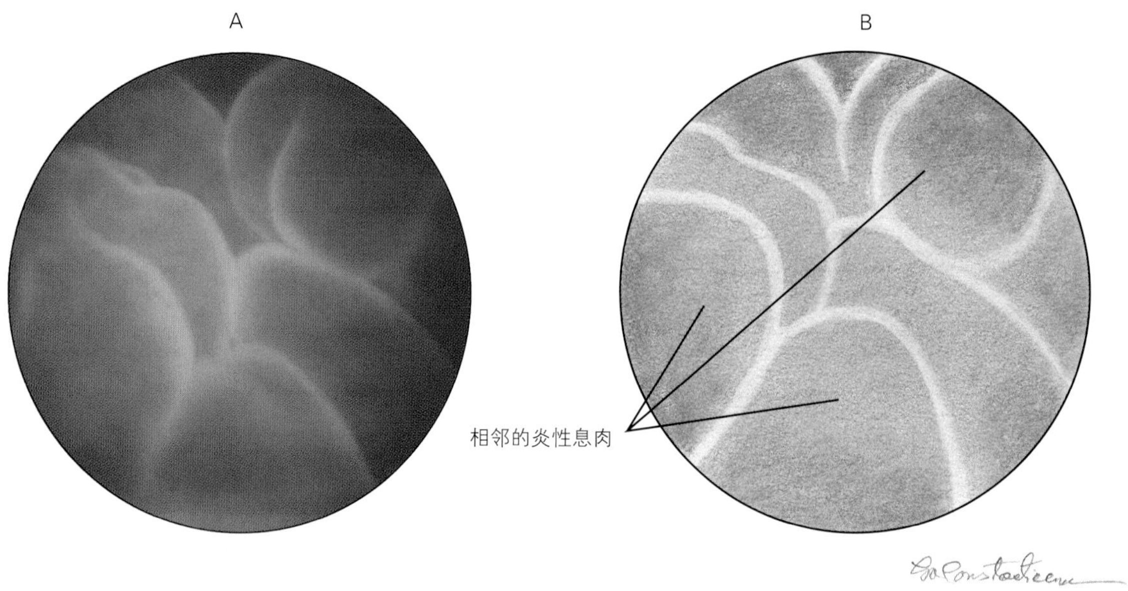

图5-61　一例鼻腔曲霉菌病例，相邻的炎性息肉图片

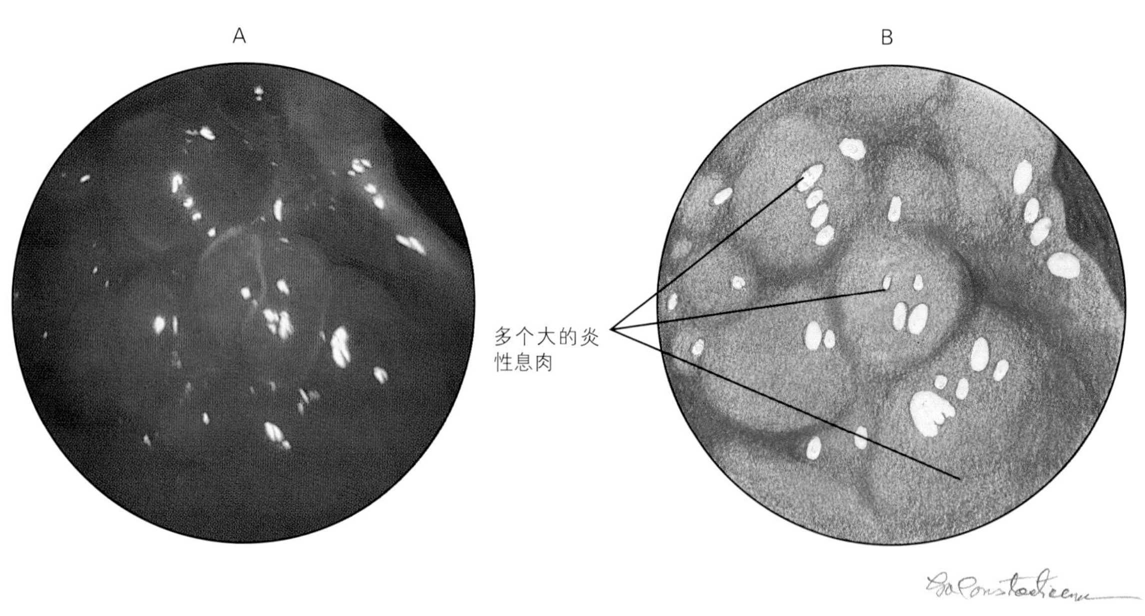

图5-62　鼻腔曲霉菌病造成鼻甲损伤末期的犬鼻腔内大的炎性息肉

由曲霉菌感染也会发生肿瘤样肿块（图5-63和图5-64），但是无论是犬（图5-65）还是猫（图5-66和图5-67），隐球菌感染时肿瘤样肿块更常见。

随着病情进展，会损坏和侵入鼻中隔。鼻中隔初期的变化一般是与支持软骨缺失相关，这时鼻中隔表现松弛，成为自由漂浮的帘状，而不是一个坚硬的壁。损伤进程最终会侵入一处或多处鼻中隔，直到鼻中隔完全损坏。这时，鼻腔变成没有鼻甲或

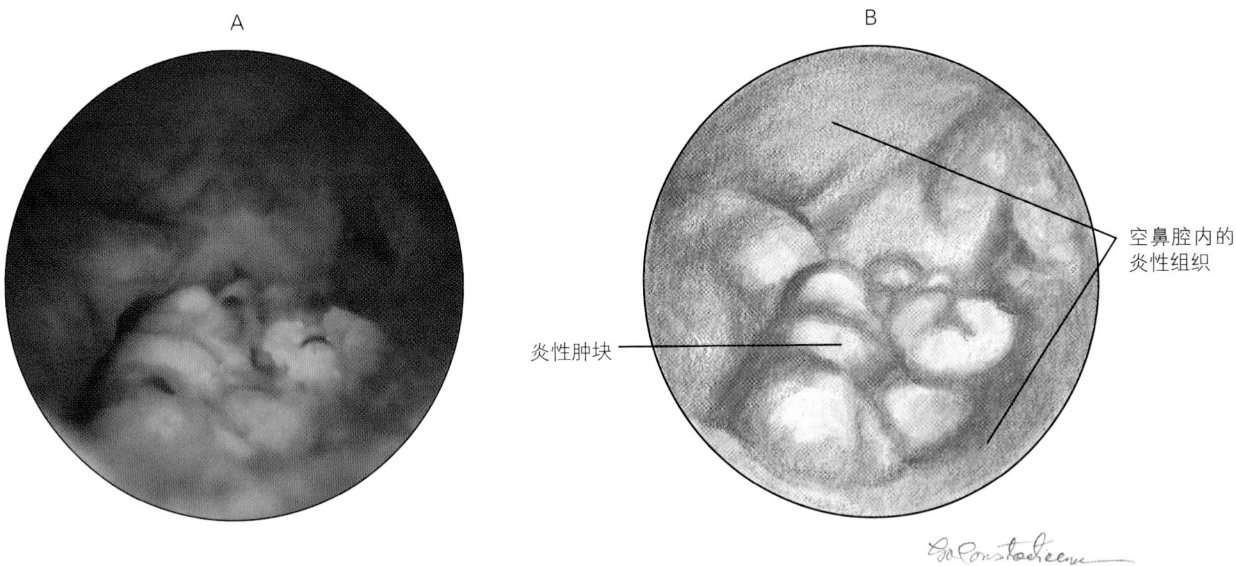

图5-63　曲霉菌病犬鼻腔内的肿瘤样肿块

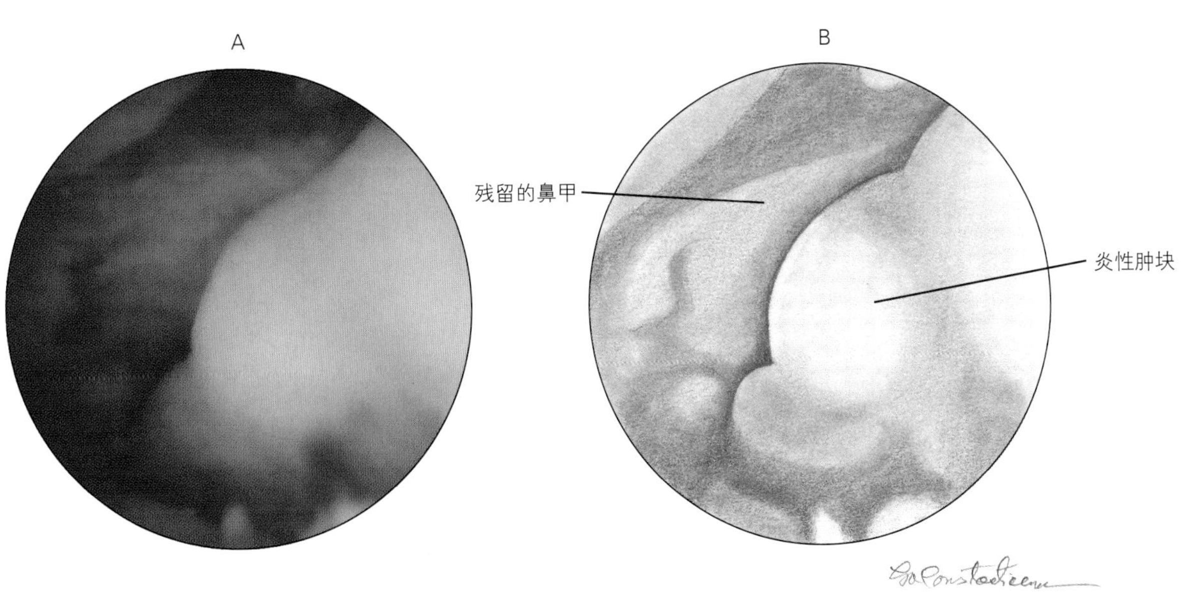

图5-64　曲霉菌病猫鼻腔内的肿瘤样肿块

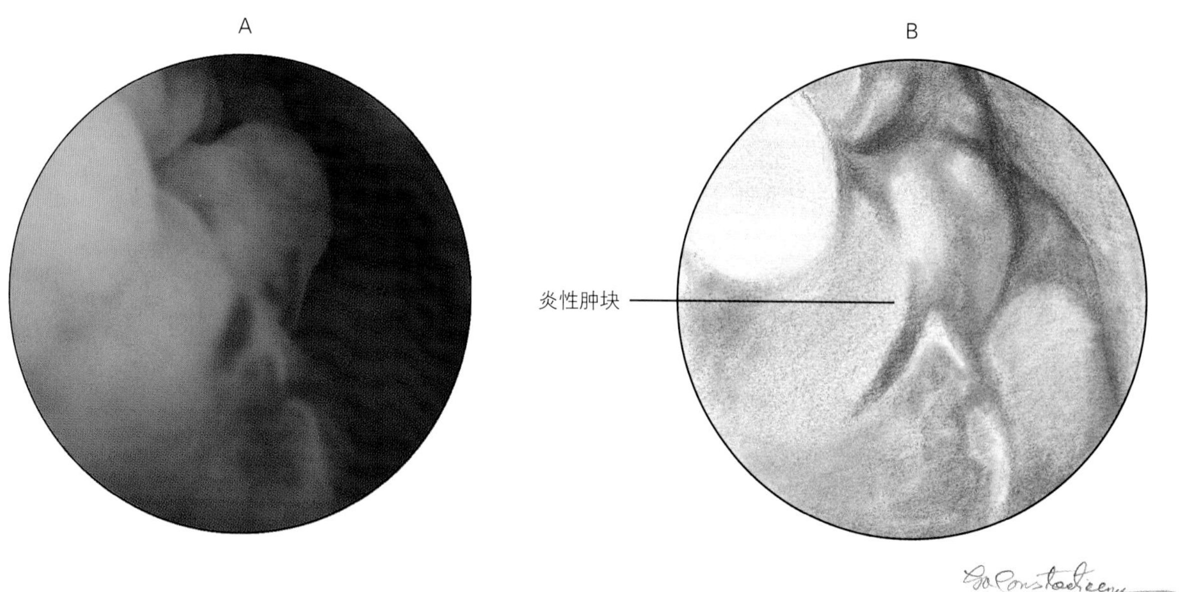

图5-65　犬的鼻隐球菌病的肿瘤样肿块外观

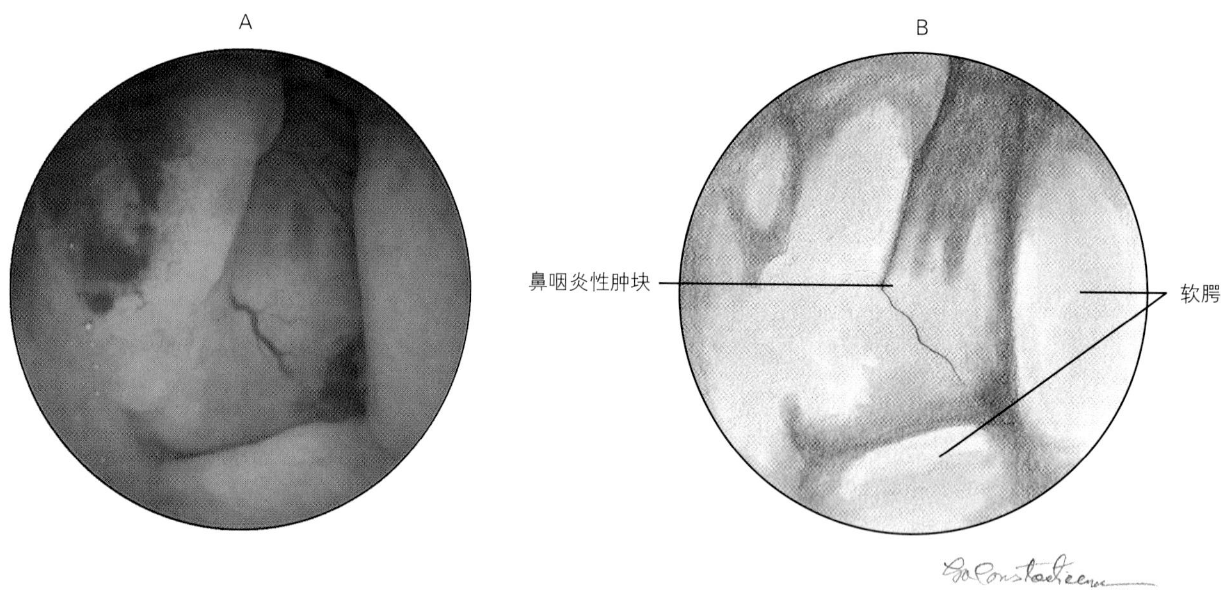

图5-66　猫的鼻隐球菌病从前端可见鼻咽部有肿瘤样肿块外观，真菌性肿块与鼻咽息肉可以通过其广泛的附属物加以区别。该区域真菌性肿块与鼻咽息肉可通过其附着的根基加以区别

者中隔组织的空腔（图5-58）。

在疾病的早期或许能看到霉菌菌落，有时也看不到，随着慢性疾病的发展和病情加重，发现霉菌菌落的可能性增加。霉菌病的早期表现仅可在鼻镜检查时见到，随着引流的流动，渗出物里有发光的银色或者白色金属光泽（图5-68）。这种现象在霉菌生长或者鼻甲损坏的任何阶段都能出现，但是随着疾病进程的发展，霉菌菌落增大，鼻腔损伤更严重，这种现象则少见。在发病的早期，有时能看到真正的霉菌菌落，有时也看不到。早期的小霉

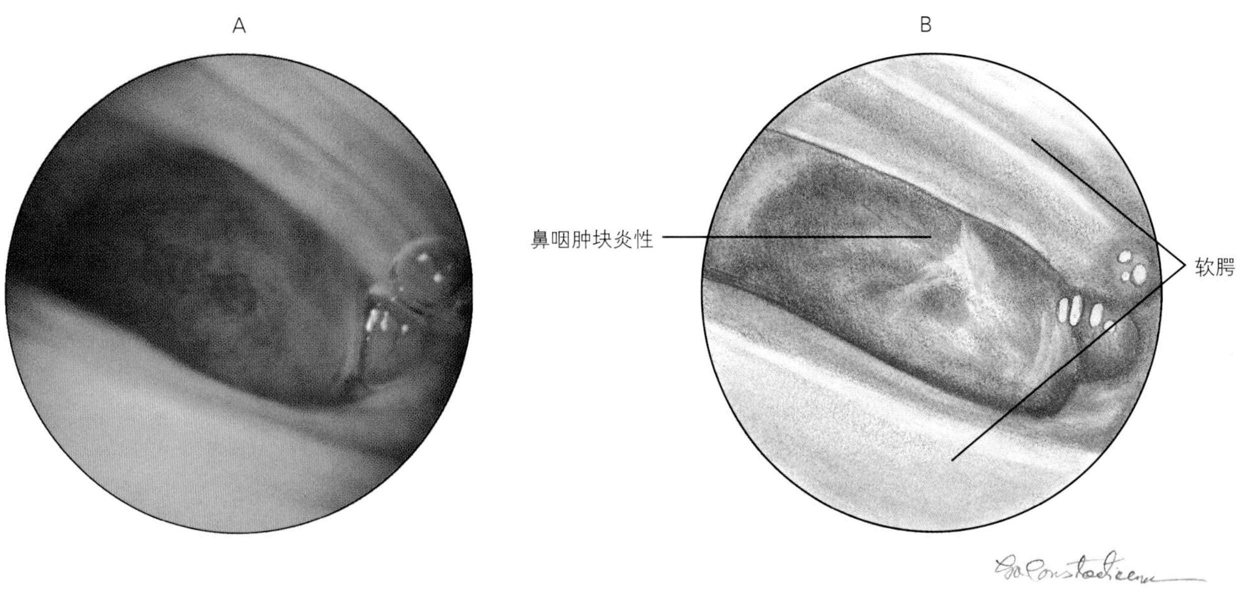

图5–67　当软腭向前缘收缩通过口腔将内镜置于鼻咽部，可以从后部看到猫鼻隐球菌病的肿瘤样肿块外观

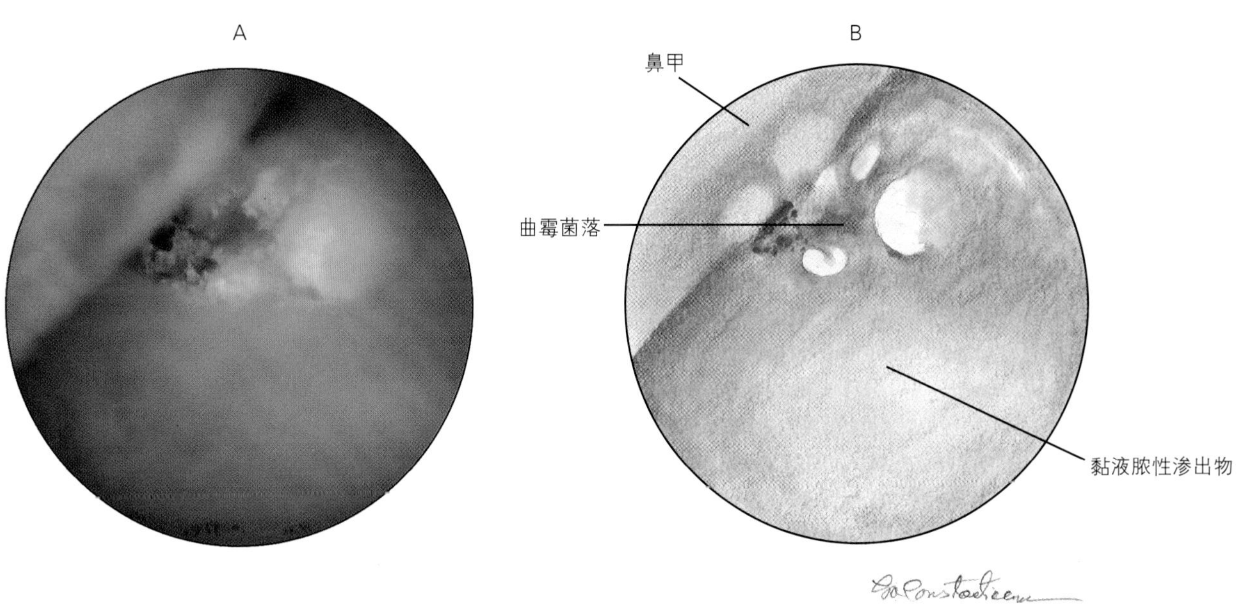

图5–68　曲霉菌病特征图。曲霉菌病患犬菌落隐蔽在黏液脓性渗出物内，真菌菌落早期可呈金属色或银色外观

菌菌落似白色的有光泽的肿块，位于黏膜上，也经常位于黏液脓性渗出物覆盖的肉芽组织床上（图5–69）。真菌菌落扁平、不规则、亮白色、表面无光（图5–70）。球状突出的结构（图5–69）或者有毛缘的菌落（图5–71）位于霉菌菌落的上面，或者直接位于黏液脓性渗出物的下面。随着疾病的发展，渗出物里游离的霉菌物质变少，或者当对渗出物进行重新检查时，霉菌菌落可能更多地黏附于肉芽组织表面。随着黑曲霉菌菌落的扩大，可能发展为淡灰色到黑色，并且变成坚硬的片状霉菌物质覆

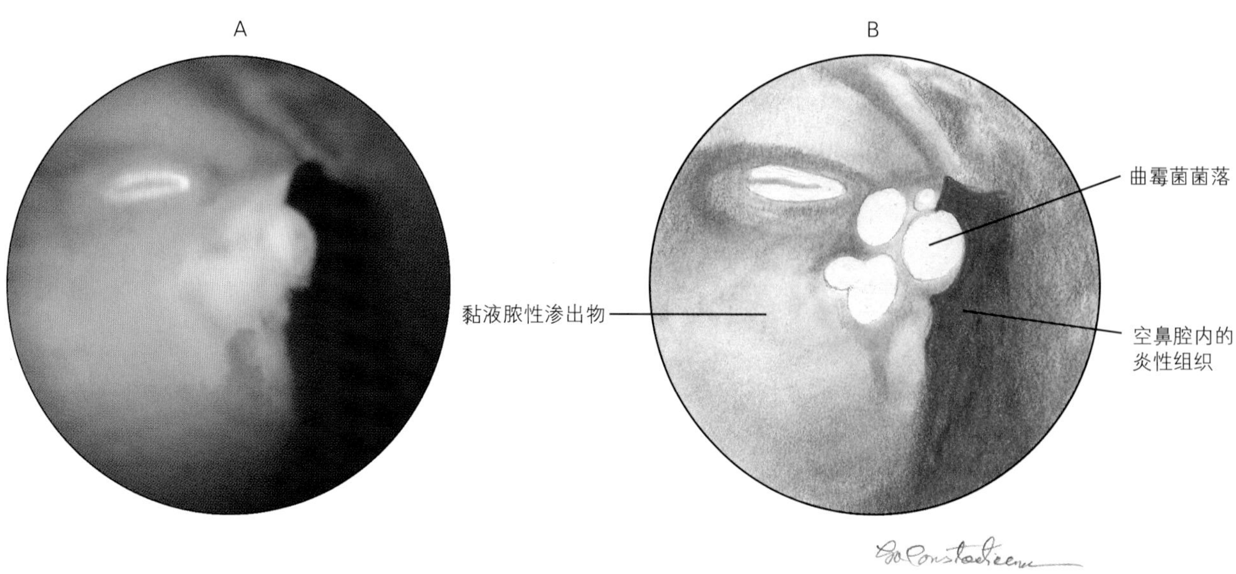

图5-69　一个直立、球状的曲霉菌菌落特征图。犬鼻腔内的菌落，菌落位于黏液脓性渗出物层

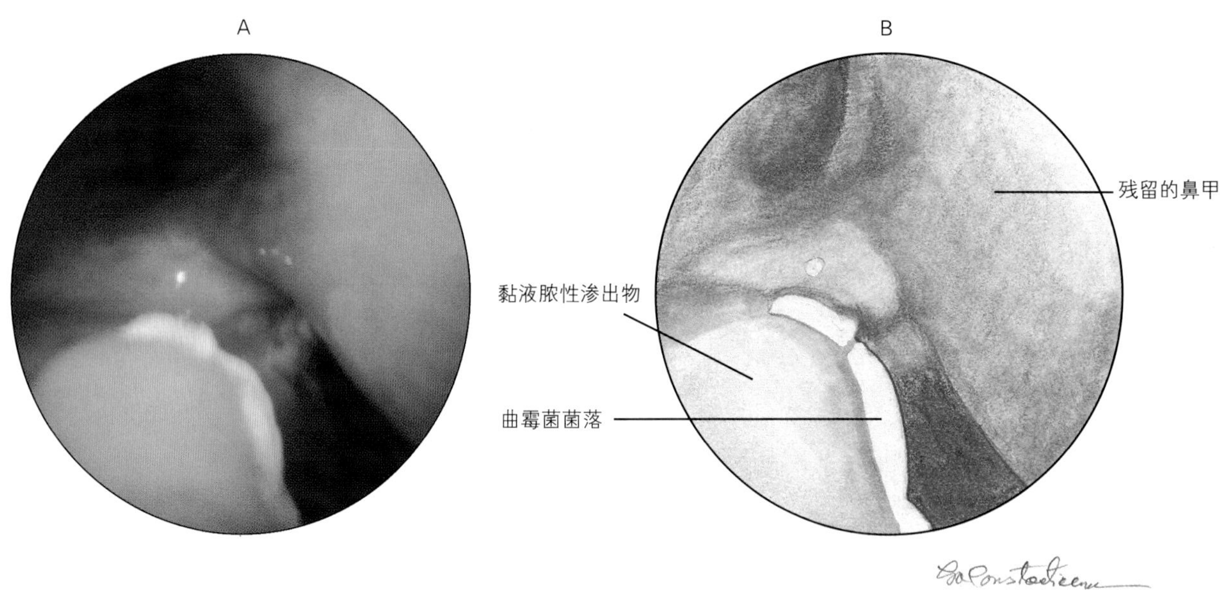

图5-70　扁平不规则的曲霉菌落特征图

盖在重要区域（图5-72）。这些较大的霉菌菌落较干硬，当与内镜或活检器械接触时，感觉像坚固的组织。这些菌落位于更大的空间内，附于肉芽组织或者渗出层，位于鼻腔的底壁。这些霉菌菌落可通过冲洗、抽吸和反复的活检等内镜检查去除。

当在鼻腔看不到这些霉菌菌落时，通常能够在额窦内发现。即使菌落没有出现在鼻腔内，额窦发病和鼻腔感染引起的鼻腔的外观和损坏程度是一样的。额窦发病的主要表现是后侧或为外侧鼻腔背侧有大量黏稠的脓性渗出液。没有明显的其他疾

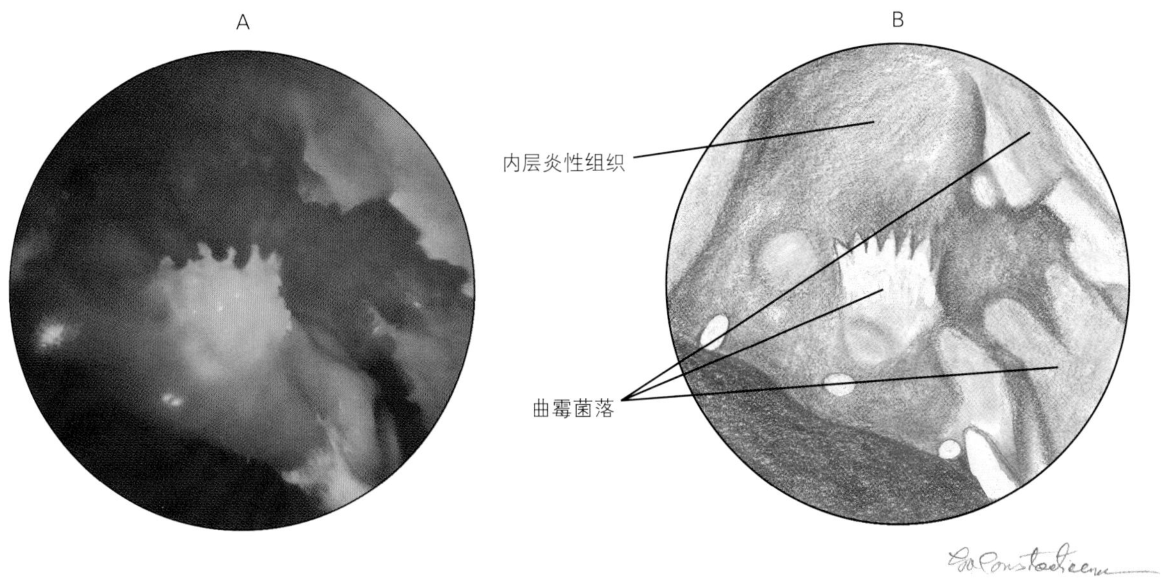

图5–71　小的有镶边的曲霉菌落的特征图

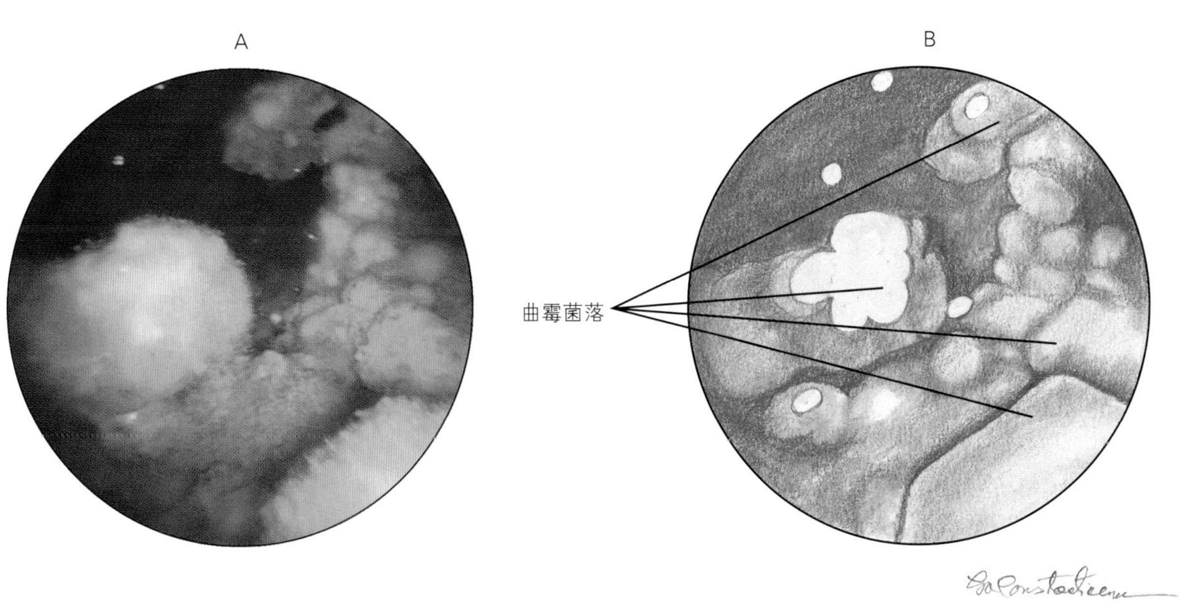

图5–72　大的灰色和白色的曲霉菌落特征图，这些菌落是干硬的

病时，渗出物常是单侧性的，在这些病例，X线检查通常显示患病的额窦密度增加。病变可能使整个鼻腔的密度增加，或者额窦底壁的密度不规则性地增加。这些病例可以通过上额窦圆锯术通路检查，或者偶尔通过鼻腔（图5–73）通路检查。额窦的霉菌菌落普遍较大，并且很容易观察到，且在菌落的下面含有渗出物，但是不覆盖在菌落上面（图5–74）。被感染额窦的对侧额窦表现黏膜增厚、充血，渗出物很少，并且没有可见的菌落（图5–75）。

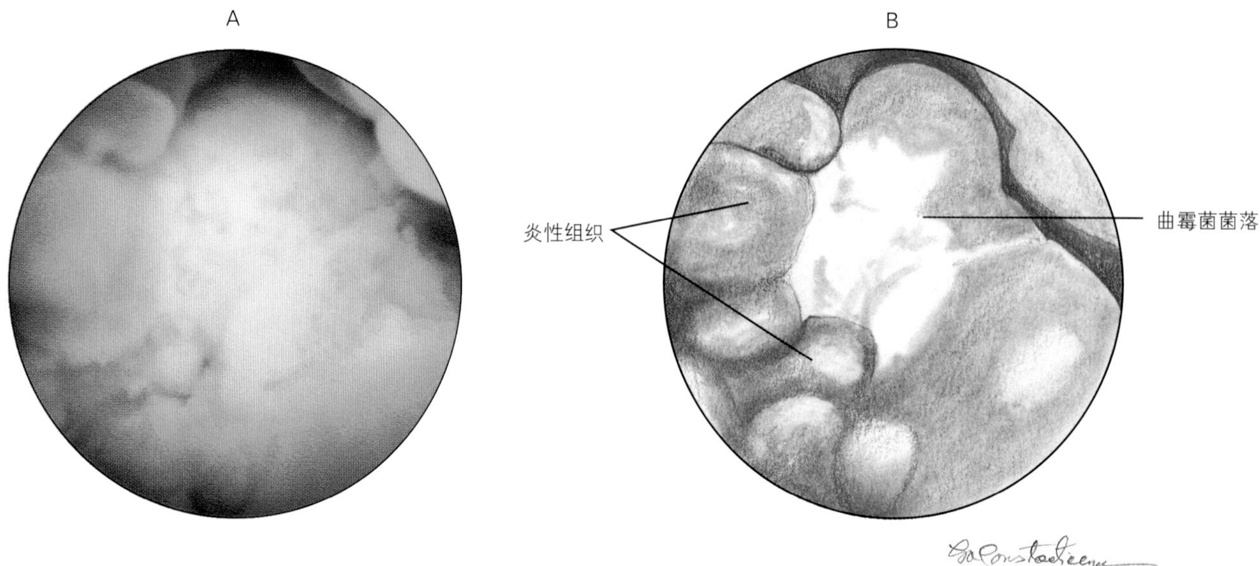

图5-73　经由鼻腔进入的猫额窦内大的霉菌菌落

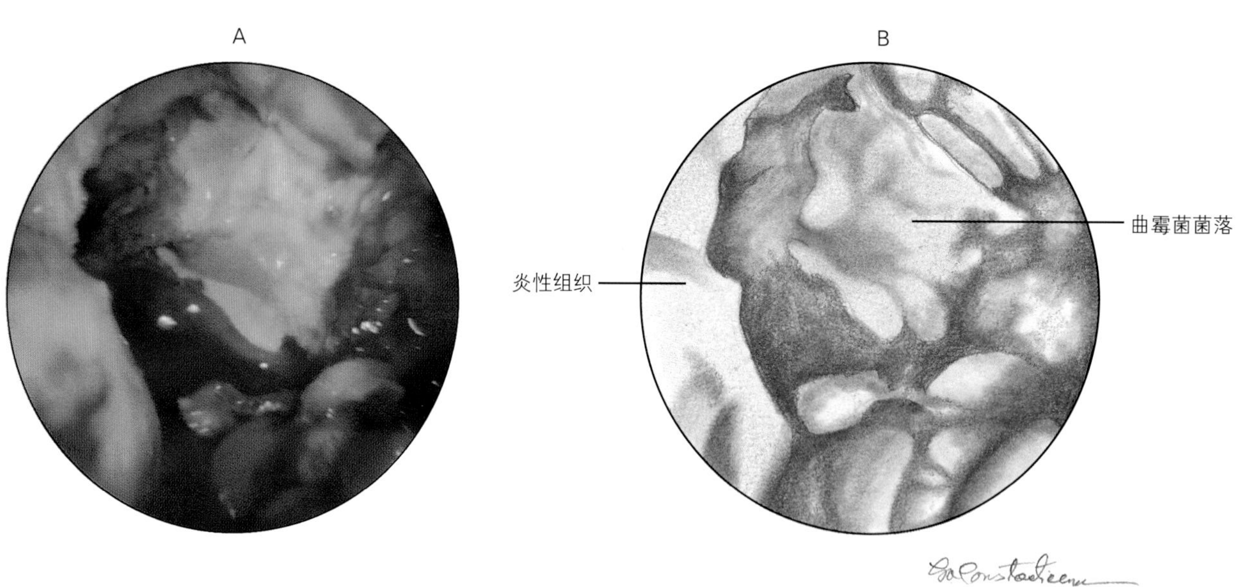

图5-74　大的霉菌菌落特征图，慢性鼻炎犬额窦内菌落，该病例的额窦通路是通过额窦背侧壁圆锯打孔，内镜通过该孔进入额窦

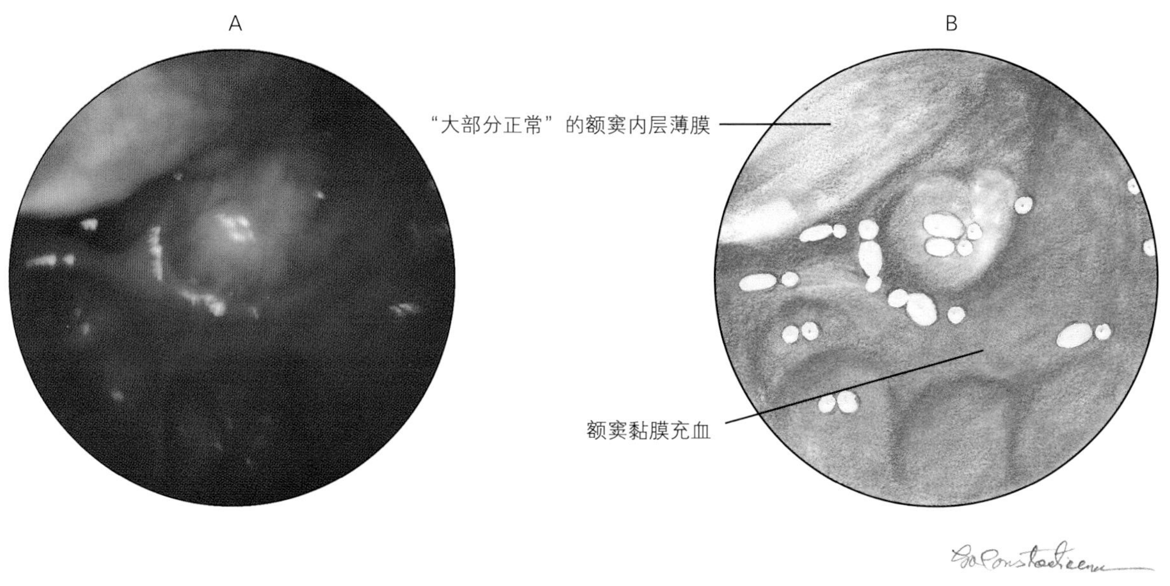

图5–75　额窦曲霉菌病患犬的对侧额窦特征图，感染引起黏膜明显增厚、充血、炎症，但是没有霉菌菌落

霉菌感染时，可以对额窦进行流体冲洗，也可以不冲洗。如果额窦渗出物较多则需要冲洗，如果额窦内是空的，底壁有干的霉菌肿块就不需要冲洗。额窦内的霉菌菌落可以从鼻腔或者圆锯孔经内镜清除。清除霉菌菌落常采用冲洗、抽吸、反复的活检采样和刮除术。如果发现霉菌菌落，在上额窦检查的同时可以放置额窦和鼻腔管。

三、鼻腔异物

犬和猫鼻腔异物的慢性疾病很少见，大多数就诊需要内镜检查的病例，不包括急性鼻腔疾病，因此总体统计不够真实。发现有多种鼻腔异物，包括草芒（图5–76）、草片（图5–77）、枝条（图5–78）、豆类（图5–79）、松针状物（图5–80）、骨片（图5–81）、子弹片（图5–82）和骨碎片（图5–83），未查明原因的矿物质非晶体碎片（图5–84）。因医生治疗而引起的鼻异物包括矫形外科的埋植物（图5–85）和鼻背侧切开术暴露鼻腔时隆起的骨瓣（图5–86）。替换时，该骨会频繁变成无血管的死骨片（图5–87），并刺激成为慢性渗出的炎性过程。

异物可以从吻末端通过外鼻孔进入鼻腔，从后端经鼻咽进入，从颜面的一侧横向穿过鼻腔周围的骨头或者从口腔穿过硬腭进入鼻腔。当鼻咽括约肌不能收缩时，从后部进入的异物会伴发呕吐和逆流。异物可能是单个（图5–88）也可能有多个（图5–78）。许多异物太大不能通过外鼻孔进入。

异物引起的鼻渗出物常呈黏液脓性到脓性，且通常是单侧性的。如果两侧鼻腔有异物，或者一个异物寄宿于鼻腔内，也可能出现两侧都有渗出物。通常有大量的脓性到黏液脓性的渗出物将异物完全遮蔽，直到冲洗掉大量的渗出物才会使异物更明显。如果未确诊有其他疾病，而发现黏稠的渗出物，那么就要持续进行冲洗，直到完全冲洗掉渗出物。在内镜直视下，采用特殊设计的异物清除钳或者长度合适的鳄嘴钳清除异物。小型异物通过从吻端钳夹移除。大块异物必须推挤尾端，使其进入鼻咽或者喉咽再移除。可在鼻咽处发现大块骨头异物，通常牢固地卡在硬腭骨和犁骨背腹侧之间，或者在腭骨侧面之间。这种异物需要使用相当大的力

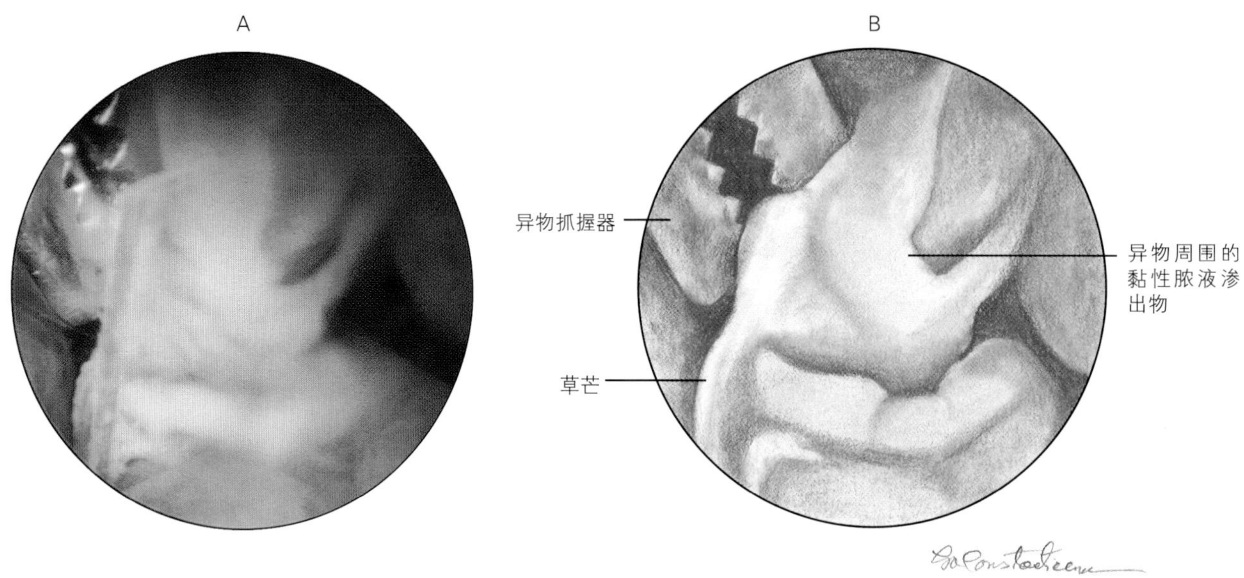

图5-76 用鳄嘴钳平行内镜将草芒从犬鼻腔取出

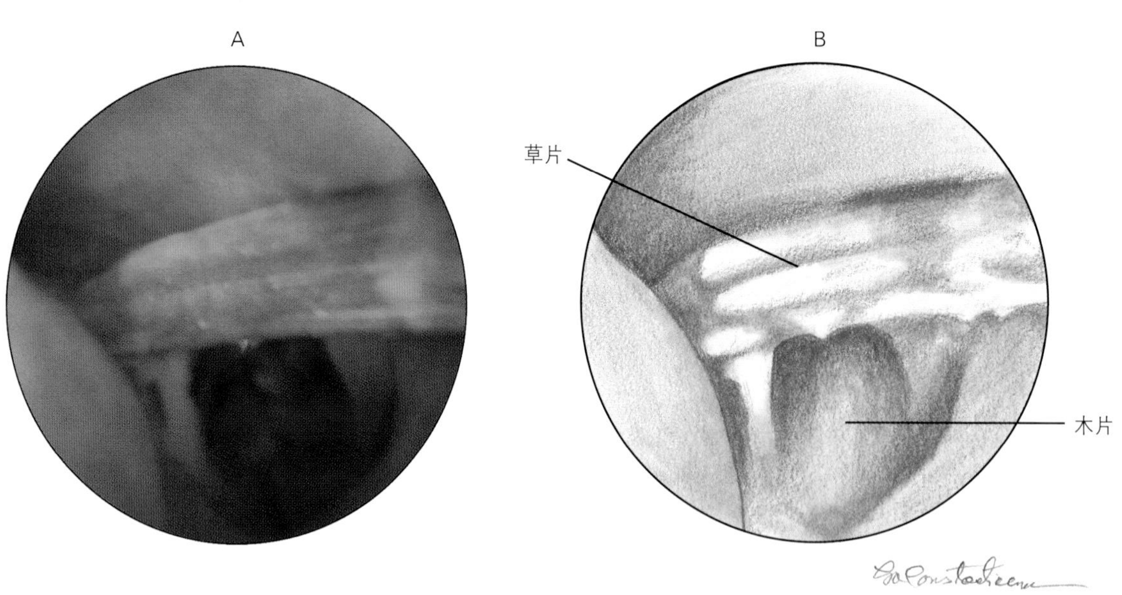

图5-77 有多种鼻腔异物的1岁杂种犬鼻腔内的草片

量才能将其移除。如果有异物被推进鼻咽，需要定位吻部，从软腭的回缩处移除异物。异物取出后，为了清除残留的渗出物并且降低感染的机会，需要进行强力冲洗。在系列内镜检查过程中，所有的异物都已经经内镜取出（矫形外科埋植物除外）。对于多个或者不能通过内镜取出的异物可能需要外科手术。

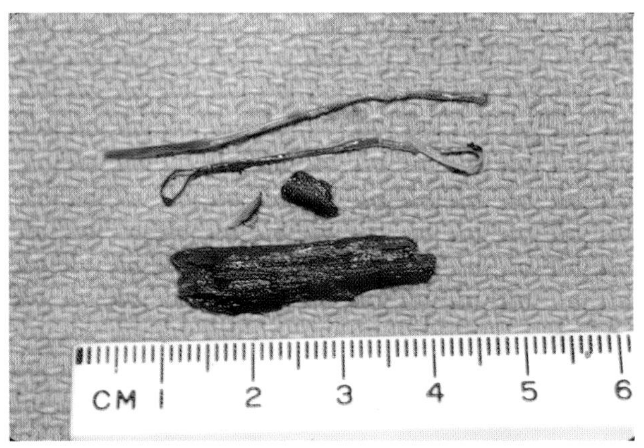

图5-78 从图5-77反复性多种鼻腔异物患犬鼻腔中取出的条状物和其他异物。该犬会食入垃圾，出现胃肠炎并伴有呕吐，然后发展为多种鼻腔异物继发的鼻炎

四、牙齿疾病

牙齿疾病能够引起单侧或者双侧性鼻炎，造成单侧或双侧水样、黏液、黏液脓性或者脓性鼻液。感染和发炎来自齿尖周围脓肿、上颌或与上颌骨齿根周围骨质相关的侵蚀和严重的龈炎。最常发病的是上犬齿，上颌第一、第四前臼齿，原因是其大小和牙根的结构。但是，整个上牙都能发病，单侧或两侧由于目前在小动物临床牙科护理已经很普遍，由牙齿疾病继发的鼻炎发病率已经降低。

由牙齿疾病继发鼻炎患犬的鼻腔渗出物，其特征非常接近患病牙齿的渗出物，但是渗出物的量差异很大，并且遍布整个残余的鼻腔。即使患有严重的牙齿疾病和鼻炎时，从外鼻孔通常也流出少量、透明的水样或黏液性的鼻液。鼻腔里的渗出物在量和性质上与患病牙齿差别很大。渗出物的性质和数量与牙齿疾病的严重程度没有相关性。与目前的牙齿疾病程度和其他鼻炎症过程时渗出物的数量相比，由于牙齿疾病继发鼻炎患的犬鼻腔渗出物可能比脓性、黏液脓性的更黏稠（图5-89）。牙齿疾病周围的渗出物是白色、黏稠的絮状物，很容易与

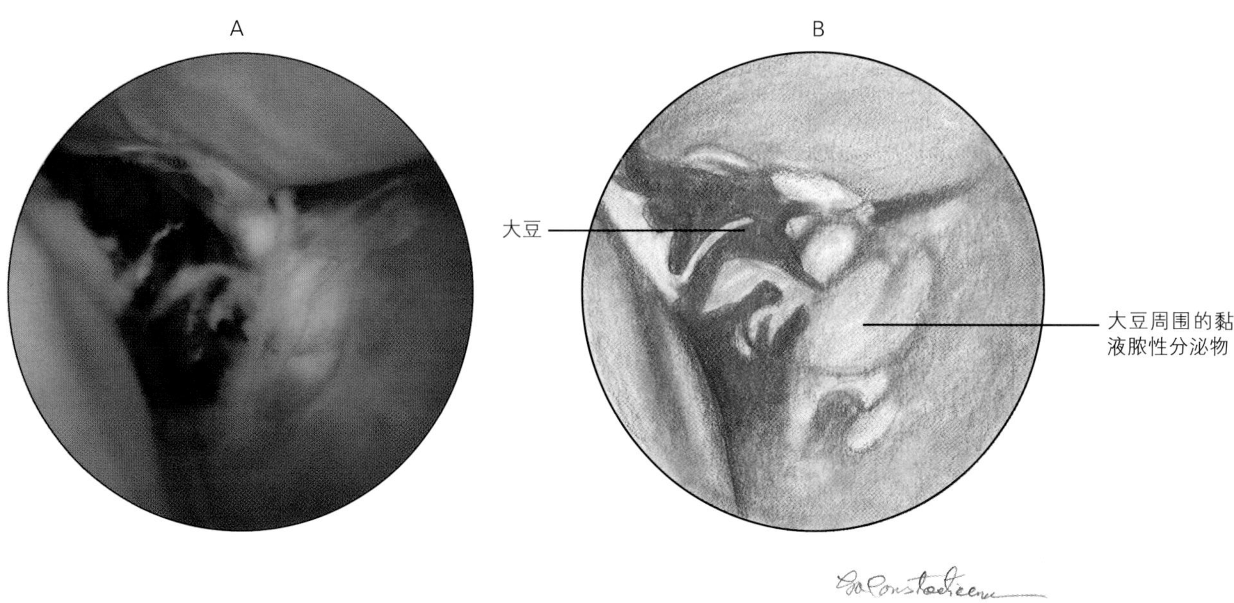

图5-79 图5-77、图5-78是同一只犬鼻腔中的大豆，这个异物是左图5-78显示的鼻镜检查后9个月，进行第三次鼻检时发现的，该犬除呕吐后鼻腔排出鼻液，其他表现正常

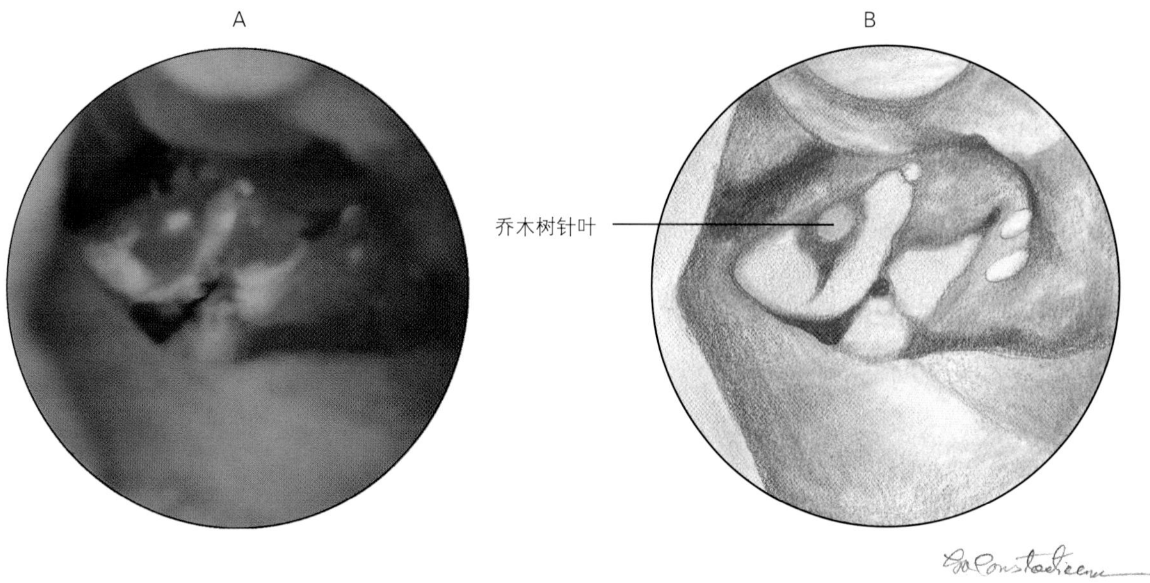

图5-80 一个慢性的流鼻涕和喷嚏的犬的鼻腔内的乔木树针状物

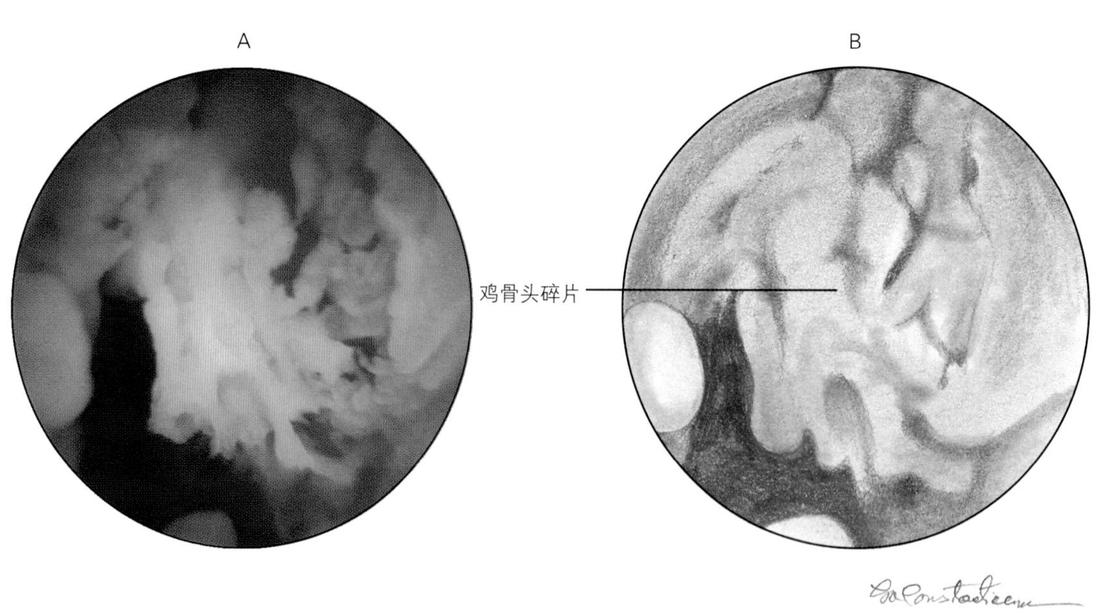

图5-81 2岁贵妇犬鼻咽部的鸡骨头碎片,该犬进食鸡骨头之后，表现急性呼吸困难、逆向喷嚏、喘鸣和部分鼻塞

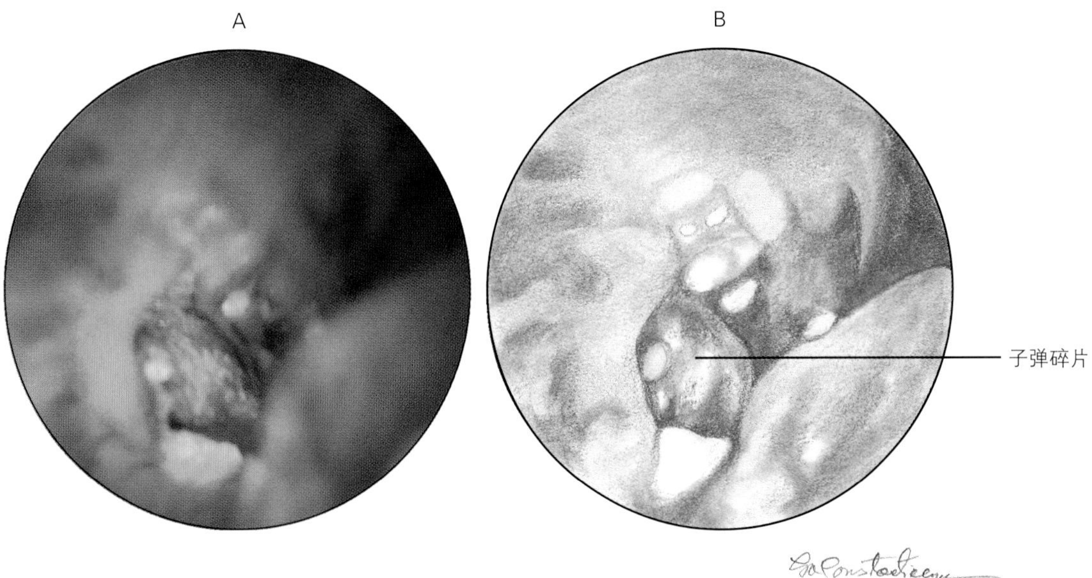

图5-82 犬鼻腔的子弹碎片，该犬自从面部中弹后慢性流鼻涕已有6年，该犬曲霉菌血清学检测显示阳性，在没有任何其他治疗的情况下，决定取出异物

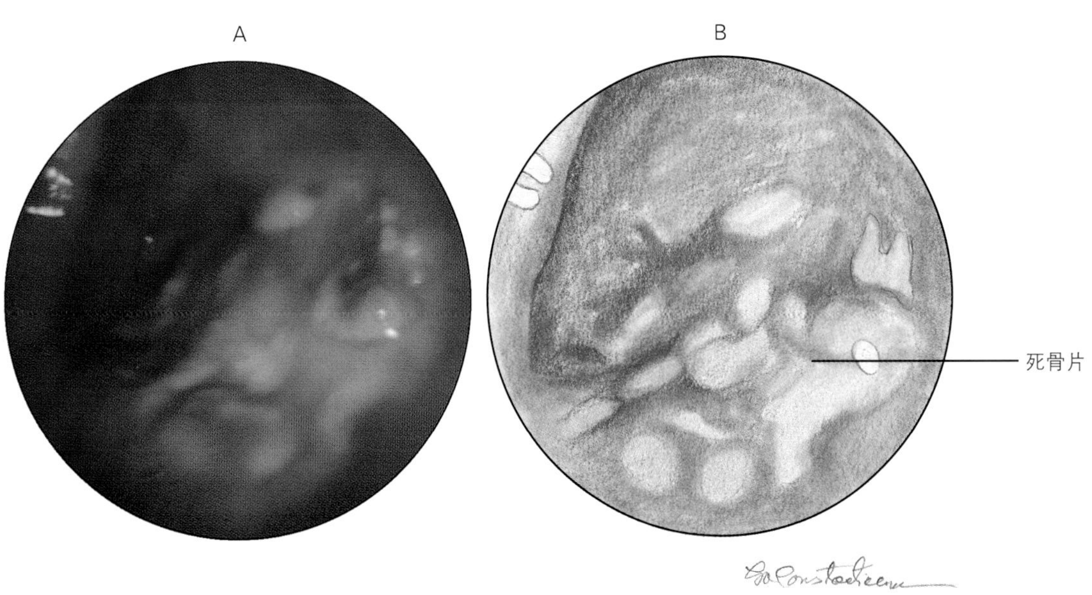

图5-83 慢性流鼻液犬额窦底部的死骨片，通过瘘管开口，用额窦镜检查可以看到额窦的引流瘘管，鼻镜检查之前，该犬头部曾被撞击，额窦背板线骨折已有数年

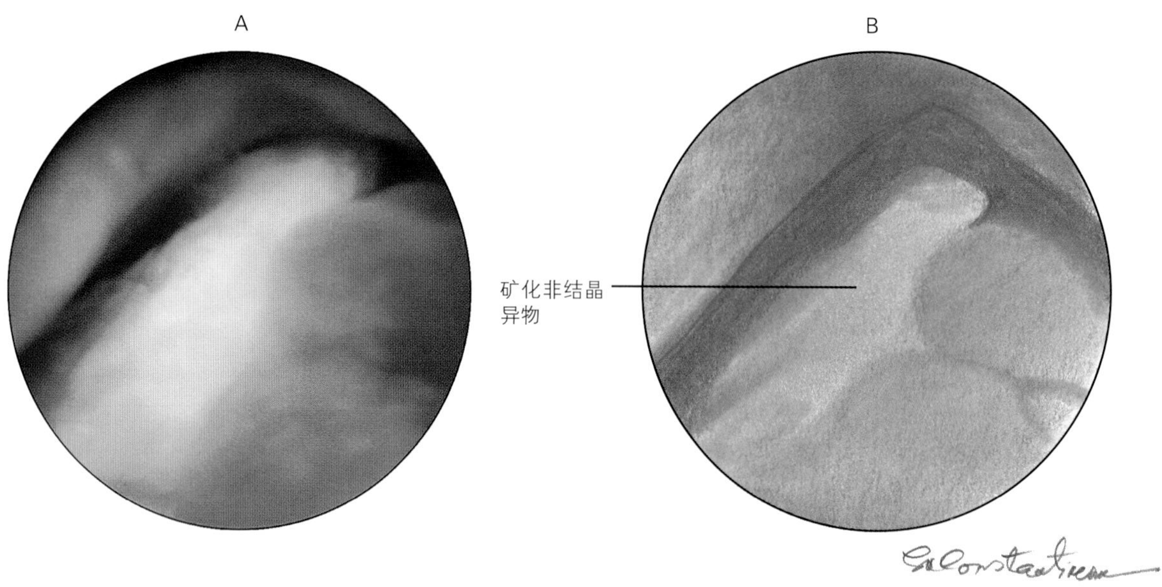

图5-84 严重鼻衄的犬来源不明的矿化非结晶异物碎片

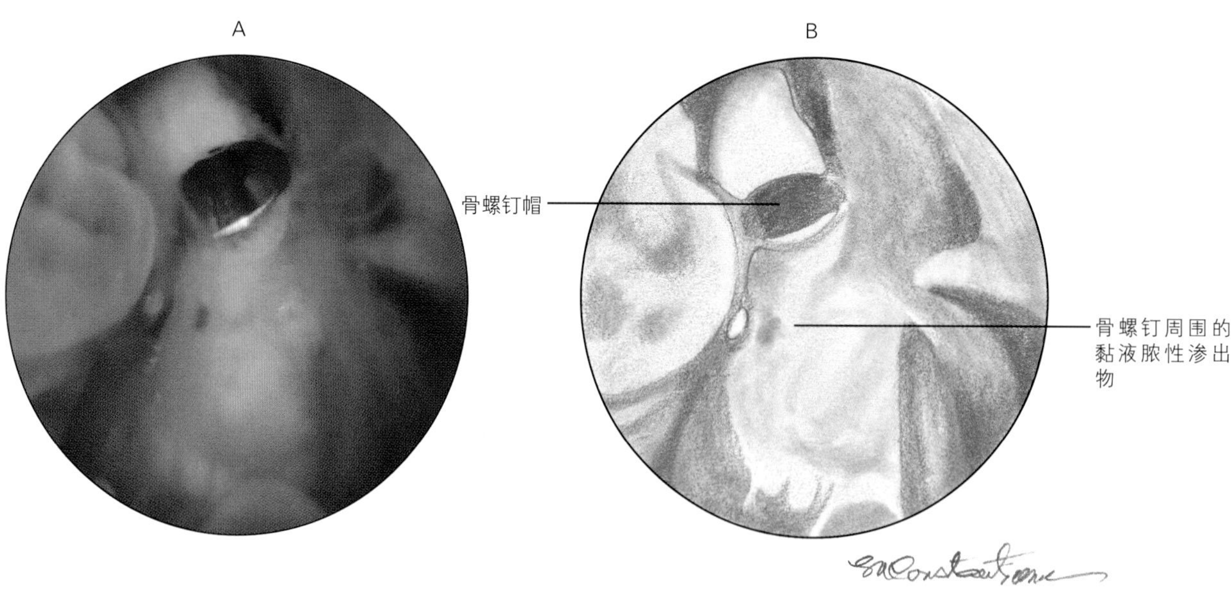

图5-85 慢性流鼻液患犬鼻腔内可见的骨螺钉，上颌骨骨折用双面接骨板修复，骨螺针延伸进入鼻腔，移出植入的异物解决了该犬流鼻涕的问题

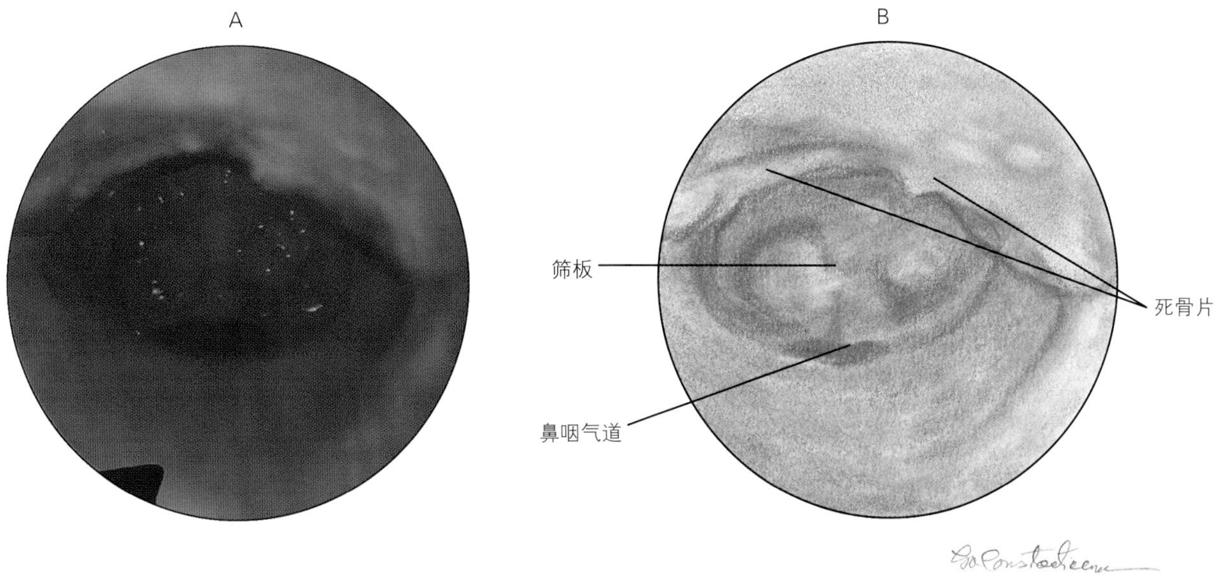

图5-86　鼻腺癌鼻甲全切后1个月进行鼻腔检查，穿过空鼻腔背侧可见到的白色轮缘是进入鼻腔的鼻骨片，这个游离骨瓣变成了死骨片

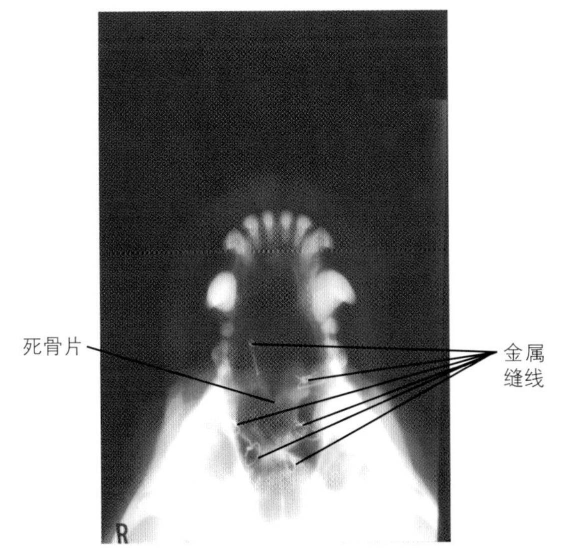

图5-87　犬鼻腔的开口腹背位X线投照显示死骨片

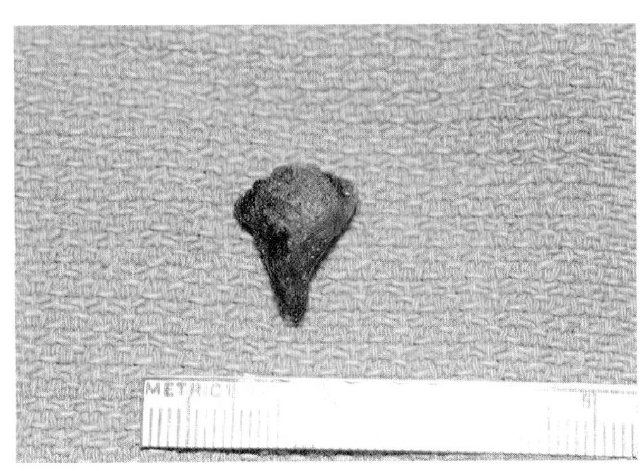

图5-88　单个骨片异物从犬的鼻咽移出，骨片太大不能从前端去除，通过后拉进入咽部后取出

鼻腔周围的渗出液区分出来。在患严重的牙周病的牙根周围口腔内同样也能够看到黏稠的渗出物（图5-90）。强力冲洗时，可将黏稠的渗出物冲洗成散在的小团块。渗出物下面的组织发炎、充血，可形成溃疡。用内镜通常看不到患病的牙根。多数情况下，在口腔能够看到来自患病牙齿周围的冲洗液。患牙根部周围的探查术可能显示出牙根和鼻腔之间骨的缺失。许多病例能够发现口腔和鼻腔（图5-91）直接相通。拔除患牙可治疗流鼻液和鼻炎。口腔鼻腔瘘会导致进一步需要拔除患病牙齿，然后需要手术闭合，否则鼻炎可能会持续存在。

在老龄犬，特别是小型犬及有明显牙齿疾病的犬，流鼻液时需要考虑是否为牙齿疾病。而在大型犬、没有明显牙齿疾病或者齿龈炎的犬也不能排除。在X线片下谨慎地评价上颌牙根，对于骨萎缩和齿尖周围脓肿需要在麻醉的情况下仔细检查牙齿。如果发现了可疑区域，在开始鼻镜检查之前，需要其他的倾斜位X线检查或者对上颌齿拍片。之后，就直接在可疑区域进行鼻镜检查。牙根周围骨的增大可能表明牙齿疾病（图5-92），但是，如果没有渗透到鼻腔或者蓄积渗出物，这些发炎的牙齿就不是造成鼻炎的病因。

当诊断为牙齿疾病时，细菌培养物需要送检，但是真菌培养的送检是可选择的。采集涉及鼻腔黏膜的活检样本可以直接送检，也可以保存后送检，前提是牙齿疾病治疗效果不佳。肿瘤可以与牙齿疾病同时发生，这时可以获得的任何样品都可以送检。

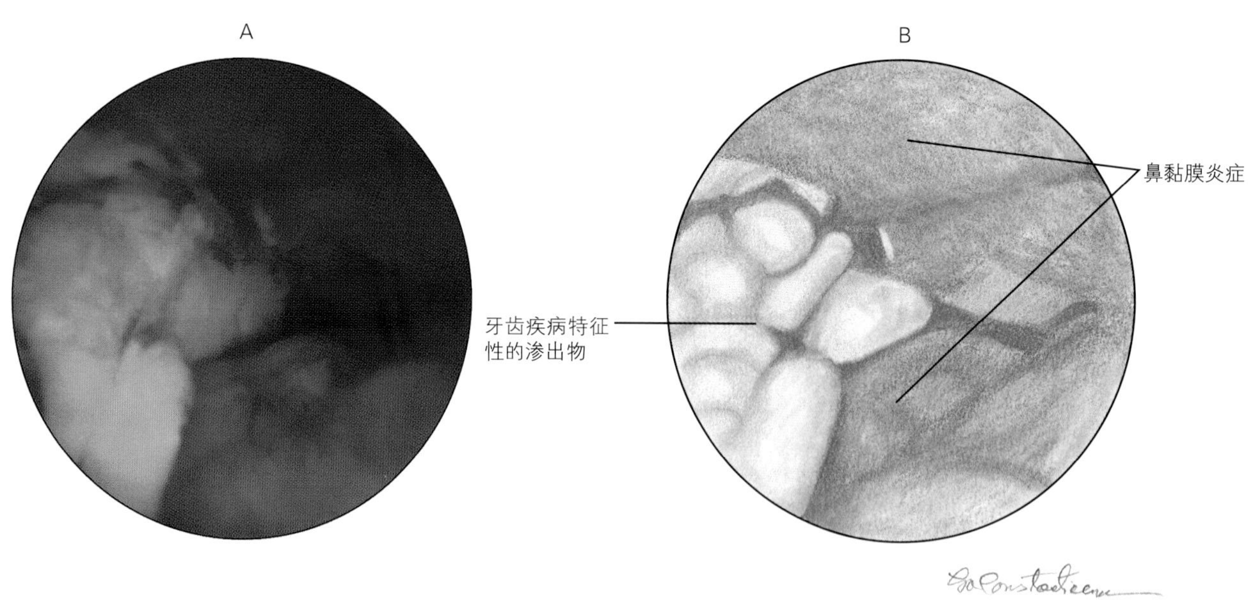

图5-89 牙齿疾病继发流涕和鼻炎的犬鼻腔内邻近发病牙根的特征性的渗出物

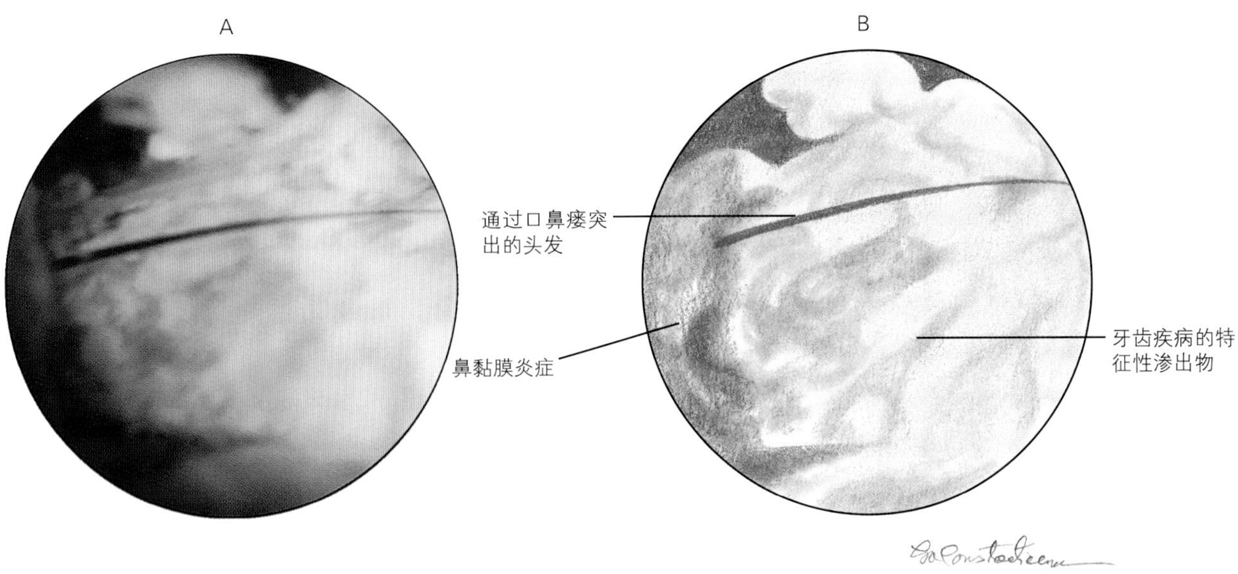

图5-90　牙齿疾病继发鼻炎且在上犬齿周围有口鼻瘘患犬鼻腔内的渗出物和头发

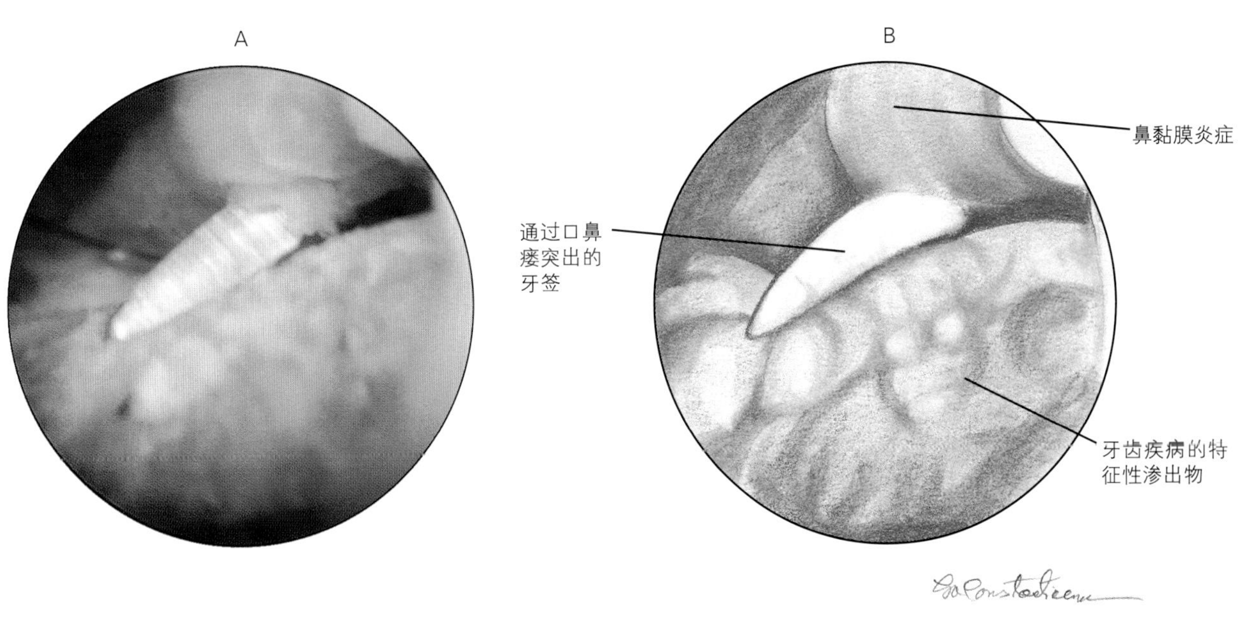

图5-91　牙齿疾病继发鼻炎患犬鼻腔内可见牙签通过口鼻瘘

五、过敏性鼻炎

变态反应是慢性鼻炎的另一个病因，可出现双侧性的黏液或黏液脓性鼻液，有时表现全身症状，或者出现皮肤过敏迹象的犬都可能发生过敏性鼻炎， X线检查通常显示双侧弥漫性的鼻甲增厚，但是鼻甲和骨组织并未破坏。X线或许能检查出患病部位。鼻镜检查可见大量的黏液或者脓性黏液，充满双侧鼻腔（图5-93），将鼻咽部渗出物全部引流出来。黏膜通常充血（图5-94）且粗糙、脆弱（图

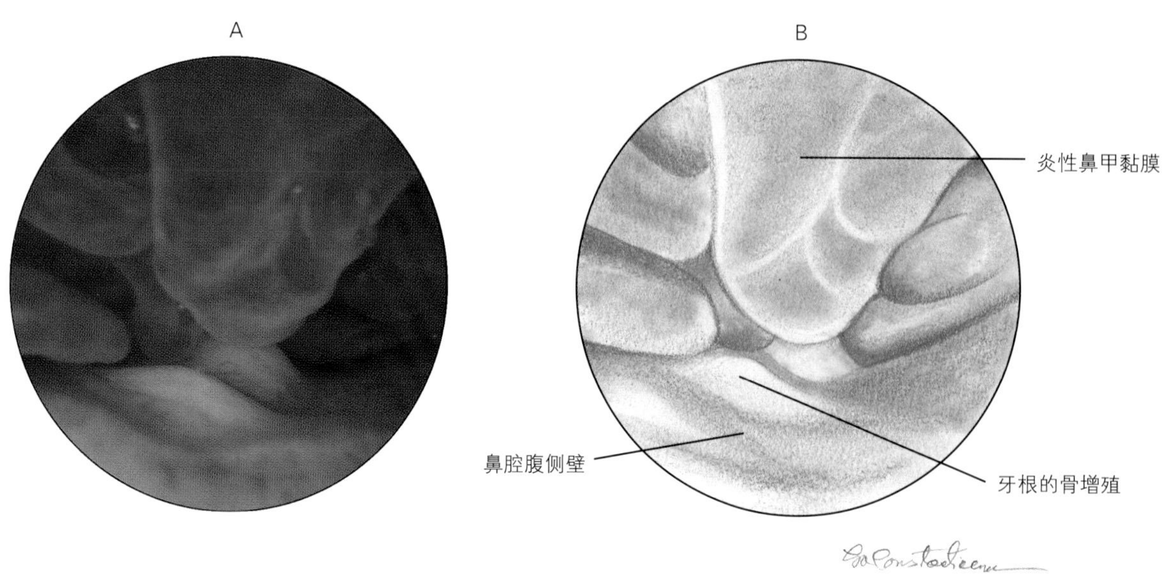

图5-92 牙齿疾病继发鼻炎的犬牙根上的骨增殖，该病例黏膜不平，鼻甲轻度变形

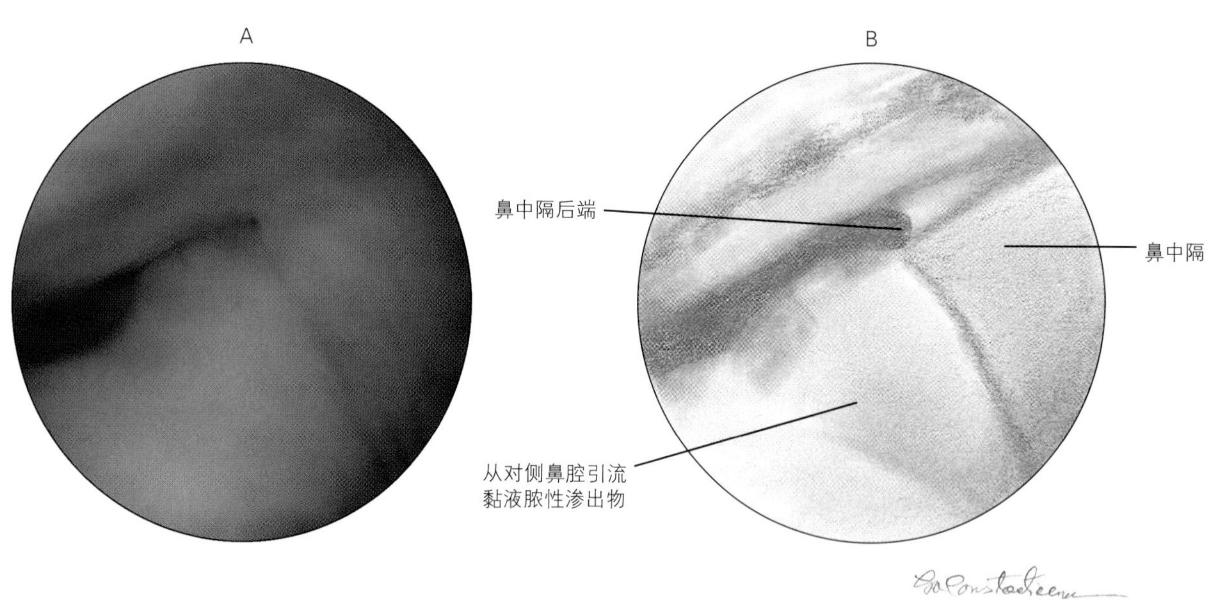

图5-93 过敏性鼻炎患犬鼻腔内典型的黏液脓性渗出物，图片显示渗出物的一部分接近鼻中隔的后端

5-95）。鼻甲可能浮肿或者增厚，并且由于患犬体型本来就不大，操作空间较小，导致检查起来很困难。在这些病例，由于渗出物的数量和黏性，很难完全清除渗出物。检查之前，必须用注射器和大量的生理盐水冲洗，以去除渗出物。慢性疾病可能会出现鼻甲损坏（图5-96）。在这些病例，未发现异物、霉菌菌落、肿瘤和牙齿疾病。鼻黏膜的组织病理学显示炎症反应，伴有嗜酸性粒细胞、淋巴细胞、浆细胞或者这些细胞混合浸润。过敏性鼻炎常常会发现息肉，可以是单个的小而光滑的白色结

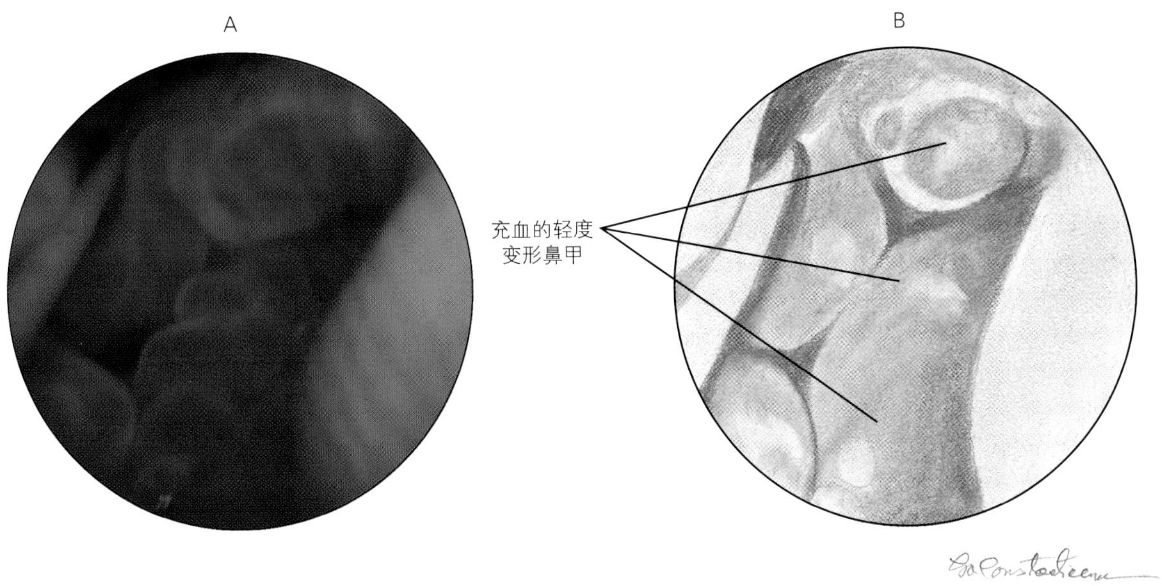

图5–94 过敏性鼻炎患犬黏膜充血

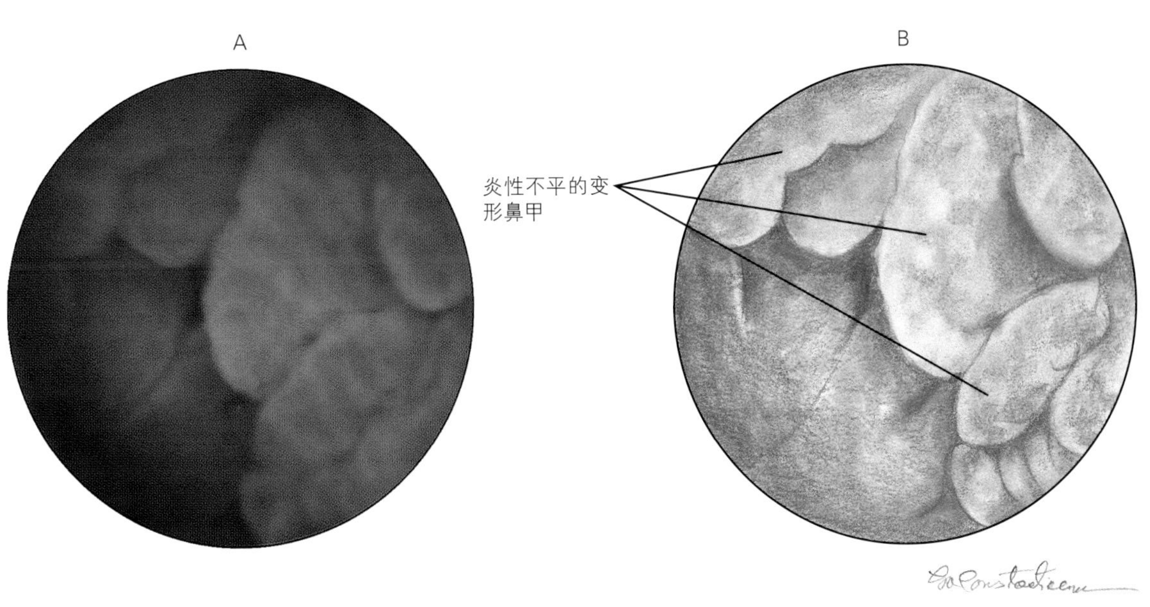

图5–95 过敏性鼻炎患猫黏膜和鼻甲粗糙不平

节（图5-97和图5-98）、小而表面不平的独立病灶（图5-99），或者是连续大片的炎性肿块（图5-100）。进行多种过敏原组的变态反应筛选显示阳性。在这些病例，注射脱敏药物并去除周围环境的过敏原能取得很好的治疗效果。

六、细菌性鼻炎

对于患慢性鼻病的病例，细菌性鼻炎不能作为最终的诊断。急性细菌性病例或者慢性的、传染性可能继发于其他疾病。犬和猫可能也会发生原发

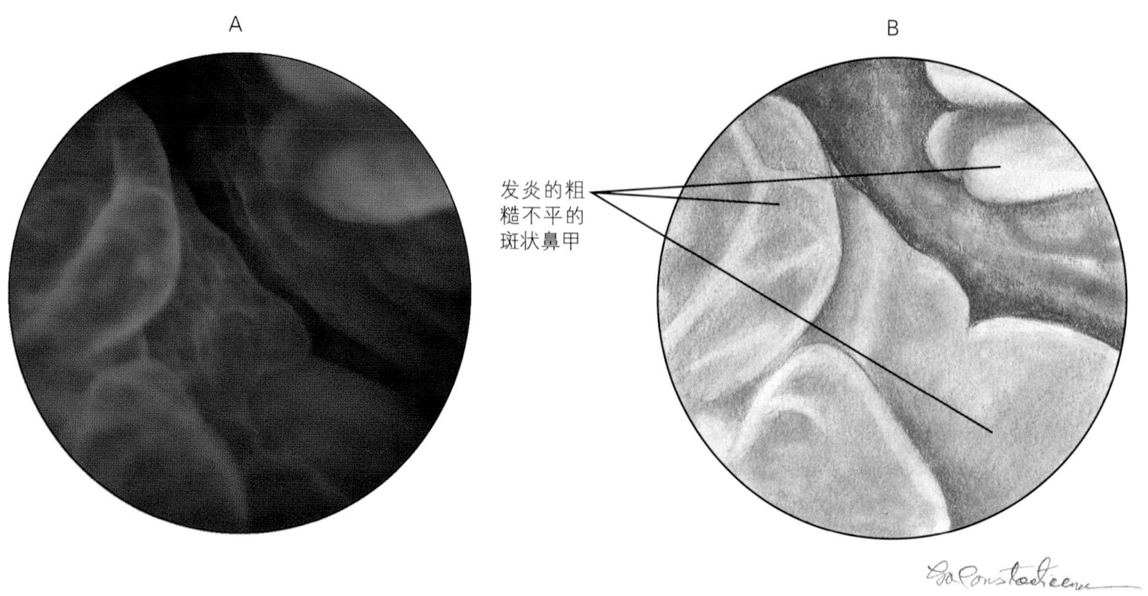

图5-96　过敏性鼻炎患犬鼻甲变形，鼻黏膜斑状充血

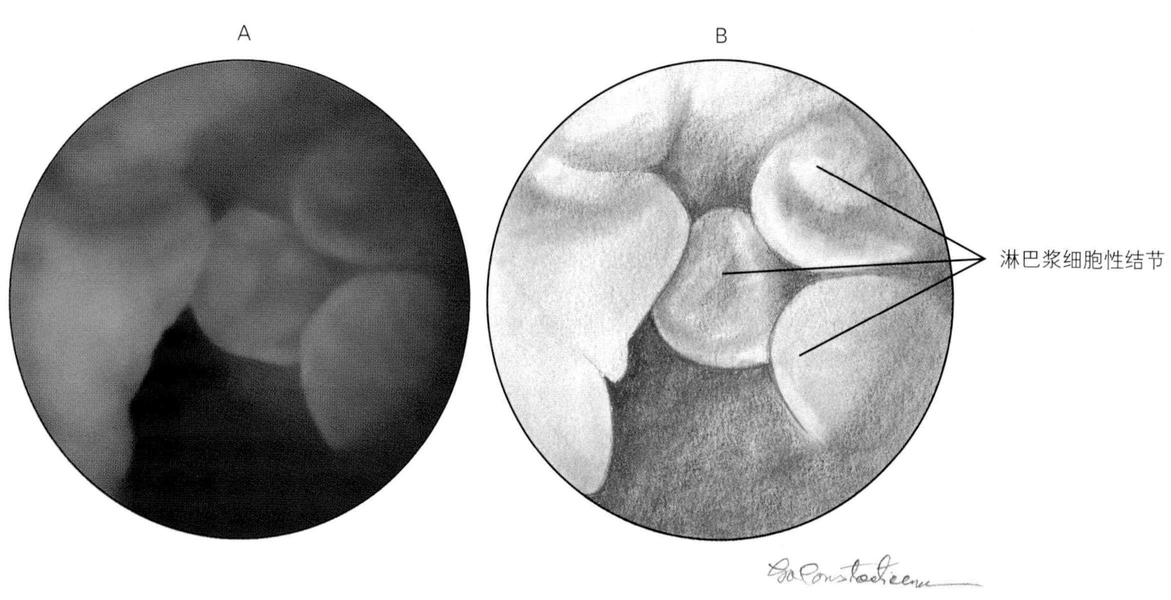

图5-97　在单个、小、光滑、白色、过敏性结节鼻炎患犬的鼻腔内，多个部位可见到典型的淋巴浆细胞性息肉

性、慢性、细菌性鼻窦炎，但是更可能是继发于其他疾病，例如鼻疾病或者猫的上呼吸道病毒感染，细菌性鼻炎通过抗生素治疗能够治愈，不会成为慢性鼻腔疾病的一部分。慢性鼻腔疾病如果没有进行适当的清创和引流，或者没有根除潜在的病原，使用抗生素治疗不能够治愈。鼻镜能够用于治疗性冲洗额窦和清创。

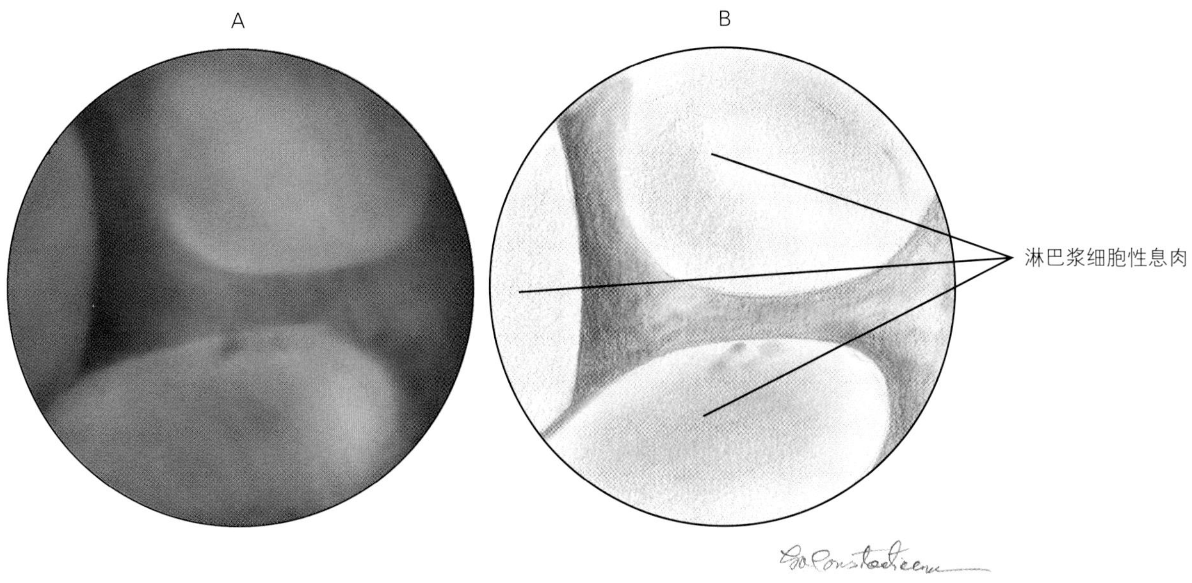

图5-98　过敏性鼻炎患猫的淋巴浆细胞性息肉

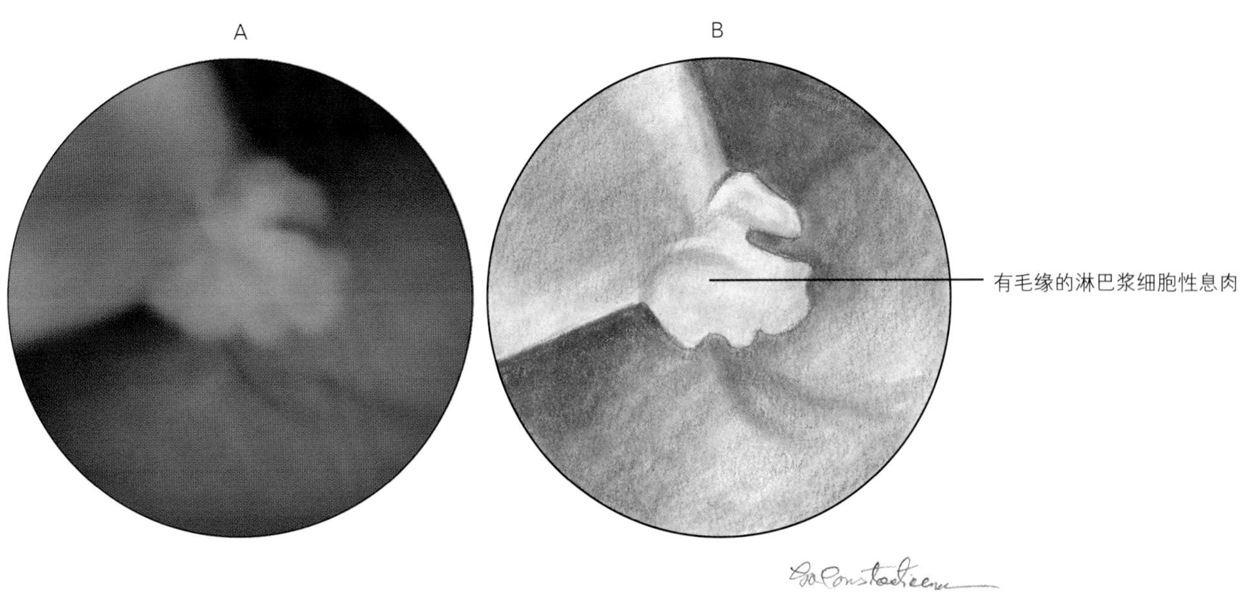

图5-99　过敏性鼻炎患犬鼻腔内表面不平有毛缘的淋巴浆细胞性息肉

七、寄生虫性鼻炎

犬鼻腔的类肺刺螨虫，该虫体是小于1mm的白色螨（图5-101）。

八、耳炎继发的鼻病

由于耳病继发鼻炎的病例不常见，最常见的猫鼻、耳疾病是鼻咽息肉综合征。可以看到继发严重的外耳炎和中耳炎的鼻腔闭塞造成的呼吸困难。软组织肿胀、骨质增生和中耳增大，可形成肿块阻塞鼻咽（图5-102）。进行耳道全切除治疗鼻腔阻塞和呼吸困难。

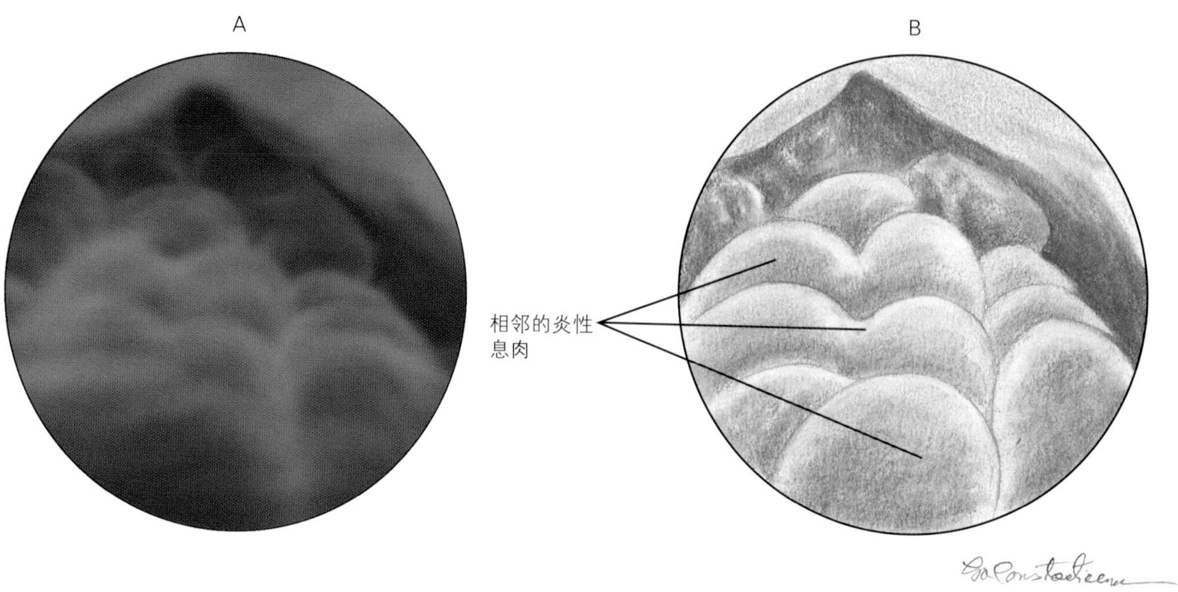

图5-100　严重过敏性鼻炎患犬多个连续的炎性息肉形成一层炎症组织完全覆盖鼻腔黏膜

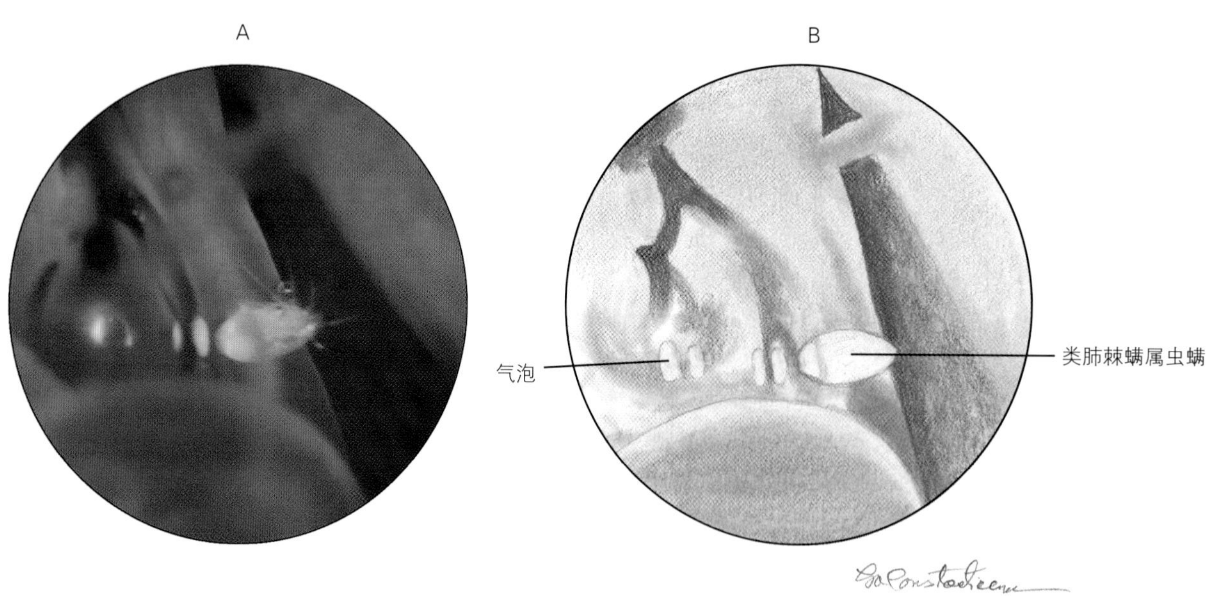

图5-101　犬鼻腔内的类肺棘螨属虫螨

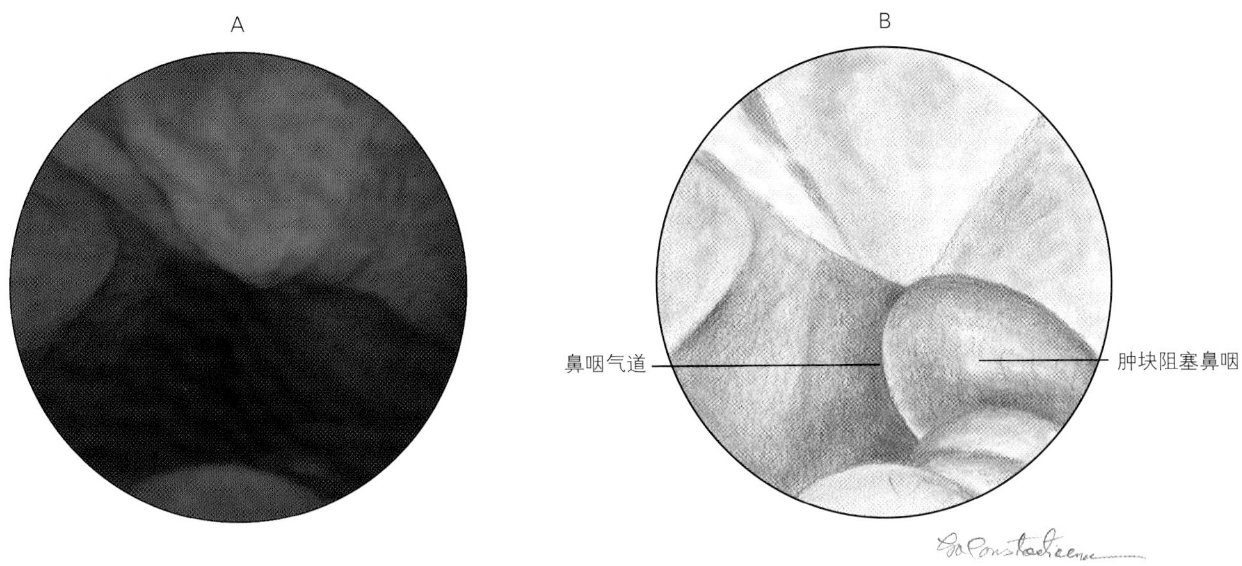

图5-102　英国小猫犬的大疱继发的耳炎和增大发炎的中耳阻塞鼻咽。因为鼻腔气道阻塞，该犬表现呼吸困难，耳道完全切除解除了鼻腔气道阻塞和呼吸困难

喷嚏和逆向喷嚏的急性发作与穿透鼓膜的耳内异物有关。鼻镜检查可见明显的黏膜充血和同侧咽鼓管开口附近的鼻咽肿胀（图5-103），或者从咽鼓管引流的渗出物（图5-104）。鼻腔检查显示轻微的非特异性的鼻炎或者正常的鼻腔。去除异物和治疗耳炎可缓解鼻腔症状。检查其他逆向喷嚏症状的病例表明，鼻咽炎和逆向喷嚏之间有很强的关联性。

九、鼻出血

鼻出血不是一个诊断结果，而是鼻疾病的一种症状，可能由一系列因素造成，包括鼻和全身性的因素。鼻腔出血应注意与血性鼻涕相鉴别。真正的鼻出血最常见于鼻腔肿瘤和全身血凝紊乱的病例。人鼻出血最根本的症状是高血压，但犬不是由于高血压引起的。无论是水样、黏液性的、黏液脓性的或者化脓性的血样鼻液，在绝大多数患有鼻部慢性疾病的病例中都能够看到。鼻腔肿瘤、严重的霉菌性鼻炎和异物引起的出血更严重，但是观察到的症状变化很大，不能作为最后诊断的依据。

十、病因不明的鼻炎

病因不明或者病原学尚未建立的鼻腔炎性疾病都属于病因不明的鼻炎。大部分病例最初都被认为是病因不明，而现在被诊断为过敏性鼻炎。这些过去被诊断为病因不明鼻炎的病例与现在确诊的过敏性鼻炎的检查结果相似，如临床症状、X线片表现、鼻镜检查结果以及组织病理学检查。作为建立诊断一部分，过敏检测已经确定，这些病例与先前变态反应为阳性的，包括在这类疾病的检查结果有存在很强的相关性。还没有最后确定这些疾病的分类，但已经建立了病理性区别和炎性反应不同的分类。已经在鼻组织中发现淀粉样蛋白沉积，但是尚未与特定疾病过程或病原学建立联系。常出现大量的黏液、黏液脓性的鼻液，由于量大且黏稠，很难通过冲洗法清除。检查之前需用注射器和生理盐水强力冲洗，以去除渗出物。黏膜表面通常粗糙不平、充血、呈斑状同时伴有浮肿、增厚和鼻甲变形（图5-105）。由于操作空间较小，观察起来

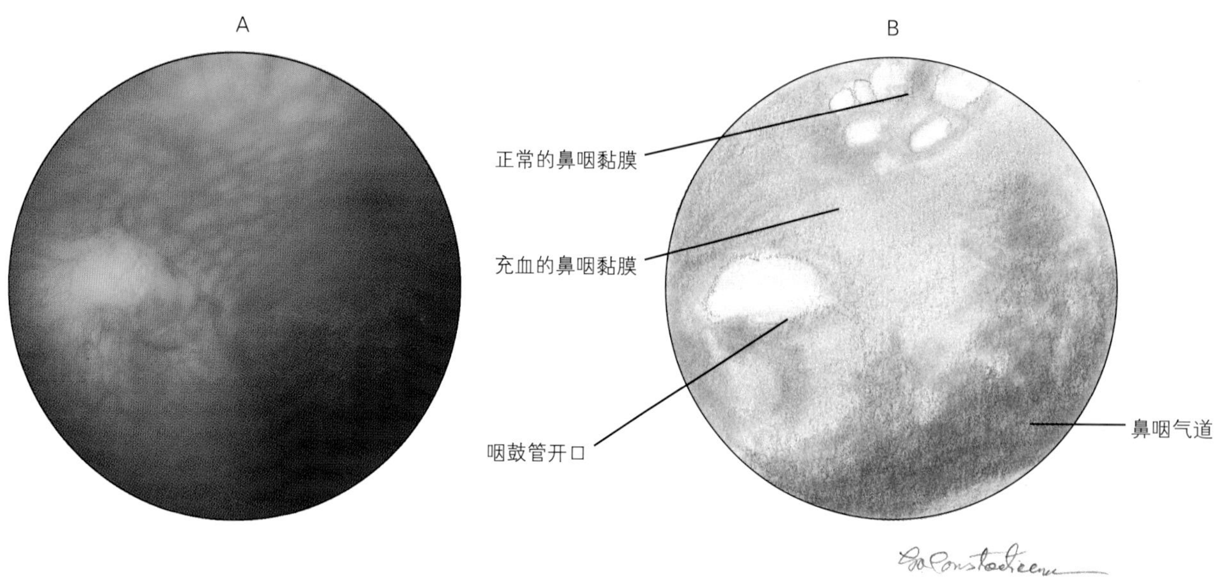

图5-103　已经侵入鼓膜的耳内异物继发鼻咽炎患犬表现出严重的逆向喷嚏

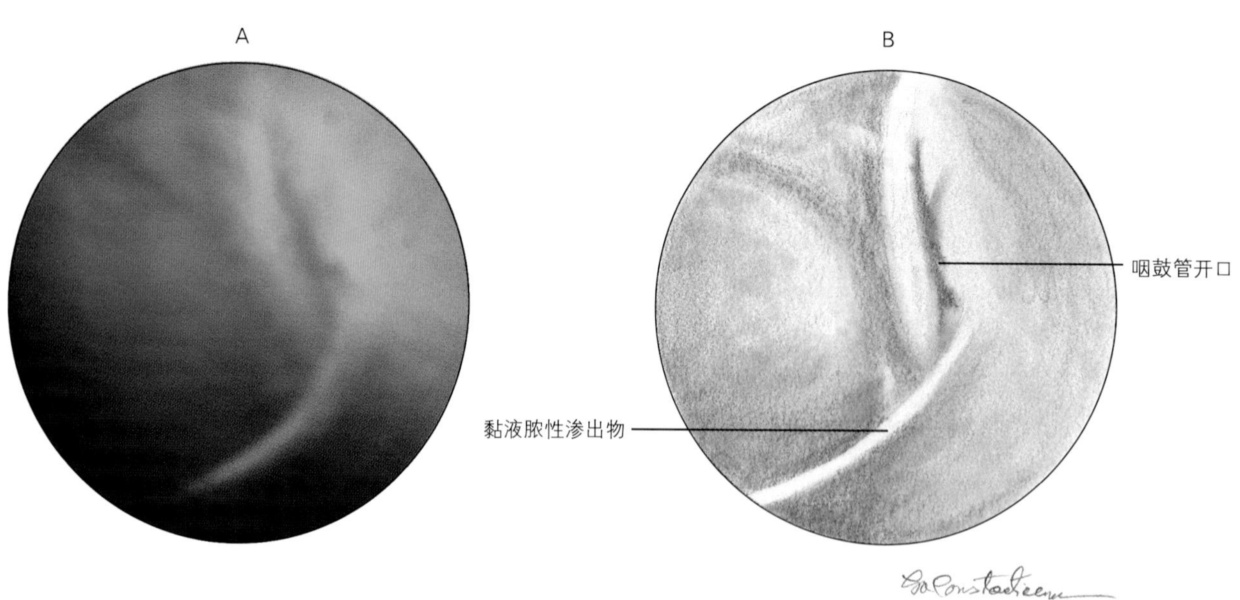

图5-104　中耳炎和逆向喷嚏患犬咽鼓管的渗出物

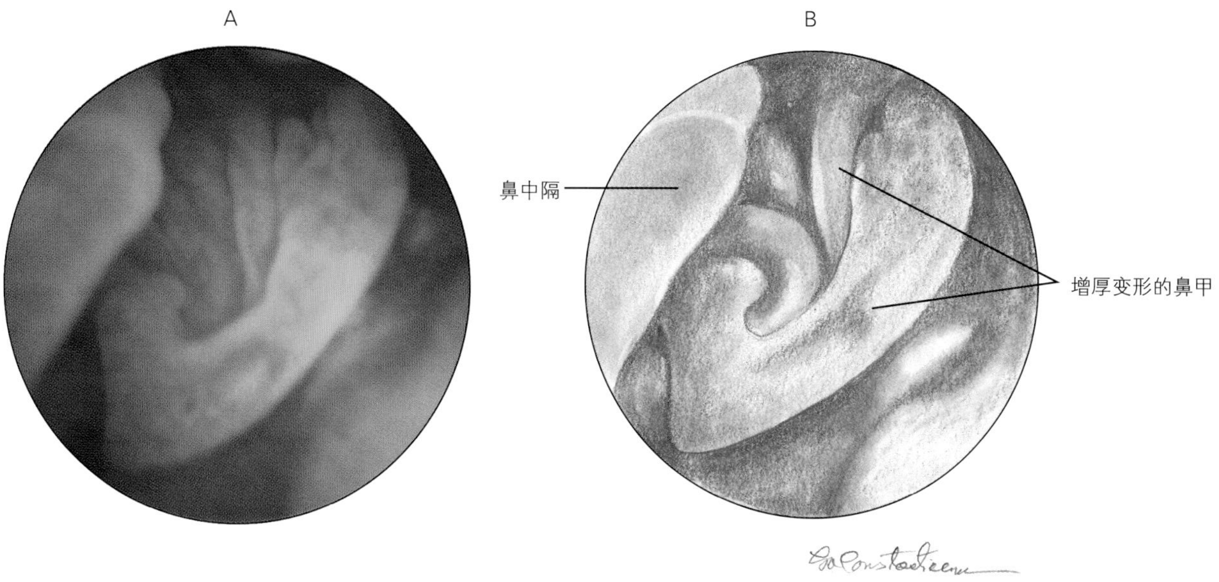

图5-105　病因不明化脓性鼻炎患犬，鼻甲增厚变形，黏膜粗糙不平呈斑状

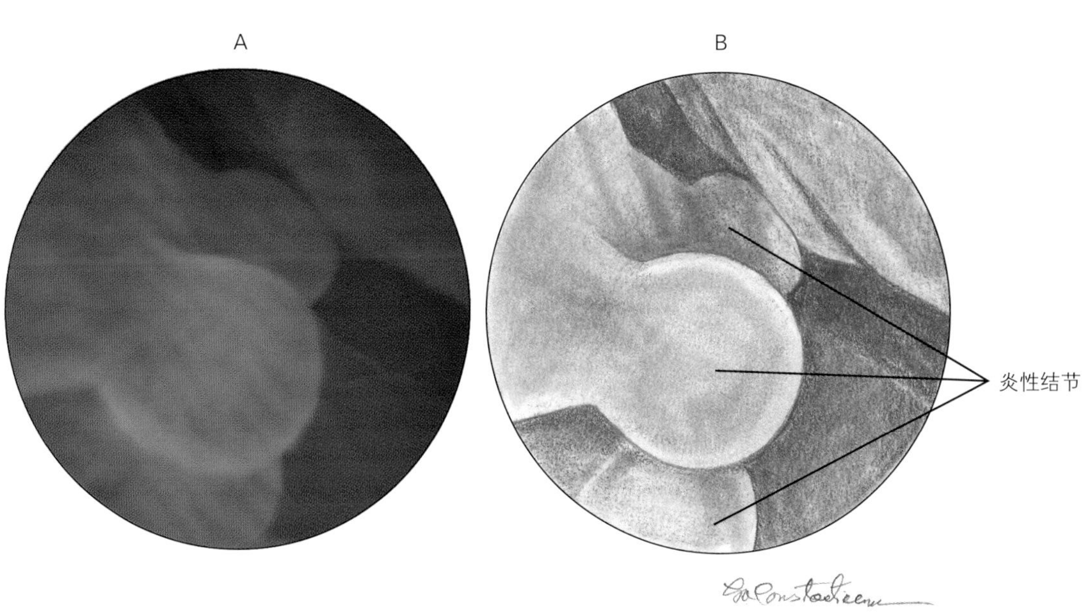

图5-106　与之前病因不明鼻炎病例的检查结果以及阳性变态反应存在很强的相关性

很难。在这些病例的活组织检查时能够发现嗜酸性细胞、淋巴细胞、浆细胞、中性粒细胞或其混有多种细胞的炎性渗出物。能够经常看到炎性息肉和肿块，可能是单个小而光滑的白色肿块（图5-106）、单独的大病灶（图5-107）、不规则的肿块（图5-108）或者炎性组织的肿瘤样肿块（图5-109）。有（图5-110）或无（图5-111）由于炎性肿块造成的鼻甲损伤。病因不明性鼻炎病例血管显著扩张（图5-112）。在这些病例中没有发现异物、霉菌菌落、肿瘤或牙齿疾病。

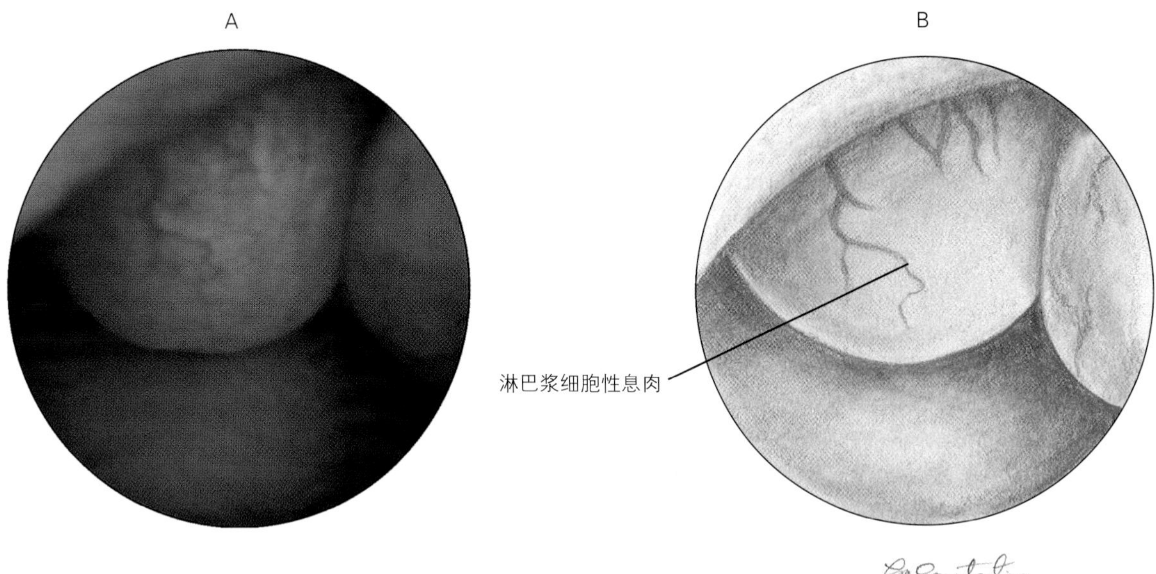

图5-107 病因不明鼻炎患犬，可见光滑的淋巴浆细胞性息肉

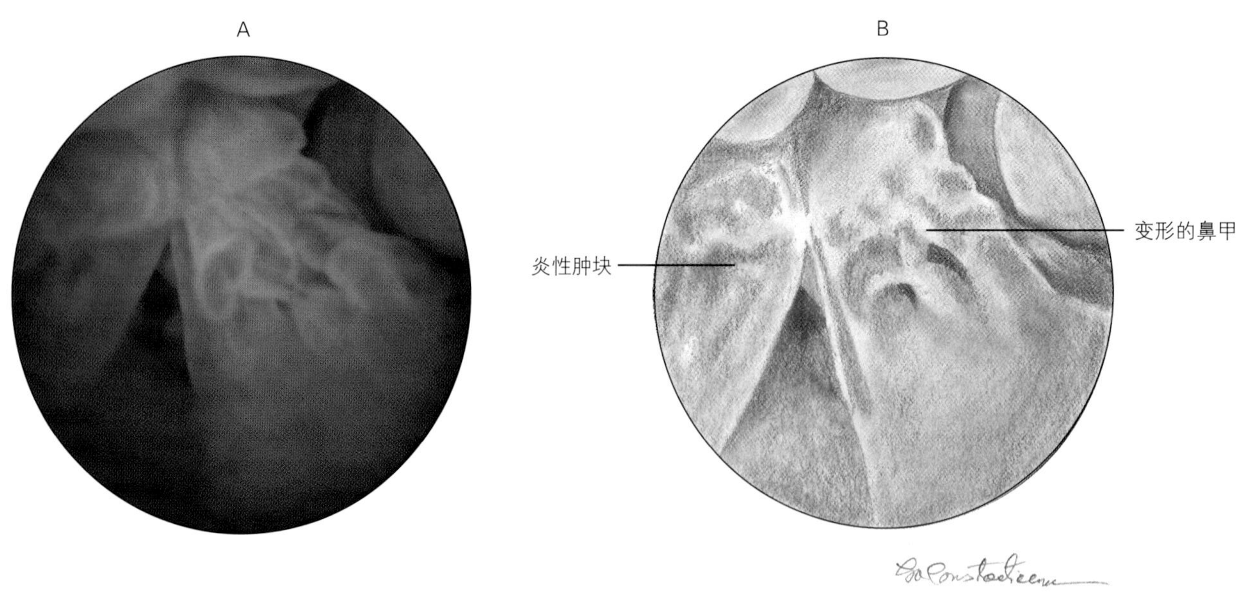

图5-108 病因不明的鼻炎患犬炎性肿块，可见鼻甲变形和支持软骨的丧失

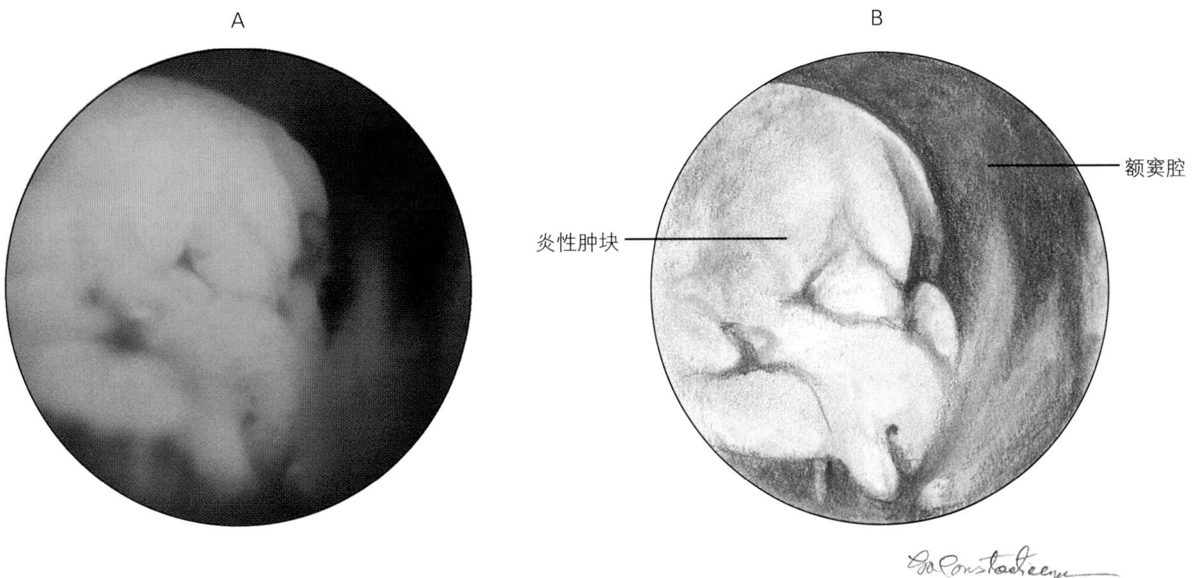

图5-109　病因不明鼻炎患猫额窦腔内的肿块

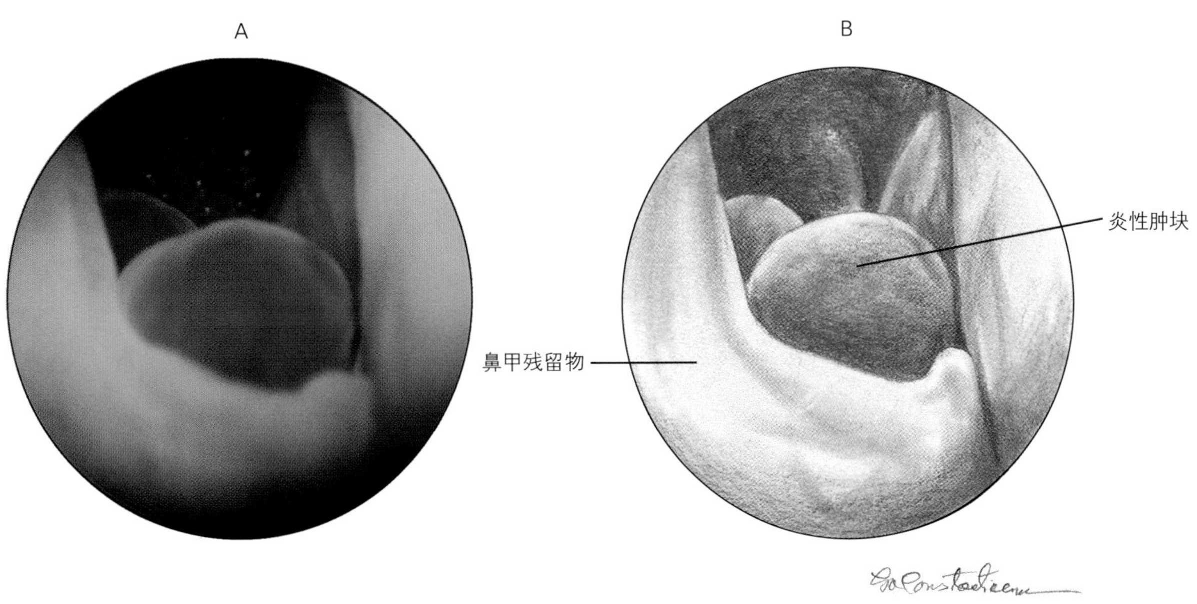

图5-110　病因不明化脓性鼻炎患犬，鼻腔内充血，炎性组织肿块

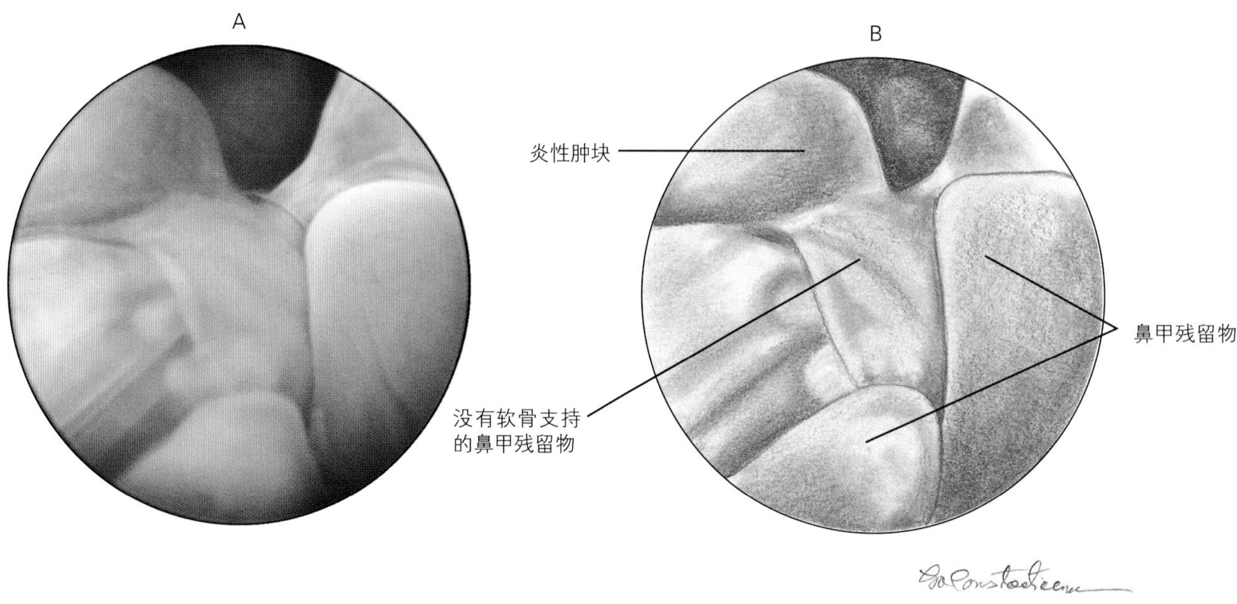

图5-111　病因不明鼻炎患犬可见鼻甲显著损伤和变形及排列不规则的炎性肿块

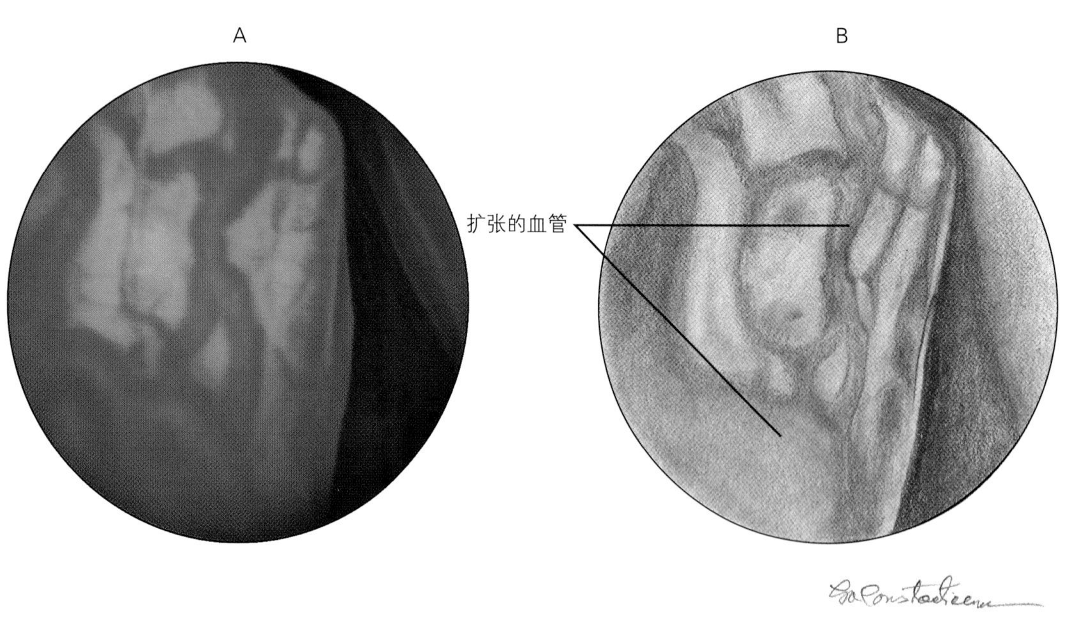

图5-112　病因不明鼻炎患犬血管扩张

这些病例还没有发现其他需要考虑的潜在病因。可以进行进一步的诊断评价，包括CT、核磁共振成像或者手术探查。4～6个月复查这些病例时，推荐使用其中的一种方法，如果患的是进行性疾病，病因可能就变明显了。

十一、复查

可能需要做鼻腔复查，鼻镜检查鼻腔的适应证包括：复发或反复发作的异物性鼻炎，监测治疗效果，检查疾病的发展程度或者消除，霉菌性鼻炎的清创，肿瘤切除和一些未解决的自发性鼻炎。

第七节 结 论

鼻镜检查是一种高效的诊断工具，具有低死亡率和低发病率、安全有效等优点。推荐应用于各种条件下检查鼻腔，并建立诊断。还可降低手术探查的需求。

参考文献

1. Hunt GB and others: Nasopharyngeal disorders of dogs and cats: a review and retrospective study, *Compend Cont Educ Pract Vet* 24:184-200, 2002.
2. Lent SEF, Hawkins EC: Evaluation of rhinoscopy and rhinoscopy assisted mucosal biopsy in diagnosis of nasal disease in dogs: 119 cases (1985-1989), *J Am Vet Med Assoc* 102:1425-1429, 1992.
3. Tasker S and others: Aetiology and diagnosis of persistent nasal disease in the dog: a retrospective study of 42 cases, *J Small Anim Pract* 40:473-478, 1999.
4. Willard MD, Radlinsky MA: Endoscopic examination of the choanae in dogs and cats: 118 cases (1988-1998), *J Am Vet Med Assoc* 215:1301-1305, 1999.
5. Thayer GW: Infections of the respiratory system. In Greens CE, editor: *Clinical microbiology and infectious diseases of the dog and cat,* Philadelphia, 1984, WB Saunders.

建议阅读资料

Davidson AP and others: Diseases of the nose and nasal sinuses. In Ettinger SJ, Feldman EC, editors: *Textbook of veterinary internal medicine,* ed 5, Philadelphia, 2000, WB Saunders.

Forrest LJ: The cranial and nasal cavities: canine and feline. In Thrall DE, editor: *Textbook of veterinary diagnostic radiology,* ed 4, Philadelphia, 2002, WB Saunders.

Noone KE: Rhinoscopy, pharyngoscopy, and laryngoscopy, *Vet Clin North Am Small Anim Pract* 31:671-689, 2001.

Patrid PA, McKiernan BC: Endoscopy of the upper respiratory tract of the dog and cat. In Tams TR, editor: *Small animal endoscopy,* ed 2, St Louis, 1999, Mosby.

Willard MD: Respiratory tract endoscopy. In Fossum TW, editor: *Small animal surgery,* ed 2, St Louis, 2002, Mosby.

第六章　支气管镜

自20世纪70年代以来，支气管镜已经成为兽医对动物呼吸系统疾病检查的重要组成部分，并且在诊断各种呼吸系统疾病方面具有得天独厚的优势。此外，支气管镜检查法还适用于患病动物治疗和预后评价。

第一节　器械设备

支气管镜有硬质和软质内镜。20世纪初，硬质支气管镜就已经开始应用于人医。自1967年，引入Ikeda软式纤维内镜之后，其使用率显著增加，并且，现已成为兽医和人医使用最为普遍的支气管镜设备。

与硬质内镜相比，软质内镜具有许多优点，包括通用性（一个镜头可以用于不同类型的内镜）和可操作性（增加了支气管树内的视野范围）。相比之下，软质内镜也有缺点，包括初期设备投入费用较高，维修成本高，图像质量差（主要指内镜照相），使用寿命短（扭曲度大更容易导致光纤损坏）以及抽吸力和器械的性能降低（活组织采样通道更小）。尽管存在这些局限性，但是软质内镜的通用性、可操作性和视野的广泛性优点仍使其成为首选的支气管镜。

动物种属的差异（例如动物呼吸道长度和直径的不同）在某种程度上限制了特定内镜作为兽用支气管镜的使用。常用的支气管镜有直径5mm和3.7mm的两种尺寸。这两种内镜可以满足体重2或3kg至体重75kg动物的支气管检查，同时它们和其他内镜有良好的通用性，例如鼻镜和膀胱镜。使用人支气管镜（55cm）检查大型犬类的主要局限性是其长度不够。有一种兽医专用的内镜（犬支气管镜，60001型，Karl Storz 兽用内镜，美国加利福尼亚，戈利塔），其直径为5mm，长85cm，可满足除特大型犬外所有体型犬的使用。对于巨型犬，可以使用小儿胃镜来检查。高质量内镜可以从当地医院或内镜销售公司购得。

设备维护和保养

软质内镜属于精密、昂贵的设备，必须非常小心使用和维护。操作不当（用力插入或弯曲）或清洗不当（如有些内镜可以浸泡，而有些则需要蒸汽灭菌）可能会导致设备的损坏，并为此付出昂贵的维修费用。设备灭菌常受湿度影响；假单胞菌容易在潮湿环境中生存，经常会污染呼吸道器械设备。软质内镜必须悬挂保存，因为在密闭箱内保存会影响到设备内部的干燥（图6-1）。环氧乙烷、蒸汽和冷性浸泡技术已经用于内镜和活组织采样器的灭菌。希望所有使用人员能够正确地操作、清洗器械设备。

第二节　支气管镜检查法的适应证和禁忌证

支气管镜检查法可用于诊断、治疗和判断预后[1-3]。诊断性支气管镜检查可用其获得有关气管通道的可视性信息（例如气管受压迫、塌陷和扩张），也可以用其采集样品（用于细胞学检查、培养和采集活组织样品）以确定病原学诊断[4]。支

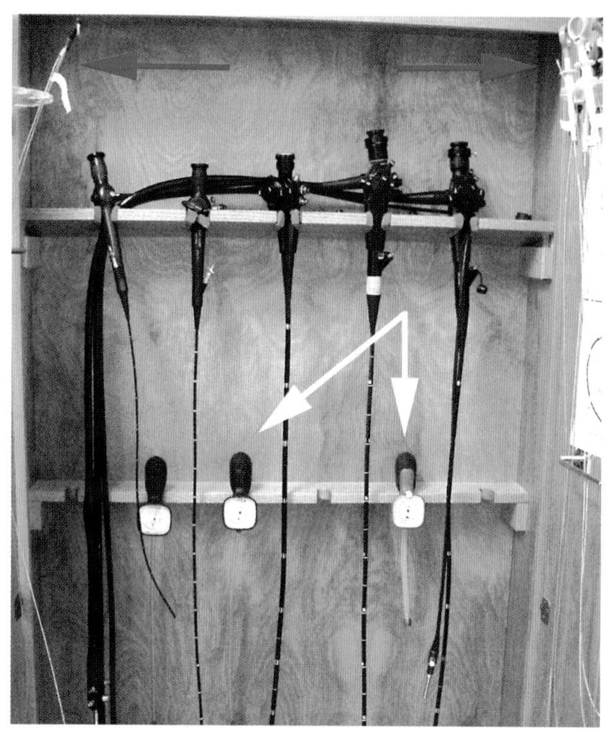

图6-1 清洗后悬挂在安全干燥储藏柜内的软式内空内镜（直径3.7和5mm的支气管镜，3根7.9mm的胃十二指肠镜）。图中标记为保证使用前安全的安全压力表（白箭头）和各式各样的活组织钳（红箭头）

气管镜检查法在治疗方面，特别是在清除气道异物方面[5]用处很大。在气管发生不可逆的解剖学或黏膜变化时，支气管镜检查法对于预后判断非常有帮助。

除了在操作过程中涉及到麻醉相关的危险外，兽医支气管镜检查没有明确绝对的禁忌证。临床医师必须权衡检查过程中可能发生的危险（如麻醉、出血、缺氧、心律失常）。Roudebush总结了支气管镜检查的临床适应证和可能的禁忌证[3]，笔者适当修改后列入表6-1。

第三节　支气管镜检查中的麻醉

内镜插入到动物呼吸道时会刺激动物发生保护性反射，包括喷嚏、摇头、阵发性咳嗽和气管收缩。支气管镜检查时必须进行全身麻醉以保护内镜和防止呼吸道损伤。除了患有严重精神沉郁的病例外，支气管镜检查（建立确切诊断和准确判断预后）操作必须实施全身麻醉。为保证支气管镜的安全操作，需注射短效、可逆性麻醉剂，这种类型的麻醉剂对于检查过程的操作以及动物快速恢复十分有益。

有各种各样优良的麻醉方案可供支气管镜检查时选择。选择哪种麻醉方案取决于对病例病情的评价、支气管镜检查的目的（常规诊断还是异物清除），还要考虑兽医对麻醉剂的熟悉程度。必须有效控制动物的骚动，因为骚动使支气管镜操作更加困难，而且过度的骚动会导致动物受伤和设备损坏。理想的麻醉是使动物安静、对心肺不良反应最小、麻醉的可逆性或时间短，并且使动物有一个平稳的恢复期。异丙酚是支气管镜检查理想的麻醉剂，经常用于犬和猫的麻醉。在用异丙酚麻醉前先给予动物抗胆碱能药物（阿托品或甘罗溴铵）和中效镇静剂（乙酰丙嗪或环丁甲二羟吗喃）。还可以选择短效巴比妥类药物、氯胺酮—地西泮复合剂和其他可逆麻醉剂（如吗啡酮盐酸盐）。

对于大型和超大型犬，可以通过支气管镜的T型接口将气体麻醉剂（例如异氟烷或七氟醚）通入气管插管（图 6-2）。这种麻醉方法存在风险，必须加强护理，以确保内镜作气管插管时不会出现气体滞留。相对于气管内插管的体积，大口径内镜可以明显增加肺内空气进出的阻力，特别是肺内空气呼出的阻力。当大量的气体不能被呼出时，麻醉气体吸入可能导致气胸的发生。

所有猫和大部分犬由于太小而不能使支气管镜通过气管插管，因此，对这些患病动物通常选用注射性麻醉剂。我们推荐对所有的小动物使用注射性麻醉剂。在注射前通过氧气面罩给予动物氧气，因为低氧血症是最常见的并发症。尽管软质内镜不允许辅助通气，但是我们可以通过活组织采样通道给予动物1～2 L/min的氧气，以增加动物的氧气供应。当然，必须在该通道没有进行活组织采样或灌洗时进行。也可以将支气管镜旁边的单独导管插入到下部气管给氧（3-8规格的导尿管可供选择）（图6-3和图6-4）。完成所有支气管镜检查时，在

表6-1　犬、猫支气管镜检查的适应证、禁忌证和并发症

适应证	诊断方面： •慢性咳嗽 •慢性器质性疾病（肺泡、肺间质） •评价疑似气管管径机能紊乱（气管塌陷，气管软化） •气管直径的变化（压缩，扩张） •持续性口臭 •咯血 •术前确诊可疑异物、肺叶扭转、肿瘤 治疗方面： •去除异物——初期应用 •去除过多分泌物、黏液性阻塞 •协助插管
禁忌证	绝对禁忌 •出血素质的病例检查 •严重的低氧血症 •心肌衰竭或心律失常 相对禁忌 •安静状态下呼吸困难（腹部按压）——增加麻醉恢复期和兴奋期发生气管塌陷的几率和发生低氧血症 •肺动脉高压血症——与严重的低氧血症相关 •尿毒症——增加出血危险 •心肺功能弱——增加心律不齐的危险
潜在的并发症	•并发症过度的反射性刺激（喉痉挛，支气管痉挛，咳嗽） •低氧血症（由麻醉、操作或者支气管肺泡灌洗引起） •出血（因气管黏膜脆性增加所致，继发活组织采样） •耳气压伤（常在较小的患病动物遇到，由于吸入氧气时空气滞留引起） •其他症状（心律失常，发热，放射剂侵入）

麻醉恢复期必须进行气管插管，以供给氧气。

第四节　支气管镜检查的动物监护和保定

在麻醉、支气管镜检查操作以及动物麻醉苏醒早期都要进行常规的心电图和血氧含量监测。很多支气管镜检查的是动物阻塞性肺脏疾病，还可能有一些慢性肺心病（如瓣膜闭锁不全、小气道阻塞和低氧血症）。人医曾经报道，支气管内镜检查时可发生显著的血氧分压降低[4]。尽管血氧分压降低的强度和频度在兽医学领域未被评价过，如果发生和人医相似的情况，就会导致患病动物出现低氧血症。考虑到动物麻醉、黏膜刺激和任何导致低氧血症的心肺效应，这些动物很容易发生心律失常。

犬、猫支气管镜检查时最好采用侧卧保定，不仅此姿势易于动物保持和令兽医更熟悉，而且可以避免任何重物影响的气管和心脏功能。为避免混淆，要熟悉支气管镜检查的图像和操作手册，同时要清楚动物的保定体位情况。

第五节　支气管镜使用训练

优秀的专业人员应该在最短的时间内完成麻醉和以最小的黏膜损伤完成支气管内镜检查（如熟练检查支气管树和采集样品）。

支气管镜操作人员必须熟悉支气管和肺脏的正常解剖学结构，黏膜和气管的动态学变化，这样能很好的发现疾病或异常现象。正常和异常现象之间的区别是靠主观判断的。经验和实践可以很好地提高损伤的早期检出能力。犬类支气管解剖学与人的不同。1986年术语学所推荐的犬气管解剖图谱（图6-5）[6] 被证实是临床支气管镜检查时可靠而有用的参照图谱。支气管镜训练可以先从肺脏标本开始。使用干燥的肺脏模型[7]，并且掌握正常支气管组织结构，都可以使初学者有机会熟练操作过程并掌握认知支气管解剖学结构的技能，这对于培养优秀的支气管镜检查操作人员非常重要。全面的解剖学知识对于支气管镜检查中发现X线损伤、确定损伤位置、记录（写下）损伤位置、采集活组织样品或摄片（以备将来比较和参考）都很有帮助（反之亦然）。可以通过某些兽医学校和国家的各类继续教育获得内镜检查的短期培训课程。对于将开展支气管镜常规诊断的人员必须进行某些形式的专业学习。

通过线条图或黑白图片很难叙述或描述支气管镜检查所发现的呼吸系统黏膜视觉上的变化。当操作人员开始学习支气管镜检查时，应该首先观察正常犬支气管的解剖，查阅教材，并比较正常和疾病状态下支气管镜检查的彩色图片[1, 2, 4, 8-10]。

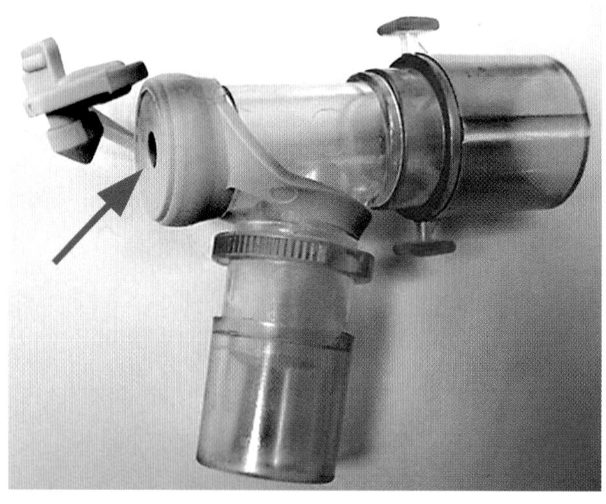

图6-2　连接气管插管的麻醉T型接头，小的支气管镜通过通道（箭头）进出，大型犬沿着气管内导管进入

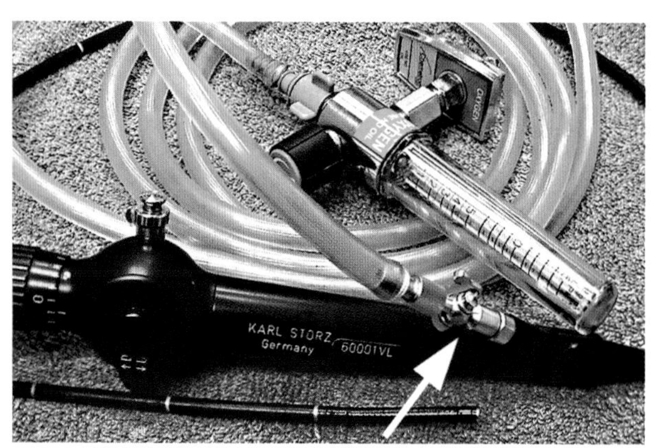

图6-3　支气管镜检查时，当未使用支气管镜（箭头），通过连接备用的活检通道供应氧气

第六节　支气管镜检查程序

为了减少麻醉时间和提高对动物的保护，所有的支气管检查辅助材料和设备必须在操作前准备好。开口器、供氧系统、气管内导管、活检钳、装好灌洗液的注射器、细胞学检查用载玻片和其他设备必须摆放在容易拿到的位置（图6-6）。支气管镜保证清洁、准备就绪，打开麻醉监测设备，在麻醉前将照相设备的参数设定好。当动物进入麻醉后，连接麻醉仪，并且确保动物正确的体位姿势（我们喜欢用侧卧保定）。尽快放置开口器，以便在操作过程中保护内镜。如果需要，可以应用1%～2%利多卡因做表面麻醉，在咽喉黏膜上喷雾给药。按照前文描述进行供氧操作。

支气管镜检查时要对上下呼吸道通道进行系统检查，观察口咽部和喉部，注意喉部解剖学和功能以及运动性能上的任何变化。Miller 和其同事发现[12]，静脉注射盐酸多沙普仑（Dopram-V, Ft. Dodge Animal Health, Ft. Dodge, Iowa）可以显著增加声门裂的大小，推荐在对喉部进行详细评价时使用。对于注射麻醉剂的动物，不需要插管即可完成对上呼吸道检查，但是会使近1/3的受检动物出现一定程度的喉部闭合异常，采用喉部插管可以很好避免该问题的发生。

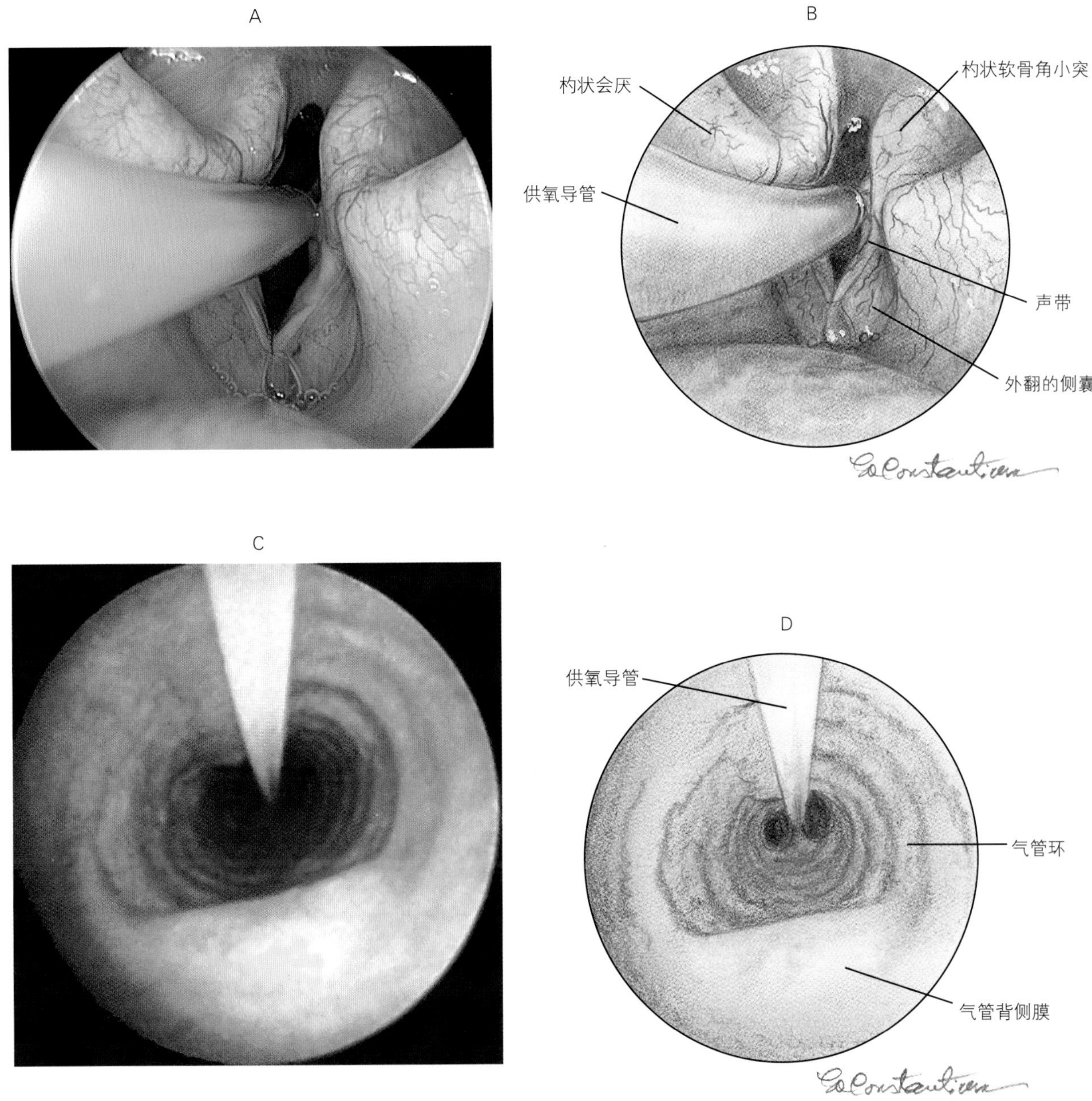

图6-4 A、B，支气管镜检查时，以单独的导管通过喉进入气管进行供氧，该犬喉部外侧囊水肿并局部外翻。C、D，支气管镜检查时以单独的导管插入气管供氧

第七节 正常和异常的支气管镜检查影像

检查完喉部之后，将支气管镜穿过颈部气管，使其进入胸部气管，观察气管形态、运动性能的改变（气管塌陷）以及黏膜功能障碍（分泌、红斑、水肿、结节或其他损伤）等异常现象。评价完喉部隆突异常现象（变宽、狭窄、黏膜浸润）之后，开

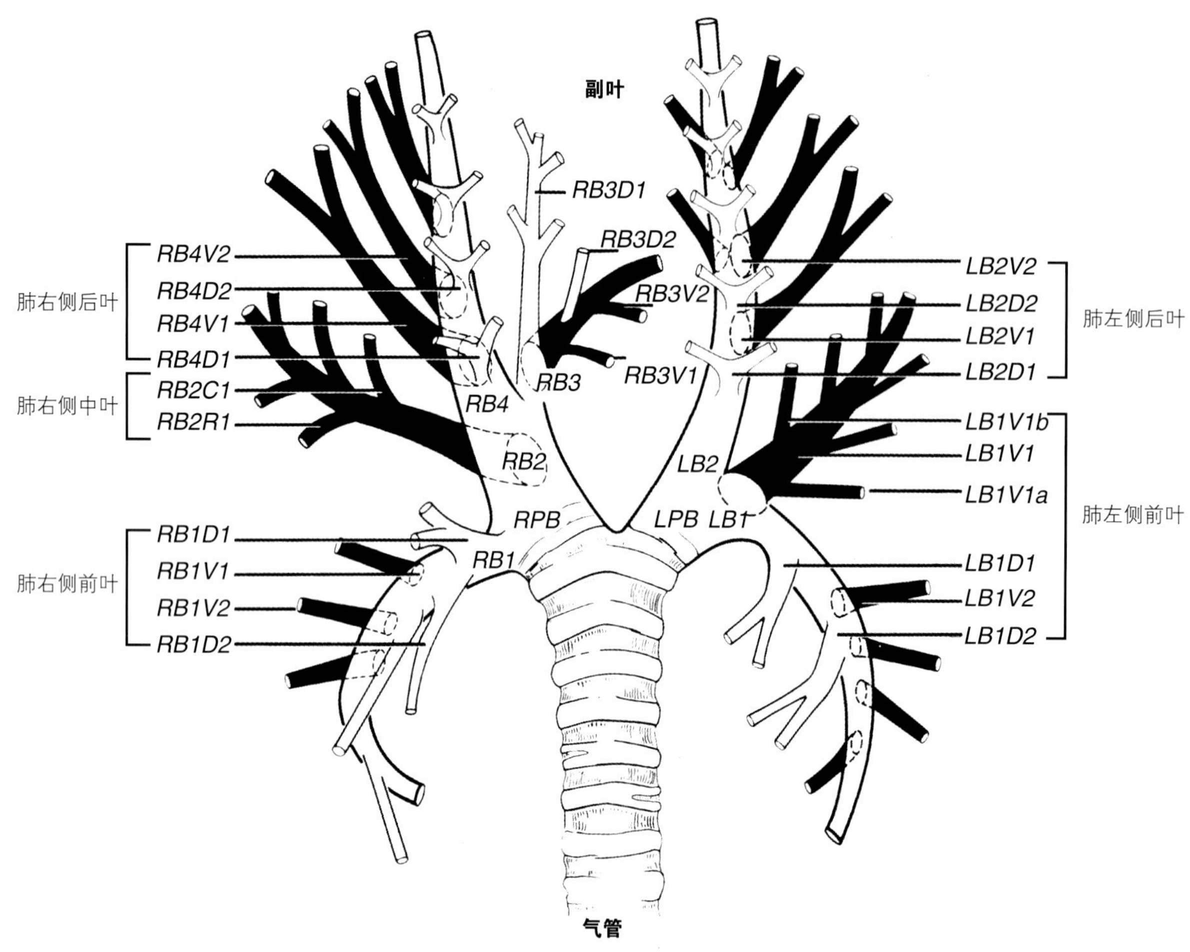

图6-5 1986年Amis和Mckiernan使用支气管内术语描绘的支气管树图片，支气管树通过它们的起始次序，背侧、腹侧解剖学定位情况采用数字和字母系统区分主气管、肺叶支气管、分支气管和亚分支气管，R（每串字符的第一个R）代表右，L代表左，B代表支气管，P代表主干气管，V代表腹侧，D代表背侧，C代表后端，R代表支气管起始级别。数字代表支气管起始级别，小写字母代表亚分支气管的级别，但是不表示解剖学定位（引自Amist. Mckiernan BC: Am J Vet. Res. 47: 2649～2657, 1986）

始系统全面地评价各级气管、支气管、亚支气管（后者的检查取决于动物体积和内镜直径大小）。完成支气管镜检查后，如果时间和麻醉深度允许，应对软腭周围和鼻咽部进行检查。

当内镜通过声门（图6-7）后，C形软骨环黏膜下层的毛细血管网清晰可见（图6-8）。如果毛细血管网不清晰时（图6-9），表明有一定程度的黏膜水肿或细胞浸润。可观察到气管的形状，大部分的健康犬和猫颈部和胸腔部气管接近环形（图6-10）。短头犬经常出现气管发育不良（常影响气管的长度），主要表现为气管环末端重叠，气管腔畸形、狭窄，腔内有过多的泡沫样分泌物（图6-11和图6-12）。细支气管发育不良也是常见问题，通常发生在观赏犬气管进胸腔入口处。观赏犬常发生背腹侧气管扁平（偶尔发生在外侧）现象（图6-13），气管镜可观察到扁平的位置、长度及病变严重程度（1～4级）。

正常犬和猫气管属于单分支系统，光滑且逐渐变细的气管通道伸展到外周肺泡内（图6-14）。支气管树病变可能是局限性或广泛性病灶，或者是

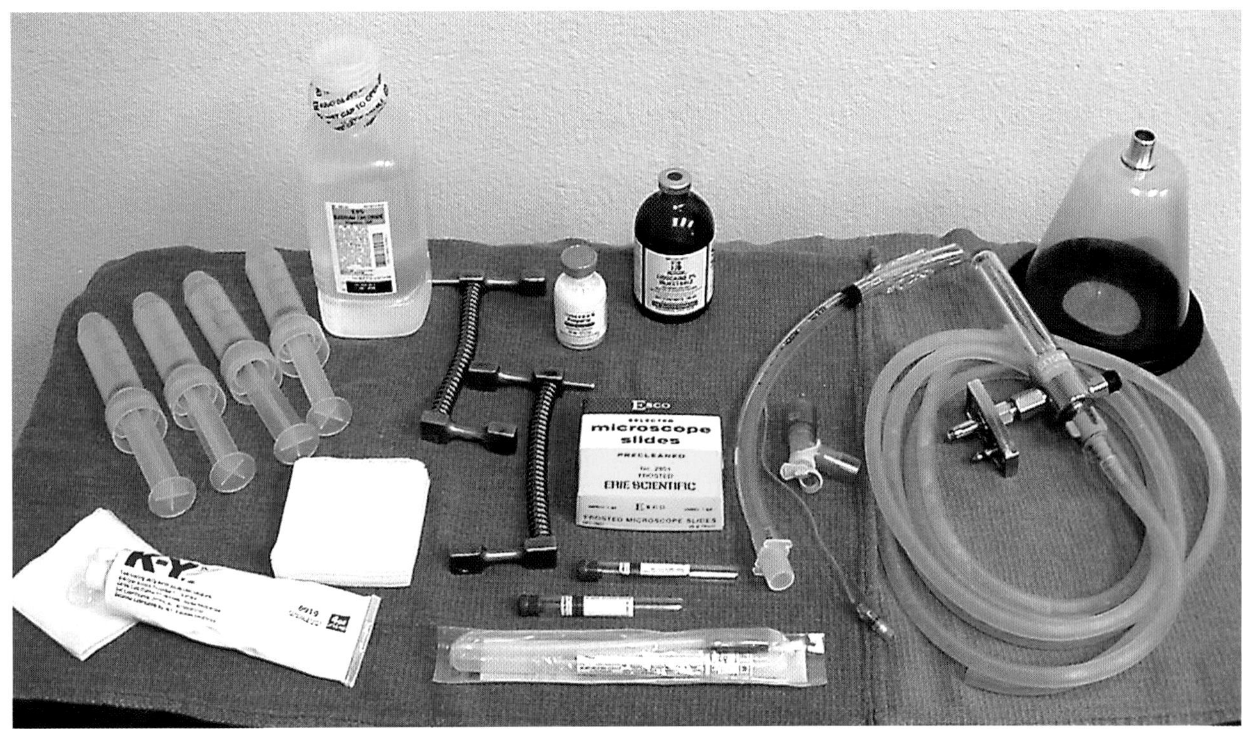

图6–6　支气管镜检查操作之前准备好所有必需的设备，包括灭菌盐水、装好支气管肺泡灌洗液的注射器（BAL）、利多卡因、异丙酚、开口器、供氧装置、连接麻醉T形接头的气管内插管、苏醒过程中使用的供氧面罩、内镜润滑剂和支气管肺泡灌洗样品收集器具（显微镜载玻片，收集液体的管，培养基）

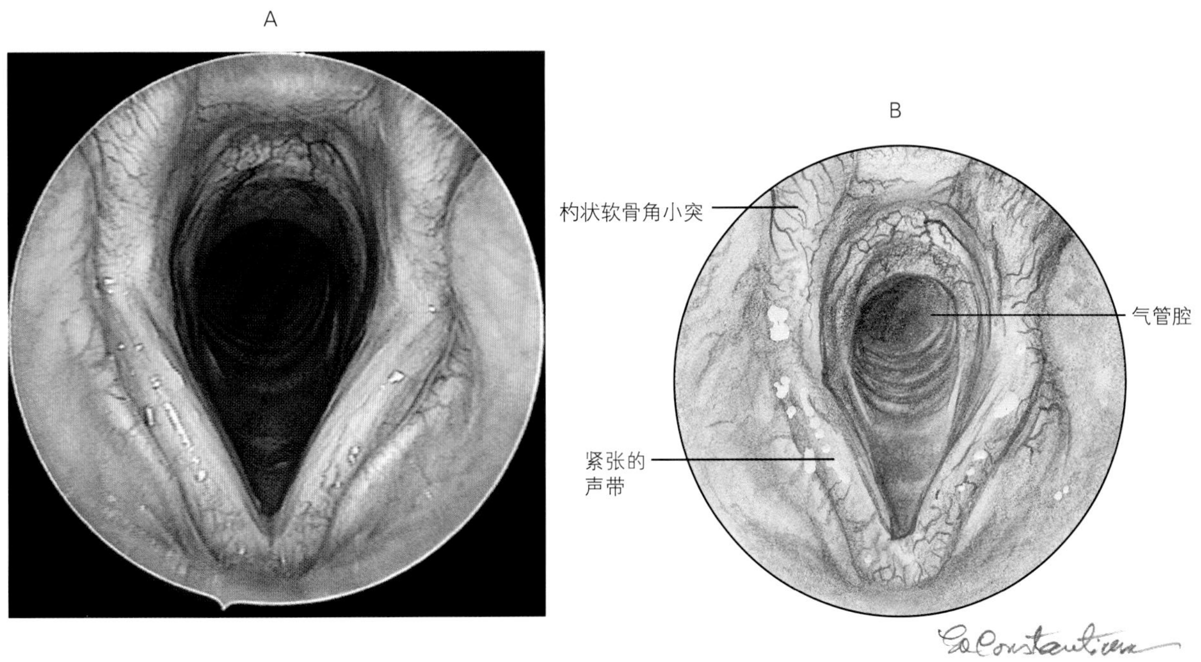

图6–7　盐酸多沙普仑注射后犬喉和声门腔的正常表现，观察到声带紧张，杓状软骨完全且均等外展，黏膜下毛细血管网清晰可见，表明没有发生黏膜水肿和浸润

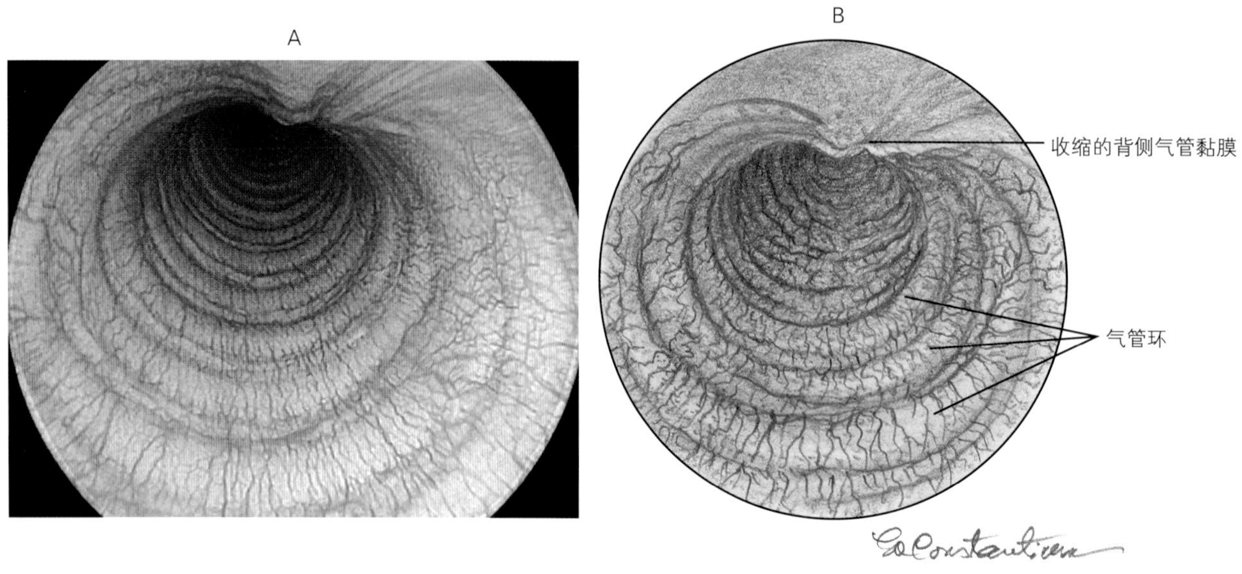

图6-8 健康犬气管黏膜下毛细血管网下方清晰可见的C形软骨环

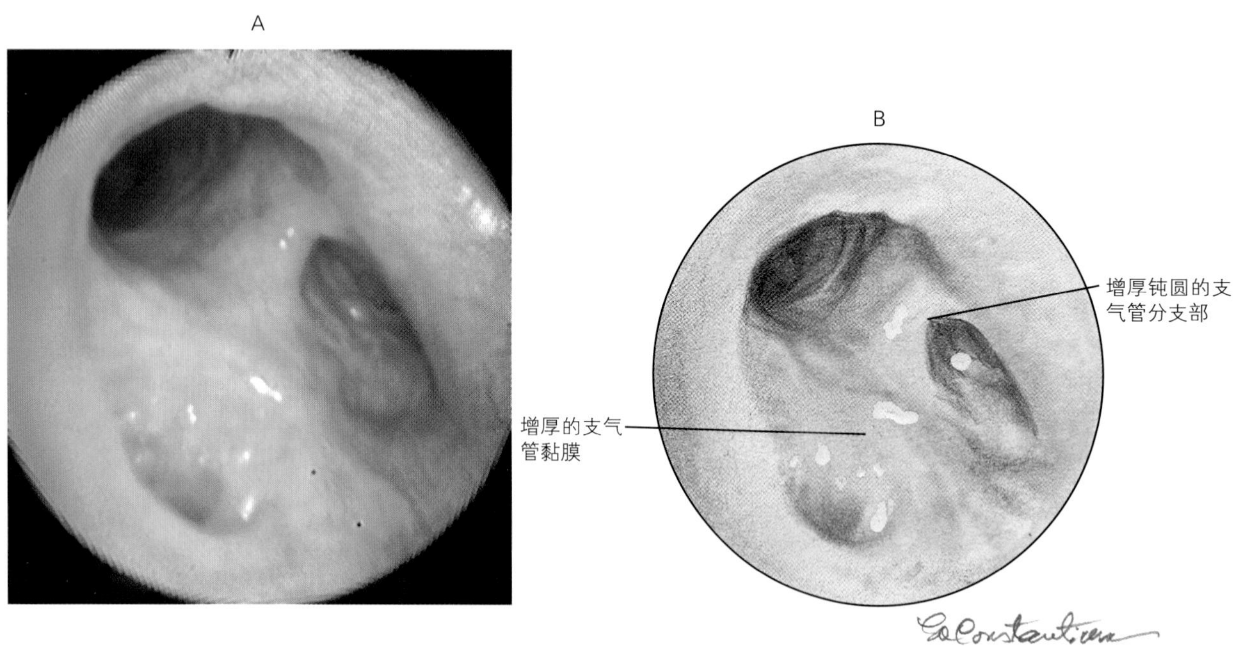

图6-9 与图6-8和图6-10清晰的毛细血管网比较，该犬气管黏膜反光增强表明发生水肿，或者支气管黏膜发生细胞浸润，导致气管黏膜下毛细血管网模糊

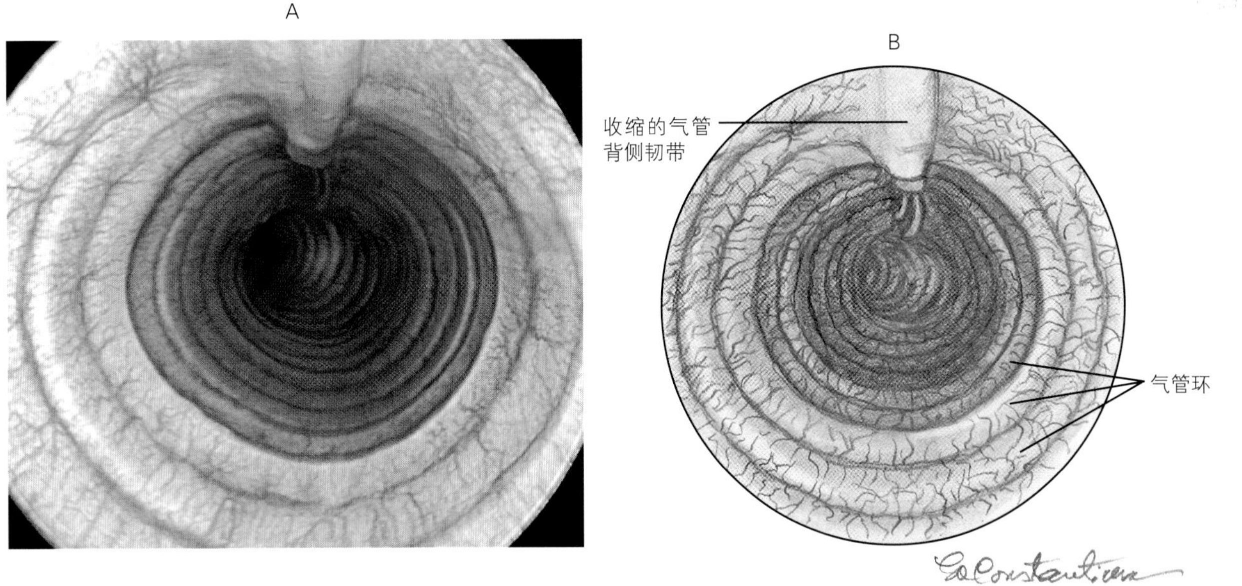

图6-10　犬正常的环形气管环，注意收缩的气管背侧韧带

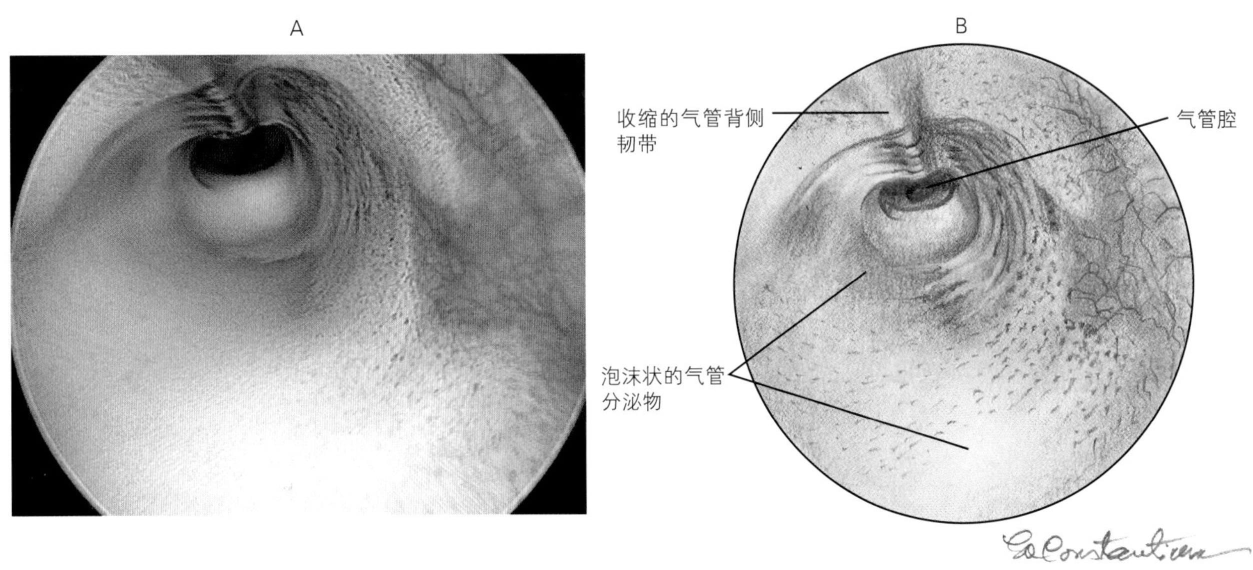

图6-11　短头犬经常出现的严重的泡沫状气管分泌物

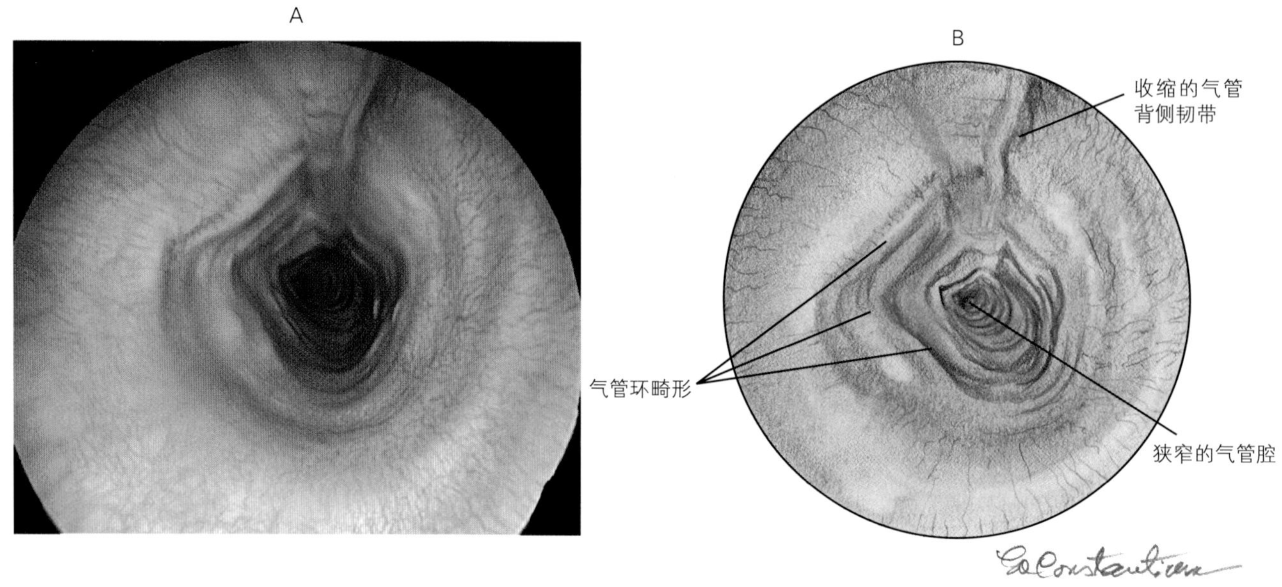

图6-12　短头犬气管发育不良表现的气管腔畸形和狭窄

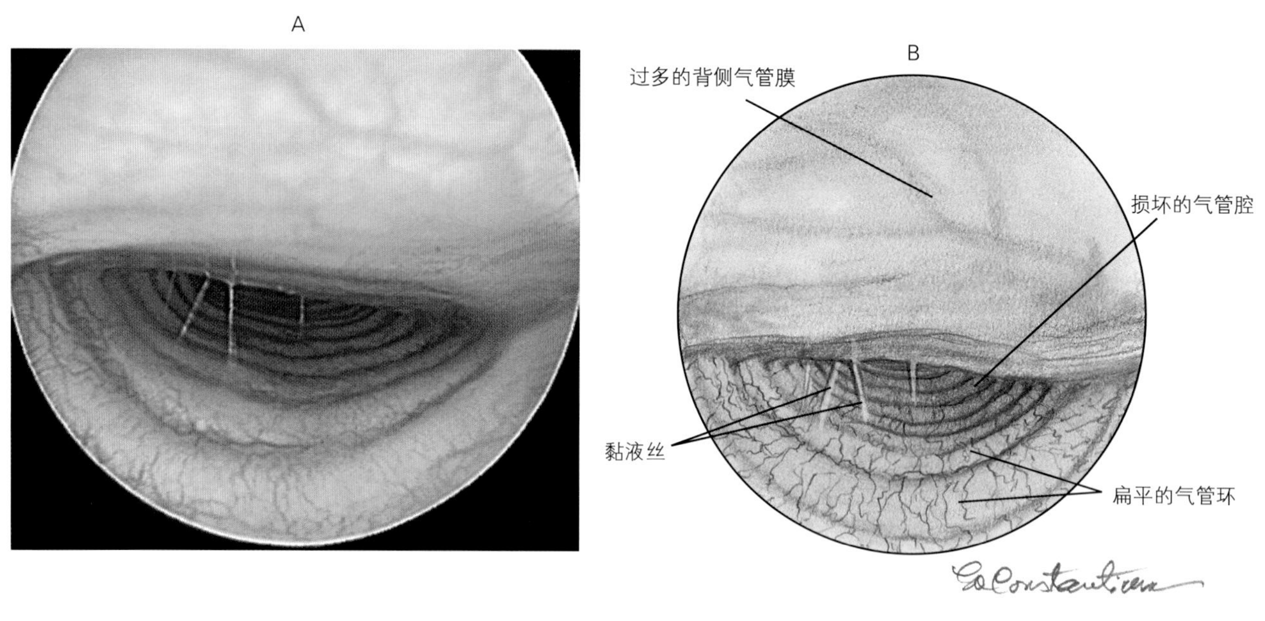

图6-13　6岁吉娃娃犬发生2~3（或2~4）级的气管塌陷表现的背侧气管扁平

管腔形状、大小发生变化，如管腔狭窄、管腔内肿瘤、管腔外部受压迫（肿瘤或淋巴结病）、支气管扩张或气管塌陷（图6-15至图6-18）。

背侧气管膜是连接C形气管环两个末端的纵向肌肉带。正常情况下气管膜有一定紧张度，因此气管膜在健康动物很难见到。如果出现过多的气管膜，就会突出到或塌陷入气管腔内。根据笔者经验认为，出现呼吸音时会有支气管管径的轻微变化，但是在健康动物，即使在强迫性呼气动作（咳嗽）时，也不会出现管腔完全塌陷。过度的气管收缩通

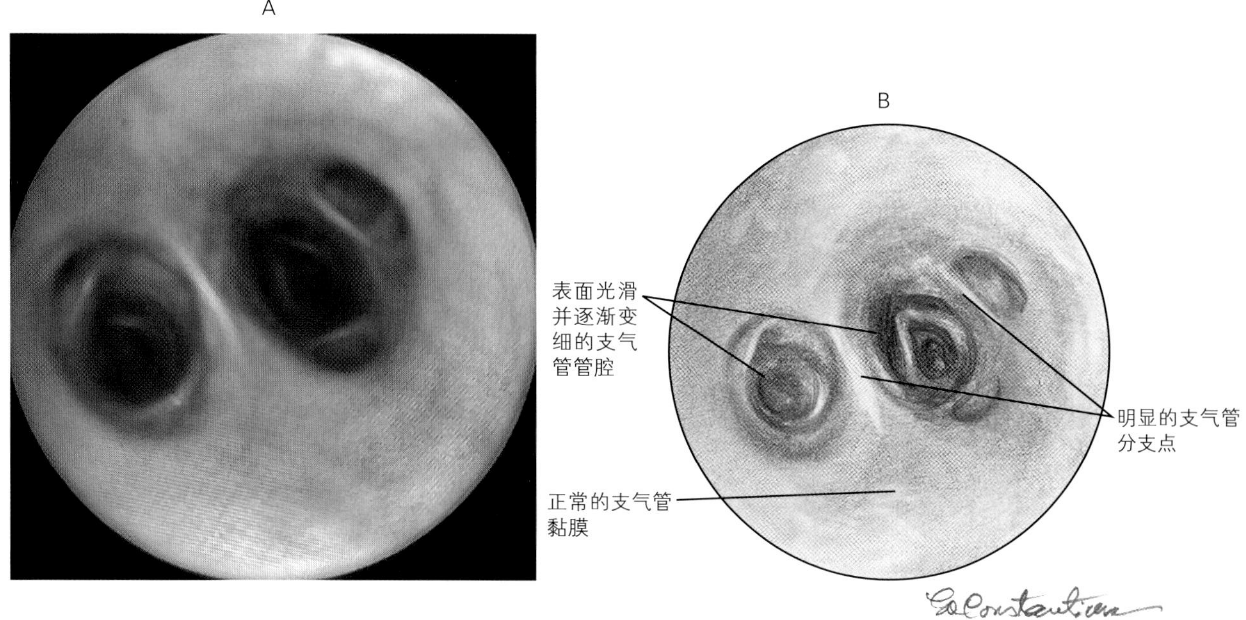

图6-14　健康犬的气管末端。标注显示气管向外周延伸，管腔逐渐变细，支气管分成子支气管时明显的分支点

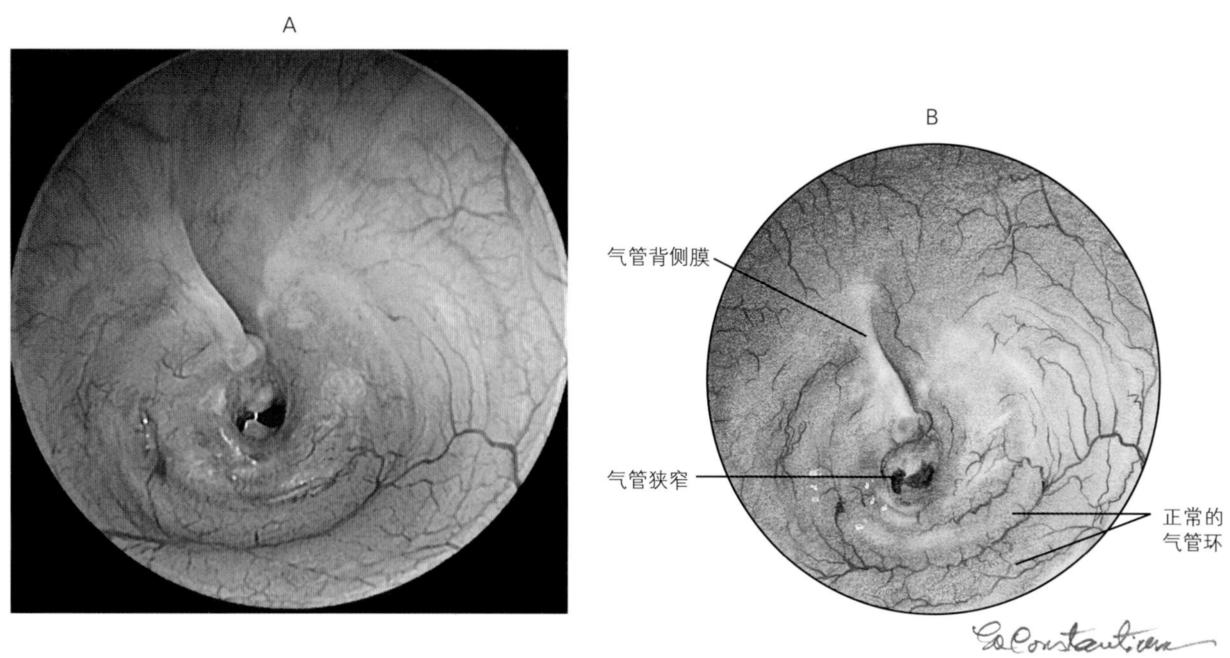

图6-15　气管直径改变引起的犬气管狭窄

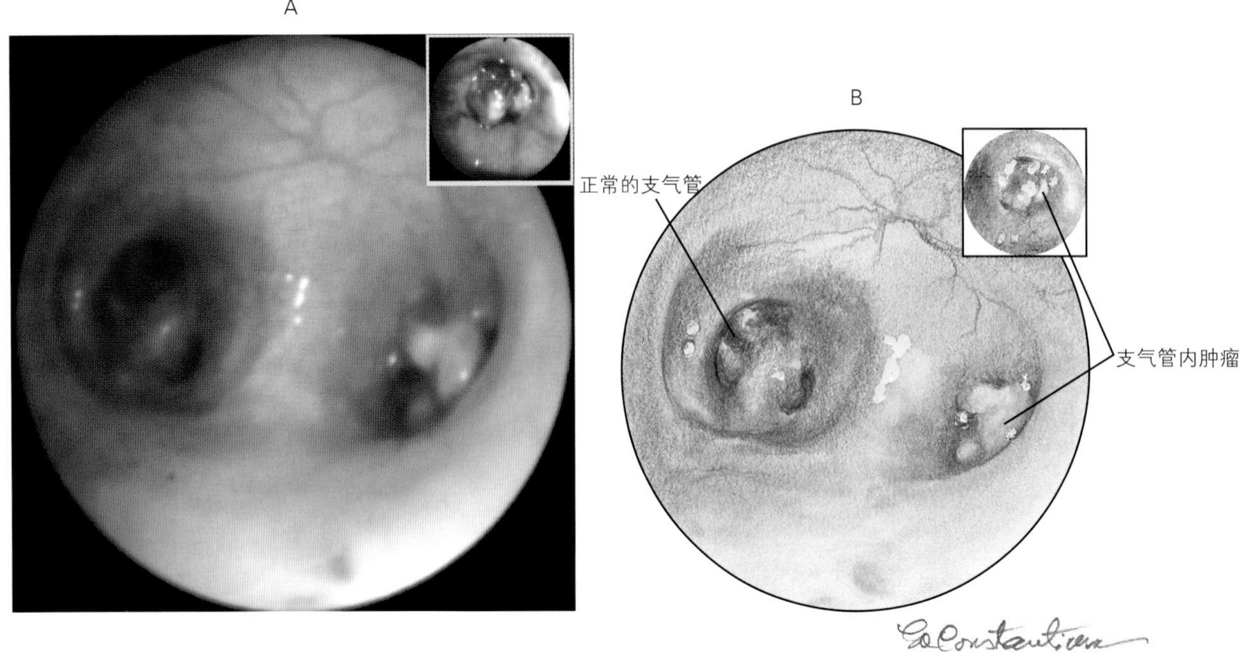

图6–16 犬气管内肿瘤阻塞左主支气管，改变了气管的直径。小图：活组织采样后的特写

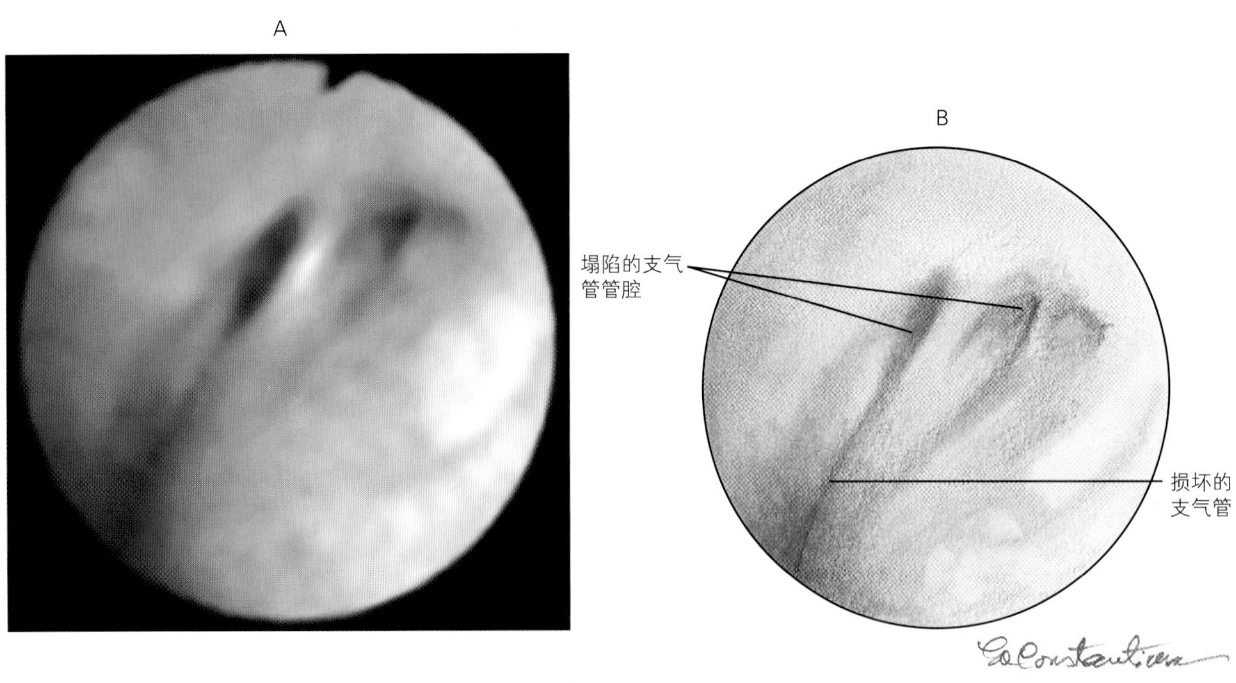

图6–17 犬左侧主支气管结构永久性塌陷引起气管径改变

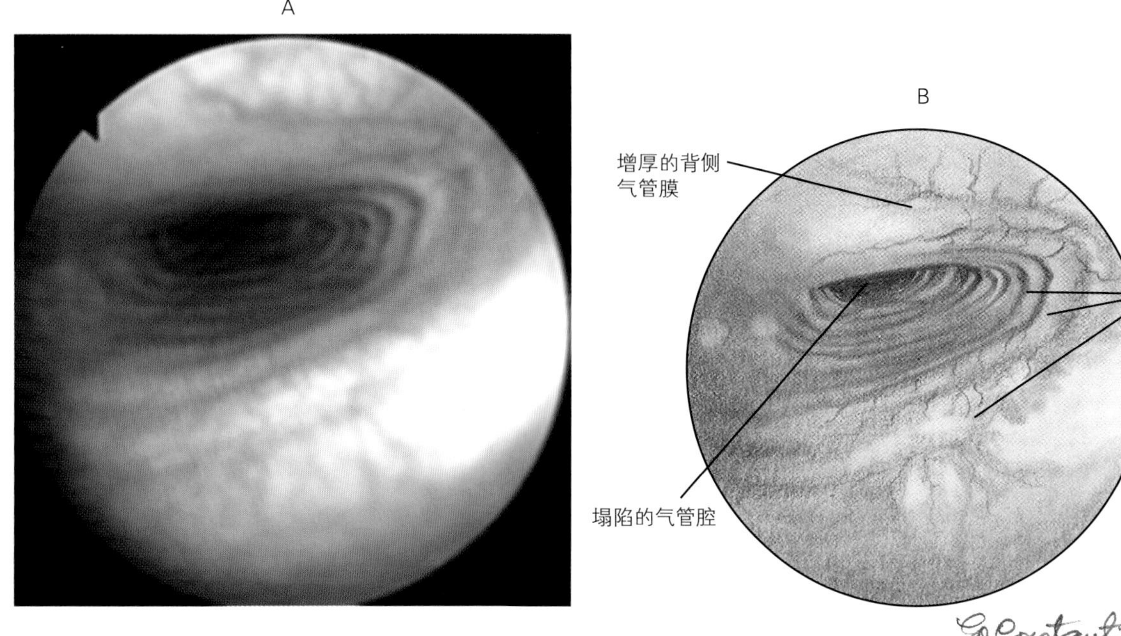

图6-18　动力性气管塌陷引起犬颈部气管直径改变

常发生在动物气管塌陷、支气管扩张以及支气管软化的情况下，此时气管软骨结构的完整性发生了改变（图6-19）。

健康气管、支气管黏膜表面光滑，呈粉红色，黏膜下有毛细血管（图6-20）。如果内镜距离黏膜表面太近，观察到的黏膜表面颜色就会显得比较白。正常的黏膜表面有一薄层液体而轻微反光。过多的液体积聚在黏膜里（水肿）会很容易观察到，因为这时上皮细胞表面表现为胶冻样（图6-21）。广泛性的黏膜充血（由于炎性病变、血管供血增加）通常是慢性呼吸系统疾病的表现。经过支气管镜检查，动物出现气管黏膜损伤或者黏膜充血时，必须对其加强护理。慢性支气管炎患犬经常在黏膜上出现小息肉样黏膜结节（图6-22）。不要误认为是肿瘤，通过活组织检查往往可以发现这些瘤状物只不过是向内生长的纤维组织（成纤维细胞），是在正常修复损伤的气管基底膜时形成的。

健康动物黏膜上通常会聚集少量的黏液（白色或轻微浑浊），这些黏液在气管腔内呈丝状，在支气管镜检查时经常出现在内镜上。大量颜色异常的黏液聚集时，通常与慢性气管刺激、感染（细菌、寄生虫或真菌）、变态反应和创伤有关（图6-23和图6-24）。犬、猫气管内黏稠的分泌物通常出现在气管扩张部，表现为黏稠的干酪样分泌物（图6-25和图6-26）。

黏膜表面损伤可以通过内镜检查发现，黏膜损伤通常是由于粗暴地插入内镜、灌洗、抽吸或活组织采样所致。在检查起始阶段，如果发现黏膜容易脱落或出血（图6-27），可能与肺脏外部损伤（肺脏挫伤、咬伤）、寄生虫（如吸虫、丝虫）感染（图6-28）、异物（图6-29）或慢性咳嗽、外部压迫（肺门淋巴结病）所导致的气管狭窄（图6-30）有关。犬原发性肺肿瘤通常很少会引起黏膜的变化，犬肺脏肿瘤主要发生在肺脏外围，损伤气道，但是不会引起黏膜的病变，这种情况在人患肺癌时更典型（图6-31和图6-32）。

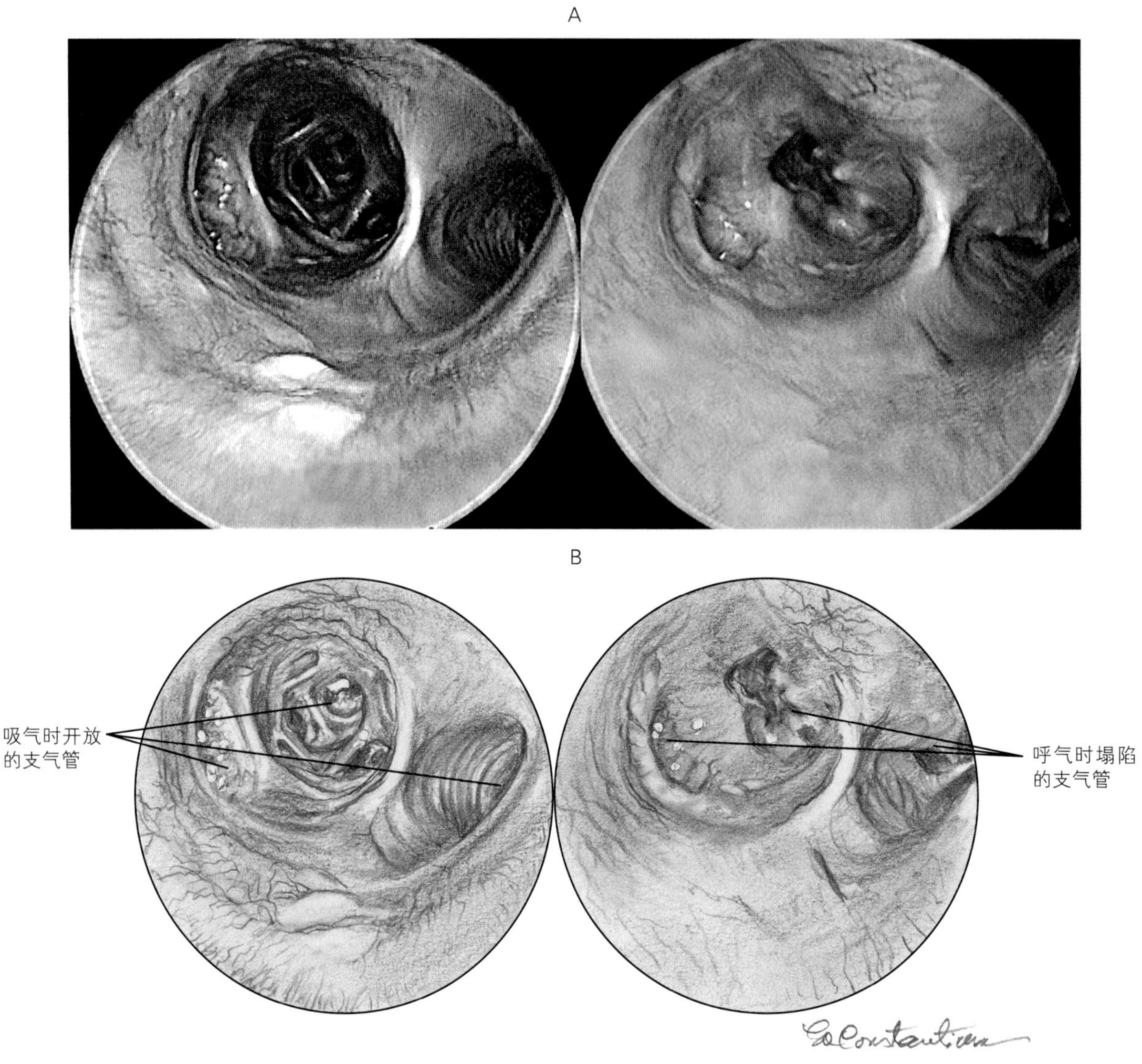

图6-19 气管支气管软化犬正常呼吸时压力变化导致的严重塌陷

隆凸是指气管左右分支的分交点或主支气管的分支点（图6-33）。正常的犬和猫的隆凸呈尖锐的V形结构（图6-34），无支气管压迫（如肺门淋巴结病）或气管塌陷迹象。隆凸变宽成U形结构，可能主要与肺门淋巴结肿大、其次与全身性真菌疾病（组织胞浆菌病、芽生菌病、球孢子菌病）和肿瘤（淋巴肉瘤、原发性肺癌）有关。这些疾病经常侵袭隆凸，导致支气管主干受压迫和呼吸性窘迫，特别是劳累后更明显。

支线隆凸是指细支气管分支的结合部，支线隆凸通常形成尖锐的V形结构。慢性气管炎症或者黏膜水肿时，支线隆凸结构变宽，呈U形结构（图6-36和图6-37），典型的症状是黏膜下毛细血管网模糊不清。

第八节 样品的采集和处理

有实践经验的专业操作人员能够熟练地操作内镜，快速进入支气管树，并观察到呼吸系统的病变。肺脏（支气管上皮）可以在某种程度上对刺激做出反应和应对，可见的病变不一定是特定疾病的诊断指标，可能是很多疾病的共同表现[13]。气道

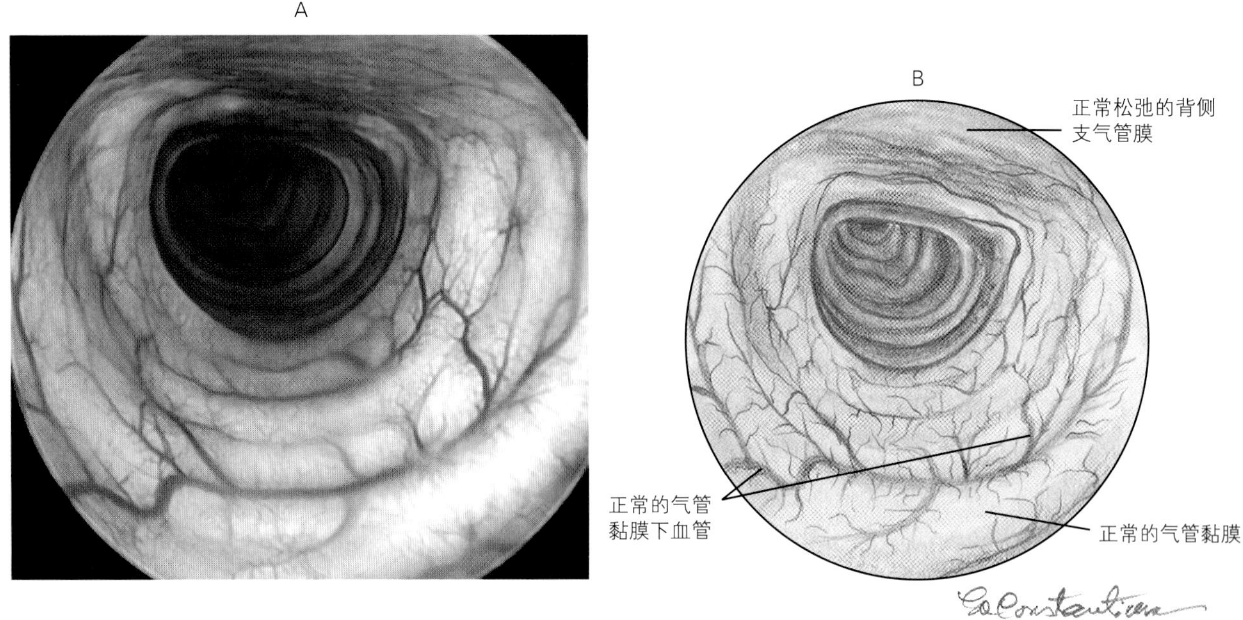

图6-20　犬健康的气管支气管黏膜，表面光滑、呈淡粉色外观且黏膜下有丰富的血管供应

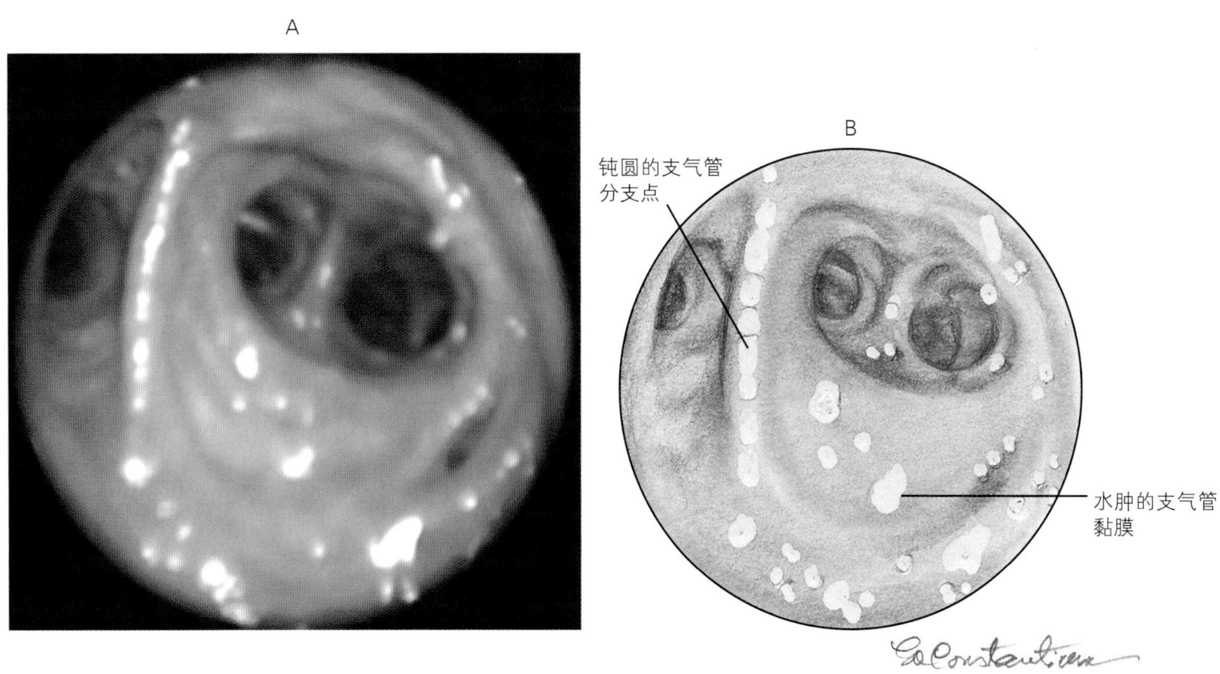

图6-21　支气管扩张的犬气管上皮表面的胶冻样外观经鉴定诊断为黏膜水肿

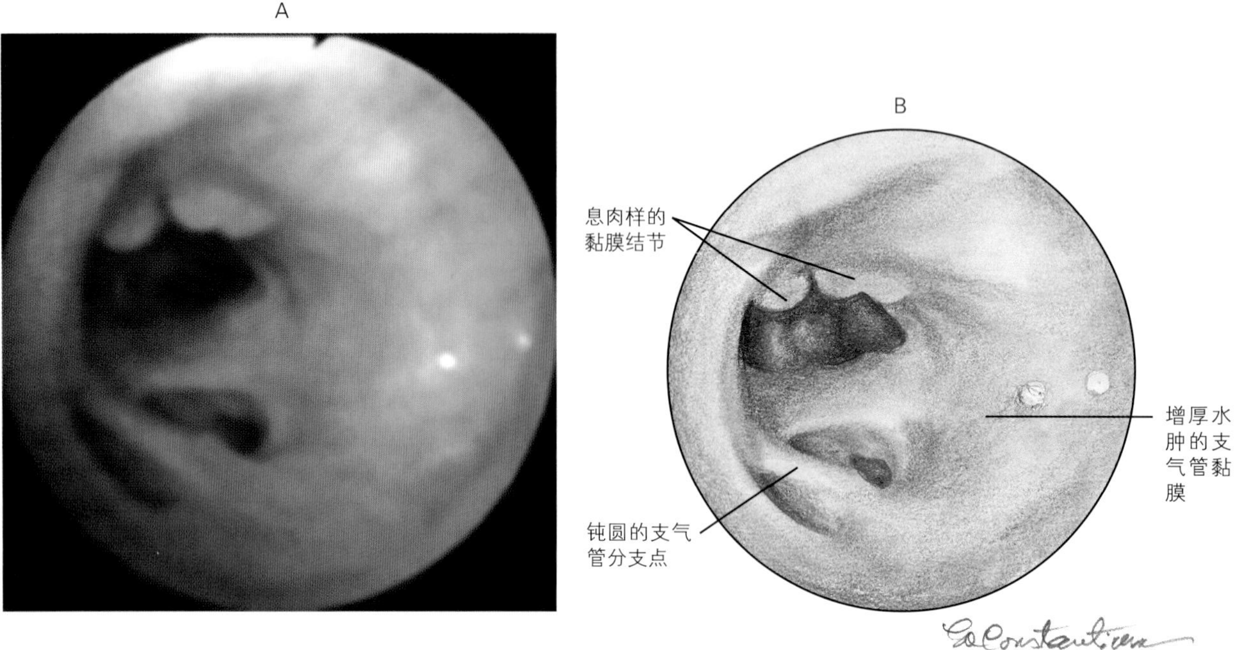

图6-22 犬慢性支气管炎病例经常遇到的支气管黏膜息肉状结节

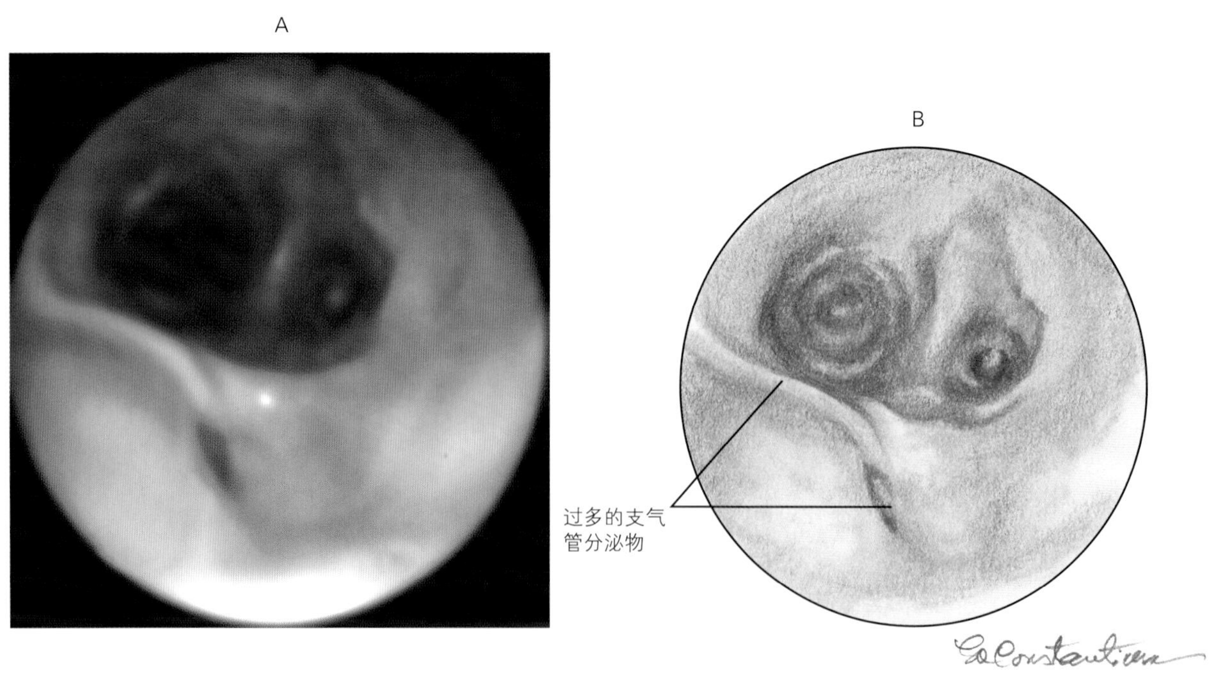

图6-23 细菌性肺炎引起的分泌物增多

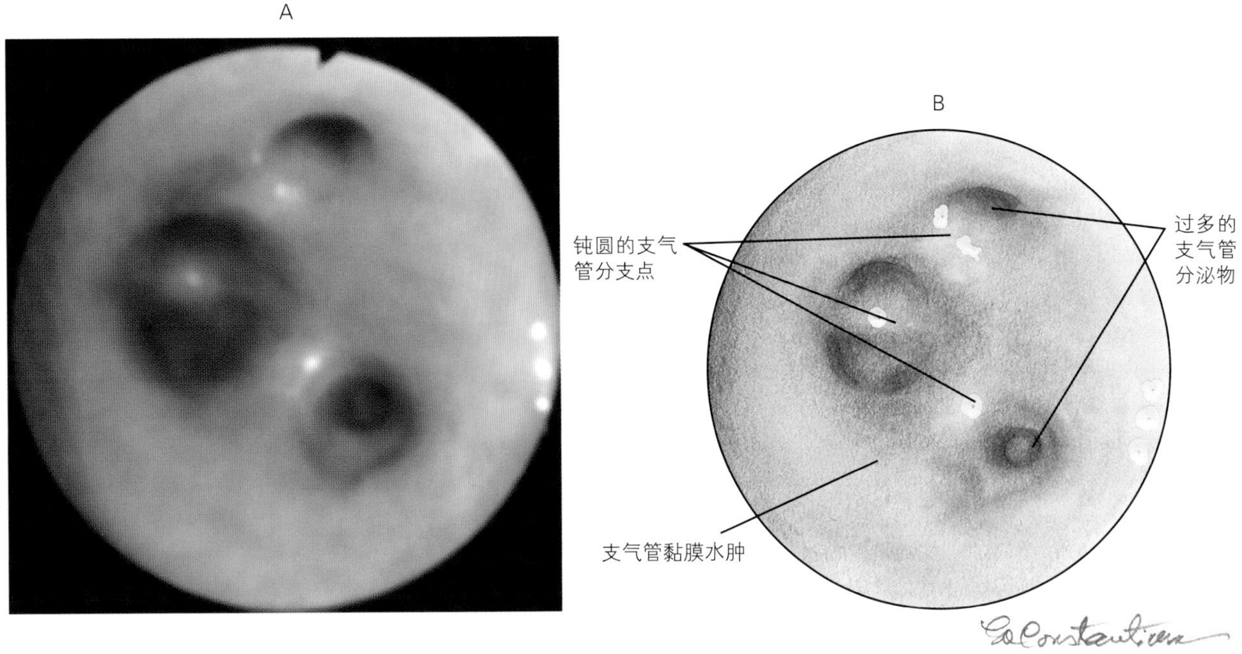

图6–24　过敏性肺炎时分泌物较多，因其中含大量的嗜酸性粒细胞造成颜色呈淡黄色

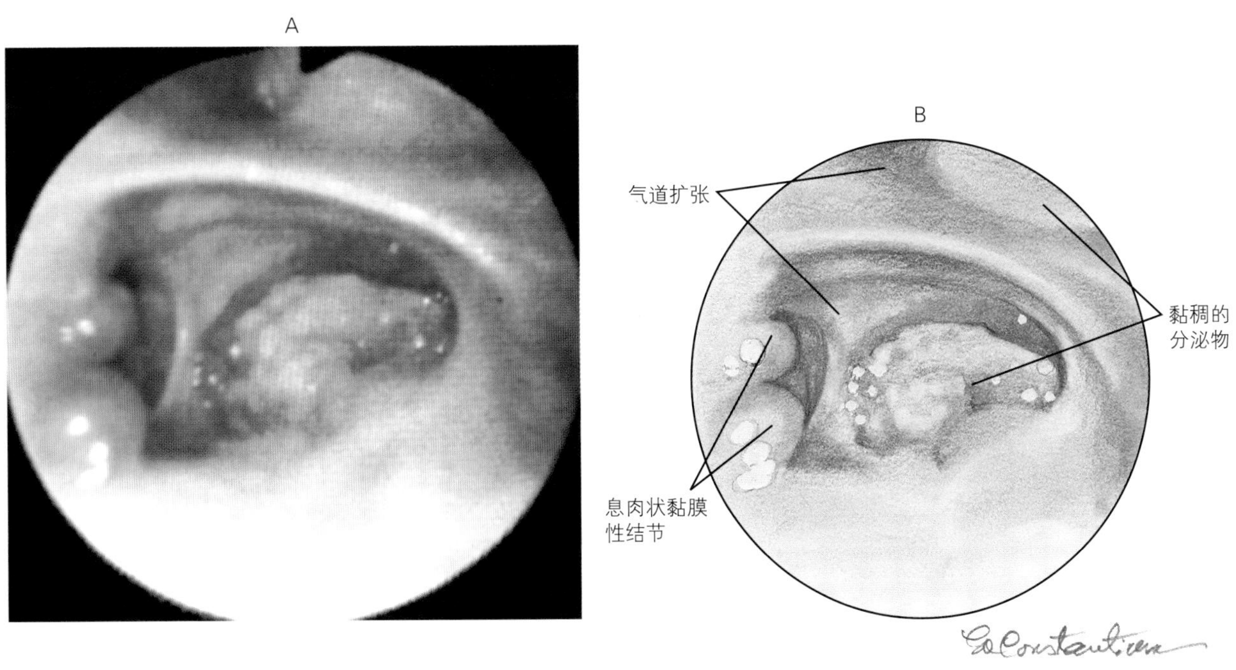

图6–25　支气管扩张患犬支气管内的表现

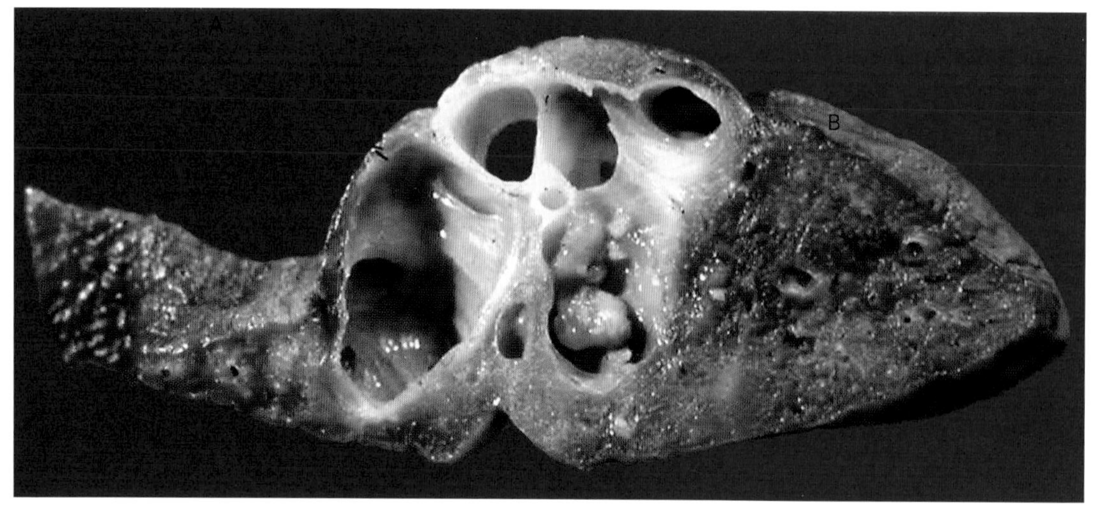

图6–26 图6–25患病动物肺叶切除的肺脏样品。注：气管严重的扩张和增厚，并伴有黏稠的分泌物

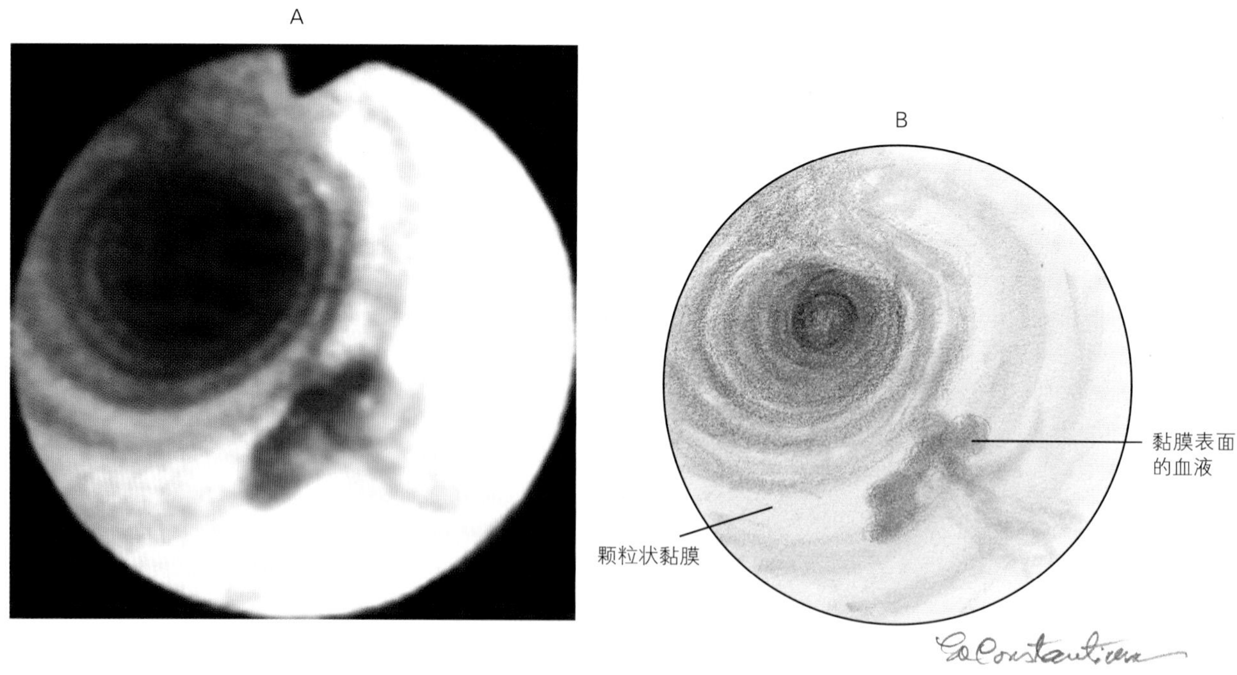

图6–27 慢性支气管炎病例表现为黏膜表面的不规则（颗粒样外观）和出血

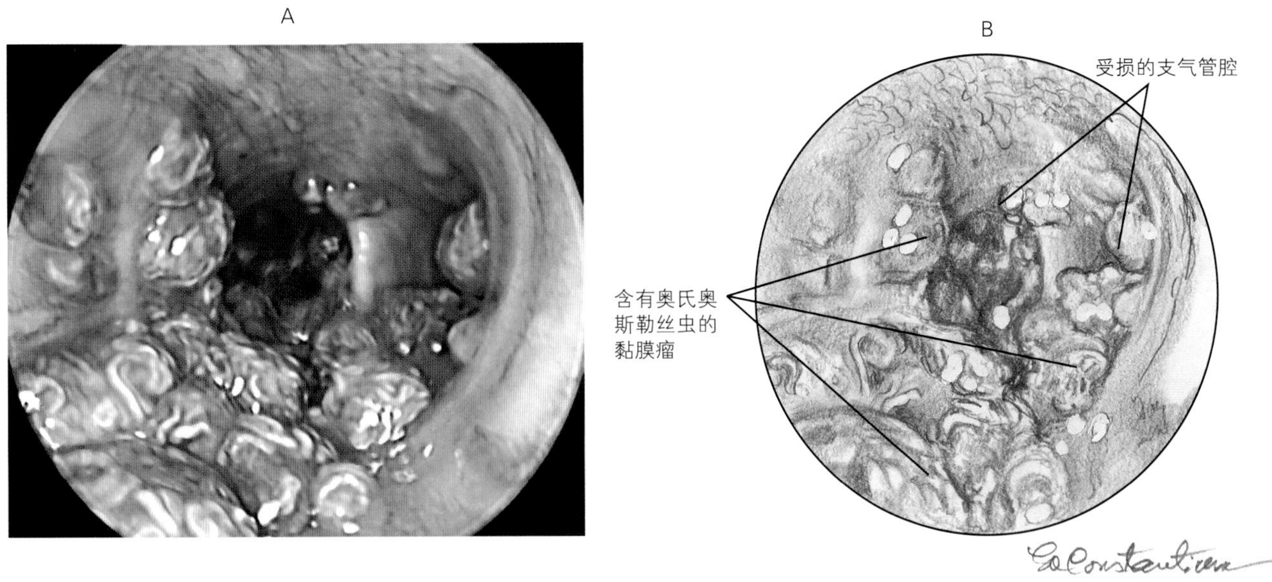

图6-28　14月龄的杰克罗素㹴犬在隆凸的前方大的黏膜瘤，黏膜瘤内可以观察到感染的丝虫幼虫

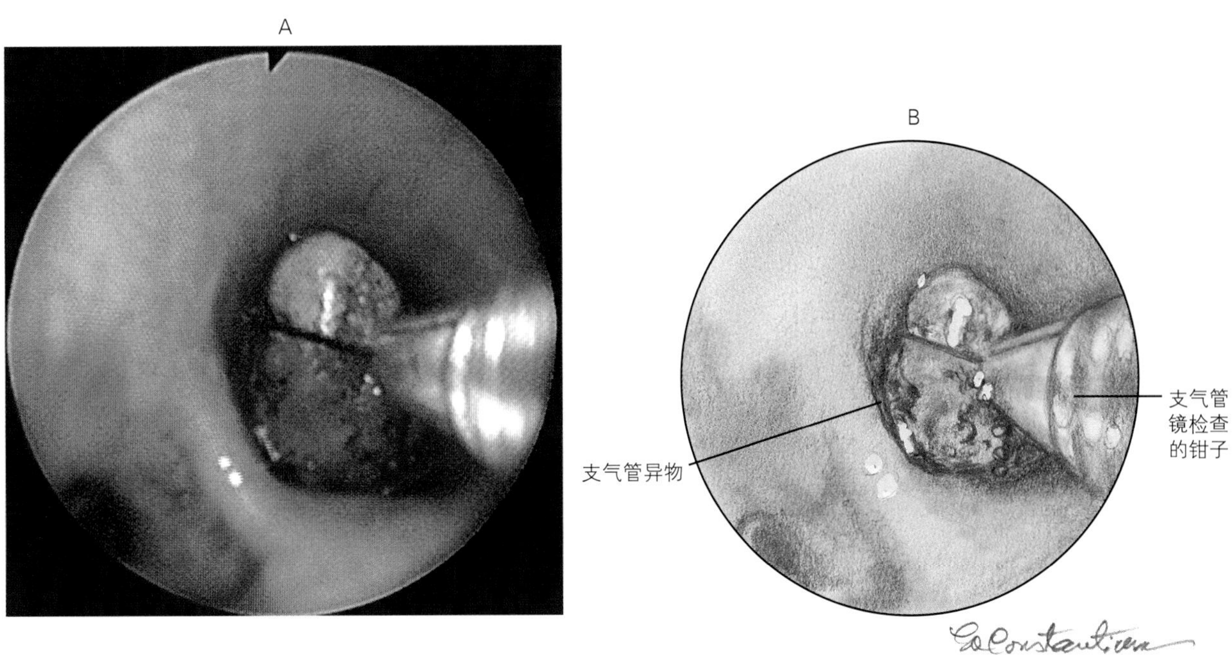

图6-29　急性咳嗽发作和呼吸窘迫患犬右侧肺后叶支气管内采用支气管镜检查法取出的异物

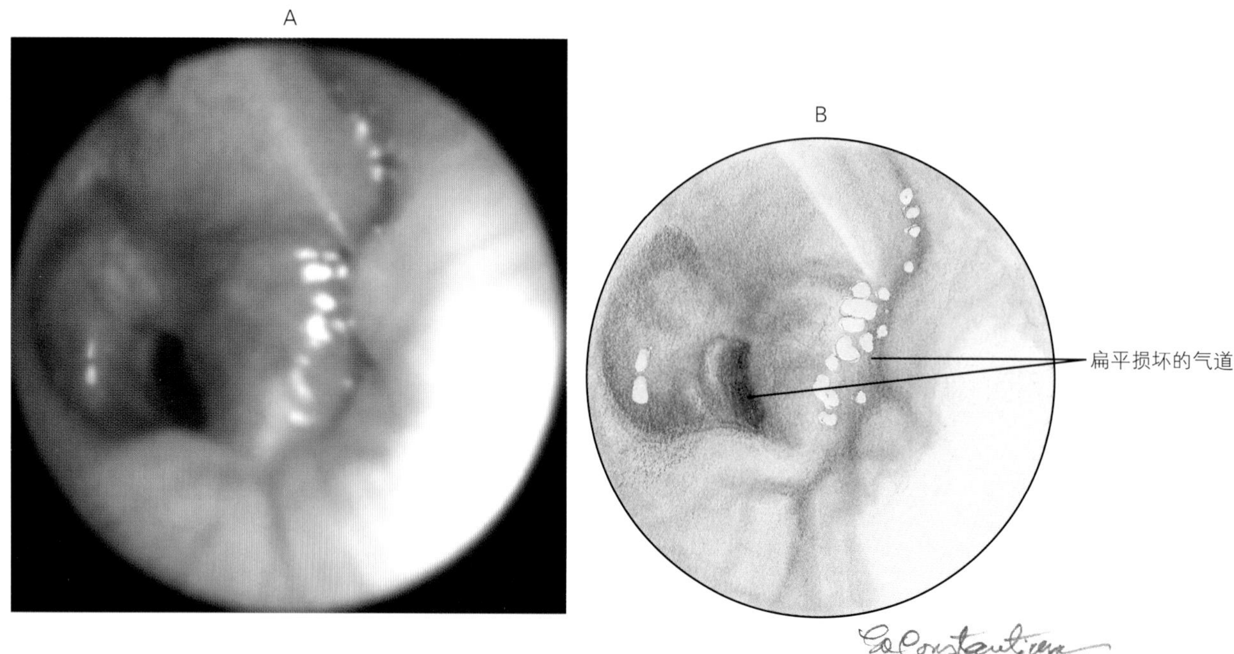

图6-30 9岁德国猎犬由于全身性真菌病（球孢子菌病）引起的肺门淋巴结病，导致气管受到外力压迫而引起气管狭窄，该图可以与图6-33中正常犬隆凸做对比

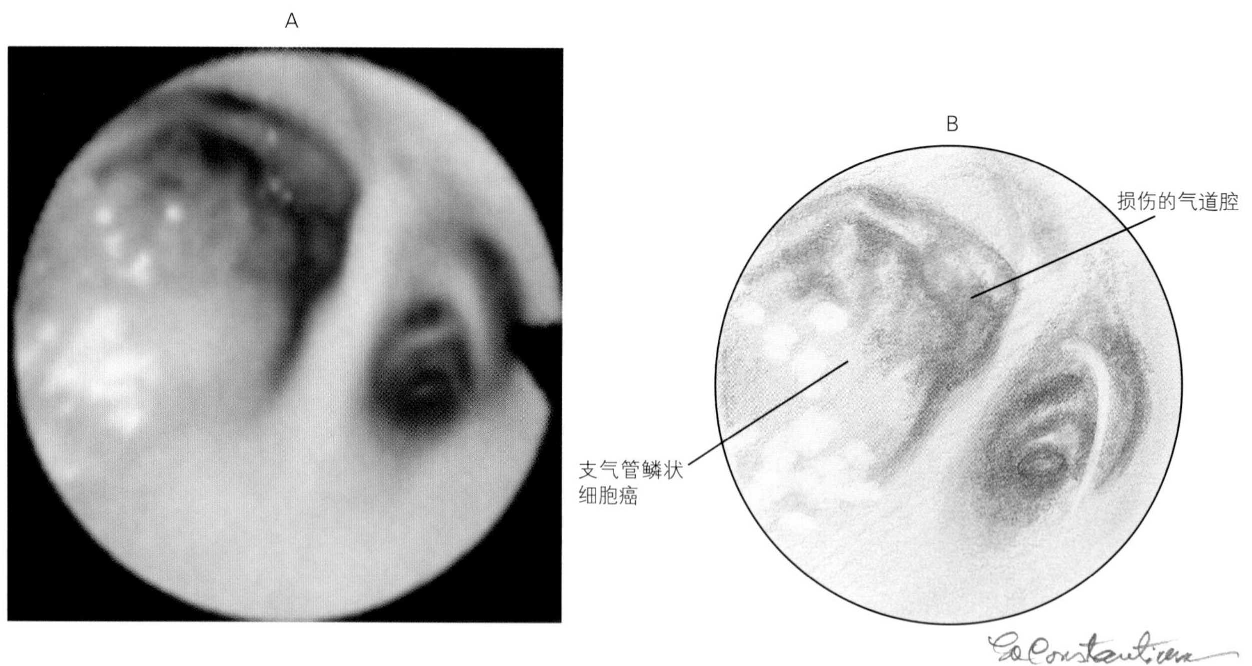

图6-31 犬支气管隆凸原发性肿瘤，在原发性鳞状细胞癌中黏膜病变很少见，这种癌大部分开始于肺脏周边，并随着癌细胞的生长和扩散而压迫气道

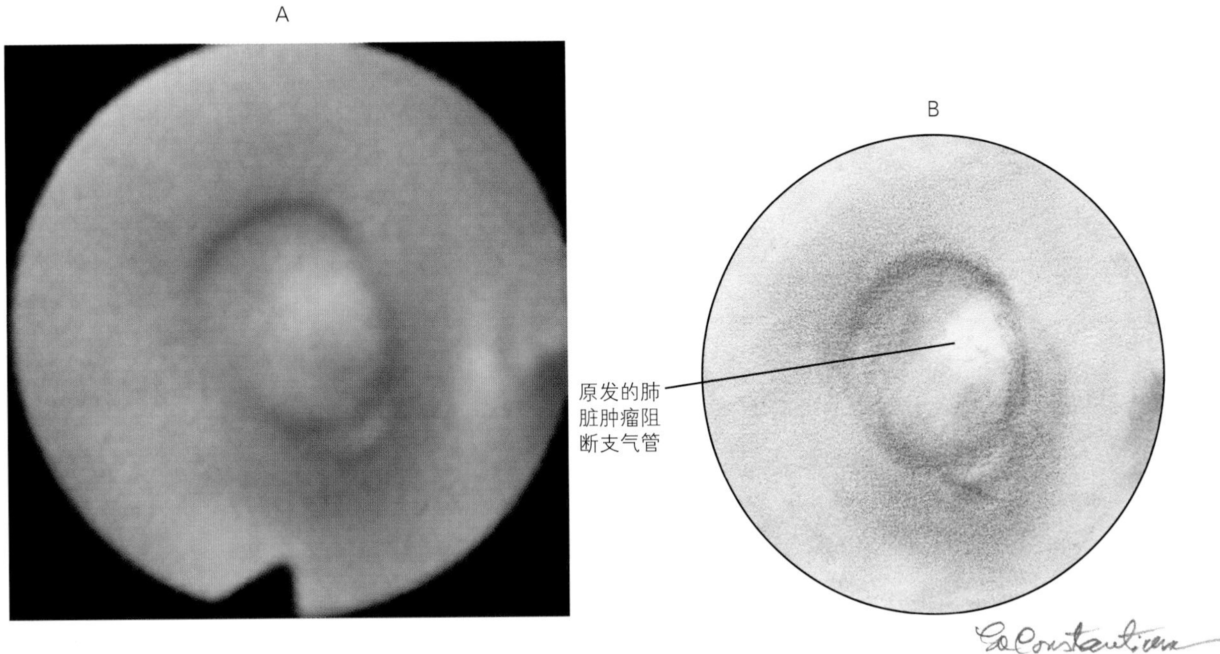

图6-32　典型的犬原发性外周肺脏肿瘤

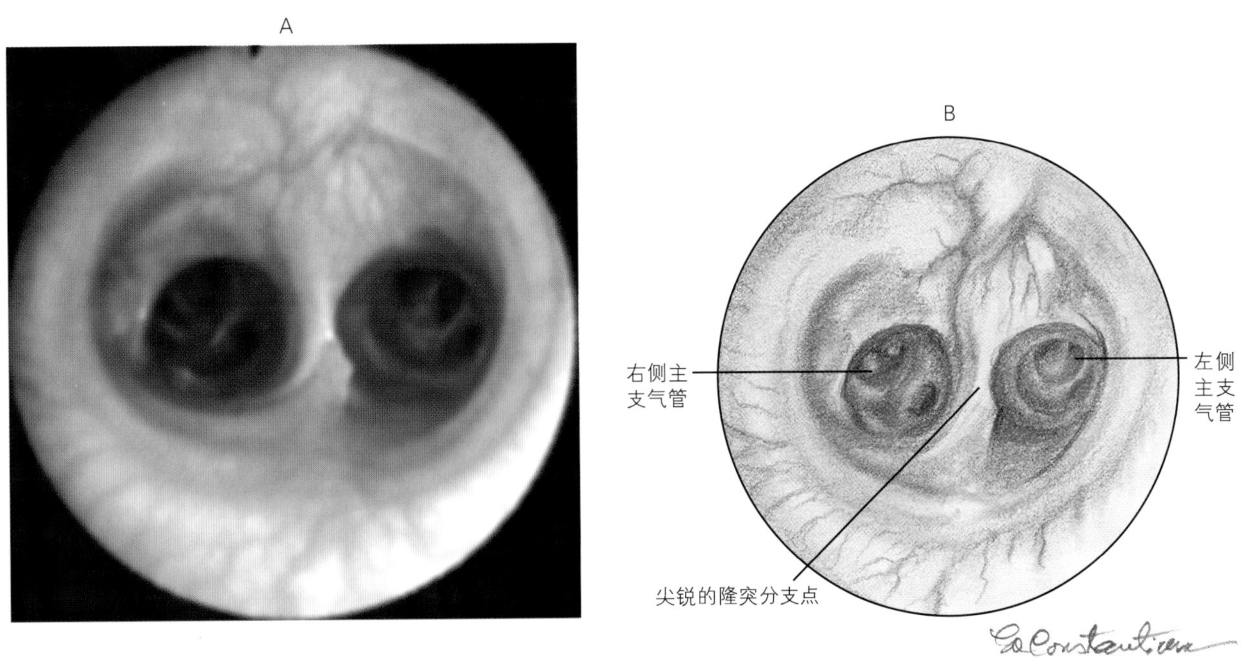

图6-33　健康犬支气管隆凸呈现V形结构的支气管镜检查表现。右侧主支气管在图的左侧，左侧主支气管在图片右侧

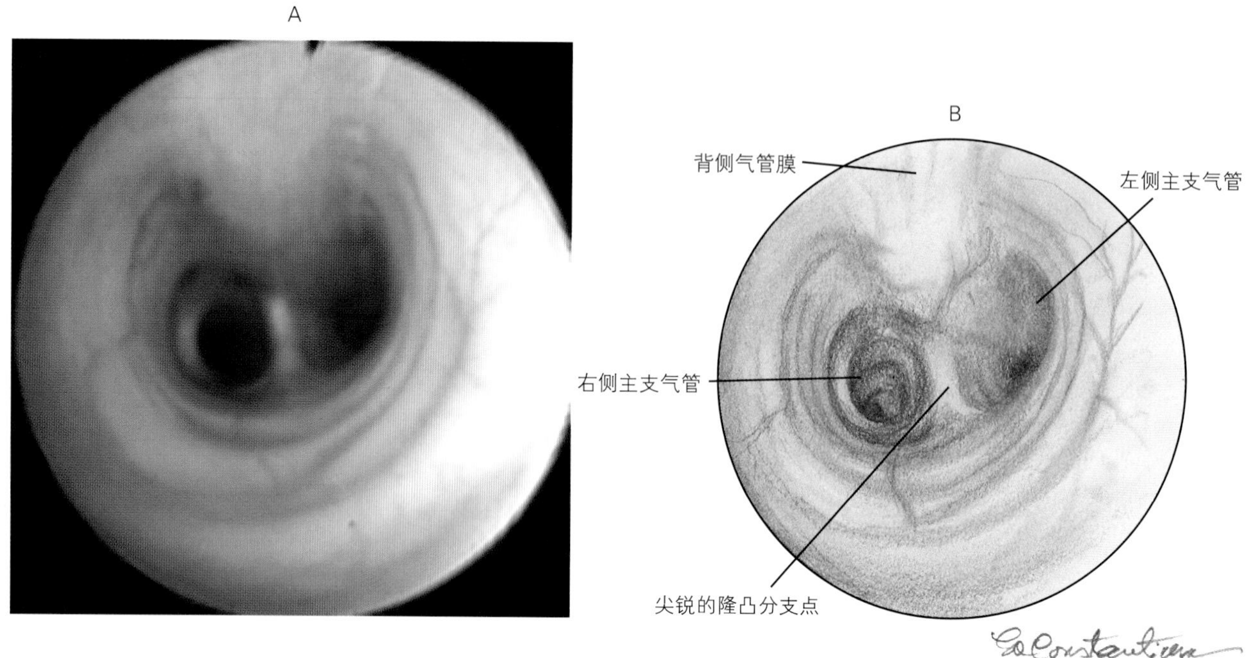

图6–34 猫正常的支气管隆凸，猫支气管黏膜通常呈苍白色或轻微的淡黄色

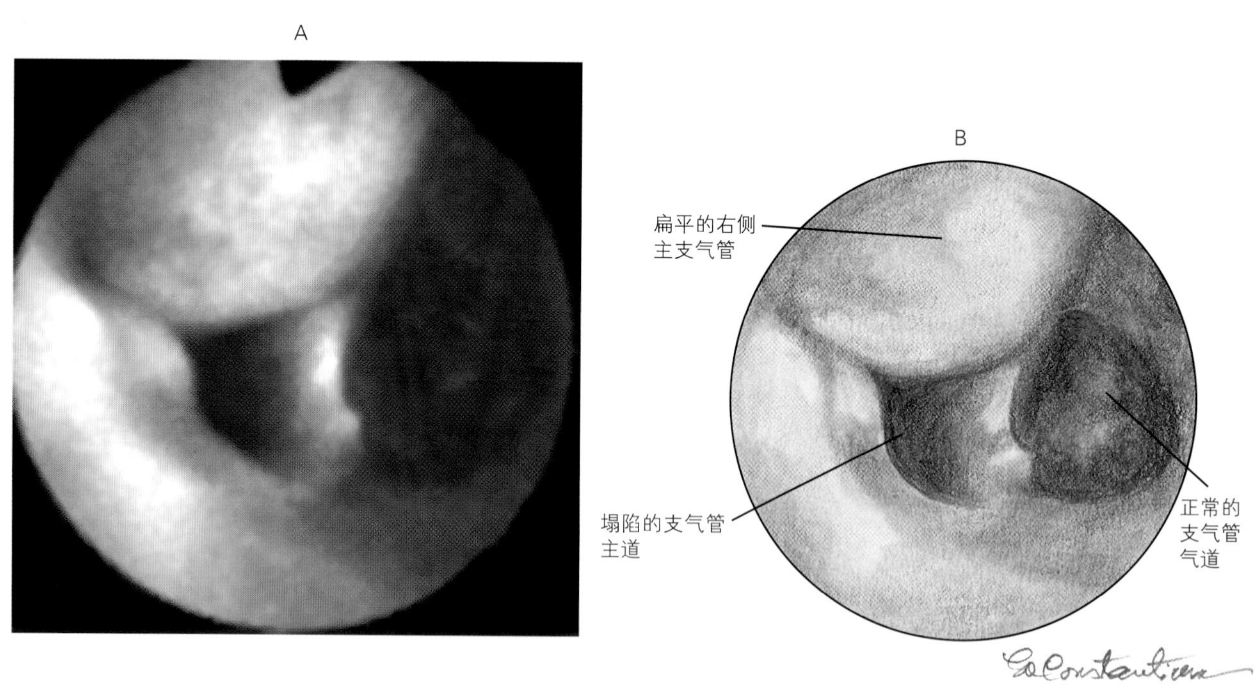

图6–35 犬芽生菌病例肺门淋巴结肿大并压迫右侧主支气管

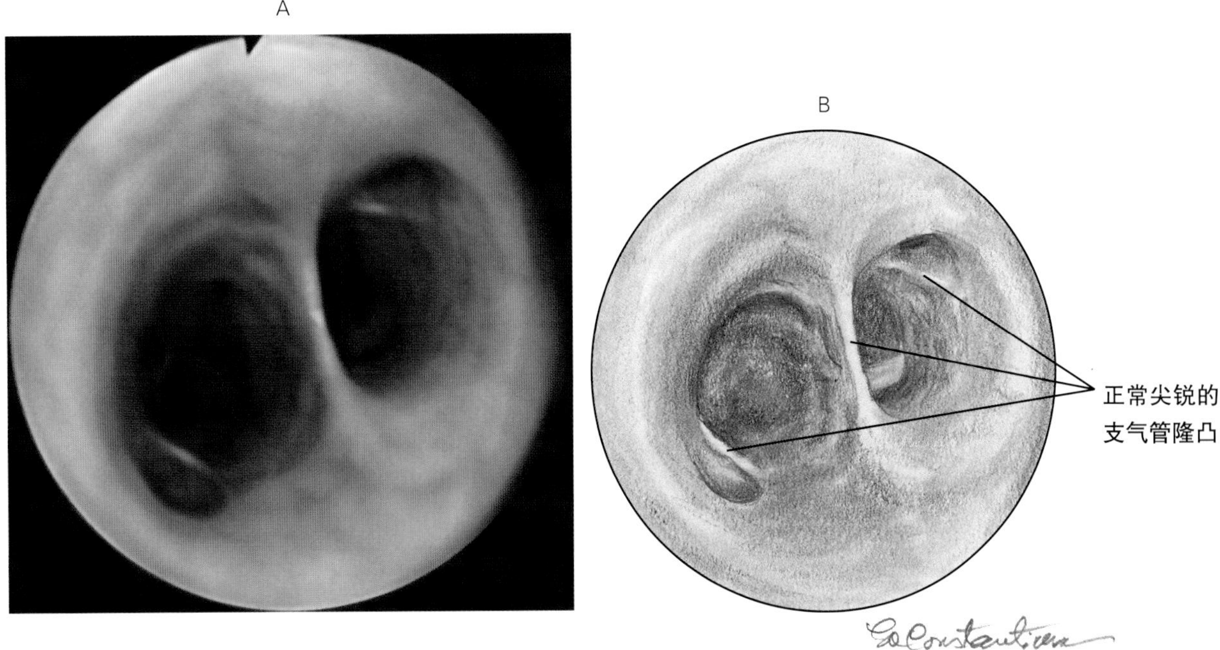

图6-36 犬正常的支气管分支点

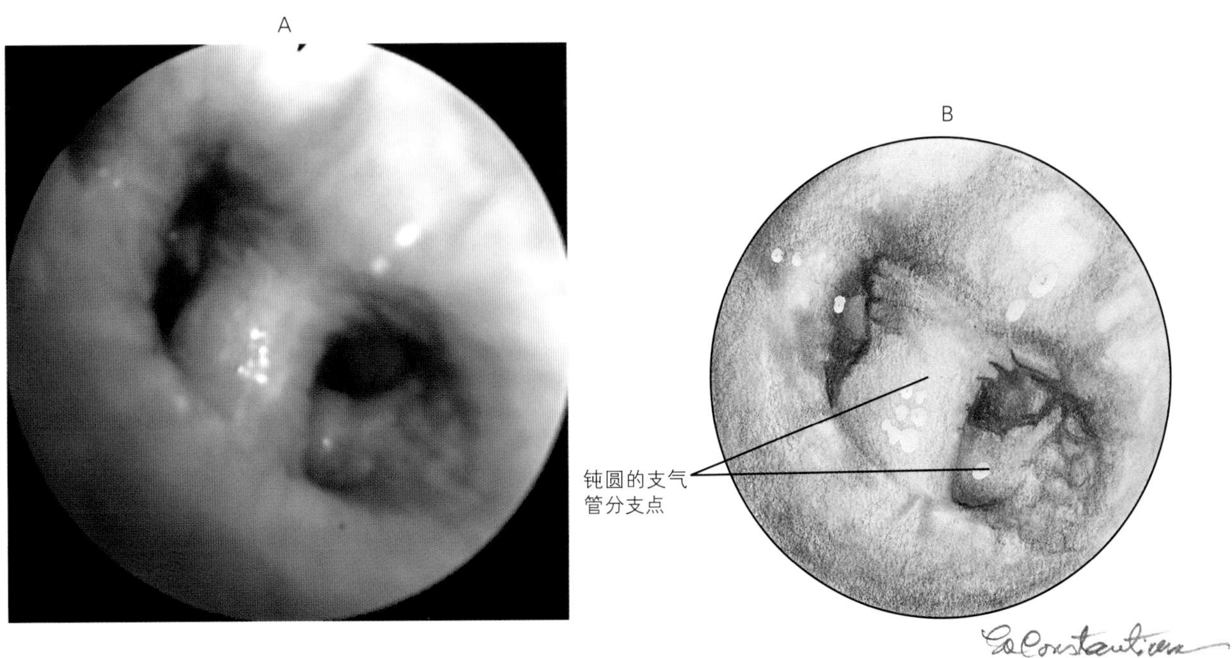

图6-37 钝圆的细支气管隆凸，慢性病及炎症导致的细胞浸润和黏膜重叠导致的水肿是导致细支气管隆凸变钝圆的原因

组织样品通常是建立病原学和特异性诊断的基础之上。无论是否出现异常病理变化，通常要采集样品进行培养、细胞学分析，有时还要进行组织病理学分析。气道细胞学分析是兽医评价下呼吸道疾病的主要方法。样品收集的方法很多，包括气管灌洗法（TTW）、支气管刷和支气管肺泡灌洗（BAL）。不同的样品采集方法需要不同的评价标准，因为获得的细胞代表或来自不同的气道部位。TTW收集的样品是较大气管上脱落的上皮细胞。用该技术收集的样品是非特异性的，因此选择性不强。另一方面，支气管刷法是在内镜直接观察下采集样品，但是只能采集内镜聚焦区域的细胞。该方法主要用于采集黏膜深层的样品而非液体冲洗黏膜表面的样品，因此，这些样品在显微镜下颜色更深暗且更有意义。

用支气管镜可以直接观察气道和选择特定的采样部位。BAL方法采集的细胞是来自末端小气道和肺泡间质部位[14]。BAL方法是建立标准化细胞分类计数的唯一技术。表6-2总结了犬和猫正常的BAL细胞分类计数情况。作者倾向于采用BAL技术采集犬和猫下呼吸道内的样品。

使用BAL方法采集样品时，首先将支气管镜呈楔形进入小支气管采样部位。通过前期的影像学检查和支气管的整体评价确定BAL采样位点。如果不能确定采样位点，BAL要采集两侧肺中部的样品（右侧肺中部和左前叶的后部）。一旦内镜呈楔形进入采样部位，将10～20mL无菌蒸馏水（取决于动物的采样部位）滴入到采样部位（通过灌洗通道或者洗涤管），然后立即用同一注射器，手动轻轻抽吸（图6-38，图6-39）。在每个采样肺叶或位点最好重复操作两次。通常有40%～90%的灌注液被回收，且第二次灌注液回收的较多。如果回收的灌注液较少，提示我们采用的内镜尺寸过大（妨碍了内镜呈楔形进入小支气管道）或者气道发生了软化。前者是由于灌洗液被分散到较大的区域而不容易被回收，后者因为气管塌陷妨碍了有效体积灌洗液的回收（轻轻抽吸可能有一定的帮助）。

通常推荐采用BAL方法至少在两个位点采集样品，这样可以确保对肺脏较大范围地进行评价。在同一个位点要灌洗两次，因为第二次灌洗液对于诊断犬的炎性和非炎性肺脏疾病比第一次灌洗液更加灵敏[15]。样品要进行细胞总数计数和细胞离心后分类计数。灌洗液要进行定量BAL培养。一次性挑菌环（一次性接种环，0.01mL，美国诊断公司，彭德尔顿工业）可以用作定量培养。这些挑菌环既便宜

表6-2　正常犬、猫支气管灌洗液细胞分类计数表

	Scott and others*	Rebar and others†	Padrid and others‡	King and others‡
动物种类	犬	犬	猫	猫
只数	46	9	24	11
细胞总数（mL）	NR§	516（240–360)	303（±126)	241（±101)
巨噬细胞（%）	75（27~92)	83	64（±22)	70.6（±9.8)
多形核细胞（%）	3（0~30)	5	5（±3)	6.7（±4)
嗜酸性细胞（%）	3（3~28)	4.2	25（±21)	16.1（±6.8)
淋巴细胞（%）	10（1~43)	5.7	4（±3)	4.6（±3.2)
肥大细胞（%）	1（0~5)	2.3	<1（± <1)	NR
上皮细胞（%）	NR	NR	2（±2)	NR
杯状细胞（%）	NR	NR	<1（± <1)	NR

*一个肺叶第二次灌洗液的平均值（范围）

†所有犬6个肺叶腔灌洗液的平均值（范围）

‡猫的平均值（±SD）

NR没有报道

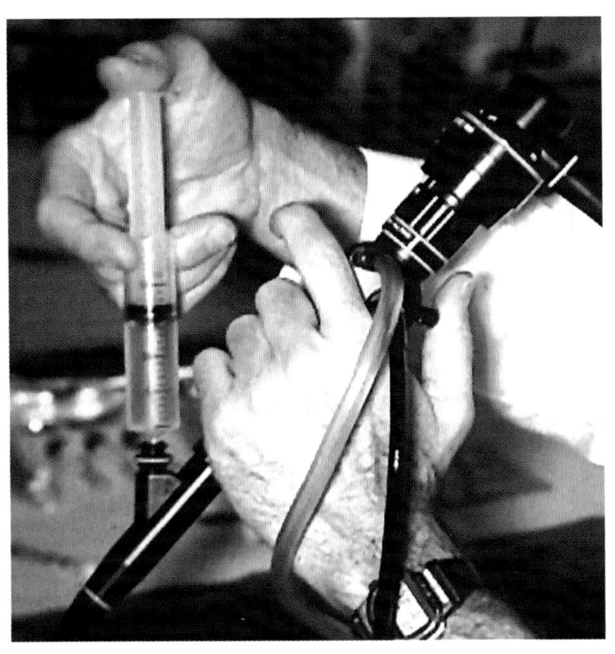

图6-38　通过支气管镜活检通道用20mL无菌生理盐水进行支气管肺泡灌洗，进行手动抽吸采集样品

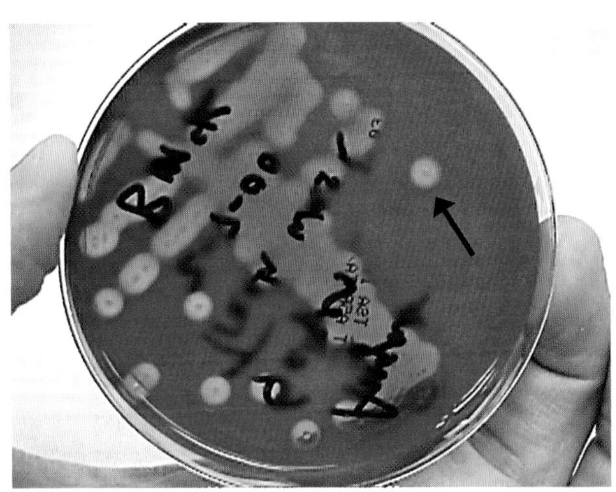

图6-40　血琼脂平板培养基上进行定量支气管肺泡灌洗液培养的细菌菌落，平板上通过菌落灌洗液的CFU/mL值，犬气管肺泡灌洗液中需氧菌超过1.7×10^3CFU是判断气管感染而不是呼吸道正常菌落的基本指标，箭头所示一个菌落代表一个CFU

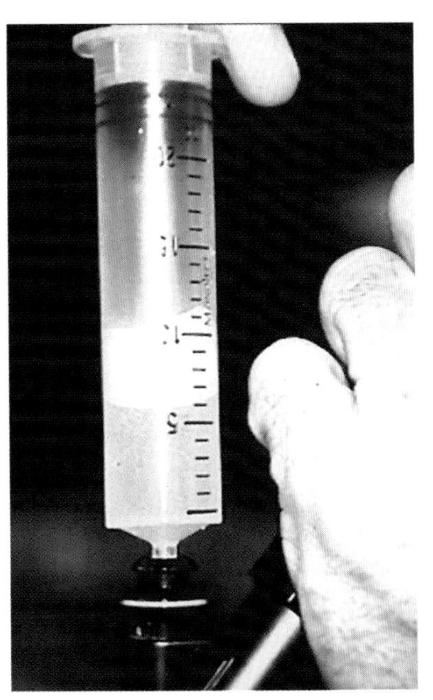

图6-39　支气管肺泡灌洗液上部的泡沫是由于灌洗液中的表面活性剂产生的，灌洗液混浊表明有大量的细胞

又便于使用。其精确度为0.01mL，繁殖后菌落计数乘以100，获得每毫升BAL或其他液体（如尿液）所含菌落总数（CFU/mL）（图6-40）。

正常病例支气管灌洗液中超过70%的细胞是肺泡巨噬细胞，其他所有细胞总数小于3%~8%（猫除外，猫支气管灌洗液中嗜酸性细胞达到29%仍然被认为是正常的）（图6-41）。许多病理学家认为，巨噬细胞之所以在各类细胞中占绝对优势，是因为自然产生的肉芽肿中含有绝对优势比例的巨噬细胞，但是这种解释是不正确的。

下呼吸道灌洗液培养物对于建立特异性诊断和筛选敏感抗生素至关重要。在获得准确的BAL培养物时，必须避免上呼吸道污染。如果发现扁平上皮细胞或大量细菌（口腔常见菌，图6-42），均表明存在上呼吸道污染，在解释BAL培养结果时要慎重。

由于口腔和不洁净的内镜可能污染采集的样品，因此人们对于采用内镜采集样品的做法是有争议的。安全导管（微生物学样品刷，Medi-Tech, Watertown, Mass）有助于使用软质内镜获得未受上呼吸道污染的BAL样品。但是安全导管的费用高

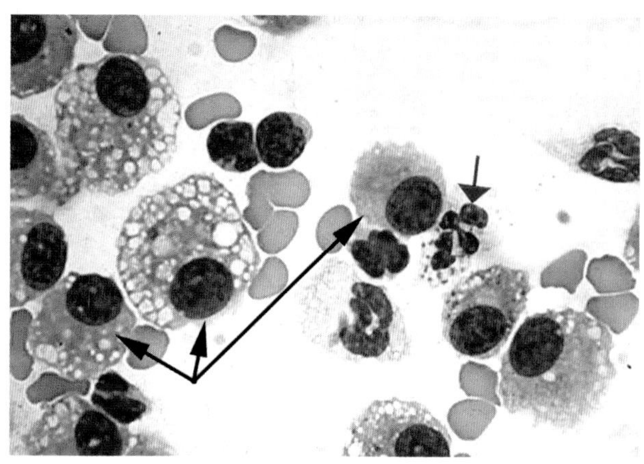

图6-41 犬支气管肺泡灌洗液涂片的显微镜照片，表明绝对优势的肺泡上皮细胞（黑箭头）多核细胞内细菌（红箭头），犬、猫支气管肺泡灌洗液中70%～80%是肺泡巨噬细胞，巨噬细胞包括有活性的含有多个吞噬小体的和无吞噬小体无活性的两种

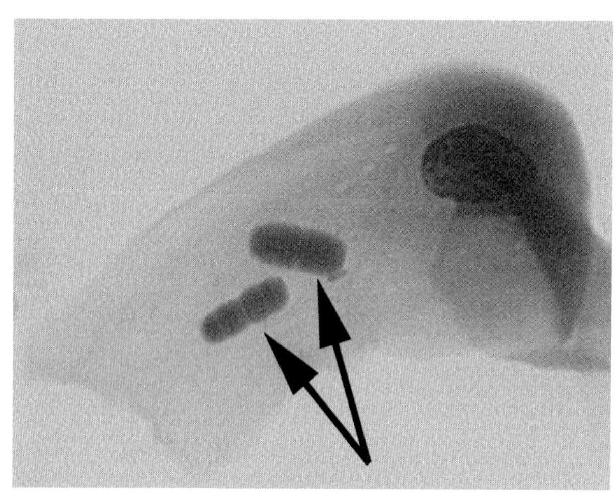

图6-42 鳞状上皮细胞和两个西蒙斯菌属（*Simonsiella* spp.）细菌（箭头），这两种菌口腔内常见，当它们在下呼吸道的细胞学样品中出现，表明可能受到上呼吸道感染

昂，在兽医临床上的应用有限。

不使用安全导管来获取BAL培养和细胞学检查样品的有效技术已经使用了几年。一旦完成下呼吸道的整体评价后，从动物体内取出内镜，用无菌盐水清洗内镜通道，排除内镜通道内的液体和空气，然后立即实施BAL操作。使用之前正确的内镜灭菌技术利于细胞等检查样品的收集和培养，而无上呼吸道污染[19]。即使不考虑收集样品技术方面的问题，同一样品的微生物学培养结果必须与细胞学检查结果结合起来考虑，并做出解释。

最近报道犬BAL灌洗液需氧菌培养超过1.7×10^3 CFU是判断气管感染的基本条件[19]。如果细菌培养结果只有少量细菌生长，就要怀疑是否发生了真正的下呼吸道感染。细胞学检查时，进行革兰氏染色有利于解释细菌培养结果，如果在50倍镜下观察发现细胞内存在的细菌数≥2时，就表明发生了真正的感染。

尽管支原体种属对小动物临床呼吸系统疾病的特殊作用尚未确定，但是随着技术的进步，这种检查已经变得很容易。使用特定的培养基（如Amies培养基）或者PCR技术（使用新鲜的BAL灌洗液或离心收集的细胞）结合其他实验室方法，很容易检测出BAL冲洗液中的支原体。由于支原体通常寄生在小动物口咽部位，从下呼吸道获得支原体样本阳性监测结果的临床意义仍然备受争议。

当观察到黏膜有明显的变化或者黏膜有大面积损伤时，可以采集黏膜活组织样品（图6-31）。内镜活检钳获得的样品较小，诊断起来比较困难。进行活组织检查时，应尽可能多采集样品，以供病理学家诊断。一个活组织样品通常先放在载玻片上，先进行细胞学评价，然后再进行组织病理学研究。由于黏膜的差异，获得支气管黏膜活组织样品的确诊结果很困难，结果通常是非特异性的，特别是与胃肠内镜黏膜检查结果相比较时。兽医临床上还未建立起较好的活组织样品监测技术（通常使用王氏活检针或者活检钳）。

第九节　并发症

支气管镜检查是一项安全的技术，只要注意麻醉过程，可将该技术的并发症降低到最小。人进行支气管内镜检查时会发生很多并发症，但是这些并发症在犬和猫的支气管内镜检查时很少发生。人支气管内镜检查并发症包括与麻醉相关的并发症（如麻醉反应、心律不齐、气管内插管损伤和通气不足）、支气管内镜检查本身的并发症（如支气管痉挛、出血、菌血症和低氧血症）以及支气管内镜检查完成后发生的并发症（如发热、感染和肺泡浸润）。兽医支气管内镜检查时很少发生并发症，我们只要关注表6-1内的并发症就足够了。

笔者遇到的大多数严重的并发症都发生在患严重的慢性梗阻性肺病病例，特别是患严重的气管软化和气管塌陷的病例（图6-19）。这些动物在运动和应激时会发生发绀，而发绀在动物麻醉恢复期非常棘手。有慢性咳嗽病史并伴有呼气困难和二重呼气的病犬发生并发症的危险性极大。选择麻醉方案时必须多加考虑，要选择恢复快速的麻醉方法。完成犬支气管镜检查后，局部利多卡因喷雾可以减少支气管镜检查的并发症，并可以在支气管镜检查后期阶段最大程度减少咳嗽和气管塌陷的发生。在动物恢复期不要关闭监测（心律、氧饱和度和呼吸深度）设备。

兽医支气管内镜检查时必须考虑到可能发生的所有并发症。这意味着操作人员可以清楚地知道动物可能发生的危险以及设备使用的限制性，操作人员还要具备当动物发生并发症时如何选择药物和相应器械设备的知识。

第十节　结　论

支气管镜检查（包括细胞学检查和气管分泌物定量培养）是诊断小动物下呼吸道疾病的标准。与经气管壁针吸活组织检查和肺脏细针抽吸技术相比，支气管镜检查技术可以直接观察到损伤部位、选择性地采集气道样品、检查呼吸时气道管径的变化以及可以进行介入性治疗（如取出异物）。最主要的局限是支气管镜检查的费用较高，费用包括系统的支气管镜检查费用和麻醉过程的费用。即使如此，在犬、猫发生明显的（特别是慢性的）下呼吸道疾病时也应该考虑采用支气管镜检查技术。

参考文献

1. McKiernan BC: Bronchoscopy in the small animal patient. In Kirk RW, editor: *Current veterinary therapy*, ed 10, Philadelphia, 1989, WB Saunders.
2. Ford RB: Endoscopy of the lower respiratory tract of the dog and cat. In Tams TR, editor: *Small animal endoscopy*, St Louis, 1990, Mosby.
3. Roudebush P: Tracheobronchoscopy, *Vet Clin North Am Small Anim Pract* 20:1297-1314, 1990.
4. McKiernan BC: Diagnosis and treatment of canine chronic bronchitis. Twenty years of experience, *Vet Clin North Am Small Anim Pract* 30:1267-1278, 2000.
5. Lotti U, Niebauer GW: Tracheobronchial foreign bodies of plant origin in 153 hunting dogs, *Compend Cont Ed Pract Vet* 14:900-904, 1992.
6. Amis T, McKiernan BC: Systematic identification of endobronchial anatomy during bronchoscopy in the dog, *Am J Vet Res* 47:2649-2657, 1986.
7. McKiernan BC, Kneller SK: A simple method for the preparation of inflated anatomical lung specimens, *Vet Radiol* 24(2):58-62, 1983.
8. Venker-Van Haagen AJ: Bronchoscopy of the normal and abnormal canine, *J Am Anim Hosp Assoc* 15:397-410, 1979.
9. Venker-Van Haagen AJ and others: Bronchoscopy in small animal clinics: an analysis of the results of 228 bronchoscopies, *J Am Anim Hosp Assoc* 21:521-526, 1985.
10. Brearley MJ, Cooper JE, Sullivan M: *Color atlas of small animal endoscopy,* St Louis, 1991, Mosby.
11. Padrid PA, McKiernan BC: Tracheobronchoscopy of the dog and cat. In Tams TR, editor: *Small animal endoscopy*, ed 2, St Louis, 1999, Mosby.
12. Miller CJ and others: The effects of doxapram hydrochloride (Dopram-V) on laryngeal function in healthy dogs, *J Vet Intern Med* 16:524-528, 2002.
13. Haschek WM: Response of the lung to injury. In Kirk RW, editor: *Current veterinary therapy*, ed 9, Philadelphia, 1986, WB Saunders.
14. Hawkins EC, Denicola DB, Kuehn NF: Bronchoalveolar lavage in the evaluation of pulmonary disease in the dog and cat, *J Vet Intern Med* 4:267-274, 1990.
15. Scott M and others: Bronchoalveolar lavage of histologically normal and diseased canine lung lobes, *Vet Pathol* 30:433, 1993.
16. Rebar AH, Denicola DB, Muggenburg BA: Bronchopulmonary lavage cytology in the dog: normal findings,

Vet Pathol 17:294-304, 1980.
17. Padrid PA and others: Cytologic, microbiologic, and biochemical analysis of bronchoalveolar lavage fluid obtained from 24 healthy cats, *Am J Vet Res* 52:1300-1307, 1991.
18. King RR and others: Bronchoalveolar lavage cell populations in dogs and cats with eosinophilic pneumonitis. Proceedings of the 7th Symposium of the Comparative Respiratory Society, Chicago, 1988.
19. Peeters DE and others: Quantitative bacterial cultures and cytological examination of bronchoalveolar lavage specimens in dogs, *J Vet Intern Med* 14:534-541, 2001.

第七章　胸腔镜诊断与手术技术

胸腔镜微创技术仅需通过直径5～10mm的胸部切口就可进行胸腔探查和手术，从而避免传统开胸术的伤痛。内镜高亮度的照明和放大效果不仅使胸腔镜对胸内结构和病变的观察远优于传统开胸手术，同时还能使手术延伸到传统手术不能到达的区域。胸腔镜检查技术可以克服传统开胸外科手术所带来的亚宏观损伤的难题。因为使用胸腔镜可使视野移到手术区域，所以对胸腔内组织器官的操作不需要在手术创口中进行。内镜可以放大小而不容易看到的结构，以便做到精确切割、止血和保护重要结构。使用胸腔镜可以避免开胸术中的组织损伤并能缩短手术时间，从而降低了患病动物的手术应激。一只心包液明显增多的老龄犬，在经过心包微创手术几小时之后就能跑来跑去，像什么都没发生过一样，而不像开胸术那样恢复缓慢。当今兽医领域非常关注的术后疼痛问题，也由于避免传统手术的切开过程得到了极大的改善。

胸腔镜技术能迅速准确地采集病理组织、病原体外分离培养和样品细胞学检查。胸腔镜技术起初仅用作一种诊断技术，但很快成为了一种公认的小动物手术治疗手段。目前应用该技术进行的外科手术包括心包开窗术、心包切除术、部分或全部肺叶切除术、取异物、纵隔肿瘤切除、淋巴结切除、胸导管结扎和永久性右动脉弓横切术等。尽管腹腔镜检查术和胸腔镜检查术有很大不同，但是在技术操作、所需设备以及基本适应证方面都相似，只是胸腔镜技术比腹腔镜技术更简单更容易，且胸腔镜技术比开胸术更能有效地进行胸腔器官检查。

第一节　适应证

研究表明，使用胸腔镜技术比其他低损伤诊断方法能获得更多关于胸腔内病理诊断和治疗的信息，而开胸术诊断则不能。特别指出，胸腔镜诊断的适应证包括肺肿瘤、纵隔肿瘤、肺门肿瘤、原发性肺部疾病、自发性气胸、心包积液、胸膜积液（包括乳糜胸）和胸部创伤评估（框7-1）。开胸术的适应证也是微创手术潜在的适应证。胸腔镜技术和胸腔微创手术的适应证只受手术技术水平、器械设备、个人的思维和想象的限制。

框7-1　胸腔镜检查的适应证

肺部肿块：活组织检查或切除
纵隔肿块：活组织检查或切除
胸膜肿瘤：活组织检查或切除
胸膜积液：引流和胸膜活组织检查
乳糜胸：胸导管结扎
心包积液：引流或心包开窗术
肺淋巴结病：活检或切除
原发性胸膜疾病：肺组织取材检查
自发性气胸：局限化或切除
胸创伤：鉴别诊断和治疗
胸腔取异物

胸腔镜技术在处理胸腔积液时发挥了极大作用，胸腔积液也是胸腔镜技术在人类医学上常见的适应证[1]。病因不明的顽固性胸腔积液最后可以用胸腔镜技术确诊[2]。使用内镜可以直观检查并准确鉴定胸腔疾病。通过直接观察可真实地反映组织形态，这样就大大提高了诊断效率和准确性。使用胸腔镜可以观察到传统外科手术无法观察到的小病变，包括肺部炎性结节、早期转移性病变和间皮瘤等。胸腔镜检查很容易确诊肺叶扭转，进而可采用微创技术代替开胸术完成肺叶切除术。微创技术不仅能检查乳糜胸时的胸导管病变，同时也能做胸导管结扎手术[3]。内镜的放大作用极大地提高了对胸导管的观察效果，并能对胸导管病变进行定位，确定病变程度和评估手术成功的可能性，为了提高手术的成功率，可以使用金属夹结扎胸导管。

胸腔镜技术能准确有效地对心包积液进行导液和采集样品，采集的样品可用于液体分析、细胞学检查、病原体外分离培养及活组织检查。微创手术能完成部分心包切除术或心包开窗术而形成永久排液孔[4,5]。心包开窗手术需要的器械和技术比胸腔镜检查和样品采集所需要的稍多一些。

胸腔镜检查可以确定自发性气胸漏气的位置和病变的范围，十分有利于该病的诊治。胸腔镜检查能鉴别诊断可切除的局限性肺气肿性疾病和不可切除的弥散性肺气肿性疾病。这样，就可以避免不必要的手术。应用内镜技术可以定位和取出引起气胸的异物，并制止漏气。胸腔镜检查可以准确地定位漏气和损伤的位置，并确定能否采用微创手术治疗。若使用开胸术治疗，则能更好地计划手术。治疗自发性气胸的难点是确定漏气点，胸骨正中切开术是治疗气胸常用的手术，因为它能很好地暴露两侧胸廓[6,7]。使用胸腔镜检查确定胸廓损伤的位置后，即使微创手术不能治疗，也可以进行单侧开胸手术，从而缩短手术时间，降低死亡率，既有利于手术的完成，还可避免不必要的开胸手术。

采集肺组织样品可用于鉴定原发性肺部疾病、肺肿瘤和肺实质性疾病。用胸腔镜技术采集用于诊断弥散性肺病的样品时，不仅能采集到足够的样品，同时还能保护肺部结构，大大提高了诊断效率[1,8-11]。

胸腔镜检查对胸腔内肿瘤的诊断、手术计划及药物治疗特别有帮助。内镜检查能确定疾病的位置、范围和相关淋巴结，同时还能区分局限性和弥散性疾病，从而准确地完成检查、肿瘤分期和确定外科手术的术后效果。直观的活组织检查能确定特征性的组织病理学形态，从而提高诊断灵敏度[1,9]。胸腔镜检查可确定肿瘤切除术的可行性，避免不必要的大手术。微创手术可切除纵隔肿瘤，也可切除部分或全部肺叶，从而治疗肺肿瘤。如果微创手术不能切除病变或者病变的范围或位置超过了外科医师的技术水平，则可以更加准确地计划实施开胸手术。

胸腔镜检查技术在急诊因胸外伤引起的血胸、气胸或肺损伤的诊断及治疗时同样有效[12]。它能确定是否需要外科手术止血、止漏气或者切除坏死的肺组织。微创技术可以最终解决问题或选择达到病变的最佳手术路径，有利于手术的完成。

随着胸腔镜检查技术在小动物疾病中应用的发展，其适应证会逐渐增多。胸腔镜诊断代替开胸术诊断的势头强劲。微创技术已经应用于犬，比如应用电视胸腔镜进行椎间盘开窗术[13]。如果胸腔镜诊断和微创胸外科手术进一步纳入兽医学领域，将会继续扩大胸腔镜检查技术适应证的范围。

第二节　器械设备

胸腔镜检查需要的器械设备与腹腔镜检查相同（框7-2）。在诊治小动物疾病时，与腹腔镜检查相比，胸腔镜检查不需要增加设备，也不需要特殊的器械设备，这样十分有利于诊断和手术过程。而二者在设备上最大的不同在于胸腔镜检查需要一个麻醉呼吸机，而不需要气腹机，同时套管的设计也不一样。

一、镜体

胸腔镜检查多使用硬质镜管（图 7-1）。常用的胸腔镜镜管是直径5mm和10mm的腹腔镜和直径2.7mm的通用硬质镜管。直径2.7mm的镜管最适合猫和小型犬，直径5mm的适用于大型犬，直径10mm的适用于巨型犬。应用镜管时没有严格的大小区分，几乎每种镜管都能用于所有患病的小动物。而光谱的大小限制了这些镜管的使用。小直径镜管传输的光较少，在较大型患病动物应用效果较差。直径2.7mm的镜管比其他两个腹腔镜镜管短，18cm长与30cm长的镜管比，达不到大型犬胸腔的某些区域，谨慎选择安置镜管入孔的位置能改善此缺陷。10mm镜管不适用于猫和小型犬，广泛应用为5mm的腹腔镜。

框7-2　胸腔镜诊断所需的器械设备

带光源的摄像台
镜管
内镜套管
手术操作套管
触诊探针
活检钳
组织抓钳
梅岑鲍姆剪刀
缝合剪
吸管/冲洗管套管
环状结扎器

视角是选择内镜镜管另一个需要考虑的因素。视角的变化可从0°～90°以上。多数腹腔镜都是0°角镜管，它以镜管轴为中心轴直视前方。这就提供了最真实的图像，且失真最少，从而方便内镜师在手术期间的操作。直径2.7mm的硬质内镜和多数的关节镜是30°角镜管，视野轴与内镜轴间有30°的倾斜。0°和30°的镜管都可用于胸腔镜检查。此角度的好处就是能直接看到内镜管轴周围的结构，通过转动内镜而投射内镜轴周围30°角方向，从而扩大视野的范围。因为胸壁上的肋骨容易妨碍放置内镜的镜管，所以30°角的镜管有利于胸腔镜检查。30°角只是轻微的镜管转动和方向的改变，内镜师感觉是在直视前方。视角大于30°会使镜管方向改变过大，在胸腔镜检查中既不需要也不推荐使用。

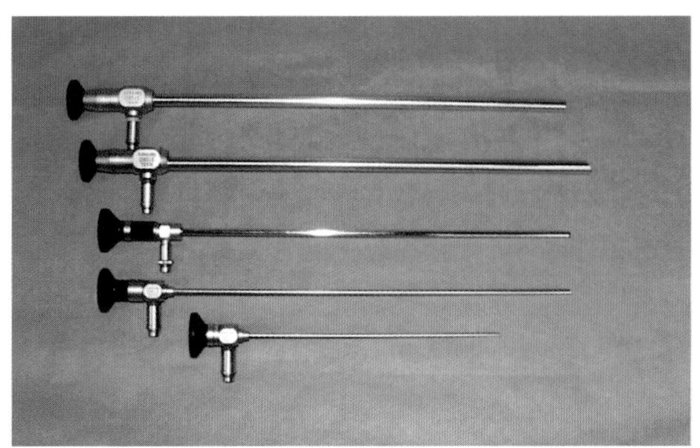

图7-1　胸腔镜检查实用的内镜，从上到下依次为：10mm 0° Storz腹腔镜，10mm 30° Storz腹腔镜，5mm 0°奥林巴斯腹腔镜，4mm 30° Storz膀胱镜，2.7mm 30° Storz通用硬质内镜

目前使用的胸腔镜的镜管无手术和活检通道，所以需要在胸壁开孔用于手术、样品采集或操作。带活检通道的手术镜管有较大的局限性，因而不再使用。

二、套管

胸腔镜检查使用的套管与腹腔镜不同，因为胸腔镜检查不需要空气密封，同时胸壁与胸腔脏器间的距离比腹壁与腹腔脏器间的距离短。腹腔镜检查需要向腹腔注入气体，所以需要维持腹腔空气密封的环境，所用的套管都带有瓣膜和垫圈以防止漏气。胸腔镜检查时，不需要正压注入气体，所以入孔不需要密闭，套管也不需要瓣膜。胸腔镜手术中可以使用腹腔镜套管，但是由于长度不同，难以使它保持在一定位置，使用不方便，同时也妨碍器械的操作。胸腔镜套管与腹腔镜套管的不同之处在于胸腔镜套管没有密封阀，且短于腹腔镜套管。镜管入口需要套管，但是在进行微小胸腔手术时，手术入口可不使用套管，器械直接通过微小的切口进入胸腔，这样比使用套管更简便有效。

胸腔镜检查时，在镜管入口处使用套管是为了保护镜管，同时形成气胸。腹腔镜套管在除去瓣膜垫圈后可用于胸腔镜检查。腹腔镜套管常有一个尖锐的套管针用于穿透腹壁，它也可用于胸腔镜。在安置套管时，为了减少对胸腔内脏的损伤，建议使用钝圆的套管针。

三、光源

胸腔镜使用氙灯，而不使用卤素灯，因为卤素

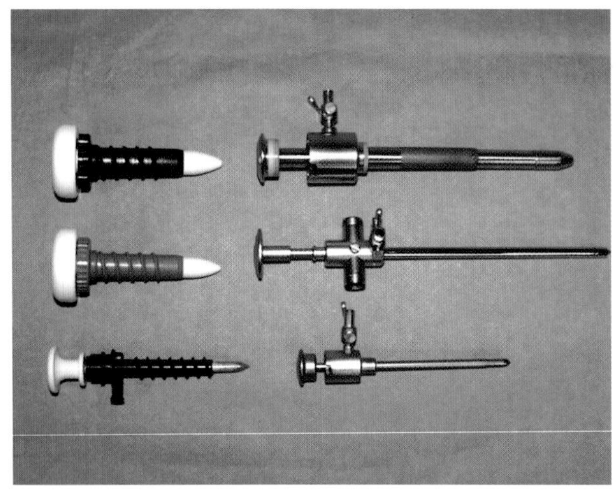

图7-2 胸腔镜检查使用的胸腔镜套管和改良的腹腔镜套管。左上：11.5mm 一次性自动缝合套管；左下：5mm除去瓣膜的一次性腹腔镜套管；右上：10mm除去瓣膜的腹腔镜套管；右下：4mm除去瓣膜的腹腔镜Storz套管；左中10.5mm一次性胸腔镜套管；右中：5mm除去瓣膜的腹腔镜奥林巴斯套管

灯不能产生足够的光。可弯曲的光纤光缆便于光源进入镜体。

四、摄像系统

胸腔镜诊断和微创手术需要一个高质量的摄像机和监视器。特殊设计的小型内镜摄像机直接与镜管连接，在监视器上显示图像。胸腔镜摄像机采用CCD晶片转换信号。单片机和三晶片摄像机都可以使用。兽医临床使用高质量的单片摄像机绰绰有余，不需要昂贵的三晶片摄像机，除非是采集图像用于出版和演示。视频辅助胸腔镜的优点为极大地提高了图像的质量，且除术者外的其他人也可观察操作过程，这样助手就能更加有效地保证无菌，复杂的手术更容易完成，且当需要进行开胸术时，能成功地将微创手术转变成开胸术。简单的胸腔镜诊断可直接通过镜管观察，而不需要视频辅助，但是这种方法应用受限且已过时，对于手术来说摄像系统是必要的。

五、手术和样品采集器

腹腔镜样品采集器械（图7-3）同样适用于胸腔镜检查。一套基本的胸腔镜检查器械包括活检钳、抓钳、剪刀、触诊探针、环状打结器、冲吸套管（框7-2）。使用这些器械能完成多种样品的采集和简单的手术。这些器械能用于采集病理组织学和细胞学的实质组织样和肺脏活组织样，也能采集用于分析细胞、细菌和真菌培养的液体样品。这些器械和实切式（Tru-Cut type）活检针可有效地采集活检样品。长脊髓针可用于细针穿刺。

基本的微创胸腔手术不需要过多的手术器械（框7-3）。简单的微创手术只需要胸腔镜诊断所列出的少数器械。多数手持器械都是5和10mm大

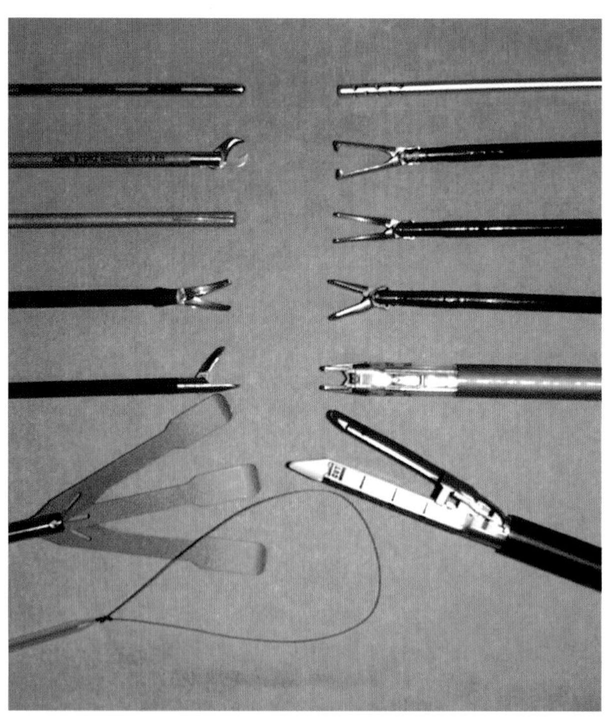

图7-3 胸腔镜检查使用的手术器械，左侧从上到下依次为：5mm 有刻度的操作探针，5mm 缝合剪，5mm结节推进器，5mm 一次性梅岑鲍姆剪，5mm 活检钳，10mm 一次性扇形牵引器和一个环形结扎器；右侧从上到下依次为：5mm冲吸导管，5mm 一次性组织抓钳，5mm 一次性组织剥离钳（小型弯曲止血钳），5mm 一次性鸭嘴形组织抓钳，10mm 血管夹，10mm 内镜胃肠吻合固定器

小。使用同一尺寸的器械可减少成本，还有利于微创手术的进行。随着复杂手术的增多，会需要更多、更昂贵的器械和多种尺寸的器械，就像专业知识和适应证在增加一样。为使手术更加先进，可以增加环状打结器、夹子、组织钩、胃肠吻合器、激光、单极和双极电刀、电频发生器、谐波剪刀等外科器械设备。

框7-3 胸腔镜手术所需的器械设备

组织抓钳
组织剥离器
结节推进器
扇形钩
牵扯钩
止血夹子
胃肠吻合固定器
电刀

随着知识水平提高和经验增加，将能完成更多种类的手术，同时也需要更多的器械设备。微创手术可用的器械设备较广泛。几乎所有开胸手术的器械设备都可用于微创手术。

常规外科手术设备也能用于一些胸腔镜诊断和手术。胸腔镜检查不需要密闭不漏气的通道，胸壁到病变部位的距离也相对较短。可用器械有梅岑鲍姆（Metzenbaum）剪刀、止血钳、拇指型镊子、缝线、标准外科组织吸头等。样品采集和手术的操作可通过微小切口进行。

当复杂的胸腔镜外科手术需要单肺通气时，可采用单肺通气的专用气管插管。专为人类单肺通气设计的双腔气管插管，对于大型犬太短，而对于小型犬则直径又太大。标准的兽医气管内插管能插很深，可用作专业兽医插管和选择性的阻塞支气管。气管阻断剂也能与标准气管内插管联合使用，用于选择性地阻塞和开放特殊的肺区域。

可多方向倾斜的液压手术台有利于实施胸腔镜检查和微创外科手术。在微创外科手术中，重力是最好的牵引器，使用可双向倾斜的手术台有利于术者在两边操作。对小动物，应用电力液压手术台，可在无菌区轻松操纵。这种手术台容易使患病动物复位，利用重力来复位组织和器官。

第三节 患病动物准备

胸腔镜手术时，患病动物准备基本与常规开胸术中的患病动物准备相同。当进行胸腔镜诊断和简单的微创外科手术时，麻醉方案也与开胸手术相同。手术需要进行囊套气管插管、交替正压呼吸、充分的监测和支持治疗。随着手术程序越来越先进和复杂，会需要选择性单肺通气气管插管和胸腔充气。胸腔镜手术时，胸壁除毛、准备、外科创巾与开胸手术一样或更大。这样就有足够的区域选择摄像孔、两个或更多的手术操作孔和胸腔引流孔。

上述患病动物准备方法同样可以为微创手术转变成开胸手术提供条件，而不需要重新准备。推荐做这样的准备，以便在需要时可以做到快速、有效、无菌地转变成开胸手术。准备转变时，要确定有足够的手术准备区域和手术器械。即使最简单的诊断手术也有可能需要转变为开胸手术。

患病动物体位的选择可根据疾病的位置或者胸部检查的区域来确定，还可根据特定的外科手术而定。患病动物可采用仰卧位或侧卧位。仰卧位时，摄像孔的位置安置在剑状软骨处，这样可有效地对胸腔腹侧结构进行诊断和手术操作，包括对心包、纵隔和胸腔两侧的检查，但是不包括背侧部分的肺和胸膜表面。侧卧位可更完整地检查胸腔背侧结构和所选侧的肺门区域，但是不能进入另一侧胸腔。个别患病动物需要常使用多重定位技术。

第四节 技术：麻醉和气胸

胸腔镜手术的麻醉要求与开胸术相同。微创胸外科手术与开放性胸外科手术一样，都需要使用间歇正压呼吸机。微创胸外科手术需要的呼吸机和技术与简单的半开放气胸技术相同，随着气体进入胸腔，就像在做开胸手术一样。随着单肺通气呼吸机潮气量的减少，呼吸频率会上升，因为当其中一个肺不参与呼吸时，肺功能容积减少。麻前用药、麻醉诱导剂和麻醉维持剂的使用与开放性胸外科手术一样。笔者的麻前用药是皮下注射布托啡诺和甘罗溴铵，诱导用药是静脉注射异丙酚或者通过呼吸面罩给予七氟醚，并用七氟醚做维持麻醉。

胸腔镜检查时，必须有一个开放的、充满气体的视觉空间，为操作镜管和手术器械提供了一个空腔，因此能使镜管前端与组织间有一定距离，以便观察。空气进入胸腔使肺塌陷而与胸壁分离，形成一个半开放的气胸，以供胸腔镜检查和微创手术操作。

胸腔镜手术按腹腔镜手术的基本原则，但之间也有主要的区别。这两种技术都需要一个开放的充满气体的空间，这个空间用于安置镜管和进行手术器械操作。如果没有这个空间，内镜就紧挨着组织，什么都看不见。但是不同的是，腹腔镜手术需要向腹腔注入二氧化碳（CO_2）来扩大腹腔，使腹壁与内脏分开。而胸腔镜手术时，让空气进入胸腔，而使肺塌陷与胸壁分开。因为需要向腹腔注入气体，所以要维持一个密闭的空间，所有的入孔都必须使用带有瓣膜和垫圈的套管，以防止漏气。胸腔镜一般不使用正压充气，所以不需要注气，也就不需要密闭的入孔。

制造和维持气胸的方法有3种：采用标准气管插管的简单的半开放性气胸法、胸腔注气法、选择性的单肺通气法。

这些方法都有各自的优缺点和适应证。

最简单的方法是半开放性气胸法，该方法采用间歇性正压呼吸和标准气管插管，适用于诊断和多数较简单微创手术。胸腔镜手术时，建立气胸环境有两种方法：第一种方法是，气腹针穿刺胸壁，使空气进入胸腔形成气胸，气胸形成后，用尖锐的套管针将内镜套管引入胸腔；第二种方法是钝性分离法，在形成气胸前，钝性切开，用钝性密闭装置使内镜套管穿过胸壁，空气通过内镜套管进入胸腔，这种方法能很快形成气胸，因为空气通过5mm或10mm的套管比通过气腹针孔快。第二种方法较好，几乎完全取代了第一种方法，因为它快速、简单，同时不容易损伤胸腔脏器。

人类胸腔镜手术使用的单肺通气，在多数复杂的手术时都需要，但是胸腔镜诊断和简单的微创胸外科手术不需要。单肺通气采用选择性的气管插管，该方法使用特殊的双腔支气管内插管或支气管内阻塞，使一侧胸腔的肺完全塌陷[14-17]。该方法的优点是，减少肺容积，同时减少呼吸机偏移引起的组织移动，从而增加观察效果。其优势有利于复杂外科手术的进行。单肺通气有一定的问题和并发症[16,18-20]，其中最重要的就是增加了麻醉的复杂性和难度。选择性气管插管是一个困难且耗时的过程，需要通过支气管镜精确地指导双腔支气管内插管或支气管内阻塞。随着犬、猫胸腔镜手术复杂程度的提高，胸腔镜手术也需要单肺通气，单肺通气也会成为胸腔镜手术常规操作的一部分。

胸腔镜手术很少采用胸腔注气法建立观察空间，常规胸腔镜诊断或者微创胸外科手术不需要也不推荐使用。多数情况下，肺塌陷充分，因而不需要复杂且危险的胸腔充气。偶尔有肺坚实的病例，肺塌陷不充分，只能达到半开气胸时，可能需要充气。研究显示，胸腔充入CO_2达到5mmHg压强时，对心肺功能的副作用最小[21]。需要时可以进行胸腔充气，但是胸腔探查和样品采集很少需要充气。然而，充气需要充气机、二氧化碳和密闭不透气的套管，因而增加了手术的复杂程度，同时危险性也增高，可能会引起充气过度、张力性气胸和严重的心肺功能失调[22]。

第五节　进入胸腔：镜管入口

进入胸腔的入口包括侧面肋间入口、横膈入口即剑状软骨入口和前部即胸前口入口。前两种方法有各自的适应证和优缺点，可根据具体病例进行选择，而没有某个方法优于其他方法。胸前口入口是沿用人类纵隔镜检方法，在小动物胸腔镜检查中的应用受到一定的限制。

一、剑状软骨处镜管入口

选择剑状软骨处入口时（图7-4），患病动物仰卧位保定或使胸骨尖远离外科医生的背侧斜位保定。覆盖创巾的区域是从胸前口到腹前部1/3处和侧胸壁的1/2处的区域。这就显露了剑状软骨入口、侧面肋间手术操作入口和安置胸腔引流管的术部，从而可保证需要时转变成开胸术。

通过触诊剑状软骨与肋弓间的凹陷来定位镜管入口位置。在剑突与肋弓之间向右或向左切开一个短的切口（2~3cm）。用止血钳和钝性分离器直接从皮肤切口处向头、向背部两个方向轻轻地分离，形成进入胸腔的入口。内镜套管采用钝圆的内镜通芯穿入，而不用尖锐的套管针。

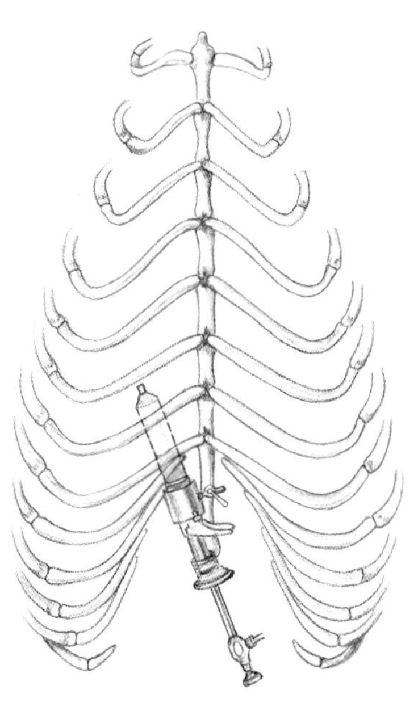

图7-4　剑状软骨入口：患病动物仰卧，内镜入口安置在剑状软骨右侧下凹处，直接进入右侧胸腔

如果使用一次性的胸腔镜套管和套管针装置，在使用前要对着毛巾或者纱布海绵打开顶部装置。这个装置保护套管针的尖端，使它变成了一个钝圆的内镜通芯。套管进入胸腔后，移除套管内通芯，使套管瓣膜保持开放或移除瓣膜，促进空气进入胸腔而形成气胸。该方法不仅可降低器官受损的危险，而且内镜进入的同时还会形成足够用的气胸。

内镜管插入一侧胸腔，腹侧的纵隔将它与对侧胸腔分离开。腹侧的纵隔是挂在胸骨上类似窗帘一样的结构（图7-5）。正常的纵隔是薄而半透明的，其上附有血管，被脂肪包围，这个纵隔可能已经被开窗手术切开了。有时，纵隔是完整的，但不是在正中间，而是偏向安置镜管入孔的那侧胸壁的对侧。如果进入胸腔后没有纵隔，那么检查胸壁，在一边会有脂肪和血管分布，这就是纵隔覆盖着的胸壁（图7-6）。要进入对侧胸腔，需要对纵隔做开窗术或将镜管穿过无血管半透明的纵隔区，形成一个窗孔。在多数患病动物中很容易造个窗孔，不会有器械损坏和流血或者严重的组织创伤。

当纵隔增厚或者其他原因不能穿过时，就需要在纵隔上切孔。进行微创胸外科手术时，如果需要促进对侧胸腔的造影可以切除纵隔。

二、侧面镜管入口

选择侧面镜管入口的位置时，不能选择需要检查的病变部位，也不能选择在需要手术操作的胸部区域，而是在接近要观察的区域。活组织采样或者其他样品采集器械入口能直接安置在病变部位或按三角形分布原理安置手术操作入口。已经有许多关于侧面胸壁镜管入口位置的描述[10,15,17,23-25]。对于某些手术来说入口很好确定，但是多数手术入口位置的选择需要视情况而定。

侧面胸壁镜管入口的安置通常使用钝性分离法。在选择的位置切开皮肤（2~3cm）。用止血钳钝性分离肌肉和筋膜，垂直于胸壁进入胸腔。胸腔镜入口不是像放置胸管那样的斜孔，因为斜孔会阻

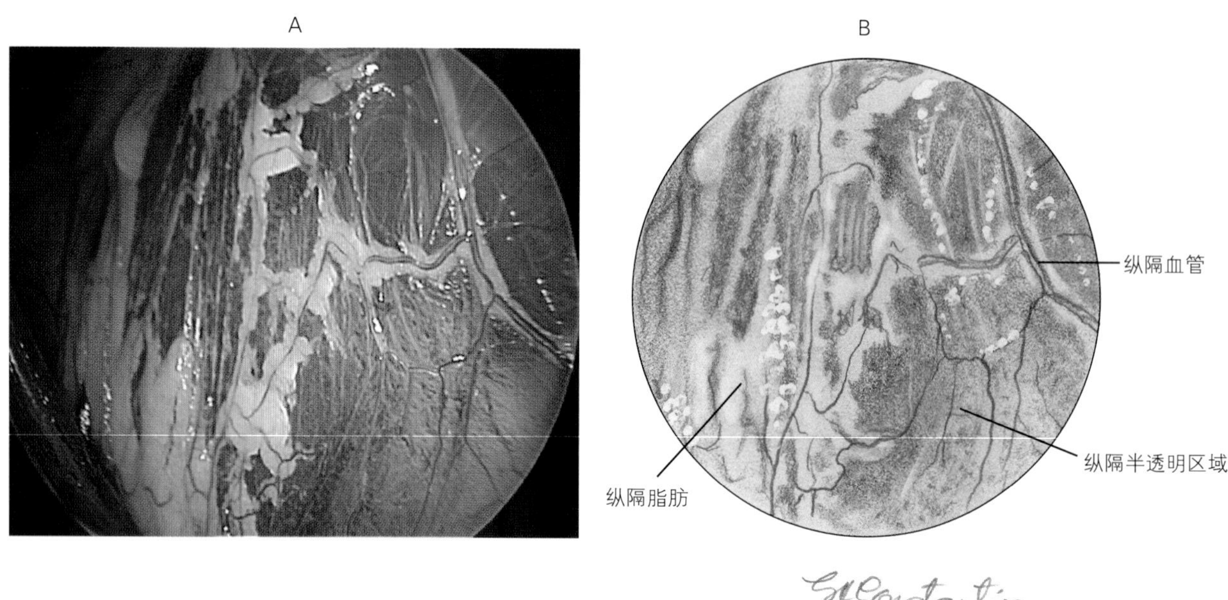

图7–5 腹侧纵隔，看起来像不完整的窗帘，可见脂肪围绕的血管

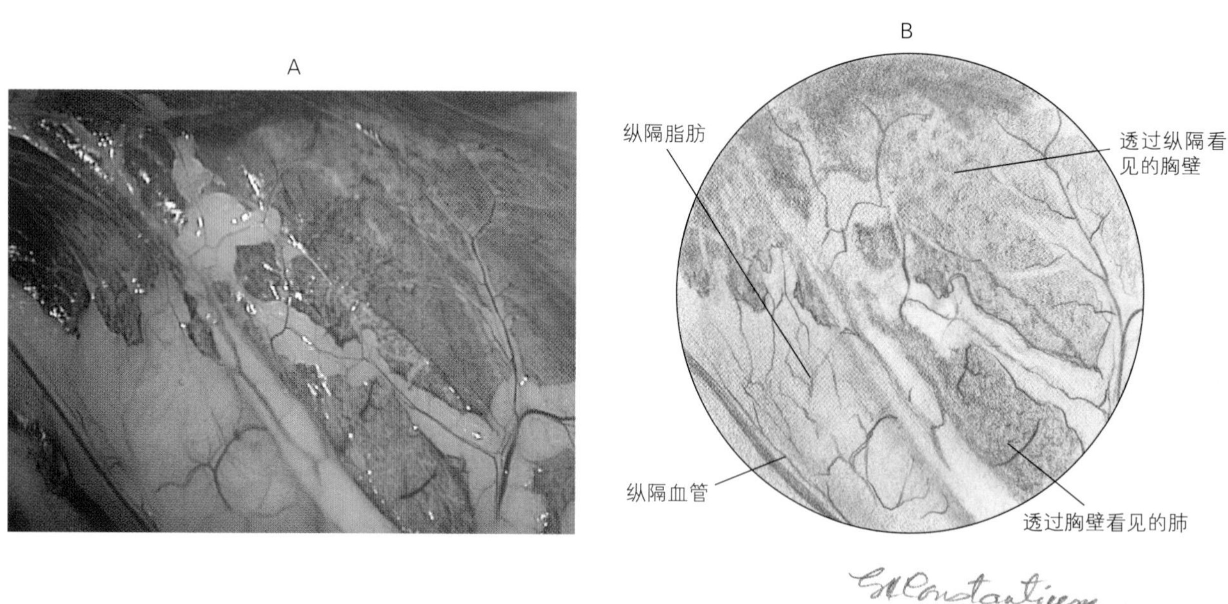

图7–6 完整纵隔：单侧气胸时，纵隔偏离气胸的一侧胸腔，可见血管和脂肪偏离一侧胸壁，在切开纵隔使两侧胸腔气压相同后，能观察到纵隔连接在胸骨上

碍器械活动。套管插入胸腔后，取出套管填充物，形成气胸，同时插入镜管。这是最安全和快速的方法，也是最常用的方法。

气腹针和尖锐套针也可用于安置侧面胸壁镜管入口。在选定的位置将皮肤切开一小口，使用气腹针穿过胸壁，插入胸腔，使空气进入胸腔直到肺充分塌陷。不需要太大气胸，但需要足够的肺塌陷。用尖套管针安置内镜套管时不会损伤肺和其他胸腔脏器。安置胸腔镜套管后，如果需要增加气胸，可以增加进入胸腔的空气。建立足够的气胸后移除气腹针。内镜套管和套管针都通过胸壁的同一切口穿入胸腔。安置套管针必须小心，不能刺入太深，以免损伤胸腔脏器。采用双手的方法，一只手放在胸壁上握住套管，另一只手放在套管的顶端。用上面的手来回旋转套管针，向前移动直到刺入胸壁，使它强行穿过胸壁。如果用力过大，套管针会突然穿透胸壁，当上面的手撞到下面的手时就会停止刺入，这样就降低了损伤胸腔脏器的几率。套管进入胸腔后移去套管针，放入内镜镜管。确定和调节气胸的大小，以提供足够的检查空间。

第六节 进入胸腔：手术操作入口

对所有患病动物安置手术操作入口的方法都一样。方法的选择取决于是否使用套管或套管的型号。选择手术操作入口位置的依据是，能否到达病变部位进行组织处理和采集样品。最简单有效地选择手术操作入口位置的方法是，通过内镜观察触诊胸壁，定位在触诊引起的肋间肌肉的凹陷处。在不同的区域反复触诊，直到找到合适的位置。当只是活检组织或肿瘤时，入口可以直接安置在需要活检的位置上。当需要对组织进行检查、样品采集和微创手术时，所有入口的选择都以三角形测量原则为根据[17]。根据这个原则，所有入口的位置都在病变或手术操作区域的同一侧，入口之间不可太靠近，以免器械相互碰撞，器械能穿过入口达到检查的区域，内镜的视野和器械的操作都集中在病变部位或者相关区域。

安置手术操作入口时可使用套管（也可不使用套管）。如果使用套管，则可用尖锐的套管针或者用钝性分离法开口。采用这3种方法时，都能用内镜观察到胸壁内表面，这样开口可避免损伤胸腔内脏。使用尖锐的套管针套管穿入方法与插入尖锐的内镜套管的方法相同，都需要在入口位置皮肤切开一个小切口。安置钝圆的套管时，在皮肤上切开一个小切口，用止血钳直接分离胸壁形成入口，然后套管穿过该孔进入胸腔。如果不使用套管，则在皮肤上切开一个小切口，直接钝性分离筋膜、肌肉和胸膜，形成一个进入胸腔的小切口，器械穿过该切口进入胸腔。

第七节 闭合入口和处理胸腔

在检查、样品采集或者微创手术完成后，取出器械，闭合切口，肺脏重新扩张。处理胸腔的方法依据病变的程度和手术的复杂程度而定。

首先取出活组织采样和手术操作孔套管，然后分层缝合胸壁切口的筋膜和皮肤。5mm切口需要缝合皮下层和皮肤层，10mm或更大切口则需要缝合筋膜、皮下层和皮肤层。闭合所有切口后必须达到密不漏气。

当只采集液体或者简单的实质组织采样，且没有胸腔积液、漏气、出血迹象时，可以通过摄像入口抽空胸腔，直到内镜观察到肺脏充分扩张。当用间断性加压呼吸重新扩张肺脏时，内镜能观察到。肺充分扩张后移除内镜和套管，闭合切口。使用带瓣膜和垫圈的密闭不漏气的内镜套管有利于操作。

第二个方法是在内镜套管中安置胸腔导管。采用这种方法时，胸腔导管穿过内镜套管进入胸腔，然后移除套管留下导管，使用这种方法时切口多层复杂的组织能紧密的包围着导管。通过密闭抽吸引流，直到导管中没有空气或者液体吸出为止。当疾病部位有少量液体渗出或者少量出血或漏气的可能性时，可采用这种方法处理。使用该方法时，应在麻醉苏醒时，且在移除气管插管前或同时，移除胸腔导管。剑状软骨处入口最适合采用这种方法，在心包开窗手术，后胸导管保留时间长达24h。

在治疗严重的胸腔疾病时，由复杂的手术或者疾病本身引起胸腔积液、出血、漏气的可能性增加，所以需要安置一个标准的胸腔导管，它的安置方法与开放性开胸手术中安置胸腔导管一样。为做到导管周围密闭不漏气，胸腔导管采用标准的皮下胸导管安置技术，而不是通过手术入口安置。

无论采用哪一种方法，都建议在胸腔导管移除前做术后胸部X线检查，如果没有安置胸导管，术后应立即检查。

对患病动物采用间断性正压呼吸，直到患肺完全恢复或患病动物情况稳定。这时患病动物转变成自发性的呼吸。对患病动物的监护应一直持续到麻醉苏醒和情况稳定。胸腔镜手术是微创手术，虽然它的损伤远小于传统外科手术，麻醉、手术时间也比传统外科手术短，但是同样需要进入胸腔，造成肺塌陷和心肺功能失调。全面的患病动物监测和支持治疗是显示胸腔镜优于传统外科手术所必需的。

第八节　术后恢复

微创胸外科手术的术后恢复远远快于传统开胸术。在手术几小时后，患病动物即可完全恢复，没有疼痛，行动起来就像什么也没发生过一样。所需要镇痛处理和药品以及治疗的持续时间都远短于传统开放性胸外科手术。患病动物术后住院治疗的时间一般取决于疾病和麻醉的恢复，而传统胸外科手术多取决于手术本身。很多患病动物做过微创手术后当天或者第二天就能出院，很少需要长期住院治疗。

第九节　胸腔镜影像

内镜高强度的光传输所提供的高效照明和放大效果不仅使胸腔镜对胸内结构和病变的观察效果远优于传统开放手术，同时还能使镜管达到传统手术不能触及的区域。侧卧保定以及侧位安置镜管能观察一侧胸腔，但不能观察对侧胸腔。腹侧剑状软骨处入口安置镜管能够检查左右两侧胸腔，但不能检查腹侧结构。

胸腔镜能观察到胸壁结构，可清楚地界定肋骨内部表面、肌肉、血管和神经（图7–7）。能观察肺大部分表面（图7–8）。用探针、组织钳或者牵引器移开肺组织可以检查肺下和肺叶间隙。

借助内镜的放大效果，仔细观察肺表面，可看见表面的肺泡（图7–9）。可以观察到膈的胸腔面表面，同时能看见肌纤维（图7–10）和膈肋窦（图7–11）。

用内镜很容易观察到胸膜脏层和壁层表面的大部分区域。正常胸膜光滑而有光泽，没有明显的混浊感。正常的心包是半透明的，透过心包可模糊地看到心脏的细微结构，但是能清楚地看见心脏的运动和特征性的结构（图7–12）。

能观察到横过心包表面的膈神经（图7–13），能向胸椎的背外侧面找到交感神经干。能观察到肺门结构，包括肺动脉和静脉（图7–8和图7–13）、初级支气管和肺门淋巴结。纵隔前部的血管、胸腺、气管、淋巴结和淋巴管都能被找到和被确定（图7–14）。能观察到胸骨淋巴结（图7–15），可采取其活组织样或切除。在胸腔后部右侧可以看到后腔静脉和食管，在左侧可看到主动脉（图7–16）[26]。能观察到胸导管，其胸腔后背侧胸壁，沿纵隔壁向前延伸（图7–17）。

第十节　胸腔病理学

胸腔镜检查可查出的犬、猫疾病包括：原发性和转移性肿瘤、纵隔和肺门淋巴结肿大、心包积液和

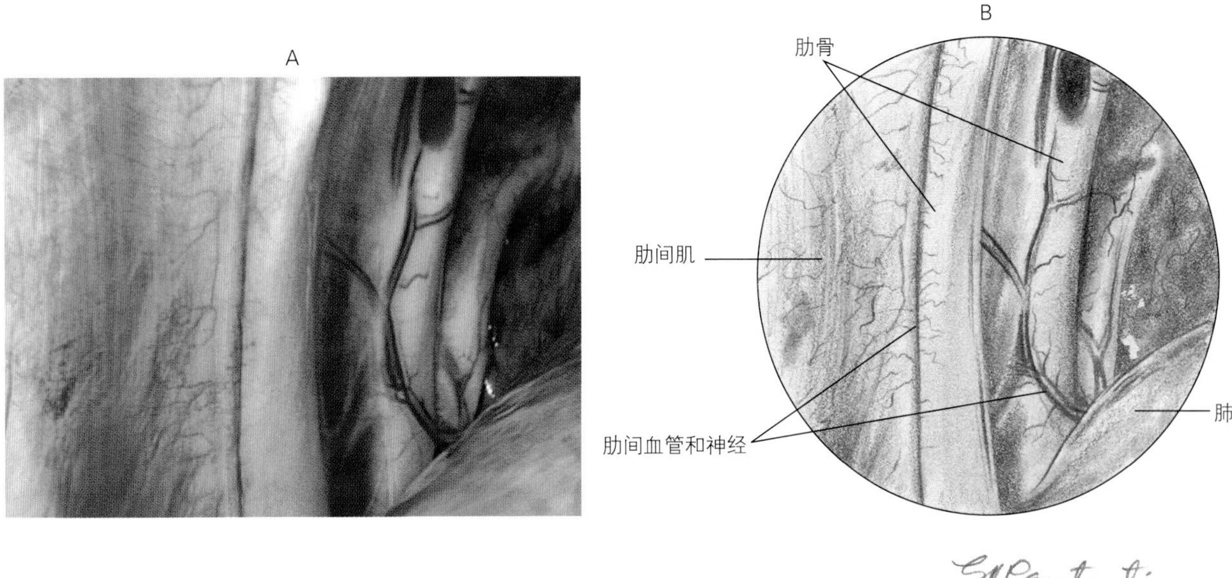

图7–7　正常胸壁结构：可见透明胸膜层下的肋间肌、肋骨、肋间血管和肋间神经

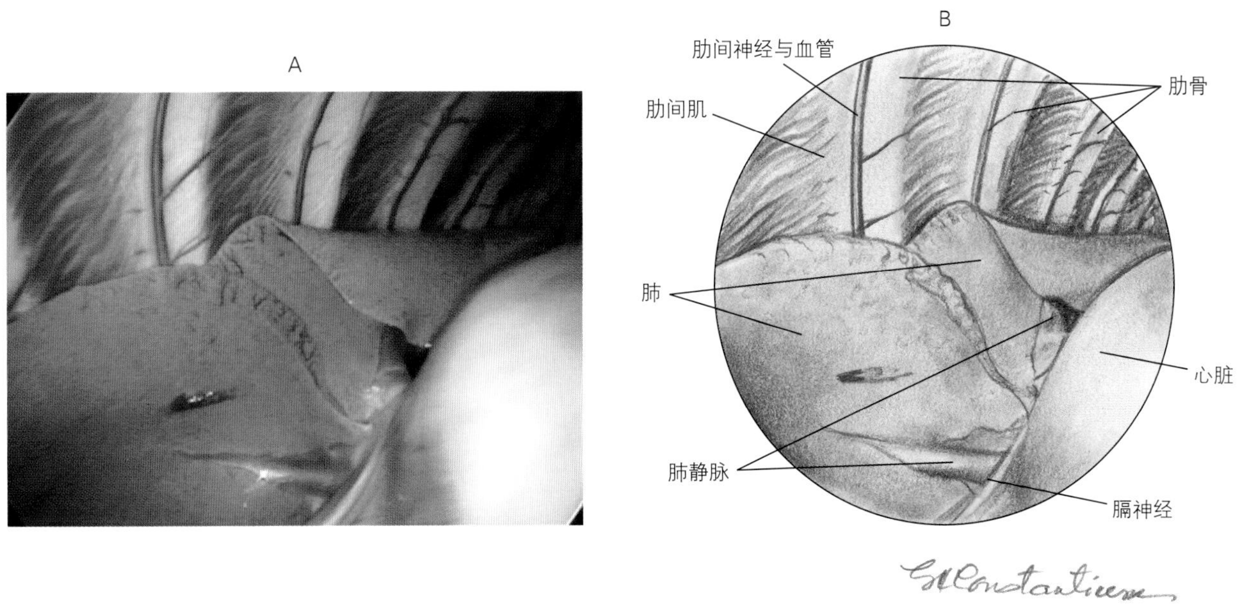

图7–8　胸腔镜能检查多数肺叶表面，大面积的肺表面检查时可通过改变患病动物体位、病变显露方法、内镜入口的位置、手术操作入口的位置和操作技巧来进行多重复合检查

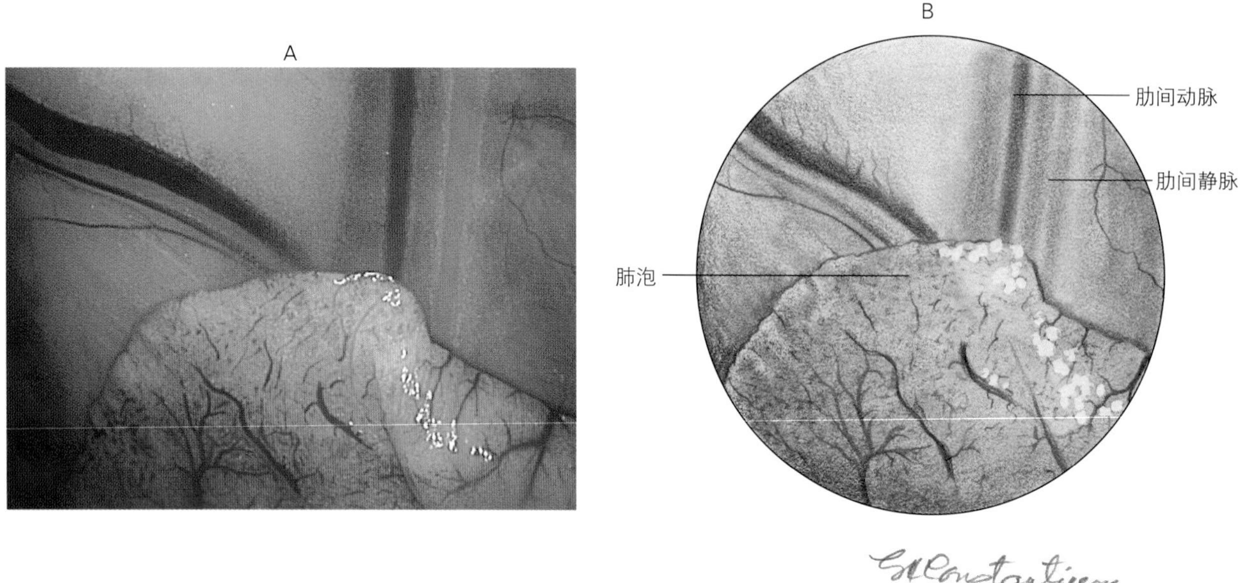

图7-9 肺表面肺泡的特写镜头：内镜和摄像系统的放大功能使肺泡清晰可见

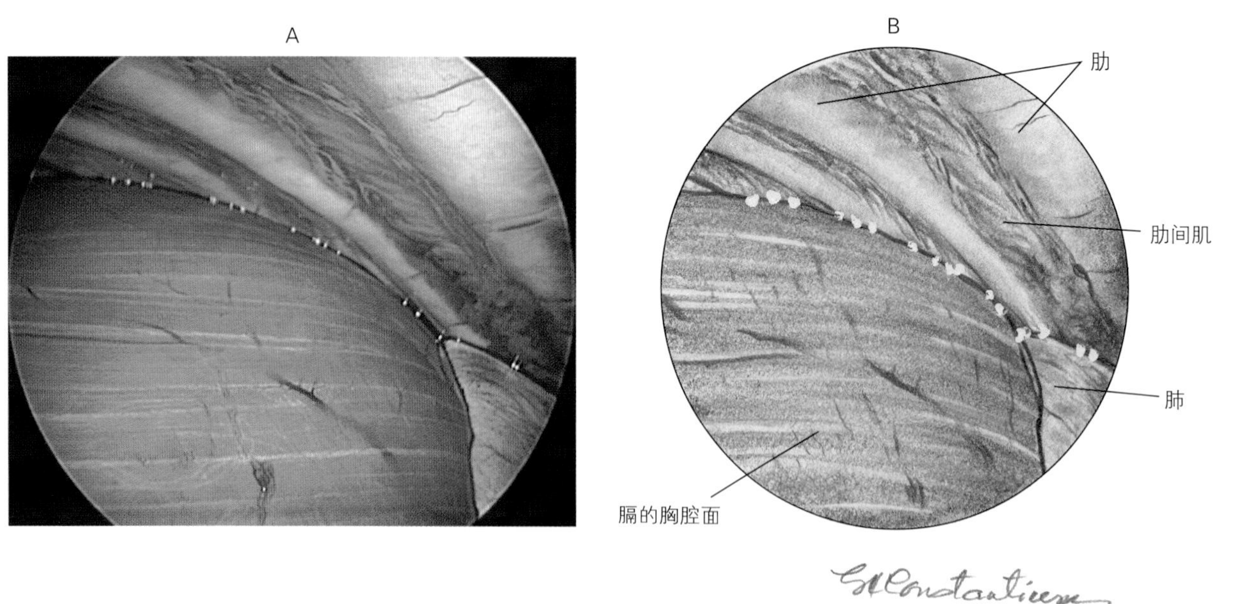

图7-10 膈的胸腔面

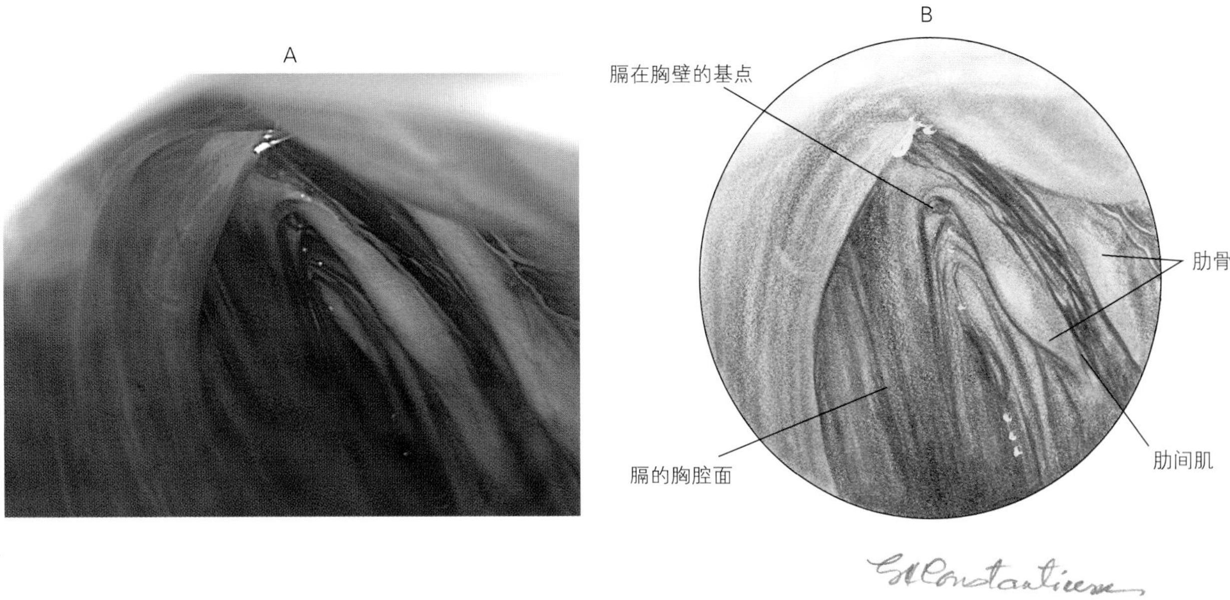

图7–11　膈肋窦

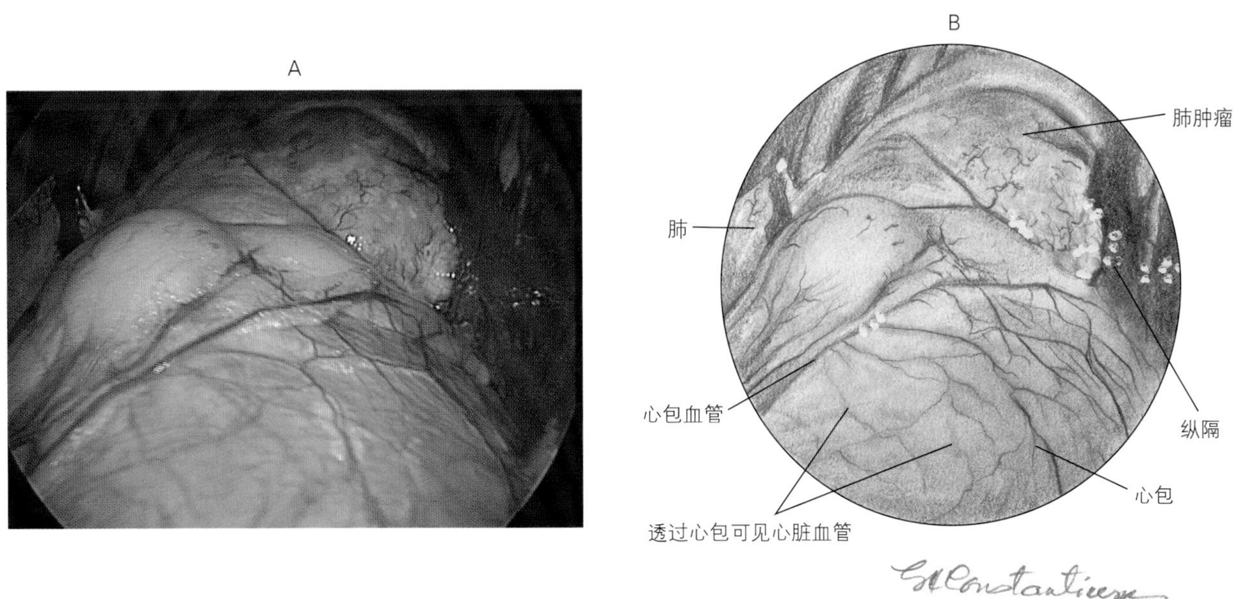

图7–12　正常心包光滑透明，能观察到心脏运动，但是在该图片中看见的心脏模糊不清。左上角的肿块是一个原发性的肺肿瘤

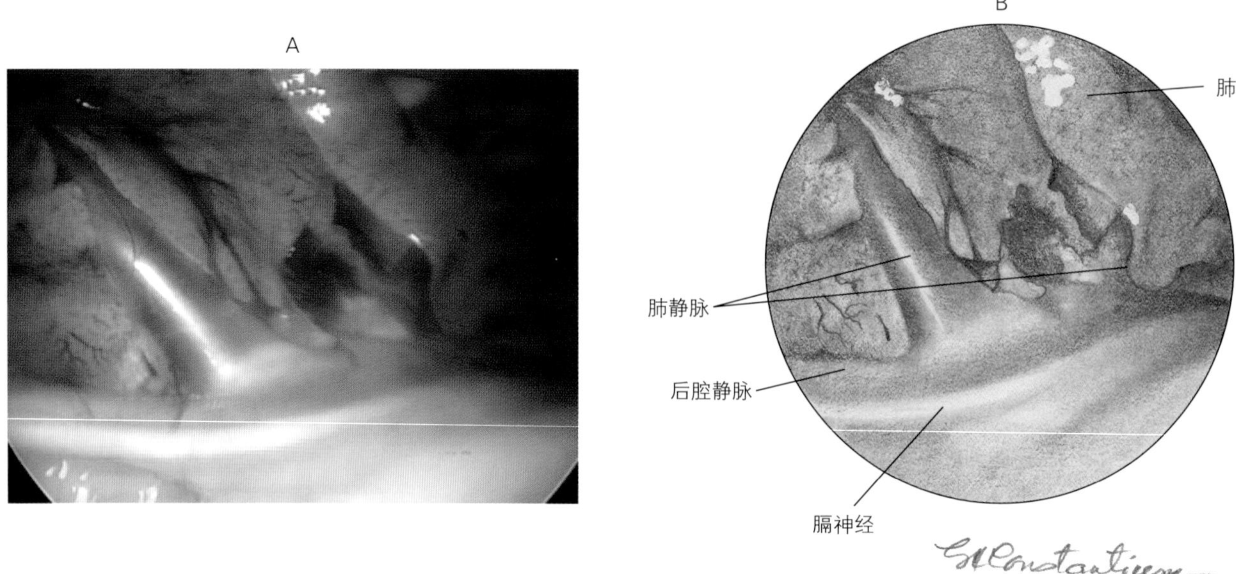

图7–13 用胸腔镜观察肺门结构

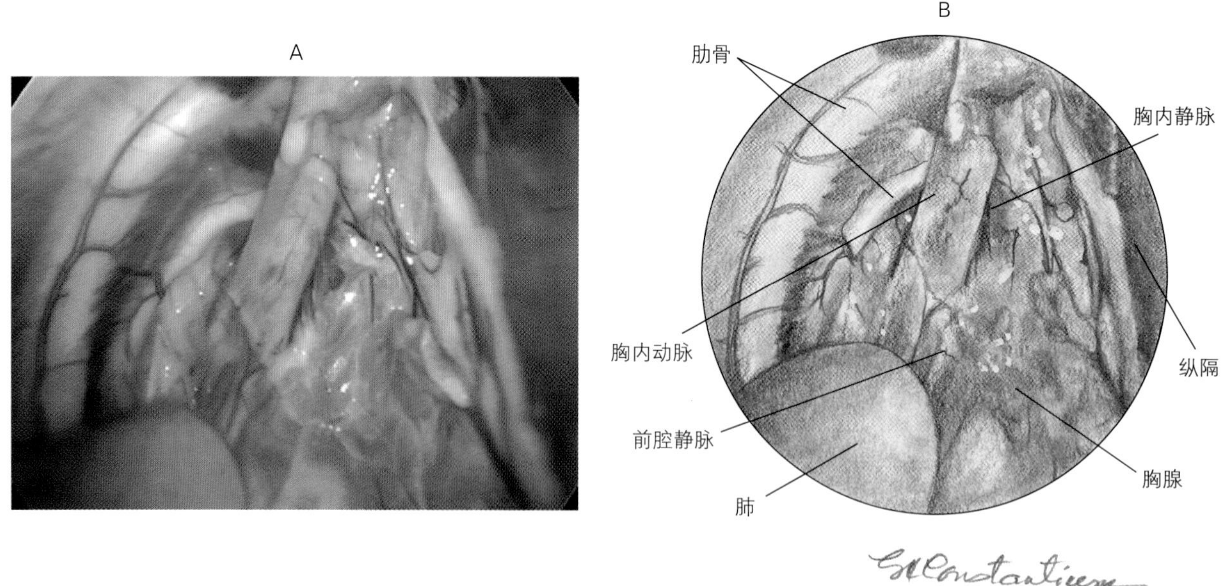

图7–14 幼犬正常纵隔前部

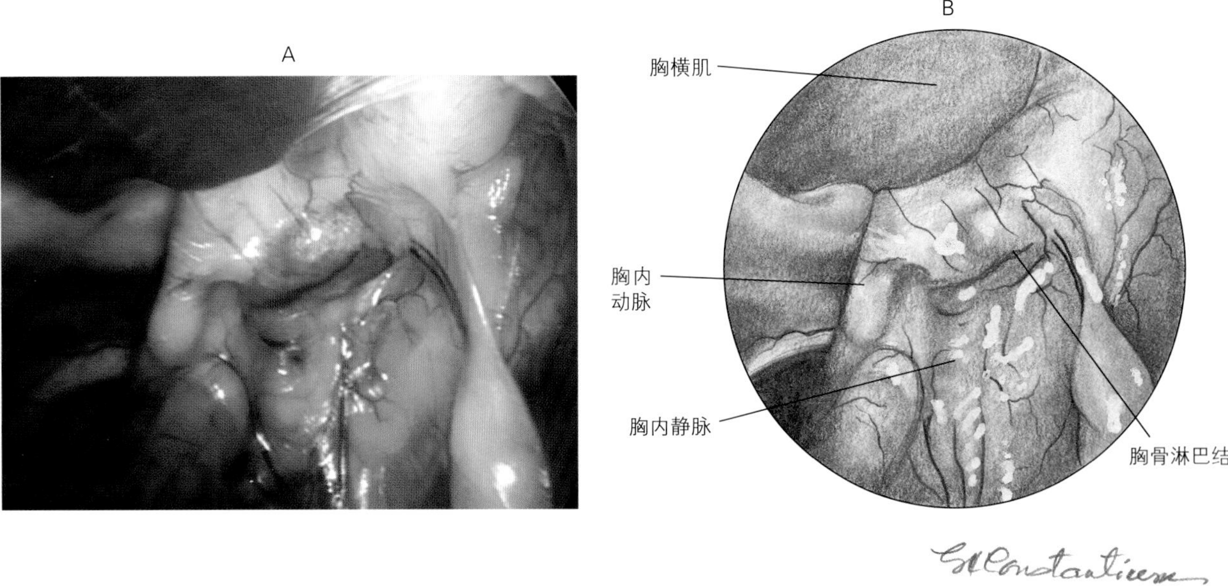

图7–15　正常胸骨淋巴结

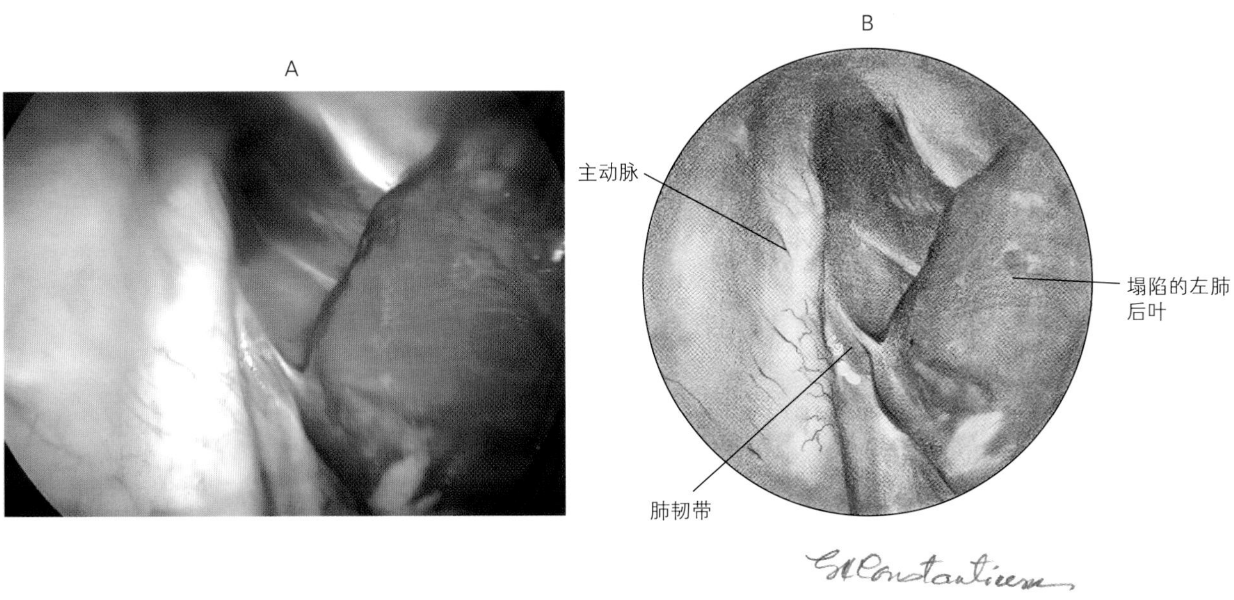

图7–16　主动脉、左肺后叶和左后胸腔肺韧带

心包炎、破裂和完整肺大疱、转移性异物、肺裂伤和挫伤、胸导管病变、胸膜炎症和肿瘤、膈疝等。

在严重胸腔或者心包积液的病例，积液过多可能导致麻醉时引起心肺功能失调，应该在麻醉诱导之前尽力排除积液。如果不能在胸腔镜检查前排尽所有胸腔积液，在做好镜管入口后，将吸液管穿过内镜套管或者手术操作入口进入胸腔，吸出积液。如果残留了足够多的心包积液，可在内镜的指导下，用气腹针穿入心包，排除积液。可采集胸腔或心包积液样品做液体分析、细胞学检查、细菌或真菌培养。

细针抽吸能采集实质性病变的病料用于细胞学检查。从实质肿块、肺淋巴结或者肺组织上采集病理组织学检查的活组织样品。采集样品时，使用内镜活检钳、内镜手术器械、常规样品采集器械。实切式活检针适用于从肺、纵隔或肺门大肿块上采集活组织检查样品，但是用于采集小肿块的样品时，有穿入深部组织的危险。常规皮下长注射针、脊髓穿刺针或门吉尼（Menghini）针可用于液体样品采集和细针穿刺。

一、肿瘤

胸腔内肿瘤的诊断、分期和可治愈性的确定主要依靠内镜检查[1,9,27,28]。胸腔镜检查可直接看到肺部大块阴影（图7-18）和肺表面的小肿块（图7-19），且可通过肺表面的变化定位肺深部肿块。肺肿瘤外观与小结节（图7-19至图7-21）和不同颜色的大肿块（图7-18和图7-22）不同。当肺内肿瘤较小以及位置较深时，影响对其观察或样品采集。可以看见纵隔上的肿瘤，比如胸膜表面的小肿瘤（图7-23）、可手术治疗的单个大肿瘤（图7-24）或充满局部胸腔的多个不可手术的肿瘤（图7-25）。胸腔内肿瘤的外观、数量、大小和病变的位置变化各异。胸腔镜检查能比其他方法更好地检查胸膜病变，因为内镜具有放大作用，能看见小的分散的胸膜（图7-26）和心包斑块（图7-27）或结节，同时能对损伤部位精确采样，从而极大地提高诊断的准确性。

二、气胸

胸腔镜手术能有效地诊断和治疗原发性气胸以及由创伤或异物迁移继发的气胸[12, 28]。在小动物医学中，气胸常由创伤继发，多数病例不需要药物或手术治疗就能恢复。对一些由创伤所致的广泛或永久性漏气的患病动物需要安置胸膜引流管或手术治疗。许多需要手术治疗的患病动物都能用胸腔镜检查和微创手术治疗，以避免开胸术造成的创伤。

破裂性肺大疱是自发性气胸最常见的病因（图7-28）。体内异物迁移引起漏气也常常导致自发性气胸（图7-29）。处理自发性气胸的难点是在手术前非侵入性地确定漏气的位置。用胸腔镜检查能有效的找到病因和漏气的位置，且造成的损伤最小。对经胸腔导液管连续或间断抽吸保守疗法无效的病例，需要进行手术治疗。因为腹侧手术切口比侧面手术开口难完成肺叶切除术。

所以在手术前需要确定涉及手术的一侧胸腔，而进行单侧手术。用胸腔镜检查能看见漏气的位置，因此能确定手术涉及的一侧胸腔，有利于计划手术。肺大疱形成后，可发生肺变性和单位点或多位点漏气。单位点漏气时，通过手术切除制止漏气，可极大地降低疾病的复发率。当多个肺叶多位点漏气时，开胸手术可能暂时控制病情，但不能很好地控制疾病的复发率。采用开胸手术治疗这些病例时，其治疗效果值得怀疑。肺大疱的结构突显于肺表面，如大小可变的、充满气体的（图7-28和图7-30）或塌陷的（图7-28）肺大疱。破裂漏气的肺大疱可充满（或未充满）气体，它对于精确地定位漏气位置非常重要。用生理盐水灌满该区域，能观察到漏气的位置，有利于损伤的定位（图7-31）。

异物从肺穿透到胸腔是引起自发性气胸的另一个少见的病因，用胸腔镜检查可确定其位置（图7-29）并可将异物取出（图7-32）。体内异物刺入点周围组织的粘连、渗出和发炎可增加检查难度。采用微创手术可结扎漏气点或切除相关的肺叶组织。

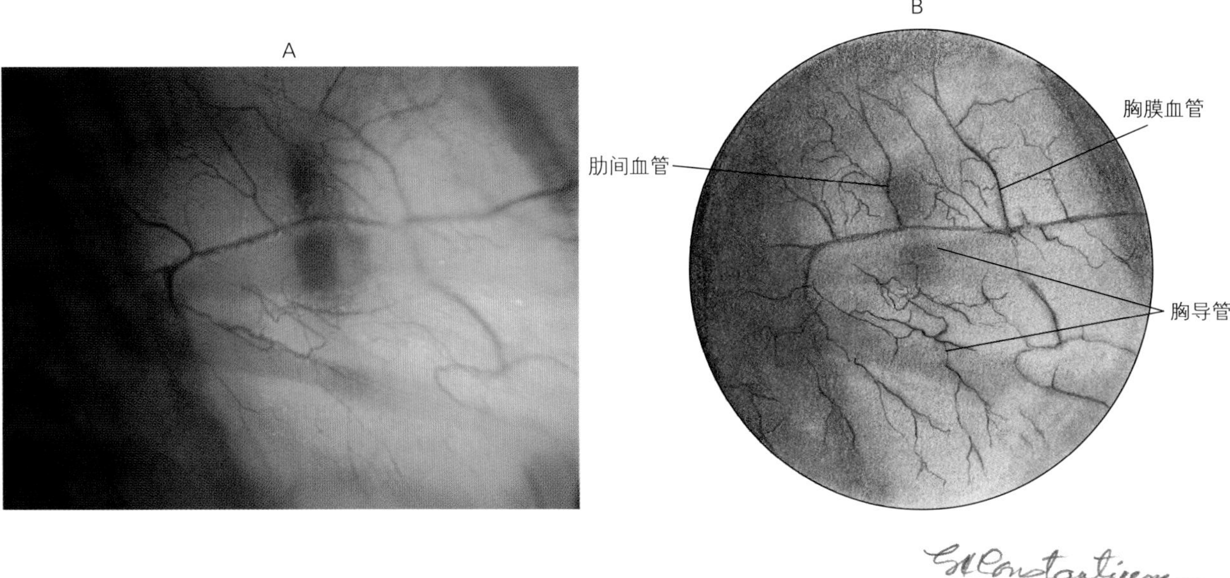

图7-17　猫胸导管特写镜头

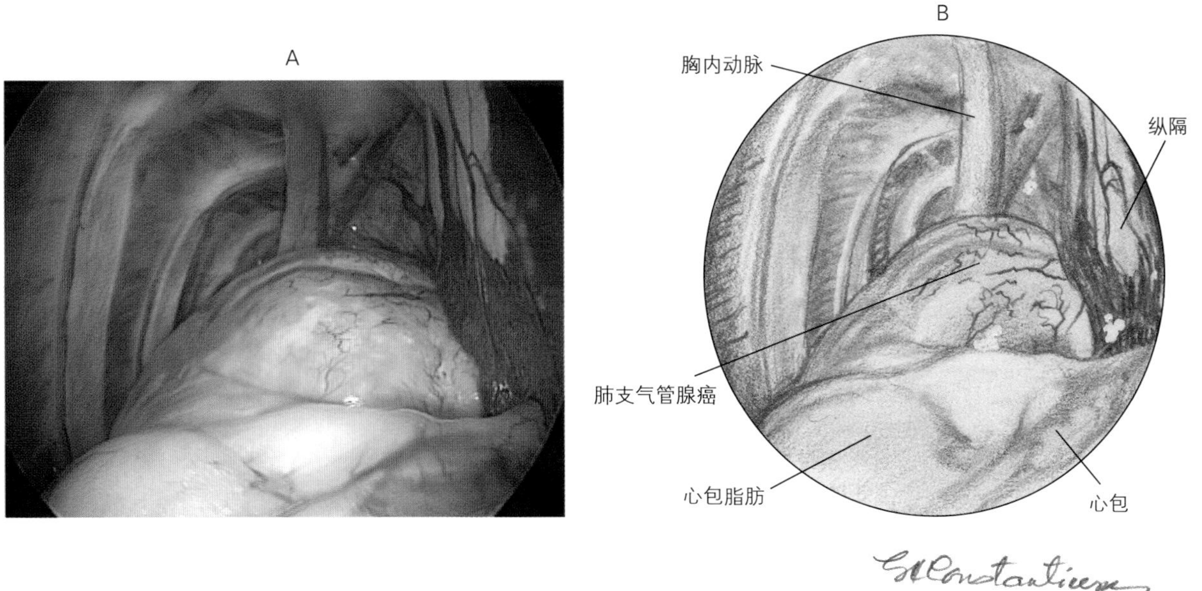

图7-18　犬右前叶的原发性肺支气管腺癌

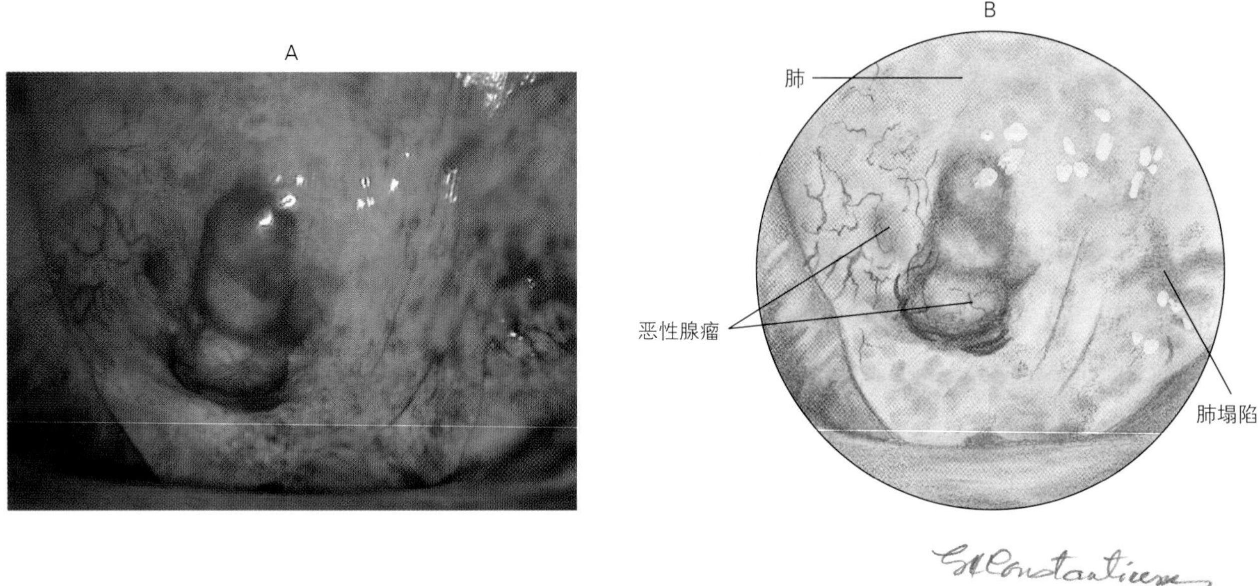

图7–19 用探针提起一只犬的肺，在右前叶表面的可看到一个小的来源不明的恶性腺瘤

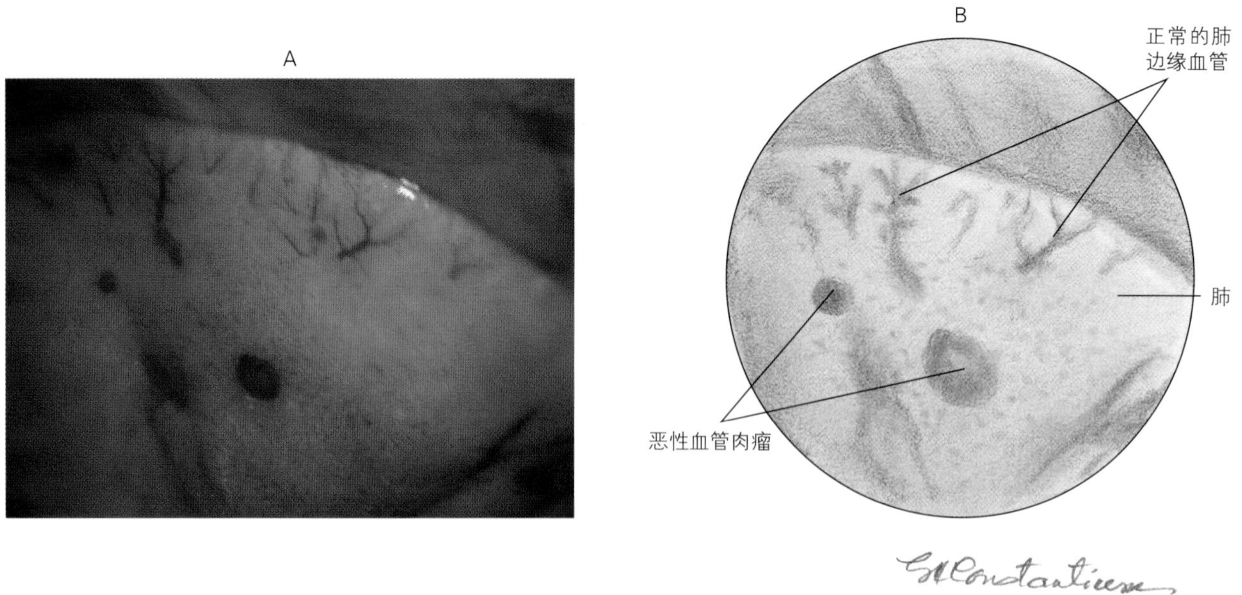

图7–20 犬大范围弥散性的恶性小血管肉瘤

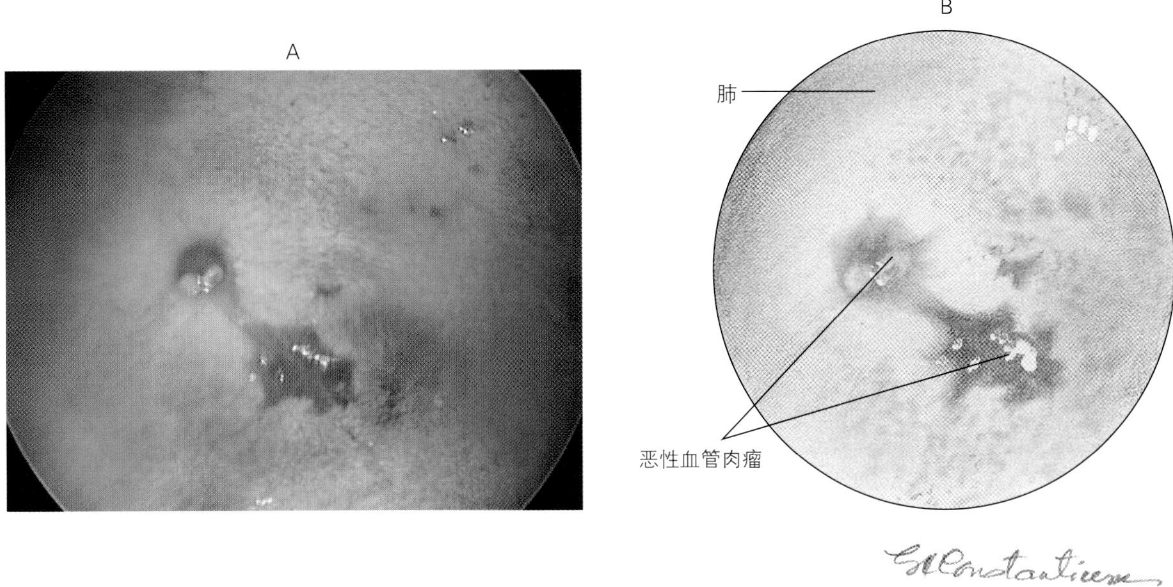

图7-21　一只犬的恶性肺血管小肉瘤，该犬患有原发性脾血管肉瘤，并引起了心包和胸腔积液

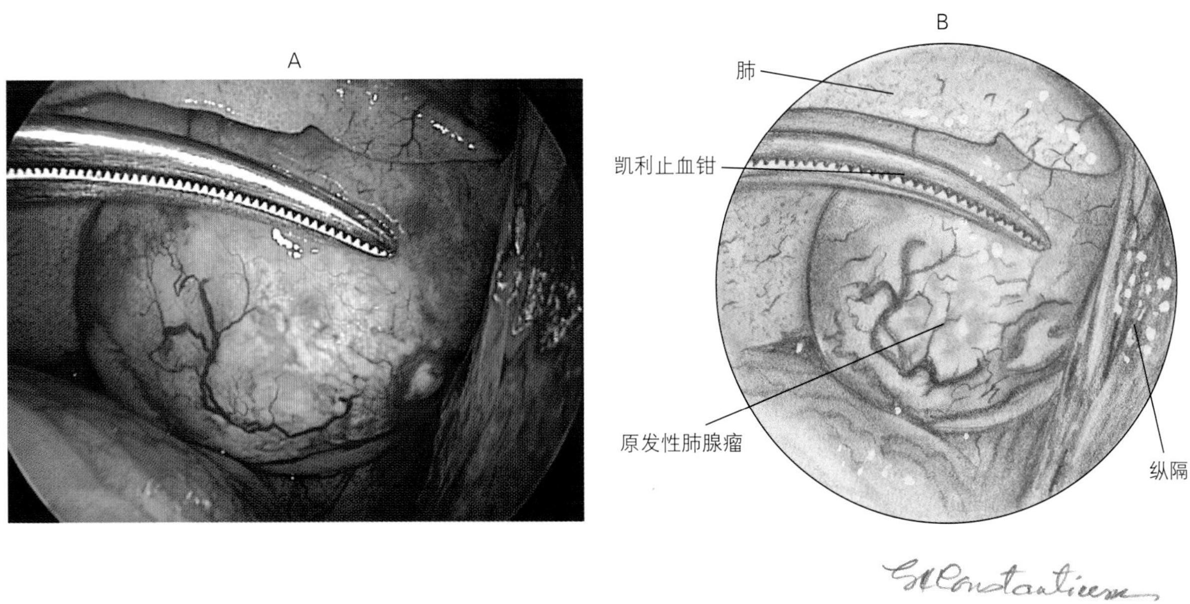

图7-22　犬的多色乳头状的原发性肺腺瘤

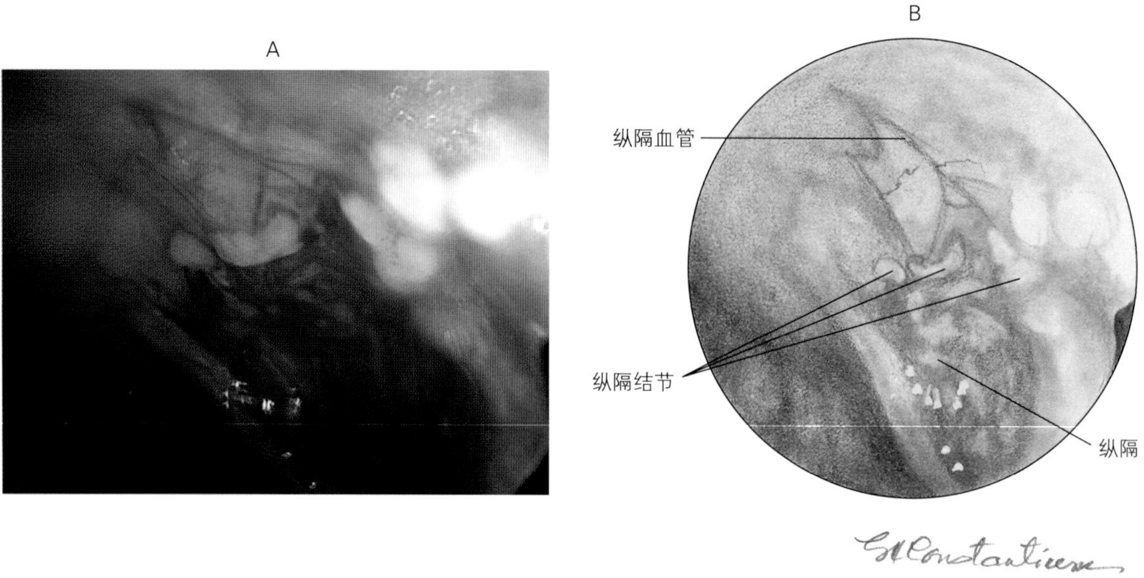

图7–23 犬腹侧复杂的纵隔结节瘤，类似的病变广泛的散布在胸膜表面，组织病理检查显示为间皮瘤

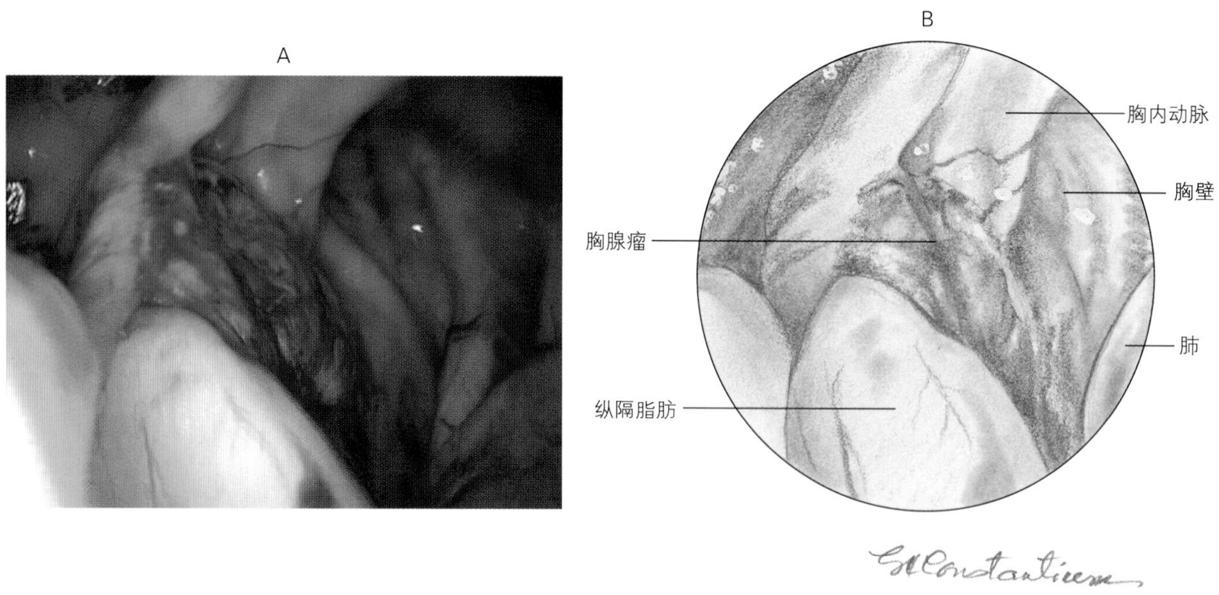

图7–24 犬的前纵隔团块，活检结果显示团块是胸腺瘤

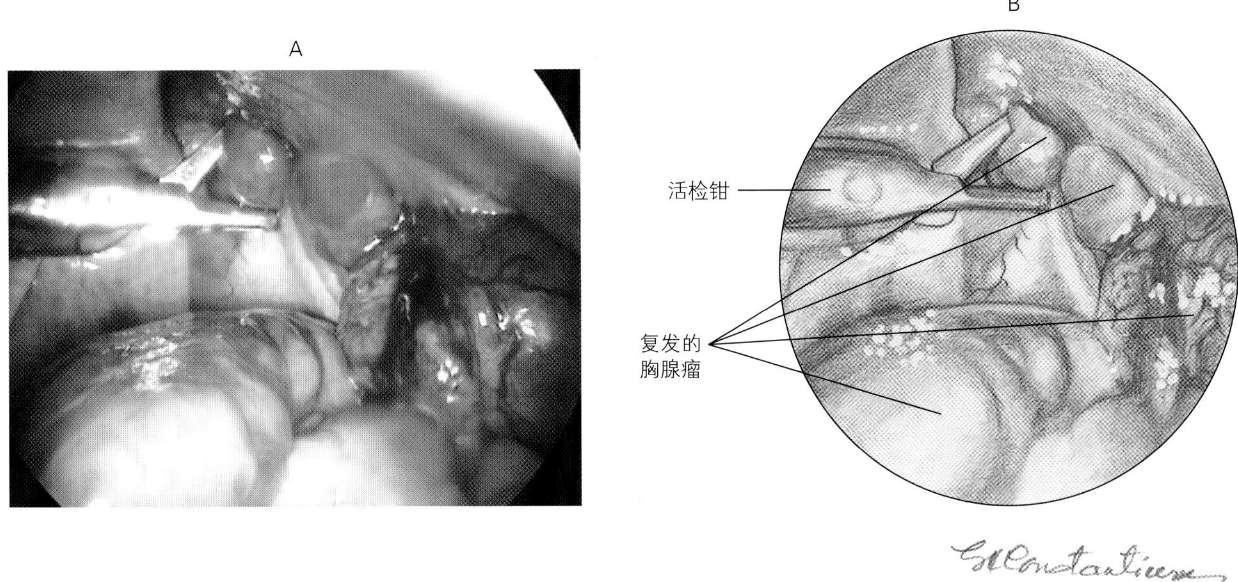

图7-25　犬多发性前纵隔团块，该犬在5个月前做过开放性开胸术切除胸腺瘤，现已再次复发

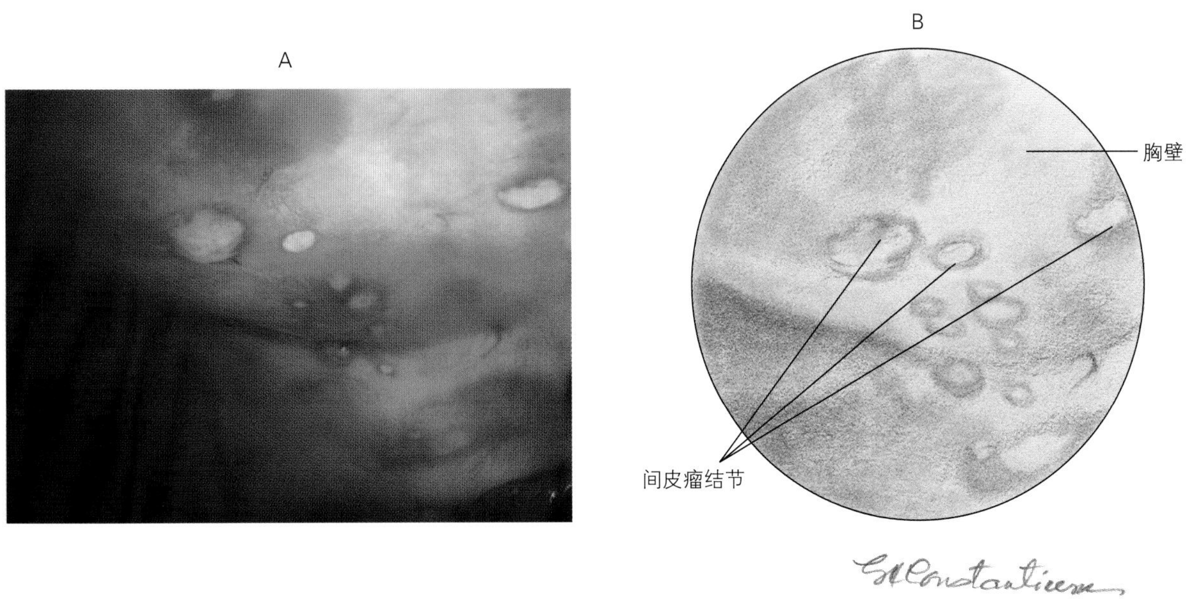

图7-26　犬的多发性结节，该犬患有间皮瘤，并引起了胸腔积液

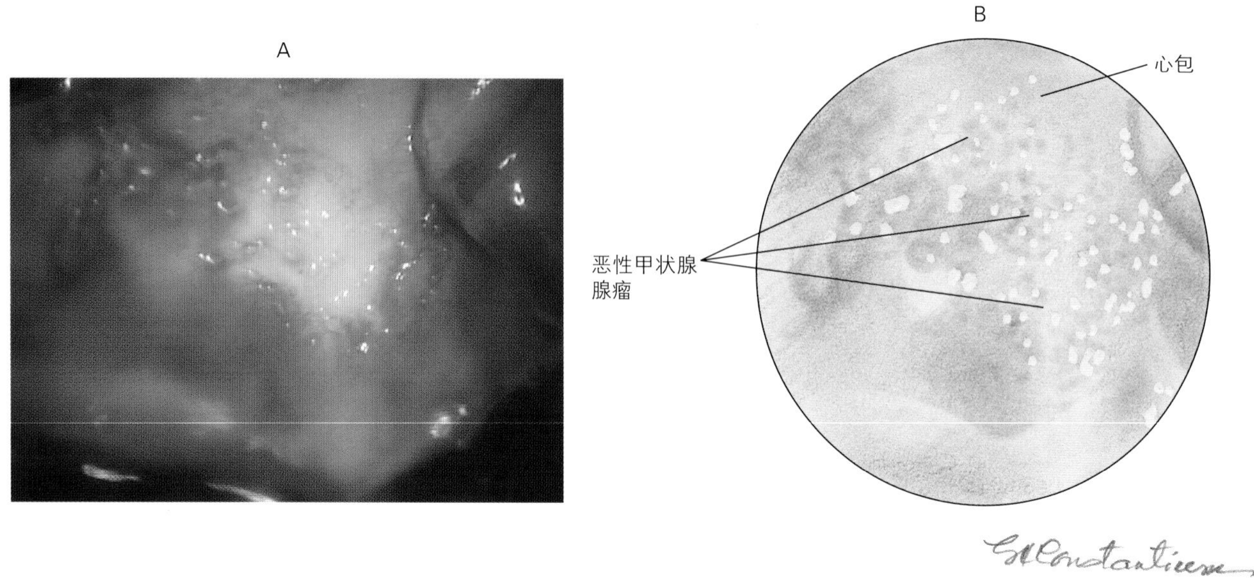

图7-27 犬心包深部多发性结节，该犬伴有积液。活检显示这些结节是恶性的甲状腺瘤

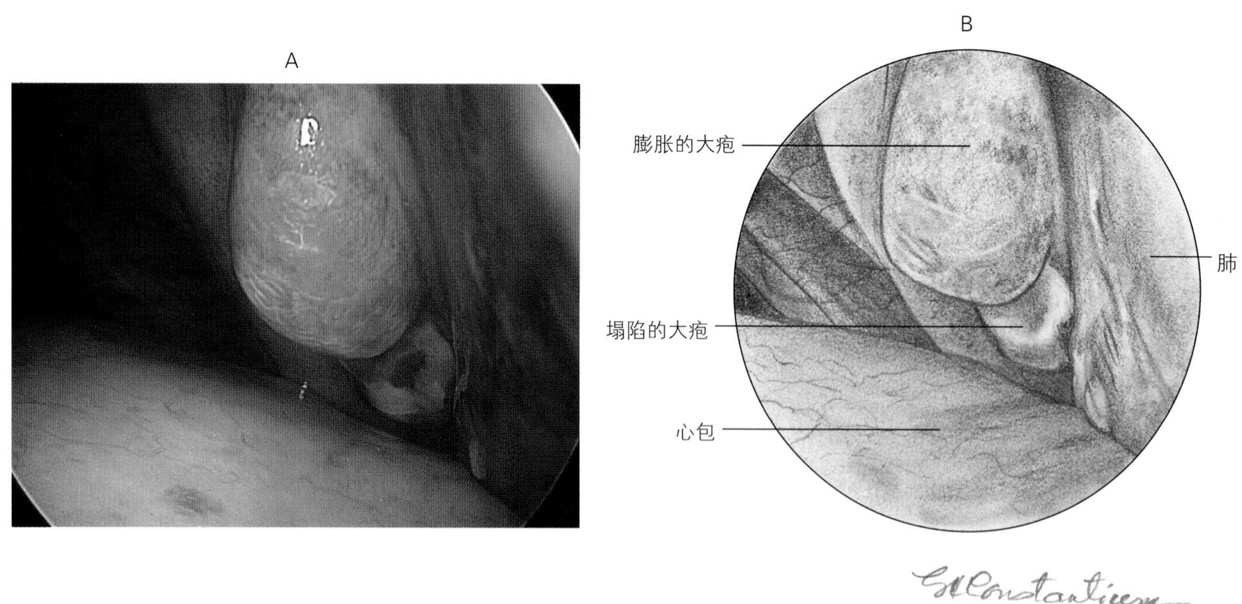

图7-28 自发性气胸患犬的左前叶内表面的气肿性大疱。这个膨胀的大疱不是漏气活跃的部位，漏气活跃的部位是更远处塌陷的大疱

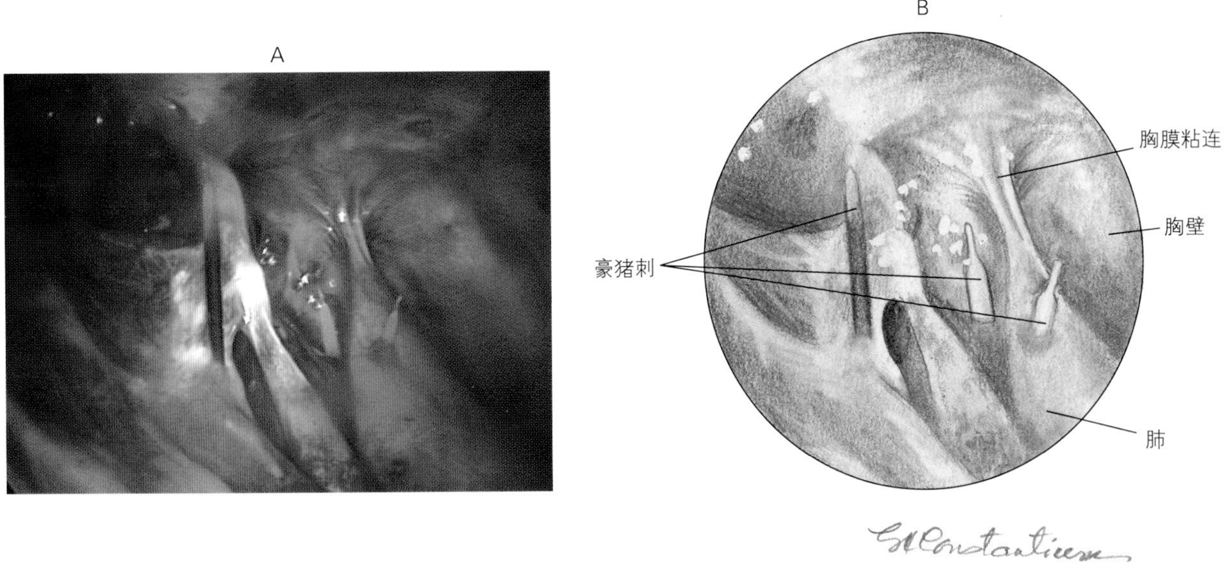

图7-29 气胸和胸腔积液患犬胸腔内的豪猪刺

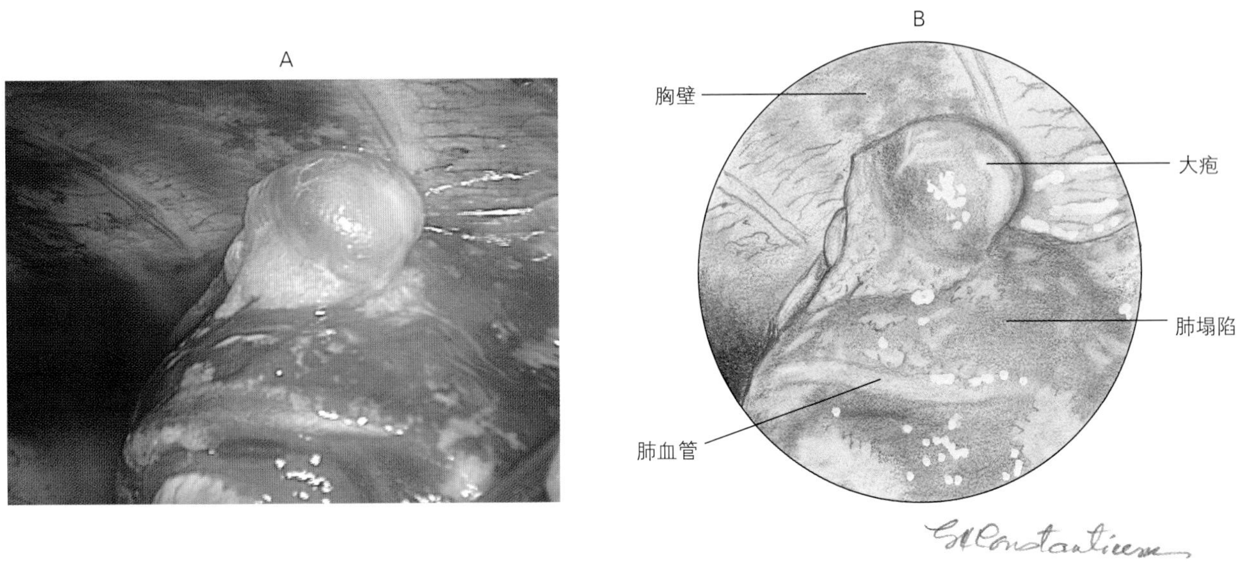

图7-30 永性气胸患犬的左前叶背面的气肿性大疱。前叶肺尖收缩使肺叶背侧面的病变显露

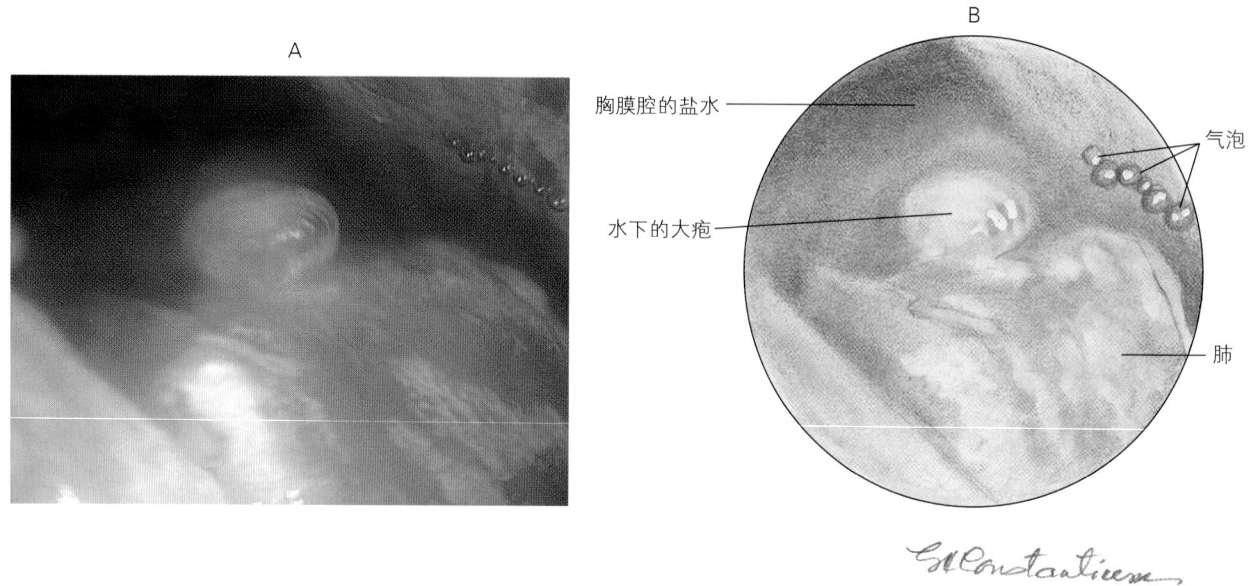

图7-31 对图7-30的犬胸膜腔注入生理盐水，寻找左前叶大疱的漏气处

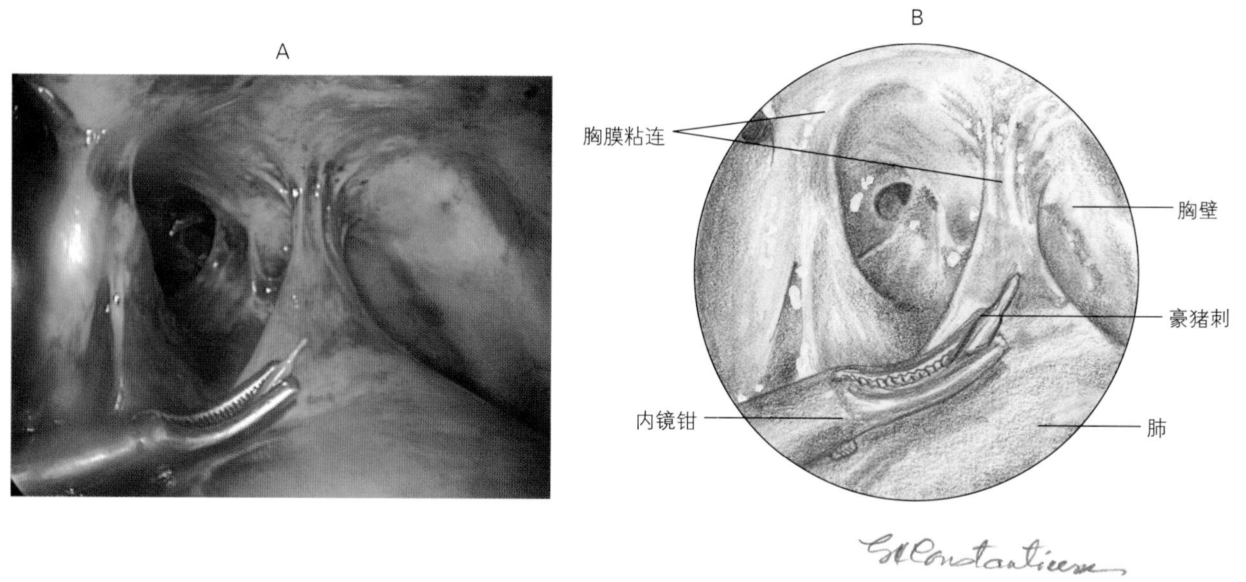

图7-32 取出图7-29犬肺的豪猪刺，使用微创手术取出了40多根刺

三、肺门淋巴结肿大

胸腔镜检查时，使局部肺塌陷，可在肺叶之间看到肿大的肺门淋巴结（图7-33）。这些淋巴结的外观形状不同，肿大或新生物形成。淋巴结肿大时可采集其组织样品（图7-34），也可采用微创手术摘除淋巴结。

四、胸腔积液

胸腔镜检查最早的适应证是胸腔积液[1]。应用胸腔镜技术可采集液体样品，用于细胞学检查、液体分析和病原体培养。胸腔镜还能检查并选择性地活检胸膜病变，从而诊断或排除肿瘤（图7-23，图7-35和图7-36）。胸腔镜诊断因肿瘤继发的胸

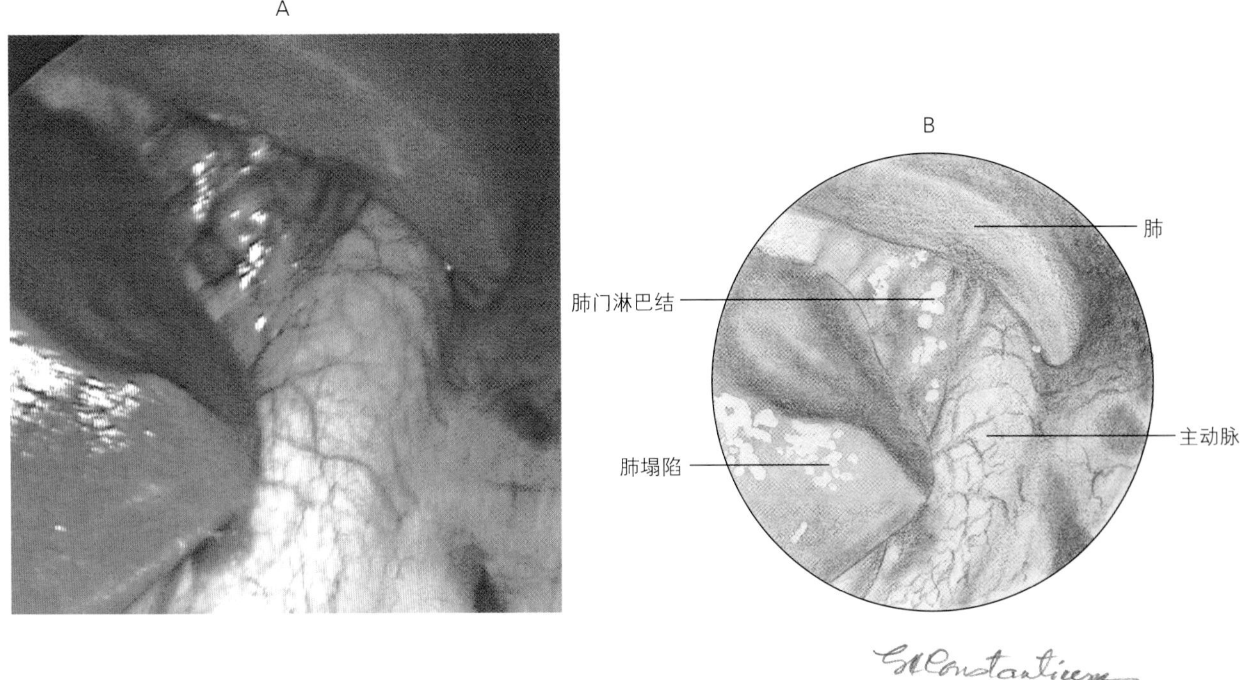

图7-33　犬增大的肺门淋巴结

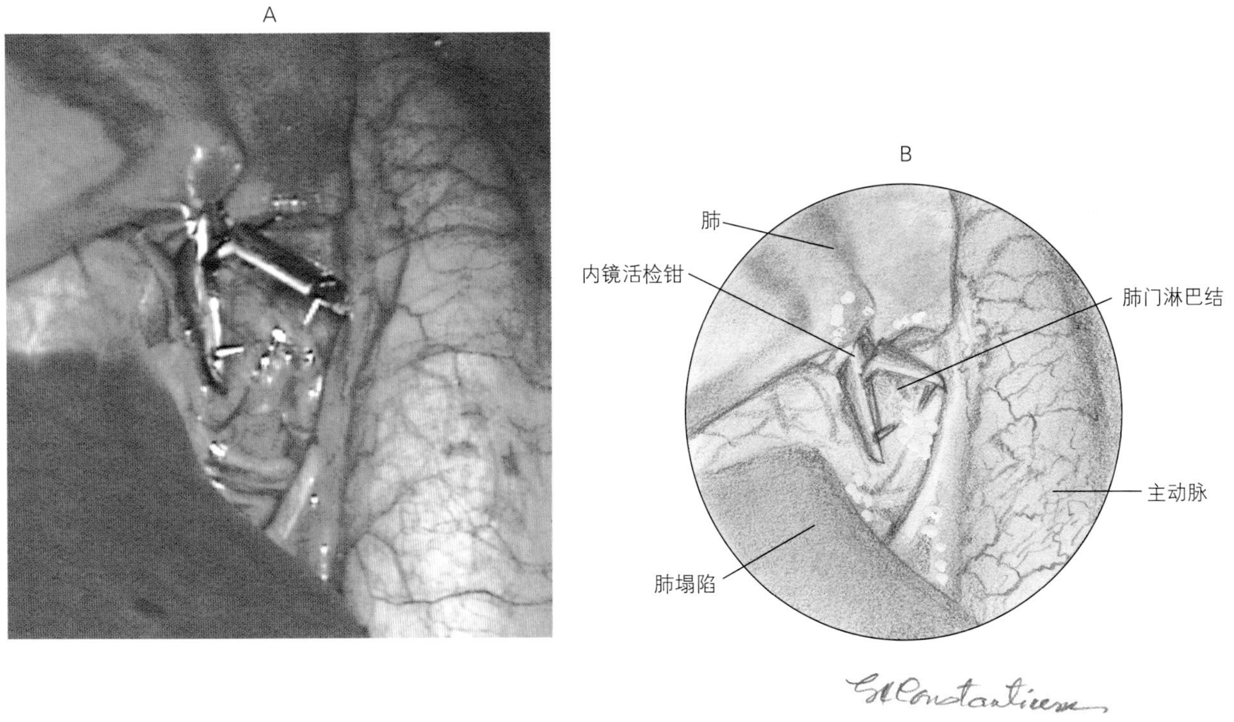

图7-34　采集图7-33病例的肺门淋巴结活检样品

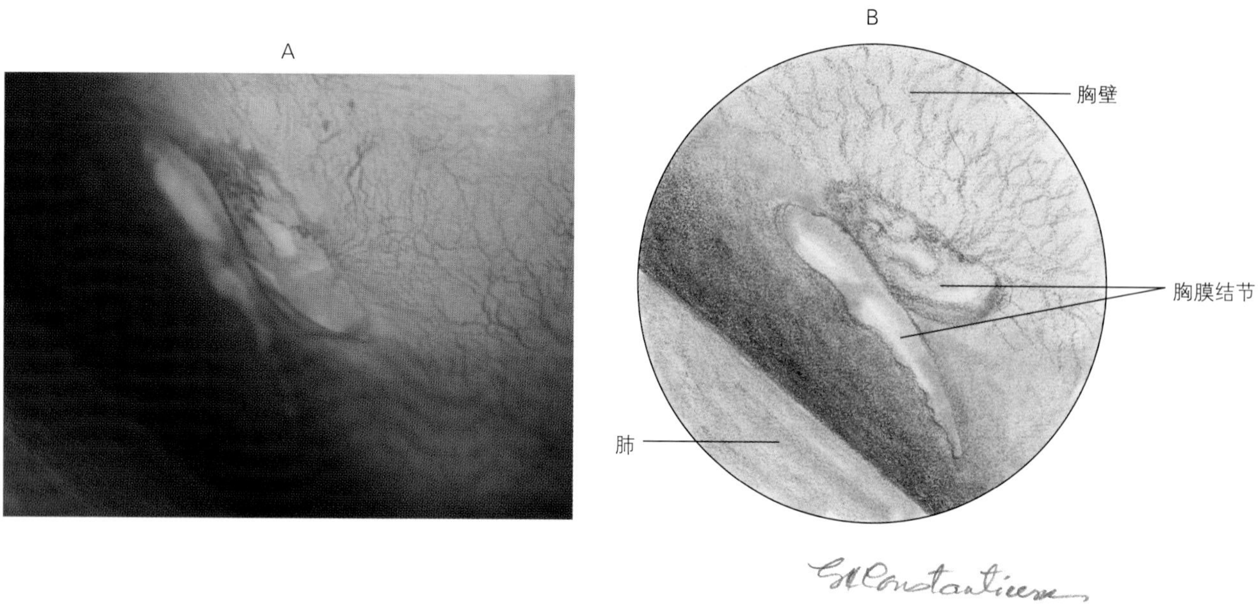

图7-35　心包和胸膜腔积液患犬的胸膜病变。病理学组织检查发现含有铁血黄素的巨噬细胞和间皮细胞聚集

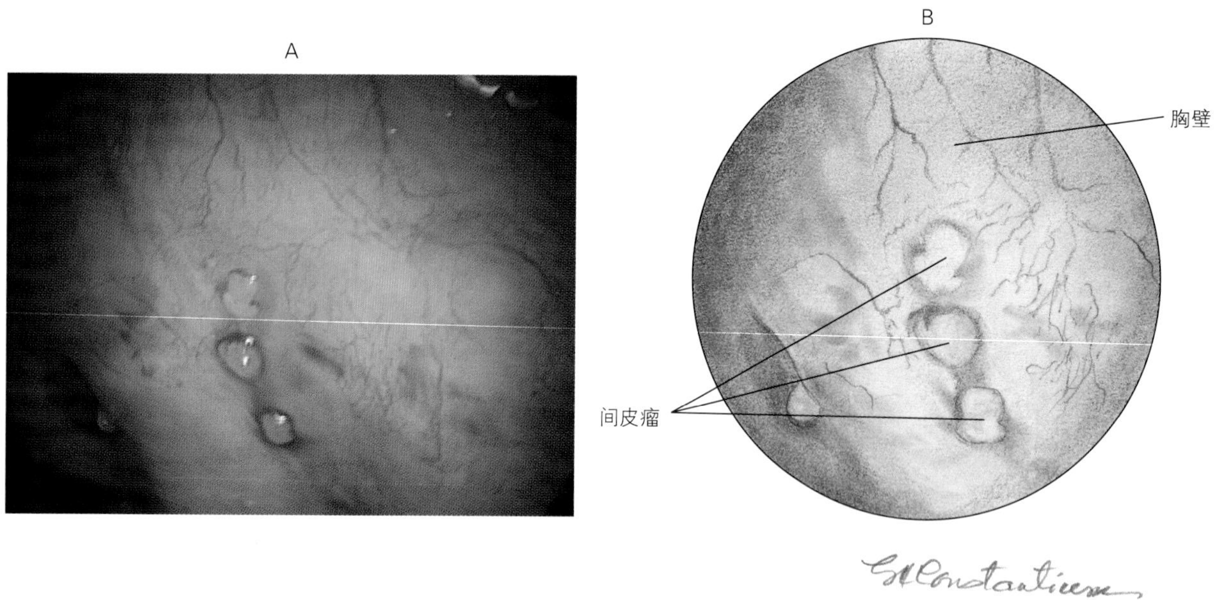

图7-36　慢性胸膜腔积液患犬的胸膜结节。采集样品活检诊断为间皮瘤

腔积液时，准确度高达100%[1]。可用胸腔镜检查乳糜胸患病动物的胸导管组织结构和完整性（图7-37），确定萎缩性胸膜炎的程度和范围（图7-38），并检查胸膜纤维化（图7-39）。胸腔镜检查可鉴别诊断胸腔积液和实质组织块，在胸腔镜的指导下可破坏积液腔和黏着物，并排除积液[27]。采用微创手术能完成胸导管结扎和心包切除术。在治疗乳糜胸病例时，心包切除可阻止积液的产生，效果明显[29]。心包切除术的有效性在猫和犬乳糜胸治疗过程中被证实。

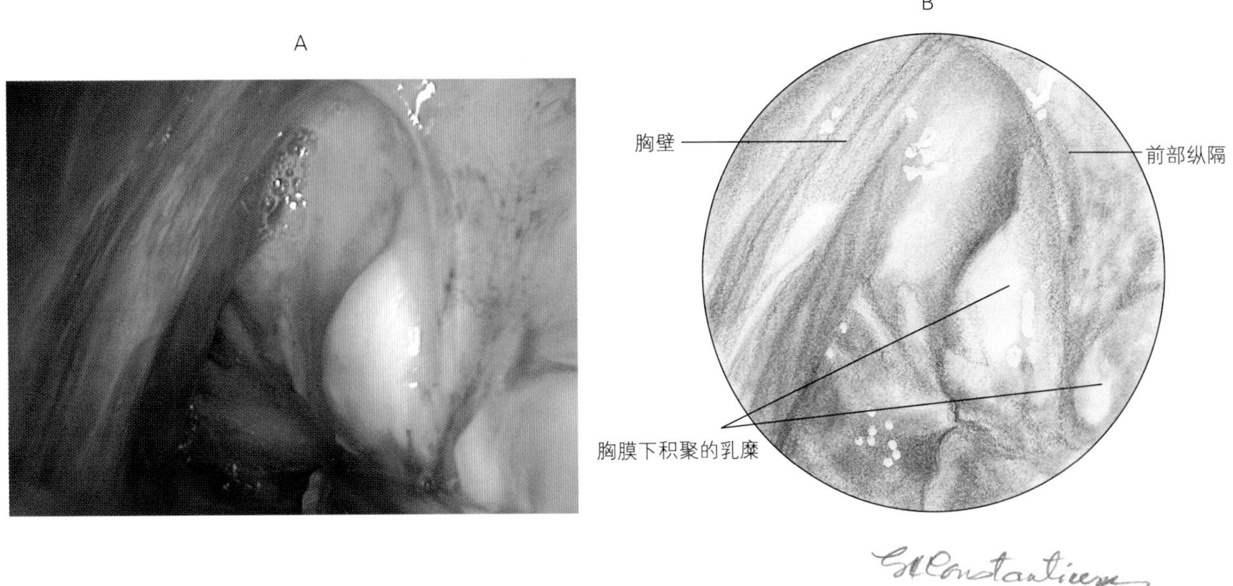

图7–37　猫的前部纵隔胸膜下积聚的乳糜，该猫患有由狭窄性心包炎引起的慢性乳糜胸

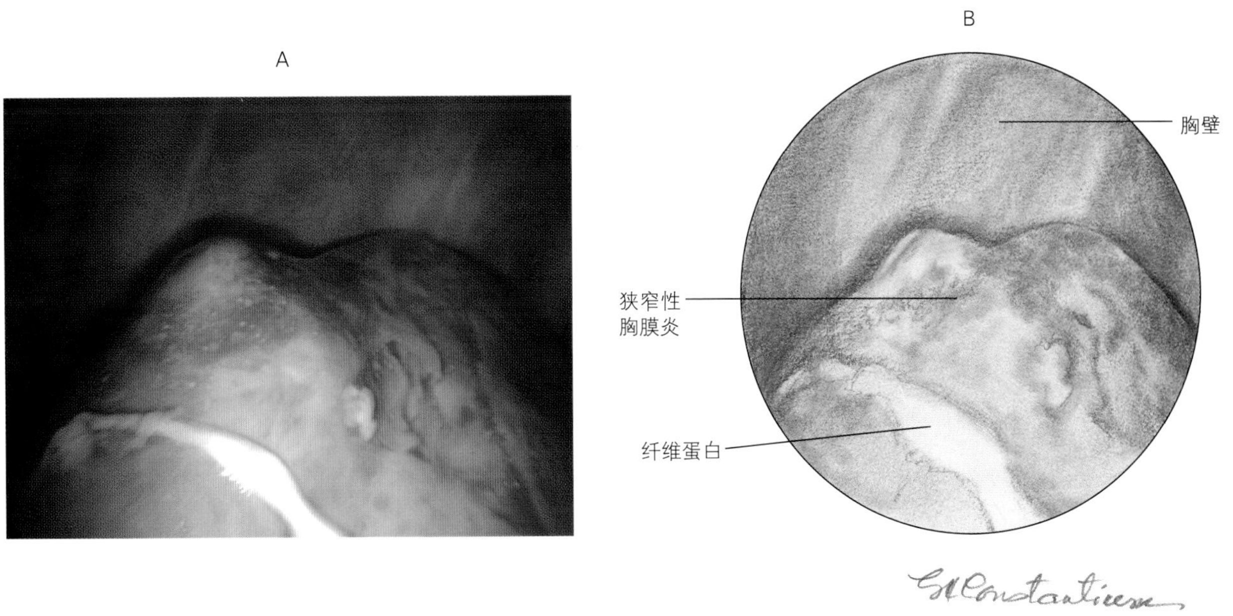

图7–38　由狭窄性胸膜炎引起的猫肺萎缩，该猫患有乳糜胸

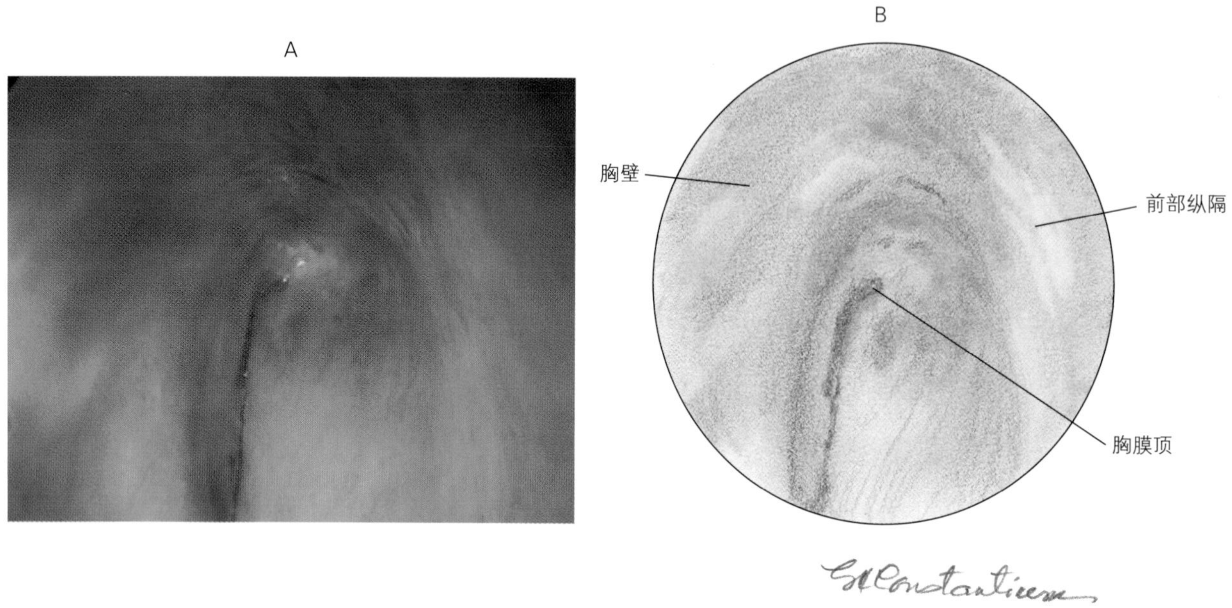

图7-39　图7-38患有慢性乳糜胸的猫左前部胸内有显著的胸膜纤维化

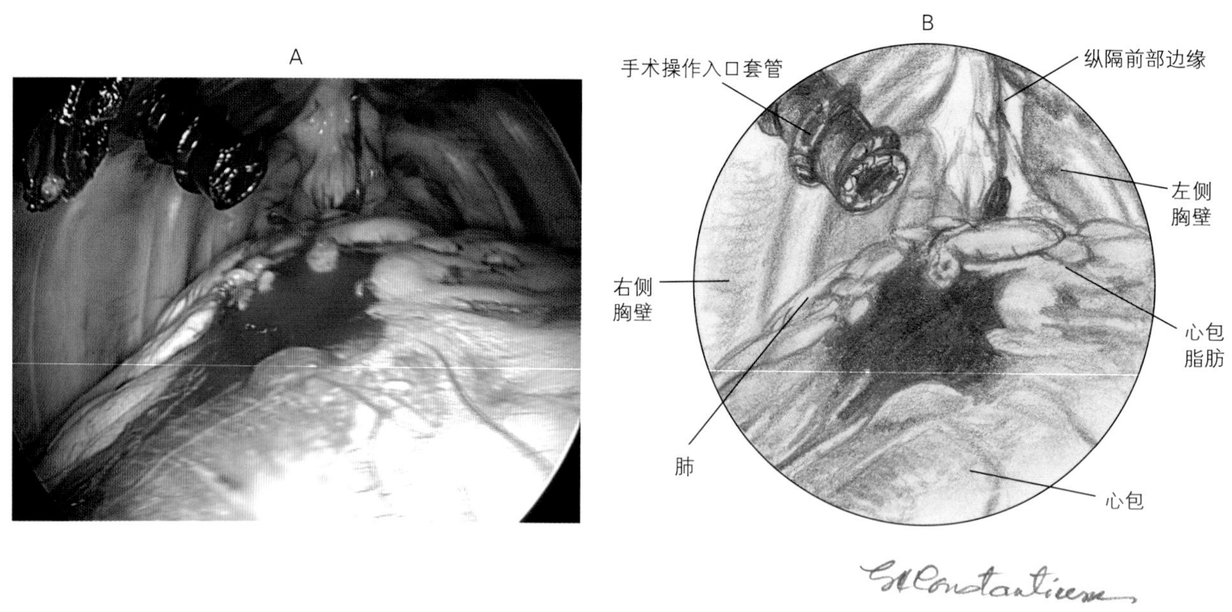

图7-40　心包积液患犬，由来自脾脏的恶性血管肉瘤引起心包膨胀

五、心包积液

在治疗心包积液时，做一个心包开窗术，形成永久的心包引流，效果显著[4,5]。胸腔镜能有效地检查和界定大而膨胀的心包积液囊（图7-40），能透过完整的心包诊断出心包肿块（图7-41）。如果在胸腔镜检查之前不适合抽空心包积液，可在直视的情况下在心包上开孔或插管引流（图7-42）。也可在心包前表面切开一个2~3cm^{2}的正方形切口，作为心包窗口（图7-43）。在心包窗口可以持续引

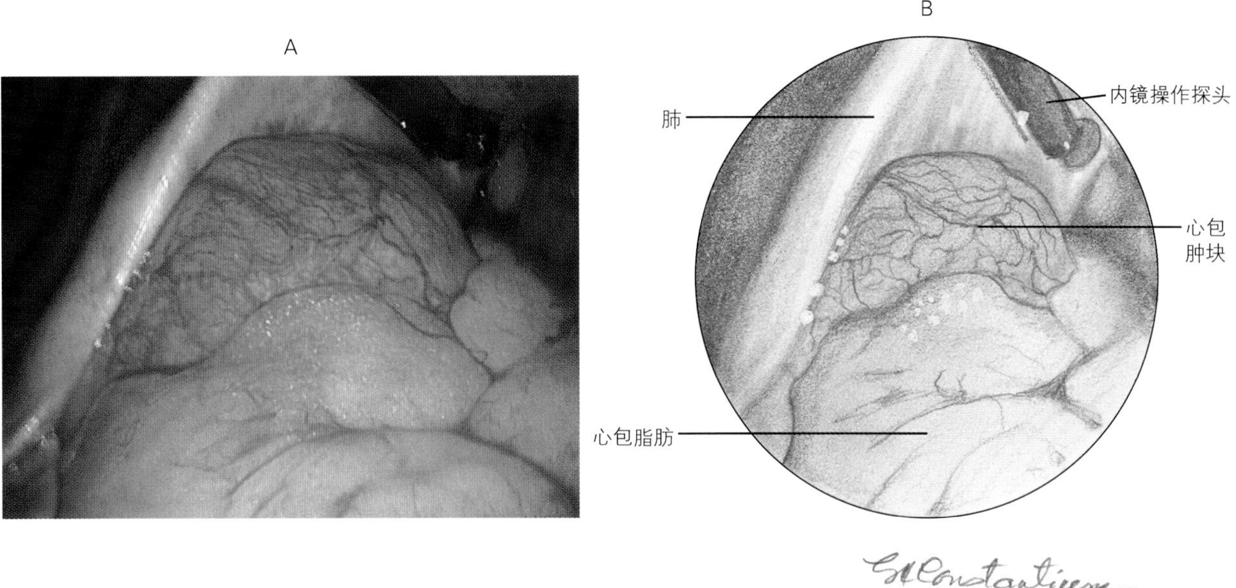

图7-41　透过完整的心包对一只心包积液患犬心脏基部肿块显影

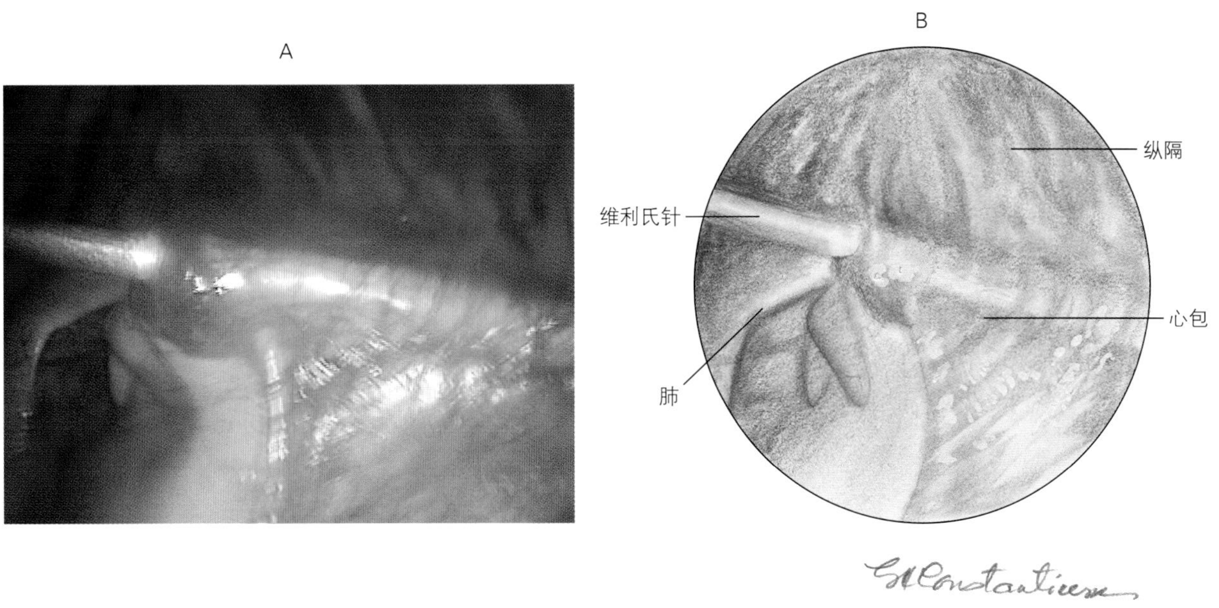

图7-42　在胸腔镜的引导下使用维利氏针引流出心包积液

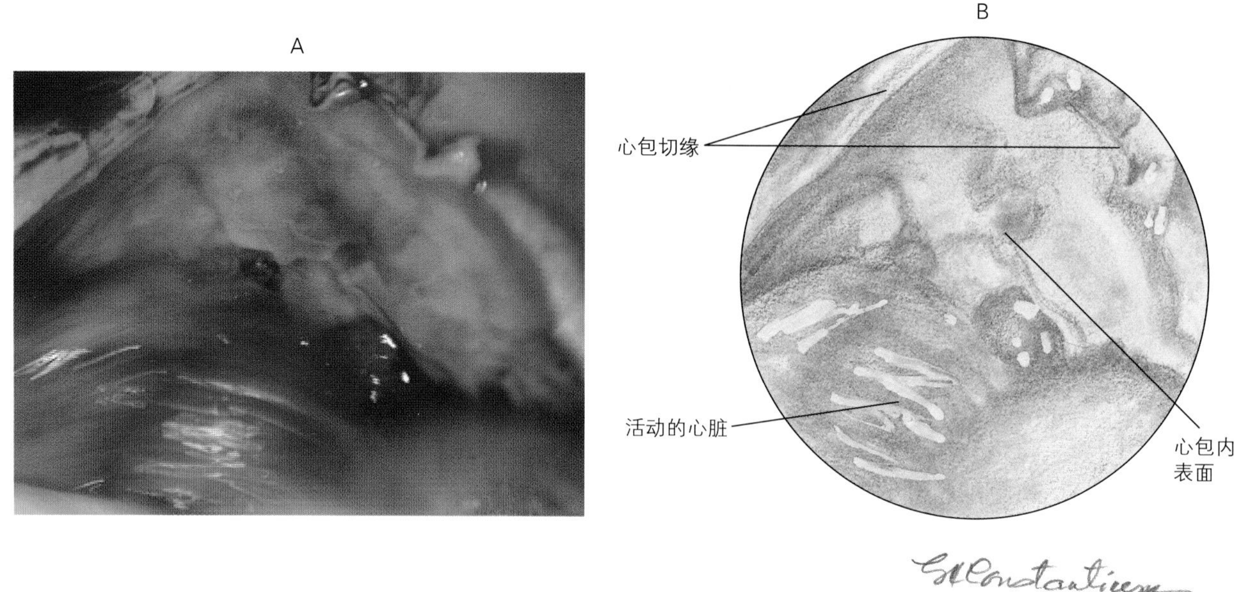

图7-43 完成慢性心包炎患犬的心包开窗术

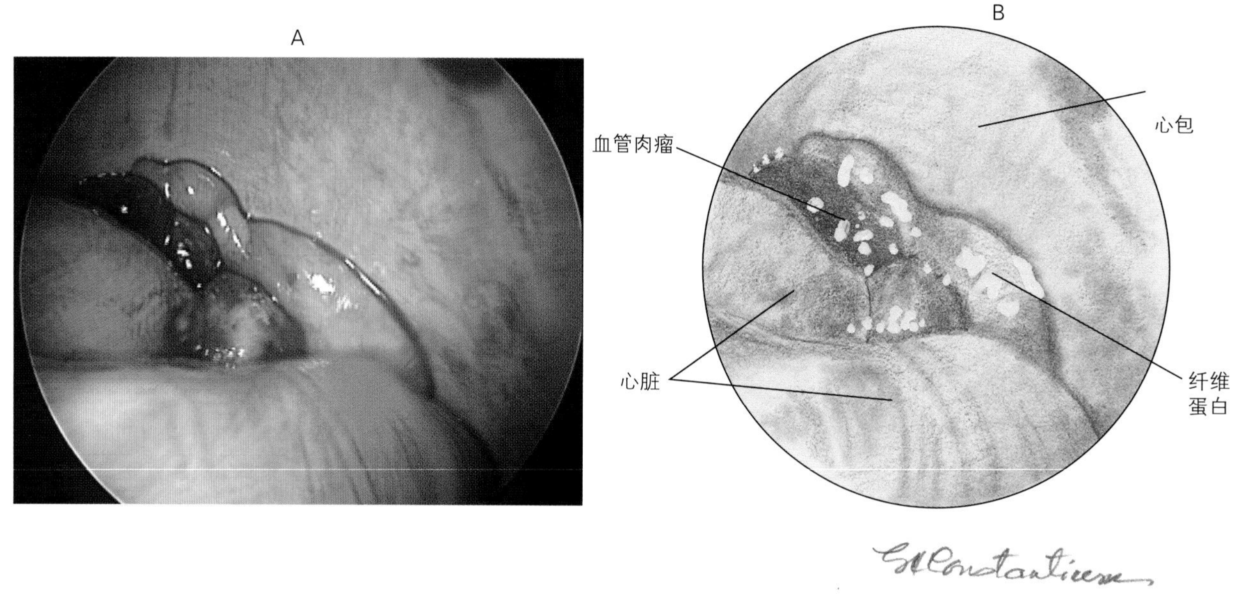

图7-44 通过心包窗口可见犬心脏基部的肿块。采集样品活检结果显示为血管肉瘤

流，这样就可避免复发性的心脏压塞，也能可靠地治疗心包炎或有效地缓解心包内肿瘤症状。心包开窗手术需要的器械和技术仅仅比诊断所需的稍多一点[1,10,17,24,28]。切除的心包也可用于活组织检查或病原体外分离培养。胸腔镜延伸进入心包内，能观察心包内肿瘤或活组织采样（图7-44和图7-45）。

从剑状软骨处入口插入内镜很难完全检查心脏基底部，但是可以看到心脏基底部，而且随着经验和知识的增加，更容易看到心脏基底部。

六、膈疝

胸腔镜能直观有效地检查整个膈膜[28,30]。胸腔镜检查纵隔后部软组织时发现由大网膜或其他器官造成的膈疝（图7-46）。

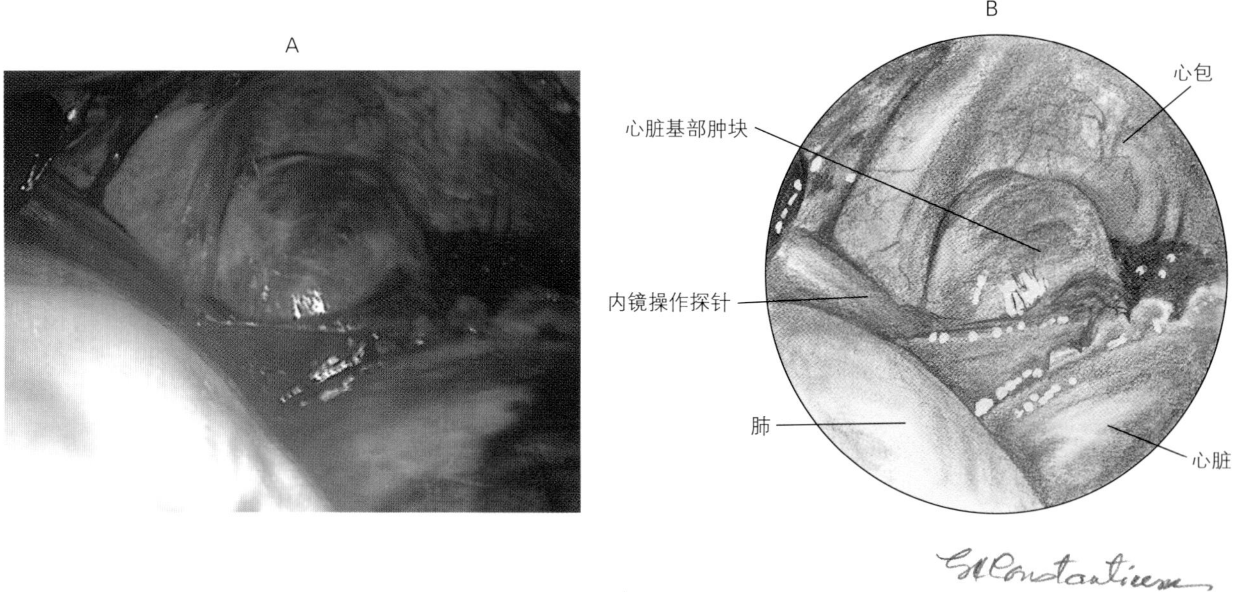

图7–45　透过心包窗口可见心脏基部肿块

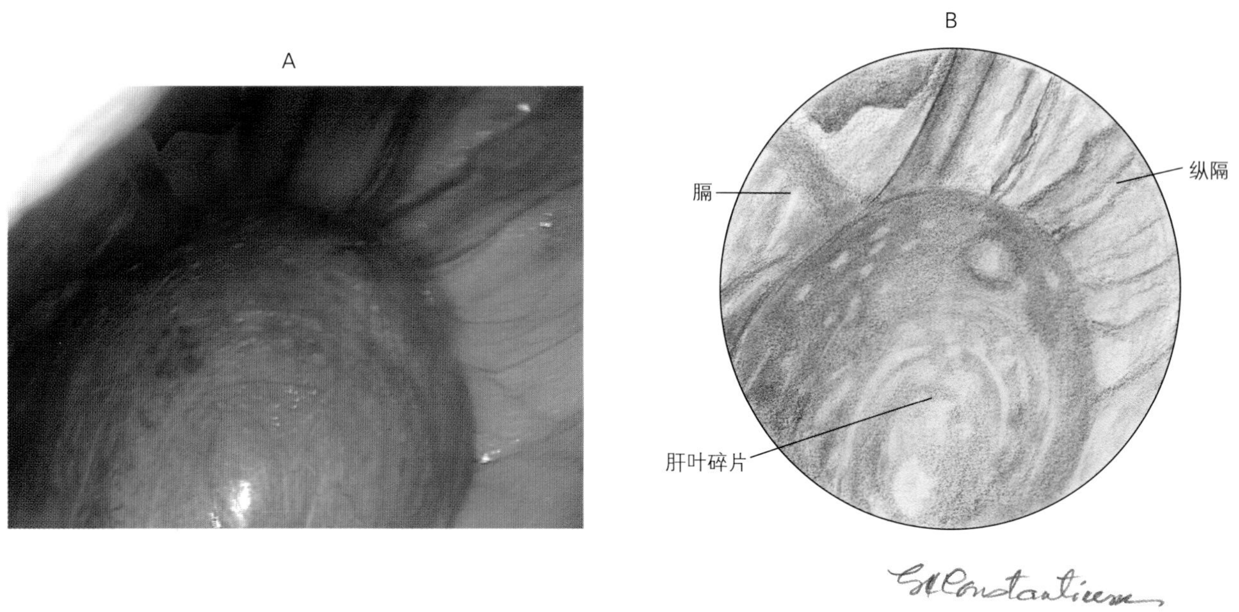

图7–46　一只慢性膈疝患犬胸腔中的部分肝叶，该犬表现为心包积液

七、原发性肺部疾病

使用胸腔镜可采集大量肺组织样品进行活检，能极大的提升对肺弥散性疾病诊断的灵敏度（图7-47）[1,8,11,28,31]。胸腔镜检查的诊断效率高于穿刺针、细胞刷和经支气管采集活组织样[1]。

胸腔镜检查能采集足够的肺样品用于器质性疾病和肺结构的病理组织学检查[1,8,11]。可以用活检钳（并孔或冲孔型）、实切式活检针、内镜切割器或用环状打结器采集活检组织样品。部分或全部肺叶切除微创手术能用于治疗顽固性肺炎、肺脓肿和原发性肺肿瘤。

第十一节　手术操作过程（框7-4）

一、心包窗

在患病动物心包积液时，可在心包上开一个窗，以做持久引流[4,5]。微创手术可极大地减少手术损伤和术后疼痛[32]。持久引流术的适应证包括肿瘤渗出、肿瘤出血、炎症性疾病和原发性渗出。将心包积液引流到胸腔，防止心脏压塞。在解决长期自发性和炎性疾病时，其效果显著。同时，可延续肿瘤患病动物生命，明显地提高肿瘤患病动物的生命质量。

在做心包造窗术时，患病动物仰卧保定，在剑状软骨处选择内镜镜管入口。选择手术操作入口位置有两种，一种是两个入口都在右侧，另一种是左右两侧各有一个。每种方法都各有优缺点，方法的选择一般与外科医生的习惯偏好有关。选择第一种方法时，两个入口位置分别选择在右侧第五到第七肋间和第九到第十肋间（图7-48）。选择第二种方法时，两个入口分别在两侧第九到第十肋间（图7-49）。

框7-4　胸腔镜检查、手术操作
部分肺叶切除
肺叶切除
心包开窗术
小部分心包切除
胸导管闭合
永久右侧主动脉弓校正
肺淋巴结切除
纵隔瘤切除
取异物

A

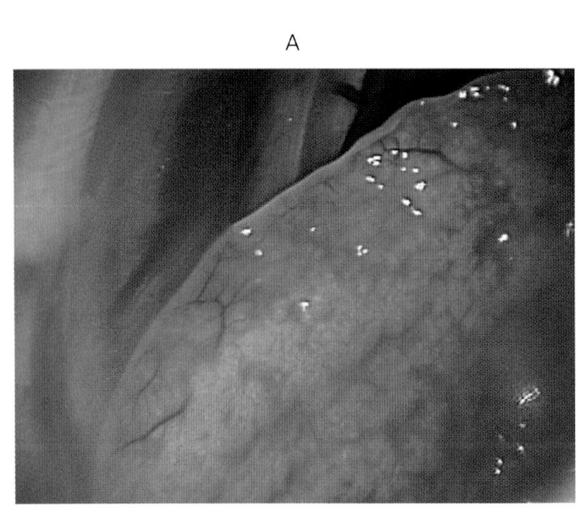

B

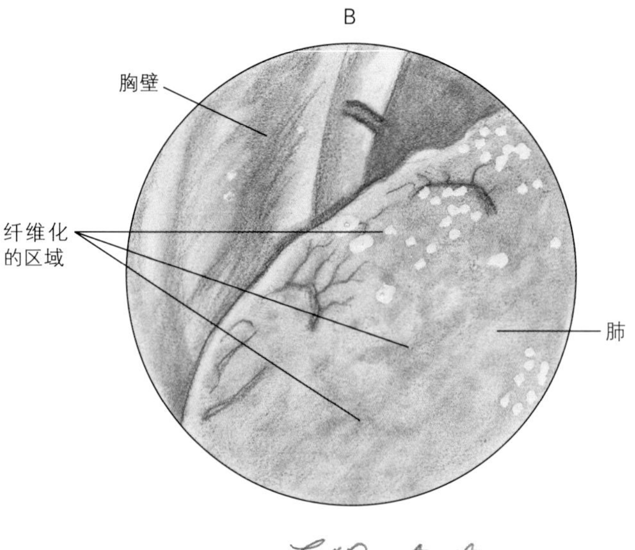

图7-47　慢性呼吸系统疾病患猫的肺部纤维化

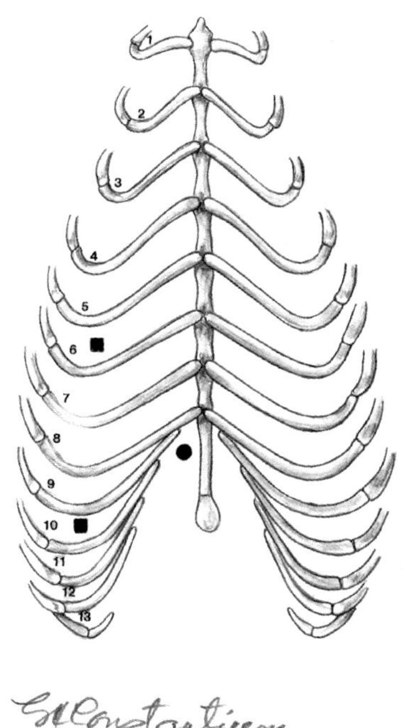

图7–48　心包开窗术患病动物选择仰卧位，内镜入口在剑状软骨处（圆圈），且两个手术操作入口都在右侧时（方块）的切口位置

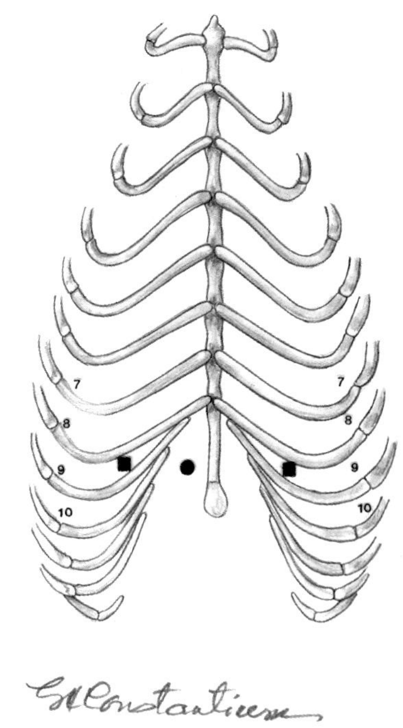

图7–49　心包开窗术患病动物选择仰卧位，内镜入口剑状软骨处（圆圈），两个手术操作入口分别在左右两侧时（方块）的切孔位置

所有入口都选择在肋骨软骨交界处的下方，在胸横肌侧缘区域。采用第一种方法时术者应站在患病动物右侧，第二种方法则在患病动物的任何一侧都可以。内镜操纵者站在患病动物的脚边或者绕过术者到达患病动物。当两个入口都在右侧时，将患病动物轻轻地向左倾斜10°～15°，以便观察和操作。患病动物左侧卧时，内镜能更好的观察其右心耳和主动脉根并诊断肿瘤。内镜入口安置在第六或第七肋间腹侧1/3处，两个器械入口分别安置在第四肋间的中点和第八肋间的中点处（图7–50）。使用这种方法，心包窗口开在心脏的右边。切开心包之前需检查膈神经。

安置好所有的入口后，第一步是切开腹侧纵隔，显露观察和手术操作区域。用剪刀剪开纵隔，高频电刀电凝止血。

对纵隔血管止血不充分会影响操作，血液滴到内镜上会影响观察。推荐使用该方法探查纵隔淋巴

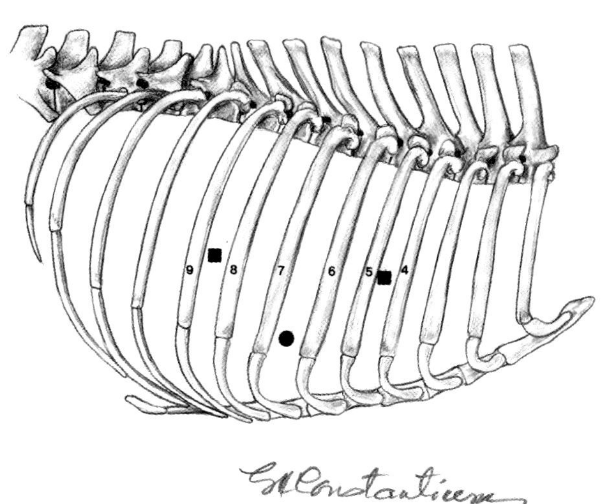

图7–50　心包开窗术患病动物选择左侧卧位，内镜入口在侧面肋间（圆圈），手术操作入口在右侧胸腔时（方块）的切孔位置

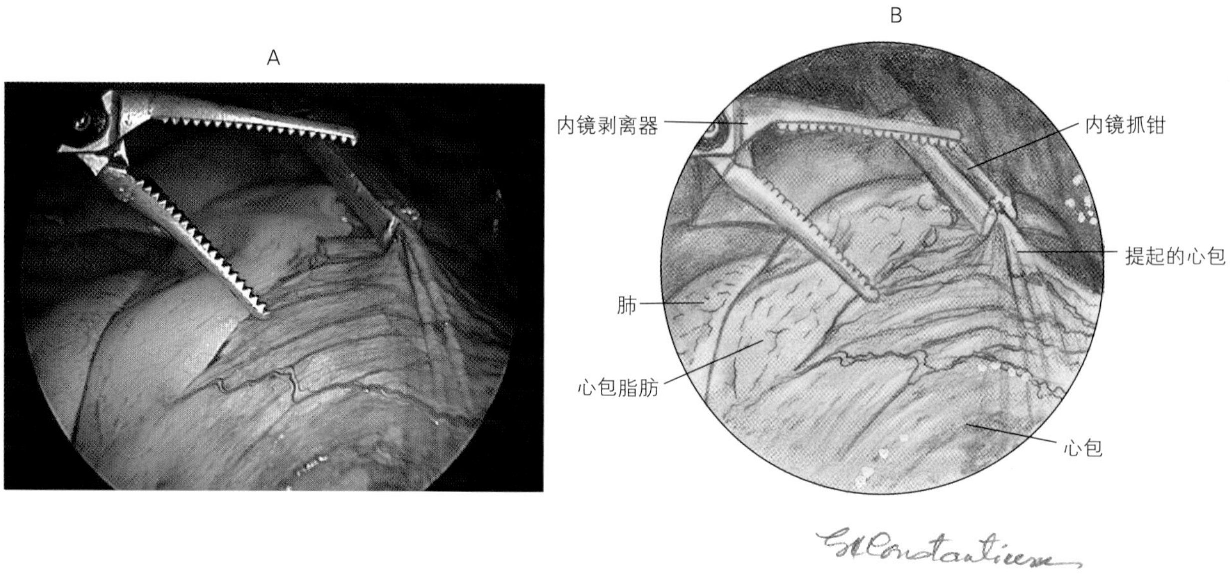

图7-51 心包开窗术需要提起心包，这样可以降低损伤心腔的几率。使用内镜组织抓钳提起心包，剥离器辅助提起心包后移开

结肿大和对可疑淋巴结活组织采样。对纵隔淋巴结活组织检查时可诊断出皮间瘤，而心包活组织检查时不能诊断出该病。心包窗口位置选择在心脏表面前部。当患病动物仰卧保定时，形成气胸后心尖偏向背侧，则心脏的前部呈现给术者。治疗早期心包渗液时，常用巴布科克（Babcock）钳或带齿抓钳抓起皱褶的心包（图7-51），同时用梅岑鲍姆剪刀剪掉被提起的心包组织（图7-52）。这种方法对心肌的损伤性最小。不提前抽出多余的心包液会影响观察，所以应提前排液。助手重新提起心包切口的边缘（图7-53），切除一块心包，扩大心包切口（图7-54），注意不要损伤膈神经、心脏、肺或者大血管。没有理论依据表明需要切除多大的心包。切除的心包部分需要足够大，防止愈合过程中切口闭合，同时要足够小，防止心脏通过切口疝出。6.45cm^{2}切口的大小就可以。切除的碎片通过手术操作孔从胸腔取出，且可用于观察切口大小和做病理学检查。采集的样品用于病理组织学检查和病原体外分离培养。

通过这个窗口检查心包的内表面（图7-27、7-43）和心脏的各个区。并在心脏基部（图7-44、7-45）、主动脉（图7-55）和心包内表面（图7-27）发现肿瘤。

在吸出胸膜积液后，用生理盐水冲洗心包腔。取出手术操作套管，全层连续缝合，关闭入口。使用常规方法安置标准胸壁引流管，且远离所有切口。穿过胸壁安置导管，导管的位置应在内镜能控制的范围内。另外一种可行的方法是，当需要24h抽空胸腔时，在剑状软骨处镜管入口处安置导管。取出内镜、外套管，穿过套管安置胸导管，然后取出导管上的外套管。闭合深部组织、皮下组织和皮肤，围绕导管形成密不透气的结构。

这种方法只能将导管安置在剑状软骨入口处，导管停留时间少于24h。因为很难做到导管周围密闭不漏气，所以这种方法不能将导管安置在侧位入孔处或长期安置导管。

二、部分心包切除术

部分心包切除术的适应证是狭窄性心包炎，也适用于心包传染性疾病和肿瘤。

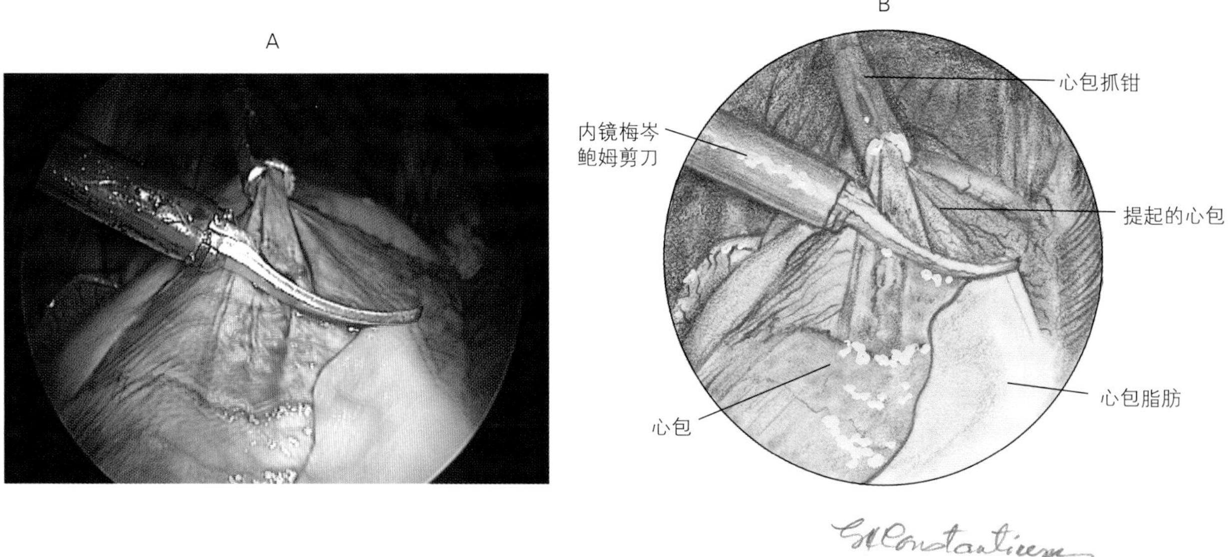

图7-52　使用梅岑鲍姆剪刀剪开褶皱的心包

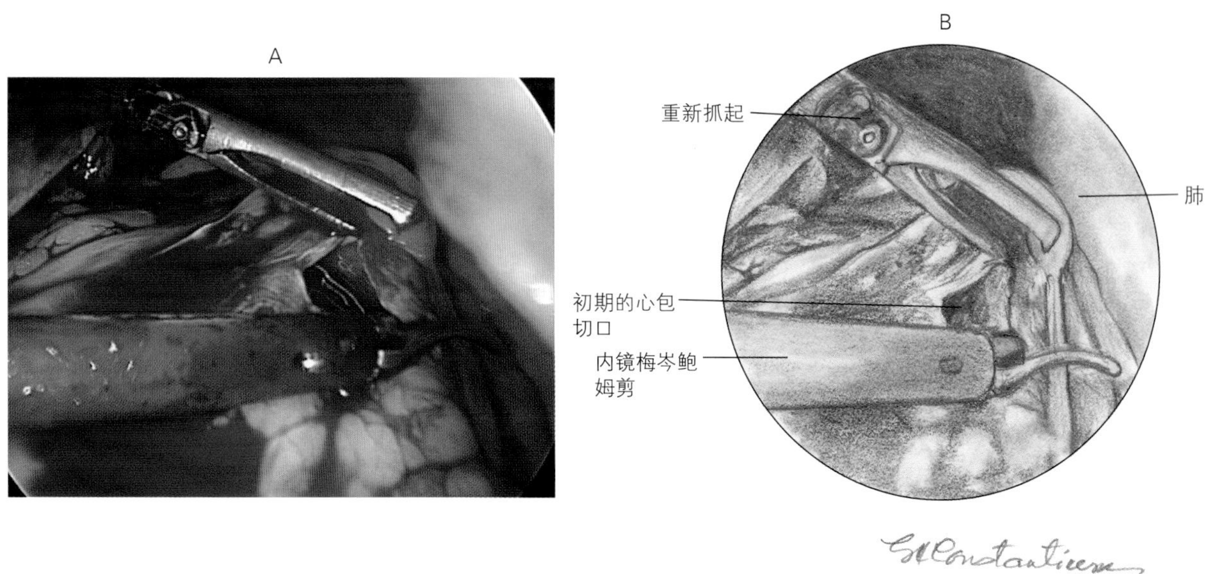

图7-53　剪开心包后，抓钳重新抓起心包切口边缘，用梅岑鲍姆剪和电烙器扩大切口。向两个方向扩大切口形成心包皮瓣

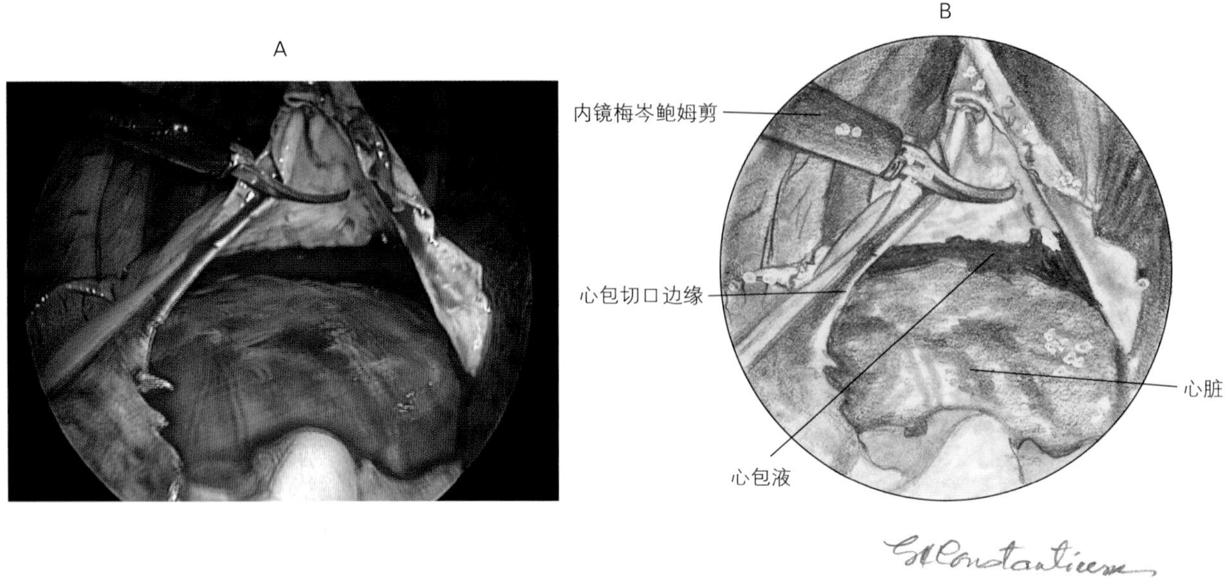

图7-54 切除6.45cm^{2}左右的心包瓣

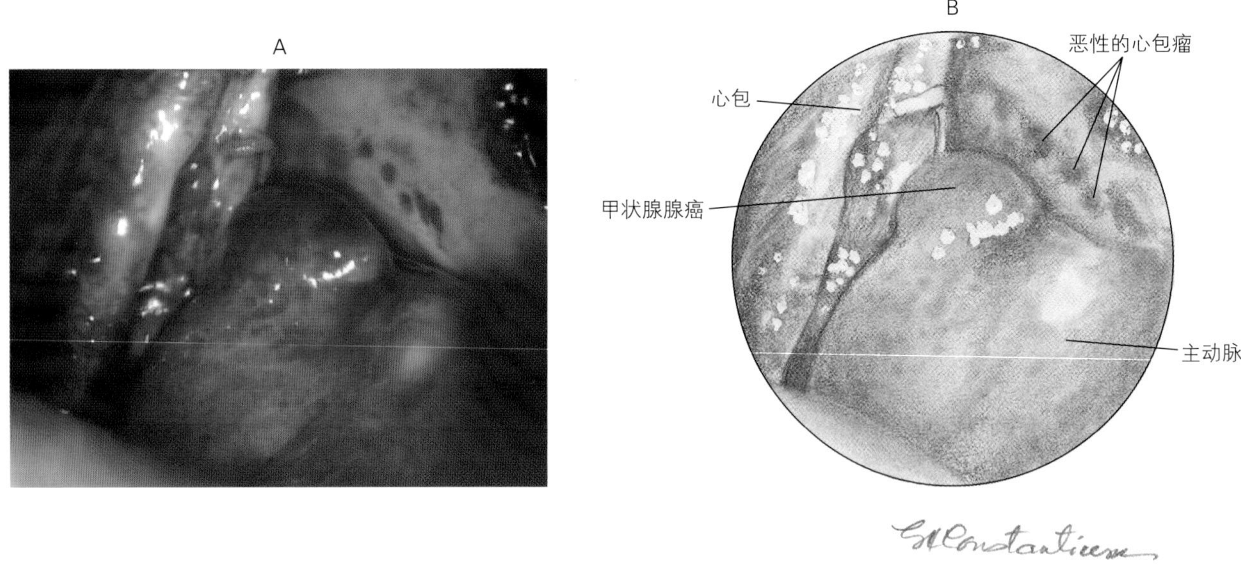

图7-55 为心包积液患犬的主动脉恶性甲状腺腺癌

心包切除术比做心包开窗术更难，因此不适用于治疗心包积液。仰卧保定患病动物，入口的安置与心包开窗术相同，但是两个手术操作入口的位置需要分布在胸腔的两边[5,17]。在切割心包之前应确定膈神经的位置（图7-8和图7-13）。心包切除术开始与心包开窗术的方法相同，但是心包切口尽可能从基部向背侧延长，这样周围每个方向都从基部向心尖处切开。多数病例的心包切口都保持在膈神经的腹侧。如果合适，可以将膈神经提起，提起的高度超过心包，这样可以增加心包切口。使用高频电刀电凝止血。切口闭合、导管安置和术后处理与开窗术相同。

三、部分肺叶切除术

微创手术能快速有效地完成肺慢性疾病的活组织检查（图7-47）、切除肺肿瘤（图7-18）、肺脓肿和气肿性肺大疱（图7-28，图7-30和图7-31），或切除任何其他局限性疾病。部分肺叶切除术的入口位置要根据切除肺的位置决定。当病变的部位不能确定时，比如自发性气胸，可采用仰卧保定，内镜从剑状软骨处进入胸腔，对两侧胸壁进行检查。如果术前用X线检查或其他诊断方法能确定切除部位，那么就可以优先选择侧卧位，

进入病变部位的内镜入口和操作入口成三角形分布。环状结扎方法可用于治疗肺周围的小神经损伤（图7-56）和肺活组织采样。将要切除的肺叶尖穿过尼龙结扎环，勒紧结扎环，切断肺组织（图7-57）。这种方法快速、简便，同时节省一个内镜吻合器的费用。更大或更多的严重损伤需要使用内镜吻合结扎装置切除部分肺叶（图7-58）。当使用内镜吻合器做部分肺叶切除时，需要增加一个切口，以安置内镜吻合器，更方便操作（图7-59）。因为内镜吻合器的吻合钉昂贵，所以应尽量减少长吻合钉（65mm）的使用量。切除部分肺叶后，将切除肺叶装入内镜组织袋，通过一个扩大的切口从胸腔取出。在退出胸腔前，可用内镜观察到肺切口边缘漏气或流血（图7-60）。安置导管远离所有开孔，取出手术操作和内镜套管，闭合切口。

四、肺叶切除术

微创手术也能完成完整肺叶的切除手术[15,17,23]。肺叶小肿瘤通常来自肺门，采用微创胸外科手术能将其切除。太接近肺门的大肿瘤会影响对肺门结构的观察，使切除和吻合的操作困难。肺叶切除优先选择侧卧位和肋间切口。切口位置的选择取决于要切除的肺叶和患病动物胸腔的形态，但是通常与做心包开窗术的肋间切口类似（图7-50）。

推荐采用单肺通气，这样可增加胸腔内器械操作的空间。内镜管入口和另外两个操作入口呈三

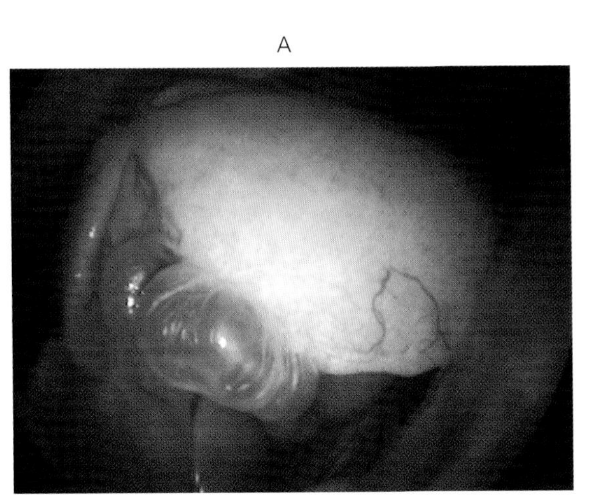

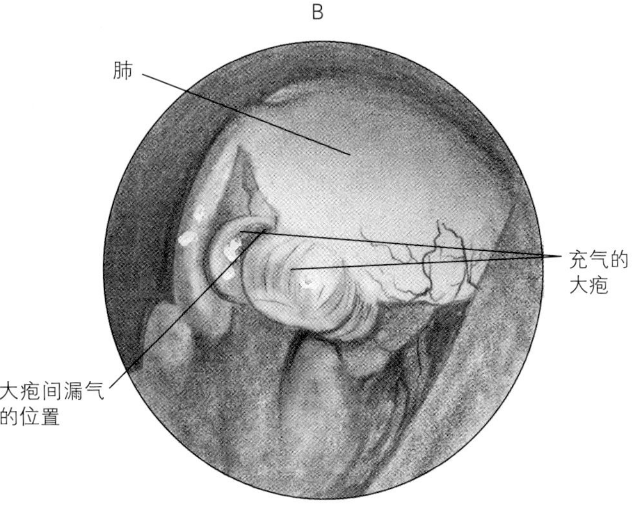

图7-56　患有自发性气胸的犬右肺中叶上充满气体的气肿性大疱。漏气点是两个可见的膨胀的大疱中间破裂的大疱

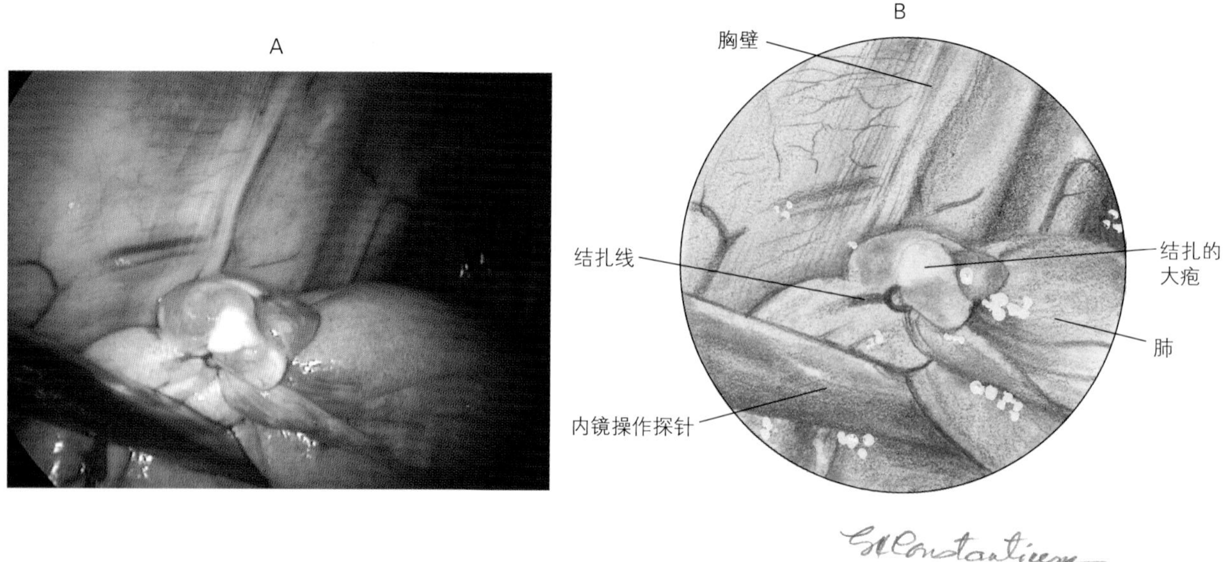

图7-57　通过微创手术用环状结扎器切除图7-56中的大疱

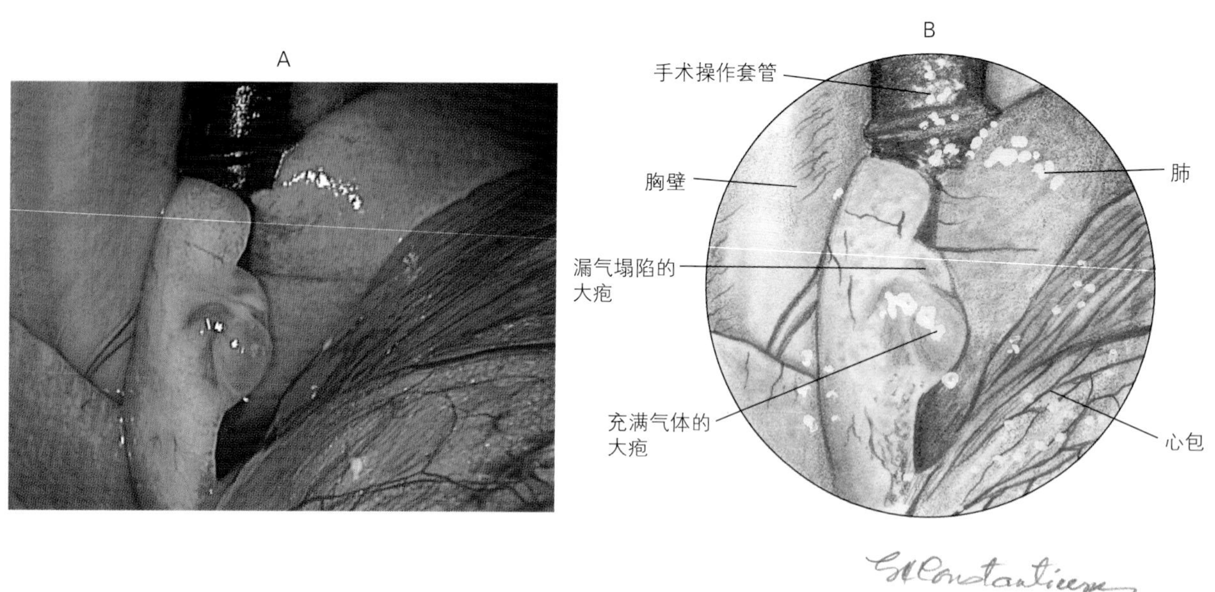

图7-58　右肺前叶后缘塌陷漏气的大疱

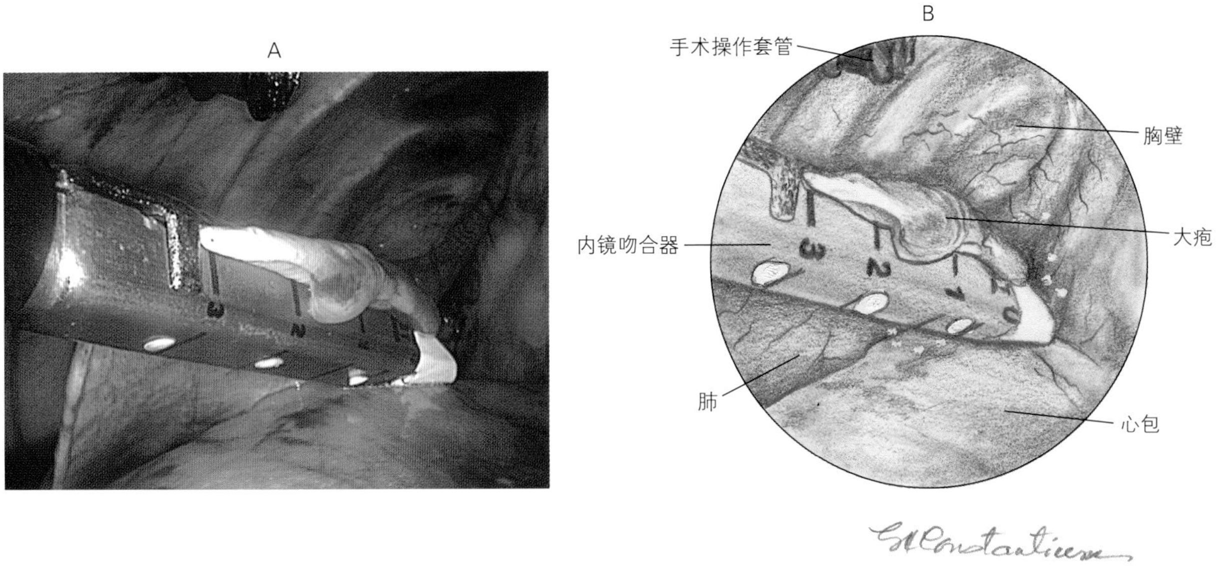

图7–59　用内镜吻合器夹住部分肺封闭图7–58中漏气的肺气肿性大疱

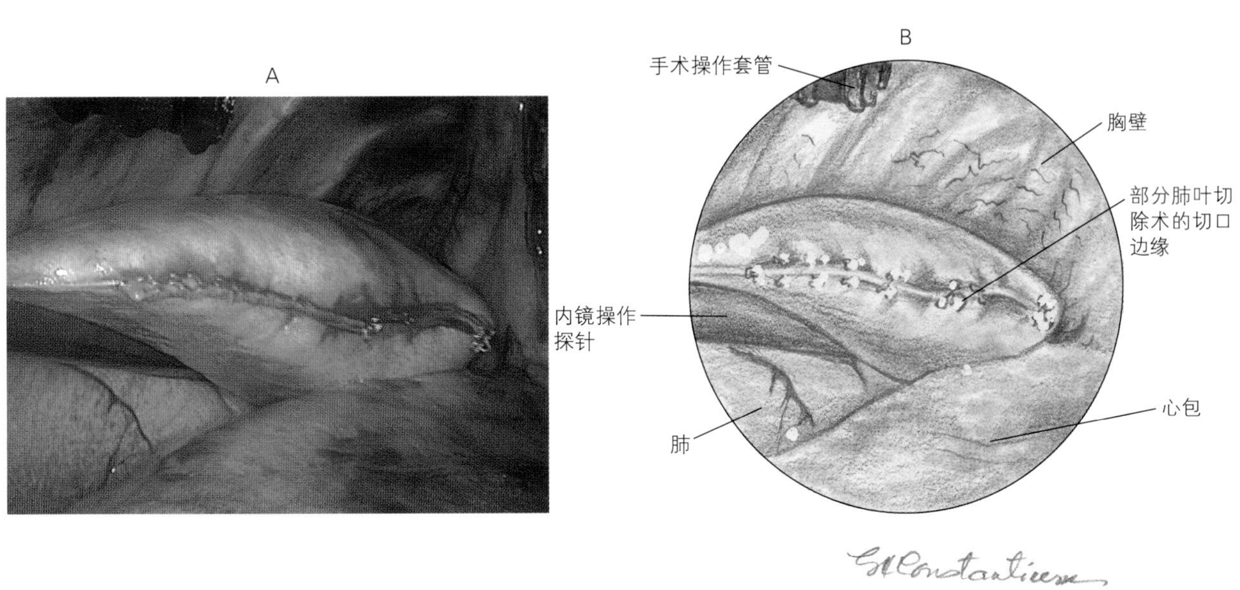

图7–60　用内镜吻合器切除图7–58和图7–59病例的部分肺叶后的切口边缘

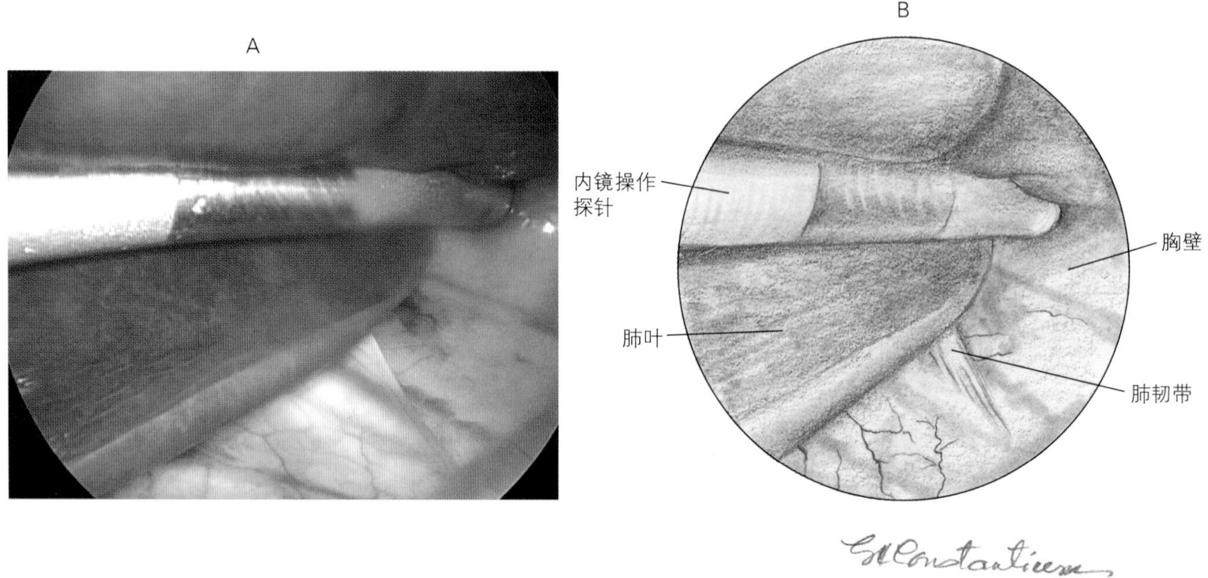

图7-61　肺后叶的肺韧带

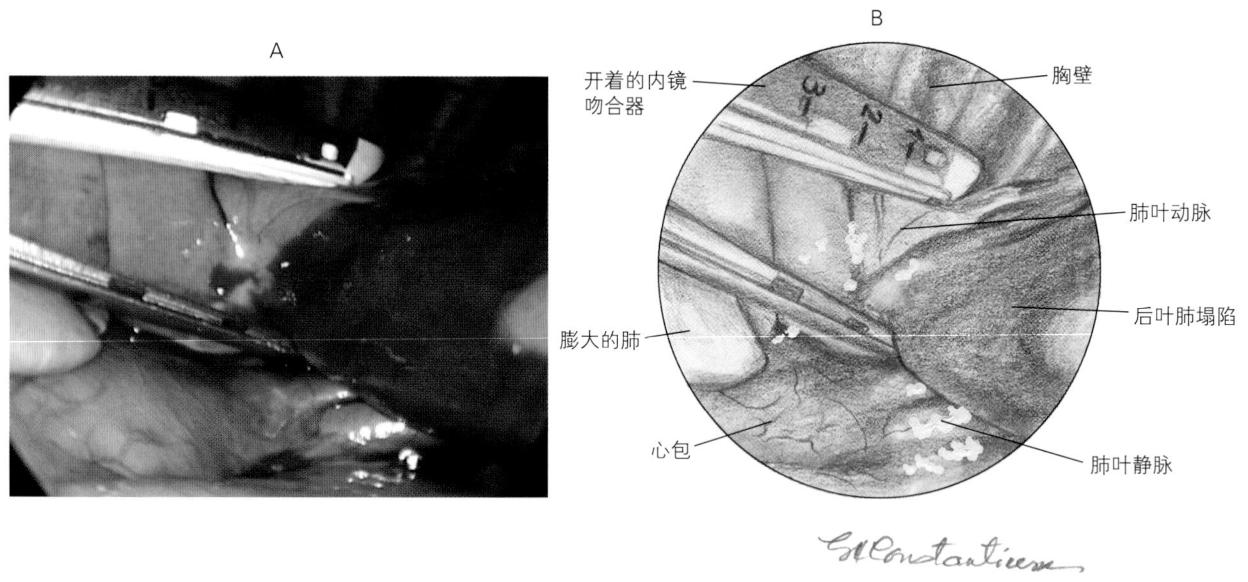

图7-62　使用内镜吻合器阻断欲切除肺叶的血管和支气管

角形排布，通过肋间触诊观察选择入口的最适位置，切口采用锐性切开。剥离肺叶基部的韧带（图7-61），放置内镜吻合器。个别肺门与周围结构分离后，仅能安置吻合器，而不适合做微创肺切除手术。将装有3.5mm吻合钉、45~65mm长的吻合器通过增加的切口进入胸腔，夹住要切除的肺叶的肺门（图7-62）。

吻合器要足够长，使之夹住整个肺门（图7-63）。内镜吻合器一般能完全止血和阻断气管，但是移除吻合器后也需要检查切口边缘（图7-64）。

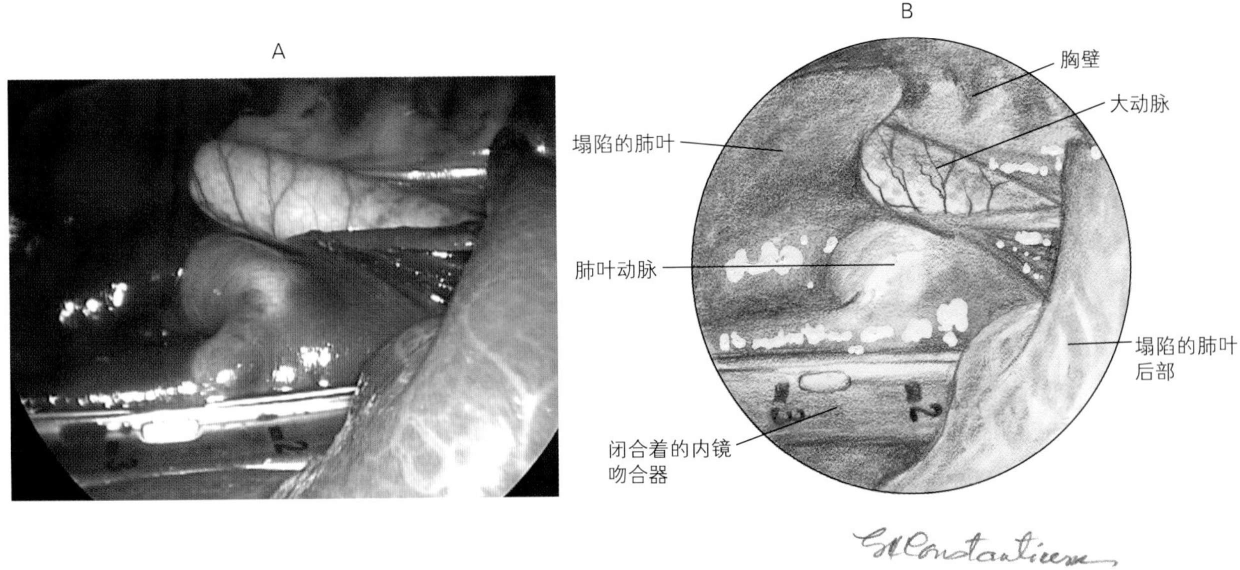

图7-63　吻合器要足够长，使之能夹住被切除肺的整个肺门，在夹之前要左右来回翻看有无夹住其他结构

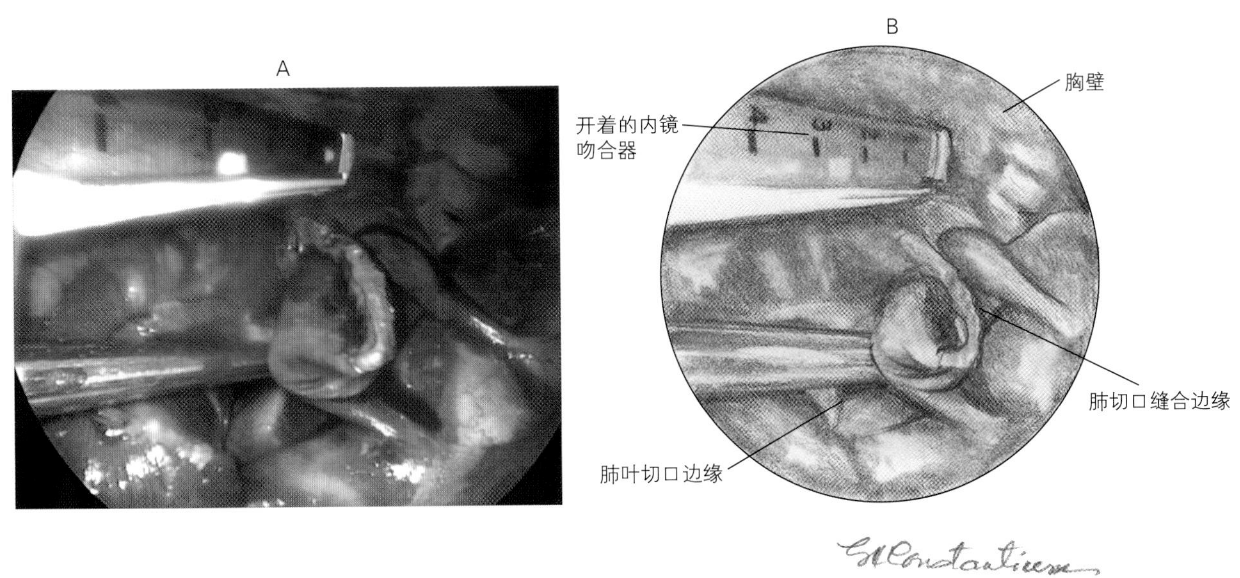

图7-64　打开吻合器后闭合的肺边缘影像

将切除的肺叶装入内镜组织回收袋，通过肋间切口取出，这样可减少留下肿瘤细胞或感染胸壁的可能。微创手术可以进行活组织采样（图7-34）或切除增大的肺门淋巴结（图7-33）。

锐性或钝性分离切除淋巴结，用高频电刀电凝止血或钳夹止血。在取出内镜前，检查肺门是否漏气或流血（图7-65）。安置胸腔导液管的位置远离所有切口，取出内镜和手术操作套管，闭合切口。

五、闭合胸导管

采用微创手术结扎胸导管，用以治疗乳糜胸，远比开胸手术简单[3]。内镜和摄像系统的放大效果极大地提高了胸导管的观察效果（图7-17和图7-66），而微创手术的器械设计有利于处理胸

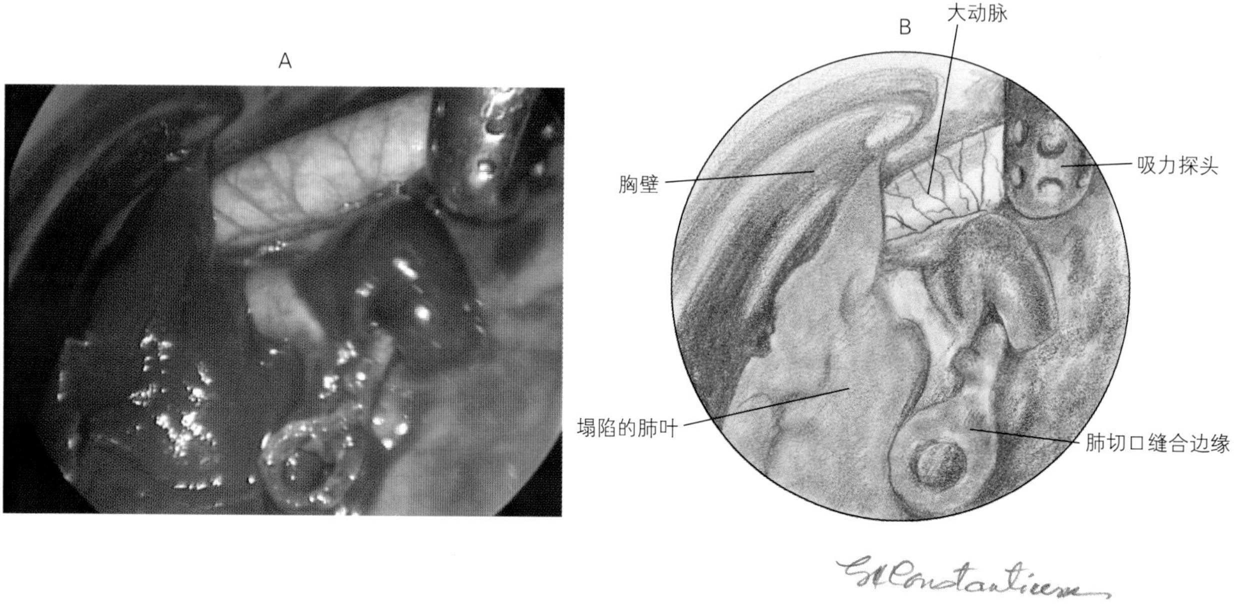

图7-65 取出内镜前检查肺门缝线防止出血和漏气（图片由Eric Monnet博士惠赠）

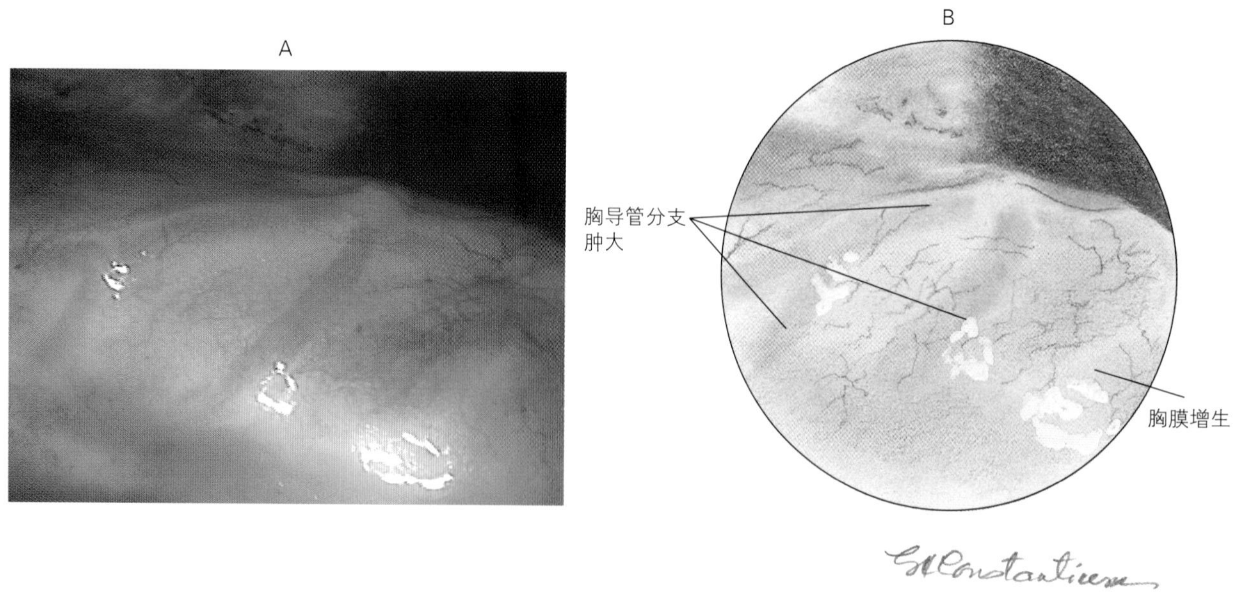

图7-66 慢性乳糜胸患犬的胸导管分支肿大

腔的深部结构。可以使用专为微创手术设计的血管（内镜）钳（图7-67）或用于关节内镜的射频组织烧烙器进行结扎。内镜夹在大型犬上使用效果较好（图7-68），但因其太大而不适用于猫。热导管阻断也可以用电偶控制的探针，预先设置一个温度，凝固组织蛋白而不液化或切割组织，这样可有效地将胸导管壁黏在一起，能在短时间内对胸壁大范围内所有胸导管分支结扎。

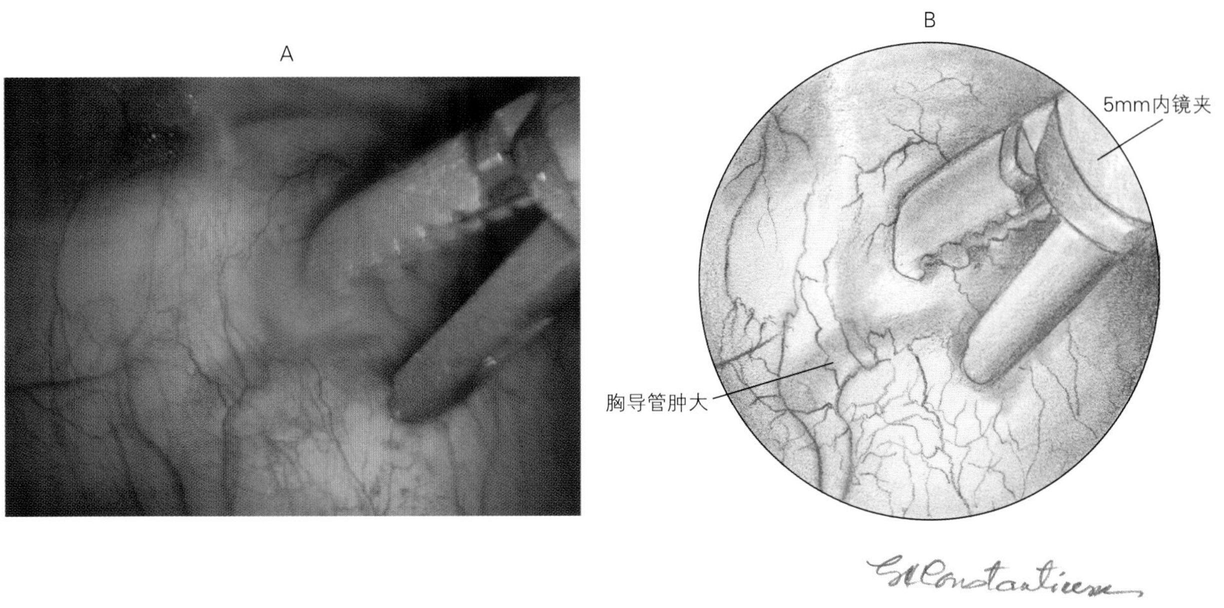

图7-67　用夹子夹住慢性乳糜胸患猫的胸导管，5mm的内镜夹在犬上能很好的应用，但是对于猫来说太长

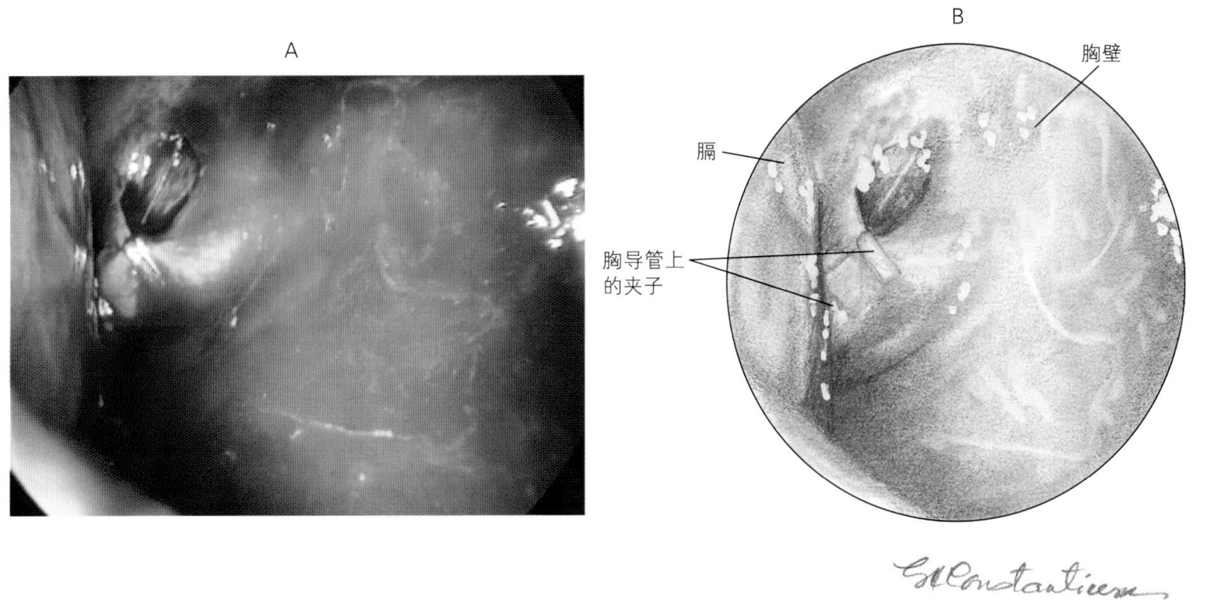

图7-68　大犬胸导管上使用的内镜夹多放置于胸导管分支上

犬选择左侧卧位，右侧胸壁肋间切口；猫选择右侧卧位，左侧胸壁肋间切口。内镜管入口安置在第七肋间中点，操作入口分别在第六和第九肋间背侧末端与内镜管入口间的中点处（图7-69）。建议向淋巴结或乳糜池注射亚甲蓝，以增强对胸导管及分支的观察效果[3]。使用内镜钳结扎胸导管时，要切开胸膜，以暴露胸导管，然后用内镜钳闭合所有可见的胸导管分支。使用热导管结扎胸导管时，不需要切除胸膜，而且能有效地结扎穿过胸膜的导管。结扎胸导管治疗乳糜胸的效果值得怀疑，尚存争议。如果选择该治疗方法，能大大减少微创胸内镜手术的创伤，对患病动物非常有益。

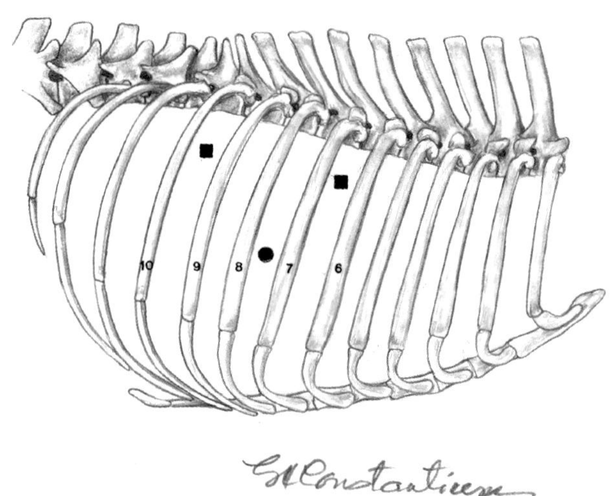

图7-69 犬做胸导管结扎时，内镜入口（圆圈）选择在第七肋间的中点处，手术操作入口（方块）选择在内镜入口与第六和第九肋背侧末端的中点处

六、永久性右主动脉弓的矫正

研究证明，选择微创手术切断动脉韧带来矫正永久性右主动脉弓（PRAA）比开胸手术更有效[33,34]。采用微创手术做PRAA校正时，患病动物右侧位保定，内镜管入口安置在左侧第四或第五肋间肋骨软骨结合处，3个操作入口分别安置在第三肋骨与肋软骨交界处的肋间、第六或第七肋骨与肋软骨交界处肋间和第五肋间背侧末端（图7-70）。在第六或第七肋间切口处放置牵引器，以将肺叶由头侧向尾侧牵引。在可视条件下用钝性或锐性分离法分离动脉韧带与胸膜（图7-71）。分离时，借助胃管或内镜有利于观察动脉韧带和辨别食管，也可用触诊探针进一步确认从食管上钝性或锐性分离的动脉韧带（图7-72）。动脉韧带常常未封闭，因此，使用5mm的血管钳夹住游离的动脉韧带，并从两个钳子之间切断（图7-73）。分离食管上残留的纤维，使用球囊扩张导管或食管探针扩张食管（图7-74）。闭合安置胸腔导管切口。术后饮食管理与开放性PRAA校正手术相同。

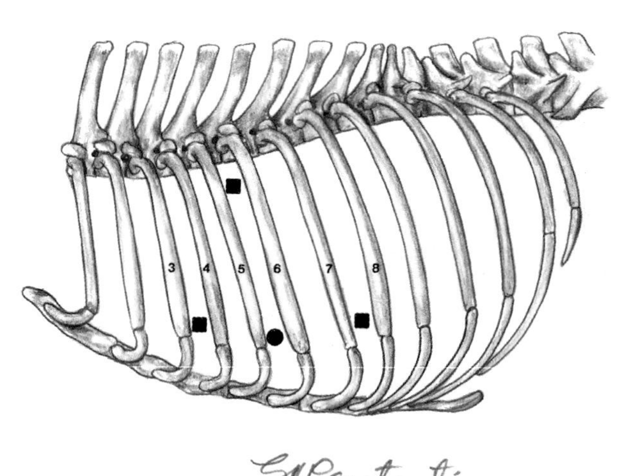

图7-70 切除动脉导管索时，患病动物选择右侧卧位，内镜入口（圆圈）选在第四或第五肋间肋软骨与肋骨交界处，其他三个手术操作入口（方块）分别选在第三肋间肋软骨与肋骨交界处，第六或第七肋间软骨与肋骨交界处，第五肋间背侧末端

七、纵隔和胸膜肿块切除

采用微创手术能有效地切除所选的肿瘤（胸腺瘤）和炎症肿块。

当肿块被诊断为不能用微创手术治疗时，可采用开放性手术切除治疗，或采集活检样品以及在适当时期采取非手术治疗。患病动物的体位和切口的位置由肿块的位置决定。纵隔前部肿块多采用仰卧保定、剑状软骨处内镜管入口（图7-24）。手术操作入口可以在患病动物的同一侧或者左右两侧。操

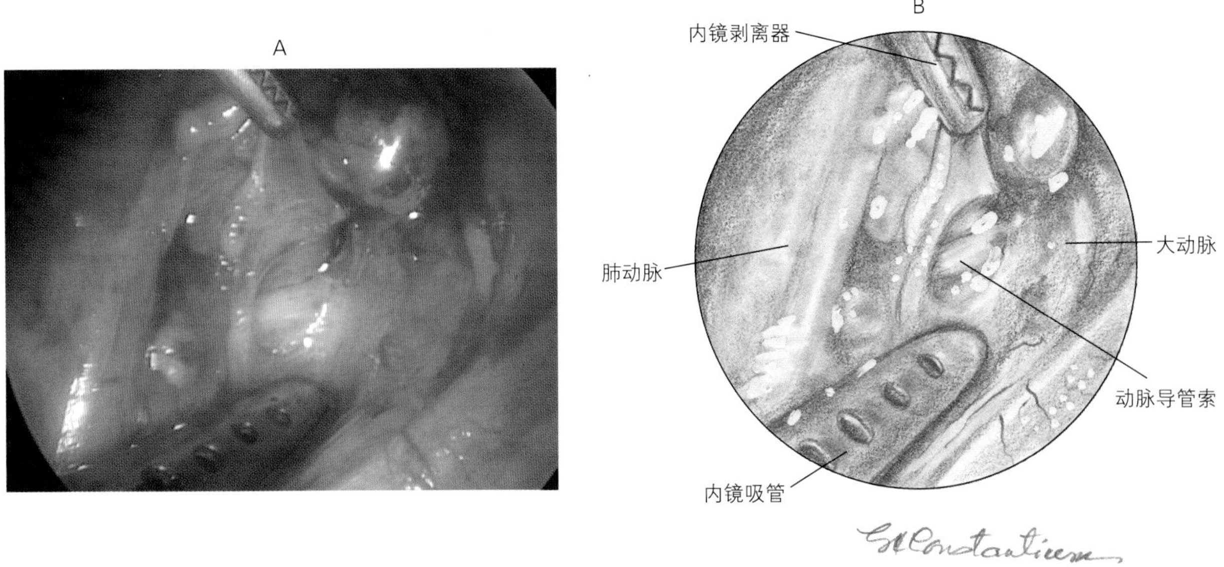

图7-71 剥离胸膜暴露动脉导管索，用胃导管和触诊探针找动脉导管索

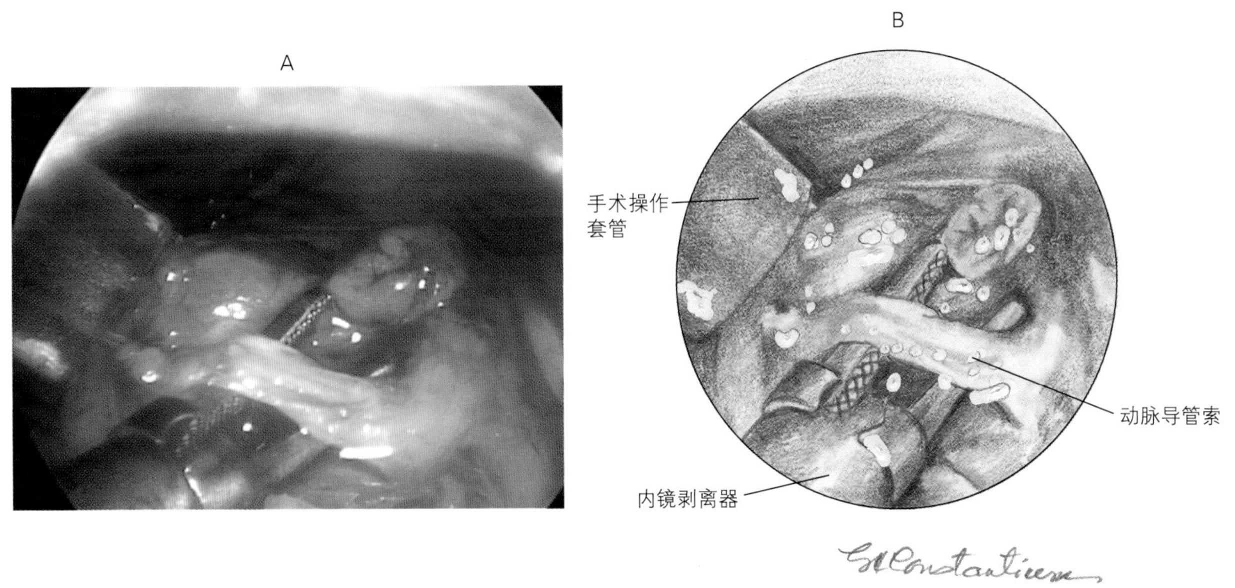

图7-72 使用锐性和钝性分离从食管和周围组织中剥离出动脉导管索

作入口位置的选择取决于纵隔肿块的位置和大小。切口远离腹侧，在肋间适当的位置，尽量避免损伤胸内动脉。将患病动物侧卧保定，也可通过侧面肋间入口观察和切除纵隔前部肿块（图7-75）。

采用钝性或锐性分离切除肿块，用结扎、血管钳和高频电刀止血（图7-76）。

切除胸膜肿块时，患病动物体位和切口的位置与切除纵隔肿块不同，应严格根据肿块的位置选择切口位置（图7-77和图7-78）。

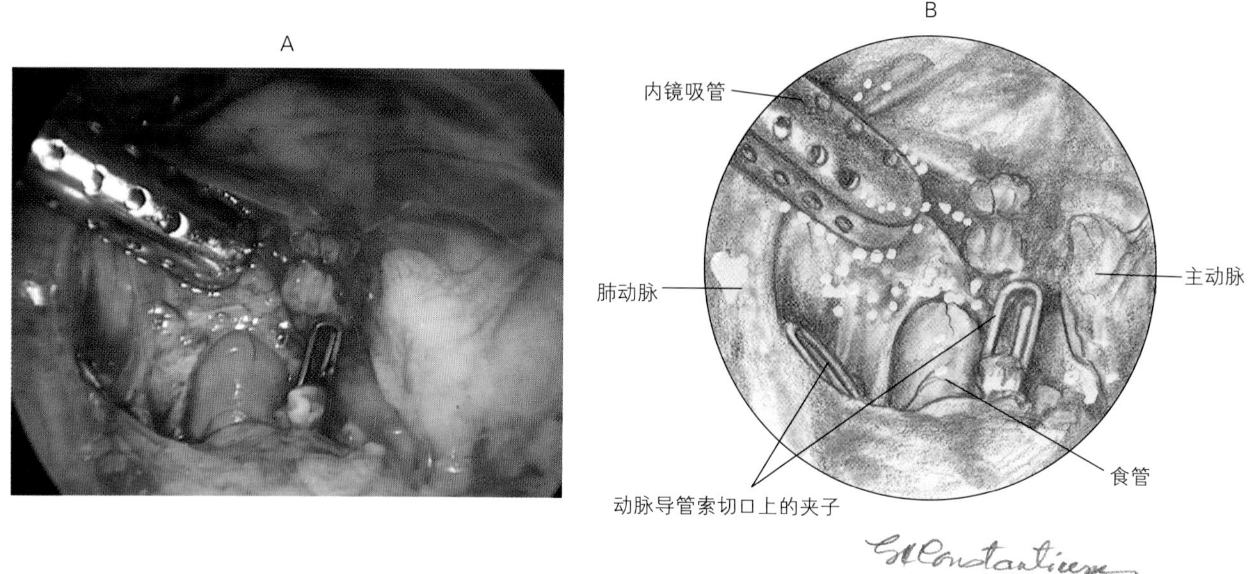

图7–73 在动脉导管索的两端都使用内镜夹，从两个夹子中间切断动脉导管索

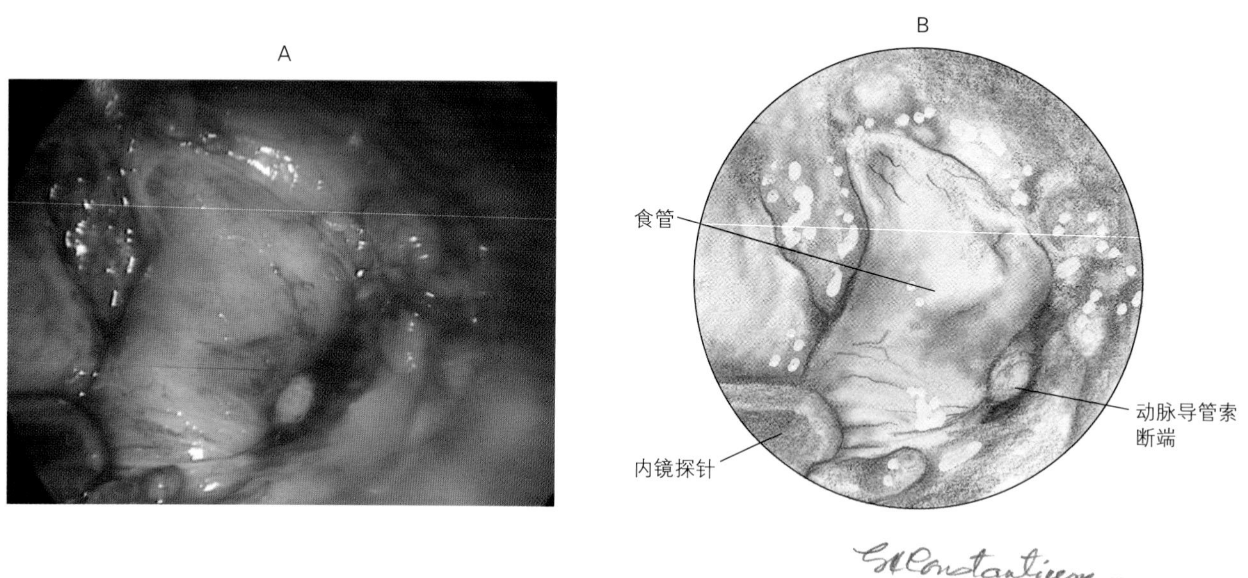

图7–74 切断动脉导管索后，用球形扩张导管或食管探条扩大食管，剥离食管上残留的纤维

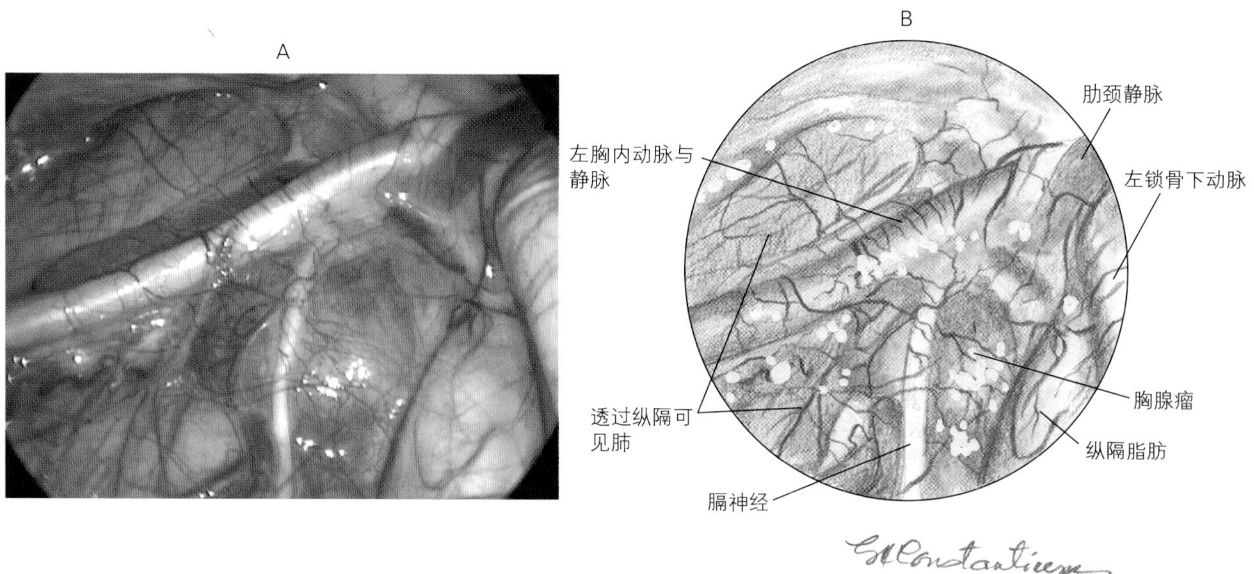

图7–75　从左侧卧犬的左肋间内镜入口进入可见纵隔前部的一个胸腺瘤

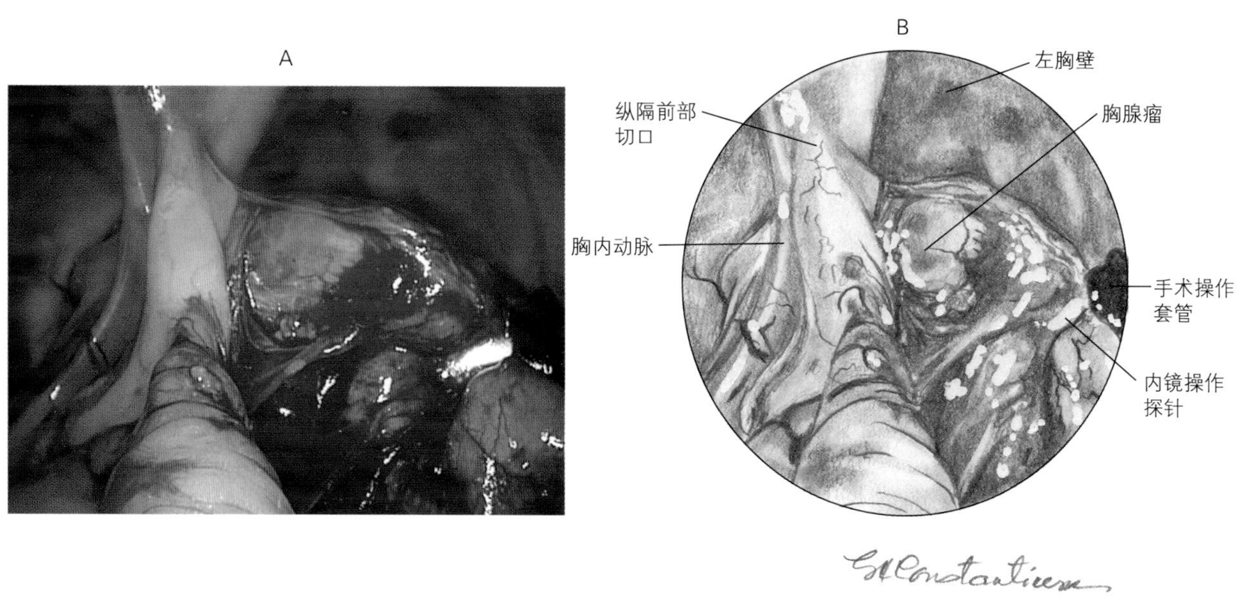

图7–76　摘除图7–24中的纵隔肿瘤

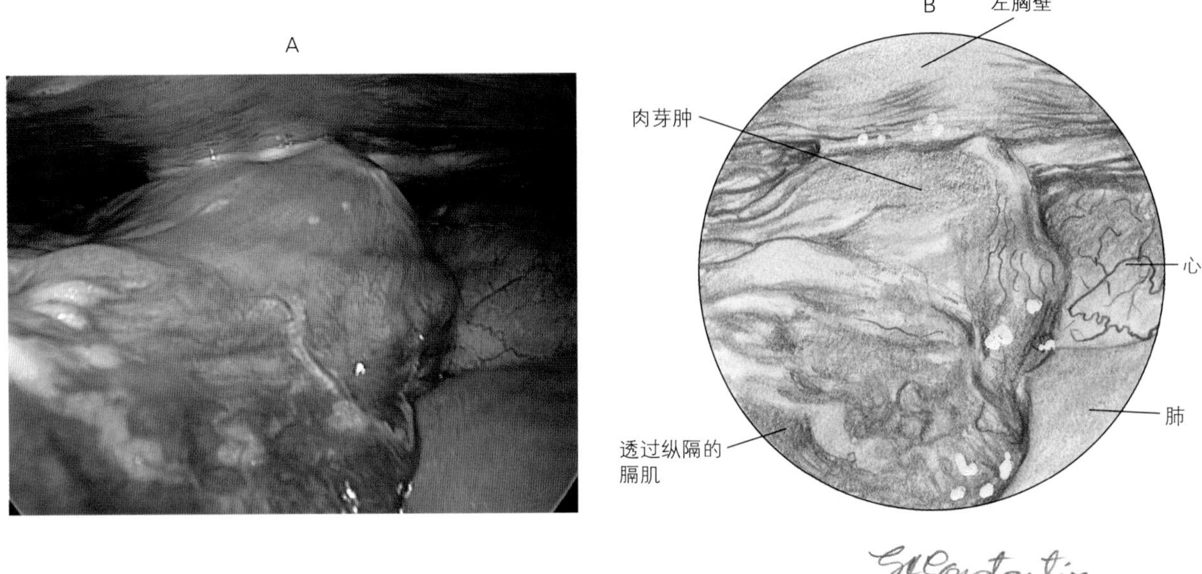

图7-77 脓胸复发患犬左侧胸腔后部的肉芽肿

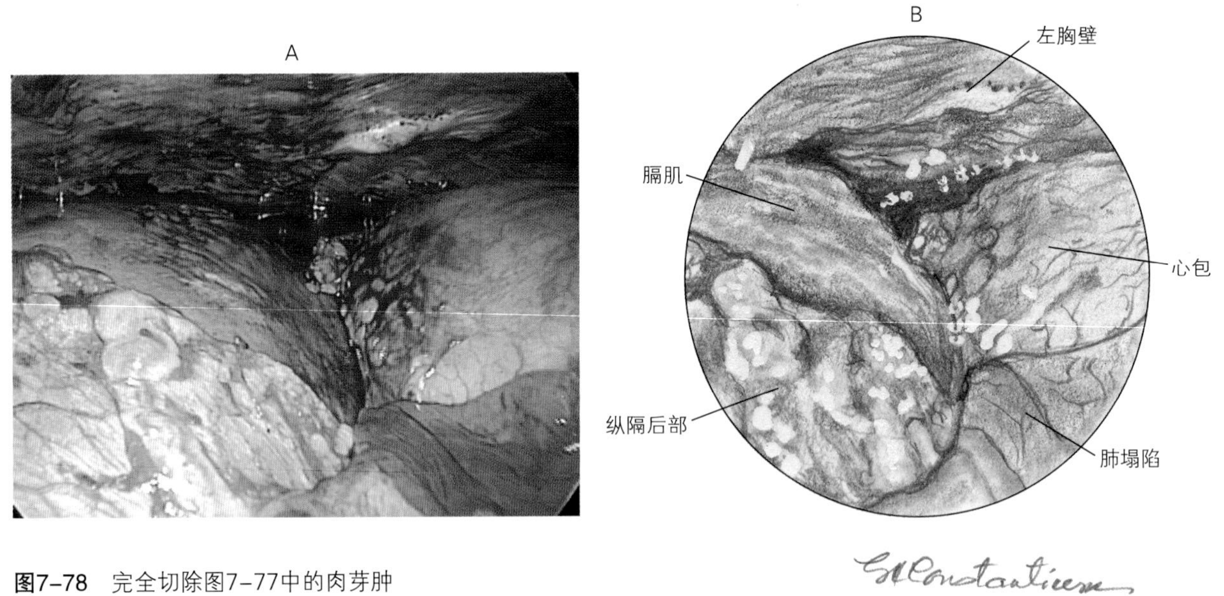

图7-78 完全切除图7-77中的肉芽肿

第十二节 胸腔镜术的禁忌证

胸腔镜检查或微创手术主要的禁忌证是由微创手术技术水平的不足而造成的。胸腔镜技术在小动物上的应用几乎没有禁忌证。在许多人医和兽医文献中，微创胸外科手术和胸腔镜检查的禁忌证是相对的，可以近乎看作是适应证。复杂的胸膜粘连影响观察，或者很难建立足够的观察空间，在人类医学领域中，这是微创胸外科手术真正的禁忌证。幸运的是，患病动物粘连程度很少如此严重。在患病动物胸腔出血原因不明，且需要开胸手术止血时，胸腔镜检查可能会延误治疗，从而增加患病动物不必要的危险。相对禁忌证包括凝血病、肥胖症和全身性疾病，导致抵抗力低下，从而增加麻醉风险。这些都是需要额外关注的因素，其实也不一定是禁忌证，也可能是微创手术的适应证。

第十三节　并发症

人类医学领域内镜手术的并发症是很好的参考资料。没有足够理论依据用于明确界定兽医胸腔镜检查和微创胸外科手术的并发症。创造气胸时伴发的严重或危及生命的并发症包括：安置气腹针或套管针引起的肺撕裂、心脏撕裂或大血管破裂、套管针刺破食管或气管、注入气体过多引起的心肺功能失调或气栓，以及胸壁或膈损伤等。与并发症相关的其他并发症没有生命危险，但是会伤害患病动物和干扰操作，包括高二氧化碳血症、低血压、胸壁血管损伤和皮下气肿。与注气不足相关的并发症包括：由于对解剖结构不了解或缺乏专业技术知识所造成的电外科损伤、出血、切口漏气、在切口处肿瘤脱落和神经损伤等。

注气法通常不用于微创胸外科手术，若要使用，会产生与腹腔注气相同的并发症。胸壁穿刺的并发症与腹腔镜一样，包括血管损伤和器官损伤。

兽医胸腔镜检查和微创胸外科手术时需要关注所有的这些并发症，并考虑应用人医使用的外科技术来减少动物的并发症，以及减少因经验不足而定义的动物并发症。当微创胸外科手术不能治疗时，应转变为开胸外科手术，这不是微创手术的并发症，而仅仅是学习的一部分。通过适当的护理、注意细节和充分的培训，能够降低微创胸外科手术严重并发症的发生率。

第十四节　结　论

胸腔镜诊断和微创胸外科手术是一种安全、有效、易于操作的技术，可有效地用于获取重要的诊断信息并完成微创胸外科手术。对于其适应证、优缺点、问题、并发症和禁忌证等方面还需要我们更多的研究。胸腔镜并发症发生的几率非常低。还未出现过严重的出血和漏气。患病动物在胸腔镜检查后恢复迅速，在手术几小时后便可完全恢复，无痛、行动自如，就像什么都没发生过一样。胸腔镜在小动物上的广泛应用及手术经验的增长表明胸腔镜有广泛的应用潜力。

最近一次开放性肋间开胸术的经历加强了我对胸腔镜技术的优点和益处的认识。开胸手术与胸腔镜技术相比没有优势，却有很多弊端，如过度的损伤组织、过长的手术时间、胸腔视野范围有限、术后疼痛严重而且恢复时间漫长等。胸腔镜技术是一种先进的技术，它具有手术创伤少、时间短、术后疼痛轻、同时观察效果好等优点。

参考文献

1. Reed CE: Diagnostic and therapeutic thoracoscopy. In Green FL, Ponsky JL, editors: *Endoscopic surgery,* Philadelphia, 1994, WB Saunders.
2. Kovak JR and others: Use of thoracoscopy to determine the etiology of pleural effusion in dogs and cats: 18 cases (1998-2001), *J Am Vet Med Assoc* 221:990-994, 2002.
3. Radlinsky MG and others: Thoracoscopic visualization and ligation of the thoracic duct in dogs, *Vet Surg* 31:138-146, 2002.
4. Jackson J, Richter KP, Launer DP: Thoracoscopic partial pericardiectomy in 13 dogs, *J Vet Intern Med* 13:529-533, 1999.
5. Dupre GP, Corlouer JP, Bouvy B: Thoracoscopic pericardectomy performed without pulmonary exclusion in 9 dogs, *Vet Surg* 30:21-27, 2001.
6. Holtsinger RH, Ellison GW: Spontaneous pneumothorax, *Compendium* 17:197-210, 1995.
7. Valentine A and others: Spontaneous pneumothorax in dogs, *Compendium* 18:53-63, 1996.
8. Boutin C and others: Thoracoscopic lung biopsy: experimental and clinical preliminary study, *Chest* 82:44-48, 1982.
9. Schropp KP: Basic thoracoscopy in children. In *Pediatric laparoscopy and thoracoscopy,* Philadelphia, 1994, WB Saunders.

10. Walton RS: Thoracoscopy. In Tams TA, editor: *Small animal endoscopy*, St Louis, 1999, Mosby.
11. Faunt KK and others: Evaluation of biopsy specimens obtained during thoracoscopy from lungs of clinically normal dogs, *Am J Vet Res* 59:1499-1502, 1998.
12. Schermer CR and others: A prospective evaluation of video-assisted thoracic surgery for persistent air leak due to trauma, *Am J Surg* 177:480-484, 1999.
13. Remedios AM and others: Laparoscopic and thoracoscopic fenestration of the thoracolumbar intervertebral disks (T11-L7) in dogs, *Vet Surg* 24:439, 1995.
14. Kraenzler EJ, Hearn CJ: Anesthetic considerations for video-assisted thoracic surgery. In Brown WT, editor: *Atlas of video-assisted thoracic surgery,* Philadelphia, 1994, WB Saunders.
15. Garcia F and others: Examination of the thoracic cavity and lung lobectomy by means of thoracoscopy in dogs, *Can Vet J* 39:285-291, 1998.
16. Cohen E: One lung ventilation: prospective from an interested observer, *Minerva Anestesiol* 65:275-283, 1999.
17. Potter L, Hendrickson DA: Therapeutic video-assisted thoracic surgery. In Freeman LJ, editor: *Veterinary endosurgery*, St Louis, 1999, Mosby.
18. Cantwell SL and others: One-lung versus two-lung ventilation in the closed-chest anesthetized dog: a comparison of cardiopulmonary parameters, *Vet Surg* 29:365-373, 2000.
19. Campos JH, Massa FC: Is there a better right-sided tube for one-lung ventilation, *Anesth Analg* 86:696-700, 1998.
20. Mouton WG and others: Bronchial anatomy and single-lung ventilation in the pig, *Can J Anesth* 46:701-703, 1999.
21. Faunt KK and others: Cardiopulmonary effects of bilateral hemithorax ventilation and diagnostic thoracoscopy in dogs, *Am J Vet Res* 59:1494-1498, 1998.
22. Daly CM and others: Cardiopulmonary effects of intrathoracic insufflation in dogs, *J Am Anim Hosp Assoc* 38: 515-520, 2002.
23. Zaal MD, Kirpensteijn J, Peeters ME: Thoracoscopic approaches in the dog, *Vet Q* 19:S29, 1997.
24. Walton RS: Video-assisted thoracoscopy, *Vet Clin North Am Small Anim Pract* 31:729-759, 2001.
25. Remedios AM, Ferguson J: Minimally invasive surgery: laparoscopy and thoracoscopy in small animals, *Compendium* 18:1191-1198, 1996.
26. De Rycke LM and others: Thoracoscopic anatomy of dogs positioned in lateral recumbency, *J Am Anim Hosp Assoc* 37:543-548, 2001.
27. Lobe TE, Schropp KP: *Pediatric laparoscopy and thoracoscopy,* Philadelphia, 1994, WB Saunders.
28. Gandhi SK, Naunheim KS: The current status of thoracoscopic surgery, *Semin Laparosc Surg* 3:211-223, 1996.
29. Campbell SK and others: Chylothorax associated with constrictive pericarditis in a dog, *J Am Vet Med Assoc* 206:1561-1564, 1995.
30. Malone ED and others: Thoracoscopic-assisted diaphragmatic hernia repair using a thoracic rib resection, *Vet Surg* 30:175-178, 2001.
31. Vachon AM, Fischer AT: Thoracoscopy in the horse: diagnostic and therapeutic indications in 28 horses, *Equine Vet J* 30:467-475, 1998.
32. Walsh PW and others: Thoracoscopic versus open partial pericardiectomy in dogs: comparison of postoperative pain and morbidity, *Vet Surg* 28:472-479, 1999.
33. Isalow K, Fowler D, Walsh P: Video-assisted thoracoscopic division of the ligamentum arteriosum in two dogs with persistent right aortic arch, *J Am Vet Med Assoc* 9: 1333-1336, 2000.
34. MacPhail CM, Monnet E, Twedt DC: Thoracoscopic correction of persistent right aortic arch in a dog, *J Am Anim Hosp Assoc* 37:577-581, 2001.

第八章　上消化道内镜检查

上消化道内镜检查是一种无创、无损伤技术，可以对食道、胃和小肠上段的病变程度和范围进行可视化检查，并为实验室检查提供组织、细胞及胃肠液样本。也包括如异物取出、探条扩张术、胃管放置等治疗性措施。自从20世纪70年代将内镜检查技术引入兽医临床以来，兽医胃肠病学诊断与治疗就发生了彻底的变革，现已成为兽医临床中日益普及的方法。人们之所以对内镜检查法的兴趣与日俱增，原因如下：能提高诊断率、兽医专用内镜设备价格合理、可获得更高经济效益。

第一节　适应证、局限性、禁忌证及并发症

一、适应证

上消化道内镜检查常评价的临床问题见框8-1。内镜检查前要仔细调查患病动物的病史并进行临床检查，收集特殊病例的实验室检查数据，这样才能提高上消化道内镜检查的诊断率。在新西兰Massey大学，胃十二指肠镜检可为90%以上的患病动物提供诊断。然而，如果不进行仔细的临床和实验室检查就随意使用内镜检查往往会导致较差的诊断结果，因为内镜检查对某些引起慢性胃肠症状的疾病的诊断率较低（框8-2）。常规诊断方法如饮食调控、全血细胞计数法、血清生化检测、粪便浮集法和腹部X线检查等常常能诊断出这些疾病。如果未采取这些基本的诊断步骤，可能会导致误诊。例如，图8-1所示的腹部X线片清晰地显示了发生阻塞并充满气体和液体的肠道。该X线片是在经内镜检查犬出现慢性腹泻症状4周之后拍摄的。入院体检时并没有发现回结肠套叠，然后做了胃十二指肠镜检查。胃十二指肠镜活检发现了淋巴细胞和浆细胞的轻度浸润，从而诊断为淋巴细胞—浆细胞性肠炎。而用免疫抑制剂治疗腹泻未见好转，于是又重新评估并发现了肠套叠。

二、局限性

上消化道内镜检查常用于食道、胃及小肠上段的黏膜或管腔部位疾病的诊断，如果病变位于胃肠道黏膜下层和肌层时，用内镜就难以发现了。这种内镜检查的局限性引起了内镜超声技术的发展，它可以直接评估肠道厚度及邻近结构如肠系膜淋巴结。

框8-1　上消化道镜检的主要适应证
吞咽困难
返流
慢性呕吐
咯血
黑粪症
慢性腹泻
食道异物
食道狭窄探查与扩张术
胃内异物的取出
经皮肤胃瘘管的内置

内镜检查和内镜活检只能发现形态性疾病，而非功能性疾病（框8-2）。它不能检测出异常的胃肠运动、胃肠高酸分泌性紊乱症或刷状缘酶缺乏等亚细胞缺陷性疾病。此外，由于受可用长度的限制，用于兽医临床的内镜不能评价小肠中段的疾

病。与剖腹探查术相比，上消化道内镜检查并不能评估消化道以外的腹部器官的情况。

框8-2　有慢性呕吐或腹泻症状用内镜不易诊断的疾病

腹部疾病
- 癌扩散
- 慢性胰腺炎
- 胰腺外分泌功能不全
- 胰腺肿瘤

食物敏感症
- 食物耐受不良（如乳糖耐受不良）
- 食物过敏

高酸分泌性紊乱症
- 胃泌素瘤（APUD瘤）
- 肥大细胞瘤
- 细菌性肠毒素

中段小肠疾病
- 部分阻塞
- 肠套叠

运动紊乱
- 胃切除术后综合征（倾倒综合征）
- 肠梗阻（如低钾血症、高钙血症、自主神经机能异常）
- 假性梗阻
- 肠肌层神经炎

腔壁损害
- 肿瘤

亚细胞缺陷
- 刷状缘酶缺乏

全身性疾病
- 糖尿病
- 肝损伤
- 甲状腺亢进
- 肾上腺皮质功能低下
- 肿瘤转移
- 肾功能不全
- 毒血症

其他疾病
- 细菌过度生长
- 中枢神经系统疾病
- 与药物有关疾病
- 贾第虫（需要采集肠液并分析）
- 心丝虫病（猫）
- 鲑鱼中毒

三、禁忌证

上消化道内镜检查引起的发病率和死亡率都较低。除了动物不适合麻醉之外，很少有动物对实施消化道内镜检查存在绝对的禁忌证。若怀疑发生肠穿孔时，不适宜采取内镜检查，因为注气会导致胃肠道增压，增加周围组织污染的可能性。对于胃肠道准备不充分和患有血凝紊乱的动物也不建议内镜检查。

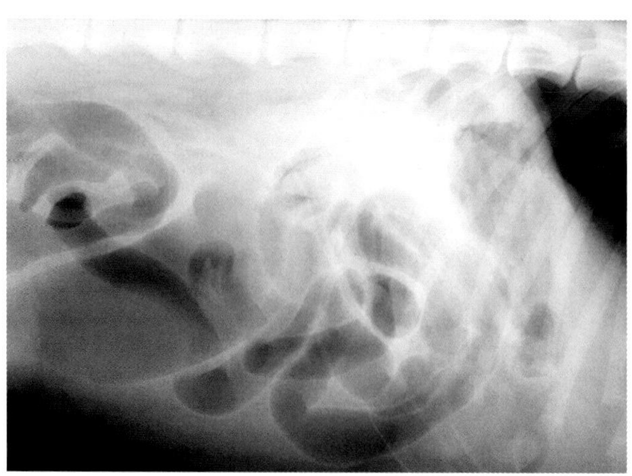

图8-1　患有回结肠套叠的犬侧位X线片，为一患有慢性腹泻的大白熊犬。入院检查时并没有发现回结肠套叠，并做了胃十二指肠镜检查。十二指肠活检发现淋巴细胞和浆细胞轻度浸润，从而诊断为淋巴细胞—浆细胞性肠炎。用免疫抑制剂治疗腹泻未见好转，从而又重新进行肠套叠检查。此病例说明内镜检查并不是全能的技术

四、并发症

上消化道内镜检查的严重并发症极为少见。最常遇到的并发症见框8-3。在这些并发症中，最常见的是由于气体充入过多而导致的胃过度膨胀。胃扩张具有潜在的致命性，必须引起注意。胃过度膨胀后会压迫后腔静脉和胸腔，从而导致静脉血回流受阻、血压和潮气量迅速降低（图8-2）。在胃十二指肠内镜检查期间腹部应达到发胀的程度，但并不应像鼓皮似过度发胀。如果发现胃过度膨胀，应使用内镜吸出胃内气体进行减压。因此，吸气泵是镜检设备中必备的部分。如果没有吸气泵，对某些动物可在内镜周围通过人工按压腹部强迫嗳气来缓解胃过度膨胀。如果人工按压不成功，则需要经口胃途径插入胃管。内镜医生应注意在食道镜或十二指肠镜检查期间，由于气体通过食道下段括约肌或幽门漏出也会导致胃的过度膨胀。胃扩张还会阻碍幽门插管，由此可导致检查时间延长和发病率增加。

框8-3　胃肠道镜检常见并发症

胃肠道穿孔
划破大血管
胃肠道邻近器官的撕裂损伤
由于胃过度膨胀而引起静脉回流受阻
急性心动过缓
胃扩张—肠扭转
黏膜出血
肠病原微生物的传播

用力插入内镜易造成食道穿孔，引起纵隔炎、胸膜炎，或因胃或肠穿孔导致发生腹膜炎，尤其在看不见消化道管腔情况下。临床上穿孔多是因活检或取出异物技术不当造成的。如果怀疑发生了穿孔，应立即进行X线检查以便确诊。大量气体可迅速溢出内脏进入周围体腔。用肉眼很难发现内镜检查导致的小穿孔。

内镜检查之后发生的胃扩张—肠扭转部分原因可能是由于溢出的气体去除不充分所致。内镜检查期间所发生的急性心动过缓是由于迷走神经反射所致，此现象常见于向小型动物小肠内插入内镜器械所致。肠道过度膨胀或过度牵引肠系膜也可引起迷走神经反射异常。取出异物或扩张时探查可引起大的血管破裂。活检后很少发生大出血现象。内镜消毒不严格可造成肠道病原微生物的传播。常规内镜检查后，从一小部分病人的血液中能培养出口腔微生物。同种现象在犬、猫中是否发生尚不清楚。

第二节　上消化道内镜与其他胃肠道诊断技术的关系

一、吸收实验研究

一些吸收实验（如木糖和脂肪吸收实验）的主要目的就是以无创的方式检查小肠疾病。上消化道内镜的引入大大减少了这些实验的应用。

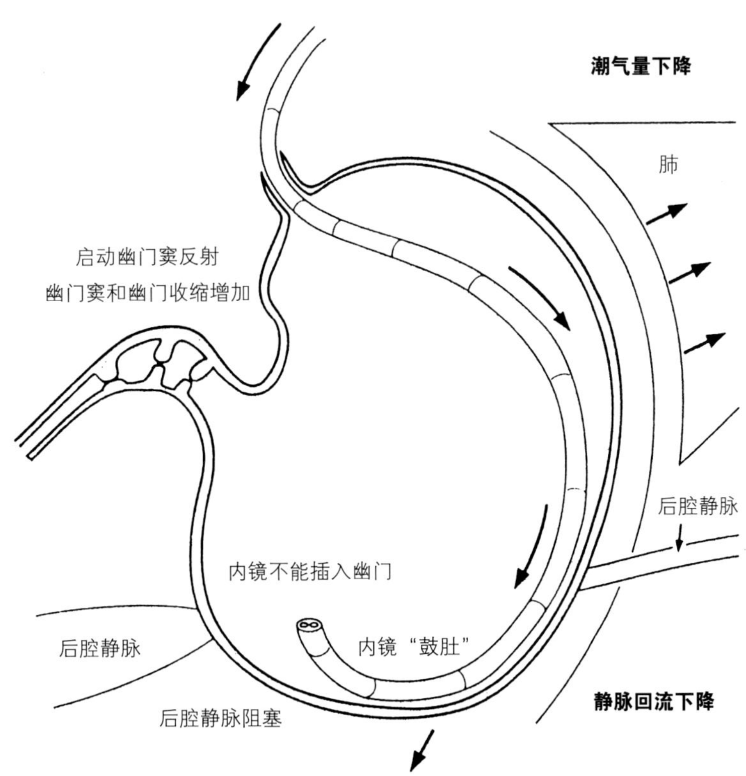

图8-2　胃过度膨胀的后果。胃过度膨胀使幽门窦收缩和幽门张力增加，静脉回流受阻，呼吸潮气量下降，并导致内镜插管中出现“鼓肚”，从而限制了机动性（引自Strombeck DR, Guilford: WG Small animal gastroenterology, ed 2, Davis, Calif, 1990, Stonegate）

二、X线造影术

无论是在人类医院还是动物医院，内镜技术的问世使胃肠道X线造影术的应用越来越少。然而，上消化道X线造影术和内镜检查具有互补性。X线造影不需要麻醉，它更适宜于判断脏腔直径、脏壁肿块、壁外压缩性损伤、空肠疾病、胃肠运动性以及排空等方面问题。内镜检查对诊断上消化道黏膜疾病更有效，通过活检可提供更为确切的诊断结果。

食道的基本功能是蠕动。由于神经肌肉疾病所致的食道运动功能紊乱是引起食道机能障碍最常见的病因。因此，大多数食道疾病的疑似病例在进行内镜检查前最好进行钡餐或荧光钡餐透视。

胃肠的主要功能是蠕动、分泌和消化。大多数功能性紊乱疾病都具有形态学基础。X线造影术在检查犬胃的形态学疾病方面不如内镜灵敏。此外，X线造影术只能确定疾病的位置，却极少能确定其病因。因此，在大多数胃十二指肠疾病的疑似病例中，内镜检查优于X线造影术。在用X线造影术之前使用内镜诊断一系列患者的上消化道疾病时，结果仅有5位患者需要再做钡餐检查。相反，当X线造影术作为首要检查技术时，则有30位患者需要再做内镜检查。给予钡餐后的动物再进行内镜检查时至少需要间隔18h。如果间隔时间过短，钡剂将妨碍对黏膜的观察。此外，干燥的钡剂难以从活检器械和内镜操作通道上去除。

三、结肠内镜检查

无论动物临床症状如何，某些兽医胃肠病研究者更喜欢选用胃十二指肠镜和结肠镜进行检查。全部胃肠道内镜检查的优点是可以发现肠道的亚临床疾病，特别是肠道的炎性疾病、幽门或回盲口未被抑制的紊乱性疾病。然而，我更喜欢在动物大肠和小肠都表现出临床症状的情况下进行上消化道和结肠镜的双侧检查。单侧检查方法（经口或经肛门）一般应用于表现亚临床症状的胃肠道，这些临床症状只偶尔影响以后的治疗方法或治愈率。双侧检查方法需要消耗更多的资金和时间，但我认为还是值得的。

第三节　上消化道内镜检查设备

第一章已对内镜设备进行了详细的论述。下面主要就不同类型上消化道内镜设备特征和属性加以概述。

一、硬质内镜

硬质内镜常用来观察食道，它的重要价值是能使大型抓钳通过它的粗管径来取出食道异物。异物被拉入硬质内镜的管腔后便于从食道括约肌中取出。

二、纤维内镜

现在还没有一种内镜能适用于所有不同大小体型动物的万能软质内镜。主要从事猫研究的兽医师发现，一种窄腔（直径为7.8~7.9mm）的儿科胃镜可以插入猫的幽门。相反，对于临床中多数大型犬，兽医师则需要加长的特殊设计的兽用胃镜（第一章，图1-16），以利于插入大型犬的海绵状胃幽门。腔径极小（如4~5mm）的内镜通常不适宜于胃十二指肠内镜检查，因为这种内镜具有典型的双向偏转特点，它的软质插管很难穿过胃大弯到达幽门窦，而且其太容易受损而经不起巨大的扭转。兽医可用人医用的内径大于10mm的胃镜或结肠镜进行食道和胃的检查，但它们不能通过猫和小型犬的幽门。直径较大内镜的优点是可以提供更多的光照（可观察胃的全景）和较大的手术操作通道，便于取出活检样本，且更持久耐用。

上消化道内镜必须具有四向偏转端部。它比双向偏转的内镜更易操作。双向偏转前端部的内镜不能充分进行胃肠检查，因为它需要过度扭转插管才能完成较难的操作（如幽门插管），难以应用。每个偏转方向的最大弯角因内镜型号不同而有很大差异。通常胃肠镜至少在一个方向具有180°～210°的偏转，另外3个方向至少有90°～100°的偏转。内镜的端部偏转越大，弯曲半径越小，越容易操作。

好的光质是胃肠镜的基本条件。多数内镜具有90°～120°的视野，较宽广的视野角度便于对大的脏器（如胃）进行定位和全面检查，以减少因视野狭窄而遗漏界标和病灶的可能性。用于胃肠检查的内镜最小的焦距应为3～5mm，在内镜端部接近黏膜时其能达到最大能见度。当内镜试图通过幽门时这尤为有用，因为内镜靠近时，可使幽门通道停留在视野的时间达到最长，这便于最后一分钟的端部的精细偏转，这是穿过幽门所必需的。

三、视频内镜

视频内镜在检查上消化道方面具有比纤维内镜更多的优点。它可以记录损伤情况、营造团队参与气氛、利于活检和取出异物的操作、减少疲劳以及更有利于教学等。视频内镜与纤维内镜一样，在管径较小时不可使用，视频内镜系统要比纤维内镜系统更昂贵，但纤维内镜的使用寿命较长。

四、光源、充气法以及真空泵

150W的光源能为大脏器（如胃）的镜检提供充足的光亮度，但最好的是300W。为使胃肠道膨胀必须充气，为检查提供一个视觉空间。光源和充气设备可联合使用，也可把独立的充气设备连接到现有的光源中。胃肠道内镜检查也需要吸气，可应用标准的外科真空泵。

第四节　患病动物的准备与麻醉要求

胃肠道内镜检查前动物需禁食12～24h，为了保证麻醉安全，检查前要进行对症治疗、纠正水盐代谢紊乱。如胃排空延迟则禁食时间要更长。胃内食物的滞留可能会干扰黏膜的显像，堵住内镜的吸出通道，还可能影响恢复期间吸入胃内容物。

麻醉

上消化道内镜检查必须在麻醉状态下进行。麻醉方法的选择取决于动物的全身状况以及是否存在并发症。

麻醉前使用抗胆碱能药物可以减少胃的蠕动和胃液分泌。分泌物减少可降低操作过程中产生的泡沫。抗胆碱能药物对幽门括约肌张力的影响不明显，如要采集十二指肠肠液时就不要使用抗胆碱能药物。麻醉剂可增加人幽门和十二指肠的张力，使内镜不易通过。犬也可能存在类似情况。因此，如果动物身体条件允许，在胃肠道内镜检查时最好避免使用这类药物。

麻醉师应特别警惕气体过度膨胀的症状，如腹部过度膨胀、心动过缓、黏膜苍白以及血压骤然下降等，心动过缓说明迷走神经反射出现了问题。

为了保护内镜，在动物嘴中应一直放置可靠的开口器。

第五节　内镜检查的一般性技术

一、患病动物体位

对于常规上消化道内镜检查，患病动物通常采用左侧卧。此体位可以使幽门置于腹顶便于幽门检查，使胃体和胃窦的交界处得以减压，有利于从胃窦中引流胃液（图8-3）。如要放置胃导管，则应采取右侧卧。

二、内镜的握持

把带有护套的内镜握在左手拇指和食指之间，护套与手背面接触，内镜操纵部握在手心。多数内镜医生可以用此种握持法舒适地掌控内镜的操纵部。左手各手指操纵充气和吸引按钮，拇指调整上下旋角钮。右手控制内镜的前进和扭转，并偶尔对左右旋角钮进行调整。需要一位助手将器械稳定在肠道中的特定位置，并进行有效的活检和抓取操作。有些内镜医生用两手操作内镜操纵部，此时就需要助手把内镜插入管向前推动。不建议使用此方法，它不能进行精细的操作使内镜通过难以进入的幽门口。

三、内镜操作

通过调整上下旋角钮和左右旋角钮以及扭转插入管来操纵内镜端部。大多数内镜的上下偏转方向比左右偏转方向具有更大的弯曲能力。通过扭转使内镜的上下偏转方向最易通过弯曲部，该弯曲部需要内镜端部达到最大的偏转。这种扭转降低了内镜医生对左右偏转旋钮的依赖，因为操作左右偏转旋钮最为困难。要想通过幽门和十二指肠前端常常需要这种扭转。

通过旋转插入管来完成扭转而不能扭转手柄，因为它直径较大，旋转力太大时容易损坏内镜。扭转插入管时，机头也跟随着旋转。如果机头和插入管不是朝同一方向同等程度旋转，那么纤维光镜上就会出现过度的扭转应力。很多内镜医生通过左右移动他们上身来达到手柄和插入管的旋转。扭转内镜的阻力随插入管在动物体内插得越深而越大。当内镜端部到达十二指肠远端时很难使内镜发生有效的旋转运动。

只有当能清楚地看到肠腔时，才能使内镜向前移动，而“侧滑”技术例外（图8-4）。它是通过把内镜端部偏转到可看见的弯曲方向，然后在胃大弯黏膜上轻轻滑动内镜来完成的。肠腔暂时从视野中消失，并且黏膜发生“红视”现象。内镜端部在黏膜上的滑动出现印迹，且直到内镜绕行弯曲部时才恢复肠腔视野。侧滑技术是绕行十二指肠头端弯曲部所必需的。此技术的缺点是，它偶尔导致黏膜碎片暂时阻塞气道或水道。

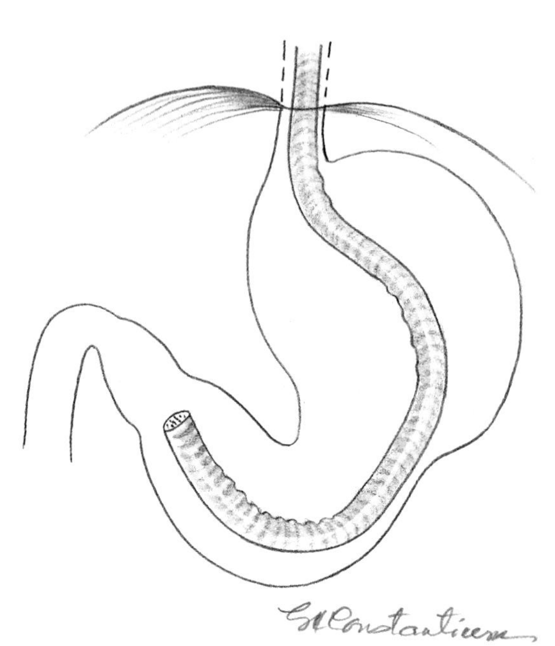

图8-3 犬左侧卧时胃的位置图。此体位可以使幽门置于腹顶便于幽门检查，使胃体和胃窦的交界处得以减压，有利于从胃窦中引流胃液

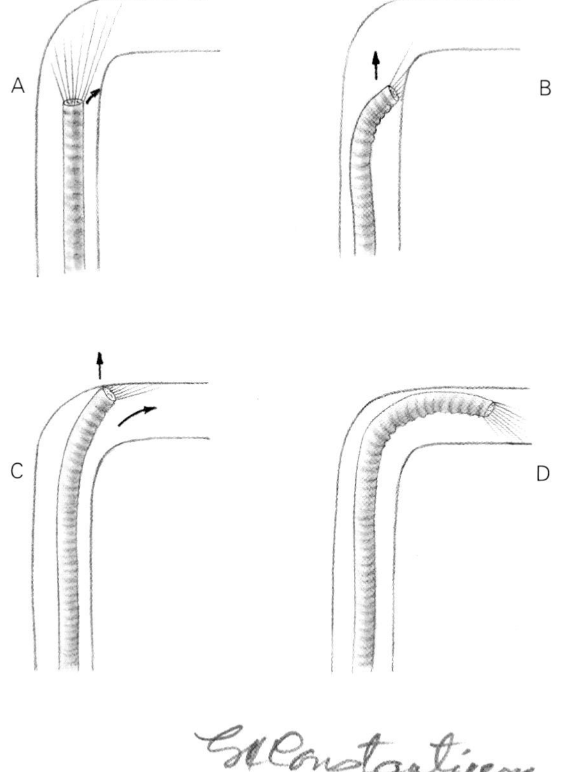

图8-4 用于穿过急剧弯曲的“侧滑”技术原理图
A，内镜医生判断弯曲部分的走向；
B，在进一步插入内镜前,在发现的弯曲后将内镜端部转向弯曲处；
C，被转向的内镜端部压迫胃大弯，导致内镜划向黏膜。此时胃腔暂时从视野中消失，黏膜发生“红视”。当内镜继续前进时，滑动内镜端部可以看见黏膜；
D，一旦内镜绕过弯曲部，又重新获得视野

四、内镜损坏的常见原因

内镜是一种相对易碎的器械，为了避免损坏和确保寿命，操作时必须小心。咬嚼、磕碰、不适当的旋转、插入或扭转力过大、活检器械强烈通过管道以及反复X线透视检查等因素都可损坏内镜。适度麻醉和严格放置开口器可以避免动物咬嚼。当未插入的内镜弯曲部依靠重力把内镜前端从口腔中拉出以及内镜端部急拉撞到地面或桌凳时，就会发生磕碰。当内镜医生从器械上松开右手时，助手轻轻握住插入管就可避免内镜损坏。通常内镜旋转角度不要超过360°，不要使弯曲部过度弯曲。当内镜医生站立并向前倾斜身体于桌子上方时，就会不经意地发生上述情况。这种姿势可以严重扭折未插入的插入管弯曲部。偏转旋钮的过度旋转会拉紧内镜的偏转电缆，这是常见的错误，通常是由于内镜医生不熟练扭转技术所致。当旋转钮对抗锁定杆强力旋转时，电缆也可拉紧。后者较常见，此时多是由于无经验的内镜医生无意中关闭锁定杆而转动了旋转钮所致。

五、黏膜描述

黏膜书面描述是动物进行任何内镜检查时医学记录的标准组成部分。在适当的情况下，还应包括影像记录。内镜检查等级记录表有助于对黏膜病灶描述的一致性。等级记录表包括病灶（如肿块或溃疡）的大小和位置的描述。此外，下列每个参数均以半定量方式加以评价：黏膜红斑、脆性、颗粒性和糜烂性的等级；黏液量以及黏膜下血管的可见度等。在这些参数中，黏膜红斑的增加与黏膜疾病相关性最低。黏液的出现因充气程度不同而存在很大差异。

第六节　食道镜

一、器械

虽然硬质内镜可以用来进行食道检查，但最好应用软质内镜进行食道检查。硬质内镜一般因长度受限不能进行胸段食道检查，但它在取出尖锐异物方面具有许多优势。

二、技术

为使内镜进入食道，需将动物的颈部伸直，经口腔把内镜插入管沿着气管插管上方插入，然后向前推进，使内镜穿过食道上部括约肌。如果内镜没有进入食道常常是由于内镜在口腔放置的位置不对，致使内镜与气管导管缠结、碰到咽壁或接触到喉部等情况所致。

当内镜端部进入食道后，稍往后拉停留在食道上括约肌内侧，然后向食道内充入气体，使食道扩张，直到看到食道腔为止。当食道扩张时，食道近端的纵向黏膜褶变小，通常能看到整个颈部食道腔。一旦食道充分扩张，则向前推动内镜。内镜在食道内移动仅会遇到很小的阻力，通过微调上下旋角钮并结合细微的扭转运动可以操纵其快速进入，并可观察到全部食道腔。在食道颈段和胸段交界处有一个较小的弯曲。一旦通过此处，就可观察到食道下部括约肌。

由于食道上皮致密，食道上皮的活检的难度要比胃肠道其他部位大。

三、正常食道形态

麻醉动物的正常食道松弛柔软，贴于气管和胸腔血管之上，易产生食道扩张的假象。食道中含有少量清亮液体。存在食物是一种异常现象，偶见混有胆汁，但不一定是病理现象。正常食道黏膜苍白平滑。在犬食道中通常看不到黏膜下血管，但在幼犬和猫的食道表层血管网中有时很明显。在胸腔入口处有可能存在憩室样的多余组织，但它可因颈部伸展而变小。猫食道远端几厘米处有一系列鲱鱼骨样的环状黏膜皱褶，这些皱褶不要与狭窄处的放射状纤维条纹混淆。胃食道结合处通常有裂缝样形态（图8-5和图8-6）。正常动物的胃食道结合处黏膜显得更红些，这是由于从食道黏膜向胃黏膜转变所致。食道下段括约肌在检查时通常关闭，但偶尔会张开（图8-7）。下段食道括约肌的张开意义不大，除非周围食道黏膜出现食道炎症状。

四、异常食道形态

食道扩张患犬的食道中会滞留有液体和发酵的食物。过度扩张的食道黏膜皱褶常呈多卷状，以至于很难让内镜通过食道下括约肌。胃食道套叠可产生类似问题，这是由于内镜进入胃翻进食道所产生的盲褶内造成的。有时用手的压力阻断食道上括约肌闭合同时向食道内充入气体，可降低胃食道套叠的发生率。

即使组织病理学变化明显，但肉眼所见食道炎的症状可能明显，也可能并不明显。肉眼所见食道炎的变化有黏膜红斑、糜烂、不规则和狭窄等（图8-8）。

食道狭窄表现为食道腔环状狭窄（图8-9至图8-11）。食道炎若发生在狭窄部的前端（图8-10），可能是继发于食物发酵。若发生在狭窄处的后端，则提示存在胃食道返流。狭窄腔常常很窄（1~2mm），长度一般为1~6cm。如果管腔宽，则在狭窄处腔壁上出现放射状纤维条纹（图8-12）。食入腐蚀性物质或麻醉期间出现胃食道返流所引起的狭窄通常表面光滑，无糜烂。沿着食道可断续出现多处狭窄。相反，食道黏膜肿瘤所引起的狭窄较为单一，常常具有易碎的外观。从所有狭窄部采集活检样本有助于鉴别纤维性或肿瘤性狭窄。治疗方法包括气囊扩张术和探条扩张术。

内镜检查偶尔可以诊断出食道裂孔疝。其形态像一个气囊，从远端食道壁进入食道腔。气囊收缩频率与呼吸频率一致，通常与食道炎有关。平滑肌瘤偶见于胃食道连接处。肿块的生长可以使胃黏膜翻进食道，用内镜检查可以证明肿瘤存在与否（图8-13）。

A

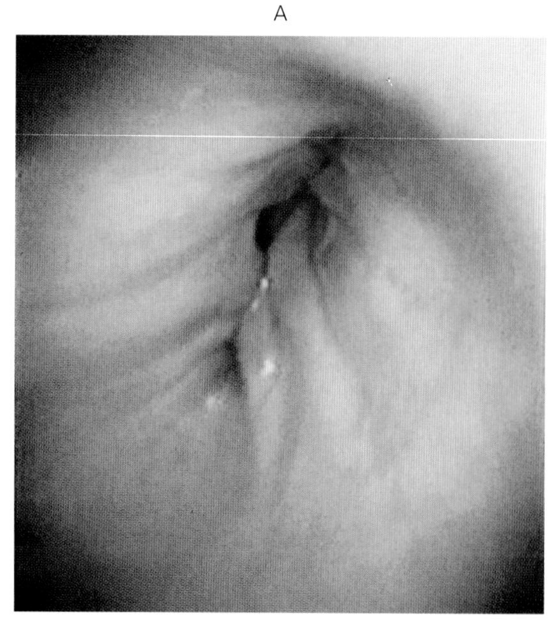

B

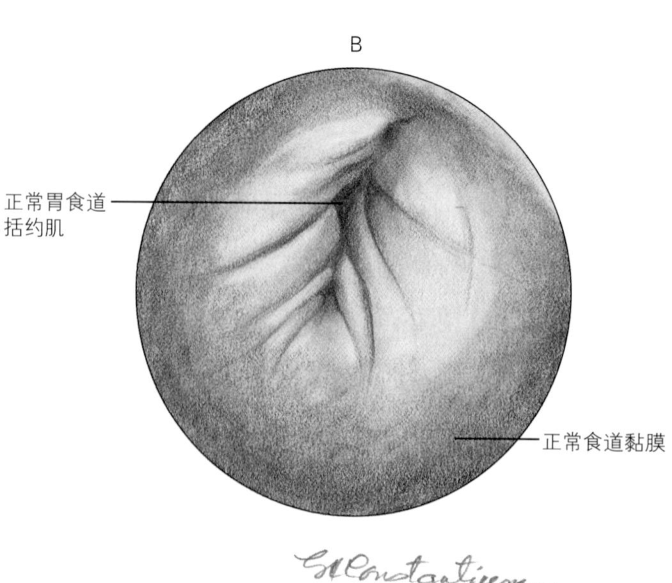

图8-5　正常胃食道括约肌。胃食道括约肌通常有裂缝样形态。在正常动物的胃食道结合处黏膜显得更红些。这是由于从食道黏膜向胃黏膜的转变所致

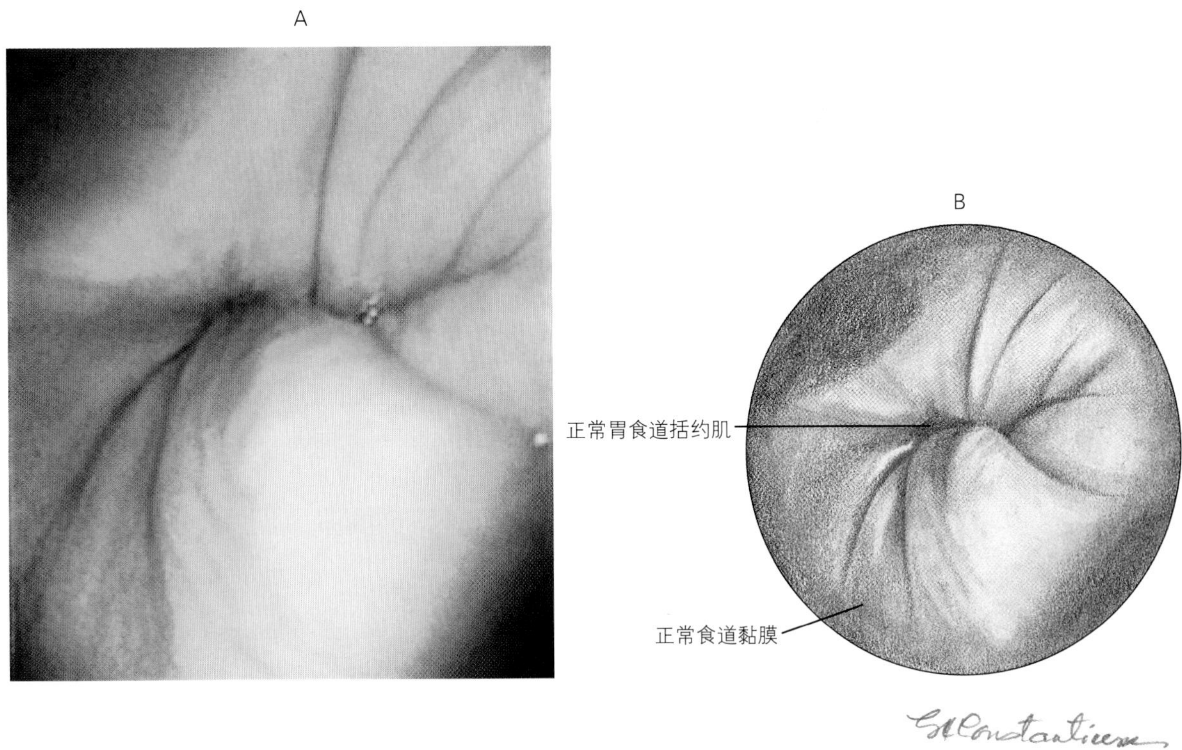

图8–6　胃食道括约肌处于闭锁状态

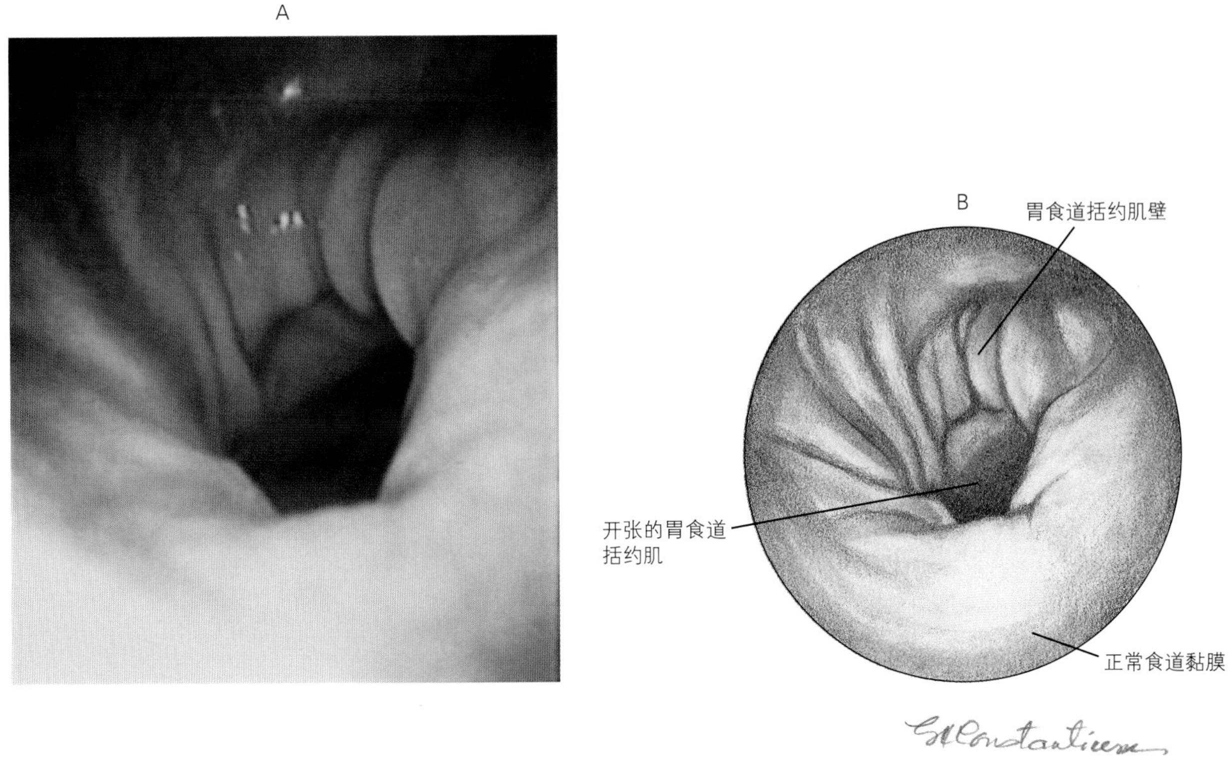

图8–7　胃食道括约肌处于开张状态。胃食道括约肌在检查时通常关闭，但偶尔可以开张。除非周围食道黏膜出现食道炎症，否则食道下段括约肌的开张意义不大

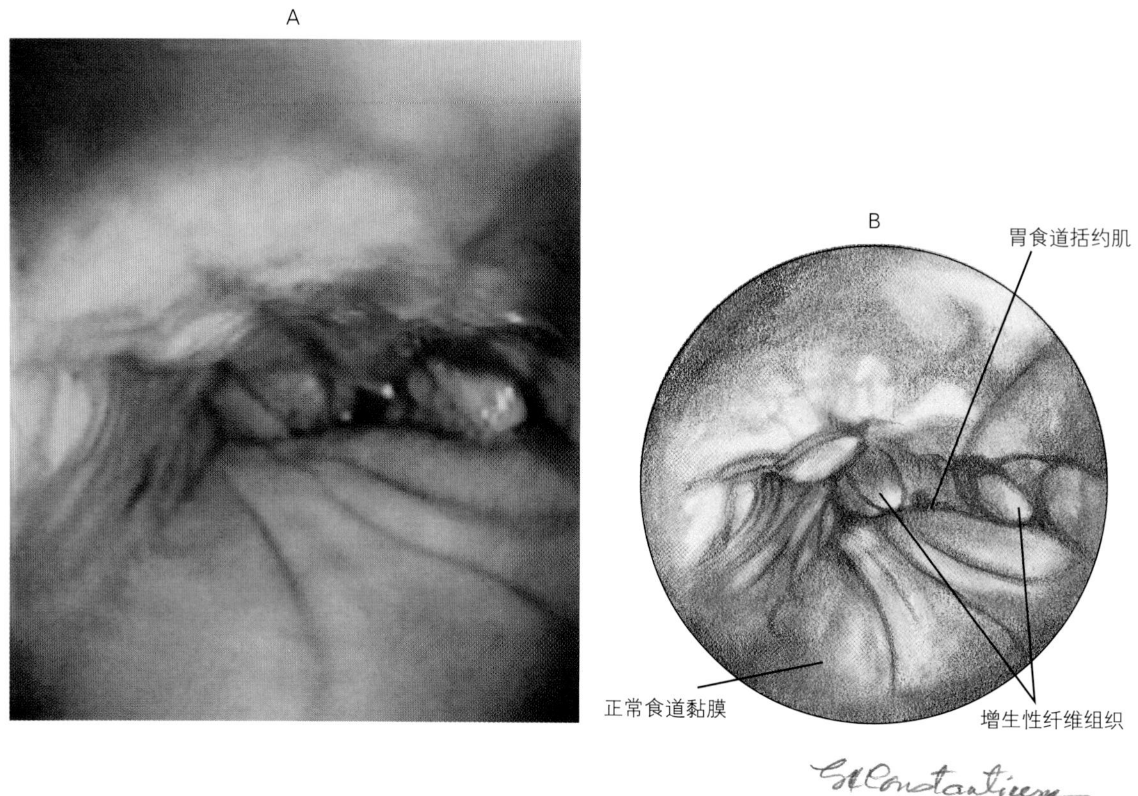

图8-8 返流性食道炎。慢性严重食道炎患犬胃食道连接处。注意黏膜明显不规则

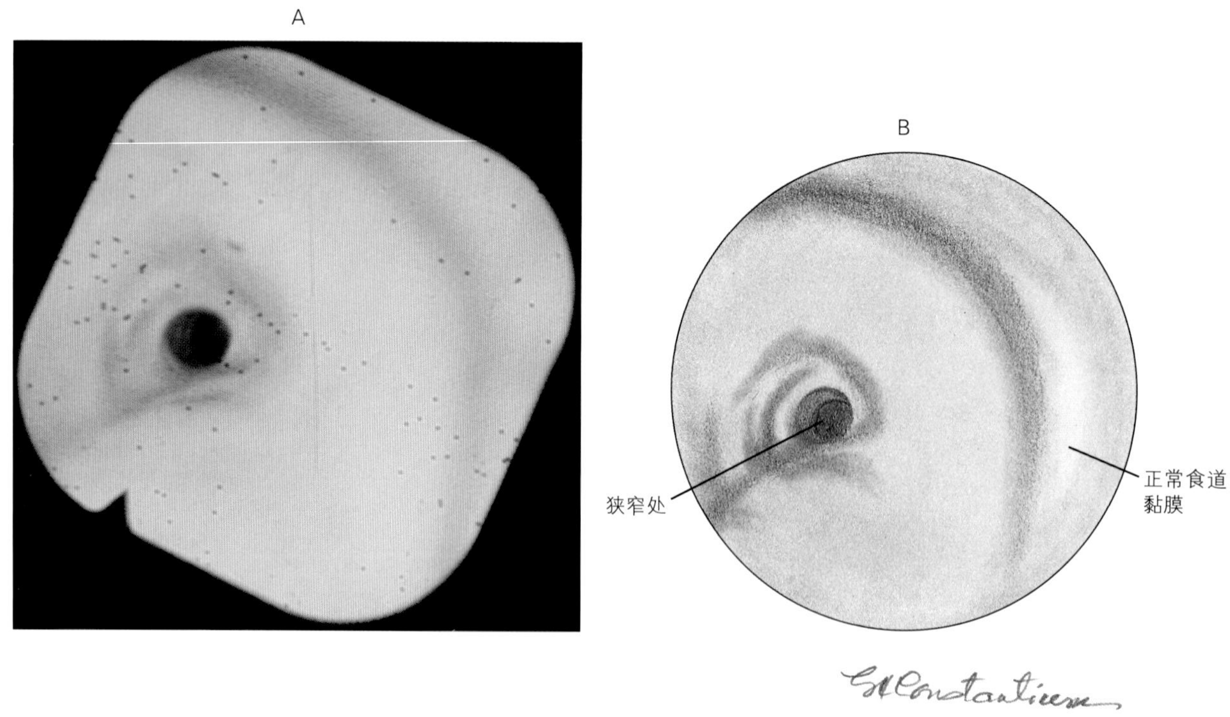

图8-9 无食道炎的食道狭窄。食道腔明显变窄。黏膜苍白，无并发食道炎的症状

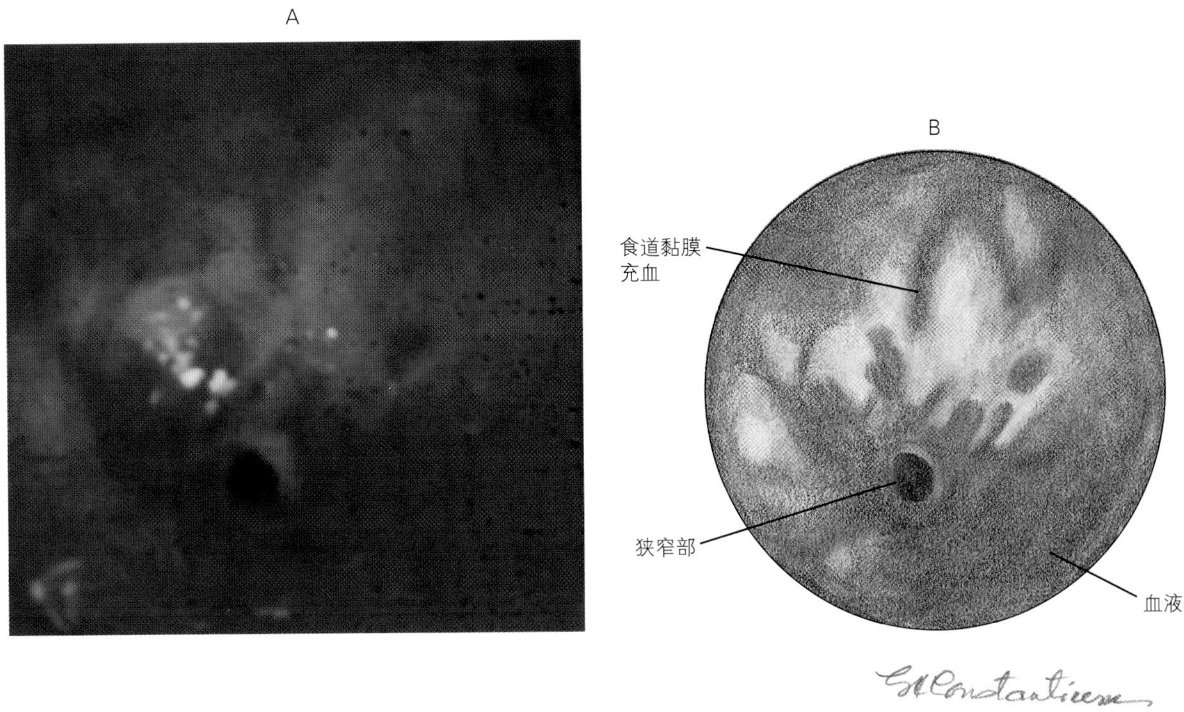

图8-10　伴有食道炎的食道狭窄。与图8-9相比，这种食道狭窄有明显的黏膜红斑和出血，表明有食道炎

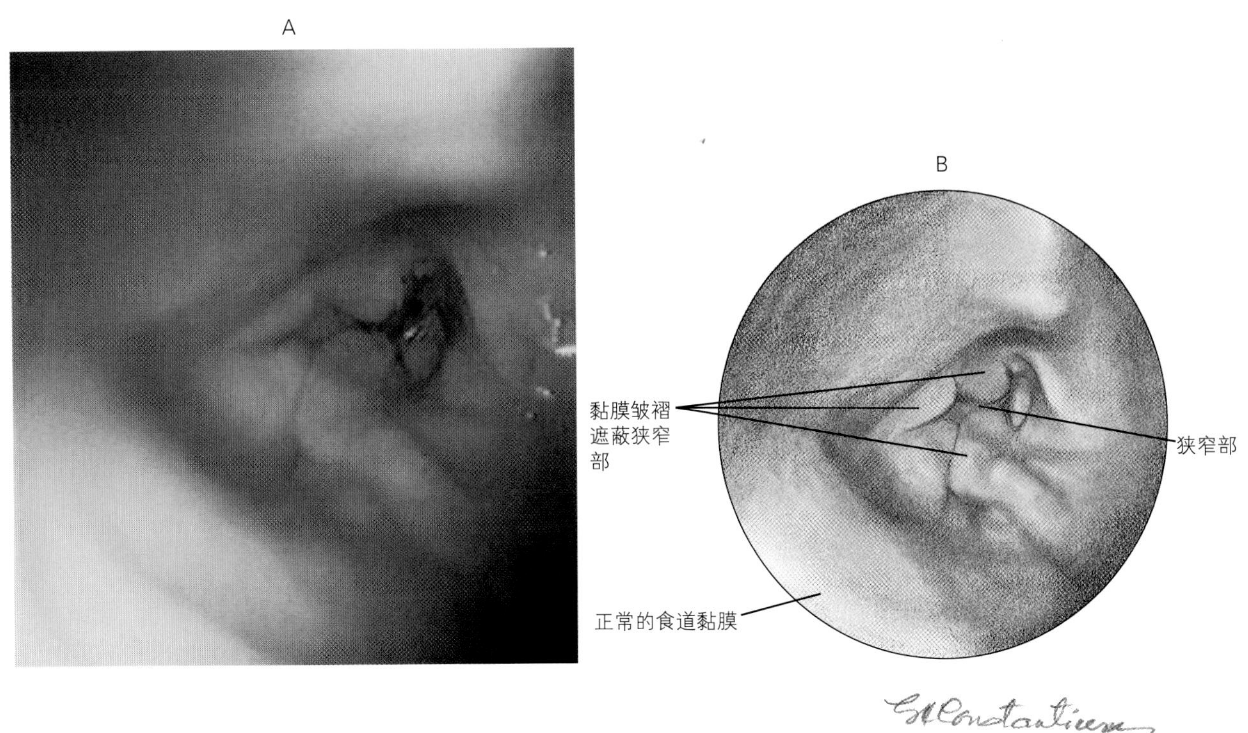

图8-11　气囊扩张术之前的食道狭窄。此猫从常规麻醉后几周开始出现返流。内镜检查发现胸腔段食道中的狭窄部，食道黏膜皱褶遮蔽狭窄的食道腔

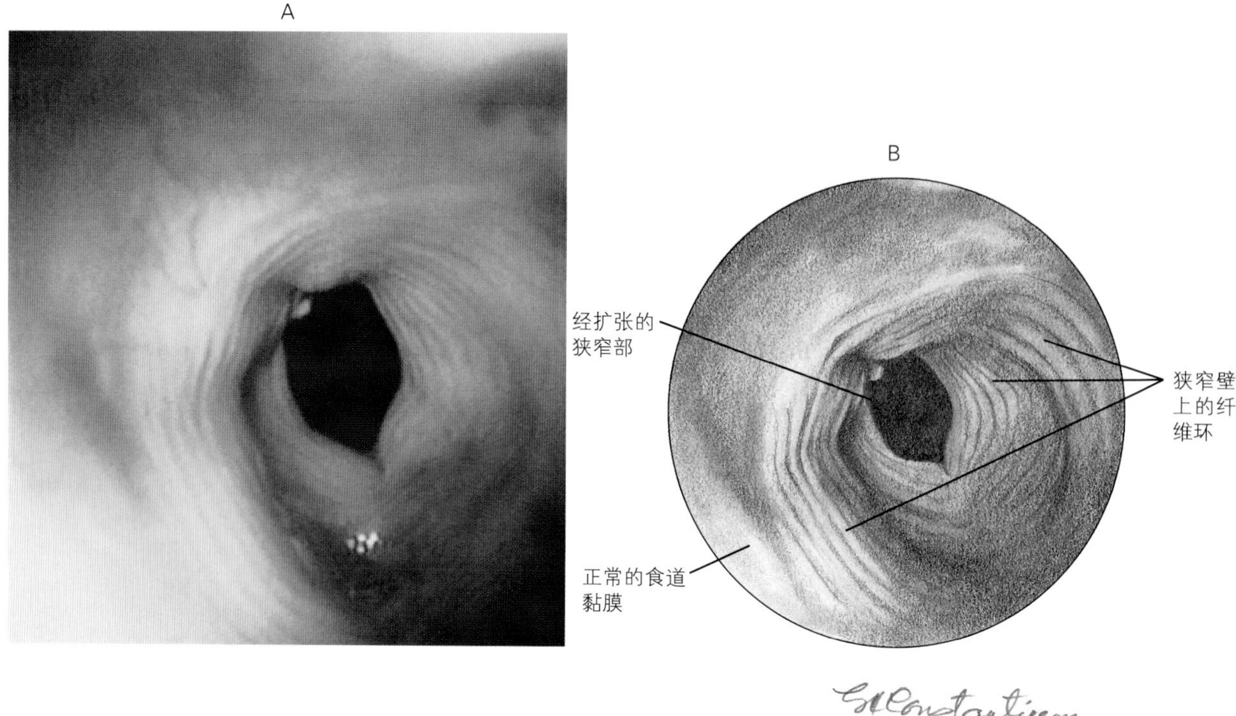

图8-12 经扩张的狭窄部。成功扩张图8-11的狭窄。注意在狭窄的食道壁上有放射状纤维环

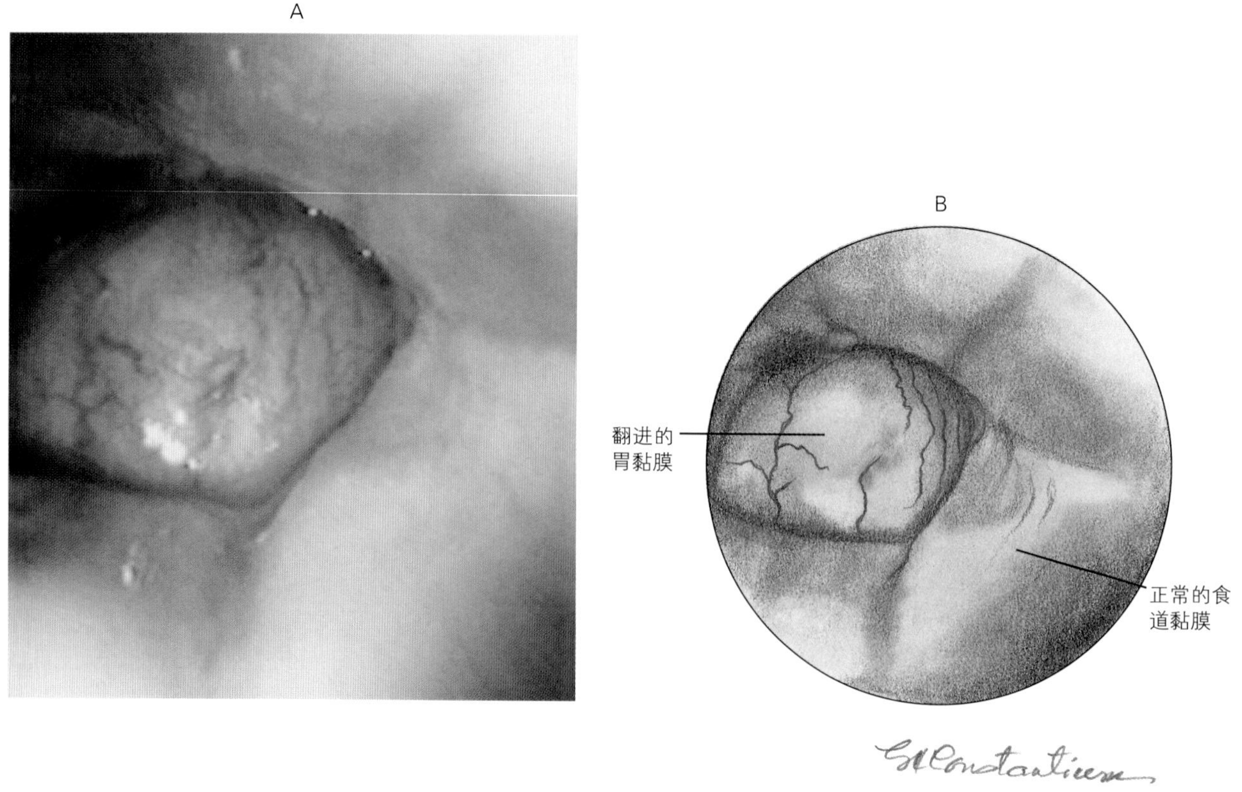

图8-13 胃黏膜翻进食道，可以看见胃黏膜翻进食道腔。黏膜翻进是由于胃食道结合处出现平滑肌瘤

其他食道肿瘤如肉瘤和癌通常症状比较明显，肿块质地易碎且有溃疡发生。

第七节　胃　镜

由于胃体较大，内镜专家必须制定一套系统的胃镜检查方法才不会遗漏病变部位。图8-14为胃和十二指肠的解剖图。

一、胃体的检查

食道检查之后，将内镜向前轻轻推进，穿过胃食道括约肌后进入胃内。内镜在进入胃内未充入气体之前，胃黏膜会干扰视野，直到胃内充入部分气体后方可看见胃内情况（图8-15）。最先看到的是胃底和胃体的结合部。当向胃内充气时，内镜端部远离黏膜并略微偏斜，这样可看到胃体全部（图8-16和图8-17）。

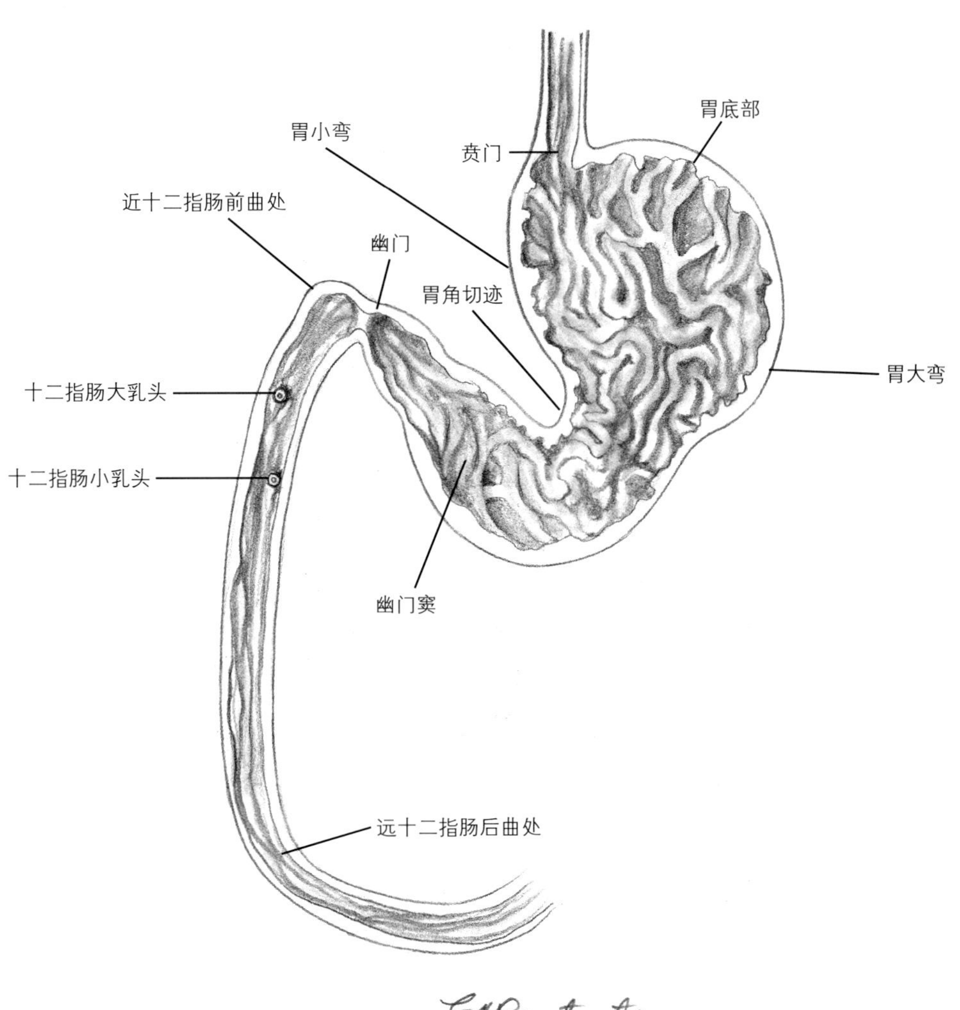

图8-14　胃和十二指肠上段解剖图。内镜医生应熟悉胃的解剖结构以便于定位内镜。尤其要注意的一个解剖标志是胃角切迹，它是一种把幽门窦和胃体分开的黏膜皱褶。还要注意的是这种皱褶是纵向朝着幽门窦，在幽门窦处的皱褶很少。近十二指肠前曲处的急度弯曲很难通过。犬的十二指肠远部后曲是可以检查到的上消化道最远段

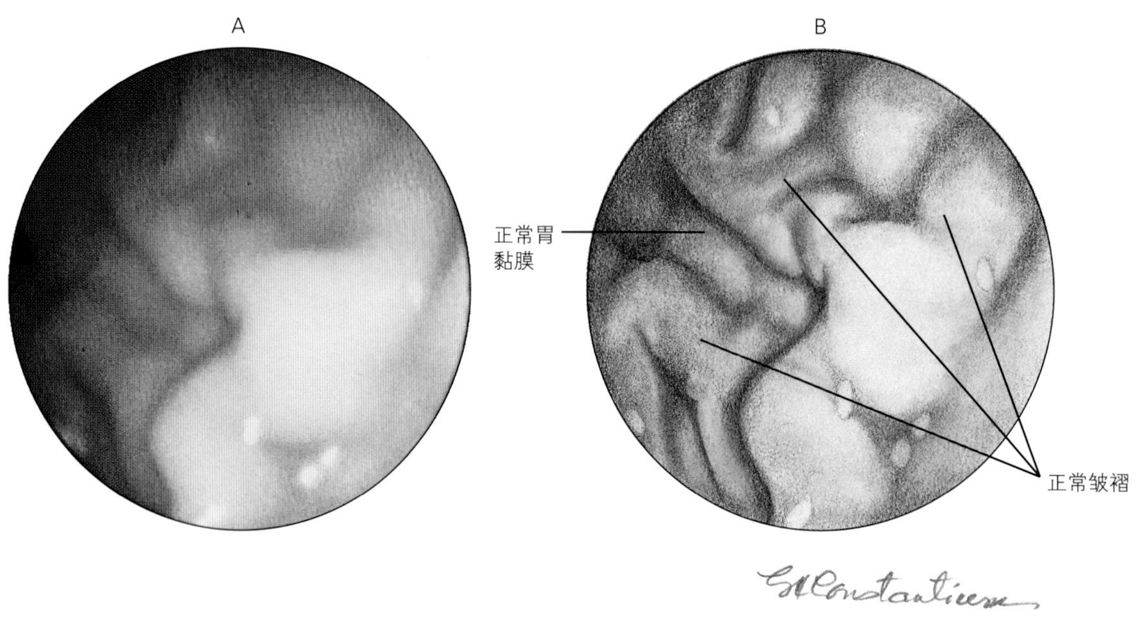

图8-15 胃部分扩张时的正常皱襞。正常胃黏膜呈淡粉红色。当未膨胀时，皱襞很明显

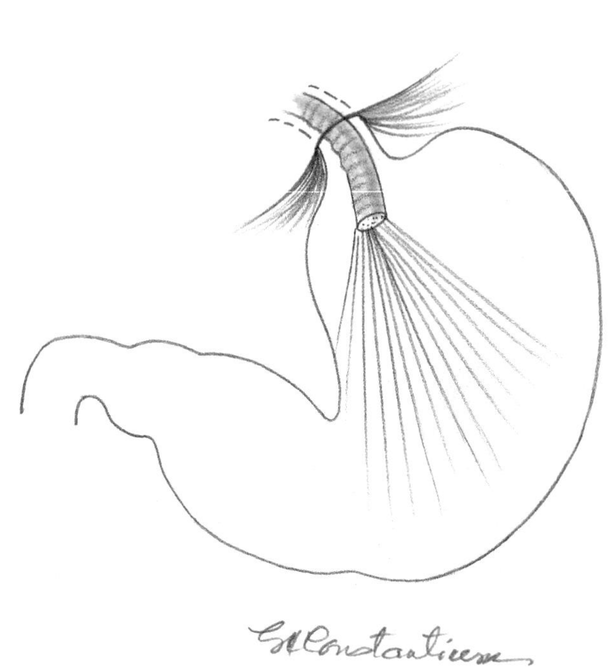

图8-16 贲门处的内镜观察视野图。当内镜尖端位于贲门处时，可以全面观察到胃体。向远处看通常可以看见胃窦的入口。从此视野中可看到胃角切迹背侧皱襞呈月牙形。此视野不能观察到贲门和部分胃底、幽门窦以及胃小弯

内镜医生和麻醉师需要了解胃充气和皱襞消失时的状态。如果胃未能适当膨胀，可能有以下几种原因：气体经食道漏出（如果有必要可通过手指加压进行封闭），设备无法正常充入气体，或由于胃壁外的挤压或壁内病灶造成胃不能膨胀。应避免胃过度膨胀，胃过度膨胀后会抑制静脉回流、降低呼吸潮气量、在插入管内产生“鼓肚”，从而限制内镜的操作，伴发胃窦和幽门收缩可使胃窦反射频率增加，两者将导致内镜更加难以进入十二指肠（图8-2）。患有胃过度膨胀的动物表现为腹部膨胀，胃皱襞扁平。

当观察过胃全景之后，内镜继续向前推进。远离口的内镜沿着胃大弯向胃角切迹方向自然前进，胃角切迹在胃体顶部呈现月牙形皱襞（图8-17）。胃角切迹是一个重要的解剖标志，此处狭窄的皱襞把幽门窦与胃小弯分开（图8-14）。

二、胃小弯、贲门和胃底的检查

胃镜检查时要注意观察胃底、贲门和胃小弯，如果内镜端部沿着胃大弯顺势进入幽门，很容易忽

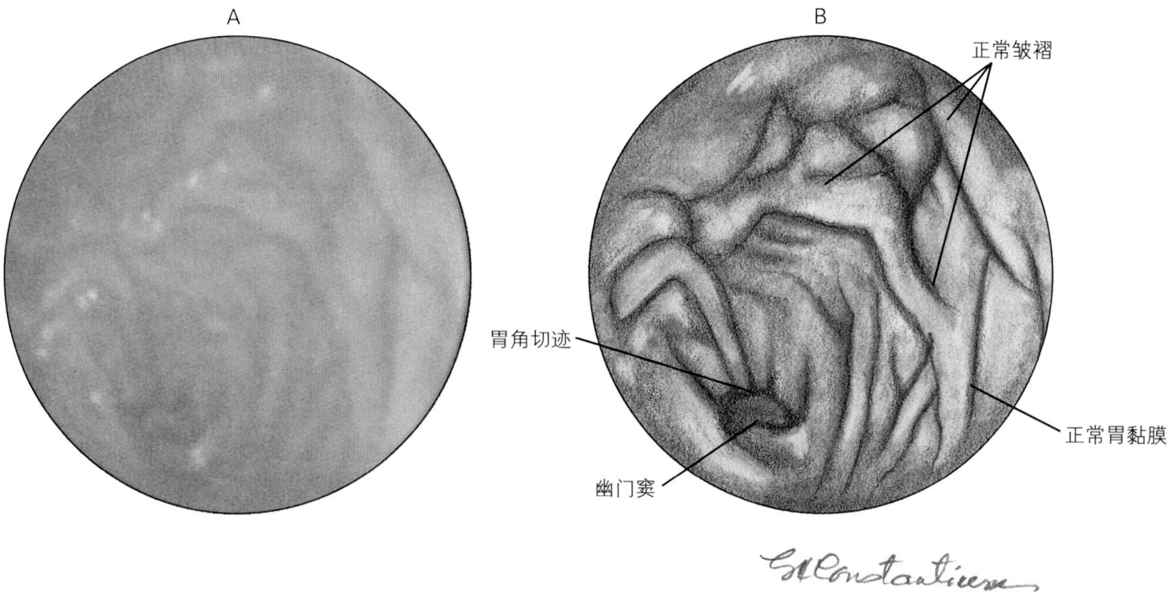

图8-17　胃部分扩张时从贲门处可以看到胃全景（图8-16内镜视野图），在图的底部可以看到幽门窦的黑暗腔。注意幽门窦方向处的皱褶总体延展

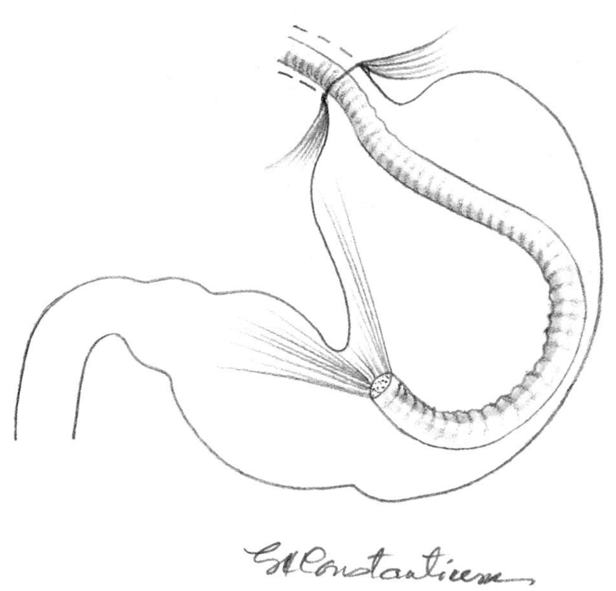

图8-18　J型操作法简图。当内镜头接近幽门窦时，反转内镜即J型操作，观察到切迹前位图像。扭转内镜使内镜医生可观察到胃窦或胃小弯。当内镜前端部反曲时，退回内镜，很容易观察到贲门

略这些部位。

当内镜端部接近胃窦时，使其远离胃大弯方向反转，可看到胃小弯、贲门和胃底（图8-18）。这种操作法也称为J操作法，它通过上下旋转钮逆时针反转从而达到最大观察视野。如果观察不到被检部位，轻轻地把反转的内镜端部向前推向黏膜，使内镜充分的反转，以达到最佳效果。

J型操作法可以很好的观察胃角切迹（图8-19）。一旦确定胃角切迹，切迹一侧为幽门窦，另一侧即为较暗的胃小弯和贲门（图8-20）。轻轻扭转反曲的内镜，即可从胃窦视野转到贲门区。由于存在内镜插入管，很容易辨认贲门（图8-21）。稍退回反转的内镜使贲门进入视野。如果退回反转内镜时胃窦在视野内，那么幽门就会清晰地进入视野。这种操作不能完成幽门插管。

如果有液体滞留胃内，它就蓄积在胃底和胃大弯近处。蓄积的液体有助于辨别此区域，但不利于观察黏膜。

抽出大量滞留的液体以便于进行黏膜的检查，并能预防恢复期间动物发生误吸。

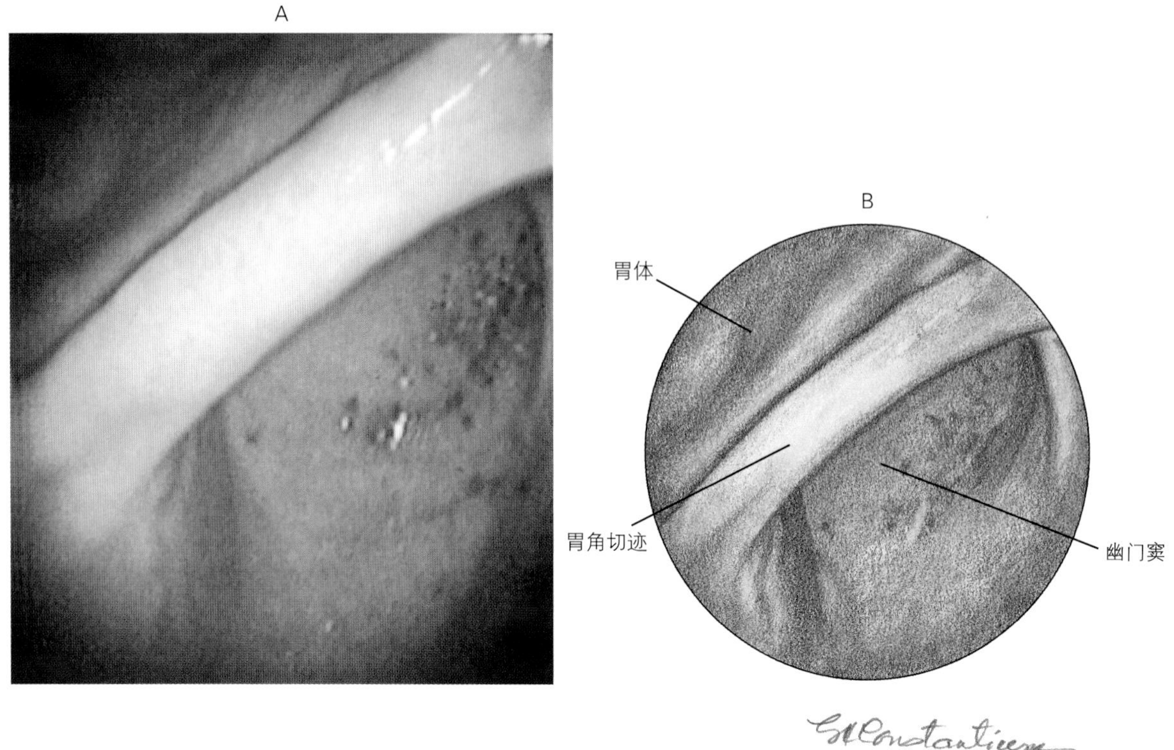

图8-19 胃角切迹的前位图像。胃角切迹是一个重要的解剖标识。它分开胃小弯，并把胃体（左上）和幽门窦（右下）隔开

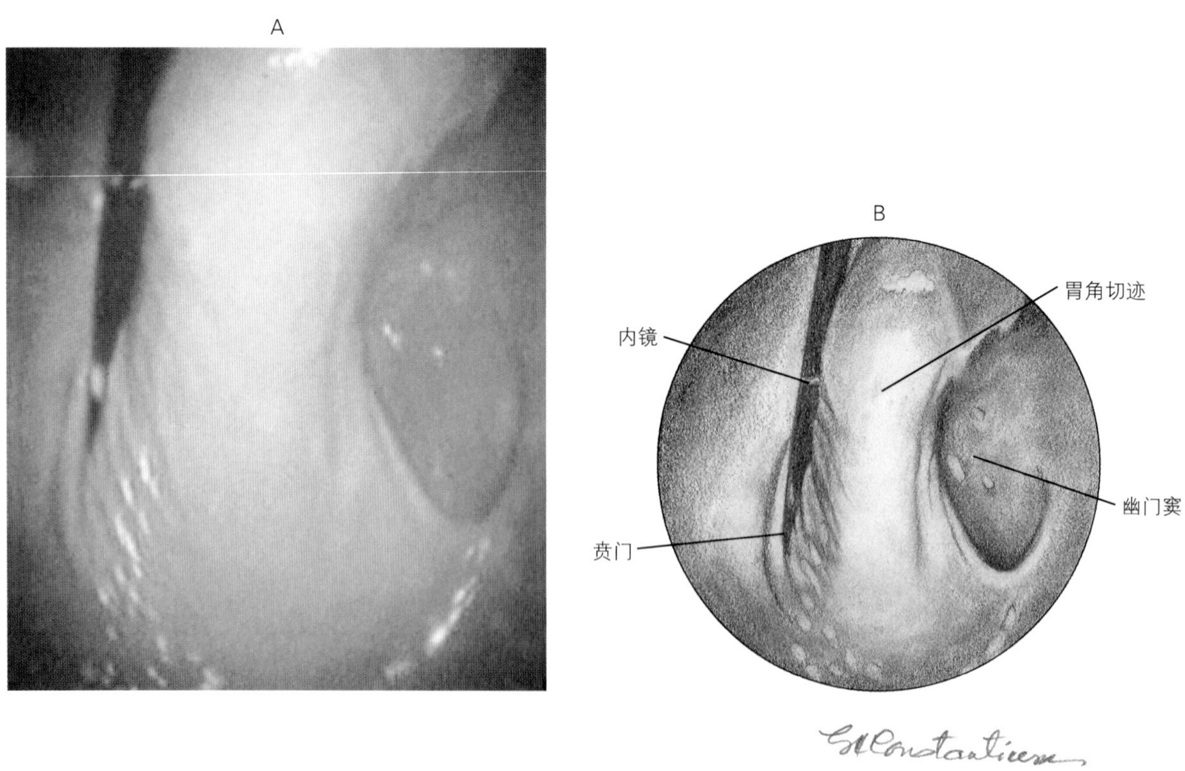

图8-20 胃角切迹和贲门及幽门窦。胃角切迹的前位视野，左侧可看到贲门和内镜，右侧可看到幽门窦

三、幽门窦检查

内镜向前进入幽门窦通常比较困难。猫胃体和胃窦之间的弯曲比较大，当内镜滑进幽门窦内时，视野暂时消失。对于大型犬，尤其当内镜前移并伴有犬胃过度膨胀时，弯曲的插入管有时可能被埋进胃大弯远端（图8-2）。当从口腔内对内镜向前施压时，内镜弯曲部被迫向前进入黏膜，但前行范围较小，并且对内镜端部的运行不易控制。有时，弯曲部变成内镜的前部，伸展到胃大弯，当内镜医生对插入管向前施压时，内镜端部便远离幽门。内镜端部越过胃角切迹向贲门而不是幽门方向移动。

上述问题可以通过下面方法来纠正：把内镜撤回到贲门，吸出胃内大部分气体，仅留下足够的气体以提供有限的视野空间，然后重新把内镜前移进入幽门窦。向前推动内镜时，同时间歇向下扭转内镜端部进入胃大弯黏膜，这些方法都具有辅助作用。用手掌对右下胃壁进行施压也具有辅助作用。腹部按压使幽门窦和胃体间的弯曲变扁平，便于内镜绕过弯曲部。

内镜一旦进入幽门窦（图8-22），又开始自由移动，内镜端部缓慢向幽门方向移动。幽门窦收缩可暂时遮蔽视野。在此操作期间，要仔细检查幽门窦的小弯，因为此处病灶很容易被错过，尤其是当使用视野角度狭窄的内镜时。

四、幽门插管

娴熟的内镜操作是穿过幽门的关键所在。当内镜接近幽门时，幽门管道要保持在视野中心。如果幽门处在幽门窦中央，维持此视野仅需要微微调整旋转钮即可。如果幽门偏离中心，尤其偏离到中心左侧，则必须扭转内镜。有时还需暂时改变患病动物体位，以利于调整幽门的位置。

当内镜前端部接触到幽门时，清晰视野虽然暂时消失，但应能看到淡红色黏膜所围绕的黑暗空间（幽门管道）。

内镜医生要不断地向内充入气体，并使幽门管道保持在视野中心，同时稳健地施加压力，向前推进插入管。正常的幽门扩张后能容纳内镜。当开始露出幽门时，向右下偏转内镜端部，便于其进入十二指肠。

当进入十二指肠时，视野常常被遮蔽，但应注意黏膜的颜色变成暗红或淡黄红色（胆汁色）。如果内镜能自由移动（镜头能在黏膜内滑动就可以说明这一点），则向前施加压力推进插入管5～10cm。然后对内镜端部进行偏转，并充入气体即可观察到肠腔。如果内镜成功穿过幽门，肠腔视野中就是十二指肠上曲远端的十二指肠降部。如果内镜未穿过幽门，就会看到胃和插入管。过了幽门后不能立即看到十二指肠腔是因为内镜进入了十二指肠上曲（图8-14）。这是一个很难穿过的急剧弯曲。因为该部位的角度是从幽门和十二指肠上部的右前方急剧转变到十二指肠降部的后方所致。很多没有经验的内镜医生难以把内镜推至十二指肠，他们虽然成功地穿过幽门，但并不能穿过十二指肠上曲。这个问题通常可以使用前文提到的侧滑技术解决。在内镜医生积累足够的经验后，内镜绕过十二指肠上曲后可清晰看到十二指肠上部更多的部位。

如果内镜没有通过幽门，可静脉注射甲氧氯普胺0.2mg/kg松弛幽门，这将有助于幽门插管，但在某些动物中，这会大大提高幽门窦的收缩，造成“移动视标”。根据笔者的经验，静脉注射胰高血糖素（0.05mg/kg，不能超过1mg）在松弛幽门窦和幽门方面要比甲氧氯普胺更有效。然而，对于某些动物胰高血糖素可导致明显的心动过速。

表8-1列出了胃镜检查期间不熟练的内镜医生常遇到的问题和解决方法。

五、正常胃表现

正常胃经12h禁食后胃内无食物，仅有少量清亮或淡黄色液体。胃黏膜光滑（图8-15），呈鲜粉色至红色，到幽门区变为淡红色。有时可以看到块

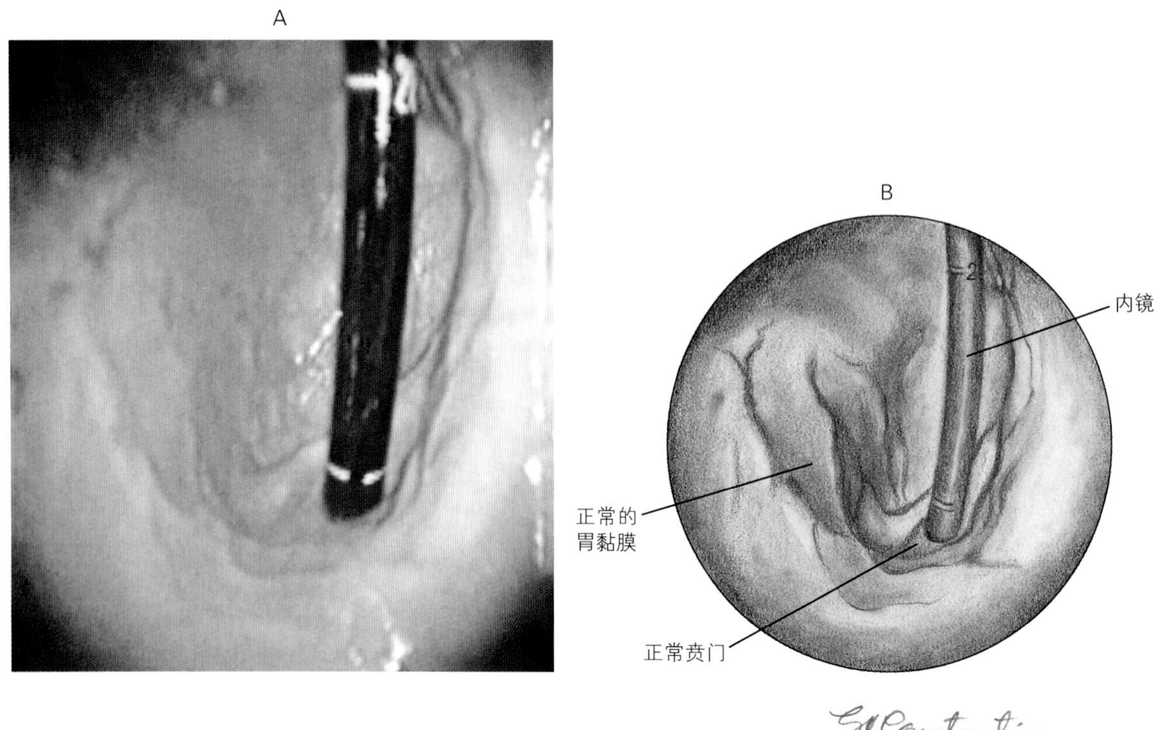

图8-21 正常的胃贲门。内镜插入管的存在使贲门容易鉴别

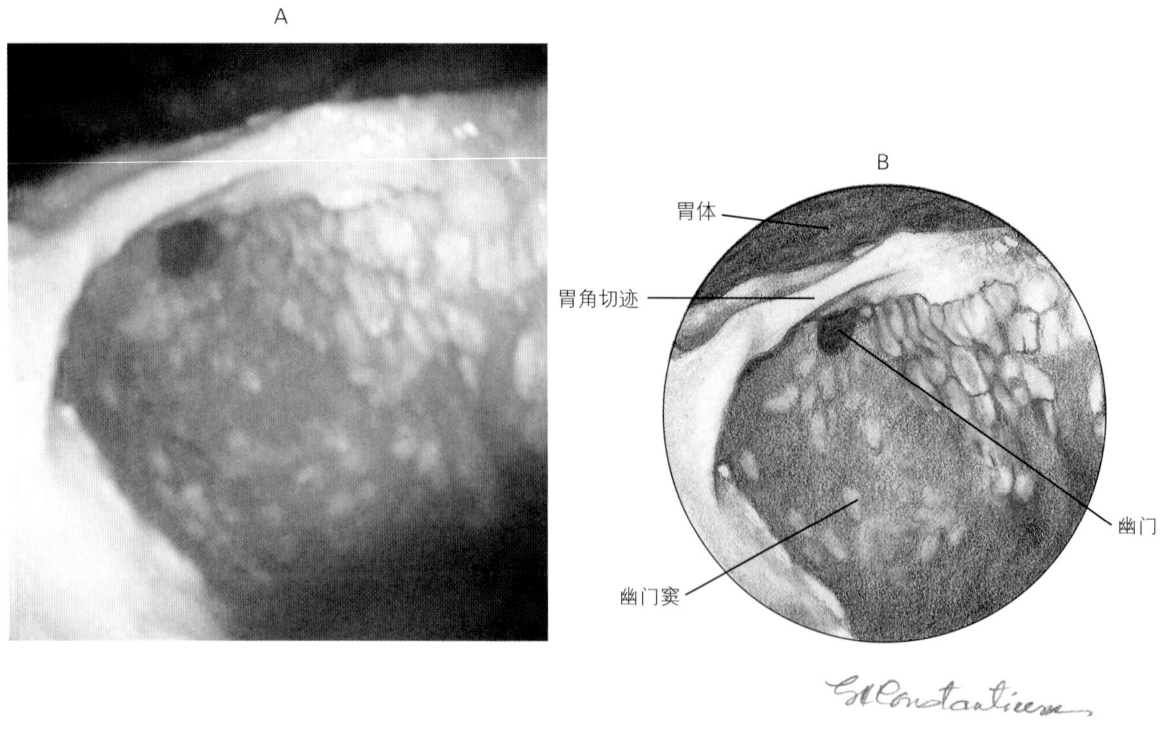

图8-22 正常幽门窦和幽门。在幽门窦视野中，图像上部可看到胃角切迹，切迹上的黑暗区是贲门。注意：幽门窦中缺少皱褶。在幽门窦壁上可见部分消化的食物。幽门管暂时开放

表8-1　胃镜检查常遇问题解答

问题	原因	解决方法
不能观察到胃腔	充气不足。这可能是由于气体通过食道或幽门迅速漏出；整个器械出现问题或手柄上的抽气钮出现问题，代替了充气钮或随同抽气钮一起工作；胃外部压力；胃壁疾病	用手阻塞食道；检查器械功能；连续按压充气钮以克服气体快速丢失
幽门窦和幽门虽在视野内，但内镜仍不能进入幽门窦。内镜可能在切迹上反转向贲门或当向前施压时内镜远离幽门。	胃过度膨胀或胃大弯松弛，造成内镜内形成一个“鼓肚”	把内镜撤回到贲门，反复尝试，局部放气。用手掌按压下部腹壁来降低胃大弯的顺应性。慢慢向前移动内镜，同时向下偏转内镜头（进入胃大弯黏膜）
不能穿过幽门	由于胃过度膨胀或使用麻醉药导致幽门弹性增加（幽门在幽门窦的侧部，幽门的解剖性阻塞）	给胃部分放气；扭转内镜便于利用最大的偏转力；利用甲氧氯普胺或胰高血糖素来降低幽门弹性
不能充分到达幽门	在大型犬中使用人医的儿科胃镜	把内镜端部安置在幽门窦处，并缓慢给胃放气的同时保持幽门在视野内。最终放气至插管能穿过胃体的长度，也为幽门插管提供了充足的长度

状红斑（图8-23）。这些通常是生理性的，有时可能是由于血流局部差异所致。在胃底和贲门部可清晰见到黏膜下血管（图8-24），但在正常胃体通常看不到，除非胃过度充气。胃小弯的特点是黏膜皱褶比胃大弯少而直。在幽门窦处通常没有皱褶（图8-22）。幽门窦是胃的一部分，内镜检查时可以通过观察其收缩性来识别。

正常犬的幽门有不同的形态（图8-25）。通常其边缘清洁，不被过多的皱褶遮蔽，有节律地开放和关闭。偶尔可以见到胃十二指肠出现胆汁或泡沫的回流，这对于多数犬、猫来说是正常的现象。

六、胃异常时表现

慢性胃炎是内镜检查最常见的病症。轻度胃炎，黏膜可能表现正常，必须通过组织学方法才能作出诊断。较为严重的胃炎特点是黏膜变厚、呈颗粒样、脆弱、糜烂及皮下出血（图8-26）。

胃体内有凸出的皱褶通常是由于无效充气所致，但必须考虑有肥厚性胃病的可能性。在肥厚性胃病中，皱褶常常变厚，具有明显的光反射性，表明其发生水肿。与正常皱褶相反，向此胃内充分充入气体也不能使肥厚黏膜皱褶消失。此外，皱褶是局限性的，并可以扩展到幽门窦，而在正常动物的幽门窦中很少发现过多皱褶。黏膜可能出现明显的糜烂或溃疡。相反，萎缩性胃炎的特点是皱褶的数量和大小均减少，胃体中可以看见黏膜下血管。

幽门狭窄是由于幽门肌群肥厚所致。幽门肥厚常表现外形突起及幽门管道变小，不能容纳内镜（图8-27）。幽门或幽门窦的局部肥厚性胃炎时有可能伴发幽门阻塞。幽门插管失败通常是由于技术问题，并不是由于幽门异常所致。如果患病动物病史表明有延迟性胃排空、幽门有异常表象或观察到胃内有滞留食物或肥厚皱褶，内镜医生应该怀疑有无幽门阻塞。

胃糜烂就是胃浅层黏膜受到破坏。糜烂层由于血液积聚而变成红色或褐色。糜烂常常与胃的炎症有关，但应激或某些药物如非类固醇抗炎药（NSAIDs）也可导致糜烂。异物常常使黏膜蜕变，造成糜烂。

胃溃疡是黏膜损伤至黏膜下层或更深层组织，其边缘常常隆起，并且较厚。溃疡面呈暗褐色，这是由于血液积聚、形成黄色或白色脓汁或由于坏死

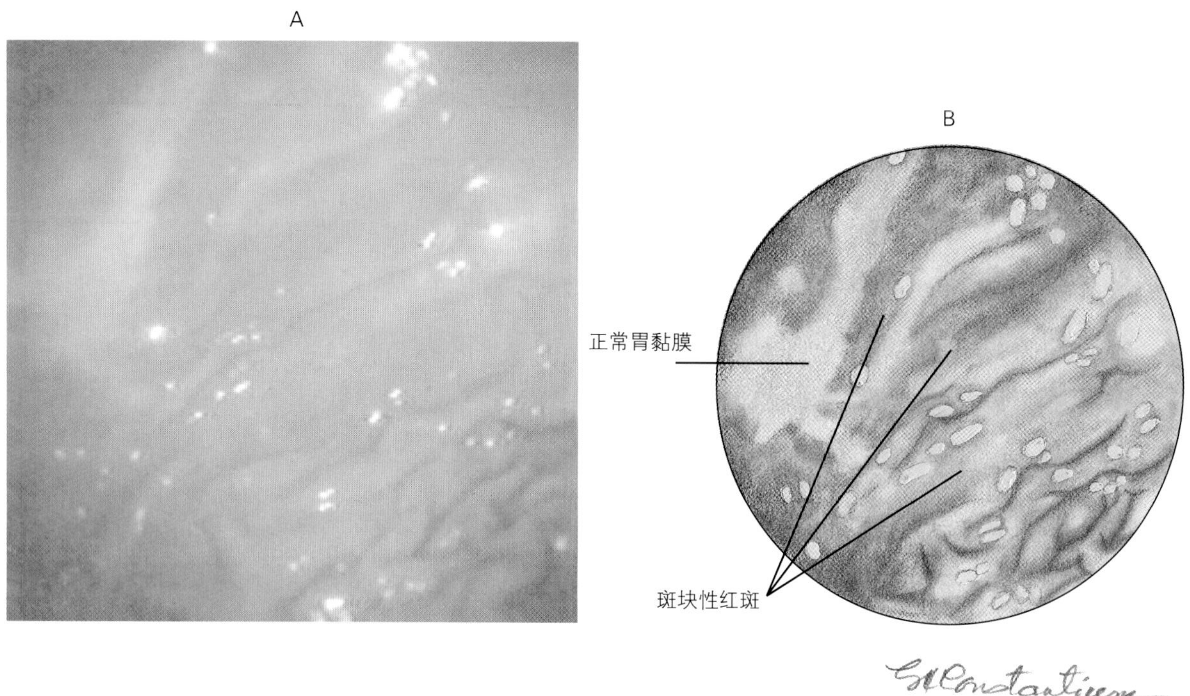

图8-23 斑块胃黏膜红斑。在胃中有时可以看到斑块黏膜红斑。这些红斑通常是生理性的，它可能是由于血流局部差异所致

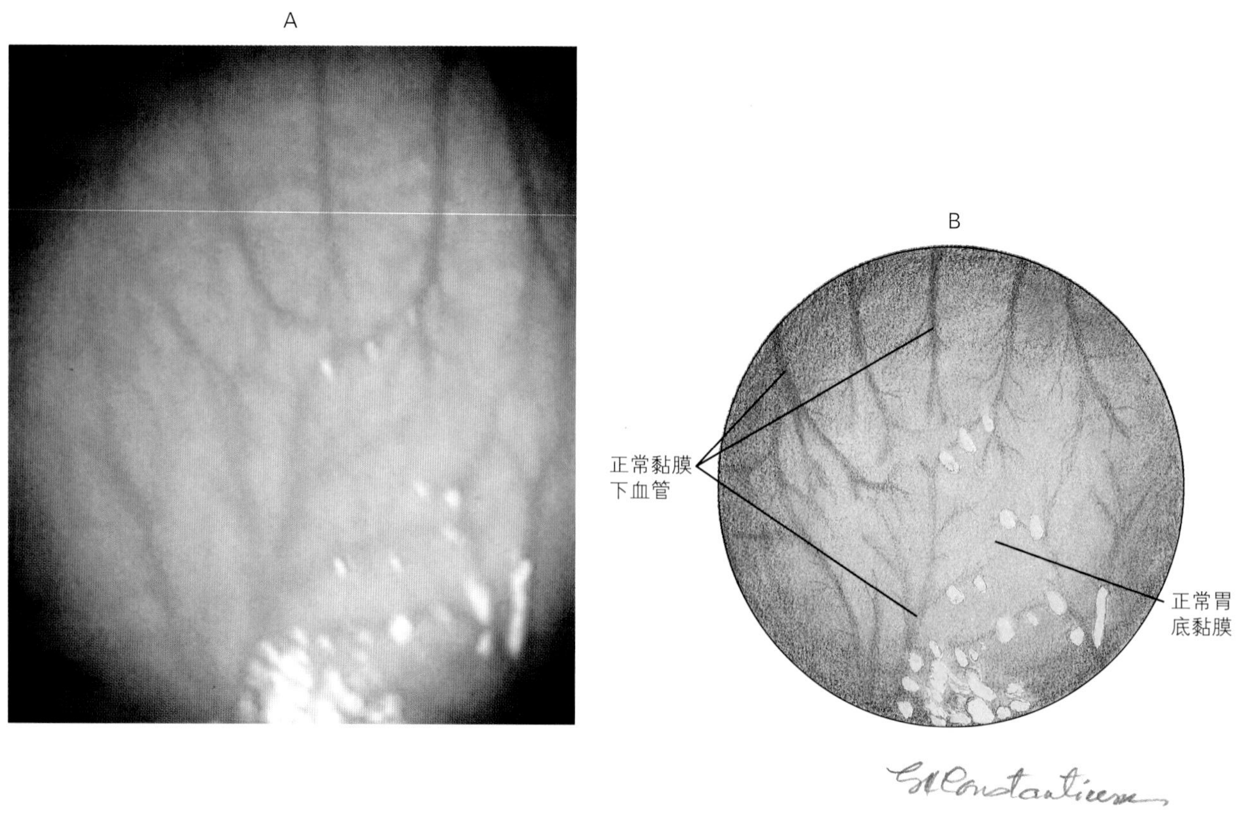

图8-24 正常胃底处的黏膜下血管。胃底和贲门处的黏膜下血管清晰可见，但正常胃体中却通常看不到，除非胃过度充气

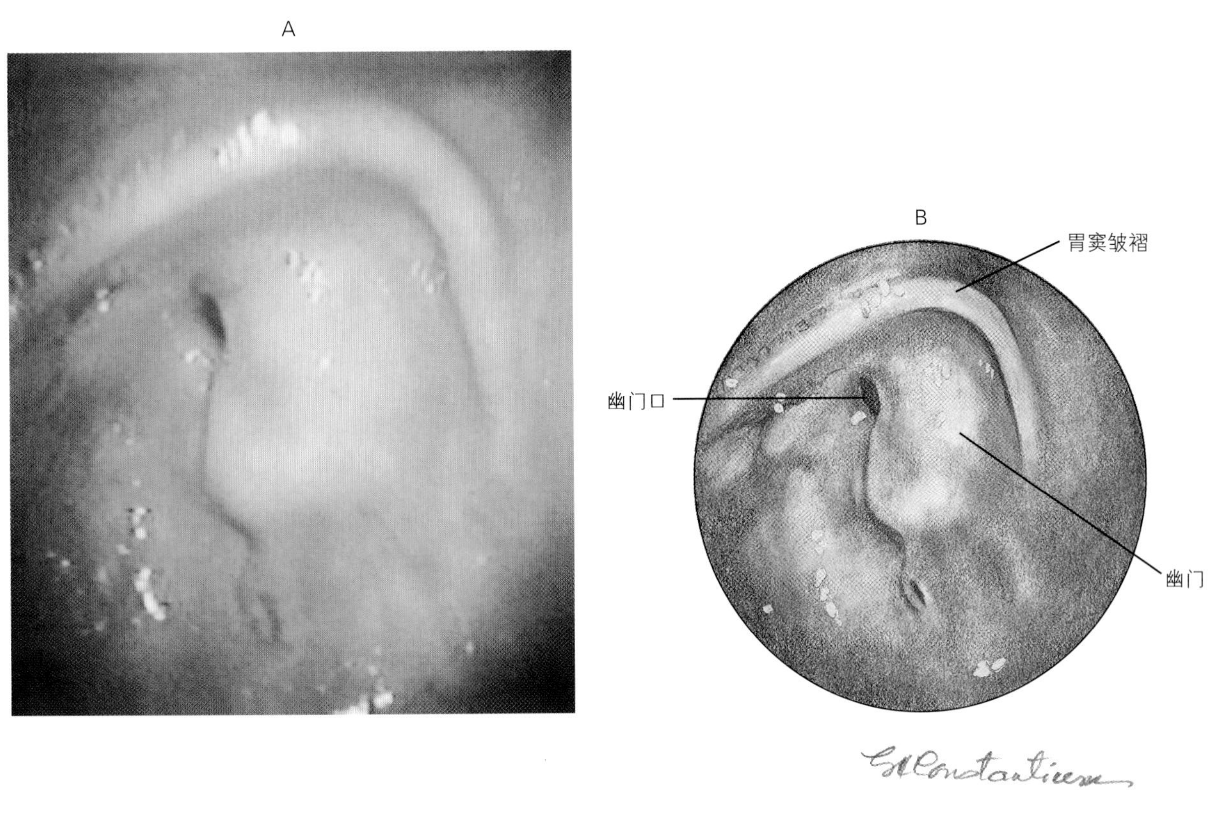

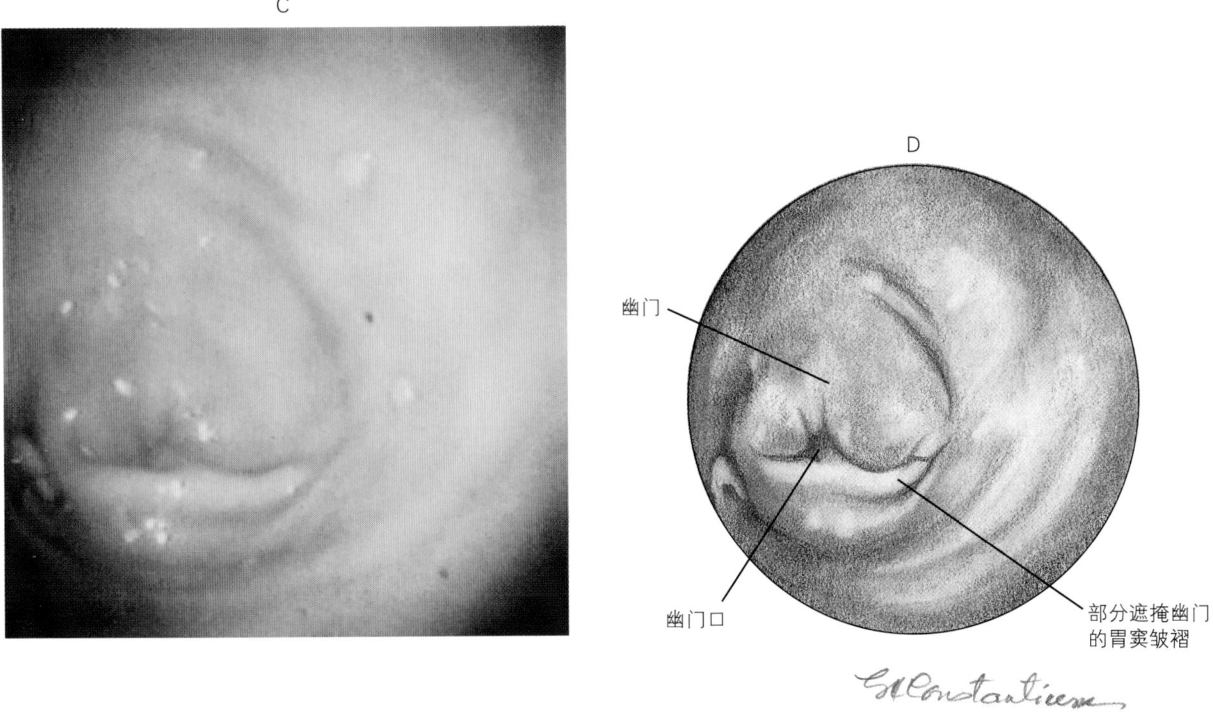

图8–25 （图注见下页）

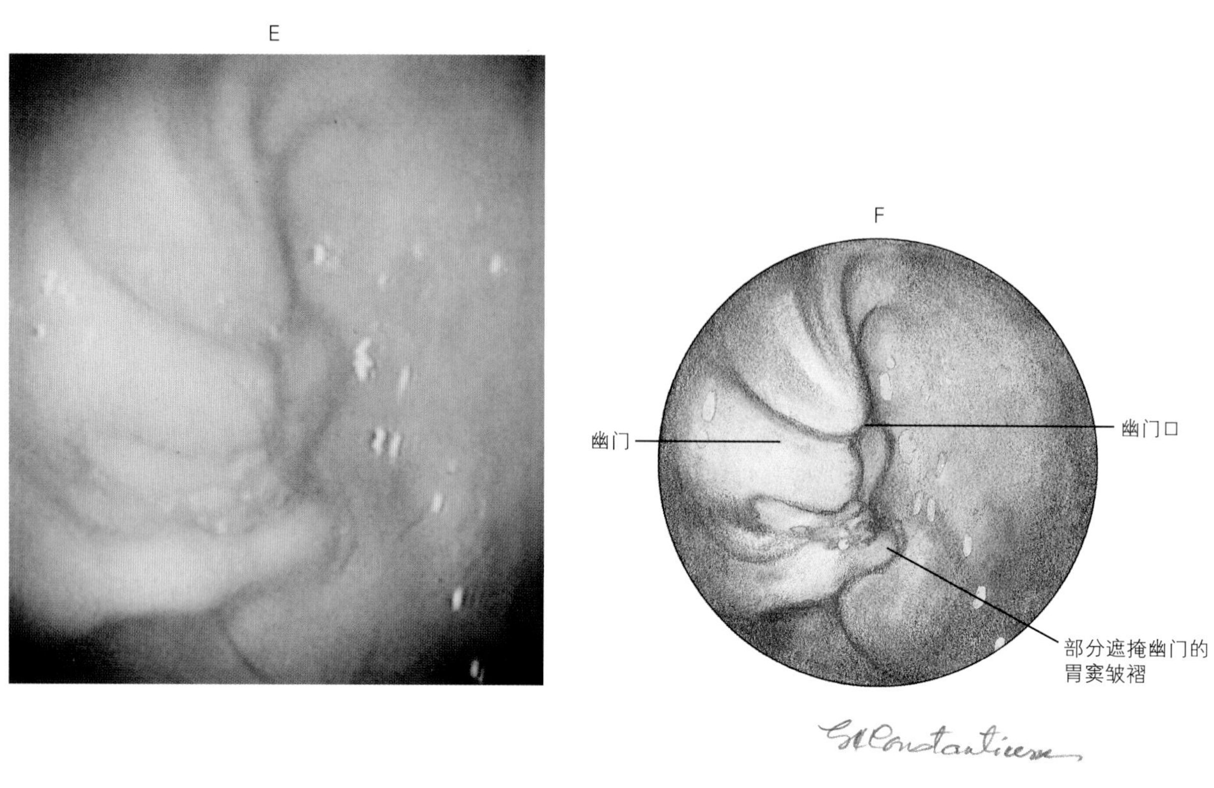

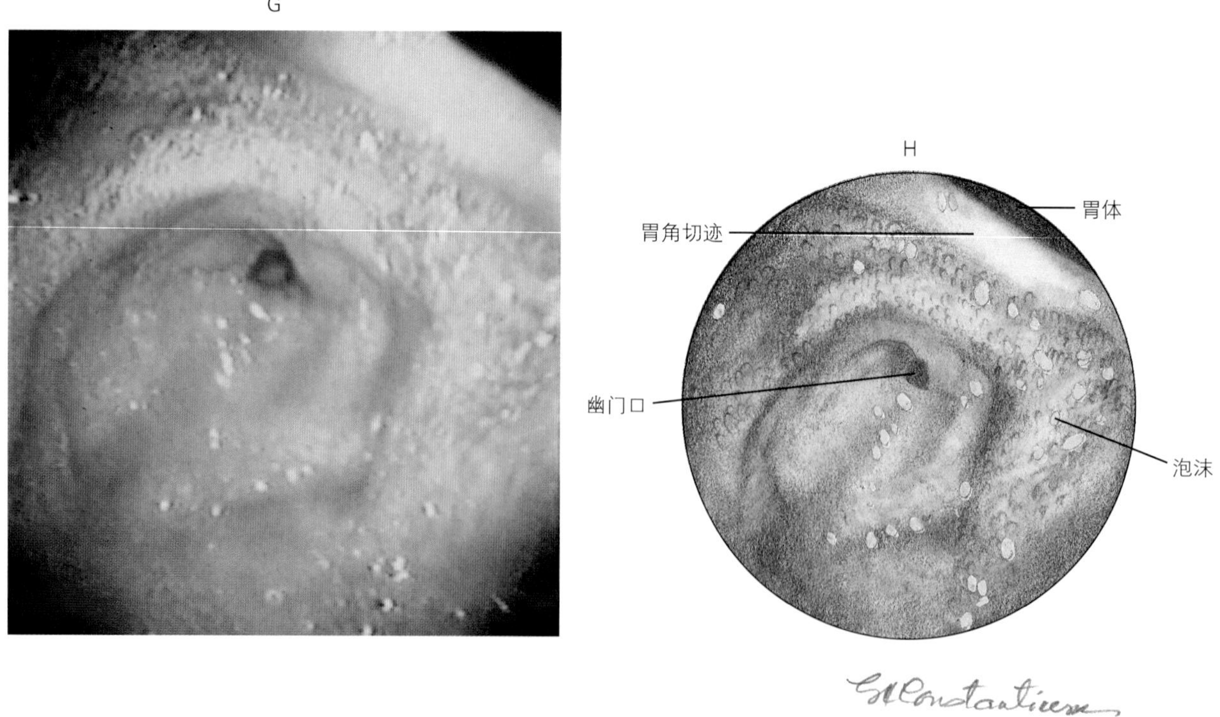

图8-25 各种正常息肉。正常犬的息肉形态多种多样。A和B，通常息肉边缘清洁，无过多皱褶遮掩。 C、D、E和F，位于息肉上或下的皱褶仍保持正常。G和H，有少量泡沫黏附在息肉区的胃窦

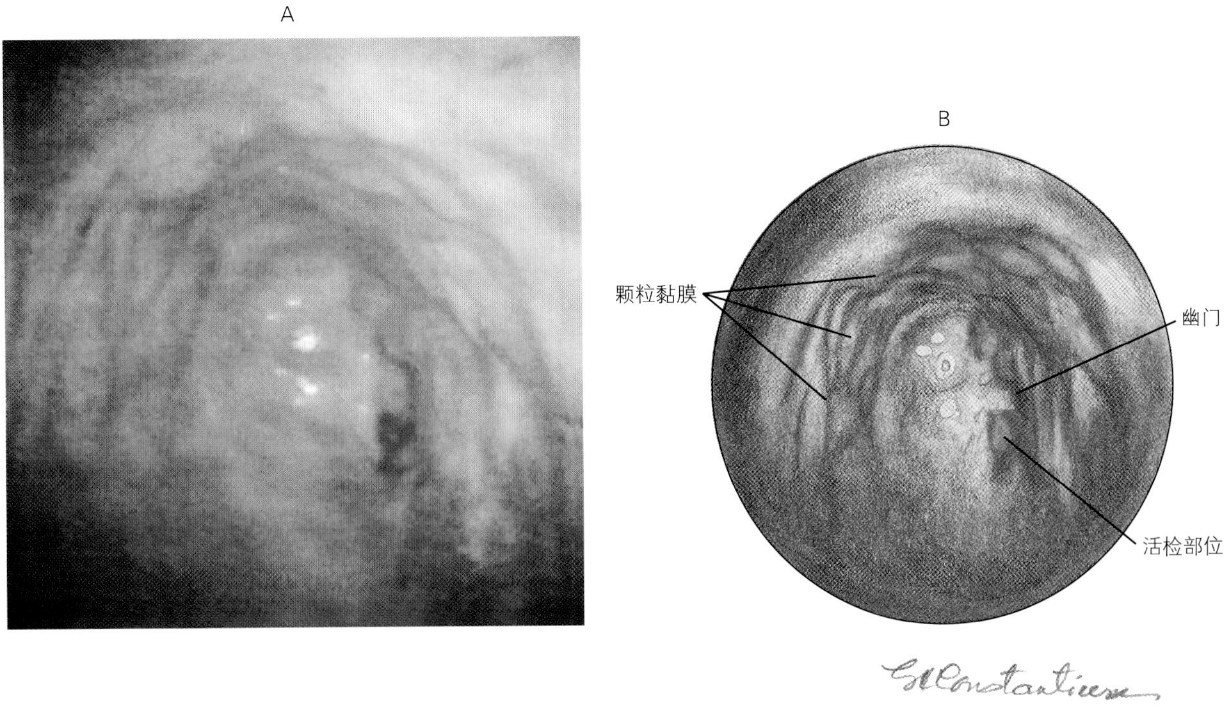

图8–26　伴有慢性胃炎的胃颗粒性黏膜。慢性胃炎的颗粒黏膜取代犬的正常幽门窦的平滑黏膜

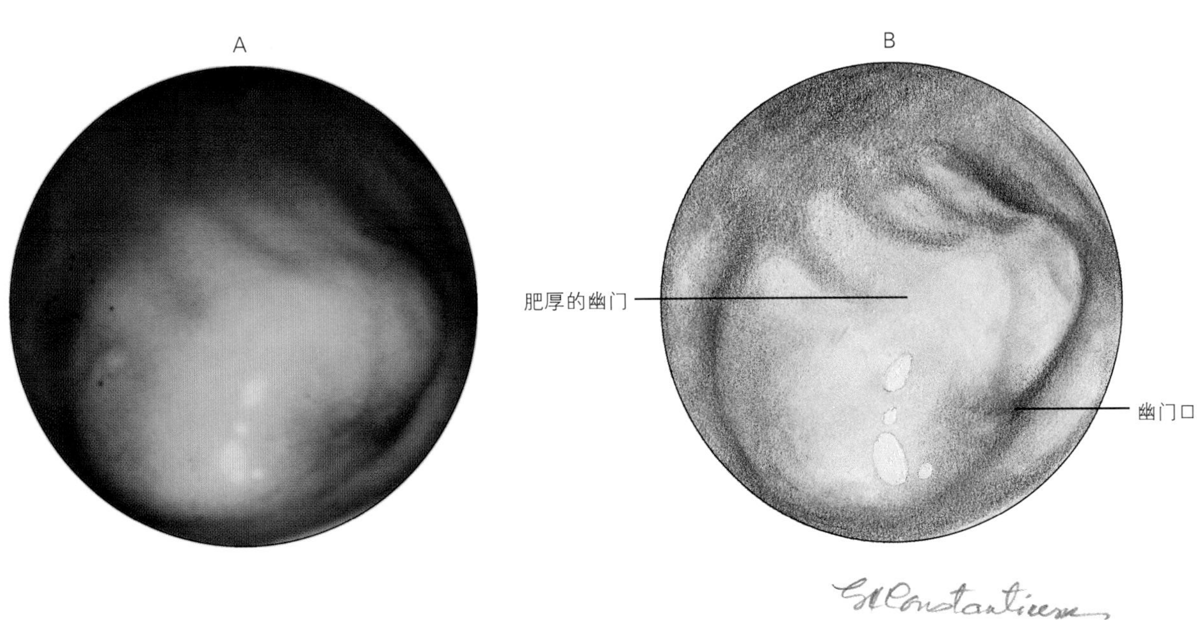

图8–27　幽门肥厚。注意肥厚的幽门隆起并呈肌肉样

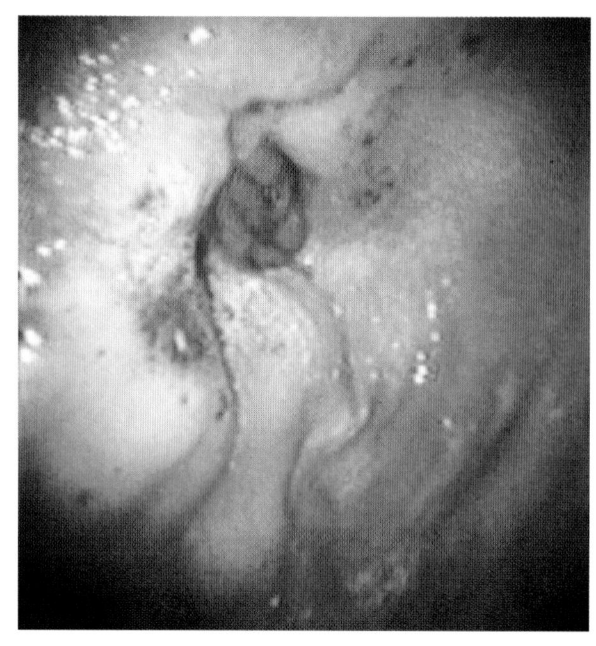

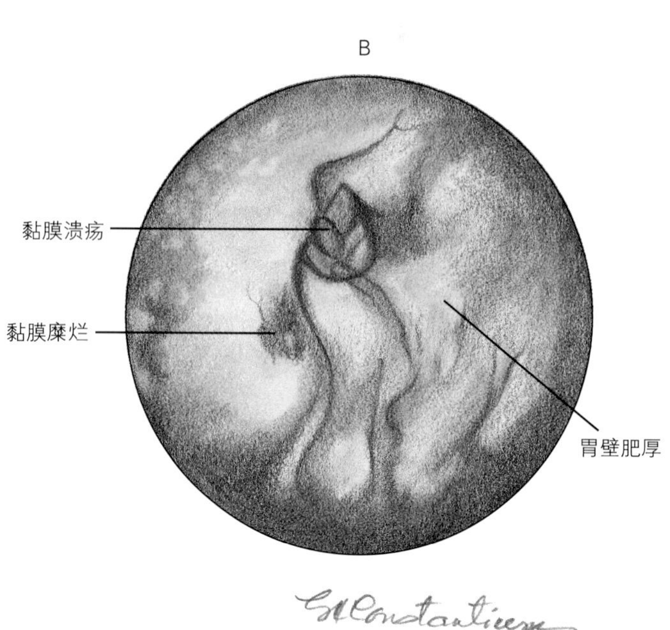

图8-28　胃腺癌。溃疡性腺癌侵入整个胃角切迹

组织积聚所致。溃疡的主要表现是被消化（褐色）的血液积聚在胃底处。多数溃疡是由胃腺癌、平滑肌瘤或平滑肌肉瘤所引起。胃腺癌所引起的溃疡通常发生大面积硬化（图8-28）。平滑肌瘤引起的溃疡通常呈火山口样，边缘隆起。使用NSAIDs或糖皮质激素引起的溃疡也较为常见。与NSAIDs有关的溃疡通常发生在幽门窦。在犬或猫中因应激引起的良性溃疡不常见。

胃息肉是胃黏膜的良性肿瘤，在犬和猫中极少见。一般无临床症状，除非息肉太大堵塞胃的出口。

胃肿瘤具有各种形态，有些可能会导致溃疡（如前文所述），或有隆起的斑块或肿块（图8-28）。浸润性肿瘤（如淋巴肉瘤）黏膜通常表现为弥散性肥厚。肥厚黏膜在内镜或活检钳接触时常常感到坚硬且获取样本较少。

在胃中偶尔会遇到寄生虫最常见的寄生虫是泡翼属线虫，为一种短粗线虫，可通过简单的方法捕获和除掉。

第八节　十二指肠镜检

当穿过幽门，绕过十二指肠前曲后，就可以看见十二指肠降部的肠腔（图8-29和图8-30）。仔细检查十二指肠上部可以发现十二指肠乳头（犬有2个，猫有1个）。由于乳头位于十二指肠前曲后方，常常会被忽略。它们通常是较小、白色、相对扁平的隆起物（图8-31）。

内镜沿着十二指肠降部缓慢向下推进，直到使用了内镜的大部分的工作长度，这时可能达到十二指肠后曲（图8-32）。对于有些患病动物，在此弯曲处可检查较短的十二指肠降部和空肠近端。由于胃内插入管的旋转降低了内镜端部在十二指肠中的活动性，因此需要采用侧滑技术（图8-4）才能穿过

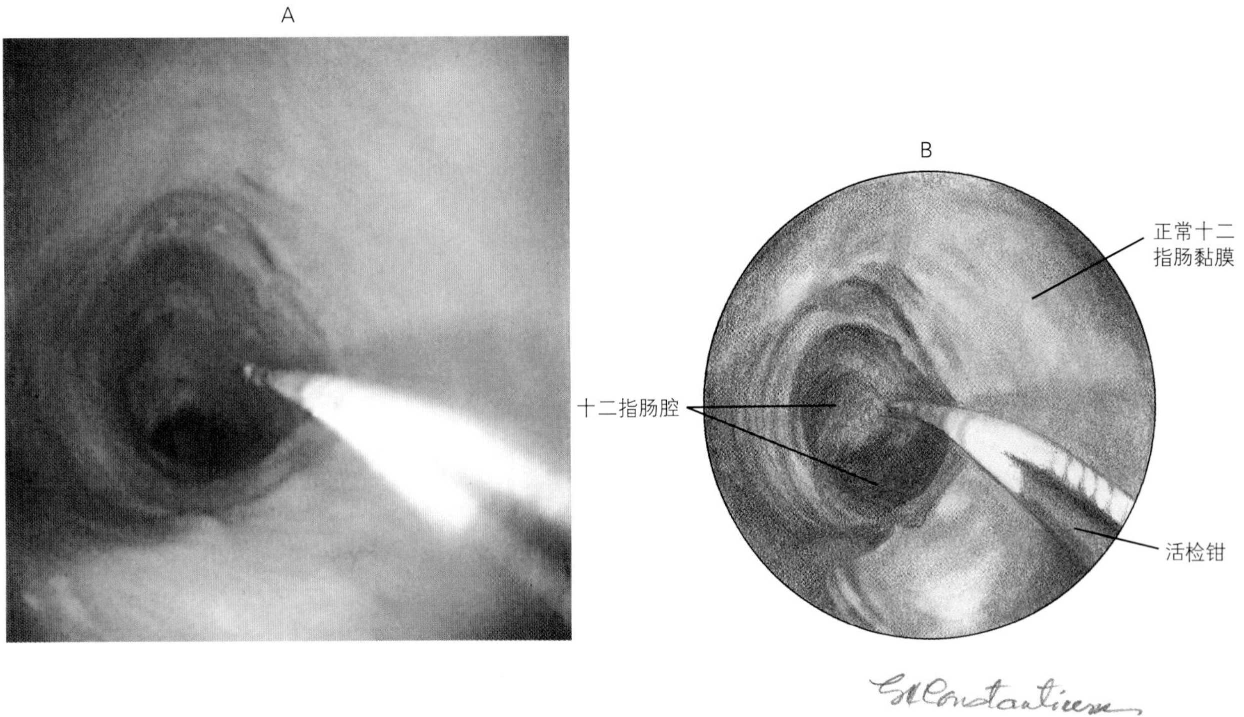

图8–29　正常十二指肠降部的肠腔视野。注意其黏膜表面光滑

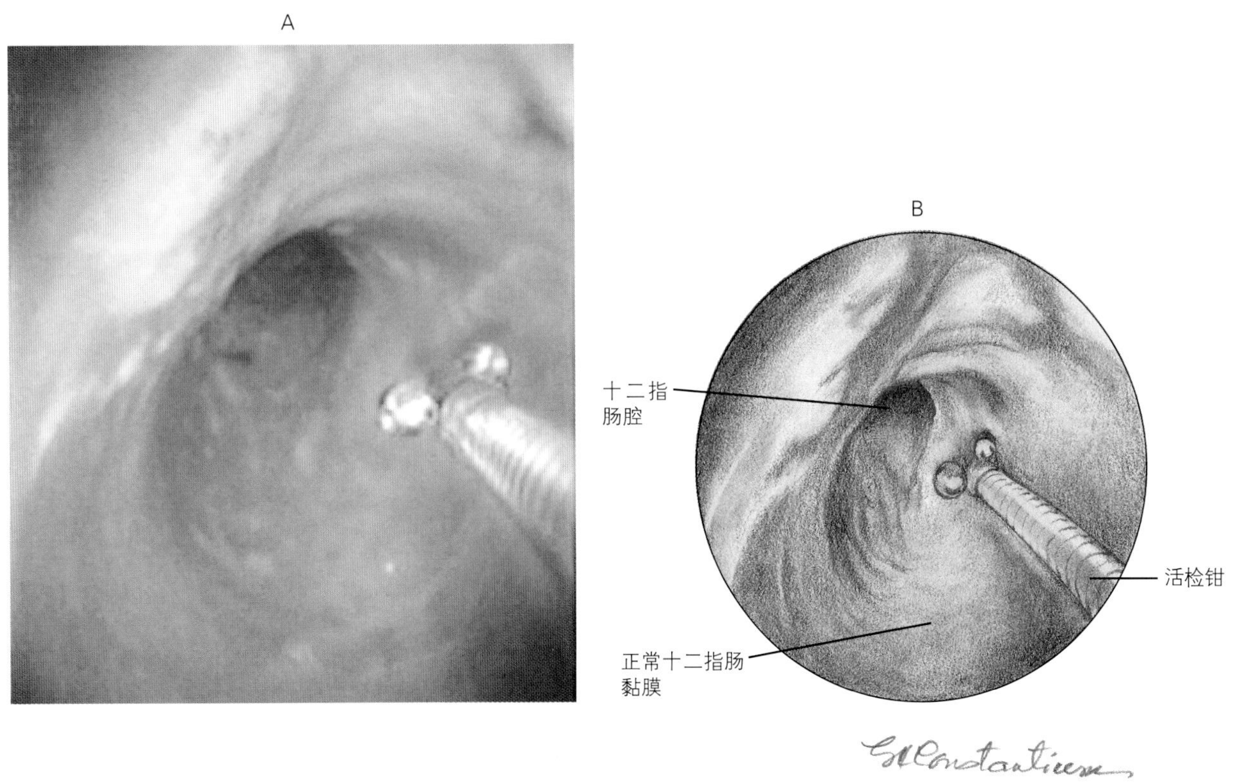

图8–30　正常十二指肠降部的肠腔视野。其黏膜表面相对光滑，有少量黏液黏附在十二指肠壁

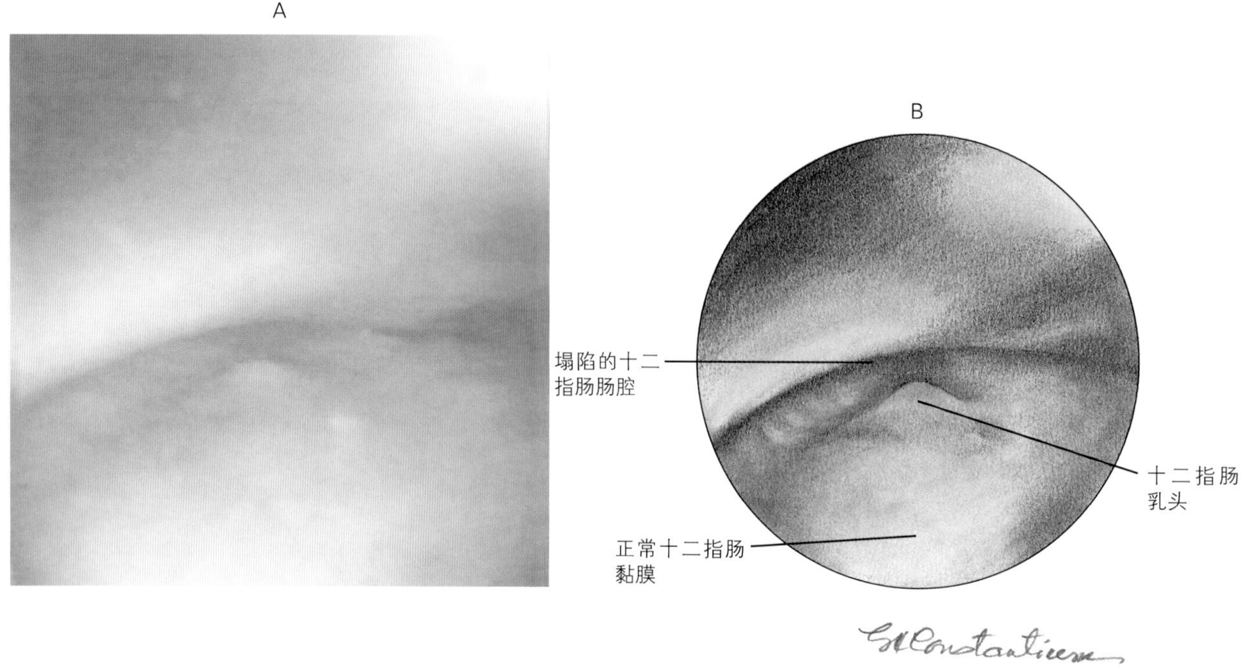

图8–31 十二指肠乳头。十二指肠乳头为较小、白色、相对扁平的隆起

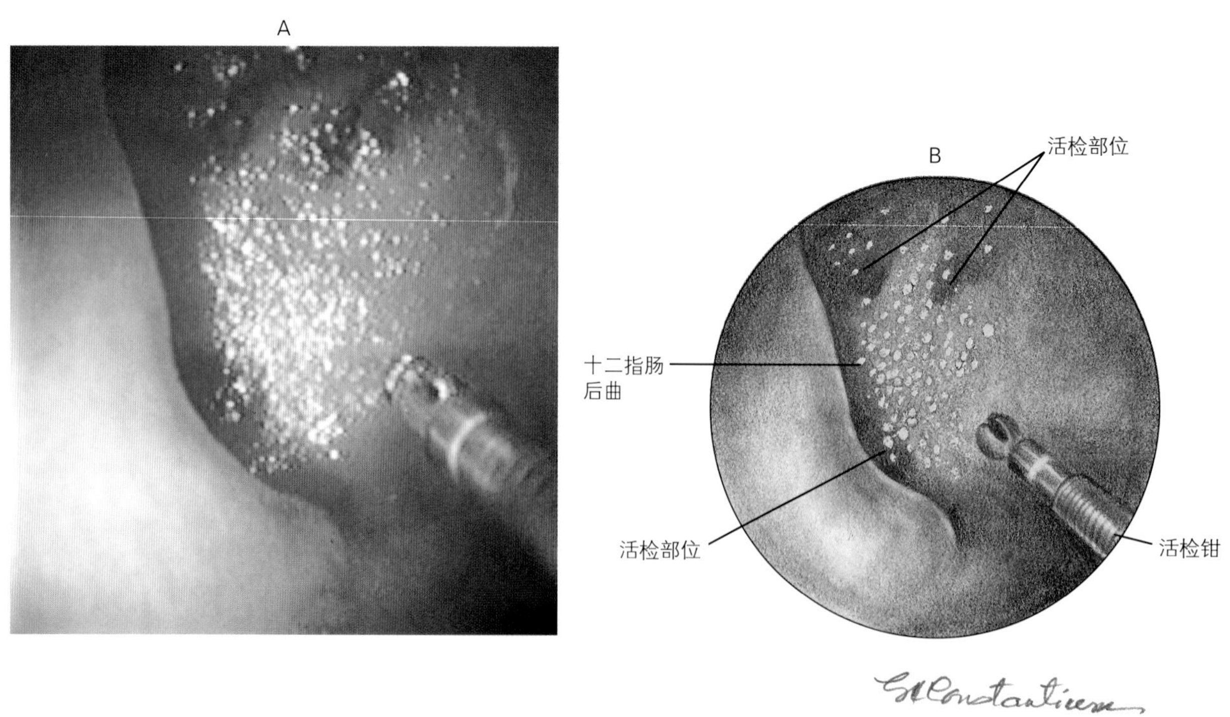

图8–32 十二指肠后曲部。十二指肠后曲部是多数犬上消化道能检查到的最远部分。这是获得活检样本的较好部位，注意黏膜的颗粒性

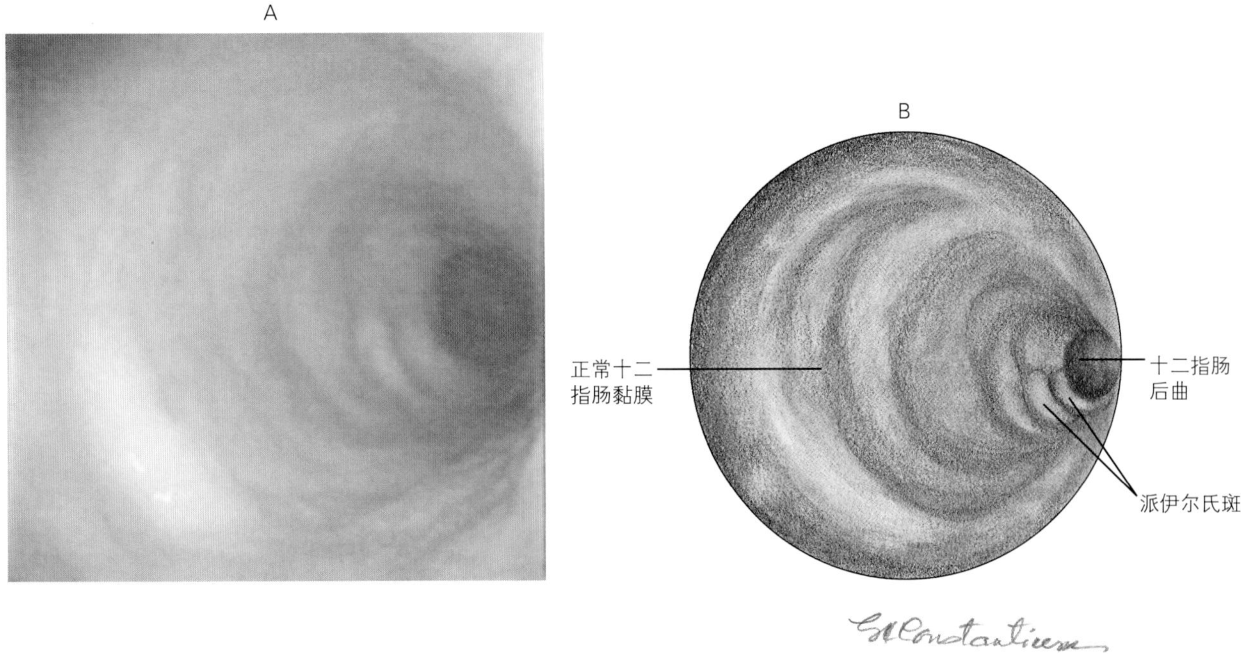

图8-33　正常十二指肠降部的肠腔视野。注意淡黄色和假溃疡（派伊尔氏斑）

十二指肠和空肠弯曲部。在此处扭转胃镜很困难，尤其是在插入管绕过胃大弯时出现过大弯曲时。

正常十二指肠黏膜比胃黏膜红，也可能是淡黄色的（图8-33）。黏膜下血管不明显。由于存在十二指肠绒毛，黏膜呈颗粒样外观。十二指肠黏膜比胃黏膜更脆弱，因此，当内镜通过弯曲时常在正常黏膜中留下线性黏膜损伤（图8-34）。在犬的十二指肠内可以观察到派伊尔氏斑。它们在黏膜上呈较大的椭圆形凹陷，长达几厘米（图8-35和图8-36），并且往往存在多个。

异常的十二指肠黏膜常表现为明显的颗粒性和脆弱性（图8-37和图8-38）。这些异常常与肠道炎性疾病有关。在评估十二指肠颗粒性时必须仔细，因为肠管膨胀的程度对十二指肠的形态影响非常大。笔者更喜欢在判定颗粒性之前使十二指肠膨胀到最大程度。患病的十二指肠黏膜在接触内镜时会自主出血，内镜绕过十二指肠弯曲可能留下较深的擦伤。

侵袭性肿瘤（如淋巴肉瘤）常导致十二指肠明显变厚和不规则。腺癌可能具有侵袭性，一般呈环状阻塞病灶（图8-39）。偶尔还可能观察到粗糙的十二指肠颗粒斑或充满脂肪的绒毛，这是淋巴管扩张的特征（图8-40和图8-41）。有时会见到蛔虫（图8-42）。

第九节　内镜检查并发症

当把内镜的全部工作长度伸进肠腔后，就开始缓慢回撤。根据适应证进行活检标本采集、刷拭细胞学样本和抽吸液体等。在内镜后退过程中，才可以获得最好的消化道视野，但内镜医生必须一直注意有无内镜所引起的损伤。线性损伤多为医源性的损伤，尤其应注意观察十二指肠前，因为在幽门插管期间容易忽略此部位的损伤。撤回内镜之前应先吸出胃肠腔内的所有气体，然后使动物从麻醉中苏醒，注意观察任何可能的并发症。

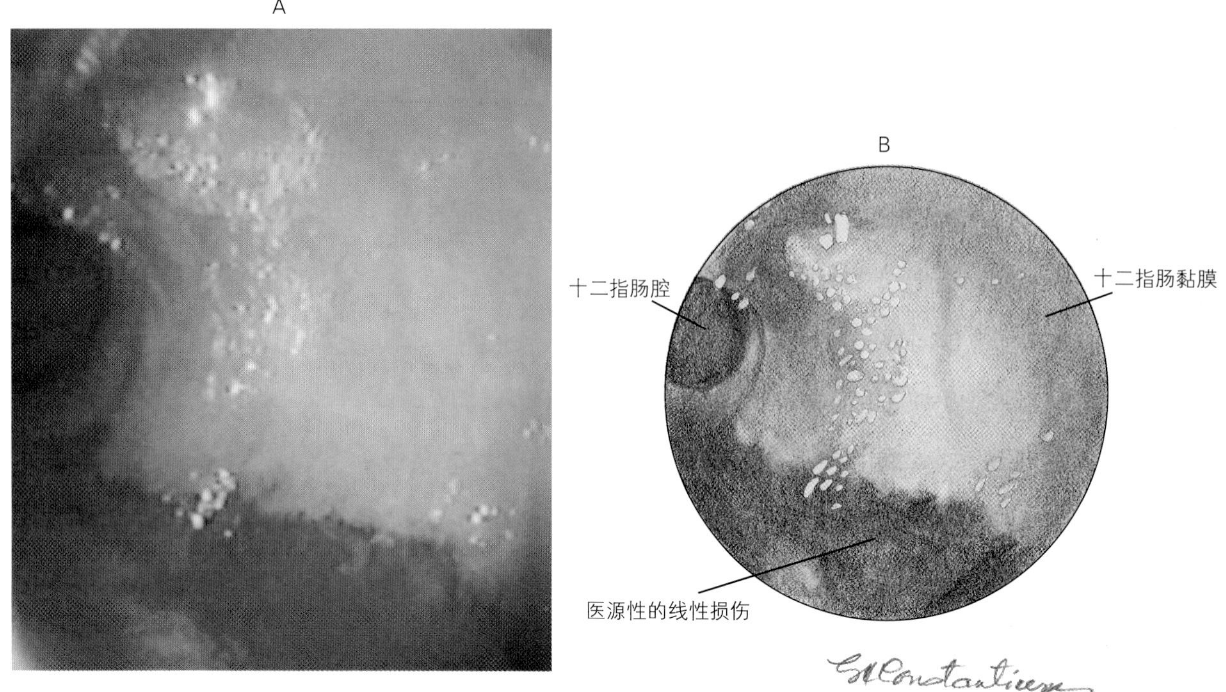

图8–34 由于内镜的穿过造成黏膜损伤。在此图中可以看见线性黏膜损伤，表明内镜产生的剪切力造成了这些损伤。异常黏膜比正常黏膜更容易被切破，但粗暴的内镜检查技术可以造成正常动物十二脂肠黏膜大面积受损。尽管存在上述问题，但并不会造成任何永久的伤伤

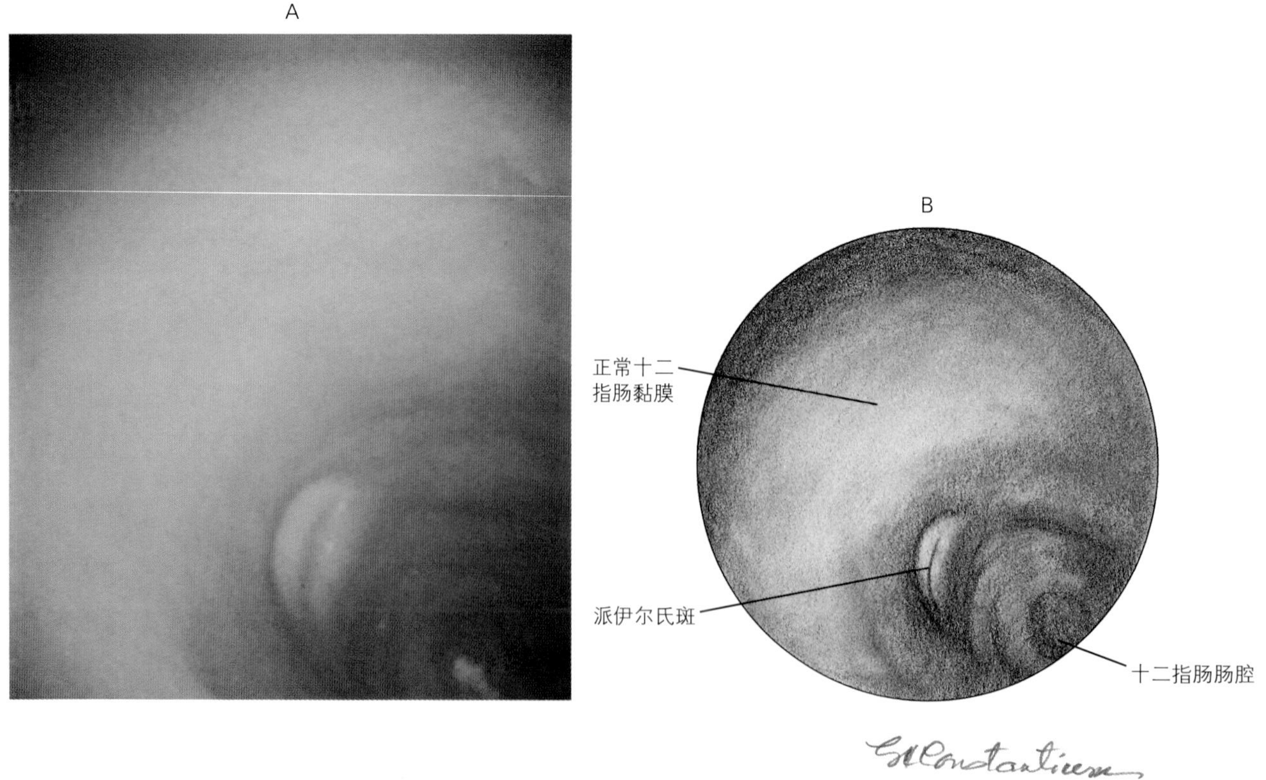

图8–35 一个派伊尔氏斑。十二指肠下袢黏膜上的派伊尔氏斑呈苍白凹陷

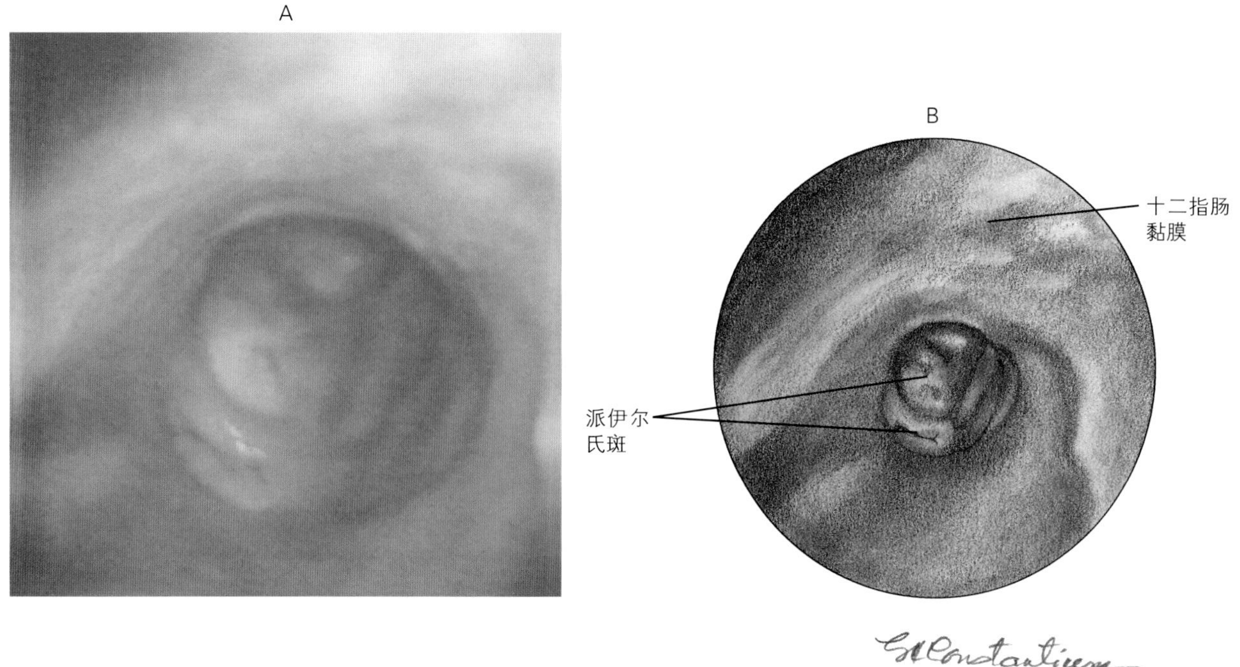

图8–36　两个并排的派伊尔氏斑

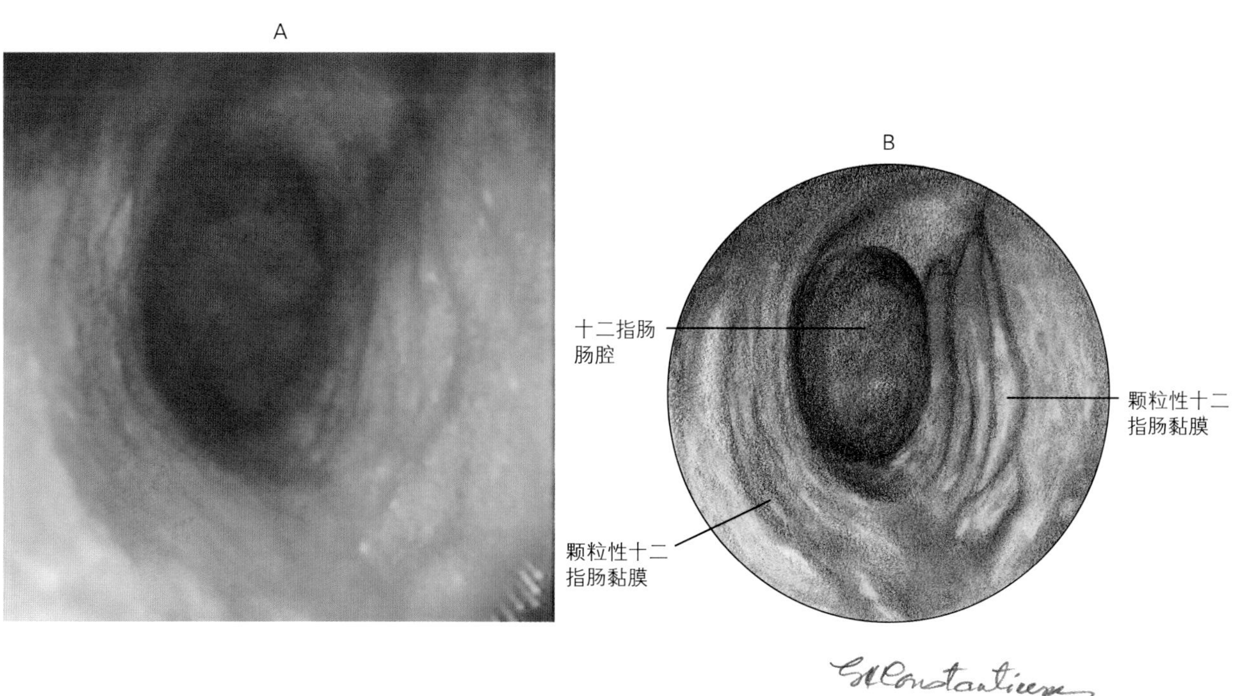

图8–37　颗粒性十二指肠黏膜。此处十二指肠黏膜颗粒性轻度增加，这提示存在炎性疾病

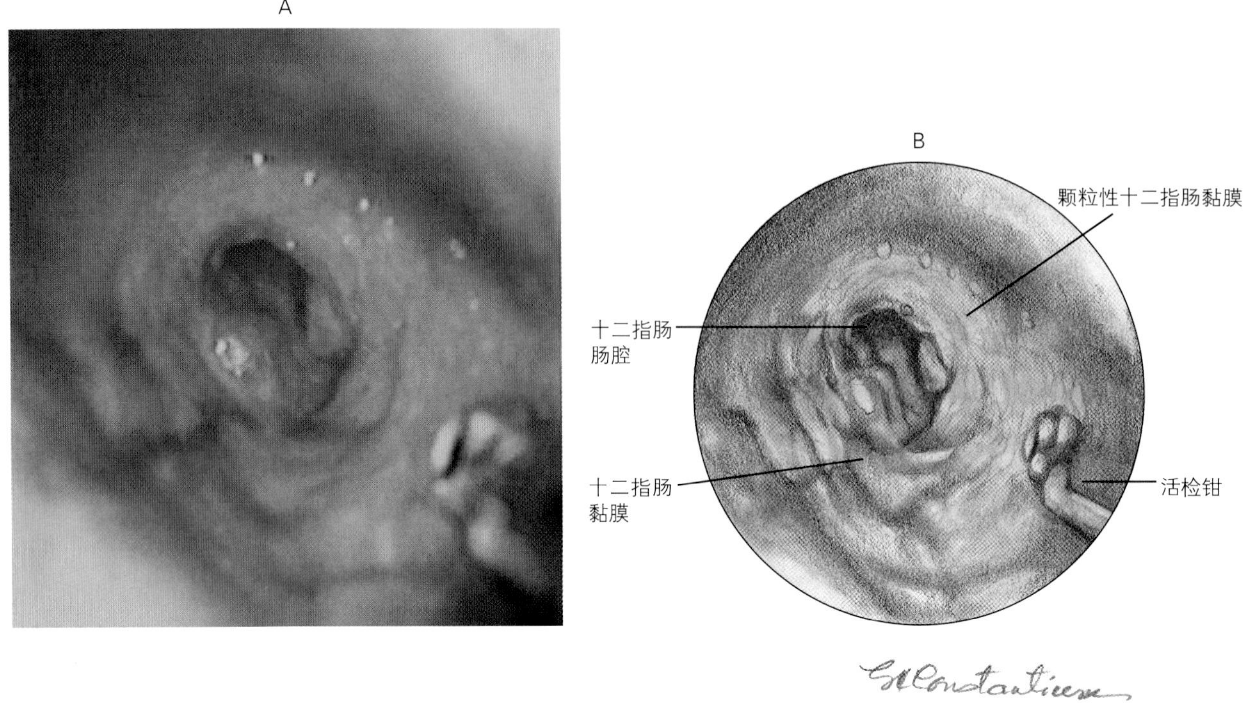

图8-38 颗粒性十二指肠黏膜。此处十二指肠黏膜比正常十二指肠黏膜颗粒性更明显，诊断为肠炎

第十节　辅助性镜检技术

一、细胞刷检

细胞刷检是内镜活检的一种有效辅助技术。应用细胞刷检可以获得操作过程中可能遗漏的表皮物质，以提高诊断率。因此，通过细胞刷检可能偶尔发现寄生在消化道黏液中的生物体，如原虫，而通过活检则不能发现。此外，细胞刷检所涉及的范围要比活检的范围广，且可以对细胞学样本进行迅速评估。现已证明细胞刷检可以提高人胃肠癌的诊断率。如果活检结果不能支持诊断，细胞刷检的试验性诊断则不能省略。重复进行活检时应谨慎。

二、十二指肠液的抽吸

把无菌塑料管通过内镜插入十二指肠，来获取用于细菌培养和细胞学检查的十二指肠液。当使用大号注射器进行轻微抽吸时，十二指肠肠腔会塌陷，然后将无菌塑料管缓慢退回到内镜。大多数情况下，此技术可以采集到0.5～2mL十二指肠液。肠液应迅速转移到适宜的厌氧罐中，然后送至微生物学实验室进行检测。

十二指肠液的定量培养是诊断小肠细菌过度生长的有效方法。每毫升菌数超过10^5个即可诊断为细菌过度生长。十二指肠液的细胞学检查是准确诊断贾第虫病的方法。有时细胞学检查可发现肿瘤细胞。对淋巴肉瘤的病例诊断尤其准确。

三、内镜活检

用活检器械进行胃十二指肠活检。采集组织样品虽小（2～3mm），但也应在内镜引导下进行，而不是“盲目”进行。鉴于样品较小，所以要获得有诊断价值的组织样本必须要有良好的操作技术。器械必须锋利才能避免压碎样品。如有可能，活检钳的长轴应与采集的黏膜表面呈90°角，这样就减少了仅获得绒毛端样品的可能性，当活检钳与黏膜

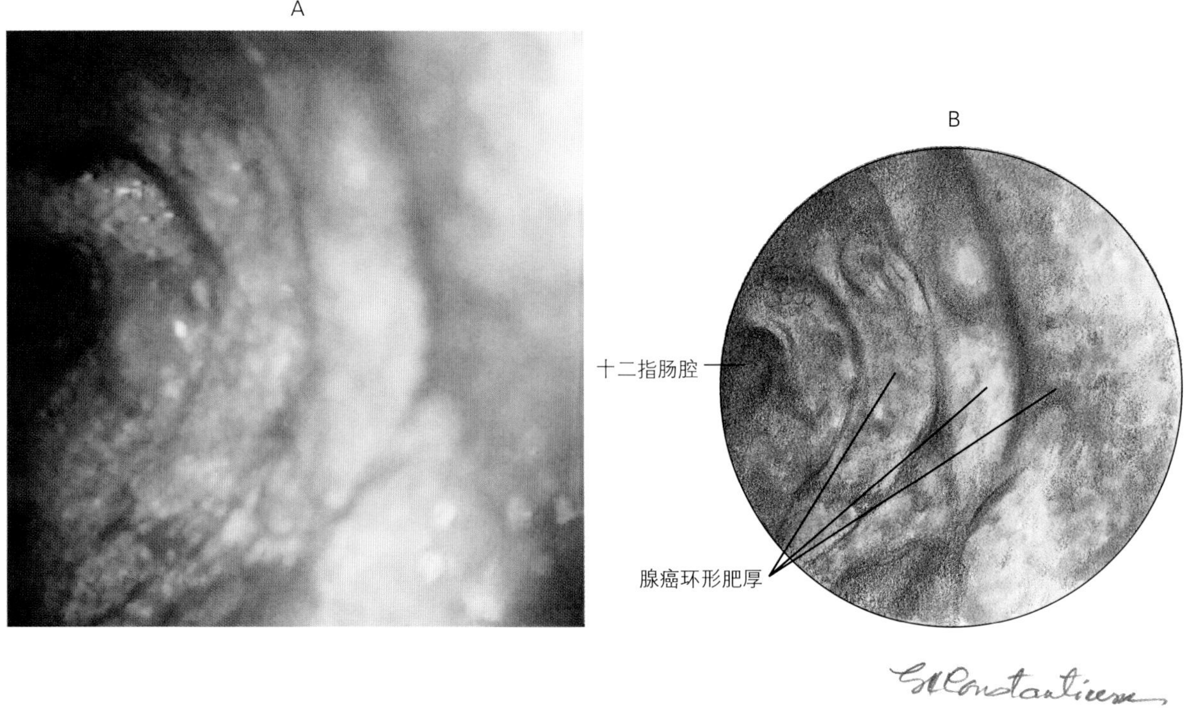

图8-39　十二指肠腺癌。十二指肠黏膜颗粒性增加和环形收缩增强，这是由于环形腺癌所致

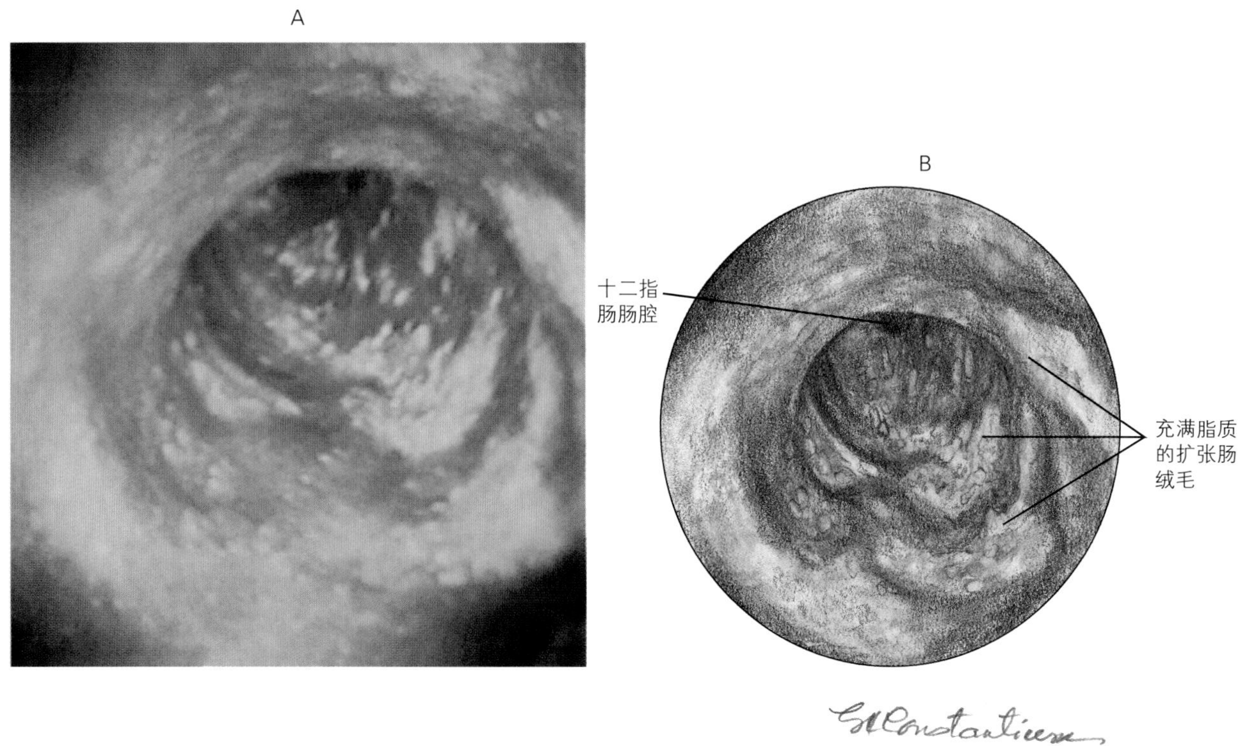

图8-40　淋巴管扩张。4岁㹴犬的十二指肠具有突起、环形和白色的斑块，这与充满脂质的扩张肠绒毛相对应。该病犬仅在镜检前几个小时喂过食

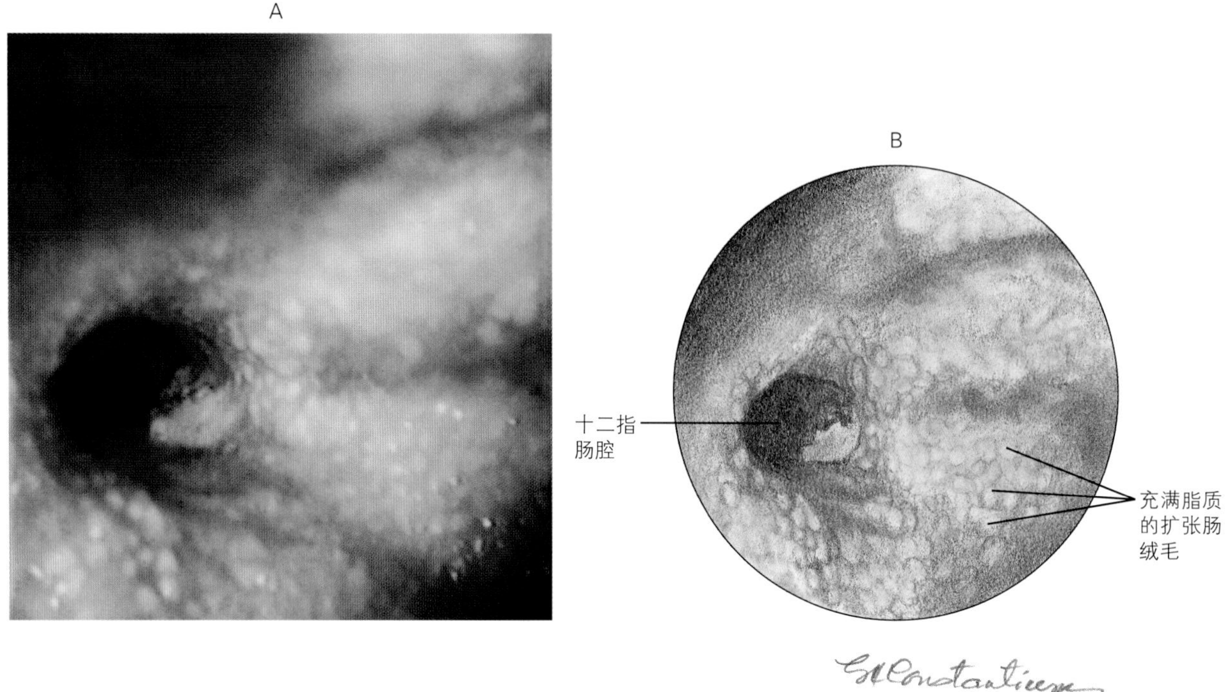

图8-41 淋巴管扩张。由淋巴管扩张引起的扩张绒毛在黏膜表面特写镜头里清晰可见

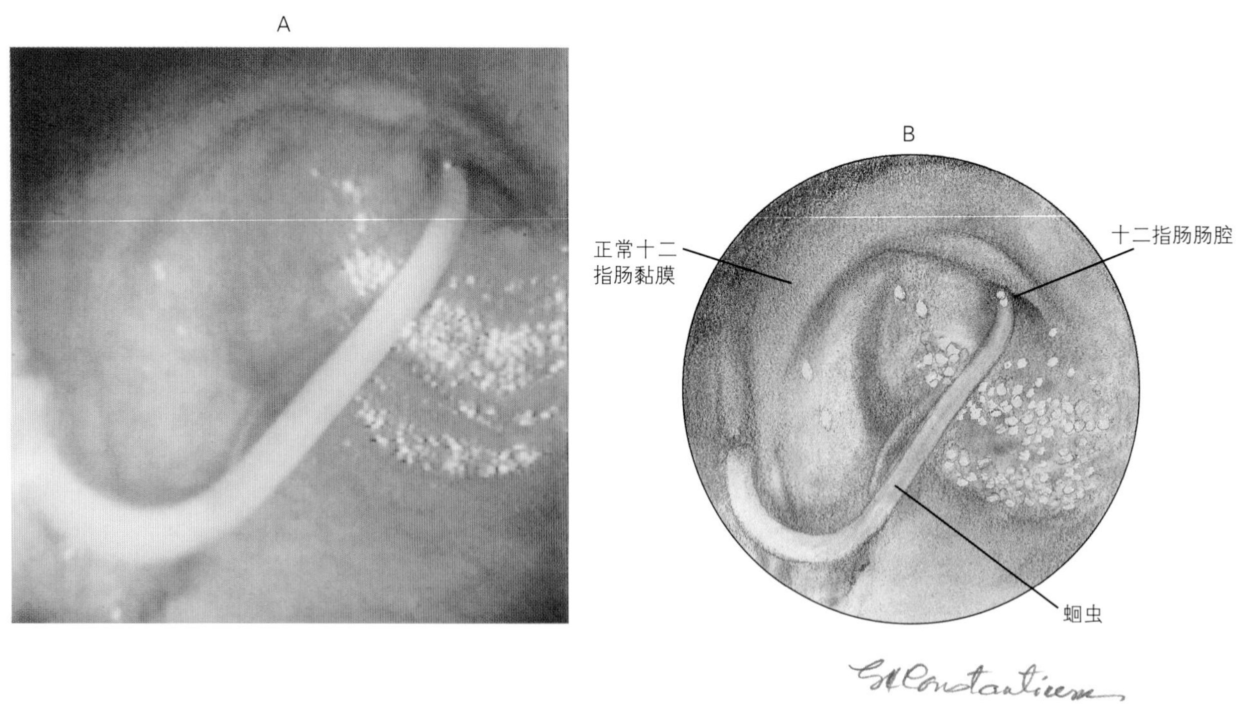

图8-42 犬十二指肠中的蛔虫。内镜医生在消化道中偶尔可以看到寄生虫，如蛔虫或泡翼属线虫等

表面呈水平或正切时常常出现这种结果。在无特征的肠腔中（如小肠），当内镜端部遇到弯曲或吸出腔内多数气体而使肠腔部分塌陷时，将活检钳达到垂直定向更为容易些。对过度膨胀的胃进行活检较为困难。为增加深部组织的采样量，可在同一部位进行多次采样。由于肿瘤周围常伴有炎症，所以对肿块进行活检尤为重要。对溃疡灶活检最好在其外围以避免采集坏死组织。由于肠道各部位组织解剖结构各不相同，因此在连续部位获得活检样品很可能提高病理学家鉴别正常和异常组织学的能力。因此，推荐在可见的病灶处和十二指肠降部、幽门、胃角切迹、胃大弯中部以及贲门处采集活检样品。在胃内的每个部位，建议最少采集3～4个活检样品。在十二指肠处至少采集8个活检样品。十二指肠活检较好的位置是十二指肠下曲。如果不能通过幽门，当内镜头滞留在幽门窦时，通过盲取把活检钳穿过幽门可能获得十二指肠活检样品。

（一）活检操作

内镜活检所获得的组织样品较小，并容易受损，应小心操作。

不要使样品干燥，应将其放置在一些支撑物上面或内部，如泡沫上、切片盒内或折叠的盖玻片纸上，以减少其收缩，并保持方向。

（二）活检结果和临床症状不一致

有时可出现临床症状、内镜检查结果和活检结果不一致的情况。对临床医生来说，当临床症状或黏膜的形态提示有胃肠道疾病时，要获得一份正常的活检报告却令人烦忧。框8-4提供了检查不一致时的几点原因。有2/3的病例，内镜检查结果与组织学检查一致。内镜检查所观察到的黏膜出血和红斑对于组织学异常的预测价值最低。在80%的病例中，黏膜过度易碎与组织学异常有关。造成不一致性的原因包括临床医生、内镜医生和病理学医生经验不足，存在功能性而不是形态性肠道疾病，黏膜病灶不规则分布，未能准确掌握轻度形态学变化的意义。

框8-4 活检结果与临床症状和内镜检查结果不一致的原因

临床医生对疾病过程的错误定位
- 没有区别大小肠腹泻

对胃肠黏膜的内镜检查评估不准确
- 没有经验
- 当黏膜变厚、黏膜颗粒性或黏膜下血管模糊时，误认为充气不充分
- 引导内镜造成的损伤被误认为是自发性疾病

病理学医生的活检评价不准确
- 没有经验
- 不知道轻度炎症的临床意义
- 采样操作错误

活检样品不具代表性
- 活检技术差
- 病灶活检部位（如坏死中心）不恰当
- 不规则的黏膜病灶

存在功能性而不是形态学性的疾病
- 刷状缘缺陷
- 能动性异常
- 分泌性腹泻
- 渗透性异常

（三）治疗后活检

有些兽医师推荐对患有中度和重度肠炎的所有病例的肠黏膜进行跟踪活检。如果治疗临床效果不明显，跟踪活检对于这样的患病动物会有所帮助，因为其可以对肠炎的治疗效果提供客观的评估。如果内镜检查和跟踪活检均表明炎症减退，则提示对于临床症状上没有明显变化的患病动物来说还应继续进行同一种治疗方法，并告知动物主人炎症的消退需要更长时间。如果患病动物临床症状改变不大，并且肉眼和镜下形态学表明没有改善，则应改换其他治疗方法，通常包括采取更积极的免疫抑制和控制食物疗法。

对临床症状减轻的患病动物是否再进行活检尚存争议。毫无疑问，许多患病动物尽管临床症状减轻但仍有持久性肠炎。此外，对于患有亚临床胃肠道炎症的动物来说，在治疗结束后复发也很多见。从长远来看，持久性炎症可能导致肠道纤维化，最终使难以治愈的临床症状复发。然而，不幸的是，很难判断这种持久性炎症的意义，常规内镜跟踪检查的价值仍有待证明。

第十一节 异物取出

一、抓取与回收设备

可通过内镜的回收设备有：篮式异物钳、息肉切割器、三爪或四爪异物钳和鼠齿抓钳等（图8-43）。此外，拥有一把较长的半硬质或硬质抓钳对取出食道近端的异物很有用。适宜的硬质回收设备可从多数手术器械制造商处获得，但较为昂贵。

二、内镜检查异物取出适宜方法

异物可直接通过内镜取出或借助手术器械处理后取出。采用哪种方法应因异物种类、解剖位置、动物的临床症状以及宠物主人意见等而定。

内镜检查前建议对患病动物进行X线影像评估。X线影像检查有助于定位异物和确定有无穿孔。当X线影像检查发现尖锐物体（如针头和鱼钩）时，在内镜检查前确定异物是否仍留在胃肠腔内很重要，因为尖锐物体穿透食道或胃肠壁并移到内镜难以接触的管道之外的现象并不罕见（图8-44）。

尽早取出食道内所有异物（图8-45）非常关键，因为这些异物可引起疼痛和吞咽困难，并导致食道狭窄。考虑到开胸术的高死亡率和食道手术可能引起的并发症，应用内镜取出异物是极其理想的方法。由于存在胃穿孔的风险，或尖锐物体可能离开胃，导致肠道穿孔，建议通过内镜及时从胃中取出所有尖锐的异物。为了避免胃肠道阻塞，推荐尽早通过内镜或手术取出太大而不能通过胃肠道的异物。怀疑含有铅、锌（如硬币）（图8-46和图8-47）或有腐蚀性物质（电池）的异物必须尽快从胃肠道中取出。

三、操作技术

成功取出异物需要细心、巧妙和超凡的技术。不能强行取出嵌入较紧的异物。如果在内镜检查视野下不能直接将异物取出，则要通过手术取出。强行取出异物会造成内脏、邻近血管或器官发生较大

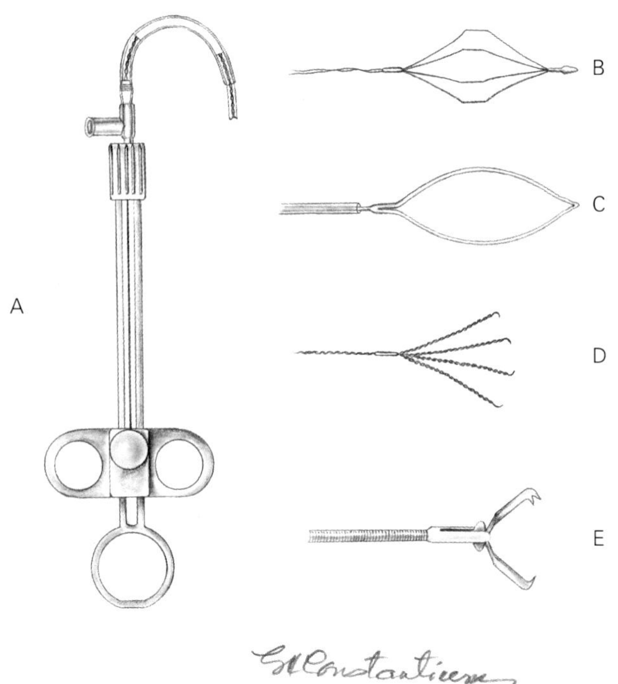

图8-43　异物钳。A，异物钳的操纵末端。B，篮式异物钳。带外鞘的篮式异物钳通过内镜手术通道进入，当接近要取出的异物时，篮式异物钳从外鞘中伸出，篮弹开，置于物体上，把篮子撤回鞘内并收紧篮子，使异物进入篮网内。C，息肉切割器的功能类似篮式异物钳。D，四爪异物钳功能也类似篮式异物钳。E，嘴式异物钳用于抓握小型异物，常用于表面不光滑的物体

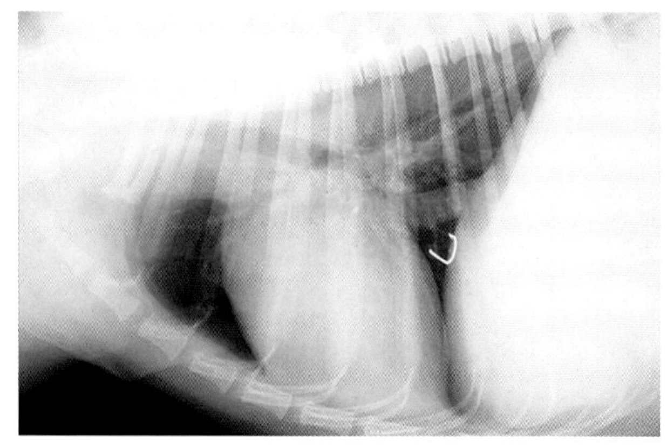

图8-44　食道周围发现鱼钩的犬胸侧部X线片。为取出鱼钩此犬曾进行了一次不必要的内镜检查。鱼钩穿过食道壁进入食道周围组织

A

B

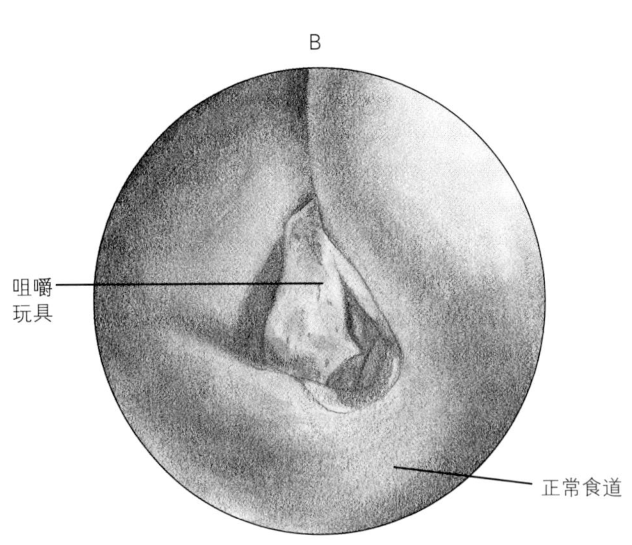

图8-45 食道异物。该5岁的腊肠犬表现返流，内镜检查发现一个咀嚼玩具嵌于食道内

A

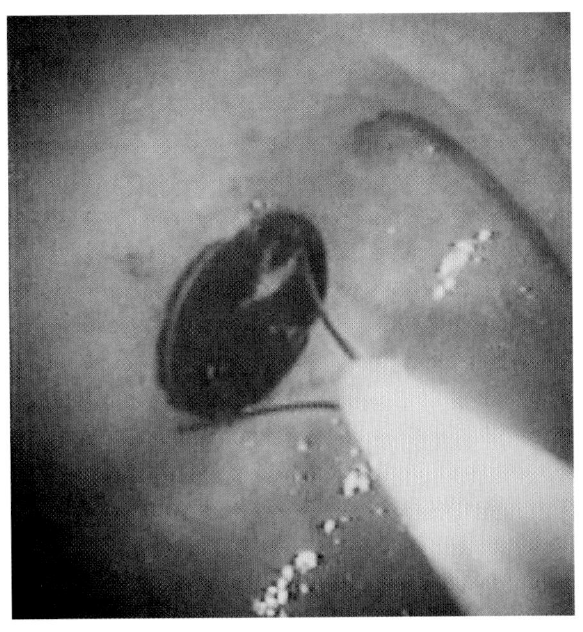

B

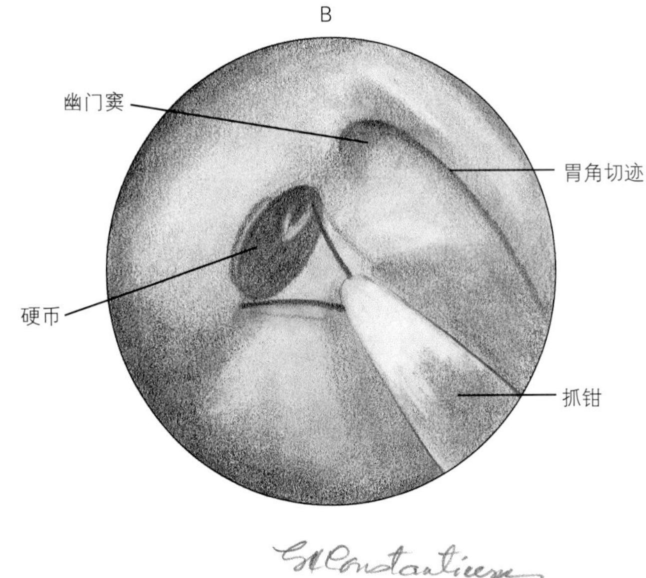

图8-46 从胃中取出一枚硬币。用三爪异物钳抓住位于胃体和幽门窦交界处的硬币

的撕裂风险（图8-48）。此外，嵌入较紧的异物常常会造成明显的压迫性坏死，这需要通过手术检查来断定它们的坏死程度。毛团很难通过内镜取出（图8-49）。

反复尝试可以确定取出特殊异物的最好器械；有些器械应用比较广泛。篮式异物钳仅能在有足够直径使其展开的管腔中应用（图8-50）。有爪的异物钳对取出光滑表面的异物价值不大。

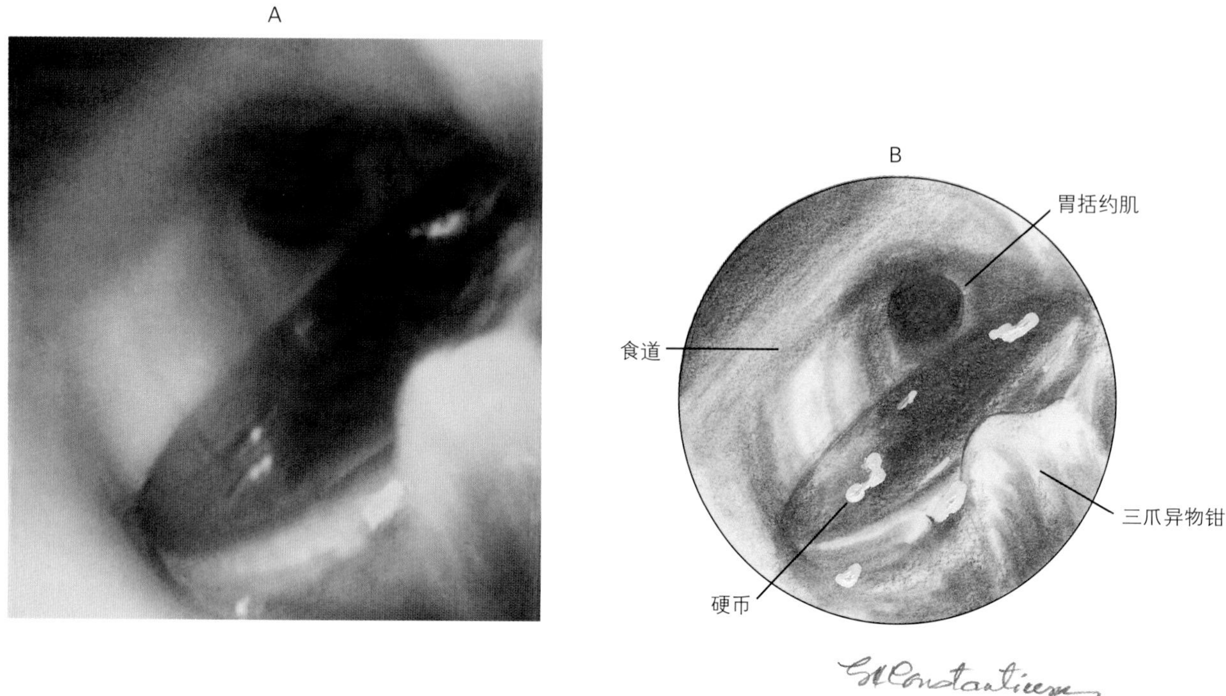

图8-47 从胃中取出一枚硬币。硬币位三爪异物钳的抓持范围内，可见内镜、抓钳和硬币在食道中的取出部位

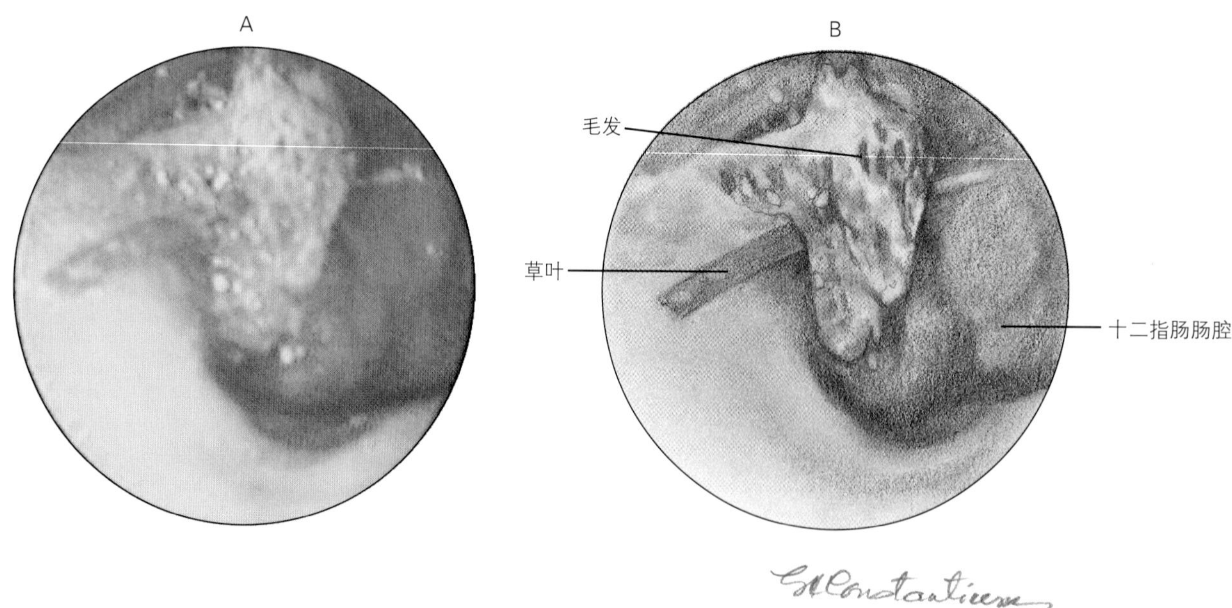

图8-48 十二指肠中被草缠绕的异物。许多胃肠异物被未消化的碎片如头发和草所缠绕。不能移动的针头就处在草叶中。明智的内镜医生决定用手术法取出异物。手术探查发现针头横穿十二指肠，并穿透胆囊

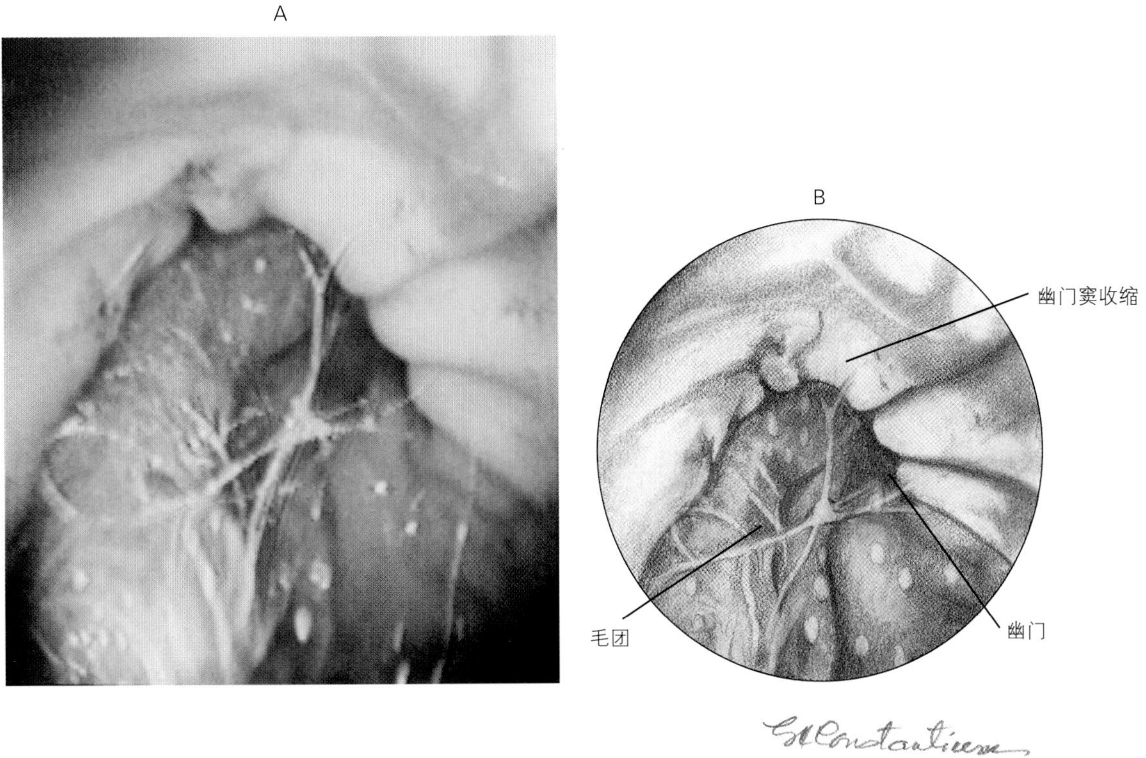

图8–49　胃中毛团。一个毛团位于幽门窦

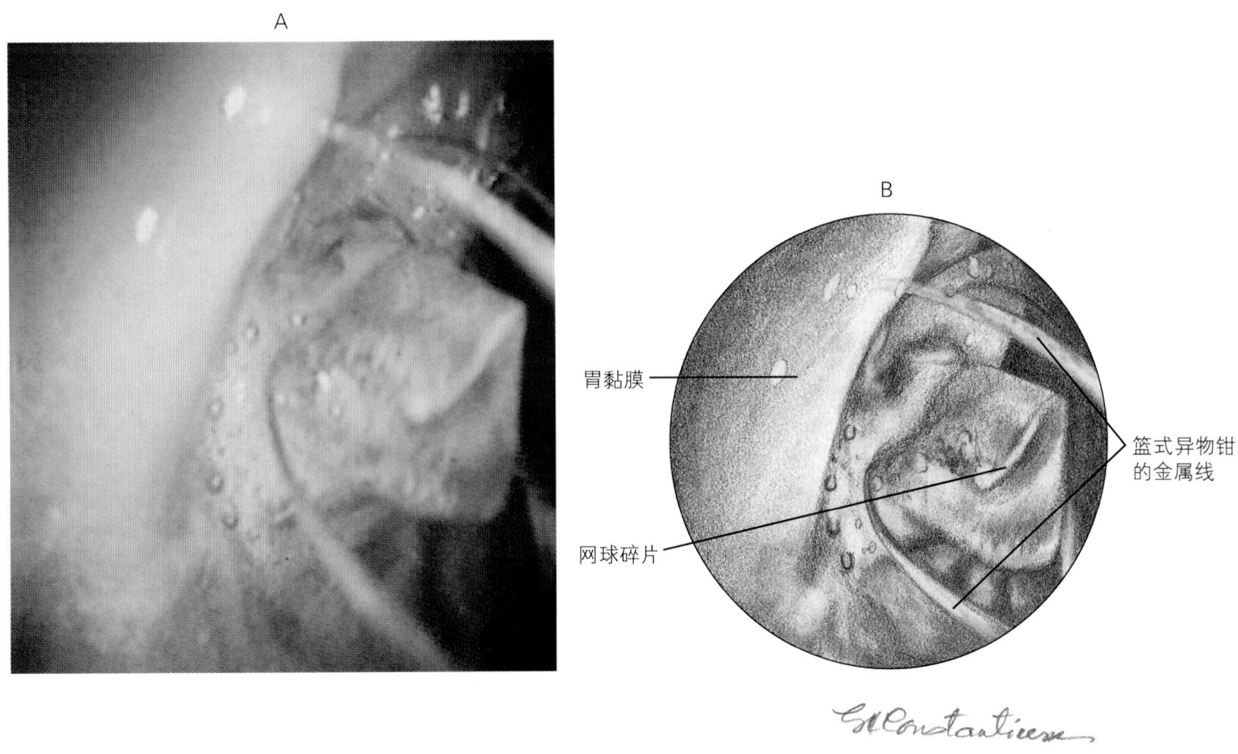

图8–50　抓取异物的篮式异物钳。可以看见篮式异物钳的金属线正在处理网球碎片边缘，通过内镜法成功取出此碎片

如果异物表面光滑但有切迹，应用具有强大颚齿样的异物钳是有效的。磁性提取器械可以取出某些金属异物。

带有缝合线的内镜器械可用于取出胃内较大异物，如链状阻塞物。用缝合线捕集异物时，可采用下列方法（图8-51）。用内镜取异物时，应让活检钳或抓钳通过活检通道，直到钳嘴露出为止。用钳嘴抓住2m长的坚韧缝线的一端，通过内镜到达异物。利用抓钳将缝线穿过异物上的小孔，然后松开缝线。再在异物的另一侧抓住缝线，退回内镜，把线从嘴中拽出。结果是通过缝线将异物拽入口腔，然后经口腔将异物取出。

其他可采用的异物取出技术包括：①把食道内异物拽进食道内的硬质镜中，此法可以无损伤地取出尖锐异物；②把食道内顽固性异物推进胃内消化掉（如骨头），这适用于定向取出或使其更容易通过手术取出；③把带气囊导管放置于远离异物处，然后利用充气导管拽出异物（图8-52）。

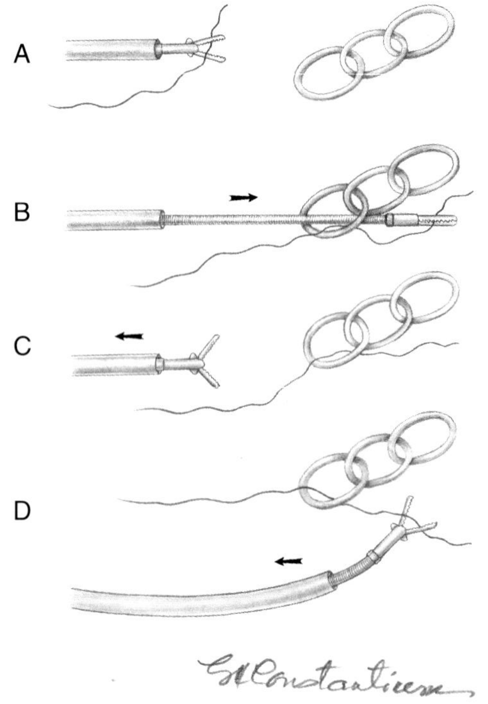

图8-51 用缝合线捕集异物的内镜技术

A，用内镜从动物体内取出异物，活检钳或抓钳通过活检通道，直到钳嘴露出为止。钳嘴抓住2m长坚韧缝合线的一端，通过内镜到达异物

B，利用抓钳将缝合线穿过异物上的小孔

C，松开缝线，抓钳从异物小孔中抽回

D，在异物的另一侧再抓住缝线，退回内镜，把线从嘴中拽出。用缝线将异物拽入口腔，再从口腔中将异物取出

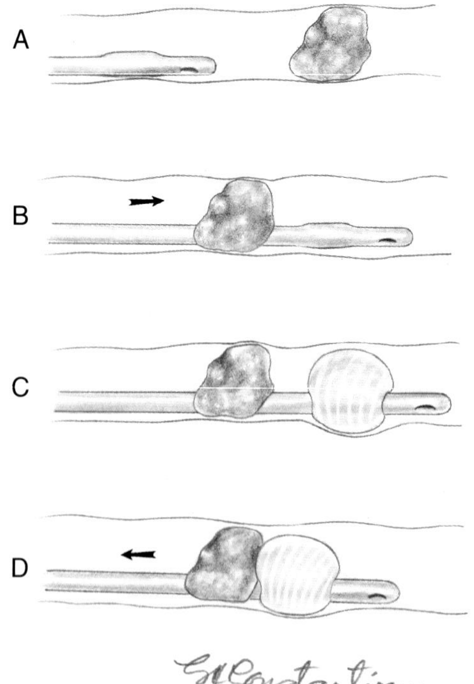

图8-52 该图描述了带有气囊导尿管在取出食道异物上的应用

A和B，将带有气囊的导管穿过异物。使带有金属线的硬的气囊导管更容易操作

C，给导管气囊充气

D，利用充气囊拉出异物

第十二节　探条扩张术和气囊导管扩张

食道狭窄有时需要进行探条扩张术和气囊导管扩张，内镜检查有助于临床医生安全地实施这些方法。内镜检查便于直观评价和扩张前狭窄部位的活检，还有助于鉴别炎症后狭窄、食道外挤压和肿瘤引起的狭窄，以便于选择合适的治疗方法。内镜简化了探条或气囊导管直接进入狭窄口的操作，便于评估此方法对黏膜组织和管腔直径产生的影响。用气囊导管或硬质扩张器可以对狭窄部位进行扩张。扩张狭窄部位时硬质探条没有气囊扩张器效果理想，因为其产生径向力较小而切力较大，但在某些情况下还是有效的。

一、气囊导管扩张

直径为15～20mm，长6～8cm的气囊扩张器适用于胃肠道的检查。气囊直径小于10mm时没有多大价值，因为它不能给食道狭窄部提供足够的膨胀。较短的则不能完全满足较长狭窄部位的膨胀，因为其不能完全穿过病灶区，所以很难在充气过程中保持在狭窄处。尽管设计的气囊导管可以穿过内镜的活检通道，但有些较长的气囊导管扩张器头部并不能充分弯曲，难以通过软质胃内镜，而必须经内镜旁通过。一旦确定气囊位于狭窄部位中心，即可用注射器缓慢进行充气（图8–53）。

以充满造影剂的气囊进行X线检查或通过内镜来监测膨胀程度。也可利用压力计检测所实施的压力，但这不是必需的。对于小型犬和猫可以应用直径为10mm的胃镜对狭窄区进行探查，大型犬则需要用直径较大的胃镜。

二、探条扩张术

硬质探条配备有不同直径的锥形探头。使用时

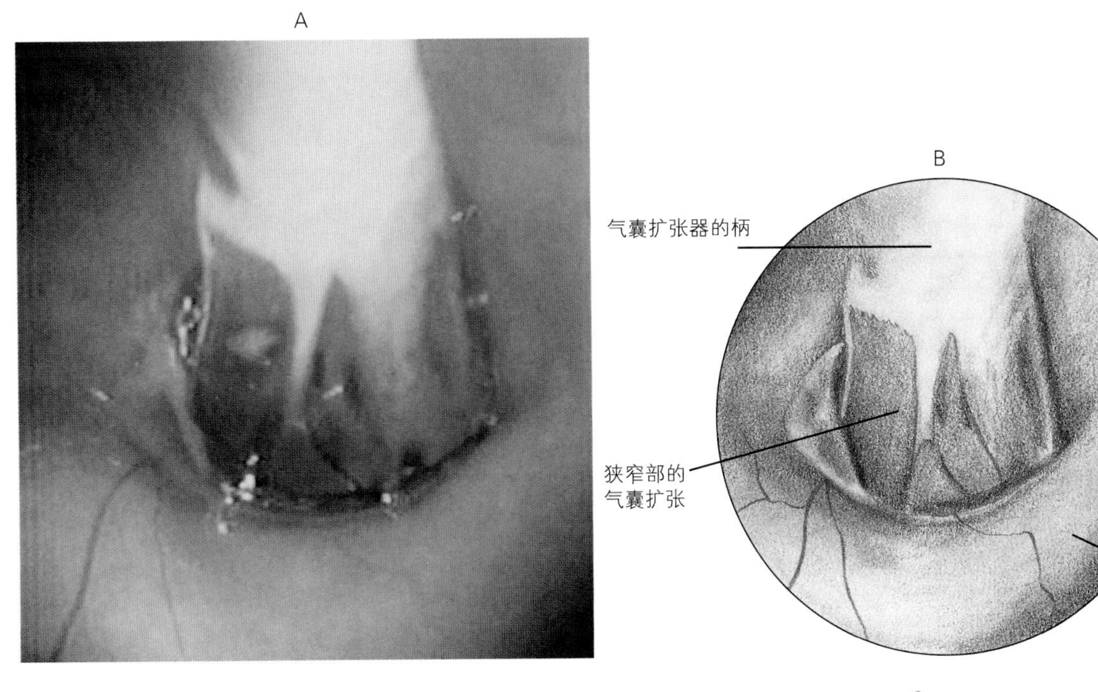

图8–53　气囊导管在狭窄腔中的扩张。图8–11 显示了部分充气的气囊扩张导管在狭窄腔中的位置

应逐渐增加穿过狭窄区的探条直径。尽量使狭窄区扩张但不要用力过度。直径较大的探条有助于操作。如体重为20kg的犬选用40#、F型直径探条，这种探条比较适合于通过狭窄的食道部，也便于临床操作。

三、扩张狭窄部位的并发症

探条扩张和气囊导管扩张的并发症比较多，尤其是对没有经验的操作者。并发症包括脆性食道组织穿孔和炎症或肿瘤疾病所致狭窄时导致食道周围血管破裂出血。给邻近狭窄部的食道充气，气体通过狭窄部后进入胃容易造成胃过度膨胀。如发生这种情况，可对胃进行穿刺减压。

四、跟踪治疗

要充分维持管腔的直径需要对其进行多次扩张。在治疗的第一个月，需要每周扩张一次，以后逐渐减少次数。一旦发生返流，就应进行重复操作。有些患病动物仅需要扩张一次。利用辅助治疗可有助于预防狭窄的再次发生。如果造成狭窄的病因是返流性食道炎，可应用甲氧氯普胺（0.2～0.4mg/kg，每天3～4次）和质子泵抑制剂。建议术后应用皮质类固醇来抑制纤维化。

五、借助内镜放置胃瘘管

为了长期（几周至几个月）给予患有厌食或吞咽困难的动物提供营养，有人主张使用内镜放置胃瘘管（PEG管）。PEG管比咽瘘管或鼻胃管具有更好的耐受性，在家里很容易操作。它的直径比较大，因此易于给予宠物混合性食物和直接投服药物，并发症虽然少见，包括胃壁压迫性坏死或胃腹壁粘连失败，两者均可引起腹膜炎，增加腹膜炎的发病率，这常见于正进行化疗的虚弱大型犬。对于这类患病动物可通过手术方法更好地放置胃瘘管。易呕吐的动物不推荐使用胃瘘管。

六、操作方法

通过内镜放置胃瘘管需要进行短时间麻醉。动物右侧卧，以便胃导管可以穿过胃大弯和左体壁。导管出口在第13肋骨的腹侧。在此部位进行剪毛和消毒。

内镜放置胃瘘管技术手术比较简单（图8-54），使用特殊的蕈蘑菇头样导管。犬可用24#、F型导管，猫用20#的。胃造口术的全套工具（包括各种导管）可从人医手术供应处购买，但比较昂贵。管可按下面方法准备：在具有蘑菇头的雌性导尿管末端切下2~3英寸*，并修整导管的断端以便插入一次性的塑料微管内（锥形聚丙烯静脉导管或聚丙烯公猫导尿管）。把之前从蘑菇头导管切下的2~3英寸的橡胶管再切一半，变成相等的两段，每段再切一个小裂缝。其作为轮缘以预防胃远离体壁的运动。将导管穿过轮缘上的裂缝直到蘑菇头和橡胶轮缘接触到为止。

手术部位在第13肋骨远末端的腹部左肋骨区。将内镜导入胃内，小心地给胃充气直到腹部膨胀，但不能太紧张。用内镜投照体壁以确保脾不在胃和体壁之间。在腹部第13肋骨处将16#~18#、1.5~2英寸的穿刺针插入皮肤，再穿过体壁和胃壁，进入胃腔。用适当长度的坚韧缝合线，从针孔导入，穿过针芯进入胃内。用抓钳抓住缝线，然后从动物体内回撤内镜，拽着缝线一端经食道从口腔出来。注意不要把所有缝线拽进胃内。在口腔中将缝线穿过锥形塑料微管腔，紧紧系在蘑菇头导管的修整末端。把导管紧紧地嵌进雌性导尿管末端。抓住腹部外的缝线端，稳固拉拽使整个导管装置穿过口腔、食道后进入胃，再穿过胃壁和体壁出来。进一步轻拉导管可使导管远端（轮缘）牵引胃壁贴在体壁上。通过在皮肤表面的导管上放上第二个轮缘使胃固定。把内镜再插入胃内，评估胃瘘管处黏膜状态。

如果发现黏膜苍白，应适当降低导管张力，否

---

* 1英寸(in.) =2.54厘米(cm)。为便于读者阅读，涉及“英寸”单位之处，仍保留中文。——译者注

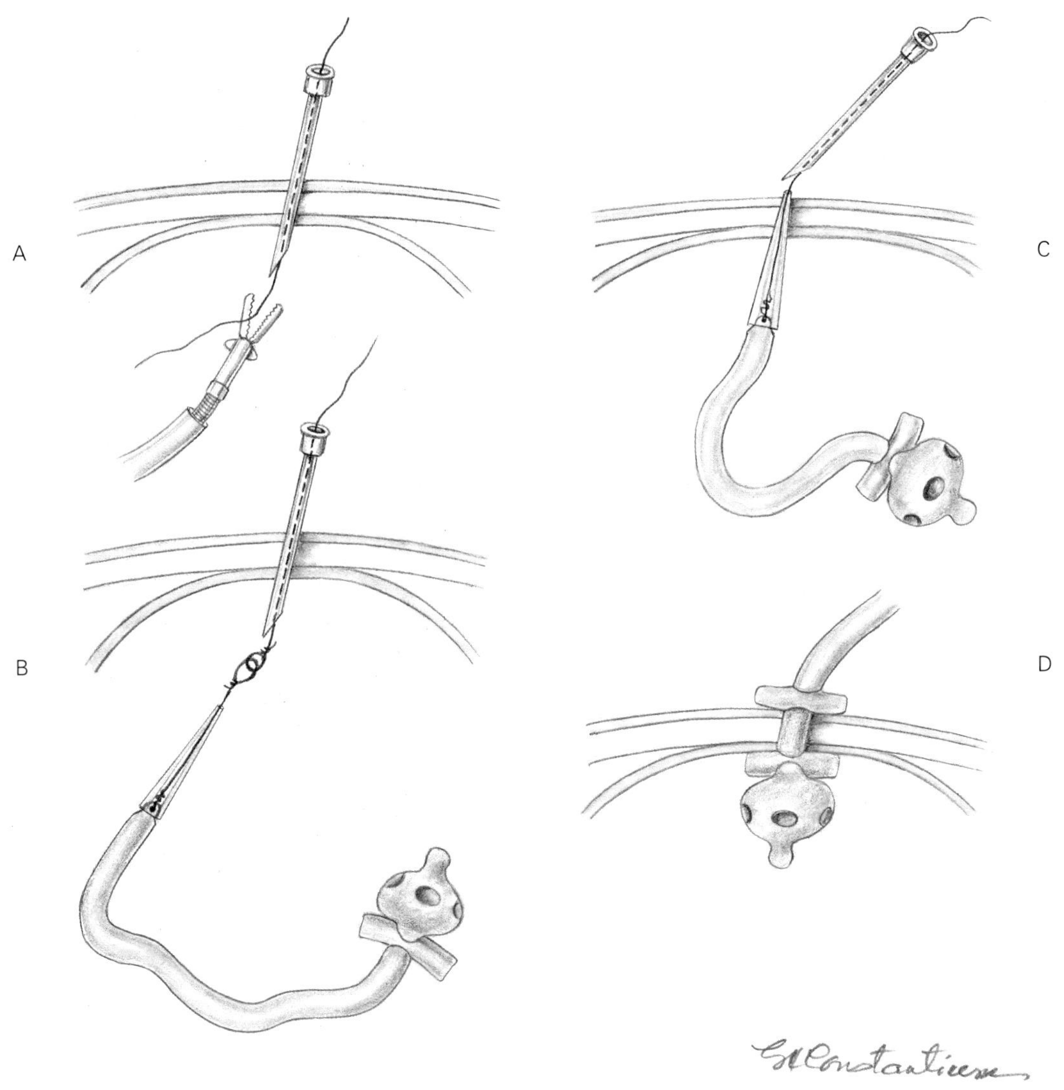

图8-54 内镜放置胃瘘管（PEG 管）

A，把内径较大的穿刺针穿过体壁插入胃腔。坚韧缝线穿过针孔进入胃内，在胃内用抓钳抓住缝线

B，把缝线和内镜从胃内撤回。在口腔内，把缝线系在蘑菇头导管的线上，此蘑菇头导管末端连接着塑料微管头。在腹壁的出口处抓住缝线，用劲拉拽着整个导管装置穿过口腔、食道和胃

C，导管装置穿过胃壁和体壁，直到导管的远端（轮缘）把胃壁和体壁固定为止

D，通过把第二个轮缘搁置在皮肤表面来固定胃导管

则由于局部缺血，可导致胃壁发生坏死。在手术部位给导管装上绷带以防止动物破坏。6～7d后，不再需要导管喂食后，可安全取出导管。为了取出导管，向外稳固地牵引导管，尽可能在接近远端处切断导管。在大型犬中，内轮缘和蘑菇头通常可排出体外，但如果需要的话可通过内镜取出。对于小型犬和猫，建议通过内镜取出。

第十三节 结 论

上消化道镜检是一种常用的内镜检查技术，尤其适用于诊断发生在黏膜和管腔部位的上消化道疾病。其禁忌证很少，并发症也罕见。最适合小动物上消化道操作的内镜是特殊设计的兽医专用内镜和儿科胃镜。上消化道镜检包括黏膜活检、细胞刷

检、异物取出、狭窄部位探条扩张和胃瘘管的放置。内镜医师面临的问题包括对X线检查和内镜检查相互之间的对比、常规检查和上、下消化道内镜检查的适当结合应用、临床症状、内镜下的形态、活检结果之间不一致的原因分析和治疗后活检的跟踪。

建议阅读资料

Gualtieri M: Esophagoscopy, *Vet Clin North Am Small Anim Pract* 31(4):605-630, 2001.

Mansell J, Willard MD: Biopsy of the gastrointestinal tract, *Vet Clin North Am Small Anim Pract* 33(5):1099-1116, 2003.

Tams TR: *Handbook of small animal gastroenterology*, ed 2, St Louis, 2003, Saunders.

Zoran DL: Gastroduodenoscopy in the dog and cat, *Vet Clin North Am Small Anim Pract* 31(4):631-656, 2001.

第九章　结肠内镜检查

结肠内镜检查是犬、猫大肠疾病中最常用的诊疗手段。对于大多数病例，为了获得准确的诊断结果，要求医生熟练掌握设备使用与技术知识，并具备采集病理样品的能力。本章将对此进行介绍。

第一节　适应证

直肠镜与结肠镜主要用于直肠或结肠黏膜病变及肿块的临床诊疗，其中最常用于大肠性腹泻的诊断。大肠性腹泻的主要特征是排便频繁，每次排粪量都很少，而且随着次数的增加排粪量逐渐减少，动物表现明显的里急后重，在粪便中常常带有血液或黏液。此外，结肠镜检查的适应证还有：便血（粪便正常或不正常）、排便困难（排粪时疼痛）、直肠内可触及或可见大量的粪块、大肠梗阻、粪便中黏液增加等。呕吐、体重减轻、食欲下降等表现多是小肠疾病的特点，不过大肠梗阻性疾病（狭窄、肿块、套叠）以及严重的浸润性黏膜病（炎症或肿瘤）也常常有这些临床表现。因此当有这些表现时，需要同时采用小肠和大肠的内镜检查。

在使用结肠镜检查前医生需要进行详细的病史调查、全身检查（包括直肠检查）和多项寄生虫检查等。必要情况下还可先考虑饮食。通常情况下治疗性试验，包括更换饲料、驱虫、含有水杨酸的抗炎药物治疗（如磺胺柳吡啶、5-氨基水杨酸类）等对急性大肠病症有效。如果这些方法无效，或者症状呈慢性较重或渐进性的，则需要考虑进行结肠镜检查。

X线（包括钡餐造影）可用于肠管阻塞性疾病的诊断，而不能用于黏膜病变。肠黏膜病变通常需要活组织检查，因此一般不使用X线进行诊断。超声波对于大多数肠道病例价值不大，有时用超声波检查可发现大肠内的肿块。有时即使超声引导也不能完成肠道活组织检查，因此还需要使用内镜进行诊断。由于犬、猫多数的大肠炎症都呈弥散性，在降结肠部位的病变往往更加典型。在临床上，降结肠的检查多使用硬镜，与用于小肠的硬镜检查相比具有容易操作、不用过多训练、容易清洗（这与硬镜管腔直径较大有关）等优点。此外，由于硬镜的管腔直径较大，因此可获取更多的病变样品。如果需要对大肠进行彻底的检查，需要使用纤维内镜或电子内镜，使用这两种设备可对整个结肠甚至回肠进行检查。纤维内镜和电子内镜的显像效果更好，而且能进行更全面的检查。同时采用硬镜和软镜几乎可以完成全部操作，用硬镜可取出残留的粪便，也可从降结肠处采集病变组织，用软镜既可进行视诊又能从结肠其他部位采集活组织样品。

第二节　内镜设备

结肠可用硬镜或软镜检查。如果仅对肛门直肠部位进行检查，可采用人用硬镜。通常有8～10cm长，镜体呈锥形，镜前端部直径8～20mm（图9-1）。使用时不需要进行过多的准备，可在患病动物镇静或清醒状态下完成。对于肛门部直肠检查也可用较大的锥形耳镜完成。对于降结肠部及直肠深部的检查可选用人用硬管直肠镜（图9-2），而全结肠及回肠的检查则必须使用软镜。

硬直肠镜的外镜管主要用于观察病变及病理样品采集，外管一般由金属或塑料制成，塑料镜管容易清洗并可以反复使用。照明传输系统由导光缆组成，将来自冷光源的光经导光缆传输到内镜前端，照亮被观察组织。闭孔器主要用于插入直肠时避免损伤组织。气孔用于检查时向肠管内注入空气，使肠管扩张。光学成像系统由物镜、转像系统、目镜3大系统组成。被观察物经物镜所成倒像，通过转像系统将倒像转为正像，并传输到目镜，再由目镜放大后，为人眼所观察到（图9-3）。除此之外，一般还配备操作孔道，用于进入活检钳、剪刀、锯齿钳进行活检取样、切割等操作（图9-4）。还可选择性地使用可移动目镜（图9-3）封闭孔道的近端，以防空气的泄漏。当经操作孔向肠管内插入器械或清洁棉签时可暂时取出目镜。直肠镜一般有不同的型号，体重超过5kg的犬常选用长30cm、直径21mm的直肠镜，对于更小的犬或猫可选用长20cm、直径12mm的直肠镜。

对于结肠的软式内镜可选用上消化道内镜。比较理想的应有1m长的镜管，镜头可任意弯曲，有充气或充水孔道，以及直径至少2mm的活检操作孔（最好是2.8mm）。活检操作孔越大可选用的活检器械也就越大。一般对直肠软镜镜管的直径要求没有上消化内镜那样严格，一般为7.8～11mm，小型动物所使用的镜管要相对细一些。通常幽门口的直径与回结肠括约肌部位的直径相近，内镜选择详见第一章。

硬质活检钳与硬镜配合使用，硬质活检钳应有4～6mm直径的钳瓣，最好两个钳瓣之间有一定角

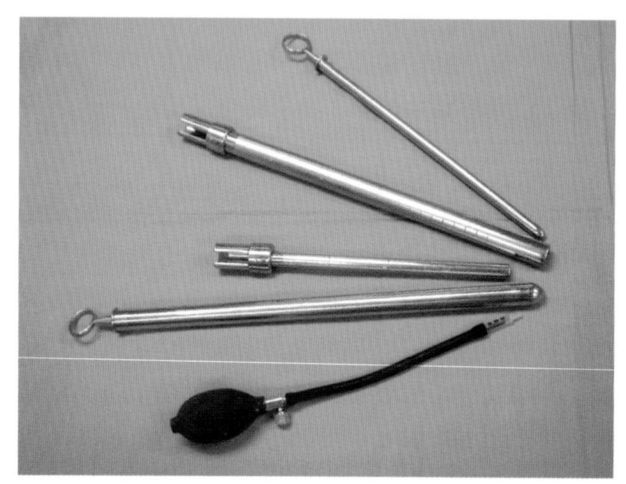

图9-2 金属硬质直肠镜。最大的镜管长30cm，直径21mm。最小的管径12mm，长20cm。图中由上至下依次为：12mm闭孔器，20mm套管，12mm 套管，20mm闭孔器，充气囊

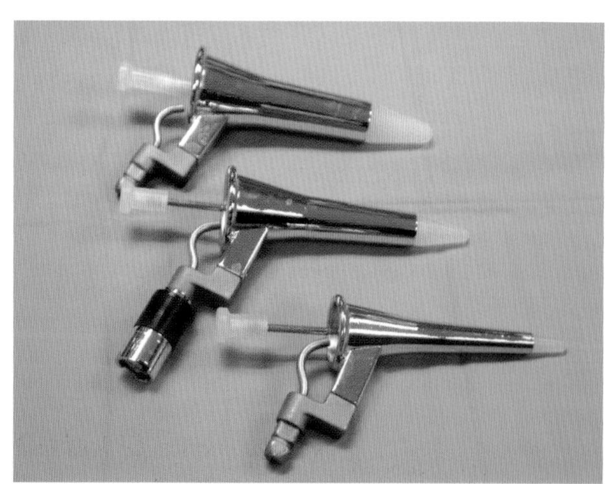

图9-1 锥形金属肛门镜。镜尖直径8～25mm

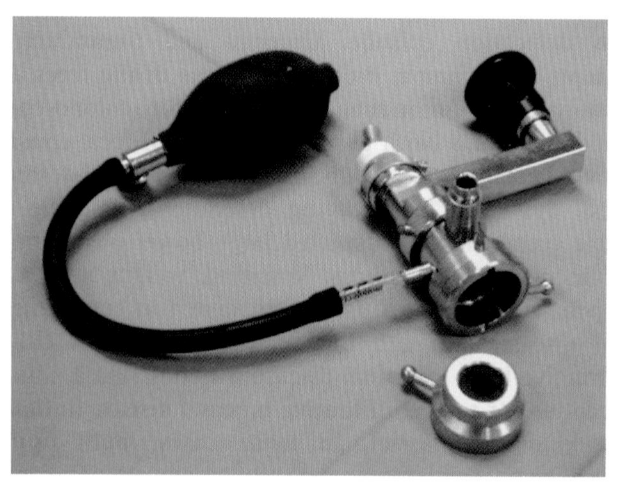

图9-3 放大镜及相连的充气囊可用于封闭直肠镜的近端，也可在充气时选用目镜封闭直肠镜

度（图9-5）。与软质活检钳相比，硬钳可采集更多的组织样。两个钳瓣的边缘最好能对合，而不是相互嵌套，后者更容易造成肠管的穿孔。带有角度的钳瓣更容易抓取黏膜。图9-6为可用于内镜的其他活体采样器械。

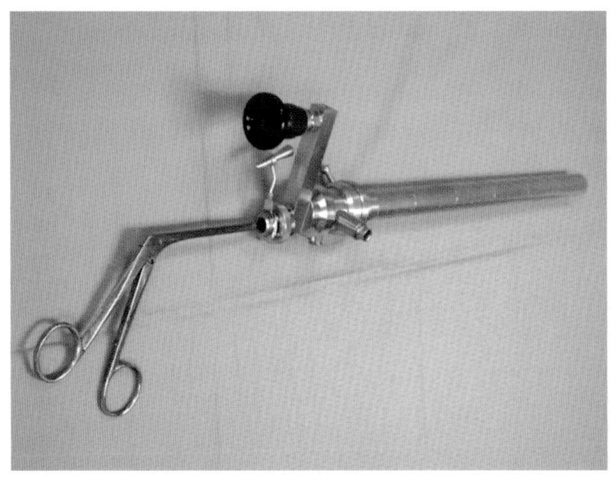

图9-4　光学成像系统中包含活检操作孔道，可在封闭的情况下送入活检器械

第三节　患病动物准备

由于肠道内的粪便会影响对黏膜的观察，因此在内镜检查前需对患病动物进行充分的准备。一般患病动物检查前应禁饲24～48h。必要时可对样品进行培养和寄生虫检查。此外，还可以采取温水灌肠，排出肠道内的粪便。灌肠所用水的量至少要达到每千克体重22mL，在操作中可根据情况加大用水量，即使将水量加到每千克体重40mL也不会对动物产生太大的影响。在操作时可取一个带接口的金属桶，接口处接一软管，将软管插入肛门内，依靠重力将水灌入肠道。对于小型犬、猫，也可使用大容量的注射器将温水推入肠道内。插入肛门的软管在使用前要先进行润滑，以免损伤组织。

灌洗液中不能含有磷酸盐或肥皂，以免刺激肠道黏膜。尤其对猫不能使用磷酸盐灌洗液，因为这类物质容易造成钙的流失并引起电解质紊乱。灌洗要在检查1～2h内完成，最大限度避免人为造成的黏膜充血。灌洗要保证充分，最后流出的灌洗液要清澈，无粪便。

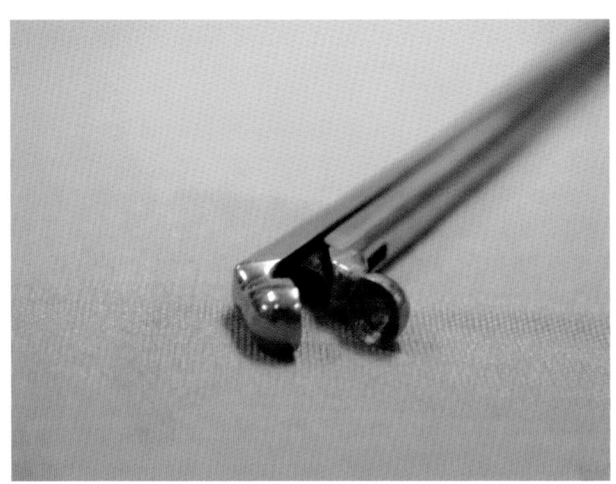

图9-5　常用的杰克森杯口钳：杯口直径4mm，二钳瓣之间呈45°角

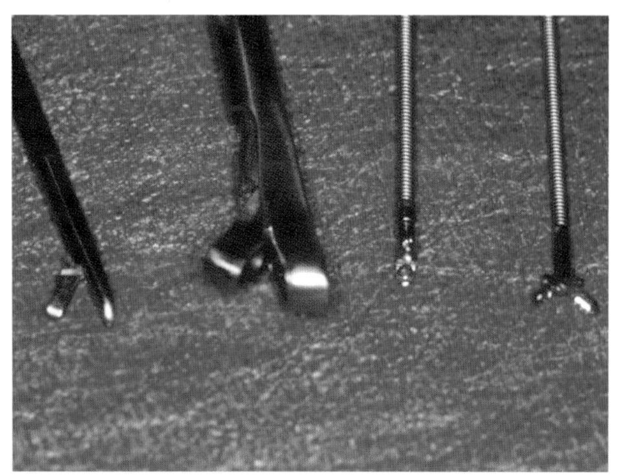

图9-6　结肠镜检查中使用的其他活检器械。活检钳分类，由左至右依次为：（1）硬管直肠镜使用的小硬钳；（2）硬管直肠镜使用的大硬钳；（3）软管直肠镜使用的1.8mm软钳，其中大硬钳二钳口属嵌入式。尽管使用大硬钳更容易采集组织，但也容易造成穿孔

除了用温水灌洗直肠外，也可口服一种含不会被直肠吸收溶质（聚乙二醇）的胃肠灌洗液。由于此物质不能完全吸收或导致水盐及酸碱紊乱，常会引起严重的腹泻。聚乙二醇可增加粪便含水量并迅速增加灌洗液的渗透压，从而降低钙离子、钠离子、氯离子等电解质浓度，保持肠腔内粪水呈近似等渗液，短时间不被肠黏膜吸收，也会引起体液大量外渗所致脱水、体重下降等。对于怀疑肠狭窄的患病动物，禁止使用口服方式进行胃肠灌洗。实践表明，口服聚乙二醇比温水灌肠的方式效果更好。在临床上经常使用的方法是：经胃管以每千克体重25mL的剂量给聚乙二醇类灌洗液，每1h给1次，在结肠镜检查前12～18h共给药3～5次。检查前1～2h再给药一次。

第四节　结肠镜检查技术

结肠镜检查时，动物需进行全身麻醉。硬镜检查一般采取右侧卧位保定，以使残留的液体流入升结肠内，便于降结肠的检查。使用软镜检查时，动物取左侧卧位保定，使残存的液体流到降结肠内，以便于检查升结肠和回肠。检查前，首先应确定直肠远端是否存在肿块、狭窄或憩室。在向肠道内插入镜管时要遵循两条原则：①看不到肠道内腔时不能进镜身；②怀疑有问题时，后退镜管。插入硬镜时，需润滑镜管并同时使用闭孔器。镜管一经由肛门进入直肠立即取出闭孔器，为便于观察需要使用放大镜。进入结肠后，充入空气以扩大肠腔。一边观察一边将结肠镜渐进推入。较大的结肠镜有利于取出残存的粪便。取粪时可使用棉签（图9-7）或用抓钳夹持一块纱布海绵，将粪便取出。若灌洗不完全肠腔内仍存在大量粪便时，检查过程中可再次灌洗，具体方法是经镜身向肠腔内注入大量的温水，或者退出结肠镜再次灌洗。插入结肠镜后，向肠腔内注入气体以使肠管充分扩张，轻轻移动镜身对肠腔进行详细的检查。硬镜检查后，再用软镜对结肠前段及回肠进行检查，软镜检查完毕再次插入硬镜，并用抓钳采集病料。

图9-7　大棉签(Tipped Proctoscopic Applicators, Puritan, Guilford, Me）用于清除结肠内残存的粪便，经硬镜镜管插入肠腔

在插入软镜镜管的过程中，需要向肠管内注气，以利于操作，在插入过程中要保持结肠内腔的照明。有时由于肛门处会漏气，这种情况下助手可在肛门周围施压。当怀疑肛门直肠部有病变时，可将镜前端部向后翻转，一般的软镜镜前端部都能向各方向弯曲180°。如果患病动物小于10～15kg体重，直肠腔过小，镜前端部翻转比较困难。检查完直肠后，继续将肠镜向结肠深部插入。当遇到阻力时，需要退回内镜，小心操作镜头，继续注气使肠腔内的皱褶展开。

有时通过翻转镜头更容易使镜管通过肠的拐角处，因此在遇到肠道拐弯处必须经常翻转镜前端部（见第八章，图8-4）。在结肠的脾曲和肝曲处经常需要盲推镜管，有时还会出现镜管先前走，但镜前端部不进，甚至折转的情况，这主要是因为结肠弯曲造成的。当遇见这种情况时，需要将镜管适当退回，重新向前推进。过度弯曲的部位被拉直，肠镜得以进入。除此之外，还可向肠腔内充入适量空气，使结肠变直，如果遇到阻力，应该考虑是否存在狭窄、肿块、回结肠套叠、盲肠倒位等。

临床上，多数情况下肠镜都能到达盲肠，有时还能到达回肠。准备充分的动物利用结肠镜能够找到回盲口。如果回、结肠连接处开放，则比较容易进入回肠。由结肠进入回肠时用力要轻些，有时还需要顺时针或逆时针旋转结肠镜，轻微翻转镜前端部，向肠腔内充气并轻轻用力推镜管才能进入回肠。多数情况下，回肠口闭合或回肠结肠连接处弯曲，这时可将活检钳先向回肠内推进2～3cm，内镜在活检钳金属引导线的引导下先前进入回肠。一旦进入回肠，随即将活检钳退入镜身，以免损伤回肠黏膜。

通常，检查结肠要向着回肠的反方向。随着结肠镜的向前推进，结肠被扩张和伸直，将更容易观察回肠。一般要在对整个病变区检查完成后，在退回结肠镜的过程中采集病理样品（见下文）。否则采样部位过度出血会影响观察。此外，采集病料后，结肠镜继续前进也容易造成肠壁的穿孔，尤其是使用硬镜时更是如此。

临床上，多数情况下会同时使用硬镜和软镜检查结肠。硬镜用于取出残存的粪便、检查直肠和降结肠。软镜用于回肠、升结肠、横结肠及部分降结肠的检查和病变组织采集。最后再用硬镜采集降结肠和直肠的病变样品。

第五节　正常结肠的镜检形态

充气后正常的结肠壁平滑、反光、粉红色、易膨胀（图9-8和图9-9）。结肠黏膜下层的血管依稀可见，尤其是横结肠和降结肠部位的血管更清楚（图9-10和图9-11）。结肠壁检查主要内容有：肠壁结构、颜色、紧张性、肠腔、膨胀性，以及是否有寄生虫、坏死、溃疡、肿块及狭窄等。通常还能见到微小、暗灰色的淋巴滤泡（图9-12至图9-14）。当发生炎症时，淋巴小结会肿胀并凸出于肠内壁表面。回、结肠连接处的肠腔如图9-15至图9-20所示。多数情况下，回肠口类似于一个圆形小丘，边缘隆起、中间内陷。有时，外周组织隆起不明显，仅在开口周围有不明显的边缘（常见于猫），但有时回肠口的边缘隆起十分明显。与回肠口相邻的就是盲肠口。盲肠口更像一个没有边沿的洞。用内镜观察，盲肠口正位于回肠口的下方，或左或右。盲肠有类似于胃的纵行皱褶，肠管蜿蜒曲折，回肠类似于十二指肠（图9-21），正常回肠呈粉色、光滑、均匀、丝绒状。绒毛易碎，很容易用活检钳夹取下来。

第六节　结肠活检

检查完结肠与回肠后，可随着退出肠镜分多段采集病料。许多原发性炎症和淋巴瘤眼观变化不明显（尤其猫）。因此，需要多次采集组织样本。临床上可在内镜的监视下利用硬镜或软镜采集大肠的组织样品。用软镜采集样品时，活检器械的体积主要受限于结肠镜活检钳的直径（一般是2～2.8mm）。但用软镜采集的黏膜样品往往对于诊断具有很大的价值。而且除非有十分严重的大肠疾病，否则软镜很少造成肠壁的穿孔。用硬镜采集可获得更多病料，但容易造成肠穿孔。使用软钳时，不应使肠管过度扩张，以获得更多的样品（图9-5、图9-6）。

事实上，即使用大号硬钳也能安全地采集组织样品，例如使用4mm钳口，两个钳瓣之间呈45°角（图9-5）。使用硬镜采样时对技术的要求更加严格，不能过多充气，以免使肠道过度扩张，在抓取组织时切忌全层抓取。必要时，经活检孔放出部分气体（图9-4）。用硬钳轻轻抓取黏膜，随着缓慢的退出，钳口相互紧紧地咬合在一起，肠壁黏膜层与深层组织分离，从而避免了肠壁穿孔。随着不断的退出，钳口之间咬合越来越紧，最终将黏膜切断。理想情况下，采集的样品包括黏膜全层和部分的黏膜下层，这样的样本更具代表性。此外，随着结肠镜的退出，有必要从降结肠、直肠等不同的肠道获取样品。取出样品后严禁再次将肠镜插入，以防穿孔。

由于需要进行不同项目的检查，且在处理过程中不可避免地会有一定程度的损失，镜检时所采集

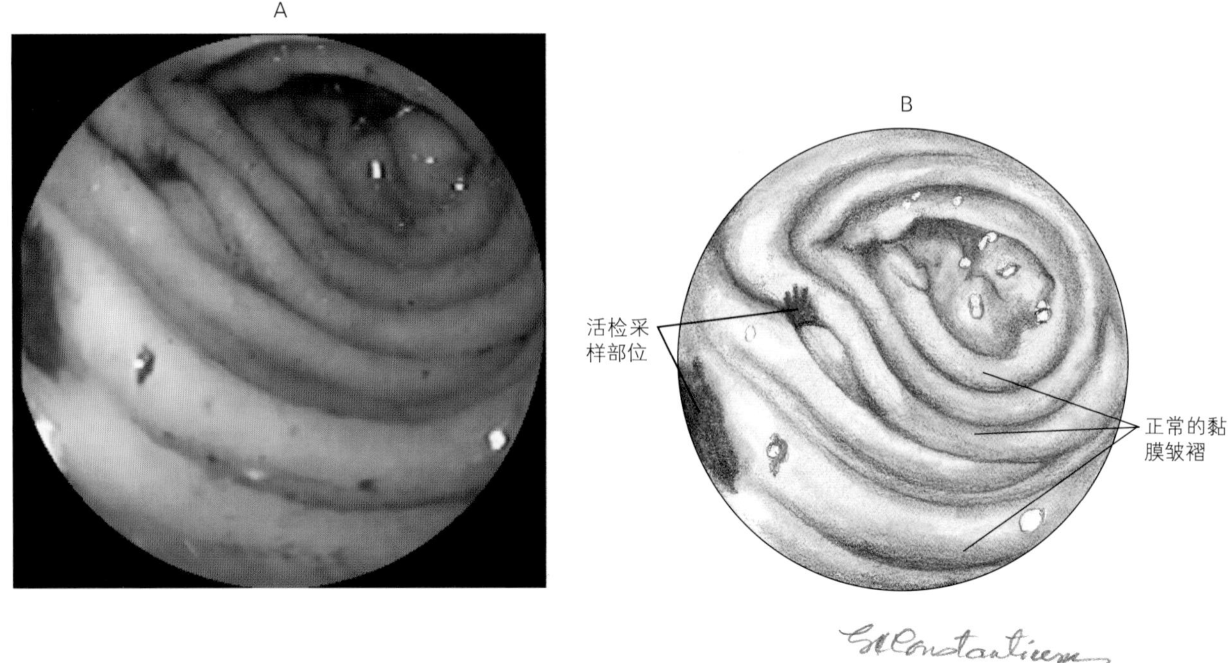

图9-8 正常的结肠黏膜，可见平滑、粉红色、规则的皱褶，红色区域为最近活检采样部位

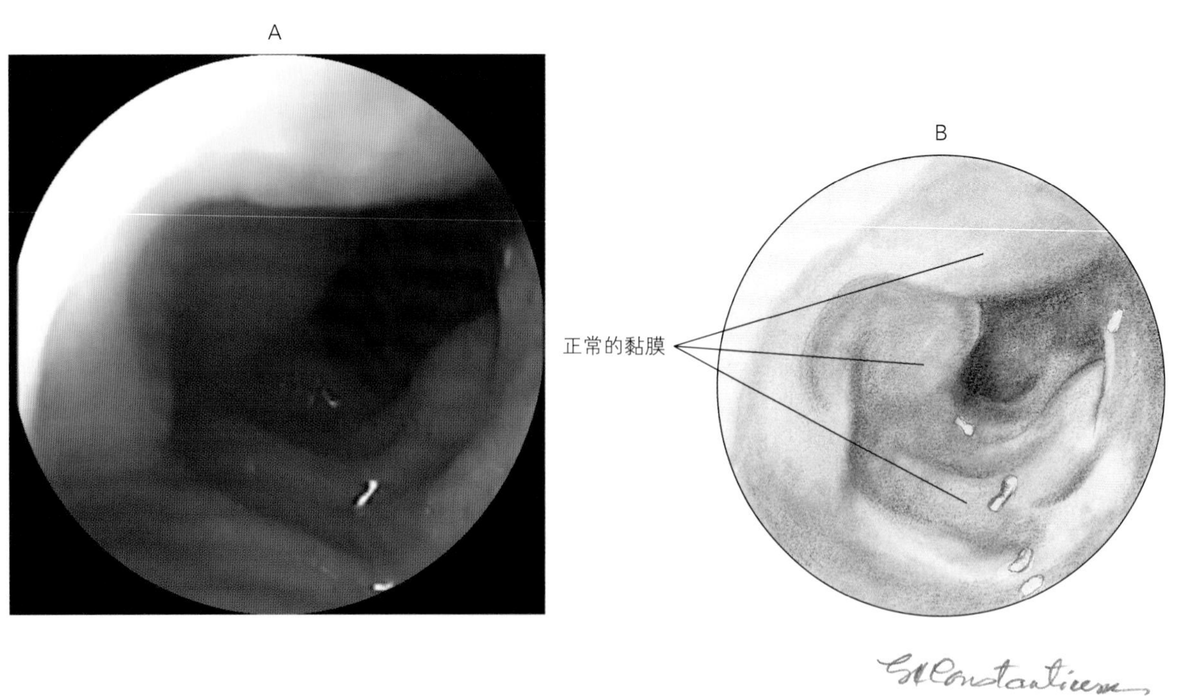

图9-9 正常的结肠黏膜，平滑、粉红色

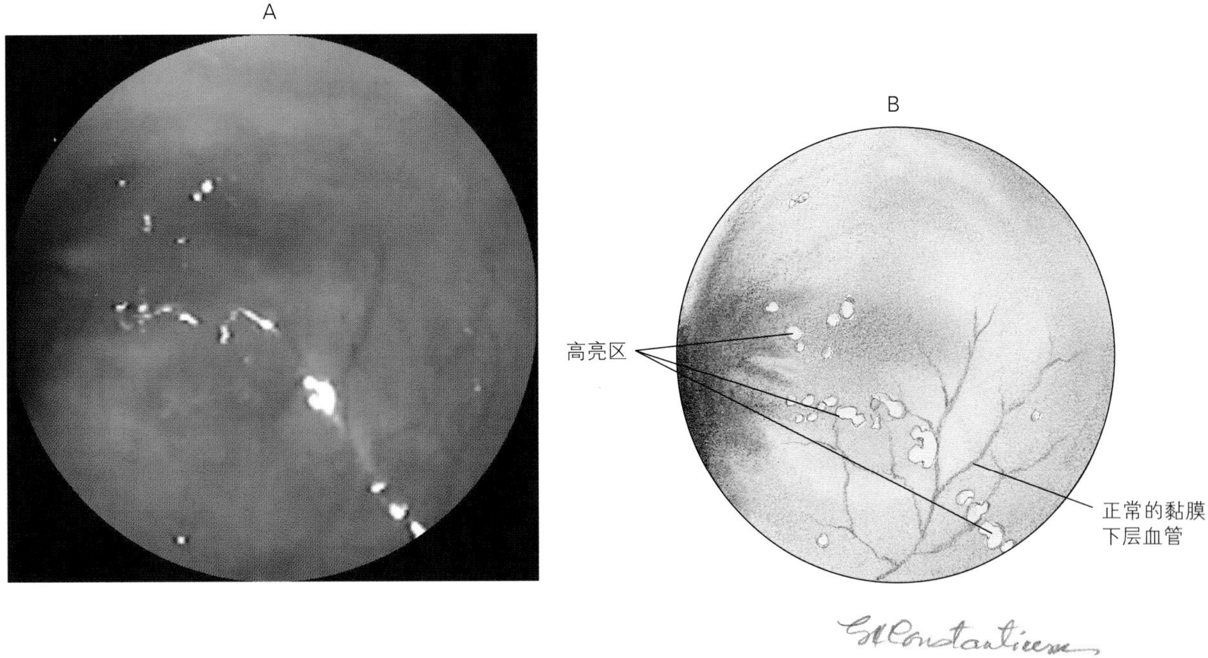

图9–10　正常的降结肠（注：能清晰地观察到黏膜下层的血管）

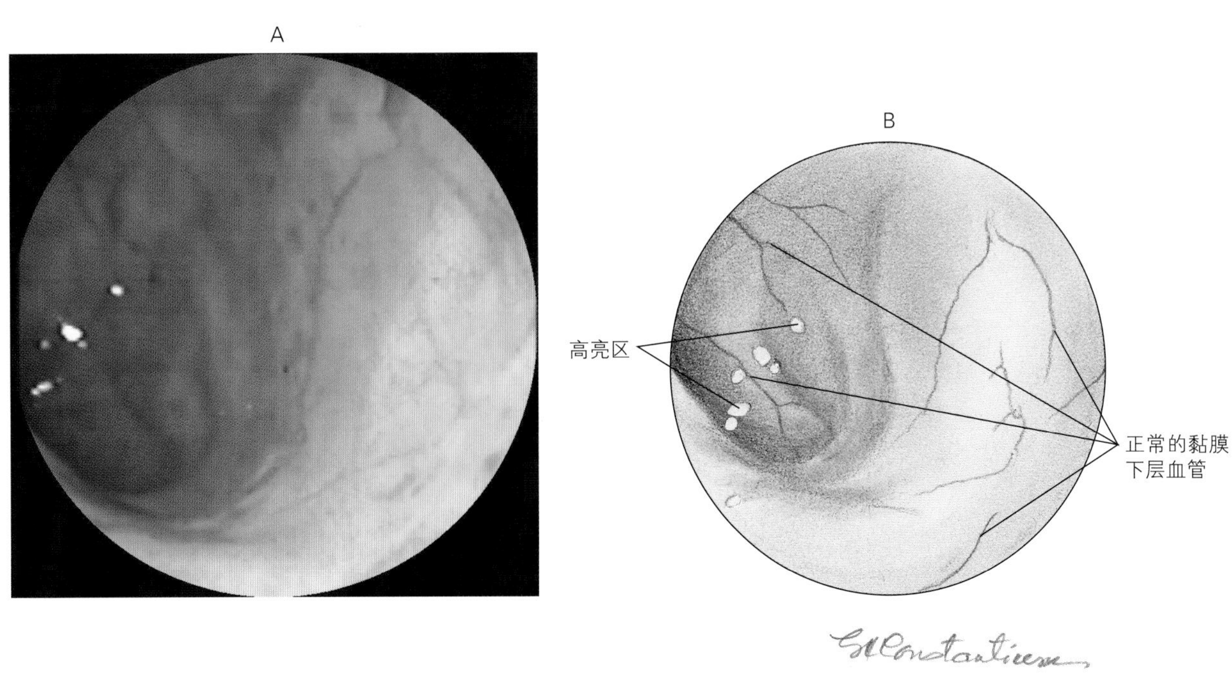

图9–11　正常的降结肠（注：能清晰地观察到黏膜下层的血管）

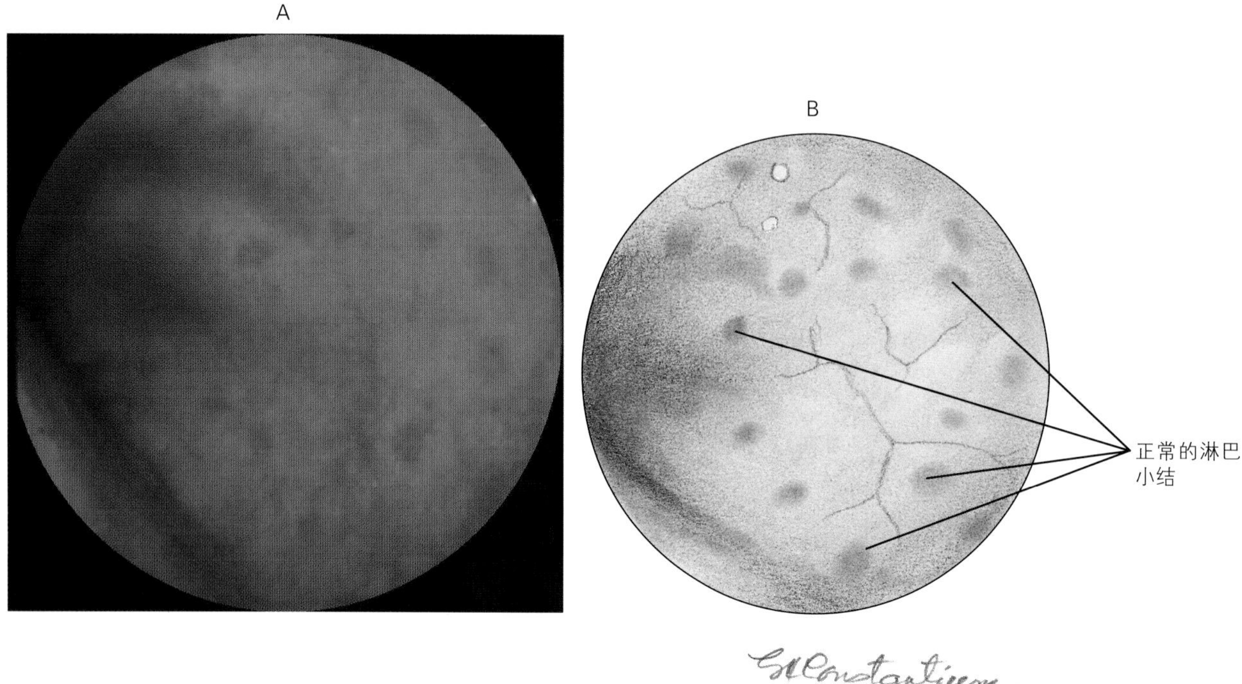

图9-12 降结肠处正常的淋巴小结：颜色较暗，斑点状

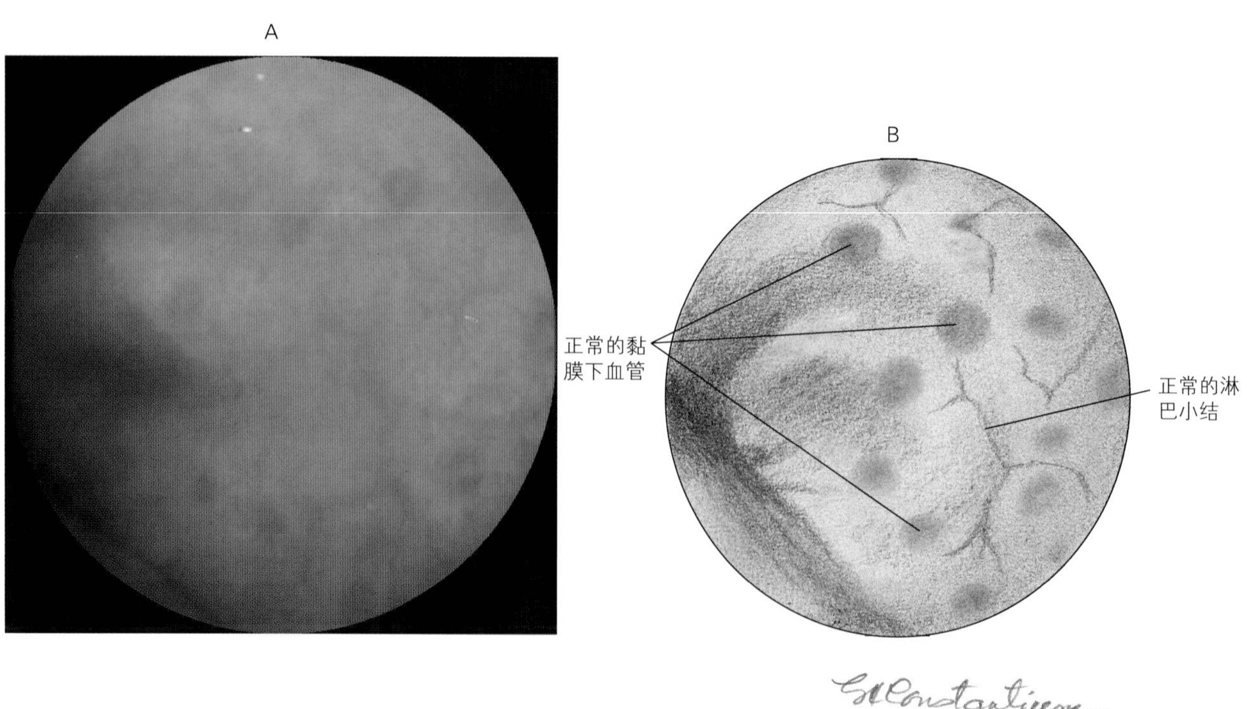

图9-13 中等大小淋巴小结特写

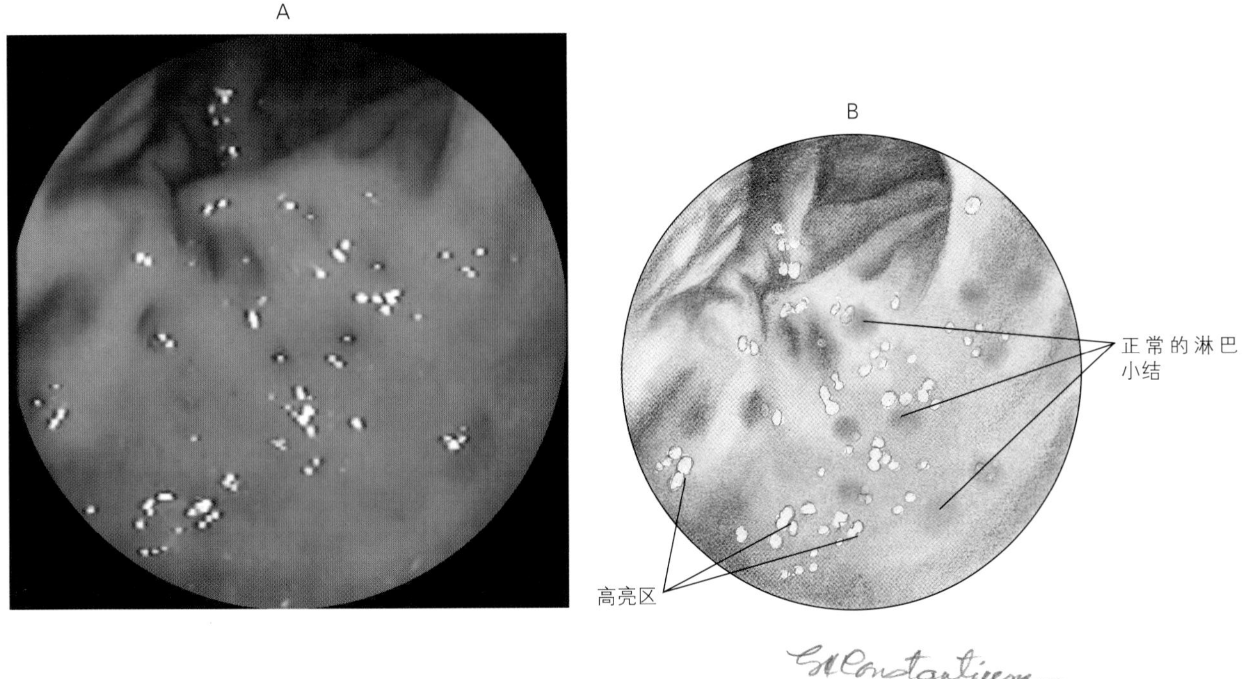

图9–14　降结肠中观察到的淋巴小结，呈凹陷的暗斑状

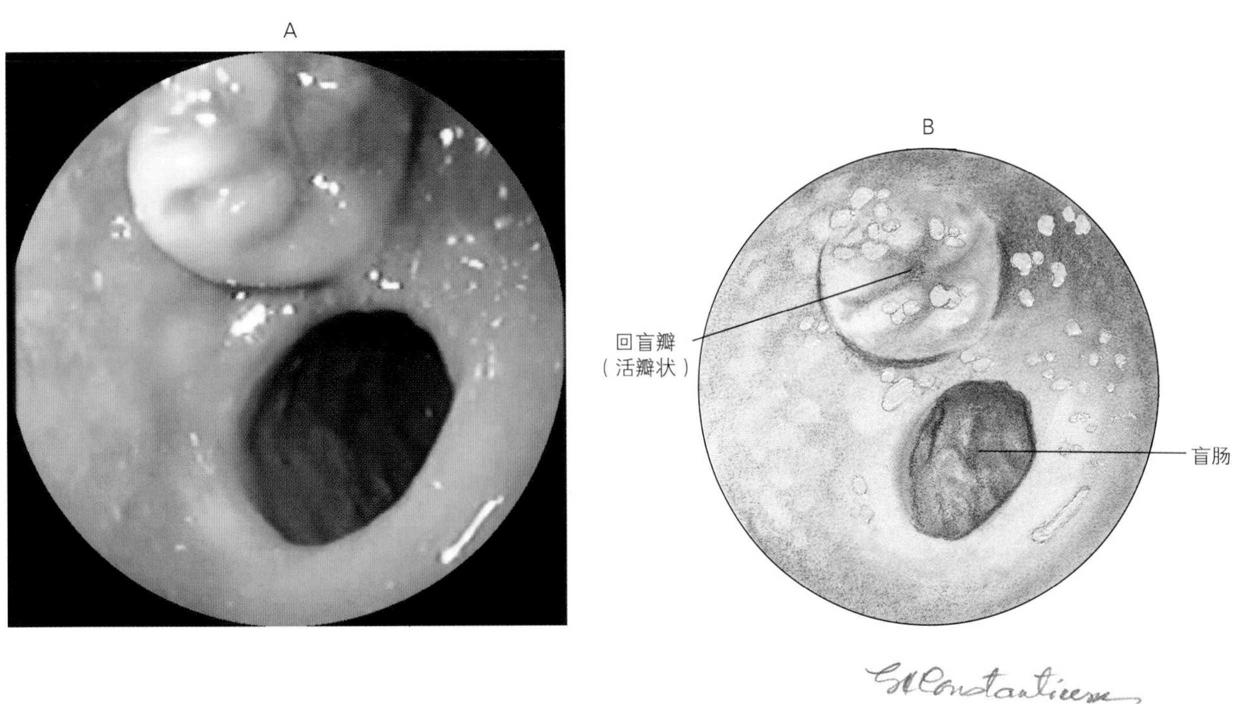

图9–15　回盲瓣。可见隆起的丘状组织，中央开口为回盲口，底部周围未隆起的洞为盲肠开口

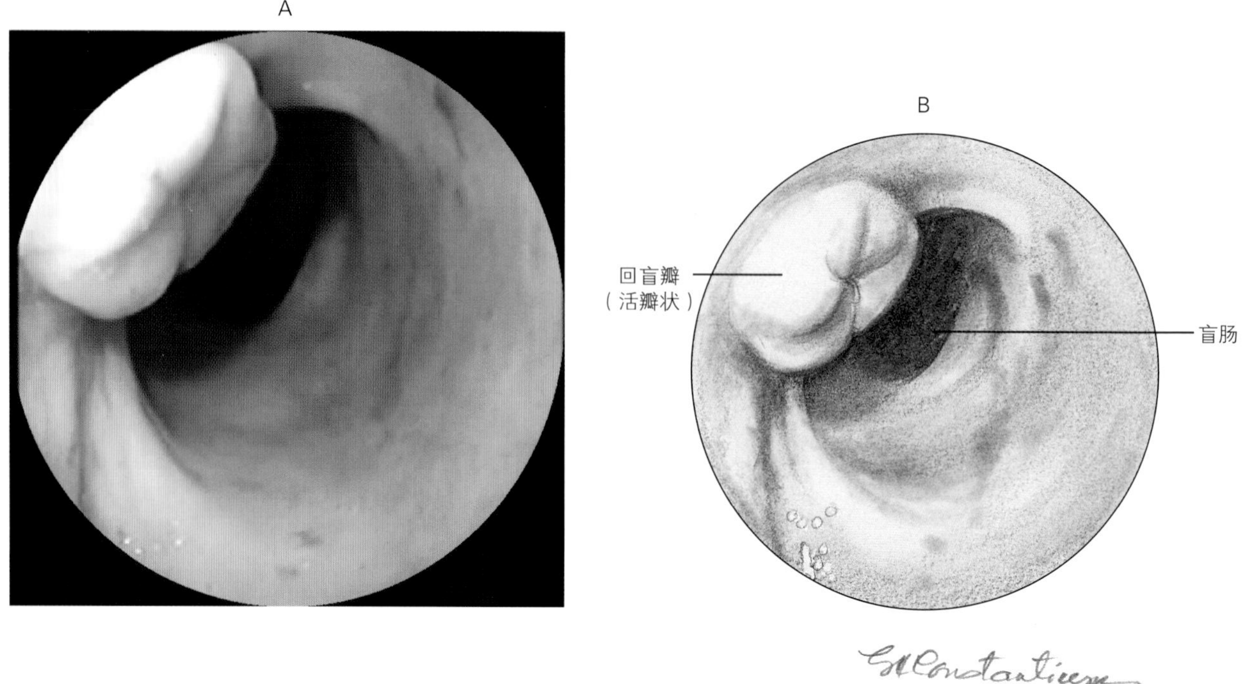

图9–16 回盲瓣。图左上角隆起的丘状组织，中央开口为回盲口。下方与回盲口相连，无明显边缘的洞为盲肠开口

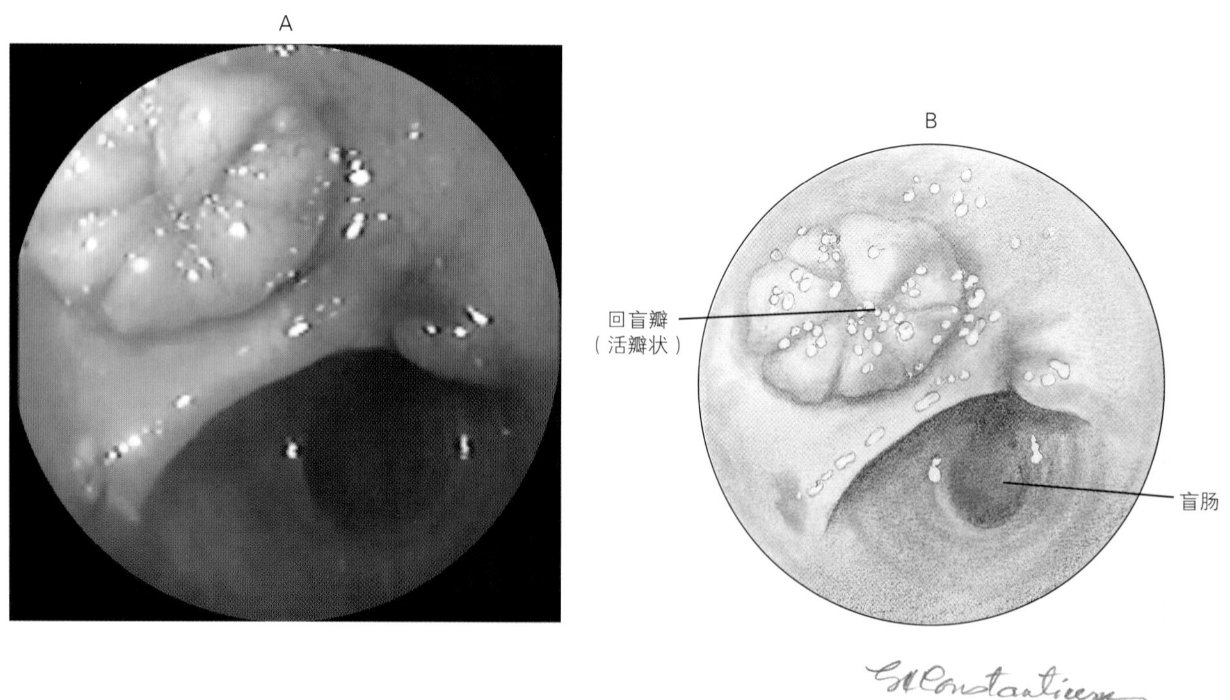

图9–17 回盲瓣。图左上角正对着肠管周围隆起，中间有开口的为回盲瓣。右下方的洞为盲肠口

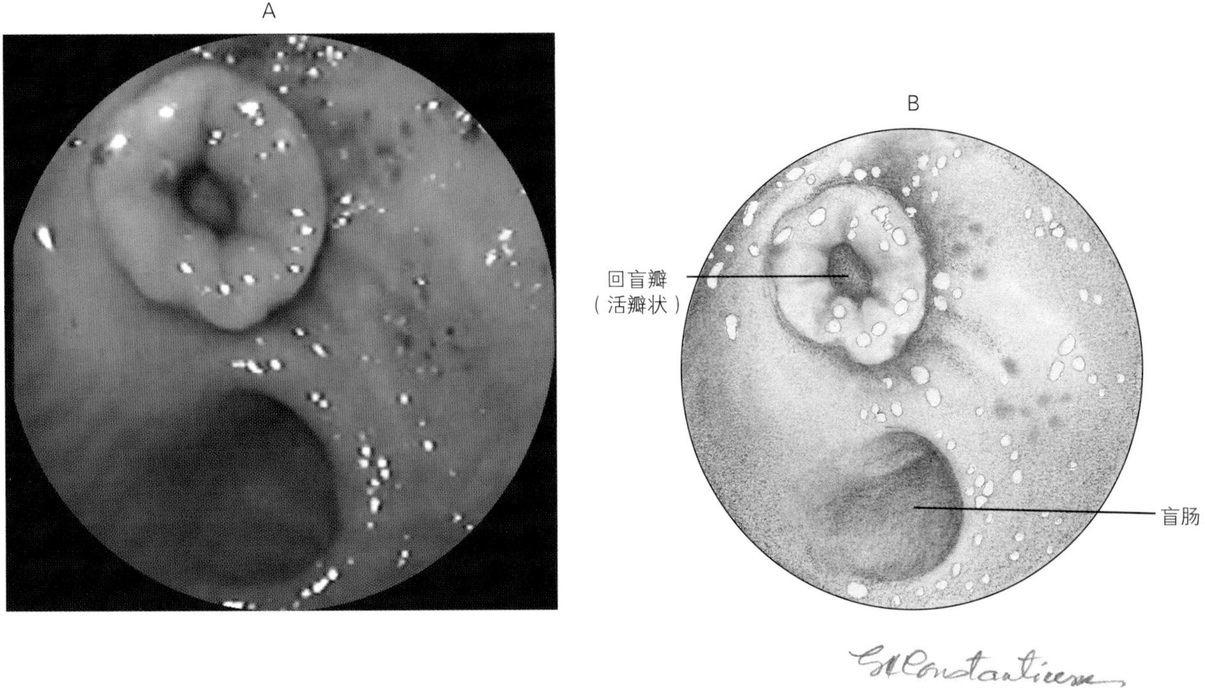

图9–18　回盲瓣。图左上角隆起的丘状组织，中央开口为回盲口。回结肠括约肌松弛。盲肠开口无隆起的组织

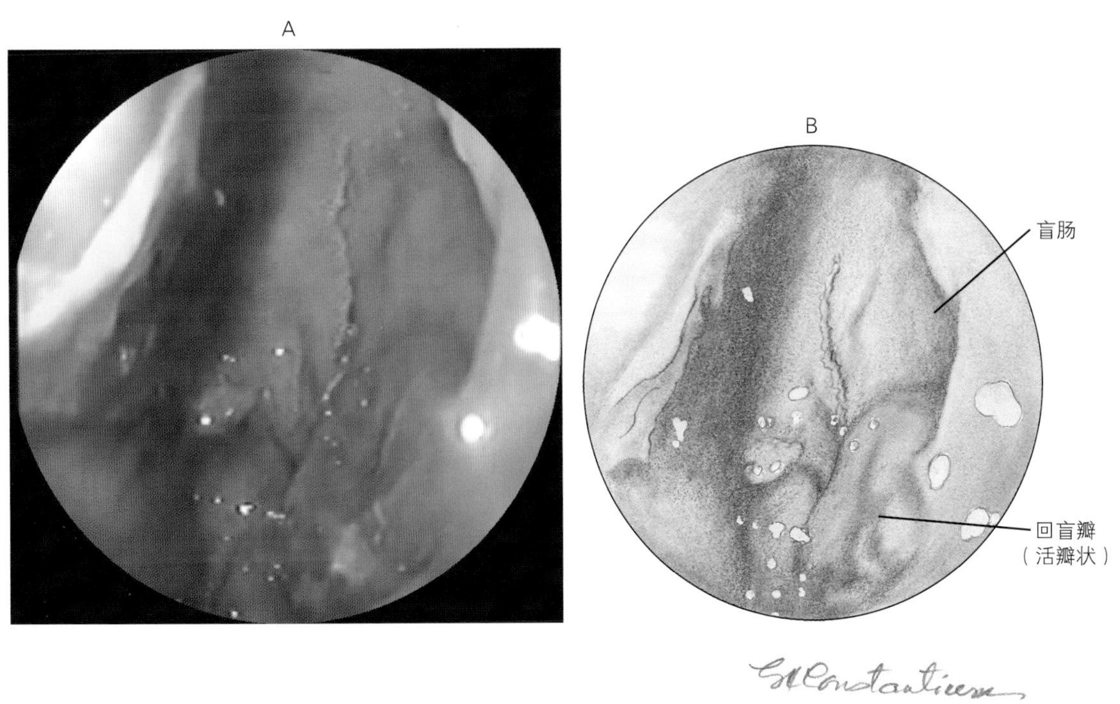

图9–19　闭合的回盲瓣。本图中回肠在右下方，盲肠在右上方

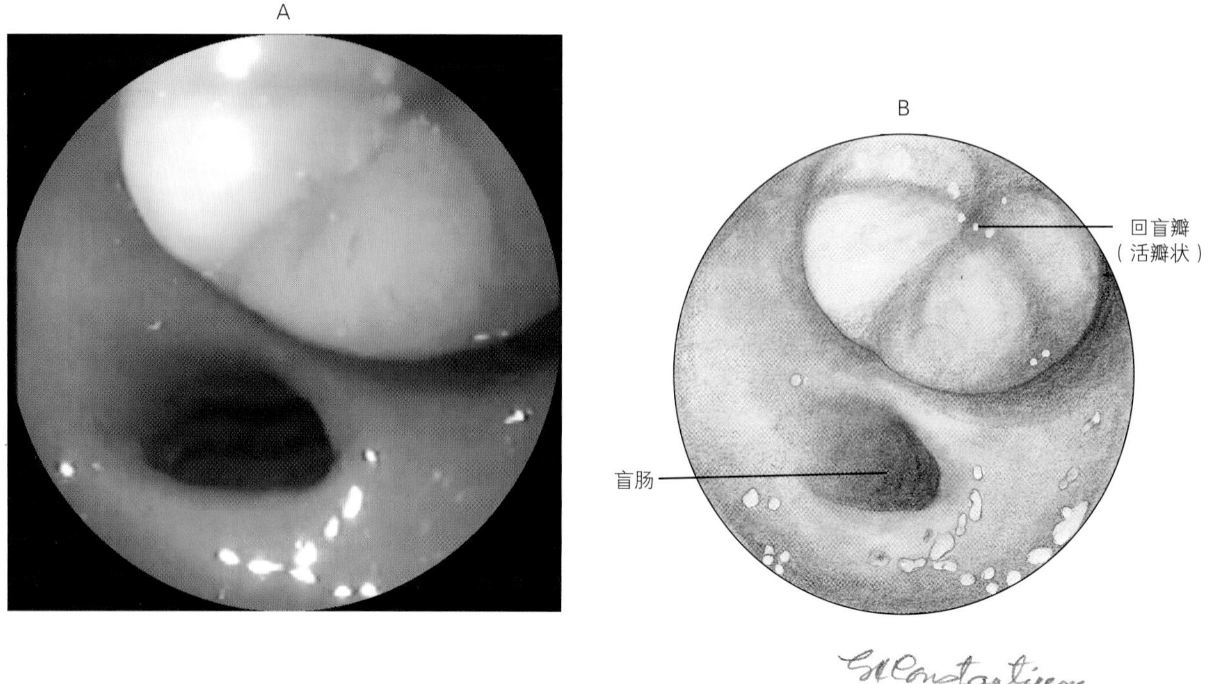

图9–20 闭合的回盲瓣。本图中回肠在右上方，盲肠在左下方

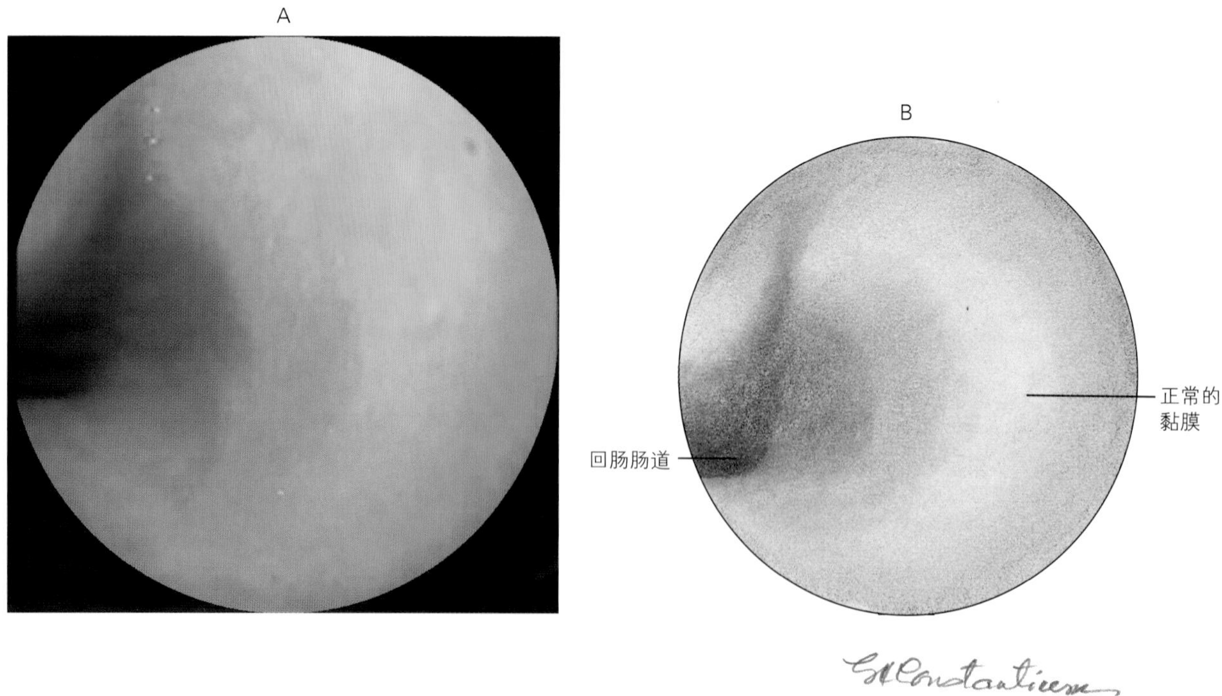

图9–21 正常回肠，呈光滑、粉红色、均匀、丝绒状

的病变组织样本必须有一定的数量。通常从回肠、盲肠、升结肠、横结肠、降结肠等各部采集7～10份样品。发现局部病灶的部位（溃疡、肿块或狭窄）还要多采集样品。由于多数的肿瘤性溃疡表面都有炎症，因此，在同一部位还要取深层组织的样品，尽量取10～15份这样的组织。采集病灶部位的样品尤其要注意避免穿孔。对于增生性病灶通常比较容易采样，但通常脆性较大。

样品采集后轻轻放在经生理盐水浸湿的擦镜纸上，包裹后置于福尔马林中。也可将组织置于海绵上存于组织病理柜中，并用福尔马林浸泡（图9-22）。病灶明显部位的样品（如溃疡、肿块、狭窄）应同正常组织分开存放。最后交给病理学专家进行病理学检查。

第七节　结肠镜检查并发症

结肠镜检查的主要并发症是穿孔。在插入肠镜、充气、采样的过程中都有穿孔的危险。若发生穿孔，继续充气动物的腹部会立即膨胀，医生可通过腹壁的触诊或气腹X线检查等方法判断是否发生穿孔。穿孔后需要立即进行外科治疗。若未及时治疗，会引发腹膜炎，动物会出现发热、腹痛、呕吐等症状。X线检查可进行确诊（在腹部有游离的气体和渗出物，图9-23），此外还可以采用腹部穿刺及灌洗等方式进行诊断（往往有化脓性腹膜炎及细菌的存在）。

其他的并发症还有过多出血及检查后腹泻。这些情况一般会自愈，不需要特殊的治疗。检查后很少发生感染，当然每次检查前后不及时对器械进行清洗消毒也会造成医源性感染。

图9-22　组织病理盒。将采集的病变组织置于蓝海绵上，放在组织病理盒中并用福尔马林浸泡

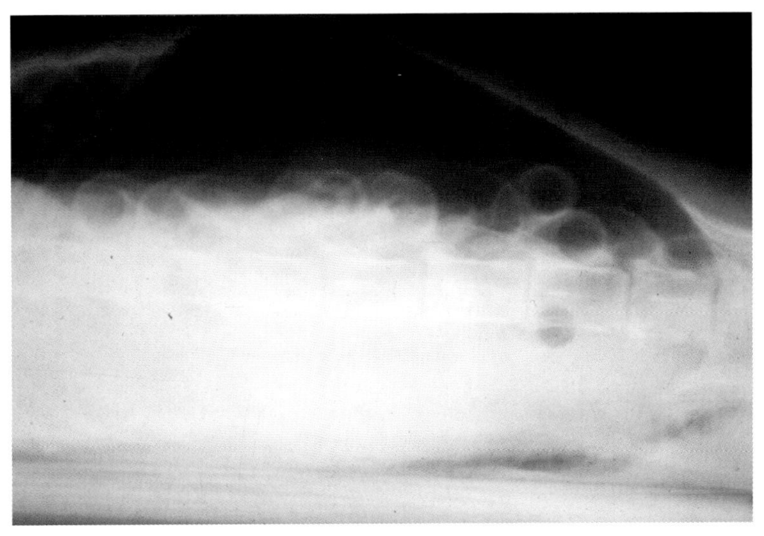

图9-23　发生医源性肠道穿孔后，腹背方向X线平片检查可见腹部游离气体。注意气体积聚在腹壁下，使腹腔脏器抬高

第八节　异常结肠镜检表现

临床上，医生要能够区别出正常结肠黏膜与异常的肠黏膜组织。当发现黏膜损伤时，需要多位点采集病变样品，如果病变呈弥散性的，或者未发现明显的异常组织，则随机采集各段肠管的样品进行检查。图9-24至图9-62为结肠镜检查中常见的异常表现（表9-1列出了常见的病变）。

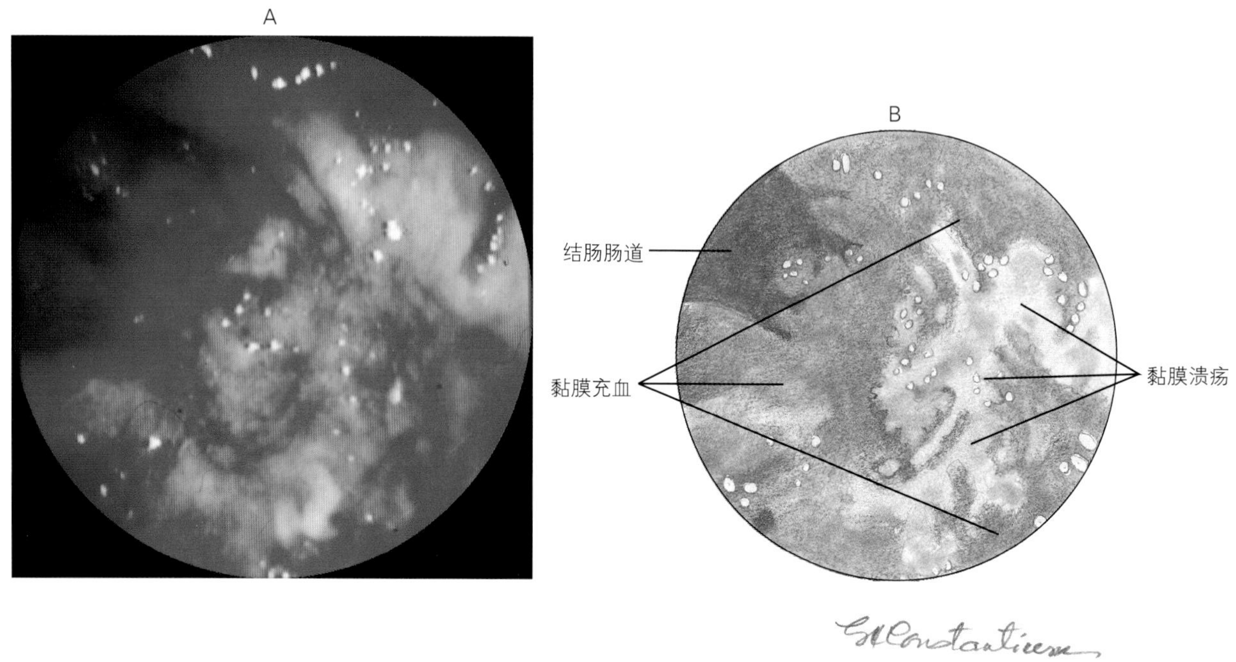

图9-24　犬降结肠炎，淋巴细胞、浆细胞性肠炎。黏膜充血、溃疡并有鲜血，黏膜浸润无法找到表面血管

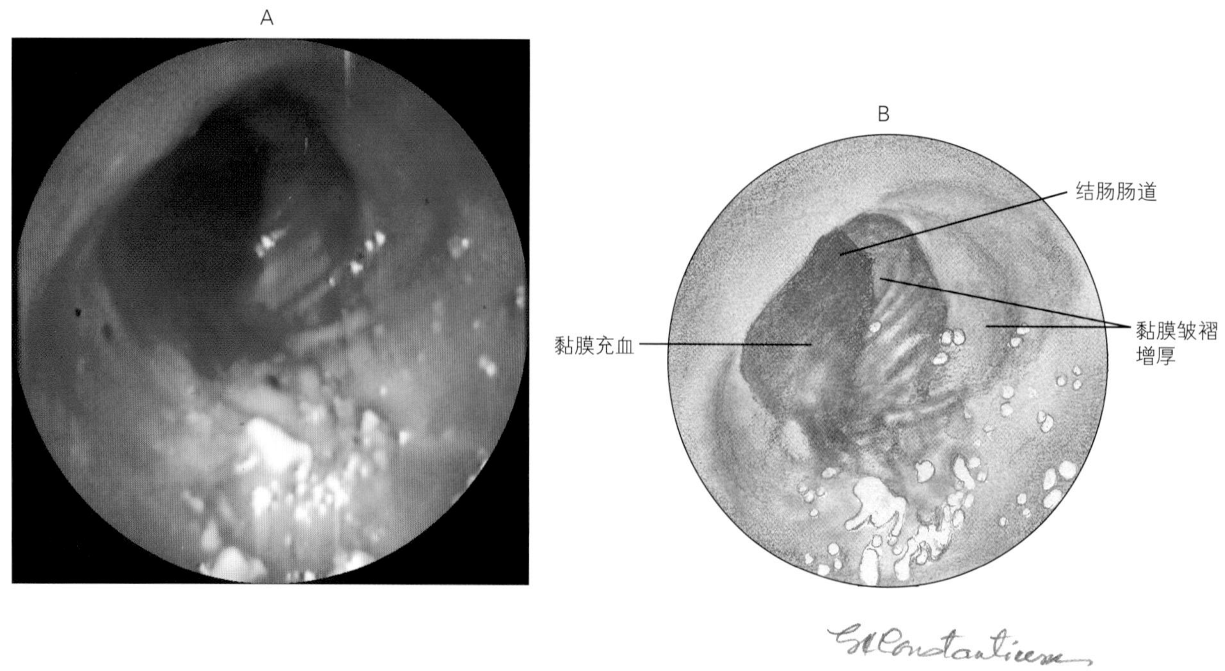

图9-25　弯曲杆菌感染引起的犬降结肠炎。黏膜充血及皱褶增厚，黏膜炎性浸润致使检查人员无法看到血管

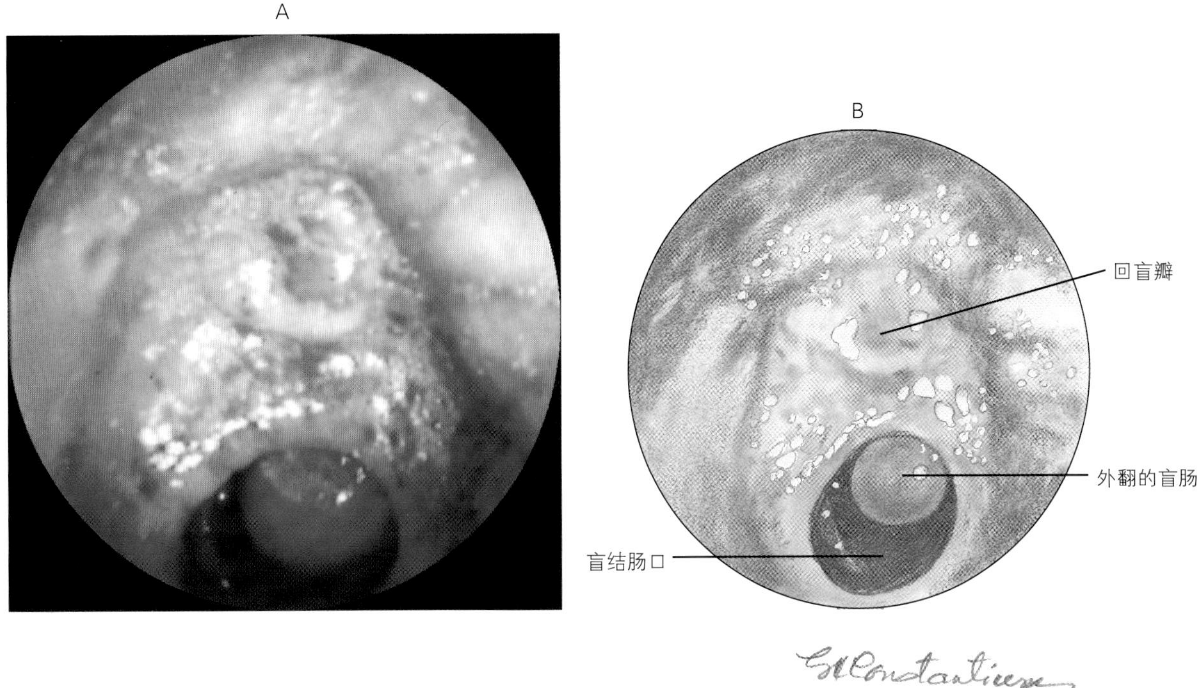

图9-26　盲肠外翻，盲肠末端突出于盲肠口（图下方所示），图的正中为回肠瓣，但已经被少量的粪便覆盖

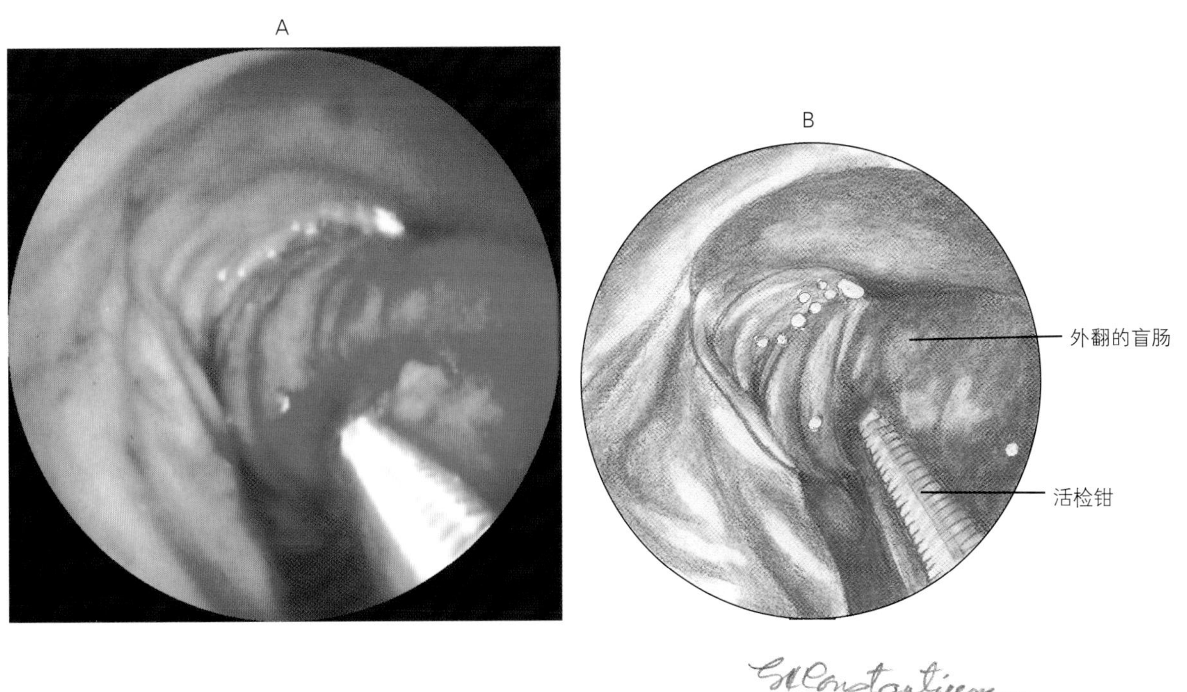

图9-27　盲肠外翻，大部分盲肠突出于降结肠肠腔内，图中亮处为活检钳

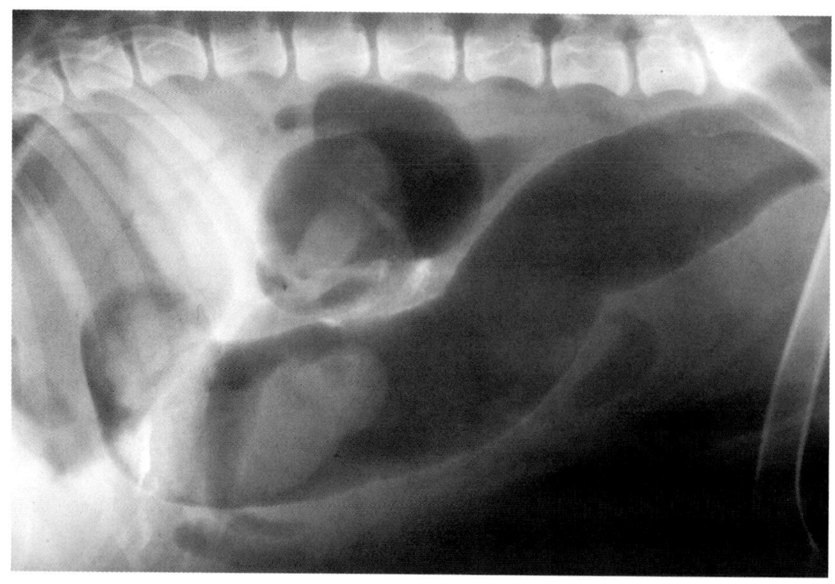

图9-28 图9-27中盲肠外翻的X线片，结肠积气。降结肠内充盈缺损（充盈缺损：放射学术语，指在钡剂造影时，由于病变向腔内突出形成肿块，即在管腔内形成占位性病变，所以造成局部造影剂缺损——译者注）

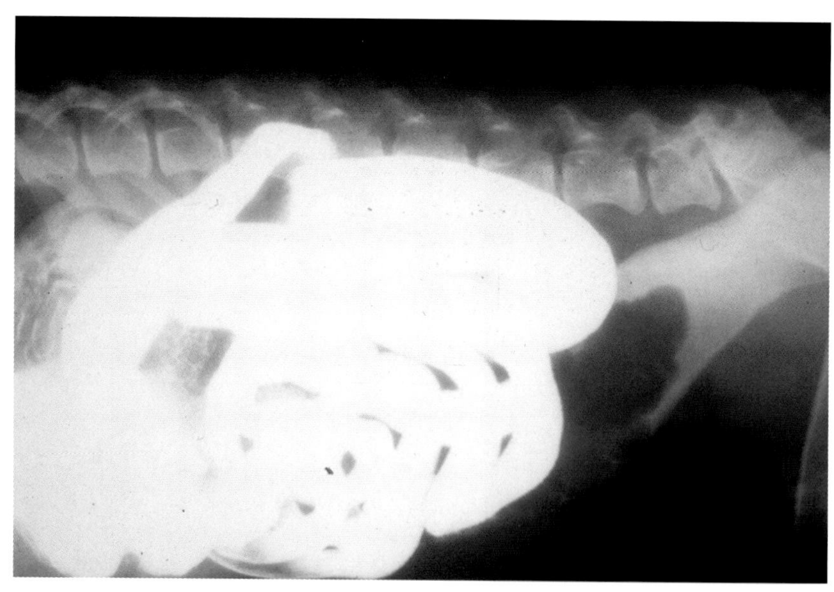

图9-29 图9-27盲肠外翻患犬的前胃肠道钡剂造影，小肠和大肠贯通。降结肠内充盈缺损

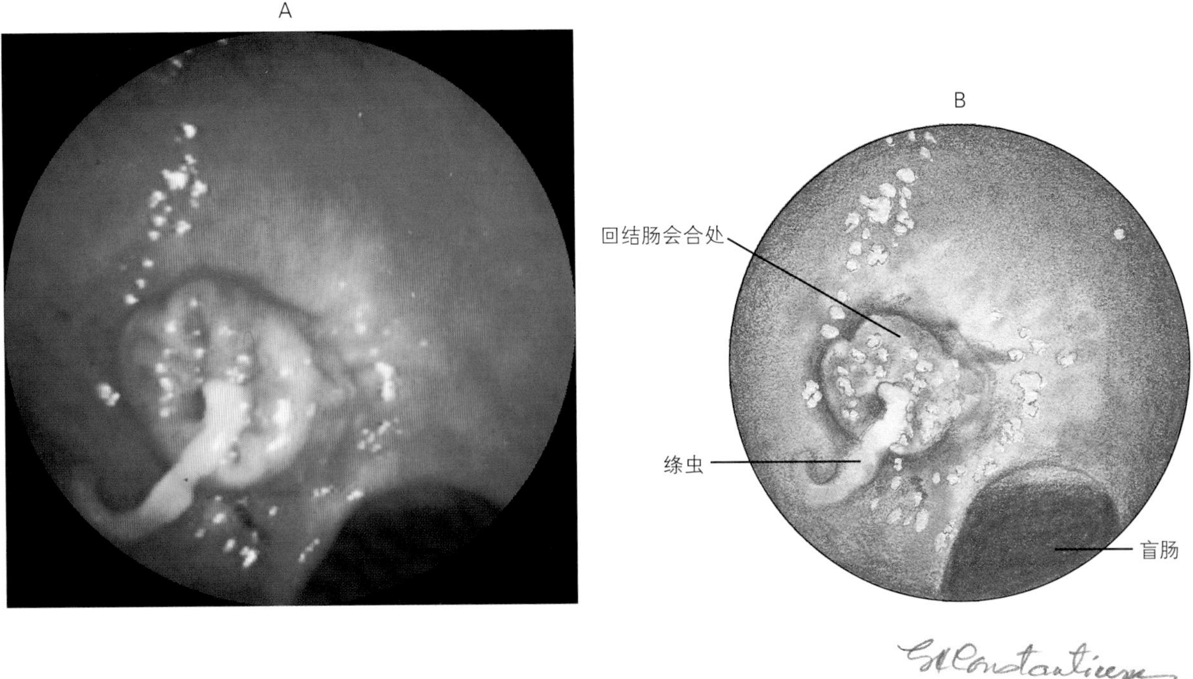

图9–30　回肠内绦虫（图中心）。盲肠位于图右下方

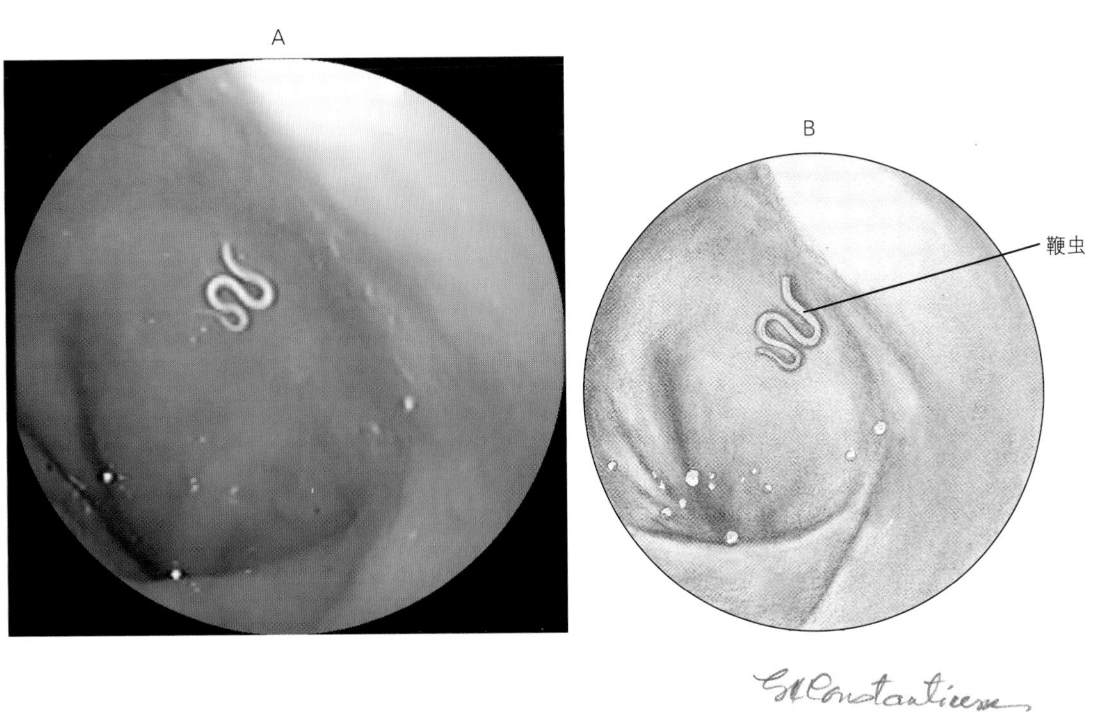

图9–31　附着在降结肠上的鞭虫（狐毛首线虫，*Tricharis vulpis*）

A

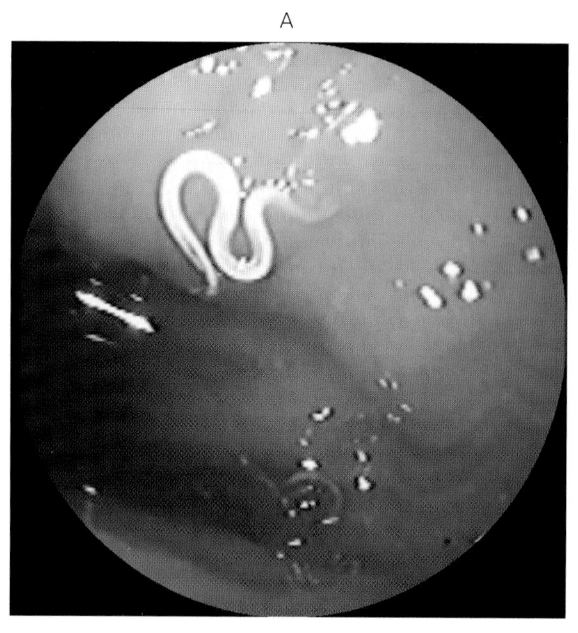

B

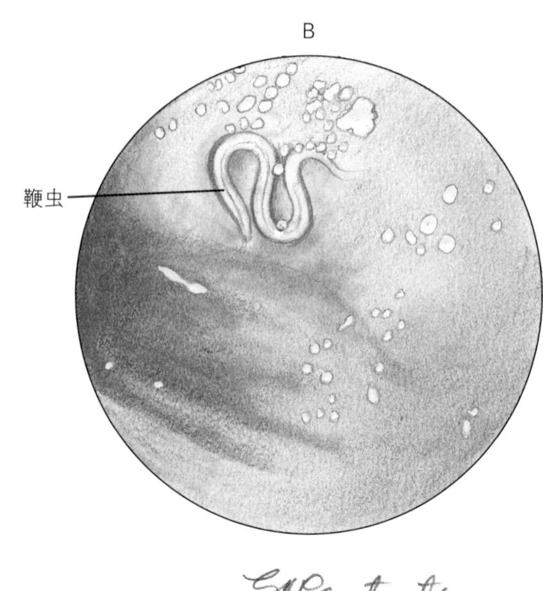

图9–32　附着在降结肠上鞭虫（狐毛首线虫）的特写

A

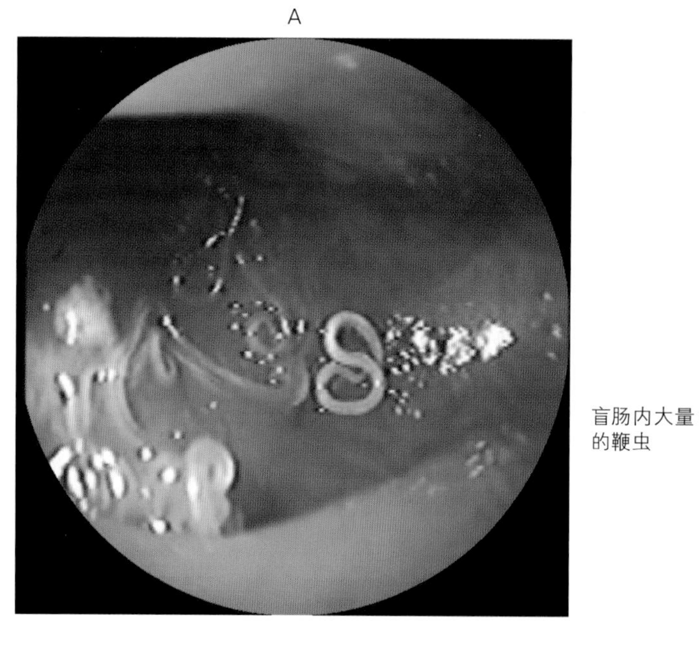

B

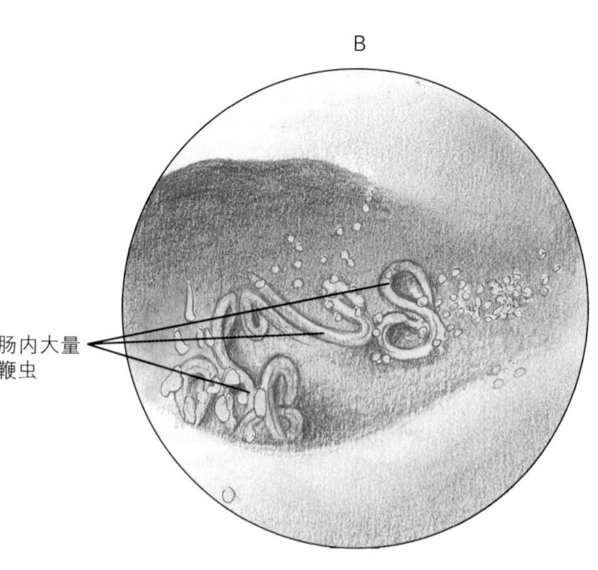

图9–33　盲肠内聚集的鞭虫（狐毛首线虫）

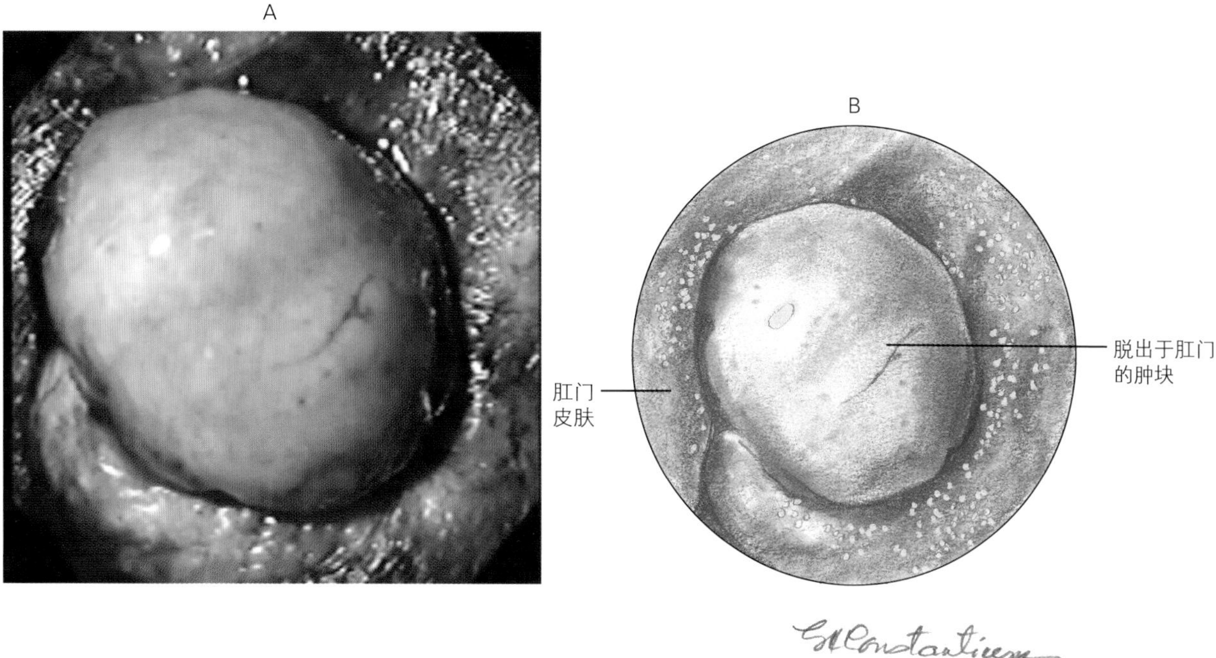

图9-34　肿块由肛门突出（腺瘤性息肉）

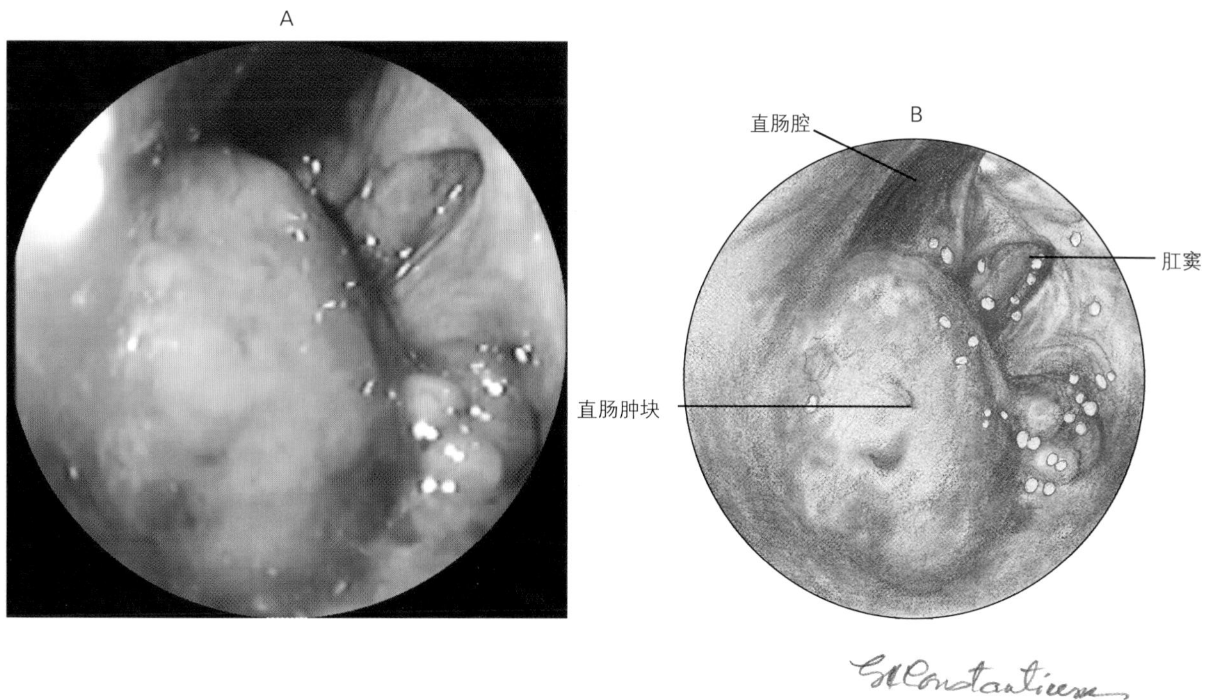

图9-35　图9-34中的肿块被重新送回直肠

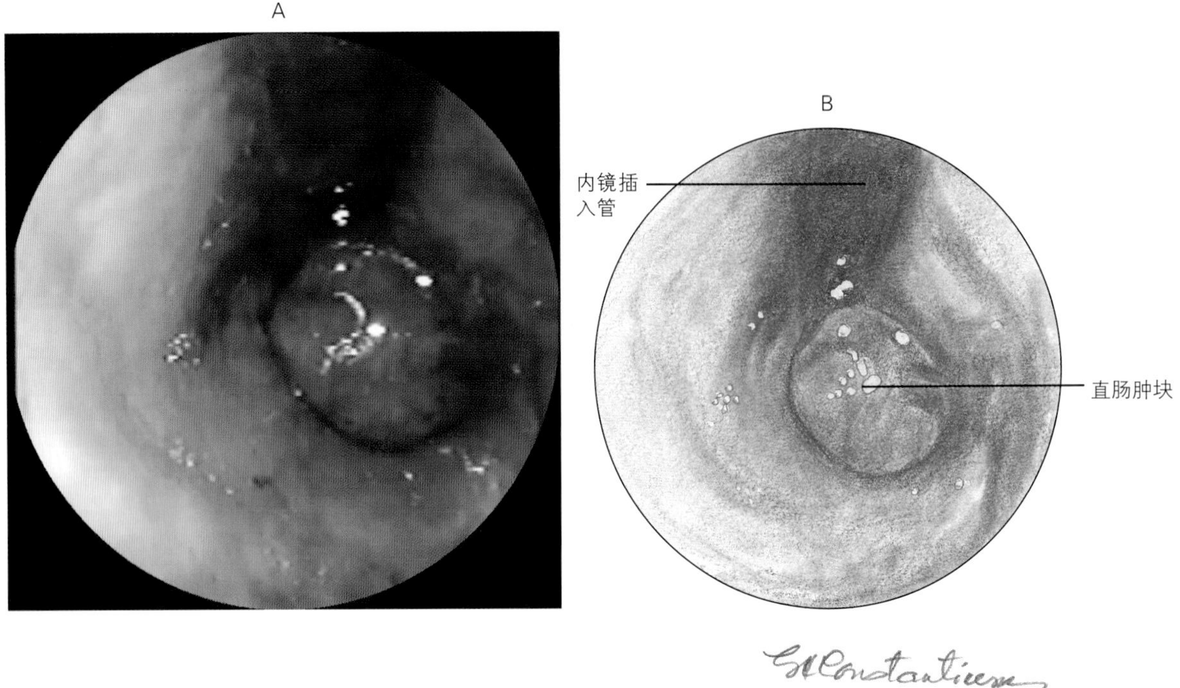

图9-36 图9-35中直肠肿块的回视图。当将镜头弯曲180° 时可以观察到图上部的内镜镜管（蓝管）

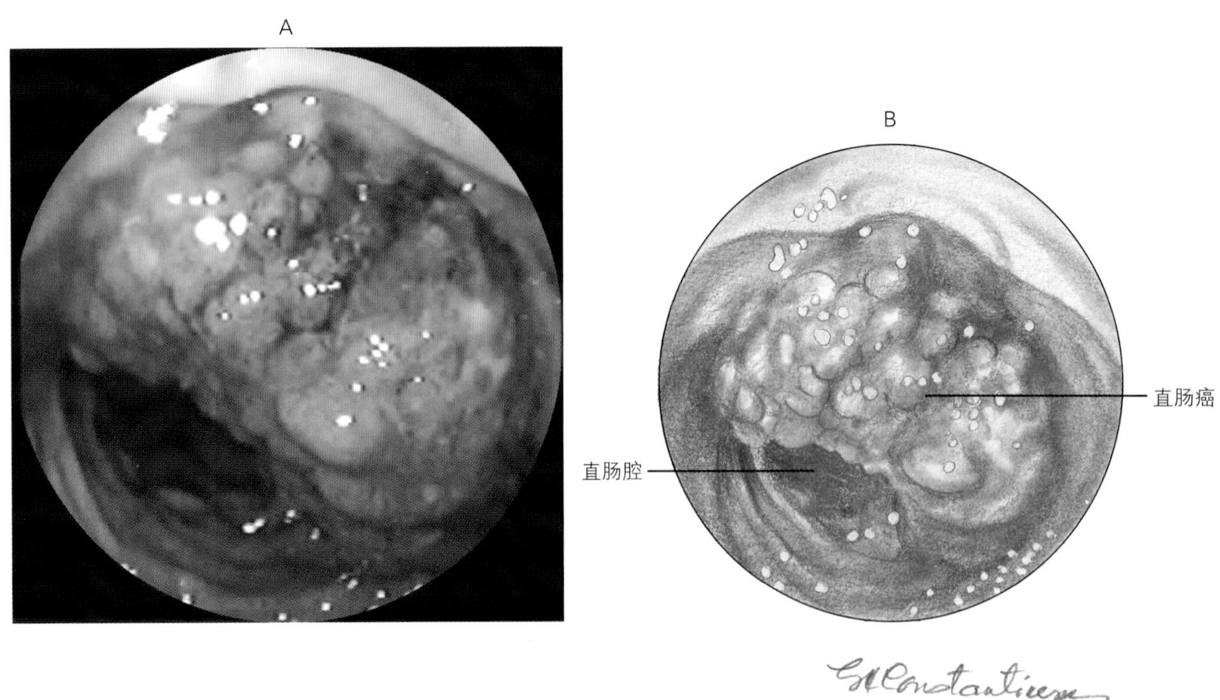

图9-37 直肠肿块（原位癌）位于直肠的入口处，为不规则、隆起的溃疡样组织

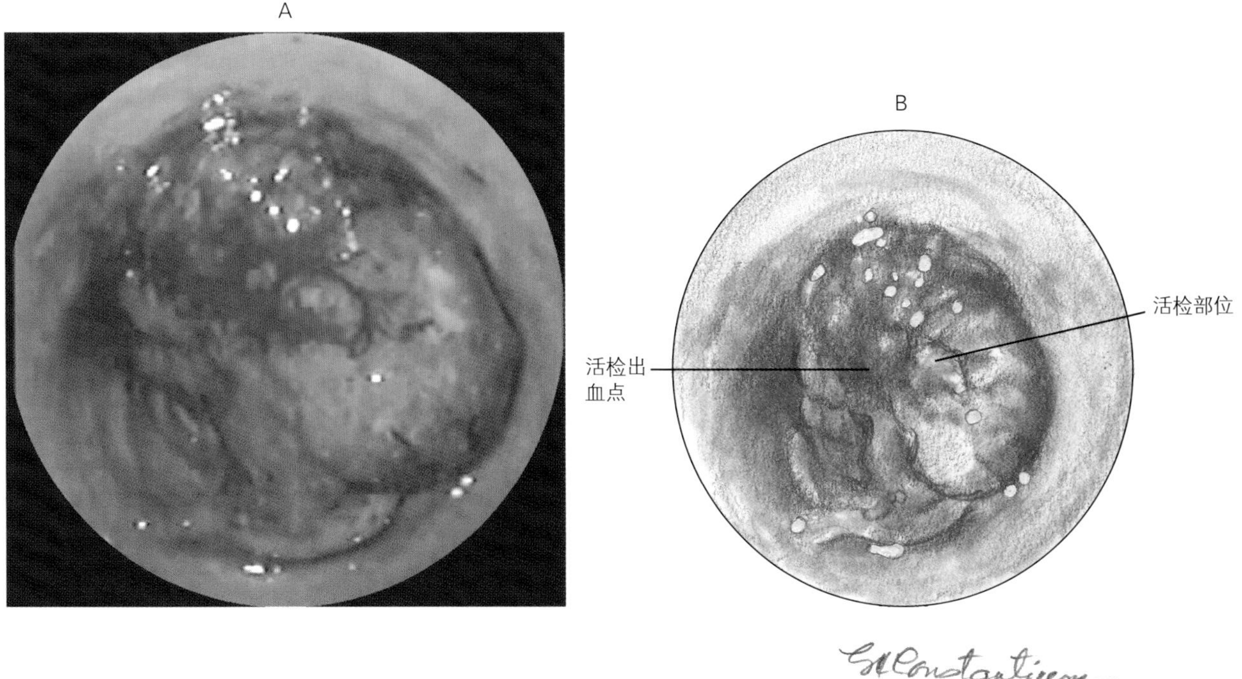

图9-38　采集图9-37中直肠肿块样品后，肿块表面有鲜血存留

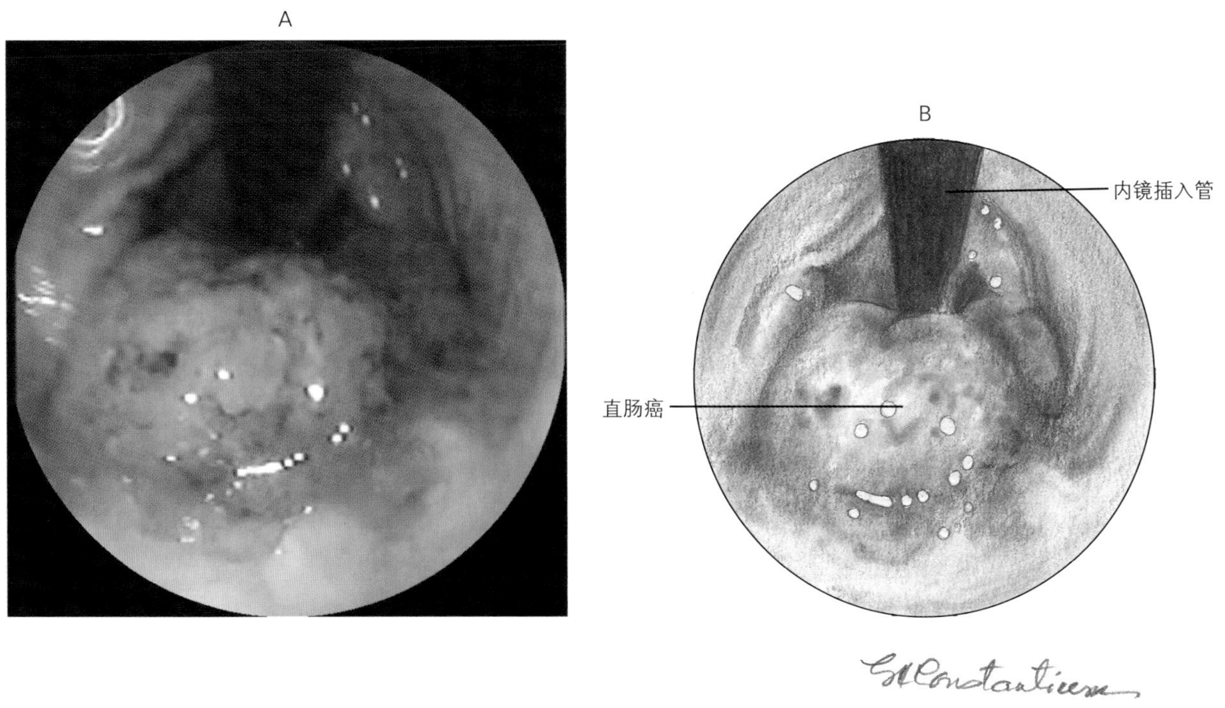

图9-39　图9-37、9-38中肿块的回视图。当将镜头弯曲180°时可以观察到图上部的内镜镜管（蓝管）

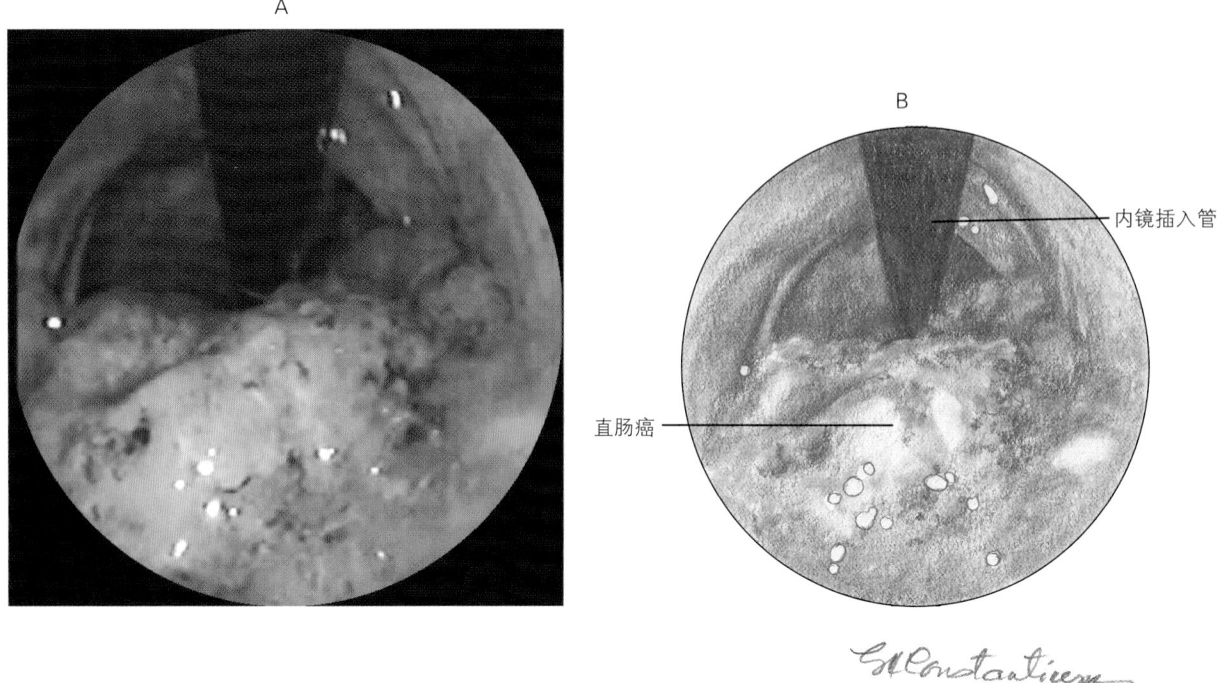

图9-40　图9-39中肿块的特写。特写的方法是将插入管向后退，拉近与肿块的距离

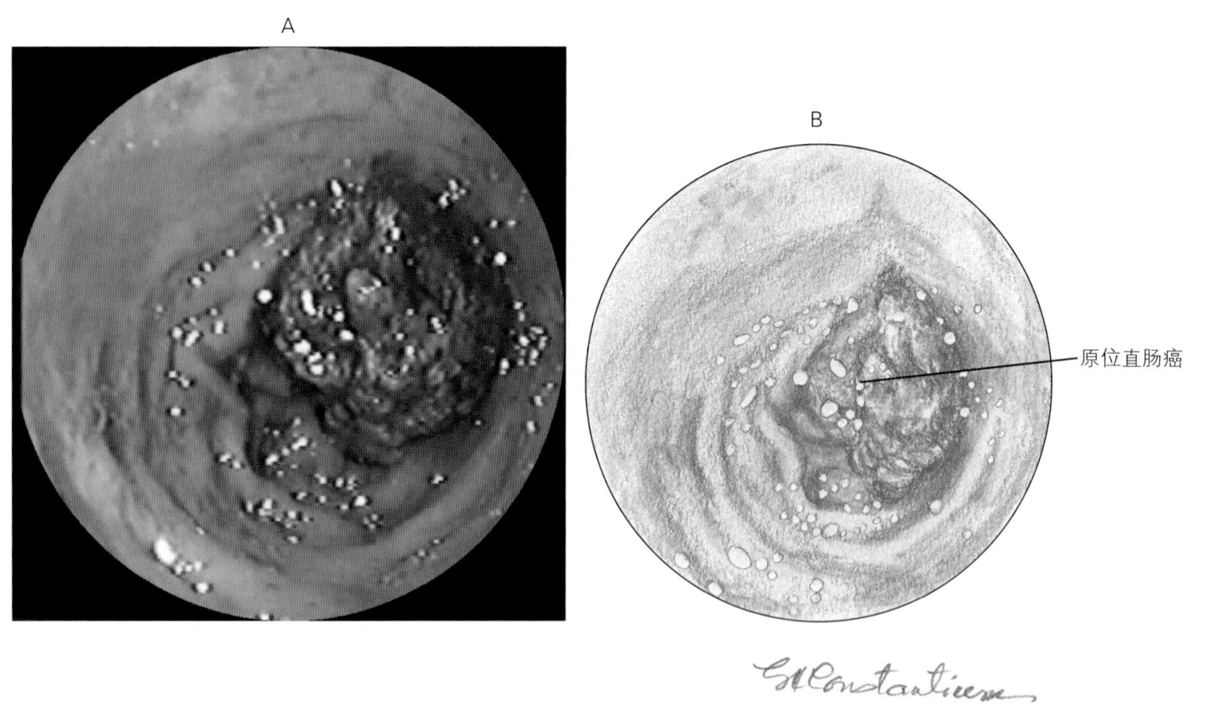

图9-41　直肠肿块（原位直肠癌）。肠管中为不规则的溃疡组织

A
B
原位直肠癌
直肠腔

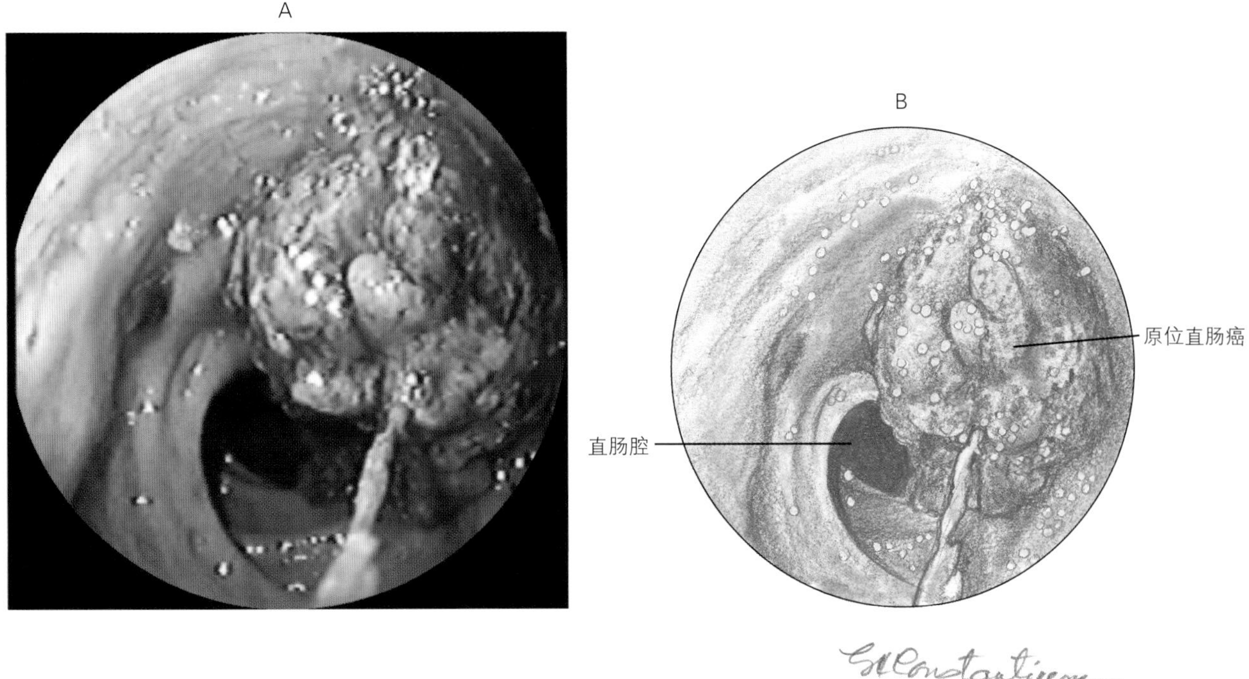

图9-42　图9-41中直肠肿块的特写

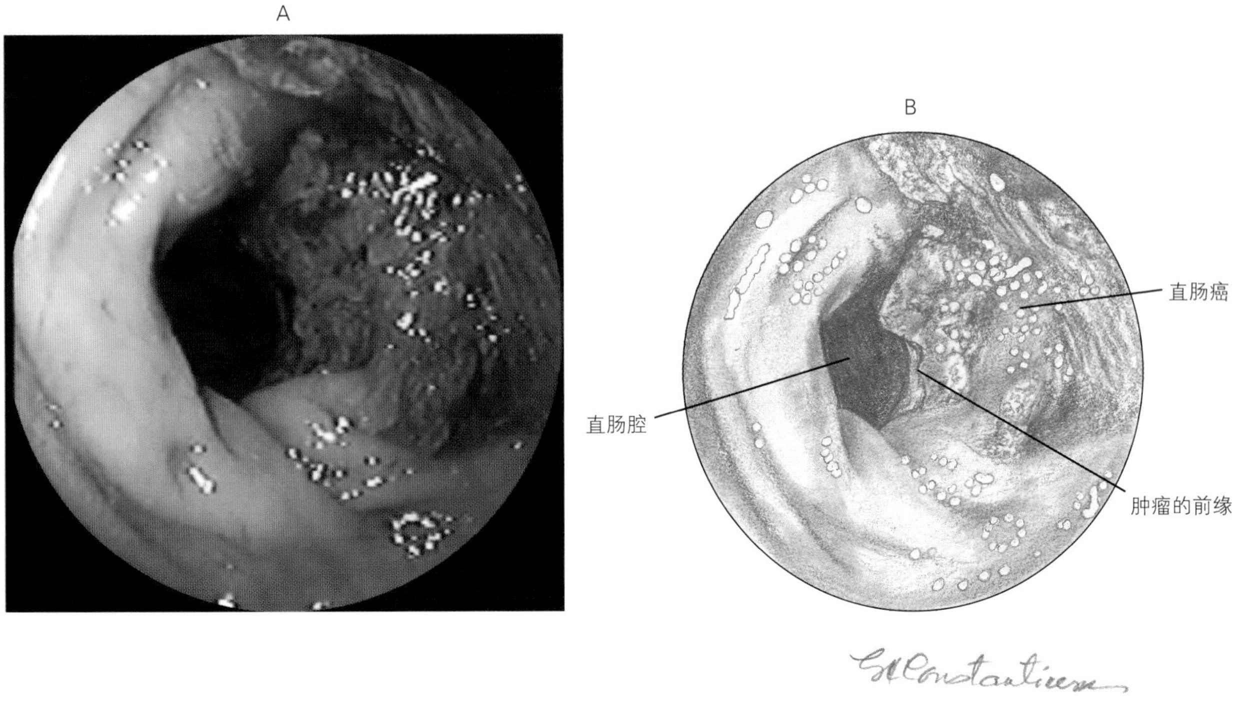

A
B
直肠癌
直肠腔
肿瘤的前缘

图9-43　结肠镜穿过图9-41、图9-42中的直肠肿块观察到的肿瘤前缘

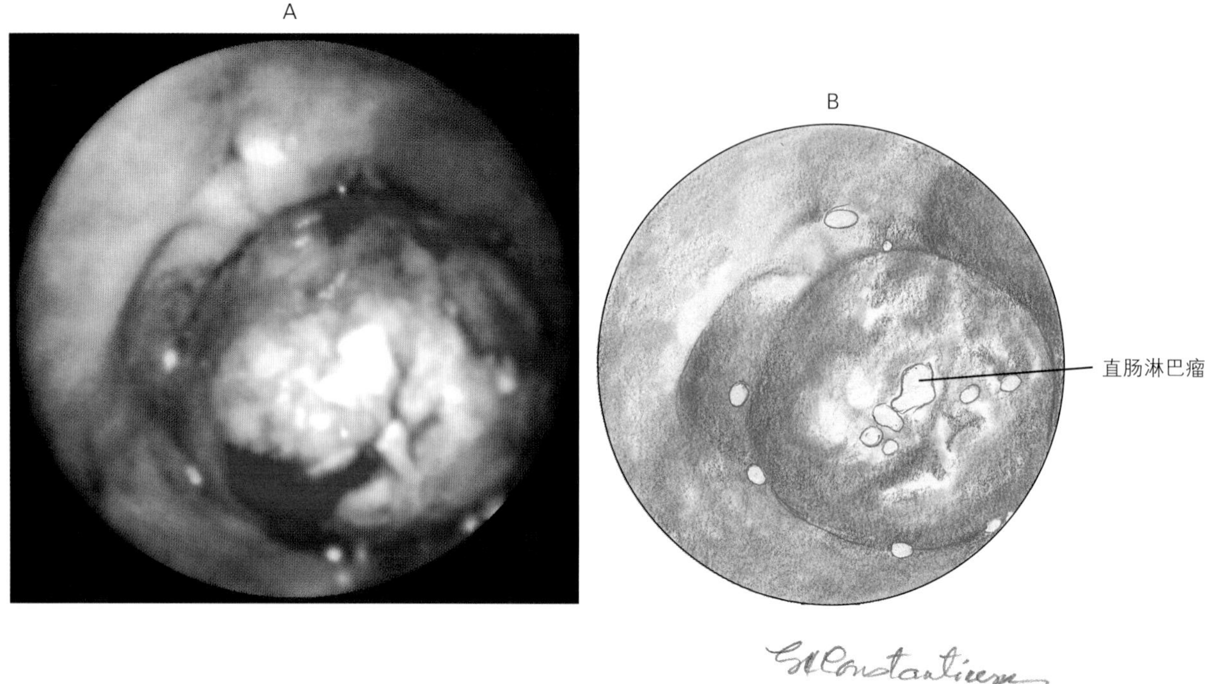

图9-44 直肠肿块（成淋巴细胞的淋巴瘤）。注：圆形、光滑、部分溃疡的表面

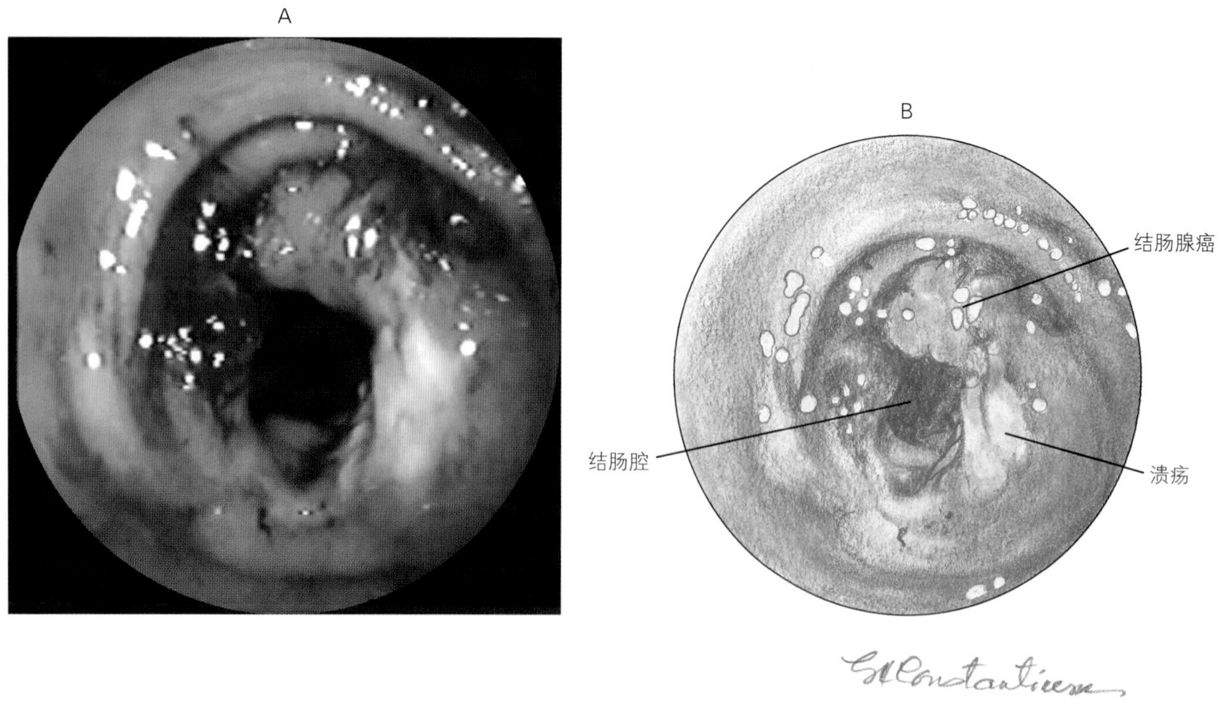

图9-45 降结肠腺癌。注：局部隆起、不规则并局部发生溃疡

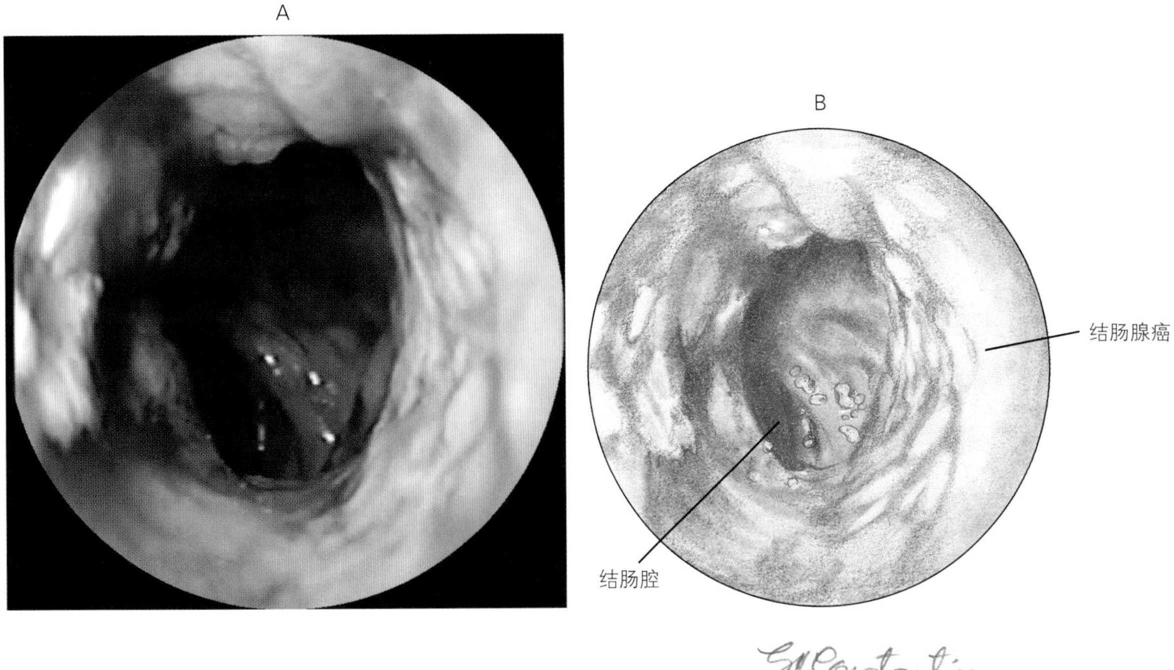

图9-46　图9-45中降结肠腺癌的特写

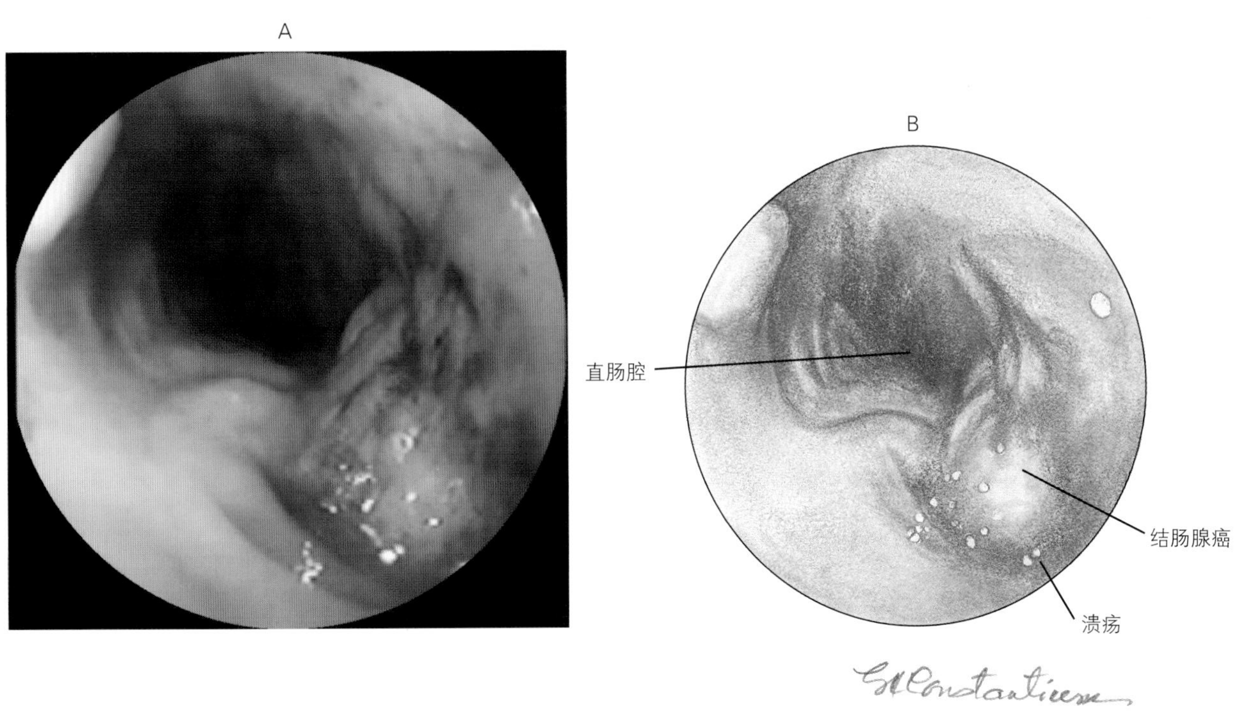

图9-47　直肠内的结肠腺癌。图右下角为不规则的溃疡组织

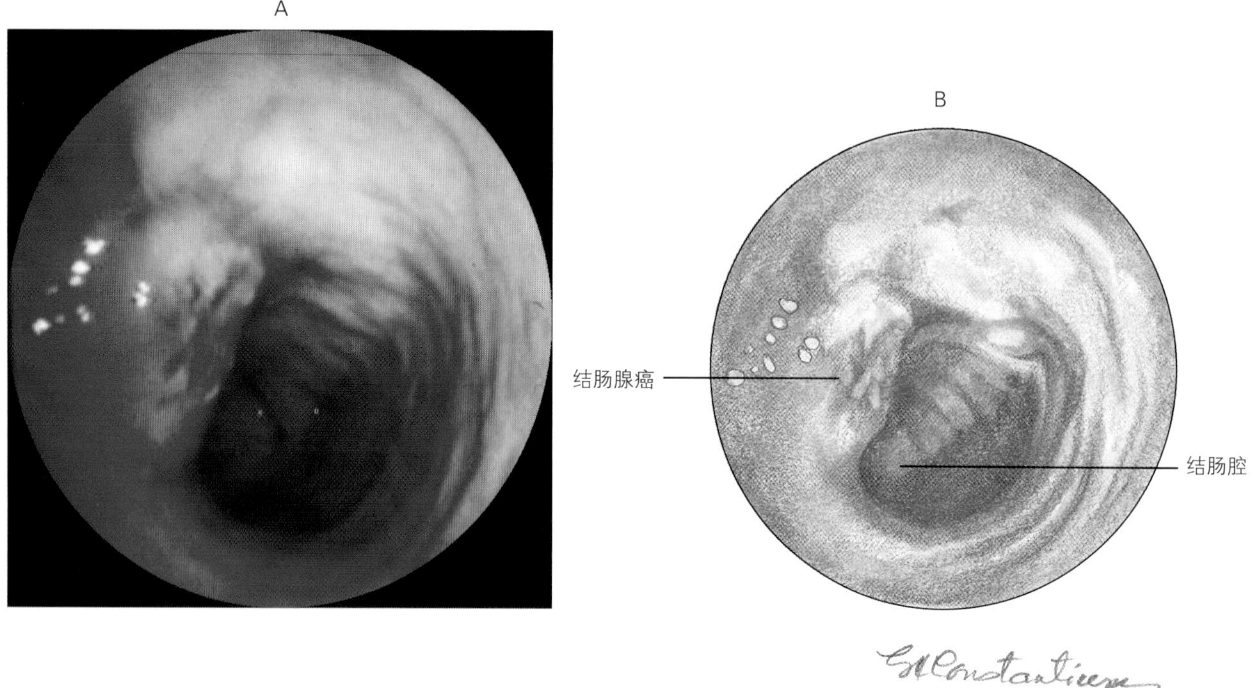

图9–48　降结肠的结肠腺癌。注：结肠壁上隆起、溃疡、斑状的损伤

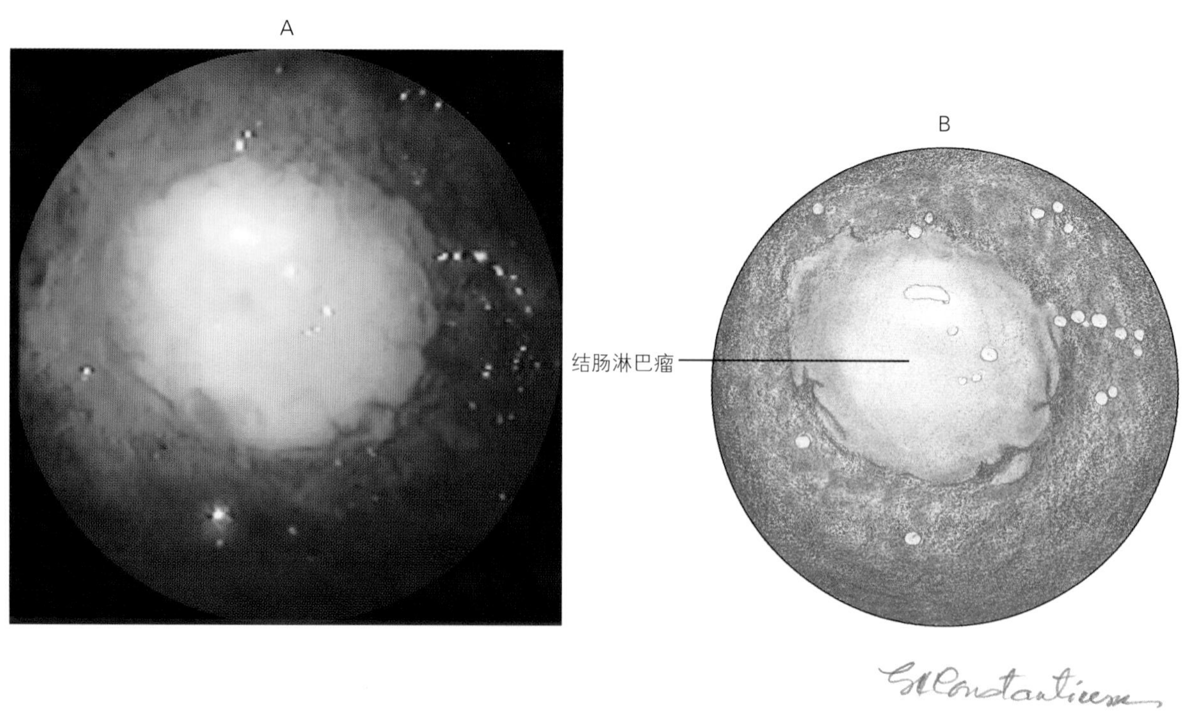

图9–49　降结肠淋巴母细胞性淋巴瘤。注：隆起、黄色、圆形的病灶

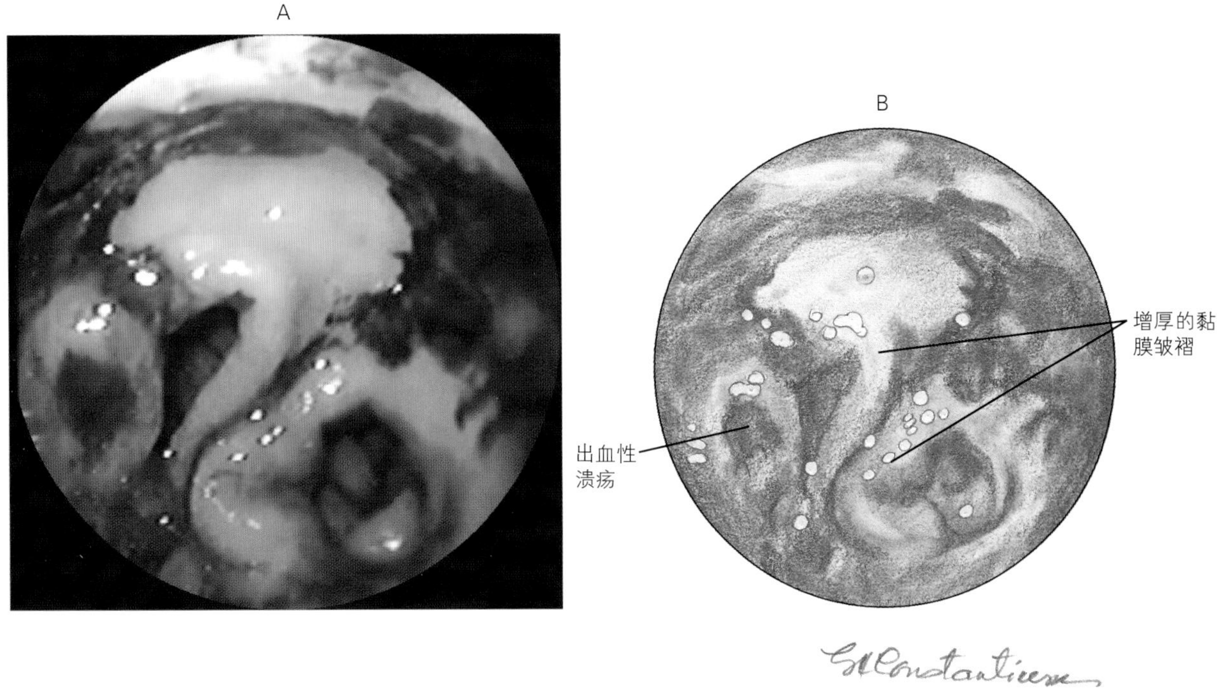

图9-50　降结肠淋巴母细胞性淋巴瘤。注：图左侧为增厚的黏膜皱褶，伴有局部出血性溃疡病灶

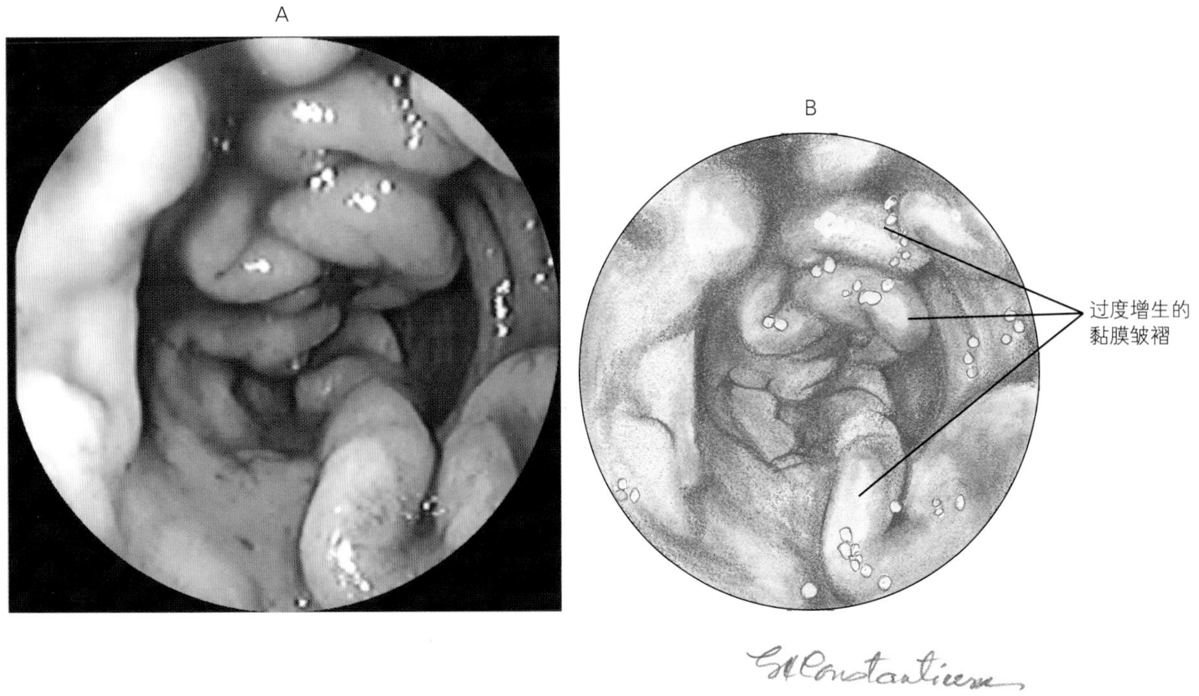

图9-51　降结肠淋巴母细胞性淋巴瘤（与图9-50中为同一只犬）。注：过度增生的黏膜皱褶

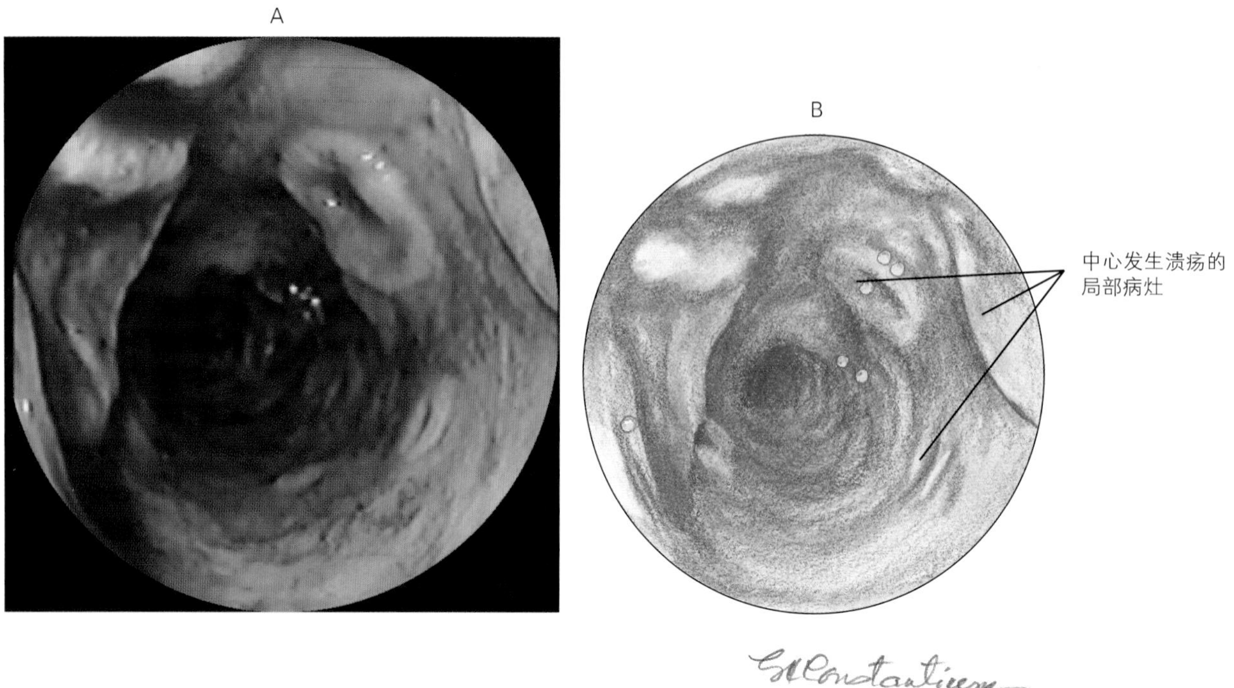

图9-52　降结肠淋巴母细胞性淋巴瘤（与图9-50、图9-51中为同一只犬）。注：隆起的圆斑状病灶，病灶中心发生溃疡

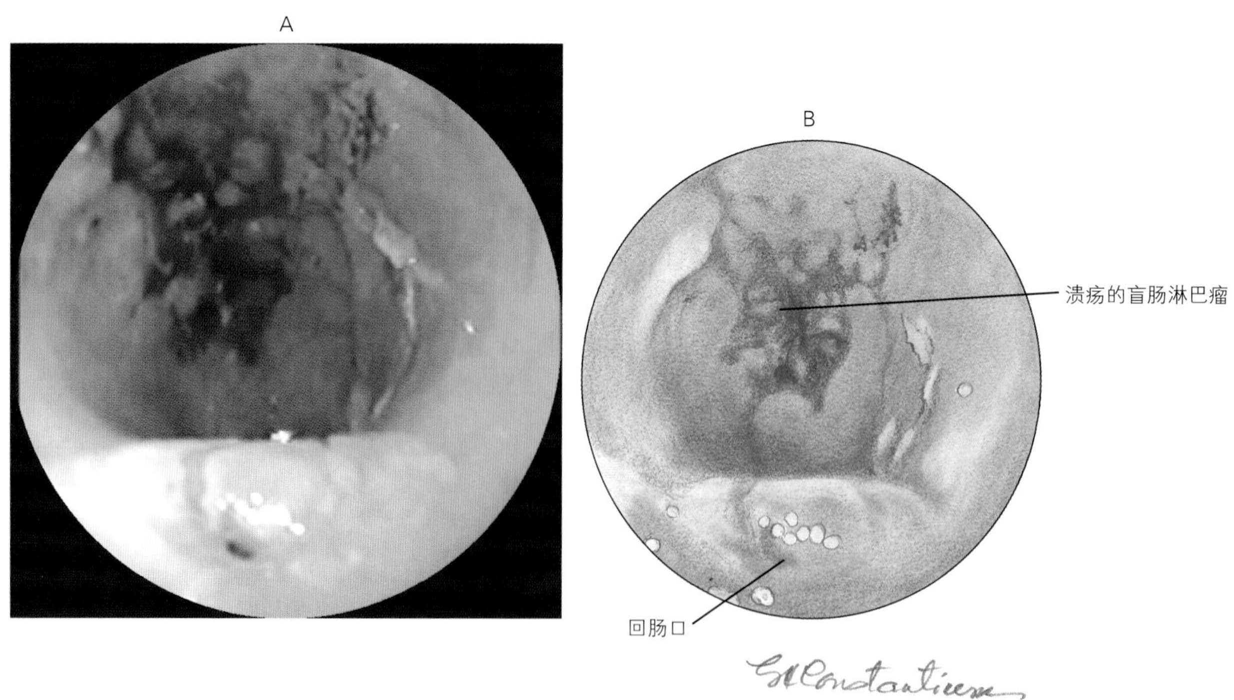

图9-53　猫盲肠淋巴母细胞性淋巴瘤。注：图上部为弥散性黏膜溃疡，图底部的小洞为回肠口

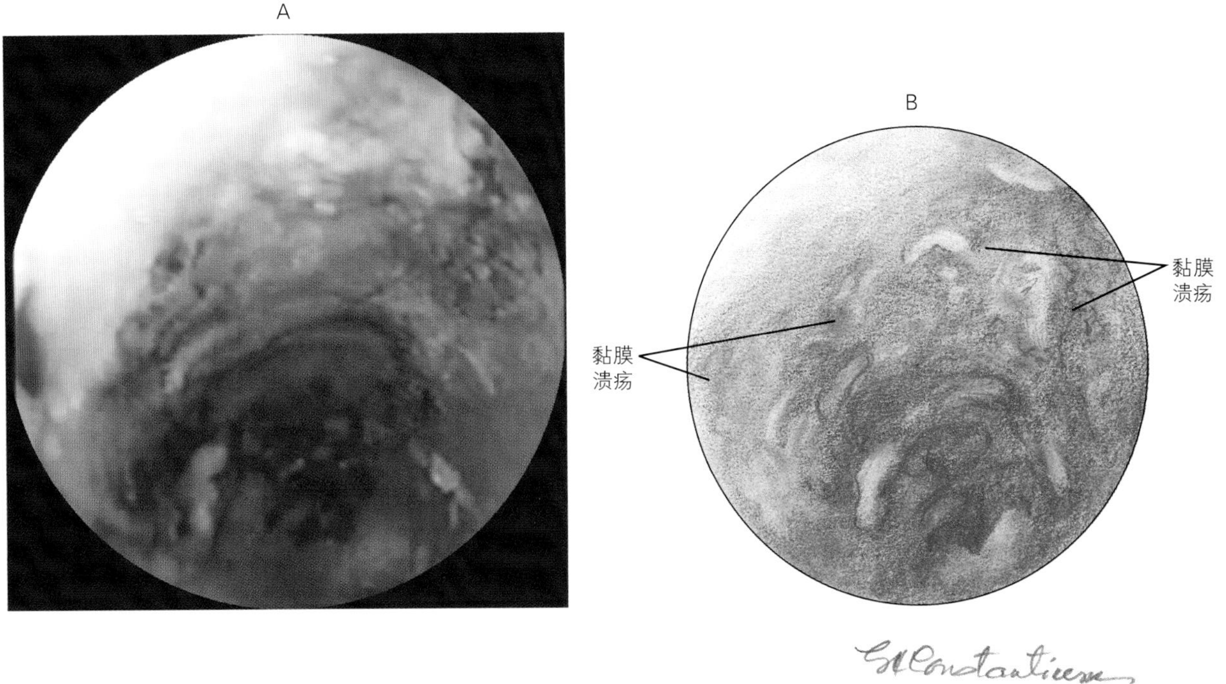

图9-54　图9-53的特写。注：弥散性黏膜溃疡

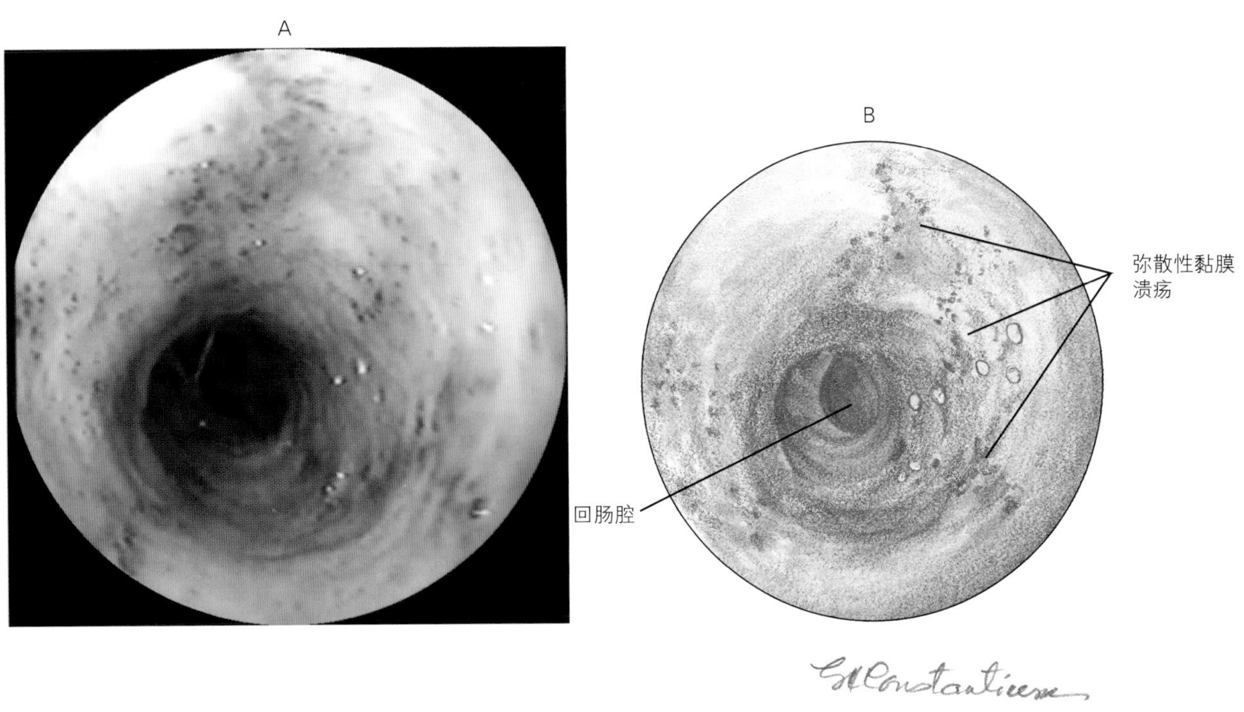

图9-55　猫回肠淋巴细胞性淋巴瘤。注：弥散性黏膜溃疡并伴有出血点

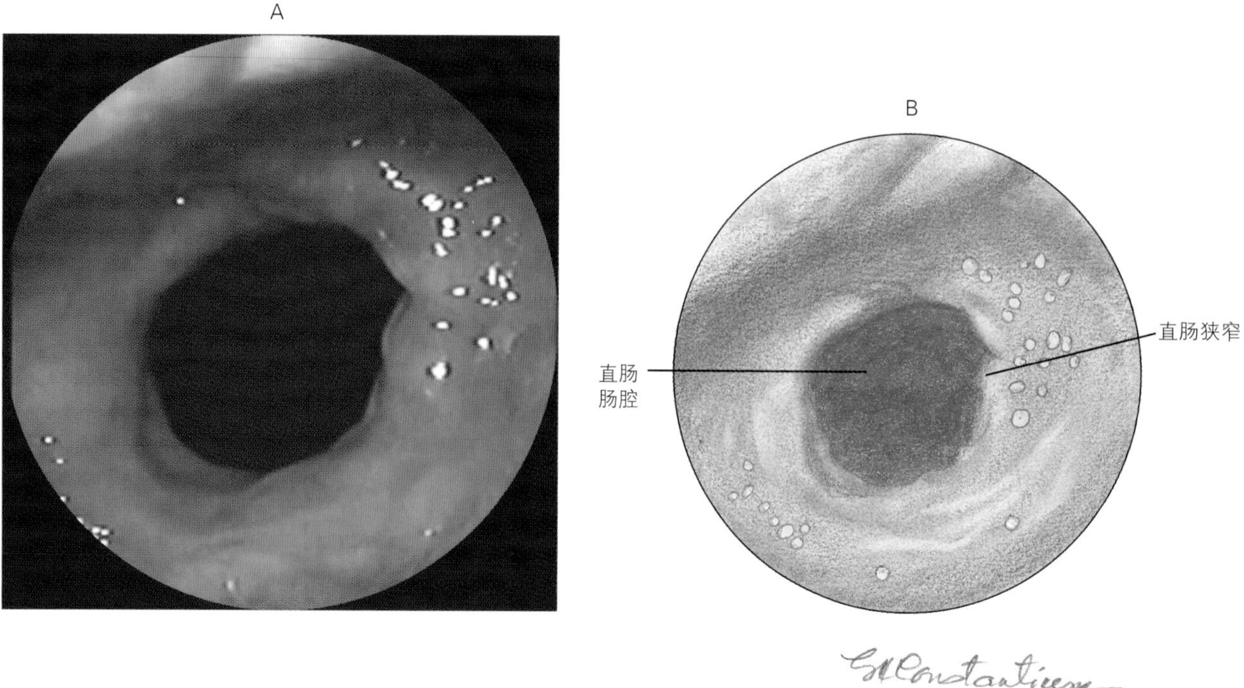

图9–56 犬直肠狭窄。注：肠道局灶性狭窄

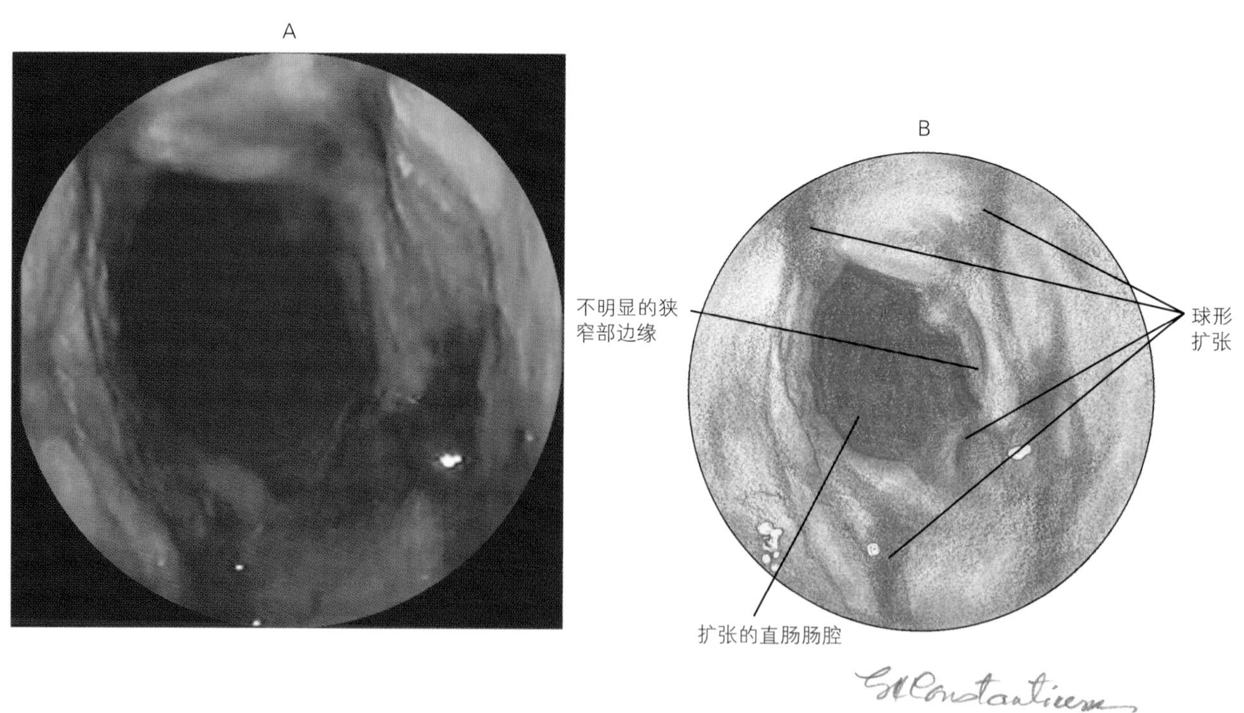

图9–57 被球形扩张的犬直肠狭窄（与图9–56相同）。注：肠腔直径明显扩张

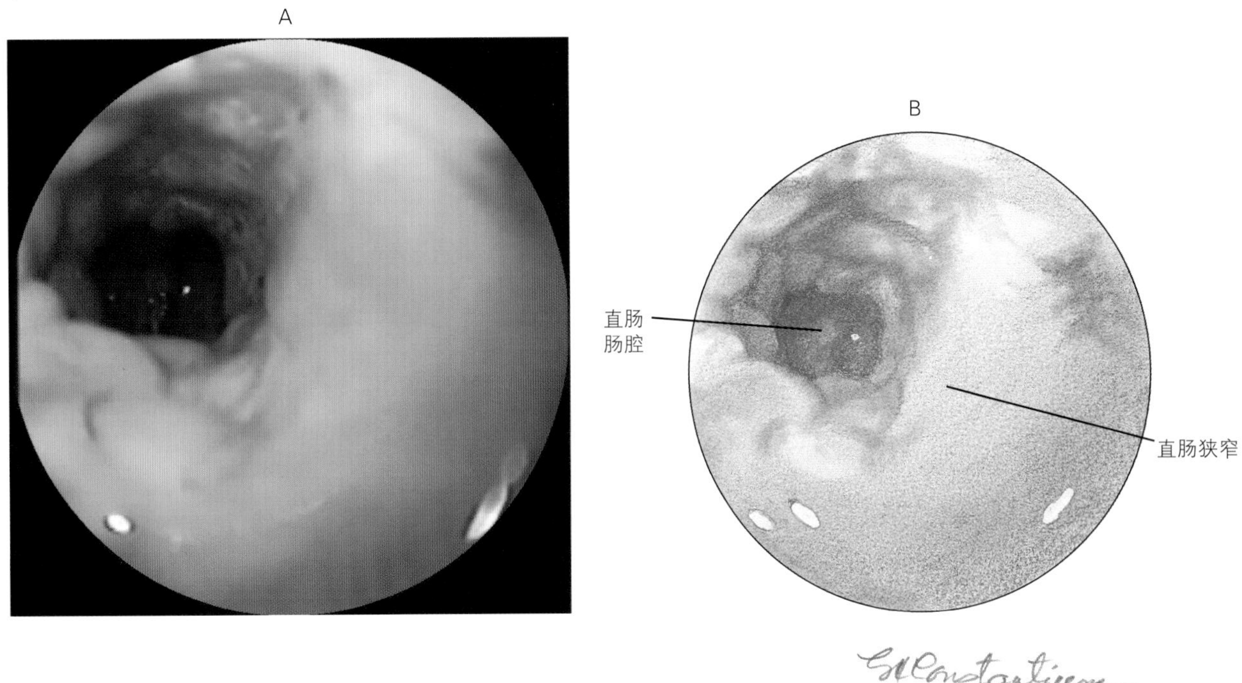

图9-58　猫直肠狭窄。注：肠腔局部狭窄

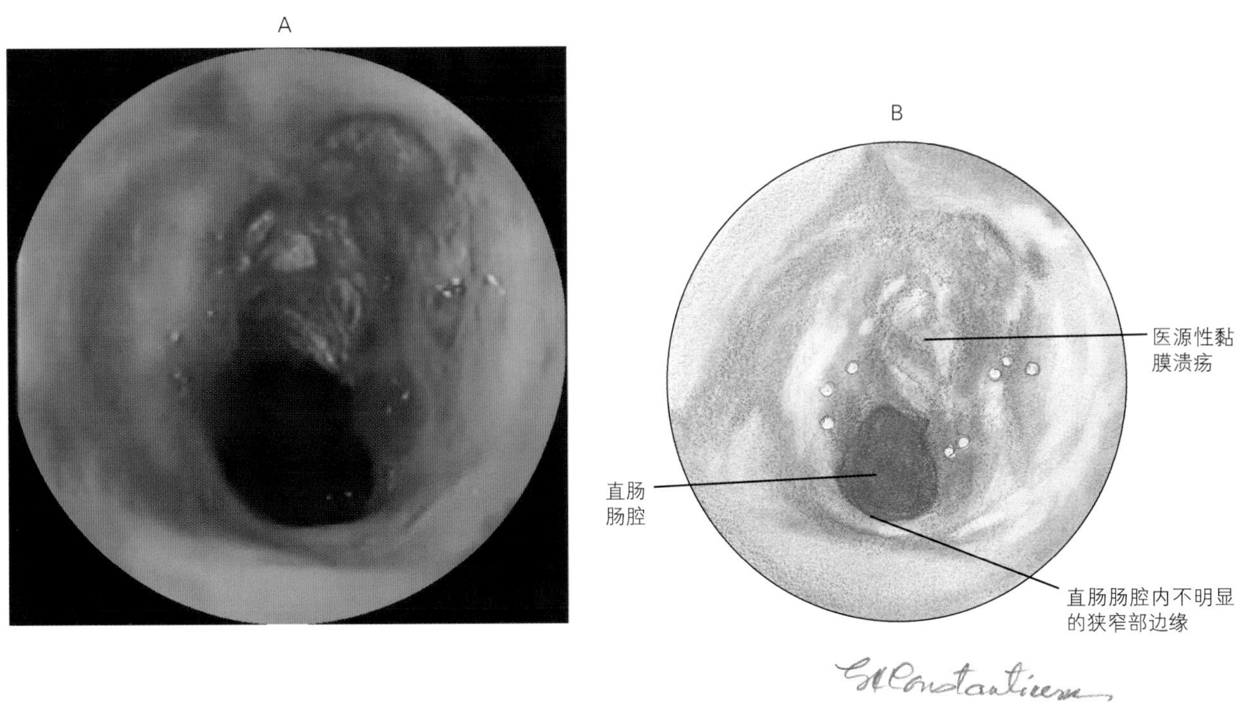

图9-59　被球形扩张的猫直肠狭窄（与图9-58相同）。注：肠腔直径明显扩张，同时有医源性黏膜溃疡

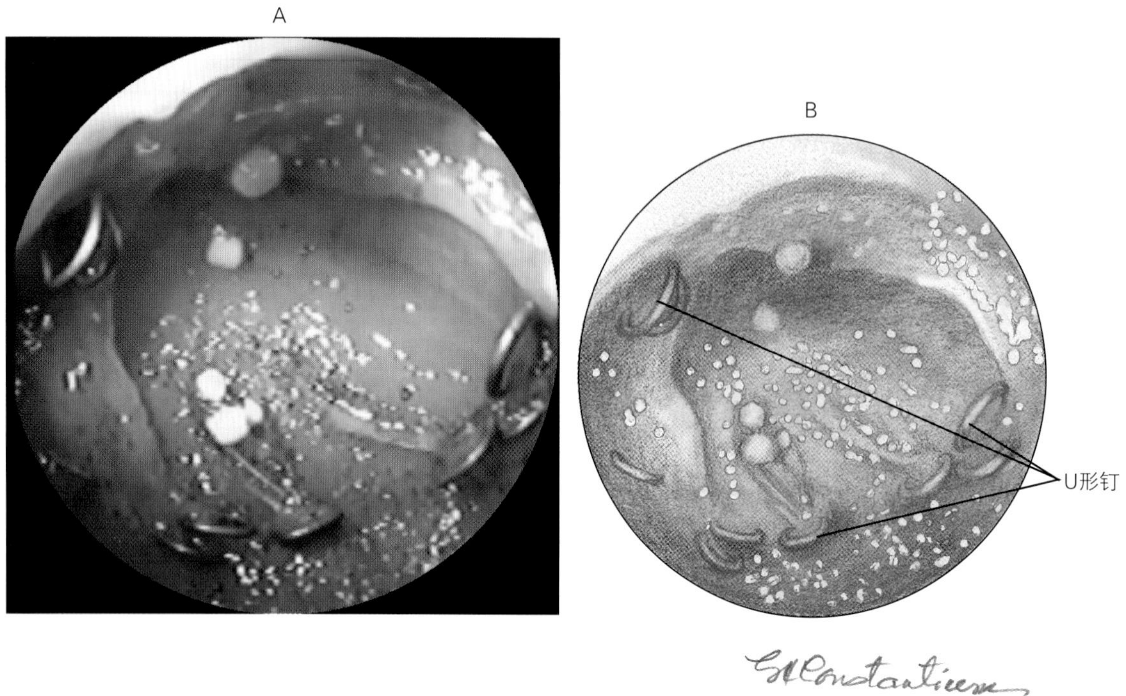

图9-60　拳师犬溃疡性结肠炎整个结肠切除术后的远端小肠重建。由空肠和回肠共同构建成了一个用于储存粪便的小囊。在肠腔内明显可见的U形钉

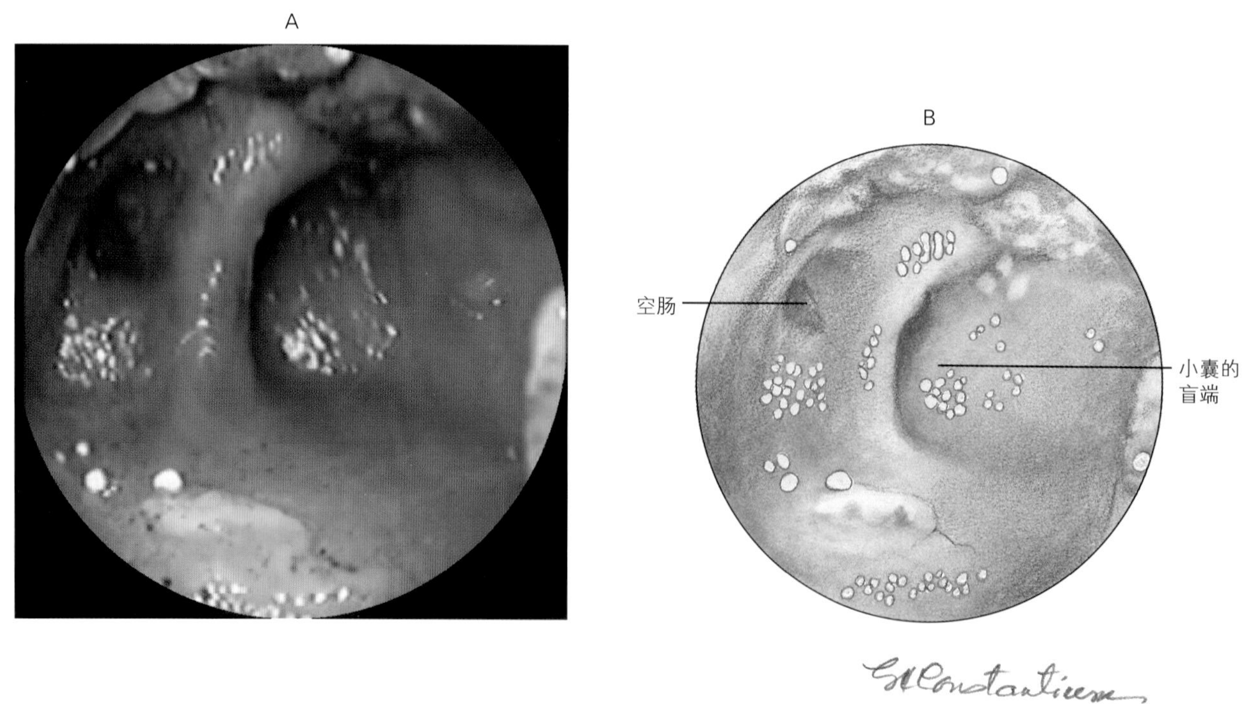

图9-61　重建小囊的正位图（同图9-60为同一只犬）。左侧为空肠口，小囊的盲端位于右侧

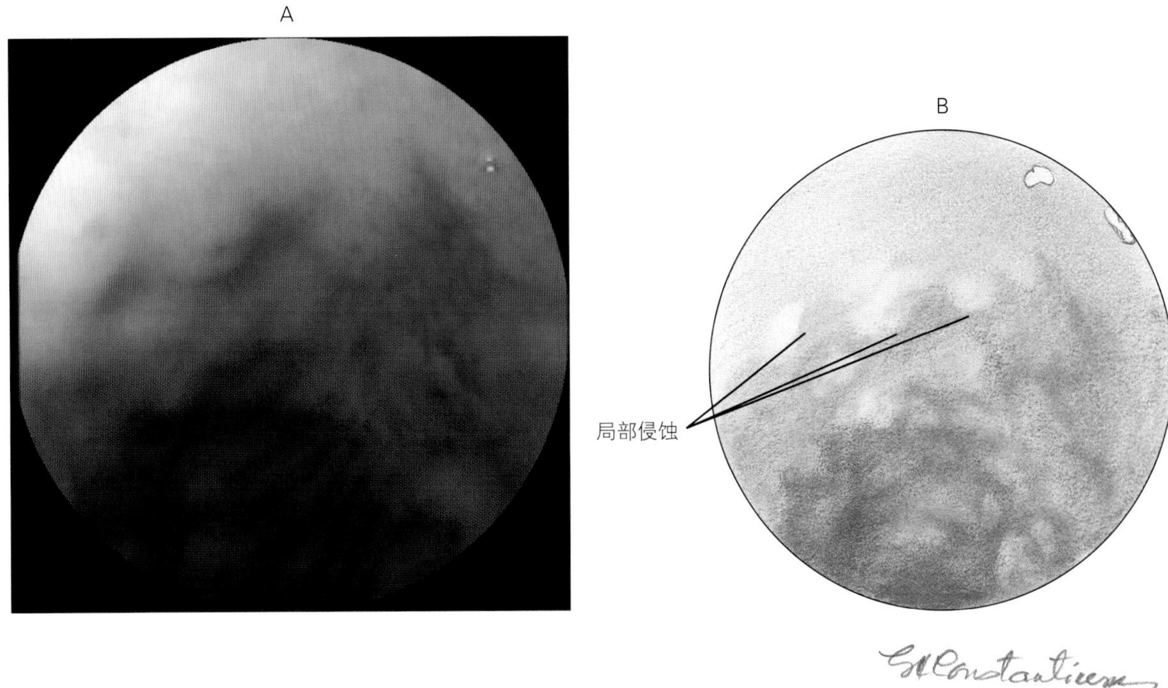

图9-62　6月龄拳师犬发生溃疡性结肠炎。注：不规则的黏膜表面，病灶局部有侵蚀

表9-1　犬、猫结肠镜检查异常结果

疾病	内镜镜下表现
结肠狭窄	病变部肠道狭窄。周围的黏膜正常或不正常（与病因有关）
结肠溃疡	病变表现不一：深或浅的溃疡龛，往往界线明显，有出血或组织碎屑。周围的黏膜正常或不正常（与病因有关）
结肠异物	结肠肠道内的异物
急性结肠炎	病变表现不一：充血、浅表性糜烂、斑点状变色、浅层出血
慢性结肠炎	病变表现不一：充血、浅表性糜烂、溃疡、黏膜增厚、斑点状变色、鹅卵石状/颗粒状病灶、易碎、苍白，或者正常
结肠瘤	病变表现不一：直肠肿块形状不规则、隆起（外生）、易碎、菜花状、红/紫色、常溃疡 其他肿瘤表现：黏膜不正常，溃疡、充血、斑点状变色、鹅卵石状/颗粒状病灶、苍白。有些肿瘤无明显异常（尤其是猫）
胃肠道寄生虫	在肠道内可见寄生虫，虫体1~2cm长，存在于整个结肠肠道内，在盲肠内数量最多
回结肠套叠	肠道存在内肿块但并不附着在肠壁上，至少能够将内镜插入肠套叠套入部周围几厘米深

建议阅读资料

Willard MD: Colonoscopy. In Tams TR, editor: *Small animal endoscopy,* ed 2, St Louis, 1999, Mosby.

Guilford WG and others: *Strombeck's small animal gastroenterology,* Philadelphia, 1996, WB Saunders.

Tams TR: Endoscopy. In Kirk RW, editor: *Current veterinary therapy X,* Philadelphia, 1989, WB Saunders.

Zimmer JF: Gastrointestinal fiberoptic endoscopy. In Kirk RW, editor: *Current veterinary therapy VI,* Philadelphia, 1977, WB Saunders.

第十章　腹腔镜技术与临床经验

腹腔镜技术是观察腹腔内部结构的一种微创技术。应用时首先向腹腔内充入气体，使腹腔膨胀，之后通过腹壁安置穿刺套管，最后应用硬质内镜（腹腔镜）进入腹腔，检查腹腔的内部结构，还可以通过辅助套管插入活检钳或手术器械，进行各种诊断和手术。

与其他微创技术相比，腹腔镜技术具有创伤小、诊断准确和恢复快速等特点，是一种优先选择的技术。最初在小动物临床诊疗中，腹腔镜技术仅仅作为一种诊断工具，但是现在更多关注于腹腔镜微创手术技术。

腹腔镜检查执行起来相对简单，而且安全，并发症少。虽然现在有实验室检测方法、影像技术、超声介导细针活检或细针抽吸检查等较新技术的应用，但是在诊断中适当地使用腹腔镜技术仍是一种有价值的诊断方法。腹腔镜检查也可以获得那些只能通过开腹探查才能得到的疾病阶段性信息。

本章内容涵盖了腹腔镜的基本技术、活检方法、手术操作、腹腔镜技术的并发症以及正常和病理状态下的腹部器官外观。

第一节　适应证和禁忌证

腹腔镜技术常见的适应证有腹腔检查、腹腔脏器或肿瘤的活检取样以及实施外科手术。在小动物临床实践中，腹腔镜检查不能完全取代腹腔探查，但是能以微创的方法完成一些常见的诊断和手术操作。框10-1列出的适应证已经有很长时间，能体现腹腔镜技术作为诊断工具和微创手术方法的潜力。

框10-1　基本腹腔镜技术

诊断技术
- 肝脏活检
- 胆囊穿刺术
- 胰腺活检
- 肾脏活检
- 肠管活检
- 肾上腺检查
- 脾脏检查
- 生殖系统检查

手术技术
- 饲喂管安置
- 胃固定
- 卵巢、子宫切除
- 隐睾手术
- 胃内异物取出
- 腹腔膀胱镜检查

诊断腹腔镜通常用于获取肝脏、胰腺、肾脏、脾脏、肠管和肿瘤的活检样品。与传统经皮穿刺相比，腹腔镜技术能获得更好的样品。腹腔镜检查也常用于行肿瘤诊断、原发或转移性恶性肿瘤的分期[1]。腹腔镜检查可以观察到不易被发现的腹膜或器官转移的小病灶（0.5cm或者更小）。用其他方法不能确诊的腹水的病因，也可以应用腹腔镜技术进行诊断。应用腹腔镜辅助技术也可以进行肠管的各层活检。其他辅助诊断技术包括卵巢生殖功能检查、宫内人工授精、胆囊抽吸术、脾髓压测量、脾门静脉造影术和膀胱检查[2]。

与传统开腹探查相比，腹腔镜手术有许多优势，包括改善患病动物术后的康复质量、术后复发率低、感染率低、疼痛轻[3]、住院时间和恢复时间短。腹腔镜手术在手术应激因素方面的优势不太明显。腹腔镜技术在改善术后动物生理功能方面已经得到了广泛的研究。与开腹手术相比，腹腔镜手术对新陈代谢、肾脏和肺脏负荷、肠蠕动和免疫功能损伤小[4]。

小动物常见的腹腔镜手术包括：隐睾手术、卵巢子宫切除术、预防性胃固定术。其他腹腔镜手术包括腹腔镜膀胱检查术、空肠或胃造瘘饲喂管安置、腹腔引流管安置、胃内异物取出和肾上腺切除。目前应用的腹腔镜手术器械限制了腹腔镜手术在兽医中的发展。

因为腹腔镜手术是微创手术，所以禁忌证较少。如果对动物实施开腹探查的危险较大，可以选择腹腔镜微创技术检查。腹水、凝血时间异常和动物体质较弱仅仅是相对禁忌证。对患腹水病例进行腹腔镜检查时，可以在腹腔镜检查前或检查过程中将腹水排出，腹水对腹腔镜检查结果影响不大。临床经验显示，即使凝血时间异常也不能完全禁止使用腹腔镜检查。肝脏疾病引起的凝血时间异常不一定会在活检取样部位导致过多的出血[5]。腹腔镜检查时我们可以选择血管较少的部位进行活检取样，而且能观察活检取样部位的出血程度，如果活检取样部位出血过多，我们可以应用不同的腹腔镜技术进行止血。

腹腔镜检查的绝对禁忌证包括：膈疝、败血性腹膜炎和那些只适合传统开腹手术的病例。即使在腹腔内明显需要手术切除的肿瘤病例中，也可以进行腹腔镜检查，因为这样可以获得术前疾病分期的病理学诊断信息，有助于制定手术计划。腹腔镜检查过程中，如果必须进行开腹探查，可以将腹腔镜检查转为开腹探查。在一些病例中，其他诊断方法未能发现的微小转移灶可能在处理肿瘤过程中被确定，这将改变整个病例的治疗方案。

相对禁忌证包括动物状态不佳、体型较小和肥胖的患病动物。腹腔镜手术可以用于只能采取局部麻醉和镇静的动物，所以动物应用全身麻醉和开腹手术危险性大时可以考虑镇静配合局部麻醉进行腹腔镜手术。腹腔镜手术在非常小的动物（体重小于2kg）和过度肥胖的动物中应用较为困难。在非常小的动物中，操作空间减小，需要应用直径更小的腹腔镜和手术器械。动物腹腔内有过多的脂肪通常会干扰观察很多器官的视野，因此操作更加困难。

第二节　腹腔镜设备

诊断腹腔镜需要的基本设备有镜管、穿刺针/穿刺套管、光源、气腹机、Veress气腹针、各种手术抓钳和辅助器械（框10-2）。小动物临床经常使用的腹腔镜直径范围为2.7~10mm。我们经常应用和推荐的腹腔镜是直径5mm、0° 视野的常规诊断镜管[6]。直径5mm的腹腔镜足以满足大多数小动物手术应用。0° 视野意味着可沿腹腔镜长轴方向直视。也有设计成不同角度的腹腔镜，例如最常用的30° 腹腔镜能斜视30° 角的视野。有角度腹腔镜能使操作者视野更宽广，但是有角度腹腔镜使无经验的操作者定位更加困难，通常不推荐初学者使用有角度腹腔镜，当仅仅进行腹腔镜诊断检查时也不推荐使用有角度腹腔镜。有角度腹腔镜有利于某些腹腔镜手术操作，一些有经验的操作者更加喜欢应用有角度的腹腔镜，因为在旋转时可以获得更大的视野，也能更好地观察小的或局限性的部位。

框10-2　诊断腹腔镜的基本设备

- 5mm 腹腔镜（0° ）
- 2个套管
- Veress气腹针
- 冷光源
- 导光缆
- CO_2气腹机
- 探针
- 椭圆形活检钳
- 打孔型活检钳
- 抓钳
- 摄像头和监视器
- 图文工作站（可选择）

直径更小的腹腔镜（小于3.5mm）视野会受到限制，进入腹腔照明的光更少，适用于非常小的动物。较小动物应用大直径的腹腔镜（10mm）时，操作会更加困难。

应用光缆将腹腔镜与冷光源相连，通常推荐使用高强度光源，例如氙灯，氙灯能真实地反映腹腔颜色[6]。图像的亮度取决于被检查表面的反射特性和与腹腔镜的距离，颜色暗的组织（如肝脏或血液）会吸收光导致亮度下降，显像更加困难，特别是在使用小口径的腹腔镜、低强度光源或低感光摄像头时，这种现象会更加明显。

内镜摄像头连到腹腔镜目镜上，可通过监视器看到图像，不需要直接通过腹腔镜的目镜观看图像。当实施腹腔镜手术时，必须有摄像头，但简单的腹腔镜诊断时不一定需要有摄像头。有视频时可以使腹腔镜检查更加容易学习和操作，因此强烈推荐使用摄像头。

腹腔充气后，在腹壁上安置穿刺针/穿刺套管，腹腔镜和器械通过套管进入腹腔。穿刺针头部尖锐，位于套管内部，用来刺穿腹壁肌肉和腹膜。当移去穿刺针时，套管留在腹壁上，成为腹腔镜和其他器械进出腹腔的通路。腹腔镜套管内部有一活瓣，在移去穿刺针后可防止气体漏出。套管也有一个密封圈，能紧紧的环绕腹腔镜或腹腔镜器械，防止漏气。套管旋塞与CO_2充气导管相连，可以持续通过套管进行腹腔注气。

腹腔镜检查首先要应用Veress针向腹腔内充气。Veress针由一个尖锐的外部穿刺针和一个内部有弹性的钝性头端内芯组成。当刺穿腹壁时，有弹性的钝性头端内芯先于针尖进入腹腔，以免损伤腹部内器官，然后将针与连有吸气机的导管相连。

许多自动气腹机功能相似，它们以预设的速率充入气体，维持腹腔有一个恒定的气腹压。由于CO_2气体栓塞率低且烧灼过程中不能燃烧[6]，所以是进行气腹的理想气体。

进行腹腔镜诊断时必须应用辅助器械，辅助器械通过第二个穿刺套管进入腹腔。探针用来移动和触诊腹部器官（图10-1），操作人员很快就可以学会使用探针“感觉”器官的硬度变化。大多数探针有厘米标识，以便操作者能估计器官或病变的相对尺寸。探针也可用于活组织采样后的压迫止血。

诊断腹腔镜至少应配有一把活检钳，5mm直径的椭圆杯状活检钳是肝脏、脾脏、腹腔肿瘤和淋巴结活检最常用的器械（图10-2）。第二个活检器械是打孔型活检钳，它更适用于胰腺活检。带针活检钳和活检针也是腹腔镜诊断所必需的器械。也有人用长的腰椎穿刺针进行活组织取样。肾脏和深部组织活检需要“实切”活检针，活检针不需要套管，直接通过腹壁到达采样部位进行采样。

腹腔镜手术需要许多为特殊适应证设计的手术器械，普通的腹腔镜手术器械包括腹腔镜剪刀、抓钳、剥离器、冲洗管和夹子。对于小动物腹腔镜手术来说，最常用的是直径为5mm的手术器械，但某些特殊器械（如吻合器）通常需要10mm或更大的直径。许多活检和手术器械具有单极电外科刀功能。

第三节　腹腔镜技术

一、术前准备、保定与注意事项

进行腹腔镜检查需要许多术前准备工作。动物至少需禁食12h，排空膀胱。

如果出现胃和膀胱膨胀，插入气腹针和穿刺针/穿刺套管时容易发生刺伤。胃膨胀不利于前腹腔检查，膀胱膨胀不利于后腹腔检查。

腹腔镜检查必须在无菌条件下进行。通常腹腔镜诊断在内镜室进行，腹腔镜手术在手术室完成。腹腔镜手术有时可能需要转为开腹手术，但是很少发生。

动物可放置在可调整的手术台上较好，这样手术时可以多角度调整倾斜方向。改变动物体位经常有助于腹腔某些部位的检查。腹腔镜手术室内应该安装可调亮度的灯，在微暗的室内执行腹腔镜手术时，监视器上的图像会更加清晰。

腹腔镜检查通常采用气体全身麻醉，在腹腔镜检查过程中大多数动物能耐受全身麻醉[7]。腹腔充入CO_2能增加腹内压，抑制膈肌运动。研究表明，Pa_{O_2}降低幅度和Pa_{CO_2}升高幅度很小，保持在生

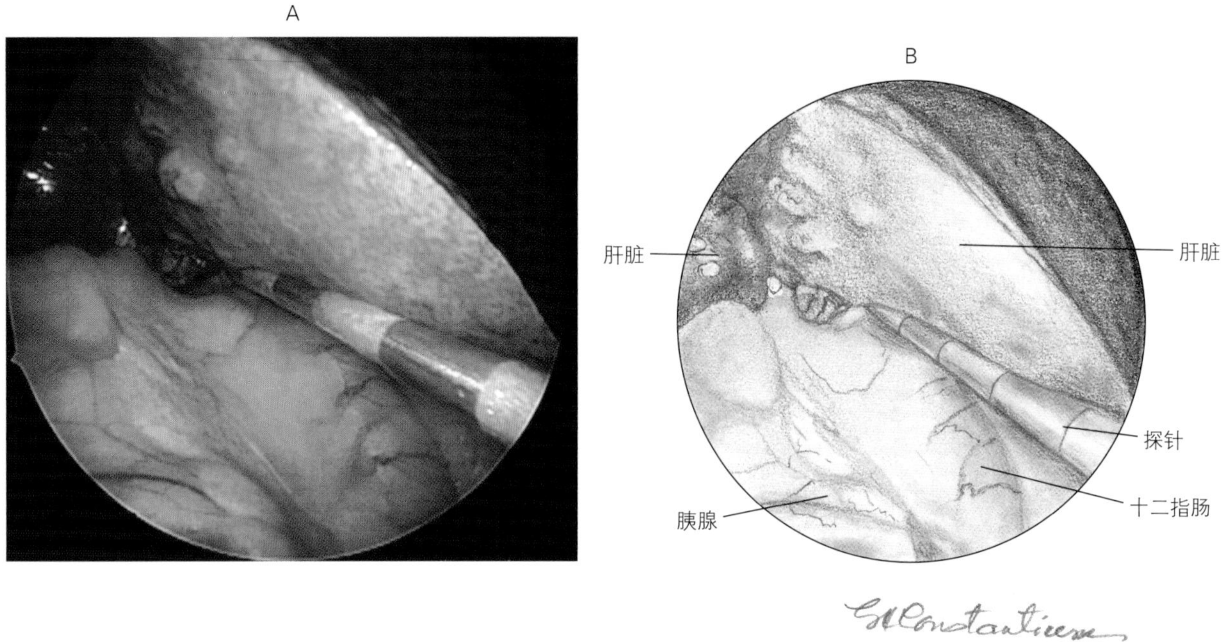

图10-1 以探针抬高患有慢性肝炎动物的右外叶，探针下方可看到十二指肠和胰腺右支

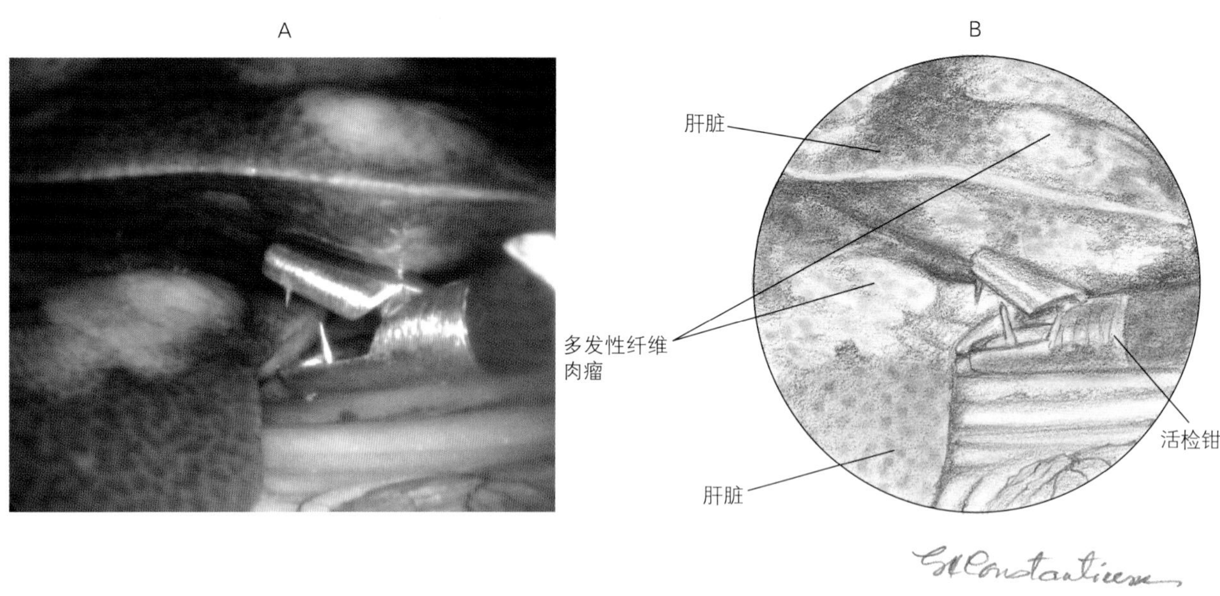

图10-2 应用椭圆杯状活检钳对多发性纤维肉瘤肝脏活组织进行采样

理范围内[8]，当气腹压过高或手术台倾斜过大，从而过度压迫膈肌时，这些指标变化则更加明显。当自主呼吸受到抑制时，可能需要辅助呼吸。

某些情况下，腹腔镜诊断可以采用深度镇静联合穿刺部位局部麻醉的方式进行。已有报道表明，应用麻醉性镇定剂联合穿刺套管部位局部麻醉的方法，可完成患严重抑郁症动物短时间的腹腔镜诊断操作。深度镇静时动物最好侧卧，因为动物仰卧时，在腹腔镜操作过程中容易出现挣扎。当动物仅仅镇静时，通常采用面罩给予氧气。有时在操作过程中必须给予短效静脉麻醉剂，例如异丙酚。

动物选择体位和安置套管之前要确定执行腹腔镜操作的目的。右外侧通路和腹中线是最常用的两个通路。右侧通路常用于肝脏、胆囊、胰腺右支、十二指肠、右肾和右肾上腺检查。腹中线通路一般用于来完成许多手术操作，它能提供肝脏、胆囊、胰腺、胃、小肠、生殖系统、泌尿系统和脾脏的良好视野。腹中线通路时，第一套管常常安置在脐部或脐部周围。腹中线的一个不足之处是镰状韧带可能遮挡腹腔前部，这在非常肥胖犬中更加明显，因为非常肥胖犬镰状韧带较多。偶尔可应用左侧通路，因为脾脏就位于通路下方，穿刺套管时容易造成脾损伤。套管安置要根据具体情况向前侧或后侧移动，以确保在进行腹腔镜操作时有足够的操作半径。例如，当检查非常小的犬的肝脏时，要将套管通路向后侧移动，以便增加操作空间。

确定套管穿刺部位后，要触诊这个部位是否有脾脏、膀胱或腹内异常。动物要剃毛并进行常规术前准备。动物需要大范围的剃毛，以保证辅助套管安置的部位。

二、技术

腹腔镜操作的第一步是建立气腹，气腹针安置在预置第一套管位置处或其旁边，应用手术刀做2mm的皮肤切口，术者抓住气腹针套管刺穿腹壁，这样钝头端的内芯在穿过腹壁后可以弹出腹腔，避免损伤腹腔内脏器官。进入气腹针时要确保气腹针不在腹壁的肌肉层或腹膜外，如果CO_2气体进入皮下组织，就不能继续进行腹腔镜操作。

应用抽吸试验确定气腹针是否进入腹腔或是否顶到内部器官表面。抽吸试验是用装有生理盐水的注射器与气腹针相连，抬高腹壁，如果气腹针正确进入到腹腔内，腹腔内负压使生理盐水进入腹腔。如果气腹针进入腹腔内器官、肿瘤或血管，在充气过程中能导致致命的气体栓塞[9]。如果气腹针位于网膜下，在充气过程中可使网膜膨起，从而干扰腹腔镜视野。

当正确安置气腹针后，用气腹管将气腹针与全自动气腹机相连，打开全自动气腹机，设定气体流速。用CO_2使腹腔膨胀后，叩诊可听到鼓音。腹内压不能超过15mmHg，在大多数小动物病例中，10mmHg气腹压足以使腹腔膨胀，满足执行腹腔镜操作空间需求。

气腹压太大将会影响腹腔静脉回流，并限制膈肌运动。

达到预设气腹压后，安置腹腔镜进出腹腔的套管。做一与套管直径相当的皮肤切口，为了确保皮肤切口大小合适，可以用套管口做一压痕，根据压痕去做切口。要切开皮肤和皮下组织，否则穿刺腹壁时阻力较大，可以应用止血钳分离皮下组织。

穿刺针/穿刺套管穿刺时，用手掌顶住穿刺针柄，防止在穿刺过程中穿刺针后缩回套管内。术者的另一手抓住套管杆部，反复旋转使穿刺针/穿刺套管进入腹腔，这样可以防止刺入腹腔太深。术者抓持穿刺针/穿刺套管手的食指或中指前伸到套管杆部，也可以防止穿刺针/穿刺套管进入腹腔太深。当穿透腹壁进入腹腔后，可听到“砰”和嗤嗤的响声，立即将穿刺针退出，防止损伤腹腔内器官。套管可继续向腹腔内推进一段，将CO_2气腹管与套管旋塞连接。

还有一种穿刺针/穿刺套管安置的方法，请参考Hasson技术[10]。这种技术可以避免发生应用前文方法安置气腹针或穿刺针/穿刺套管时可能损伤腹腔内器官的并发症。Hasson技术比较费时，在简单的诊断操作中不必使用。Hasson技术应用专门设计的穿刺针/穿刺套管，这个穿刺针是钝头的，穿刺套管上有“翼”可以缝合到腹壁上。在腹中线上做一小的腹壁切口，插入穿刺套管。Hasson安置套管技术可以避免气腹针和尖锐穿刺针/穿刺套管的“盲插”，Hasson套管安置后，连接气腹机，建立气腹。

开放式套管安置就是通过腹壁切口安置套管，当套管进入腹腔后用荷包缝合关闭切口[10]。

第一套管安置后，准备进入腹腔镜。首先将腹腔镜镜头放在温生理盐水中，以减少腹腔镜进入腹腔后镜头起雾。镜头应用生理盐水或生理盐水浸湿的纱布擦洗干净。将腹腔镜与光缆相连，光缆的另一端由助手连于冷光源。摄像头连接到腹腔镜上，打开冷光源、摄像机和监视器。

腹腔镜进入腹腔前，摄像机首先进行白平衡，以便监视器上的颜色更真实。腹腔镜对着白色物体表面，例如纱布，然后按摄像机上的白平衡按钮，在监视器上可以看到白平衡完成。调整连于腹腔镜目镜上的摄像头焦距，显示清晰的图像。如果图像不清晰，检查腹腔镜和摄像头是否清洗干净。一旦调好焦距，在腹腔镜操作过程中一般不再需要调整焦距，然后将腹腔镜通过套管进入腹腔。

腹腔镜进入腹腔后图像可能变得模糊，这可能由于腹腔镜通过套管时，组织、腹腔液体或血液污染了镜头，或者是由于温度改变，镜头表面起雾所致。如果发生这种情况，可以用腹腔镜镜头小心地顶着腹腔内组织（如小肠或腹壁）擦拭干净。如果图像仍然模糊，将腹腔镜拿出体外，用经生理盐水浸湿的纱布擦干净。虽然有商品抗雾化剂，但是很少应用。

腹腔镜进入腹腔后应仔细检查腹腔，腹腔镜定向要正确，监视器上显示正影和视频监控的位置很重要，以便使腹腔镜和手术器械朝向监视器。

应用一只手操作腹腔镜进出腹腔，另一只手防止套管意外脱出腹腔。如果套管意外脱出腹腔，气腹消失，则很难再找到腹壁的套管口，重新插入套管很困难。

第二套管的安置部位由所要进行的腹腔镜手术决定，第二套管的安置部位要距腹腔镜通路足够远，否则手术器械和腹腔镜会互相干扰。如果手术人员习惯用右手，那么套管通常安置在腹腔镜套管的右侧。当使用的腹腔镜和辅助套管都是5mm直径时，可以将腹腔镜和手术器械在两套管间互换。

其余腹腔镜器械套管的安置应该在腹腔镜的监视下完成，一旦确定安置部位，可以触按腹壁，在腹腔内部通过腹腔镜看到穿刺部位，在穿刺过程中不能损伤腹腔内器官，穿刺方法与第一套管相同，只是在穿刺过程中应用腹腔镜进行监视。进入腹腔后，将穿刺针抽出。为了方便和防止腹腔镜镜头起雾，可以将CO_2气腹导管连接到器械套管上。腹腔探查时可以先用探针触诊和根据需要移动器官。探针和腹腔镜器械通过套管进入腹腔时，要在腹腔镜的监视下进行。腹腔镜器械不要在无腹腔镜监视下进入腹腔和进行手术操作，否则容易造成严重的腹腔内组织损伤，所有器械进入腹腔也都要遵循这个原则。

腹腔镜操作结束后，器械和腹腔镜移出腹腔外，打开一个套管旋塞放气，撤去气腹。移出套管，5mm套管需缝合皮下组织和皮肤，10mm套管需缝合深层筋膜、皮下组织和皮肤。

术后镇痛管理可以在套管部位注入布比卡因进行局部镇痛，完成手术12~24h后全身给予镇痛药。

第四节　活组织检查技术

一、肝脏活组织检查

腹腔镜肝脏活组织检查是获得肝组织进行组织病理学检查的首选方法[11]。其他方法不能提供由肝脏和邻近器官视觉检查获得的大量有关肝脏特征的信息（图10-3和图10-4）。

通常推荐右侧通路进行肝脏、肝外胆管系统和胰腺右支的检查。这个通路可以对85%以上的肝脏

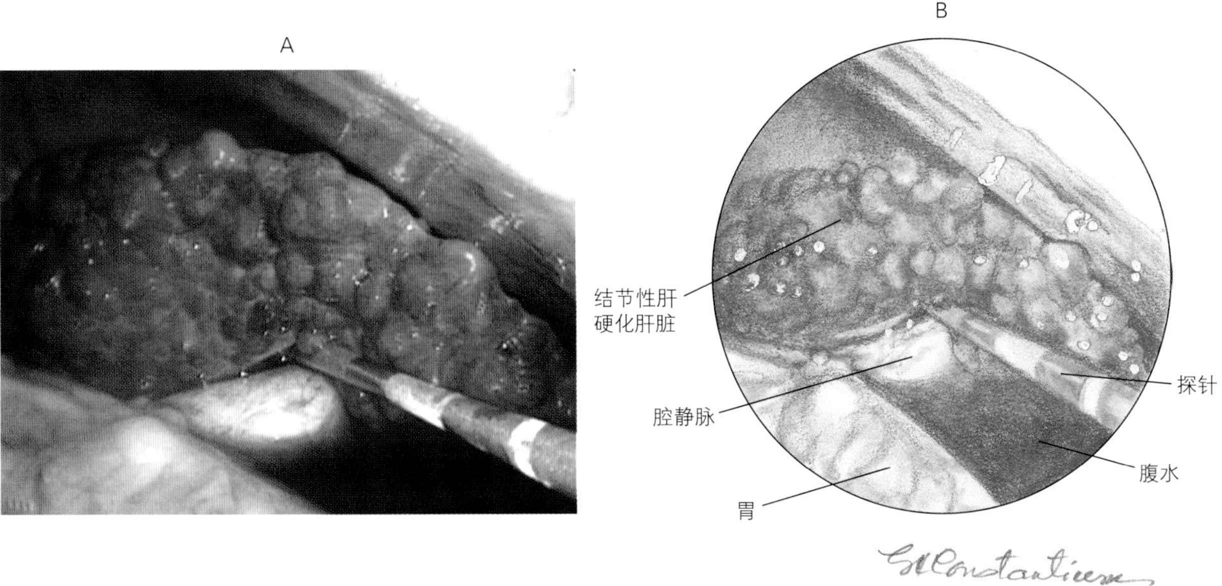

图10–3　典型的腹腔内有腹水的结节性肝硬变

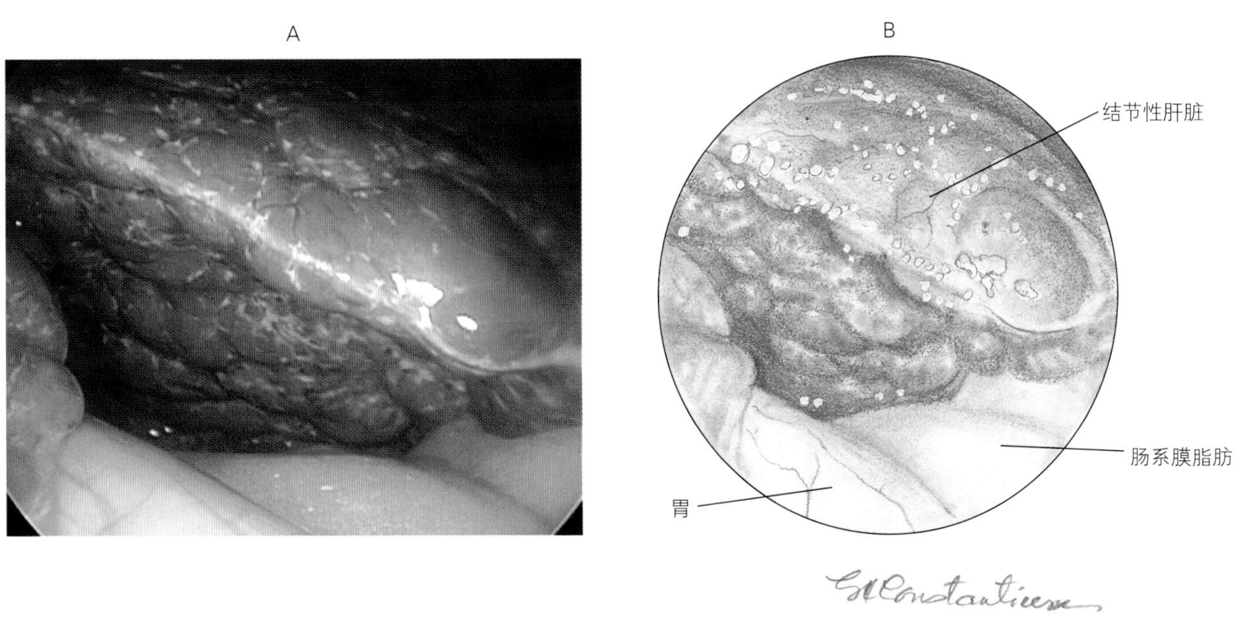

图10–4　肝皮综合征导致的结节性肝脏，过度增生的结节周围可见肝实质组织塌陷

表面进行检查、直接活组织取样和取样后监测活组织部位的出血情况。最近有研究对比了杯状活检钳和18#活检针活组织取样，结果发现，活检针活组织检查病理结果与腹腔镜杯状活检钳活组织病理结果仅仅约有50%相关性[12]。腹腔镜技术不仅能获得较大的活组织检查样品，而且能直接定位活组织检查的特殊部位，这种技术能获得足够的样品进行病理组织学检查、培养、重金属和其他分析。

进行肝脏活组织检查前要评价动物的凝血参数（包括出血时间），凝血障碍是肝活组织检查的相对禁忌证，但是进行肝脏腹腔镜活组织检查时，不必进行动物的血液凝固状态的实验室检查。轻微凝血异常或低血小板数的患犬和猫也经常进行肝组织活检采样，很少出现过度出血的情况。

对肝脏和肝外胆管系统检查、触诊和进行活组织检查后，退出探针，进入一把5mm椭圆杯状活检钳[13]，活检钳直接通过套管到达取样部位。一般在肝脏边缘或肝脏表面进行肝活组织采样。

对于在肝脏表面看不到病变的极少数病例，当怀疑肝脏深部有病变时，可以应用活检钳直接进入病变部位采样。采样要包含正常和病变肝组织，肝脏边缘的活组织样品不能反映深部病变，但是能显示出无活性的纤维化的包膜下组织。由于杯状活检钳能获得较大的活组织样本，所以一般能采到较深组织样品。

一旦确定活组织检查取样部位，张开活检钳钳瓣推进，在活组织检查取样部位闭合，钳瓣紧紧闭合大约30s，然后离开肝脏，取出体外。通常在肝脏典型部位采3~4个活组织样品进行检查。

监测活组织部位有无出血（图10-5和图10-6）。通常肝脏活组织检查取样部位会有少量出血，但由于腹腔镜的放大作用，少量出血看上去会像大量出血。如果出血过多，可以采用多种方法止血。第一，进入探针，直接按压活组织检查采样部位；第二，使用腹腔镜抓钳或活检钳将一小块经盐水浸泡过的凝胶-泡沫放到活组织检查采样部位。对于大多数病例，这样可以止血，如果仍然持续过多出血，可能需要应用电凝、血管夹或结扎套环。

二、胰腺活组织检查

腹腔镜检查是评价胰腺和进行胰腺活组织采样的有效方法。胰腺活组织检查的适应证包括怀疑有慢性或急性胰腺炎或胰腺肿瘤的病例。我们发现腹腔镜检查是猫慢性胰腺炎最好的诊断方法。胰腺活组织检查通常没有并发症。一项评价正常犬腹腔镜胰腺活组织的研究发现，腹腔镜检查后没有术后并发症，也无继发胰腺炎的指征[14]。腹腔镜检查通常被用来确诊急性胰腺炎，同时安置空肠切除后的饲喂管，进行动物的持续管理。

胰腺活组织检查通常应用打孔型活检钳（图10-7），也可应用杯状活检钳。进行胰腺活组织检查时，采用右侧通路。右侧通路能提供优秀的胰腺右支、十二指肠、肝外胆管系统和肝脏视野。应用右侧通路检查胰腺左支较为困难，活组织检查取样部位要在胰腺边缘，远离胰管，胰管横穿胰腺中央，进入十二指肠（图10-8）。除非出现多个病变，否则仅需采集一个或两个具代表性的活组织样品。

三、肾脏活组织检查

腹腔镜检查非常适用于肾脏的评价和活组织检查[15, 16]。肾脏活组织检查需要芯型活检针，杯状或打孔型活检钳不能应用于肾脏活组织检查。直视肾脏可以使术者操纵活检针在想要取样的部位进行活组织采样，也可以监测术后活组织检查采样部位的出血情况。

活组织检查前，必须对肾脏进行全面检查，包括肾脏排泄功能、超声影像或静脉尿路造影。这些信息对选择左侧肾脏还是右侧肾脏进行活组织取样很重要。右肾移动性小，左肾移动性大，并且在安置检查左肾套管通路时，脾脏就在套管安置部位的下方，容易造成脾损伤，所以除非有特殊原因，否则应优先选择右肾进行活组织检查采样。

右外侧腹中线腹腔镜套管通路较容易观察到肾

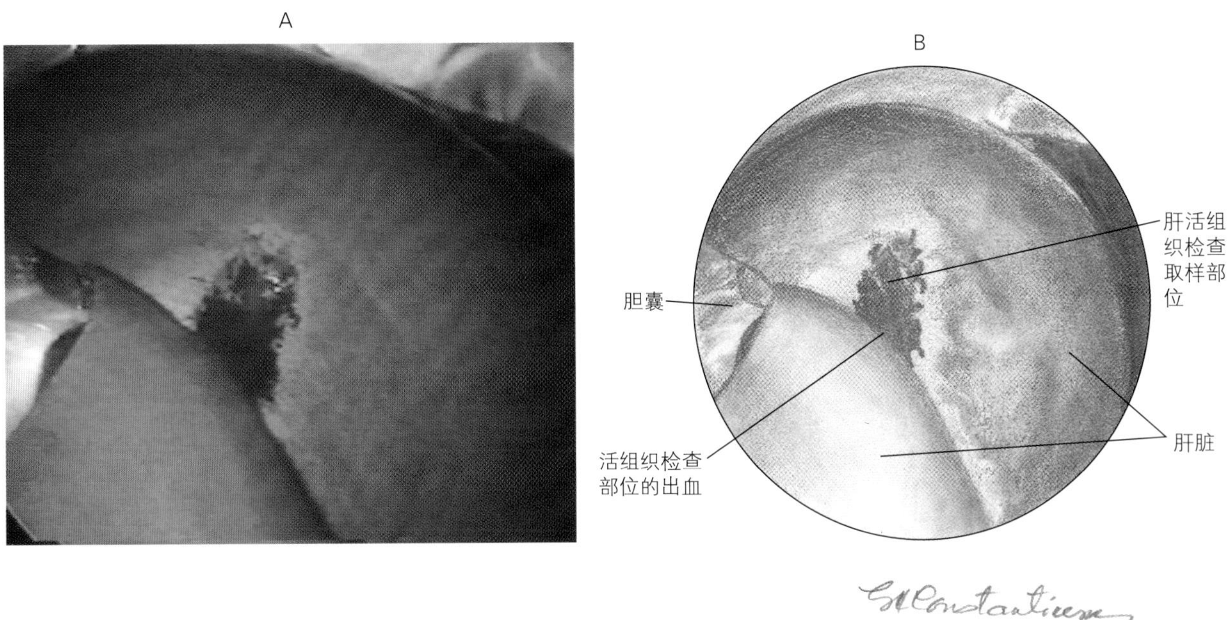

图10-5　杯状活检钳进行肝脏活组织采样后部位，注意轻微的出血

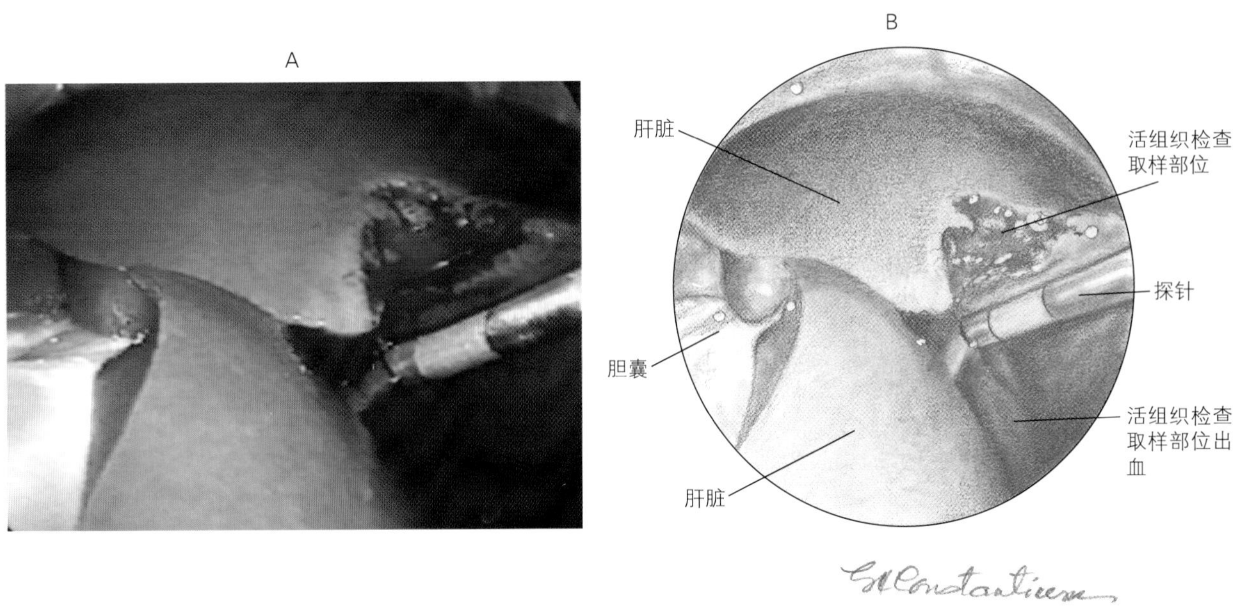

图10-6　监测探针处理肝脏活组织检查采样后部位的出血情况

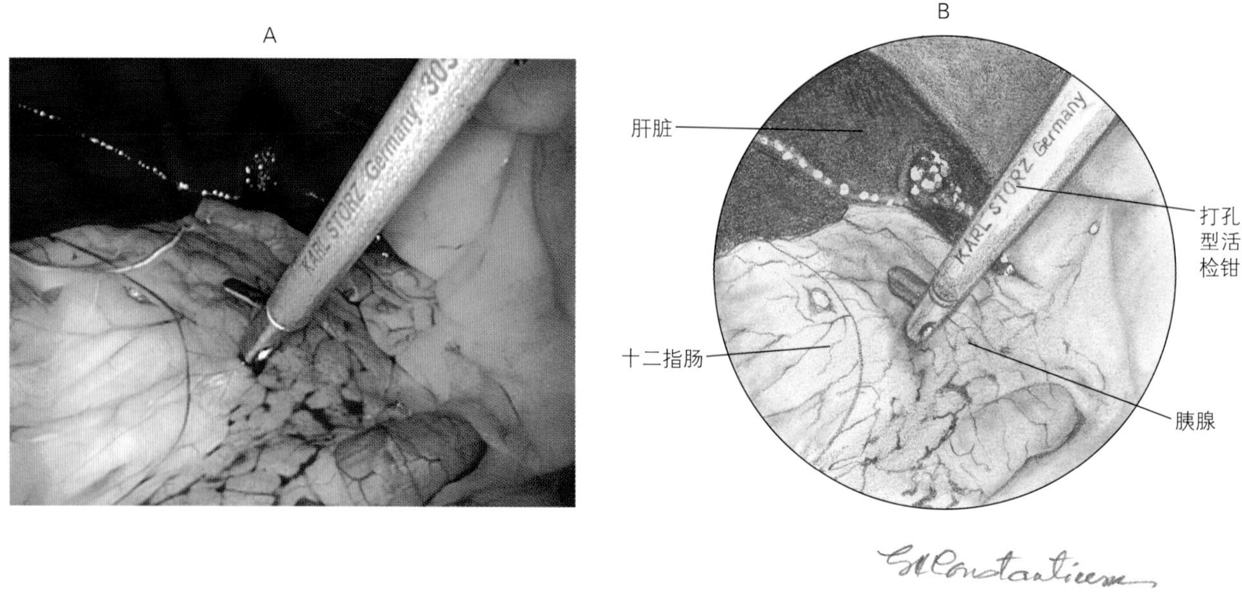

图10–7　应用打孔型活检钳进行正常胰腺的活组织检查采样

脏（图10–9）。肾脏活组织检查需要安置第二个套管，以便进入探针按压活组织检查采样部位。活组织检查以前，探针就要置于腹腔内肾脏旁边。确定肾脏活组织检查采样部位后，就要选择活检针腹壁穿刺部位。在腹壁外按压右侧最后一根肋骨后的中肋腹部位，腹腔内部用腹腔镜观察，腹壁按压部位作为活检针腹壁穿刺部位。应用16#活检针进行肾脏活组织检查。在要穿刺的腹壁部位做2mm的皮肤切口，活检针通过腹壁进入腹腔，直接到达肾脏，从肾脏的前端或后端进行取样，小心收集皮质和髓质，采样后移出腹腔。肾脏活组织取样后，会有明显的出血。应用探针按压取样部位数秒（图10–10）进行止血。如果采集的样品不合适，可以继续取样。

进行肾脏活组织检查时有几个注意事项：第一，不能给动物使用增加肾脏血流的药物（如多巴胺）；第二，活检针的安置部位一定要在膈肌的后方，以防刺破膈肌，导致气体进入胸腔；第三，避免活检针进入皮质髓质结合部，因为这个部位有大的弓形血管。

四、肠管活组织检查

用腹腔镜技术将小肠通过腹壁外置，然后使用标准的外科活组织检查技术可以进行小肠的各层活组织检查采样[17]。这项技术应用10mm器械套管配备5mm缩小管，既可使用5mm手术器械，也可以使用10mm手术器械。使用一个多齿的无损伤抓钳抓住要进行活组织采样的肠管部位（图10–11），也可能需要两把抓钳操作肠管活组织检查采样的部位，这就需要第三个器械套管通路。用抓钳稳稳地抓住要活组织检查采样部位的肠系膜对侧肠管，拉向套管，如果肠管外置困难，可以用手术刀扩大套管口，使肠管能拉出到体外。手术刀平行套管进入腹腔，扩大套管口，这种操作可以在腹腔镜的监视

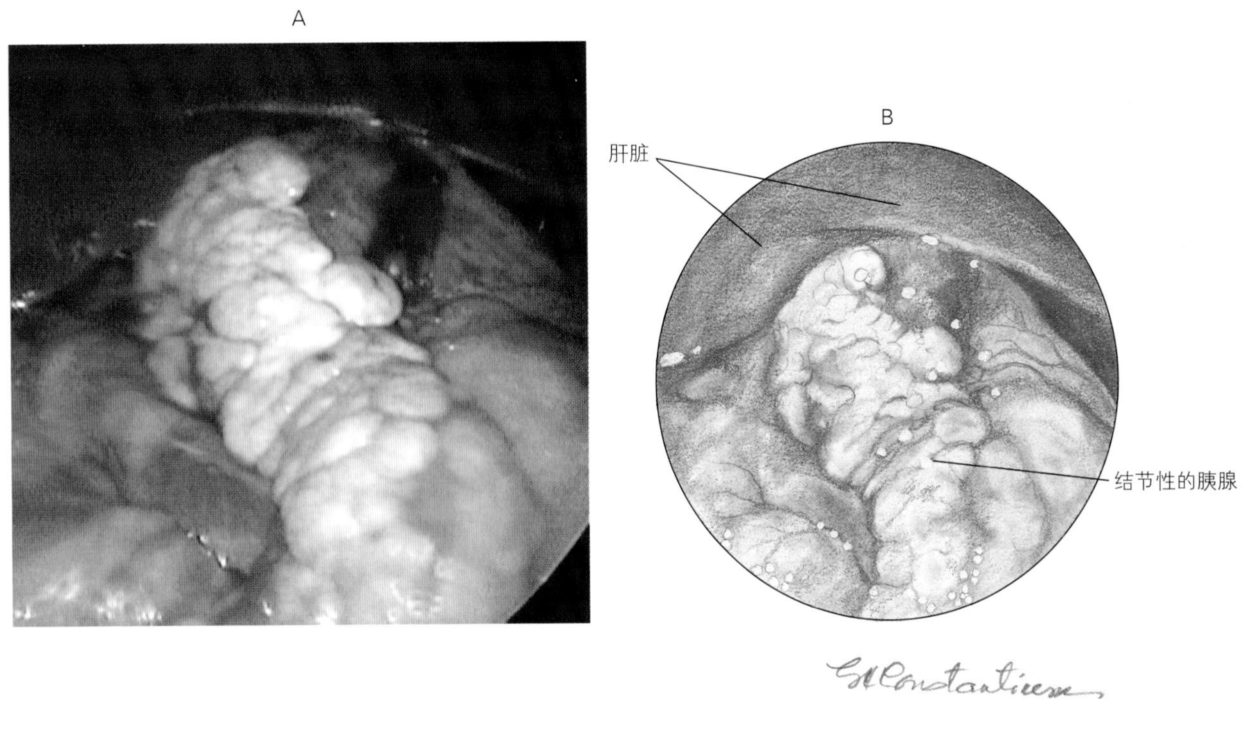

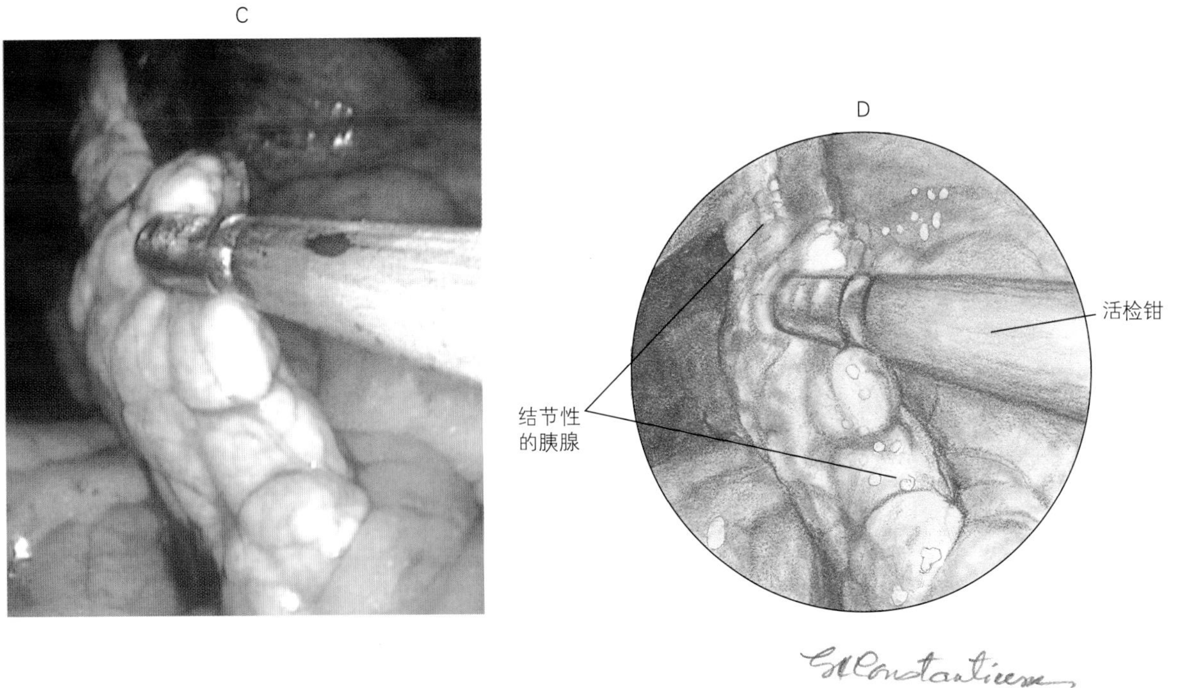

图10-8　A和B：一只慢性间质性胰腺炎和肝管性肝炎患猫的结节性胰腺。C和D：用椭圆杯状活检钳在胰腺右支采集活组织检查样品

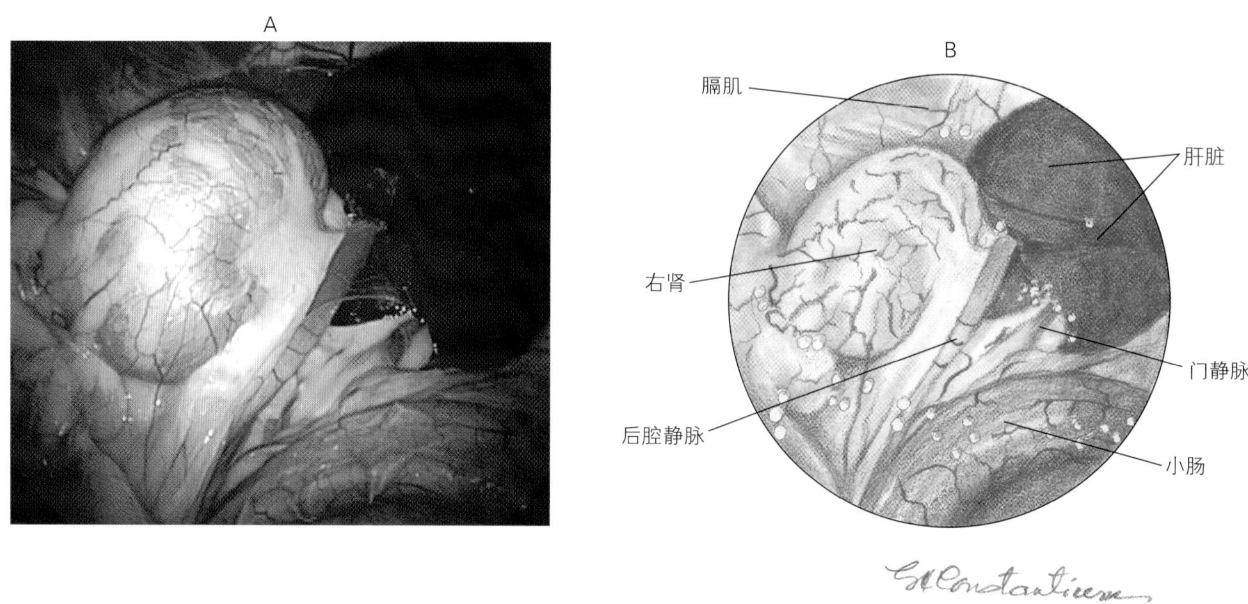

图10-9 右外侧通路右肾视野图。也可看到后腔静脉、门静脉、肝尾状叶。右肾移动性小，容易进行活组织检查

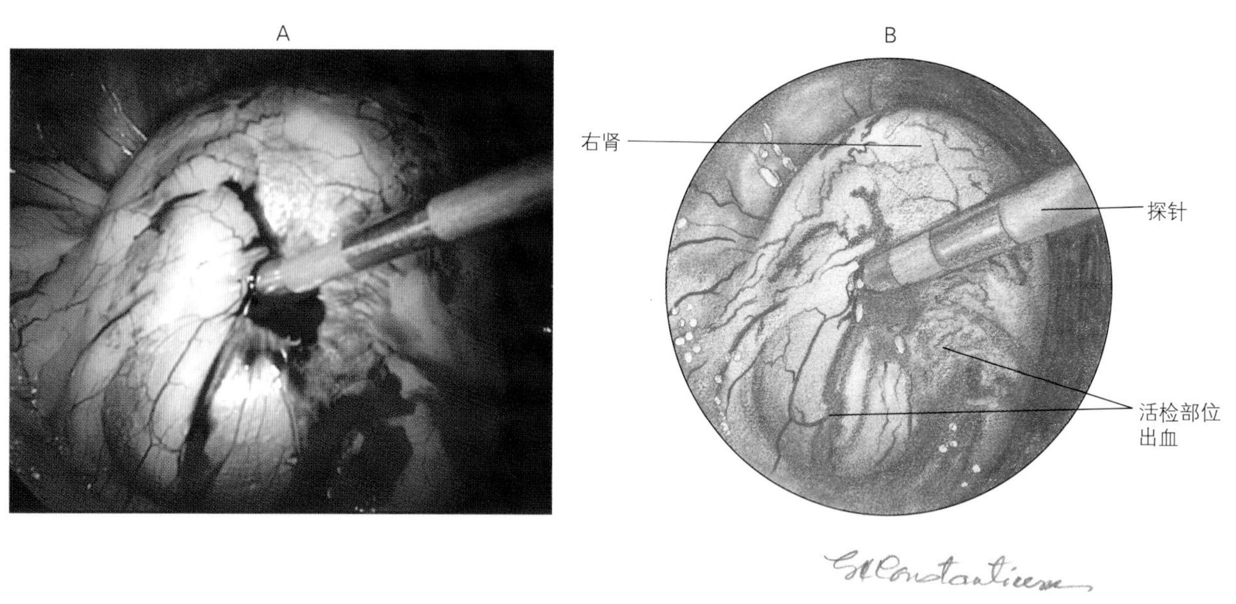

图10-10 探针按压右肾活检针活组织检查采样部位

下完成（图10-12）。抓住肠管的抓钳和套管一起拉出腹壁外，将肠管外置腹腔外3~4cm。

拉出体外的肠管安置牵引线，防止肠管重新回到腹腔。采集一小块活组织样品，用开腹的外科手术技术进行肠管闭合，之后将肠管还纳回腹腔。如果外置的肠管过多，从小的切口还纳回腹腔较为困难。

肠管的活组织检查采样应该在整个腹腔镜操作的最后进行，因为进行肠管活组织检查时会导致气腹消失。如果需要进行其他肠管的活组织检查或执行其他

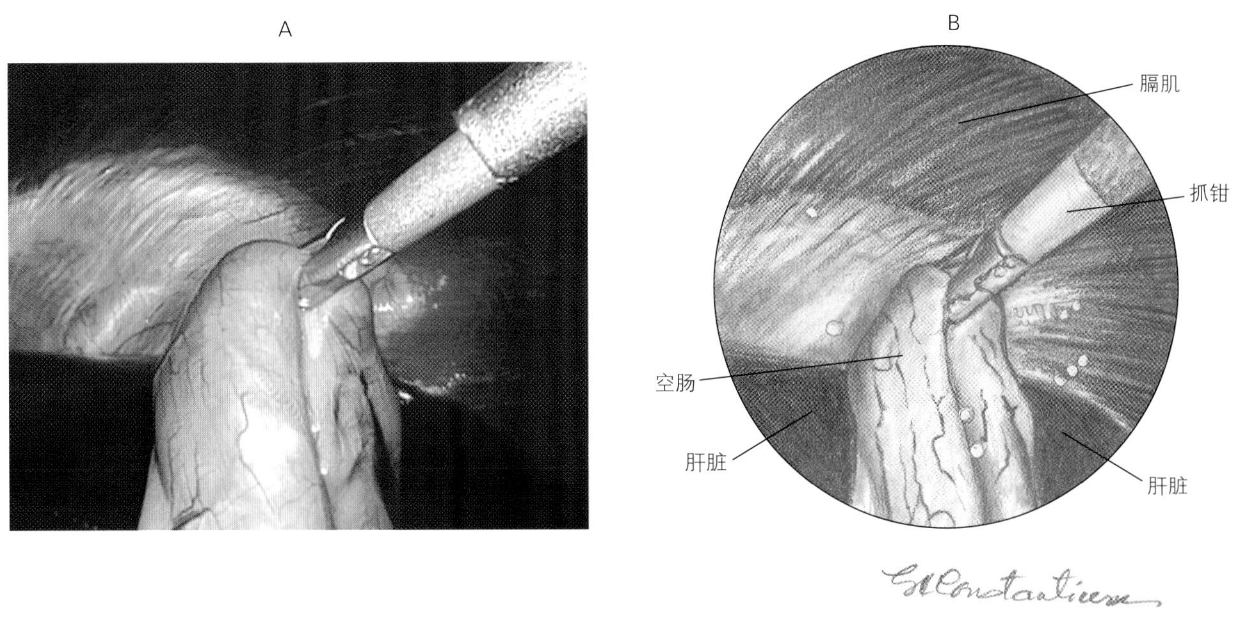

图10-11　5mm多齿无损伤抓钳抓住肠管外置，准备进行活组织检查采样

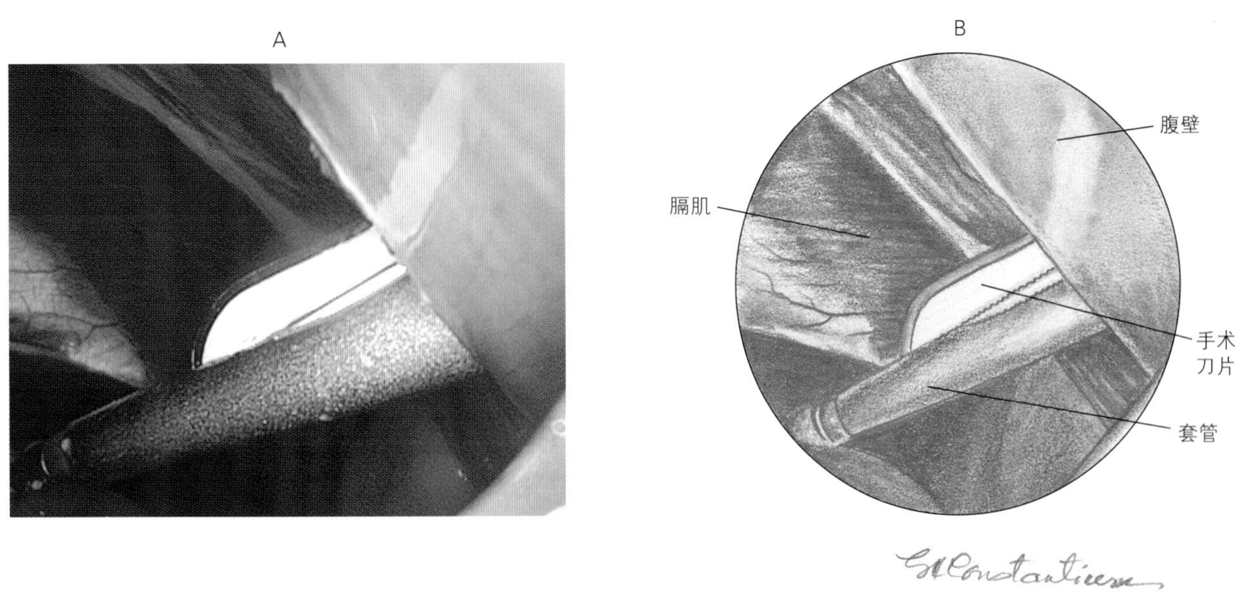

图10-12　腹腔内看到的手术刀片，刀片平行套管，将套管口扩大，准备进行肠管外置

腹腔镜操作，套管必须再次通过腹部切口进入腹腔，重新建立气腹。有报道称外置活组织检查完的肠管可以使用牵引线保留在体外，然后将不同的活组织检查取样部位缝合到一起，形成一个浆膜修补网[17]。

五、其他活组织检查技术

其他的一些活组织检查技术也能通过腹腔镜定位进行，包括肿瘤、淋巴结、脾脏和肾上腺的活组织检查（图10-13）。通常应用杯状活检钳进行脾

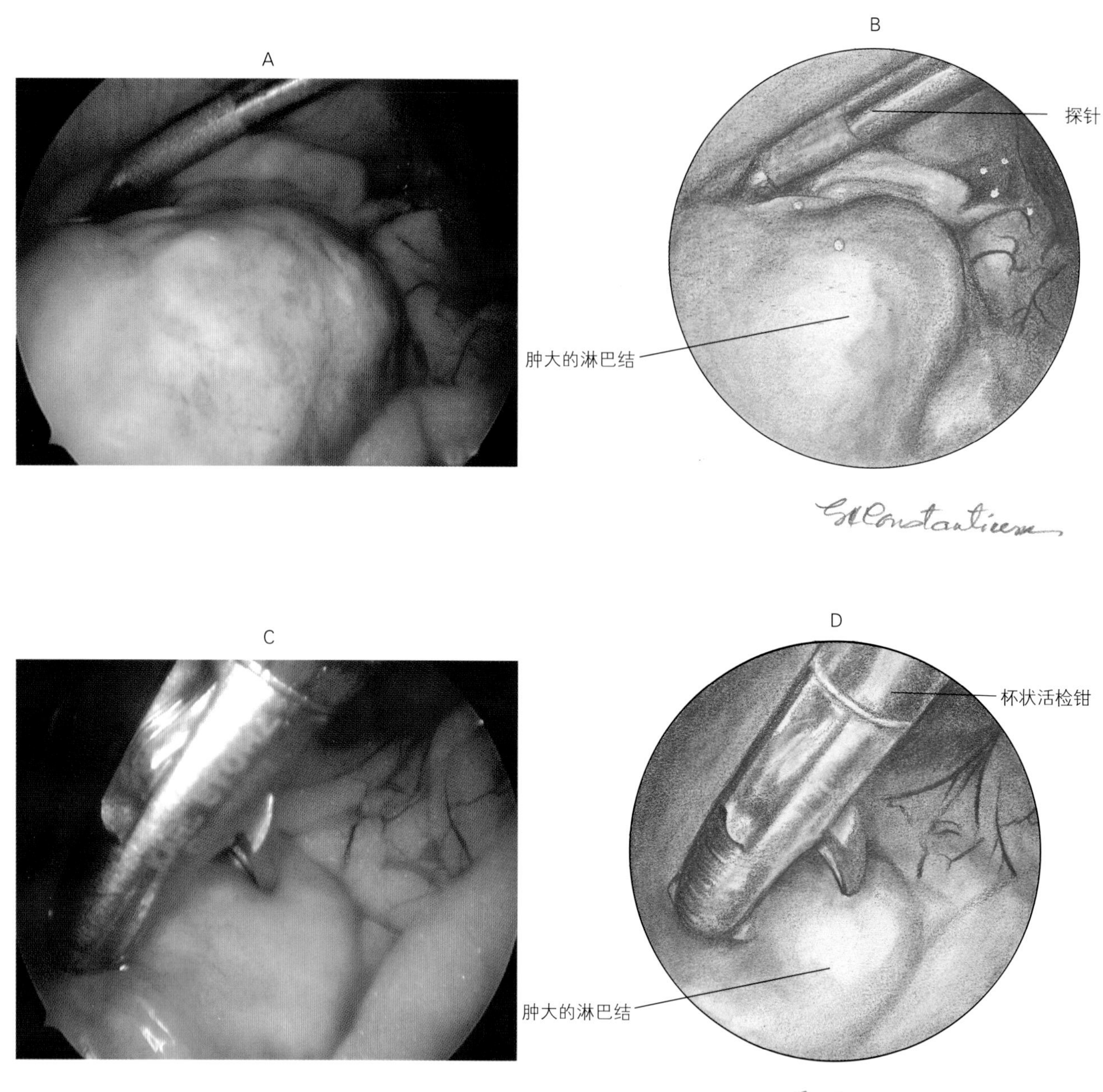

图10-13 A和B：猫的肠系膜淋巴结肿大，这只猫有不明原因的腹水（图10-15）。C和D：杯状活检钳进行活组织检查采样，病理组织学显示为淋巴瘤

脏的活组织检查（图10-14）。脾脏活组织检查时止血的凝固技术与肝脏活组织检查相似。确定肾上腺肿瘤时，有时也进行肾上腺活组织检查，肾上腺活组织检查时通常出血较多，需要注意止血，通常应用杯状活检钳进行肾上腺活组织检查采样。

腹腔镜也可用于检查不明原因的腹水，在腹腔镜的监视下吸出腹水，检查腹腔内容物（图10-15）。

第五节　腹腔镜辅助诊断技术

应用腹腔镜辅助技术也可以进行其他的诊断操作，如胆囊穿刺术、胆囊造影术、门静脉造影术、

A

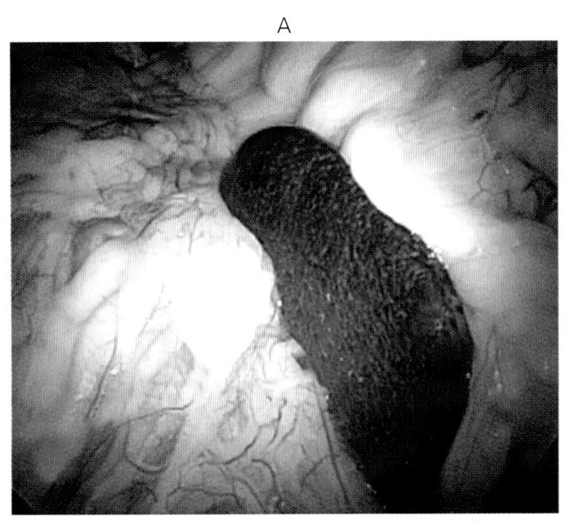

B

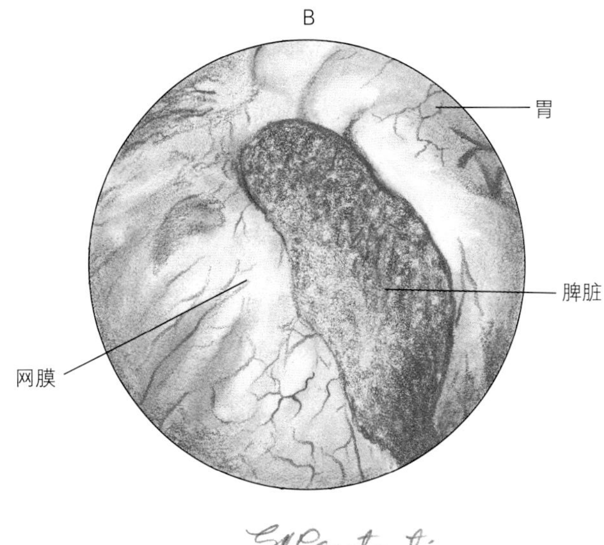

图10–14　右外侧通路正常脾脏视野图

A

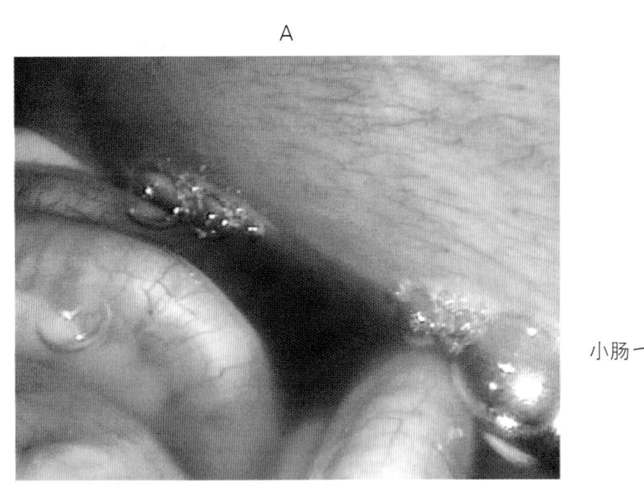

B

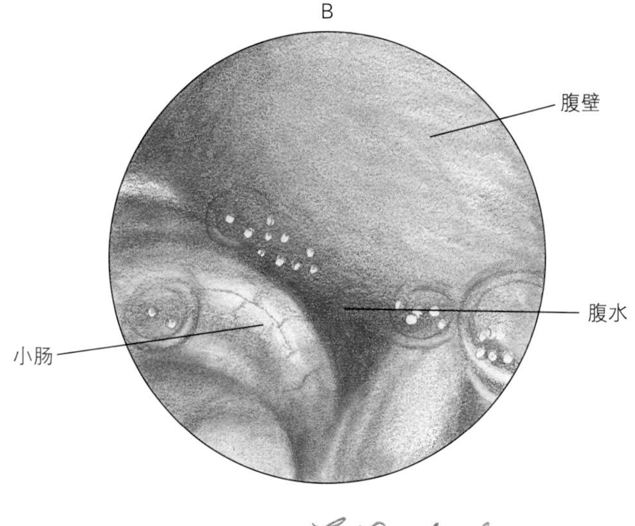

图10–15　图10–13中猫肠系膜淋巴瘤引起的腹水

生殖系统检查。

一、胆囊穿刺术和胆囊造影术

最好从右侧或腹侧通路检查胆囊，正常的胆囊较软，有波动感，胆管系统不扩张（图10–16）。患阻塞性胆管疾病时胆囊通常大、硬，且胆管扩张（图10–17）。肝脏和胆管通常染成胆汁颜色，淋巴管一般也出现扩张。

当怀疑炎症性或感染性胆道疾病时，进行腹腔镜引导的胆囊穿刺术，可选用20~22#、10cm或更长的穿刺针穿刺胆囊进行细菌培养和细胞学检查[13]。在腹腔镜的监视下穿刺针直接穿过腹壁穿

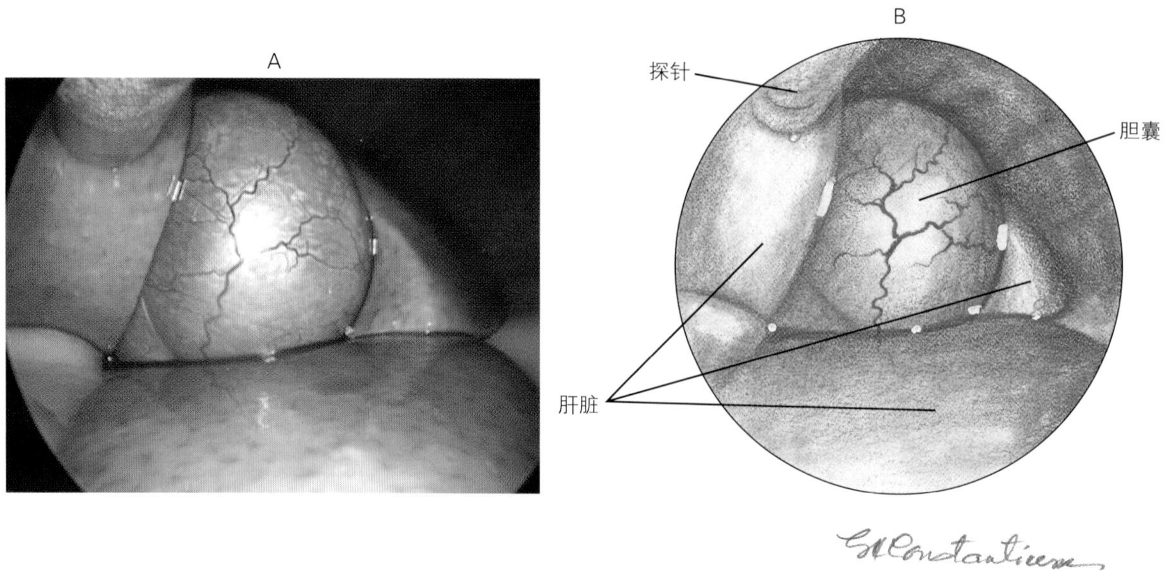

图10-16 猫正常扩张但不肿胀的胆囊，此猫患有原发性脂肪肝，注意脂肪肝特有的黄色

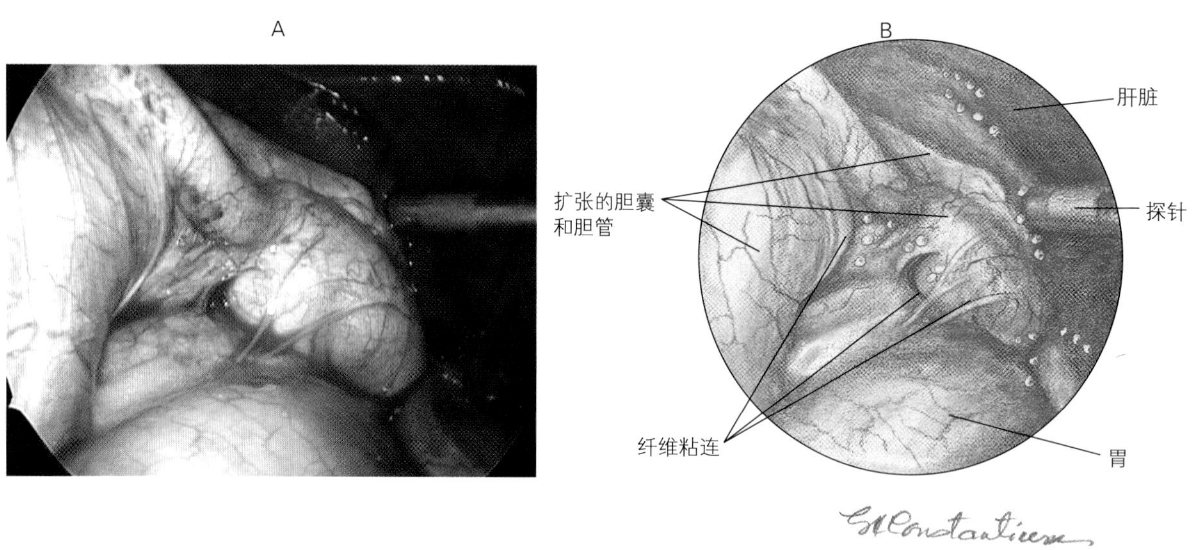

图10-17 右外侧通路腹腔镜视野显示扩张的胆囊和胆总管，可见胆道系统上的纤维粘连，这些纤维粘连是由于远端胆管阻塞引起的

刺胆囊，抽吸胆汁（图10-18）。在移出穿刺针以前，尽可能地排空胆囊，以便减少胆漏的几率。胆汁送去进行细菌培养和细胞学检查。进行此腹腔镜操作要注意两点：第一，针通过腹壁时一定要在膈肌后方，以避免刺穿膈肌，气腹气体进入胸腔易造成气胸。第二，要尽可能地抽出胆囊内的胆汁，减少压力，防止胆漏。

还有一种抽吸胆汁的技术，穿刺针通过肝脏右内叶进入胆囊，这个部位胆囊与肝脏相连，如果应用此技术发生胆漏，胆汁能流回肝脏，不能进入腹

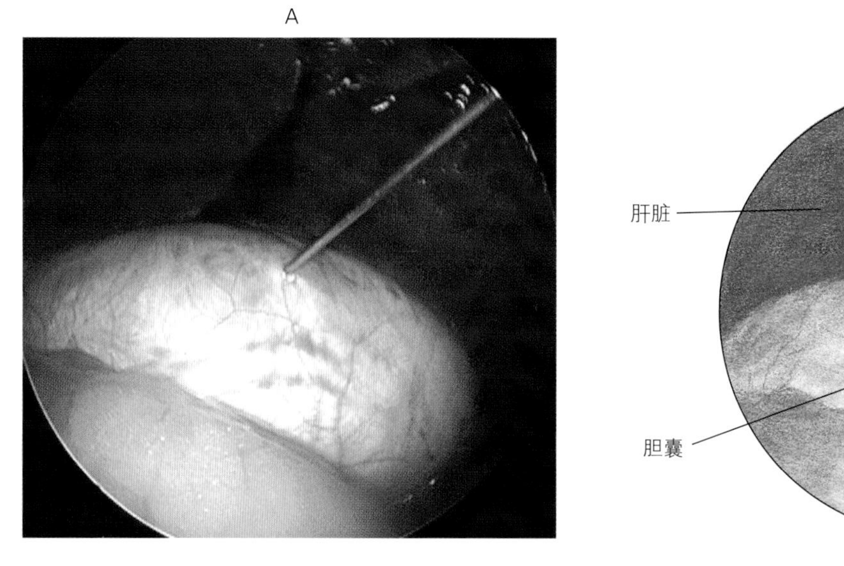

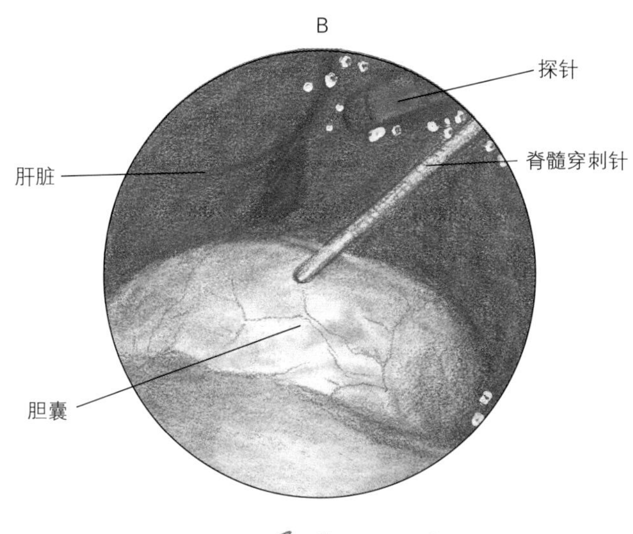

图10-18　20#脊髓穿刺针刺入胆囊腔采集胆汁，进行胆汁细菌培养和细胞学检查

腔。但是应用此技术将针直接进入胆囊而又不穿过膈肌操作较为困难。

如果怀疑肝外胆管系统阻塞，应该在胆囊穿刺后注入碘造影剂（图10-19）。为了实施胆囊造影术，用上面的方法将针直接进入胆囊，尽可能地抽出胆汁，胆囊内注入静脉注射用的无菌碘造影剂[10]。5~15mL造影剂通常足以进行诊断。注意不要过度的扩张胆囊，因为可能造成胆漏。应用X线片或透视检查胆管系统阻塞。正常情况下造影剂应流入十二指肠。

二、门静脉造影术

门脉系统造影术可以应用腹腔镜定位[13]。先天性和后天性血管异常能够应用门静脉造影术进行诊断，通常同时进行肝脏活组织检查。脾门静脉造影术是穿刺脾脏注入造影剂，造影剂通过脾静脉进入门静脉。

腹腔镜脾门静脉造影术在放射线房内进行，以便在造影剂注入后能立即获得X线片。

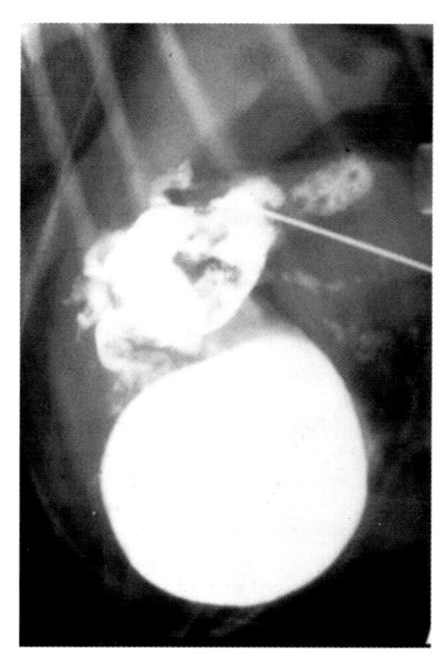

图10-19　一条疑以患有胆管阻塞的犬胆囊内注入碘造影剂的X线片。肝外胆管系统扩张，在胆管远端可以看到结石，穿刺针在胆囊内显现

脾门静脉造影术需要在左侧通路完成。用腹腔镜定位脾脏，用18#带管芯针的脊髓穿刺针在近脾的腹外侧腹壁进入腹腔。穿刺针平行于脾长轴进入

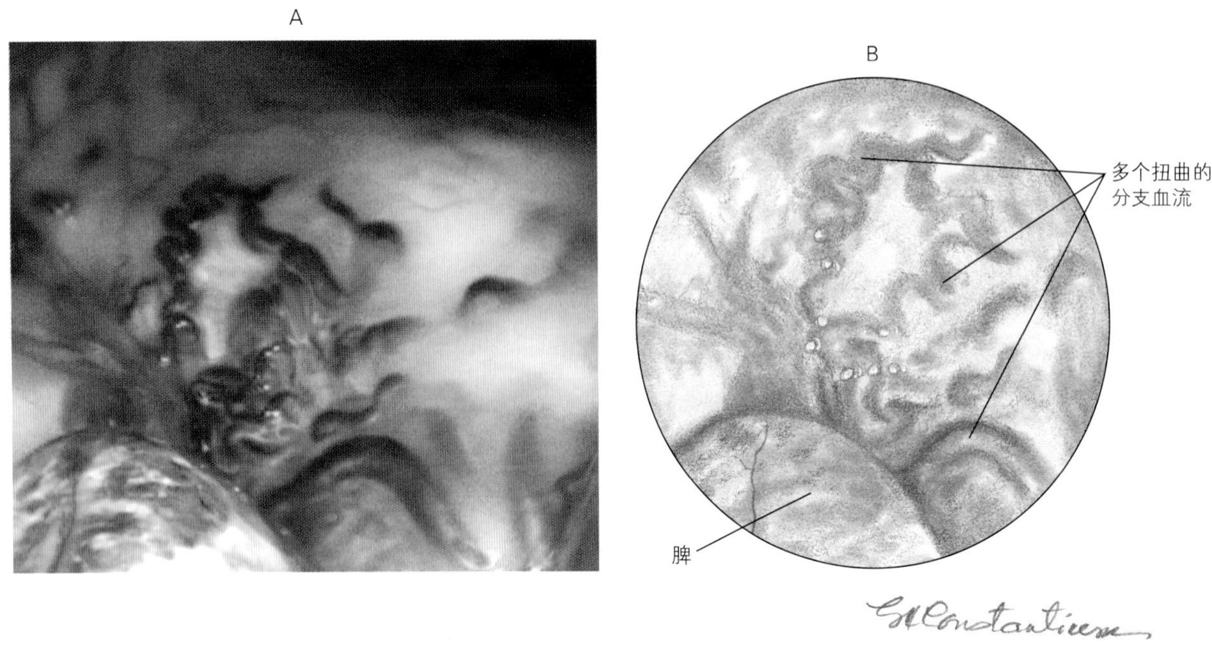

图10-20 右侧通路视野显示门静脉高压造成的多个扭曲侧支门体循环分流。可见到脾头

脾实质中央1~3cm处，一旦针在脾内固定后，取出腹腔镜，撤去气腹。穿刺针连接一个延长管，用含有肝素的生理盐水轻轻冲洗，将延长管与监测中心静脉压的水测压计相连，监测脾髓压。测压计的零点在右心房水平上。正常的脾髓压范围是10~15cmH_2O[13]，门静脉压高的动物脾髓压更高。右侧通路经常看到门静脉压高动物右肾区域侧支分流（图10-20）。

脾髓压监测后，注入静脉用碘造影剂，剂量是0.25~0.5mL/kg，要缓慢注入，大约10~20s注完。在造影剂注入一半和刚完成注射两个时间点拍摄X线片（图10-21）。这时可看到门静脉血流和区分先天性或后天性分流。这项技术较为安全，且并发症发生率很低。

还有一种门静脉造影术的方法，就是外置一个空肠静脉，直接进行插管。空肠静脉外置的方法与肠活组织检查外置的方法相似。

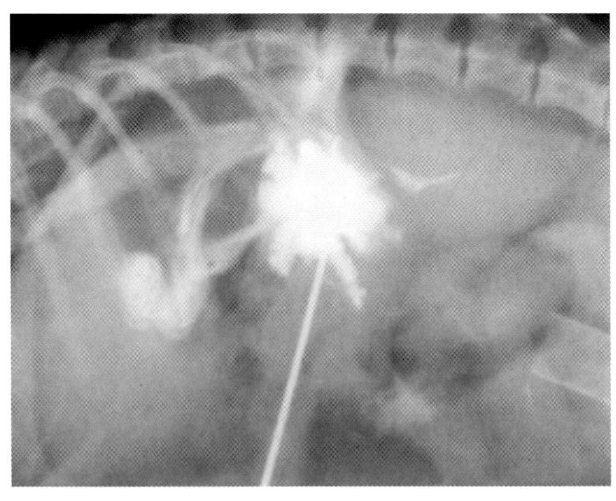

图10-21 腹腔镜辅助的脾门静脉造影术。图片显示一个先天性门静脉到腔静脉分流

三、生殖系统内镜检查技术

腹腔镜生殖系统操作包括观察卵巢活动、卵巢

或卵巢囊肿抽吸术、子宫采样和人工授精。卵巢囊肿抽吸术能在腹腔镜的监视下经腹壁安置抽吸针完成。有两种腹腔镜技术已用于进行子宫内新鲜精液或冷冻精液的人工授精。一种方法是与小肠活组织检查相似的子宫外置技术[2]，另一种方法是整个过程均在腹腔内完成。操作者用腹腔镜抓钳抓住子宫固定，通过腹壁进入带导管的针，针和导管进入子宫腔内，将针取出，精液通过导管注入子宫内。子宫活组织检查、收集培养或子宫灌注也能通过腹腔镜技术完成。

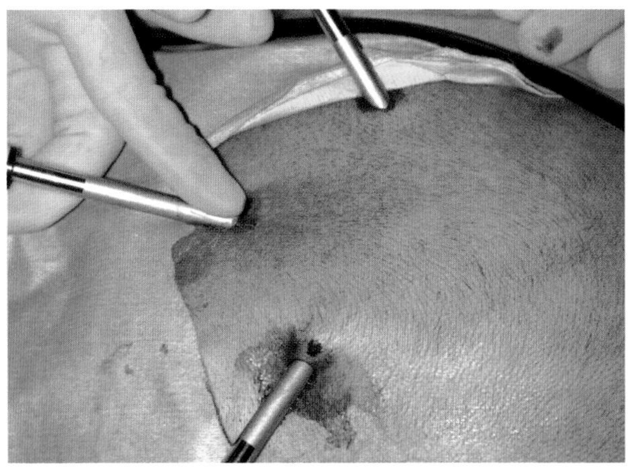

图10-22　安置3个套管进行空肠活组织检查。套管安置在腹后部。需要两个器械套管进入器械在腹腔内操纵肠管，中间套管进入腹腔镜

第六节　腹腔镜手术

一些微创手术通常用腹腔镜技术完成。这些手术需要多个套管通路、特殊的腹腔镜手术器械、结扎套环、施夹器和单极电凝。以下部分的描述只是冰山一角，仅仅是腹腔镜手术在兽医中应用的开始。

一、肠饲喂管安置

腹腔镜十二指肠造瘘或空肠造瘘安置饲喂管技术可在腹腔镜监视下完成，外置腹壁外一段肠管，在腹壁外安置饲喂管[17]。肠管外置技术与先前肠管活组织检查肠管外置技术相同。肠饲喂管安置必须在空肠近端或十二指肠远端进行。需要两个器械套管，进入两把抓钳操纵肠管，确定目标段肠管（图10-22）。两个5mm多齿无损伤抓钳操纵肠管，当确定安置饲喂管的肠段后，用抓钳抓住肠系膜对侧肠管（图10-11），拉近套管。用手术刀将套管口扩大至能将肠管外置体外的长度（图10-12），肠管、抓钳和套管一起拉出体外（图10-23），当外置肠管时，一定记住肠管的近口方向和远口方向，以便使饲喂管朝向肛门方向。

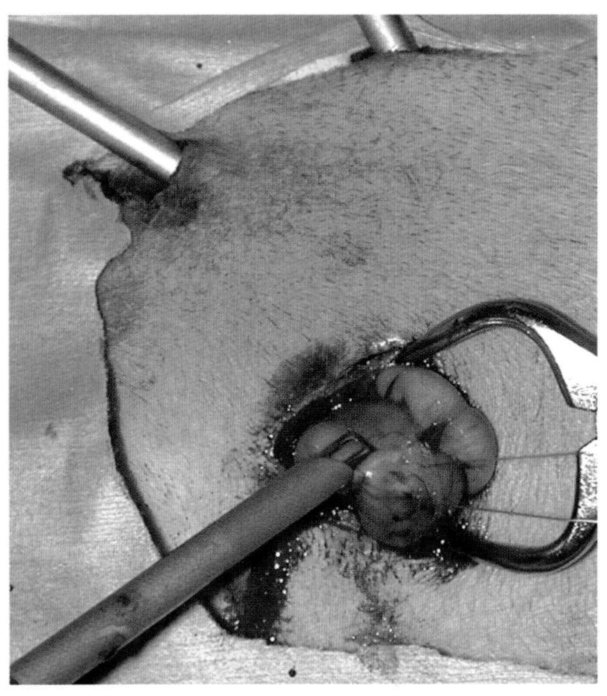

图10-23　确定活组织检查肠段后，从一个套管部位将肠管通过腹壁外置，肠管外置后安置牵引线

外置3~4cm肠管，肠管上安置4个牵引线（4-0可吸收线），防止肠管回落到腹腔内（图10-24），在肠系膜对侧肠管上做一荷包缝合，荷包缝合中间用11#手术刀片刺穿肠腔，空肠饲喂管（5F用于猫，8F用于犬）插入肠腔，朝向肛门端，收紧荷包缝合（图10-25）。肠管放回腹腔，用4个牵引线将肠管固定到腹壁上。腹壁用连续缝合关闭，皮肤和皮下组织常规关闭。饲喂管从切口处引出体外（图10-26）。

空肠造瘘饲喂管安置应该在所有腹腔镜操作完

成之后进行，因为安置空肠饲喂管时需要撤去气腹，如果还要进行其他的腹腔镜操作，需要重新插入套管，建立气腹。

二、胃造瘘饲喂管安置

腹腔镜胃造瘘饲喂管安置时，将小部分胃通过左侧腹壁外置，在体外安置饲喂管。

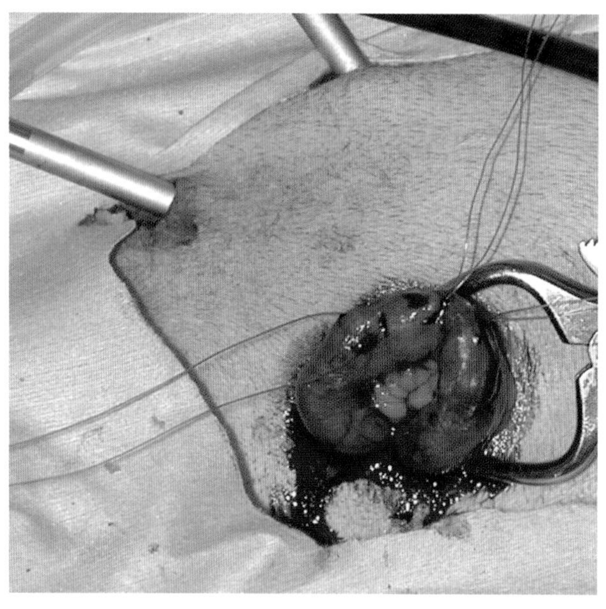

图10-24　安置空肠饲胃管的肠段外置，在肠管上安置4个牵引线

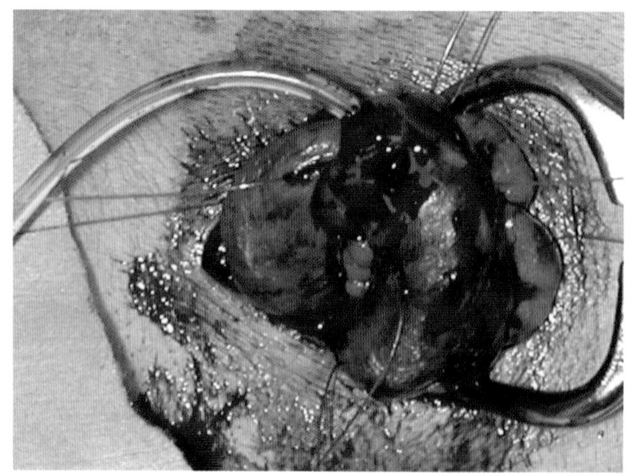

图10-25　空肠的肠系膜对侧安置好一个荷包缝合（3-0可吸收线），空肠饲胃管已经插入荷包缝合中间，荷包缝合收紧后打结

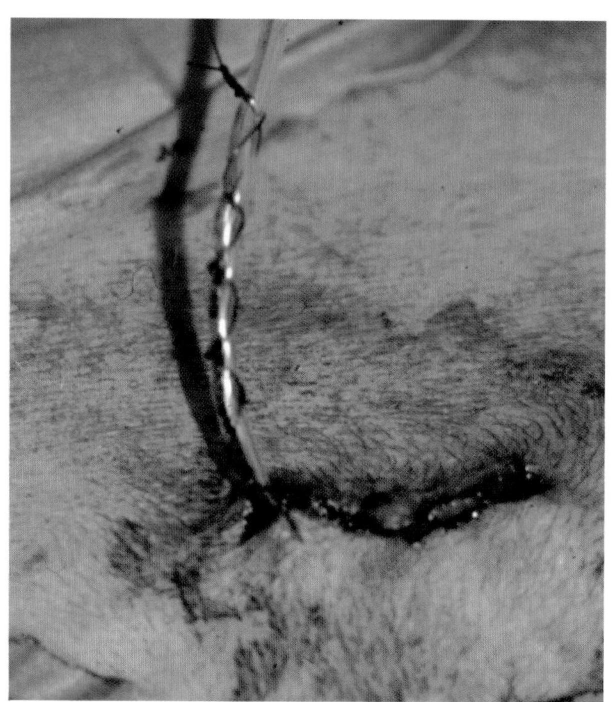

图10-26　腹壁筋膜、皮下组织和皮肤常规关闭。“finger trap”缝合固定空肠饲胃管

腹腔镜胃造瘘饲喂管需要一个腹腔镜套管通路和一个器械套管通路，腹腔镜抓钳套管通路安置在左侧最后肋骨后2cm，最后肋骨远端和近端1/3交界处。用5mm多齿无损伤抓钳抓住要安置饲喂管的胃体部位拉近套管。

当胃体部拉向腹壁时，应该存在较小的张力。腹壁套管口用手术刀扩大，方法同肠管活组织检查和肠饲喂管安置。胃、抓钳和套管一起通过腹壁拉出体外，外置一小部分胃壁。

胃壁上安置4个牵引线，防止胃回落到腹腔内，胃壁上做一荷包缝合，用11#刀片在荷包缝合中间刺穿胃壁，饲喂管插入胃内（16F用于猫，20F用于犬），然后收紧荷包缝合。Foley管、蘑菇形饲喂管或其他胃造瘘管都可应用。4个牵引线将胃固定到腹壁上，腹壁用简单连续缝合关闭，常规方法缝合皮下组织和皮肤。

胃造瘘饲喂管安置应该在所有腹腔镜操作完成

之后进行，因为安置胃饲喂管时需要撤去气腹。如果还要进行其他的腹腔镜操作，需要重新插入套管建立气腹。

三、胃固定

预防性的胃固定可以应用腹腔镜技术通过右腹壁外置胃幽门窦固定完成[18,19]。动物仰卧位保定，腹腔镜套管安置在脐部。一个器械套管安置在右侧最后肋骨后2cm，最后肋骨远端1/3交界处（图10-27），用来进入抓钳抓住幽门窦。一个5mm或10mm多齿无损伤抓钳抓住幽门窦的大弯与小弯中间，将胃拉近套管。如果幽门窦拉向腹壁时张力太大，可以抓住靠近胃体部的幽门窦部位，撤去气腹也可以减小张力。将套管口处腹壁切口延长（图10-28），方法是在腹腔内用腹腔镜监视，手术刀片平行最后肋骨扩大切口约5cm。分离腹壁时可以应用电凝，但重要的是在分离过程中不要接触套管，因为这样能灼烧到胃壁。紧紧抓住胃壁，使胃壁、抓钳和套管同时通过腹壁一起被拉到腹壁外，外置一小部分胃壁。

胃壁上安置两个牵引线，防止胃回落到腹腔内（图10-29）。用15#手术刀片做5cm浆肌层切口，保持黏膜下层和黏膜层完整，使用Metzenbaum 剪刀分离浆肌层和黏膜下层，造成浆肌层切口边缘游离（图10-30），3-0可吸收线十字缝合浆肌层到腹横肌上，完成切口性胃固定缝合。腹外斜肌和腹内斜肌用连续缝合关闭，皮下组织和皮肤常规缝合。撤出腹腔镜，关闭套管切口。

四、卵巢子宫切除术

中型或大型犬可以应用腹腔镜技术完成卵巢子宫切除[20]。小型犬和猫的腹腔空间较小，使腹腔镜的操作更加困难。腹腔镜手术的优势是动物术后恢复快、组织创伤小和术后疼痛轻。

仰卧是卵巢子宫切除术最常用的保定方式。侧卧保定时，进行第二个卵巢蒂手术操作需要调整动物体位和移动设备，以维持术者的视野。当犬仰卧

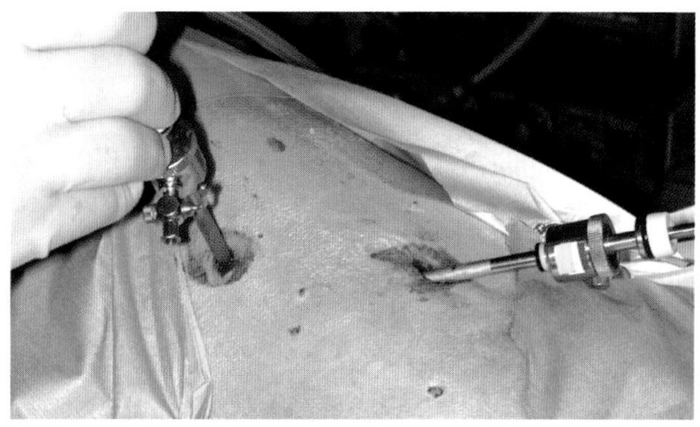

图10-27　胃固定套管安置部位。犬仰卧位保定，右边套管是腹腔镜进出腹腔的套管，器械套管安置在最后肋骨距离腹中线4cm处

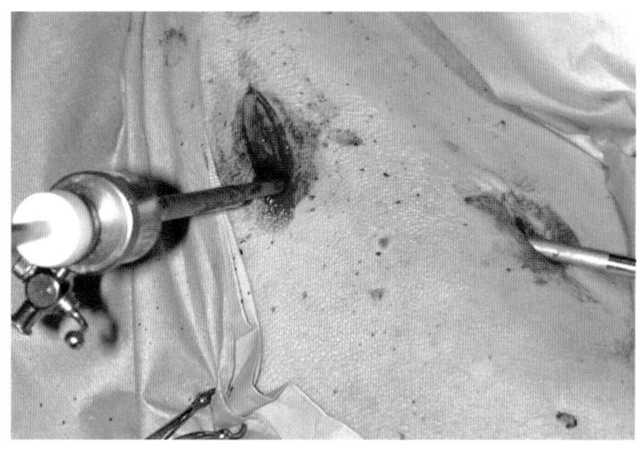

图10-28　抓住幽门窦后，平行于最后肋骨向腹中线方向扩大器械套管口，5cm切口足以

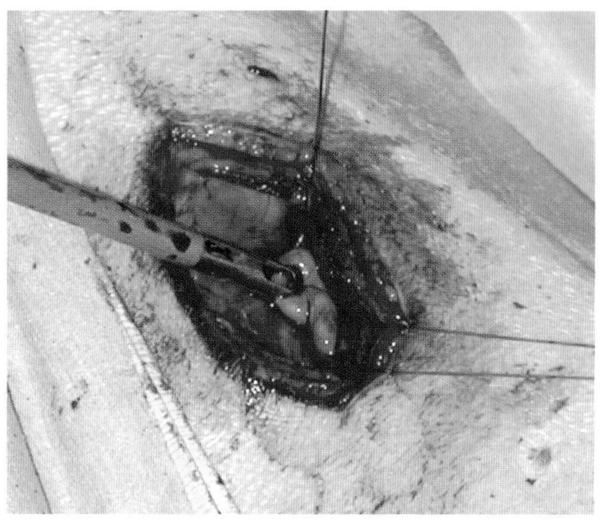

图10-29　外置一部分胃壁，并且在胃壁上安置两个牵引线

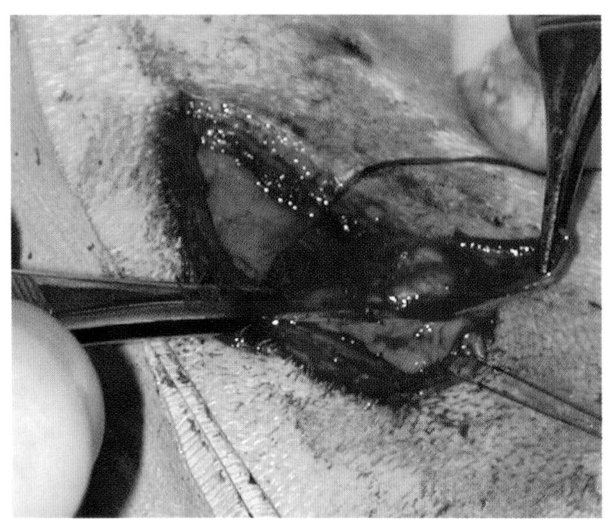

图10-30　进行切口性胃固定。分离胃壁浆肌层后，将浆肌层缝合到腹横肌上，采用2-0可吸收线十字缝合或简单的间断缝合方式

保定时，可看到两个卵巢蒂和子宫体，不需要移动动物或设备。术者只是从动物的一侧移动到另一侧分离和结扎每侧卵巢蒂。动物仰卧保定，倾斜手术台，使动物尾高头低与水平大约呈15°角，这样腹腔内器官可以移向前腹腔，以方便卵巢蒂和子宫体的视野暴露。因为腹内压增高和器官前移压迫膈肌，影响呼吸，所以建议进行机械通气。

气腹后，脐上进入腹腔镜通路套管，器械套管安置在脐水平线腹直肌边缘。腹腔后部结肠上方可观察到子宫（图10-31）。移走覆盖卵巢蒂的肠管和网膜，用细齿抓钳抓住子宫角，向后拉，可以暴露卵巢蒂（图10-32），抓钳通过要结扎卵巢侧套管进入腹腔。悬韧带用单极电凝切断，在卵巢系膜做一个小口，以便分离卵巢蒂，卵巢蒂可以用缝线或血管夹结扎（图10-33），5或10mm血管夹可使操作更加容易。如果是缝线结扎，用可吸收线通过套管进入腹腔，绕过卵巢蒂，从相同的套管出腹腔，两个线尾在腹腔外做一滑结（Roeder结）[21]，然后用推结器将结推入腹腔，围绕卵巢蒂推紧，用腹腔镜剪刀将缝线剪断。卵巢蒂双重结扎，在两个结扎线之间用Metzenbaum剪刀剪断卵巢蒂，用相同的方法分离和结扎第二个卵巢。卵巢系膜用剪刀、电凝或抓钳撕断。

将结扎套环从套管内放入腹腔，使双侧卵巢和子宫角通过结扎套环，在子宫颈处拉紧结扎套环，完成子宫体侧的结扎。Metzenbaum剪刀在结扎套环前横断子宫体。检查两侧卵巢和子宫体有无出血，如果有出血，出血处用抓钳分离，再次结扎。子宫和卵巢通过扩大的套管口拿出体外。扩大的套管口用2-0可吸收缝线两层缝合腹壁筋膜、皮下组织和皮肤。其余5mm套管口仅仅需要缝合皮下组织和皮肤。

五、隐睾手术

应用腹腔镜技术能很容易地摘除腹腔内隐睾[22]。输精管切除术也能通过腹腔镜技术完成[23]。犬或猫仰卧保定，尾高头低大约15°角。由于重力原因，腹腔内器官移向腹前部，这样方便了腹股沟腹环的视野暴露。监视器放置到动物的尾端。

腹腔气腹，腹腔镜套管安置在脐前，器械套管安置在脐水平线上的腹直肌边缘。检查腹股沟腹环，确定输精管和睾丸动脉，如果这些结构存在，说明这边的隐睾已经不在腹腔内，隐睾在腹股沟内或已经去势。

腹股沟管内没有输精管和睾丸动脉意味着睾丸还在腹腔内。可能很容易地在腹腔内看到睾丸（图10-35），睾丸也可能让小肠袢遮盖住。隐睾可能存在于腹股沟腹环到肾脏后缘的任意部位。一侧隐睾很少越过腹中线到达对侧。如果很容易地观察到隐睾，用细齿抓钳抓住隐睾。如果不容易观察到睾丸，向前牵引睾丸引带，直到发现隐睾。睾丸系带用Metzenbaum剪刀分离，也可以用电凝烧灼。血管蒂和输精管可以用结扎套环或血管夹结扎（图10-36和图10-37）。隐睾可以通过套管口移出腹腔，如果需要也可以扩大套管口。扩大的套管口用2-0可吸收线缝合腹壁筋膜、皮下组织和皮肤。5mm套管口仅仅需要缝合皮下组织和皮肤。

六、腹腔镜膀胱检查

可以应用腹腔镜技术检查膀胱腔和执行手术操

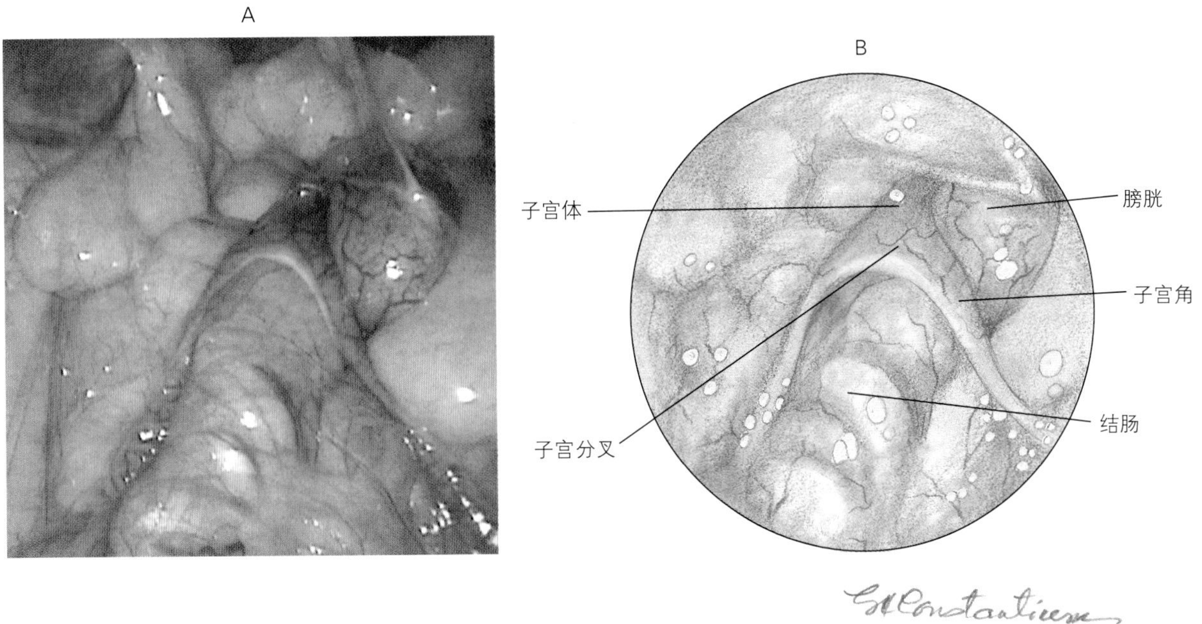

图10-31　腹腔后部，结肠上方子宫分叉处

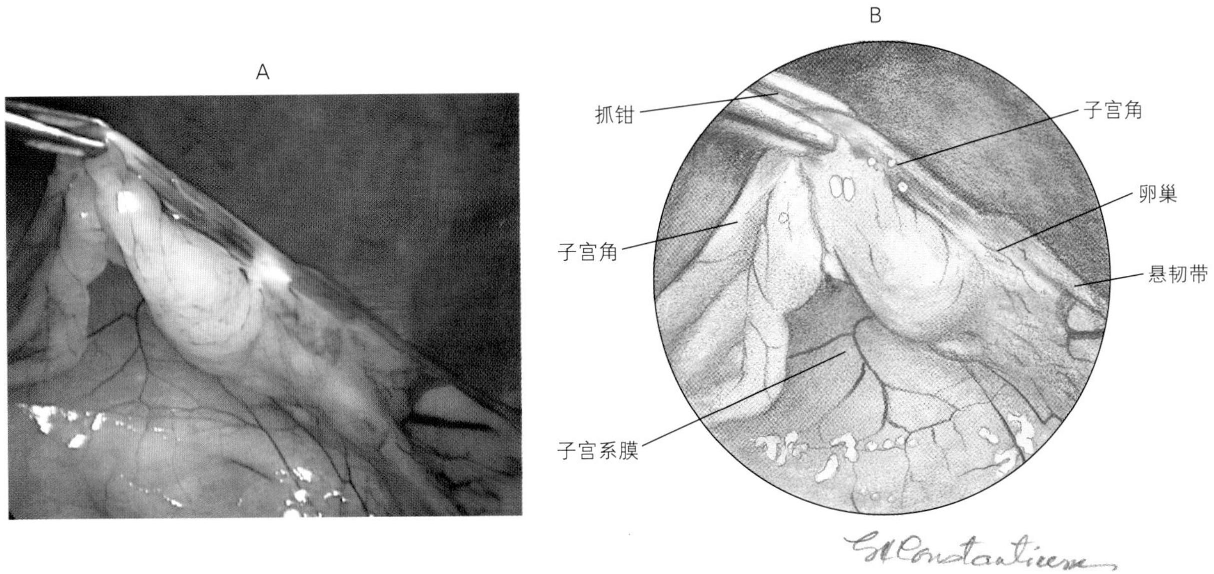

图10-32　向后牵引子宫角，暴露右侧卵巢带

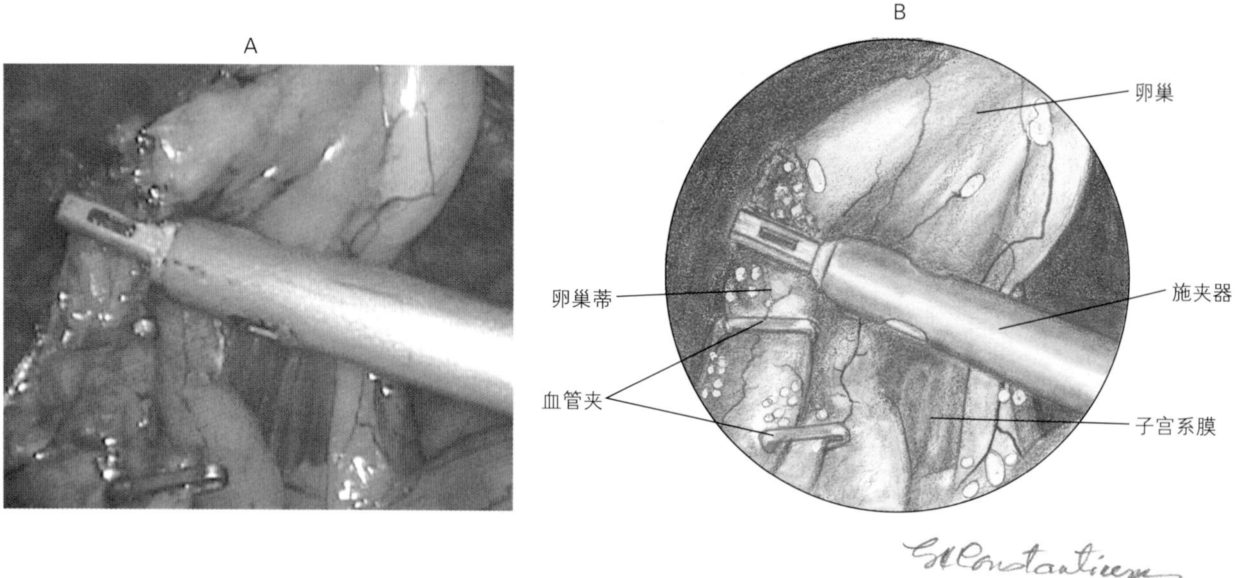

图10-33　卵巢蒂上安置血管夹

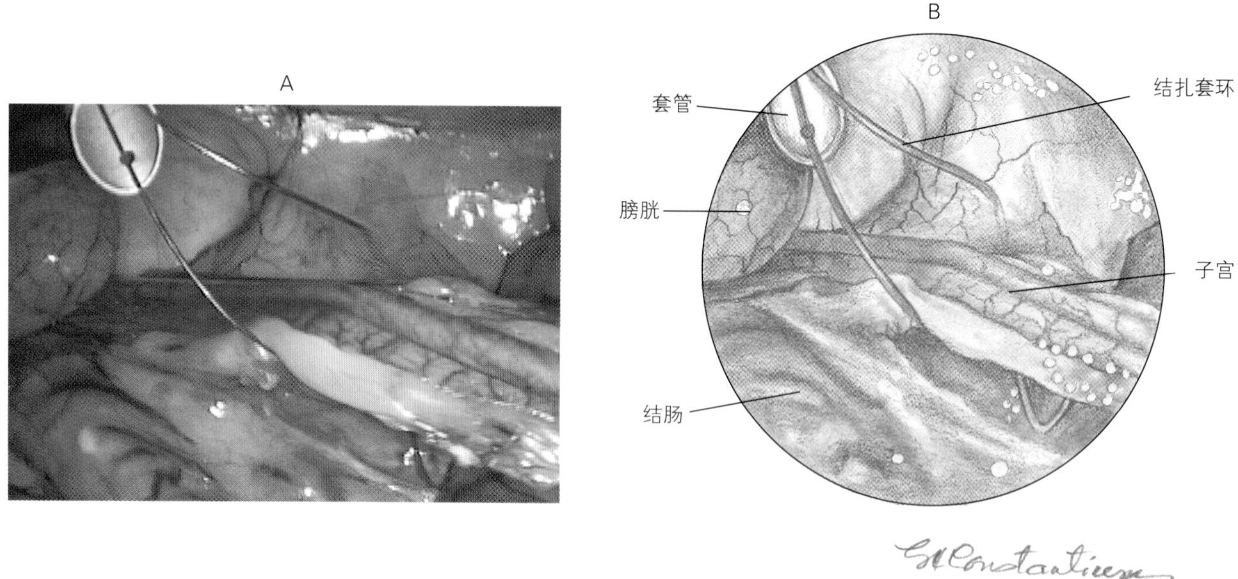

图10-34　两侧子宫角通过结扎套环

A

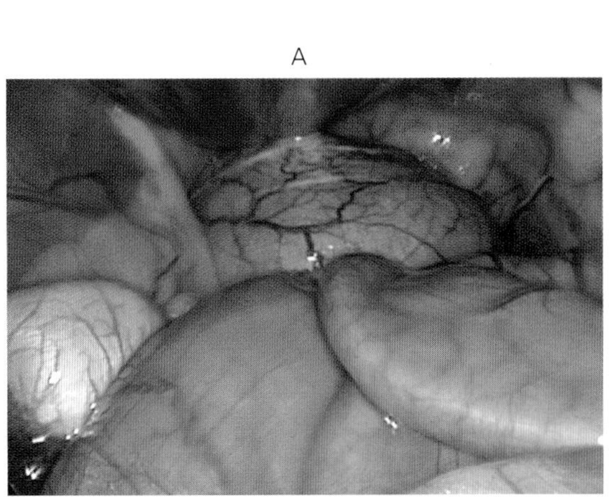

B

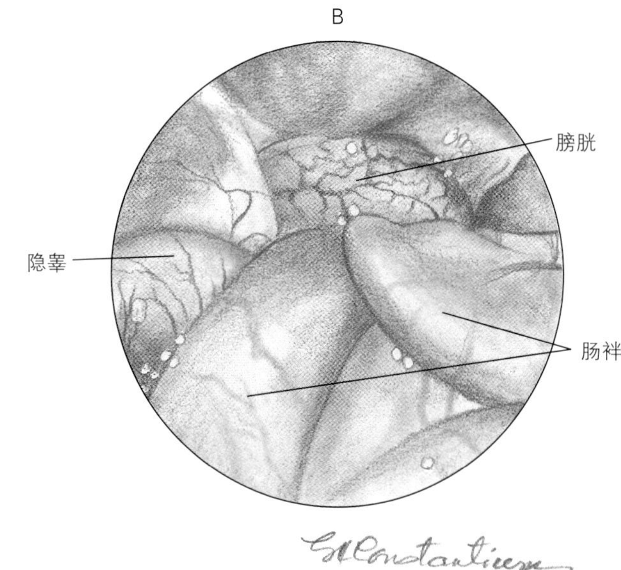

图10-35　膀胱前可见右侧隐睾

A

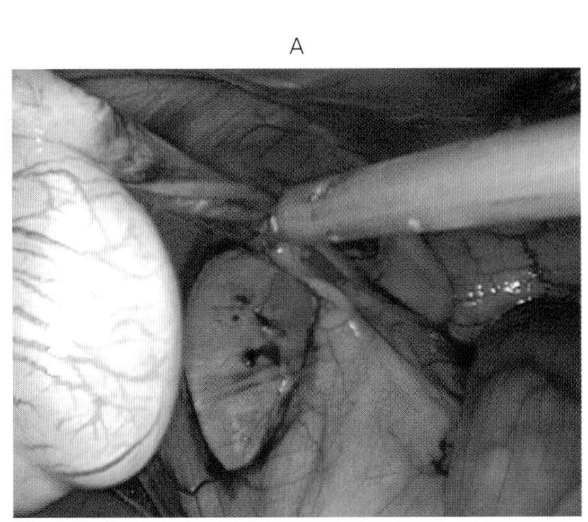

B

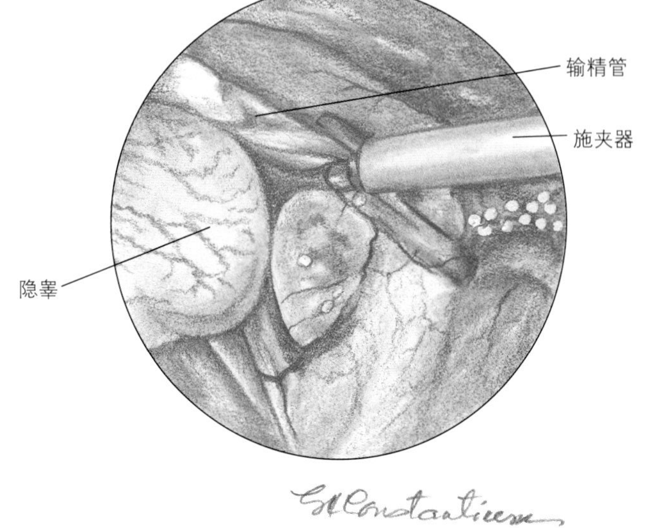

图10-36　用血管夹结扎输精管

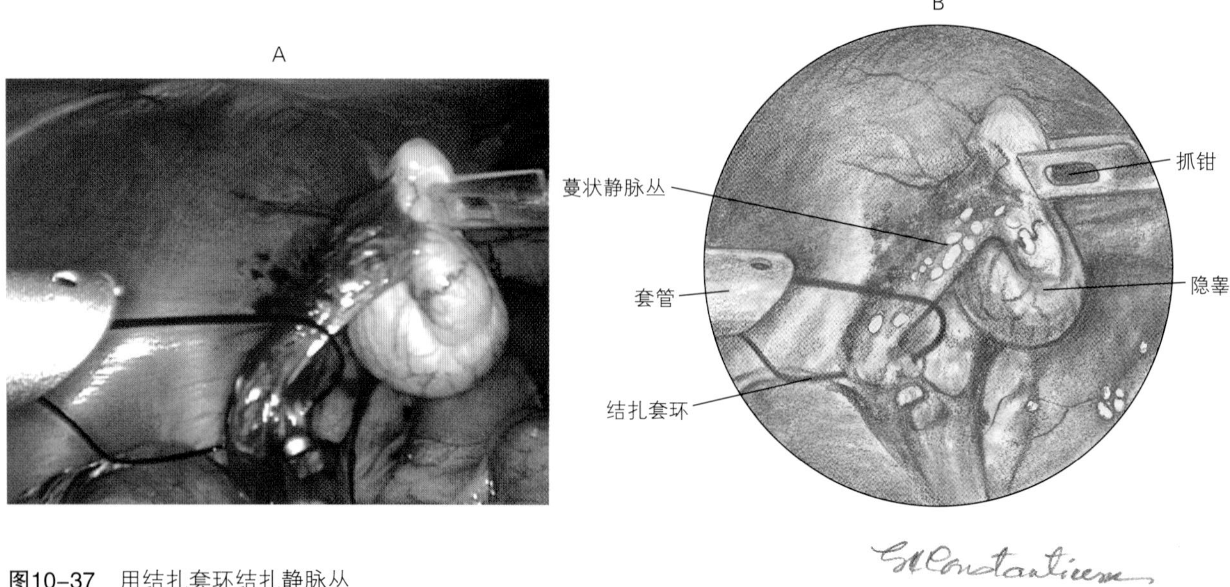

图10-37 用结扎套环结扎静脉丛

作。很多母犬和母猫能很容易地经尿道应用硬质膀胱镜进行膀胱检查，不需要腹腔镜检查。公犬和公猫由于尿道解剖结构的原因用经尿道膀胱镜检查很困难。已有经腹腔的膀胱镜检查技术报道，方法是通过腹腔直接安置小直径的膀胱镜进入膀胱进行检查。

腹腔镜膀胱检查是一个可以选择的检查膀胱的方法。腹腔镜进入已经外置腹腔的膀胱腔内检查，能检查膀胱、尿道近端，也可进行活组织检查和取出结石。具体的方法是，在脐部安置腹腔镜套管，进入腹腔镜观察膀胱，第二个套管安置在膀胱要外置的部位，安置一个5mm套管或带5mm缩小管的10mm套管，进入5mm直径的多齿无损伤抓钳抓住膀胱，移向套管，方法与肠管活组织检查相似。扩大第二个套管切口，外置膀胱顶部，安置牵引线。膀胱壁上做一小的切口，用无菌生理盐水冲洗膀胱，腹腔镜从腹腔内取出，插入膀胱腔内，检查膀胱黏膜和尿道近端。也可进入活检钳或抓钳进行活组织取样、取出结石和肿瘤。常规缝合膀胱，还纳腹腔。最后闭合套管切口，方法与膀胱固定相似[24]。

七、胃内异物取出

胃镜不能取出的胃内异物应该考虑是否能经微创的腹腔镜技术取出。

犬或猫仰卧保定，腹腔镜套管安置在脐部。5或10mm器械套管安置在右侧最后肋骨后2cm和最后肋骨远端1/3交界处。5或10mm多齿无损伤抓钳抓住胃大弯和胃小弯之间的胃壁，拉向套管。扩大套管口，方法同胃固定。撤去气腹，通过腹壁外置一部分胃壁，在胃壁和皮肤之间做固定缝合，防止胃回落到腹腔内。做一大小能取出胃内异物的胃壁切口，抽吸胃内容物，冲洗胃。腹腔镜从腹腔内拿出，插入胃内，检查胃黏膜。进入腹腔镜抓钳，取出异物，也可应用开腹用的大钳子，如双爪钳。当取出所有异物后，缝合胃壁，还纳腹腔。扩大的套管切口用2-0可吸收缝线连续缝合，皮下组织和皮肤常规闭合。5mm套管口仅仅需要缝合皮下组织和皮肤。

八、其他潜在的外科手术

肾上腺切除、卵巢残端摘除（图10-38）、疝的修补、肾脏切除和胰腺肿瘤切除（图10-39）也可能应用腹腔镜技术完成。小动物腹腔镜手术受限于术者的思维和可应用的腹腔镜手术器械。例如，我们已经利用腹腔镜辅助完成了7只库兴氏综合征患犬肾上腺增生的消融术[25]。

第七节　腹腔镜手术的并发症

腹腔镜手术的并发症发生率低，通过对超过360个病例（包括腹腔镜诊断病例）连续跟踪调查表明，发生率低于2%。框10-3列出了可能出现的潜在的并发症。严重的并发症包括与麻醉或心血管相关的死亡、出血或空气栓塞[26]。安置气腹针或穿刺针/穿刺套管时造成的并发症为腹壁血管损伤、腹腔器官损伤或刺穿空腔器官。要小心操作，使这些并发症发生率减少。用Hasson技术安置套管可以减少这些并发症的发生。

框10-3　潜在的腹腔镜并发症

麻醉相关的

Veress气腹针/穿刺针刺入
- 损伤腹壁血管
- 刺入器官
- 刺穿空腔内脏

充气
- 皮下气肿
- 腹膜外气肿
- 不正确的充气
- 气胸
- 气体栓塞

手术并发症
- 出血
- 组织损伤

技术问题
- 缺乏经验
- 相关设备问题

A

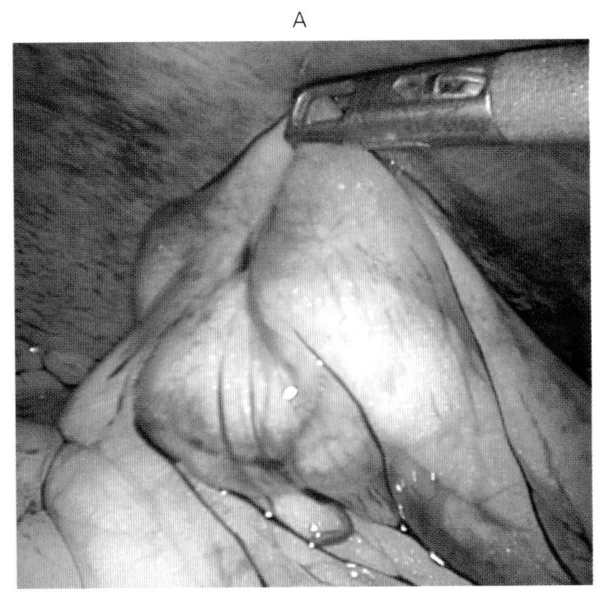

B

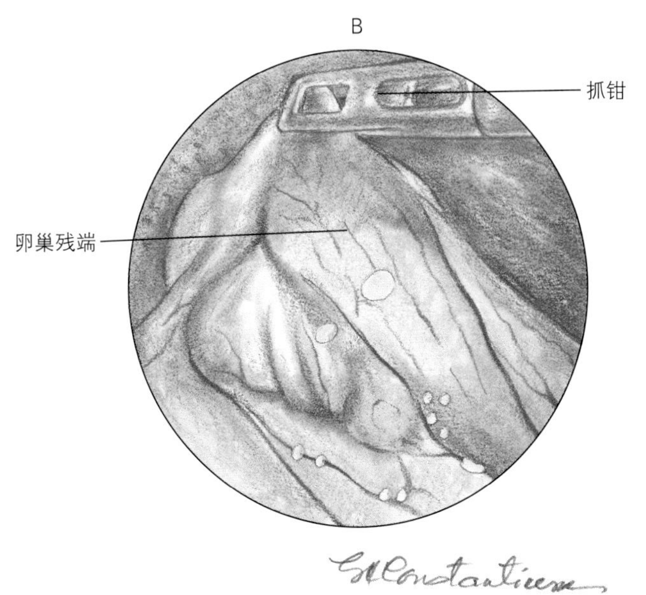

图10-38　右肾后缘的卵巢残端

A

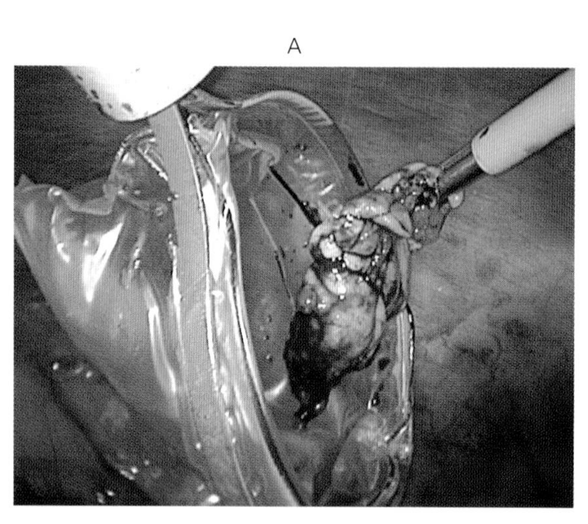

B

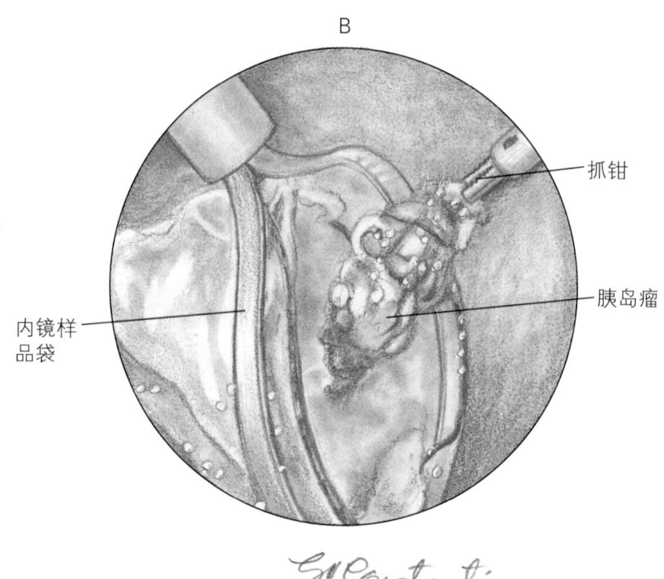

图10-39　将切除的胰腺右支胰岛瘤放入样品袋内，拿出腹腔

并发症也可以发生在充气腹过程中，如果Veress气腹针没有刺入腹腔，可发生皮下气肿或腹膜外气肿。如果气腹针刺入网膜，可发生网膜膨胀。不正确的气腹，可使腹腔视野暴露不充分，操作更加困难。严重的气腹并发症包括气体栓塞和气胸。已有犬在气腹过程中气腹针刺入脾脏发生气体栓塞的报道[9]。当有大量气体输送到右心室时，会使出口梗阻导致心血管虚脱。如果发生这种情况，动物应该左侧卧，头低，以便使气体输送到肺[26]。意外刺穿膈肌、过多的吹入气体或膈疝可能导致气胸。

轻微的并发症通常是由于手术本身、术者缺乏技术技能、不熟悉技术、缺乏足够的潜在并发症知识或不合适的设备造成。

腹腔镜手术与开腹手术发生的并发症相似。但腹腔镜手术的气腹或体位可能造成心血管和呼吸并发症，例如卵巢子宫切除术的垂头仰卧，腹腔器官前移，压迫膈肌，使膈肌运动受阻。在长时间手术和需要动物头低体位时推荐使用机械通气，防止出现这些并发症。

结　论

腹腔镜技术是一种微创的诊断和手术技术，一旦掌握基本的腹腔镜技术并恰当应用于适应证，腹腔镜技术就会变得简单，而且对小动物兽医临床有很大的帮助。随着我们能力的提高，将会开发新的腹腔镜诊断和治疗手术。

参考文献

1. Johnson GF, Twedt DC: Endoscopy and laparoscopy in the diagnosis and management of neoplasia in small animals, *Vet Clin North Am* 7:77-92, 1977.
2. Wildt DE: Laparoscopy in the dog and cat. In Harrison RM, Wildt DE, editors: *Animal laparoscopy,* Baltimore, 1980, Williams & Wilkins.
3. Rothuizen J: Laparoscopy in small animal medicine, *Vet Q* 3:225-228, 1985.
4. Bessler M and others: Is immune function better preserved after laparoscopic versus open colon resection? *Surg Endosc* 8:881-883, 1994.
5. Richter KP: Laparoscopy in dogs and cats, *Vet Clin North*

Am Small Anim Pract 4:707-727, 2001.

6. Magne ML, Tams TR: Laparoscopy: instrumentation and technique. In Tams TR, editor: *Small animal endoscopy*, ed 2, St Louis, 1999, Mosby.
7. Bufalari A and others: Evaluation of selected cardiopulmonary and cerebral responses during medetomidine, propofol, and halothane anesthesia for laparoscopy in dogs, *Am J Vet Res* 12:1443-1450, 1997.
8. Duke T and others: Cardiopulmonary effects of using carbon dioxide for laparoscopic surgery in dogs, *Vet Surg* 1:77-82, 1996.
9. Gilroy BA, Anson LW: Fatal air embolism during anesthesia for laparoscopy in a dog, *J Am Vet Med Assoc* 5: 552-554, 1987.
10. Kolata RJ, Freeman LJ: Access, portal placement and basic endosurgical skills. In Freeman LJ, editor: *Veterinary endosurgery,* St Louis, 1999, Mosby.
11. Twedt DC, Johnson GF: Laparoscopy in the evaluation of liver disease in small animals, *Am J Dig Dis* 22:571-580, 1977.
12. Cole TC and others: Diagnostic comparison of needle and wedge biopsy specimens of the liver in dogs and cats, *J Am Anim Hosp Assoc* 220(10):1483-1490, 2002.
13. Twedt DC: Laparoscopy of the liver and pancreas. In Tams TR, editor: *Small animal endoscopy*, ed 2, St Louis, 1999, Mosby.
14. Harmoinen J and others: Evaluation of pancreatic forceps biopsy by laparoscopy in healthy Beagles, *Vet Ther* 3(1): 31-36, 2002.
15. Grauer GF, Twedt DC, Morrow KN: Evaluation of laparoscopy for obtaining renal biopsy specimens from dogs and cats, *J Am Vet Med Assoc* 183:677-679, 1983.
16. Grauer G: Laparoscopy of the urinary tract. In Tams TR, editor: *Small animal endoscopy,* ed 2, St Louis, 1999, Mosby.
17. Rawlings CA and others: Laparoscopic-assisted enterostomy tube placement and full-thickness biopsy of the jejunum with serosal patching in dogs, *Am J Vet Res* 63(9):1313-1319, 2002.
18. Rawlings CA: Laparoscopic-assisted gastropexy, *J Am Anim Hosp Assoc* 38(1):15-19, 2002.
19. Rawlings CA and others: A rapid and strong laparoscopic-assisted gastropexy in dogs, *Am J Vet Res* 6:871-875, 2001.
20. Minami S and others: Successful laparoscopy assisted ovariohysterectomy in two dogs with pyometra, *J Vet Med Sci* 9:845-847, 1997.
21. Stoloff DR: Laparoscopic suturing and knot tying techniques. In Freeman LJ, editor: *Veterinary endosurgery,* St Louis, 1999, Mosby.
22. Pena FJ and others: Laparoscopic surgery in a clinical case of seminoma in a cryptorchid dog, *Vet Rec* 142(24): 671-672, 1998.
23. Silva LD and others: Laparoscopic vasectomy in the male dog, *J Reprod Fertil Suppl* 47:399-401, 1993.
24. Rawlings CA and others: Laparoscopic-assisted cystopexy in dogs, *Am J Vet Res* 63(9):1226-1231, 2002.
25. Schulsinger DA and others: Acute and chronic interstitial cryotherapy of the adrenal gland as a treatment modality, *J Endourol* 4:299-303, 1999.
26. Freeman LJ: Complications. In Freeman LJ, editor: *Veterinary endosurgery,* St Louis, 1999, Mosby.

第十一章　视频耳镜

耳病是小动物医学中最为常见的问题，兽医师经常在耳病的临床诊断和治疗方面遇到难题。视频耳镜在动物医学耳镜临床检查中起到了革命性作用。对于检查者来说，利用视频耳镜能够更好地观察耳道内的变化，可清晰地看到鼓膜区域，尤其是中耳的变化。视频耳镜能帮助兽医专业的学生更好地了解耳部的解剖结构和病理变化。通过视频耳镜检查技术，宠物主人可以在检查室内直接观察到其犬或猫的耳病情况，进而提高其对预治方案的信任度，并在复诊时为进一步治疗提供积极的配合。

利用视频耳镜可直接观察各种内镜手术过程，包括耳内清洁、活组织检查、病灶内注射、异物摘除和鼓膜切开。视频监测影像可捕捉任意一帧图片，并可作为照片打印、数码照片和视频录像保存。这些可作为疾病诊疗程序文件提供给宠物主人，也可以附加到病历中，对教学也具有很大的意义。

第一节　耳的解剖学

水平和垂直耳道均被软骨包围（图11-1），垂直耳道入口的侧壁切迹称为耳屏切迹，此处是视频耳镜进入垂直耳道起始的位置（图11-2）。一个凸起的软骨嵴将犬的垂直耳道和水平耳道分开（图11-3），该软骨脊因品种不同以及同一品种间的不同个体而异。软骨隆突缘形成拐角，需将耳镜绕过角缘才能进入水平耳道。触及该敏感隆突可导致患病动物疼痛反应，并影响耳镜的检查效果。将耳向上向外拉离颅基部可将隆突基部降至最低。沙皮犬的垂直耳道和水平耳道之间的角度可能会比其他品种小，这使得耳镜操作者放置耳镜的方向应较垂直且稍微向后，以利于通过软骨隆突缘进入水平耳道。

靠近鼓膜处，犬水平耳道由骨支撑，在此相对窄小区域，水平耳道变得更狭窄一些。

耳道内含有耵聍，其组成为脱落的角质细胞、耵聍（顶浆）分泌物和脂肪分泌物。耵聍为蛋白质、脂类、氨基酸和矿物离子的混合物。一般在正常犬、猫的耳道内难以找到蜡质脱落物，然而，在靠近犬鼓膜处的水平耳道处常可见到少量蜡质分泌物。这可能是水平耳道底部的锐角和鼓膜引起的，这里从顶部到底部有一个30%～45%的角度。一般认为，碎屑是通过上皮细胞迁移而排出耳道的。众所周知，上皮细胞通过耳道向外增殖，其发源于鼓膜区域，特别是发源于锤骨柄松弛部[1]。

耳道被覆皮肤，包含毛囊、真皮浅层的皮脂腺和在真皮深部的少量的顶质（耵聍）腺。而所有品种的犬，外部耳道都有毛囊分布，毛囊密度和被毛长短因品种和个体而异。某些品种的犬（如贵宾犬）在耳道上毛囊分布相对稠密，而另一些品种犬（如拉布拉多猎犬）在靠近鼓膜处有被毛生长，而在耳道其他部分则见不到（图11-4）。

猫外耳道内毛囊较为稀疏或完全缺失[2]。

皮脂腺密度从垂直耳道至鼓膜处逐渐减少，而耵聍腺增加[3]。腺体数目因犬种不同而有很大差异[3]。犬顶质分泌腺数目增加区域易发生外耳道炎，如可卡犬和拉布拉多猎犬[4]。皮脂腺在靠近鼓膜处数目增多[5]。

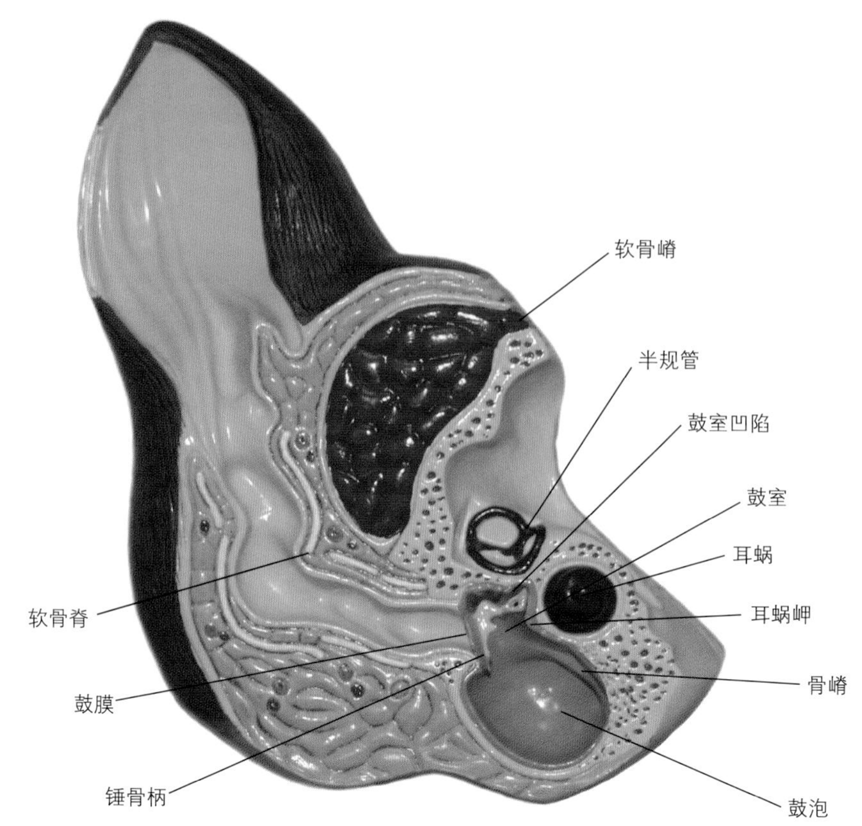

图11-1　正常犬耳结构模型

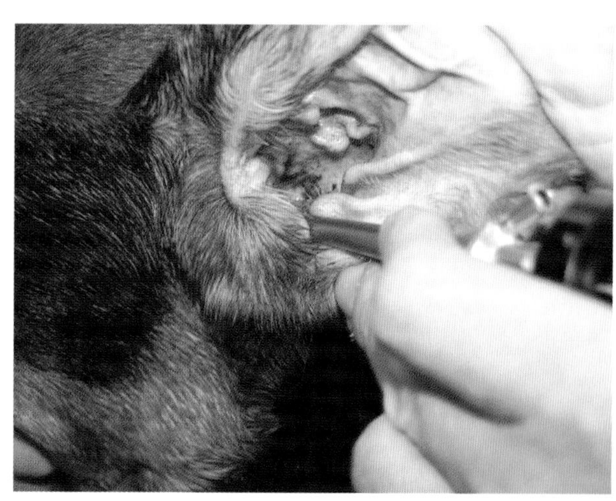

图11-2　视频耳镜在耳屏间切迹内，这是视频耳镜检查的起始部

犬耳慢性炎症常导致耵聍腺广泛膨大，使耳道腔表皮变厚、腔变窄。膨胀的腺体可使耳道表面出现肿块，导致耳道表面粗糙不平。当耵聍腺变为囊状或发展为肿瘤时（耵聍腺瘤或腺癌），其颜色常变为淡蓝色（图11-6）。

一些品种犬（如英国斗牛、巴哥）和某些特定品种的个体（如松狮犬）水平耳道会比预想的要窄得多。某些特定品种犬（如巴塞特猎犬），其水平耳道会很长，它的鼓膜由松弛部和紧张部构成（图11-7）。松弛部是在鼓膜的背侧到前背侧部分的一个小的区域，相对松弛且血管丰富。松弛部可能是中耳道内空气压力升高的产物。由于过敏性耳炎以及中耳内进入液体时，犬摇晃头部，此时常见松弛部膨出，如穿孔，该组织会迅速愈合。通过耳镜检查所看到的鼓膜多是紧张部（图11-7）。

正常时，紧张部呈半透明状，能看到从锤骨柄向外延伸到边缘的纹理，通过较低至中间鼓膜部有时可见白色结构（图11-8）。该结构是将鼓室腔与鼓泡分开的骨嵴（图11-1，图11-9和图11-10）。

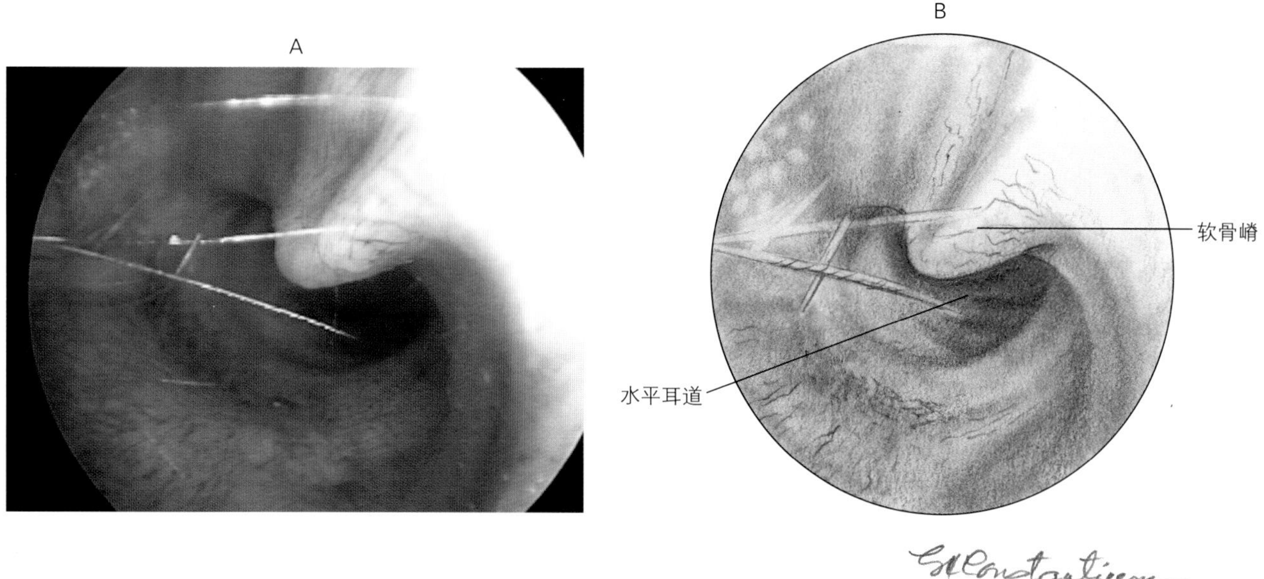

图11-3　在水平耳道的入口处的软骨嵴，可通过向上向外牵拉耳郭远离颅基使该突起变小

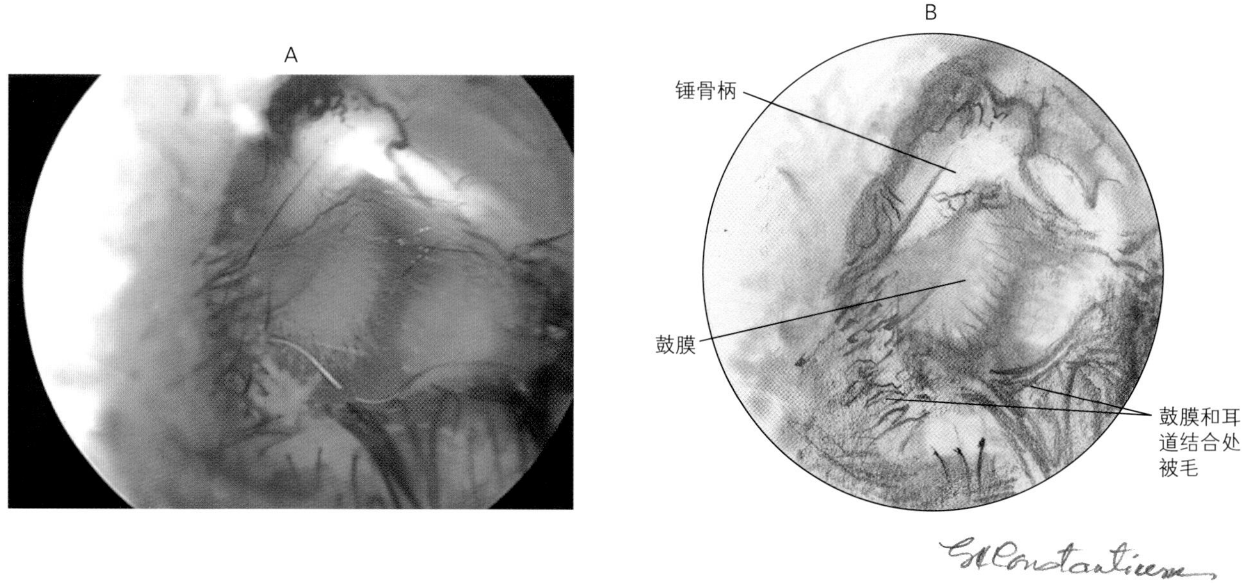

图11-4　正常拉布拉多猎犬长在鼓膜和水平耳道交界处的被毛

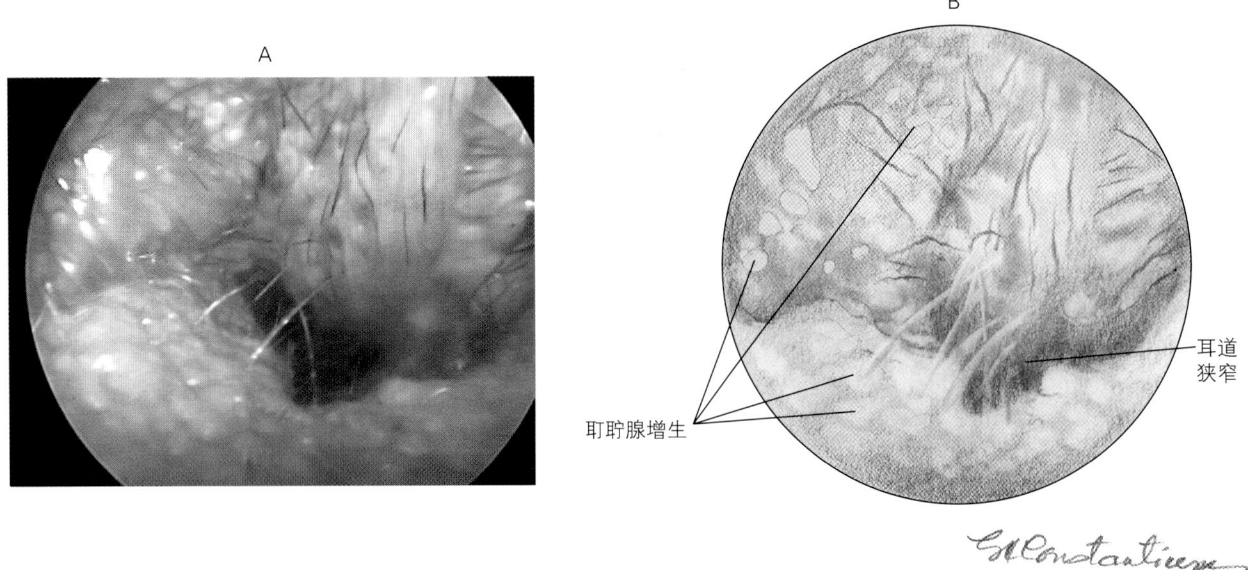

图11-5　慢性外耳道炎患犬的耵聍腺增生和扩张

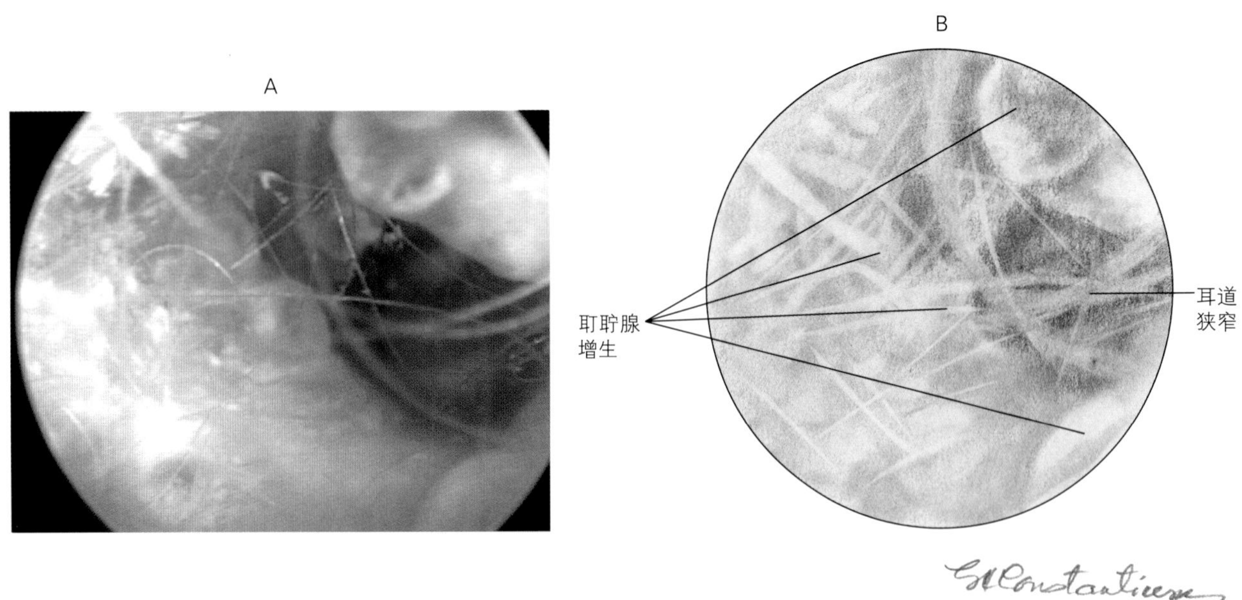

图11-6　慢性外耳道炎患犬的耵聍腺增生，蓄积特有的淡蓝色分泌物

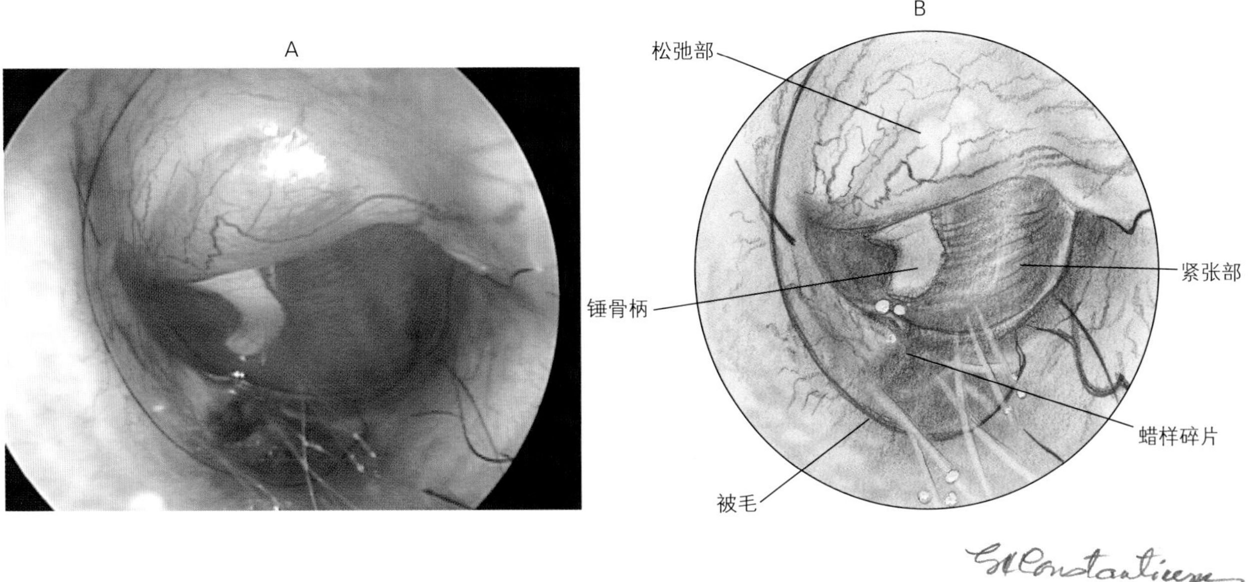

图11-7　正常犬松弛部膨大的鼓膜

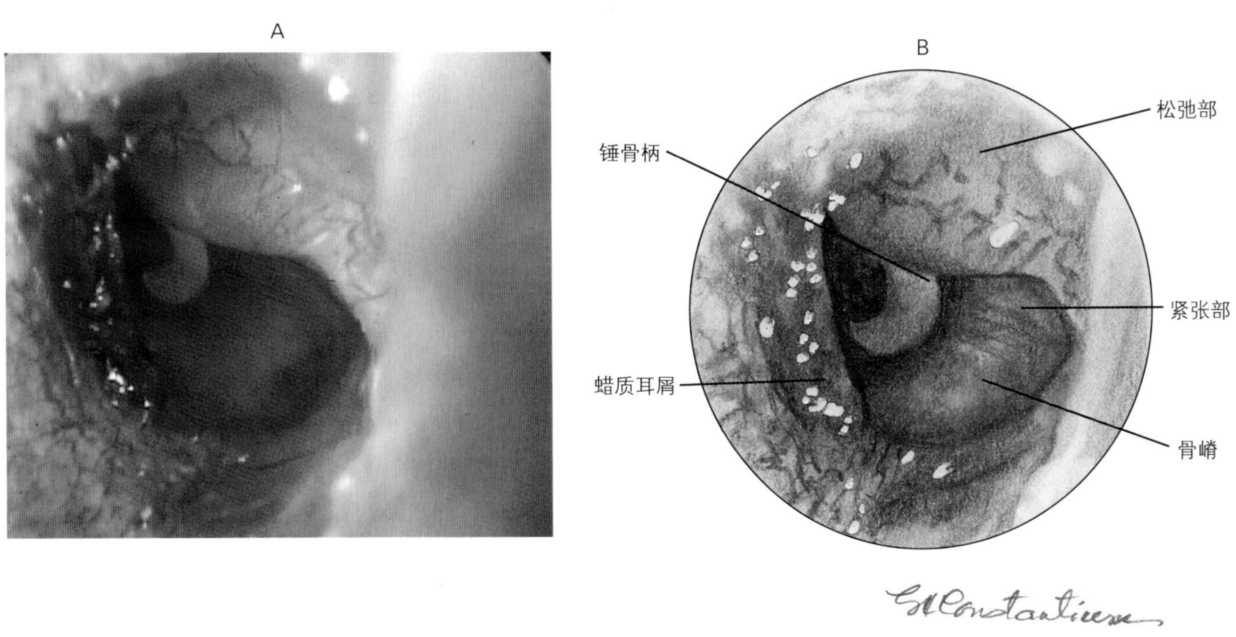

图11-8　通过完整的鼓膜紧张部隐约可见骨嵴将鼓室腔从鼓泡分开

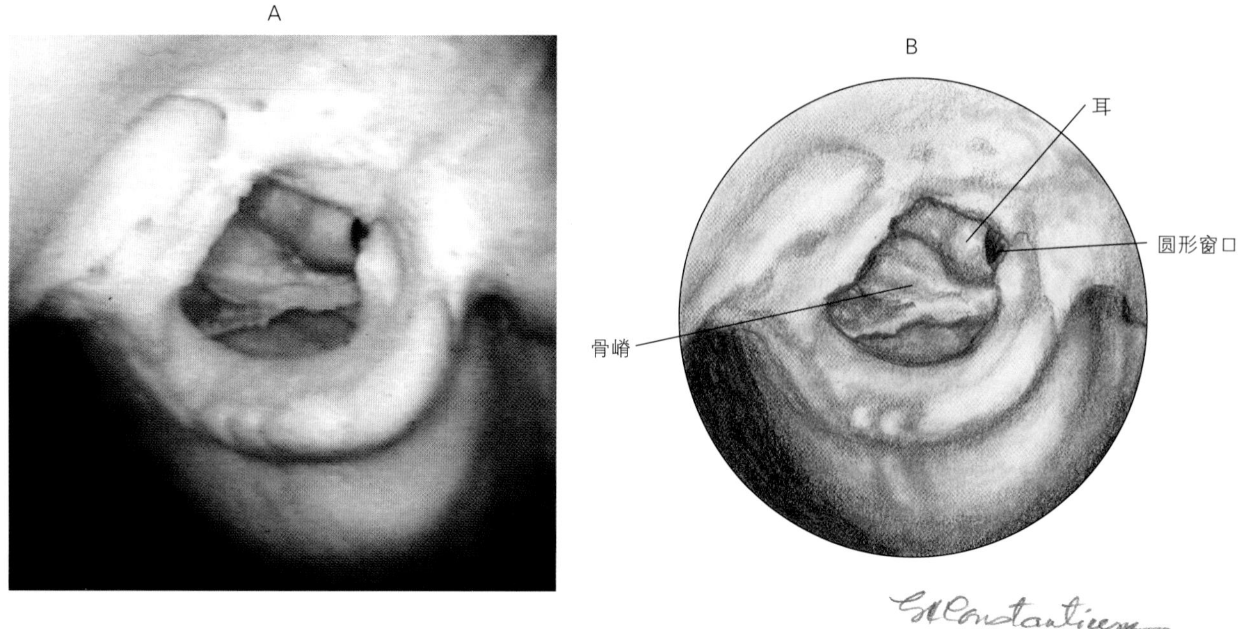

图11-9 颅骨标本中可见骨嵴将鼓室和鼓泡分开

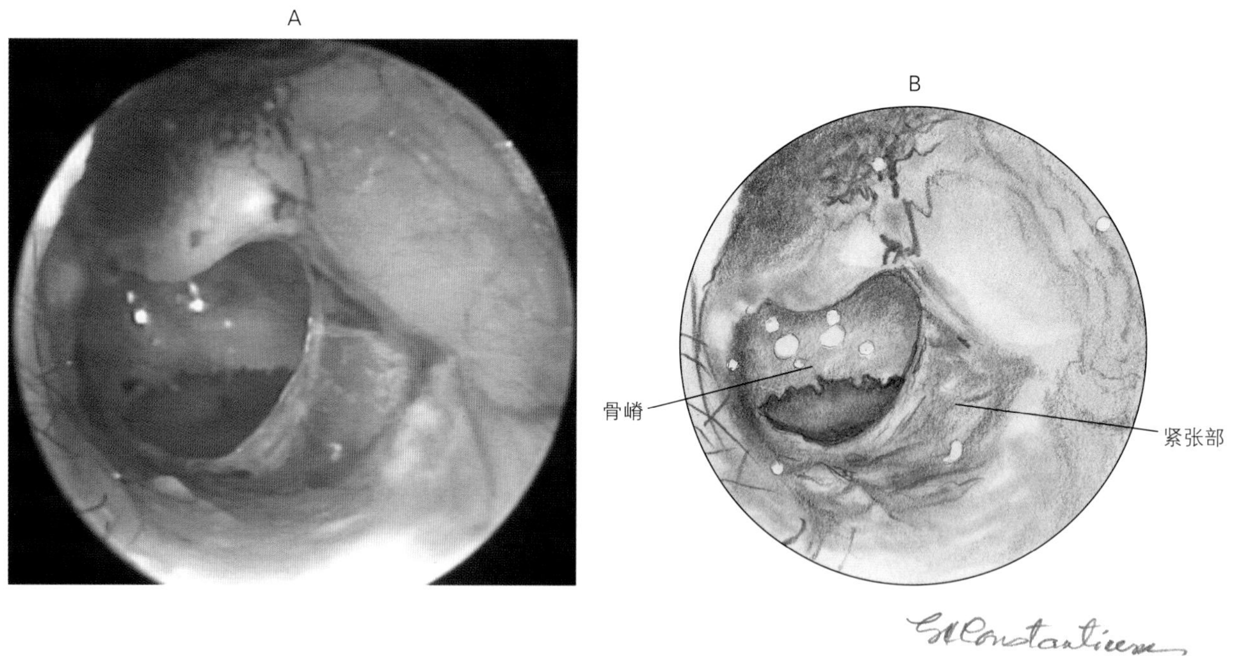

图11-10 从尸体颅骨鼓膜切开术看到骨嵴将鼓室和鼓泡分开

在一定的张力作用下，紧张部一旦穿孔，要比松弛部穿孔修复的时间长。如果正常犬紧张部全部损坏，完全再生需要21～35d的时间[6]。鼓膜外围连接环状部，环状部是一个与周围骨连接的纤维软骨环。

锤骨柄位于鼓膜的纤维层内（图11-7），呈C形，C形开口端指向前颅窝，并位于鼓膜的前内侧，用耳镜检查时不可见。在犬中，锤骨柄可能会被膨胀的松弛部覆盖。锤骨柄的紧张部使得鼓膜有一个突出于平面的轻度凹陷，鼓膜起源于从背外侧到腹内侧大约30°～45°角的一条垂线（图11-7）。这使得在水平耳道的腹底部出现一个凹槽，其连接鼓膜，正常犬这里有少量蜡质蓄积。

猫的鼓膜也由紧张部和松弛部构成，但松弛部并非像犬那样有膨大处，锤骨柄也呈C形，但是比犬更直一些（图11-11）。

中耳由背至腹依次由鼓室上隐窝、鼓室腔和鼓泡组成。鼓室上隐窝有3个小的中耳小听骨（锤骨、砧骨和镫骨）。镫骨和内耳相通的椭圆形（前庭）窗相通，其背面和嘴部通向耳蜗隆突。鼓室腔恰好位于鼓膜内部的区域，鼓室腔背内侧表面主要由筒状的耳蜗隆突构成（图11-1和图11-9）。耳蜗（负责听力）就位于鼓室腔中。隆突位于鼓膜中背侧的对面，在隆突尾端是耳蜗窗口，与耳蜗的骨迷路相连接（图11-9）。可以想象，通过一根穿刺针或探针在隆突末端方向经过鼓膜顶端会破坏隆突（即不正确的鼓膜切开术）。开放的咽鼓管（耳咽管）位于鼓室腔嘴中部，并面向鼻咽部开口，以均衡鼓膜两侧的压力。鼓泡是中耳的三个腔室中最大的，其通过部分隔膜（骨缘）将鼓室腔从背侧分开，在鼓泡的中侧和前侧最明显（图11-9和图11-10）。此脊状突起因犬个体而有很大不同，通过鼓膜常能见到其呈白色区域（图11-8），其尾腹侧的暗色区域是通往鼓泡的开口，该脊状突足够宽，可阻止探针伸入鼓泡内。猫的隔膜近乎完整，鼓室和鼓泡之间通过很小的开口相通。

中耳和耳道被覆呼吸道上皮细胞式的黏膜，黏膜是由假复层杯状细胞的柱状上皮构成，并有纤毛。耳道阻塞是由于类黏蛋白分泌物在中耳内蓄积所致，中耳含有正常菌群，包括大肠杆菌、葡萄球菌属、布兰汉氏球菌（*Branhamella* spp.）和酵母菌[7]。

A

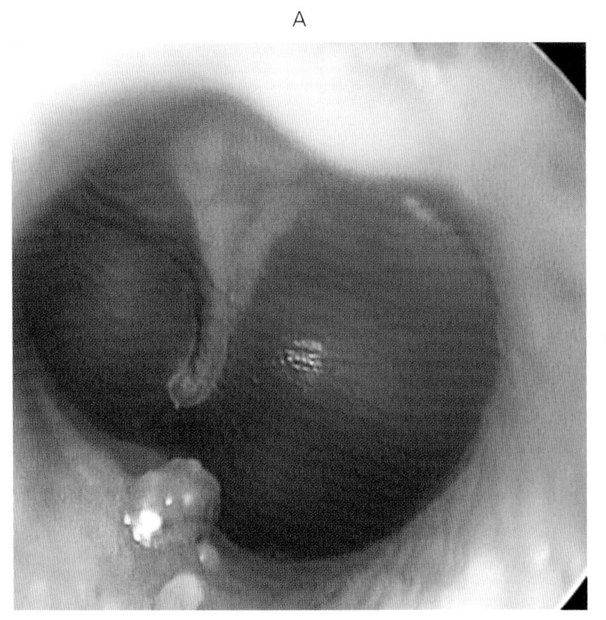

B

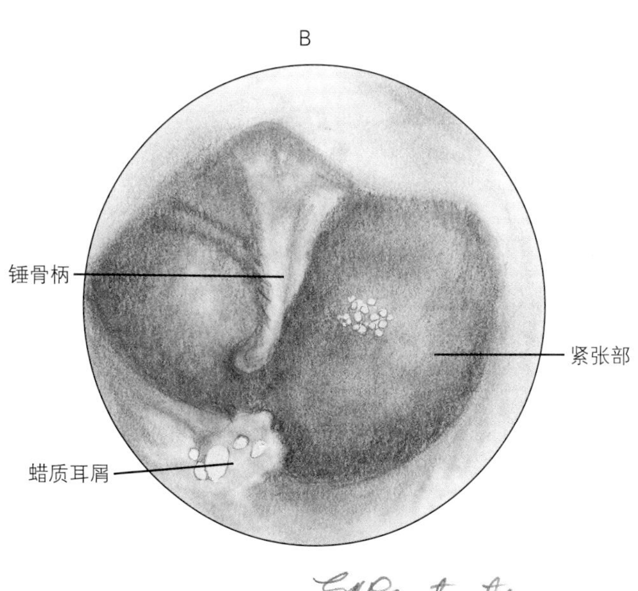

图11-11　正常猫的鼓膜

第二节　常规耳镜

常规耳镜常与视频耳镜联合使用，以达检查和治疗的最佳效果。一些患病动物不愿接受视频耳镜检查，但能接受常规耳镜。使用常规手术耳镜清洁水平耳道深部更便利，它比视频耳镜有更大的灵活性。

常规手术耳镜能够更快地清除耳道内大量的杂物，严格按照常规耳镜的使用规则操作会非常利于耳的检查和清洁。常规耳镜配有一个明亮的卤素灯光源，检查时光线应当明亮，且操作人员直接看到灯光并无不适感。在患病动物清醒状态下，在检查室对未经镇静的患病动物做耳镜检查，需要适当保定。保定者直接将口套轻轻引导至胸廓入口部，将耳郭向上、向外提起，离开颅骨基部，以使垂直和水平耳道的角度缩小。将观察镜的前端置于耳屏切迹处，这是伸入垂直耳道侧面通路的天然凹槽。将耳镜缓慢伸入垂直耳道，其插入部完全可见，然后向下旋转以使耳镜孔达到水平位置，这时能看到水平耳道，继续前伸以进入水平耳道。进入水平耳道深部时不一定能看到鼓膜。将患病动物头部抬高，以使观察者能移动耳镜到达水平位置。检查最好在桌子上进行，以便调整观察视野。相对于犬，在对猫进行内镜检查时，保定要轻微，仅让动物主人握住猫肩部和后躯即可。将耳郭向上向外提起，离开颅骨基部，将内镜似犬检查那样置入，在不麻醉状态下检查，通常仅能看到猫腹侧面一半到2/3的鼓膜。

做耳镜检查后，再用棉签拭子采集耳内样品，进行细胞检查。如果事先采集细胞样品，会使耳内残屑进入水平耳道，检查时看不清深部耳道的结构。如果残屑使耳道视觉模糊达到发炎或增生的程度，用棉签拭子伸入耳道清除耳屑或穿过耳屑，以便于检查耳道深部。这种操作可将耳屑推入更深的耳道，但难以看清鼓膜。

第三节　视频耳镜

一、视频耳镜简介

与常规耳镜相比，视频耳镜可提高放大效果和增强图像清晰度，从而能更好地观察耳内正常结构和病理变化，尤其是对于水平耳道的深部和中耳的检查特别有用。因为光源和镜头在视频耳镜的末端探测，不会影响视觉效果。

尽管有几种视频耳镜可供兽医使用，但有两种在市场上销售比较好的：兽用耳镜（Karl Storz兽用耳内镜, 美国, 加利福尼亚，戈利塔）和视频兽用镜（MedRx, 佛罗里达，西米诺尔）。Storz兽用耳镜是一个8.5cm长的圆锥形镜管，带有一个5mm直径的尖端（图11-12），镜管有一个2mm工作通道，探针前端在位于通道内12点钟的位置。镜管有一个0°角透镜，视野为100° ~120° 。一个微型的、手持式彩色摄像机与镜管的目镜相连（图11-12），单芯片和三芯片摄像机均可。尽管三芯片摄像机可提高清晰度，但最常用的为单芯片摄像机。其部件也连于一个外置卤素灯或氙灯光源上。卤素灯光源最为常用，氙灯光源能提供更自然的光线，但价格稍贵一些。该系统在用于其他检查操作时似乎更需要氙灯，耳镜的工作通道能通过5#硅胶导管，用于冲

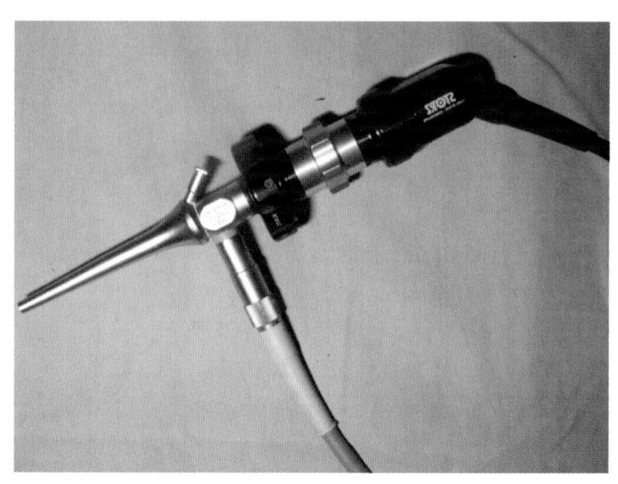

图11-12　带录像和软质纤维光源的视频耳镜

洗和吸出、活检钳、异物采集器、激光光导纤维和特殊设计的由Storz制作的半刚性耳刮匙。进行冲洗和吸出操作时无需从操作通道取出导管，而通过三通控制装置（图11-13）完成操作。Storz耳镜有一个双向调节阀与操作通道相连接，可同时允许通过液体及进行探测（图11-14）。用于该系统中的导管，包括一端开口的雄猫导尿管（4.5英寸），一个16#的特氟龙静脉内导管和一个5F红色橡胶饲喂导管。镜管和摄影机部件具有一个手动聚焦系统，但仅仅在操作开始时需要固定聚焦深度，通常不需要额外调节。

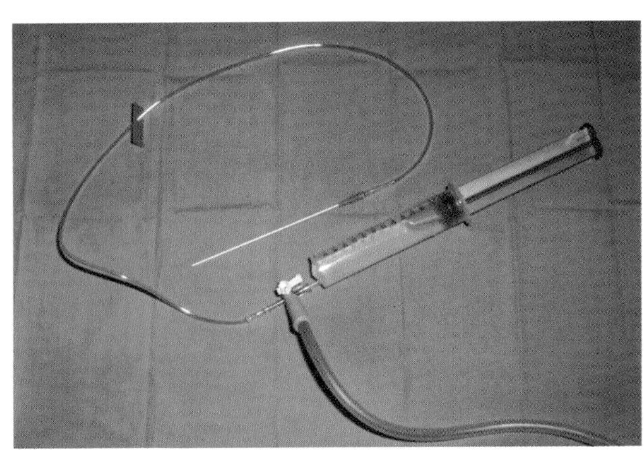

图11-13　带有三通装置的灌注器、静脉注射延伸装置、导管和连接抽吸管的冲洗装置。这样使导管通过视频耳镜的操作通道，不必移除导管就可进行冲洗和抽吸

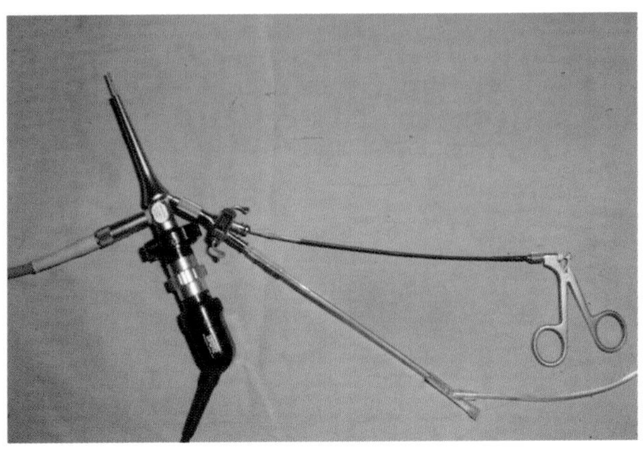

图11-14　带有转换器的Storz视频耳镜，可同时操作灌注和检查

视频兽用耳镜有一个7cm长的探针，探针尖端直径为4.75mm，工作通道为2mm。由一可调节亮度的150W的卤素灯光源提供照明，该系统有自动聚焦特性。镜管摄影机与彩色视频监视器相连，以方便观看。视频影像可捕捉任意一帧图片，并可作为照片打印、数码照片和视频录像用于保存。

二、视频耳镜的使用

能否在检查室内成功使用视频耳镜主要取决于操作者的专业技能。对于新手，需要手眼协调，专业操作技能需要长时间的日积月累。为了更好掌握操作技术，应多观察正常耳的结构。

在用棉签拭子采取细胞学检查样品之前应先进行视频耳镜的检查，这一点很重要。因为棉签拭子采样后，残屑会被推入更深的水平耳道，会造成深部耳道内的结构模糊不清。如果在操作开始就发现残屑阻挡视线时，可用棉签拭子伸入耳道，清除耳道壁上残屑，以便于观察。然后再进行视频耳镜检查。这种操作可将耳屑推入更深的耳道，并会使耳道内深层结构模糊不清。

动物的适当保定非常重要并应当做好，如有可能，应由接受过常规训练的专业人士进行保定。良好的保定可有助于快速检查操作，并能减少患病动物的不适感。一般在诊疗台上检查更易操作，大型犬应仰卧或侧卧保定。犬头部最好由专人保定，将口套轻轻带至胸前口处。操作者将耳郭向上、向外提起，离开颅底，降低软骨隆突，使水平耳道与垂直耳道分离。视频耳镜的尖端置于耳屏切迹处，从该部位开始检查。一旦进入耳道，通过屏幕图像向垂直耳道内深入并绕过软骨褶处。进入水平耳道后，使视频耳镜旋转便进入水平位置，不必继续伸入水平耳道便可看见鼓膜。对于猫来说，只需要简单保定即可，抓住猫的肩部和背部防止其移动。

操作者用力向上向外提起耳郭，这既可保定猫，又可使耳镜进入耳道。尽管许多猫这样就可用视频耳镜进行详细的检查，但在非麻醉状态下很难看到猫鼓膜的背侧全部。无论是犬还是猫，使其侧卧位保定，耳镜操作者站在头侧才容易实施更彻底的耳道检查。

在进行视频耳镜检查期间，应确定炎症程度、耳屑的性质、耳屑的颜色、增生的程度（耳道狭窄）、增生变化、肿块、鼓膜的性质和完整程度。如果患病动物有一个耳道正常，其可作为患侧耳道的对照。当双耳均不正常时，可用正常耳道和鼓膜的照片做对照。在未麻醉状态下通过视频耳镜拍摄几张耳道病理变化照片示例，见图11-15至图11-35。

如果所检查的第一个耳已经化脓，那么至少在进行另侧耳检查之前，在耳镜的外面应用酒精或杀菌擦拭物消毒（如葡萄糖酸氯己定和异丙醇制剂）。在非麻醉状态下，有些犬或猫不接受使用视频耳镜检查，不管耳镜操作者的技术如何熟练以及保定如何得当。另外，在患有严重炎症时会伴发疼痛，不利于观察，此时需要对患犬实施镇静。耳道内大量耳屑或严重的狭窄变化也不利于检查。

三、透镜蒙上水汽

透镜蒙上水汽也许是在日常应用视频耳镜诊断导致失败的最重要因素。透镜蒙上水汽是由冷的视频耳镜和温热的耳道之间的温差所致。耳的炎症越重，就越容易形成水汽。在温水中加热耳镜的末端能够极大地减少水汽形成。加一个小的保温盒，里边一端放个灯泡，在另一端有个孔用以放置耳镜顶端，不用时，耳镜顶端留在保温盒内使其保暖。尽管如此，水汽依然是耳镜检查中的一大问题。使用浸有70%异丙醇的棉球擦拭镜头是除雾和清洁耳镜的有效方法。为减少酒精对炎症组织的刺激，应在放置耳镜前应用面巾纸擦除过量的酒精，该方法可在诊断过程中反复进行。

四、深部耳道的观察和清洁

观察难以控制宠物的深部耳道时需要对其实施

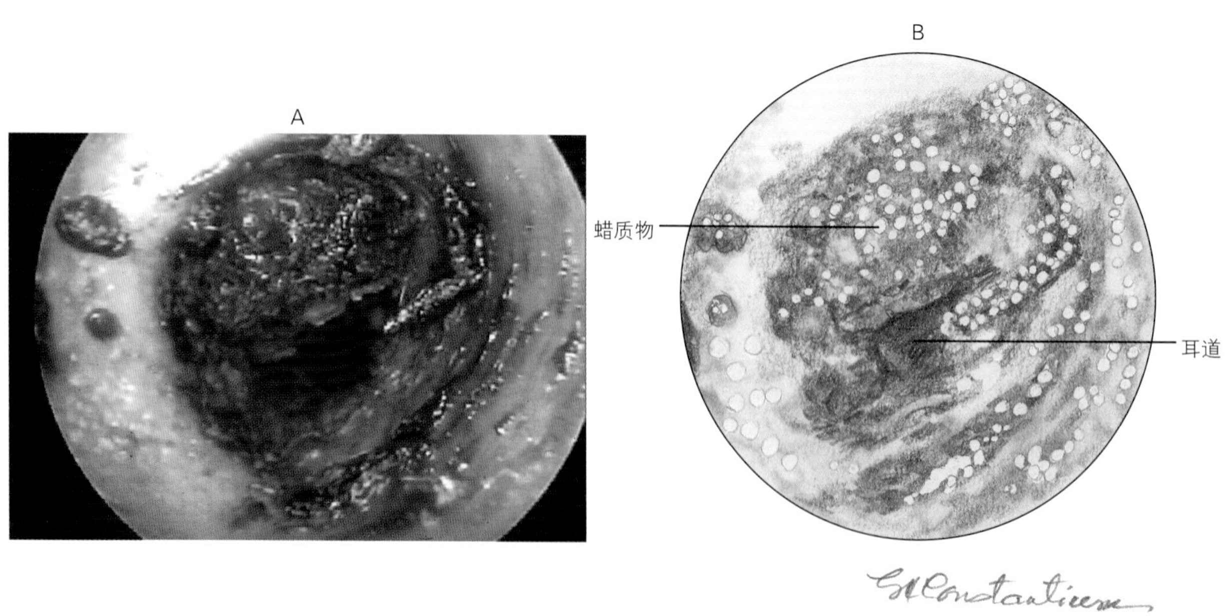

图11-15 犬继发马拉色菌（*Malassezia*）感染引起的异位性外耳炎

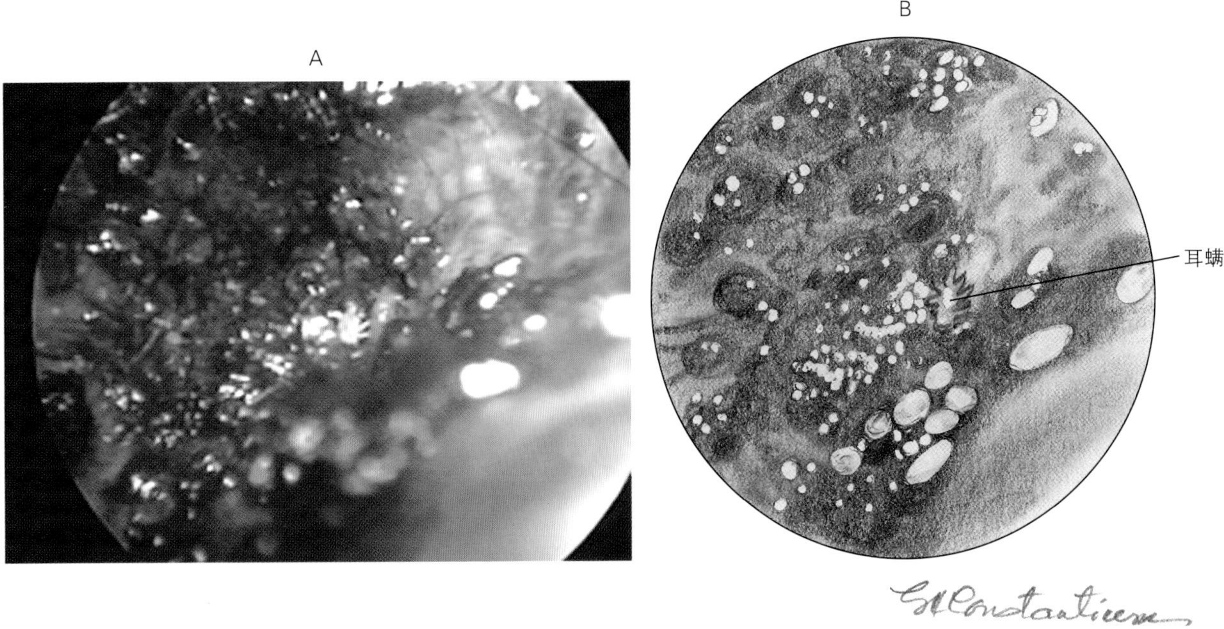

图11-16 犬继发马拉色菌感染引起的耳螨

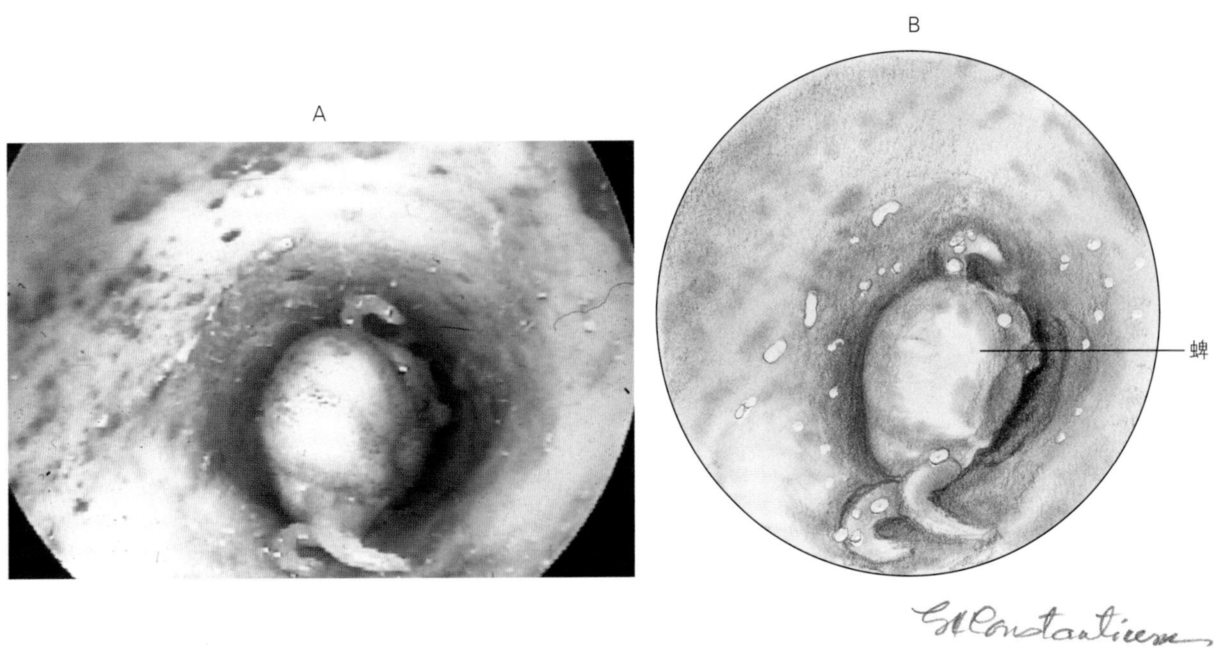

图11-17 猫水平耳道内的蜱

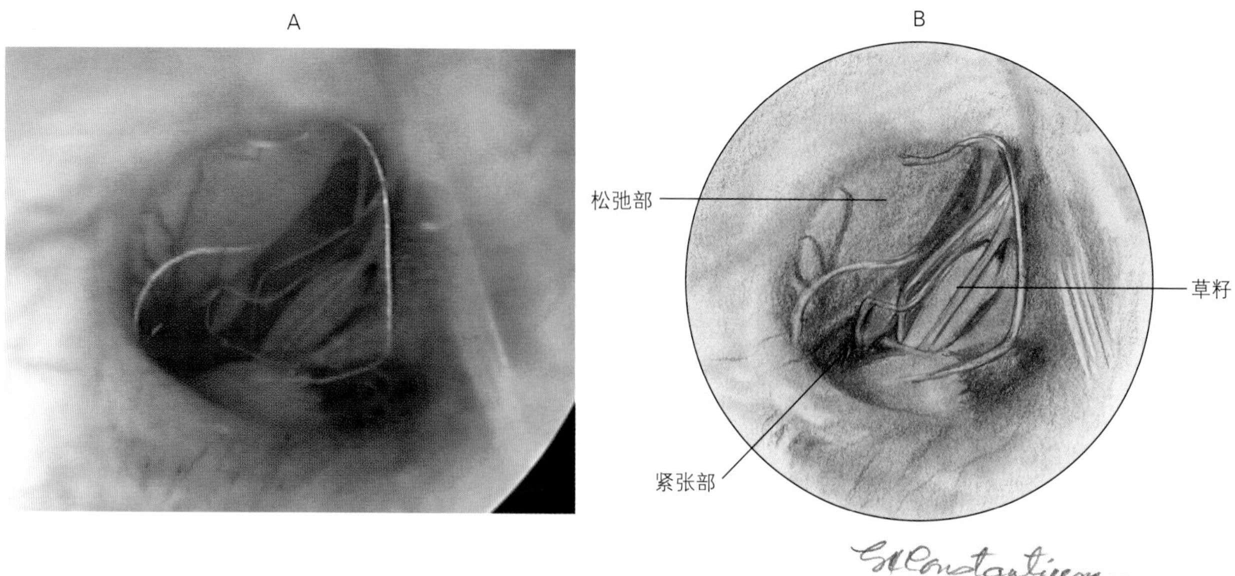

图11-18 犬鼓膜处的草籽，松弛部扩张

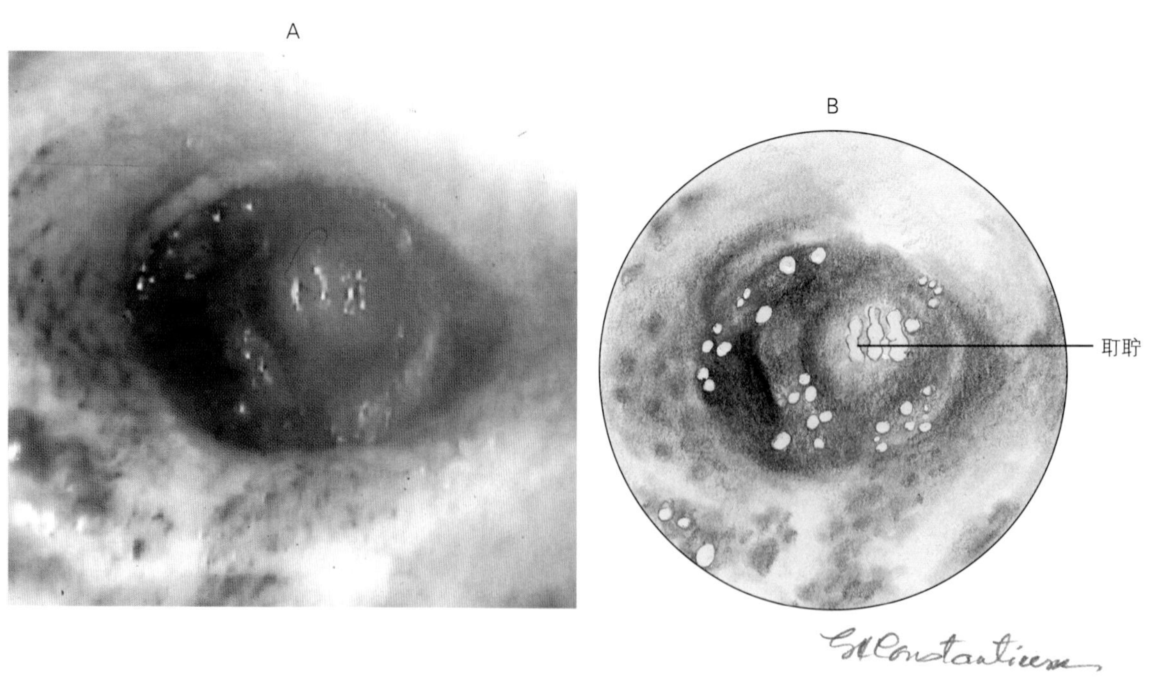

图11-19 患有异位性外耳道炎和轻度继发葡萄球菌及马拉色菌感染的猫，其耵聍充满于水平耳道

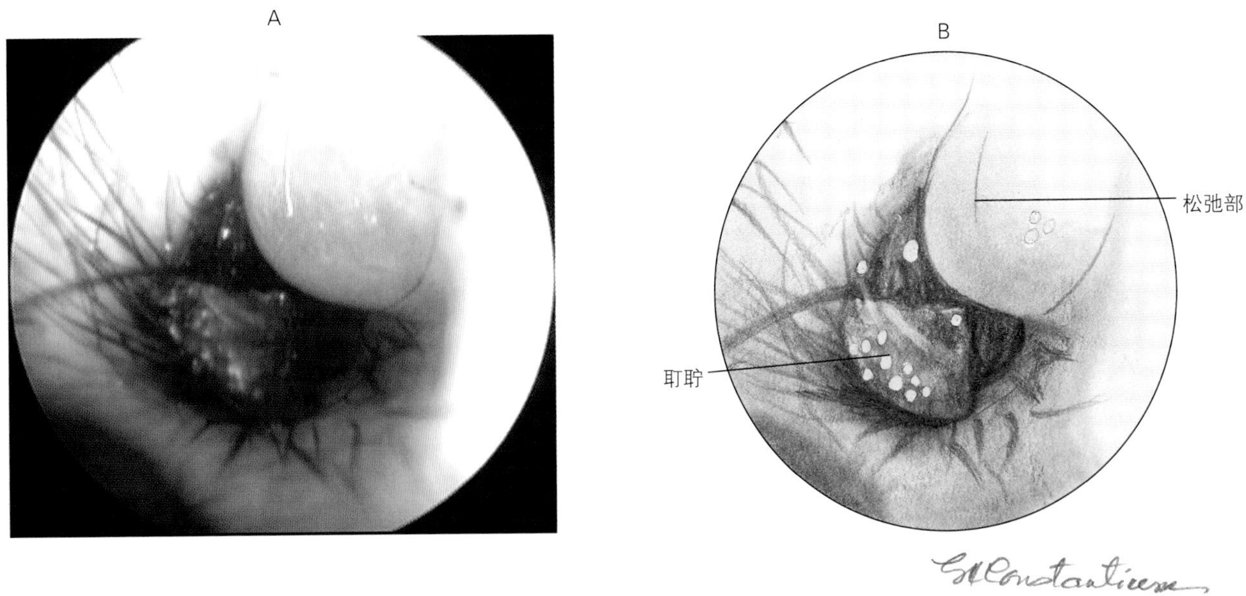

图11-20 充满于犬水平耳道深部靠近鼓膜的耵聍，松弛部扩张

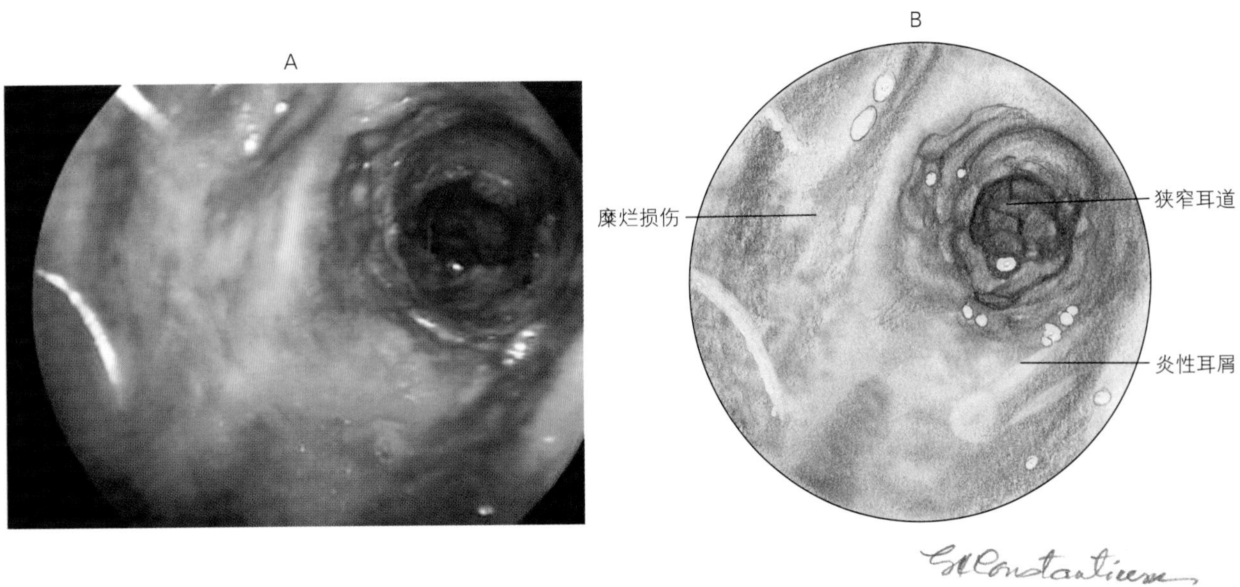

图11-21 表面使用咪康唑溶液的糜烂外耳炎，细胞学检查中有大量中性粒细胞和中等量的马拉色菌

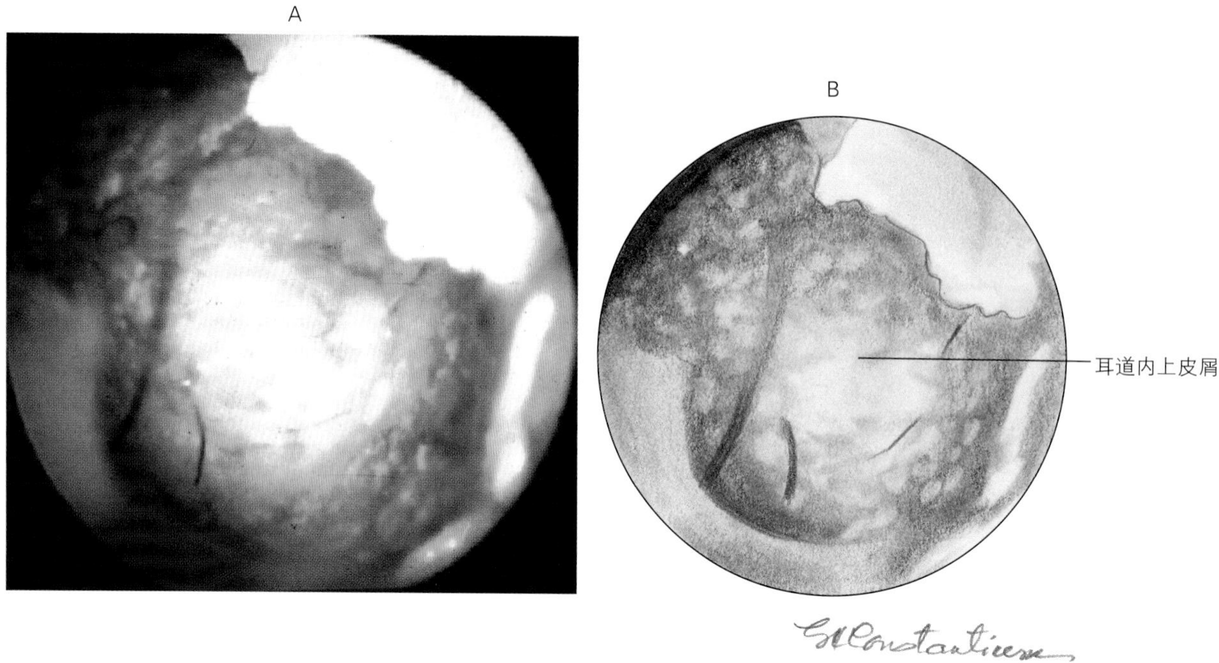

图11-22　由于过度频繁使用治疗性溶液，犬水平耳道发炎并蓄积大量乳白色上皮耳屑

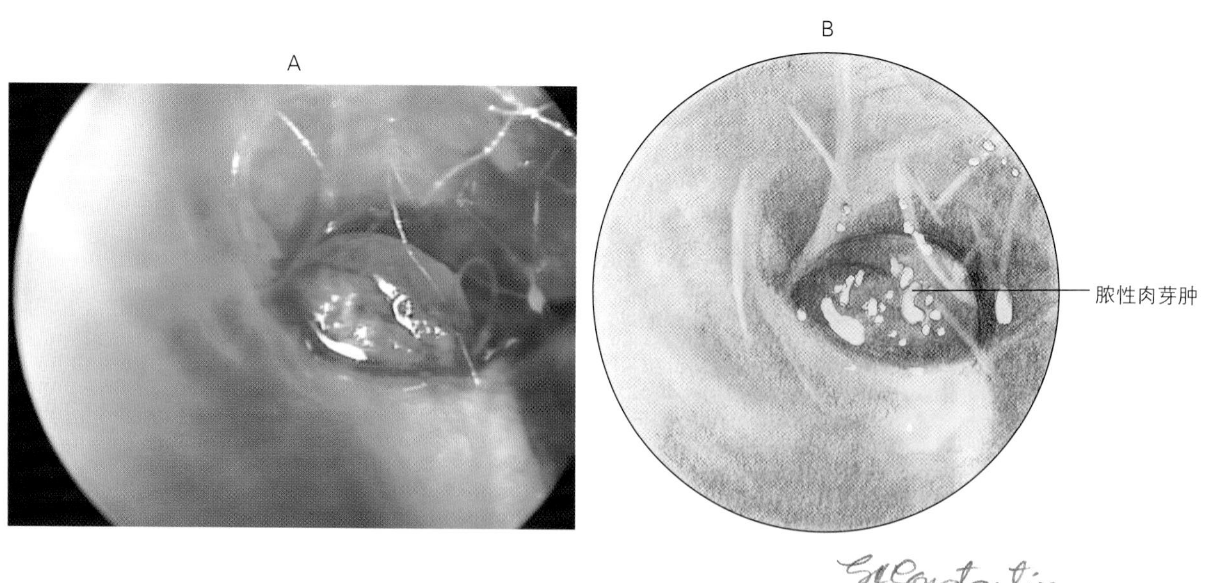

图11-23　患慢性外耳炎的贵宾犬，其水平耳道壁上的脓性肉芽肿，可进行局部切除和局部涂抹类固醇激素/抗生素/抗真菌药物治疗

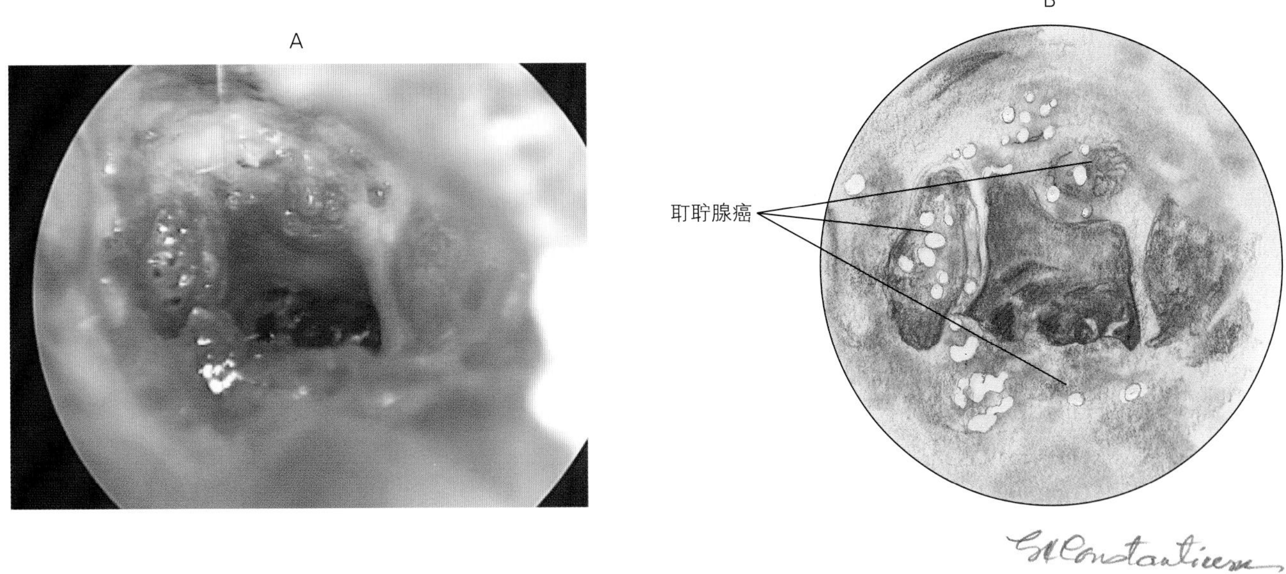

图11-24　猫水平耳道内的耵聍腺腺癌。新生物颜色较暗、褪去的淡蓝色是耵聍分泌物的蓄积

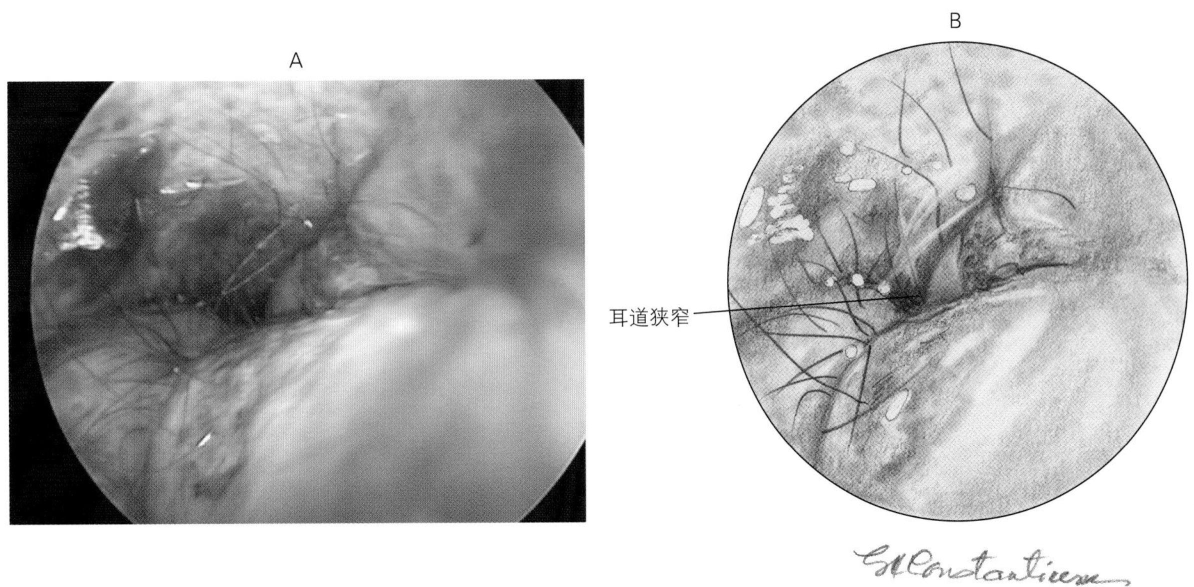

图11-25　患慢性异位性外耳炎的杂种犬，其水平耳道的360° 狭窄是由于发炎和纤维化所致，在细胞学检查中可见中等量的杆菌和球菌及少量的马拉色菌

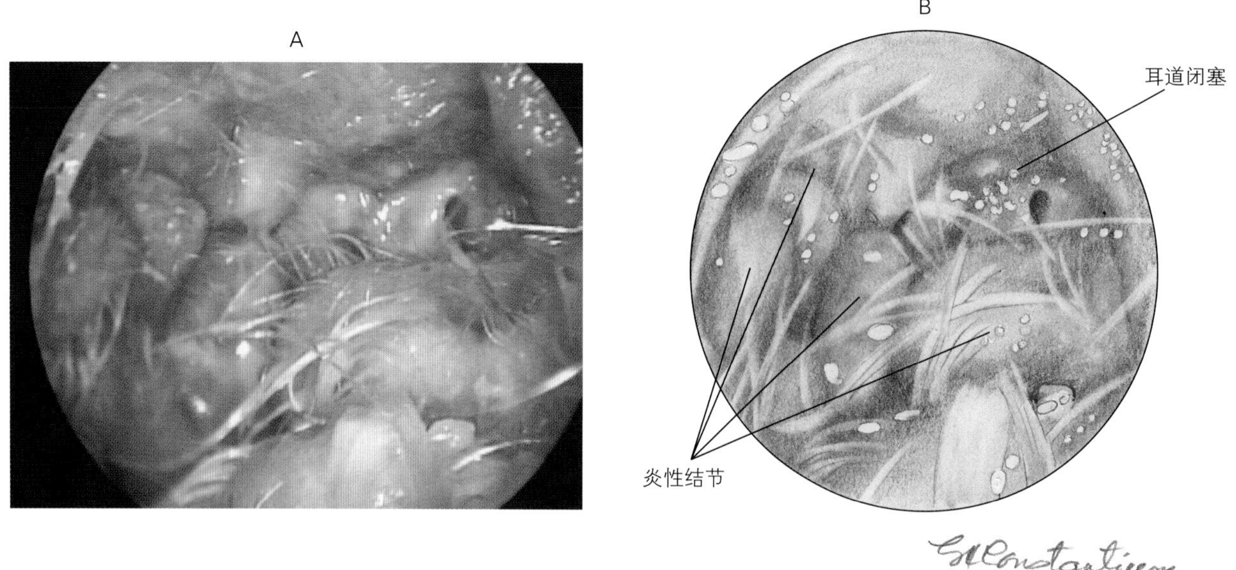

图11-26　患异位性外耳炎的可卡猎犬，其炎性和纤维变性增生物充满水平耳道，细胞学检查可见中等量的多形性杆菌和球菌

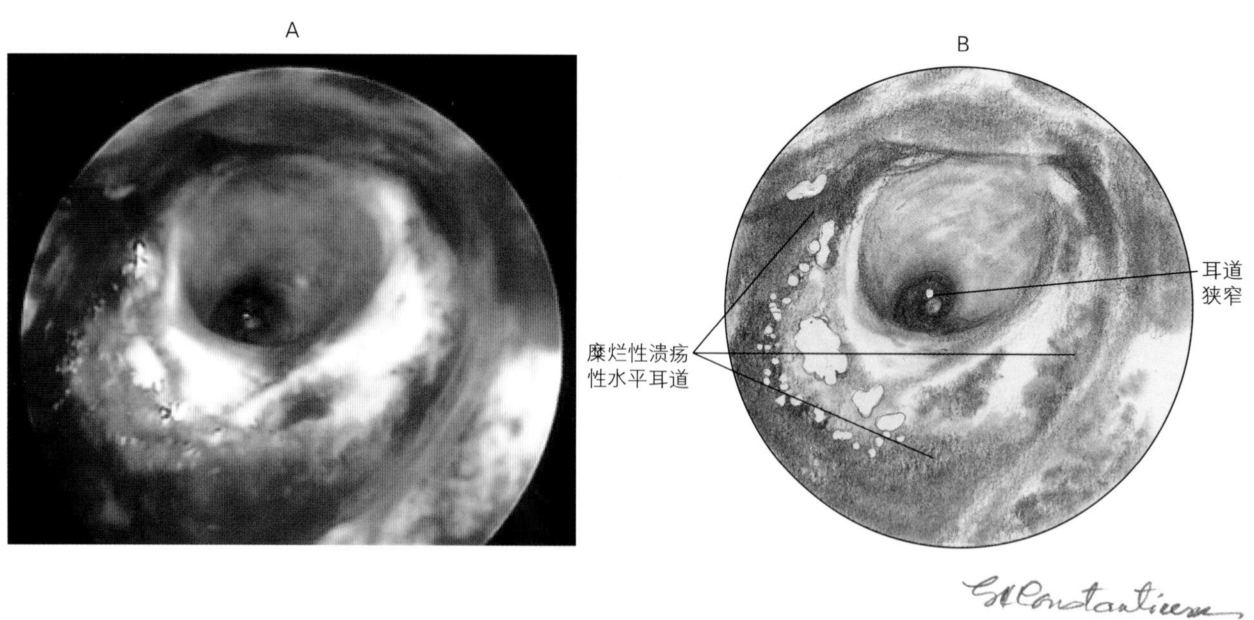

图11-27　因假单胞杆菌引起的糜烂性和溃疡性外耳炎

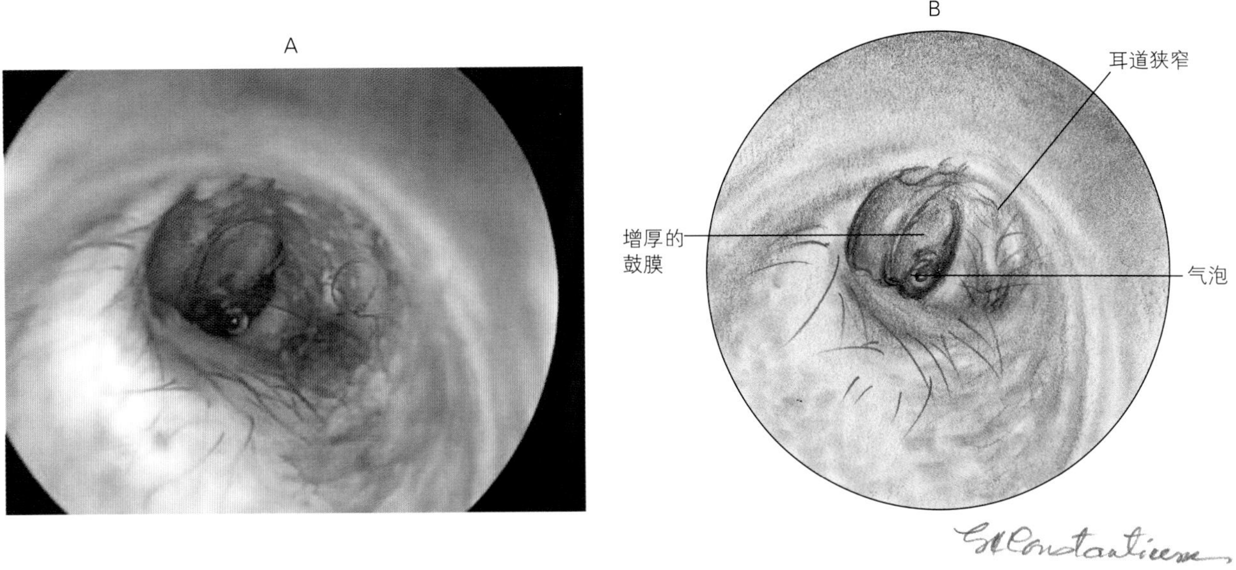

图11-28　因蓄积耳屑的慢性刺激，使犬鼓膜增厚并浑浊。未见中耳炎。从鼓膜表面移除耳屑后可见液体渗出

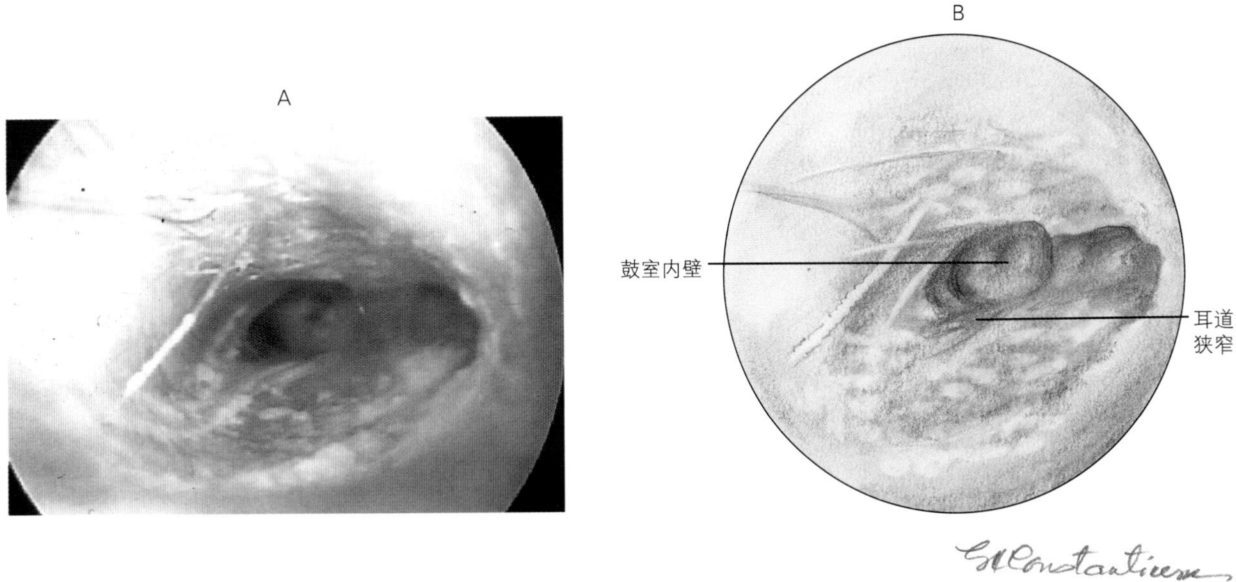

图11-29　患异位性外耳炎并继发细菌和马拉色菌感染的可卡犬，水平耳道中等程度狭窄和鼓膜穿孔。鼓室内侧中间的白色结构为骨

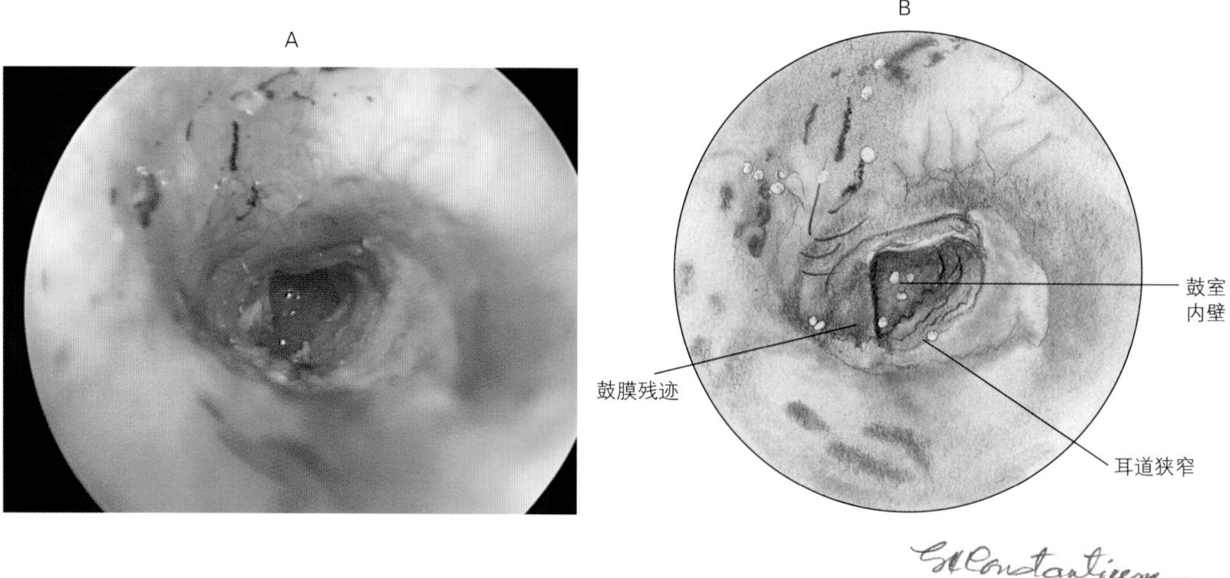

图11-30　猫慢性异位性外耳炎导致鼓膜穿孔。部分鼓膜仍然存在，鼓室内侧壁可见白骨，有继发葡萄球菌感染

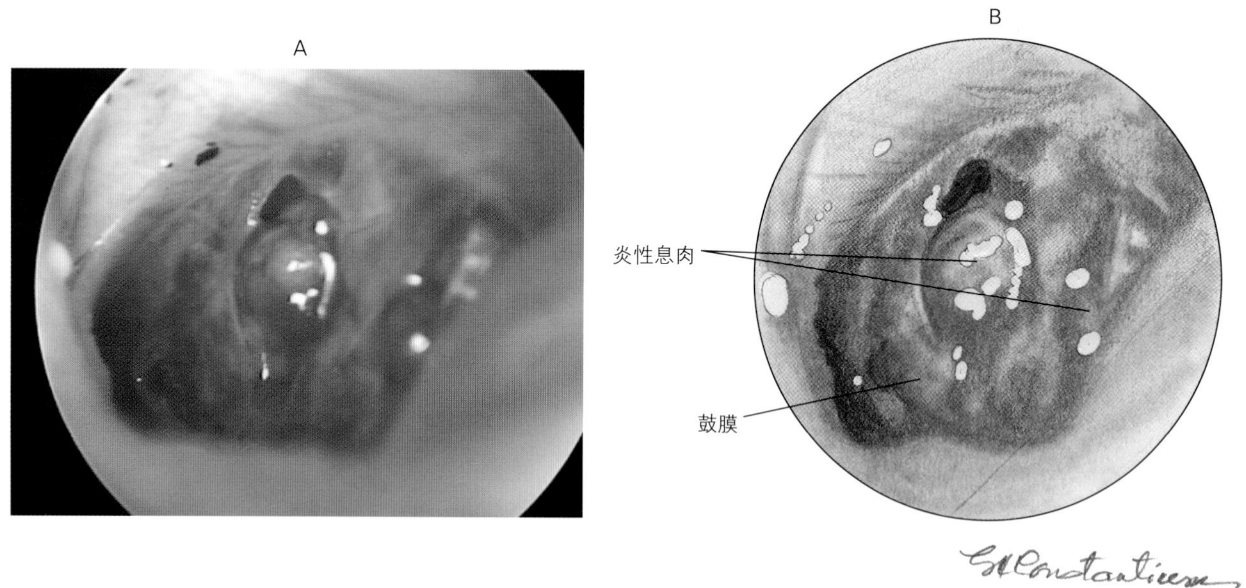

图11-31　猫的炎性息肉，恰好透过鼓膜从中耳出来

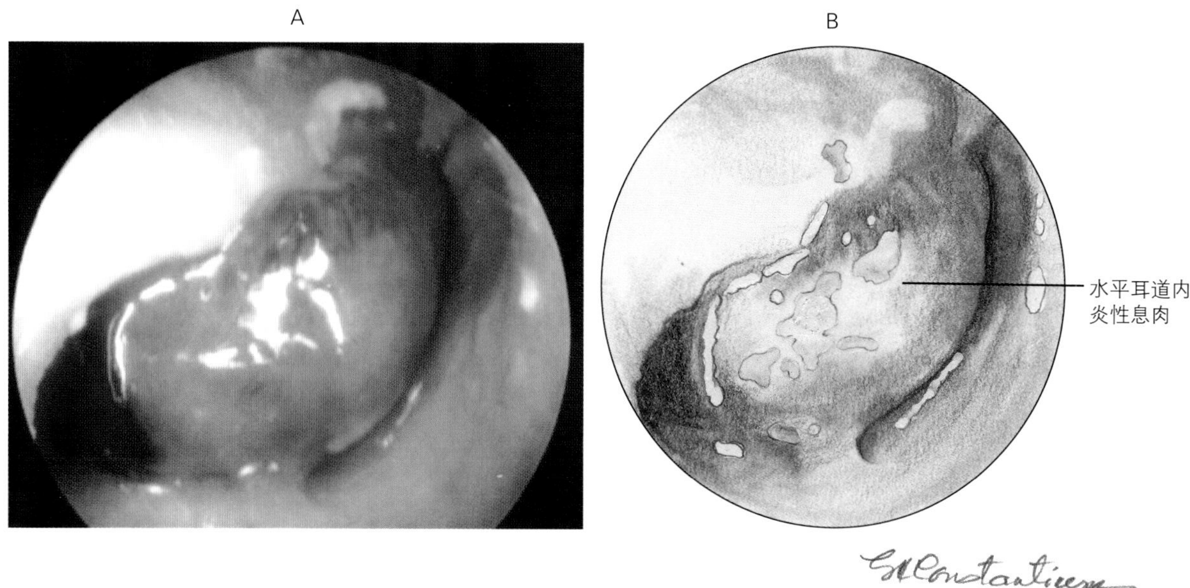

图11-32　猫源于鼓泡的长势良好的炎性息肉充满于水平耳道

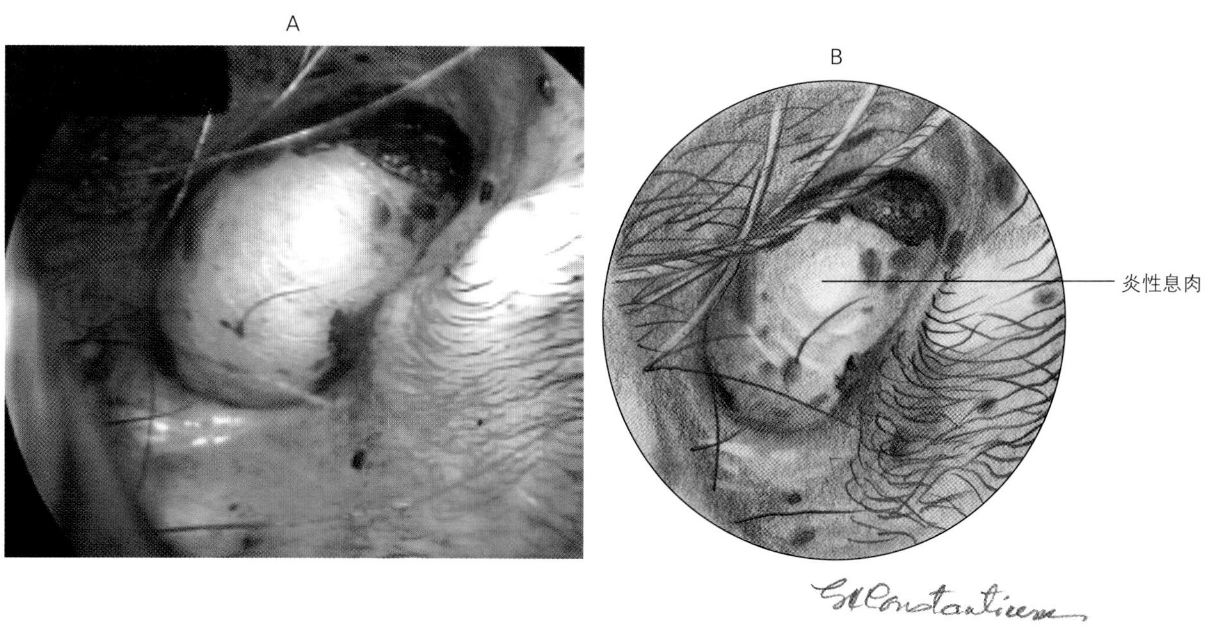

图11-33　犬来源于鼓室的炎性息肉

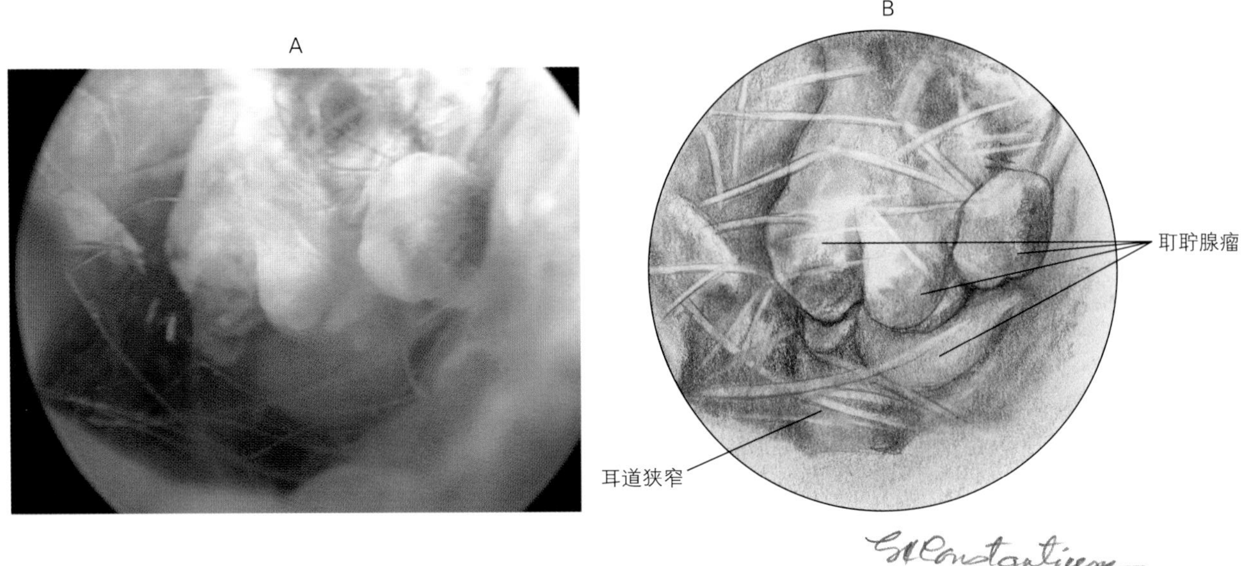

图11-34 迷你贵宾犬患慢性外耳炎和多发性耵聍腺腺瘤，照相时用盐水灌注

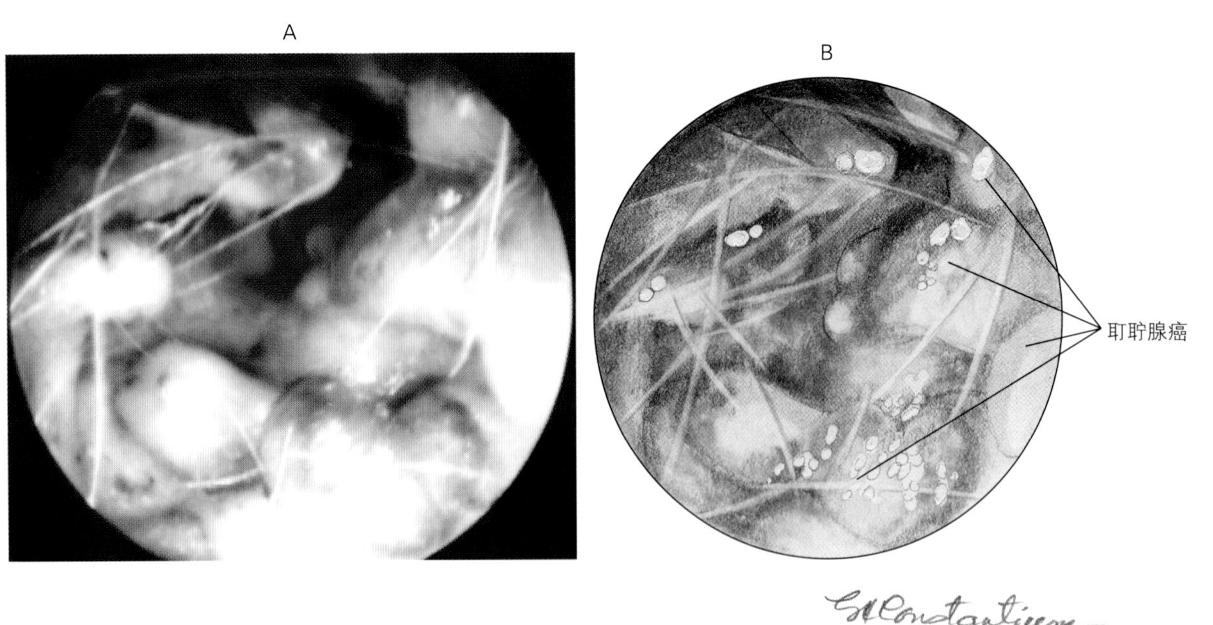

图11-35 犬的水平耳道内的耵聍腺腺癌，呈淡蓝色的物质是耵聍分泌物

深度镇静，以便能够成功地完成某些小的操作，如简单的异物清除或从水平耳道深部或中耳采样，进行细胞学检查或培养及过敏性试验等。

然而，深部耳道清洁、病灶注射治疗、活组织采样以及清除和摘除深部或较难清除的异物时，最好是在全身麻醉状态下进行。患病动物常对深部水平耳道的检查较为敏感，需进行全身麻醉，从而阻止患病动物的活动，又能降低对敏感的组织结构的损伤。气管内插管麻醉可以阻止液体经中耳和听管进入咽后。

对严重发炎和狭窄的耳道进行更细致的检查之前，应先考虑对耳道进行1～2周治疗或切开耳道，以便于达到耳道深部。治疗通常包括局部处理或口服糖皮质激素。若对深耳进行清洁，最好在操作前15～60min时，在耳内放置耵聍溶解剂，以使其软化。但溶解剂必须在诊断之后用。

在操作过程中，动物体位应随着视频耳镜的变动而改变。笔者更喜欢使动物侧卧保定，从头后部进行操作，这便于一手抓住耳郭，沿视频耳镜方向提起，空出另一手操控耳镜。这种方法可因摄像机的方向导致在视频监视屏上看到耳的结构的颠倒。熟悉正常耳道的结构可降低其他方向性混淆。

操作过程通常始于完全的耳检查，透镜覆盖水汽或耳屑会妨碍视野，最好的处理方法是取出镜管，并用浸有70%异丙醇的棉球擦拭透镜。耳道清洁之前获得的影像可存储于文档内。从深部耳道吸取耳屑样本，用于细胞学检查或用于细菌培养和药敏试验。如果在检查结束时，根据细胞学检查结果和鼓膜的完整性评价，认为没有必要做细菌学培养，可丢弃样品。如果鼓膜已经穿孔，要从水平耳道和中耳采集样品，用于细胞学检查和细菌培养及药敏试验。水平耳道和中耳内的微生物会有差别，并且不同区域的微生物敏感性也会不同[8]。从中耳取得的样品，即使无微生物感染迹象，但也应该采用需氧和厌氧两种方法进行培养。

通过视频耳镜工作通道注入盐水有利于扩张耳道和进一步放大图像、防止透镜雾化，并会减少耳镜顶端周围蓄积的耳屑。依靠重力作用流动液体通常会提供充分的压力，液体不断地流动也便于清除耳屑。

冲洗和抽吸可通过视频耳镜工作通道，用16#、5.5英寸特氟龙导管（伊利诺伊州，北芝加哥阿博特医院责任有限公司），4.5英寸、一端开口的公猫导管或者5F红橡胶喂饲管来完成。通道也可供活体采样器、抓钳或特殊改良的耳刮匙通过。耳屑可用抓钳清除，囊肿可被引流或切除，异物可被清除，猫的息肉可被切除。当使用Storz双向调节阀时，液体可通过活检采样器、异物钳或耳刮匙同时被注入（图11-14）。

可制作冲洗和抽吸器，以便通过调节阀交替冲洗和抽吸。16#、5.5英寸特氟龙静脉探针（伊利诺伊州，北芝加哥阿博特医院责任有限公司），或5.5英寸、一端开口的公猫导管通过延长装置安装到一个三通活栓上。60mL注射器和外科吸引器的橡皮管等与三通活塞相连（图11-13），调整吸力很重要，保证有效清除耳屑，又不会造成耳道塌陷和创伤。控制吸力决定于能否有效使用这种器械。吸量过大会使耳道塌陷，并会造成鼓膜穿孔。吸力太小又不足以清除耳屑。当在耳道深部、较深靠近鼓膜操作时，应使用最小的吸力，以减少鼓膜穿孔的几率。

使用联合清除技术有利于清除耳道的耳屑。在传统耳镜前端连接齿钳和耳刮匙以去除大块耳屑，应用12mL注射器连接一端开口的公猫导管冲洗，然后用14#的特氟龙导管（其连接橡胶管并控制吸力器）抽吸，有利于快速清除耳屑。视频耳镜的一个缺点是，手术通路的出口点是固定的，因此从该通道引出来的任何工具均限制在该活动范围内。需要操控镜管前端以观察耳道内的其他区域，这可能比较麻烦和费时。

（一）“假”中耳

鼓膜可被压迫入鼓室，常是由水平耳道内蓄积耳屑产生的压力逐渐增加所造成的。由此产生的空间被认为是假中耳，其扩展的深度通常会使人误认为是水平耳道，特别是与正常的对侧鼓膜进行对比时更为明显。鼓膜可被鼓室方向的骨突压平，或者甚至延伸到更大范围的鼓泡处。应用视频耳镜比常规耳镜更易看到这种变形的鼓膜。使用更长、硬质的，如关节内镜，便于更大角度地观察。

（二）中耳清洗

如果鼓膜穿孔，鼓泡作为耳道冲洗和抽吸的标记，导管尖端要通过鼓室的下部，在4点钟和6点钟之间的位置，仅在水平耳道底部之上。这使其进入鼓泡的可能性最大，并可最好地避免导管通过鼓膜开口背侧进入，以减少对敏感结构造成的潜在损害。

在犬，常见导管碰到骨嵴，这会在一定程度上使鼓室腔从鼓泡分开。当发生这种情况时，通过在鼓泡腔产生的液体流出可达到清洗鼓泡的目的。为了更便于进入鼓泡，可通过16#的尼龙管内引入一个矫形外科线，将尖端折曲，然后在沸水中加热导管，再冷却，当抽除外科线时软管保持弯曲状态。当导管尖端通过视频耳镜的工作通道时拉直，但抽出耳镜时其保持一定的弯曲状态。

五、损伤部注射糖皮质激素

对水平耳道和垂直耳道内的增生性病变可注射糖皮质激素，加快病灶分解并减少机体产生必需糖皮质激素的量。通过6英寸、22#脊髓穿刺针注射1～2mg/mL的曲安奈德，穿刺针通过视频耳镜的手术通道。在相对更大范围应用该药情况下，要使用更低的浓度，如果耳道的狭窄达到360°，视频耳镜在耳内放置位置尽量深，在12、4和8点钟的位置注射，每个注射点大约注射0.5mg的药物。当从耳道抽出视频耳镜过程中，每间隔1cm处重复注射，每只犬或猫的曲安奈德的总用量通常是6mg。增生性结节单独注射，应用大约同等剂量和同等间距注射。

六、激光治疗

激光可用于通过视频耳镜在耳道内使肿块气化，将180mm × 0.8mm的CO_2激光触点或1 000μm二极管激光纤维穿过2mm的视频耳镜的手术通道。激光触点探出镜管前端，以便可以看见激光触点，将激光束引导至伤口部位，目的是使肿胀汽化，而不灼烧组织。使用低功率的激光，可产生少量的烟缕。通过向水平耳道灌注盐水或使用小片的湿棉球盖住鼓膜，可降低对鼓膜等耳内深层结构的潜在破坏。激光也可用于做鼓膜切开术。

七、鼓膜切开术

在怀疑是中耳炎但鼓膜未受损时广泛应用鼓膜切开术。此时，多数鼓膜先前都穿孔但已愈合，逆行感染上行到达听管（咽鼓管），也可在鼓膜未受损的叠压造成中耳炎。有时，鼓膜切开术也用于减小松弛部的体积，以便于观察其余鼓室区域。

（一）松弛部穿刺

松弛部扩张有时可阻碍充分观察鼓膜或干扰鼓膜松弛部与紧张部间的清洁。当该情况发生时，考虑在充气的耳松弛部切开。这是一个改良的鼓膜切开术。在松弛部打孔比对在紧张部切口愈合迅速。因为考虑到操作会造成耳的潜在感染，所以每一项操作都应注意清洁耳道。操作可通过视频耳镜进行，用一个6英寸、22#脊髓穿刺针（Mila International, Inc., Florence, Ky）、16#的特氟龙颈静脉导管，或者一端开口并被削尖的导管，针或导管穿过膨大的松弛部的壁，直到抽出空气为止。

将针或导管施加一点负压便于抽出空气，如果导管开口处有液体，应进一步检查有无中耳炎。

（二）鼓膜紧张部切开

在进行鼓膜穿刺术前，应彻底清洁水平耳道。进行鼓膜穿刺术优先选择的位置是腹侧6点钟位置。为实现该目的，笔者通常使用一个22#、6英寸的脊髓穿刺针，将其连附于一个静脉内转移装置上，针通过视频耳镜的手术通道，通过鼓膜进入中耳。当针已经进入中耳时，助手通过系统产生负压收集样品，以便进行细胞学以及细菌培养和药敏试验，也可将针抽出，并用16#的特氟龙颈静脉导管进入鼓泡，如果根据X线片、CT、MRI或耳镜检查，在中耳内有耳屑，但在抽吸开始时又未见有耳屑收回，此时可用小剂量的灭菌盐水灌入鼓泡，然后再抽吸。如遇中耳炎，可扩大鼓膜切口，以便于置入导管，并彻底清洗中耳道。如有必要，可将抗生素（如恩氟沙星）注入中耳。

八、出血

在深部耳道操作时，如遇出血，应抽出耳镜，并将棉拭子置入耳道，或对耳道进行压迫直到出血停止。也可用液体冲洗以清洁可见区域，大多数出血可在几分钟内停止。

九、用关节内镜观察鼓室和鼓泡

可用常规视频耳镜观察鼓室，但却难以达到鼓泡。直径2.7mm的关节镜（图11-36）适用于检查中耳，因为该关节镜体积小，并且尖端成30°角，使其能在关节镜轴线后看到中耳（图11-37和图11-38）。通过关节镜连续用盐水冲洗，对于能清楚观察耳内是必需的。如果通过插管注入液体的流动速度太慢，可通过液体袋施压来增加流速。操作过程在插管周围进行，这种规格的关节镜容易进入体重在15.8～18.1kg磅的犬的中耳，在较小的犬和猫，镜管也可达到鼓泡，但可能造成损伤。体积较小的

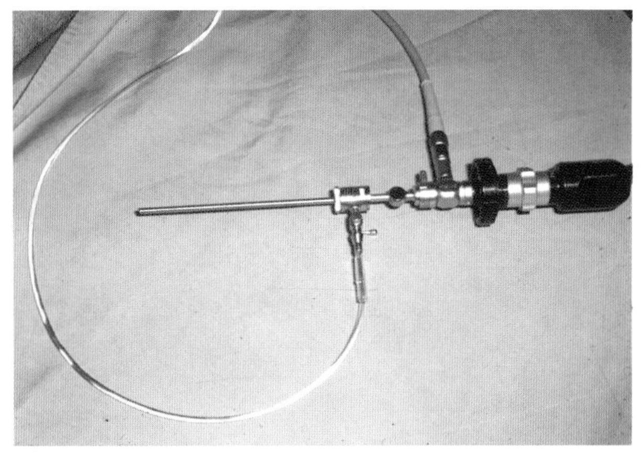

图11-36　用于鼓室和鼓泡耳镜检查的2.7mm关节镜

A

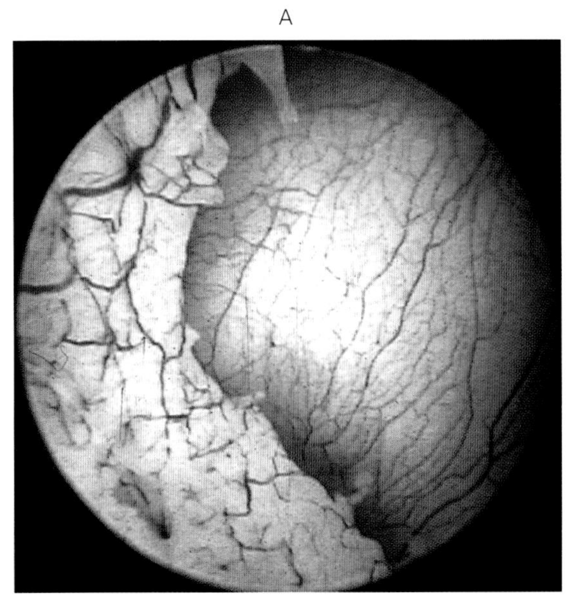

B

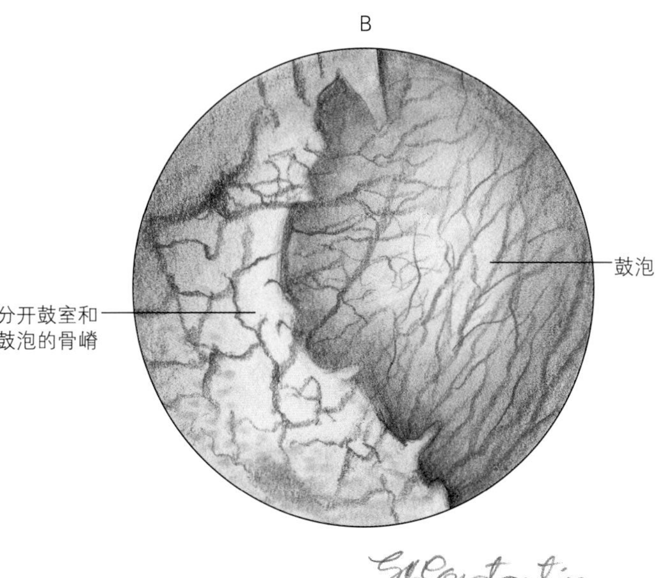

图11-37　当关节内镜到达中耳可见骨嵴将鼓室从鼓泡分离。沿着嵴边缘的突出物和球状突起是正常的

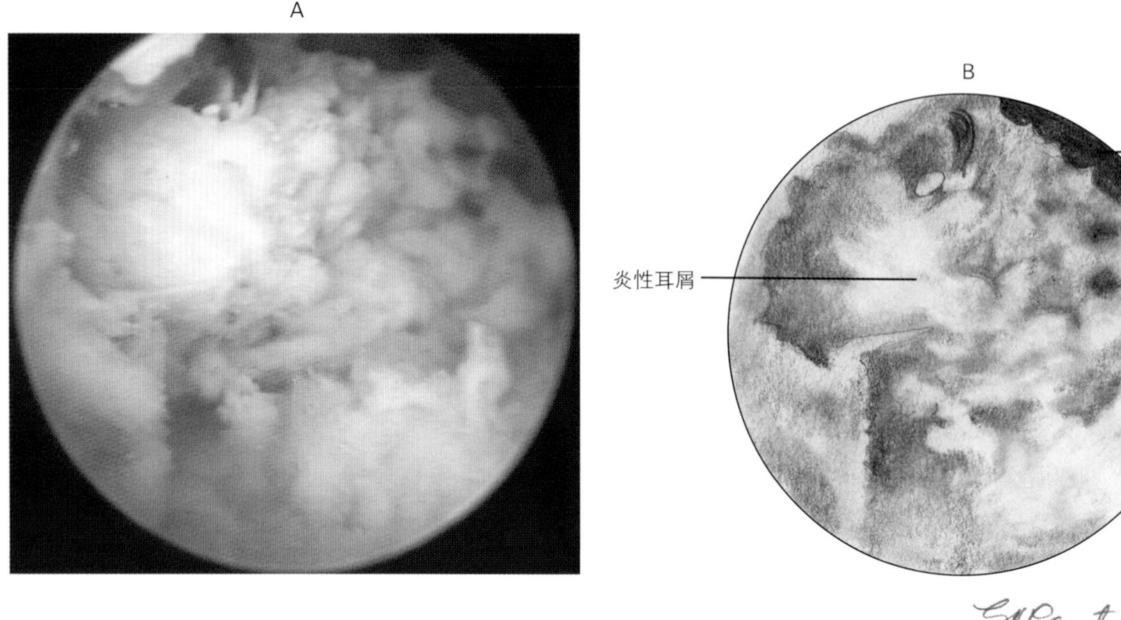

图11–38 应用2.7mm关节镜见到德国牧羊犬鼓泡内的耳屑

关节镜有利于小型犬或猫的检查。通过以前穿孔的鼓膜将关节镜深入中耳或实施鼓膜切开术之前，要对耳道进行彻底清洗。

十、视频耳镜的清洗和消毒

清洗和消毒有所不同，对于在检查室应用的耳镜，在检查完每个患病动物后，要对耳镜进行清洗和消毒。常用洗必泰（2%的溶液）清洁镜体或冲洗耳镜工作通道，然后，透镜表面用70%异丙基乙醇擦拭，以去除残渣或薄膜。更彻底的清洗应是，首先从镜管中抽出光缆，将镜管用pH为中性的酶清洁液浸泡不超过45min。可用海绵或软布清洁镜体蛋白物质性残渣，手术通路可用特殊设计的刷子清洗。镜管用蒸馏水彻底冲洗，镜头和光纤维入口处用70%酒精擦拭以去除残渣和薄膜。用不起毛的软布擦干或吹干整个镜体。视频耳镜也可应用环氧乙烷（ETO）、Sterrad过氧化氢等离子低温灭菌系统（高级灭菌产品，加利福尼亚州，伊尔文市）和Steris–20（俄亥俄州，蒙特斯特利斯公司）进行灭菌或消毒，或浸泡于2.5%戊二醛溶液（例如Cidex 14d，约翰逊，加利福尼亚州，伊尔文市）中。视频耳镜在任何溶液（包括生理盐水）中的浸泡时间不要超过45min。对于特殊部件的清洗应遵循生产商的清洁和消毒说明方法。

参考文献

1. Broekaert D: The migratory capacity of the external auditory canal epithelium: a critical mini review, *Acta Otorhinolaryngol* 44:385-392, 1990.
2. Scott DW: Feline dermatology: a monograph. *J Am Anim Hosp Assoc* 16:426-433, 1980.
3. Huang HP: *Studies of the microenvironment and microflora of the canine external ear canal*, Glasgow, 1993, PhD thesis.
4. Stout-Graham M and others: Morphologic measurements of the ear canal of dogs, *Am J Vet Res* 51:990-994, 1990.
5. Fernando SDA: A histological and histochemical study of the glands of the external auditory canal of the dog, *Res Vet Sci* 7:116-119, 1966.
6. Steiss JE and others: Healing of experimentally perforated tympanic membranes demonstrated by electrodiagnostic

testing and histopathology, *J Am Anim Hosp Assoc* 28: 307-310, 1982.

7. Matsuda A and others: The aerobic bacterial flora of the middle and externa ears in normal dogs, *J Small Anim Pract* 25:269-274, 1984.
8. Cole LK and others: Microbial flora and antimicrobial susceptibility patterns of isolated pathogens from the horizontal ear canal and middle ear in dogs with otitis media, *J Am Vet Med Assoc* 212:534-538, 1998.
9. Gotthelf LN: Laser ear surgery. 17th Proceedings of the AVD/ACVD, 137-138, 2002.

第十二章　犬阴道内镜检查和内镜下经子宫颈授精技术

使用硬质内镜可对母犬阴道进行常规检查、经子宫颈授精（TCI）和发情周期鉴定。对临床兽医来说，阴道内镜检查在犬生殖领域的应用前景喜人。精液冷冻和应用冷冻精液进行人工授精技术已经有30多年了，而在犬繁殖领域，直到最近几年才广泛应用。目前，犬的育种员们已经意识到了冷冻精液在育种方案中的潜能。由于临床兽医师们对人工授精关键技术（如子宫内输精）的掌握，提高了受胎率，使得人工授精技术在犬繁殖领域的应用不断扩大。人工授精的关键技术之一是输精。输精的方法有两种：外科手术方法和经子宫颈注入。一般来说，外科手术方法是许多临床兽医师的选择，因为这种方法简单，不需要长时间学习，但外科手术方法有一些缺点：进行全身麻醉有一定的风险，手术会造成损伤，并且可能只能做一次人工授精。许多犬主人和兽医更愿意选择非外科手术的方法，现在采用的是借助内镜检查经子宫颈输精技术。内镜技术的应用也不仅仅只限于子宫内输精。

第一节　相关的解剖学

为保证授精成功，在进行阴道内镜检查和人工授精前，要先熟悉母犬生殖道后部的解剖结构。母犬后部生殖道可以分为3部分：阴道前庭，阴道和子宫颈周边组织。

一、阴道前庭

阴道前庭是阴道的后部，从阴唇延伸到阴道交界处。前庭的重要解剖结构有阴蒂、阴蒂窝、尿道结节、尿道口、阴道隆带。阴蒂和阴蒂窝紧邻阴唇的腹侧。阴道结节位于前庭的腹侧壁、前庭阴道交界处的后部，包含有尿道口。进行阴道内镜检查时，注意不要将内镜插入阴蒂窝或尿道。隆带仅见于尿道结节的前部，为环状、狭窄和带状结构，是前庭和阴道交界处的功能性括约肌（图12-1）。

二、阴道

阴道呈管状，从前庭的隆带延伸到子宫颈。阴道表面被覆有黏膜，黏膜表面有纵向的皱褶，在生

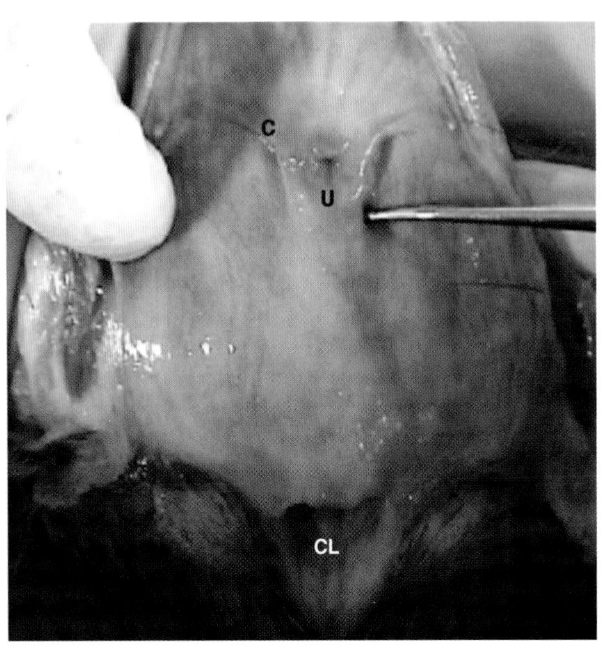

图12-1　阴道前庭腹侧面观，示阴蒂和阴蒂窝（CL）、尿道结节和尿道口（U）和隆带（C）的位置

殖周期的不同阶段，黏膜皱褶会呈现不同的大小、形状和外观（图12-2）。

三、子宫颈周边组织

在进行阴道内镜检查时可以看到最具特点阴道顶部结构（图12-3）。背侧的正中褶（DMF）是一条发育良好且位置固定的隆起，这条正中褶明显地缩小了通往子宫颈的阴道内腔口径，在进行阴道内镜检查时，器械的直径将在此受限。内镜进入子宫颈周边组织时过渡很明显，因为正中褶把该处的阴道内腔变成了月牙形。正中褶一直延伸到子宫颈结节。子宫颈结节是子宫颈的阴道部分，大多数母犬呈管状。子宫颈是连接子宫同阴道的通道，位于子宫与阴道交界处。子宫颈外口直接指向阴道底壁。阴道前部因穹窿而受限。穹窿是缝状的空腔，位于子宫颈结节的前方腹侧。子宫颈在母犬的整个生殖周期都是开张的，但在某些生理阶段会更容易插入导管。

第二节　经子宫颈人工授精的内镜技术

将硬质内镜插入子宫颈的技能是进行子宫颈的导管插入术和子宫内冷冻精液授精的基础。

一、设备

由于动物的体型、阴道的长度和子宫颈周边区域的宽窄度的变化很大，因此对经子宫颈人工授精的器械设备进行规范很难。使用的设备有硬式膀胱尿道镜（加长的30°角膀胱尿道镜：镜头325B，3.5mm套管027KL，连接装置027NL, Goleta, Calif），这种内镜的组件有：带30°倾斜视角的镜管；一个护套；连接装置；外部光源。这种内镜的工作长度29cm，护套的直径为22F（图12-4）。内镜上还可以连接一个摄像机，但并非必需。对于大多数母犬来说，可以选择8F直径的尿道导管。对于小型母犬或未生育过的母犬，需要用到直径6F的导管。

发情期的母犬较易站立接受内镜检查，不需要任何镇静。将母犬站立保定在专门设计的液压平台上，平台上有绳可以固定住母犬的颈部，还有帆布带可以保定母犬的腹部，以防侧向移动，并防止母犬坐下。采用液压的桌面或椅子是为了给操作者提供最佳的操作姿势（图12-5）。

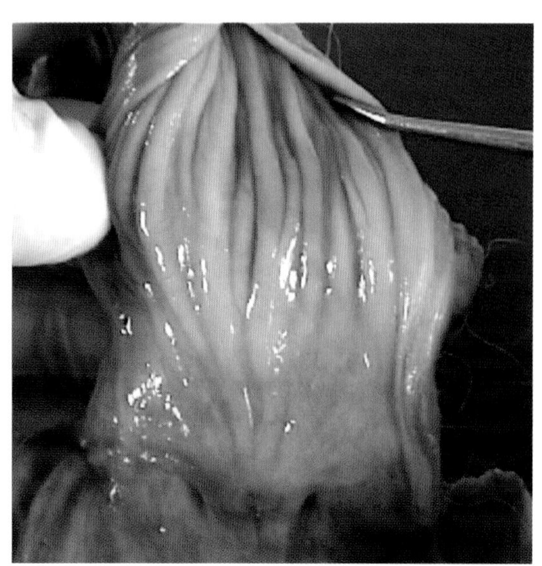

图12-2　休情期阴道黏膜表面的纵向皱褶

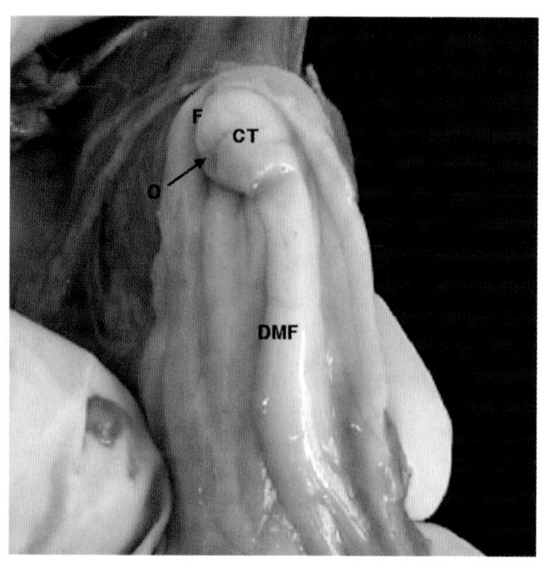

图 12-3　子宫颈周边组织
DMF，背正中褶；CT，子宫颈结节；O，子宫颈外口；F，阴道穹窿

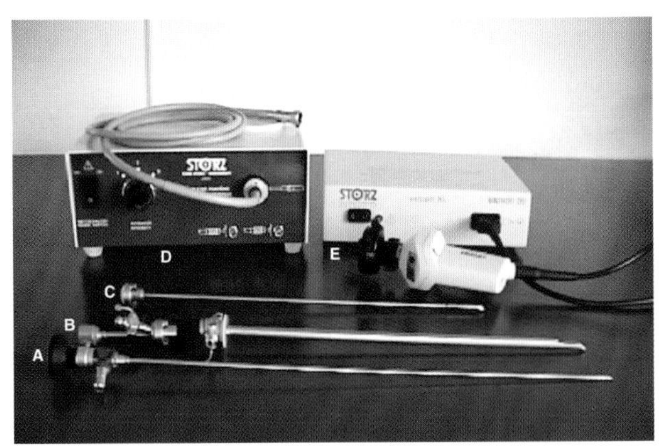

图12-4　经子宫颈授精的内镜检查设备：加长的30°角膀胱尿道镜（A），护套和连接装置（B），套管（C），光源和光缆（D），摄像机（E）

图12-5　内镜下经子宫颈授精。使母犬保定在专门设计的平台上。腹带可限制母犬的侧向移动和防止母犬下蹲

二、操作技术

润滑内镜的护套，以使其能顺利通过阴道皱褶。应尽可能少用润滑剂。

镜前端要从阴唇的背侧进入，以避开腹侧的阴蒂窝和阴蒂。选择插入角度要考虑阴道前庭的前背侧倾斜，并保证镜前端平滑地通过骨盆边缘。尿道口位于阴道前庭的底部，不要将镜前端插入尿道口，否则会引起母犬的反感。一旦内镜通过隆带，进入阴道皱褶，要沿着阴道内腔缓慢推进，并且要密切注意。在发情前期和发情早期，圆形的阴道褶皱和大量的液体会使内镜的推进更加困难，因为此时阴道皱褶几乎填满了整个阴道内腔。授精导管可以用来分开阴道皱褶。在发情期，阴道皱褶脱水和皱缩使阴道内腔变宽大（图12-6）。要尽量将内镜的顶端留在阴道内腔，因为这样会使得镜头的推进更加容易。大多数的母犬会反感内镜的前端挤压背侧阴道壁。不同母犬阴道腔的方向有很大的差距，有的是水平的，有的向上或向下成很大角度。

有一点很重要，那就是能够辨别内镜是否穿过了阴道和内镜是否通过了狭窄的月牙形腔和子宫颈周边组织（图12-7）。无论内镜是从背正中隆（DMF）的边侧通过，还是从底部通过，需根据这个部位整体空间的大小而定。子宫颈阴道部以结节的形式位于背正中隆的下面。子宫颈外口常不明显，因为它位于子宫颈的腹部。内镜的操作要一直在结节的下面，直到看到子宫颈为止（图12-8）。大多数母犬的子宫颈外口位于子宫颈阴道部环形褶的中央，尽管在未生育的母犬和一些成熟母犬并不明显。子宫颈外口流出的液体有助于辨别其位置。

通过操控内镜和导管将导管插入子宫颈外口。一旦导管的前端进入子宫颈外口，轻轻扭动即可使导管前端顺利通过子宫颈管。在注入精液前，要尽可能插入导管，然后缓慢注入精液，在这个过程中导管要在视野范围内，以保证精液不会回流和外漏（图12-9）。如果发生了泄漏，要在子宫内将导管复位，轻轻推进或回撤导管，然后重新授精。导管内要引入少量空气，以保证注入全部精液。

母犬在发情期，会很好地配合站立操作，不需要镇静。在诊断性内镜检查时经常会注入空气，但是对经子宫颈人工授精来说，无需注入空气，因为任何模糊的视野都会使授精导管的顶端发生偏斜。要注意避免损伤精子的活力，因此不建议冲洗阴道。

三、授精技术学习方法

经子宫颈授精技术（TCI）的理论知识很简单，但是临床兽医师在实践过程中会遇到一些问题和困难。使用正确的设备很重要。尽管犬品种间在体型和形状方面有很大差异，但如果设备器械选择合适，TCI在大多数母犬都适用。有些母犬的子宫颈周边区域很紧，不能进行这项操作。在学习实践过程中，最好采用中型犬，至少产过一胎且已经进入发情期的犬。学习过程中遇到的许多问题都与对局部解剖结构不熟悉有关。能够辨别所操作的部位；熟悉子宫颈外口是什么样子，熟知它的位置，并用一套系统的方法找到它，这些对于操作者来说都是很重要的。

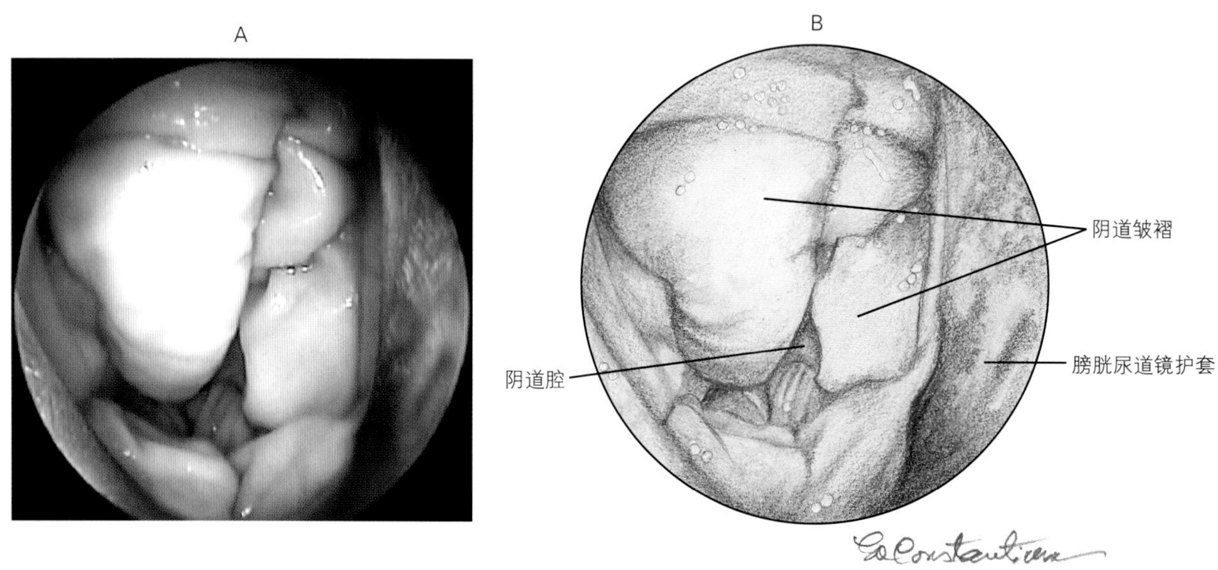

图12-6　发情后期，阴道褶皱收缩使阴道腔加大

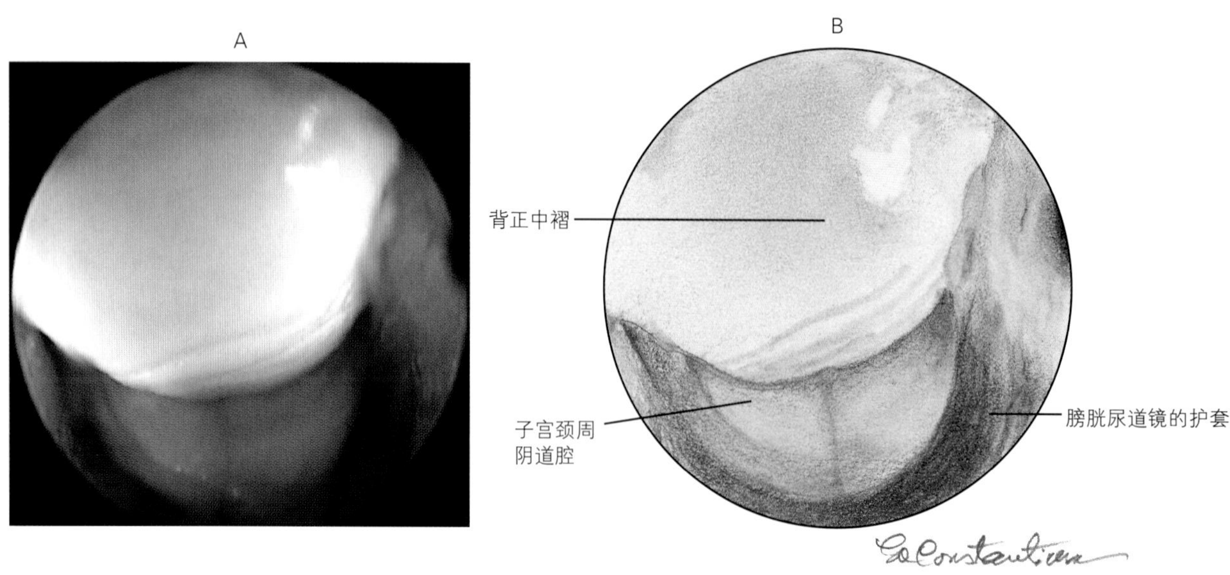

图12-7　背正中褶的明显特征和狭窄的月牙形阴道内腔清楚地标示了子宫颈周边区域

一旦确定子宫颈口的位置，只需考虑适当的子宫颈角度并给予适当压力就可以施导管插入术。有时操作过程会受生殖道的直径所限，因此需要选择小规格的导管。

阴道分泌物可能会影响能见度，尤其是对于初学人员，这种问题会更明显。适当的时候或复位内镜时能看得更清楚，或者必要时要除掉内镜外鞘并冲洗其探头。

四、子宫内输精

监视子宫颈能确保在子宫内正确放置导管，并能连续观察授精过程，确保精液注入子宫内。使用

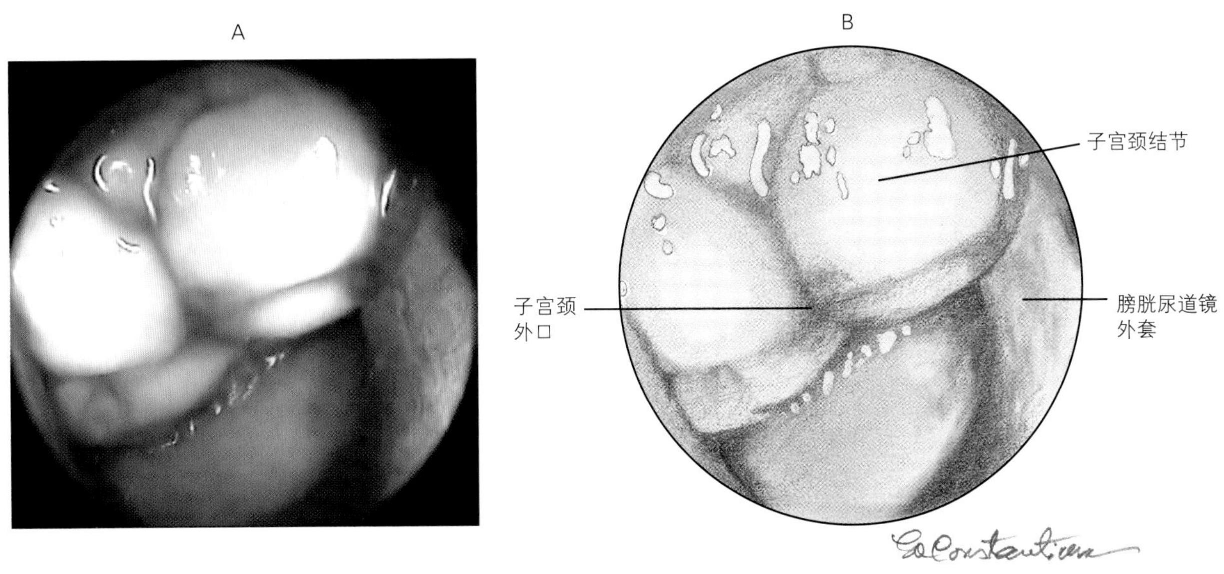

图12-8　可以通过流出液体的部位来确定位于宫颈结节上的玫瑰花结样子宫颈外口

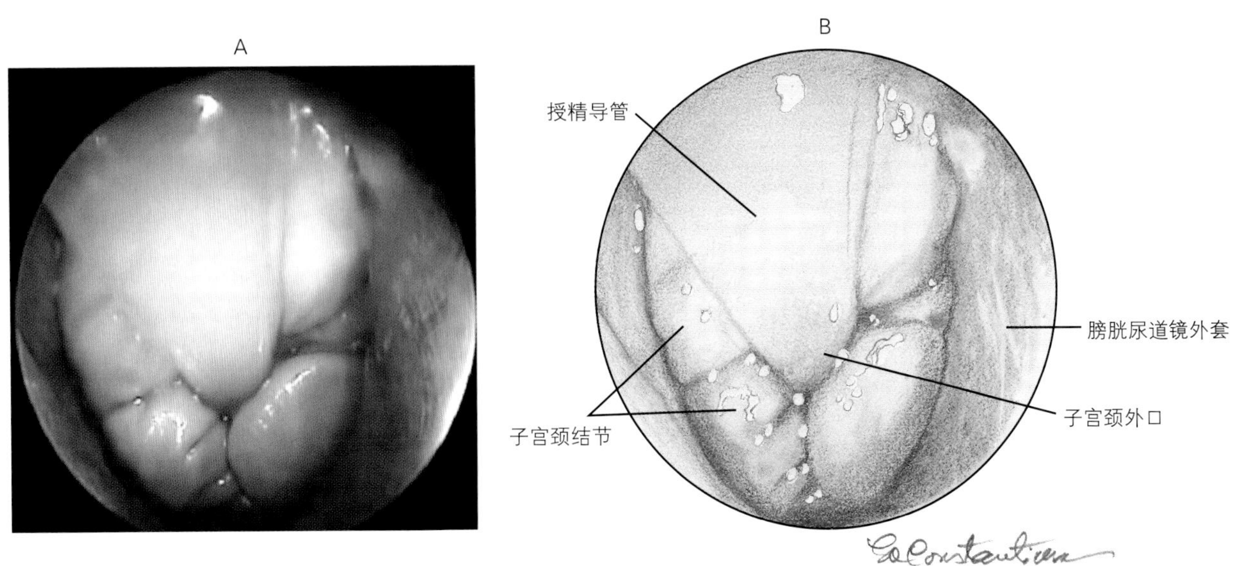

图12-9　内含精液的导管可插入宫颈外口。输精过程清晰可见，以保证注入精液时导管插入的位置正确和输精后精液不会回流

视频摄像机便于动物主人和兽医一起观看子宫内的输精过程。

五、安全性

要重点考虑输精过程中引起的感染或创伤风险。除非是在患有某些疾病时发情，塑料导尿管不会引起阴道壁或子宫壁穿孔。然而，如果用力不当，可引起子宫颈周边区域受损。当插入内镜时，如果母犬表现出明显不适，应该停止操作。在TCI期间发生子宫内感染让人担忧，但是很少发生。阴道在发情前期及发情期并不是无菌环境，通常在子宫和阴道能分离到细菌，但不会引起感染，因为在发情期，机体对感染的抵抗力非常强。因此，从阴道向子宫插入导管不会引起任何感染问题。然而，还是要注意和小心，确保不要因为器械或环境不洁净或操作不当导致感染的发生。

六、冷冻精液授精

内镜TCI技术提供了子宫内输精方法，但只有考虑到全部冷冻精液输精技术的重要因素后，这种输精技术才能成功。这些因素包括适时输精、精液的质量及母犬的生育力。有报道认为，重复授精能增加受胎率和每窝产仔数。用劣质精液重复授精可使精液在很长时间内沉积在子宫壁。当很难确定最适的授精时间时，很有必要进行重复授精。

七、新鲜或冷冻精液授精

内镜不仅限于冷冻精液授精。TCI发展成适于冷冻精液的子宫内输精，同样也适用于新鲜精液和冷冻精液授精。在母犬没有明显的应激的情况下，可以采用重复授精的方法。若新鲜精液的质量较差，使用TCI具有明显的优势。TCI应用于新鲜精液和冷冻精液的授精，不仅可以有良好的受胎率和窝产仔数，而且可以使操作人员有机会积累经验和提高专业技能。

第三节　经子宫授精的其他应用

TCI已用于子宫内环境的研究，包括研究母犬整个繁殖周期的微生物学和细胞学，以便提供有价值的信息。在乏情期和发情间期进行检查时，阴道壁很薄，易引起创伤，此时操作要非常谨慎。当处于非发情期，母犬不易接受内镜的插入，所以有必要进行镇静。镇静后，母犬对内镜的不当操作常没有反应，需要更加小心。当母犬处于乏情期及发情间期时，可采用气体吹入法和液体灌注法来保持阴道壁持续扩张。受高水平孕酮的影响，发情间期子宫更易发生感染，因此要特别注意无菌操作技术。

随着子宫颈导管插入技术的发展，将开发出新的诊断程序和治疗方法。

第四节　阴道内镜检查：发情周期

生殖激素及其水平的改变能引起黏膜颜色的变化，利用这点可以使用内镜检查阴道黏膜，这是判定母犬发情周期不同阶段的有效方法。

一、检测设备

在监测发情周期时，不需要将探头推进至子宫颈周边组织，因此可采用广角的内镜。在发情期检查时，可以像TCI过程一样，不必使母犬镇静。

二、操作技巧

当内镜探头进入阴道时，其黏膜颜色已经提前发生改变。因此，为了保证每次检查的可比性，内镜的插入深度要一致。当内镜探头插入阴道内，应立即做出判断。

三、发情前期

由于雌激素刺激的结果，黏膜褶的数量增加，出现明显水肿，并充满阴道腔。皱褶呈圆唇状，轮廓明显，有光泽，表面湿润。在阴道内的皱褶可见明显的鲜红色液体，经子宫颈外口流出（图12-

10）。阴道背正中褶突起并充满子宫颈周边，使通向子宫颈的通道形成狭窄的新月形。在发情前期末，排卵前雌激素水平下降，黏膜开始脱水。水肿的消退是渐进性的，黏膜逐步形成皱褶表面（图12-11）。

四、发情期

在发情期初始，皱缩的黏膜壁不再充满阴道腔，且黏膜变得愈加苍白（图12-12）。

黏膜持续脱水使皱襞形成轮廓并变得边缘锐利、峰明显；背正中褶愈加皱缩、扭曲。发情期结

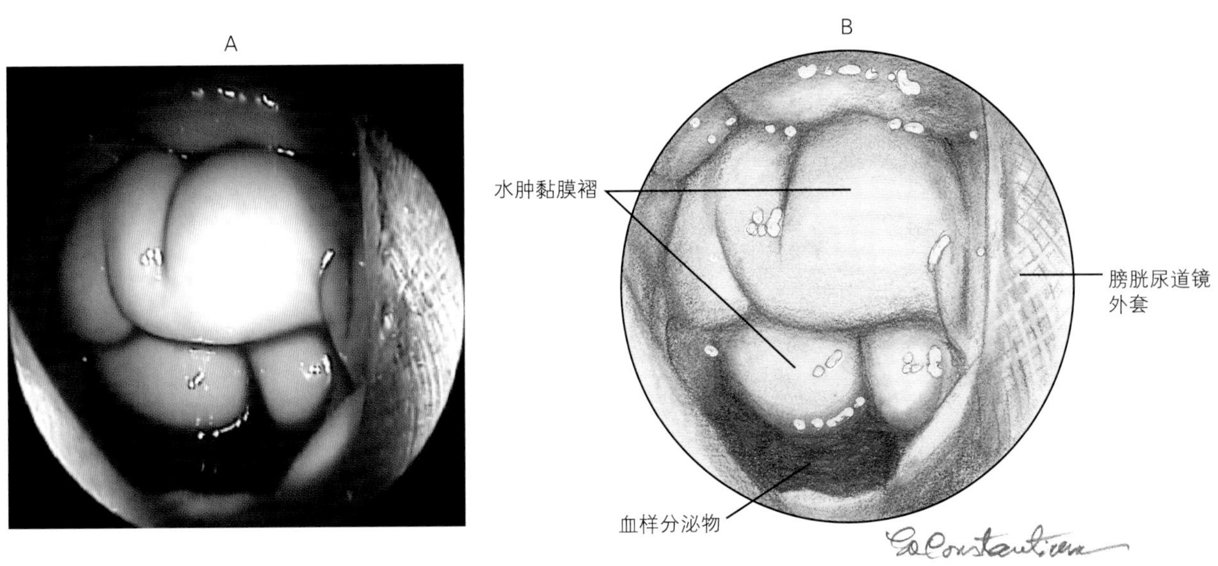

图12-10　发情前期初始。黏膜层圆润，有光泽，皱襞中充满透亮液体，并有大量血污排出

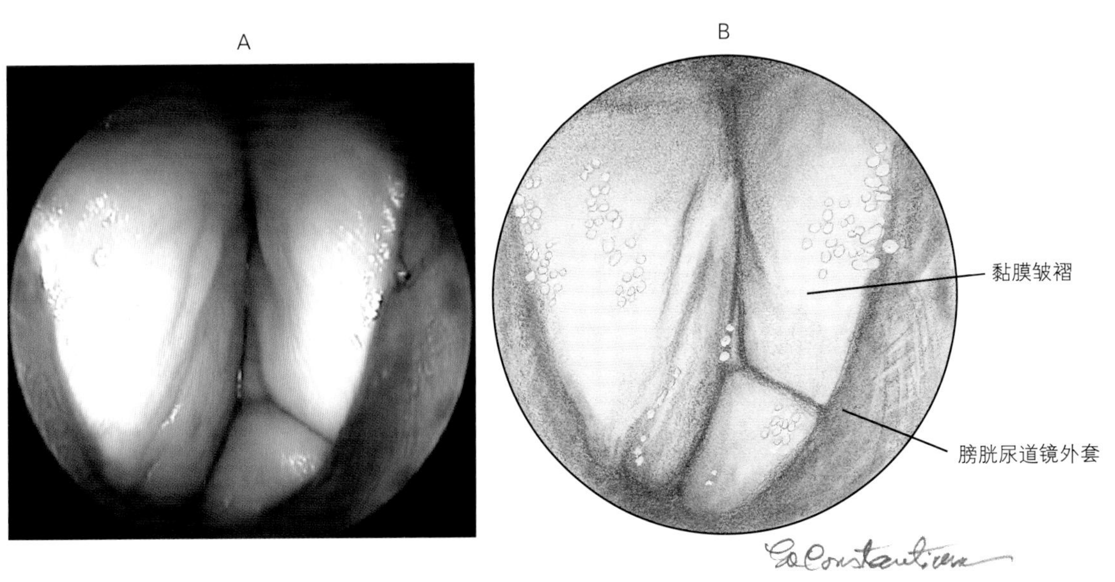

图12-11　发情前期末。皱缩的黏膜表面预示着雌激素水平开始消退

束，所有皱襞变得更加皱缩、尖角明显，阴道腔变宽（图12-13）。

五、间情期

发情间期以有角的襞变成圆唇状为标志（图12-14）。黏膜斑片状充血，排出物变得浓厚。黏膜皱襞再次形成圆唇状，但是不像发情前期的图片所示，皱襞低矮不明显，阴道壁变宽。

六、休情期

在休情期，黏膜皱襞数量少，都呈现单一的圆唇状轮廓。黏膜上覆盖少量黏液，并呈弥散的粉红色。在此阶段，黏膜很薄，极易受损（图 12-15）。

阴道的内镜变化可分成4个阶段：水肿期、皱

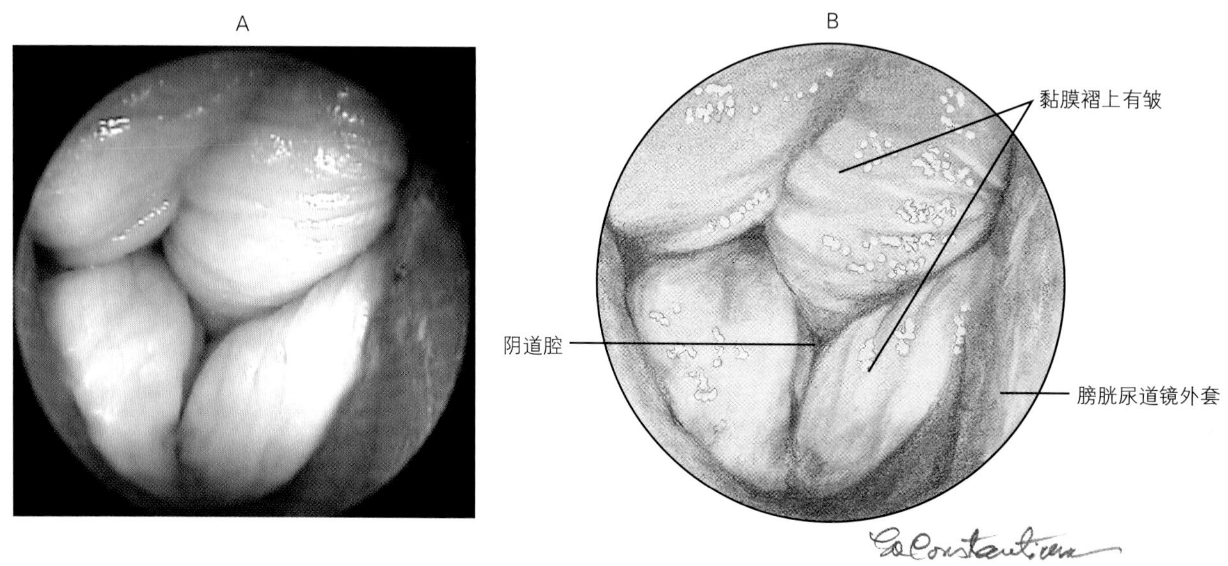

图12-12 发情早期。黏膜层皱襞不再充满整个阴道，但是这时的黏膜层表面仍然皱缩，褶皱表面仍然呈圆形

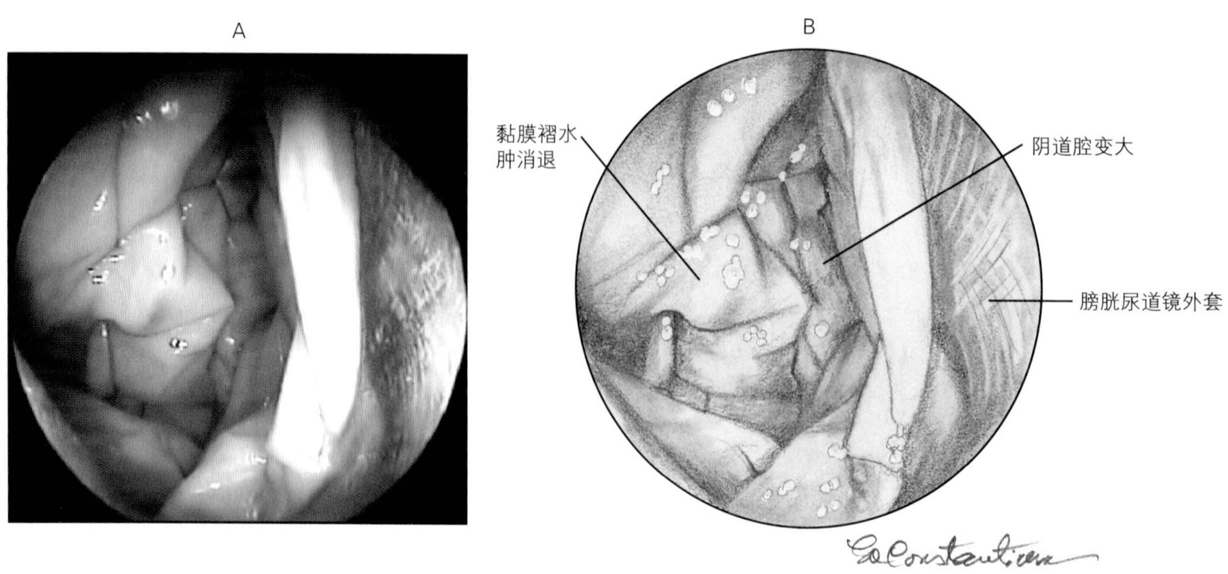

图12-13 发情期末。持续的脱水使黏膜皱襞表面呈角状，阴道腔变宽松

缩但无尖角期、皱缩且有尖角期、圆唇状形成期。整个发情周期可通过这4个阶段鉴别。在发情周期内，和这4个阶段相关的变化也已确定。无尖角期皱缩的初期发生在排卵期前的促黄体素分泌峰值到排卵期间，有尖角期的发展伴发排卵和卵母细胞成熟。阴道壁的细胞涂片所示的细胞类型转变与圆唇状的形成期相符，能表明发情间期的开始。

尽管不同母犬阴道收缩的程度和角度各不相同，但是通过内镜实时测定，发现其结果和其他方法监测的结果一致。因此，内镜检查对于育种管理很有价值。通常认为自然交配和用鲜精液进行人工授精的最佳时间是阴道的成角期。阴道内镜检查结果发生变化则说明了雌激素的水平发生了变化，但不能鉴定排卵，因此，可通过检测孕酮的变化来确

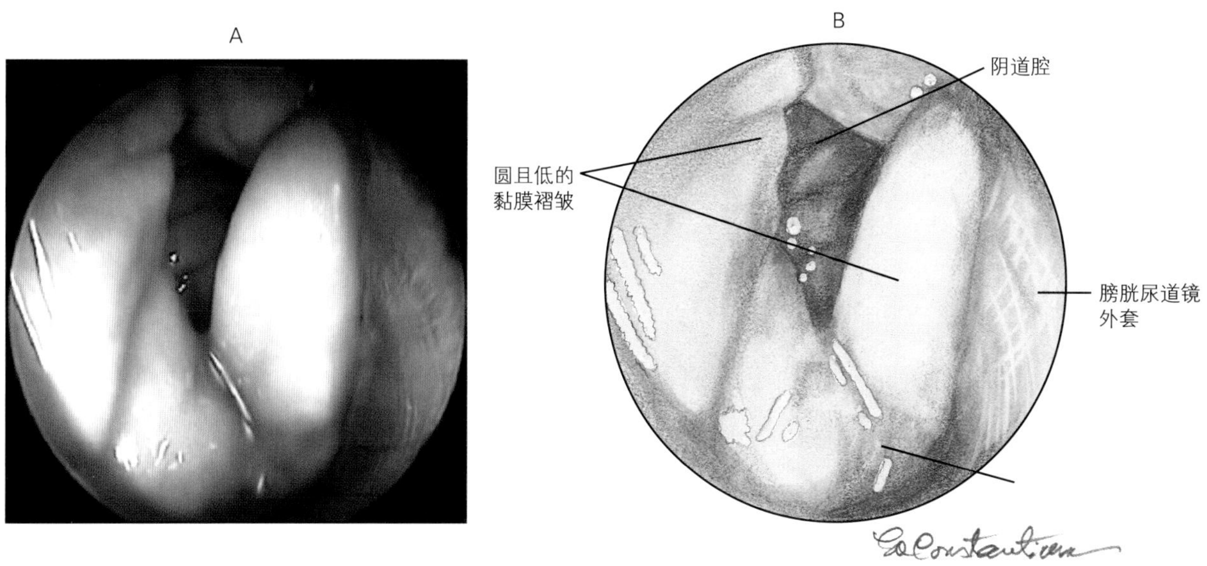

图12-14　发情间期。随着发情间期的到来，阴道褶皱充血变平，阴道排出物也变黏稠

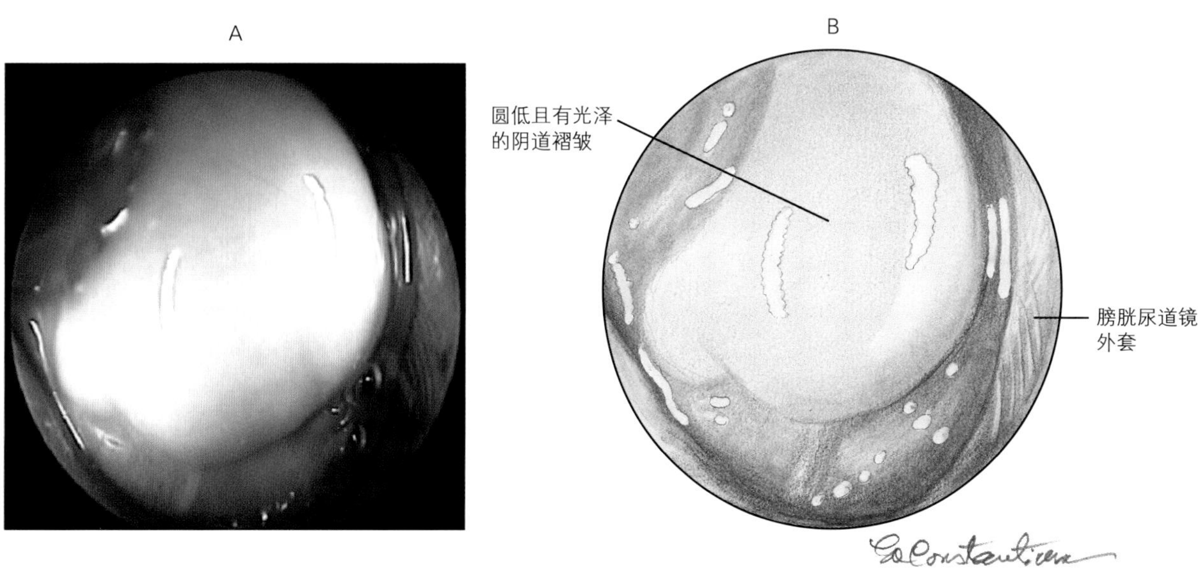

图12-15　休情期。黏膜变平，潮湿有光泽，并紧裹探头，此时注入空气有利于完成检查

定是否排卵。当用冷冻精液进行人工授精或者母犬有生殖系统疾病时，授精的最佳时间很关键，并且决定了是否需要进行阴道内镜检查、阴道细胞学检查及孕酮检查和促黄体检查。

第五节　阴道镜一般知识

除了特殊病例外，阴道内镜还可以作为常规诊断的器械，根据出现的病情以及病因的大致位置来选择合适的设备。

要看到阴道的全长就选用TCI公司的内镜，但是如果只需要检查阴道的末端的话，其他公司的内镜也适用。

一、繁殖力问题

临床医生可通过阴道内镜检查阴道并且可评价阴道是否发生畸形及不育。母犬可能因为不恰当的自然交配或不能妊娠而出现上述现象。常见的问题有：初产母犬的阴道先天性畸形，以及不同类型和不同严重程度的狭窄，难产后的瘢痕组织和阴道内肿块。隆带通常狭窄，但是相对于正常的狭窄，病理性的环形狭窄会妨碍自然交配。但是，只要细心，可以插入内镜，并且可通过内镜来观察阴道内腔的狭窄处。母犬出现隆带狭窄通常是因为其在幼年时阴道发生疾病而没有得到治疗。阴道的环形狭窄可能会妨碍人工授精，并且可能需要通过手术来治疗。因此，对于那些可能出现生殖道疾病的种群，在任何育种方案都不能忽视这些疾病。

二、阴门分泌物

母犬阴门常出现许多分泌物，这些分泌物可能来自于子宫、阴道、膀胱或阴道前庭。临床医生可通过内镜检查阴道来确定分泌物的来源，找出病因，采集样品，并在可能的情况下进行治疗。

三、产程监控

在产前、产中以及产后都可以应用内镜来监控分娩过程中母犬阴道壁、子宫颈以及幼仔的情况。

建议阅读资料

Jeffcoate IA, Lindsay FEF: Ovulation detection and timing of insemination based on hormone concentrations, vaginal cytology and the endoscopic appearance of the vagina in domestic bitches, *J Reprod Fertil (Suppl)* 39:277-287, 1989.

Lindsay FEF: The normal endoscopic appearance of the caudal reproductive tract of the cyclic and non-cyclic bitch: post uterine endoscopy, *J Small Anim Pract* 24:1-15, 1983.

Watts JR, Wright PJ: Investigating uterine disease in the bitch: uterine cannulation for cytology, microbiology and hysteroscopy, *J Small Anim Pract* 36:201-206, 1995.

Watts JR, Wright PJ, Whithear KC: Uterine, cervical and vaginal microflora of the normal bitch throughout the reproductive cycle, *J Small Anim Pract* 37:54-60, 1996.

Wilson MS: Transcervical insemination techniques in the bitch, *Vet Clin North Am Small Anim Pract* 31:291-304, 2001.

第十三章　其他内镜

有很多内镜技术，虽然很少应用于病例，但对患病动物具有很高的应用价值。包括经腹部的肾脏内镜检查和输尿管内镜检查（TANU）、阴道内镜检查（见第十二章）、包皮内镜检查、瘘管内镜检查和撕裂创内镜检查、眼睛内镜检查、肿瘤内镜检查和肛门囊内镜检查等。这些技术使用的内镜大多为硬质内镜，检查时不需要其他器械。

第一节　经腹部肾脏和输尿管内镜检查

小型犬、猫的肾结石和输尿管结石很难通过外科手术取出，并且手术会造成严重的术后并发症，因此，在治疗时一般选择保守疗法。使用直径较小的硬质内镜能极大地增加肾结石和输尿管结石的视野和暴露。开放性肾切开术取出肾结石能破坏肾脏，而且术后产生小球状功能障碍性瘢痕组织，所以不表现临床症状的肾结石一般都不进行手术取石，而将结石留在肾脏内。利用TANU微创技术取出结石，对肾脏损伤程度最小，功能性肾脏组织丢失最少。

进行肾脏和输尿管内镜检查时，需要在腹中线做一标准长度的手术切口。放置拉钩，通过牵拉腹腔器官和填塞湿手术纱布海绵，适度暴露肾脏和所涉及的部分输尿管。肾脏不要与腹壁接触，并且用填塞物搁置在肾脏背部抬高肾脏，利于肾脏的暴露和稳固。

临床实践中可遇到3种不同情况的结石：即肾脏并发输尿管结石、单纯肾结石以及单纯输尿管结石。每种结石治疗方法的通路不同，输尿管结石距离肾脏的远近会影响治疗方法的选择。最容易治疗的一种输尿管结石病例是输尿管明显扩张，结石离肾脏较近，位于输尿管近端2～3cm处。根据这种解剖结构，在输尿管结石腹侧近端或输尿管结石腹内侧凸面处切开输尿管，这种切口位置便于接近输尿管远端和肾盂。把带有关节镜套管或膀胱镜套管的小型硬质内镜（1.9mm、2.4mm关节镜或2.7mm多功能硬质内镜）插入输尿管并朝向结石。用生理盐水或林格氏液通过重力作用连续冲洗，使输尿管膨胀，维持良好的视野，以便观察（图13–1）和取出结石（图13–2）。硬质内镜抓钳从关节镜套管旁进入，或使用软质内镜器械从膀胱镜套管的操作孔道进入。冲洗也可用于排出小结石或较大块的结石，使结石从输尿管的切口或通过第二套管冲出（图13–3）。当取出所有结石后（图13–4），检查输尿管（图13–5），并向远端冲洗，以确保输尿管至膀胱的路径畅通。对于仅患有输尿管结石的病例，在确保输尿管畅通后关闭输尿管切口。对于患有输尿管和肾脏结石的病例，取出一侧的全部结石后，再向另一侧安置内镜，取出剩余的结石。在手术显微镜下，用6–0至8–0的单丝缝合线双重连续缝合输尿管切口。

对于仅有肾脏结石的病例，在肾脏腹部穿刺一小口，安置内镜进入肾盂。如果可能，暴露输尿管肾盂端，经肾盂和输尿管结合处做一切口，安置内镜进入肾盂。用取出输尿管结石同样的器械和方法取出肾结石。用内镜可以探查所有肾乳头，从而取出所有可见的结石（图13–4）。内镜的放大作用

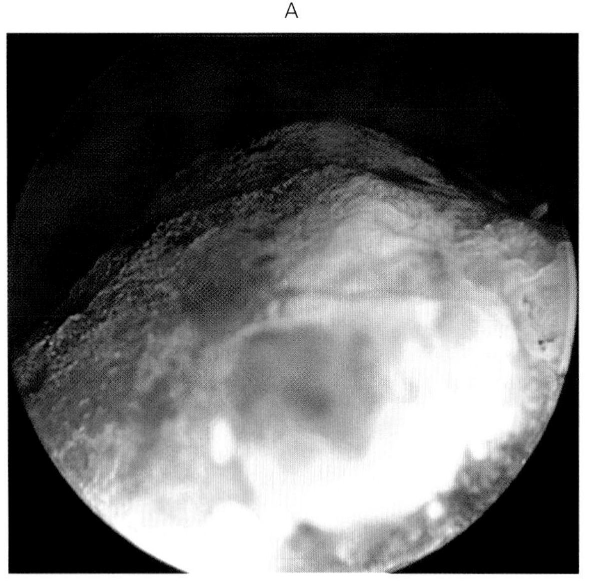

图13–1 猫肾盂中的结石

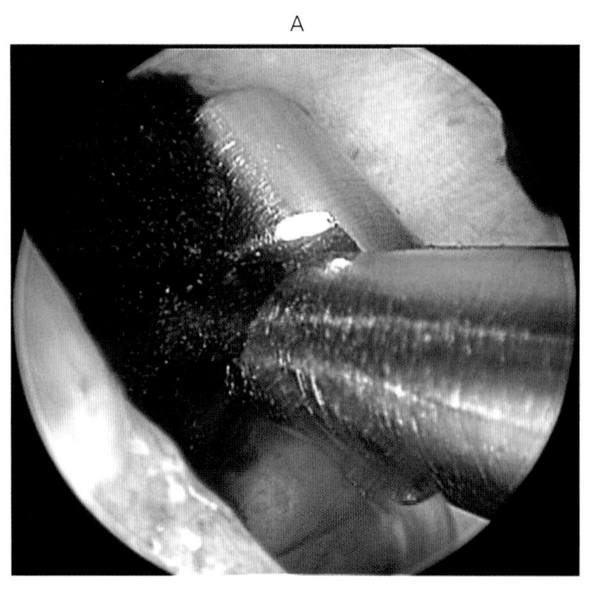

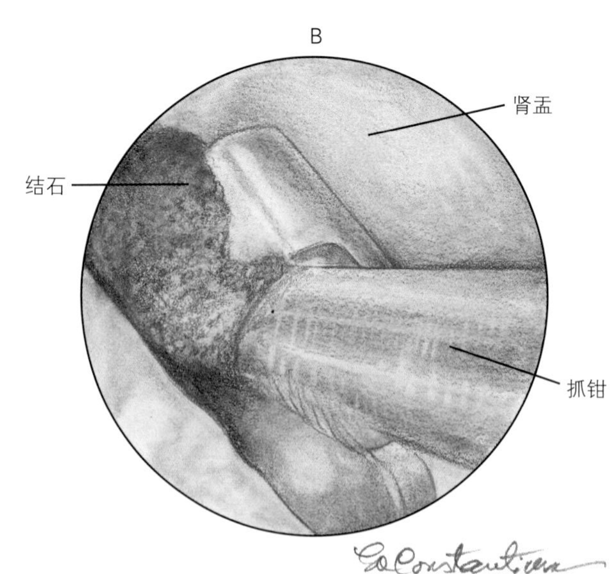

图13–2 用直径为2mm的关节镜抓钳抓取肾结石

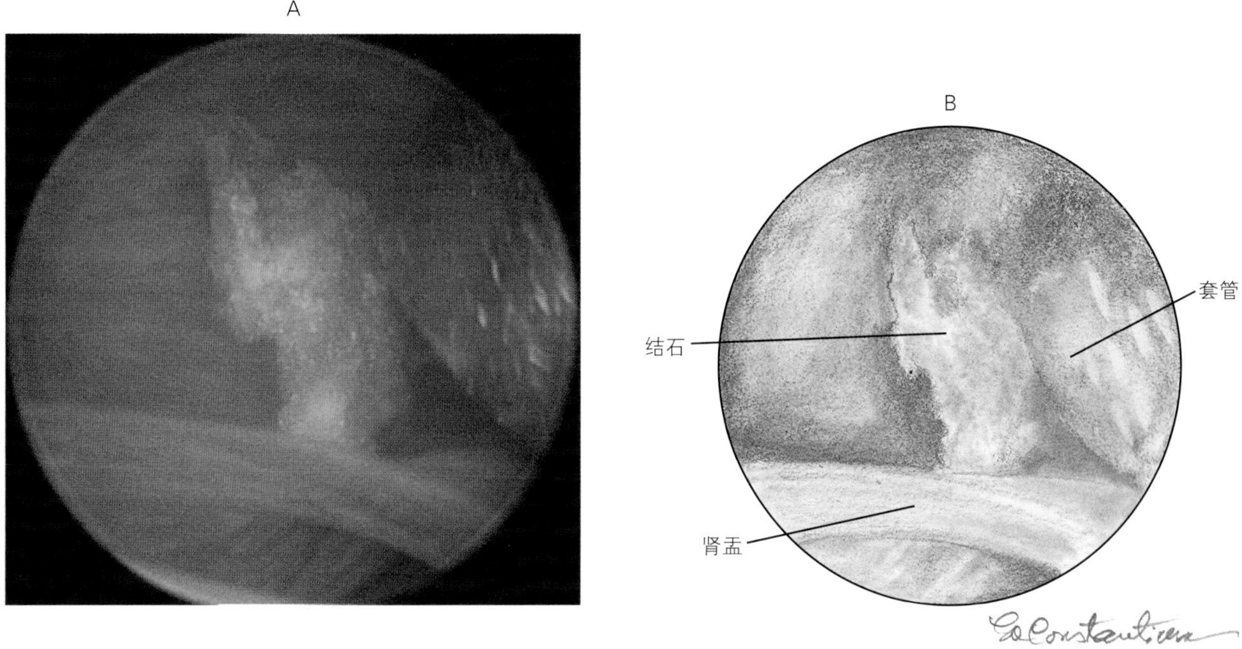

图13–3　把小结石从直径为2mm的关节镜套管中冲出

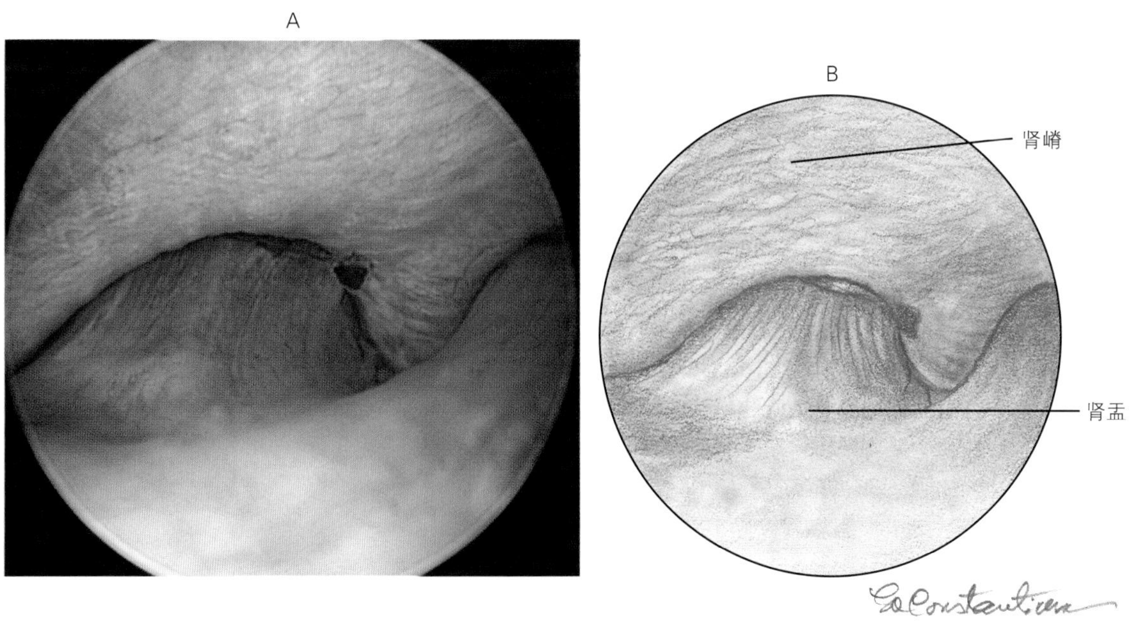

图13–4　清除所有结石后的肾盂

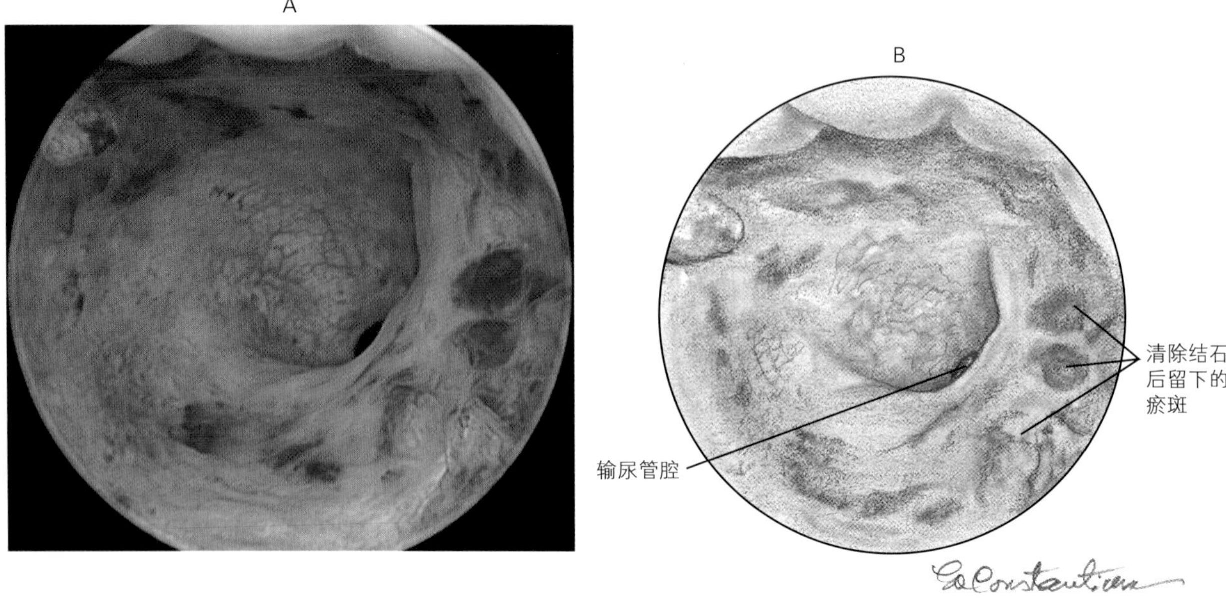

图13-5 清除所有结石后的输尿管

极大地提高了小结石和结石碎片的定位和取出。用4-0至6-0单丝缝合线以双连续缝合方式缝合肾脏切口。

此技术成功的关键取决于是否取出所有输尿管结石和输尿管切口远端的输尿管是否畅通。如果输尿管发生残留性阻塞，尿液将从输尿管切口处渗出。手术显微镜是准确对合输尿管切口必备的设备。术后24～48h进行常规排泄尿路造影，确定输尿管是否畅通和切口有无渗漏。

TANU是目前小动物腹腔镜实践操作中最困难并耗时的技术，因此不建议初学者应用，也不能在紧急情况下使用。对于操作者来说，应用TANU最大的成功就是取出肾脏和输尿管的所有结石。

第二节　阴道内镜

母犬和母猫阴道内镜检查所使用的技术和器械与经尿道进行的膀胱镜检查相同。与开膣器或试管检查技术相比，应用液体或气体膨胀阴道进行硬质内镜检查可以获得更好的视野。阴道镜检查还可为深处小的损伤提供比手术开放法更好的视野。阴道镜检查的适应证包括尿失禁、痛性尿淋漓、阴道肿瘤、创伤、阴道持续性出血或排分泌物、发情周期中各阶段的评价以及经子宫颈授精等。直径2.7mm多功能硬质内镜、直径1.9mm膀胱镜、直径4mm膀胱镜或配有适当膀胱镜或关节镜套管的关节镜均可有效地用于阴道检查。内镜的选择取决于动物的体型大小和可用的器械。

是否采用镇静或全麻取决于阴道镜检查的适应证、患病动物性情和术者的喜好。内镜进入阴道前庭，封闭好阴门处的内镜周围，充气或充液使阴道膨胀，沿阴道（不要插入尿道中）插入内镜进行检查。阴道镜检查最常应用生理盐水或乳酸林格氏液装于标准瓶子或袋中，然后用静脉输液器连接于内镜套管的注水口。

在内镜旁进入硬质抓钳或应用软质抓钳通过膀胱镜的操作通道进行活检采样或取出异物。

阴道镜下阴道的正常结构包括阴蒂（图13-6）、阴蒂窝（图13-7）、阴道前庭处的尿道口（图13-8和图13-9）、麦卡锡隐窝（crypts of McCarthy）

（图13-10）、阴道黏膜和黏膜脊（图13-11和图13-12）、背中褶（图13-13）和子宫颈口（图13-14）。阴道镜检查出输尿管异位（见第四章）、阴道肿瘤（图13-15和图13-16）、异物（图13-17和图13-18）和坚固的阴道网（图13-19）以及阴道索（图13-20）。在不需要外阴切开术的情况下就可在内镜视野下分离阴道网线索（图13-21和图13-22）。阴道镜检查可有效地检查发情周期的时期、清除异物以及肿瘤的活检采样及清除。

第三节　包皮内镜检查

小直径、带有关节镜或膀胱镜套管的内镜以及应用液体或气体膨胀可有效地检查包皮腔。按适应证选用镇静剂或全麻药。把内镜插入包皮，再充入气体或液体膨胀包皮，实施检查（图13-23和图13-24）。此技术可以对包皮肿瘤进行评价和活检（图13-25）、创伤检查以及清除异物等。

第四节　瘘管和撕裂创内镜检查

内镜检查可以有效地用于评价和治疗咬伤、深部撕裂创或慢性引流瘘，以及清除烟卷式引流碎片。任何小型硬质内镜的使用都需配带膀胱镜套管或关节镜套管。用生理盐水或林格氏液连续冲洗以便建立视野、清除渗出物、血液和碎片。虽然有在动物清醒保定的状态下清除引流物碎片的经验，但是否需要使用镇静剂或全麻药应取决于操作过程本身。

只要瘘管通道直径较大并且路线较直、足以通过内镜，关节镜有时也能用于检查慢性引流瘘管。此技术可以进行异物定位和清除，从而避免实施外科手术（图13-26和图13-27）。

内镜检查可以评价多处咬伤，不需要进行手术探查，从而避免因手术切开所造成的组织损伤。通过皮肤伤口将内镜插入深部组织内，便可进行有效的检查（图13-28和图13-29）。通过同一个伤口或其他互通伤口伸入检查器械，可对伤口进行彻底检查和清创。此技术也可以准确实施引流，方法是在内镜引导下，器械从皮肤一处穿入，从另一处穿出，将引流管准确安置在创腔内，这样可完全避免实施开放性手术或极大减少切口的数量。

内镜检查对咽部穿刺伤可以进行评价和有效处理。创伤开口的定位（图13-30）、穿刺深度的评价（图13-31）、冲洗伤口以清除碎片均可用内镜完成。发现异物（图13-32），并用异物抓钳取出（图13-33）。在内镜引导下放置引流物，用缝线缝合咽部伤口或在内镜的引导下用微创外科手术吻合器缝合（图13-34）。

此技术的另一种方便之处就是，当患病动物嚼碎暴露的部分引流物时，可用其发现和取出遗留在手术部位的引流物。内镜进入引流的皮肤切口，在患病动物清醒状态下定位并清除引流残余物（图13-35）。此技术省时、安全，并能消除盲目探查或避免重开手术伤口取回引流物碎片，以降低危险并减少麻醉费用。

第五节　眼内镜检查

使用硬质内镜可以提高对角膜和眼前房检查的准确性。虽然不能用内镜穿刺进入眼睛，但内镜所提供的图像放大作用和照明提高了角膜（图13-36）、瞳孔和虹膜（图13-37）以及边缘结构（图13-38）的可视度。因此可有效的评价角膜溃疡（图13-39）、角膜异物、角膜撕裂、虹膜及边缘结构状态。

第六节　肿瘤内镜检查

可用内镜进行评价和活检空洞性肿瘤（图13-40）。动物全身麻醉、无菌操作，应用尖锐套管针/套管刺入皮肤，通过套管进入小直径硬质内镜，用生理盐水或林格氏液冲洗内腔，以建立清晰的视野。如果需要增加冲洗流量和获取活检样本，可进

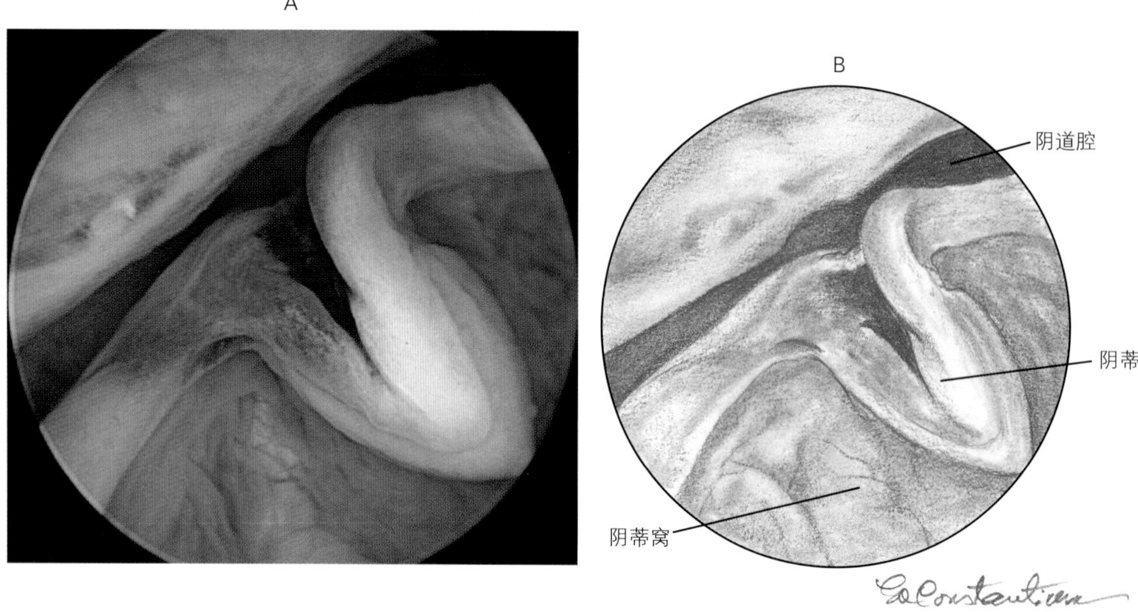

图13-6 正常阴蒂

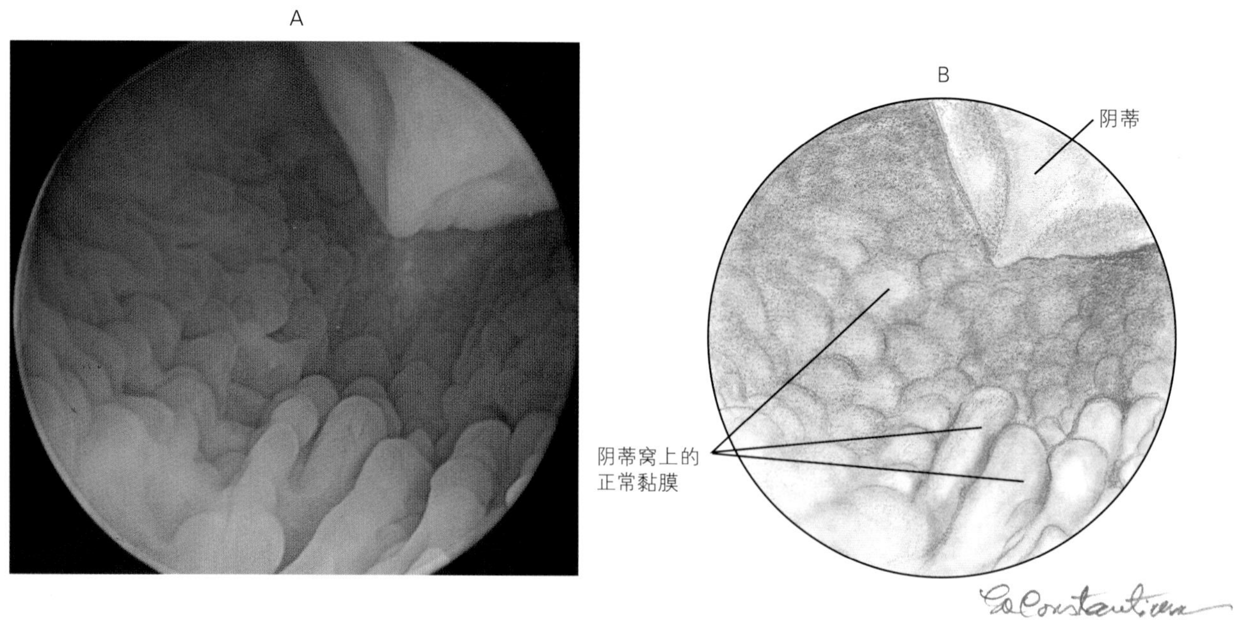

图13-7 正常阴蒂窝

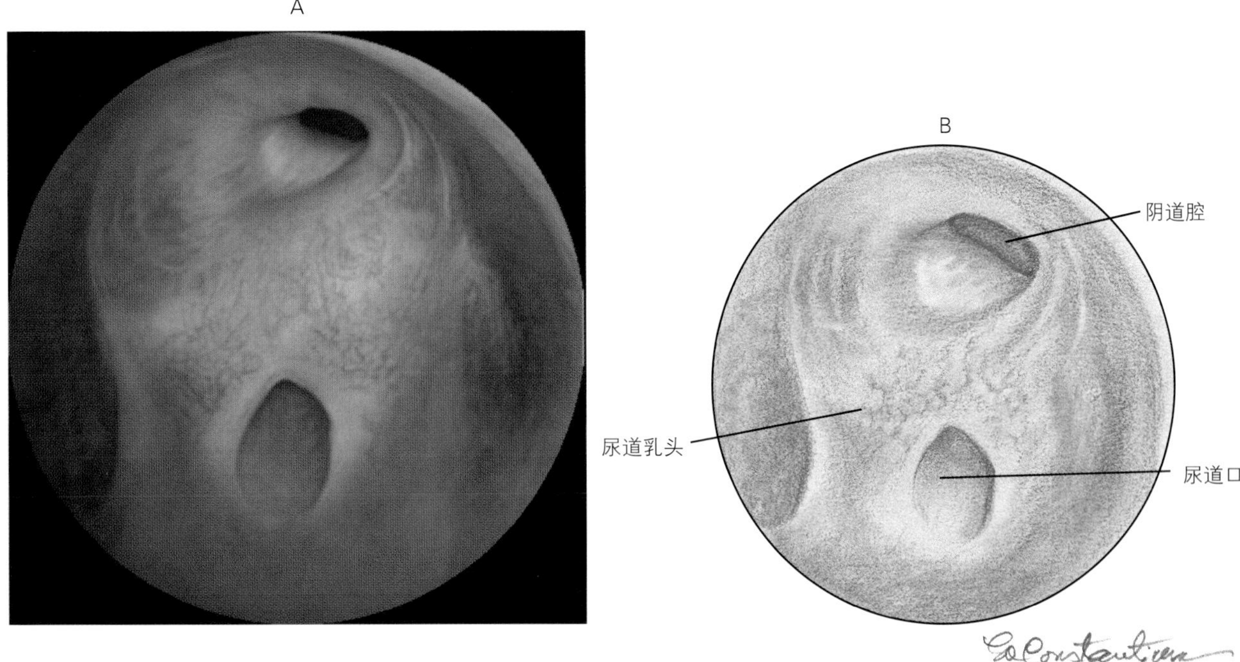

图13-8　切除卵巢母犬的正常阴道前庭和尿道口

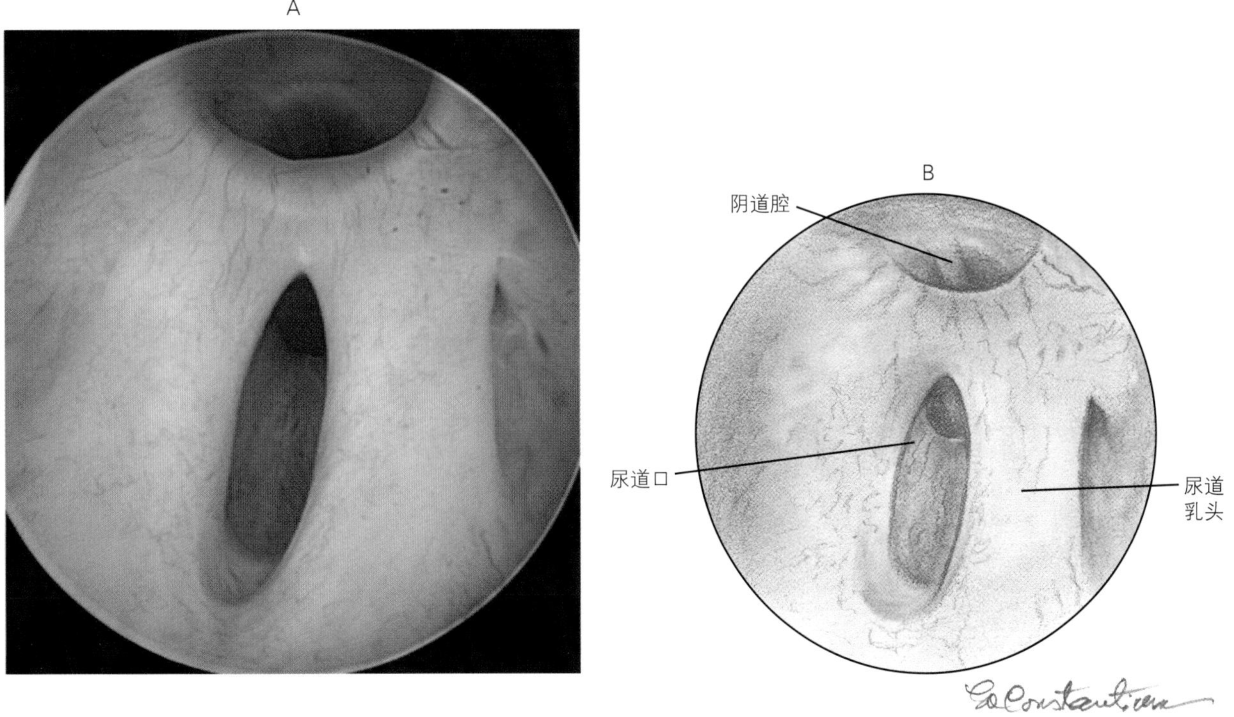

图13-9　切除卵巢母猫的正常阴道前庭和尿道口

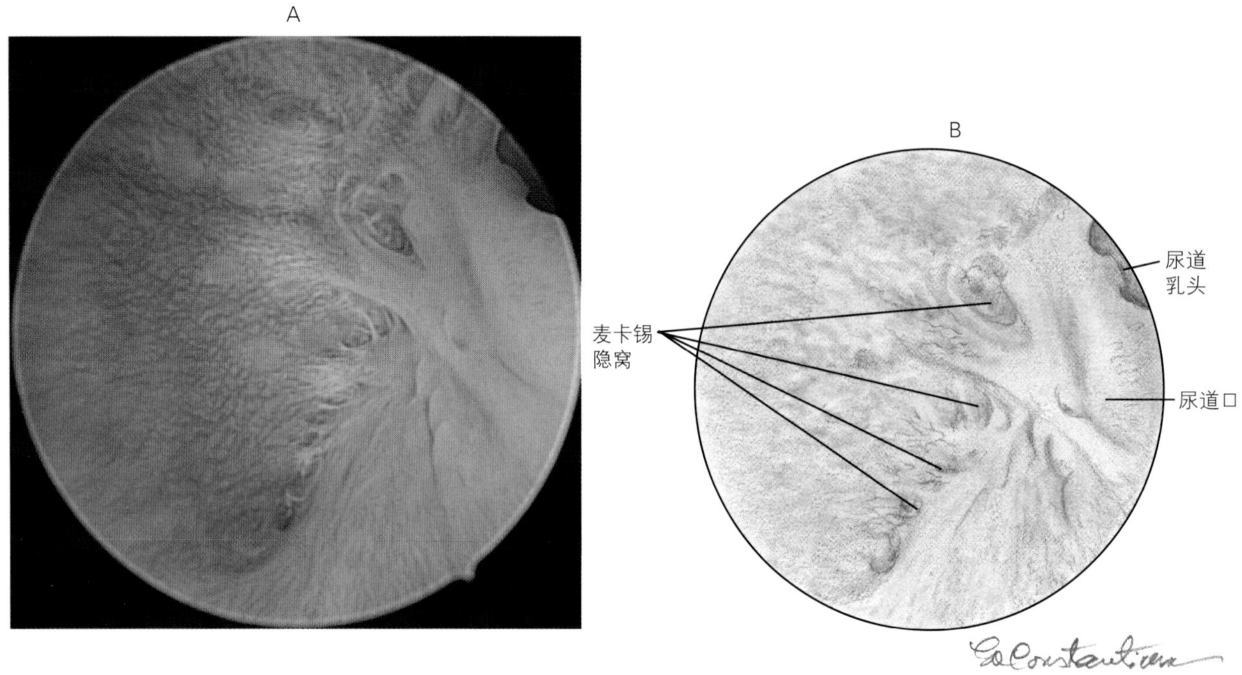

图13-10 正常切除卵巢母犬的麦卡锡隐窝

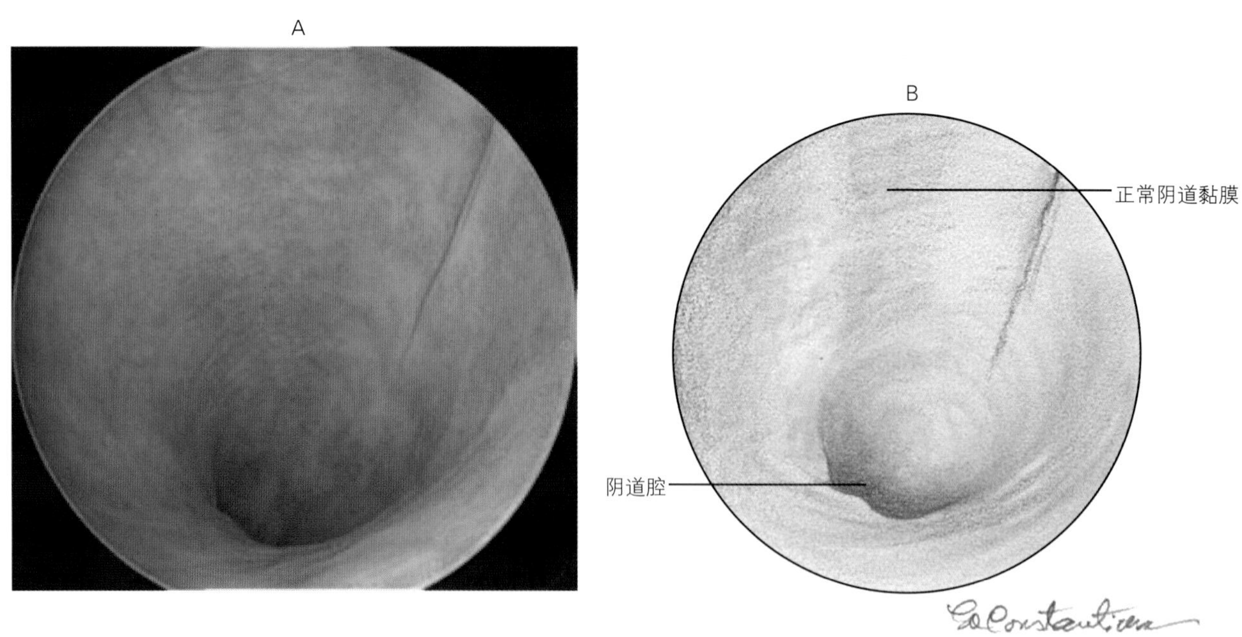

图13-11 切除卵巢母犬的正常阴道黏膜。注：没有黏膜脊的平滑黏膜

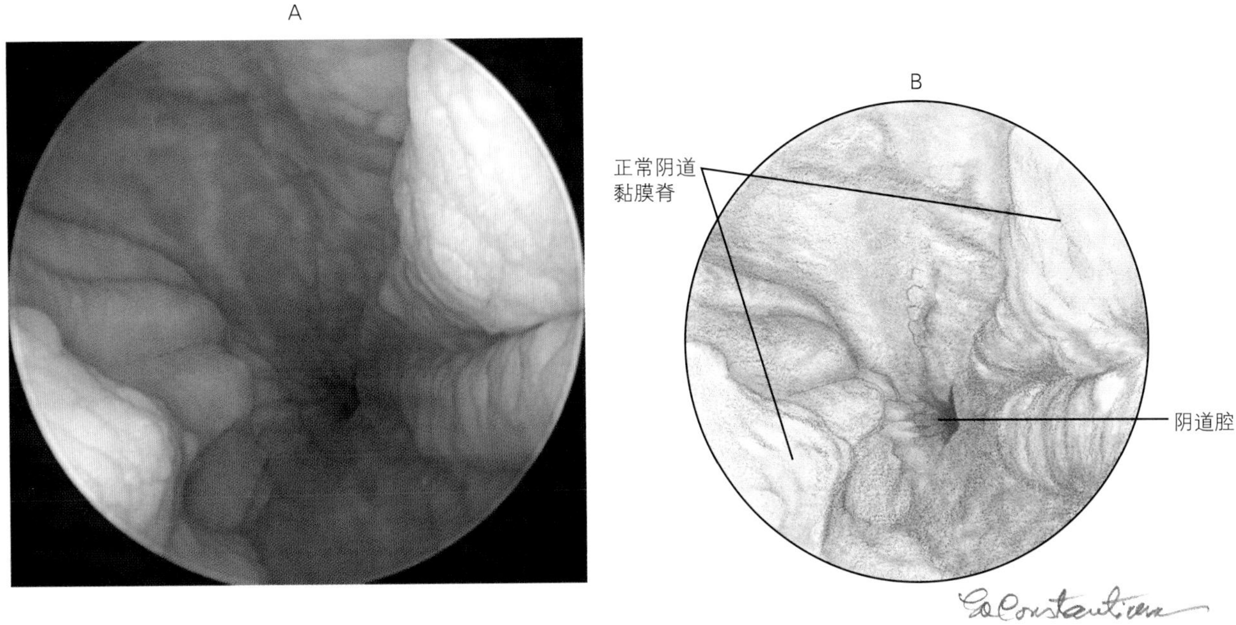

图13-12　具有卵巢功能的卵巢残端的切除卵巢母犬在激素影响下的正常阴道黏膜。注：凸出的黏膜脊代表着健全母犬

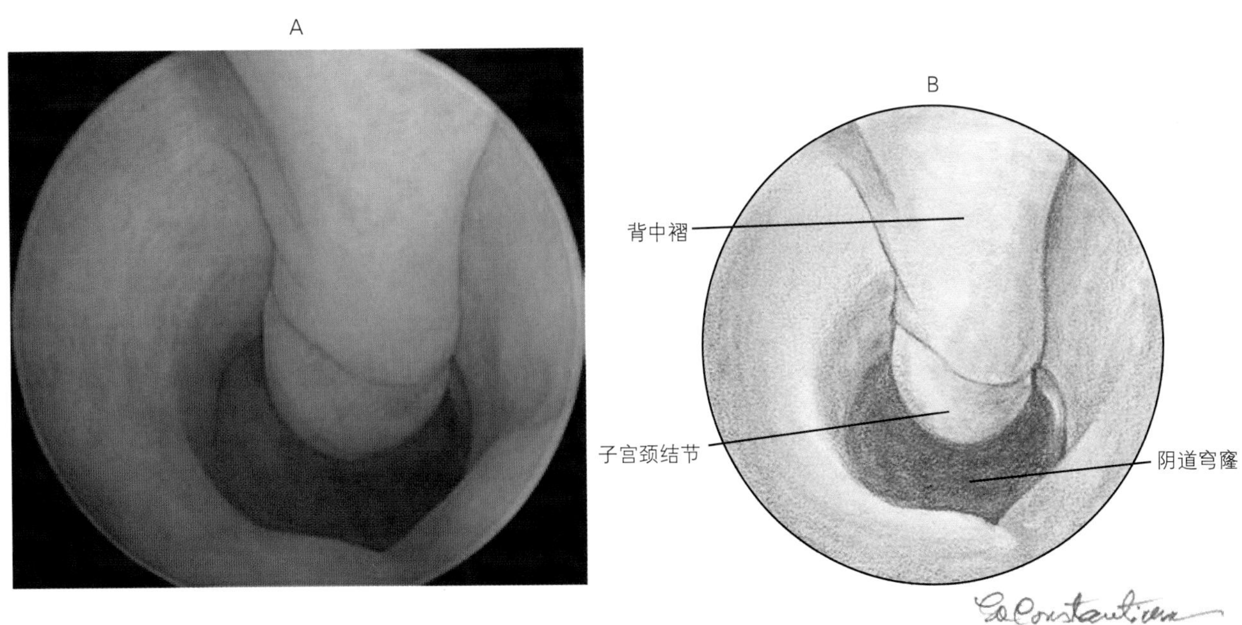

图13-13　切除卵巢的母犬阴道穹窿处的正常背中褶

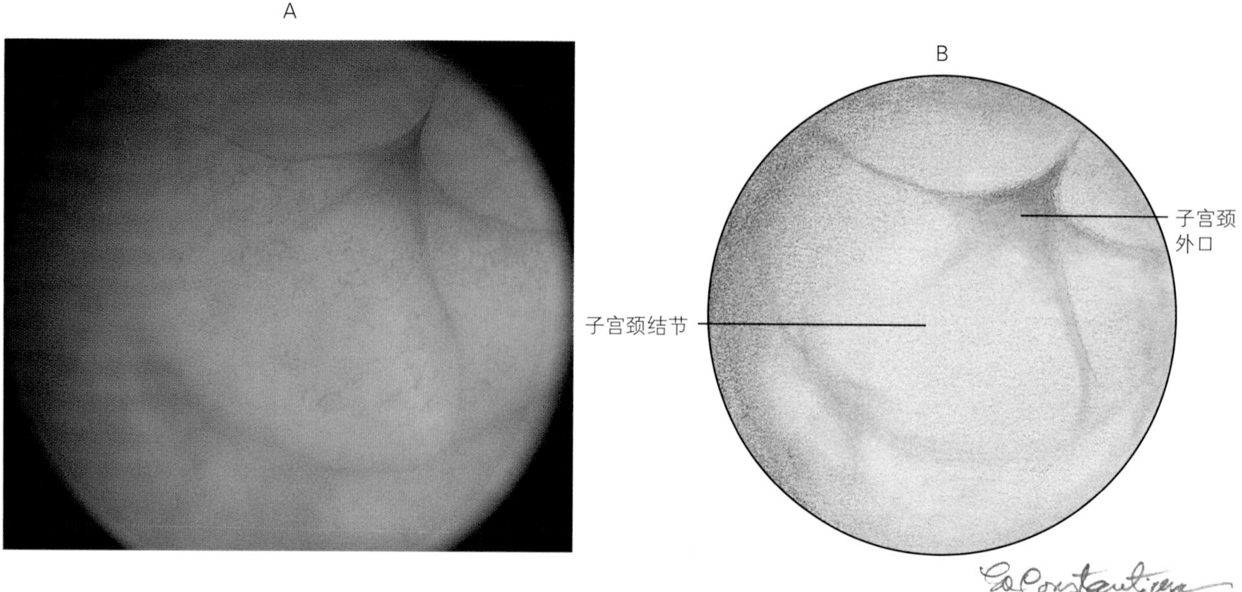

图13-14 切除卵巢母犬闭合的子宫颈口

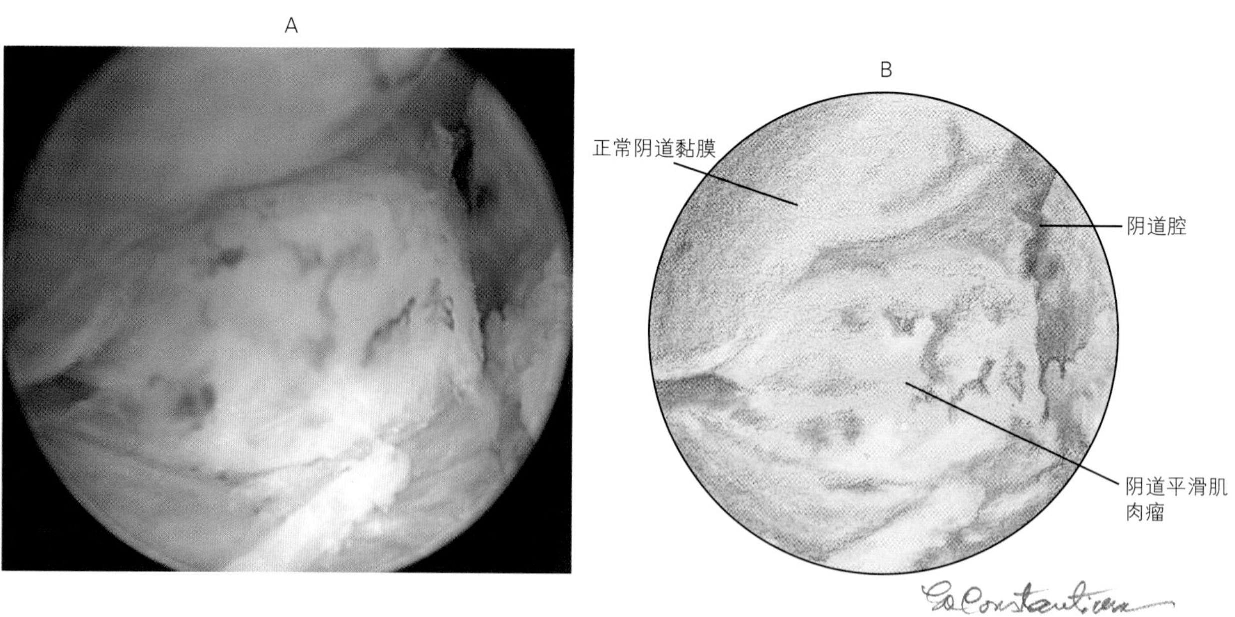

图13-15 母猫阴道平滑肌肉瘤

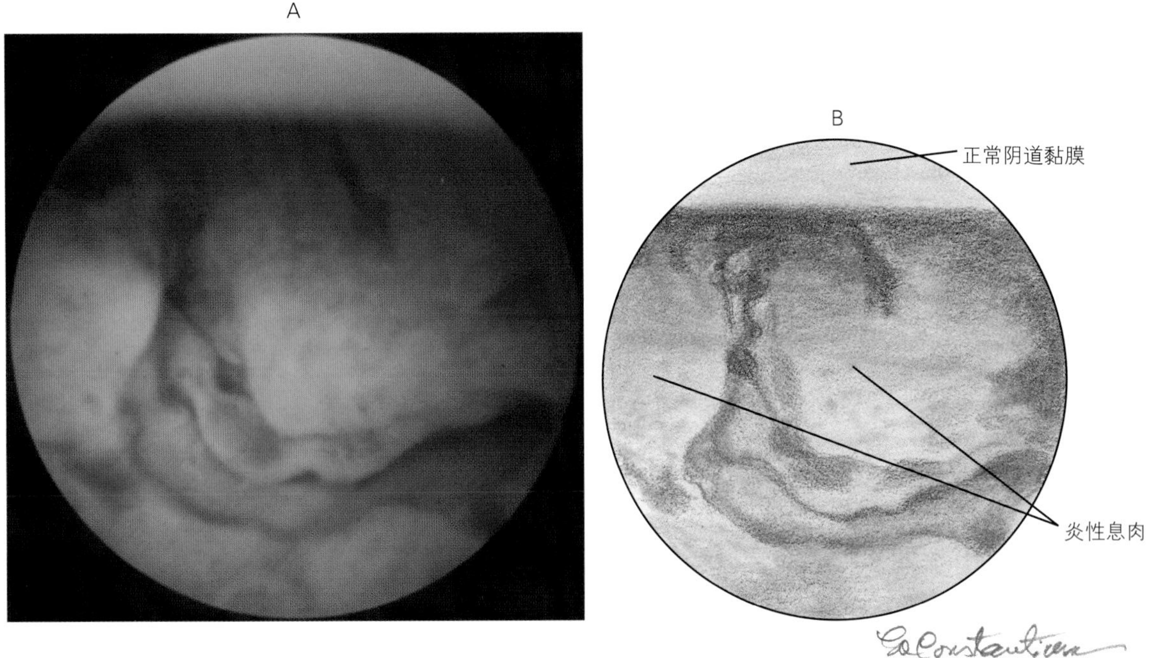

图13–16　母犬阴道中较大的炎性息肉

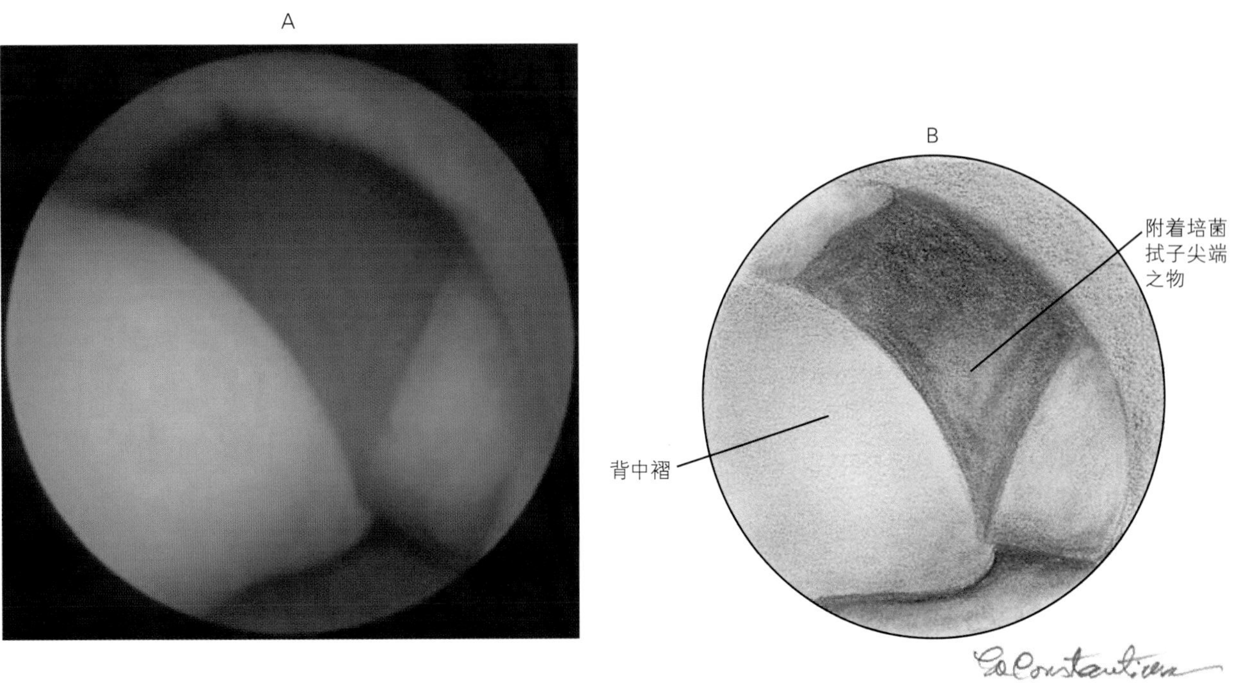

图13–17　采集活检样本时培菌拭子尖端掉在阴道前端的子宫颈旁，用内镜钳子将其取出

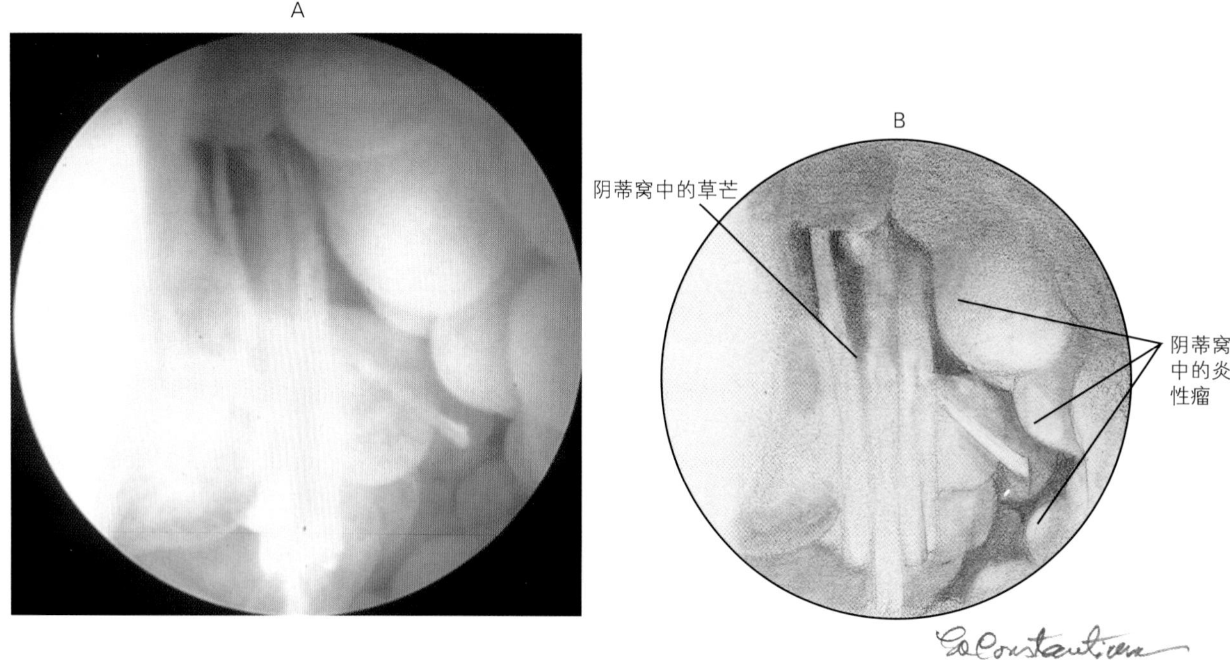

图13-18　嵌在切除卵巢母犬阴蒂窝中的草芒

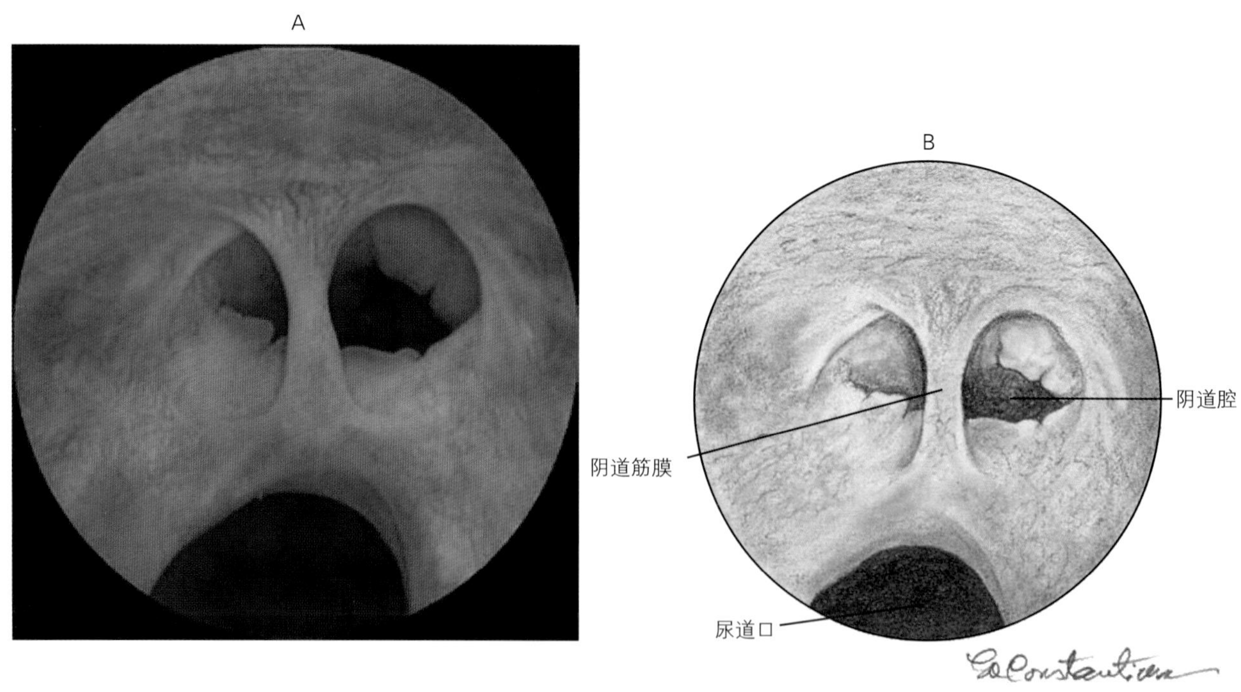

图13-19　切除卵巢母犬的阴道筋膜

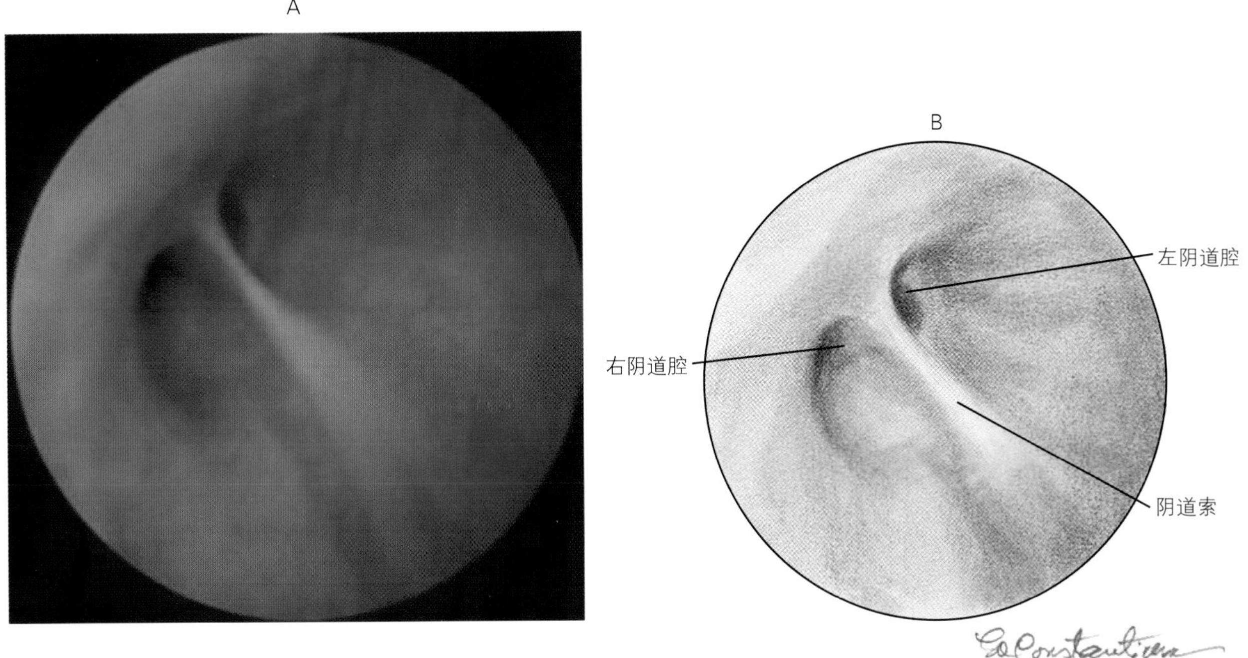

图13-20　母犬阴道前部的阴道索

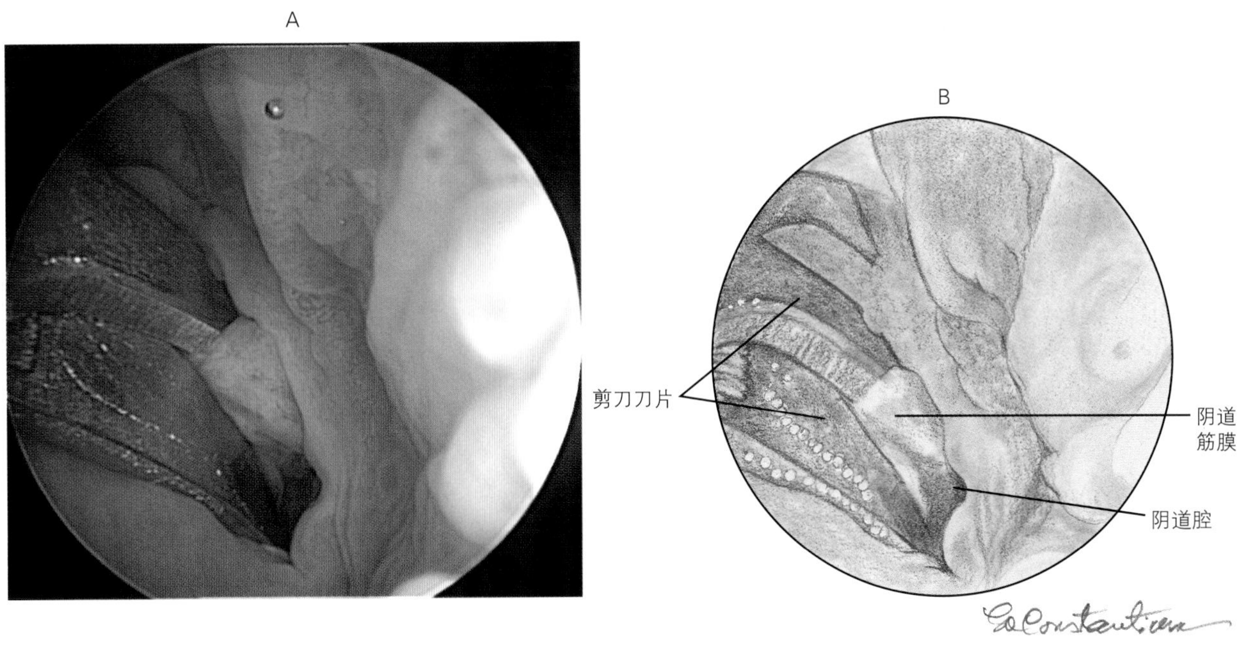

图13-21　在内镜引导下用Metzenbaum剪刀剪掉阴道筋膜

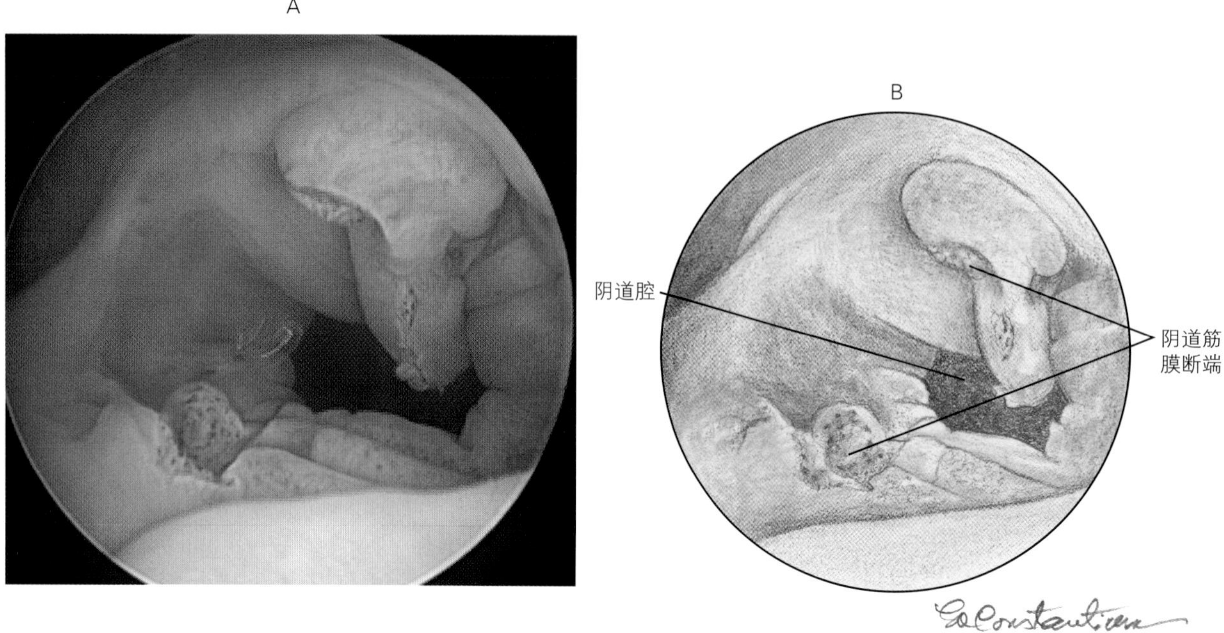

图13-22 图13-21中阴道筋膜被切掉后的形状

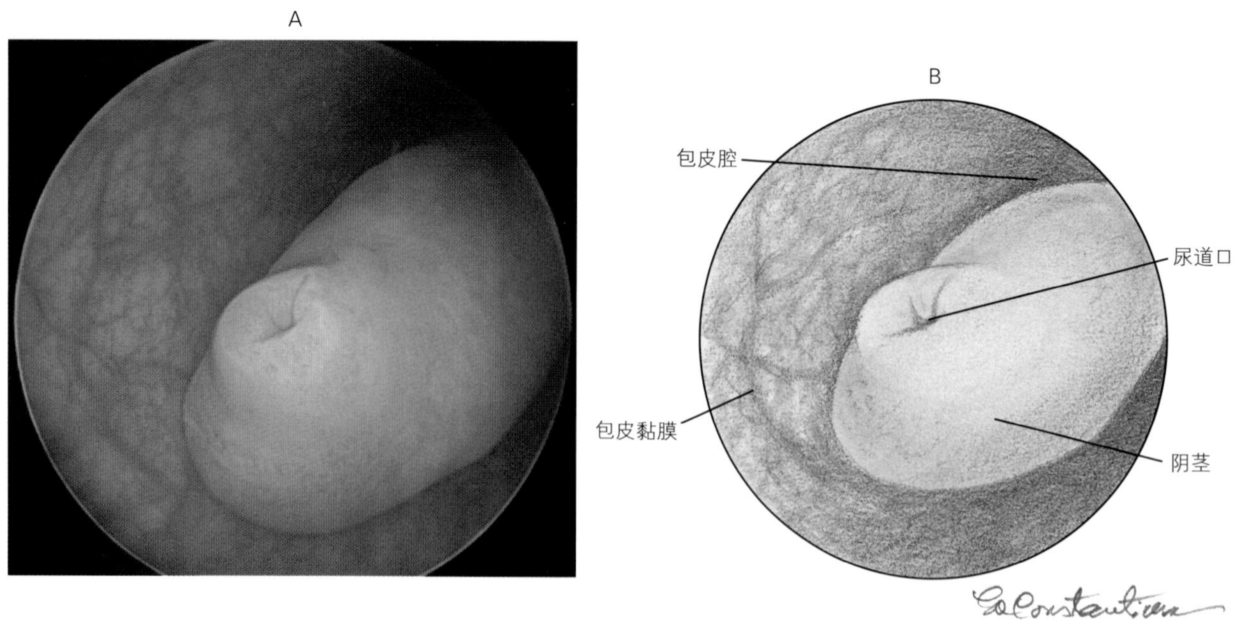

图13-23 显示阴茎头和尿道口的正常包皮腔

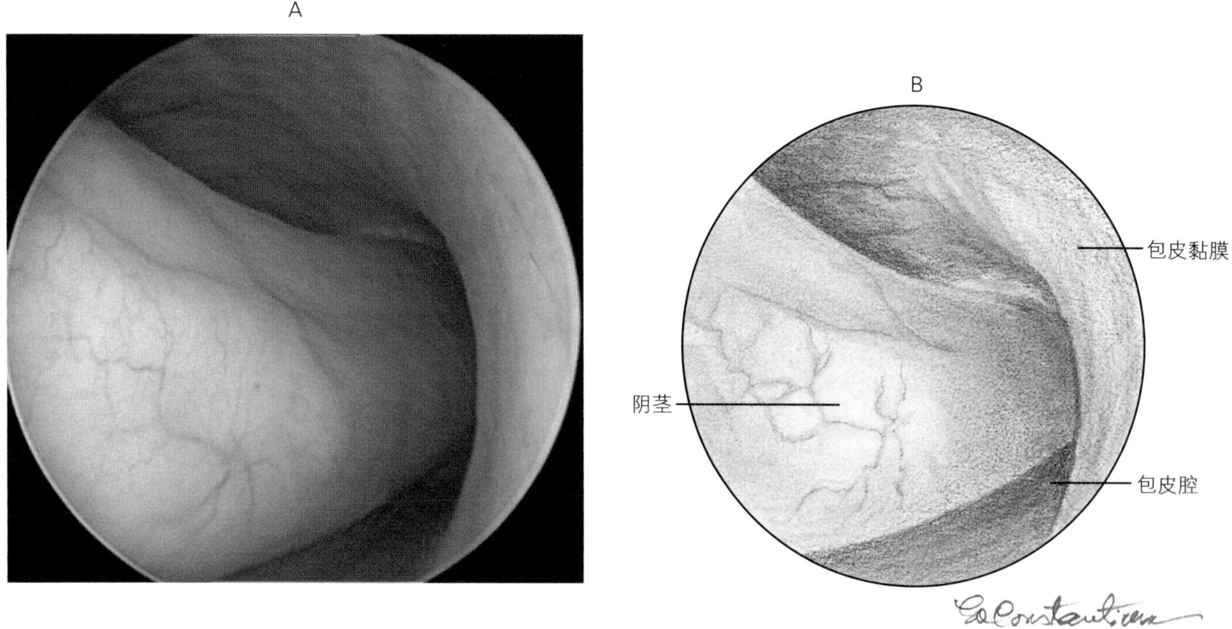

图13-24　显示阴茎末端的正常包皮腔

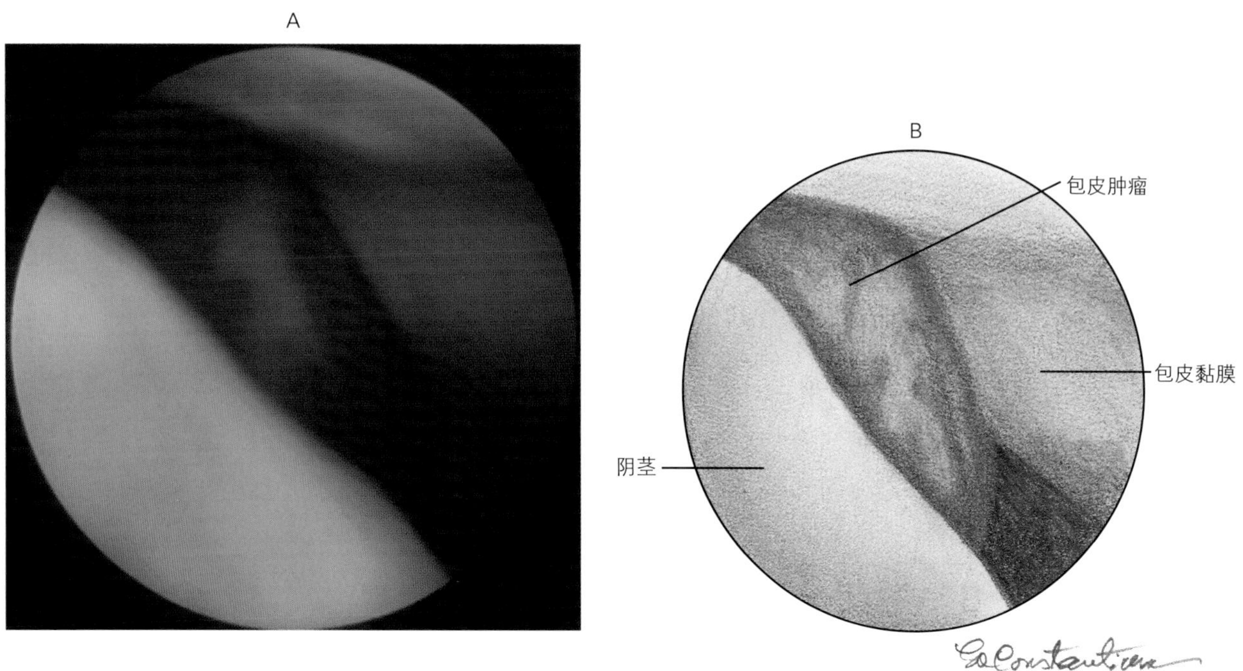

图13-25　包皮尾部凹陷处的肿瘤

A

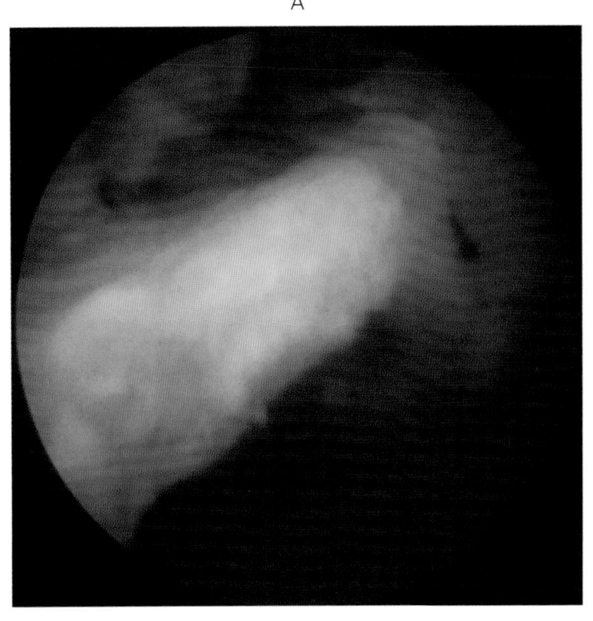

B

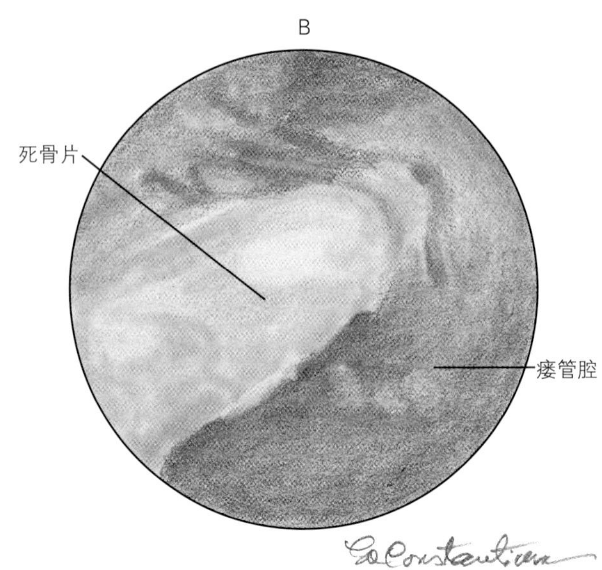

图13-26 犬口腔慢性瘘中的死骨片

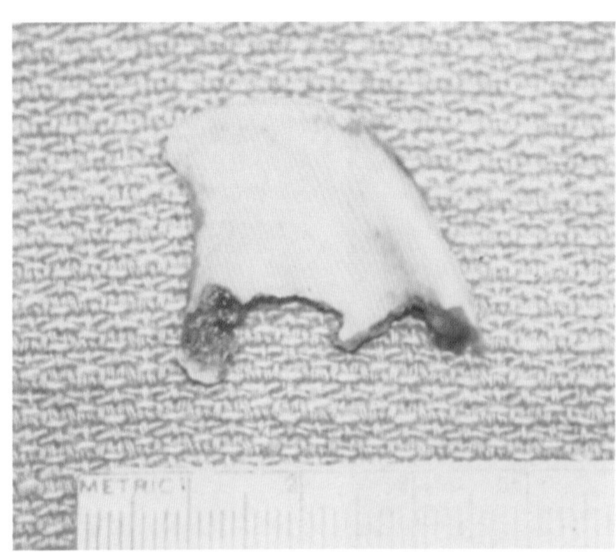

图13-27 从图13-26中患犬被取出的死骨片

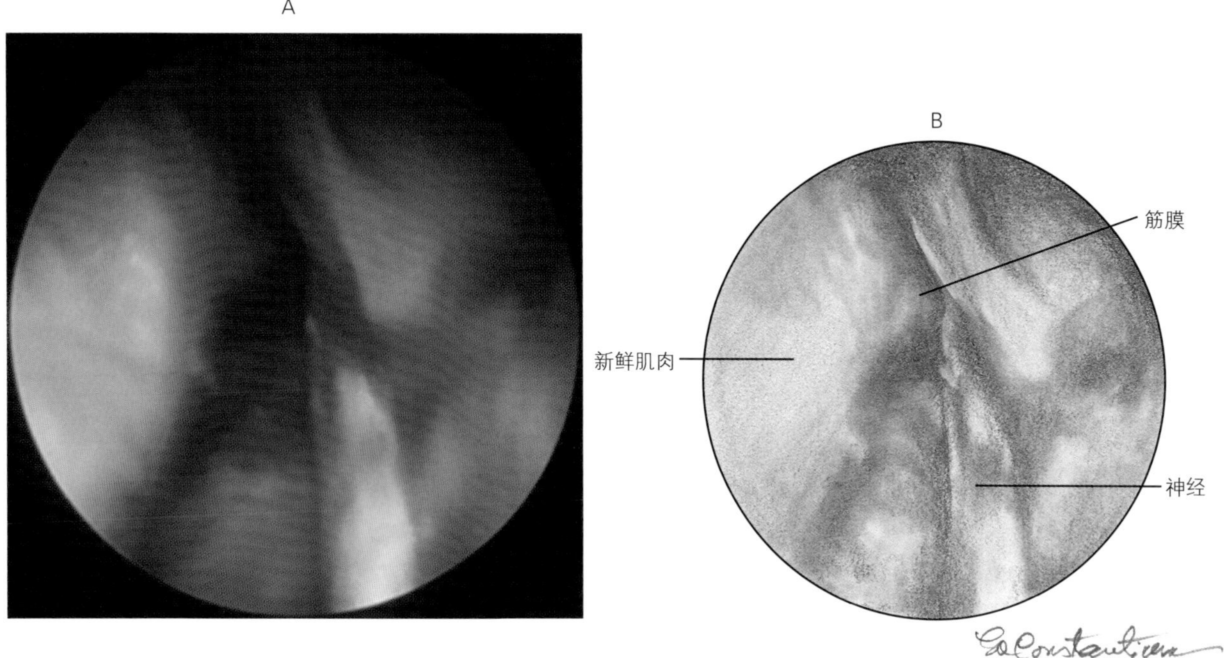

图13-28　犬咬伤的深处，显露出新鲜组织和完整的神经

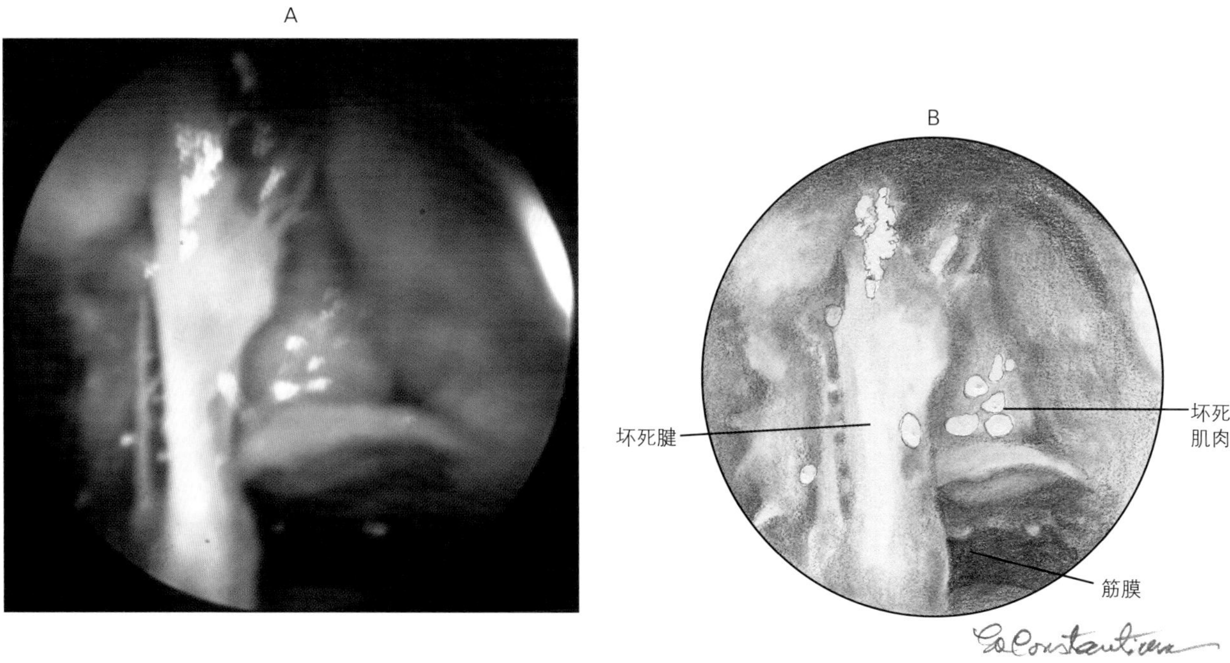

图13-29　图13-28中同一只犬的另一咬伤处的坏死组织

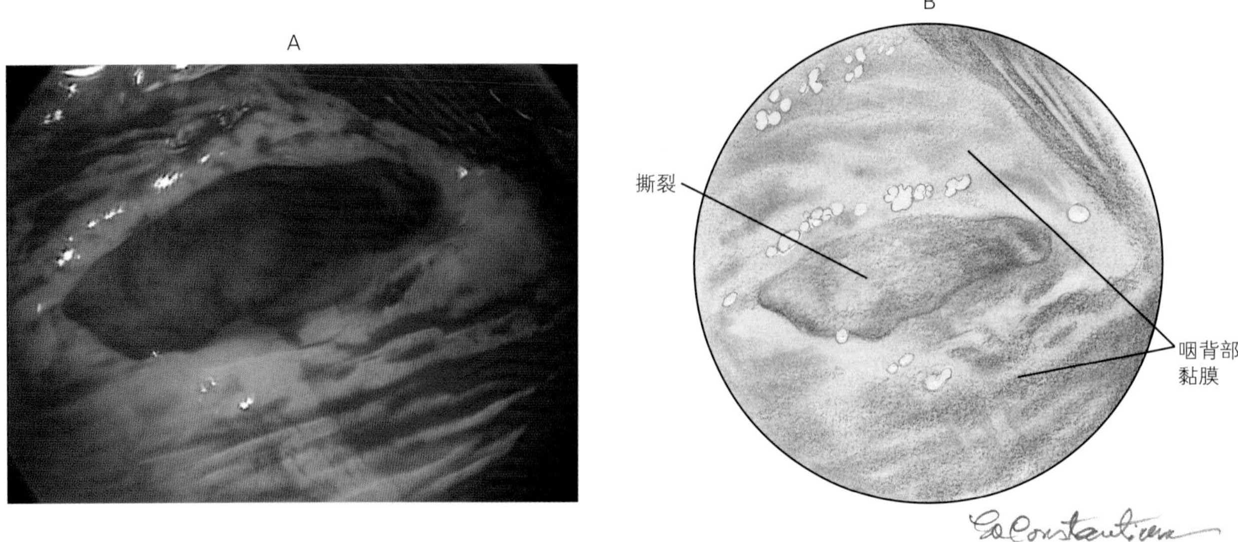

图13-30 刺入犬口腔背部的刺并引起咽部撕裂伤

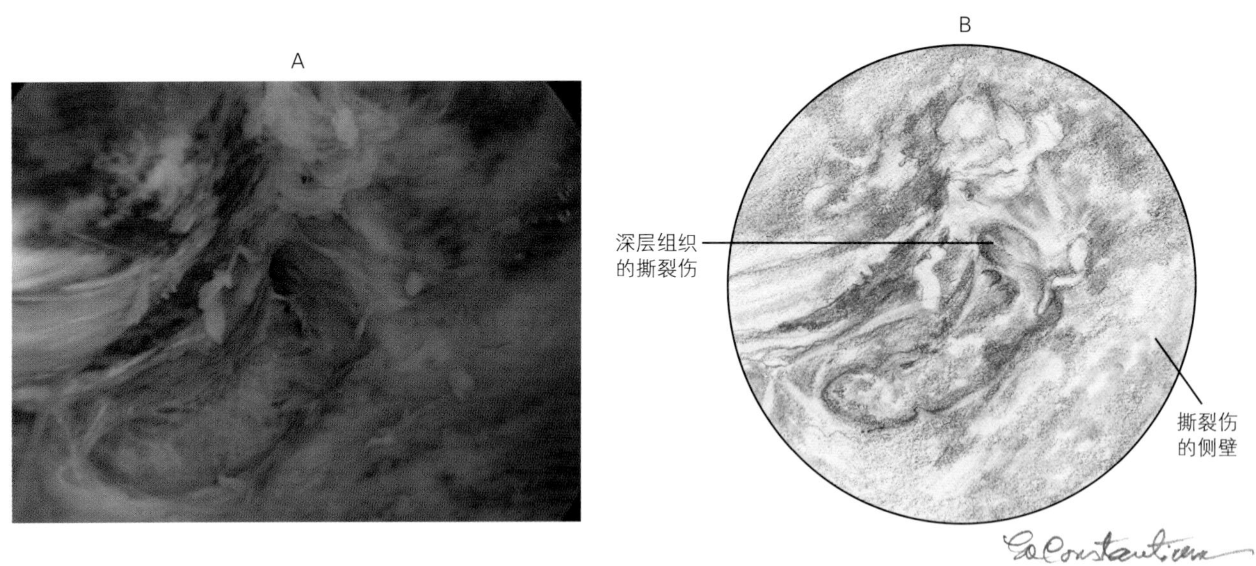

图13-31 一根刺导致犬咽部深层组织的撕裂伤

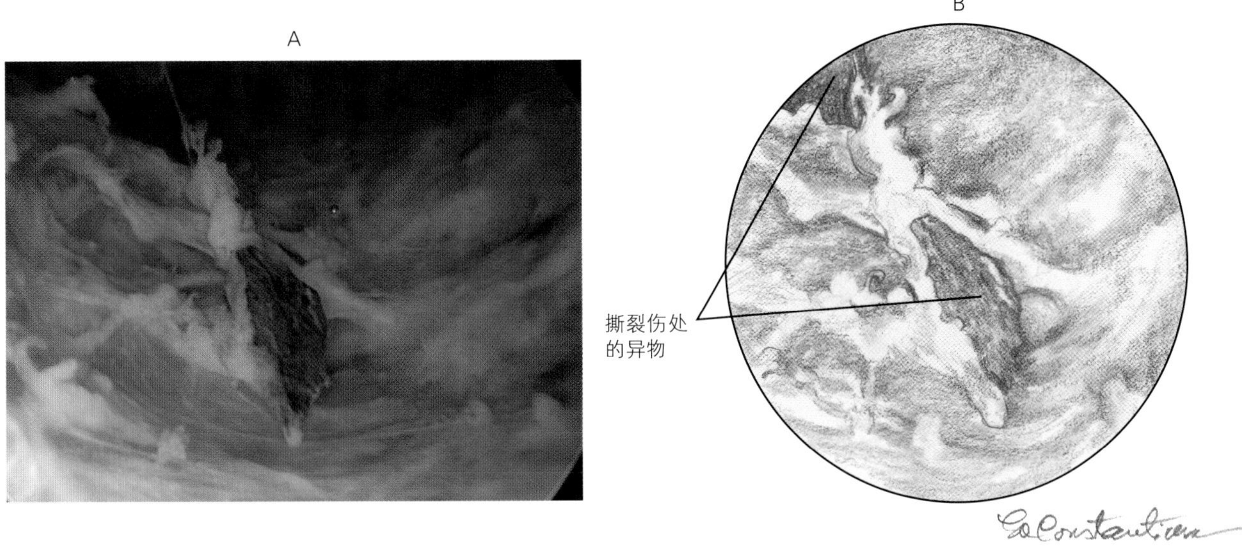

图13-32　图13-31中咽部撕裂伤处的异物

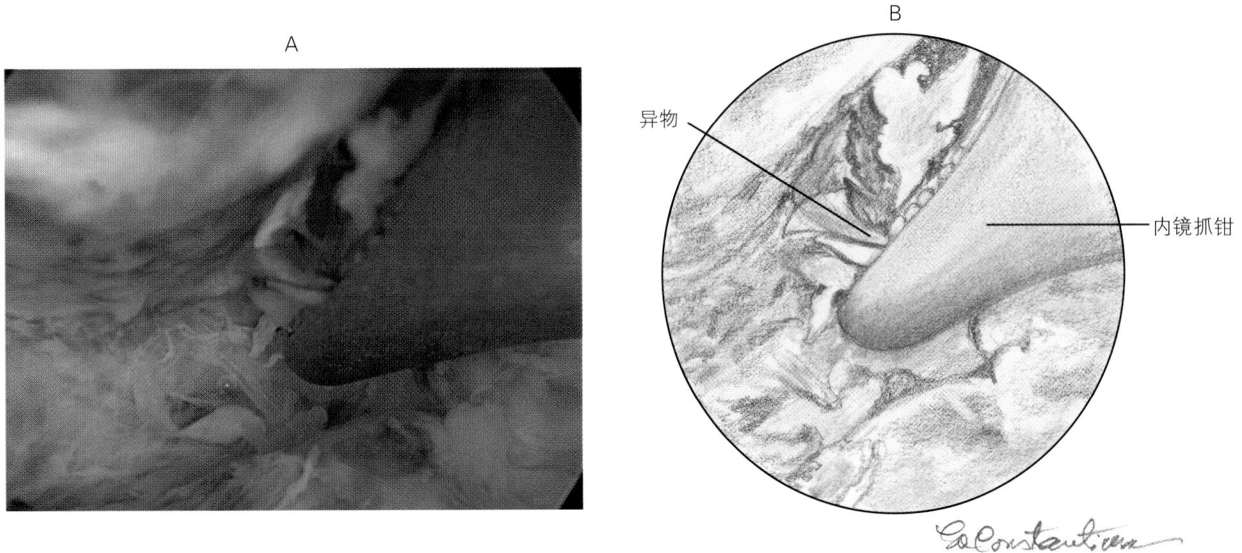

图13-33　取出图13-32中的异物

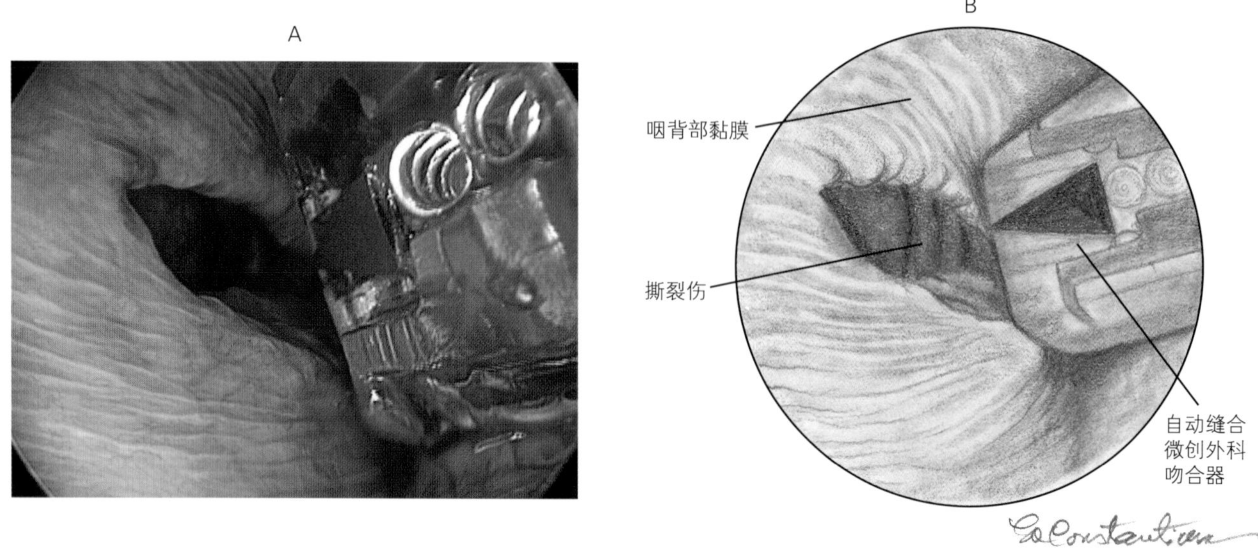

图13-34 在内镜引导下用微创外科吻合器封闭图13-30中咽部黏膜伤

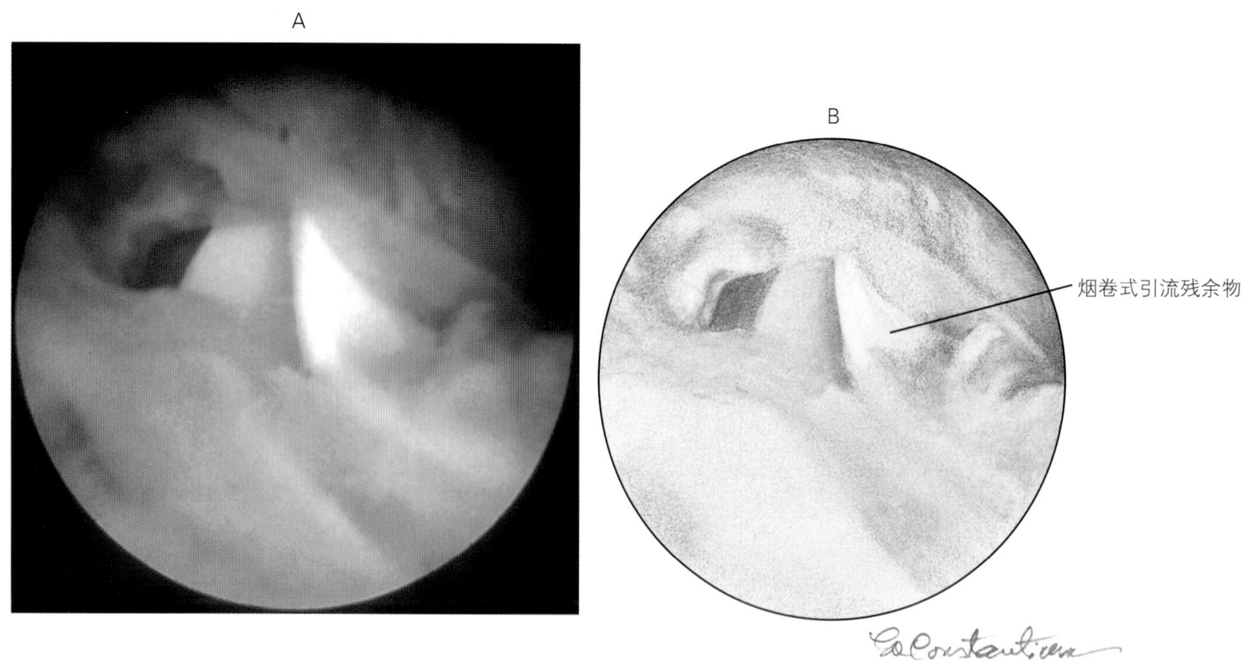

图13-35 通过内镜检查发现并清除烟卷式引流残余物

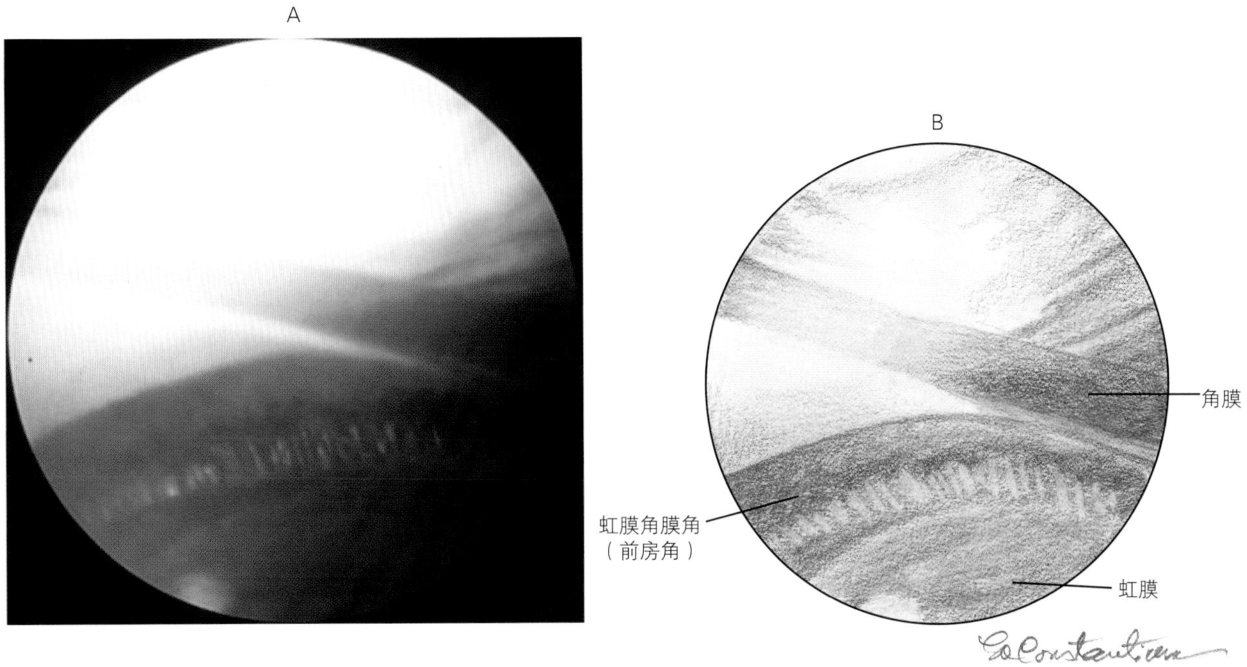

图13-36　眼角膜横切面的正面图

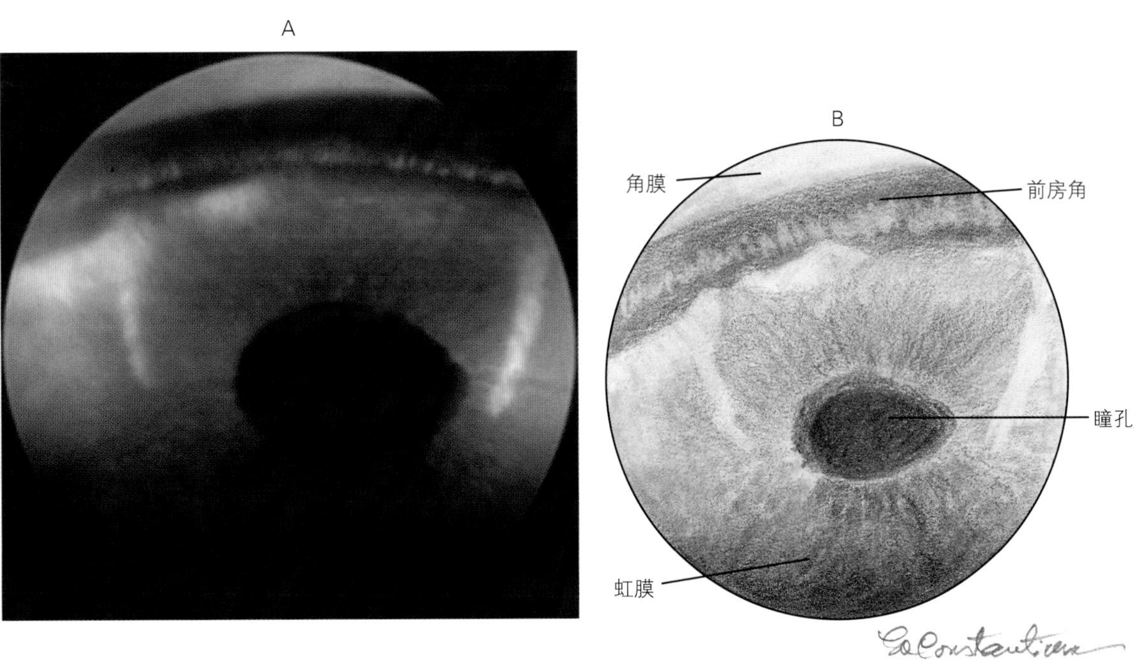

图13-37　正常眼的瞳孔和虹膜

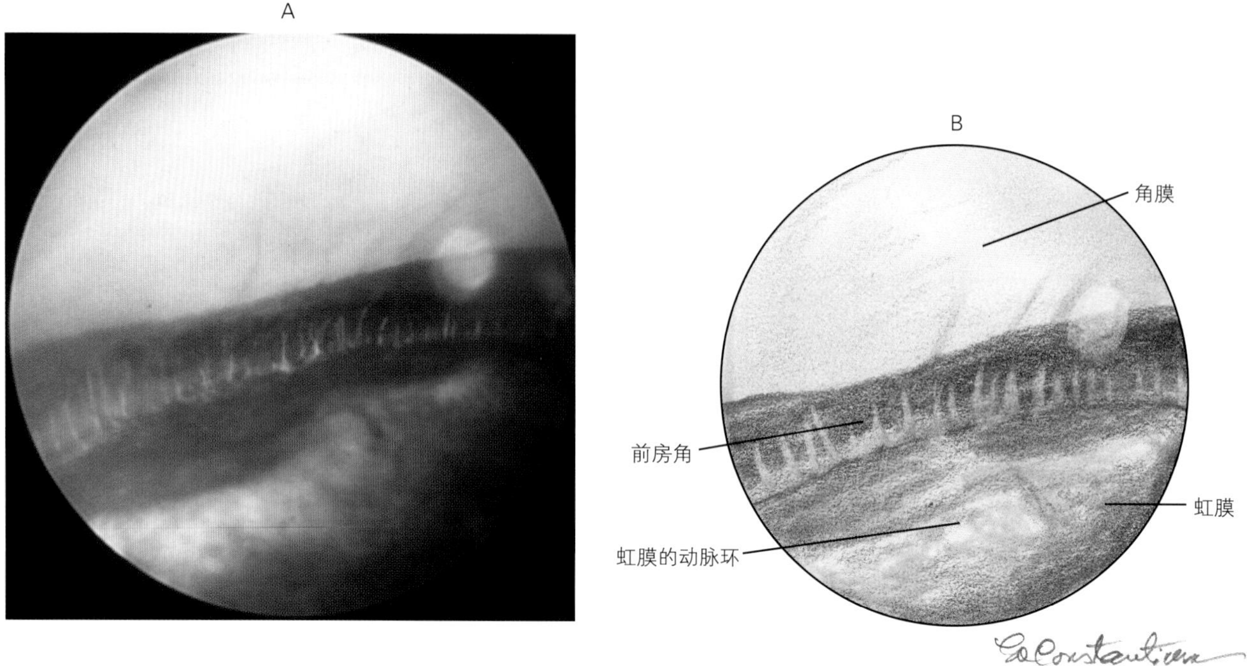

图13–38　眼边缘的正常结构

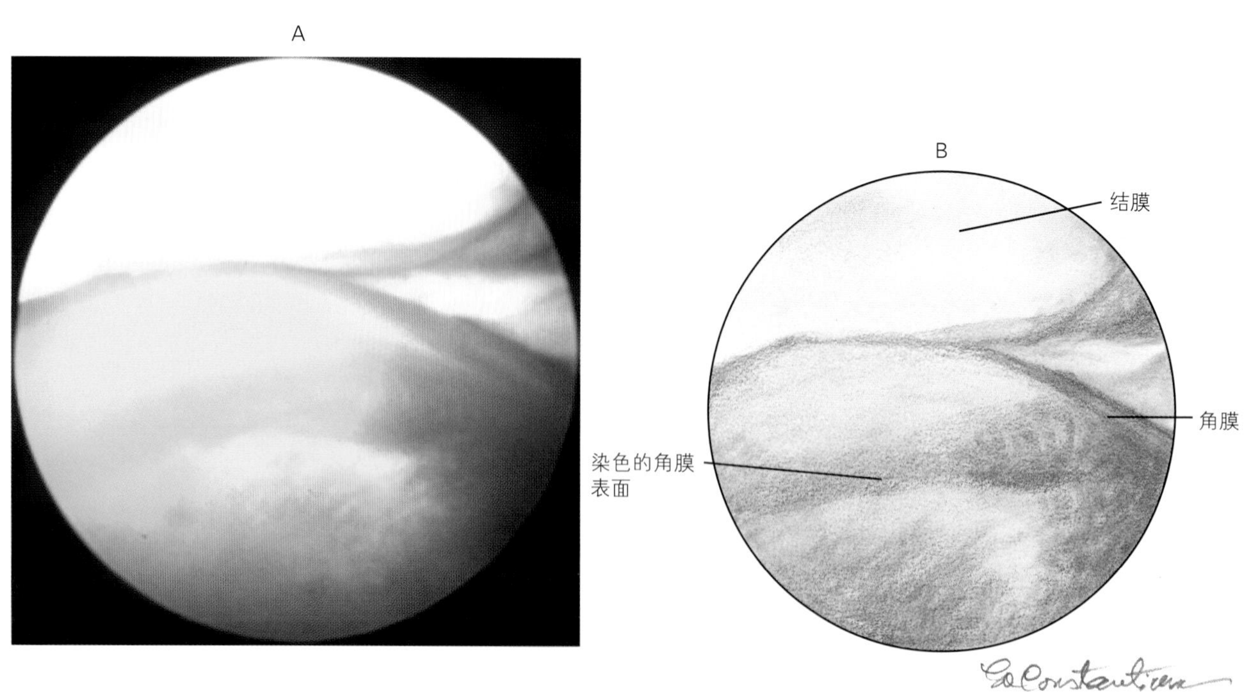

图13–39　荧光素染色患有浅表角膜溃疡的犬角膜

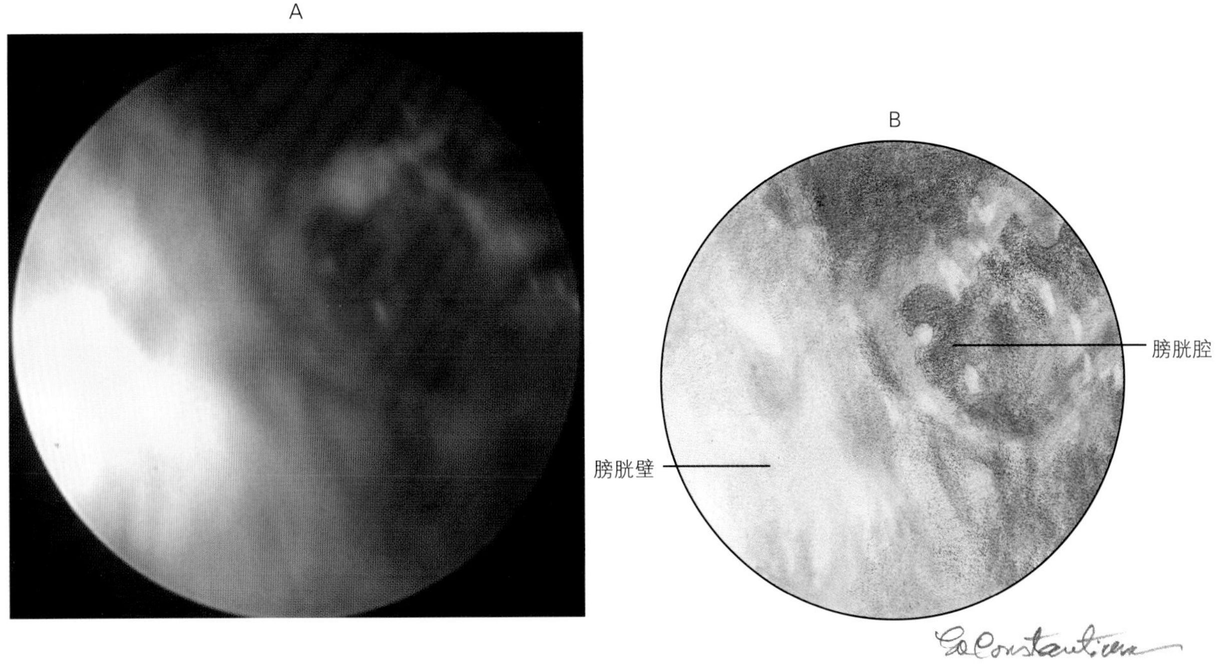

图13-40　膀胱肿瘤的内侧

入第二个辅助套管。在有些病例中，这是获得诊断活检样本的损伤最小和最有效的方法。

第七节　肛门囊内镜检查

如果检查有天然口的空腔脏器，可以通过天然口直接进入内镜。如果是没有天然口的脏器或体腔，则需要制造内镜进入的孔道。肛门囊是一个具有天然口的空腔囊，因此便于内镜检查。肛门囊内镜检查的适应证需要进一步确定。一般用带有套管的关节镜和液体冲洗器的直径2.7mm或更小的内镜进行检查肛门。

参考文献

1. Lindsay FEF: The normal endoscopic appearance of the caudal reproductive tract of the cyclic and noncyclic bitch: post-uterine endoscopy, *J Small Anim Pract* 24:1-15, 1983.
2. Brearley MJ, Cooper JE, Sullivan M: Vaginoscopy. In Brearley MJ, Cooper JE, Sullivan M, editors: *Color atlas of small animal endoscopy*, St Louis, 1991, Mosby.

第十四章　关节镜在小动物临床诊断与外科中的应用

在我的职业生涯中，关节镜是小动物矫形外科进展最快的。除了用实体镜尸体剖检外，和其他任何诊断技术比，关节镜能提供关节内病理学更多的信息。其最大的优点是可观察到更大范围的关节区域、关节镜的放大功能、优良的照明度以及连续冲洗形成的清晰视野。此外，关节镜检查还具有侵袭小、创伤轻、手术时间短和恢复快等优点。小型关节镜可以放置到关节的深部，加上观察角度（大多都是30° 角），这样就比直视手术观察到更大的区域。关节镜可以放大关节内的结构，比X线检查、CT和MRI观察到的解剖构造和病理变化更清晰。在关节镜下我们可以见到被直视手术忽视的次级损伤。高密度的光线直接通过关节镜，为视野里所有结构提供了照明。附带的冲洗可以保证清除视野内碎片和血液，从而保证了视野清晰。这些都比关节切开侵袭小且损伤轻。和关节切开术相比，关节镜检查的速度并不是最重要的标准和最主要的优势，但是对于经验丰富的内镜手术人员来讲，麻醉和操作时间要比常规手术显著缩短。术后恢复也比关节切开术快很多。从手术时间讲，关节镜大有优势。大多数犬在几个小时内疼痛和跛行就恢复到术前状态。许多犬在手术当天功能上比术前要好。入径的恢复不需要限制活动。关节镜术后某些关节内结构，比如分离性骨软骨炎（OCD）和内冠状突（MCPP），通常称为碎片冠状突（FCP），还没有研究过或尚未与直视手术做过比较。

关节镜的应用几乎没有缺点，主要是技术方面的困难，确定诊断和正确手术需要长时间艰苦的学习。设备的费用是相对的劣势，关节镜设备并不比其他用于小动物临床尖端设备贵多少，而且或许更便宜。和技术水平及经验相比，器械尺寸的局限性又显得不太重要。在所有的内镜技术中，关节镜是最难掌控的，需要相当程度的实践、忍耐性和持久性。难度大的原因是空间狭小、骨性结构坚硬及某些关节（如膝关节）结构复杂。尽管如此，随着时间的推移，加之自己的努力，诊断水平会提高，基本手术技能会很快掌握。

是否确定用关节镜检查和多种因素有关，病史、体检所见、X线检查的变化及实验室检查结果疑似关节疾病。有跛行和强直的病史，起卧困难或上下楼梯、长椅、上下车困难，关节疼痛、肿胀、变厚、有捻发音，关节运动范围变小以及检查时关节不稳定，都是要进行关节镜检查的理由。X线检查异常，如关节液增多、关节囊变厚、关节周围骨赘、关节周围硬化、分离性骨关节炎、未连接肘突、未连接后关节盂骨化中心、关节内骨折或碎片、关节周边骨溶解或其他和关节有关的X线异常都建议做关节镜检查。

如果病史和检查结果牵涉到关节疾病，即便X光检查正常，也不妨进行关节镜检查。任何时候想获得更多关节的信息，而且还要侵袭性较小，关节镜是首选。

关节镜通常用于检查犬的肩关节、肘关节和膝关节。而在桡腕关节、髋关节和胫跗关节很少应用。虽然也曾应用于猫的肩关节和膝关节，但在猫还没有广泛开展。关节镜在大型犬很容易进行，但也可用于体重只有3.175kg的小型犬。

表14-1列出了适合关节镜检查的条件，包括

肩、膝、肘、腕关节的分离性骨关节炎，前后十字韧带部分或全部断裂，半月板损伤，内冠状突病，未连接肘突、未连接后关节盂骨化中心，未连接盂上结节，退行性关节病，关节内骨折，免疫介导性关节炎，滑膜炎，二头肌腱炎，二头肌腱部分或全部断裂，肩、腕、膝和髋关节的关节内软组织损伤，败血性关节炎以及肿瘤形成。在幼年发育不良的犬，可采用关节镜评估股骨头和髋臼软骨的情况，作为骨盆切除术的预后判断。目前关节镜用于的手术（表14-2）包括：骨关节炎软骨唇的切除和软骨缺损的清创术，冠状突碎片的去除和冠状突修正，关节鼠的清除，臂二头肌腱断裂，腕关节碎片清除，半月板部分或全部切除，十字韧带清创术，半月板重置，未连接后关节盂骨化中心的清除，未连接盂上结节去除，未连接肘突去除，未连接肘突的固定，肘关节和跗关节慢性退行性骨关节病骨赘的去除，肩关节内软组织损伤的热修补，断裂前十字韧带关节内修整；撕脱韧带的固定以及臂骨外侧髁和髋臼骨折的修整。将来设想可以使用关节镜的手术包括肩关节韧带和肩胛下肌腱的修整，肩关节外侧边唇分离的修整，桡腕骨折的修整以及其他的关节内骨折的修整。

表14-1　关节镜诊断范围

所有关节
退行性关节病
软骨软化
肿瘤形成
滑膜炎/滑膜绒毛增生
关节内骨折
免疫介导性关节病
肩关节
股骨头退行性关节病
臂二头肌腱部分或全部断裂
盂内韧带和肩胛下肌腱损伤
盂外关节唇分离
未连接后关节盂骨化中心
未连接盂上结节
冈上肌腱损伤
肘关节
内侧冠状突病/断裂
外侧冠状突病/断裂
肱骨髁的骨关节病
未连接的肘突
关节的不协调
髁间骨折
桡腕关节
桡腕骨折
桡骨远端背侧缘骨折碎片
关节囊背侧漏
髋关节
髋关节发育不良
关节囊背侧漏
膝关节
前十字韧带部分或全部断裂
后十字韧带部分或全部断裂
半月板损伤
股骨髁分离性骨关节炎
髌骨内侧脱位/髌骨外侧韧带断裂
趾长伸肌腱损伤
十字韧带稳定性缺乏
跗关节
距骨分离性骨关节炎

第一节　器械与设备

一、关节镜

用于关节镜检查的直柄镜直径范围在1.9～5mm。通常应用于小动物的包括2.7mm的长关节镜（也称为2.7mm多用直柄镜）（Karl Storz，#64018BSA）、2.7mm的关节镜（Karl Storz，#67208BA）、2.4mm的关节镜（Karl Storz，#64300BA）和1.9mm的关节镜（Karl Storz，#64301BA）（图14-1）。所有关节镜都有30°的可视角。每一种都各有优缺点，可根据情况选择使用。

2.7mm多功能内镜和其他关节镜比有两大主要优点，良好的光学性能和适宜的长度保证了其多功能性。在17例小动物临床使用直柄镜的手术中，有12例使用了此镜，所以被定义为多功能镜。其唯一的缺点就是在小关节有限的范围内操作起来较为困难，就需要在末端安装一个长支架才能摄像。

其他3个10cm的关节镜比18cm长的直径2.7mm内镜管短。这种短镜的优点是缩短了相机与镜体末端的杠杆臂的长度。这样在小的关节中就容易掌控。另一个优点就是因长度短，术者的食指可以控制入径处的套管，这样就能准确和容易控制插入的深度，从而大大地降低了由于插入太深或者不经意的拔出关节的次数而漏掉所要观察的结构，特别是对初学者来说。

表14-2　关节镜手术操作过程

肩关节
- 分离性骨软骨炎软骨碎片的去除及清创术
- 臂二头肌腱横断
- 未连接的盂后骨化中心碎片清除
- 未连接的盂上结节碎片清除
- 软组织的热修饰
- 关节内骨折修补

肘关节
- 冠状突碎片的去除及冠状突修正
- 分离性骨软骨炎软骨碎片的去除及清创术
- 肘突的去除及固定
- 骨赘切除术
- 关节内骨折修补

桡腕关节
- 腕骨碎片去除

膝关节
- 十字韧带碎片的清创术
- 半月板部分或全部切除术
- 分离性骨软骨炎软骨碎片的去除及清创术
- 半月板重置
- 关节内骨折修补

跗关节
- 分离性骨软骨炎软骨碎片的去除及清创术
- 关节鼠去除
- 跗骨骨折碎片的去除

直径2.4mm和1.9mm的短镜没有优势。对身材矮小的患病动物的腕关节和跗关节，小的关节镜相对有优势，但没有必要。有两种关节镜，特别是1.9mm的，比2.7mm的易碎。它们视野小，观察关节内部很困难，这也是一个小小的不足吧。图像小且光学也不好，因此不能有效记录检查情况。

如果该镜只作为关节镜来用，对小动物来说，2.4mm和2.7mm的内镜是最佳选择。如果还用于其他方面，如鼻镜和膀胱镜，2.7mm的长镜是最好的选择了。

在关节镜检查中，除了关节镜外，还有其他几种器械也是必需的，当然还有其他备选器械。

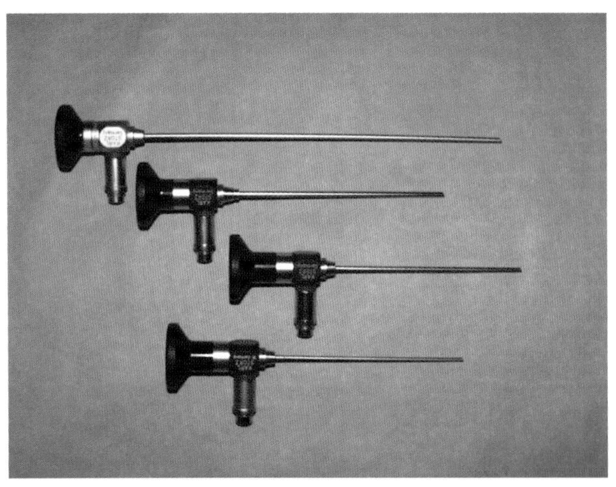

图14-1　用于小动物临床的关节镜，从上到下：长的2.7mm多功能内镜；短的2.7mm关节镜；2.4mm关节镜和1.9mm关节镜。长2.7mm内镜管长18cm，其他的都是10cm

二、内镜，术者及套管

（一）内镜套管（图14-2）

关节镜外有一个套管，即鞘，用来保护内镜和提供液体流出的管道。每一个内镜都有与之相配套的套管【Karl Storz，#64128 AR（2.7mm MPRT套管）、#64147BH （2.7mm短关节套管）、#64303BN（2.4mm关节套管）、#64302BN（1.9mm关节镜套管）】。内镜套管随带一个可插入关节的套管针和一个钝的内镜通芯。钝的内镜通芯是必需的，因其可减少对关节软骨的损伤。所有套管都有一个锁定装置。当内镜插入套管后，把内镜和套管锁在一起，还有一个通用的供液体流入的接头及控制流量的开关。这种锁定装置可保护内镜的两端，可使内镜的远端和套管的远端对齐，以保护内镜的远端镜面。同时也可防止内镜近端过度弯曲。锁定装置是防水密封的。更重要的是把内镜锁定后可以防止内镜受损、保证液体适当流动，以及防止套管末端干扰视野。

（二）手术套管（图14-2）

关节手术通道的建立有两种，带套管的手术通道和不带套管的手术通道。究竟哪种方法好存在分歧，但两者都有适应证、优点和缺点。如果使用套管，可以在手术位点向关节内插入套管来建立和保持器械的通道，这样便于器械的拔出和再一次插入。然而，插入关节的器械的大小和取出组织块的大小就受到了限制。对于一些小关节，由于关节囊和手术位点的距离短，手术套管影响器械的操作。还可能随器械和组织移动而拔出，不使用套管时，入径是通过关节上的组织切开的钝性切口，器械直接通过组织，这样大的器械也可以通过、大块的组织也可以取出，还排除了套管对手术操作的干扰。主要的缺点是增加了器械再一次通过手术径路插入的难度。最好的关节镜是两种技术的结合，使用一种最适合当前的操作。

用于小动物关节镜的手术套管直径2～3.5mm，大约5cm长，随带一插入用的锋利套管针或钝的内镜通芯【Karl Storz，#64302 X （2mm直径）和#64169 X（3.5mm 直径）】可以通过关节镜观察来

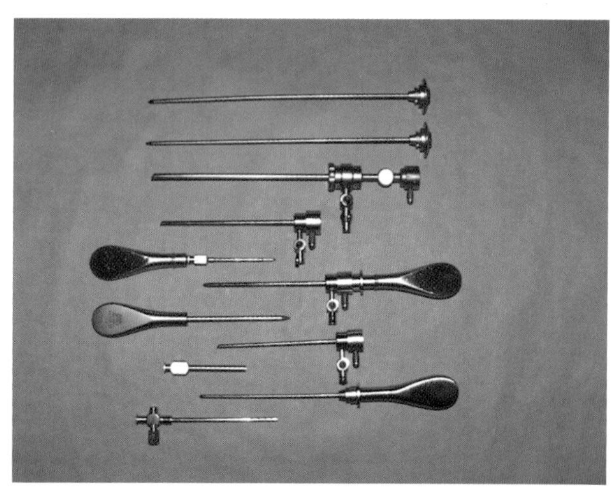

图14–2　关节镜套管和钝的内镜通芯及锐的套管针。从上到下：锐的套管针，钝的通芯，2.7mm长内镜套管，2.7mm关节镜套管，2mm套管及套管内的通芯（左），2.4mm关节镜及套管内的通芯（右），3.5mm套管内的通芯（左），1.9mm关节镜套管（右），3.5mm的套管（左），1.9mm关节镜套管的通芯（右），2.5mm流出套管带多向改善排水孔

放置，以避免造成关节内损伤。垫圈保证了器械周边密闭，防止渗漏，还可以控制液体流量。

（三）**排水插管**（图14–2）

必须有一个点允许液体从关节流出。在关节镜检查中液体流量是保持清晰的视野所必要的，同时还是关节膨胀、冲洗掉手术过程中产生的碎片所必需的。

安装排水插管时最好的办法是使流出受阻、维持合适的流出而不产生余压。小动物关节镜的排水插管直径2～3mm，在管的末端1～2cm处有多向孔（Karl Storz，#64146 T）。这就要求在关节液自由进入排水插管的同时最大限度地不让其堵塞。在排水插管的末端或者邻近位置安装一连接开关，可以使关节液直接流出、并且控制其流出的速度。多数流出管都有一个锋利的套管针，用于将排水管插入到关节内。用关节镜观察插管装置能够把关节内的组织损伤降到最小。

在一些小的关节安置排水插管很困难，因为关节内较小的空间或者没充足的入径。在这些情况下，对于大关节简单的诊断过程，可将20#的皮下注射针用作排水装置。组织液允许从手术创口流出。不安置排水插管就可排水，可简化手术过程，因此手术过程中的组织碎片可以直接流出关节，而不是通过连接的远距离排水装置，这就降低了手术过程中组织碎片残留在关节内的可能性。

三、手术器械

应用于关节镜检查的手术器械的数量和种类繁多，但是在小动物，一般条件下需要很少的手术器械（图14–3）。一套基本的器械（框14–1）包括2mm，3.5mm和5mm的关节镜咬骨钳【Karl Storz，#64302 L（2mm），#64166 A（3.5mm）和#456003 B（5mm Rhinoforce）】；2mm和3.5mm的抓取钳【Karl Storz，#64302 U （2mm）和#64169 LS （3.5mm）】；有钩探针【Karl Storz，#64145 S （2–mm牵引钩）和#64302 S （1–mm钩）】；微骨裂凿【Karl Storz，#64728 CH （70° ）】；3–0，4–0

和 5-0 刮匙【Miltex #19-704（3-0），#19-702（4-0）和#19-700（5-0）】；一个转换竿或者转换棒（钝圆的髓内针）；弯曲的有齿和无齿止血钳；20#，2.5或者3英寸脊髓穿刺针；10#、11#、12#和15#刀片及一些小型号的手术器械。这些基本的手术器械对于所有关节分离性骨软骨炎的手术演示、冠状突矫正、臂二头肌腱的横断、肘突摘除、半月板的切断和骨碎片的清理已足够了。另外，手用器械还包括大的咬骨钳和抓取钳，开放式刮匙，系列的关节镜刀片及弯曲的半月板切除钳。

框14-1　手术器械箱

2、3.5和5mm的关节镜咬骨钳
2和3.5mm的关节内抓取钳
有钩探针
微骨裂凿70°
3-0、4-0 和 5-0 刮匙
转换棒
弯曲的有齿和无齿止血钳
20#1和1.5英寸皮下针
20#2.5或3英寸脊髓针
10、11、12和15#刀片
小型号的标准手术器械

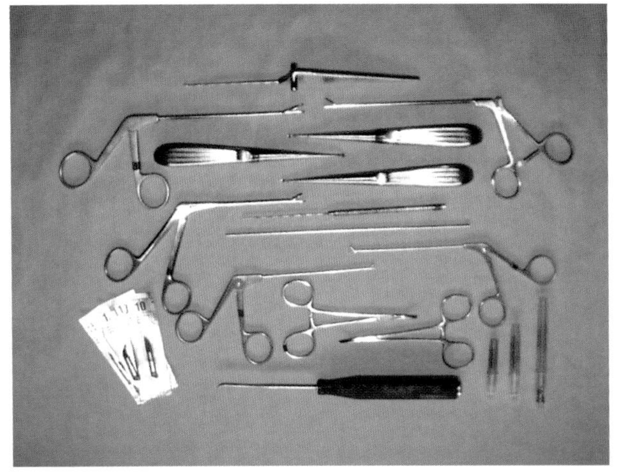

图14-3　小动物关节镜手术器械。从上向下：有钩探针，5mm的关节镜咬骨钳（左），3.5mm的抓取钳（右），3-0（右）、4-0（左）、5-0（右）刮匙，3.5mm的关节镜咬骨钳（左），有钩探针（中），转换棒（中），2mm的抓取钳（右），有齿和无齿止血钳（中），70°微骨裂凿（底部中间），刀片（下左），20#1～1.5英寸皮下针和20#2.5英寸脊髓针（下右）

四、电动设备

（一）电动切除器（图14-4，A）（Karl Storz #28720003 U）

电动软骨切除器和齿状刀片在关节镜检查操作中是非常好用的工具，同时这些工具也能被运用于软骨、骨和软组织的切除。电动器械极大地加速了手术程序操作以及组织切除后形成光滑的表面。电动切除器并非绝对需要，在许多用普通器械就能有效完成的基本操作过程中可以不用。初学使用关节镜检查时不建议使用电动切除器，由于把电动器械放到无经验的操作者的手上，会在很大程度上增加对关节和器械损害的可能性。当电动切除器的刀片安装不当时，每次脚踏开关都能引起广泛的损伤。这种电动切除器的费用也是一个制约因素。由熟练的外科医生用电动切除器和选择恰当的切刀来执行复杂的程序是非常容易的；然而，大多数基本的关节镜程序操作能用普通器械有效地完成。

一系列原本被设计用于颌面外科学的小型电动切除器，当前被用于小动物的关节内镜检查。这些电动刮刀的把手比人医使用的小关节电动刮刀还小很多，同时它们的型号也非常适合小动物关节内镜检查。在不同的品牌和样式当中，基本的区别点就在于液体流动的控制机理。有多种类型和尺寸的切刀用于不同的病例。平常所用的电动刮刀的刀片包括用于除去骨和软骨的齿状刀片（2～4mm）、用于切除软组织和软骨的强力刀片（2～4.5mm）和用于除去软组织的锋利或者平滑刀片（2～4mm）（图14-4，B）。这些刀片外都有导管，切割过程中产生的碎片会随着切割的进行而从刀片流出。电动刮刀运用吸入功能使碎片的移除和迫使软组织进入刀刃变得更容易，从而加强了切割过程。在操作过程中大型号的切刀可加快软组织的切除速度，例如十字韧带的清除，但是将其应用于小的关节是非

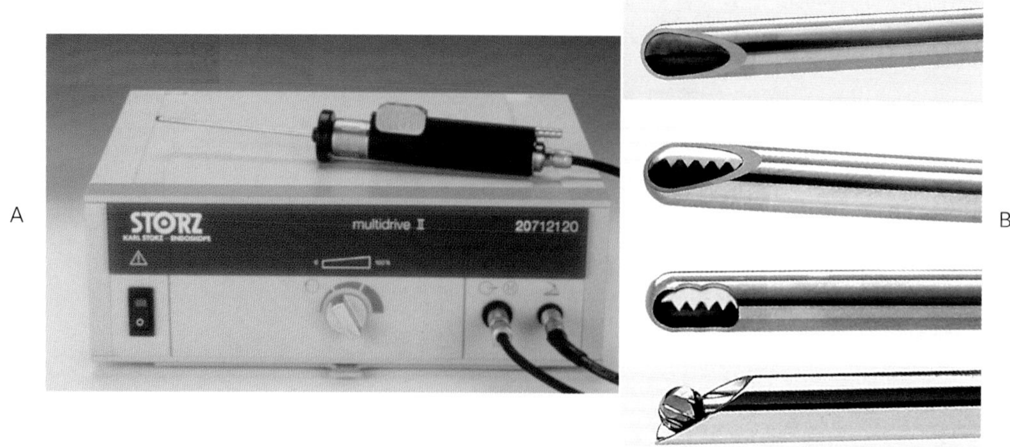

图14-4 A. 小动物关节镜使用的电动切除器。该设备小巧轻便，特别适合小动物关节。B. 用于小动物关节镜的切除器的刀片

常困难的。小型切刀更容易使用并且可进入小关节（例如，对于半月板清创术），但是清除组织的速度更慢、更容易被组织碎片阻塞。刀片尺寸和类型的选择要考虑使电动刮刀的功能最强。

（二）电频/电烙术器械

单极或者双极电频器械可用于切除组织操作，烧灼出血点，通过关节囊和韧带的热修复收缩组织和消融组织。我已将电频用于脂肪垫的消融和膝关节十字韧带的修复、关节滑膜绒毛的切除，以达更广泛的视野。我也将这个技术用于前十字韧带的清创和移除，通过横断后半月板胫骨韧带进行半月板内移、半月板的部分或全部摘除术。

电频也可用于肩关节内侧软组织结构的热修复和臂二头肌腱的横断。用电频去除关节绒毛滑液性增生有利于通过去除额外的滑膜组织改善关节视野。

为关节镜检查而专门设计的单、双极器械（米塔克外科产品VAPR II，图14-5，A）。各种规格和大小的用于观察关节内部结构的关节镜可用于不同的组织（图14-5，B）。这些电动设备可在不同的情况下进行调节，特殊尖端有电热偶，在组织的热修复过程中调节组织的温度，以不切除或灼烧组织，从而使组织消融。

特殊的关节内镜尖端用于调节单极电频外科手术仪【Linvatek #8323 B（尖端90° 小关节电极）】（图14-6）。这个方法对于切除和灼烧组织有效，但是对于大量组织的热修复和消融的效率很低。

五、灌洗系统

关节镜检查的光学视野是通过液体冲洗关节来建立和维持的。有3种不同的技术可以用于维持液体的流动：依靠重力流动，在患病动物上方放置液体容器，用静脉注射装置接于内镜套管出口处。压力辅助流动，是用手动压力作用于重力流动系统的套管囊和一个自动的机械关节镜输入泵。注入的液体是通过内镜套管助推器流动，通过冲洗掉内镜镜片周围和视野周围的血液和碎片来保持视野清晰。连续冲洗是使液体经排水针或者套管或者入径不间断地流出。冲洗时的高流低压系统在降低关节周围积水的同时可有效地维持清晰的视野。这是通过降低流出阻力而不是增加流入压力来实现的。过热的液体会导致液体在关节周围和皮下组织的聚集，从而影响压迫关节囊的关节诊查。

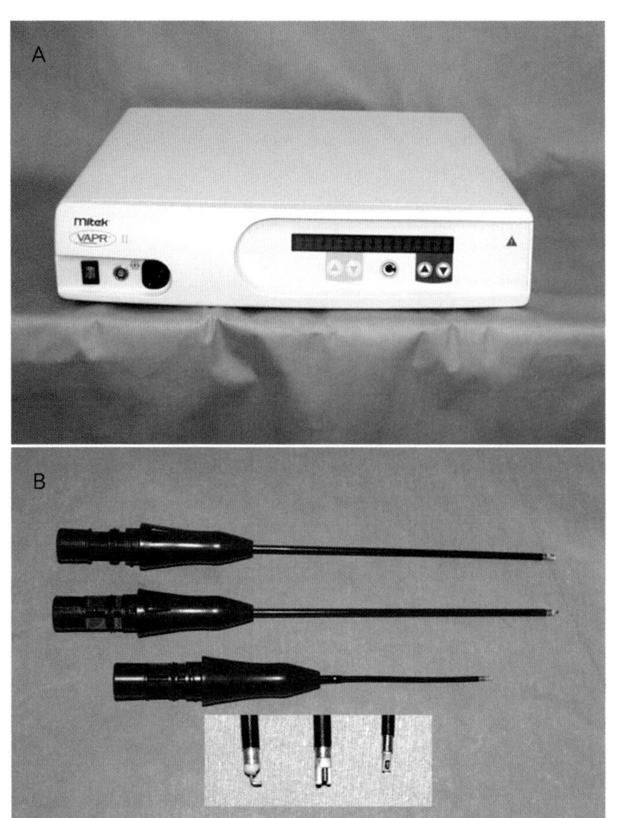

图14-5　A：Mitek VAPR II。B：用于Mitek VAPR II双极关节镜电频仪的电极。双极关节镜电频仪，从上到下分别是：3.5mm侧面电极（插图，中），3.5mm有钩电极（插图，左），2.3mm侧面电极（插图，右），其他电极包括：3.5mm和2.3mm顶效，2.3mm边缘电极，及3.5mm热偶温控电极

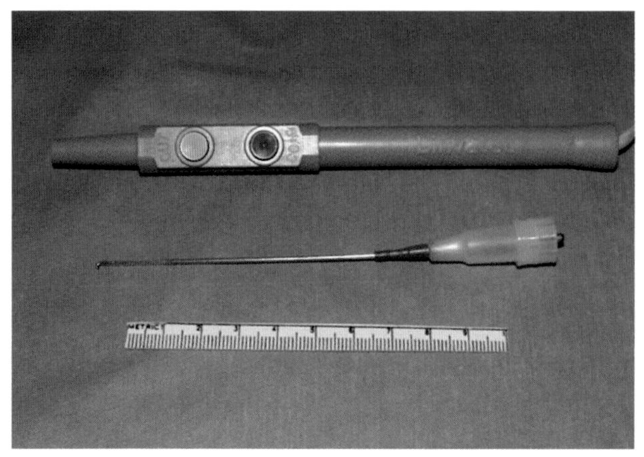

图14-6　用于标准开放手术的电外科仪或电频仪的关节内镜机头适配器和接头

乳酸林格氏溶液和生理盐水是关节内镜检查最常使用的冲洗液。哪个更好没有明确的说法，研究得出的结果相互矛盾，关于这个争论已有人做了很好的综述[1]。一些研究已经表明，生理盐水、乳酸林格氏溶液和无菌水、对软骨新陈代谢的影响没有区别[2]。然而其他一些研究也表明，蒸馏水比乳酸林格氏液的负面作用大，和乳酸林格氏液比，生理盐水的负面作用影响更大[3, 4]。同时其他的一些研究也认为，乳酸林格氏液比蒸馏水更有害处[5, 6]。一份关于离子溶液（乳酸林格氏液和蒸馏水）和非离子溶液（山梨醇、甘露醇和右旋糖40）的评估显示非离子溶液对机体机能和糖蛋白丢失的影响最小[6]。从争论中我们可以得出结论："此作者未发现关于普通生理盐水有任何有害影响。在这个作者所在的实验室发现，普通生理盐水是最经济的溶液"[1]。

当前，这一个问题尚无明确的科学答案，就像哪种溶液对关节镜检查是最好的一样。以实践的观点看，尚未证实使用乳酸林格氏溶液或者普通的生理盐水有临床上的优点或是负面作用。因为生理盐水和乳酸盐溶液容易使用，且价格不贵，还因为没有有效的临床参数来否定其使用，所以是当前用于关节镜检查所使用的溶液。

（一）重力液流

重力液流是维持灌流最简单、最容易和最便捷的技术，同时对于大多数关节镜诊断和许多基本手术程序都很好。这种技术是将1L、3L或者5L的袋装无菌林格氏液、乳酸林格氏液或生理盐水溶液连接到静脉注射装置，该装置同关节镜插管的入水孔相连接。将该液体袋悬挂于患病动物上方，同时完全打开控制流量的给液装置。内镜上的插管是用于开启或者停止液体流动的。通过将储液袋放置在关节上方的高度来控制液压和关节膨胀。通过调节流入的压力和流出的阻力来控制液体的流速。减少潜在的关节周围液体蓄积时，高流出—低压进方法可有效地维持清晰的视野。这是通过降低流出的阻力而不是增加流入的压力而实现的。

（二）压力辅助流通

重力液流在多数诊断和关节镜检查开始时足以满足需求，有需要时可增加一个压力套囊，以增强压力和流量。液体袋上装有手动压力充气袋，充满后用以提供足够的压力。此系统价廉且容易装配和使用。其缺点是在使用过程中需反复给液体袋加压，更换液体袋也较为麻烦，如果加到套囊上的压力过大，会增加关节周围液体蓄积的可能性。

（三）机械性关节镜液体泵

能够自动地控制关节内液体压力和流量的机械泵（Karl Storz，#69330001）（图 14-7）对关节镜检查操作很有用，但是机械泵增加了该系统的费用，并且增加了安置的复杂性。这些泵并非诊断性关节镜或者基本操作的关节镜所必需。随着操作程序复杂性的增加，其增添的好处和持有一个液体泵的优点也变得更加有意义了。这些泵装特定的压力为50cmH_2O或者以下，通过调节水柱流而自动控制。

六、视频系统

视频系统对于电子内镜检查绝不可少。视频台是一个可移动的车或者带轮的箱子，包括为执行关节镜检查或者其他内镜操作视频所需要的视频系统元件。视频系统的必备部分包括摄像机、视频监视器、氙光源和一个放在手推车或者带轮箱子内的监护仪。另外任选的元件包括现象记录或者捕获装置，例如视频打印机、磁带录像机或者数字捕获设备。关节镜的电刮刀和机械液体泵可安装到系统上，也可根据实践应用需要分别安装。

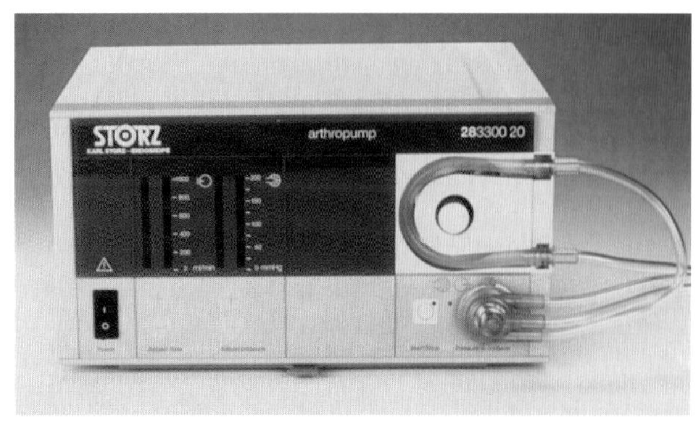

图14-7　机械性关节镜液体泵

（一）录像摄像机

在关节内镜检查中，专为内镜和微创手术设计的数码摄像机必不可少。Karl Storz（#69235106）摄像头可连接关节镜的目镜，二者使用一个操作系统。附着在内镜上的摄像头非常小，因为大部分电子部件都在视频系统操控范围外的控制单元上。单芯片或三芯片摄像机有模拟或数字技术功能。单芯片自动曝光摄像机用于小动物关节内镜检查绰绰有余。这些摄像机的重量轻，体积小，直接同内镜相连，可录制清晰的图像。三芯片摄像机有更高的分辨率，但是仅仅在出版高质量图片时需要。

（二）视频监视器

医用级别的视频监视器【Sony，#9213B （13英寸）】可为视频内镜提供一个极佳的图像。电视和视频监视器是不够的。同其他元件相比，医用级监视器价格不高且物有所值。医用级监视器的可用尺寸为13～19英寸。13英寸的医用级视频监视器用于小动物实践是足够的，并且比较大尺寸的电视或质量较差的监视器更好用。

（三）光源

关节镜需要一个高质量的光源和光纤。卤素灯和氙光源的成本差别很大。内镜首选氙光源，因其使观察的组织有更逼真的色彩（Karl Storz，#201315-20）。用可弯曲的光纤将光源连接到内镜上。

图像记录设备可选可不选，在没有打印机、盒式磁带录像机或者数字记录仪情况下也可完成有效的诊断和关节镜检查，这些都纳入视频系统里。

（四）视频打印机

视频打印机为可选设备，但加装视频打印机是一种康价的记录方法，且在为动物主人和咨询兽医师提供照片时是一种有效的营销工具。

（五）盒式磁带录像机

录像带是另一种保存文件的方法，并可作为一种市场营销工具，但是静止图像比较好管理，录像带还需要进行大量的编辑工作后才能成为最终产品。

（六）数字录像机

在操作过程中，可以用数字录像机直接从摄像机获得高质量的静止图像。这些图像可以上传到电脑里进行编辑、储存在磁盘内，以用于演讲、制成幻灯片或者打印分发到动物主人手里或者给咨询兽医师。

第二节　麻醉、麻前给药及疼痛管理

和其他矫形外科一样，关节镜检查也需要进行全身麻醉。对于选择麻前给药、诱导麻醉、维持麻醉和疼痛处理很大程度上取决于患病动物，而不是程序。进行肩关节的关节内镜检查时，给年轻犬使用的麻醉药，完全不同于老龄犬用关节镜做多入口退行性肘关节病的清创手术。疼痛管理多取决于患病动物的需要和特殊的关节镜操作程序，然而，与开放式关节切开术或其他开放矫形术相比，关节镜的疼痛管理通常重视不够。

笔者的典型患病动物处理措施包括麻醉前全血计数、血液生化分析、胸部的X线检查、心电图检查和尿常规检验。麻前给药采取皮下注射乙酰丙嗪和甘罗溴铵，诱导麻醉采用静脉注射异丙酚，维持麻醉使用七氟醚。关节镜检查前即使先肌内注射酮基布洛芬，但对于敏感的患病动物进行像肘关节清创术或者十字韧带损伤膝关节清除术的大范围关节镜检查时，还需要追加镇痛剂。对比较疼痛的手术后期，有时还要向关节内注入利多卡因、麦卡因或吗啡。对于炎症比较严重的关节偶尔也使用甲基泼尼松龙类激素药物。典型的支持疗法包括静脉注射乳酸林格氏液，关节镜检查操作开始时静脉注射唑啉头孢菌素。在手术操作结束时，对于远端关节如肘关节、腕关节、膝关节和跗关节要打保护绷带，直到进行下次关节镜检查时将其去掉。

第三节　术后护理

多数患病动物一直到关节镜检查完后才能出院。手术完成后可口服乙哚乙酸和布托啡诺。患病动物口服乙哚乙酸7~10d、布托啡诺2~5d就可以出院。两周之内限制患病动物活动。室内活动仅限于散步，不可以进行跑、跳、大幅度运动、上下楼或者从家具上跳下跳上。户外活动仅限于出去排尿、排粪就足够了。手术后两周进行复查，可根据手术效果和患病动物的恢复程度来调整活动范围，根据临床表现决定是否需要注射镇痛药。

第四节　关节镜的一般操作

一、患病动物准备、保定与手术室布局

通常，患病动物术前准备与开放式关节切开检查一样。单肢或双肢剃毛、刷洗，无菌外科手术创巾的使用都和开放关节手术一样。良好的关节镜检查要保持关节能自由活动，创巾要允许关节完全屈伸和旋转。内镜和附属器械用冷消毒法（戊二醛）、环氧乙烷或者高压灭菌消毒。特殊器械都要按厂家推荐的消毒方法进行消毒。

四肢的放置和保定可以由助手完成或固定在装置上。要遵守内镜操作室的基本原则[7]。患病动物和监控器要安排合理，在大部分操作过程中内镜都要指向监视器。这点对有效的内镜检查非常必要。如果不调整监控装置的位置，内镜操作技术难以学习和掌握。采取三角形手术入径，可优化内镜的视野和手术器械的功能，术者看到的关节内的视野和器械显示的就一样了（图14-8）。内镜和器械之间的角度保持30°～60°（绝对要小于90°）；大于90°的操作会改变监视器上反映出的手动图像。

患病动物的保定和手术室布局对每个关节和每个关节的操作步骤都是特定的。

（一）肩关节

单侧肩关节操作采取患病动物侧卧保定，患侧

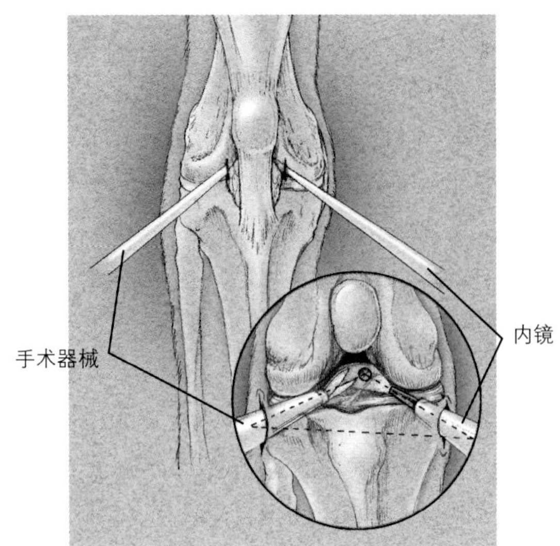

图14-8 膝关节髁间手术内镜和器械的三角区域（引自 Veterinary endosurgery, Freeman LJ,St Louis, 1999, Mosby）

在上。如果在同一麻醉状态下进行双侧操作，患病动物要仰卧保定，前肢吊起并铺盖创巾，这样患病动物可以来回翻动，以便可以进行两个关节操作。双侧肩关节性疾病和双侧的未连接后关节盂骨化中心的操作须将患病动物仰卧保定，将监视器放其后方。患肢包裹后，患病动物翻转到先做手术的一侧，术者站在患病动物腹侧，而助手在术者旁靠近患病动物后方、术者和监视器之间。一侧手术完成后，术者和助手转移到患病动物的另一侧，同时患病动物向反方向翻转，露出另一侧肩。双侧的臂二头肌腱手术和进行关节内侧操作时，患病动物的保定和翻转和骨关节病及未连接后关节盂骨化中心的手术相同。但是监视器放到患病动物的前方，助手站在术者旁靠患病动物后方，还是在术者和监视器之间。单侧手术时，患病动物侧卧保定，术者和助手以及监视器的位置和双侧手术相同。也可以把监视器放在患病动物背侧的位置。

（二）肘关节

肘关节的关节镜检查一般多为双侧，麻醉同前，仰卧保定，露出两肘。患病动物双肢悬挂并附上消毒创巾，双肢可以自由移动和外展，以暴露关节。用于内冠状突（MCPP）通常叫碎片冠状突（FCP），中髁嵴的骨关节病手术。

患病动物仰卧保定，监视器置于患病动物头侧，采用内侧入径或前内侧入径。可用定位装置，如沙袋或V形槽，来保持患病动物仰卧姿势，术者站在欲手术关节侧，助手站在术者同侧的前方、术者和监视器之间。第一个关节镜检查完后，术者和助手转移到患病动物的另一侧，同时将患肢外展进行下一个手术。用于双侧未连合肘突摘除的关节镜检查是将患病动物仰卧保定，监视器放在尾侧桌边，将患肢外展，以暴露关节中部，而进行关节中间入径或后中间入径。UAPs通常和内冠状突相联系，这种定位和入径在肘关节碎片清除过程用于内侧冠状突的观察。如果需要矫正冠状突或清除碎片，这个定位确实会产生监视器看不到的问题。最理想的是，用两台监视器，手术台一端一个。如果不可能，就要分别来完成单侧的手术，使患病动物仰卧或者侧卧，把监视器置患病动物的对侧。或者患病动物仰卧，监视器放在手术台的前端，并在肘关节手术时使用后端入径。用于退行性关节病清创术的多入径肘部关节镜检查，单侧操作通常是使患病动物仰卧，这样使患病动物可以从一侧翻转到另一侧，以进行关节的内、外侧面操作，监控器放在患病动物的头上方。

（三）桡腕关节

桡腕关节的关节镜入口都在关节的背面，且多为单侧操作。仰卧保定，腿向后拉，或者侧卧，腿向外旋用于单侧关节镜检查，在仰卧保定下可完成双侧操作。患病动物仰卧，监控器放在手术台前部，助手站在患病动物头侧。侧卧保定时，将监视器放在医生对面手术台前方。

（四）髋关节

用关节镜检查髋关节采用侧卧保定，且只能单侧操作。关节镜检查髋关节最常见的适应证是，年轻犬在髋骨切除术手术之前的检查，此时应将患病动物保定，做术前准备，覆盖手术无菌创布同上。监视器放到手术台的前方或斜放在患病动物的腹侧，尽量向前至手术碰不到的地方。术者站在患病动物的背侧或后侧，助手站在患病动物的腹侧，帮助向后牵拉患病动物后腿。

（五）膝关节

膝关节关节镜检查通常用于前十字韧带损伤的诊断，除非在关节镜检查之前有其他明确诊断，首先安置好患病动物，在十字韧带损伤诊断确认之后覆盖创巾。仰卧保定，使腿伸向后部和侧卧保定，使腿尽量向上向外旋都可以用于膝关节的关节镜检查，但是仰卧保定、腿向后牵拉更容易操作并能更好地完成手术。当患病动物仰卧保定时，监视器放到桌子的前方或斜放于被检患肢侧，距离要在内镜适当的转向和在外科手术的无菌操作范围之外。术者站在手术台的后方，助手站在手术关节的同侧。侧卧保定做膝关节的关节镜检查时，监视器放到患病动物的背侧，术者站在患病动物的腹侧，助手站在手术台的后部。仰卧保定双侧膝关节做关节镜检查时，监视器放到手术台的前方，术者站在手术台的后方，助手转移到被检关节的外侧。

（六）跗关节

跗关节关节镜检查入口设在关节的4个方位：背内、背外、跖内和跖外方位。距骨内侧嵴骨关节性疾病碎片的清除也可用内侧入径。仰卧保定、腿向后伸展用于双侧或者单侧手术操作，这样关节灵活伸展且任何入径都可以。距骨内侧嵴的骨关节病损伤可采用最常规的跗关节的关节镜检查，患病动物仰卧，后肢外展，采用跖内侧或者内侧入径。俯卧保定可同时做跖内和跖外侧入口，但背侧入径就受到限制。侧卧保定患肢在上可做单侧跗关节的关节镜检查，内旋或者外旋以达4个合理入径部位，但和仰卧保定相比没有任何优点。仰卧或俯卧保定时，监视器都可以放到手术台的前方或者斜放到患病动物的任何一侧，但都要尽量保证在无菌区之外。术者和助手站在手术台患病动物的后方。仰卧保定最为常用，除了更方便上述4个入口外，需要的时候更容易转为进行开放手术。

二、入径选择

目前，已经确立6个关节的关节镜检查和手术的入径。尽管术者在手术中大都使用相同的入径，但是在一些入径的准确位置和顺序上尚未完全统一。应用于小动物检查的关节镜是一个相对较新、正在发展中的技术。随着时间的推移，这种特色手术操作的较好入径位置很可能发生改变。内镜入口比液体出口和手术操作口更需要准确定位。与液体出口相比入口的顺序和位置更加多变。

第一个入口，要通过关节触诊和标记来确定。用一个20#、30~45cm 的皮下针插入选择好入径部位，抽出关节液，以确保插入了关节内（图14-9，A）。保存关节液，以供分析和培养用，如果关节镜检查后表明还需进一步检查，可以送检关节液。用注射器向关节内注入无菌乳酸林格氏液或生理盐水，使其膨胀（图14-9，B）。注入液体直到关节内有足够的压力、使注射器管芯反弹为止。用10#刀片在皮肤的进针处切开一个小口，依次切开皮下组织和筋膜。使用10#刀片，而不是更小的15#刀片，使皮肤的切口大小足以容易插入内镜的套管，并使手术中产生的液体更容易流出，从而减少关节周围和皮下组织的液体蓄积。将一个钝圆的内镜套管插入到关节内（图14-10），尽管比较费力，还应首选为好，原因是它可以显著降低损伤关节内结构的风险。也可使用钝圆的内镜套管进行关节腔探查，以辅助确定关节。要探查关节腔，需在关节腔内来回运动内镜套管，以感知关节侧骨和关节槽。用这种方法很容易进行肩关节和肘关节探查。

放好套管，抽出管芯（图14-10），插入关节镜并锁定（图14-11）。在检查前，如果需要改变关节内套管的位置，钝圆的内镜套管可防止关节软骨损伤和内镜损坏。

在检查过程中，冲洗液包括林格氏液、乳酸林格氏液或无菌生理盐水，不间断流出使视野清晰并维持关节的膨胀。将冲洗液瓶连接无菌静脉注射装置，再连接于内镜套管注入口，液体就开始流入

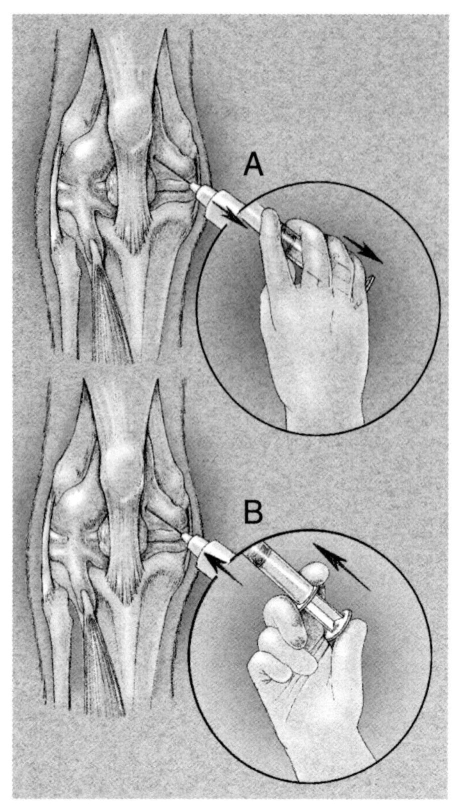

图14-9　A. 选择手术入口的第一步是关节穿刺术，用20#、1～1.5英寸的针头插入关节腔，抽取关节液来确认插入正确，如果关节镜检查结束后有疑似的话可以把关节液进行培养和分析。B. 泡入盐水，林格氏液或乳酸林格氏液来膨胀关节（引自 Veterinary endosurgery, Freeman LJ,St Louis, 1999, Mosby）

了。在关节初膨胀处或其他部位插入皮下针，用于临时排液，直到插好排液管或设置好手术入径，允许排液为止。

开始使液体流过关节是用以维持清晰的视野，并使关节膨胀以提供可视空间。当需要膨胀关节囊以观察关节面时，犬对液体外渗到关节周围和皮下组织非常敏感。液体蓄积在关节周围组织会压迫关节囊、妨碍关节的检查和手术操作。在犬，压强超过50mmHg就会产生液体外漏。高流量—低压力系统刚好有压力足以使关节膨胀、视野良好，且不增加关节周围液体蓄积的风险。高流量—低压力系统很容易获得，用大而多孔的流出插管或能流出液体的相对较大的手术入径即可。增加输入压力会使关节膨胀并提高液体流出速度，但液体流出不畅就难以维持清晰的视野，还会增加液体在关节周围蓄积的风险。流入和流出必须保持平衡才可使关节膨胀、视野清晰。由于重力系统的作用，可以通过调整患病动物上方液体袋的高度来改变液体的流入压力，还可通过增加或者减少辅助系统套囊的压力或者通过内镜的自动调节泵进行调节。

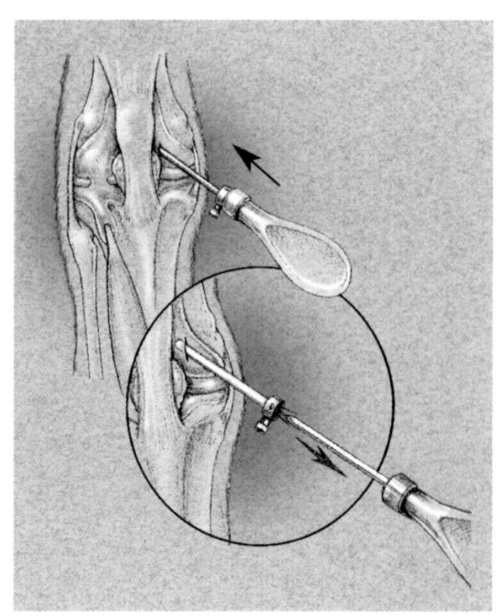

图14-10　用钝内镜管套管插入关节，当套管固定好后去除通芯（引自 Veterinary endosurgery, Freeman LJ,St Louis, 1999, Mosby）

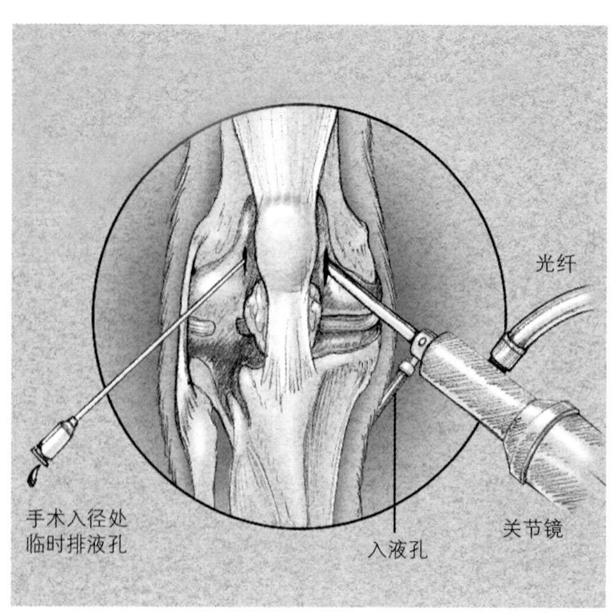

图14-11　内镜管插入套管且锁定。20#、1或1.5英寸注射针头在计划手术入径处临时排液（引自 Veterinary endosurgery, Freeman LJ,St Louis, 1999, Mosby）

在皮肤和皮下组织切一个比关节囊开口大的锥形口可降低或减少关节周围或者皮下液体的蓄积。它可使从关节流出的液体都可从皮肤口流出，而不是蓄积在关节周围或者皮下组织。出口形状和位置、足够的排出量、最小的关节活动量，避免额外液体产生膨胀压力等都有助减少液体的外渗。

设定合适的液体流速后，获得清晰的视野和足够的关节膨胀时，就可以进行关节检查。最初主要是判定关节的病理学概况，以确定是否需要进行手术，还是需要额外关节入口，以插入内镜检查。如果需要，可外加内镜入口，以便更彻底地对关节进行检查。外加的入径采用三角区原则，所以内镜不影响正在进行的手术操作（图14-8）。三角区是一个用于描述关节内各器械位置的术语，可以优化功能。这个概念是直观的，内镜作为三角形的一条边，手术器械作为另一条边，皮肤是这个三角形的底边，关节的损伤就在三角形的顶点处。对内镜操作来讲，三角形两边夹角的角度很关键。角度太小或者太大都会增加器械操作和定位的难度，也增加了手术器械和内镜的干扰。另一个关键因素是在形成最佳角度时，操作器械的顶点和内镜的光学视野必须在被检处聚焦。除了考虑内镜和手术器械的插入点和其形成的角度外，选择插入点和角度要不受周围骨结构的影响，还要考虑关节的解剖学结构。

触诊关节并标记入口位置。为了确保内镜手术入口的准确位置，用20#、1～1.5英寸的皮下针在预定入口处插入关节。关节内的手术位置和关节内器械的插入点都可见，皮下针的位置可移动，直到获得最佳插入点和正确的角度。用10#刀片在入口处皮肤上切一小口，用蚊式止血钳钝性分离手术入口，也可以向关节内插入手术套管。

对于许多手术操作，不用套管也可以很容易地将器械穿过组织，直接插入关节腔内。

操作完成后，冲洗关节，清除碎片。在关节周围移动内镜以寻找碎片，通过内镜套管流出的液体将关节碎片冲出关节外。在入口处安置插管，移动插管进入碎片区域，增加水流量可以加速碎片清除。也可使用探针清除碎片或者使用镊子夹出碎片。完成这个重要的步骤之后抽出器械、内镜和套管。缝合所有入口。

第五节　肩关节内镜检查

一、适应证

当前肢跛行并伴有肩部疼痛、捻发音或者颤动时，可做肩关节内镜检查；或者X线片有改变，暗示是关节性疾病：UCGOC、盂上结节脱落、臂二头肌或者冈上肌硬化、关节内骨折或退行性关节病。分离性骨软骨炎和UCGOC常双侧发病，建议帮助对侧也做关节镜检查。肩关节疼痛的方式可确定肩关节疾病的部位，并记录疑似肩关节疾病，但是典型的肩部疼痛并不足以定位，做出确切诊断。用力牵拉时，患病动物表现疼痛是骨关节疾病的典型表现，但是在UCGOC、臂二头肌肌腱损伤、关节内外后部组织结构的损伤都有疼痛的表现。触诊关节前内侧、臂二头肌沟疼痛、肘部伸展时肩部过度外展或者肩部的强迫内旋都可能使臂二头肌肌腱疼痛。肩的不稳定性也适于做肩关节镜检查，其中包括前后、内外及外展型。肩关节软组织损伤程度大小，决定了肩关节的稳定性，在某些操作处理时，正常关节并非完全稳定，牵扯到两侧肩关节不稳定将使诊断更加困难。根据肩关节病理X线片的变化，可以对分离性骨软骨炎、UCGOC、盂上结节脱落、冈上肌或者臂二头肌肌腱硬化，关节内骨折做出诊断，并确定是否适于关节镜检查，但多数软组织损伤并不能在X线片上显示出来。穿刺关节如果发现，关节液显著增多，有助于确认关节复杂的问题，且可作为内镜检查的附加要素。用CT或者磁共振（MRI）查出关节内液体增加，即便没有其他发现，也应进行关节镜检查。包括肩关节在内的许多因素都很微妙和难以界定，即使是使用上述技术进行检查，实施关节镜探查对建立诊断和排出肩部跛行原因都是非常必要的。

二、患病动物准备、保定与手术室布局

单侧肩关节镜检查，患病动物侧卧，患肩在上，监视器放到患病动物后面，将患肢悬起并覆盖创巾。术者站在患病动物的腹侧，助手在术者的左侧或右侧。当进行双侧肩关节镜检查时，使患病动物仰卧保定，四肢悬起并覆盖创巾。手术准备和创巾覆盖在手术过程中要方便患病动物翻转到另一侧。监视器放到手术台的尾部，用于关节后部的手术操作（例如分离性骨软骨炎或者UCGOC）或者放到手术台的头部，用于臂二头肌的检查和横断，也用于关节内侧的手术。术者和助手站在手术台的同侧、患肢的对侧。给患病动物覆盖创巾，显露欲进行关节镜检查的肩部。当完成第一个肩关节的手术操作之后，术者和助手移到手术台的另一侧，同时翻转患病动物，显露另一肩部。用这种方法更容易进行双侧手术，且患病动物的耐受性好。因为分离性骨软骨炎和UCGOC通常是双侧病变，所以经常使用这个技术。

三、入口的位置和设置

（一）内镜入口

用关节镜检查肩关节，外侧或前外侧入径是常采用的关节镜入口，在关节的前、内、外都可提供手术通路（图14-12，A）。入口在肘突远端靠近三角肌前缘处。触摸点的确定在关节囊仅被皮肤和皮下组织覆盖的部位。在较瘦的犬，移动关节可以摸到肩胛骨肱部关节的外侧缘，距肘突顶部的准确距离根据患病动物的体型大小而定。术前X线检查对确定正确的入口有益。入口位置的变化是从三角肌前缘向后上2cm或在三角肌的肘突部分的后方。

前或前内侧入径有时用于检查关节盂外缘或者用于进入关节内面（图14-12，B）。这些入口很少用作起始关节镜入口，多是前外侧关节检查后决定是否需要。入口放到内侧（前内侧）或者放到外侧面（前面），于肱二头肌起点处进入关节腔前部，打开此入口同手术操作入口相同，在关节镜的引导下向关节内插入20#的皮下针。

同内镜口的设置一样，已经有两种技术得到应用。当确定一个理想的位置后，在关节镜引导下插入手术套管，交换竿或者转换棒插入手术套管内，然后去除手术套管，最后内镜和套管都从原来的外侧口抽出，通过转换棒将内镜套管插到新的位置，然后内镜再重新插到套管内。另一种建立这种入口的方式是，内镜的尖部从关节内的前侧或前中侧口进入。内镜从插管内移出，使插管留在关节内，使插管尖部固定在新入口位置。锋利的套管针插到套管内并且固定，推动套管穿过关节囊和其表面的组织，直到从皮肤处穿出，移出套管针，将转换棒插入到套管的顶点，从原来入口位置移去插管，再滑动转换棒进入新入口位置，然后移出转换棒，插入内镜。

（二）手术入口

后外侧口用作清除骨关节性疾病的关节软骨碎片和软骨缺损，清除后盲囊内关节鼠和UCGOC的损伤（图14-12，A和图14-13）。该孔距监测孔远端1.5～3cm，距后端1～1.5cm，并且和作为后外侧入径的肱骨头关节性疾病损伤切除手术的入口相同。术前，用X片确定内镜入口和手术入口的距离很有用。为确定该入口，用内镜可见骨关节疾病性损伤，用1.5～2英寸、20#的皮下针或者脊髓针直接插关节内，在肩关节后端和内镜的中轴线相交。用内镜可看见插入关节内的针，以确定其位置。在进针处用10#刀片切开皮肤、皮下组织、浅层肌肉筋膜。用弯嘴蚊式止血钳钝性剥离，穿过肌肉进入关节。打开止血钳，用其清除坏死关节的软骨碎片。为插入手术插管，用10#刀片在进针处切口，用手术插管替代穿入针。建立该口比较困难，因为该处关节上方肌肉较厚、关节的角度、且缺乏骨性标志。

前方手术入口也用于横断臂二头肌、内侧韧带和关节囊的手术，也用于移除关节前侧的游离小体（图14-12和图14-14）。该入口位于肱骨大结节和外侧臂二头肌肌腱之间，其位置是由触诊大结节和

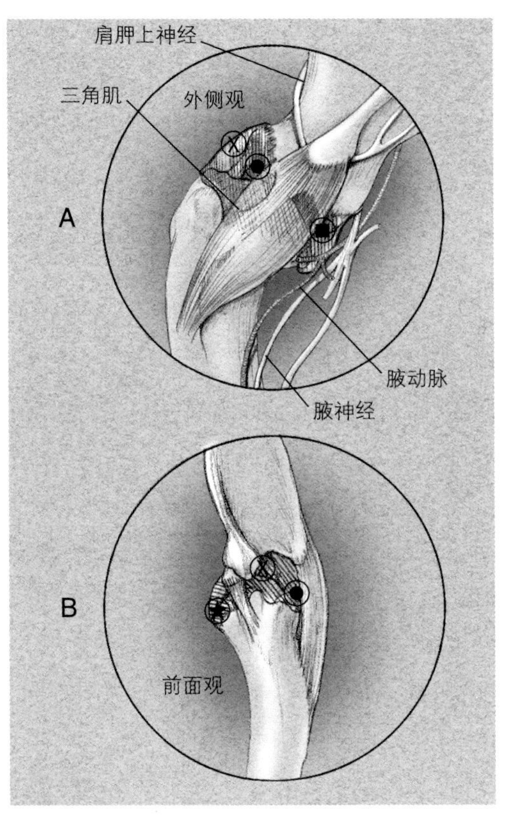

图14–12
A，肩关节侧面入径，分别是前部（X）侧面或前侧面（圆圈）和后部（方块）入口。侧面和前侧面常用，位于肘突前下，三角肌前缘或穿过三角肌。前部入口用于手术和内镜入口。后部入径用于分离性骨软骨炎和UCGOC清除，也作为前方入径的手术的出口。
B，肩关节前侧入径。三个入口分别是前侧面入口（圆圈）、可用于内镜手术入口或放置排液管的位于臂二头肌肌腱侧面的前入口和前中部内镜入口（星号），内为臂二头肌肌腱（引自 Veterinary endosurgery, Freeman LJ,St Louis, 1999, Mosby）

臂二头肌之间的凹槽决定的。用1 ~ 1.5英寸、20#皮下针插入选择位点、针的正确位置可通过关节镜看到。用10#刀片在皮肤处切口，置入手术套管或用蚊式止血钳钝性分离，形成入口。从关节内镜可见入口，以确保位置准确并防止关节受损。

（三）流出口

肩关节手术液体流出口可选，通常液体流出口可通过手术入口（图14–12）。

如关节后部手术操作需要液体排出口，可选择关节前方手术相同位置，并采用相同的方法插入。

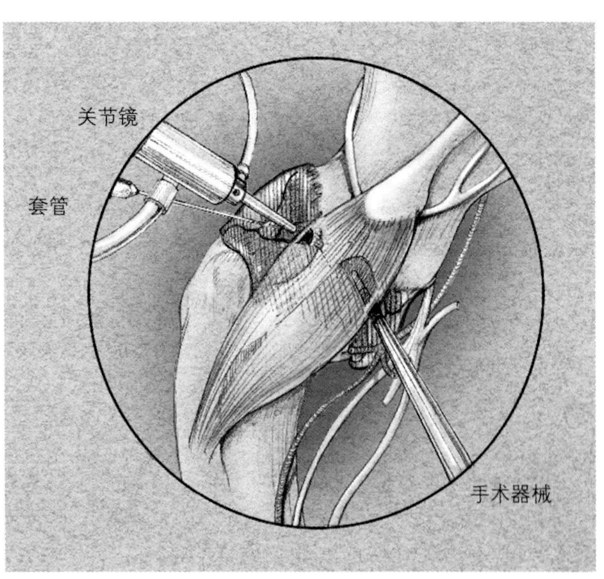

图14–13　用于检查肩关节后部损伤的关节镜入口。内镜在前外侧入口内，直接向后可见臂骨头的分离性骨软骨炎和UCGOC的损伤，可检查后盲囊和后关节囊。器械插入后外侧手术入口，使内镜视野形成三角区。出口套管在前入口处（引自 Veterinary endosurgery, Freeman LJ,St Louis, 1999, Mosby）

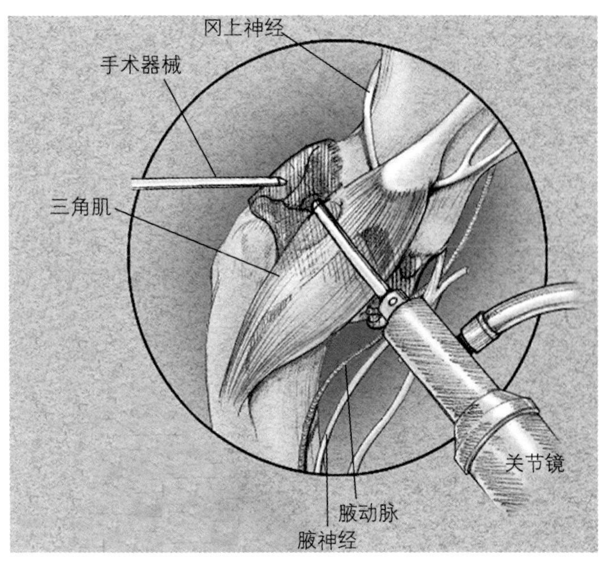

图14–14　用于肩关节前部损伤的内镜入径。外侧或前外侧内镜入口，向前可见臂二头肌肌腱、臂二头肌沟、内侧韧带和关节的前部区域。从前部入径的内镜可形成三角区视野（引自 Veterinary endosurgery, Freeman LJ,St Louis, 1999, Mosby）

如有需要，关节后部手术也可使用后外侧手术入口作为流出口。

三、检查程序和正常的内镜解剖

当首次从外侧或前外侧入径进入肩关节时，关节内的解剖结构就可以确定了。凹陷的关节盂面、凸起的肱骨头、内侧的关节盂肱骨韧带和肩胛下肌腱都是在操作过程中重要和易鉴别的结构（图14–15）。一旦确定了位置，采用系统方法进行关节检查，确保检查到所有关节的重要部位。通过向前调节内镜的角度（图4–16），可见臂二头肌肌腱，起点于肩胛骨上的盂上结节（图14–17）。向后移动内镜可见肱骨头和肩胛骨的关节面。要特别注意肱骨头后侧的关节软骨和关节盂的后缘（图14–18）。

向后移动关节镜、将内镜尖端从后部向前引向前部，可连续观察关节后盲囊（图14–19）、关节盂内侧边缘（图14–20）和关节的内侧软组织结构，包括关节盂肱骨韧带（图14–20）、肩胛下肌腱（图14–15）和前内侧关节间隙（图14–21）。只要不出关节，尽可能后退内镜，角度向前而视角向背侧方，可见关节盂外侧唇（图14–22）。旋转内镜使视角向外可见肩关节外侧共轭韧带。在大多数病例，肩关节的常规检查可常位保定，但是在一些情况下，也需要屈曲、伸展、外展、旋转关节，以检查关节的所有部位。为了检查外侧关节囊、外侧共轭韧带和关节盂外侧唇，需要前或前内入径。

四、肩关节病的内镜诊疗

（一）分离性骨软骨炎

分离性骨软骨炎（OCD）是用关节镜诊断最多的肩关节疾病。幼龄大型犬出现前肢跛行，肩关节过度伸展时表现疼痛，这种典型的临床表现充分提示，应进行关节镜检查。关节镜检查前，X线检查虽可证实确诊，但正常X线检查与关节镜探查并不冲突。纵使只有单侧肩关节发病，还是建议例行对双侧肩关节的内镜检查，因为分离性骨软骨炎通常双侧发生，并且一次性作双侧检查，而不是二次单侧检查，因其对患病动物更容易，对动物主人更经济。

分离性骨软骨炎关节镜检查多采用外侧或前外侧进镜孔和后外侧术孔。以术孔作为流出口，也可使用前侧出口，但是常常不必要。分离性骨软骨炎容易见到的典型损伤是，在臂骨头的后侧面出现一

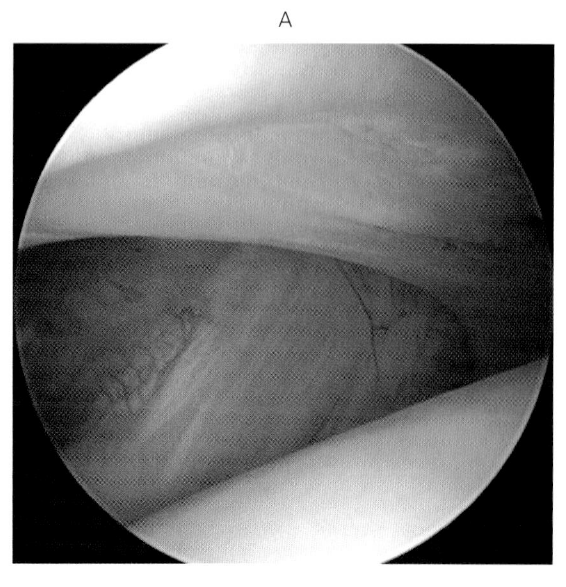

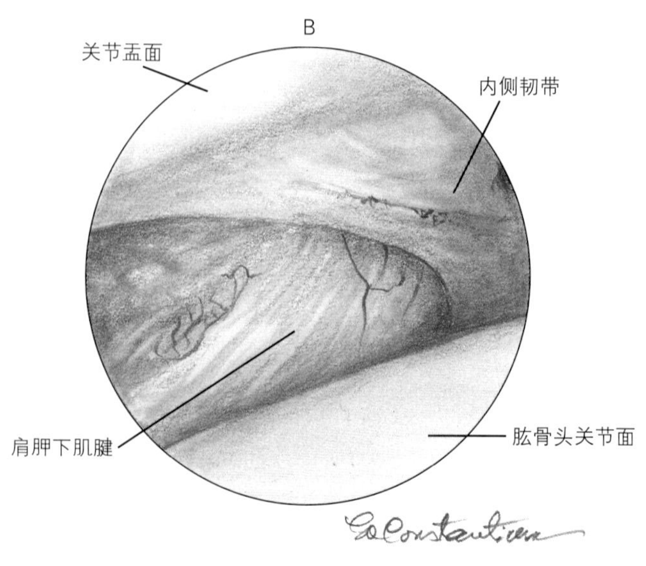

图14–15 正常的肩关节解剖。外侧入径可见凹陷的关节盂面、凸起的肱骨头、内侧的关节盂肱骨韧带和肩胛下肌腱

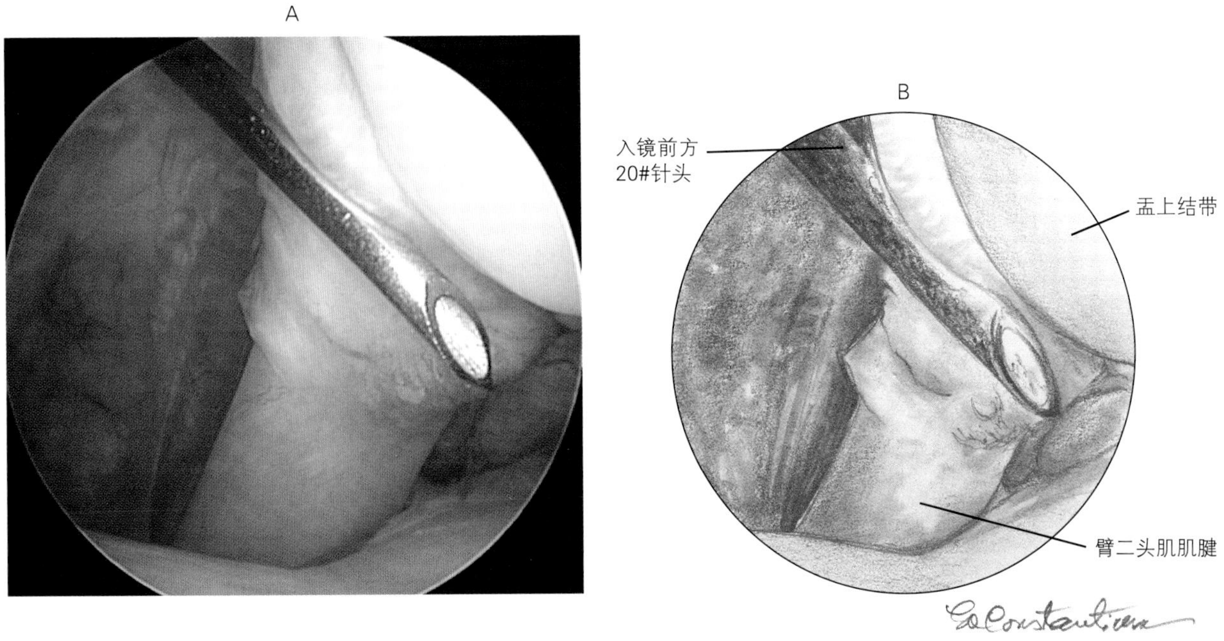

图14–16　起点于盂上结节的正常臂二头肌肌腱。20#针头作为流出口的起始处和确定前侧入径的位置

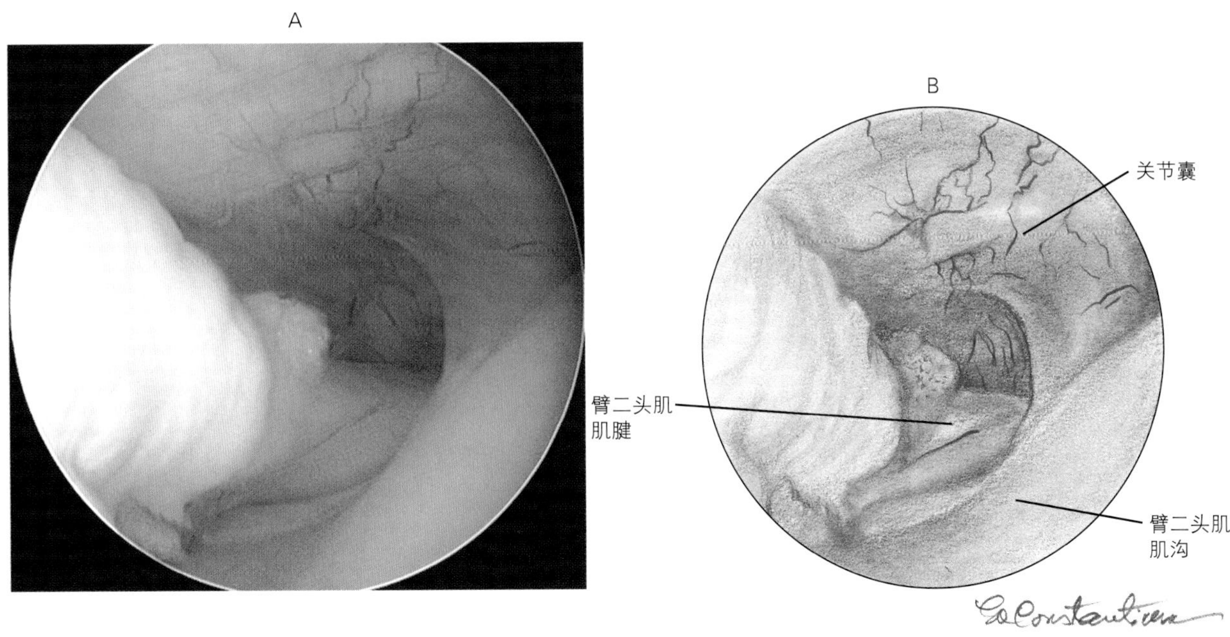

图14–17　臂二头肌沟内横贯远端的臂二头肌肌腱

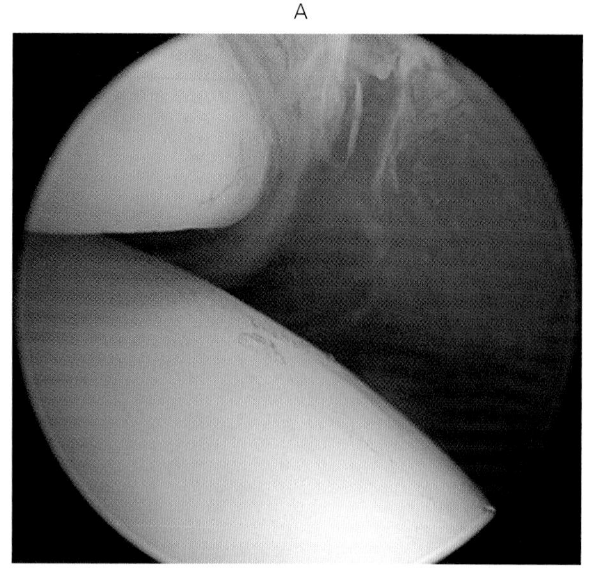

图14-18　正常肱骨头后侧关节面和关节盂后缘

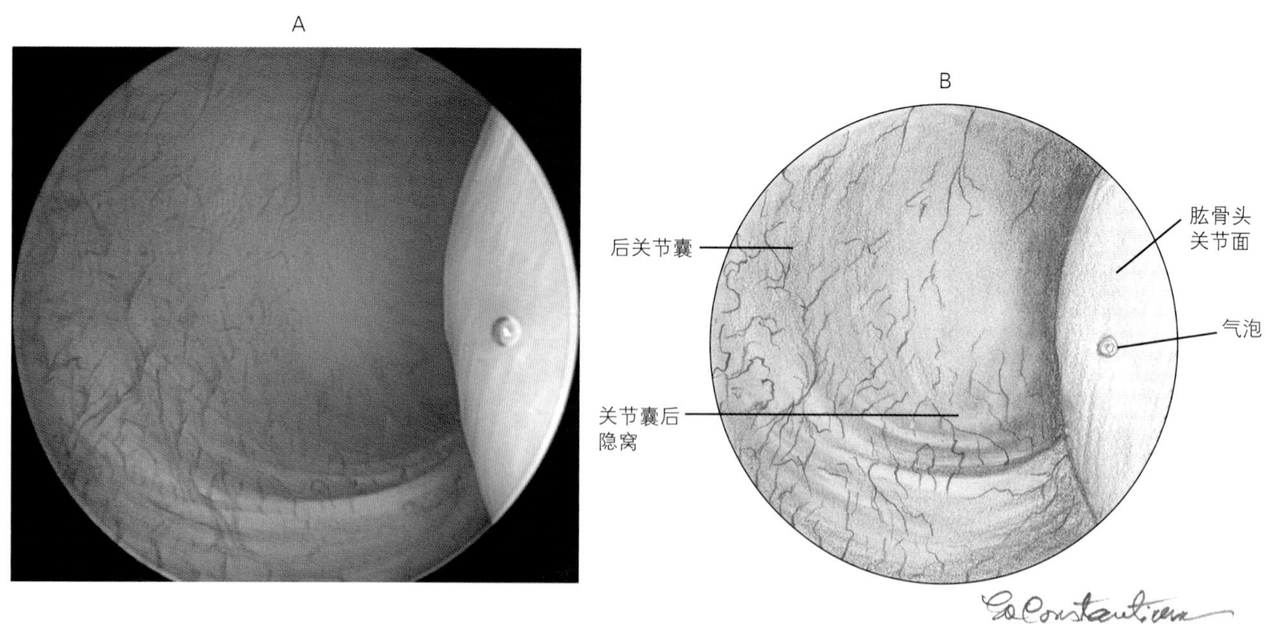

图14-19　正常关节后囊和肱骨头关节面后缘及关节囊和肱骨头的连接

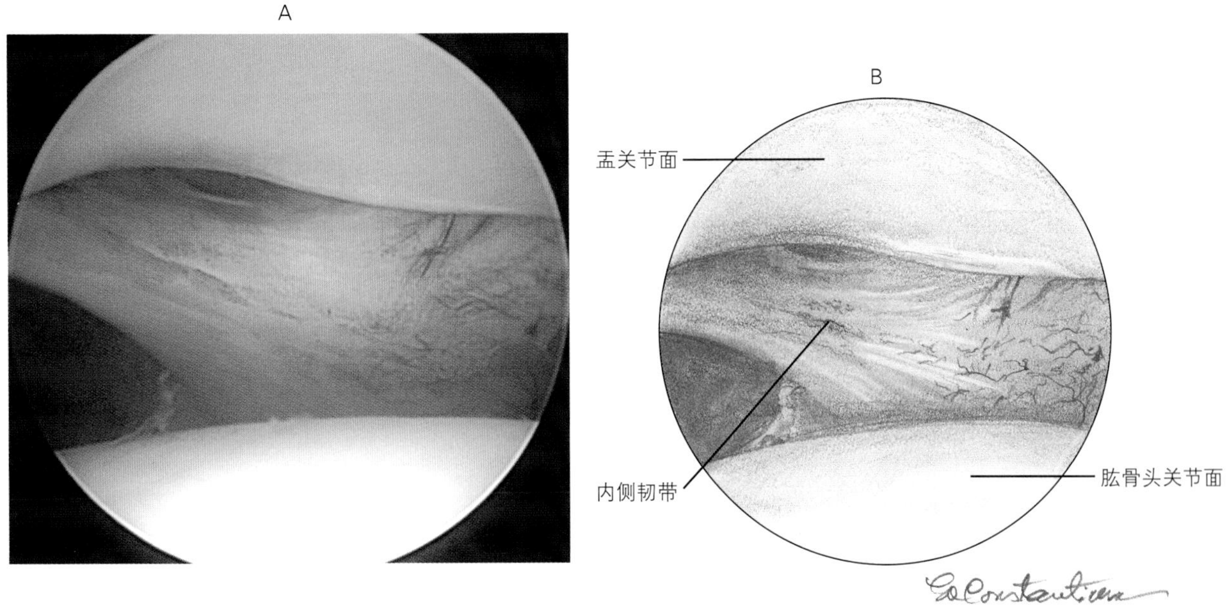

图14-20　正常内侧盂肱韧带，呈典型的Y形。正常关节盂上关节面内侧边缘和肱骨头关节面

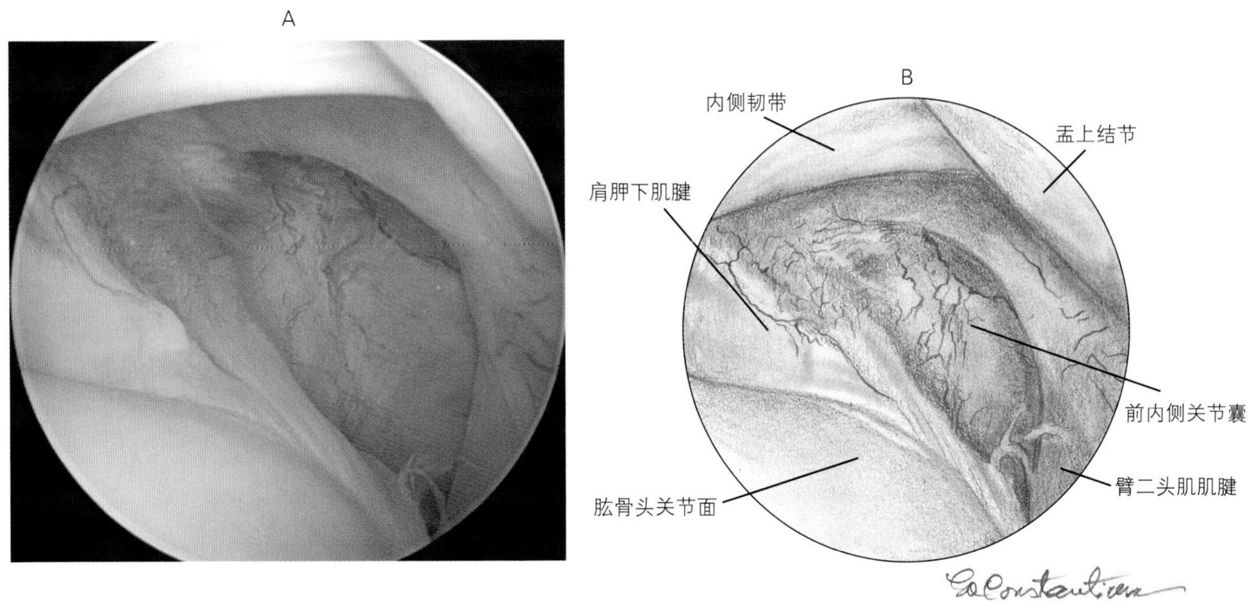

图14-21　盂肱韧带前内侧间隙、肩胛下肌腱和臂二头肌肌腱边缘的关节囊

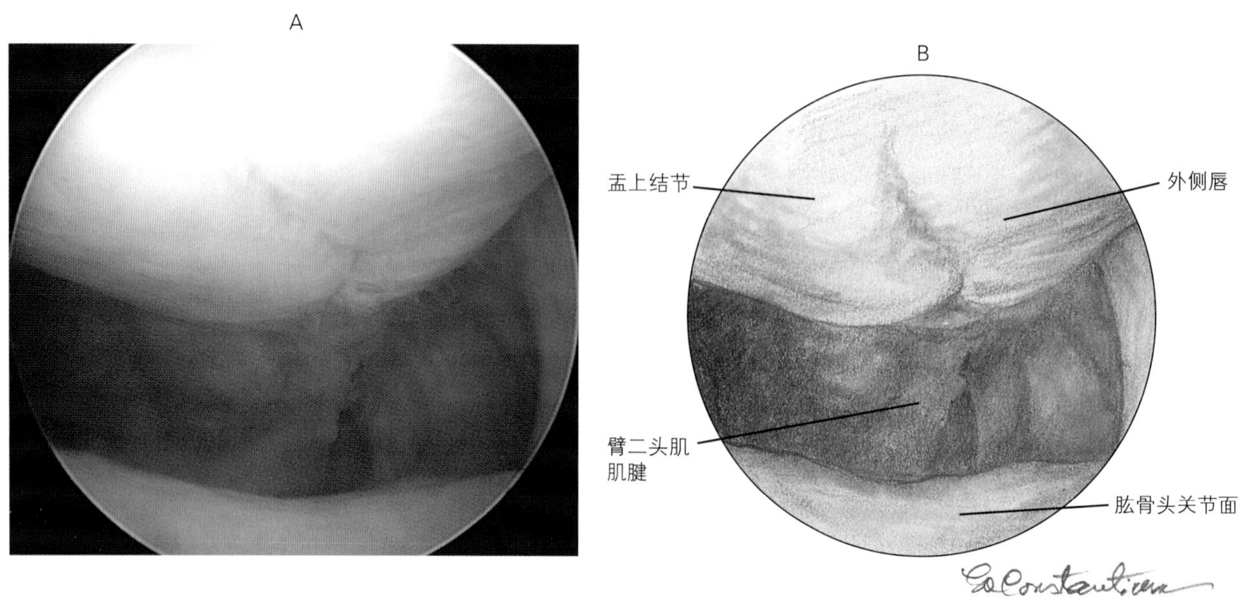

图14-22 抽回内镜，使其尖端向前、向背侧旋转视野，可见关节盂外侧软骨唇的前部

边界清晰、边缘游离的松动软骨瓣（图14-23），虽然也可表现为边缘附着的松动软骨（图14-24），或疏松的或边缘模糊、且可移动的软骨区域（图14-25）。一旦病变被确诊，可在术孔部位插入一注射针头（图14-23），以确定开口的最佳位置。然后用弯嘴蚊式止血钳钝性分离，进入关节，建立术孔。清除分离性骨软骨炎病变通常不需要使用术孔套管。用止血钳的前端剥离软骨瓣，直到几乎完全分离（图14-26）。为了固定软骨瓣，保留软骨瓣的前内侧缘的小附着点，直到能用止血钳抓住它为止。如果软骨瓣被彻底地从附着处分离，其可游离到关节的内侧或前侧，便难于抓住及清除。当软骨瓣适度松动时，打开止血钳，尽可能地深入，以使止血钳齿超过软骨瓣、夹住软骨瓣（图14-27）。从其最后的附着点处将软骨瓣分离，然后退出止血钳，直到软骨瓣的前缘被拉至术孔部的关节囊处为止。为取出软骨瓣，旋转或边摆动边旋转止血钳，使软骨瓣卷在止血钳上，这样就能够滑过术孔处的组织。使用这项技术，可以将存在分离性骨软骨炎病灶的大部分软骨片清除掉。如果在清除过程中软骨瓣断裂，可再插入止血钳清除剩余的碎片。

清除软骨瓣后，应检查软骨缺口。插入有钩探针，触诊软骨边缘，确定是否还有任何松动的软骨（图14-28）。用手动器械或电动刮刀从病灶边缘和基底处清除残留的松动软骨。清除松动的软骨，但是保留附着软骨的固定岛（图14-28），因为它们是使软骨再生的软骨细胞源。进一步检查病灶基部，确定是有活力的骨骼（图14-29）还是死骨（图14-30）。

病灶基部的处理视其存组织而异。用手动器械或电动刮刀清除死骨，直至见到骨骼出血为止（图14-31）。如果病灶有可再生血管的骨组织，除非是松动软骨或骨碎片，否则不可清理。在某些病例中，可用骨凿制造微缝，以改善血流灌注（图14-32）。

仔细检查关节内是否有松动的软骨碎片，若有，可用手动器械清除这些碎片。为清除所有残留的碎片，需要对关节进行灌洗。经术孔插入手术套管或出口套管，套管绕关节周围移动以吸出所有碎片。套管不需要连接真空泵，因为流入液体的压力加上流出液体的套管的低阻力，足以清除所有的碎片。用简单间断缝合法闭合所有皮肤切口。

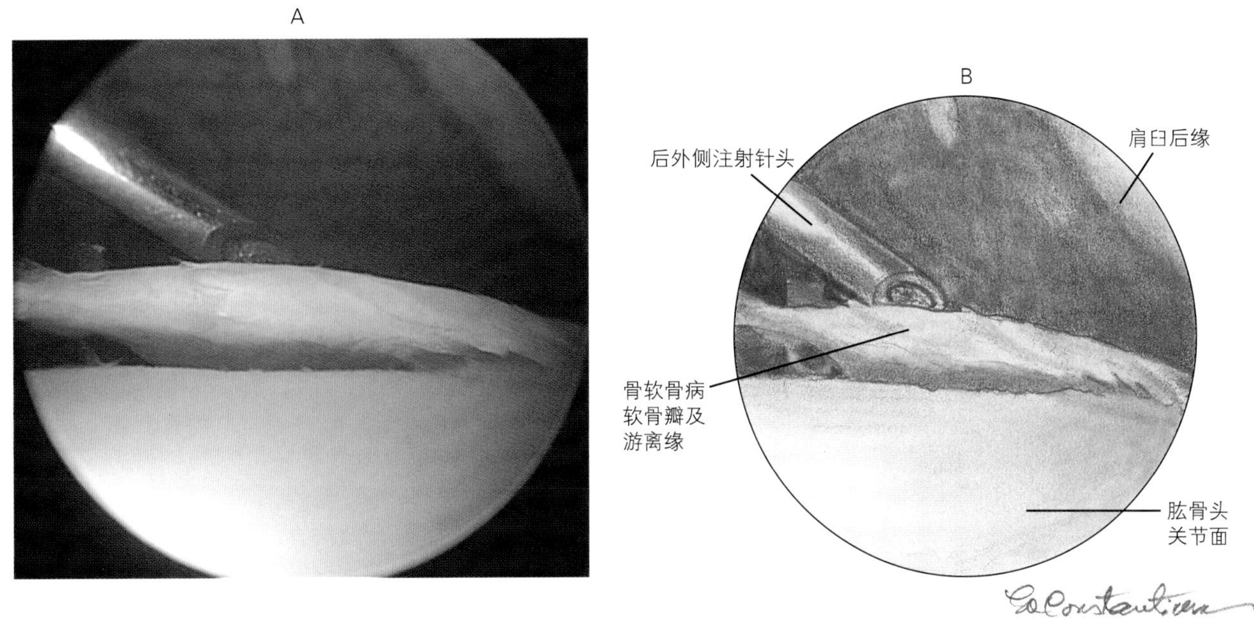

图14-23　肱骨头分离性骨软骨炎损伤，清晰可见的软骨瓣及其游离缘。为确定关节镜术孔的位置，已插入一注射针头

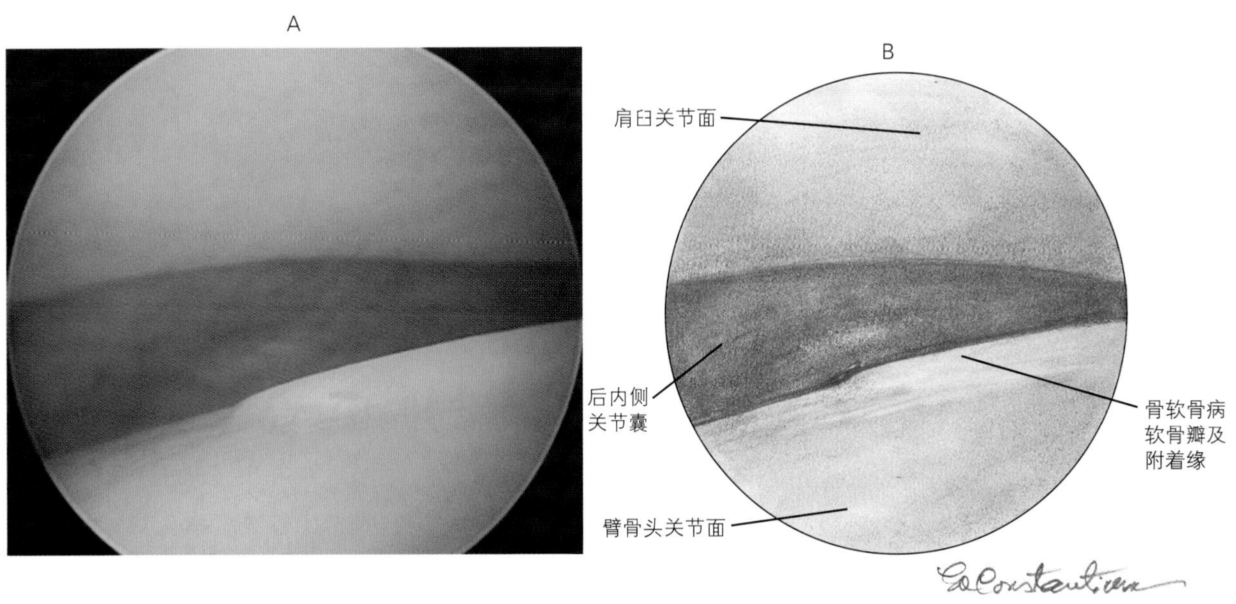

图14-24　肱骨头分离性骨软骨炎，病灶边缘松动，但未断裂

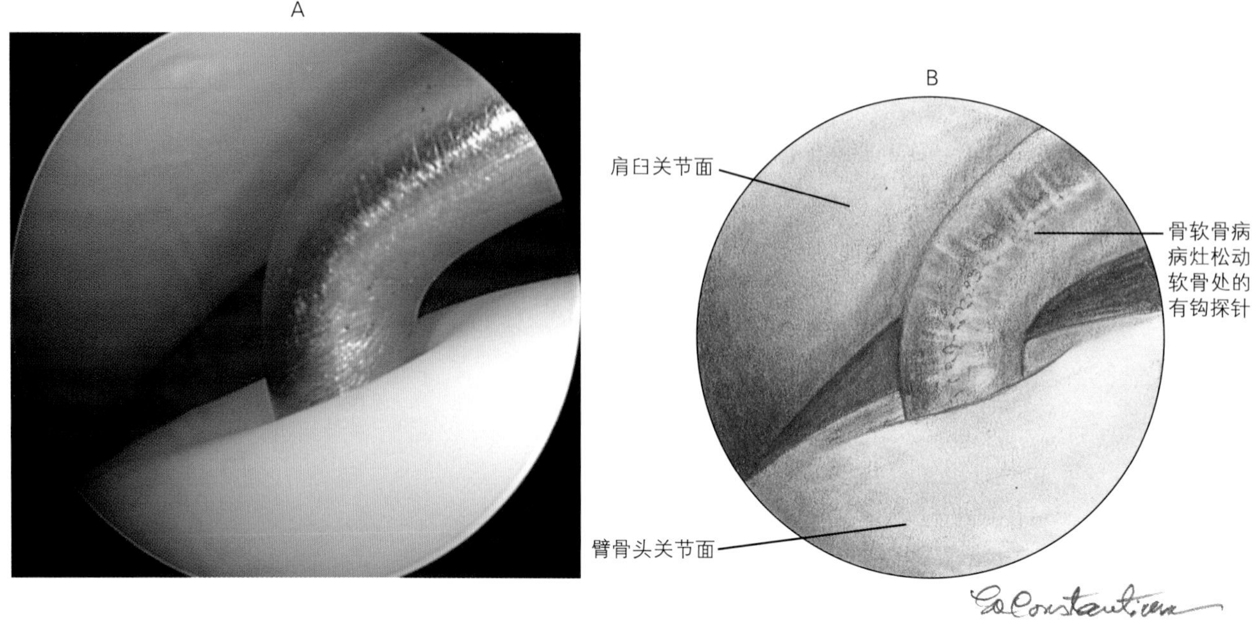

图14-25 肱骨头剥脱性骨软骨炎，软骨松动、边缘模糊。使用有钩探针触诊和确定病变软骨范围

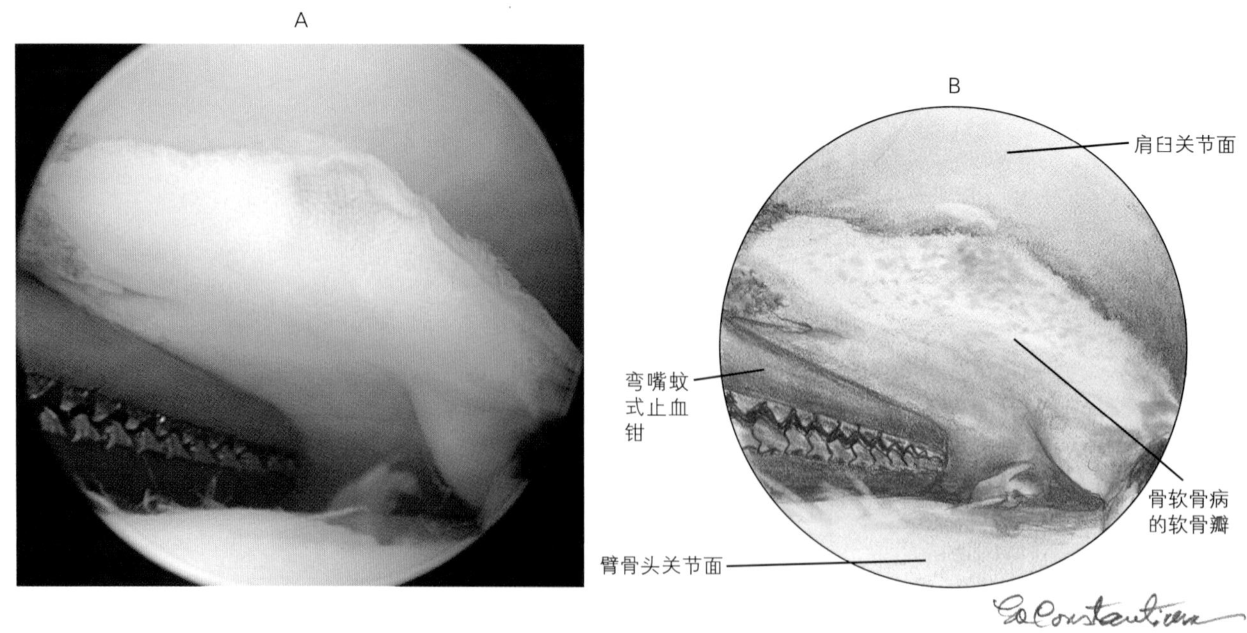

图14-26 弯嘴蚊式止血钳伸入关节内，分离性骨软骨炎的软骨瓣，但留下一小部分的前内侧完整附着部

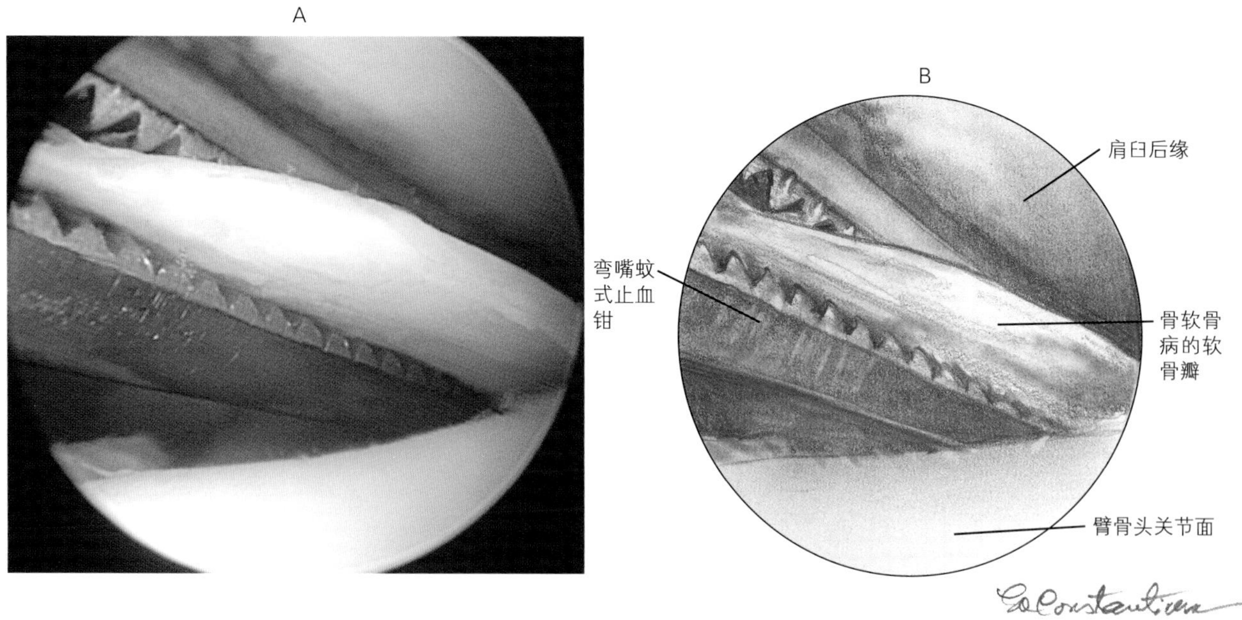

图 14-27　张开的止血钳齿部，尽可能超过软骨瓣，然后将其夹住

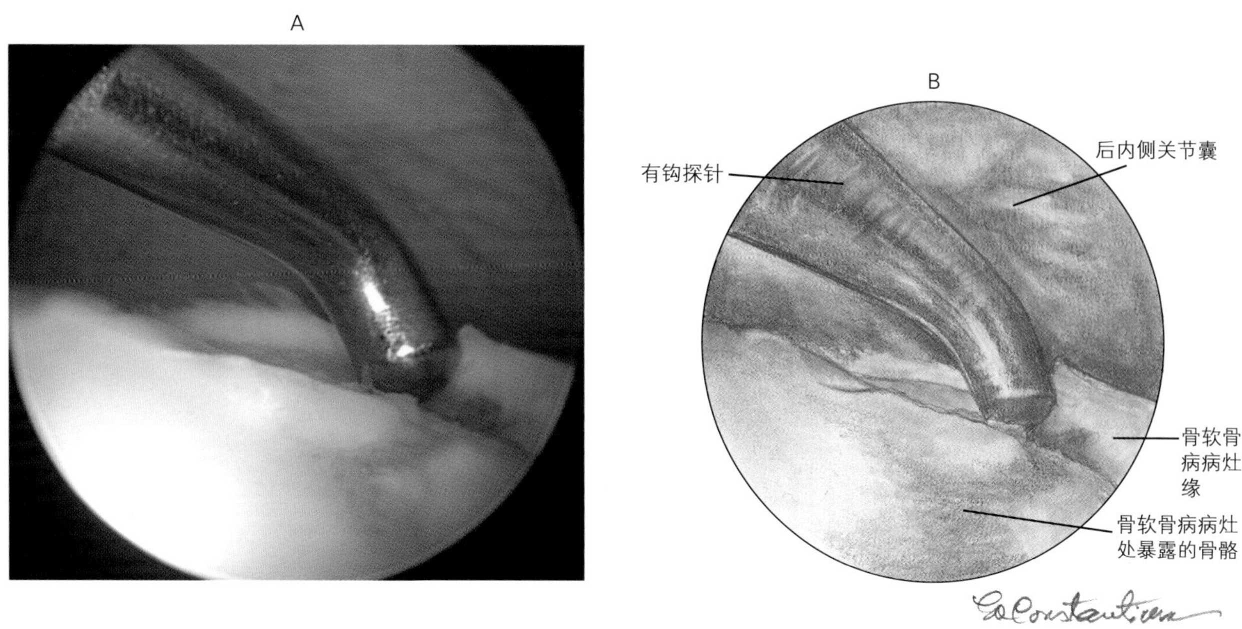

图14-28　用有钩探针触诊软骨病灶边缘，寻找任何残留的松动软骨

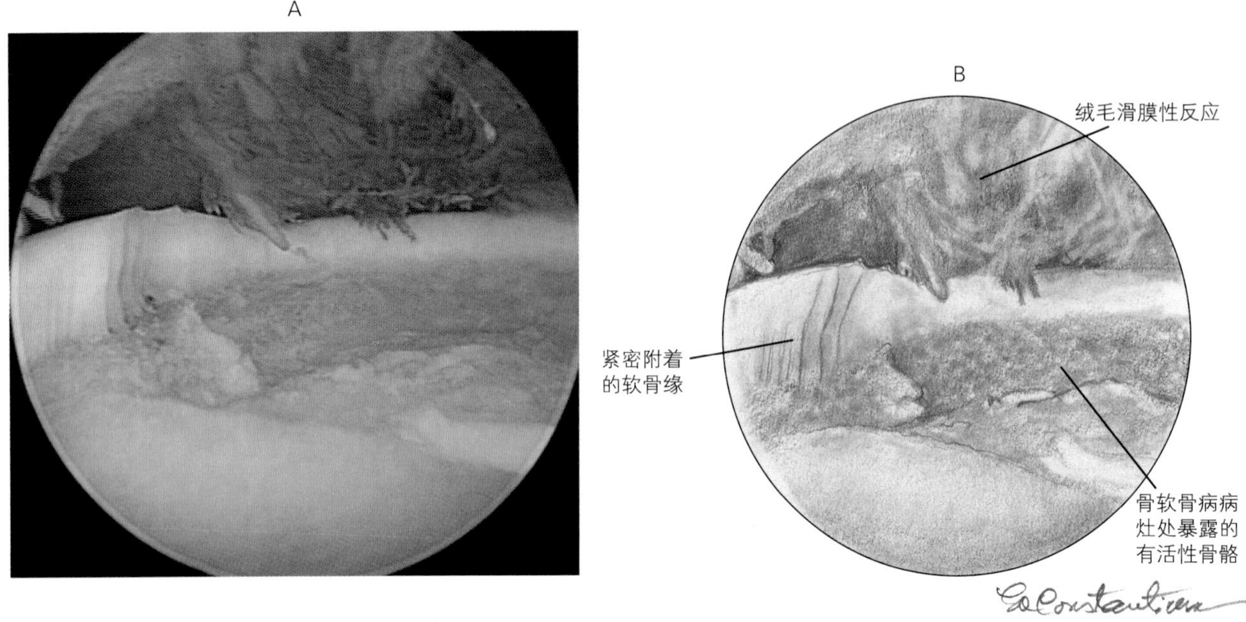

图14-29 清除游离的软骨瓣后，肱骨头骨软骨炎病灶处的有活力骨组织。注意其完好附着、边缘清晰，也应注意绒毛滑膜性反应

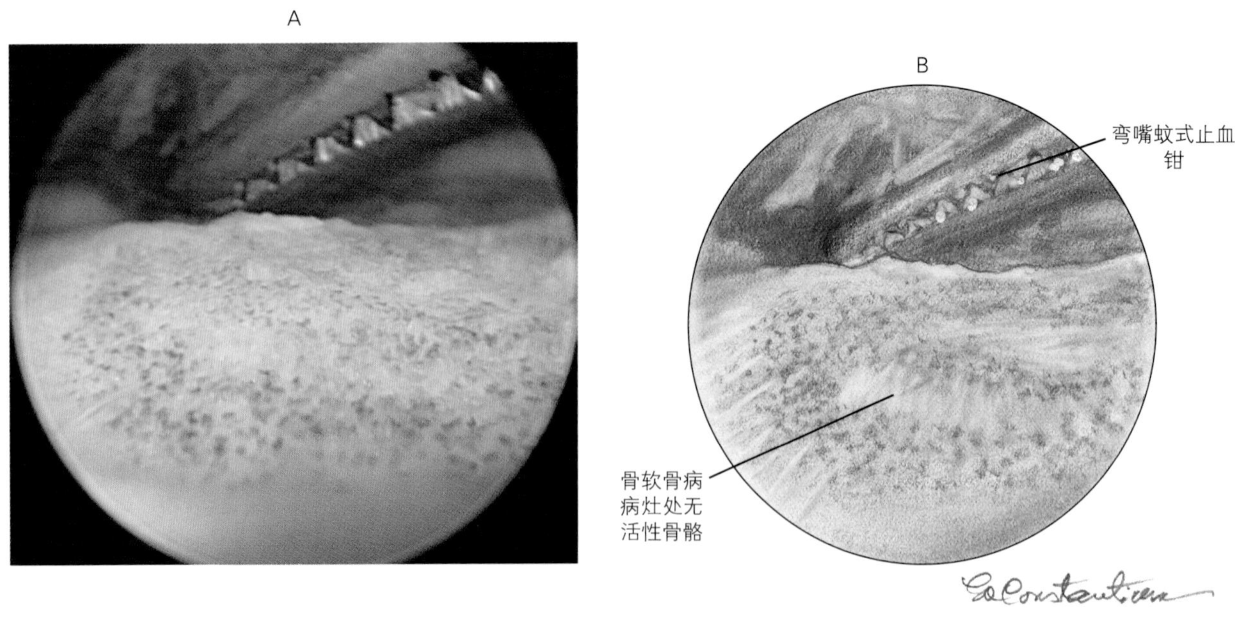

图14-30 肱骨头分离性骨软骨炎病灶，无血管并有骨坏死

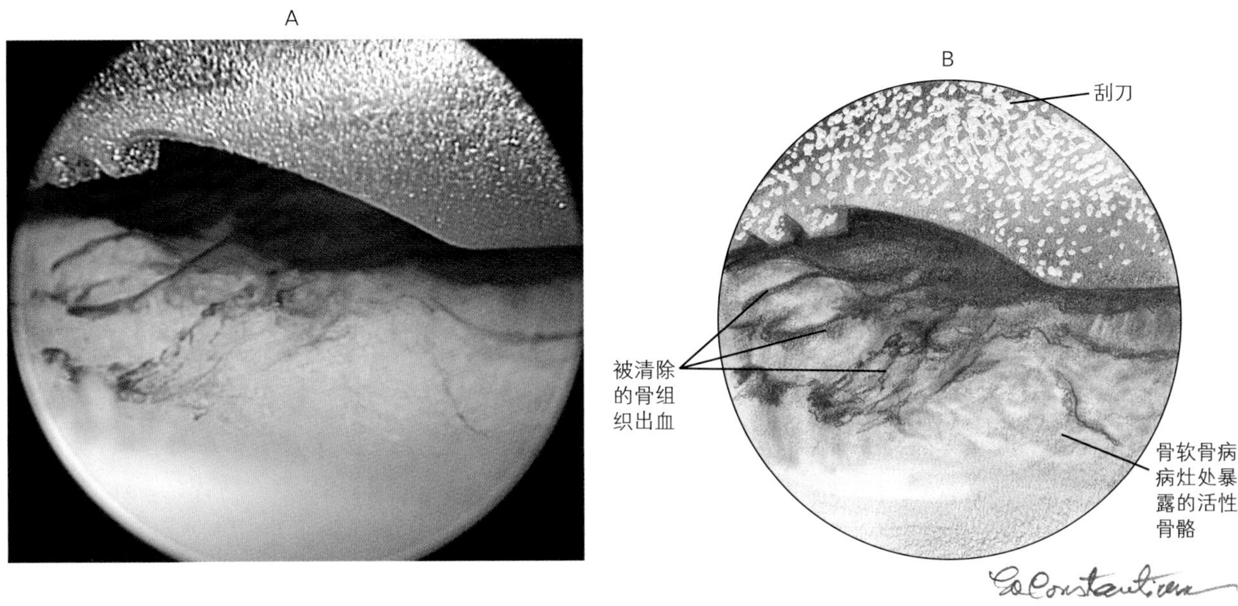

图14-31　用软骨刮刀从骨软骨炎的病灶处清除坏死骨组织，直至骨组织出血为止。仅清除一部分骨组织，直到显露有活力骨组织

（二）臂二头肌肌腱损伤

臂二头肌肌腱部分或完全断裂是一种相对较常见的肩关节损伤，是已经确定的肩关节软组织损伤综合征的一部分。臂二头肌肌腱损伤可单独发生，或与支撑关节的其他软组织并发。用臂二头肌肌腱炎这个诊断或术语不确切，临床上典型的臂二头肌肌腱病理变化是臂二头肌肌腱部分撕裂。绒毛滑膜反应常见于围绕臂二头肌肌腱起始部周围，并伴发于任何肩关节病变（图14-33），并非臂二头肌肌腱特有病理反应。如果不进行关节镜检查，对于由肩关节疼痛引起的前肢跛行和X线检查结果正常的病例，诊断会面临挑战，诊断结果会令人沮丧。关节镜检查能极大地辅助诊断，且对某些病例能以最小的损伤进行最有效的治疗。

臂二头肌肌腱损伤表现为伴有肩关节疼痛的前肢跛行，多见于大型犬。发病可能是急性剧烈的，或慢性潜在的。有时可根据骨科检查中的疼痛类型判断臂二头肌肌腱发生了损伤，然而这不是一成不变的，在确诊时也不可靠，但至少可以用来排除臂二头肌肌腱断裂。术前拍摄的X线片，通常对诊断大部分臂二头肌肌腱损伤的病例没有帮助，除非伴有骨组织异常。有时臂二头肌肌腱从肩胛骨撕脱，产生X线上可见的骨碎片。臂二头肌沟部的骨赘、臂二头肌沟内及周围的骨质硬化，可能与臂二头肌肌腱损伤有关或无关。肩关节磁共振成像（MRI）或计算机断层扫描（CT）诊断技术可帮助诊断臂二头肌肌腱病变，但即使结果正常，也不能排除臂二头肌肌腱部分断裂。

伴有肩关节疼痛的前肢跛行足以提示应进行肩关节镜检查，由于关节镜的微创性，这是首选确诊技术。

常采用外侧关节镜入孔检查臂二头肌肌腱情况，因为这只是探查性手术，术孔要在完成检查和确诊之后才能定位。探查性手术出口，可用20#注射针加以定位，并能达到关节的任何地方。如果经这个注射针头定位的出口不适当，或需要一个通路插入触诊探针，可建立前侧术孔。对关节进行全面的检查，以确定所有的病变。臂二头肌肌腱的损伤可能是明显的（图 14-34）或很轻微，仅仅能看到

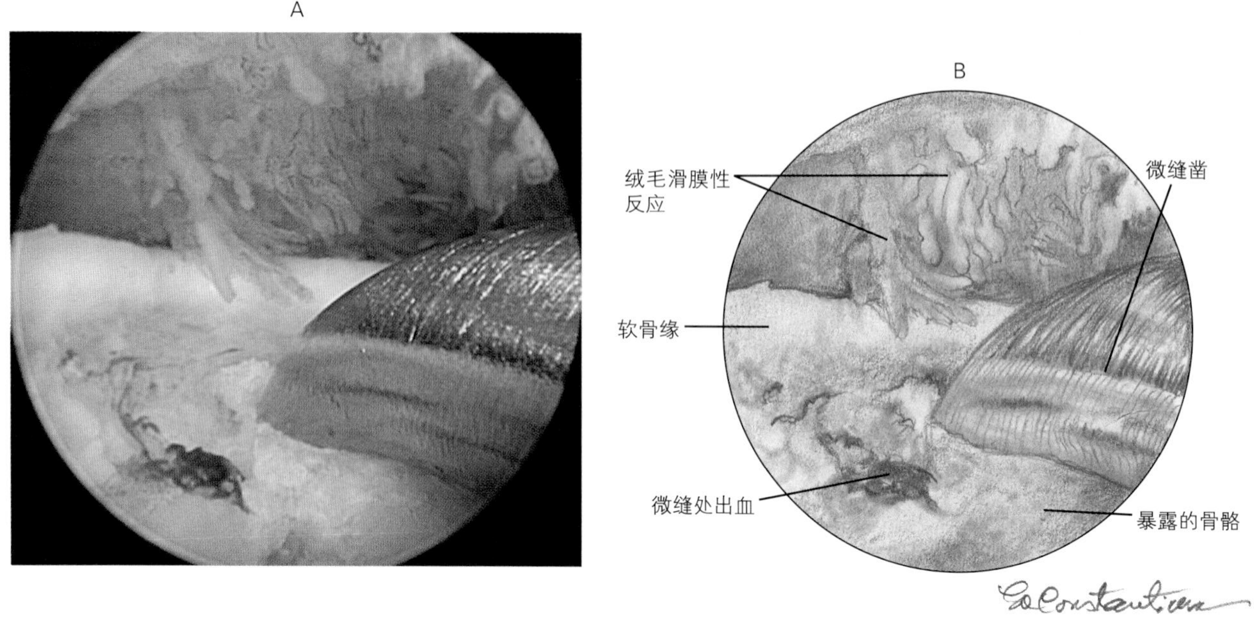

图14-32　使用微缝凿，在肱骨头骨软骨分离症病灶处制造微缝，以改善血流灌注、刺激纤维软骨形成

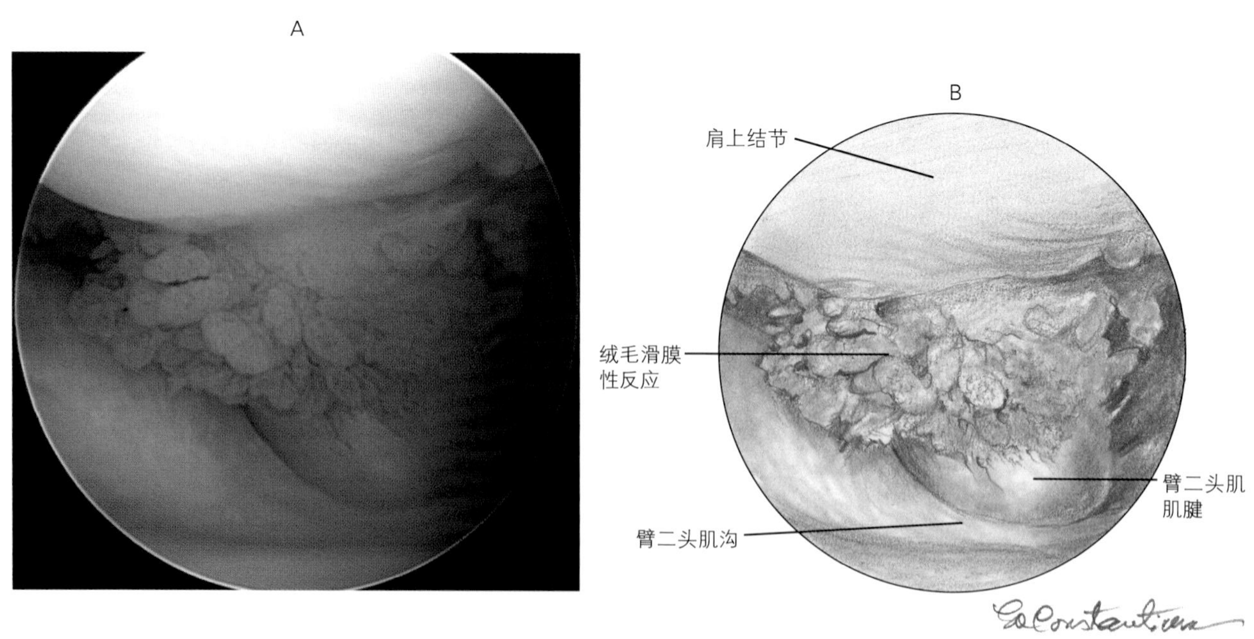

图14-33　犬肱骨分离性骨软骨炎，其正常臂二头肌肌腱起始部周围出现绒毛滑膜性反应

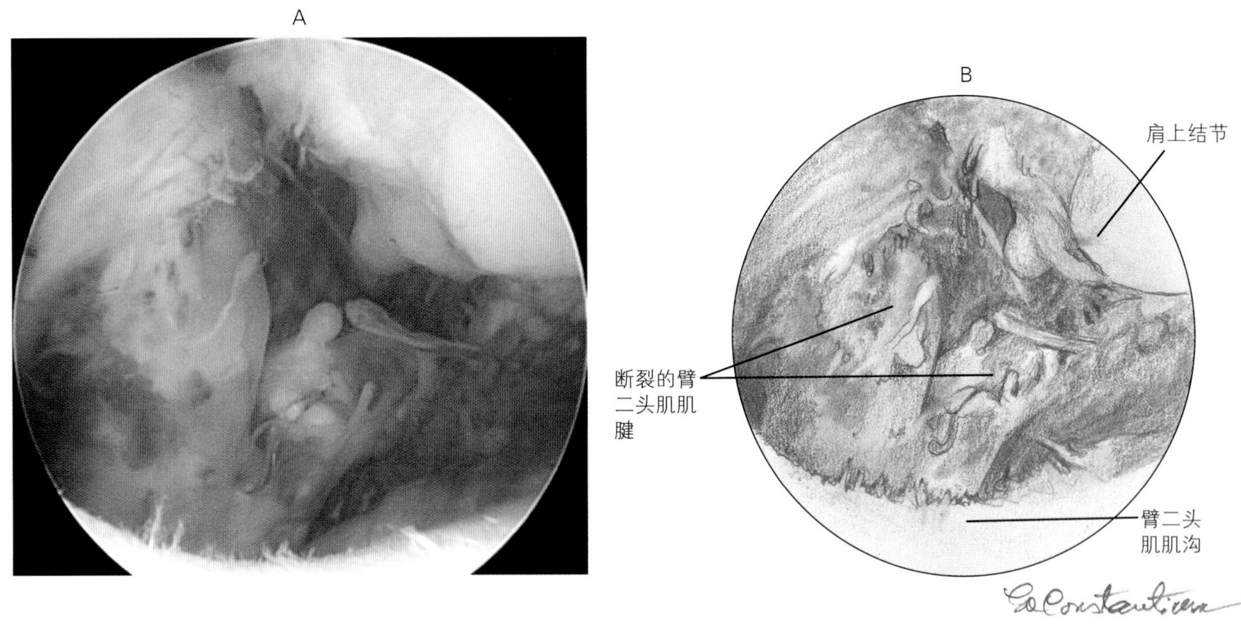

图14–34　臂二头肌肌腱断裂，带有明显的损伤

一点点肌腱的断裂线（图14–35），还可能伴发或不伴发继发性绒毛滑膜反应。肌腱起始部周围或臂二头肌肌腱沟的绒毛滑膜反应，可能遮盖肌腱，使检查变得困难。使用触诊探针有利于检查。有时为了准确检查，需要对这些绒毛进行清理。重要的是要记住，在绒毛滑膜反应处的臂二头肌肌腱可能是正常的；任何肩部的病变都可能在臂二头肌肌腱周围引起绒毛滑膜反应；引起滑膜炎性反应、肩部疼痛和跛行等症状的严重病变可能位于关节的其他部位。此外，臂二头肌肌腱损伤可能单独出现，也可能与肩关节的软组织支撑结构的其他损伤一起出现。

在关节镜的引导下，将肩关节内肌腱的起始部肌腱横向切断，来治疗臂二头肌肌腱部分断裂。手术可采用一前侧术孔。为精确地确定术孔的位置，将20#皮下注射针从肌腱起始部（图14–16）的外侧刺入关节腔。这个位置被确定后，用外科手术刀片戳一个切口进入关节，然后插入用来切断肌腱的手术器械。为了更方便地切断肌腱，皮肤入口的位置和插入的角度都很重要。可用来切断肌腱的器械包括：18#、1.5英寸的皮下注射针，11#外科手术刀片，单极（图14–36）或双极（图14–37）射频电刀。当拟切断部位有严重的滑膜炎性反应时，最有效的方法是使用射频电刀，因为在腱切断术的同时可以止血。如果使用外科手术刀片切断，多会发生出血，并使视野模糊，切断更加困难（或无法进行）。使用电凝法可有效解决这个问题。在某些偶然没有滑膜炎性反应的病例，可使用11#的外科手术刀片顺利切割。

切断肌腱时，重要的是切断肌腱的所有与骨和软组织附着部，目的是使肌腱的断端在臂二头肌沟完全游离。切断肌腱后，用生理盐水灌洗关节，清除碎屑。如果有严重滑膜炎性反应时，可在关节内注射类固醇类药物。用简单间断缝合法闭合皮肤切口。

（三）肩关节不稳定性软组织损伤

肩关节由两个稍微弯曲的关节骨组成，通过软组织结合在一起，软组织包括内侧盂臂韧带、肩胛下肌肌腱、冈上肌肌腱、臂二头肌肌腱、冈下肌肌腱、外侧肩关节唇、外侧盂臂韧带和关节囊。所有这些结构或其中任何一个都有可能受损，导致跛行、关节疼痛、关节不稳定和退行性骨关节病

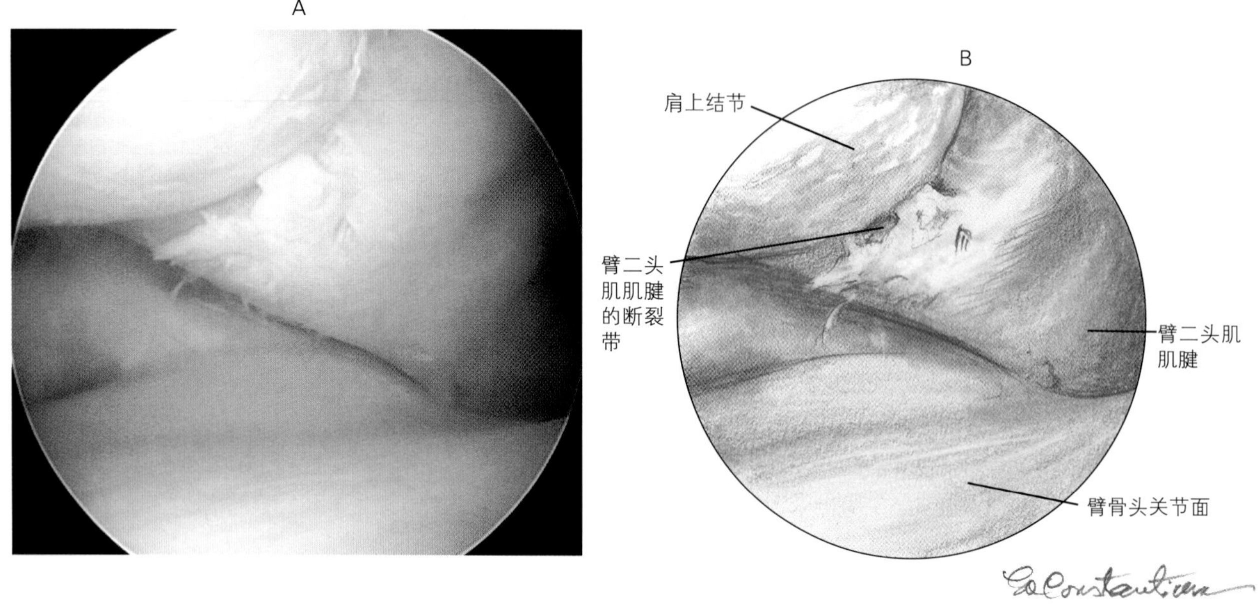

图14–35 臂二头肌肌腱的细微损伤，肌腱起始部轻微部分断裂，可见数条损伤性肌腱断裂线，未见滑膜炎性反应

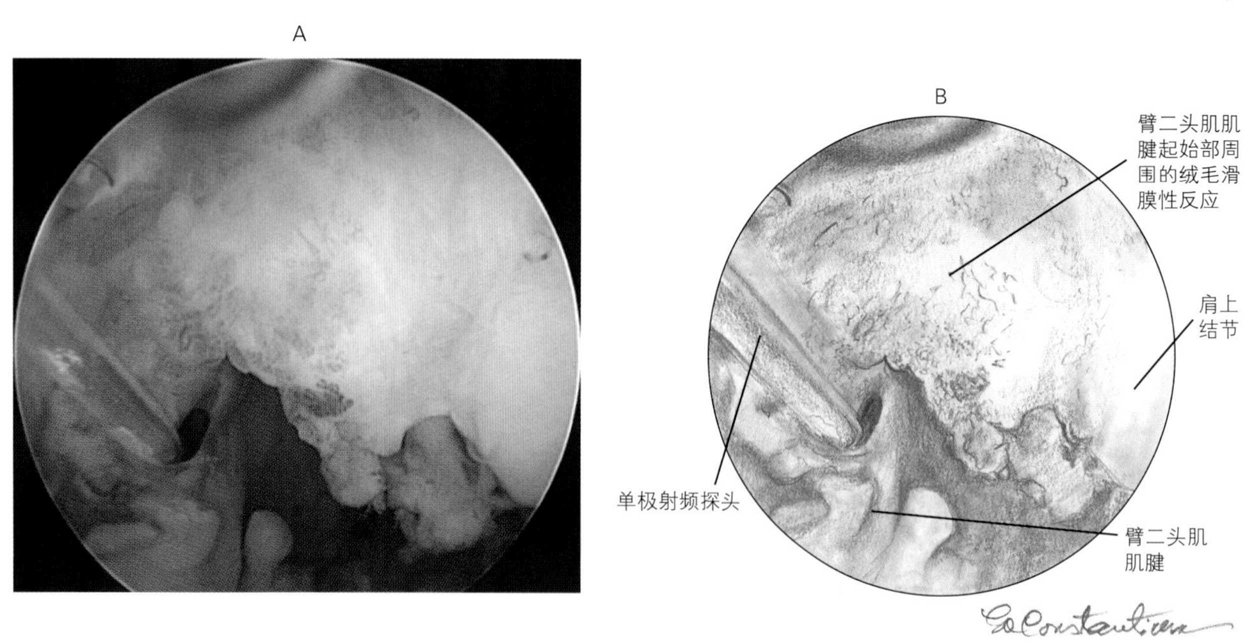

图14–36 经前侧术孔进入关节内，用标准外科单极射频电刀（Linvatec牌手柄和刀头）切断部分断裂的臂二头肌肌腱

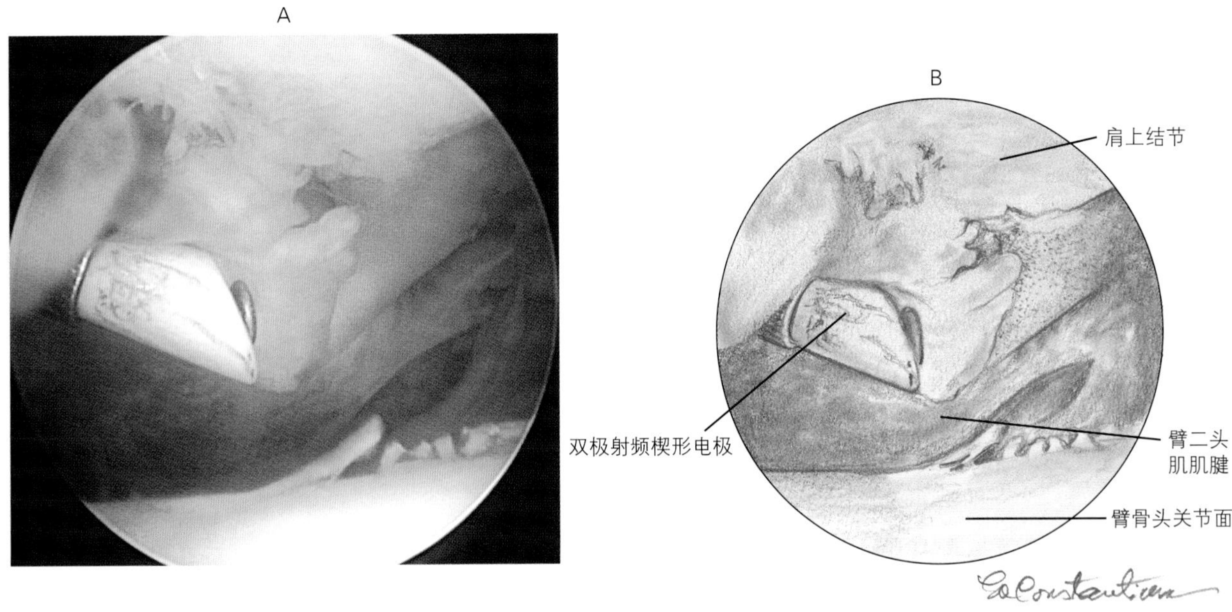

图14-37　经前侧术孔进入关节内，用Mitek VAPR双极射频电刀（2.3mm楔形电极）切断部分断裂的臂二头肌肌腱

（DJD）。在这些可能发生的损伤中，臂二头肌肌腱损伤已进行了单独的论述，因为在治疗上与其他软组织结构损伤有显著的区别。这些软组织损伤是一个相对新的诊断领域，拓展了关节镜在诊断上的应用。这些损伤的病理学变化仍在确定中，其治疗方法正在研究和评估中。

肩关节软组织损伤表现为伴有肩部疼痛的前肢跛行，跛行可能较为显著，也可能是轻微的或间歇性的。临床症状的出现有时急性剧烈，有时慢性渐进性的。肩关节的不稳定性可表现为前后伸展的不稳定、内外伸展的不稳定和关节外展活动度增加。患病动物可在清醒或麻醉的状态下，作肩关节不稳定性检查。术前常规拍摄的X线片，对诊断大多数肩关节软组织损伤的病例没有帮助，除非X线检查时发现的其他特征性病变。在某些慢性肩关节不稳定的病例，可能出现广泛的退行性病变，但这不是诊断上的特征性变化。肩关节MRI或CT检查对确诊肩关节病变可能有帮助，即使上述检查结果正常，通常也不能排除软组织无损伤。对轻度的肩部疾患，关节叩诊可能有帮助。滑液量的增加可证实肩部疾患的存在，也提示应进一步进行关节镜检查。伴有肩部疼痛的前肢跛行时就应进行关节镜检查。由于关节镜的微创性，这是首选的诊断方法。

依据未见异常的或无特征性病变的X线片对伴有肩关节疼痛的前肢跛行病例进行诊断和治疗，可能会面临很多风险和问题。关节镜检查能极大地辅助诊断，而且对某些病例能以最小的损伤进行最有效的治疗。

经一外侧进镜孔和从头侧或尾侧插入一根20#的皮下注射针头而建立的最初探查口，对怀疑有软组织损伤的肩关节进行关节镜探查。初检完成后，若发现有严重的病变，则建立一个合适的术孔，以达病变区。前侧术孔最常用于软组织损伤的处理。至今为止，已知的病变有：内侧盂臂韧带损伤（图14-38）、肩胛下肌肌腱损伤（图14-39）、冈上肌肌腱损伤（图14-40）、外侧肩关节唇损伤（图14-41）、后侧关节囊损伤（图14-42）和前述的臂二头肌肌腱损伤。彻底检查外侧肩关节上唇和外侧盂臂韧带，需要经臂二头肌肌腱起始部和肩胛下肌肌腱起始部之间的间隙，建立前内侧进镜孔。

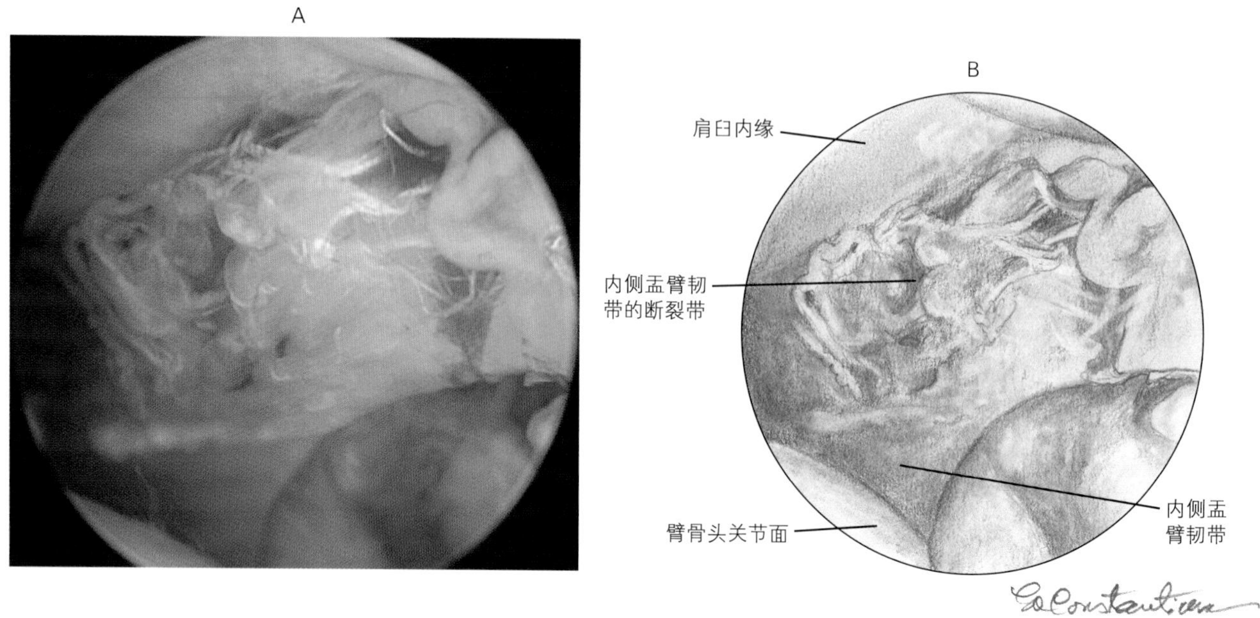

图14-38　内侧盂臂韧带部分断裂

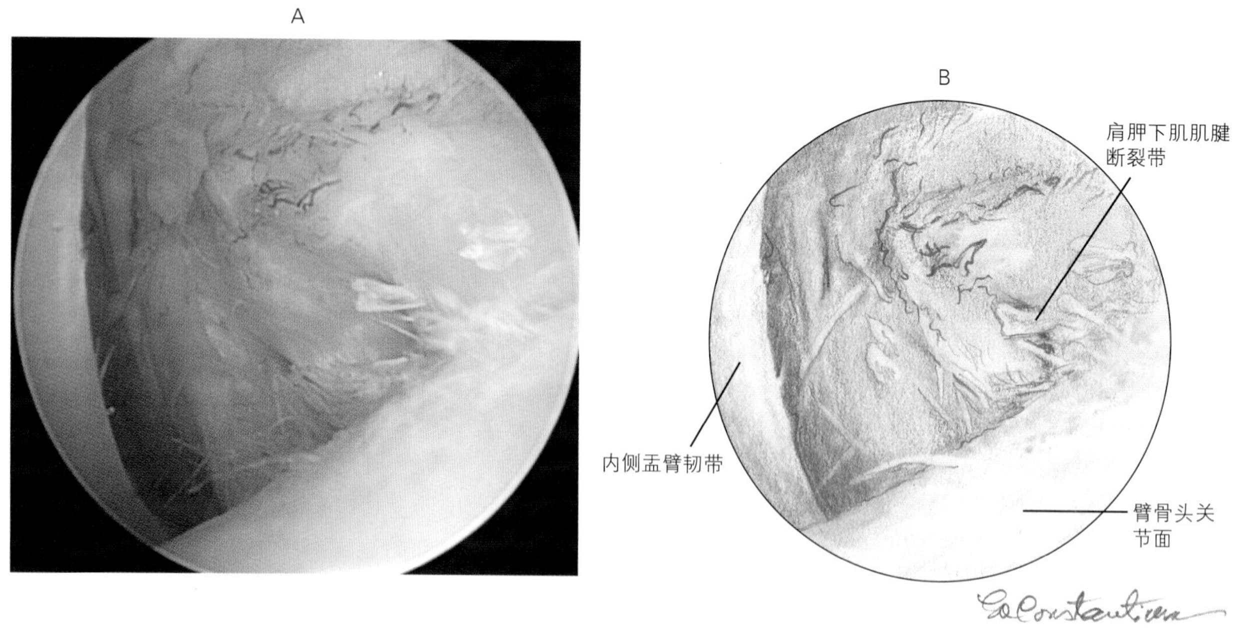

图14-39　肩胛下肌肌腱损伤

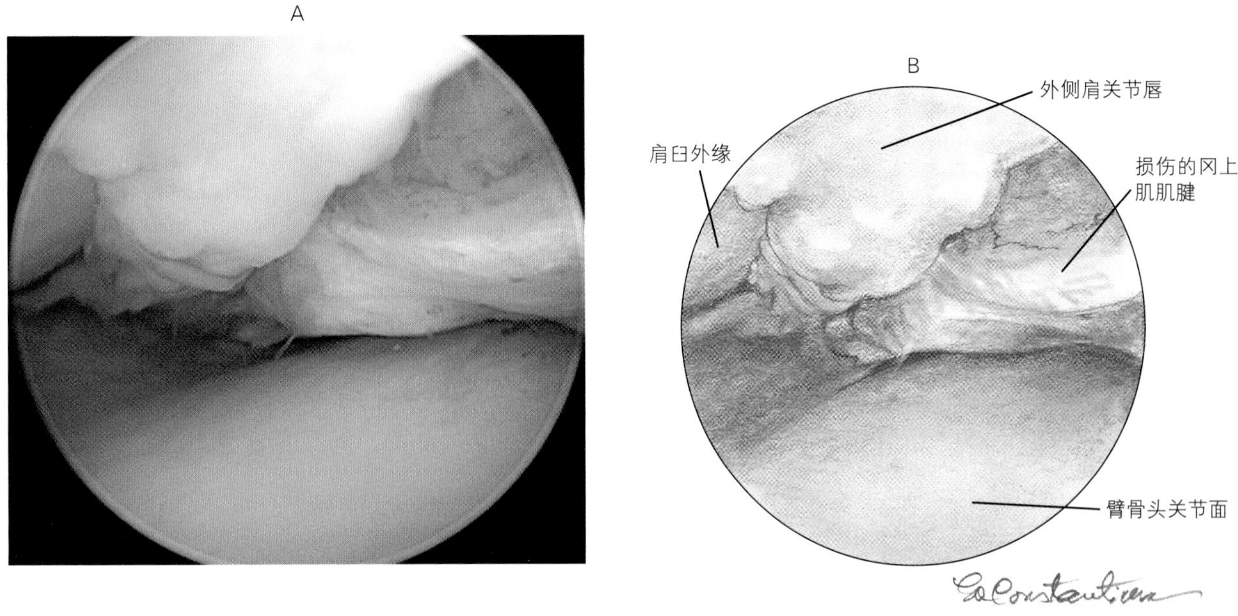

图14-40　肩关节外侧唇的前部外侧。可见损伤的冈上肌肌腱

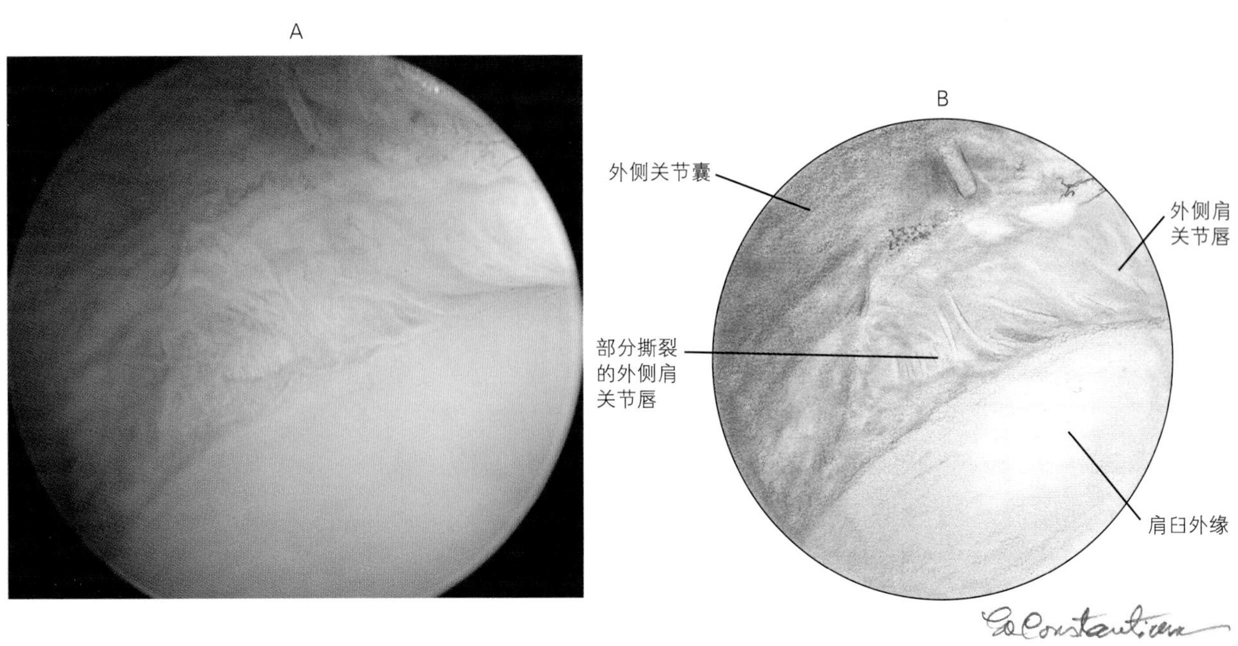

图14-41　肩关节外侧唇的后部与肩臼部分断裂

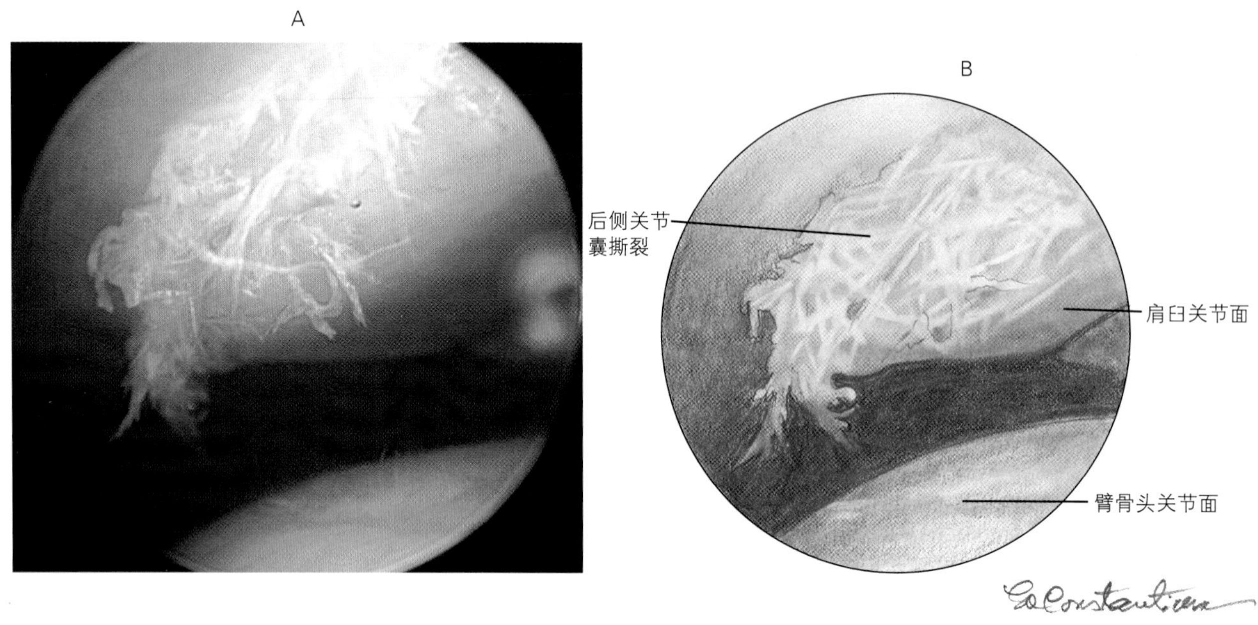

图14-42 关节囊后部与其肩臼后缘的附着处撕裂

软组织损伤的治疗方案有：打开进行外科重建、关节镜引导下的热修饰（热皱缩），以及限制活动和使用抗炎药（类固醇或非类固醇的抗炎药）等保守疗法。到目前为止，对每个病例应用哪种治疗方法好还不能确定。为建立合适的选用标准，需要做大量的额外工作，使每一种治疗方法达到最佳的应用效果。现在采用的是，如果一个或多个软组织结构完全或实质断裂，导致严重的关节不稳定时，就选用开放性外科修复治疗。内侧盂臂韧带或肩胛下肌肌腱部分断裂，且热修饰后有足够残留软组织支撑关节时，笔者选用关节镜引导的热修饰治疗（图14-43）。当不能使用关节镜或无法进行确诊时，通常采用保守疗法。

为达到关节镜治疗的最佳效果，术后护理非常关键。热处理后的软组织至少需要12周的时间重塑，以恢复到正常组织的力量。在这个时期，必须限制和约束关节的运动和承受的压力，或由于软组织破坏，关节已经丧失了收缩的能力。既要适当的约束活动，又要限制肩关节的运动和承受的压力，对患病动物和动物主人来说很困难，以致限制了这种疗法在实际中的有效应用。现阶段对这些病例的术后护理多采用改良的肩部延长罗伯特琼斯式夹板。夹板延长部分可以使肩部保持正常的站立姿势。如果可能，持续使用这种夹板8周。有的患病动物能很好的容忍这种夹板，有的则不能。在此期间，可将患病动物限制在屋里的一个楼层或一个房间里，如果需要也可以关在笼子里，只是在大小便时，牵出屋外。去除夹板后，继续限制活动4周。从术后12周开始，增加患病动物去屋外散步的时间。当它们能忍受较远距离的散步而没有发生跛行时（走多远取决于主人意愿），开始屋外自由活动。逐渐增加自由活动，直至其能忍受为止，恢复正常大约需要4～6个月。

（四）肩臼后缘骨化中心离裂

肩臼后缘的独立骨化中心与肩臼不分离时，可引起跛行和肩部疼痛。该病常见于生长期的大型幼龄犬，表现为重度非特异性的肩部疼痛。肩关节标准内外侧位X线片表明，肩臼后缘有一独立的矿物质化密影。相似的X线征也见于肩关节广泛退行性病变的老龄犬。

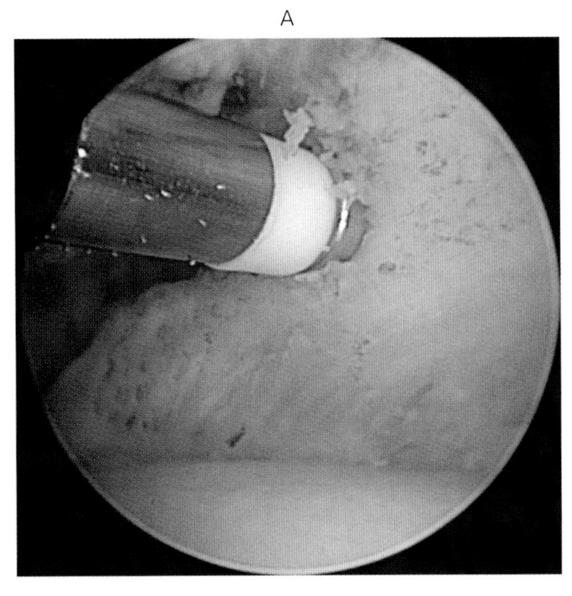

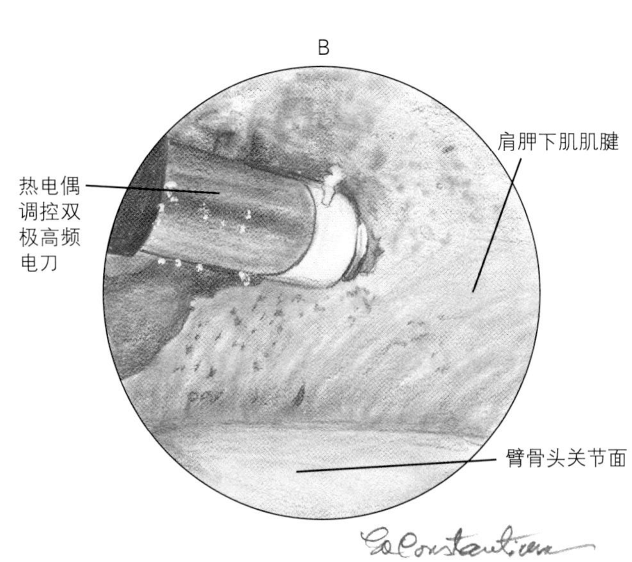

图14-43　使用带有热电偶调控的Mitek VAPR 双极高频电刀对肩胛下肌肌腱进行热修饰

作为退行性关节病（DJD）病因的慢性骨化中心不融合或骨赘嵴，是否继发于退行性变化不能完全确定。但不管是哪一种病因，对于跛行和肩部疼痛的患病动物，其肩臼后缘独立的矿物质化密影的X线检查结果特征提示，应进行关节镜检查。肩臼后缘骨化中心离裂病例，其肩关节关节镜检查的位置及方法与肩关节骨分离性骨软骨炎相同，使用一外侧或前外侧进镜孔、一后侧术孔。彻底检查肩关节，寻找骨赘及其他病变特别在老龄犬，重点是任何额外的病变。肩臼后缘骨化中心离裂显示为在肩臼后缘的骨嵴（图14-44）。临床上，严重的肩臼后缘矿物质化密影不固定，可用探针触诊，判断骨端是否可移动。清除游离骨突可用手动器械（3.5～5mm 咬骨钳，图14-45）、电动刮刀（图14-46）或两者联合使用。清除所有骨碎片后，用生理盐水灌洗关节，并用简单间断缝合法闭合皮肤切口。

（五）冈上肌肌腱病变（退化/钙化/部分断裂）

冈上肌肌腱的病变是跛行和肩部疼痛的病因之一。X线检查可能正常，或在臂二头肌沟和臂骨大结节区域出现矿物质密影。CT或MRI有助于冈上肌肌腱病变的诊断。肌腱发生广泛性冈上肌肌腱病变的病例，经前进镜孔和侧孔就可观察到臂二头肌肌腱起始部的病变（图14-40）。外科手术治疗效果不确定。

（六）肩上结节不离裂

肩上结节骨化中心与肩胛骨体部离裂，可导致位于臂二头肌肌腱起始部内的关节内骨断端松动（图14-47）。可用关节镜检查肩关节和骨断端，以确定病变涉及的范围、关节软骨的损伤、清除骨断端还是使其固定以及是否需要切断臂二头肌肌腱。

（七）关节镜辅助下的关节内骨折修复

关节镜有利于关节面骨折的解剖学整复，关节镜可经特定的入口进入闭合关节或进入开放性关节。将关节镜插入关节腔，然后灌洗关节，以建立一个清晰的视野，便于观察骨折线。借助关节镜显示，以整复骨折和评价复位的效果（图14-48）。可借助关节镜清除关节内的骨折小碎片，作为单独的病灶清除或作为开放骨折整复的一部分均可。

（八）关节内肿瘤活检术

对于X线检查未见异常的跛行和肩部疼痛的

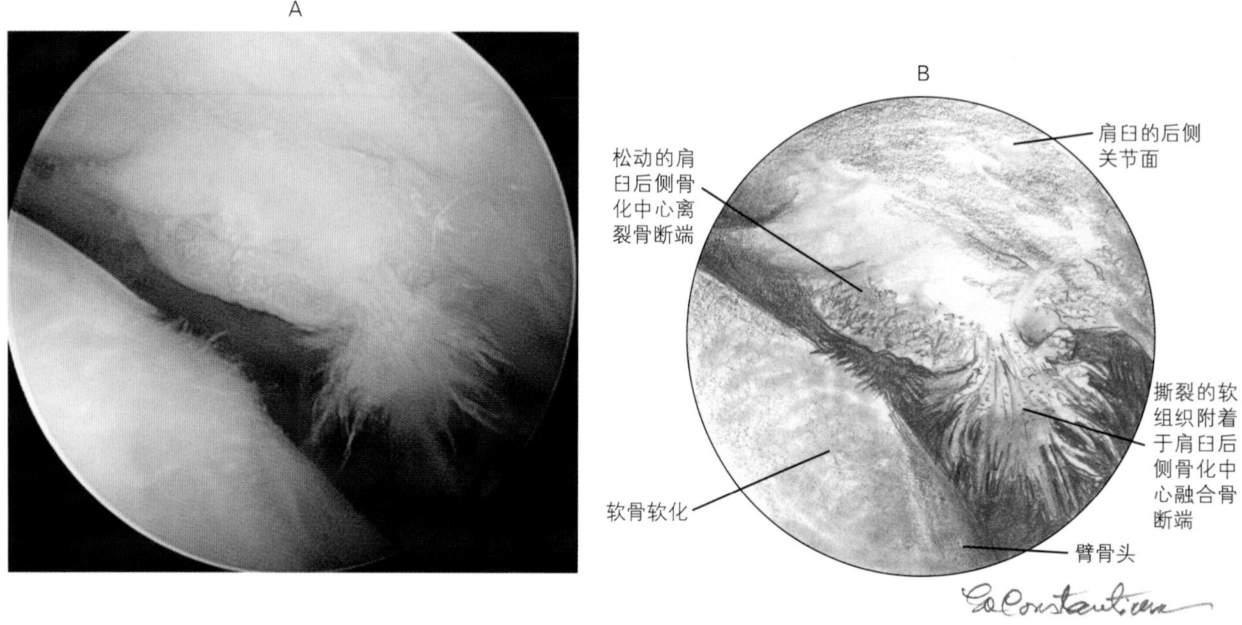

图14-44 未固定的肩臼后缘骨化中心骨片段

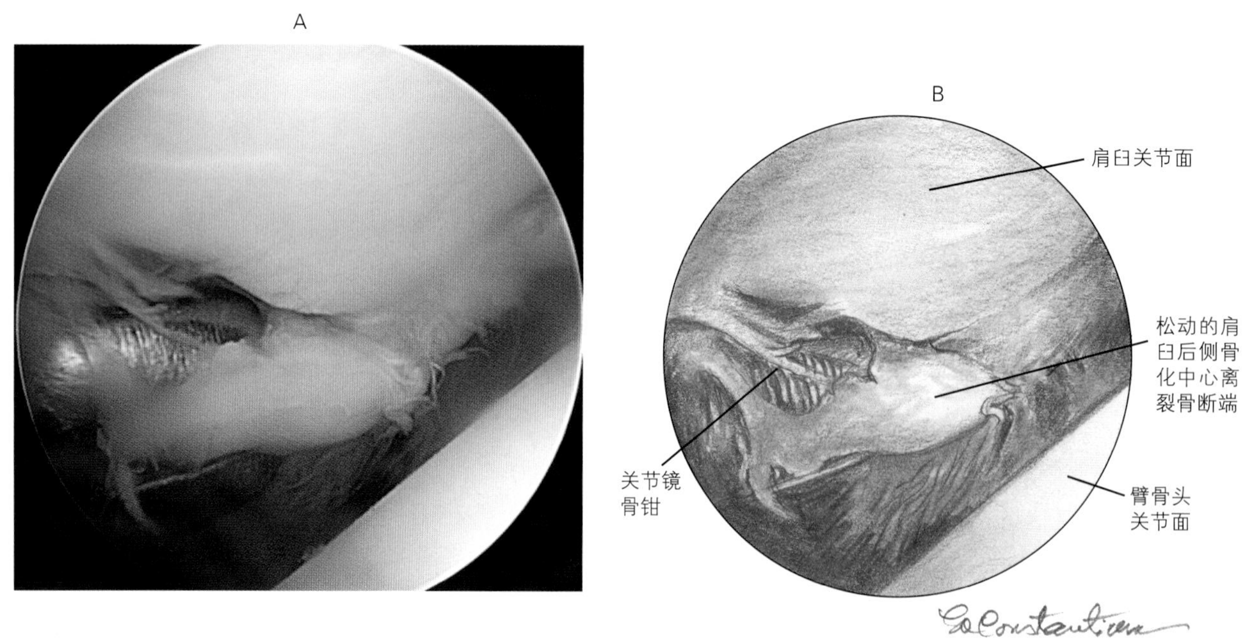

图14-45 用3.5mm的关节镜咬骨钳清除一块松动的肩臼后缘骨化中心离裂骨片段

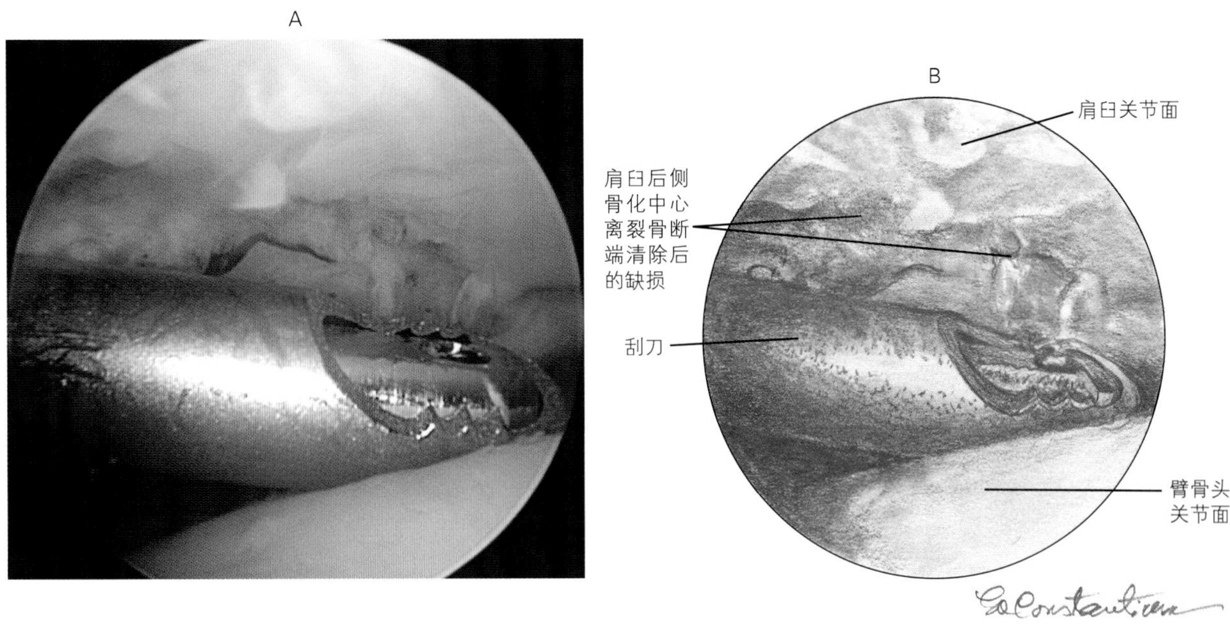

图14-46　清除肩臼后缘骨化中心离裂骨片段后，用带有3.5mm的电动刮刀清理稳固的肩臼后缘

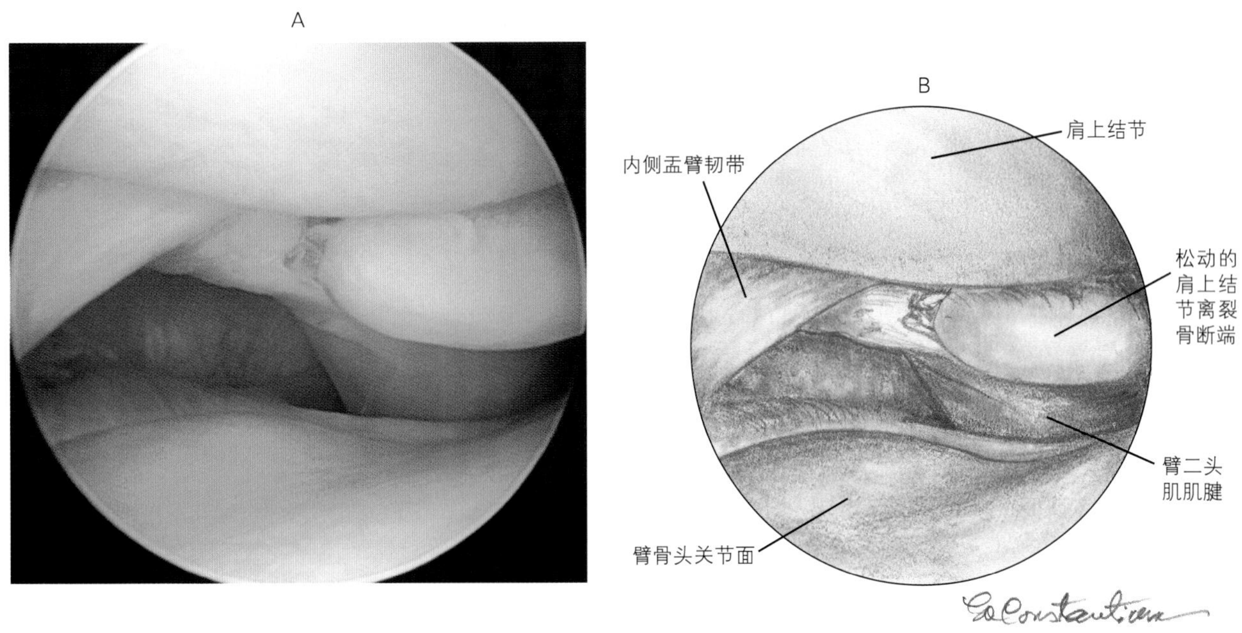

图 14-47　位于臂二头肌肌腱起始部的、松动的肩上结节离裂骨片段

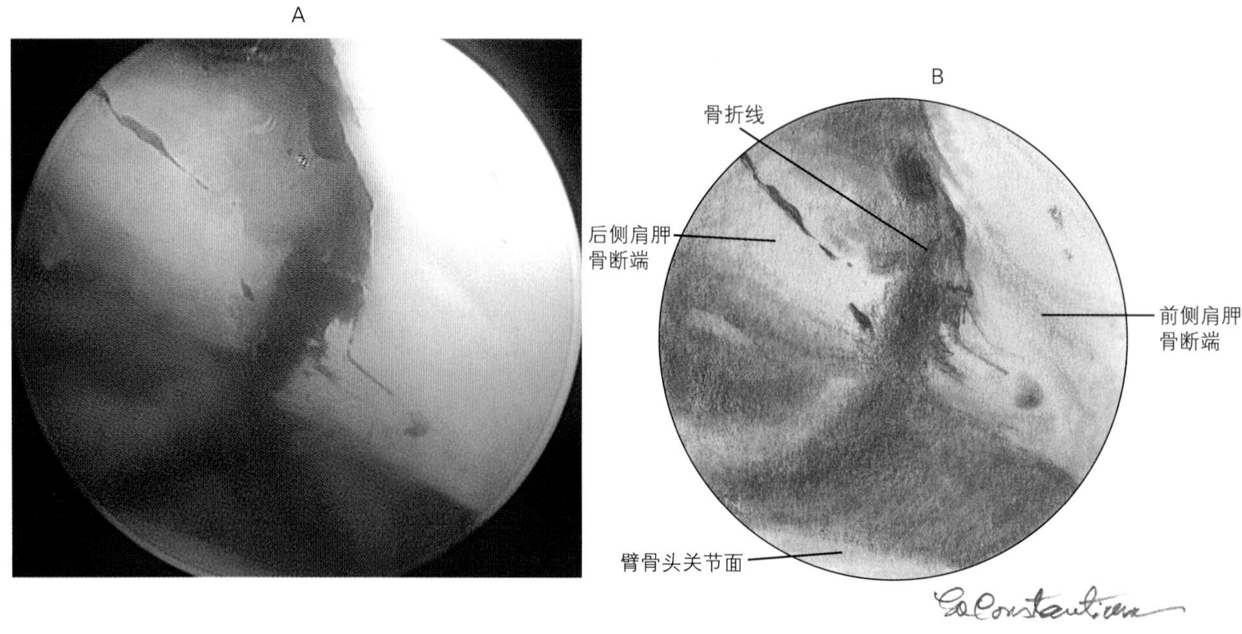

图14-48　关节镜显示的已整复的肩胛骨骨折面

病例，采用关节镜探查时，可发现关节内肿瘤性肿块。关节镜也能用于X线观察到骨骺病变的活组织采样，多数情况下，借助关节镜采样损伤最小。

第六节　肘关节内镜检查

一、适应证

当前肢跛行伴有肘部疼痛、骨摩擦音、关节囊肿胀、关节增厚或肿胀、关节活动范围减小，且X线检查符合尺骨内侧冠状突断裂（FCP）、分离性骨软骨炎（OCD）、肘突分离（UAP）、关节内骨折或任何退行性变化时，应进行肘关节的关节镜检查。严重的尺骨内侧冠状突断裂（FCP）在肘关节X线片上无异常表现，因此即使非常轻微的符合尺骨内侧冠状突断裂的X线特征，都应进行关节镜检查。触诊肘关节前内侧、内侧冠状突处时，或前臂内、外旋时发生的疼痛，强烈暗示尺骨内侧冠状突断裂，但即使没有疼痛也不能排除这个疾病。肘关节前内侧、内侧冠状突处的局部肿胀，也在一定程度上表明应进行关节镜检查。骨摩擦音大多数出现于肘突分离，而少见于尺骨内侧冠状突断裂。关节囊变大一般为疾病非特征性症状，可见于肘关节的任何疾病，若出现关节囊增大，建议应进行关节镜检查。关节的一般性肿胀或增厚虽然不是特异性症状，但如果伴发关节活动范围减小，提示关节有严重问题时，应进行关节镜检查。关节肿胀伴有活动范围减小时，可能需要向关节内打孔，来治疗原发性病变和清除大量继发性骨赘。关节镜检查前，不需要特别鉴定是尺骨内侧冠状突断裂还是肘关节骨软骨炎，因为其处理患病动物的体位和关节镜孔进入的位置是相同的。如果X线片未见异常，则有必要通过CT 或MRI扫描来确定是否应进行关节镜检查。对于X线片未见异常的冠状突病变、分离性骨软骨炎或关节积液等，有必要通过CT 或 MRI来确诊。关节发生多发性大骨赘的严重病变时，CT 和MRI也有助于确定需要清除骨赘的位置，并有助于拟定关节镜手术的方案。

二、动物准备、保定与手术室布局

对于犬，无论是单侧还是双侧性肘关节的关节镜检查，一般以仰卧位保定为好。将一侧或双侧前肢悬吊在支架上，对其进行术前准备并铺设创巾，以便能进行自由操作，并能达到一侧或两侧肘关节的所有侧面。检查一侧肘关节时，可以把对侧前肢向后拉，并固定在手术台上，以免妨碍操作。

检查双侧性尺骨内侧冠状突断裂和分离性骨软骨炎时，将监视器放在手术台前端，助手和外科医生在手术台的同一侧，助手站在外科医生的左侧、位于监视器和外科医生之间。对于一侧性尺骨内侧冠状突断裂、分离性骨软骨炎、肘突分离以及多孔性关节清除术，监视器也能横放在手术台上，助手站在外科医生的左侧。对于双侧性肘突分离的手术，最好使用两台监视器，手术台的前、后端各一台。尺骨内侧冠状突断裂通常伴发肘突分离，尺骨内侧冠状突断裂的检查和适当的治疗是关节镜治疗肘突分离的一个重要组成部分。肘突分离的治疗需要在关节的前内侧部和后侧进行操作，因此，假如没有两个监视器，用关节镜完成一侧部位的操作时，另一部位就没有监视器可用。替代方案是将监视器移到两个手术部位之间，或将监视器横放在手术台上，先完成单侧的手术。检查单侧关节时，将监视器放在手术台前端，经多个观察孔和术孔，彻底清除大量骨赘。必要时可将患病动物左右侧旋转，建立肘关节内侧和外侧通道，以及放置侧关节腔孔。

三、关节镜入口位点与布局

（一）进镜（内侧、前外侧和后侧）孔

内侧孔是肘关节检查最常用的进镜孔（图14-49）。它位于臂骨内上髁远端1～1.5cm处，或远后侧。如果以肱骨骨干作为定位线，该孔位于内上髁的远端，但如果以前肢的外部轮廓作为定位线，这个孔位于内上髁的远后侧。可触诊内上髁，然后沿肱骨骨干方向向远端滑行，直到指浅屈肌的远端（后）缘，此处即为进镜孔位置。将前臂外旋和外展，关节内侧张开，有助于关节镜的插入。对于不太肥胖的犬，前臂外旋和内旋时，关节内侧张开和闭合，可触诊到半月状切迹关节面的内侧缘。为精准确定该进镜孔的位置，用一根20#、1英寸的皮下注射针头在此部位插入关节，抽出关节液，并向关节腔灌注生理盐水，然后抽出注射针头，用10#手术刀沿肌纤维平行的方向戳一切口，换上钝性闭塞器并插入关节镜套管。

前外侧进镜孔（图14-50）曾在最初肘关节镜检查时使用，现在已基本被内侧进镜孔所取代，通常很少使用了。目前仍使用前外侧进镜孔作为检查肘关节通路的主要适应证有：当患病动物处于侧卧位时，上侧关节的其他检查；多孔肘关节彻底清除术；清除游离至关节前腔的尺骨冠状突骨断端；关节镜辅助的臂骨外侧髁骨折的整复。

前外侧进镜孔位于桡骨头前缘和臂骨小头前面的交叉处。关节膨胀之前，可触诊到这个交叉点处的切迹。关节膨胀（注入生理盐水）后，切迹处的关节囊轻微隆起，然后将关节镜经关节囊的隆起插入关节。如果出现由疾病引起的严重关节膨胀，可在此孔位置插入20#、1英寸的皮下注射针头，抽出关节液，并向关节腔灌注生理盐水。用15#外科手术刀戳一个切口，借助钝性闭塞器插入关节镜套管。如果出现继发于肘关节疾病的轻微关节膨胀，为看到入口的位置，可向关节后腔插入20#、1.5～2英寸注射针头，并向关节腔注入生理盐水，使其膨胀。这个孔可能难以定位，因为关节镜套管的钝性闭塞器很容易从关节囊上滑脱，滑过臂骨髁的前侧而没有进入关节。可扩大关节囊上的切口或使用锐性套管针穿刺可能会有改善。关节镜向内穿过臂骨髁的前侧面，可以检查到包括内侧冠状突在内的关节前腔组织结构。

从臂三头肌肌腱外侧或内侧插入肘窝，从关节镜后进镜孔（图14-49和图14-50）进入关节后腔。经这些进镜孔都可以观察到肘突和肘窝。后外侧孔也可作为外侧冠状突的通路。作为完整的多孔关节清除术的一部分，这些孔主要用于清除妨碍关节伸

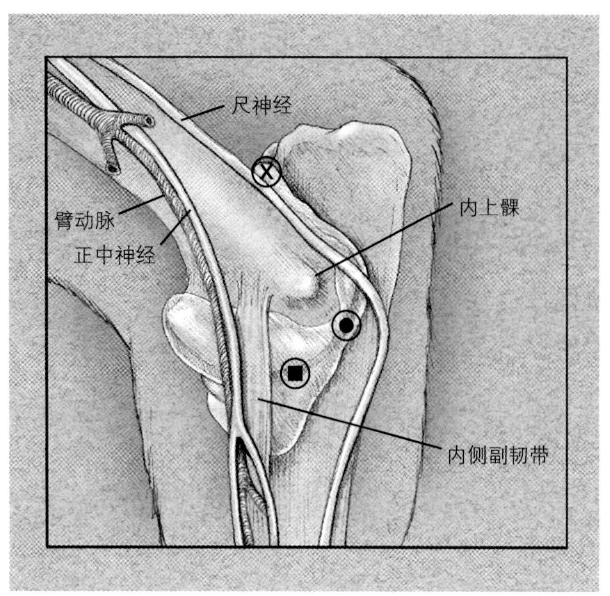

图14-49 肘关节内侧孔部位。这三个孔分别为：内侧关节镜进镜孔（圆形标记）、前内侧术孔（方形标记）和后内侧出口孔（X形标记）。内侧关节镜进镜孔位于臂骨内上髁后远端或远端1~1.5cm处。前内侧术孔就在内侧冠状突上，内侧关节镜进镜孔稍近端或其前方1~2cm处，内侧副韧带后方。后内侧孔通常作为出口孔，但也可作为后内侧关节镜进镜孔或术孔。后内侧孔位于臂骨内上髁脊后缘后方，鹰嘴近侧，进入肘窝（引自 Veterinary endosurgery, Freeman LJ,St Louis, 1999, Mosby）

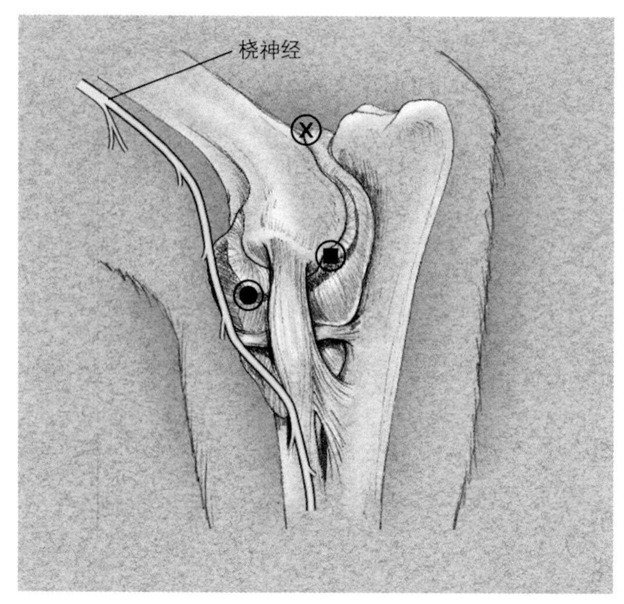

图14-50 肘关节外侧面孔部位。这三个孔道分别为：前外侧关节镜进镜孔（圆形标记），外侧术孔（方形标记）和后外侧出口孔（X形标记）。前外侧关节镜进镜孔位于桡骨头前缘与臂骨外上髁脊前面的交叉点。这前外侧孔也可作为进入关节前腔的术孔。外侧术孔位于外侧副韧带后方，就在尺骨外侧冠状突上。后外侧孔通常作为出口孔，但也可作为后外侧操作和关节镜进镜孔。它位于臂骨外上髁脊后缘后方，鹰嘴近侧，进入肘窝（引自 Veterinary endosurgery, Freeman LJ,St Louis, 1999, Mosby）

展的肘突骨赘。从内侧关节镜孔不能到达的外侧冠状突病变，也可以通过这些孔来清除。虽然常通过内侧关节镜进镜孔来清除肘突分离的骨断端，但这些入口能用来检查关节后腔，在骨断端被清除后，也能用来清除残余碎屑。

前内侧术孔部位也可作为关节镜进镜孔部位，用来观察桡骨头骨赘、臂骨髁骨折以及已经游离到关节前腔的尺骨内侧冠状突断裂骨断端。此部位在作为术孔部位后，还可作为关节镜进镜孔部位，更换控制杆即可，或用带有钝性闭塞器的关节镜套管插入此孔。

（二）术孔（前内侧、外侧和前外侧）

前内侧术孔（图14-49）最为常用。用于内侧冠状突断裂的修复、清除臂骨内侧髁或滑车切迹的分离性骨软骨炎。此孔位于内侧副韧带后侧、内侧关节镜进镜孔的近侧和前侧1~2cm处。这里正好是尺骨内侧冠状突的位置，因此为内侧冠状突修复提供了良好的通路（图14-51）。该进镜孔可用20#、1英寸的注射针头插入关节进行定位，或经进镜孔显示关节内的注射针头，以证实其精准定位。然后拔出注射针，用10#外科手术刀片沿肌纤维方向戳一切口，用蚊式弯嘴血钳分离孔道并进入关节。

使用与内侧关节镜进镜孔相同的定位方法，不过是在外侧面（图14-50），进入关节外侧、外嘴髁的远端，可建立尺骨外侧冠状突和臂骨小头的通路。这外侧术孔可配合前外侧或后外侧关节镜进镜孔，或与内侧关节镜进镜孔配合作操作受限的检查。此孔用于清除外侧冠状突病变、内侧冠状突断裂骨断端、游离到外侧关节腔的骨软骨炎碎片。

前外侧关节镜进镜孔也可作为术孔（图14-50），

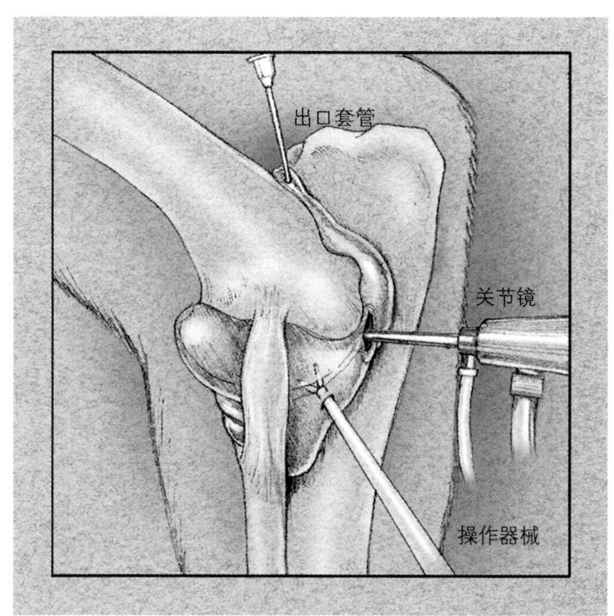

图14-51　内侧关节镜进镜孔和前内侧术孔为内侧冠状突修复提供了良好的通路和三角划分（引自 Veterinary endosurgery, Freeman LJ,St Louis, 1999, Mosby）

用来清除游离至关节前腔的冠状突骨断端和清除桡骨头背侧的骨赘，成为多孔道肘关节清除术的一部分。通常使用前内侧术孔的套管和控制杆从关节内侧建立此孔。

关节后腔的术孔（图14-49和图14-50）位于臂三头肌肌腱的内侧或外侧。这些术孔用于清除肘突骨赘，作为配合后部进镜孔、多孔道关节完整清除术的一部分。因此，该术孔不用作关节镜进镜孔。后内侧术孔配合内侧关节镜进镜孔，用于清除肘突分离的骨断端。肘突分离清除术的术孔是更精准的微小关节切开术，因为需要足够大的开口才能清除整块骨断端。

（三）流出孔

肘关节最常用的流出孔部位是后内侧和后外侧孔，将流出口套管插进肘窝（图14-49和图14-50）。前内侧术孔部位也可作为流出孔部位，用于关节后腔清除术或肘突分离清除术。在这些手术中，前内侧部位用作术孔，但可在已建立好的孔部位仅插入流出口套管而转换成流出孔。任何肘关节术孔部位插入流出口套管或操作套管后，都可用作流出通道，灌注液从操作器械周围流出。

四、检查方案与正常关节镜解剖

当首次通过标准中间镜管孔进入肘关节时，应辨认肘关节的解剖结构，以确定关节镜在关节内的走向。以下这些重要且容易辨认的结构，可以用来定位：尺骨内侧冠状突、桡骨头、臂骨内上髁内嵴以及内侧副韧带（图14-52）；半月状滑车切迹的凹嵴和臂骨髁的凸面在尺骨和桡骨头之间组成的关节（图14-53）和肘突（图14-54）。一旦定位，要按系统的方式检查关节，确保检查到所有重要的组织结构。从关节前内侧部开始，关节镜朝前检查内侧冠状突、桡骨头内侧面、内侧副韧带、臂骨内上髁嵴（图 14-52）。再将关节镜朝向后外侧检查：桡骨头后部、桡骨头与尺骨关节、臂骨外上髁嵴（图 14-53）。外侧冠状突也可能被观察到（图14-55）。将关节镜继续向后侧，观察肘突和臂骨滑车关节面的后部（图14-54）。在某些关节，关节镜可从内侧孔伸进关节后腔。

使用前外侧关节镜进镜孔时，可用桡骨头的背侧面、臂骨髁的前关节面以及内侧冠状突的前端来定位。内侧冠状突断裂被修整后，通过内侧或前内侧孔，也可检查关节前腔。从后侧孔进入后，可用肘突的尖端和臂骨滑车的后关节面来定位（图14-56）。从后侧孔进入时，关节镜也可通过滑车上孔，观察到桡骨头的背侧面、臂骨髁前关节面以及前关节腔（图14-57）。

五、肘关节病的关节镜诊疗

（一）内侧冠状突病变

用肘关节镜诊断最多见的疾病是尺骨内侧冠状突断裂（MCPP）。对于前肢出现跛行的中到大型犬、肘关节疼痛或肿胀，或X线检查结果表现异常，提示应进行关节镜检查。尺骨内侧冠状突断裂主要发生于幼犬，但在9岁老龄犬也有发生。表现为突发性跛行。关节镜检查前可以不进行X线检

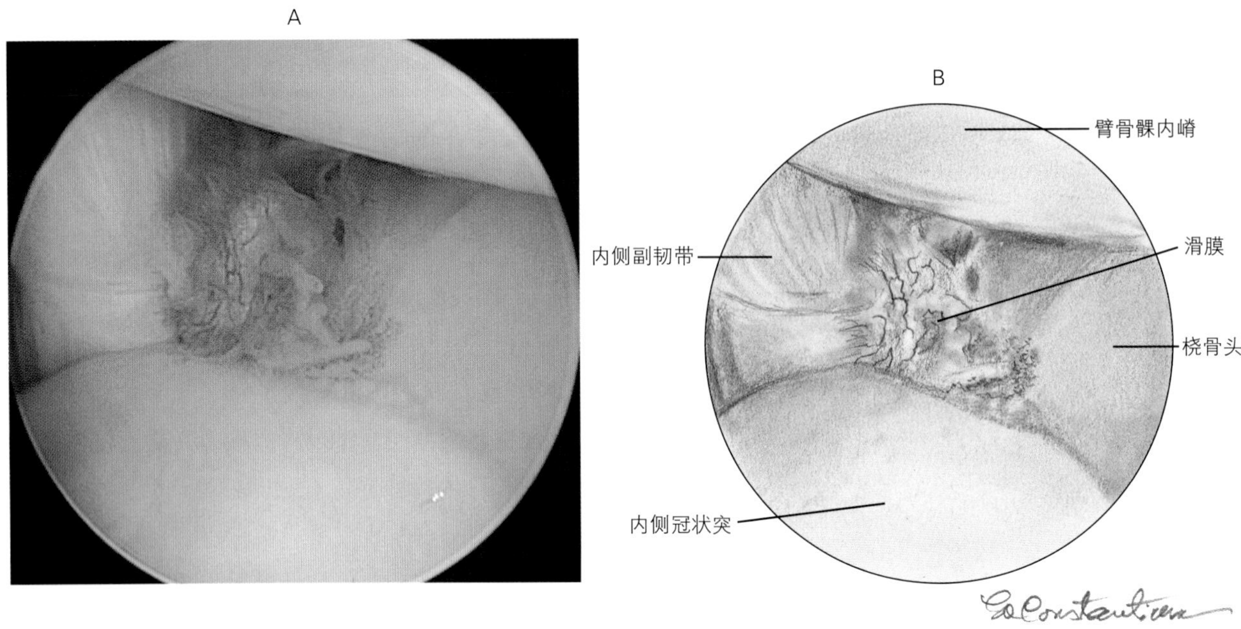

图14-52 用前外侧成角镜头，从内侧关节镜进镜孔定位的肘关节正常组织结构：内侧冠状突、桡骨头面的臂骨髁凸内嵴以及内侧副韧带

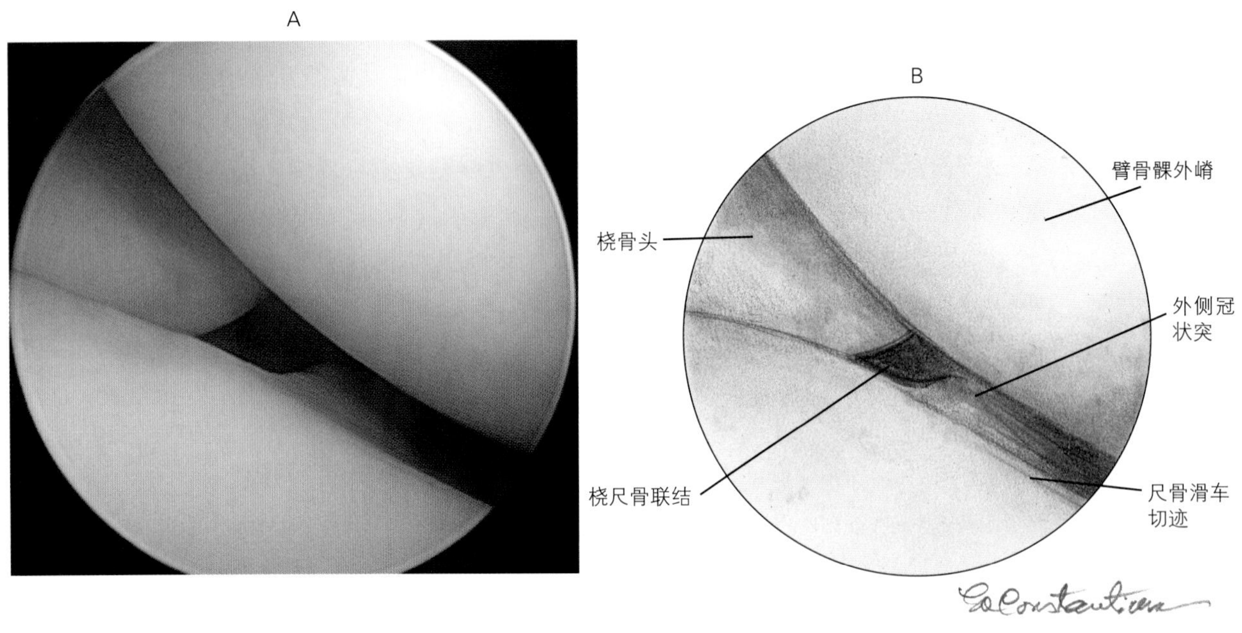

图14-53 用朝向外侧的直视镜头，从前内侧关节镜进镜孔的肘关节正常组织结构：臂骨髁外嵴凸面、（半月形）滑车切迹凹脊、桡骨头、桡骨头和尺骨桡切迹之间的桡尺关节、外侧冠状突基部

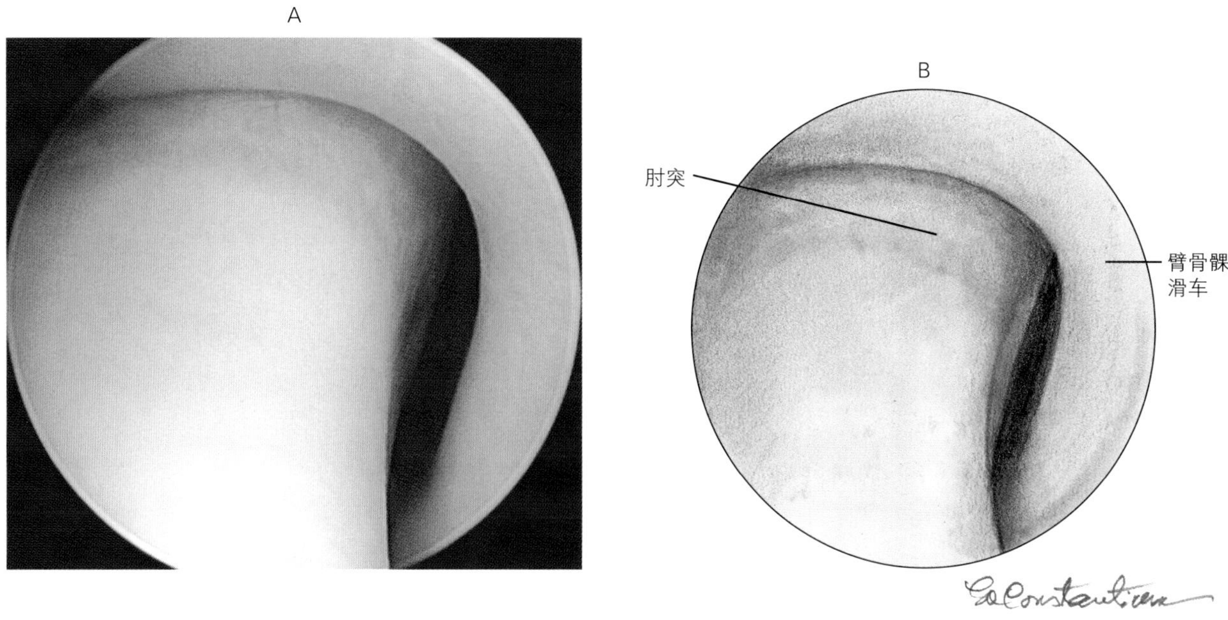

图14-54　肘突尖端与臂骨后关节面连接

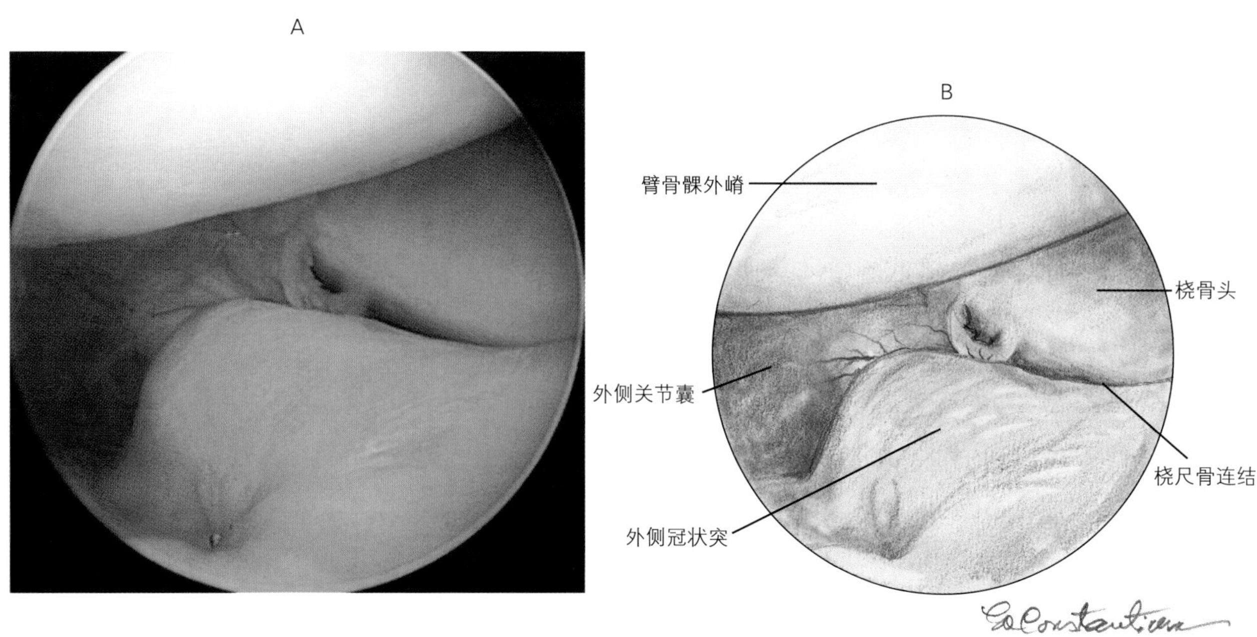

图14-55　从内侧关节镜进镜孔所见的外侧冠状突

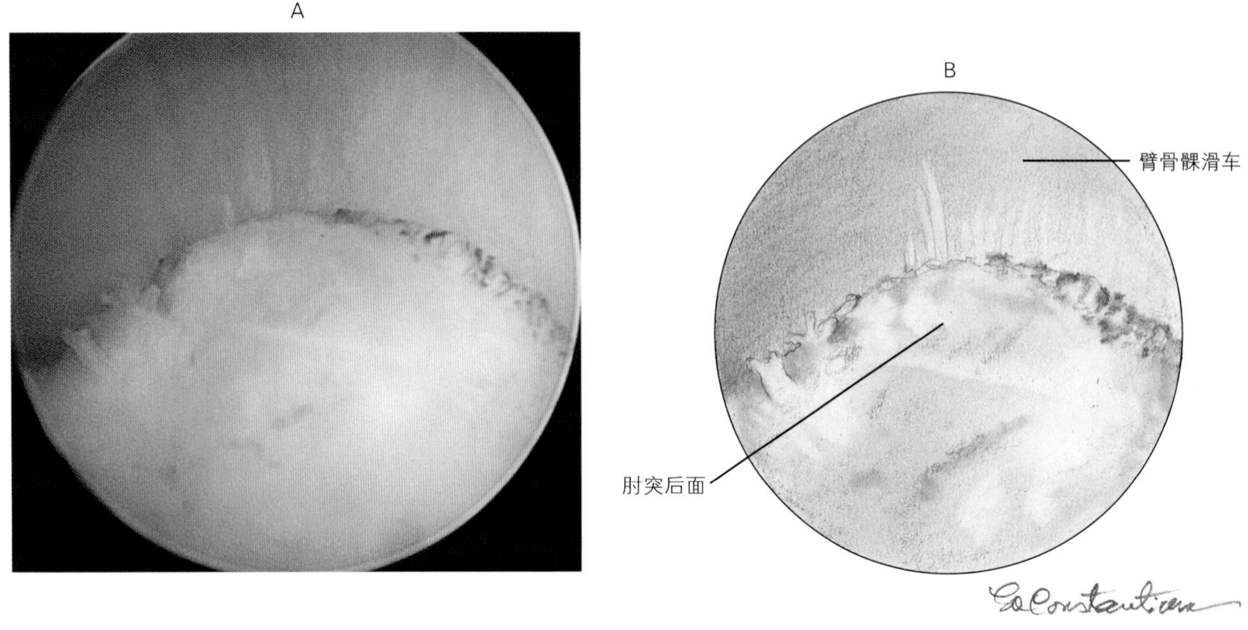

图14-56 从后侧关节镜进镜孔显示的肘突尖端和臂骨滑车后关节面

查，因为关节镜能确诊，而且尺骨内侧冠状突断裂和分离性骨软骨炎都可经内侧关节镜进镜孔和前内侧术孔来完成。尺骨内侧冠状突断裂通常是双侧性的，即使只有单侧发病，仍建议例行检查双侧肘关节。做一次双侧性检查，而不是做两次单侧性检查，对患病动物及动物主人都方便。

经内侧关节镜进镜孔和前内侧术孔进行尺骨内侧冠状突断裂的关节镜检查（图 14-49），通常以术孔作为流出口。必要时，可在关节后腔建立流出口，但很少需要。通常很容易观察到尺骨内侧冠状突断裂，但初检时有些病变可能轻微，不容易被观察到，也可能会出现大范围严重的病变。病变范围大表明不是单一疾病，而是有变化的、损伤明显的多个疾病。单纯的冠状突小碎片仅见于少数病例。在这些病例，游离的碎片、冠状突稳固的基部以及臂骨髁内嵴都有正常的软骨（图14-58）。通常大块的游离冠状突断端常伴有许多其他病变。冠状突稳固的基部的软骨缺损可能从轻微（图14-59）到广泛变化不等（图14-60）。软骨缺损也可见于臂骨髁内嵴，从轻微的局部软骨层侵蚀（图14-59）和局部软骨层磨损（图14-61）到显露象牙化骨的广泛性全层软骨病变（图14-60）。

臂骨髁与冠状突固定部的磨损比与游离冠状突碎片的磨损更具有代表性。固定的冠状突碎片，也可发生于正常（图14-62）或异常关节软骨（图14-63）。清除这固定的冠状突碎片上软骨，常可显露冠状突裂缝，并在冠状突断裂部有典型的骨质硬化（图14-64）。完全松脱的游离骨断端也可见于关节前腔。在这种情况下，冠状突原发断裂的缺损，特征性地充满纤维组织和软骨。

简单地清除游离骨碎片还是很费力地修复冠状突、使用哪一种关节镜技术，取决于病变的具体情况。虽然大多数冠状突病变可使用手动器械来处理，但电动刮刀可使修复过程更为容易。确定病变后，将一注射针头从术孔部位插入关节，确定孔的最佳位置（图14-65）；使用蚊式弯止血钳钝性分离进入关节，建立术孔。冠状突手术勿需术孔套管。游离的小骨碎片可用手动器械来清除，经刮匙（图14-66）或止血钳使其与附着床剥离。可用止血钳、关节镜抓持器或最常用的关节镜咬骨

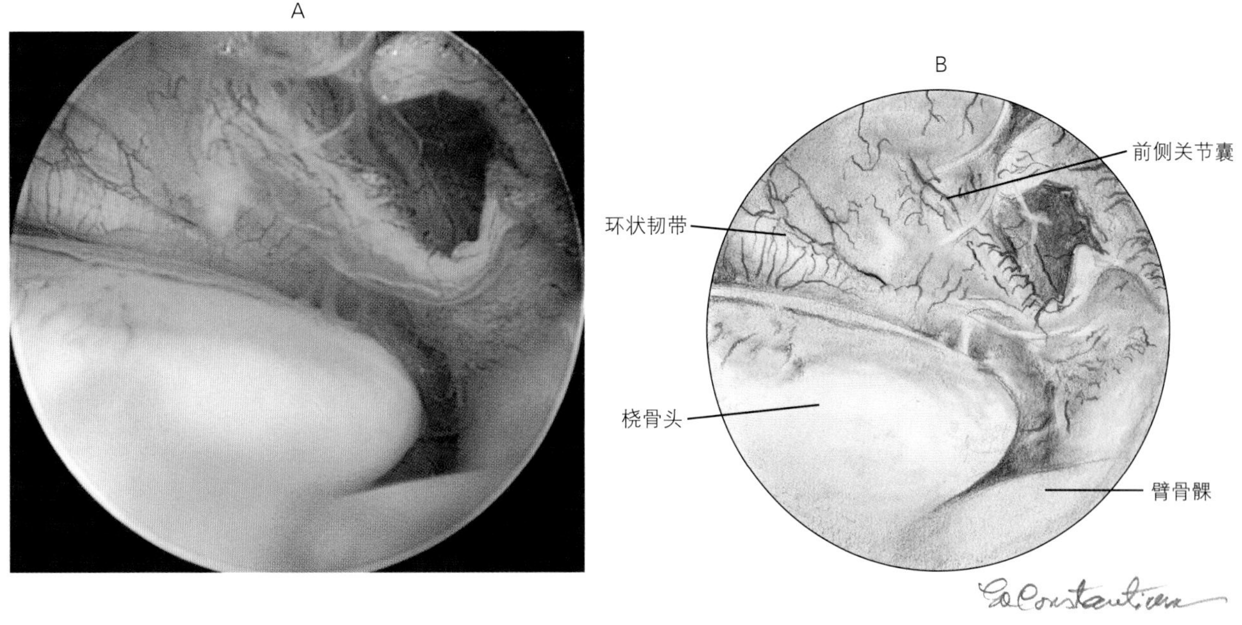

图14–57　关节镜从后侧孔经滑车上孔进入，所见的桡骨头背侧面

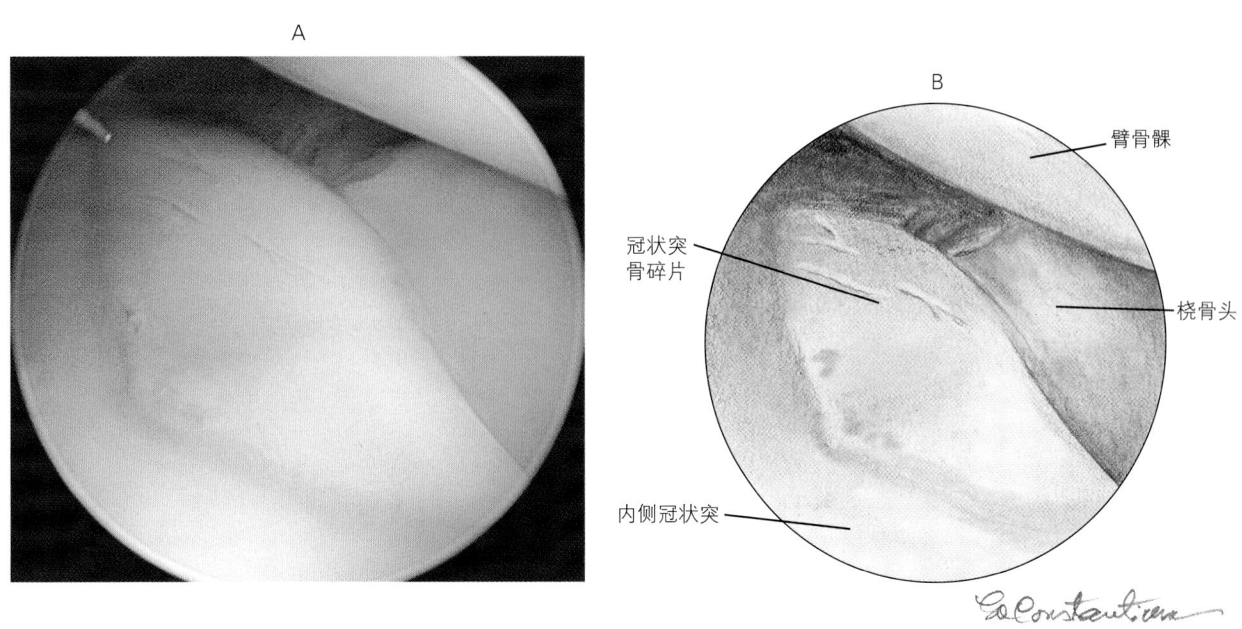

图14–58　松动的内侧冠状突小碎片。这块碎片、冠状突和臂骨髁上的软骨正常

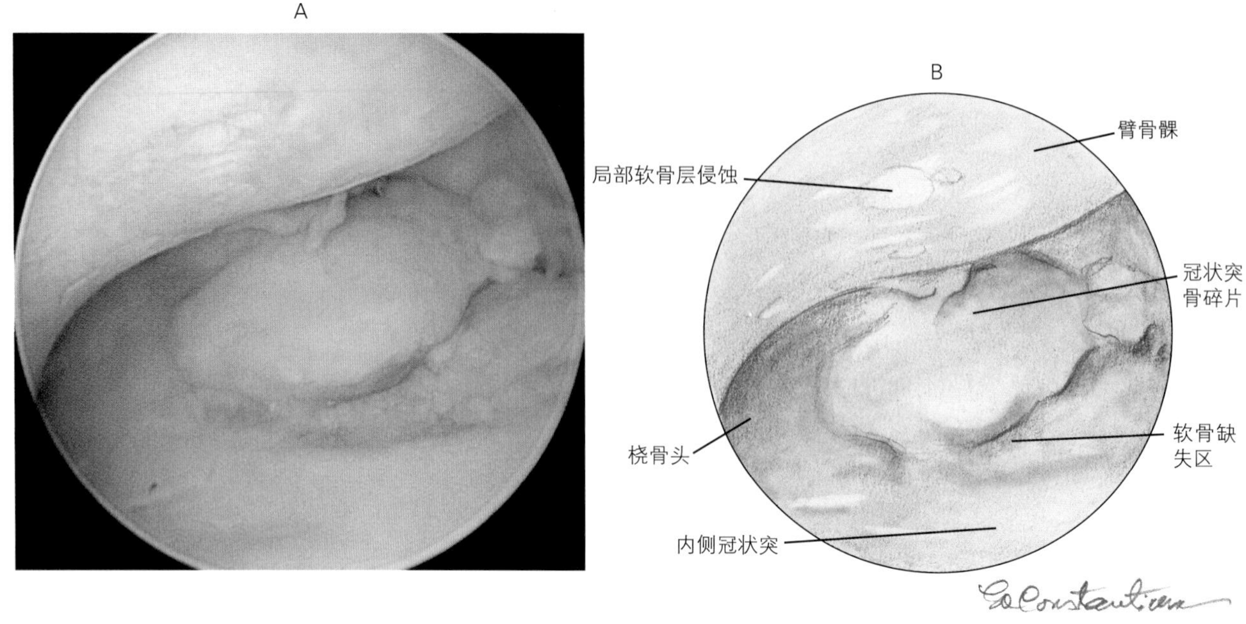

图14-59 松动的内侧冠状突碎片，其软骨正常。内侧冠状突基部有软骨缺损小区域。臂骨髁内嵴有局部软骨层侵蚀区

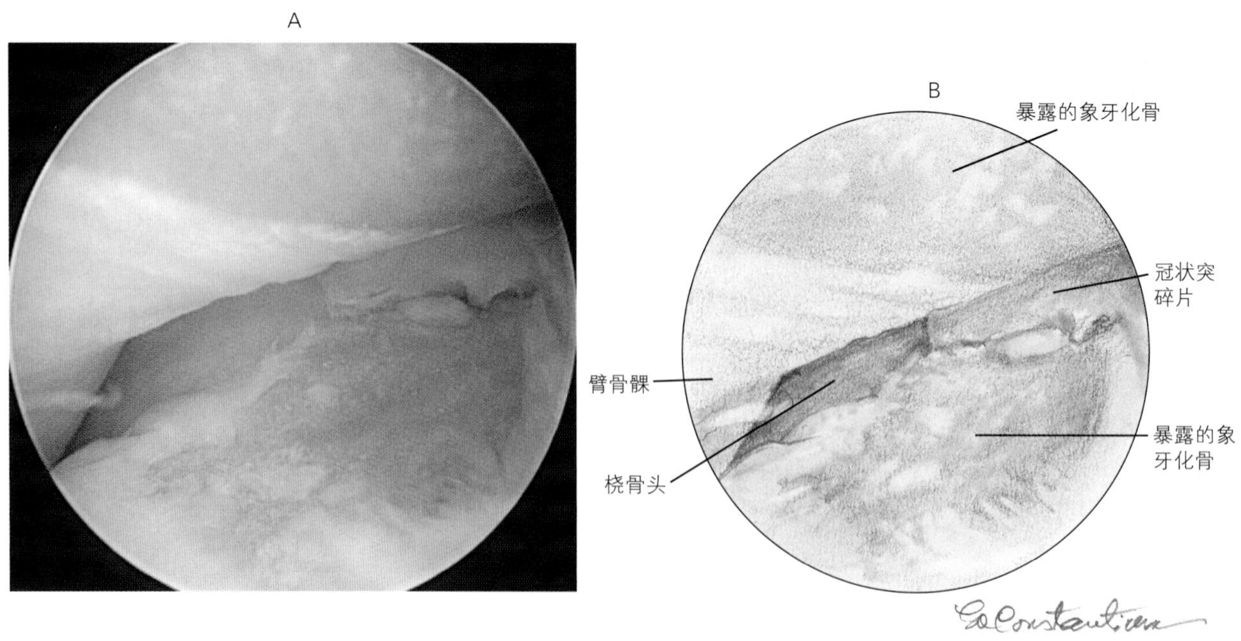

图14-60 松动的内侧冠状突大骨碎片，有广泛性全层软骨缺失，从内侧冠状突基部和臂骨髁内嵴脱落，臂骨髁显露出象牙化骨

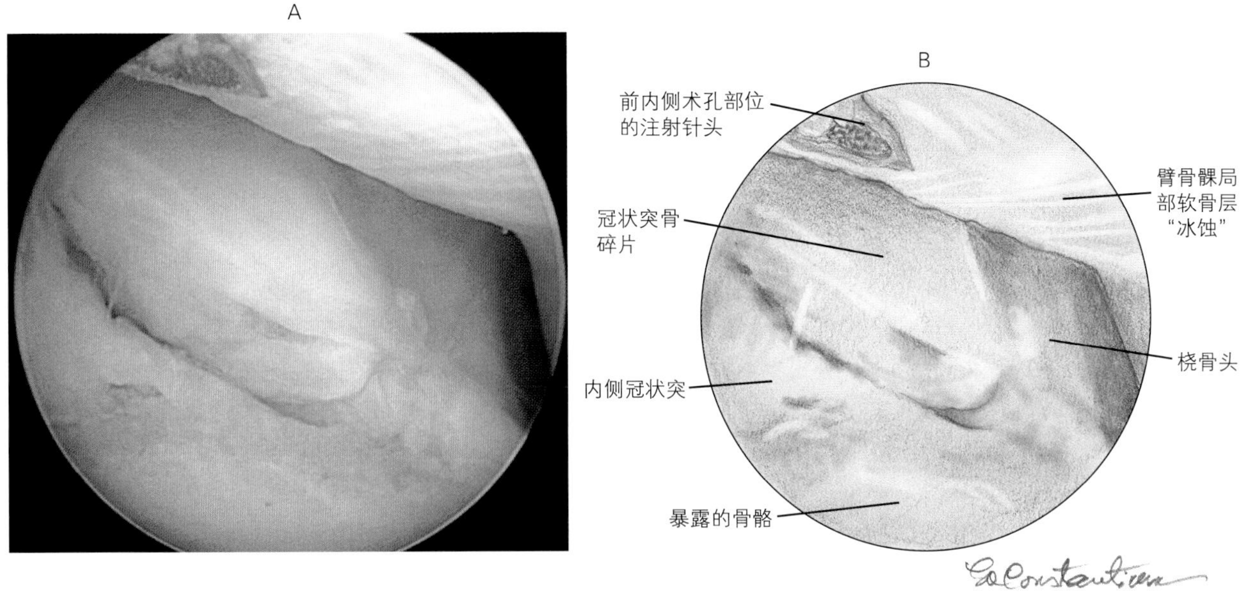

图14-61　松动的内侧冠状突大碎片，软骨正常。内侧冠状突固定部有一全层软骨缺失区。臂骨髁内嵴局部软骨层磨损。磨损产生的软骨凹槽类似冰河移动产生的岩石凹槽。“软骨冰蚀”这个术语为信息交流提供了一个精确的视觉画面

钳（图14-67）抓持游离的骨碎片。应对清除游离骨碎片产生的冠状突基部的缺损进行检查，清除所有的残余骨碎片。对于大块游离的骨碎片，必须分割清除。咬骨钳较为适合此工作，因为它比一般的抓持器械抓得更牢。如果碎片无法以一整块取出，可用咬骨钳一片一片地清除，而不是夹碎骨碎片。清除术孔和游离骨碎片之间的内侧冠状突基部的轴外部，扩大操作空间，有助于清除大块骨碎片。多数游离大骨碎片的病例，冠状突基部都有明显的病变，需修复和清除冠状突的一部分。这要在清除游离骨碎片之前，而不是之后完成。

软骨磨损病灶是由于关节“不协调”造成软骨承受的压力过大引起的。该类型病灶是过分受压型，需清除骨组织作冠状突修复。从冠状突患部清除足够多的骨组织，以阻止其与承受压力过大的臂骨关节面接触。

冠状突上被清除的区域取决于冠状突的磨损情况，通常清除骨组织暴露和软骨磨损的区域。可用手动器械修复冠状突，首先用刮匙松动骨碎片，然后用咬骨钳或抓持器清除松动的骨碎片。但这个过程用电动刮刀更容易完成（图14-68）。对关节的冠状突侧进行修复，不必清除臂骨髁的骨骼。

显示冠状突骨裂缝和冠状突骨质硬化的冠状突固定的骨碎片，也可进行修复或清除。在初次检查冠状突病灶时，可能软骨正常（图14-62）或软骨粗糙（图14-63）。为了检查软骨下的骨组织，需清除所有的异常软骨。清除断裂线内侧的骨组织，断裂线以外的异常骨组织也要清除。使用电动刮刀清除更方便，但也可使用手动器械。

已经游离至关节前腔的游离骨碎片，常经标准的内侧孔清除。为了从这些孔进入关节前腔，可能需要清除部分内侧冠状突基部。这个方法也可用在寻找清除期间掉进关节前腔的骨碎片。在清除冠状突碎片和用手动器械修复冠状突期间，注意防止碎片掉进关节前腔，因为这会增加手术难度和延长操作时间。如果通过标准的内侧孔不能到达失落的骨碎片，需建立额外孔直到能达到清除碎片为止。前内侧术孔可用作关节镜进镜孔，作为关节前腔和失落碎片的视野，并经前外侧术孔清除骨碎片。偶尔也可见到外侧冠状突病变，最常见的是软骨异常和

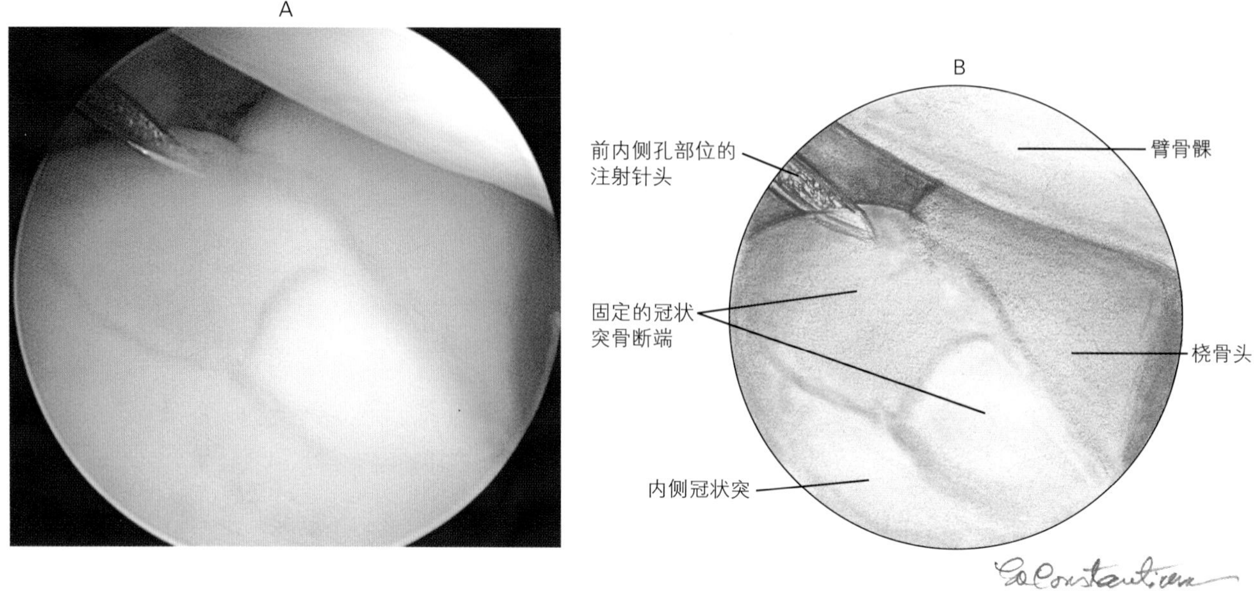

图14-62 固定的内侧冠状突骨断端，覆盖正常的软骨

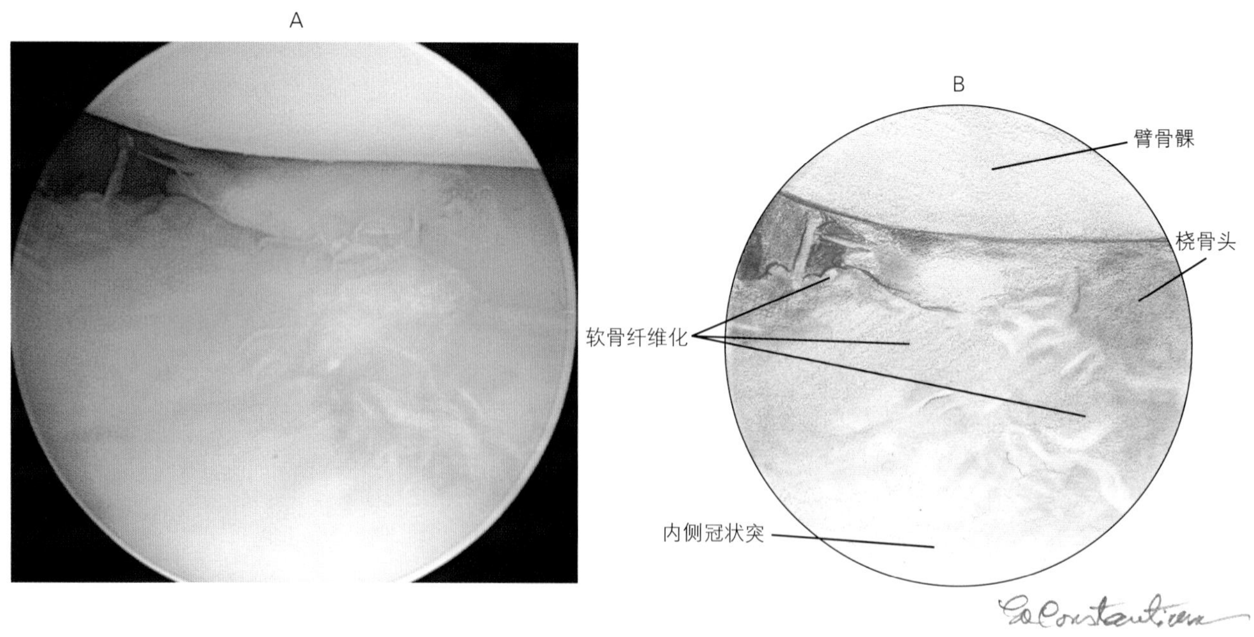

图14-63 软骨纤维化覆盖着固定的内侧冠状突部

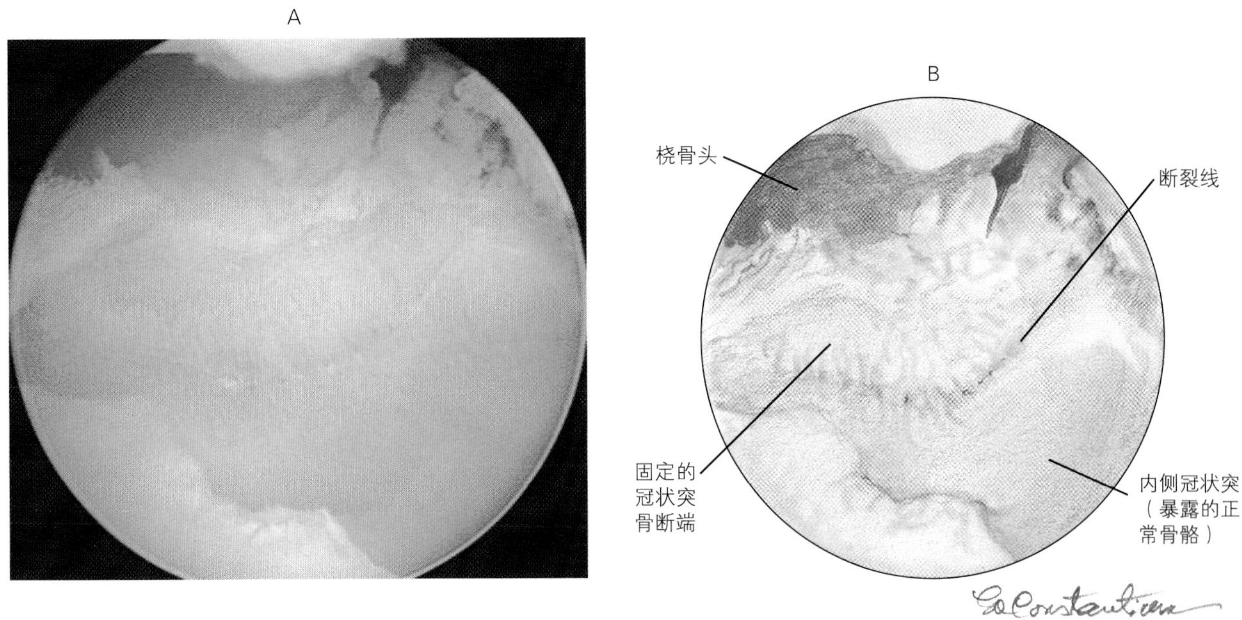

图14-64　内侧冠状突的一条断裂线勾画出了固定的冠状突骨断端。断裂线上方的骨断端骨质硬化，断裂线下方的冠状突部骨组织正常。内侧冠状突和这块固定的断裂碎片覆盖着正常的软骨。断裂线上覆盖的软骨表现为一条可见的分界线

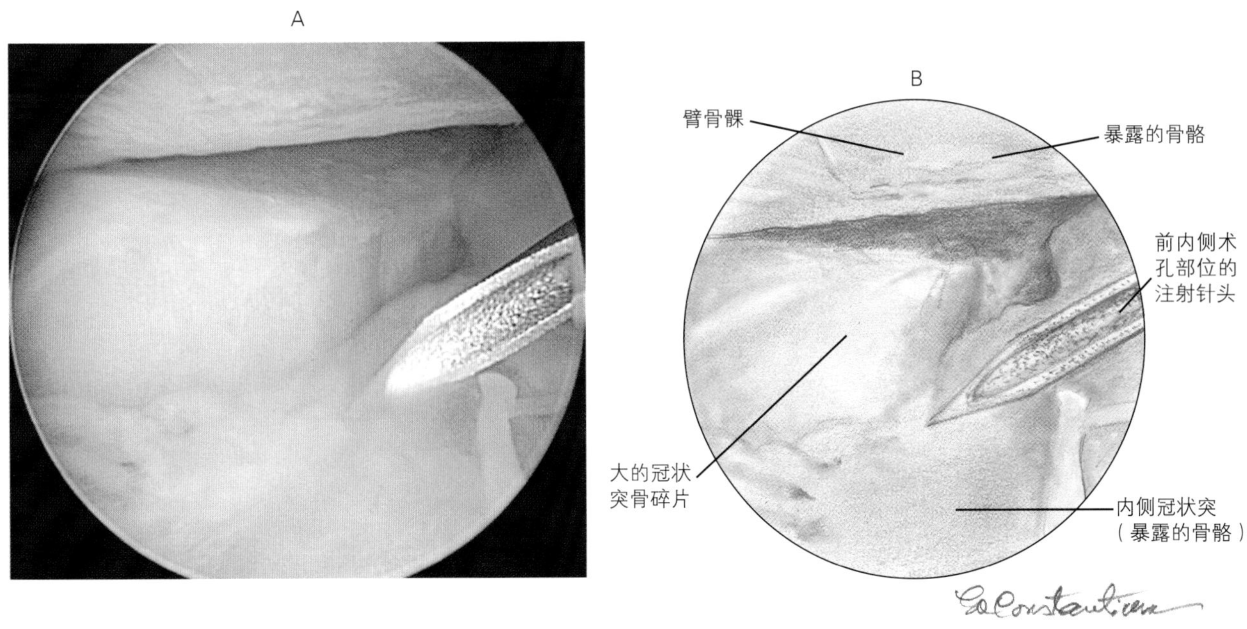

图14-65　将20#注射针头从前内侧术孔部位插入关节，以确认开孔的最佳位置

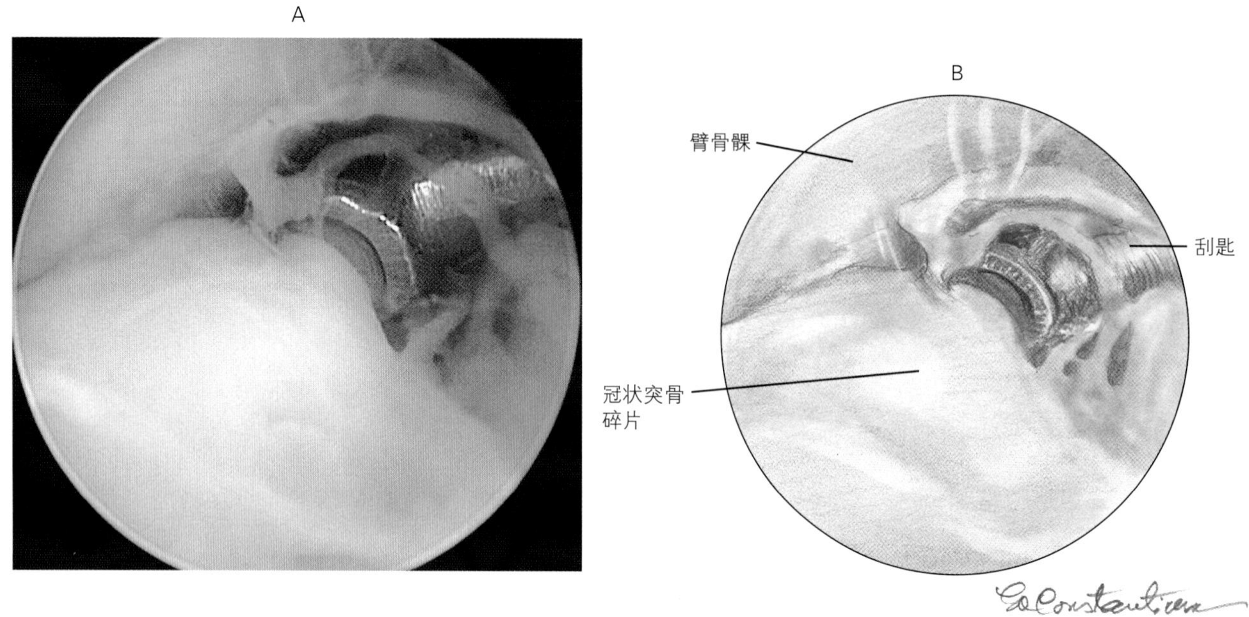

图14-66 用5-0的刮匙使图14-59所示松动的内侧冠状突碎片完全游离

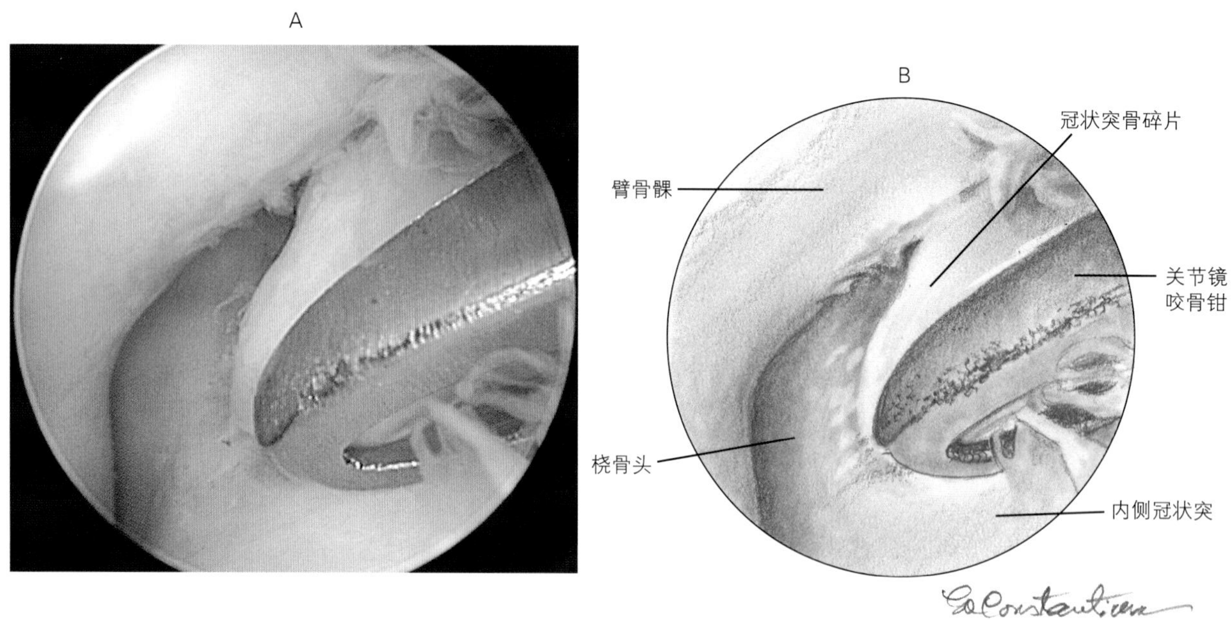

图14-67 用3.5mm关节镜咬骨钳清除图14-59和图14-66所示游离的内侧冠状突碎片。避免咬骨钳的背面损伤到臂骨髁内嵴的软骨

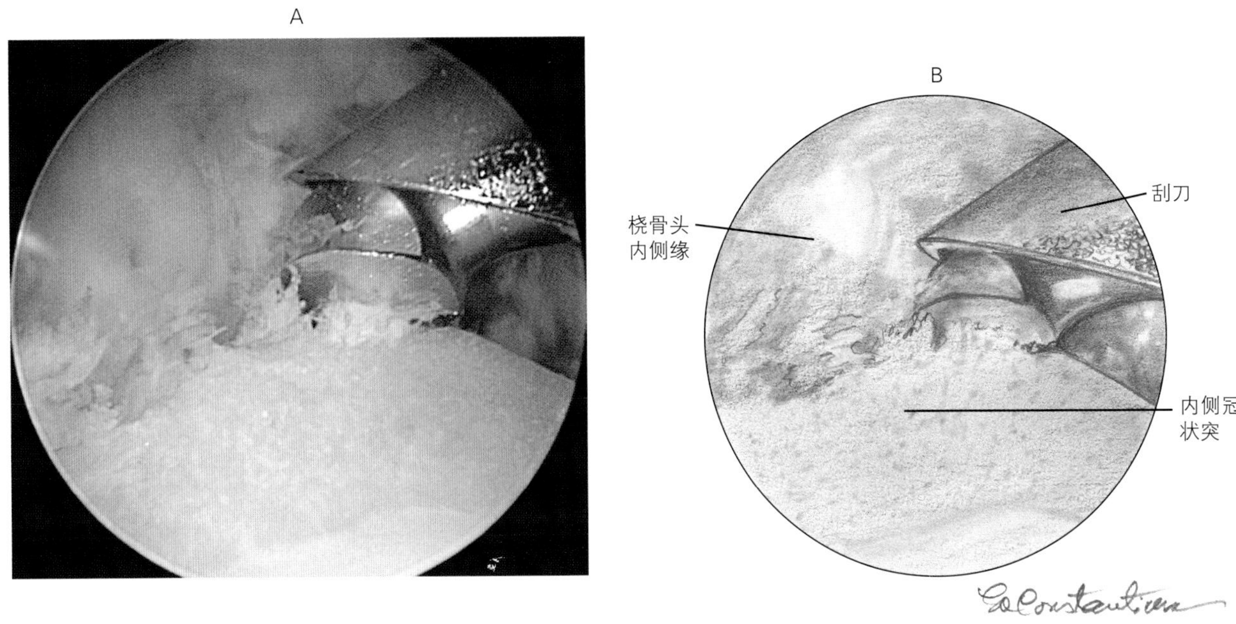

图14-68　用3.5mm电动刮刀清理内侧冠状突基部。游离的冠状突碎片和内侧冠状突基部外侧面的异常软骨边缘已被清除

松动的骨碎片（图14-69）。可通过清除松动的骨碎片和异常软骨来处理这些病变。在某些病例，可通过标准的内侧孔到达外侧冠状突，但通常建立外侧术孔，从内侧关节镜进镜孔观察（图14-70）。

在清除肘关节所有游离的骨碎片，彻底地清理缺损的骨床，冠状突修复完成后，在术孔安置器械套管或经出口套管对关节进行灌洗，清除残余骨碎片。然后从关节内移动套管，吸出所有的骨碎片。此时，碎片可能被卡在肘关节软骨面之间。

用一通过套管的小钩探针有助于清除这些骨碎片。钩松这些小骨碎片，使它们经套管被吸出。用单结节缝合法闭合术孔的皮肤。

（二）分离性骨软骨炎

臂骨髁远端的界限清楚，而对于骨软骨炎这却是个不寻常的位置。大多数病变发生于臂骨髁内嵴，但是偶尔也可发生在外嵴。经内侧关节镜进镜孔和前内侧术孔，清除和清理臂骨髁的骨软骨炎病变。由于这个病变位于臂骨髁，转换这些孔有利于手术的进行。骨软骨炎病灶最常表现为：在臂骨髁内嵴的腹侧面或腹内侧面上一游离的全层软骨瓣。但也可表现为深的、不规则的软骨缺损，其全层软骨边缘松动（图14-71）。或表现为一附着缘松动的软骨区（图14-72）。这些病变因为没有锥形羽毛状磨损类型，以及缺损边缘有全层软骨，很容易与尺骨内侧冠状突断裂时臂骨髁的病变相区别。

虽然在狭窄的关节腔操作受到限制，但仍旧用与治疗肩关节骨软骨炎病变相同的方法，清除游离的软骨瓣病灶和松动的软骨区。用蚊式弯止血钳或关节镜抓持器夹起（图14-73），并清除游离的软骨瓣。检查缺损边缘和骨床处的松动软骨和骨组织，并用手动器械清理，直到所有的松动软骨和骨组织被清除为止（图14-74）。尽可能少地从病变床清除骨组织，如需要改善血流灌注，可在病变床凿数个微缝。清除肘关节骨软骨炎病变时多采用手动器械，因为电动刮刀损伤性太大，很容易清除过多的软骨和骨组织。

（三）肘突分离（UAP）

肘突骨化中心与尺骨离裂，在幼龄德国牧羊犬是最常见的疾病，表现为前肢跛行，伴有单侧或双侧肘部疼痛，可能有或没有骨摩擦音、关节囊肿

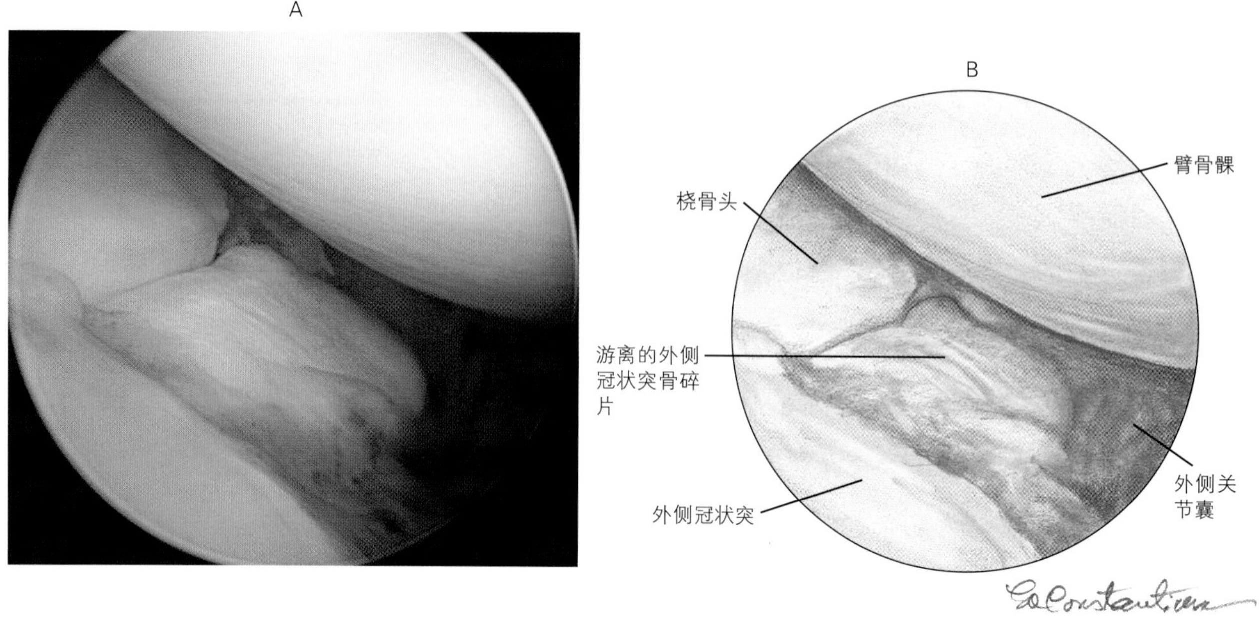

图14-69 松动的外侧冠状突碎片软骨异常

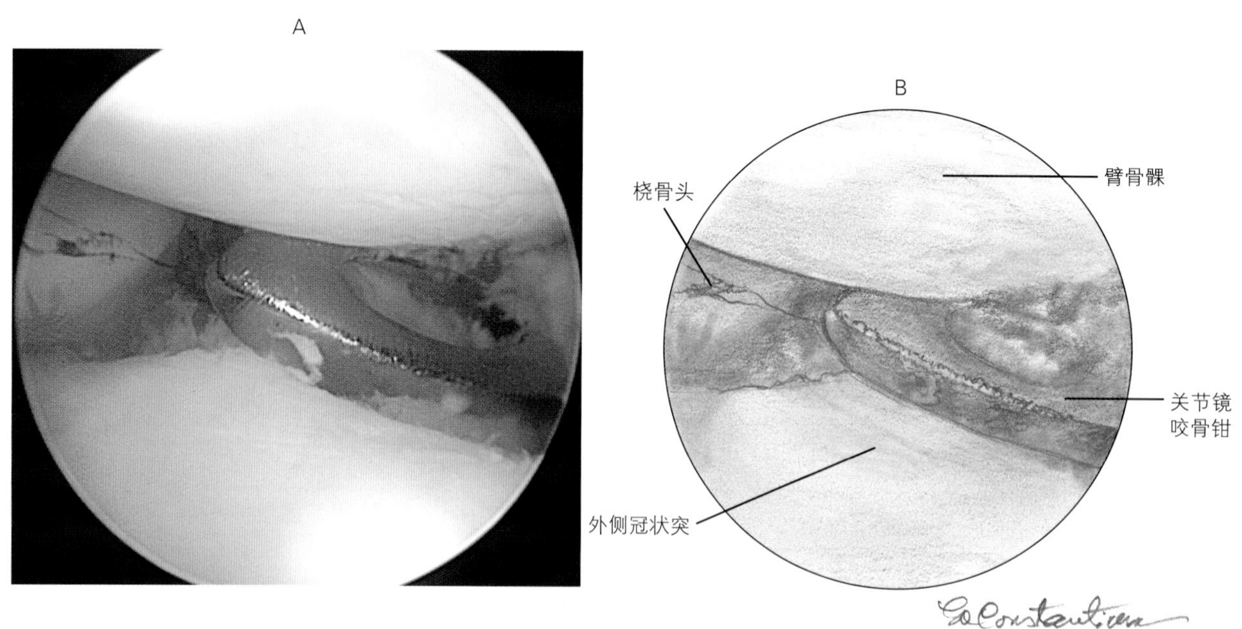

图14-70 用3.5mm的关节镜咬骨钳，经外侧术孔，清除图14-69所示的外侧冠状突碎片。关节镜位于标准的内侧孔

胀或关节增厚。肘关节的弯曲侧位X线片可证实诊断。肘突分离通常发生于双侧肘关节，在这些病例中，用同样的方法例行地对双侧肘关节进行检查。比例相当高（75%～80%）的肘突分离患犬，也患有尺骨内侧冠状突断裂，因此为达到理想的效果，还必须检查或处理冠状突。在单侧性肘突分离的病例，可考虑进行双侧关节镜检查，检查和治疗尺骨内侧冠状突断裂。肘突分离外科治疗的疗效评估没有考虑冠状突病变，术后效果不理想定因于肘突治疗技术的失败，而不可能是存在的其他病变的影响。在冠状突病变已被检查和治疗的系列病例中，需要重新评估疗效。

肘突分离的关节镜通路有：内侧关节镜进镜孔、修复尺骨内侧冠状突断裂的前内侧术孔、清除肘突分离骨断端的后内侧术孔。患病动物的体位和术前准备方案与尺骨内侧冠状突碎裂的相同，这有利于进行两侧性操作。从内侧进镜孔插入关节镜，检查关节，检查完冠状突后，将关节镜伸向后侧观察肘突。断开处的游离尺骨骨断端的分裂线通常容易观察到（图14–75）。建立一前内侧术孔，在清除肘突分离骨断端前，先处理冠状突病变。建立并扩大后内侧术孔，以便尽可能整块地清除游离骨断端。这后内侧术孔是一个更精确的关节微切开术，而不是真正的关节镜进镜孔。以多次小块方式清除游离骨断端或使用电动刮刀是非常耗时间的，应尽可能避免。将一关节镜或微创外科的骨膜剥离器置于肘突断裂处（图14–76），使骨断端与尺骨剥离。然后用大号的关节镜抓持器、大号的关节镜咬骨钳（5～7.5mm）或恰当规格的骨科咬骨钳清除骨断端（图14–77）。咬骨钳比抓持器更好用，因为它能更好地夹持骨断端。并且如果夹持太用力，会夹掉骨断端的某一部分，而不会把骨断端夹碎。清除肘突骨断端后，检查关节后腔是否还有残余的骨碎片，并进行灌洗、充分清除碎屑。用简单间断缝合法闭合内侧和前内侧孔的皮肤，用分层外科缝合法闭合较大的后内侧孔。

（四）退行性关节病

跛行老龄犬的严重慢性肘关节退行性病变，限

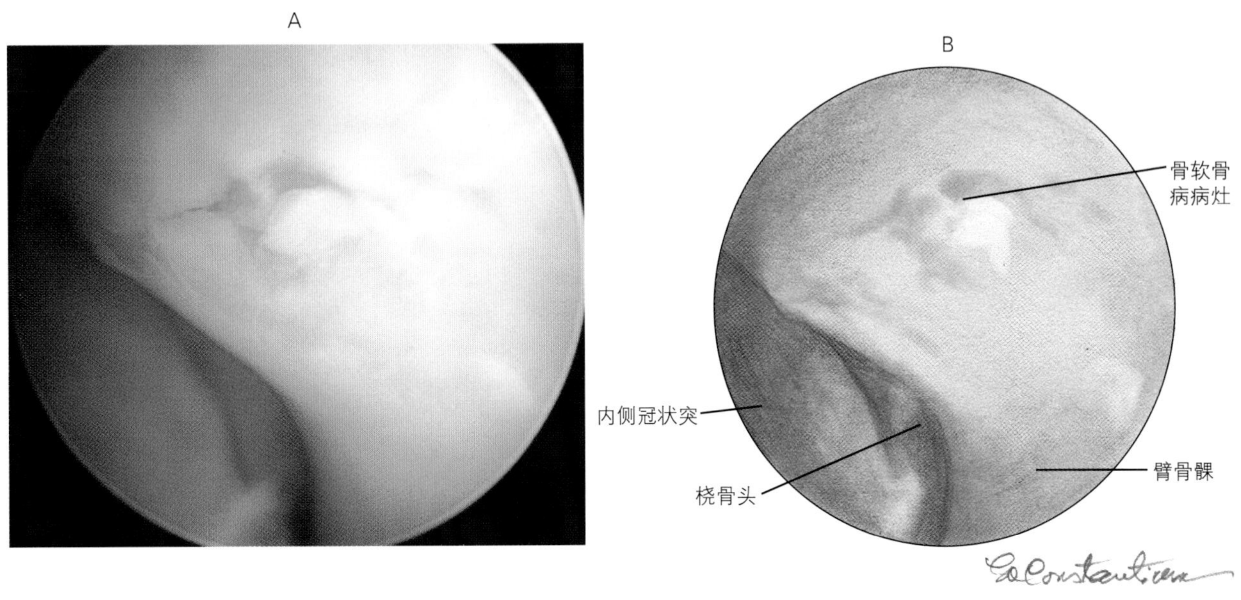

图14–71　臂骨髁内嵴的骨软骨炎病灶，软骨缺损和全层软骨边缘松动

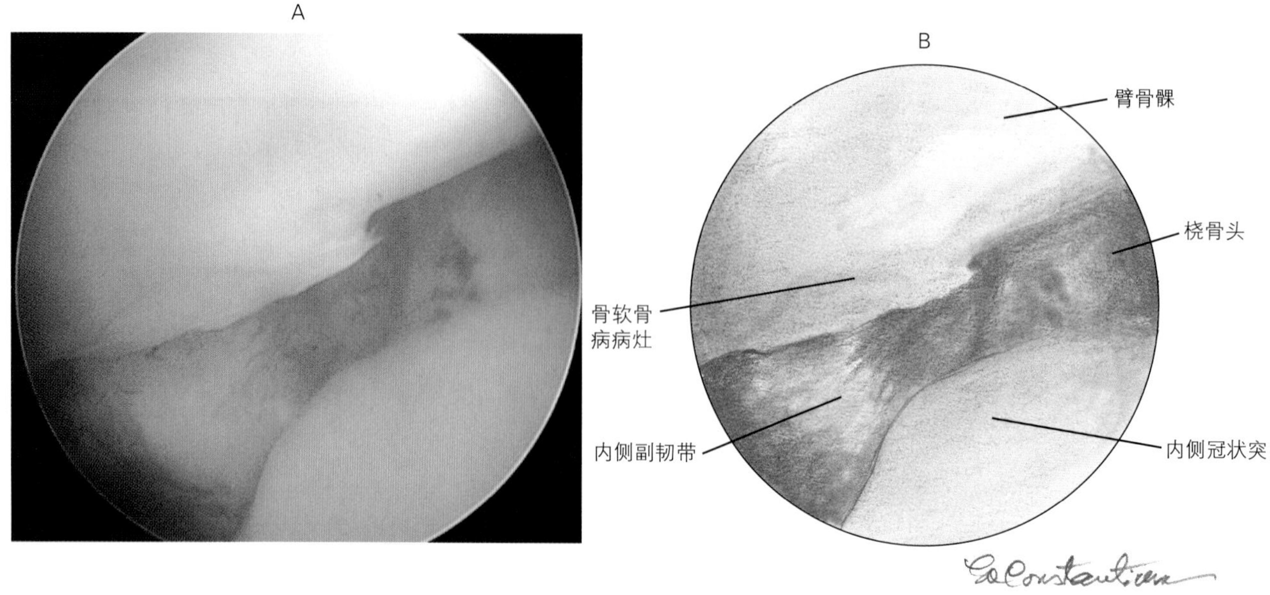

图14–72　臂骨髁内嵴的骨软骨炎灶，附着缘有全层软骨松动区

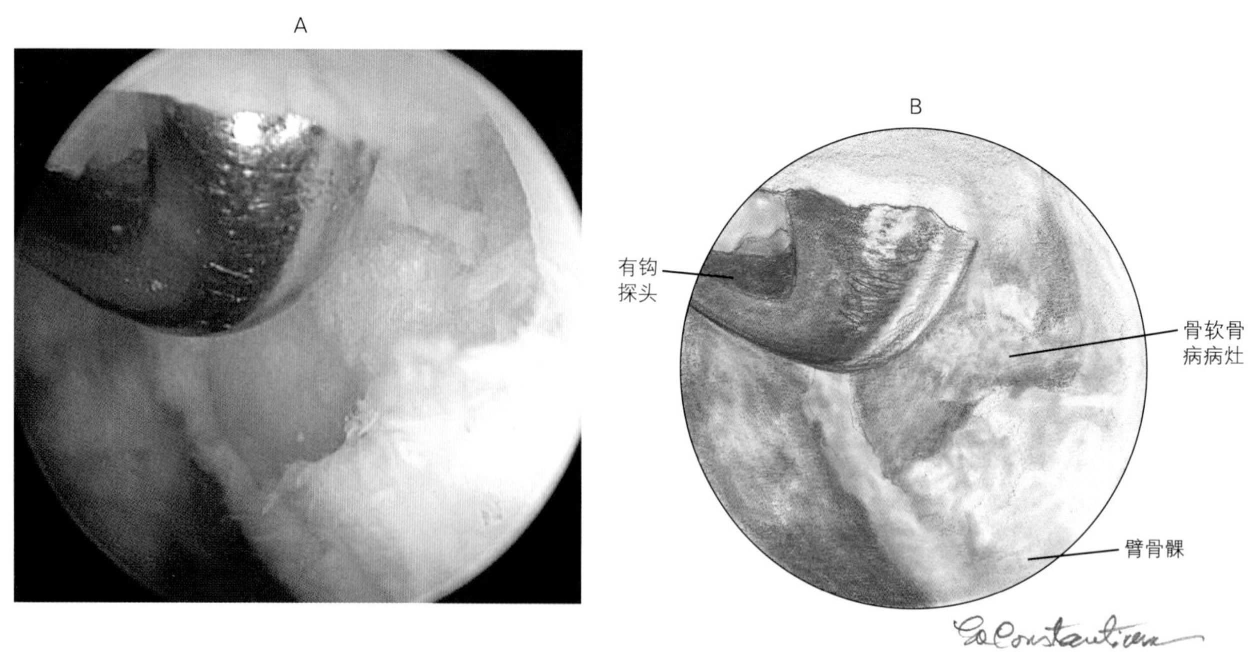

图14–73　用有钩探针在臂骨髁内嵴的内侧面钩起骨软骨炎的软骨瓣

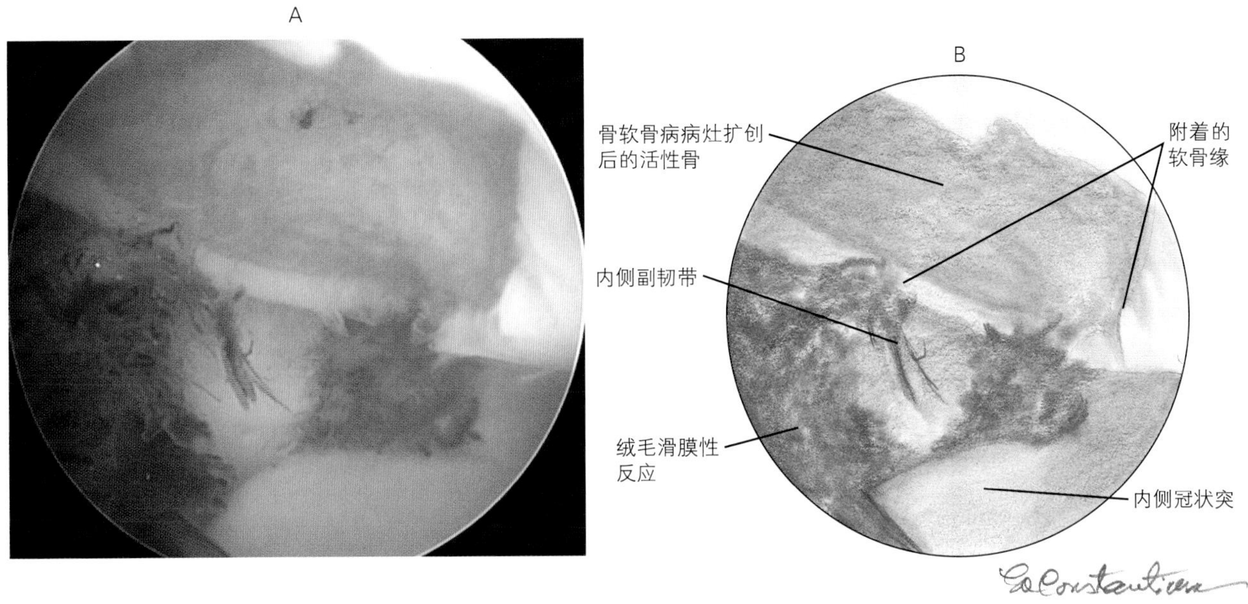

图14–74　被正确清除的臂骨髁骨软骨炎病变

制了肘关节的活动，可通过关节镜的骨赘清除术来清除多发性关节内骨赘，改善关节活动度、关节功能，减轻关节疼痛以及跛行。典型妨碍关节活动的最严重骨赘位于肘突后侧和桡骨头背侧。使用多入孔途径，经标准的内侧关节镜进镜孔和前内侧术孔，进入关节腔内侧；经后内侧和后外侧孔，进入关节后腔；经内侧、前侧、前内侧或前外侧孔进入关节前腔。首先建立内侧关节镜进镜孔和前内侧术孔，以到达肘关节的关节面和内侧冠状突。清除冠状突骨碎片和修复冠状突。大多数慢性关节退化病起源于尺骨内侧冠状突断裂，因此冠状突的检查与治疗也作为手术的一部分。

修复内侧冠状突后，有时可经内侧关节镜进镜孔和前内侧术孔，到达桡骨头背侧的骨赘。可尝试减少所需入孔的数量，减少建立更困难的前入孔需求，以利于手术进行。用带有刨削头的电动刮刀，清除桡骨头背侧的骨赘，并检查关节前腔由于手术产生的骨碎片。移动关节镜至前内侧术孔，可改善关节前腔外部的显示。如果内侧孔通道不适合，可建立近端前外侧关节镜进镜孔和前外侧术孔。

经后内侧和后外侧孔道，到达肘突后侧的骨赘。关节后部的绒毛滑膜性反应通常会妨碍显示，因此在清除骨赘之前，先用高频电刀进行清除之。可用手动器械清除骨赘，但应首选带有刨削头的电动刮刀。治疗完关节的所有病变后，应经所有孔道进行关节灌洗，确保骨碎片被清除和没有明显的残余骨赘。

这个手术的效果不稳定，从迅速改善关节活动情况到较小或没有任何改善都可能发生。关节活动度的改善可能在手术刚完成时就可观察到，也可能在术后数周仍观察不到。在某些病例，如果没有术后理疗规划，关节就不可能达到最佳功能恢复。多入孔肘关节清除术困难且耗时，不建议内镜新手尝试。

（五）关节镜辅助关节内骨折整复

使用关节镜或关节镜辅助技术，可有助于臂骨远端的髁内骨折手术整复。关节镜引导下的闭合性骨折整复和螺钉固定是理想的，但更实际的是有限的开放途径、关节镜辅助骨折整复和螺钉固定。

（六）关节镜肿瘤活检术

用关节镜检查X线片上未见异常的跛行和肘部

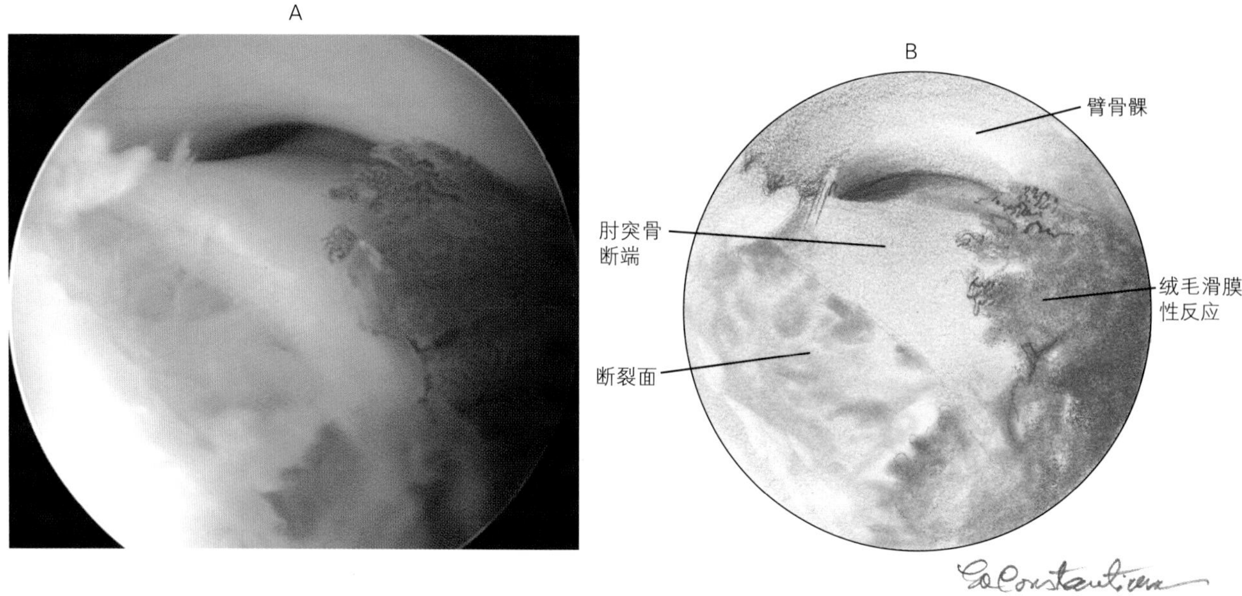

图14–75　肘突分离的断裂面

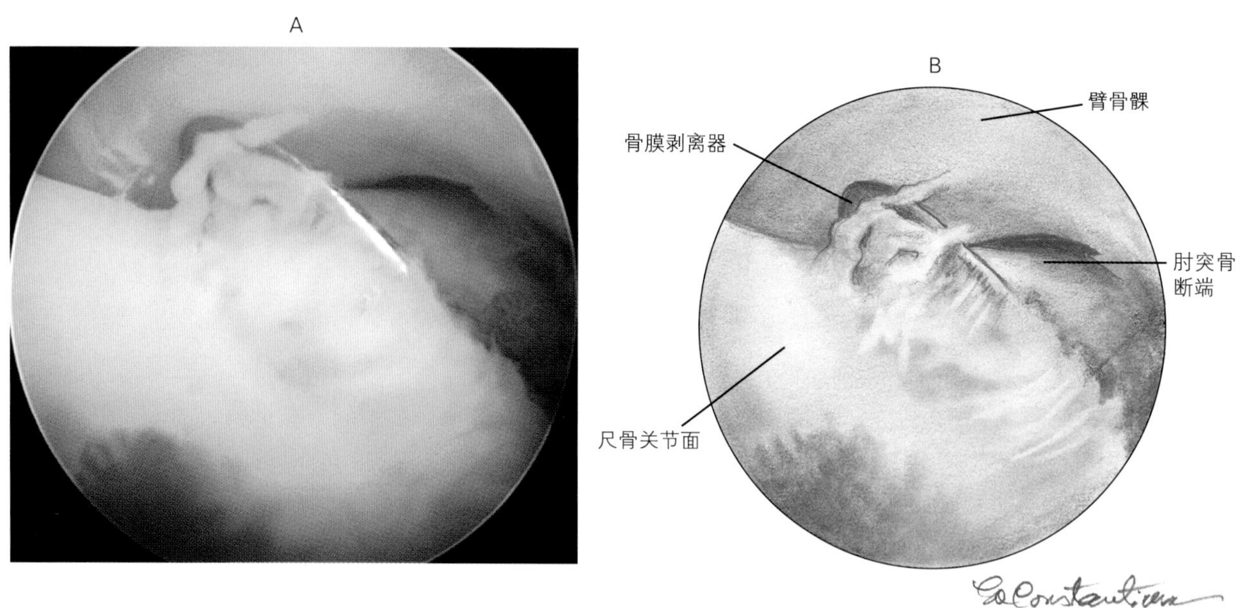

图 14–76　用骨膜剥离器剥离尺骨肘突的骨断端

A

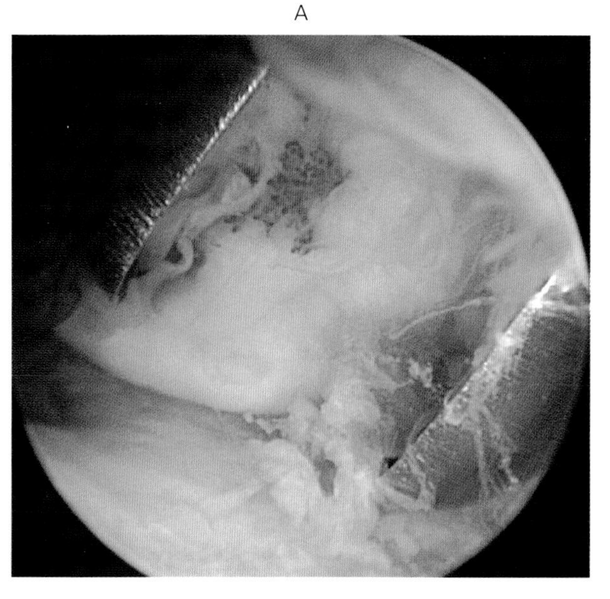

B

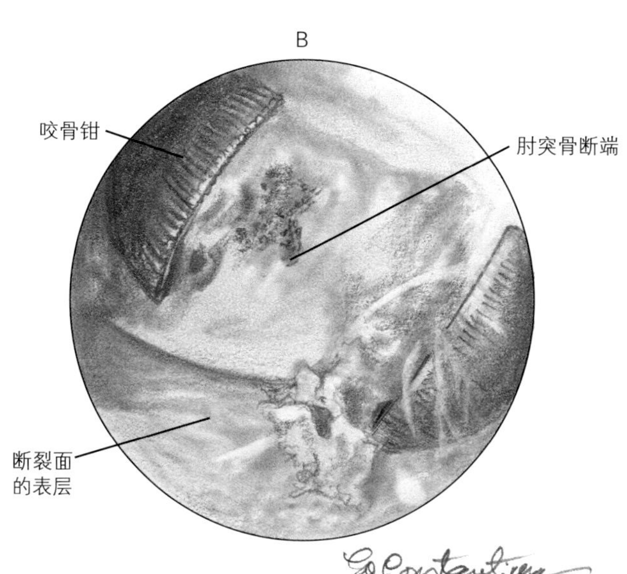

图14–77　咬骨钳夹持游离的肘突骨断端，并经扩大的后内侧术孔清除

疼痛病例时，可发现关节内瘤性肿块。关节镜也能用来采取X线所见的骨骺病灶活组织采样。多数情况下，这种活检方法的损伤最小。

（七）免疫媒介侵蚀性关节炎的关节镜诊断

免疫媒介侵蚀性关节炎通常多发于腕关节和跗关节。关节镜检查超过1000个关节后，我仅见到一例被确诊的免疫媒介侵蚀性关节炎，其发生于肘关节。

第七节　桡腕关节的关节镜检查

一、适应证

当前肢腕部出现疼痛性跛行、捻发音、肿胀，不稳定或当X光片呈现出关节内骨折或发生DJD（退行性关节病）时，需要使用关节镜对桡腕关节进行检查。诊断腕关节免疫介导关节病时建议通过滑膜活检进行。腕关节疾病通常伴发严重的关节肿胀或萎缩，通过与近端关节比较很容易确定病变关节位点。

二、患病动物准备、保定与手术室布局

对桡腕关节进行关节镜检查通常一次只检查一侧关节。患病动物屈膝仰卧位时，患肢向尾侧伸出；或者侧卧位，患肢在上。术前将腿悬吊起来并做好术部隔离。侧卧位时，根据术者站位，可将监视器放在桌子的不同位置；仰卧位时，监视器放在桌前部。侧卧位时，助手站在术者右侧、术者和监视器中间。仰卧位时，助手站在头侧。屈膝仰卧位有时用于双侧关节镜手术，患病动物的腿向尾侧伸展，监视器放在桌子后方，助手站在术者和监视器之间左侧。关节镜检查后需要做腕关节融合术或是开放性手术时，可将患病动物的体位转换一下，而不需要重新准备或进行再次隔离。

三、关节镜入口位点与布局

腕关节的关节镜入口都是从关节前方或腹侧进入。入口的位置通常是在趾伸肌腱中部或侧部，关节镜入口放置的位置要远离需要检查的区域（图

14-78）。

可将关节镜的手术入口直接放置在伤口的上面。桡腕关节很小，没有足够的空间容纳三个套管入口，所以不能同时放置，一个流出口足以当成手术入口。如果需要流出口，可以设置在中部、侧部或者其他两个入口上。入口的设置可以将腕关节弯曲，触摸桡腕关节中部和侧部到指伸肌之间的凹陷处。插入带有1英寸长20#针的注射器，抽出关节液，用生理盐水将关节腔充满，用15#手术刀切开皮肤，使用钝头的内芯将关节镜镜头插入关节内。将20#针头保留在最初切口处，直到手术入口建立好为止。

关节背侧入口不是进镜口，而是手术操作口。用20#、1英寸长针插在关节上，精确的定位入口的位置，然后使用15#手术刀将关节切开，直接将关节镜插入，不需要套管。

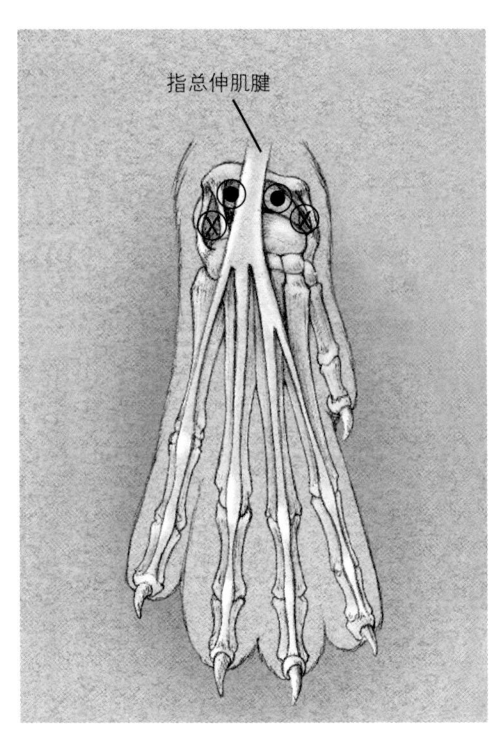

图14-78 入口的位置在桡腕关节背面。显示的内镜入口是内侧和外侧通向指状伸肌腱的部位（圆形标记）和手术入口或流出两个位置（X形标记）。屈曲的桡腕关节和入口在内侧或外侧通向普通指状伸肌腱的关节可触切迹的上方（引自 Veterinary endosurgery, Freeman LJ,St Louis, 1999, Mosby）

四、操作程序及正常关节镜解剖影像

进入桡腕关节前，使用远端的桡骨关节面、桡骨近端关节面或者尺侧腕骨及关节腔进行定向（图14-79）。桡腕关节腔有限，操作应当小心谨慎，不能对关节采取过度扩张。关节镜的镜头进入的深度、角度和旋转的范围要小。臂骨关节面远端（图14-79）、桡侧腕骨近端（图14-79）、尺侧腕骨、腕骨的附属物（图14-80）、关节背侧（图14-81）、关节掌侧韧带（图14-82）都要检查。镜头从2个背侧入口轮换进入，对关节检查更全面。

五、关节镜对桡腕关节病的诊疗

（一）骨折

可以借助关节镜对桡侧腕骨骨折进行检查与处理，有助于骨折治疗方法的选择。与开放性探查相比，关节镜检查骨折的类型和关节软骨的损伤程度（图14-83）更精确，损伤更小。桡侧腕骨背侧板骨折和桡骨远侧关节面背侧边缘骨折碎片（图14-84）可以通过关节镜进行确诊和骨片的摘除。

（二）软组织损伤

损伤可以波及桡腕关节内及附近的所有软组织。用关节镜诊断损伤时对患病动物的损害较小，也可以用于手术通路的确定，或偶尔用于治疗。大范围的韧带损伤需要开放性韧带重建术或进行腕骨融合术等手术整复，不能使用关节镜重建韧带。背侧关节囊损伤可以用热修复疗法和外夹板支持疗法治疗。

（三）关节镜诊断免疫介导的侵袭性关节炎

当怀疑患有免疫介导性关节炎时，关节镜检查是一种有效的方法，可以对关节进行检查和活组织采样。

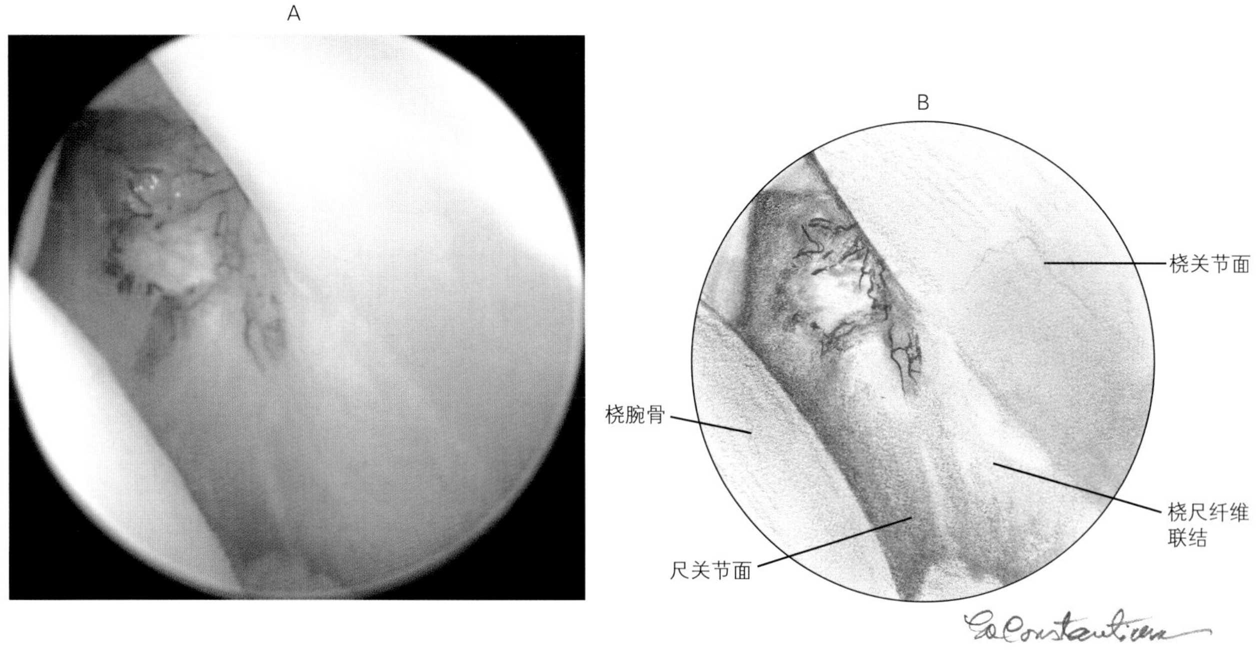

图14-79　桡腕关节腔由桡尺骨的远端关节面和桡腕骨关节面组成

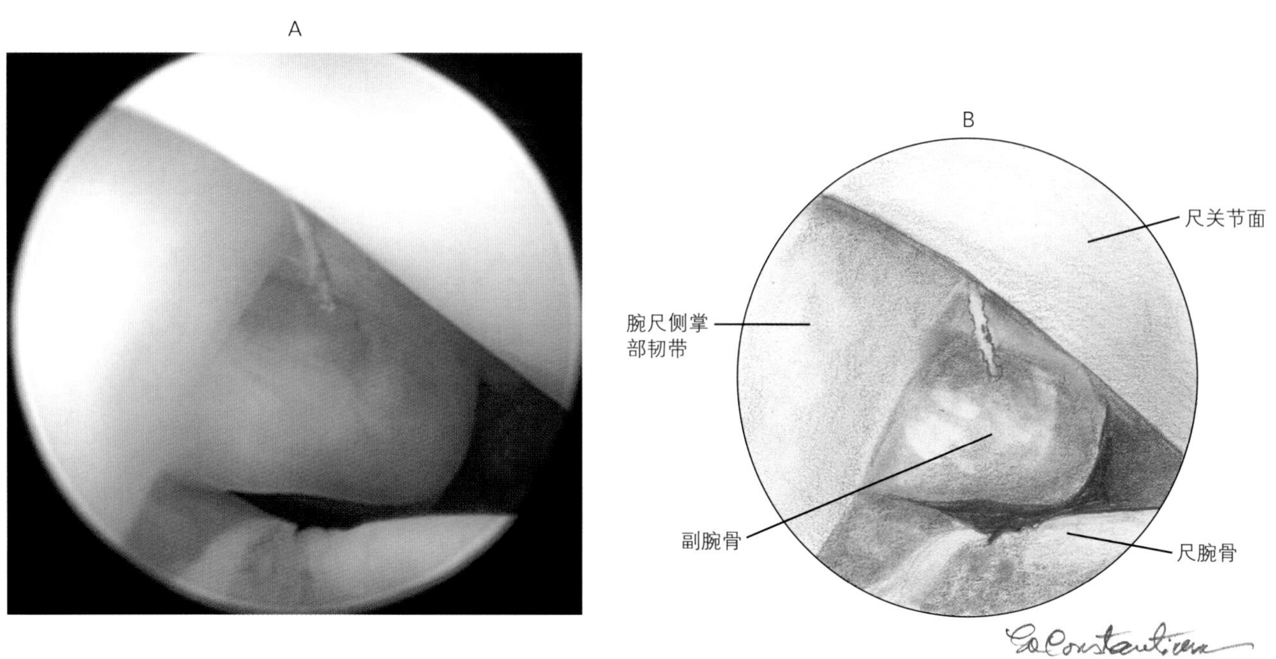

图14-80　在桡腕关节的掌部可见副腕骨

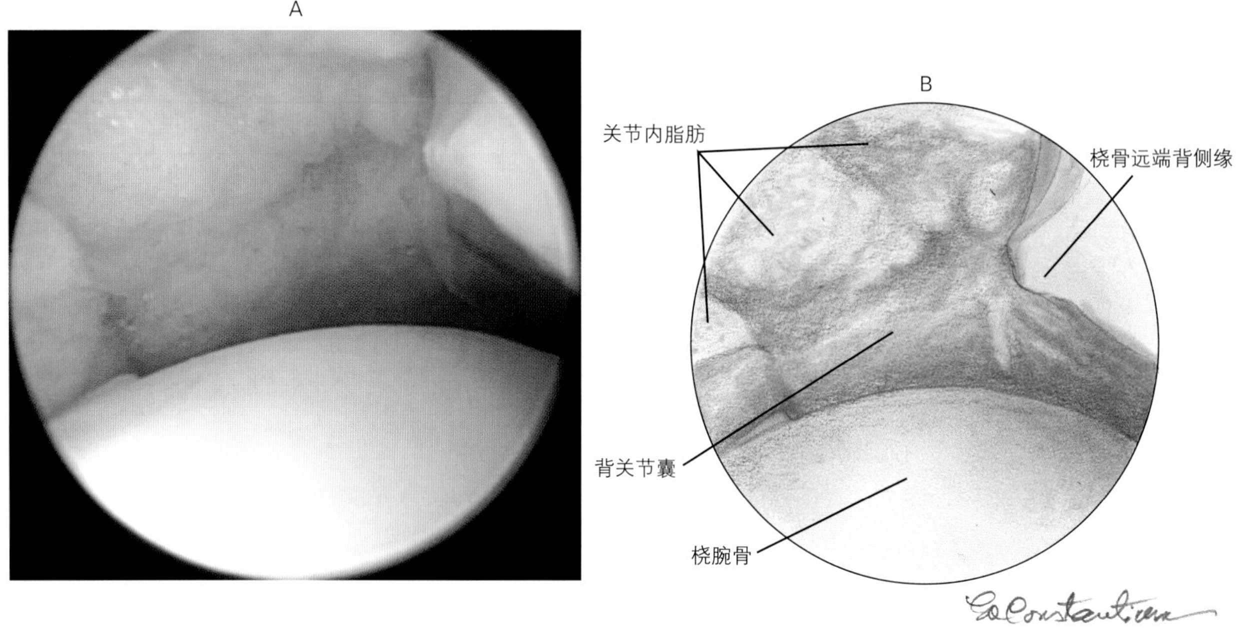

图14-81 内镜指向背侧腕关节间隙

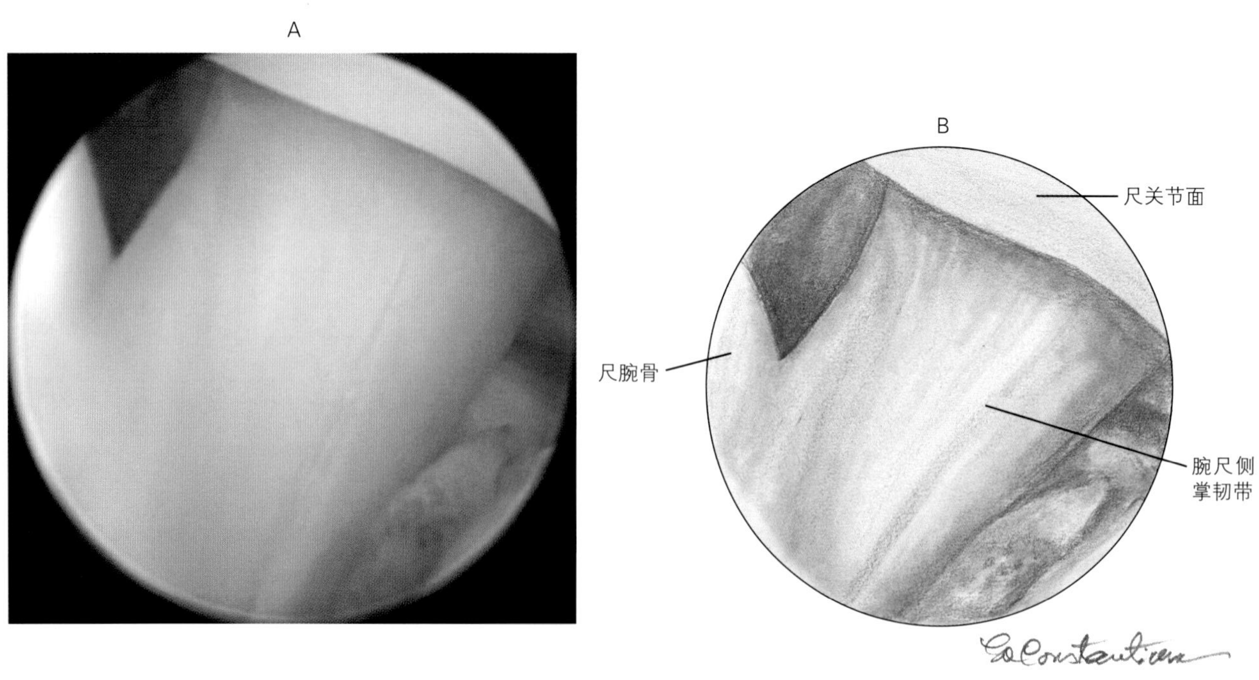

图14-82 位于关节掌部的腕尺侧掌韧带

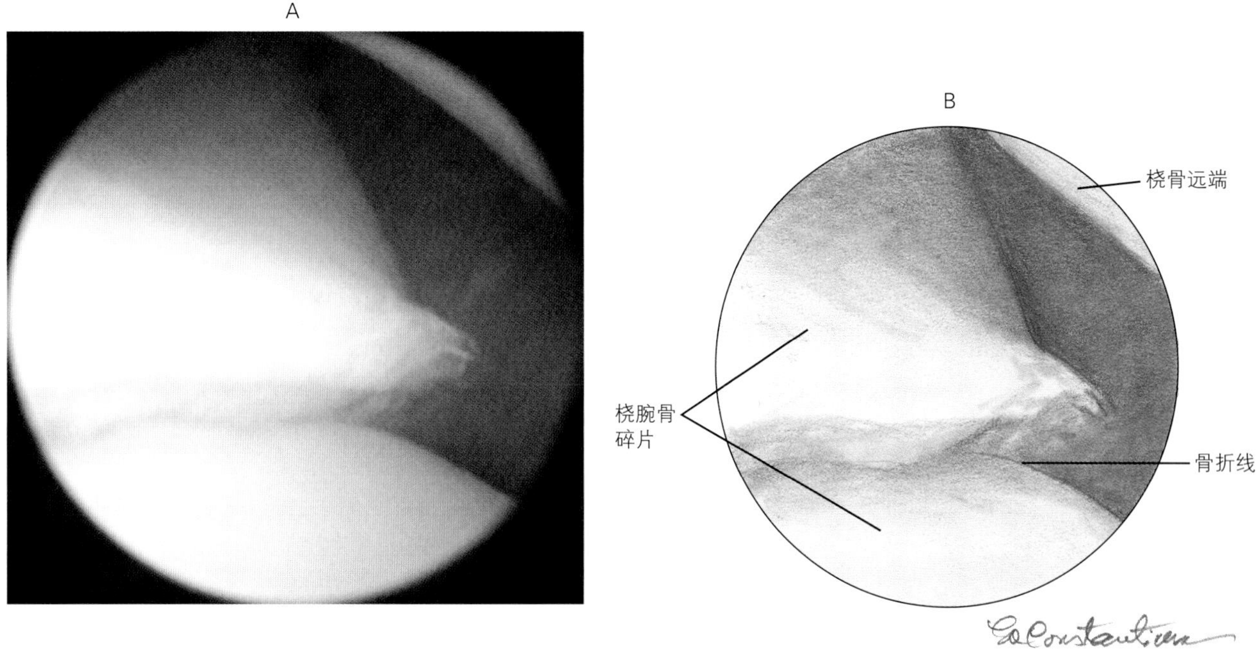

图14–83　超过6个月的桡腕骨骨折线。在外科手术之前用关节镜检查，用于评估软骨的情况

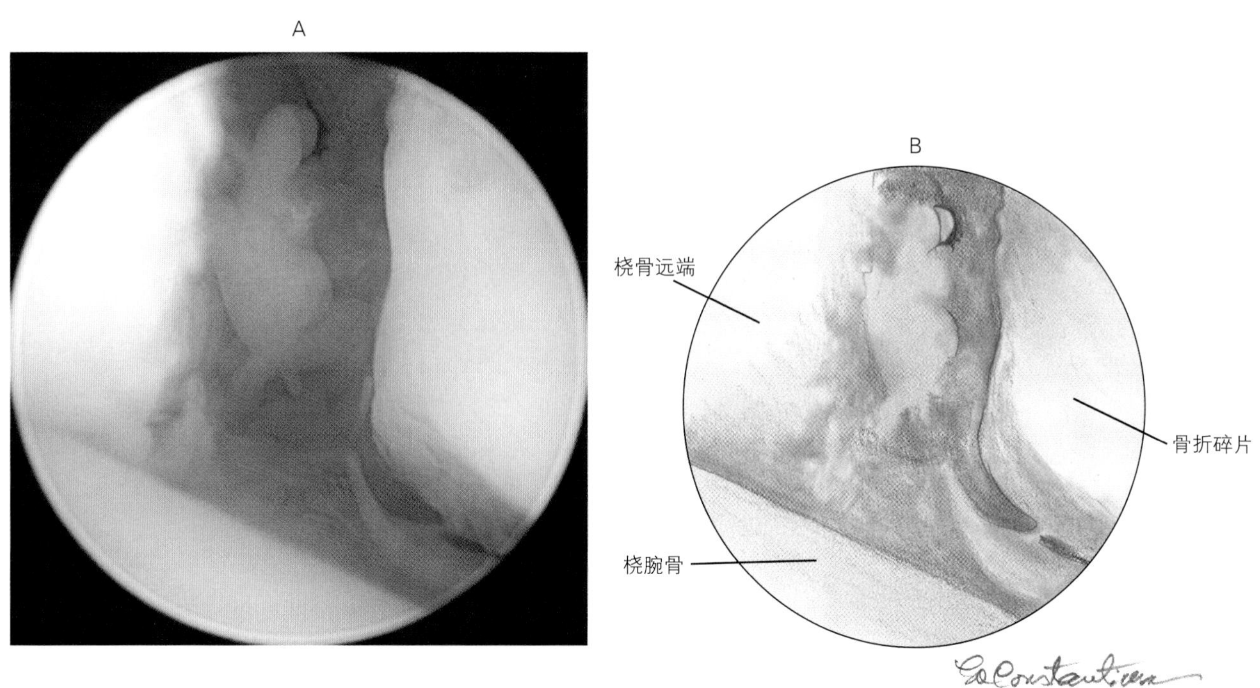

图14–84　在桡腕关节背侧的关节腔可见到桡骨远端的骨折碎片，关节镜将碎片清除

第八节　髋关节的关节镜检查

一、适应证

最常见的适应证是，在进行矫正性三重骨盆截骨术（TPO）之前，对髋关节发育不良的幼龄犬关节软骨发育情况进行评估。与其他侵袭性较低的方法相比，关节镜能为选择和改善TPO手术效果提供更多的信息。

当准备给患病动物进行TPO手术时，手术之前做好关节镜检查。当关节镜检查发现，患病动物适合做TPO手术时，才可进行手术。如果关节镜检查结果发现，患病动物不适合做TPO手术时，终止手术，患病动物恢复到手术前的状态。其他适用于髋关节关节镜检查的情况是，关节疼痛或有捻发音，但是不属于髋关节发育不良，X线检查发现关节内骨折，非典型性髋关节发育不良引起的变性改变，股骨头溶解性损伤。

二、患病动物准备、保定与手术室布局

一般最常使用关节镜进行髋关节检查的是，犬髋关节发育不良，需要立即进行TPO手术前。将患病动物保定好，放在手术台上，腿悬吊起来，为TPO手术而做好术部隔离。监视器在患病动物背侧尾端，在TPO手术无菌区域以外，术者站在桌子的尾侧，助手站在患病动物的腹侧。术者也可以站在患病动物的背侧，助手腹侧对着患病动物，监视器对着患病动物的腹侧，并且离患病动物的头足够远，在无菌区域以外。

三、关节镜入口位点与布局

所有的髋关节镜入口的位置都在关节的背侧（图14-85）。镜头的入口直接位于大转子的背侧，引流针或者入口的位置既可以在头侧，也可以在镜头入口的尾侧。因为幼犬髋关节发育不良时关节松弛，所以关节镜很容易进入到髋关节。为了建立一个关节镜的入口，需要将腿向腹侧牵拉，将股骨近端向下或向内侧推压。用2～3英寸、20#的脊髓穿刺针从大转子的背侧正中间插入髋关节，关节液流出来后，用生理盐水将关节充满，然后用10#手术刀在入口位置切开皮肤、肌肉和筋膜，入口的套管用一个弯曲的蚊式止血钳钝性剥离皮肤，使其深入，使用钝的内芯将镜头的套管安置在关节上。在TPO手术前进行关节检查，通过初始的关节穿刺针或者第二个穿刺针引流，因为不需要再建立一个引流出口了。不需要在髋关节进行手术，所以也不需要在髋关节上安装手术入口，但是如果需要，可以在头部或是镜头入口的尾部安装手术入口。

四、检查方案与正常关节镜解剖

通过圆韧带、髋臼窝、髋臼关节表面凹陷和股骨头关节面突出的部分对髋关节定位。一般来说关节镜插入的太深，所以镜头的前端深入到髋臼窝，使得定位组织结构很模糊。将关节镜后退，使得组织结构能够被看清楚。系统地检查髋关节，检查整个髋臼的关节面，包括关节头的长度（图14-86），中央部分（图14-87），关节末端（图14-88）和背侧边缘（图14-89）。股骨头的关节面要仔细检查，尤其要注意背侧面（图14-87）。关节窝、头的内表面和背侧表面以及关节的背侧边缘都要仔细检查。背侧髋臼上侧和背侧关节囊（图14-89），圆韧带（图14-90），交叉关节韧带（图14-88），头尾侧的关节囊以及腹侧关节间隔等软组织结构都要检查。

五、髋关节病的关节镜诊疗

（一）髋关节发育不良

髋关节镜手术主要应用于患髋关节发育不良的幼犬，在进行耻骨切除术前，进行关节表面的髋臼杯复位。这些区域包括股骨头背侧面，股骨关节表面背侧边缘，髋臼关节中部表面。

评估股骨头半脱位时软骨损伤的类型、损伤的程度、严重性和位置。典型的损伤类型是股骨头的中间表面从背侧到股骨头窝，可以呈现出纤维化

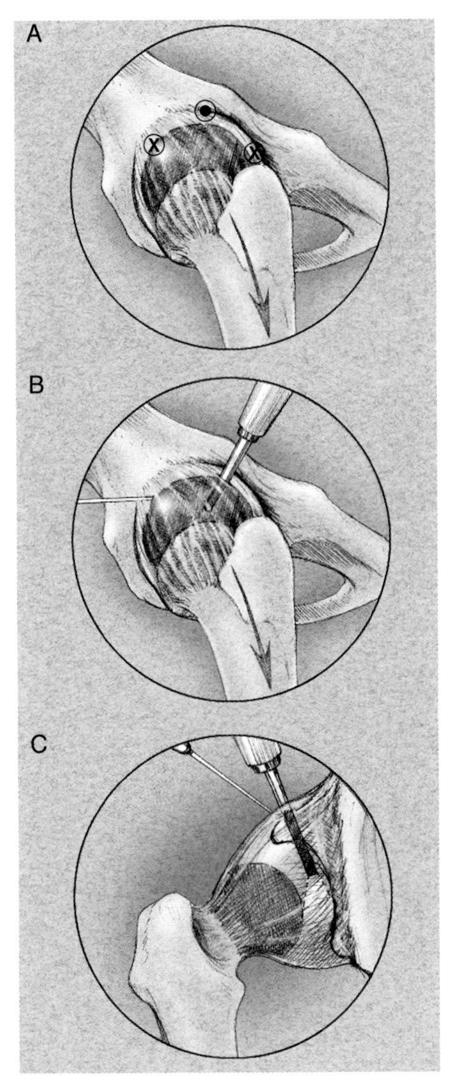

图14-85 入口的位置在髋关节背面。A，标明3个入口位置：背侧内镜入口（圆形标记）、头背或腹背流出口位置（X形标记）。B，垂直放置的内镜，指向内部，用于关节的初期检查。C，髋关节的前后位投照，显示内镜的位置（引自 Veterinary endosurgery, Freeman LJ,St Louis, 1999, Mosby）

（图14-91），部分软骨磨损变薄（图14-92），整个关节软骨缺失，使骨暴露出齿状（图14-93）。在髋臼复位后，股骨头内表面小的损伤不影响关节功能，但是这个区域大的损伤（图14-93）或者是相同的损伤发生在股骨头背侧或背内侧，手术后预后良好。在髋臼复位后，股骨头背侧边缘严重的骨赘（图14-94）会影响关节外展运动的活动范围。继发于髋关节半脱位的髋臼关节表面凸凹不平（图14-95），背侧髋臼边缘的软骨和继发于股骨头半脱位损伤的骨丢失（图14-96）都可以看到髋臼关节表面的改变。小的损伤不能妨碍手术的进行，但是广泛性损伤，在髋臼复位后，降低股骨头的支撑能力。慢性髋关节半脱位，伴发关节囊改变和关节背侧关节唇板撕裂（图14-97），是典型的背侧软组织损伤。圆韧带典型的部分撕裂（图14-97）或者由于半脱位而完全撕裂。在髋臼窝常见绒毛滑液增生和骨赘，偶尔能见到血管翳。由于犬髋关节发育不良造成的慢性变性性改变，能看到脱落的关节碎片并用关节镜取出。

（二）髋关节软组织损伤

急性软组织损伤可以继发于正常的髋关节发生创伤性半脱位。这种情况下，典型病例会发生后腿跛行，髋部游走性疼痛以及其他的一些矫形外科可见的表现。此时，现有的诊断方法可能无法作出正确诊断，因此需要用关节镜进行诊断，确定髋关节的损伤。这些病例典型症状是背侧关节囊急性撕裂或损伤的背侧关节囊充满了肉芽组织（图14-98）。经常发生十字韧带部分损伤造成的后肢跛行，通常是髋关节镜检查配合膝关节镜检查，排除由于膝关节的原因造成的跛行。

（三）关节镜辅助关节内固定骨折

直视髋臼关节表面对髋臼骨折的固定有很好的辅助作用。这项技术通过开放性方法进入骨折部位进行骨折修复，并且将关节镜植入关节内。关节囊损伤严重不能进行闭合性关节镜手术，但是额外的关节囊切口可以避免为了达到更好的可视效果而采用开放性手术。

（四）关节镜采集关节内肿瘤组织样

当髋关节跛行和疼痛，而X光检查没有异常时（图14-99），用关节镜检查可发现关节内的肿块。关节镜也可以用于采集X线检查所发现的股骨头损伤的组织样。多数情况下，用这种方式采样损伤最小。

（五）股骨头无菌性坏死

在进行股骨头和股骨颈切除前，可以使用关节镜对患犬，甚至小型犬的股骨头病理情况进行评估。

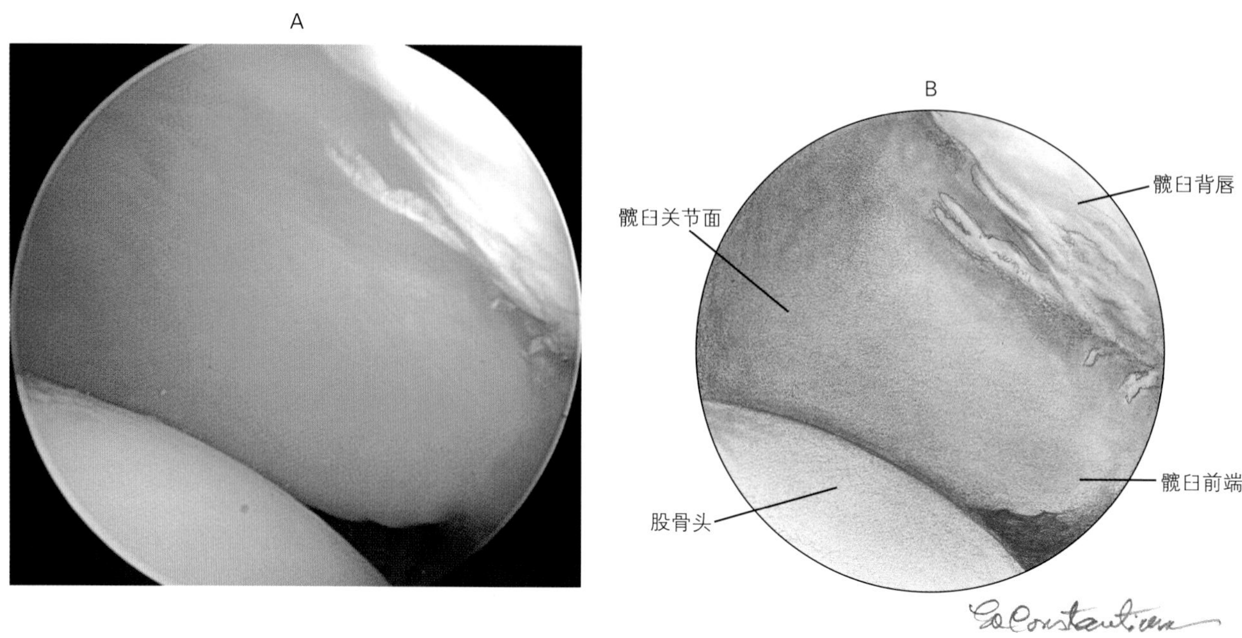

图14-86 髋臼关节面和股骨头关节面的前端。在图像上方的右侧，可见背唇的轻度损伤

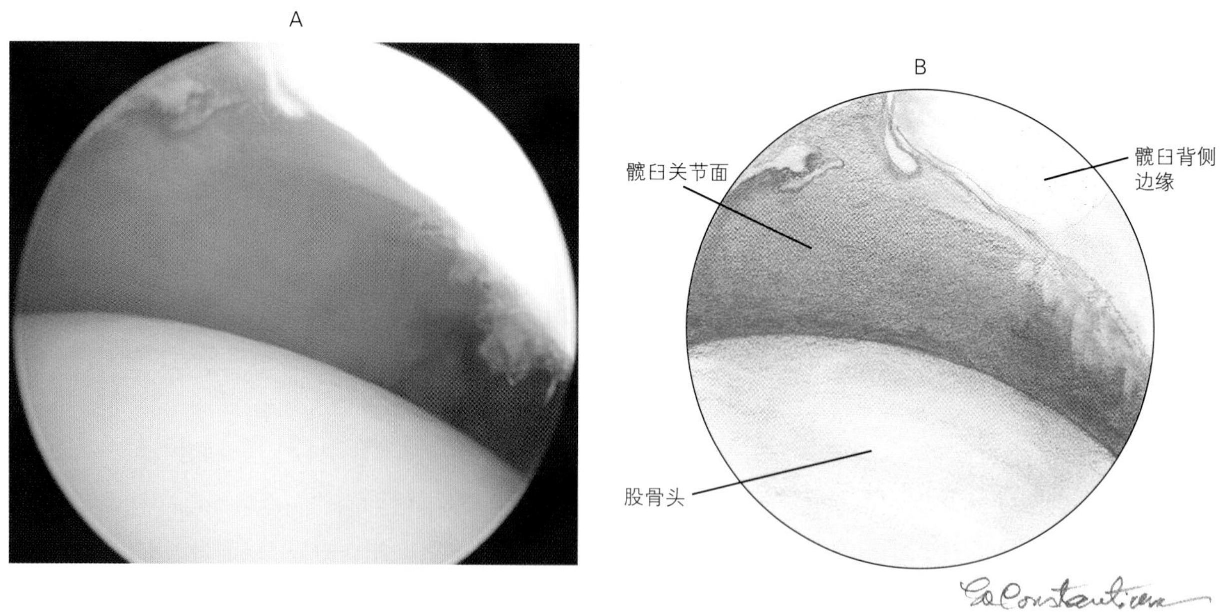

图14-87 髋臼关节面中心或背侧部和股骨头关节背面

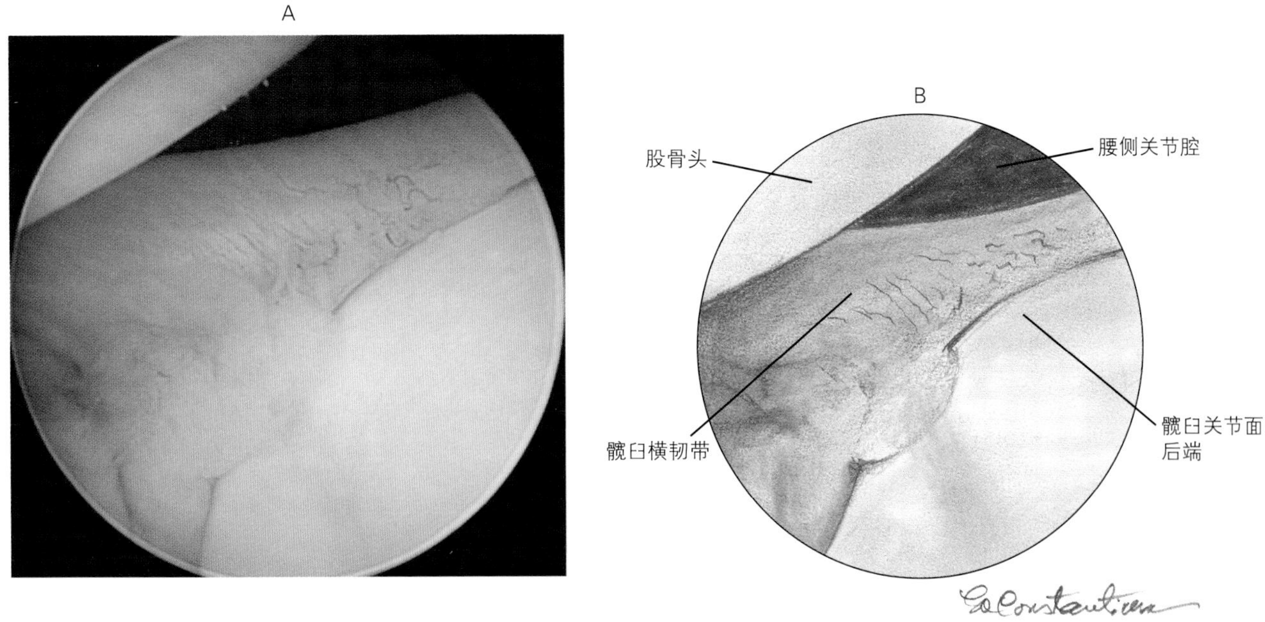

图14-88　髋臼关节面的后端、股骨头关节面的后面和前侧或横向的髋臼韧带后端

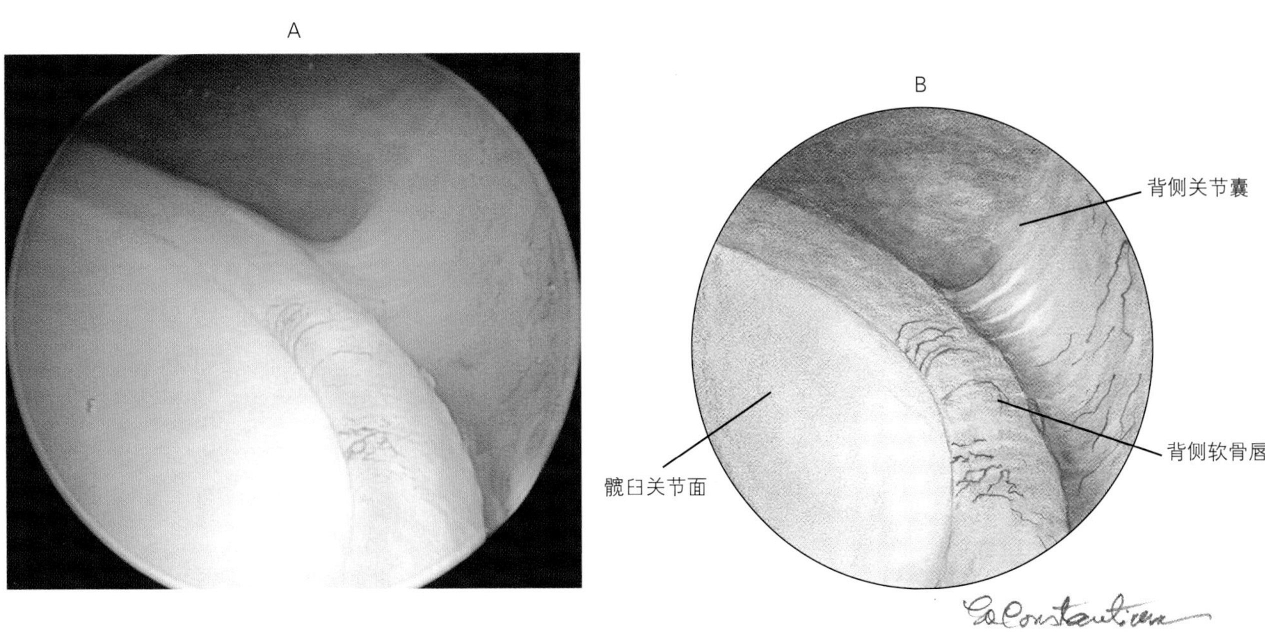

图14-89　髋臼关节面背缘和背面的软骨唇

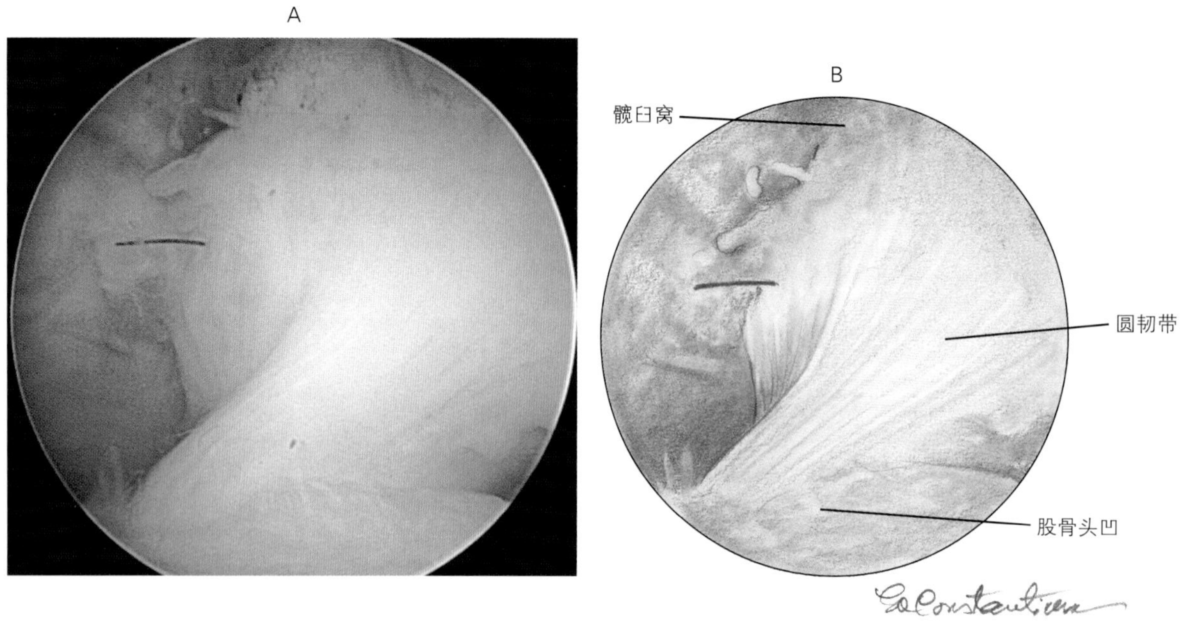

图14-90 起于髋臼窝的圆形韧带，插入股骨头凹

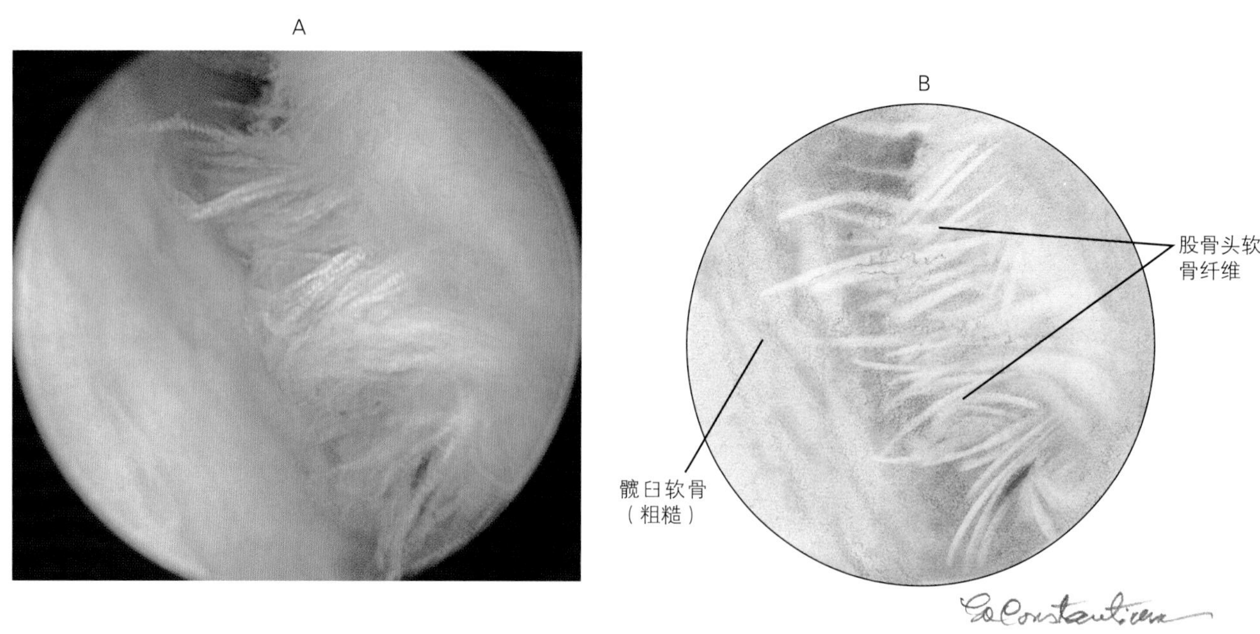

图14-91 髋部发育异常的幼犬，股骨头关节软骨内侧面的纤维

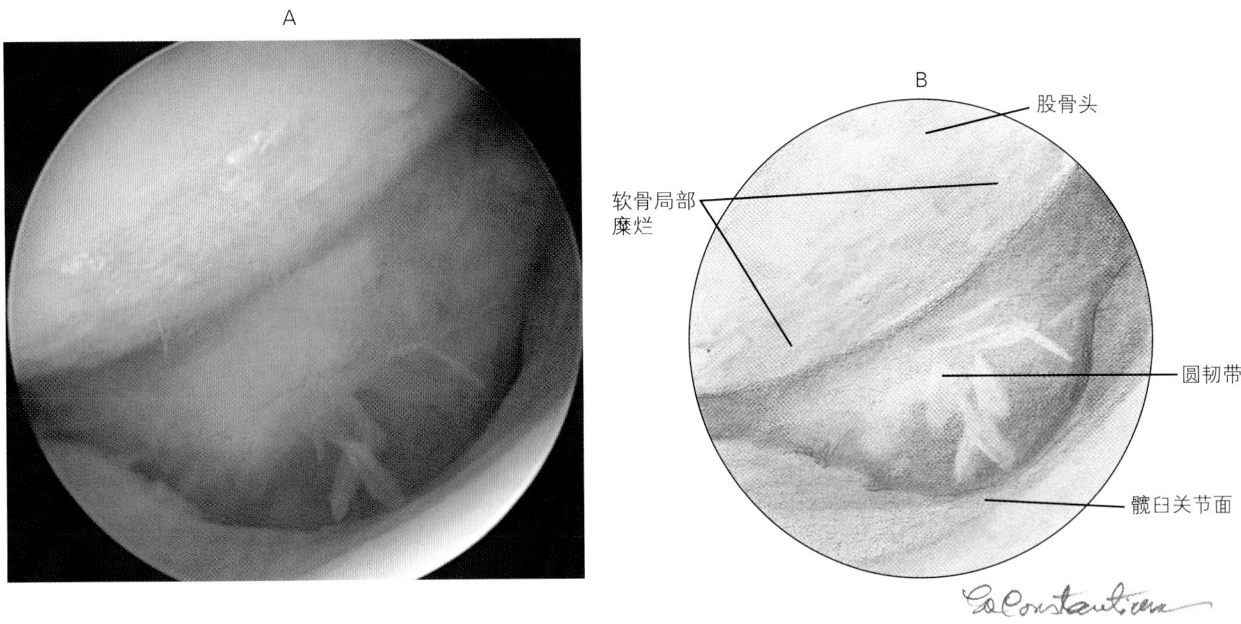

图14-92 因髋部发育异常导致股骨头关节软骨局部磨损

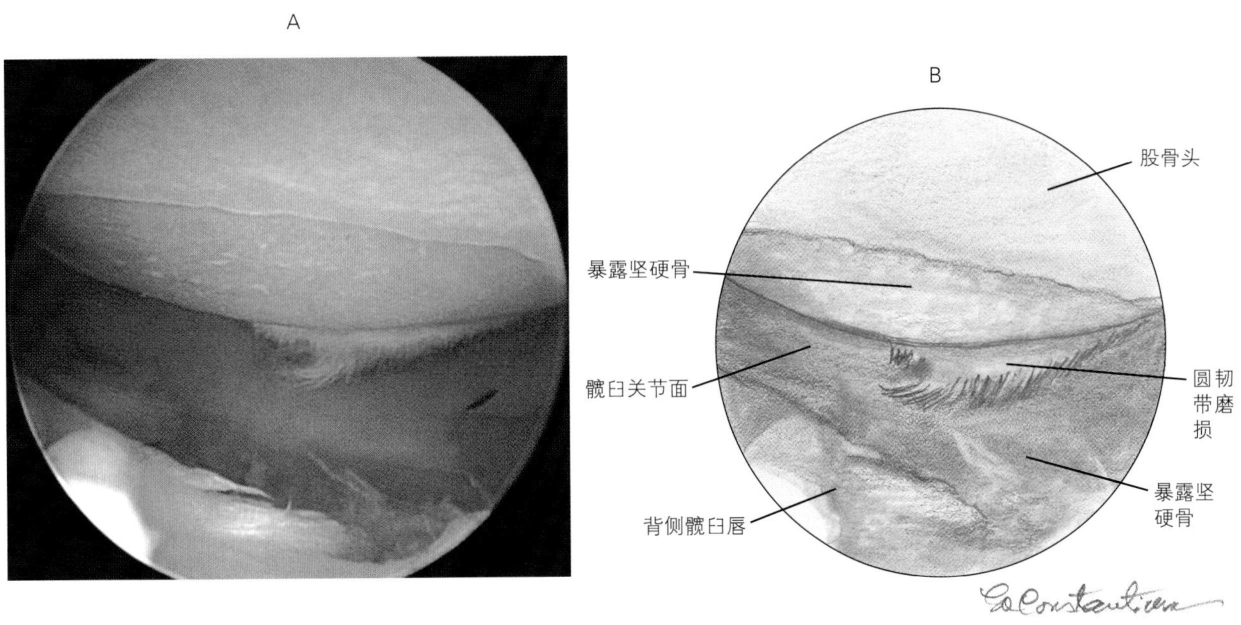

图14-93 髋部发育异常导致中等脱位，引起股骨头内侧面全层软骨大面积磨损

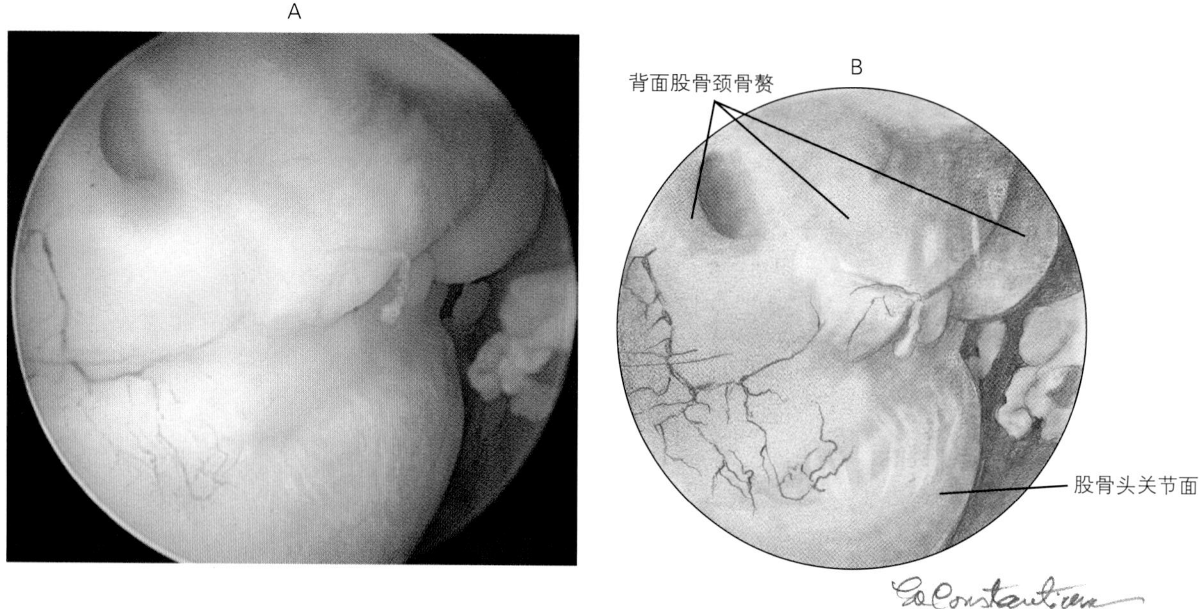

图14-94　严重髋部发育异常的犬，关节软骨外侧缘股骨颈的背面出现大的骨嵴线

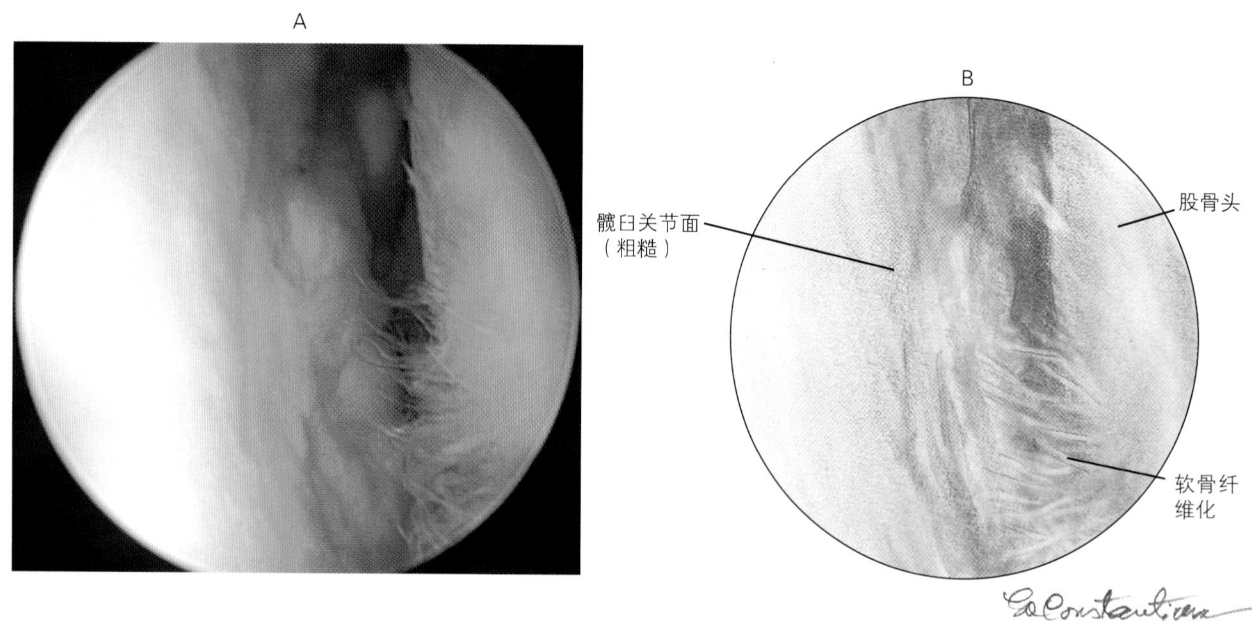

图14-95　髋部发育异常的幼犬，髋臼关节面粗糙和股骨头软骨原纤维

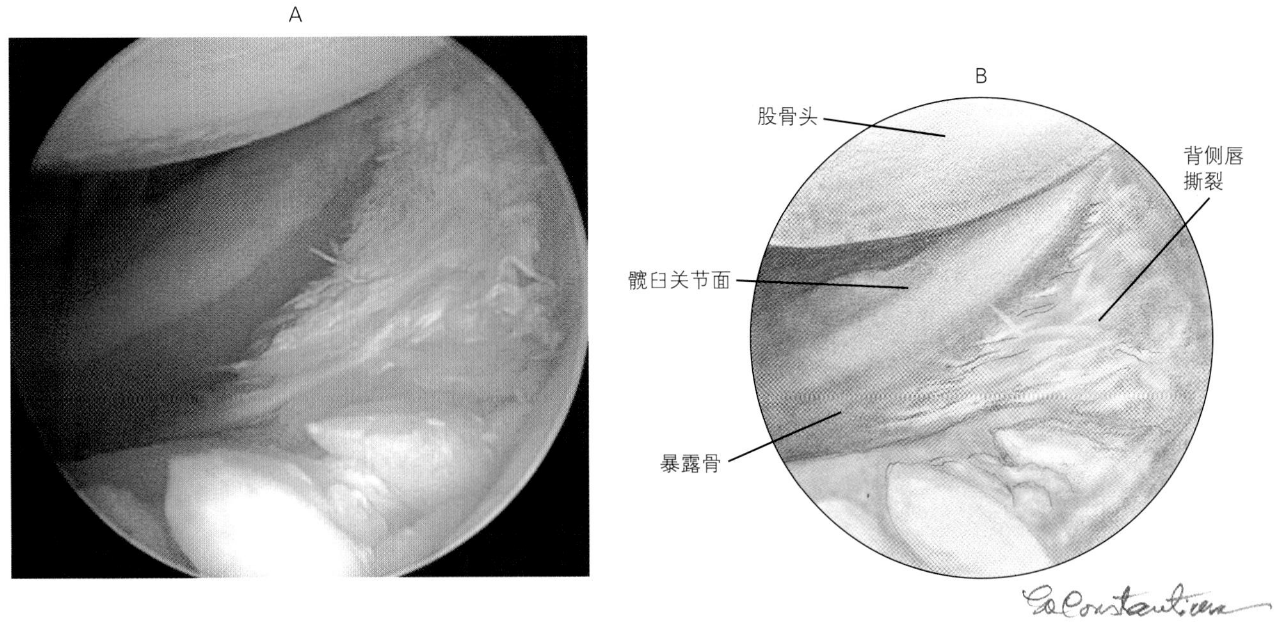

图14-96　髋部发育异常的幼犬，髋臼背侧唇撕裂，髋臼背侧骨及软骨缺失

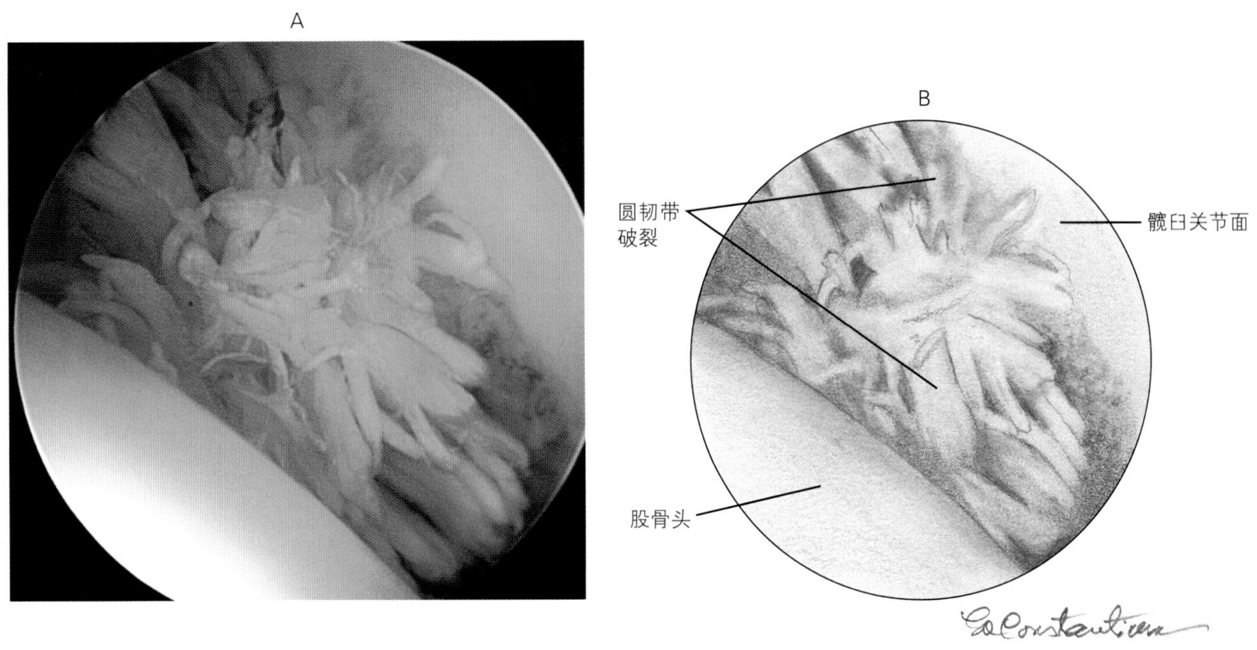

图14-97　圆韧带局部破裂，表现为磨损的粗绳状

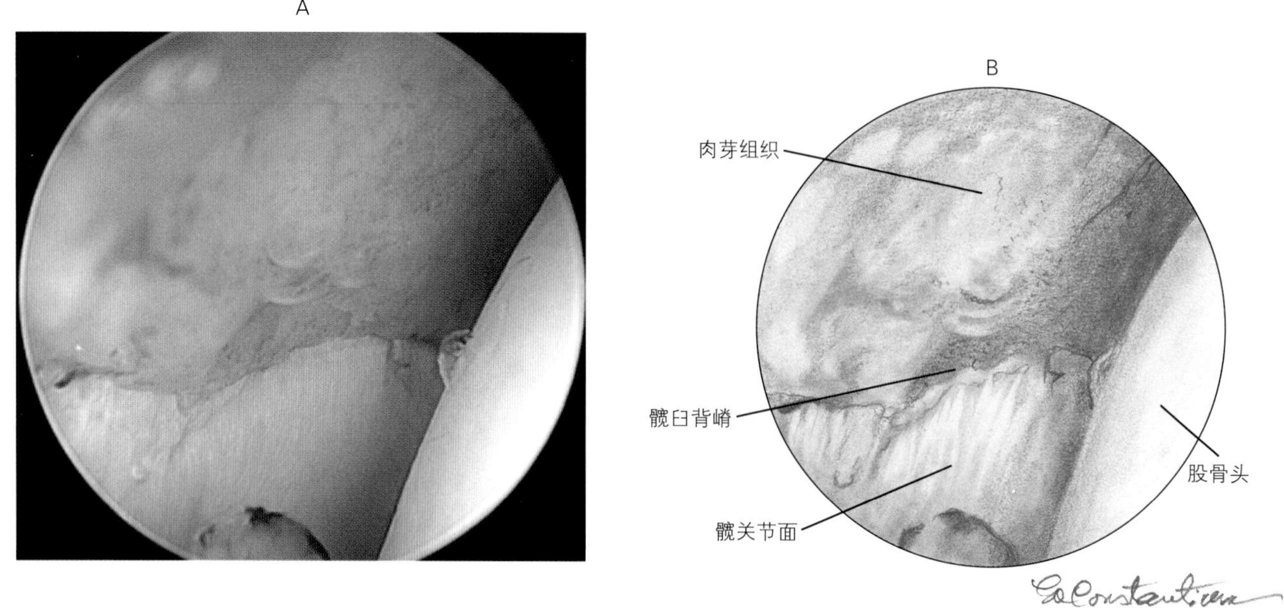

图14-98　伴有跛行的犬，表现髋关节痛，X线片正常，其背侧髋关节膜损伤，内部填充肉芽组织

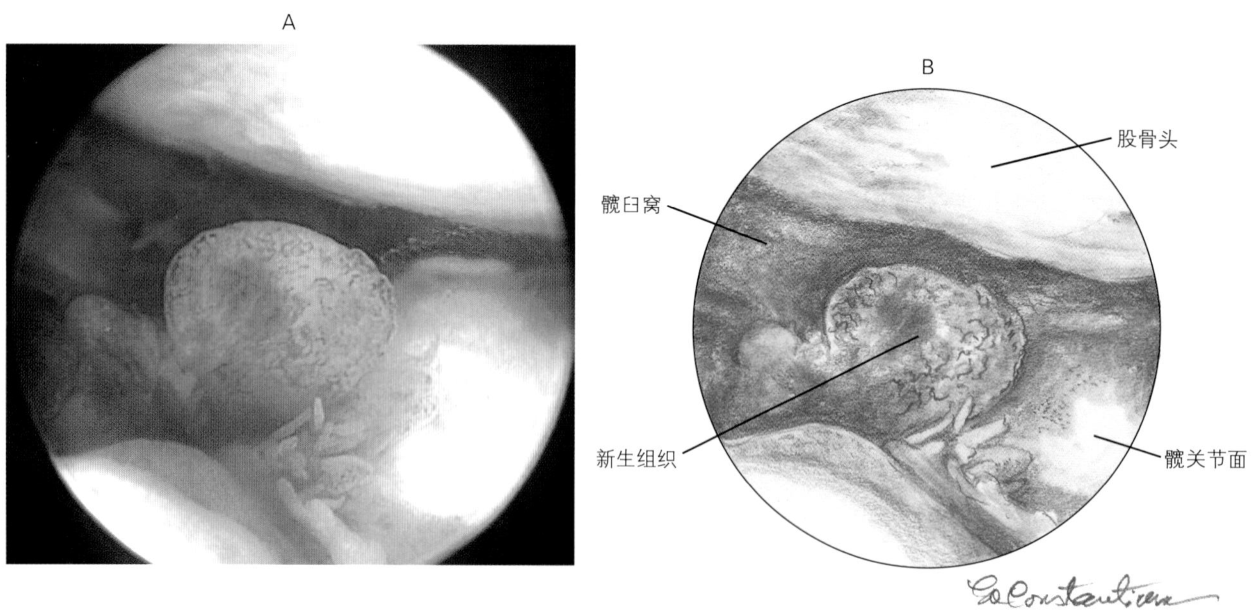

图14-99　伴有跛行的犬，表现髋关节痛，X线照片正常，髋臼窝内填充新生组织

第九节　膝关节镜检查

一、适应证

当后肢膝关节疼痛导致跛行，有捻发音，肿胀或是增厚，有或无抽屉试验不稳定性，或者X光检查发现关节液增加，分离性骨软骨炎损伤，变性性改变或关节内骨折时适用关节镜检查。最常见的后肢膝关节损伤是十字韧带损伤，关节镜非常适合诊断和治疗十字韧带损伤。膝关节侧位平片发现的关节液增多，即使无任何其他的临床或X线发现，也可以应用关节镜进行膝关节检查。大量病例说明，此时十字韧带部分损伤。抽屉试验不稳定是特征性的诊断指标，但是缺乏抽屉试验不稳定症状不能排除十字韧带损伤，因为许多犬后肢跛行，它们没有抽屉不稳定症状，但是都表现为十字韧带部分损伤。十字韧带疾病是一个慢性的、渐进的过程，急性的十字韧带损伤并不出现急性症状。通过X线检查可以发现变化，关节镜检查可以明确慢性疾病经过了数月或数年。十字韧带损伤经常是双侧发病，在检查时通常要做对侧膝关节检查，膝关节出现症状时，可以用关节镜和外科手术进行治疗。

膝关节其他软组织损伤很常见。十字韧带撕裂时常见发生半月板损伤，但是正常的犬很少发生半月板损伤。尾端内侧半月板损伤经常是膝关节内侧半月板桶柄状撕裂，韧带折叠和夹闭，也经常发生十字韧带破裂。关节镜显示包含多种类型损伤，包括所有的半月板内侧和外侧损伤。后侧十字韧带损伤很常见，而且如果不用关节镜或开放性探查而很难与前侧十字韧带损伤鉴别。

随着关节镜检查技术的改进，后侧十字韧带损伤的检查次数已经大大减少了，使得早期诊断微小的前侧十字韧带损伤和鉴别正常的后侧十字韧带表面变化很容易。长期指腱断裂和撕裂都源于膝关节的跛行，这种情况很常见。

特殊的X线变化使得分离性骨软骨炎、膝盖骨脱臼、关节内骨折、关节或关节内肿瘤在关节镜检查前就能确诊。与其他诊断方法相比，X线显示发生DJD是非特异性的，但是经常与头侧十字韧带损伤伴发。基于X线确诊不可能也不需要，但是出现这种变化说明，需要使用关节镜检查。MRI或CT适合于一些患犬，但是不如关节镜提供的信息多。

我的经验涉及很多这样的情况，前侧十字韧带损伤大多数不能确诊，需要确诊疾病的主要表现，因此十字韧带修复术是最常做的手术。关节镜能早期诊断细小的十字韧带损伤，因为动物主人更愿意用关节镜确诊而不是用开放性手术，因为可以在关节的病情持续发展、慢性改变，直到不需要复杂技术就能看到病变前对其进行检查。从关节镜获得的信息可改善对病史的评估，身体检查结果和X线检查的结果，可以怀疑十字韧带发生微小的病变。膝关节X线侧位平片的检查结果，最重要的关节液增多（或软组织肿胀或脂肪垫置换）是早期确定十字韧带损伤的指标，与其相关性超过90%。这样一直持续到对关节进行推拿操作时通过X线观察到骨变、关节触诊增厚、内侧支持物形成之前，没有发生抽屉试验不稳定。

膝关节镜最初是用于诊断，但是现在是膝关节手术的主要方法，所有关节内的十字韧带手术都是通过关节镜完成的。完全断裂的前侧十字韧带修复或是清除损伤部分可由关节镜完成。关节镜被用于通过切断尾侧半月板胫骨韧带或桡骨半月板切除术来切断内侧半月板。任何半月板的损伤都可以经关节镜切除部分半月板而定位。在用关节镜检查关节内结构之后，通过开放性手术，而不是关节切开，进行胫骨平台水平截骨术（TPLO），并限制开放性操作到达胫骨近端。此法改善了对关节内结构的评估，改进了关节清创效果，降低了术后疼痛。对十字韧带完全断裂的病例，也可以用关节镜作为单独的治疗方法，进行膝关节清创术。清除残存的前侧十字韧带，释放后侧的内侧半月板，此时关节左侧不稳定。这个步骤只能在前侧十字韧带完全断裂的病例才能使用，也用于老年犬TPLO手术后6个月的恢复期，或是用于在TPLO术或其他十字韧带手术后主人不能限制运动的动物。

二、患病动物准备、保定与手术室布局

因为前侧十字韧带损伤是膝关节最常发生的疾病，有代表性的保定是把患病动物腿悬吊起来，做手术准备，为十字韧带手术做隔离。

如果手术前明确诊断排除了十字韧带疾病，这个手术计划也就不需要继续进行了。如果使用单侧膝关节镜，尽管患病动物背侧卧，且腿向尾部伸展，能使膝关节镜检查更仔细，但是患病动物可以侧卧或背侧卧。如果患病动物背侧卧，监视器就放在计划检查关节侧的近头侧，用于观察关节镜，医生站在患犬脚侧手术桌端，助手站在检查侧关节的侧面。如果患病动物侧卧，监视器放在患病动物的背侧，医生站在患病动物的腹侧、后腿的远侧端，助手站在手术桌后端。膝关节镜检查单侧膝关节，也可以检查双侧，适用于双侧分离性骨软骨炎和双侧的前侧十字韧带完全断裂，在不固定膝关节的情况下而进行的膝关节清创。应用双侧膝关节镜时，患病动物背侧卧，监视器、医生和助手的位置和患病动物背侧卧应用单侧膝关节镜时一样。患病动物能很好地耐受双侧膝关节镜。

三、手术入口位点与布局

（一）进镜口

标准的关节镜镜管入口是在膝关节头侧，既可以是髌骨韧带的内侧，也可以是外侧，可以放在髌骨远端和胫骨坪之间的任何位置。做膝关节诊断性检查以及手术，包括前侧十字韧带、半月板和股骨分离性骨软骨炎损伤，作者喜欢用髌骨韧带内侧及髌骨远端和胫骨脊间的1/2处入口（图14-100）。这使得入口在脂肪垫上面，并且极大地方便了对关节的检查。另一个常用的镜管入口是从髌骨韧带侧面插入，在胫骨平台上肌腱与惹迪氏结节（Gerdy's tubercle）之间[8]。据报道，这个位置能更好地观察到半月板，方便手术操作。这个入口的缺点是镜头位于脂肪垫之间，要检查关节就必须清除部分脂肪。镜头入口也可以立即放置在髌骨远端，这个位置使得镜头远离脂肪垫，方便对关节头侧、包括十字韧带的检查，但是对半月板的检查很有限。放置镜头入口，用20#、1英寸的针插入关节手术入口的位置（图14-9）。抽出关节液，用生理盐水冲洗关节，用10#手术刀在镜头入口位置切入关节，使用带钝头内芯的镜头套管插入关节（图14-10），从尾部开始，然后从髌上囊侧面插入（图14-101，A）。镜头入口也可以此水平上的任何位置采用髌骨韧带侧面位置。

（二）手术入口

手术入口位于髌骨韧带侧面，不用镜管入口，并且与镜管入口在同一水平线上（图14-100）。安置手术入口的技术是，使用内镜直视插入关节的针，可能对膝关节无效，因为十字韧带损伤后发生广泛的滑膜绒毛增生将使得视野模糊不清。为放置手术入口，使用10#手术刀刺入关节。使用弯曲的止血钳或者手术器械在关节内钝性分离，直到可以看到镜头。

（三）出口

常使用可用于膝关节镜诊断和手术操作的流出口套管。简单的诊断不需要使用流出套管，但是十字韧带损伤时会见到大范围的绒毛反应，需要将其取出，因此需要有流出孔，以进行足够的关节检察。膝关节镜检查时髌上囊放置流出口应用最广泛（图14-100）。这个位置并非诊断检查和手术操作常用的位置，在手术过程中容易维持套管位置。流出口插入镜管套管。镜头套管的尖端位于髌上囊侧面，移除钝头内芯（图14-101，A）。用尖锐的套管针取代钝头内芯，套管针与套管插入关节囊和皮肤（图14-101，B）。移除套管针，将出口套管插入镜头套管的尖端（图14-101，C）。镜头套管与出口套管退回关节内（图14-101，D），出口套管在镜头套管的背侧，直到两个套管分离。出口套管位于关节间隙侧面，然后尽可能的向远插入。用这种方法安置出口套管快速、简单、无任何麻烦。

如果出口套管在镜头套管中不合适，就使用类

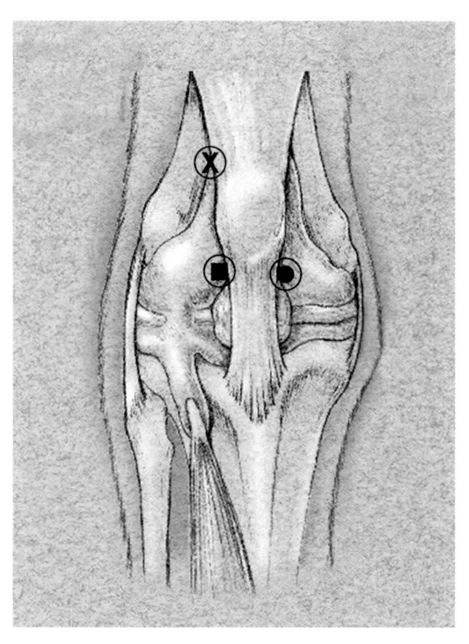

图14-100　在膝关节正面的入口位置。标出的3个入口分别是：内侧内镜入口（圆形标记），侧面手术入口（方形标记），及流出口（X形标记）。内镜入口位于髌骨远端和胫骨前缘相对髌腱内侧的中间。手术入口位于相同的水平面上，相对髌腱的外侧。出口套管入口位于关节的髌上凹外侧关节面（引自 Veterinary endosurgery, Freeman LJ,St Louis, 1999, Mosby）

似于安置出口套管的交换杆或转换棒。镜头套管尖端位于髌上囊侧面，像以前一样通过皮肤推出。将转换棒插入镜头套管远端，使关节镜管套管退关节内，在转换棒上插入出口套管。出口套管位于关节间隙侧面，尽量向远处插入。用这种方法安置出口套管快速、简单并无任何麻烦。

四、检查程序和正常关节镜解剖

在所有关节中，对膝关节进行全面检查难度最大，这是因为复杂的膝关节解剖结构。关节头侧的脂肪垫、十字韧带损伤时发生的广泛性绒毛反应，在膝关节检查时都常见。检查时使用连续的、系统的方法观察膝关节很容易。足够的液体压力和流速、用射频或电动刮刀去除脂肪垫和绒毛滑液组织都能增加可视效果。

膝关节检查从髌上囊镜头入口尖端开始。镜头远端回缩，直到能观察到髌上关节间隙，并且关闭液体流出口，使关节膨胀，以确定关节囊、髌上囊褶皱、四头肌腱、髌骨近末端尾侧关节表面和滑车的近关节表面（图14-102和图14-103）。一旦定位成功，不断地退回镜头，以观察髌骨尾侧关节表面、滑车软骨和滑车嵴的内、外侧表面（图14-104）。将镜头指向内侧和外侧部分，检查滑车嵴和关节囊背侧表面（图14-105）。

在关节扩张时检查上述结构。镜头尖端股骨髁头侧远端检查，内侧和外侧都要检查，关节屈曲。在检查时，关节正常的脂肪垫可用镜头尖端清除，使视野更清楚，根据镜头的定位，暴露股骨髁头侧表面和内侧或外侧半月板远侧边缘。使用这种操作常使视野模糊。如果视野不清楚，镜头在内侧或外侧关节间隙重新定位，重复这个操作。这个过程在内侧和外侧髁以及半月板上重复使用。镜头在髁间窝内定位，检查头侧和后侧十字韧带（图14-106）。向外旋转胫骨，以检查内侧半月板，暴露膝关节内侧关节间隙。检查中轴边缘（图14-107），后缘（图14-108）和尾侧半月板胫骨韧带（图14-109），检查整个内侧半月板。通过内翻力暴露外侧半月板，可以内翻或不内翻，检查膝关节中轴边缘（图14-110），后缘（图14-111），尾侧半月板股骨韧带和整个半月板。由于前侧十字韧带损伤造成的抽屉试验不稳定，所以头侧胫骨近端异位使得半月板能更好的被检查。通过头外侧的关节确定长指伸肌腱，从股骨外上髁背轴面边缘到关节远侧出口检查关节（图14-112）。确认关节侧方腘肌近端的肌腱，从外侧股骨髁外侧面尾侧角和远角可以观察到（图14-113）。可以通过镜头穿过髁间窝检查膝关节尾侧间隔，可在前或后侧十字韧带，或在清除十字韧带后的空间内进行。当膝关节呈现典型的绒毛滑液反应时，在检查十字韧带或半月板前，切除部分十字韧带及用射频或电动剃刀去除脂肪垫极有利于检查。

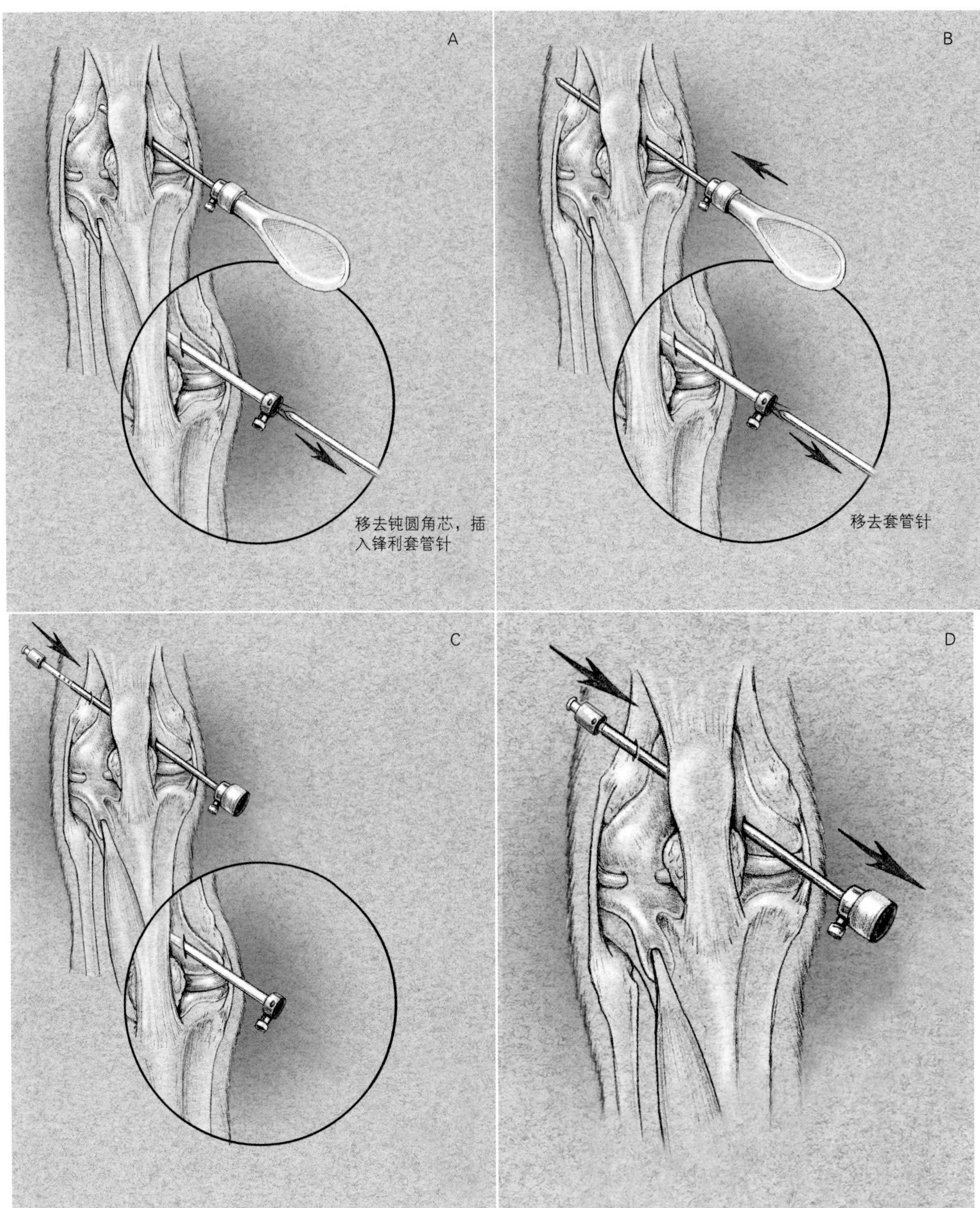

图14-101 A，钝性的通芯，将内镜套管从（关节）内侧插入，将套管前端插入直至靠近髌上囊的外侧面。然后移除通芯。B，锐性套管针通过内镜套管进入，并固定位。推动套管和套管针使其（前端）依次穿透髌上囊和皮肤。移除锐性套管针。C，出口套管从内镜插管前端进入。D，连同出口套管一起将内镜套管退回关节内，并将二者保留在一起直至分离。出口套管被固定在关节侧面（引自 Veterinary endosurgery, Freeman LJ,St Louis, 1999, Mosby）

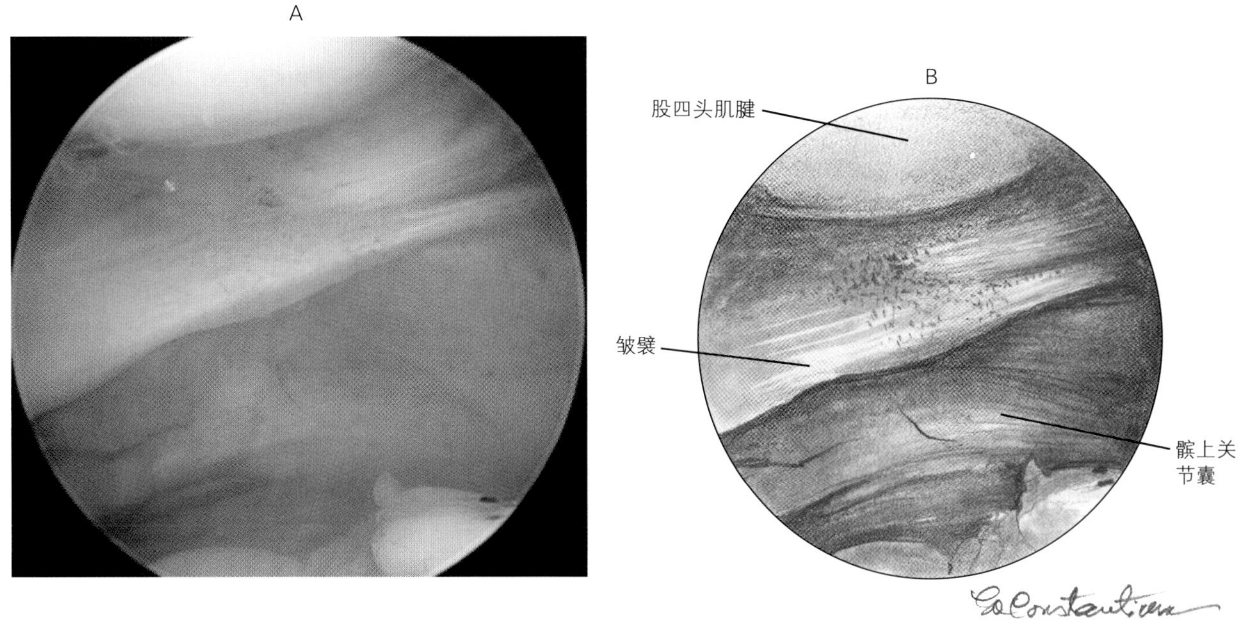

图14-102　定位于膝关节，内镜顶端在髌上窝，带有关节囊、皱襞和四头肌腱的后面造影

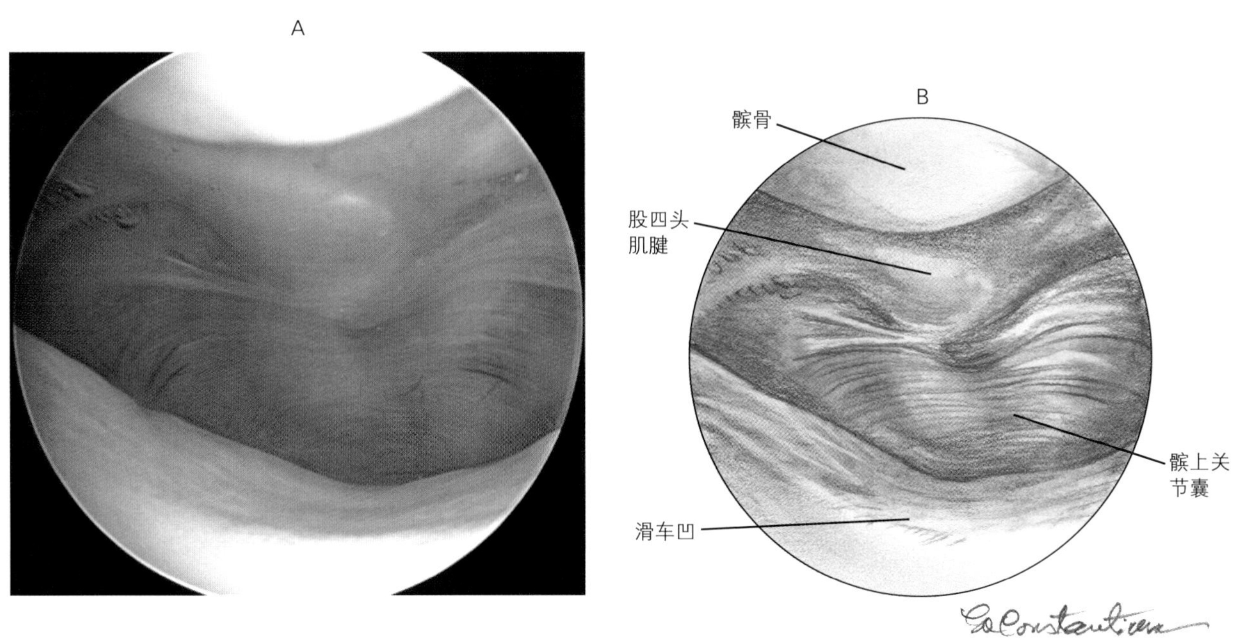

图14-103　定位于膝关节，内镜顶端位于基部的滑车凹，带有髌上窝、四头肌腱、基部髌骨和滑车凹的造影

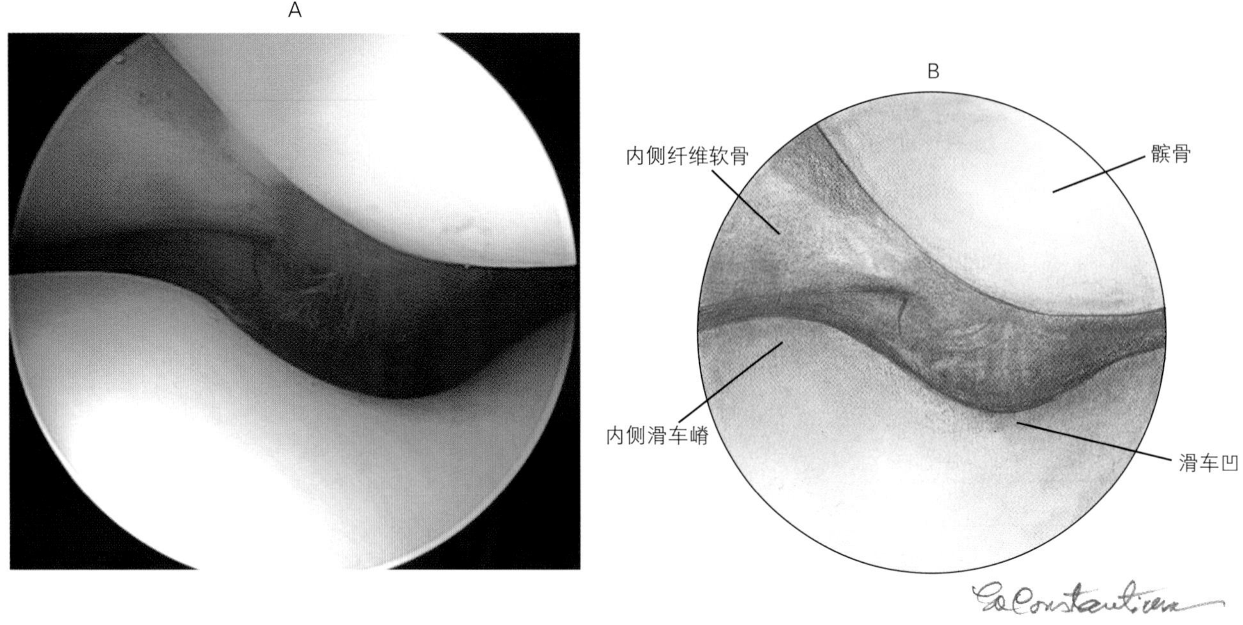

图14-104 滑车凹、髌骨后部关节面、内侧的滑车嵴和内侧的纤维软骨

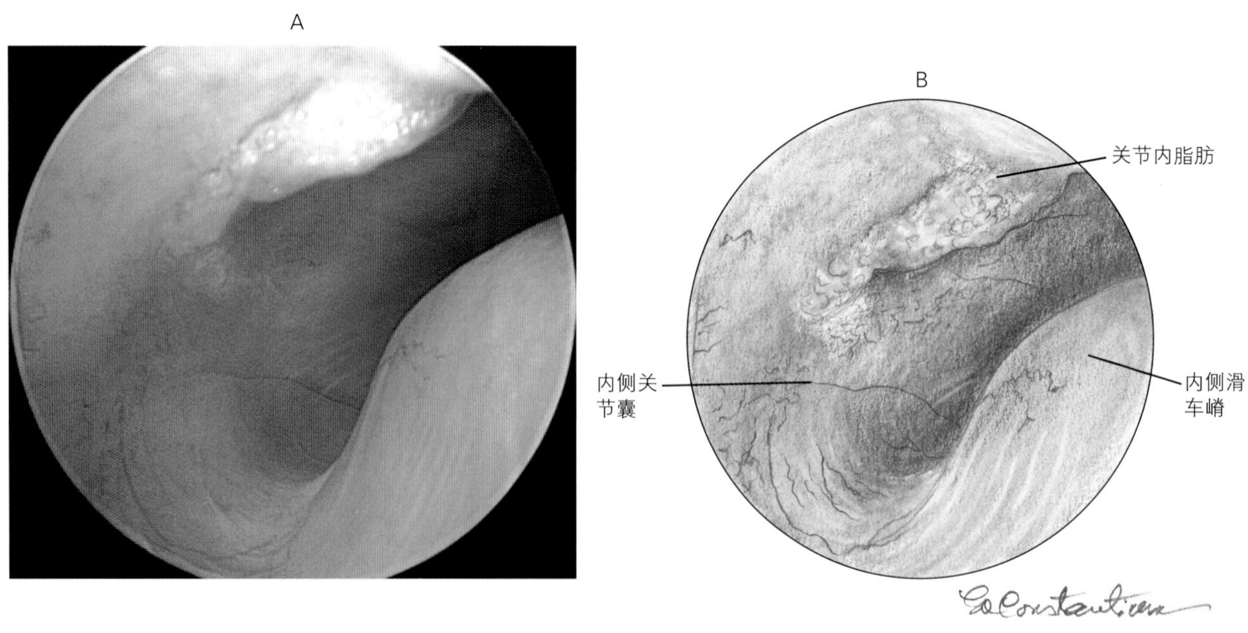

图14-105 内侧关节腔和内侧滑车嵴的内侧面

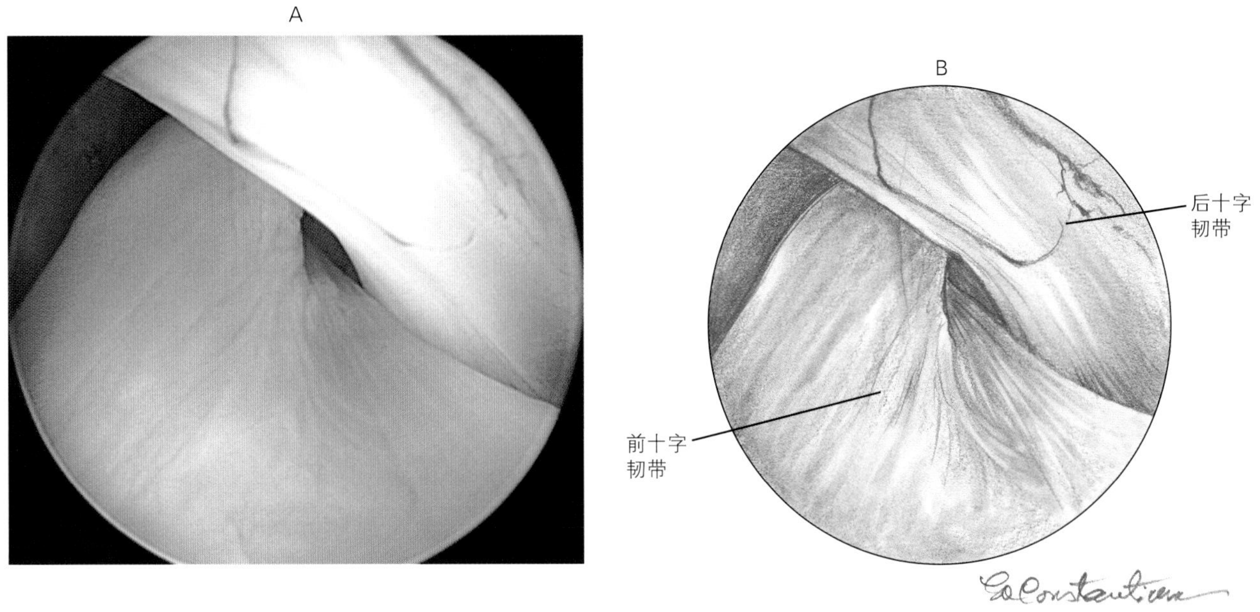

图14–106　正常前后十字韧带。注：正常韧带的丝条直而紧

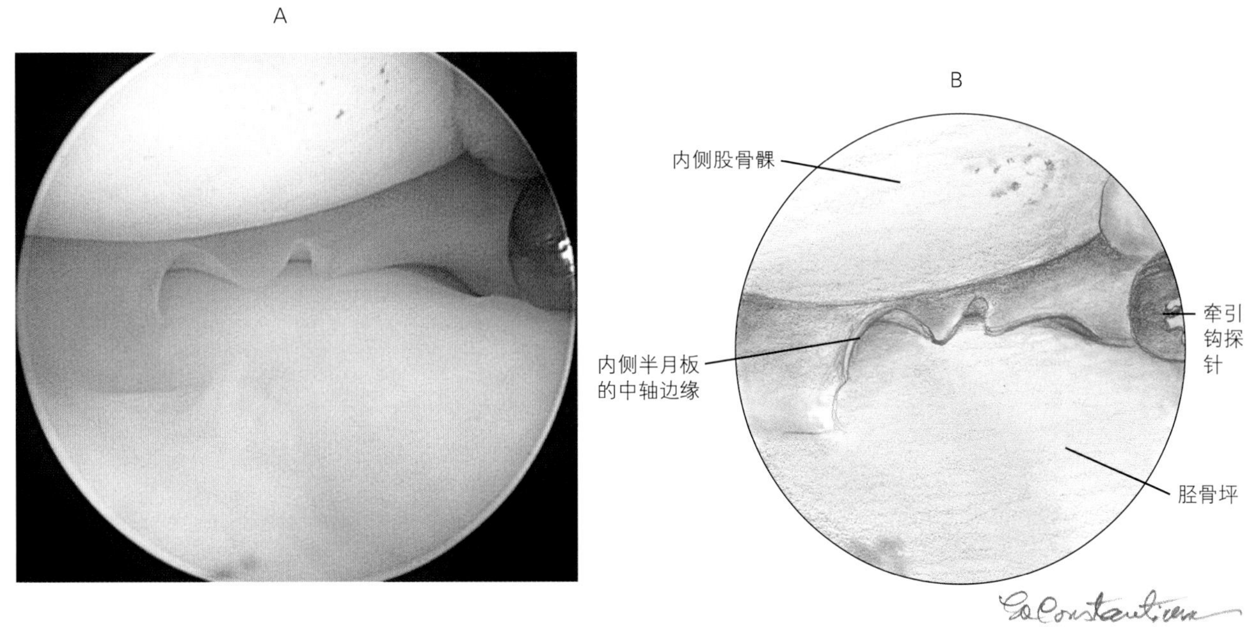

图14–107　正常内侧半月板的中轴边缘。游离缘的波纹是正常的，常被称为荷叶边的人造现象

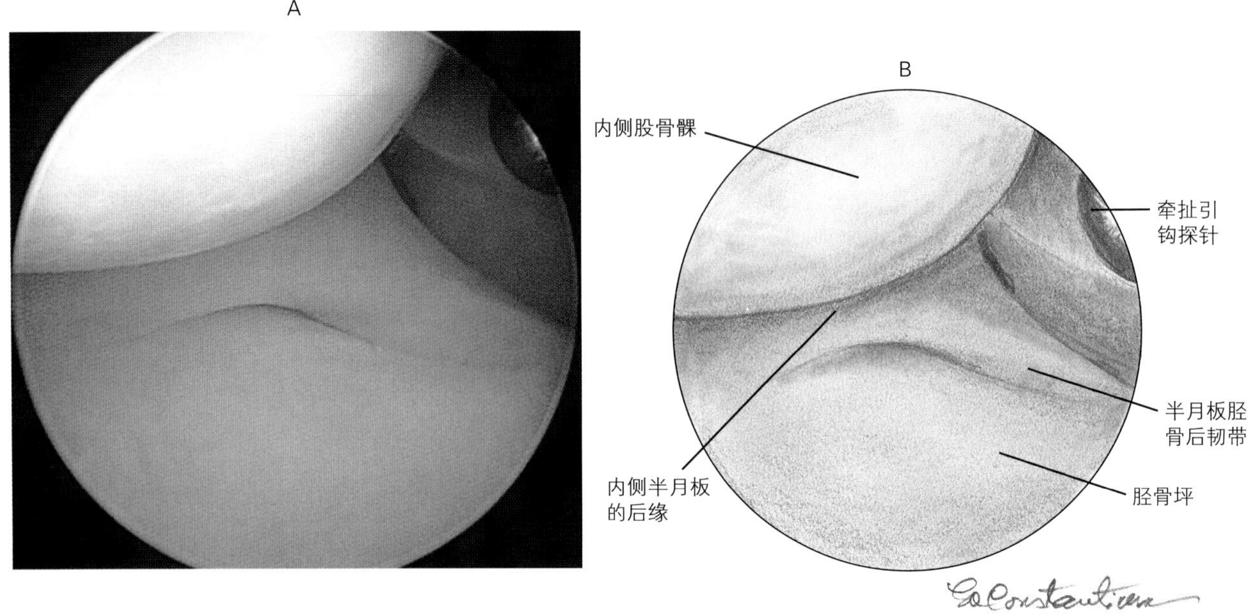

图14-108 内侧半月板的后缘

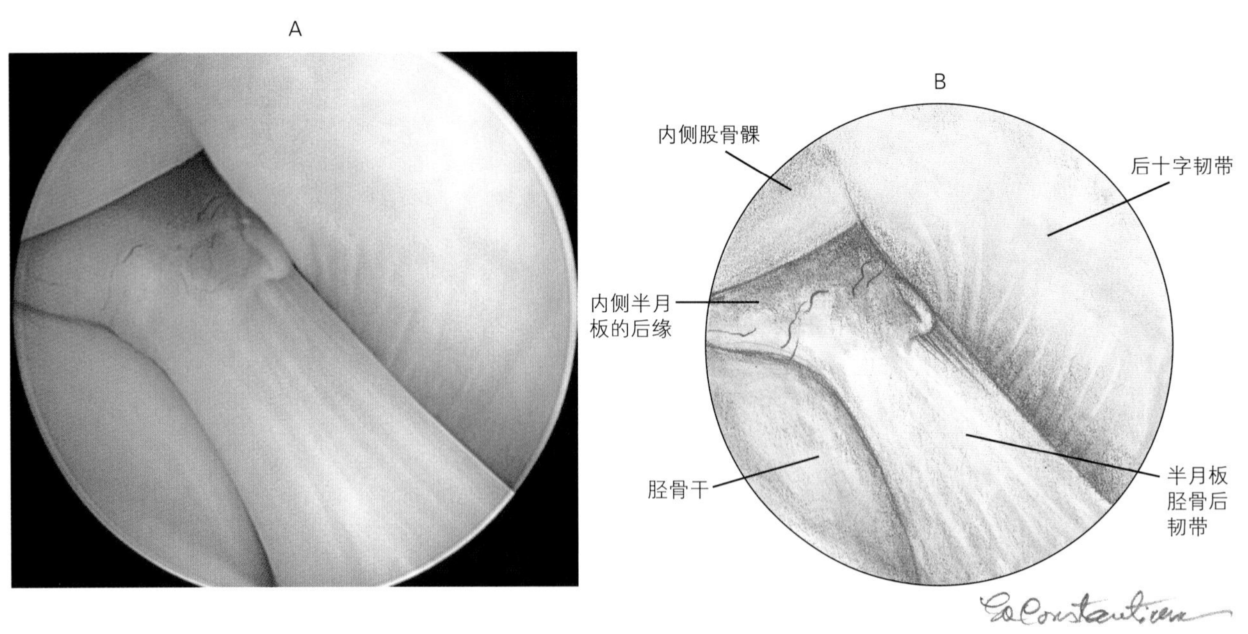

图14-109 内侧半月板的后韧带

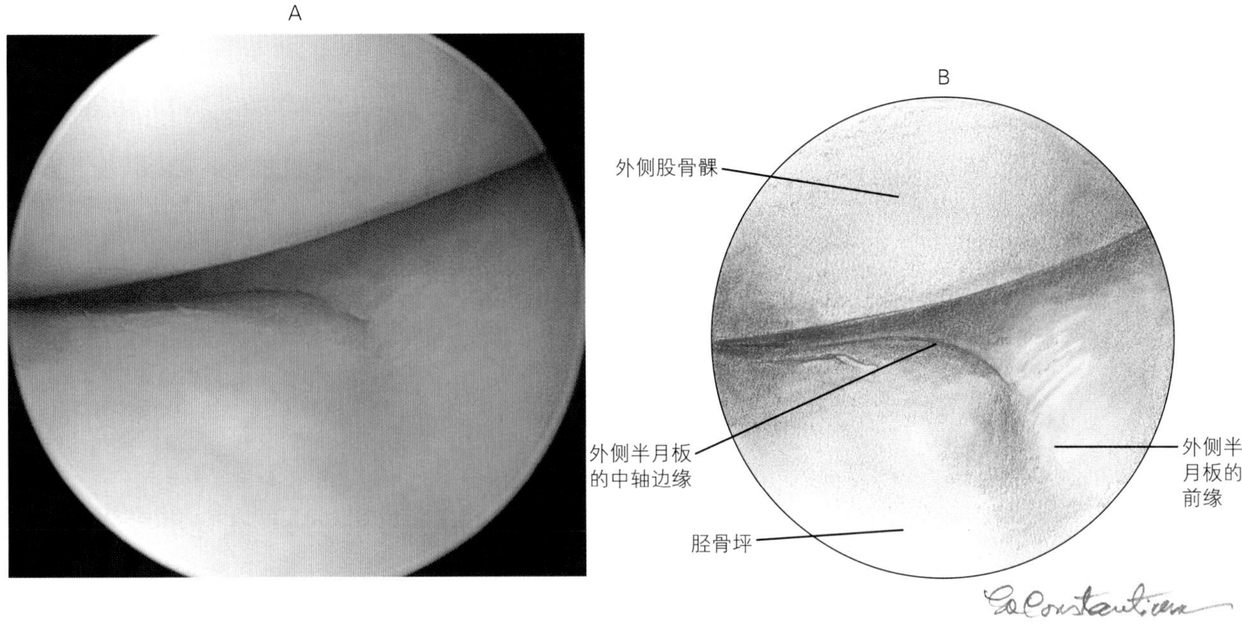

图14-110　外侧半月板的前缘

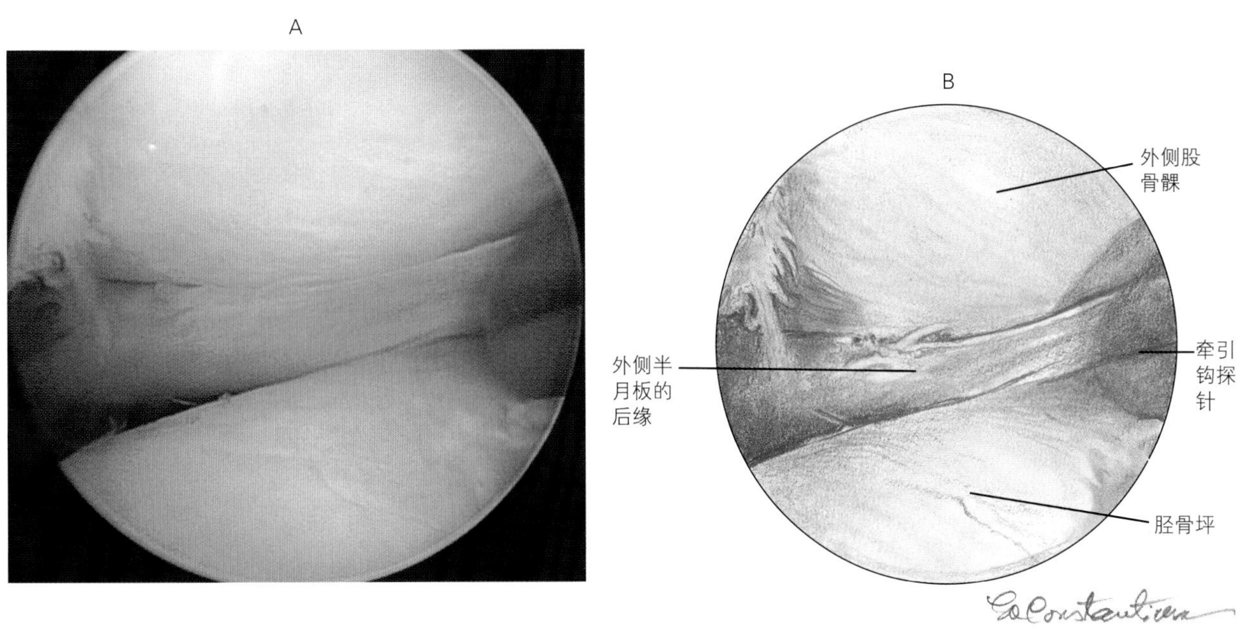

图14-111　外侧半月板的后缘。隆起的半月板和牵引钩探针，用于评估腹侧面的水平撕裂

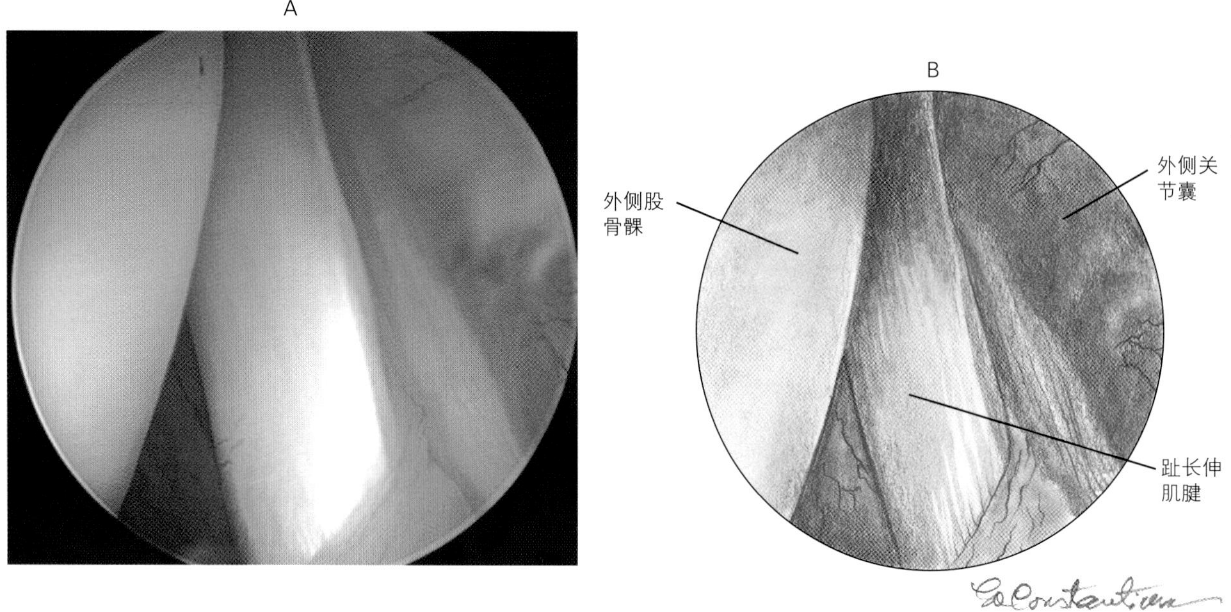

图14-112 趾长伸肌腱起自外侧股骨髁背轴面

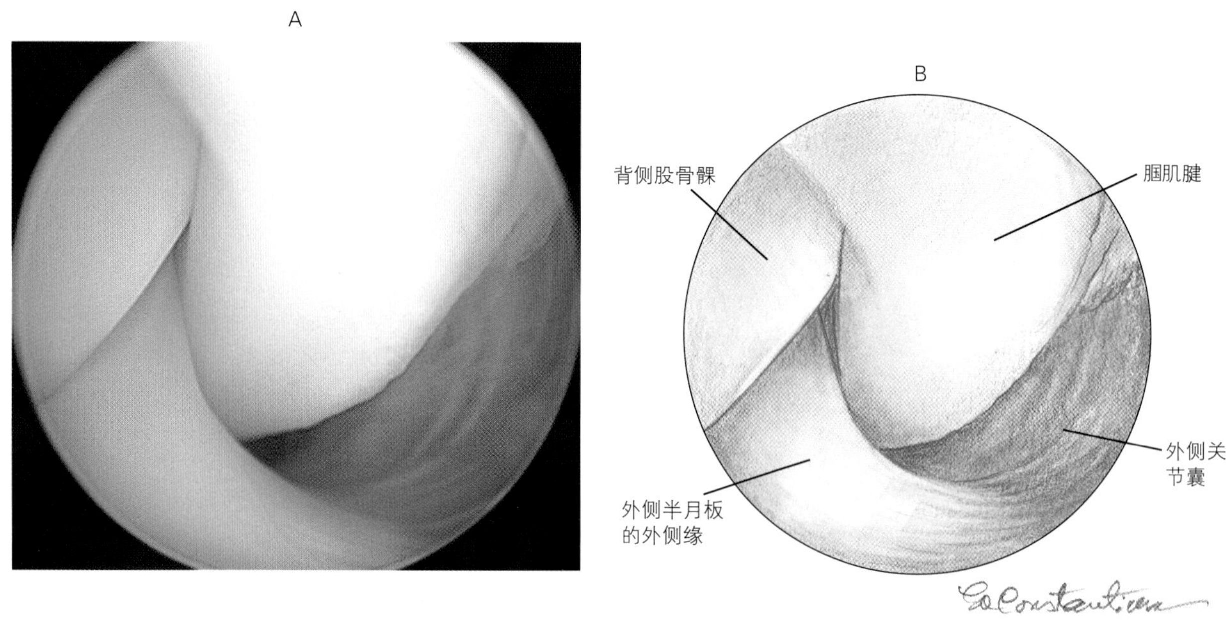

图14-113 进入关节腔内的腘肌基部腱，起始于外侧股骨髁背轴面，终止于关节内远端后部

五、膝关节病的关节镜诊疗

（一）前十字韧带损伤

前十字韧带部分或完全断裂是犬膝关节最常见的疾病。发生十字韧带疾病时，进入膝关节首先发现广泛性的绒毛反应。通常髌上囊（图14-114），关节间隙内、外侧，关节尾侧间隔（图14-115）所发生的绒毛反应同关节头侧间隔处一样大（图14-116）。

软骨损伤包括复杂的软骨软化，经常发生在各种关节，伴发着不同程度的损伤，如轻度龟裂或粗糙（图14-117）、细小的纤维化（图14-118）、粗糙的纤维化（图14-119）、形成血管瘤或血管翳（图14-120）。这些损伤发生在滑车（图14-119），髌骨尾侧表面（图14-120），股骨髁（图14-117），胫骨坪台（图14-118）。在滑车嵴内、外侧背轴面（图14-121），滑车近末端髌骨上区域（图14-122），髌骨上（图14-123）都能看到骨赘。在髁间窝轴面和胫骨平台上也能发现骨赘。

通过切除部分脂肪垫和切除膝关节头侧间隔绒毛反应的部分滑膜有利于检查髁间窝的结构。检查十字韧带和半月板可以尝试在检查前切除或不切除组织，在正常关节、急性十字韧带断裂或其他引起绒毛滑液反应的疾病，是很可能做到的。典型的十字韧带绒毛反应（图14-116）使得对膝关节十字韧带和半月板检查十分困难，甚至不可能。十字韧带完全断裂或主要部分撕裂不需要头侧间隔清创术就可以观察到，但是，在没有进行清创术时，头侧十字韧带撕裂缺失的部分显著增加。如果使用关节镜的目的仅仅是为了确诊十字韧带损伤，那么之后就要进行开放性手术。如果没有发现断裂的韧带，则就不需要清除脂肪垫或十字韧带间隔绒毛滑液反应，也就完成了关节镜手术过程中的使命。任何关节镜手术，部分脂肪垫切除和部分头侧间隔滑膜切除术在本质上都是一样的。当前侧十字韧带断裂时，断裂的十字韧带像是磨断的绳索的末端一样，急性十字韧带断裂时，断端是尖锐的突起，每个松弛的断端都有很容易辨认的条纹（图14-124）。如果变成慢性的断裂，断端就变成钝圆，失去尖锐的边缘和条纹（图14-125）。随着慢性病程的发展，韧带末端经历重塑，变成纤维组织根瘤（图14-126），最终被完全重吸收。表现出复合的急性和慢性纤维断裂是最常见的（图14-127），支持这种理论者认为，在一定时间内，部分撕裂会重复发作，最终导致完全撕裂。部分撕裂显示出断裂的纤维呈现相同的变化方式，从严重到迟钝、缓慢的吸收，但是还有一定量的完好的纤维。部分韧带撕裂早期，韧带断裂的纤维很少，最开始看到的是断裂韧带条插入十字韧带内侧、外侧的后缘面（图14-128）或偶尔在中部。如果最初的检查正常，用探针触诊插入前十字韧带的尾部区域，甚至是未见断裂的纤维时，也能检测到轻微的韧带损伤。早期完整的韧带可见交叉的条纹，说明韧带张力已经消失（图14-129）。

关节镜检测到经典的内侧半月板损伤，包括半月瓣撕裂（图14-130），半月瓣破碎或鹦鹉嘴撕裂（图14-131），半月瓣碎片头侧异位（图14-132）或整个半月板后缘（图14-133）伴发着股骨髁头侧夹闭，尾侧破碎或浸软。人类文献中半月板损伤的类型都能见到[8,9]。开放手术很难观察到的病理变化，可在关节镜检查中观察到。这些发现中最重要的是，外侧半月板损伤的发生率比内侧半月板损伤多[9]。最常发生的外侧半月板损伤是磨损，或桡侧撕裂，轴边缘头侧部分可能发病较轻（图14-134）或较重（图14-135）。

微小的部分前侧十字韧带损伤关节镜下关节清理术，大部分的撕裂是完全切除，完整的切除残余的末端成为标准的外科手术过程，避免膝关节十字韧带损伤后进行开放关节切开术。使用射频清除小的部分撕裂，射频和电动剃刀共同用于完全切除。射频治疗最开始要清除脂肪垫，清除头侧关节间隔的绒毛滑液反应，增加可视的区域（图14-136），电动剃刀用于剔除大块的韧带（图14-137），射频电刀用于将韧带残余末端修理平滑（图14-138和图

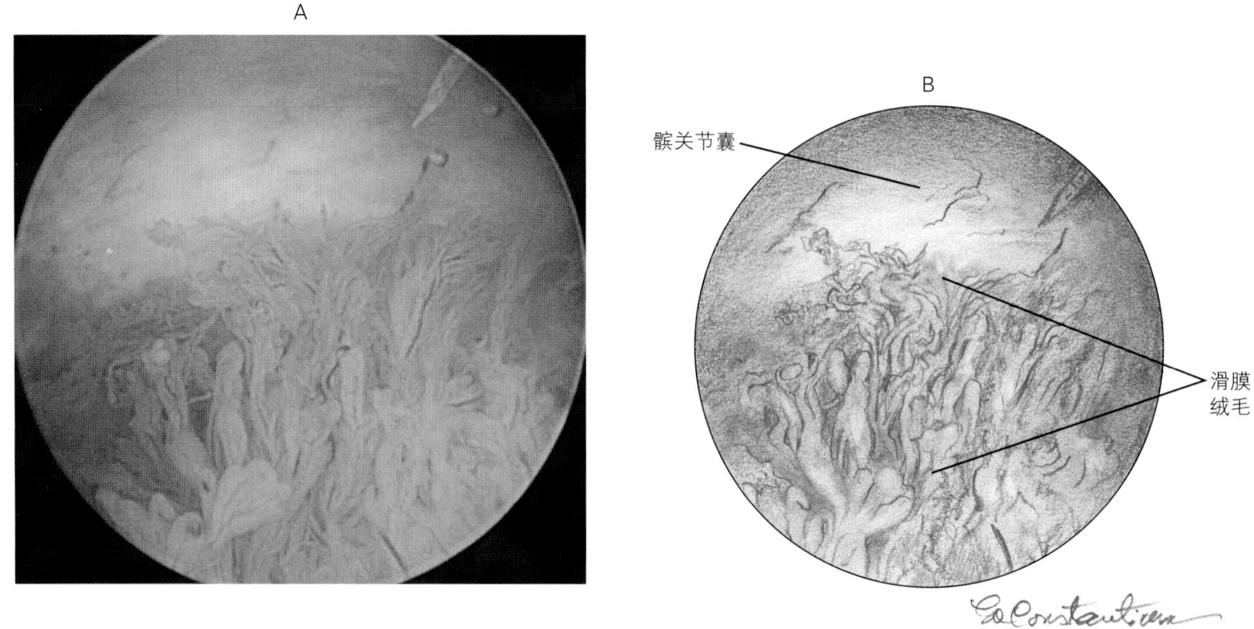

图14-114 头侧十字韧带破裂的犬，在髌上窝出现滑膜绒毛

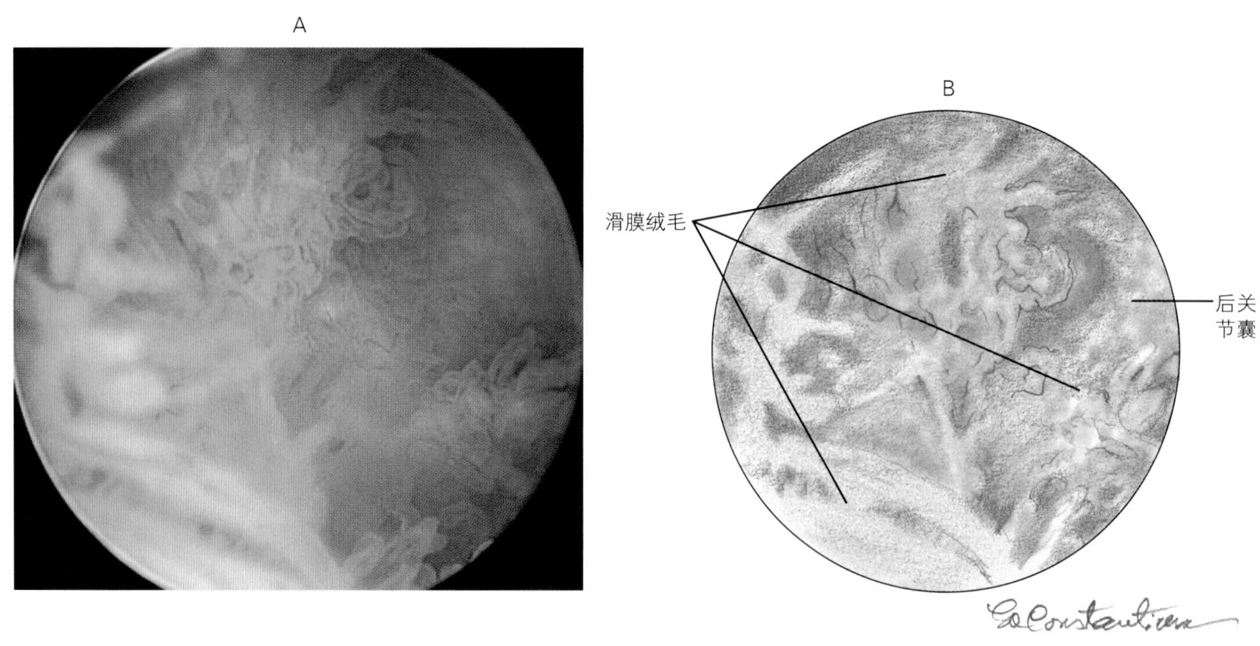

图14-115 前十字韧带破裂的犬，在关节后部出现滑膜绒毛

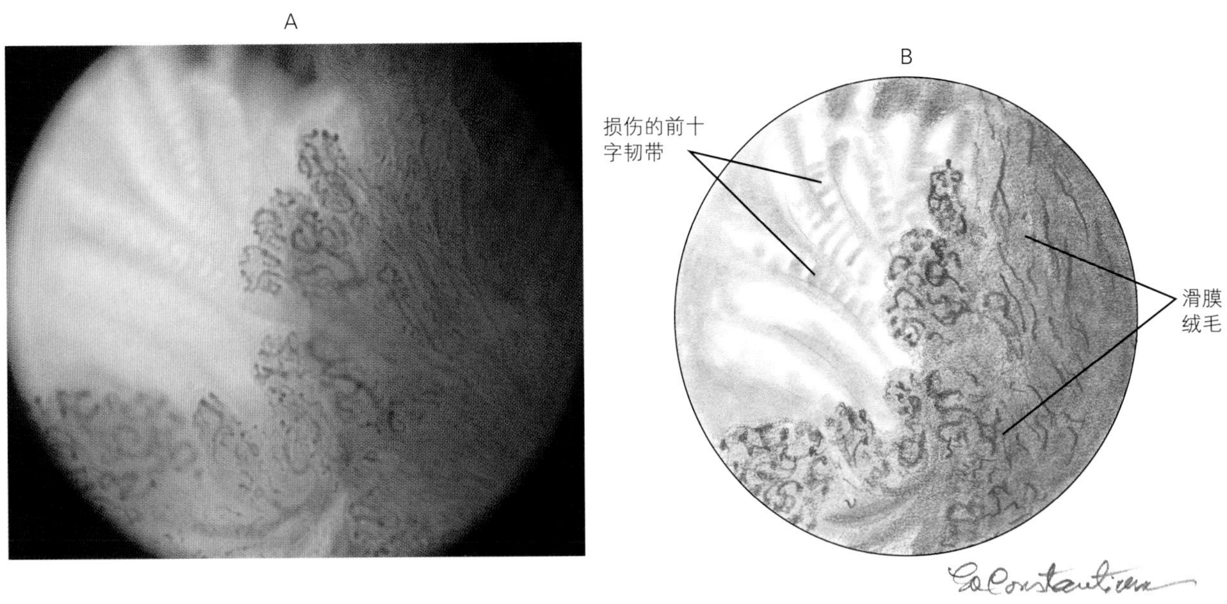

图14-116　前十字韧带破裂的犬，在关节前部出现滑膜绒毛

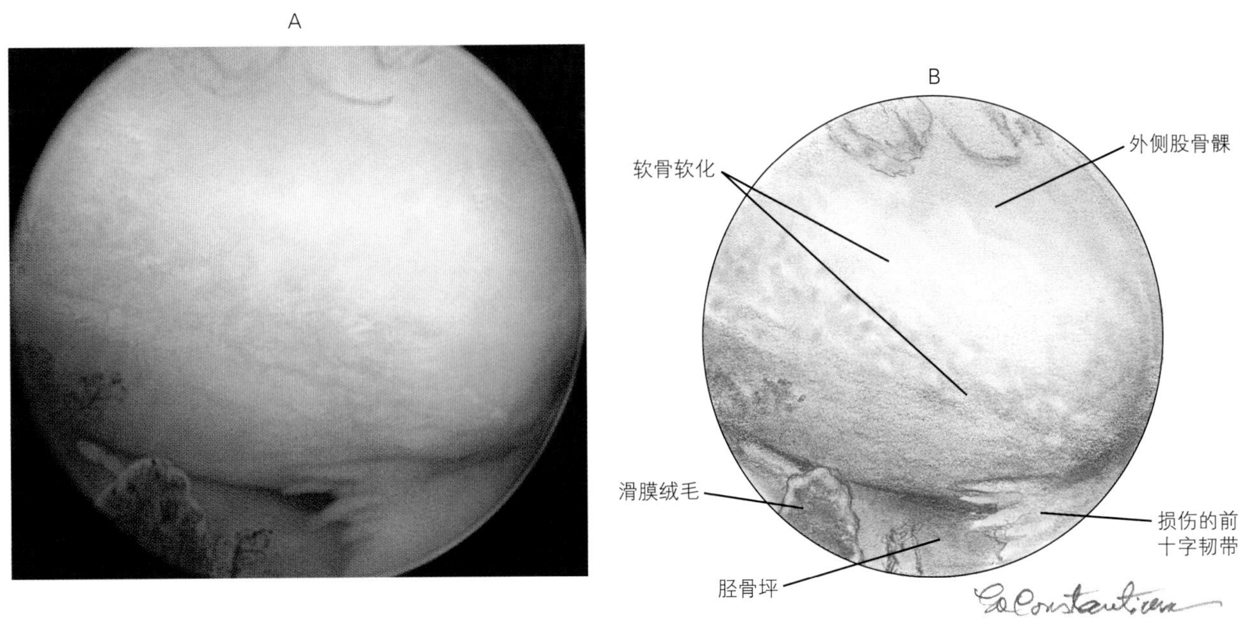

图14-117　前十字韧带损伤的犬，在股骨髁出现软骨软化，伴有软骨粗糙和龟裂

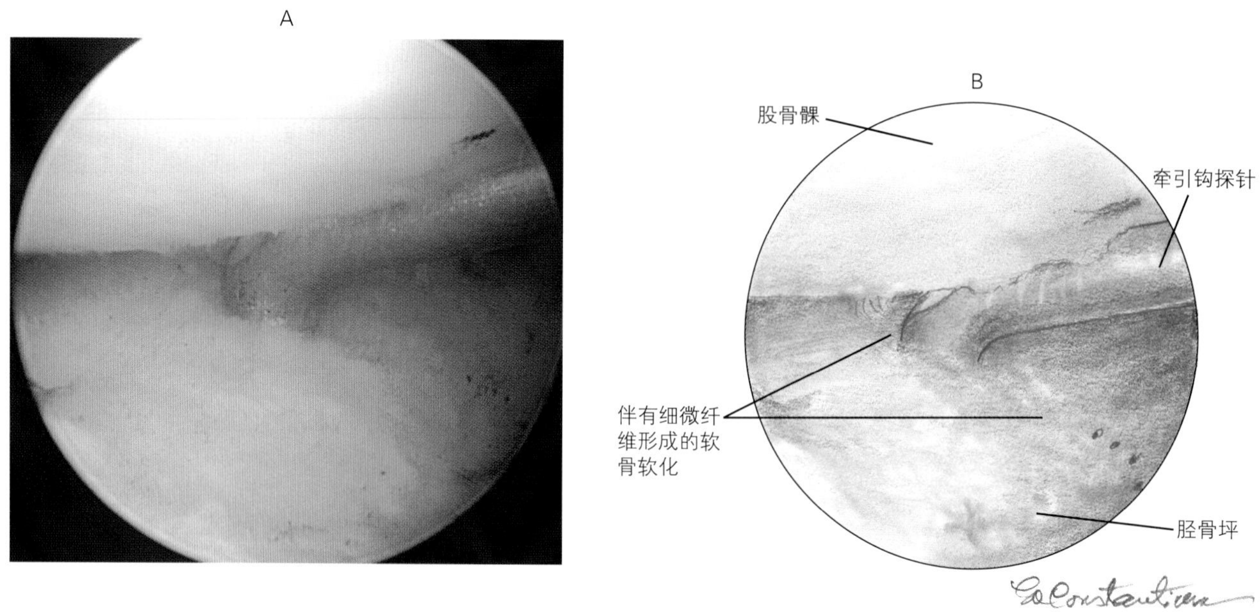

图14-118 前十字韧带损伤的犬，在胫骨坪出现软骨软化并伴有细小的纤维形成。牵引探针尖端和容易刺入软骨

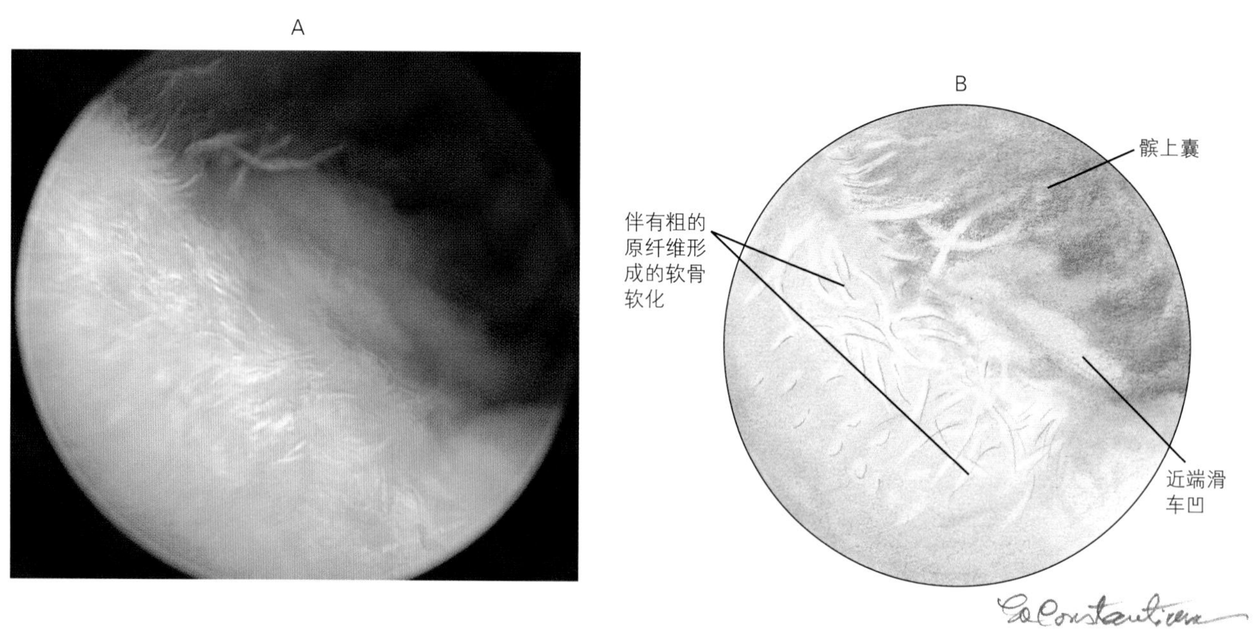

图14-119 前十字韧带损伤的犬，在滑车凹出现软骨软化，伴有粗的纤维形成

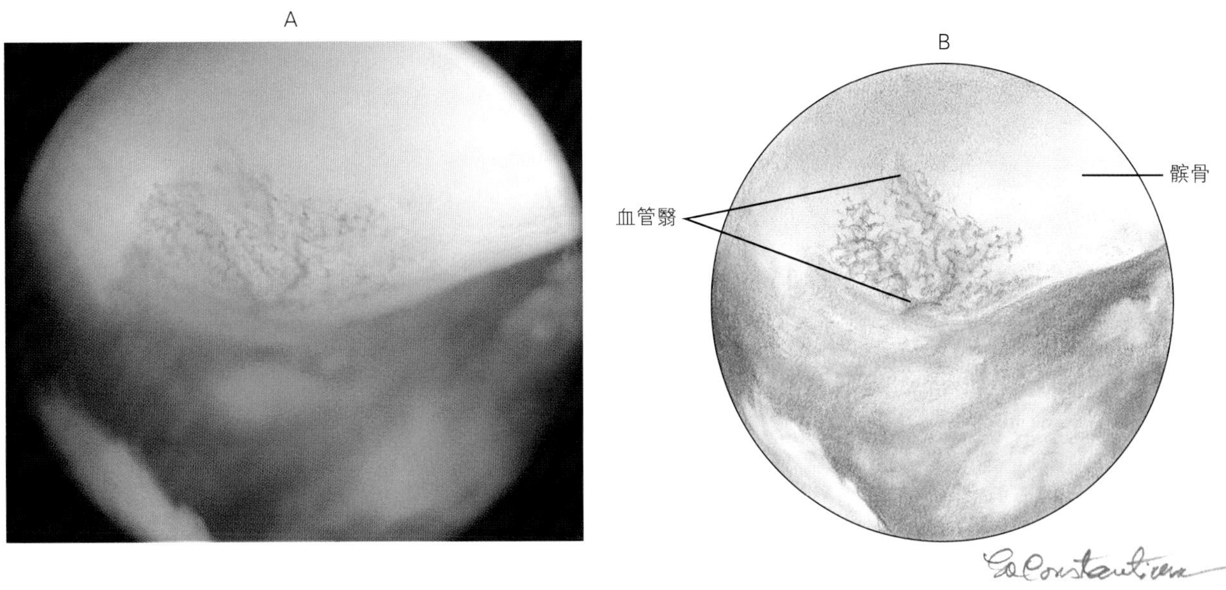

图14-120　前十字韧带损伤的犬，在髌骨后面出现新生血管或血管翳

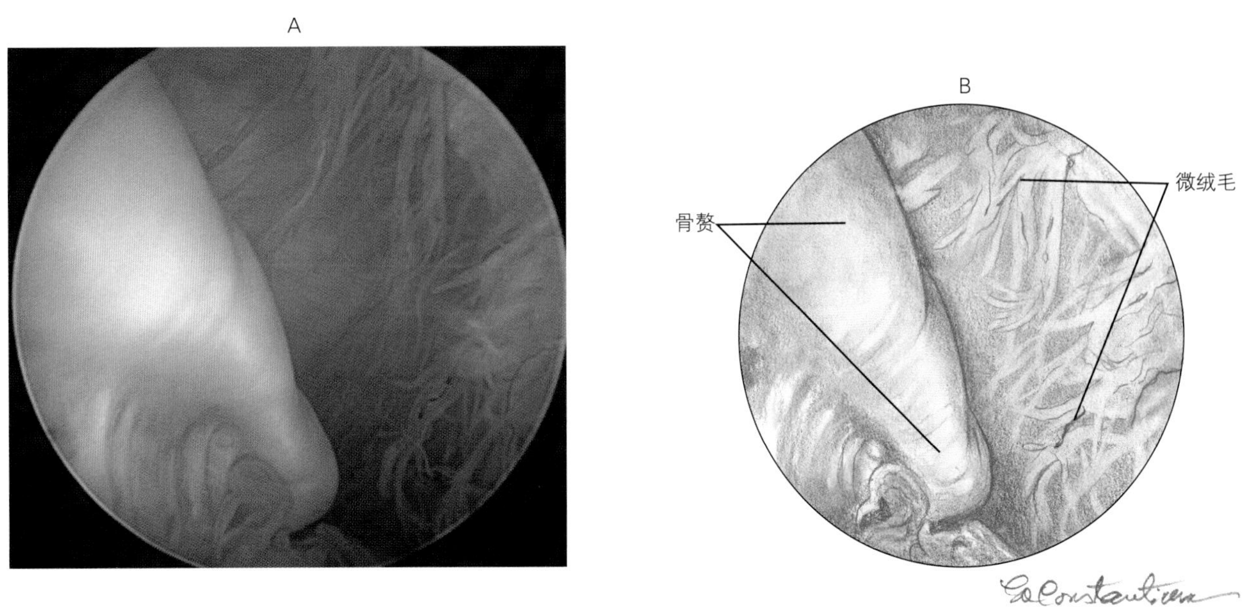

图14-121　前十字韧带损伤的犬，在膝关节内侧滑车嵴背轴面出现大的骨赘嵴。微绒毛是滑膜绒毛反应遗留下来的残余物，被称为空壳

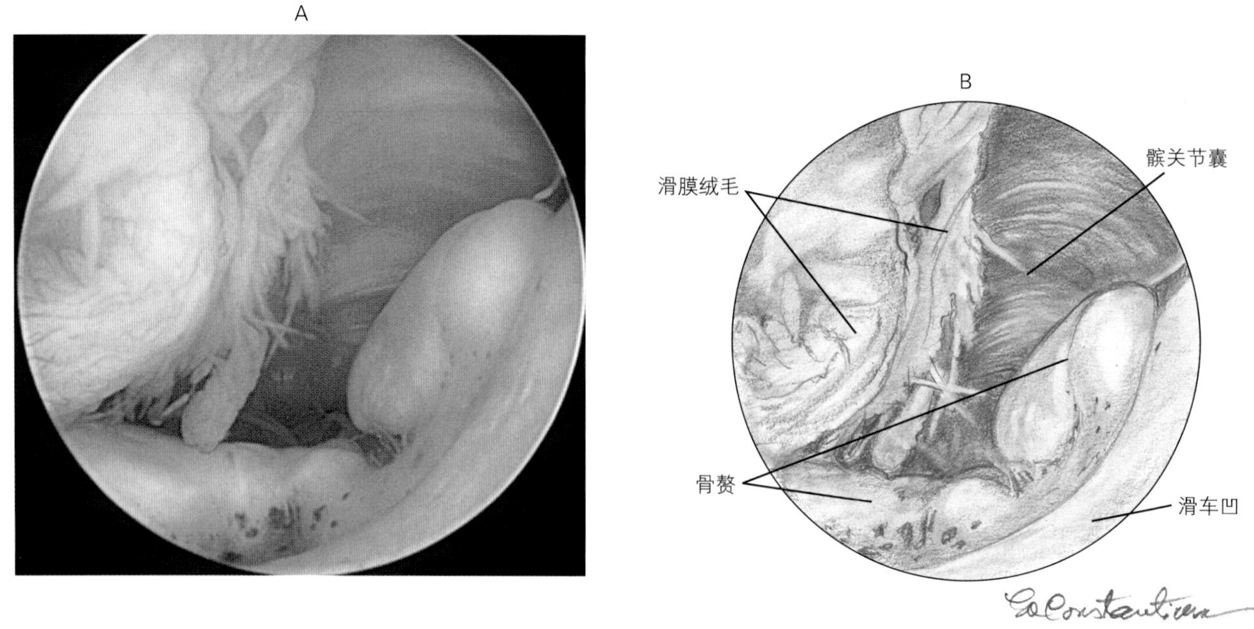

图14-122 前十字韧带损伤的犬，在膝关节滑车凹基部的末端出现多发的骨赘

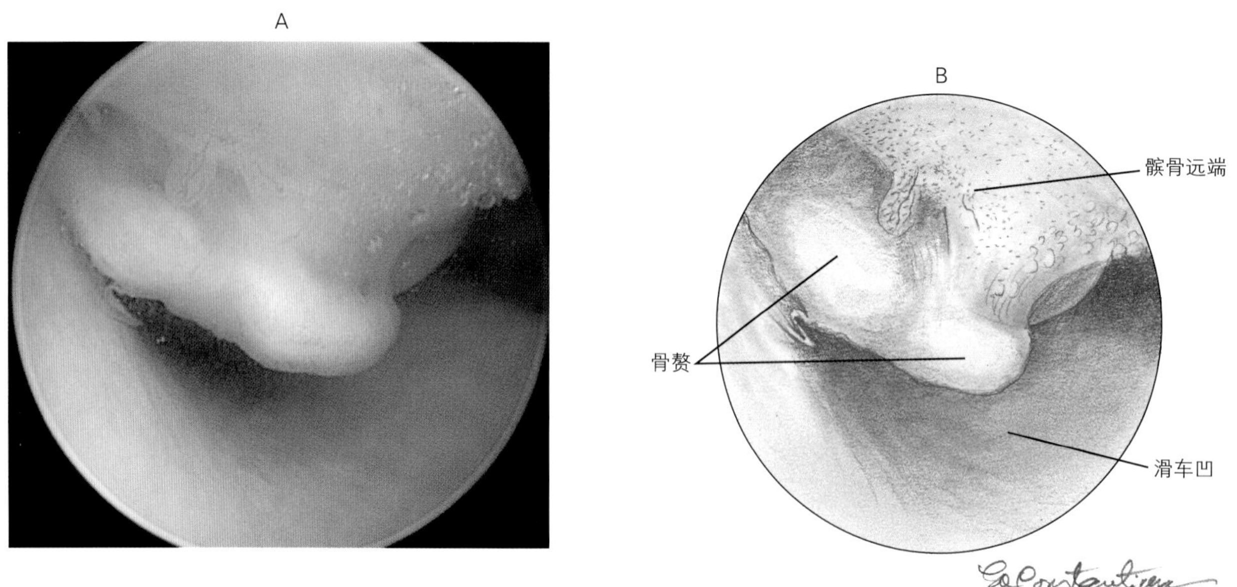

图14-123 前十字韧带损伤的犬，在膝关节髌骨远端出现骨赘

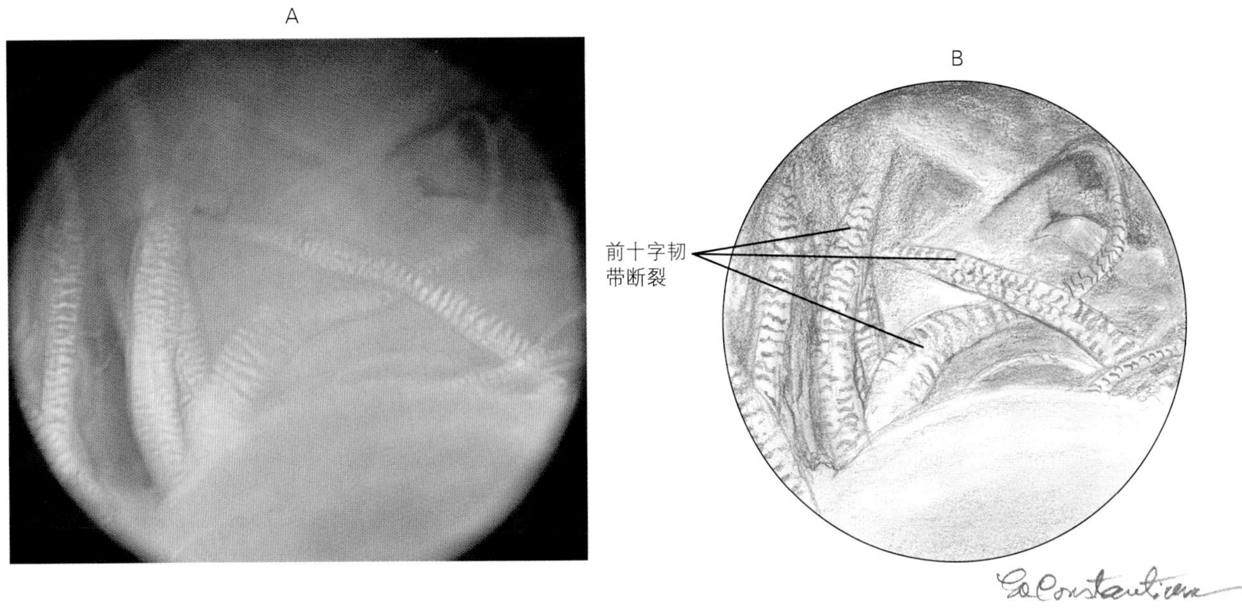

图14-124　前十字韧带的丝条严重断裂的特写镜头，出现尖头和界限清楚的十字条纹

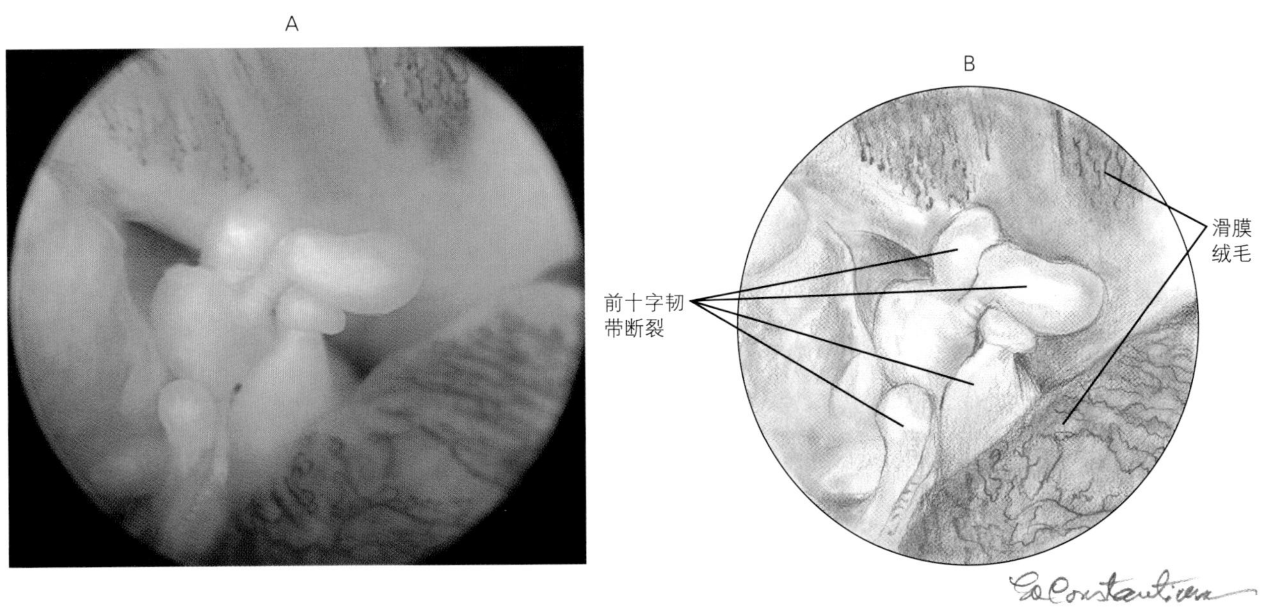

图14-125　前十字形与平端的丝条断裂和典型的慢性变化导致十字条纹丢失的特写镜头

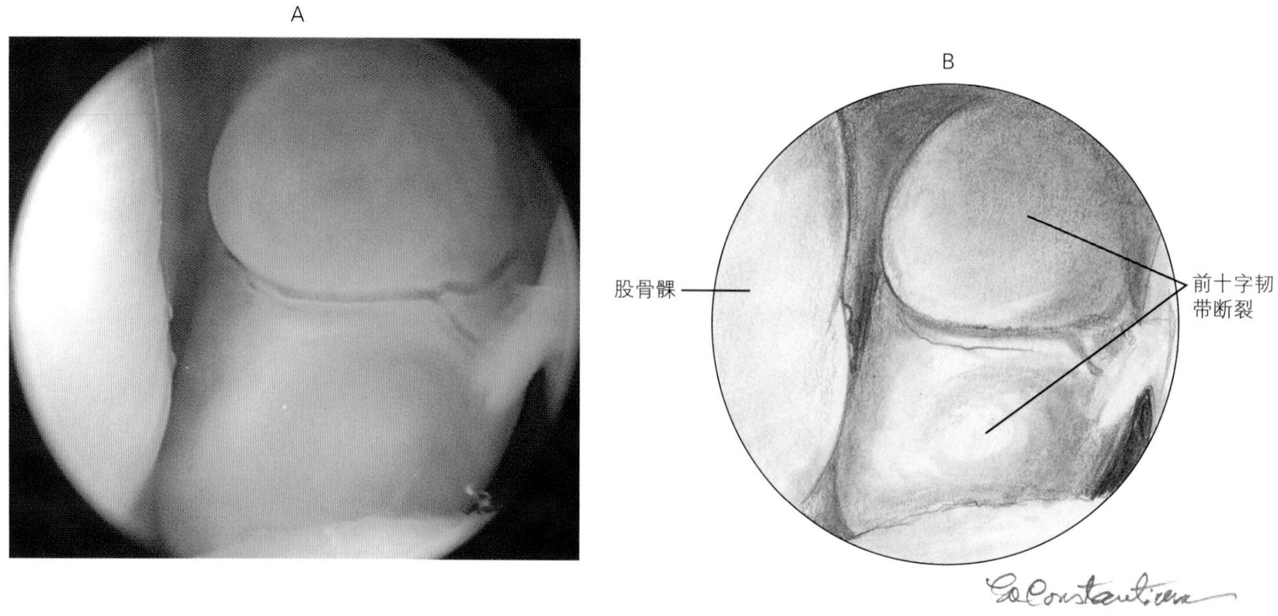

图14-126 长期的前十字韧带残留，已经变成广泛的纤维组织瘤

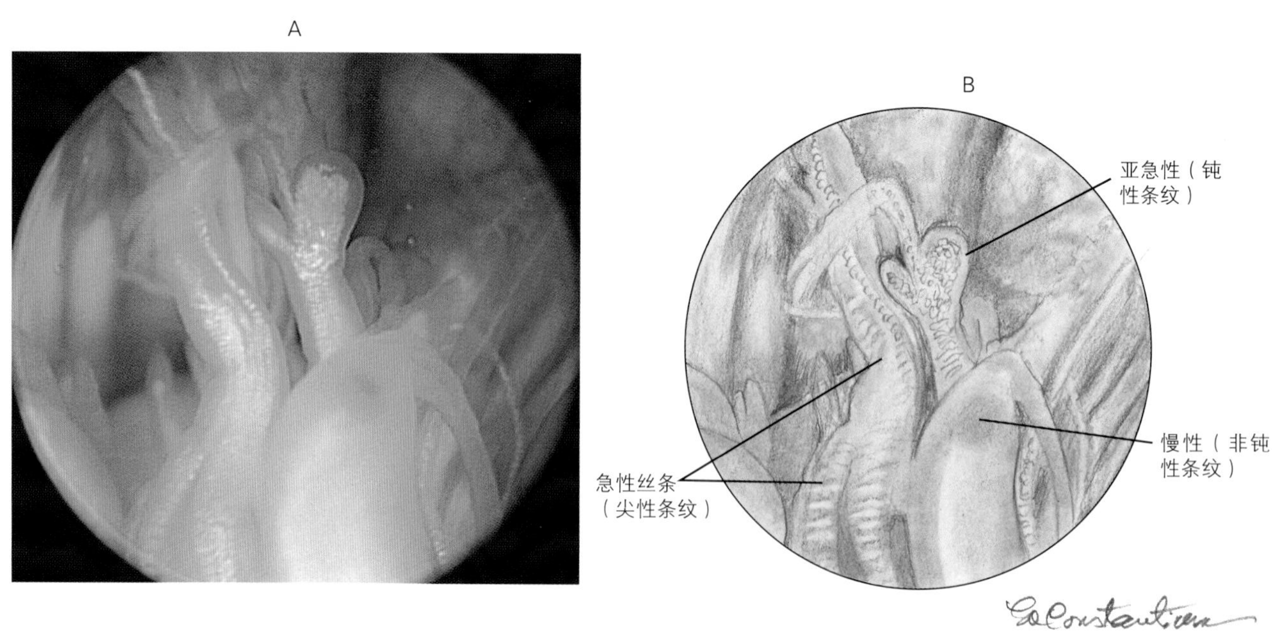

图14-127 前十字韧带的特写镜头，显示最近尖头的断裂丝条和十字条纹，连同其他断裂的丝条显示变钝和十字条纹丢失的慢性变化

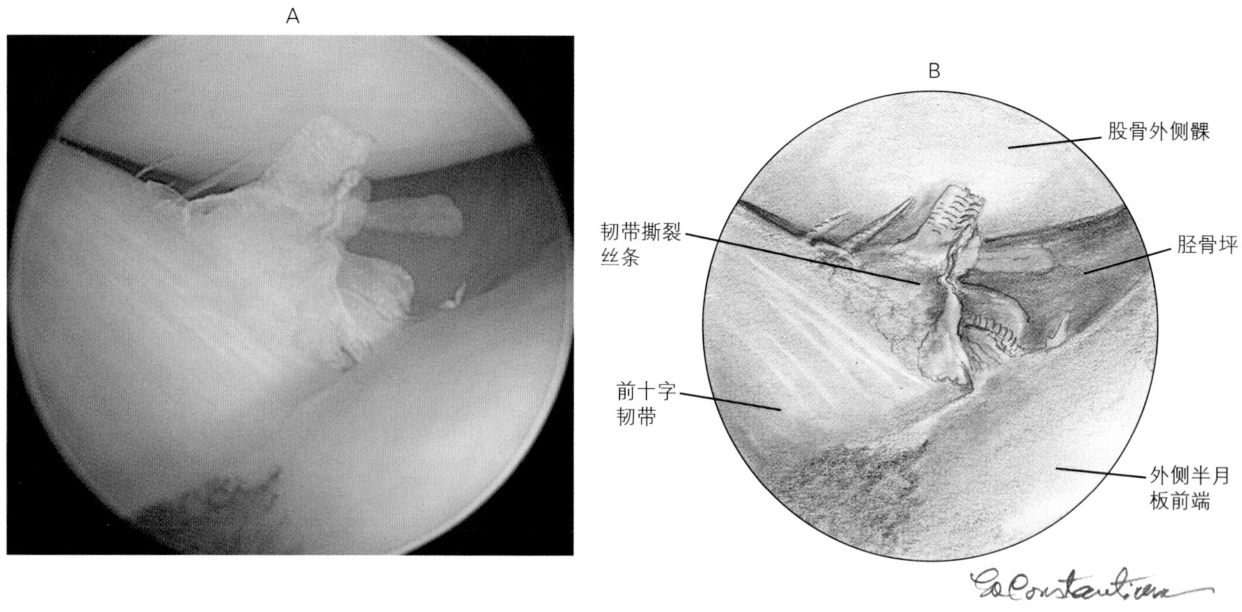

图14-128　侧面看到的断裂丝条，来自于局部断裂的前十字韧带

14-139）。也可以使用手动器械清除韧带，但是过程很耗时。

用手动器械、射频电刀或联合这些技术进行关节镜半月板部分切除术。也可进行全半月板切除术，但是并不经常使用。大面积半月板损伤时用电动刹刀剔除损伤的半月板，然后用射频将切除后的边缘变钝圆，也可将射频用于小的损伤（图14-141和图14-142）。

（二）后十字韧带损伤

后十字韧带损伤很少见。后十字韧带损伤通常伴发肿瘤，而不是像前十字韧带损伤那样特发性发生。中度磨损的尾侧十字韧带在头侧十字韧带断裂时可以看到，而且临床症状不明显。后十字韧带的撕裂从内侧股骨髁外表面开始，常见于幼犬。如果碎片大，而且韧带其他方面完整，碎片可以被缩小，用关节镜复位或开放手术复位。如果碎片很小，或碎片很多，或尾侧十字韧带损伤了，就将其清除。当确诊为后十字韧带损伤时，彻底检查膝关节以排除半月板损伤，侧副韧带损伤和头侧十字韧带损伤。

（三）独立的半月板损伤

半月板损伤与十字韧带断裂伴发，部分或全部断裂，但半月板损伤很少发生于十字韧带没有损伤的情况下。单独发生半月板损伤的病例不能精确地对其进行分类和确定损伤的类型。关节镜半月板松弛术是膝关节清创术的一部分或与TPLO联合使用。横断内侧半月板的半月板胫骨韧带是一种较先进的技术，而且经常是使用射频进行的（图14-143和图14-144）；然而，也可以用电动刹刀、手术刀（11#或12#）、关节镜刀甚至是18#注射针头进行。关节十字韧带损伤轻微时，没有十字韧带抽屉不稳定，十字韧带不移动，使得到达半月板胫骨韧带很难。如果不能到达，就在关节镜引导下进行尾侧半月板胫骨韧带切除。这项技术是通过放置一个20#针插入关节尾到侧副韧带内侧（图14-145），直到达到需要的位置和角度后，针头才固定位置，然后针头的位置被11#手术刀取代，进行半月板切开（图14-146）。在切除后用探钩确定半月板被完全切开，半月板尾脱离头侧部分。膝关节在进行TPLO埋入置换后重新检查，目的是检查十字韧带残

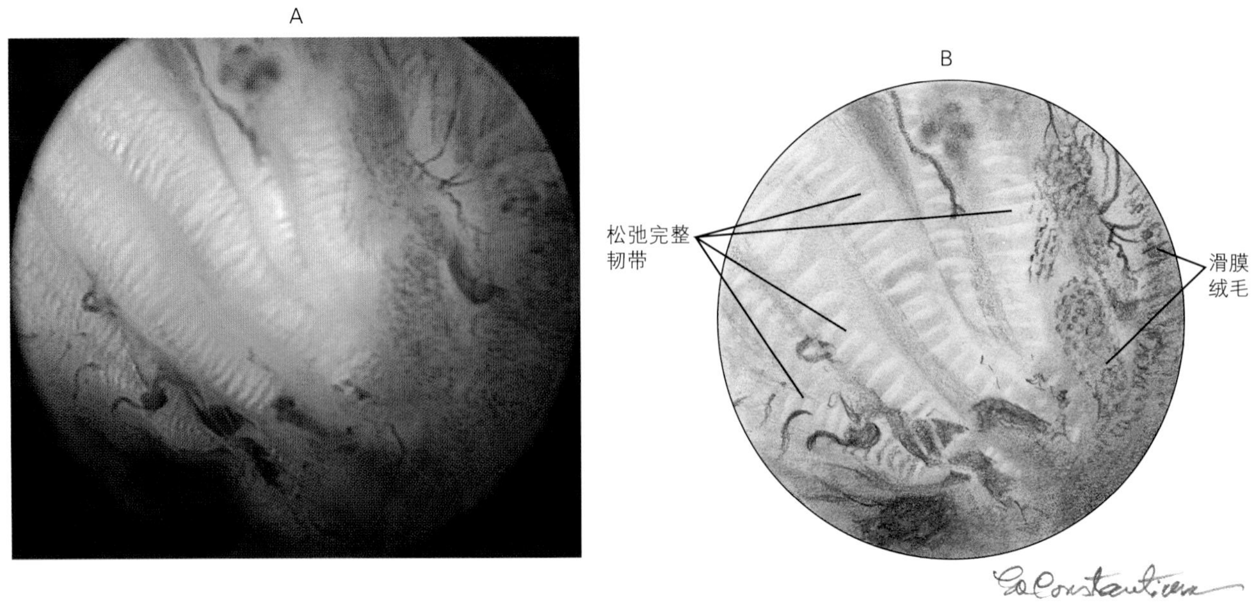

图14–129　在膝关节松弛的后十字韧带容易看到凸出的十字条纹和局部断裂的前十字韧带

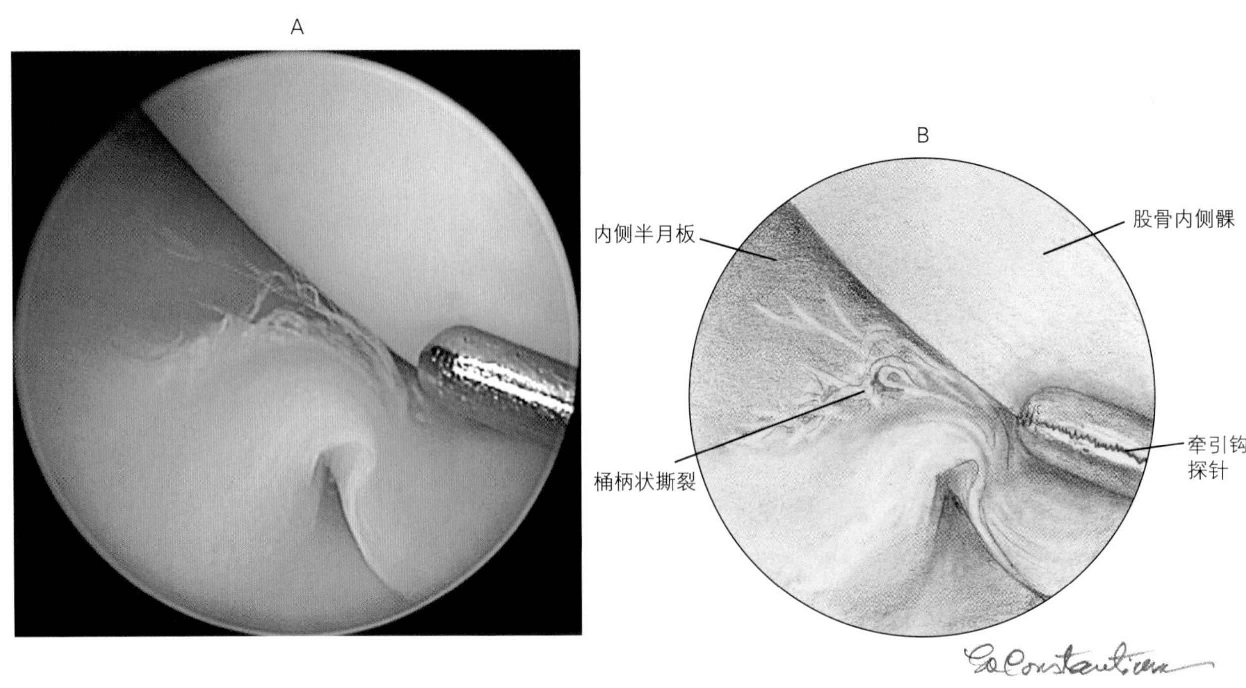

图14–130　前十字韧带断裂的犬，在内侧半月板末端出现小的纵向或桶柄状撕裂

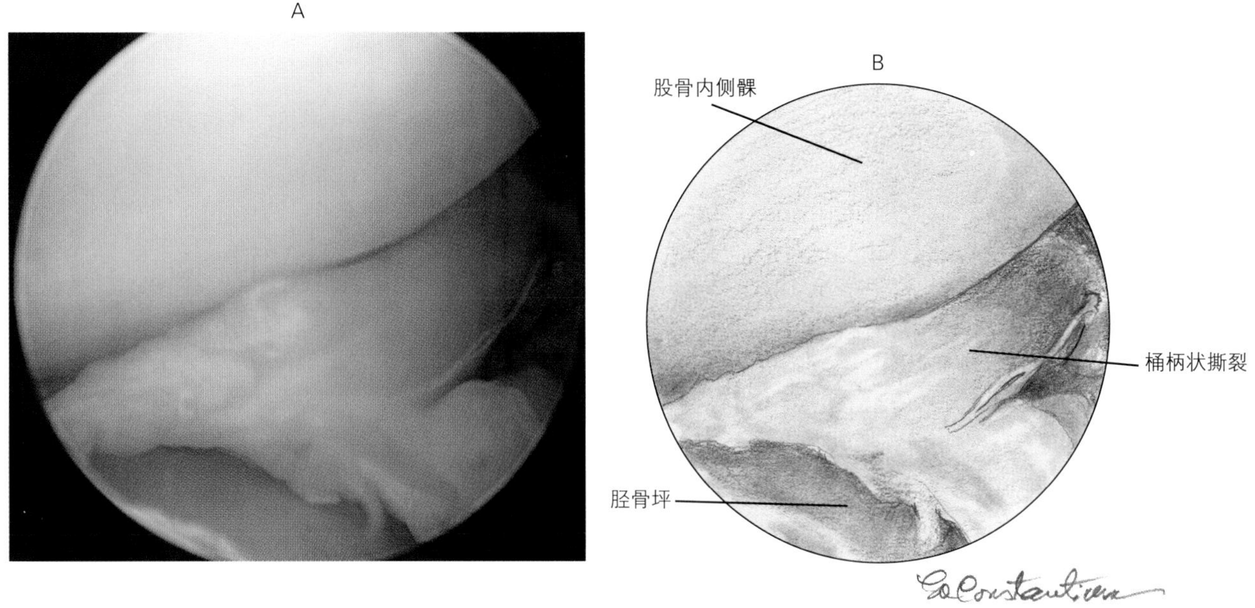

图14-131　内侧半月板后端的断裂的桶柄状或鹦鹉嘴状撕裂，在桶柄状一端从新月面滑脱，成为游离缘

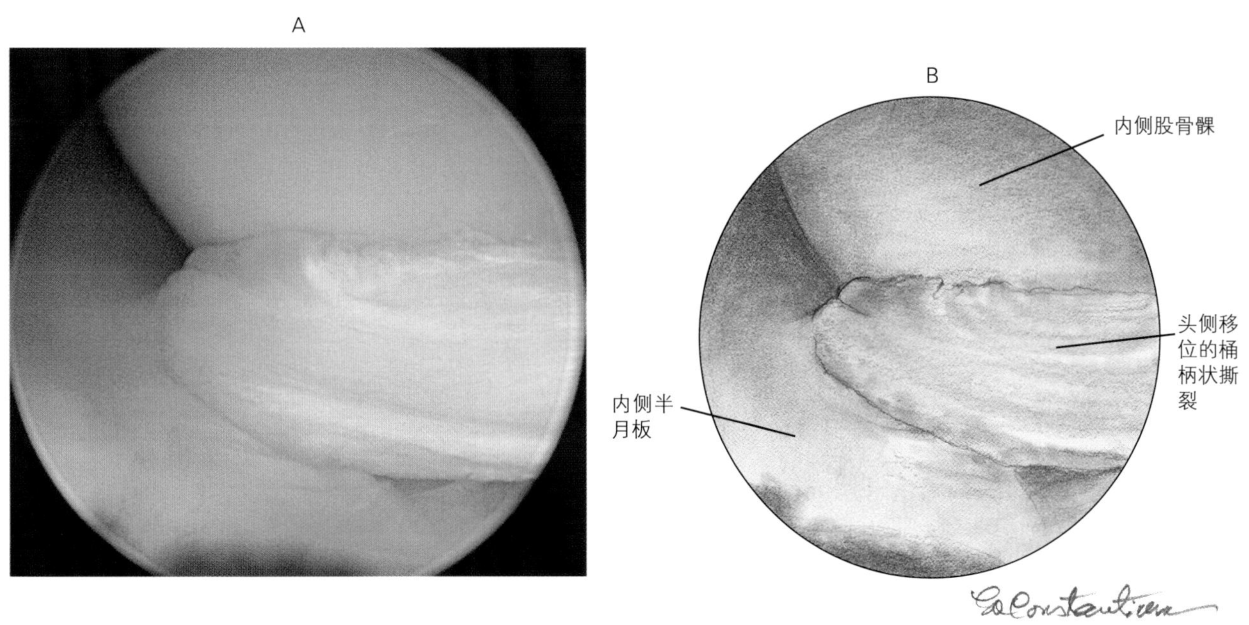

图14-132　内侧新月面末端的桶柄状撕裂，变得折叠，头侧移位，陷入到股骨髁前端

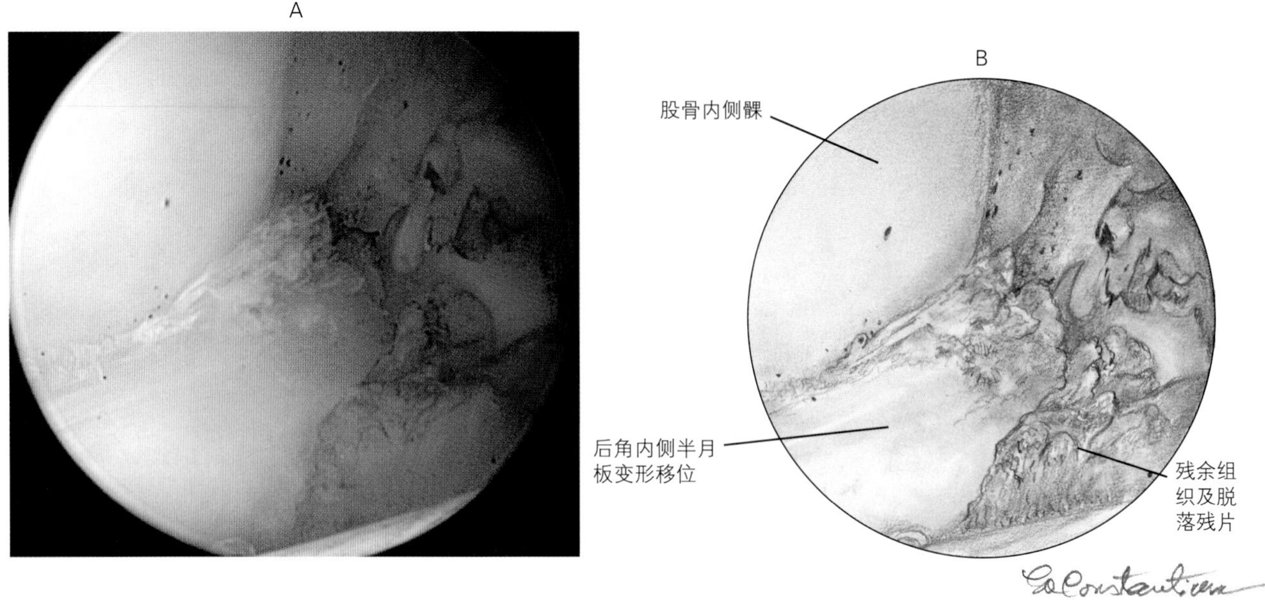

图14-133 内侧半月板的整个后角已经变形移位，滑落到内侧股骨髁的前缘。黑色的组织及残片是双极高频组织切除术的残迹

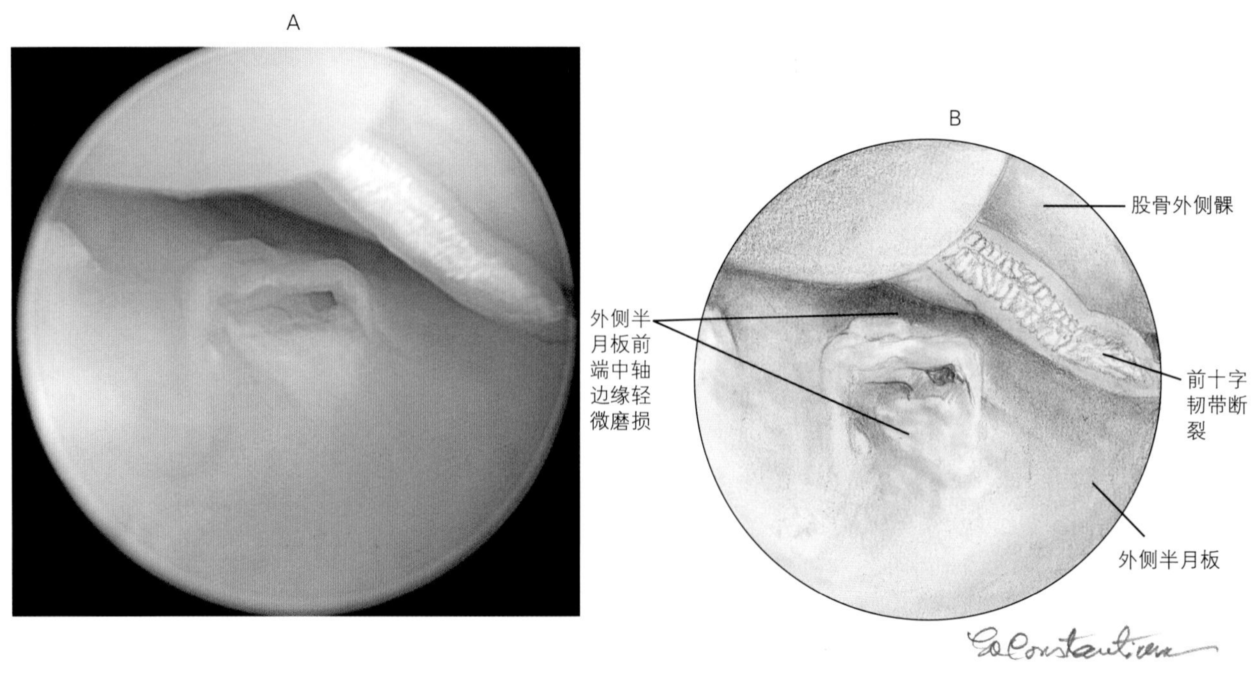

图14-134 膝关节局部前十字韧带断裂，伴发外侧半月板前中轴边缘的桡骨断裂或轻微磨损

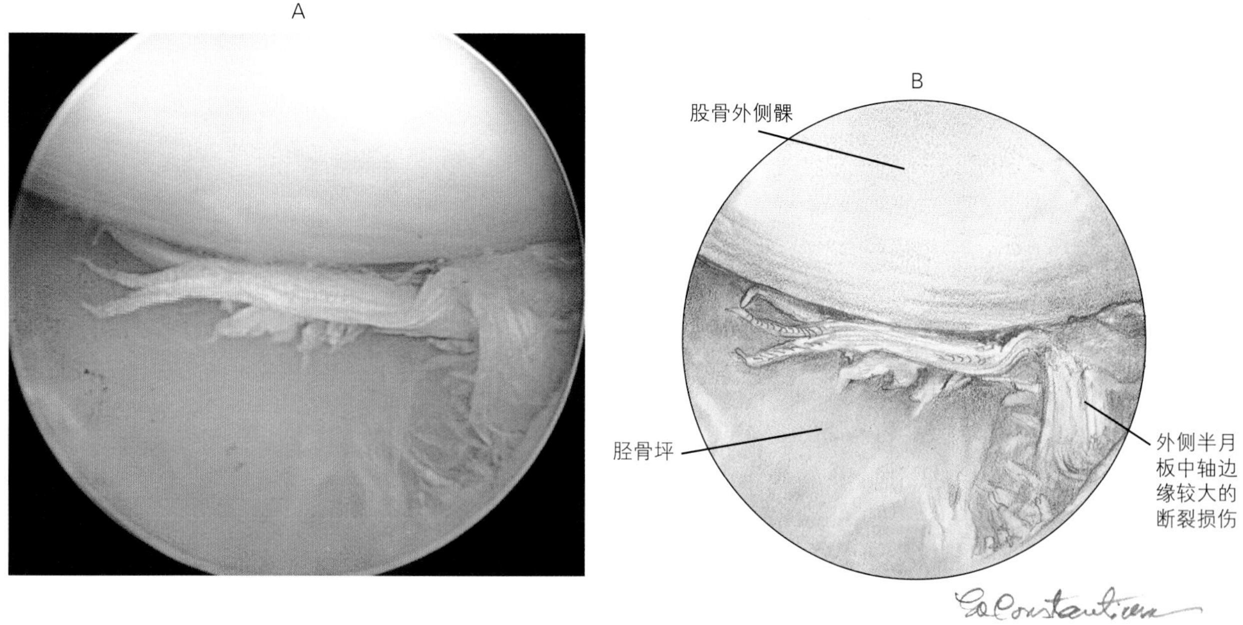

图14–135　前十字韧带断裂的犬，外侧半月板前端中轴边缘在桡侧出现较大的断裂损伤

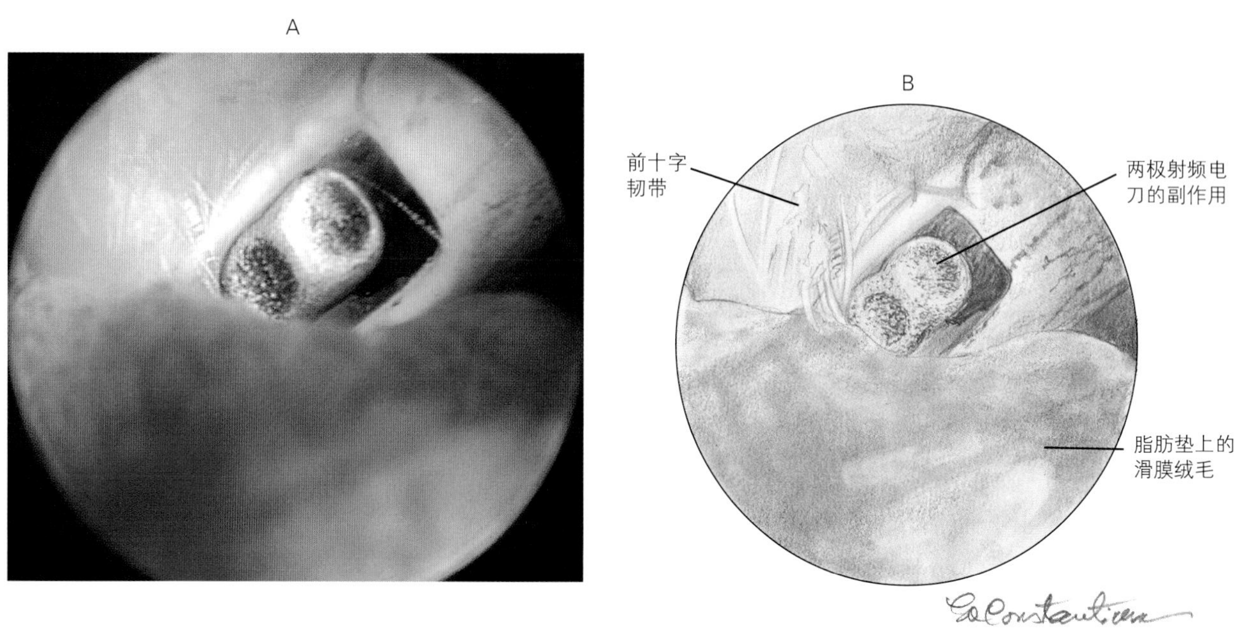

图14–136　脂肪垫部分切除，在前部局部施行滑膜切除术，用射频电刀来改善视野

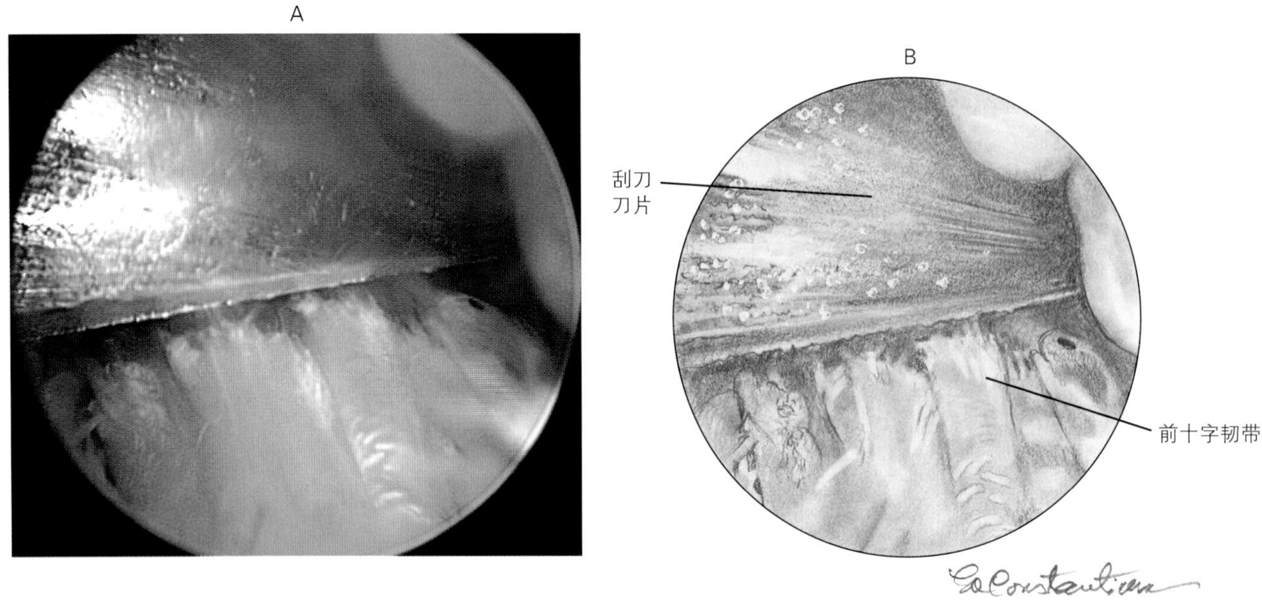

图14-137 用4mm的刮刀切除断裂的前十字韧带

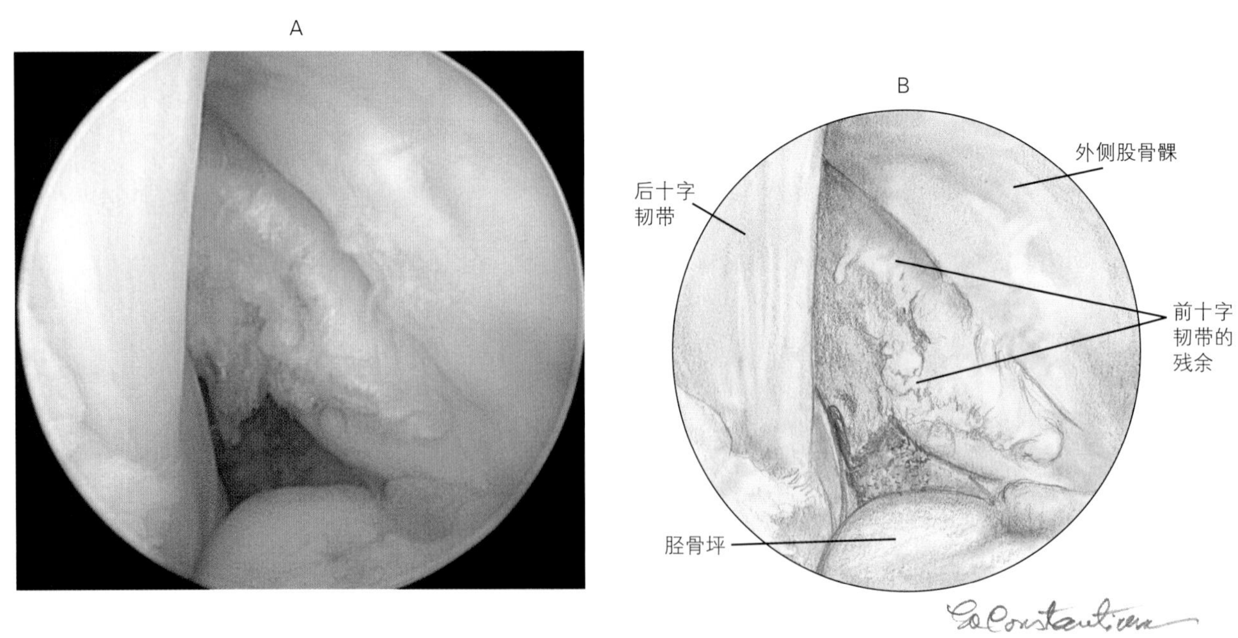

图14-138 用电刮刀刮除后，在外侧股骨髁内侧面有前十字韧带起始端的残留

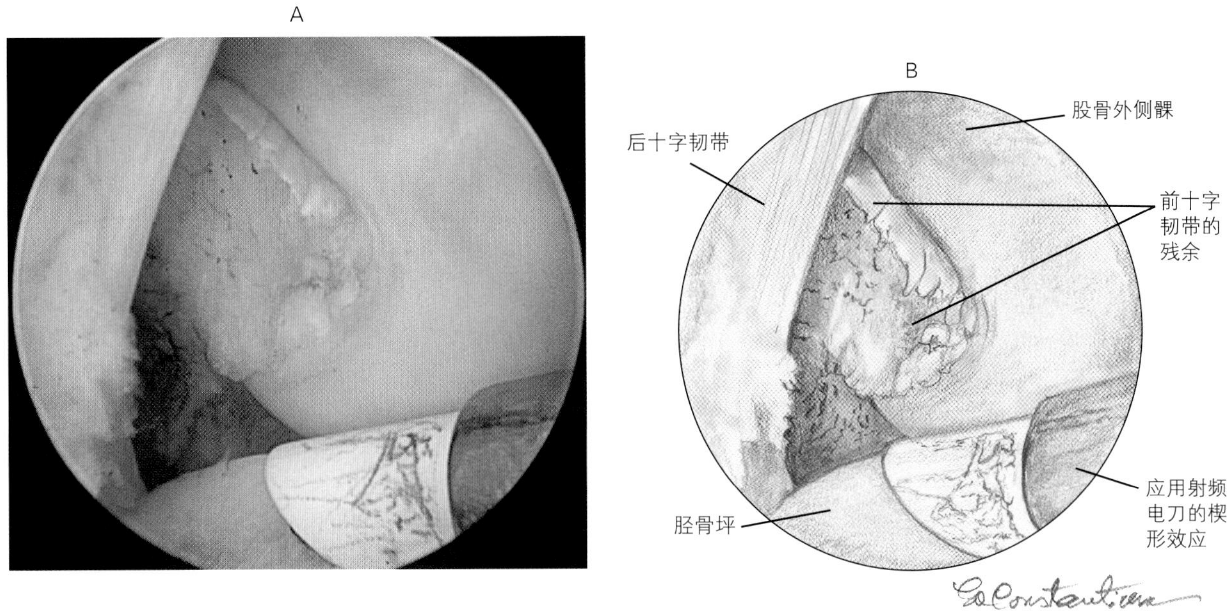

图14–139　用电刮刀将韧带切除后，应用射频电刀将残余韧带刮平

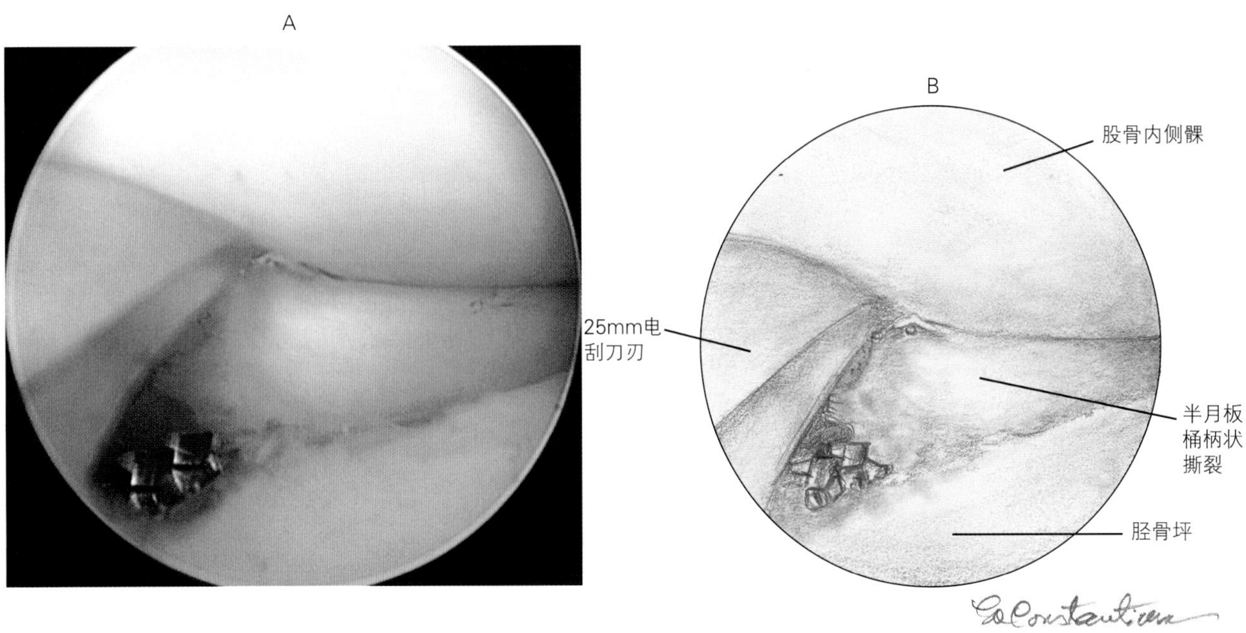

图14–140　应用2.5mm的电刮刀清除桶柄状撕裂

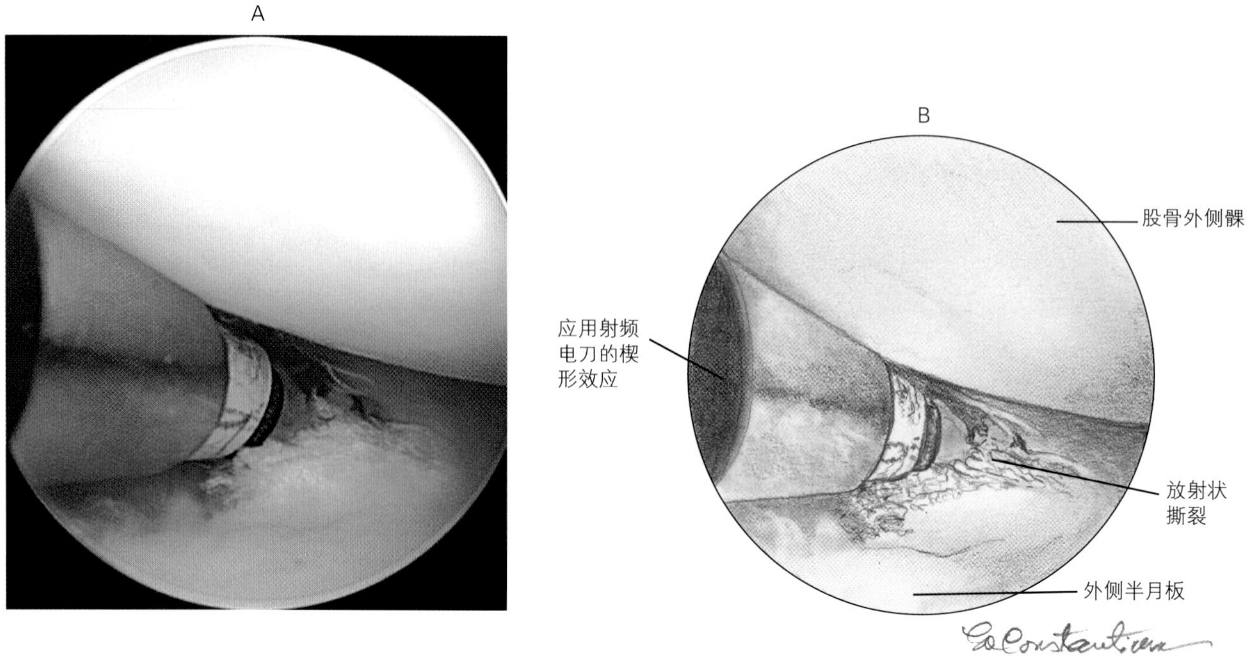

图14-141 应用射频电刀将图14-135显示的外侧半月板的损伤部分清除，注意防止邻近的软骨面受损伤

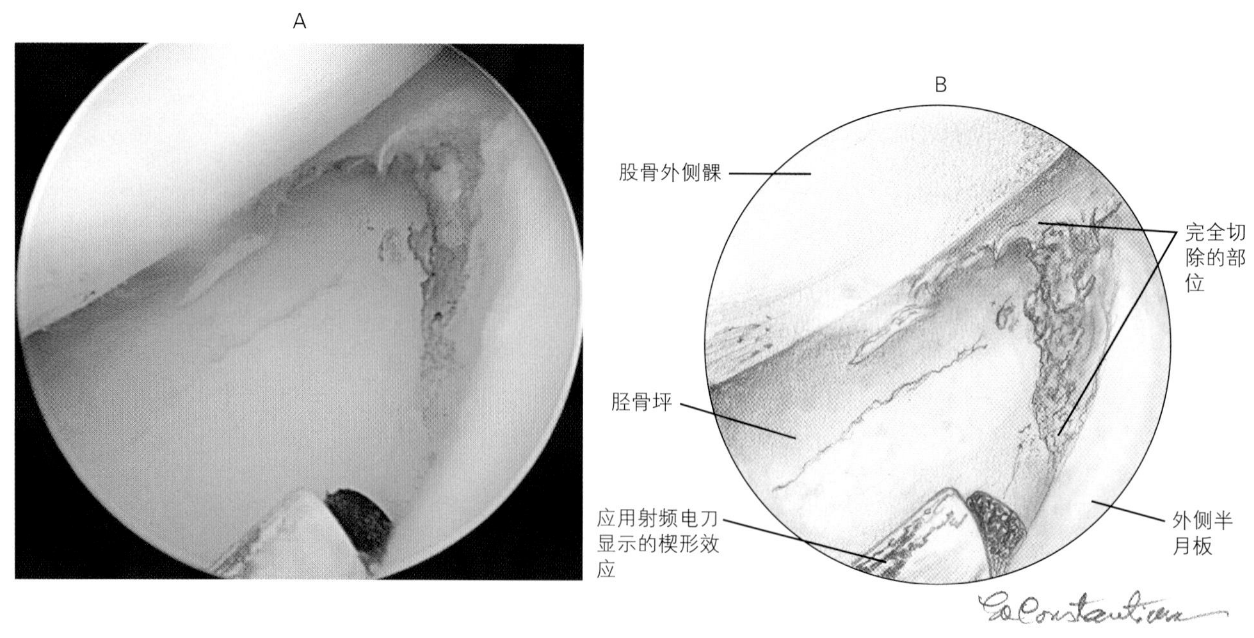

图14-142 半月板损伤清除完成

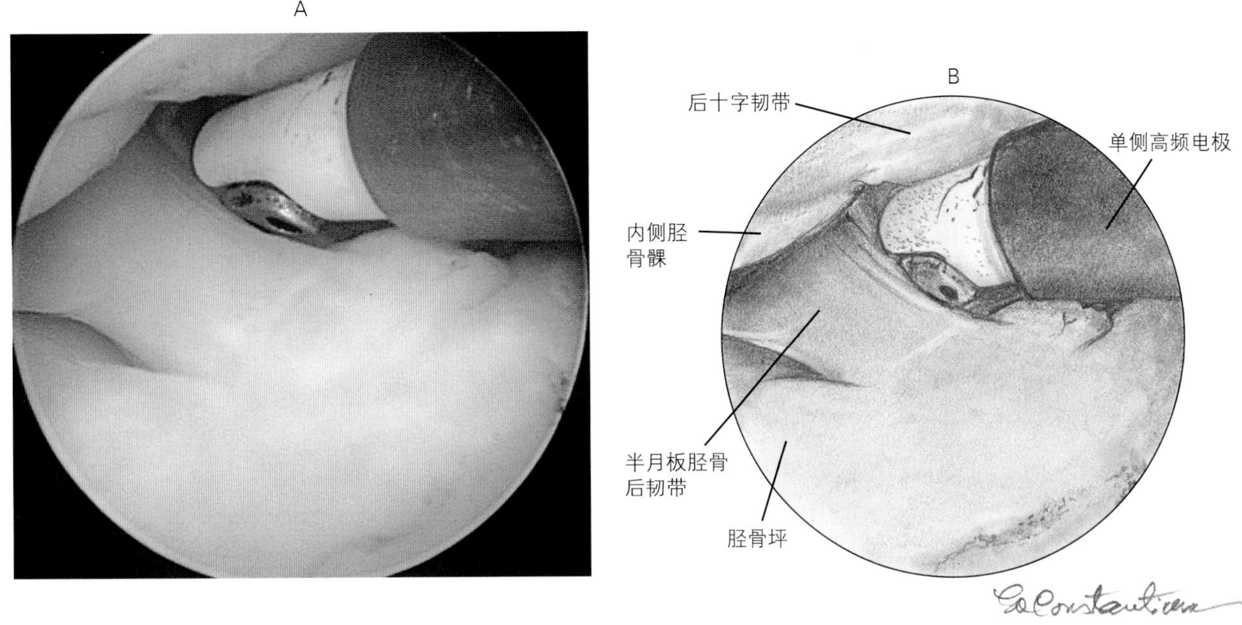

图14-143　使用直径2.3mm的单侧高频电极能够轻而易举地将半月板的胫内侧韧带切开。电极杆可以伸缩，其尖端呈30°角弯曲，这样可以为电极在韧带上的操作提供较好的视野

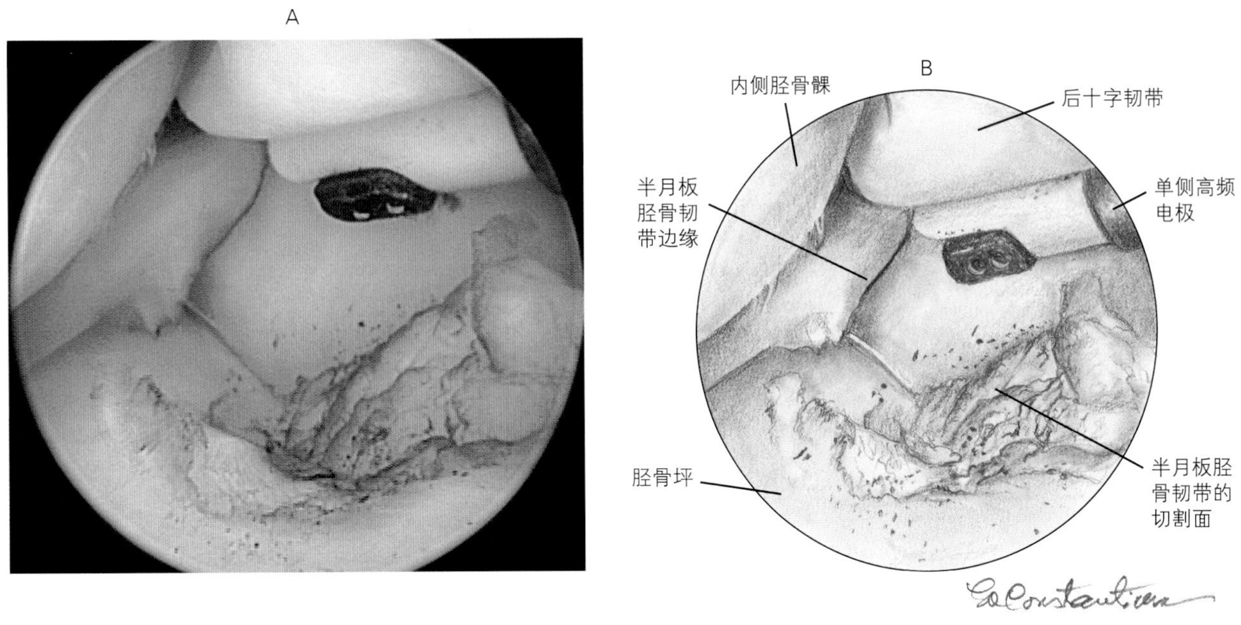

图14-144　胫内侧韧带切除后的横断面

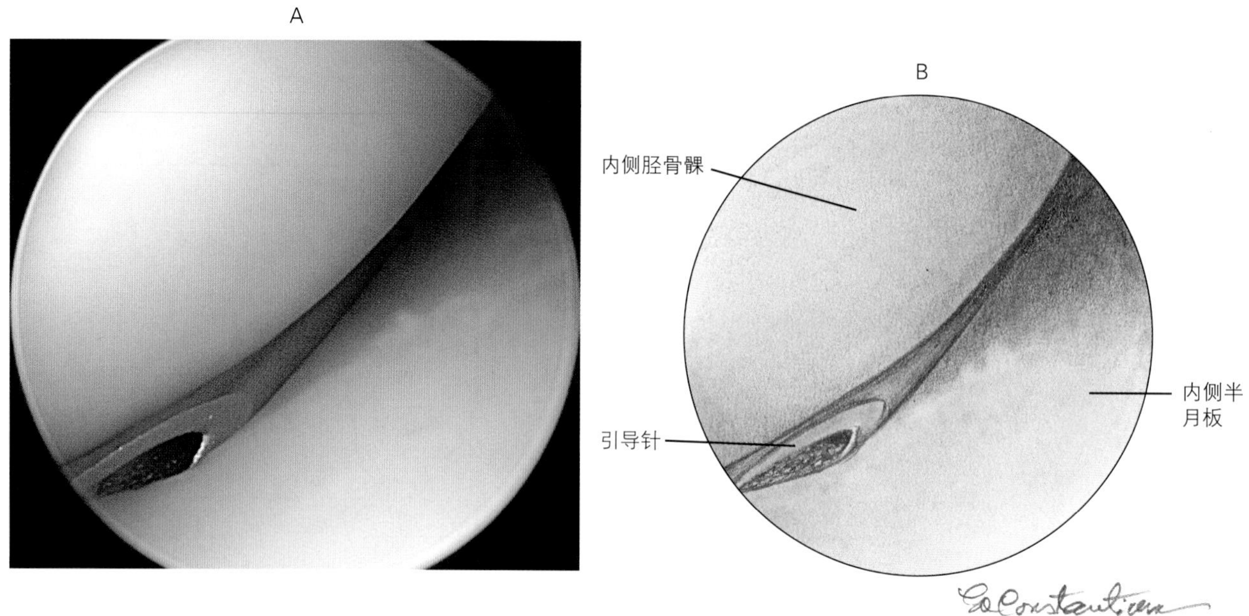

图14-145 经放置在内侧副韧带后侧的皮下针引导及将横过内侧半月板小体的关节镜对齐、测量和定向，就能暴露出桡侧中间体半月板的切口

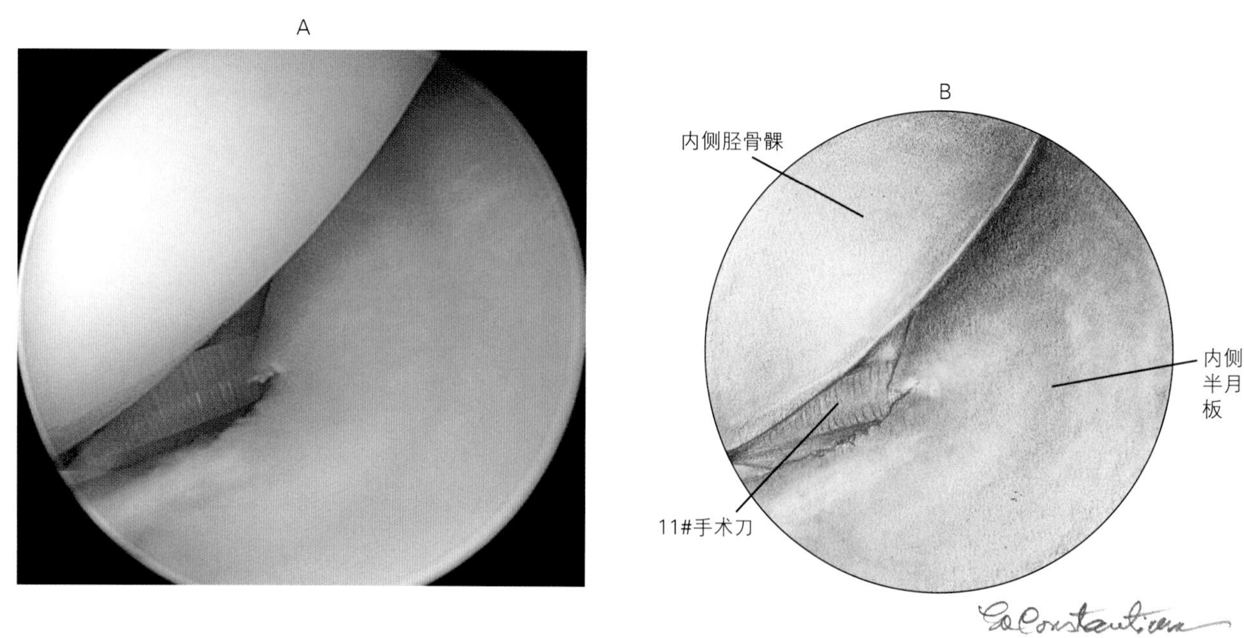

图14-146 11#的手术刀片和刺入针在同一平面横断半月板

余物完全清除掉，半月板全部清除和释放。

幼龄大型犬的膝关节不正常，确定为骨软骨炎，在股骨外侧髁发生典型的损伤。经常发生双侧损伤，可以发现内侧股骨髁损伤，直到犬再老些、出现典型症状才能作出诊断。症状、病史和身体检查的结果并不足以作出诊断，但是可以确定为膝关节患病。X线检查结果发现髁缺陷，但是缺少可见的损伤，关节渗出不能排除患分离性骨软骨炎的可能，应进行关节镜检查。尽管没有证据表明双侧膝关节都患病，还是推荐进行双侧X线检查，尽管膝关节没有发病的迹象，也推荐做双侧膝关节镜检查。

用关节镜治疗分离性骨软骨炎时，使患病动物背侧卧，采用头侧内镜入口，头尾侧手术入口，髌骨上出口。在外侧股骨髁中部内侧面容易看到类似于软骨翼的骨软骨炎损伤，边缘清楚（图14-147），尽管偶尔也表现出软的或可移动的软骨，没有松动或明显的边缘，类似于磨损的软骨缺陷而没有软骨碎片，或者是不规则软骨缺陷而没有软骨碎片脱落。绒毛滑夜反应与关节分离性骨软骨炎同时发生，但是少见于十字韧带损伤，常发生于损伤的区域。切除部分脂肪垫和头侧间隔部分滑膜可改善股骨髁和分离性骨软骨炎损伤的直视效果。屈曲关节，使损伤可见，进行皮瓣清除术。用弯曲止血钳将游离的皮瓣清除后，使用关节镜抓钳清除，技术类似于肩关节分离性骨软骨炎。通过残存的软骨碎片评估软骨损伤的程度，用探钩探查损伤的边缘，用手动器械或电动剃刀清除任何残存的软骨。医生使用手动器械或电动剃刀，轻轻地清创，至骨出血，避免清除过多的骨组织（图14-148）。促进愈合时可以造成微小的骨缝。用生理盐水彻底冲净关节，要仔细检查关节任何残存松弛的碎片。

（四）关节镜辅助治疗髌骨骨折

使用关节镜方便治疗髌骨骨折，可用其辅助髌骨复位或清除小块、非结构性骨碎片。骨折复位时，用关节镜观察骨折的关节面，暴露髌骨以确定植入位置。患病动物背侧卧，使用标准的关节镜入口。如果为了骨折复位而切开关节或由于损伤而暴露关节，也可以将关节镜头用于开放的关节内。

（五）长指伸肌腱损伤

长指伸肌腱起始处撕裂源自股骨附着点，部分或完全撕裂不常见，但是却是膝关节病病因。部分或完全损伤并且骨没有发生撕裂表现出类似二头肌损伤或十字韧带损伤的症状，可见纤维断裂，表现出急性或慢性疾病。X线检查可见被撕裂的骨碎片，急性时骨碎片小，随着时间延长而逐渐增大。腱断裂或骨碎片清除可用关节镜进行治疗。患病动物背侧卧或侧卧，使用标准的关节镜入口。移除大的骨碎片需要扩大手术入口。

（六）十字韧带固定和十字韧带修复失败

关节内固定技术失败可以通过关节内镜（图14-149）进行检查，同时可以用探钩评估应力和手法治疗。筋膜带完整性缺失也表现出类似十字韧带损伤一样的症状（图14-150）。清除无用的组织与清除十字韧带时使用相同的技术。也使用关节镜技术检查和清除关节内的植入物。半月板检查对于评估这些病例的严重程度很重要，因为严重的技术缺陷可能导致半月板损伤，一般发生于重建时或在开放性手术时造成损伤。对关节内固定技术不足造成的结果进行重新评估或TPLO是另一种使用关节镜的手术，尤其是关节没有检查或先前进行的手术没有进行清创时。

（七）关节镜采集肿瘤组织

用关节镜进行膝关节检查时发现关节内肿瘤，动物表现跛行和关节疼痛，但是没有X线病变或只有软组织变化。关节镜也可以用于X线发现远侧股骨骺或胫骨平台骨损伤病例的活组织采样。在许多情况下，相比开放手术技术，用关节镜采集活组织样对机体损伤更小。

（八）关节镜辅助髌骨复位

侧股髌韧带、侧髌骨软骨和侧韧带横断，失去对髌骨的固定作用，为使髌骨复位，建议治疗髌骨侧脱位。缺乏足够的信息或病例来评估这项技术的长期结果、技术或选择病例的标准。手术前关节检查说明使用关节镜进行内侧髌骨脱位复位。

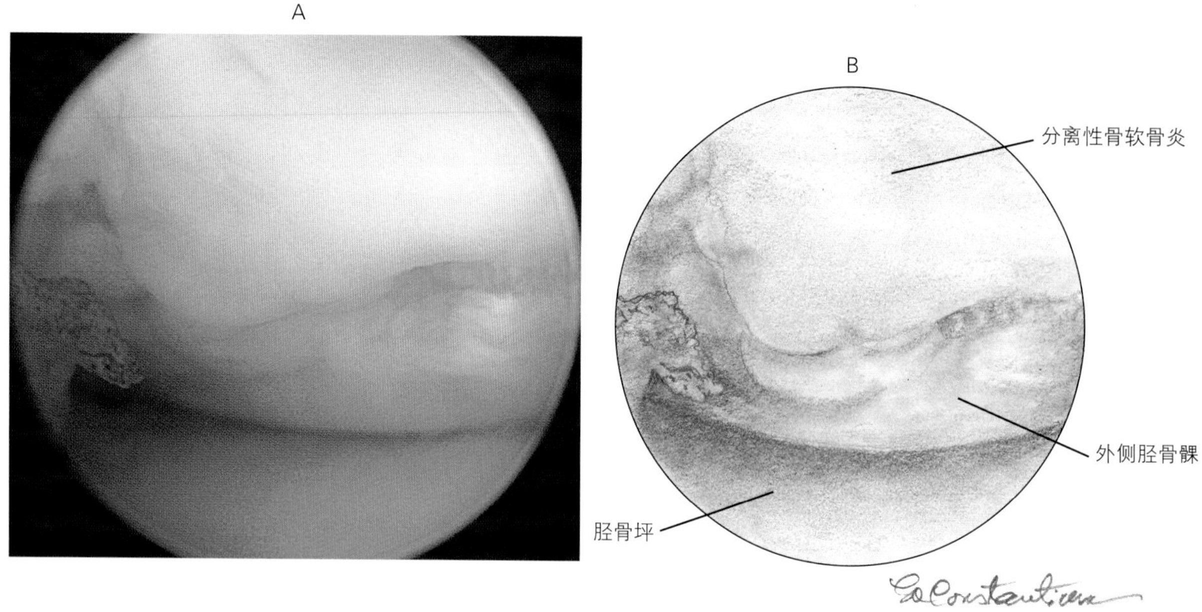

图14-147　股骨外侧髁分离性骨软骨炎

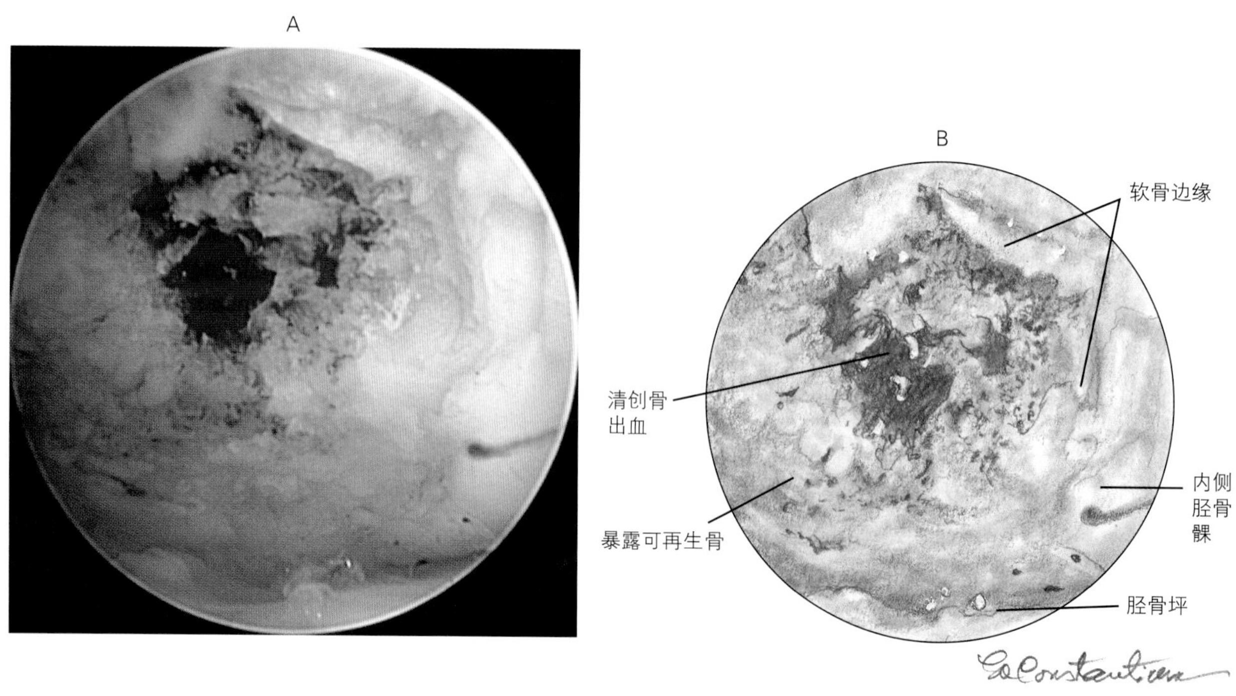

图14-148　发生分离性骨软骨炎损伤关节经软骨皮瓣摘除术和损伤边缘与基部清创术后状态

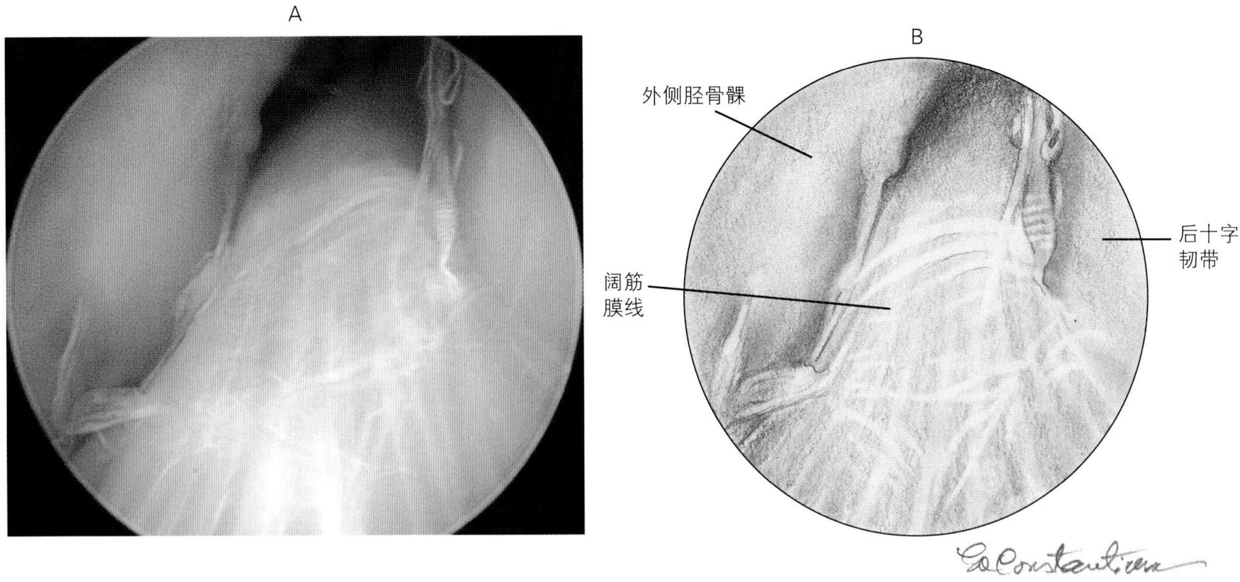

图14-149　在稳定操作失败的犬，膝关节出现阔筋膜带剥脱

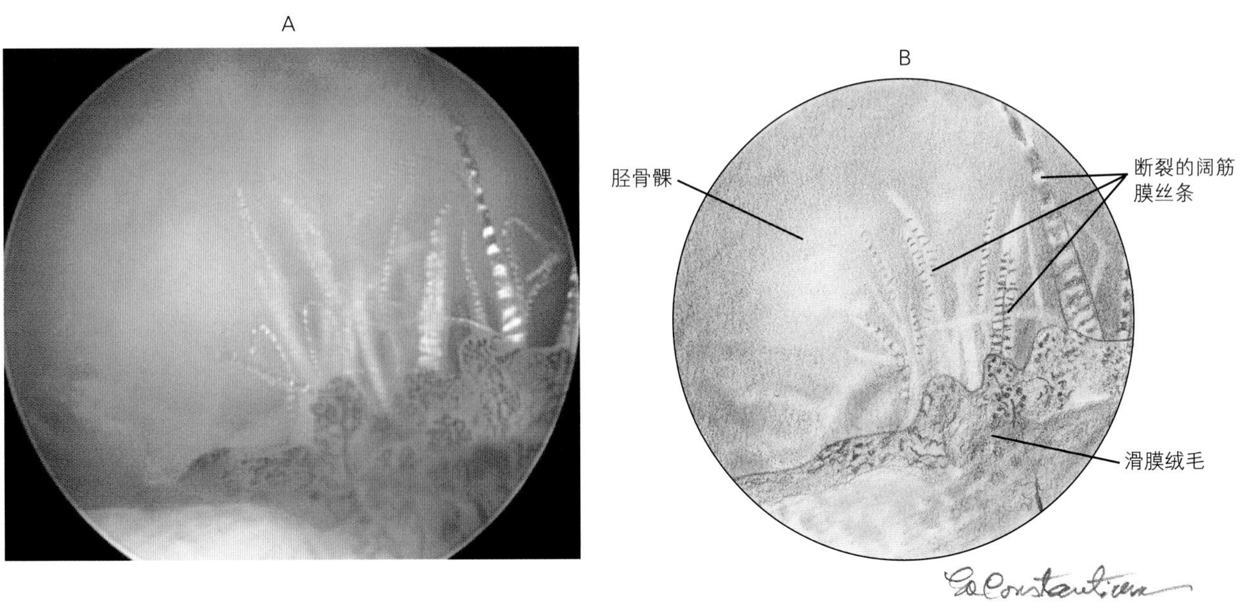

图14-150　来自图14-149膝关节断裂的阔筋膜丝条，形如前十字韧带断裂

关节镜还用于检查外伤造成的侧股髌韧带撕裂和清除滑车嵴的死骨。

（九）退行性关节病、软骨软化和滑膜炎

DJD伴发软骨和滑膜变化不是膝关节的主要诊断依据，但是很可能继发于其他关节疾病。如果主要病因不明显，需要更彻底地检查，以排除早期前十字韧带部分损伤、后十字韧带疾病、半月板损伤、趾长伸肌腱撕裂、腘腱撕裂或其他主要疾病。

第十节 胫跗关节镜检查

一、适应证

当后肢跛行并伴发疼痛、捻发音、肿胀和胫跗关节增厚，或者X线检查疑似分离性骨软骨炎、关节内骨折或退行性骨关节病时，需要用关节镜检查胫跗关节。胫跗关节疾病常伴发严重的关节肿胀或增厚，使得比临近关节更容易确定其患病。建议采集肘关节滑膜活检样，以诊断免疫介导性多关节疾病。

二、患病动物准备、保定与手术室布局

基于病理学，可做单侧或两侧胫跗骨关节内镜检查。在进行单侧或双侧关节内镜检查时，我通常用仰卧保定法，同时使腿向后、向外伸展，以便分别对关节的内侧和外侧进行检查。监视器应置于手术台的前面或者斜放于任意一边，以保证有足够的手术操作空间。外科医生站在桌尾端，助手站在被检肢一侧。在关节趾侧安置两个口，患病动物俯卧保定，腿向桌边展开。

三、手术入口与布局

（一）进镜口

胫跗骨关节的四个部分都可以作为内镜入口。胫跗骨关节入口的选择取决于关节损伤部位。内镜入口和手术入口可以互换。

背中和背侧入口定位于趾长伸肌腱和胫骨头肌腱的内侧或外侧（图14-151）。为了建立背侧胫跗骨内镜管入口，需要将20#、1英寸的针插入关节囊膨胀最大处，吸出关节液，用盐水膨胀关节。在针刺部或者伸肌肌腱对侧用15#刀片切口，使用钝性套管针将内镜套管放入。

跖肌内、外侧入口分别定位于胫骨远侧关节面的跖肌缘和距骨滑车嵴跖肌的连接处关节的两侧（图14-152）。继发于关节病的关节囊增厚可能使跖关节入口变得困难。在某些有关节囊增厚的病例中，使用的是微型关节切开术，而不是用真正的关节镜管入口。微型关节切开术是指，用10#手术刀片刺开皮肤、皮下组织和关节囊，做通向关节的切口。

将内镜套管插入关节，调节内镜位置，对关节进行检查。跖肌内侧入口可以很好地检查跖肌分离性骨软骨炎损伤，也可用于清除关节后端游离体。

（二）手术入口

距骨内侧跖肌分离性骨软骨炎的手术入口，是最常用的胫跗骨关节内视镜入口，通过内踝末端和侧韧带始端内侧很容易完成入口的安置。踝关节的狭小空间将妨碍单独的内镜入口和手术入口。在这些病例中，需要运用微型关节切开术，在内镜要插入处进行扩大，以便作为内镜入口点连接部和器械入口。在关节背侧，手术切口位于伸肌肌腱侧，如果可能，用安置针确定手术入口，或者用简单的穿刺，切开皮肤、皮下组织和关节囊。

为在关节的跖肌面建立两个入口，需要将患病动物腹卧保定，手术入口位于镜管入口与关节并列的位置，以接近检查部位，便于观察和三角网格化[8]。关节内侧的手术器械入口也可使用检查分离性骨软骨炎时的内侧手术入口。在关节外侧，可以建立外侧手术入口或跖肌外侧微型关节切开入口。

如果必要，流出口套管可以选在任意未被用过的入口处，但是胫跗骨关节非常小，在很多病例中都没有足够的空间用于三个入口。出口多数是通过

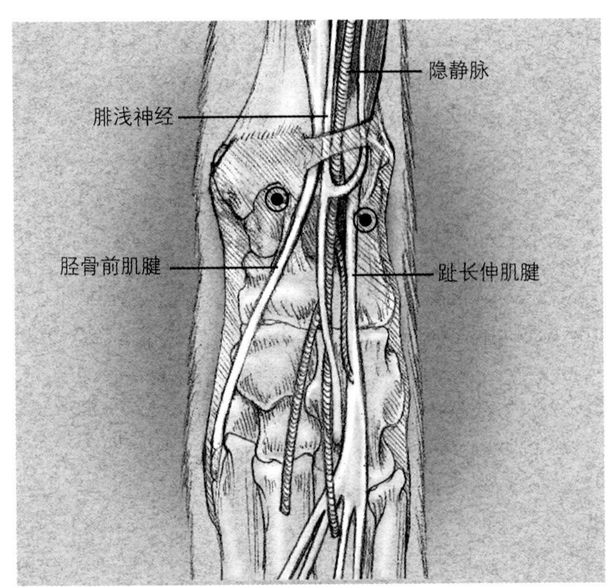

图14-151　胫跗关节背面入口。显示两个入口，内镜和操作的可交换入口（圆形标记）。它们位于胫骨末端关节面背侧缘的远端，在趾长伸肌腱、胫骨肌肉腱头侧、神经血管束的内侧或外侧（引自 Veterinary endosurgery, Freeman LJ,St Louis, 1999, Mosby）

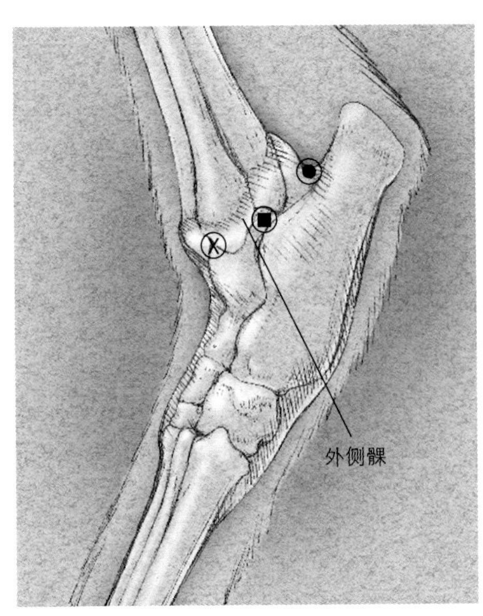

图14-152　位于胫骨关节外侧面入口的位置。内侧入口位于关节面内侧的位置。内镜入口（圆形标记）位于胫骨末端关节面和内侧或外侧跖部，距骨嵴的跖肌边缘接头。操作入口可以位于相对侧副韧带（方形标记）后侧的内侧或者外侧。流出口（X形标记），如果需要，可以位于背外侧或背内侧，内镜和操作入口的位置（引自 Veterinary endosurgery, Freeman LJ,St Louis, 1999, Mosby）

20#针管在没有用过的部位、手术入口或者微型关节切开术的切口处建立。

三、检查方案与正常的关节镜解剖

关节的解剖学依据用于定向的结构以及检查方案随使用的入口而有变化。胫跗骨关节很小，通常允许最小的干扰检查和操作，而且关节囊离关节的骨结构太近，以致关节内视镜没有宽阔的视野。完全检查跗骨关节的病理状况需要多个入口。

手术定位依据于胫跗骨关节入口，入口位于胫骨远端关节面的凹面与邻近的距骨关节面嵴的凸面之间（图14-153和图14-154）。由于胫跗骨关节内的空间有限，检查时需要细心操作，通过内翻与外翻、弯曲和延伸调整关节，内镜在关节内的深度、角度、旋转需轻微。胫骨远端关节面、邻近的距骨面、胫骨远端关节面的背侧或跖侧以及背侧或跖侧的关节间隙都需要检查。在关节内转动内视镜，以便对关节进行全面的检查。

四、胫跗关节病的内镜诊疗

（一）分离性骨软骨炎

分离性骨软骨炎是跗关节处内镜诊断最常见的疾病，可能是单侧的，也可能是双侧的。胫跗骨关节分离性骨软骨炎最常发生于距骨内嵴的跖面，但是也可能发生于外侧嵴的跖面和内侧或外侧嵴的背面。跖内侧的损伤一般都伴有骨的损伤，而且与关节大小有很大关系（图14-155）。会出现典型的绒毛膜滑液反应，尤其伴有跖部损伤，增加了内镜检查的困难（图14-156）。术前应进行X线检查，建立假设性的或决定性的诊断，以对双侧的疾病作出评估，并将损伤部位局限化。如果双侧都有损伤，内视镜检查就应该同时进行。距骨内侧嵴跖侧出现损伤，则使用内镜跖肌内侧入口，内侧手术入口或跖肌内侧微型关节切开术入口，可观察到损伤（图14-155），如果必要，可把松弛的韧带抬起、夹住（图14-157）并清除。最小限度的清创术是将松弛的韧带从损伤边缘和病灶处移除。典型的跖肌内侧分离性骨软骨炎与关节的大小有很大关系，而且会在距骨嵴上留下很深的缺损（图14–158）。广泛性清创手术是使用刮刀或电动剃刀刮除，这种方式有潜在而长期的损害作用。典型的距骨背侧分离性骨软骨炎比跖侧损伤更小（图14–159），手术方法是从背侧入口进入，清除松弛的韧带，然后清创。骨刺通常在分离性骨软骨炎损伤之上形成，比分离性骨软骨炎的损伤要大。

（二）关节内断裂的辅助治疗

距骨关节内断裂的评估和处理可以借助于内镜进行诊断、确定治疗方法、清除小块骨碎片（图14–160），以及当进行断裂修复时可直视关节内断裂线。

（三）软组织损伤

所有跗骨关节内或周围的软组织都可能损伤，而内镜是诊断、协助选择和计划开放性手术损伤最小的方法。广泛的韧带损伤不能通过内镜处理，需要开放性的外科手术，使韧带重建，跗骨融合，或者使用外部夹板辅助治疗。

（四）免疫介导的侵蚀性关节炎的内视镜诊断

关节内视镜对于疑似免疫介导侵蚀性关节炎的检查和活组织采样是一种有效的方法。

（五）退行性骨关节病

软骨磨损见于胫跗骨关节，且没有原发病的迹象。这些磨损与肘关节处的“不协调”磨损相似，其可能相似的病因是陈旧的未经治疗的分离性骨软骨炎或者陈旧的骨断裂。这些损伤可能在距骨内侧或外侧嵴、胫骨远端关节面或两侧关节面看到（图14–161）。

A

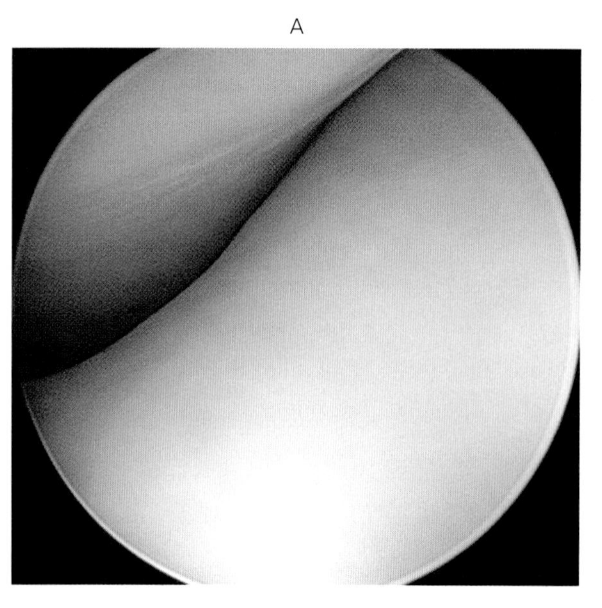

B

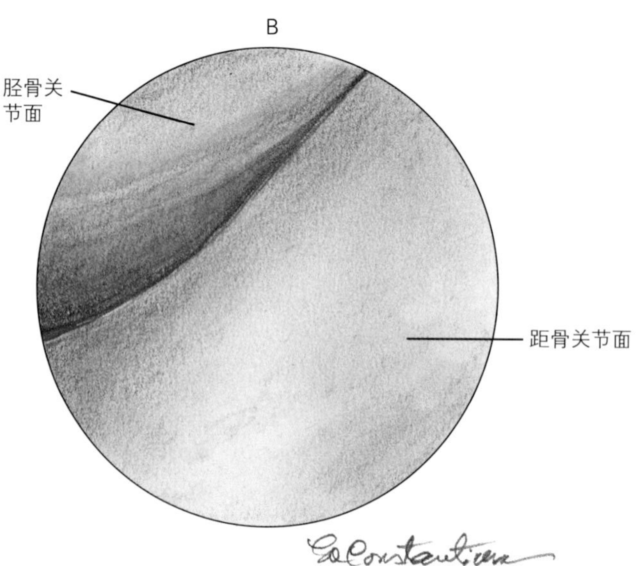

图14–153 胫骨末端关节面和邻近的关节面

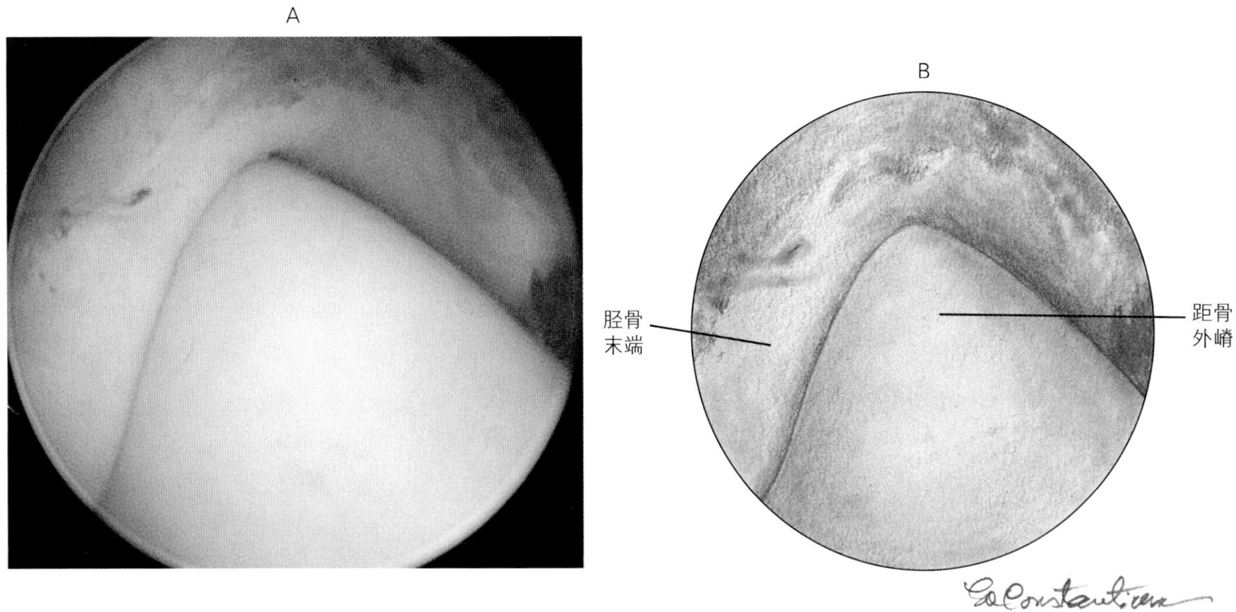

图14-154　胫骨末端关节面和距骨侧嵴跖部后边缘

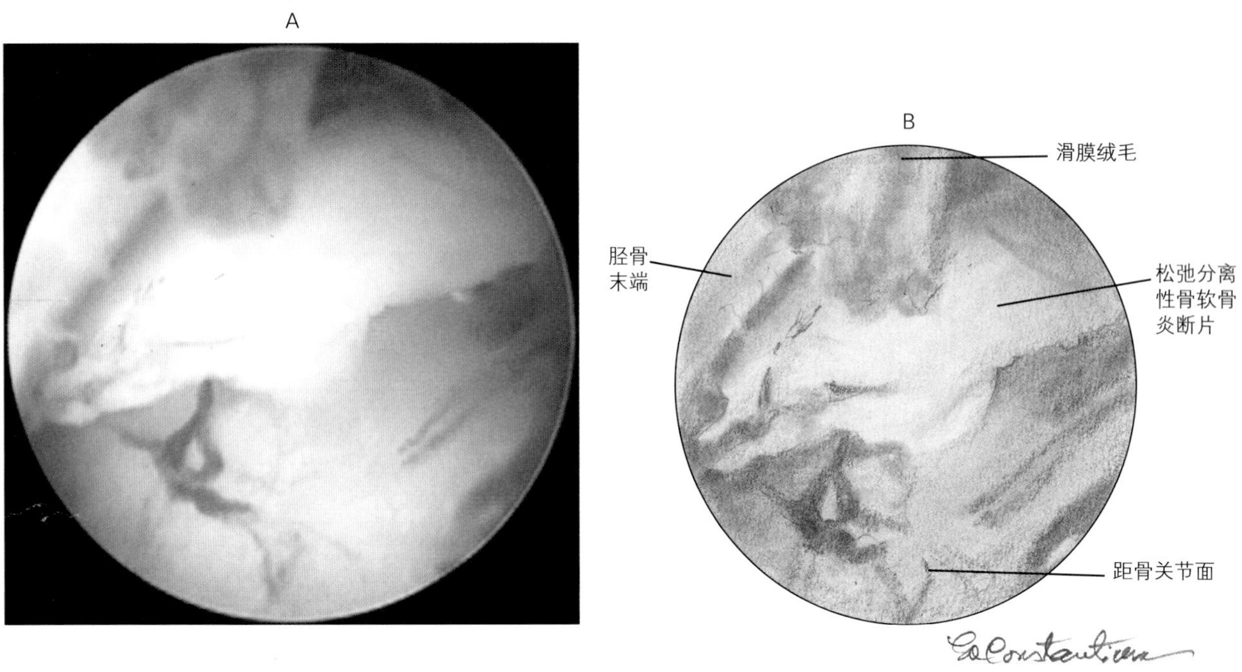

图14-155　在距骨内侧嵴跖部有大块松弛分离性骨软骨炎断片，其内有骨和软骨

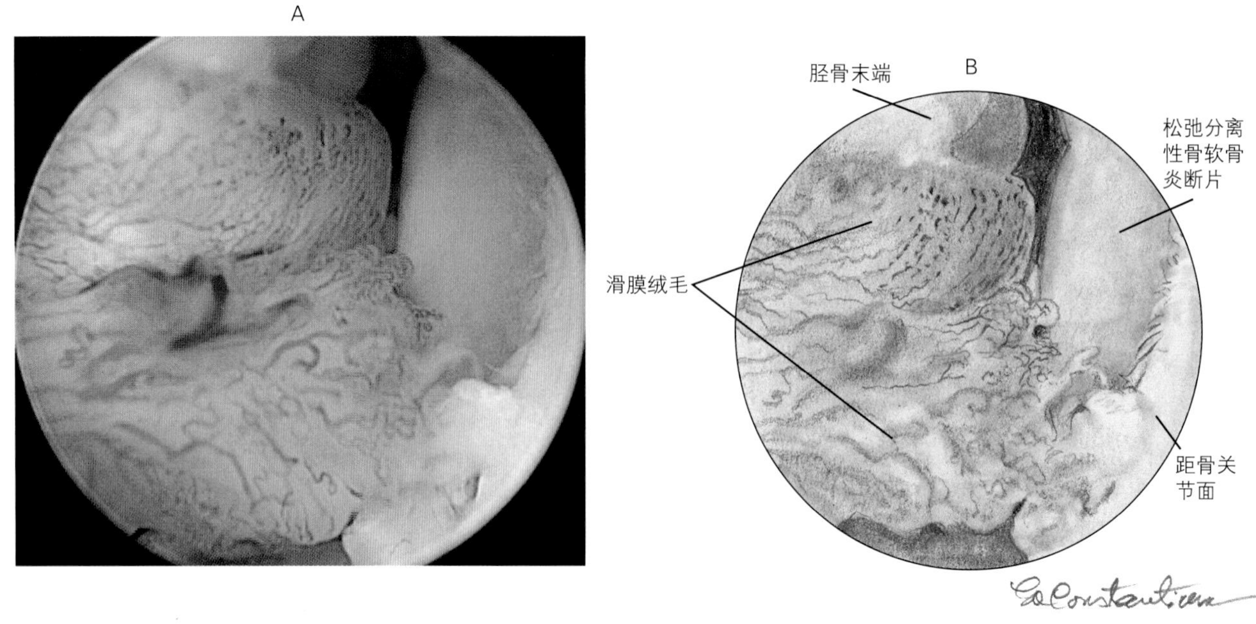

图14-156 胫跗关节跖部关节腔发生广泛性绒毛滑液反应，伴发分离性骨软骨炎

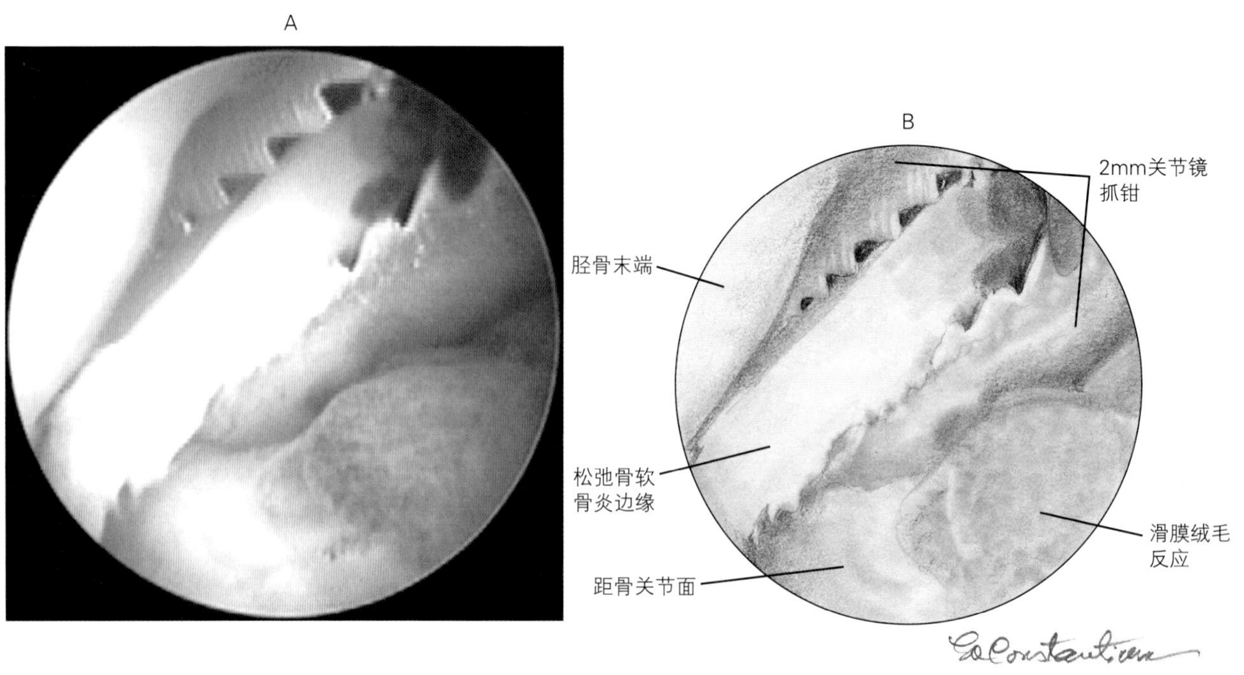

图14-157 使用2mm关节镜抓钳从距骨内侧嵴移除图14-155中大块骨软骨碎片

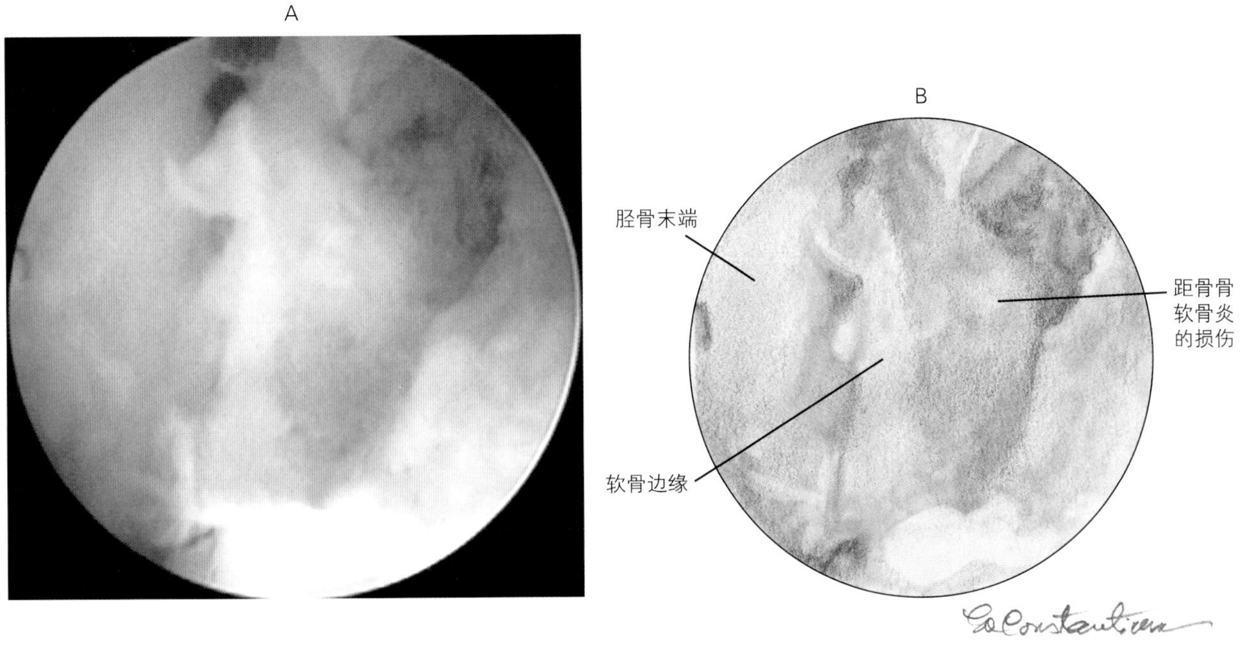

图14-158　清除损伤图14-155和图14-157后，在距骨内侧嵴存在缺失

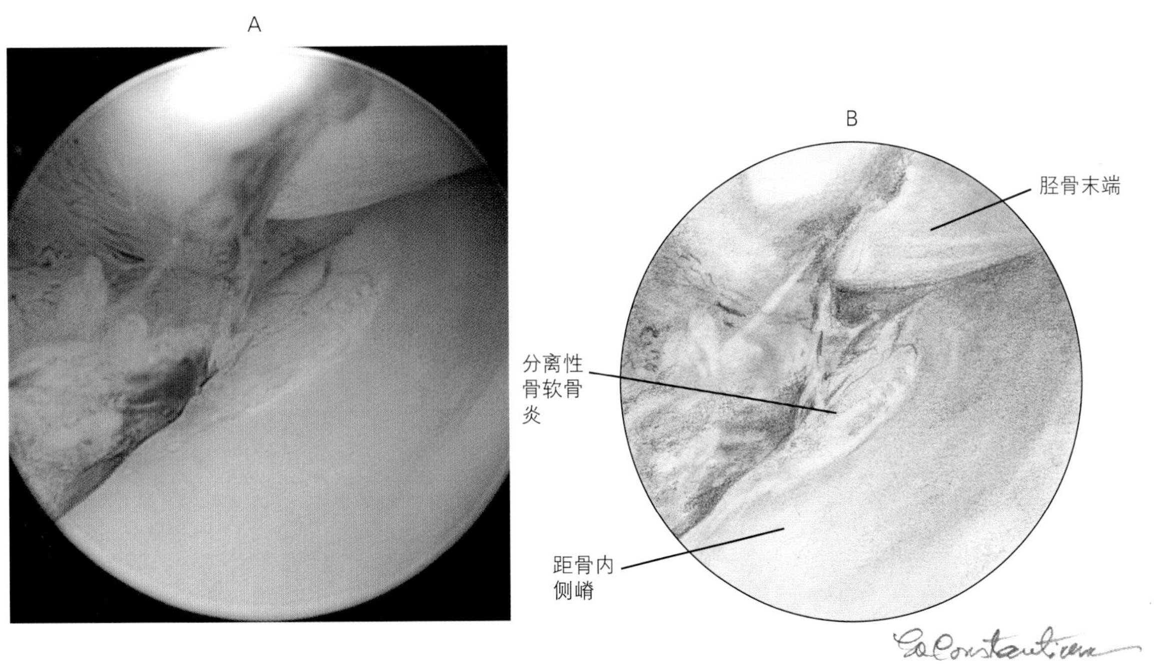

图14-159　距骨内侧嵴背面典型的分离性骨软骨炎损伤

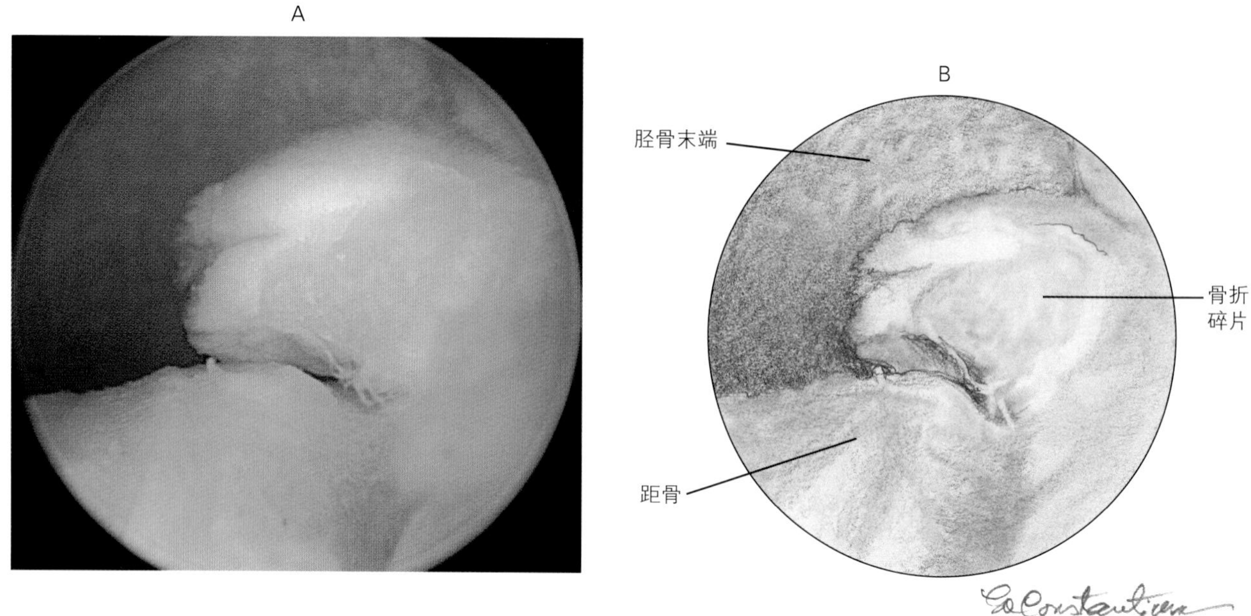

图14-160 关节镜将胫跗关节内的骨折碎片清除。在这个图片中可以看到，关节镜造成的距骨和远端胫骨的关节面部分磨损

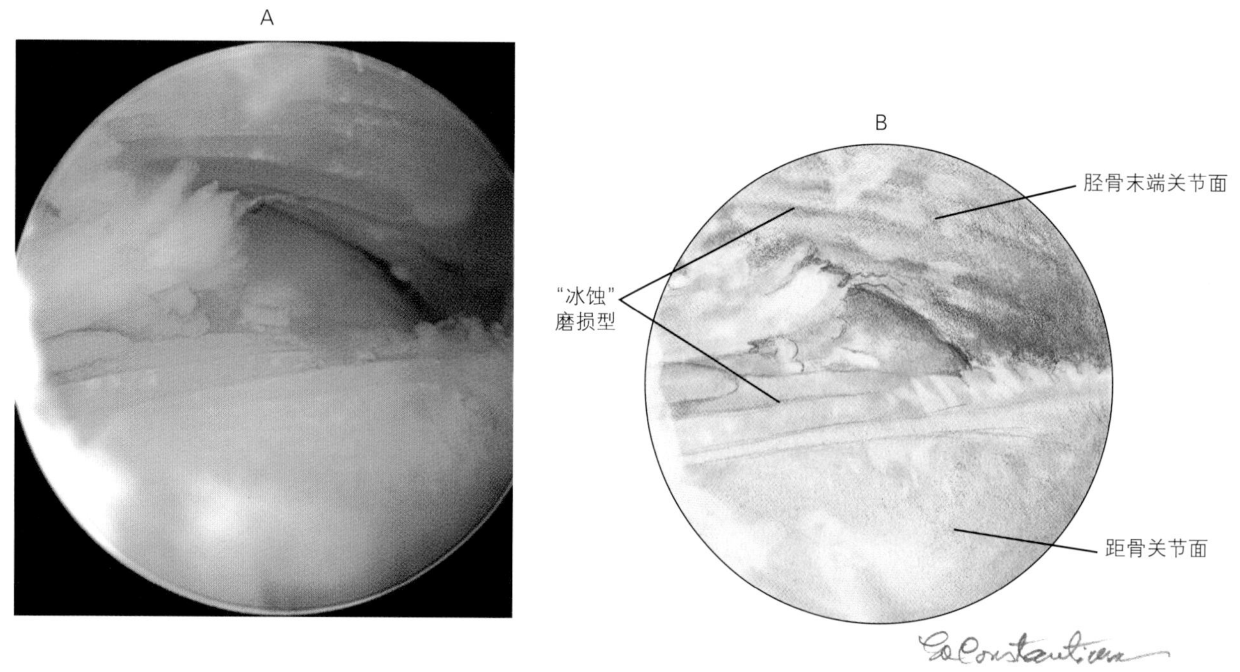

图14-161 胫跗关节中双侧关节面大面积严重磨损，呈"冰蚀"磨损型，类似于肘关节的软骨磨损

第十一节　问题与并发症

用关节内视镜检查小动物，明显的并发症并不常见。在我用内镜检查的超过1000个关节中，只有3例怀疑有神经刺激症状。在这3例中，患病动物术后经历了大约6周的疼痛，没有表现出任何的功能性神经缺陷，全部随时间推移而完全康复。

一、使用关节内镜其他实在和潜在的并发症

1. 进入关节失败：关节内镜或者手术入口进入不成功，阻碍了手术进程，对于初学者来说这是最常见的并发症，随着经验的增加，这种并发症的几率会减小。

2. 关节软骨损伤：这对于初学者来说也是一种常见的并发症，且随经验的积累会减少。多数的关节软骨损伤意义并不大，而且没有内镜使其放大，很难发现。减少关节软骨的损伤非常重要，但是轻微的软骨损伤与开放性关节切开术造成的损伤相比要小得多。关节内镜对关节周围组织的损伤与开放性的关节切开术相比也小得多。

3. 关节周围液体积聚：关节周围滑液溢出使关节囊塌陷，关节镜进入困难且视野模糊。这种液体很容易被重吸收，不会对患病动物造成影响。

4. 感染：感染在人的关节镜手术文献中有报道，但是在我做过的超过1000例的内镜手术中还未曾见到。

5. 血管损伤：作为并发症，血管损伤在人类内镜手术文献中也有报道。皮下小血管的损伤在患病动物很少发生，但是也未见到大血管损伤和出血现象。关节周围损伤血管的血液进入关节会干扰关节镜的视野。

6. 神经损伤：神经的损伤是关节镜检查中最严重的并发症。

二、关节内镜检查容易损伤的犬神经

（一）肩关节（内镜外侧入口）——肩胛上神经

肩胛上神经围绕肩胛头侧，横穿肩胛颈外侧，延伸到肩胛冈末端，距关节窝边缘背侧约1cm，这是在人类关节镜检查中最容易受伤的神经。对于初学者来说，在小动物肩部关节镜手术中，共同的失误是，插内镜套管和沿肩胛颈外侧做背侧滑动时找不准关节。当发生这种情况时，就容易损伤肩胛上关节神经。

（二）肩关节（尾外侧手术入口）——腋下神经

腋下神经与腋动脉伴行，从背中线横穿肩关节后侧，围绕关节囊在后侧和外侧运行。这使得腋神经与用于肱骨头分离性骨软骨炎损伤清除术的入口和UCGOC碎骨片清除术的入口非常接近。当手术入口的建立出现困难时就可能损伤腋神经。

（三）肘关节（关节镜内侧入口）——尺神经

尺神经沿着内侧的三角肌头头侧、上髁内侧，横穿肘关节后内侧，延伸到尺骨内侧尾部。这使得尺神经距内镜入口1cm。进入肘关节时最常犯的错误是，离肘关节后侧太远，在尺骨内侧面的关节易滑脱出来。此时，容易损伤尺神经。

（四）肘关节（后内侧手术入口）——正中神经

正中神经横穿肘关节屈肌面中间部分，向下延伸到头内侧屈肌，与内侧的附属韧带相接近。这使得正中神经距手术入口1cm，但是由于此入口实际上是通过关节内直视进针而确立的，所以对神经的损伤较小。

（五）肘关节（头外侧内视镜入口）——桡神经

桡神经深支横穿肘关节屈肌面、头侧、内侧到跖侧，向下延伸到伸肌。正确的入口是在膨胀的关节囊头外侧突出部，骨端关节面与桡骨头连接处。恰当定位入口后，桡神经的损伤较小。在入口定位前，关节囊膨胀不恰当或头侧插入点的位移，可能导致套管在关节囊头侧关节面内侧滑动，这种情况容易损伤桡神经。

（六）腕骨关节（背侧内视镜和手术入口）——桡神经表面的外侧分支

这个神经支与头侧表面前臂动脉和头静脉副支并行，位于关节背侧的两个可相互交换的入口之间。在腕关节水平线上，该神经支只包含感觉纤

维。当进行入口定位时，可以触诊到相连的神经和血管束，从而可避免损伤。

（七）髋关节（背侧内镜入口和尾部出口）——坐骨神经

坐骨神经离髋关节较远，因此采用背侧内镜入口时，对神经的危害性较小。使用关节内观察进针位置，以确定出口位置，因此对神经的损伤性较小。

（八）膝关节

在膝关节入口定位时，入口周围没有重要的神经。

（九）胫跗骨关节（背侧内镜和手术入口）——浅表和深部腓神经

浅表和深部腓神经、胫骨头侧动脉、隐动脉头侧分支和隐静脉头侧分支都横穿胫跗骨关节背侧。在胫跗骨关节水平线上，主要是感觉神经，尽管它们包含供给爪部肌肉的纤维。在关节背侧可触诊到胫骨头侧肌腱上的血管神经束和趾长伸肌，因此在确定入口时可以避免对神经的损伤。

（十）跗骨关节（跖侧内镜和手术入口）——胫骨神经

胫骨神经的终止端和隐动脉尾侧支并行，直到胫骨尾侧和跟骨内侧。对跖内侧内镜入口来说它们是尾内侧。距骨尾内侧嵴分离性骨软骨炎手术入口位于关节内侧，远离背侧和跖侧血管和神经。

第十二节　禁忌证

禁忌证仅针对于小动物？适用关节镜检查的患病动物的体型大小仅仅受器械和手术者能力的限制。关节镜检查已经成功应用于3.175kg重犬的臀部和膝关节，以及猫的肩关节和膝关节。

关节败血症？对于有败血性关节炎的病例，建议使用灌洗法，在使用关节镜时，要进行充分的灌洗。

对于所有的外科手术来说，所有标准的焦点在于麻醉，但是对于关节镜检查来说，还没有任何特别的麻醉禁忌。

参考文献

1. Andrews JR, Timmerman LA, editors: *Diagnostic and operative arthroscopy,* Philadelphia, 1997, WB Saunders.
2. Arciero RA and others: Irrigating solutions used in arthroscopy and their effects on articular cartilage, *Orthopedics* 9:1511-1515, 1986.
3. Reagan B and others: Irrigation solutions for arthroscopy, a metabolic study, *J Bone Joint Surg* 65A:629-631, 1983.
4. Bert JM and others: Effects of various irrigating fluids on the ultrastructure of articular cartilage, *Arthroscopy* 6:104-111, 1990.
5. Jurvelin JS and others: Effects of different irrigation liquids and times on articular cartilage: an experimental, biochemical study, *Arthroscopy* 10:667-672, 1994.
6. Gradinger R and others: Influence of various irrigation fluids on articular cartilage, *Arthroscopy* 11:263-269, 1995.
7. Freeman LJ, editor: *Veterinary endosurgery,* St Louis, 1999, Mosby.
8. Beal BS and others: *Small animal arthroscopy,* Philadelphia, 2003, WB Saunders.
9. Ralphs SC, Whitney WO: Arthroscopic evaluation of menisci in dogs with cranial cruciate ligament injuries: 100 cases (1999-2000), *J Am Vet Med Assoc* 221:1601-1604, 2002.

第十五章　硬质内镜展望

微创手术（MAS）技术在人医外科手术上的革命始于20世纪80年代后期，电荷耦合器件（CCD）芯片的出现促进了视频内镜的微型化，这种先进的技术可以让外科医生通过监视器用现有的腹腔镜站立观测，在此之前，医生弯腰检查病人的时候，需要拿着观察器械斜着眼睛去看。有了这项技术后，外科医生可以和他的助手一同观看屏幕上的图像，这样外科医生可以腾出双手去做手术，并且助手也可以协助。一些外科医生将这种技术视为外科手术上的革命性进步，通过微小插口进行外科手术给患者带来了便利：无大的伤口且术后疼痛轻微。MAS技术给这种外科手术带来了翻天覆地的变化，且竞争也促进了变化。外科医生和医院以提供MAS技术来吸引病人。外科设备行业迅速供应专门为MAS技术设计的设备，即便如此，仍然供不应求，从而影响了MAS技术在复杂手术上的应用。在MAS实现它最初的承诺之前，现有技术的不足必定会得以克服。在人医及兽医学上，MAS的未来发展取决于一系列复杂的因素：技术本身、经济费用和病患需求。

在本章内容中，硬镜（腹腔镜和视频辅助的胸廓手术）是指像微创手术（MAS）一样避开大量复杂的条款。目前，MAS技术在很大程度上依赖于硬镜，因此，硬镜的未来决定了MAS的发展。

第一节　成像技术

一、摄像机

更加便捷地获取清晰视频图像的能力是MAS起步的关键，在MAS改进过程中，可视化仍然是重要的因素。CCDs录像机是MAS获得图像的普通方法，使用这些设备获取的图像质量得到了很大的改进。用于MAS的照相机现在处于第六代，从600万像素的单一CCD芯片摄像机发展到具有3个CCD芯片且像素达1 100万的摄像机[1, 2]。此外，3个CCD芯片的摄像机能够复制出更好的色彩，因为一个芯片只记录一种颜色（红、绿或蓝），与单芯片摄像机不一样，单芯片摄像机只用芯片的1/3像素记录一种颜色。摄像机图像质量的提高取决于微型技术的发展。这种技术将不断发展，因为这是由人类活动的广泛需求所驱动的。

为了弥补CCD芯片的不足，用互补的金属氧化半导体芯片（CMOS）来获取图像（瑞士，日内瓦，意法半导体微电子学）。目前，CMOS芯片不能解决CCD芯片所有的问题，但是CMOS芯片所需要的非芯片电路和电能更少，并且CMOS芯片在进入监视器之前可以发出数字信号，这种数字信号不需要通过处理器。CMOS芯片的这些属性结合发光二极管（LED）技术使得外科医生以低成本、电池驱动来进行手术成为可能。

二、监视器

除了摄像机的质量和分辨率外，监视器的分

辨率也是屏成像质量的一个重要因素。分辨率为480×600的模拟电视显示屏已被具有高分辨率的数字计算机显示屏、阴极射线管（CRT）和LED平板监视器所取代，它都有1240×1060的分辨率[2]。与老式的监视器不同，新一代监视器显示出了它的数字化而不是摄像机的模拟输出的优势，这样能够提高成像的质量，呈现给外科医生真实而清晰的图像。尺寸和功率的要求给现有的监视器带来了如下问题：在外科医生进行MAS手术时如何中断自然电机和视觉轴[3]。如今，外科医生站着抬头看图片，可以不用一直望着手术视野。使电机与视觉轴解耦（手工操作的方向不是医生正在看的方向）会造成疲劳，并且降低操作的灵活性和效率。把平板监视器移到外科医生和助手可以舒适观看的位置能解决部分问题。ViewSite（德国 Storz），一种正在研发中的专利系统，能使视频图像投射在无菌屏幕上，屏幕可放在病人身上，这样就能使外科医生看到自己正在做手术的区域。暂停图像系统（英国，米德尔塞克斯郡，第一家制造可直接连线之数据机的厂商，Thron-EMI）是一种相似的但更先进的系统，其通过两块反光镜和一个电波分配器产生投射到病人身上的图像。这两种系统都可以处理一些让视频内镜手术棘手的情况，且能进入一般应用；它们将会与一种更全能的并且不复杂的技术产生竞争，这种技术就是LED有机荧屏技术（宇宙显像公司，新泽西州，尤因市）。该技术是利用能够被刺激的有机分子来发射各种颜色的光。这些材料制成的屏幕具有厚度薄、使用灵活和重量轻的特点。因为薄并且平坦，在进行手术时，可将其放在外科医生最容易找到的地方。

三、内镜

由于鱼眼镜头需要提供一个全景图，硬镜的透镜系统粗大、精致，并且能使图像的边缘扭曲。使用传统的双凸透镜系统并且在透镜后放置一个微型CCD或CMOS芯片可以克服一些缺点[4]。假如使用光纤来传输光，那么内镜就会变得更加灵活，更加全能，并且不用再去区分直线范围和成角度范围。

数字处理也消除了当前杆透镜系统的扭曲。数字信号的优点是：它可降低噪声并且增强图像的质量。数字化在加强图像质量方面将会变得越来越重要，它将增加屏幕上的信息。一种称为波编码（CDM光学有限公司，科罗拉多州，博尔德市）的方法，使用一种混合系统来构成球状透镜，而这个球状透镜能在成像过程中进行实时数码过滤。不用扭曲透镜系统，该系统就可以形成高视野、高对比度的实时图像。

在MAS中，界面和设备有越来越小的趋势：比如3mm的界面正用于儿童手术和一些成人手术中。这些所谓的针样界面和小径设备允许兽医轻松地在小动物身上进行MAS手术。然而，由于小界面的视野小，它们紧挨着目标对象放置，这就导致了眩光和图像的畸变[5]。图像捕捉、照明和数字处理的改进，使小界面就能传送全屏的无扭曲图像。减少纤维的直径来传输光将有助于进一步降低MAS的界面大小。使用小如0.1mm的纤维来传递高强度的光的方法已经研发出来（中信光技术公司，加利福尼亚州，塔克雷塔市）。另一个改善就是使用二极管作为光源，用来照亮外科视野，而不是用光纤。二极管使光产生更多的几何列阵，并且使观察器械更轻，成本也更低。单纤维透镜／摄像机的发展已露端倪[6]。纤维透镜使用单一发射器/探测器纤维。纤维的远端被磁场以高速的正弦波移动。纤维能够扫描透镜系统产生的图像，并且制作出1 500万像素的数码图像。

四、三维视图

MAS问世以来，人们就关注到：在外科手术中对立体解剖结构进行平面视图会有很多限制，人们也正在努力开发立体视频系统（图15-1）。一些商业系统使用具有两个光学通道和两台相机的观察器械来显示左、右图像；一种系统采用头盔式监视器（远景医疗技术公司，马萨诸塞州，雪松沼泽）呈现左右图像给对应的眼睛。另一种系统采用

图15–1　一种舒适的头盔式三维显像，使用机器人技术提高最小通道手术的精确度并降低外科医生的疲劳度

专用的视频监控器（手术视野公司，英国，雷丁）来显示左右图像，这就能使相应的图像对应相应的眼睛。一个类似立体系统使用一种具有高速快门的监控器，该快门可以迅速地转换左边与右边的图像（卡尔·蔡司公司，德国，上科亨）。外科医生戴上一种特殊的变体转变眼镜，这样的话，外科医生就能用左右眼以变更的模式观看图像了（欧光公司，德国，卡尔斯鲁厄）。当所有的图像完成系统转换后，左、右图像融合在外科医生的大脑里，从而使外科医生能够感知到三维图像。一种系统使用“达·芬奇”机器人来进行操作，该系统使用的监视器具有两个光学通道和两台相机，而相机是用来对观察台上的两台监控器传送独立图像的（直觉外科手术公司，加利福尼亚州，山景城）。

观看控制台给外科医生的左右眼呈现了其各自的图像，并且就像蔡司透镜一样，能使外科医生的大脑感知到三维图像。立体系统的缺陷使它们不能被广泛使用[7]。在图像亮度和色彩复制方面，快门系统所产生的质量要比二维系统所产生的差，因此，快门系统会导致外科医生的眼睛疲劳。由于光学透镜本身的限制，双范围系统不能提供全方位的深度线索。虽然在三维系统操控下进行的缝合更加便捷，但二维系统与三维体系的对比研究表明：大多数操作的结果不是这样的[8]。通过对数码图像进行边缘锐化处理，并且加强纹理和色泽，可以解决二维图像的一些不足。这给了外科医生许多立体显像的视觉提示。另一个策略，尽管目前不再使用，它将提供照明，即使是在散光和柔和阴影的情况下。人类的大脑可以弥补立体视觉的不足，数字图像处理可以用来提高二维图像提供足够有深度线索的能力[9]。只有当一个简单的缺陷少的三维系统发展起来后，三维系统才能得到普遍使用[7]。

五、图像增强（图15-2）

另一种增强外科医生洞察力的方法是互动图像引导手术（IIGS）的应用，手术过程中利用计算机断层（CT）扫描，获得解剖学空间上精确的体积[10]。对于病人，这些图像能被记录成一个点。存储的三维CT图像和实时的二维腹腔镜图像通过一台电脑处理后叠加在一个显示屏上。在空间中可以追踪的手术器械能够被使用。作为医生工作，器械的位置显示了他们联合CT、视频图像和实时更新的能力。这种方法的潜在价值是：医生可以在解剖过程中看到深部结构（如血管和肿瘤）的位置以及手术器械的位置。磁共振（MR）图像可能以CT图像的方式使用。在开放磁体的MR成像（MRI）系统中，可以在手术过程中进行实时MR和视频成像。这种组合可能替代CT和录像设备。然而，一个更加全能的组合变得可行。改进立体超声波的分辨率之后，立体超声波图像与视频图像的组合优于实时MR图像与视频的组合，但前者所需要的环境条件更加宽松。

在视频辅助的胸部手术中，利用近红外光显示组织的特殊特征的方法已被用于鉴定肺大疱[11]。载色体被组织和特定波长的光所吸收，从而识别病变、发炎组织[12]。激光诱导的组织荧光性已被用来区别正常组织和异常组织[13, 14]。这些光诊断技

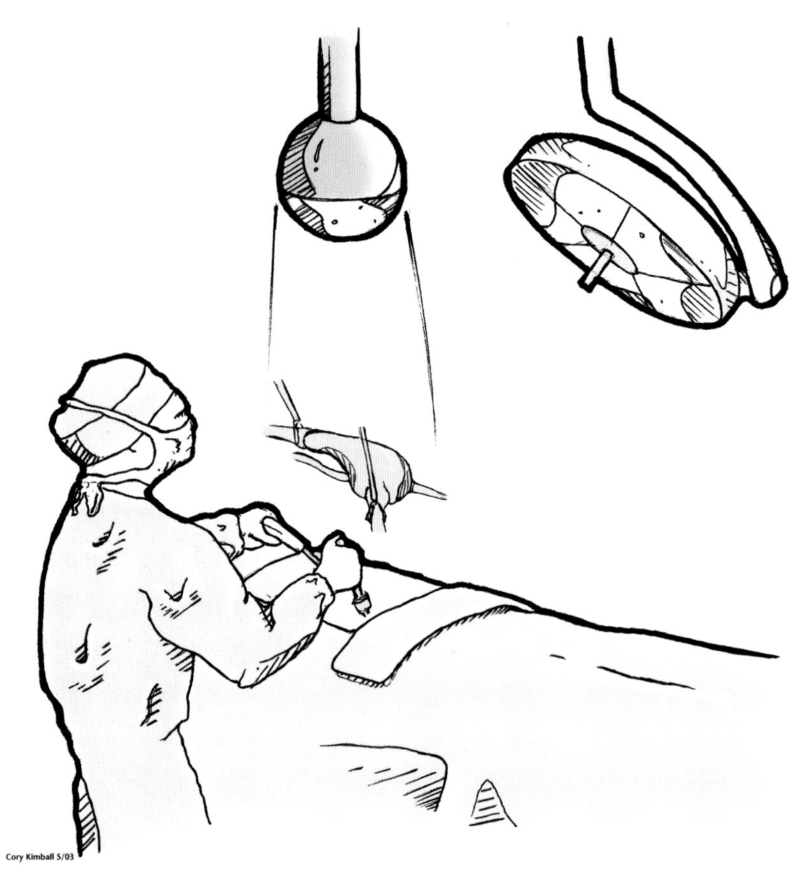

图15-2　通过加强的、能够暂停的三维图像改善了外科医生观察异常组织的能力，并且在减少手术疲劳的同时能进行精确解剖

术可以纳入内镜系统，通过快速切换激光和正常的白光，医生在监控器上看到的图像能以荧光区的形式呈现出来，该荧光区位于目标区域的正常白光视野中。在这里我们再一次提到，LED技术具有这种潜力：能够提供特定波长的简单光以及袖珍装置。

在图像捕捉和显示方面，数字成像和高速计算机是未来改进的关键。小范围可以全屏显示图像。光学三维图像将和数字化的二维加强图像竞争。显示的图像将与病人的解剖位置一致，并且将会为外科医生对放大倍数、颜色增强以及其他的预期因素而进行优化。外科医生将会拥有一种这样的系统：该系统将微型摄像机、多波长光的小径观察器械以及可放在任何地方的轻量级监视器结合起来。这将不仅给外科医生提供高分辨率的图像，而且具有这种能力：以精确定义异常组织区别于正常组织的方式来观察事物；还能进行连续的“观察、诊断和治疗”。

第二节　器械和设备技术

一、器械

专业化的微型外科器械和设备在硬镜的未来发展中扮演着重要角色[15]。以半自动化模式来执行特定任务的器械将会使复杂的MAS手术更容易操作，特别是当机动性和敏捷性的限制束缚外科医生的活动时。举例来说，新一代“钳、凝固与切口”设备的出现使许多程序更加容易执行，这是通过消除结扎与缝合或不使用止血夹来实现的。其中一个例子是UltraCision 谐波手术刀（爱惜康公司，内镜手术，俄亥俄州，辛辛那提市），采用超声能量和血管闭合器（山谷实验室，科罗拉多州，博尔德市），血管闭合器采用高频电流能量。新的缝合器和为特定MAS程序设计的紧固系统正出现在市场上。因为不需要手工缝合，这就使操作更容易，而用微创法进行复杂的外科手术时手工缝合曾是一大障碍。通过使用特别设计的网格和小型金属锚的MAS方法来治疗腹疝，小型金属锚就像是触发器螺栓，而不是缝合。

当进行气腹术时，医生通过袖口和端口把手放在病人的腹部，这种气腹术更多的是需要技巧而不是MAS器械。这些端口也可以从腹腔去除体积大的器官，便于操作的例子就是肾切除术。直到更多灵巧的MAS器械被开发出来，手助腹腔镜技术（HAL）也许是一个过渡阶段。HAL手术有利于兽医对大型动物进行的手术。

微电子机械系统（MEMS）可被整合到MAS手术器械[16]。可获得MEMS增广仪，比如说，应变传感器提供的信息取代了在MAS器械中失去的触觉反馈。其他潜在的应用是MEMS传感器的使用，该传感器通过检测流入器械的血液来辨别恶性组织和正常组织。Verimetra有限公司（美国，宾夕法尼亚州，匹兹堡市）正在研制一种手术刀：能够检测切开的特定组织，可以告诉医生正在切除哪部分组织。

在MAS手术中，一些正在研制中的器械可能会取代硬镜。柔性内镜具有连贯性的器械，并且让医生进行腔室内手术的这种操作正在设计中。微波、激光、射频和超声波组织烧蚀装置正在研制中，并且正被用于治疗乳腺癌，肝脏、肾脏肿瘤和前列腺肥大。这些系统使用最小的皮肤切口或自然孔道，由超声波或MRI导向。射频系统在组织中部署电极排列，这是由小径套管中的小径杆穿过皮肤来实现的。强烈超声系统多次的使用功率电平，这种超声诊断技术正在作为一种消融组织的方法发展。超声技术优于其他消融技术的方面是：降低诊断功率，超声可以用于治疗前后靶病变的成像。未来将会看到：不用手术而用超声来治疗深部病变结构。超声光将穿过皮肤到达身体的远端，病灶将使用诊断模式以三维来定义，继而将采用高强度模式来治疗病变。这些活动将由计算机自动控制。

二、机器人

伊索自动内镜定位器（计算机运动有限公司，加利福尼亚州，戈利塔市）是一种早期使用的外科机器人，它握住或移开腹腔镜，对踏脚开关和语音控制做出回应，并且不用助手。该装置改进之后具有更好的语音识别能力并且更灵活。另一种不用助手来操控监视器的方法是使用机器人腹腔镜（直读光谱仪，图像放大技术推广应用委员会，美国奥林巴斯公司，纽约州，梅尔维尔市）。这种监视器可根据医生的命令而改变视图。视图的改变是通过以下两个操作来完成的：移动与图像相关的CCD芯片，该图像是由透镜系统产生的；通过移动透镜系统而达到变焦和追拍。用于移动芯片和透镜的电动机是由器械上的控制元件来启动的，而该器械受控于外科医生或语音命令。

目前用于MAS手术中的外科机器人是受计算机控制的灵巧/从动装置。它们被设计或为士兵和宇航员提供外科治疗，即使士兵或宇航员与外科医生有一段距离也能完成治疗。最近在美国进行了一例胆囊切除术，该手术是由一位法国医生完成的。然而，使用机器人实施远距离手术会受到限制，因为信号在输入和输出时会有延误。即便如此，机器人仍在复杂的MAS手术中发挥着作用，因为它们会使外科医生操作更敏捷，而这是当前MAS器械所无法做到的。机器人也能消除手颤抖，使向上或向下动作标准化，使外科医生的正常手动具有更高的精确性。达芬奇机器人（直观外科，加利福尼亚州，山景城）是第一个被美国食品和药品管理局认可的、用于心脏和一般手术的机器人。宙斯机器人（计算机运动有限公司，加利福尼亚州，戈利塔市）也将获得认可。目前的机器人很昂贵，并且可用的器械数量很有限。然而，针对目前外科机器人存在的缺陷，公司正在开发更简单、低技术的版本。低成本的外科机器人可使高度小型化的MAS手术得到扩展。

用具有器械和传感器的外科机器人执行部分手术，如去除病变或缝合将成为可能。骨科机器人医生（综合手术系统有限公司，加利福尼亚州，戴维斯市）是这样一种用于髋关节置换手术的机器人。它使用病人的股骨CT扫描信息来映射，然后扩展股骨通道，安上假肢。

未来的MAS器械将针对具体任务而被优化，并且设计成符合人体工程学，使外科医生更舒适，使病人更安全[17]。器械可自动完成多步规定的程序。这些器械将传感器一体化，给外科医生提供触觉、听觉信息，可能还会有数字反馈。能检测和辨别病变组织的器械将会使消融手术和摘除手术更加准确，并且减少手术创伤。能像人手一样自由移动的器械可能取代今天所使用的大型手术机器人。

第三节　培　训

20世纪90年代早期，腹腔镜手术推广后，培训是由早期外科医生提供的，并且由腹腔镜设备和器械制造商赞助。当MAS变得更加主流，以教育为基础的大学将这一主导角色纳入培训之中。不同于人类的手术，兽医手术所需求的是已培训好的人，培训主要由教育机构和产业支撑的外科协会提供。MAS训练很可能会被纳入到研究生的外科培训。

微创手术程序需要大量的训练和练习。MAS训练的重要性已记录在研究中，其表明：由于与MAS有关的姿势和运动的非自然性以及受MAS控制的一些任务的复杂性，因此，在一名医生能够胜任之前，反复的训练非常必要。一项研究认为：在一项任务能够被稳定完成之前，技能训练应重复30～35次，这是所需要的重复次数[18]。另一项研究发现：胆囊切除术的时间缩短发生在前两百个程序中[19]。程序时间的缩短归功于外科医生对复杂任务的技能熟练，并且能够有效地去完成任务。利用计算机模拟器（识别卡，外科手术学，瑞典，哥德堡市）来训练是可行的，当计算机的速度提高，先进机电设备向医生模拟组织提供反馈，这将使训练方法也随之改进，以上这些也将会被统一纳入模拟器。这种虚拟现实的模拟器将让学生在临床操作之前发挥出高水平的操作技能。交互式光盘培训和基于互联网的训练已可行，外科医生不用到处走就能学习到基本技能[20]。未来，拥有流式音频和视频的互联网技术将会给正在练习中的兽医（图15-3）带来远程培训和指导。这将需要一个中心和卫星系

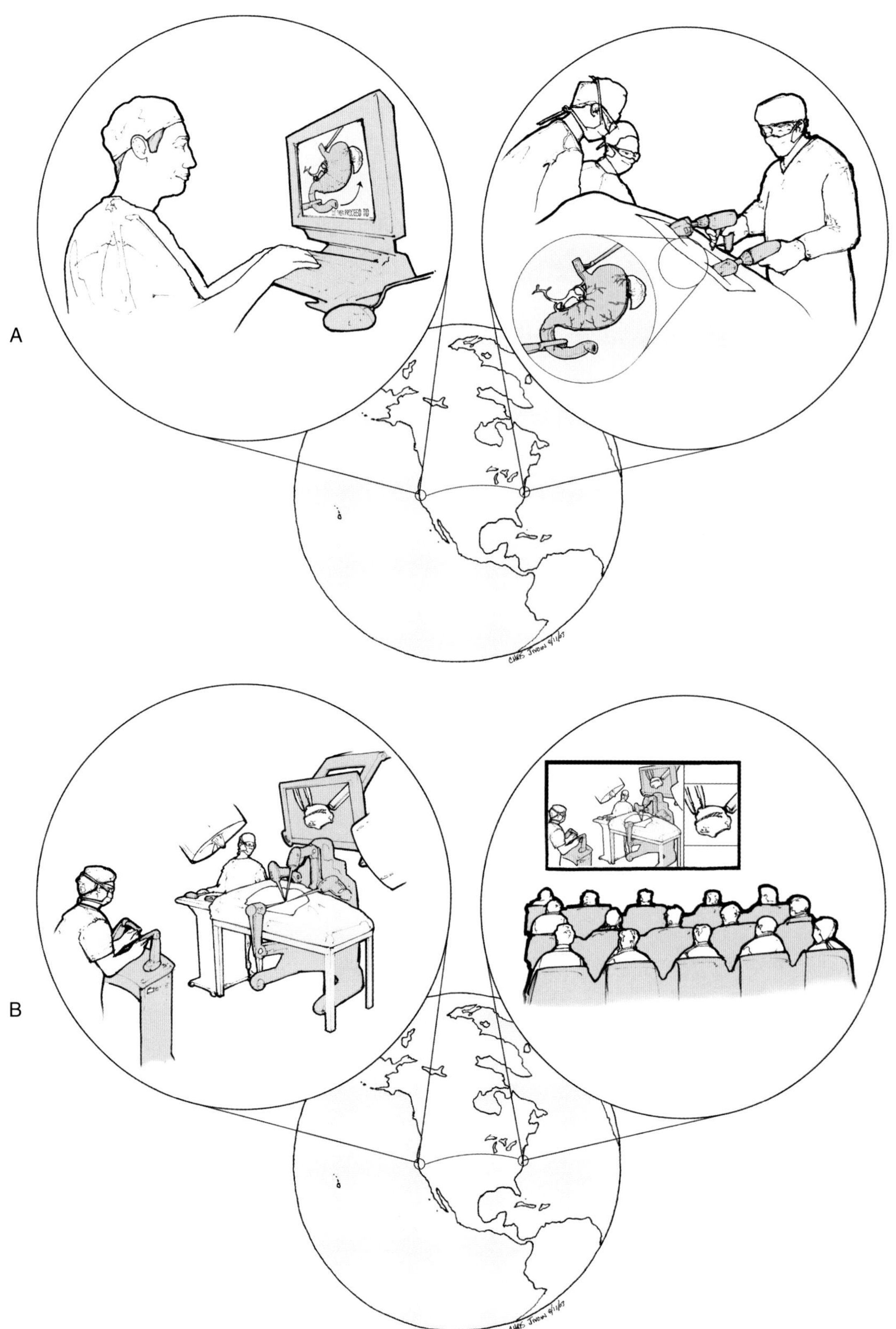

图15-3　A，互动实习系统，将会使专家在程序上相互协助，并且专家可以实时远程教学。B，交互系统可以使专家在大学的课堂里实时教学，并演示程序

统，并且需要一支精锐的MAS外科专家组[21]。例如，中心位于大学的教学医院旁，卫星位于转诊医院旁。受培训的医生希望在最近的MAS卫星中心得到训练。在专家的指导下，无经验的外科医生可在中心医院进行临床病例的操作 。

第四节 经 济

在兽医手术中要考虑许多经济因素，这些可能是最重要的。微创手术依赖于尖端设备，视频监视器、摄像机、观察器械和吹入器。这需要大量资金支出。辅助设备，如一个手术发电机、抽吸/冲洗，和其他一些精致昂贵的器械是有效执行复杂程序的必需品。 另外，完成MAS程序的时间通常比相应的传统程序所需要的时间长；因此，从医生和员工的时间角度来看，需要的花费更多。在人医手术中，MAS的最大缺点就是费用[22]。即便如此，也有了快速的、几乎完全应用的腹腔镜胆囊切除术。另外，目前的胃底折叠、脾切除术、肾上腺切除术和供体肾切除术都是由腹腔镜来完成的[23]， 而其他手术，如腹股沟疝切除术很少用到腹腔镜。出现这种情况的原因是多方面的：① 病人的利益不可侵犯；② 就目前的技术，该手术程序对医生来说太难了； ③ 没有经济效益（缩短住院时间，快速返回工作岗位）；④ 在一些情况下，并发症的发生率非常高。对很多内镜手术程序来说，这些评价都是有问题的，因为它们是在发展的早期被评价出的，因此，与将来的评价相比较，它们更费时和昂贵，并且并发症的发生率更高。

在人医学中，各种利益【病人，医生，医院，支付人（如：保险公司，纳税人，卫生保健机构）】之间的相互作用决定：该执行哪种程序并且怎样去执行它们[24]。减少病人不适，提前返回工作，与常规程序相比，MAS手术对外观的影响更小。在兽医手术上，外科医生和动物主人是唯一参与到经济决策和患病动物注意事项中的人，并且兽医手术上的MAS未来也是由他们决定的。兽医能承担得起MAS设备的花费吗？他们能承受住掌握MAS技能所需要的金钱和时间吗？对兽医来说，这些购买成本并不是影响MAS经济效益的唯一因素，而且还有其他的经济因素，包括使用费用。使用这些设备并且用它们来完成MAS程序需要花费多少呢？一名外科医生要完成多少个手术并且它会带来多少收入呢？这些问题的答案将取决于：在常规手术的基础上，动物主人愿意支付给MAS手术多少钱。动物主人愿意去承担供应、器械、医生和员工的额外时间的费用吗，而这些额外时间都是执行MAS手术所必需的。

第五节 前 景

采用MAS救治患者的最初动机主要是减少病人痛苦、减少创伤和损坏。减少伤口并发症，并且使患者更快地回到正常的活动中，这不断地激励着外科医生。患病动物的利益可能更难以界定。动物的术后外观可能不能像人类那样得到高度重视。减少术后疼痛和更快速恢复正常的活动能够实现吗，并且那将是MAS额外费用的来源吗？用这些方法对犬进行操作后，犬能快速回到正常的活动中，这表明：在兽医诊疗中能够容易地看到视频胸外科和关节镜检查的功效。对MAS腹部手术是否有相当的功效，如果有，它能充分弥补MAS的复杂性和费用吗？在人类手术存在以下争议：与传统常规手术相比，MAS手术给病人带来的收效程度；术后护理的变化能否使病人更早地回到正常活动中。

对兽医实践的重视具有可行性、功效和效率，MAS能提供这些吗？它很有可能能够提供。兽医MAS具有很好的可行性[25-27]。在某些情况下，MAS方法使手术变得更容易[28]。根据人类手术，我们可以推测，使用MAS方法，会使兽医完成胸导管结扎、肾上腺切除术、肌层切开术、隐睾手术变得更加简单。 兽医MAS的功效仍然是未知的，直到更多的兽医使用MAS手术，并且这些手术的功效已被客观地评估出来，兽医MAS的功效才能被确定。

对一些群体来说它是有效的，例如：MAS对大型动物和动物园里的动物具有功效，因为它能减少潜在的灾难性创伤并发症。目前，大多数MAS手术正在教学医院和转诊中心实施。兽医MAS的效率取决于：拥有更多兽医从事MAS手术，并且已完成更多的手术，这样的话，就可以确定真正的临床和经济影响。

参考文献

1. Kourambas J, Preminger GM: Advances in camera, video, and imaging technologies in laparoscopy, *Urol Clin North Am,* 28:5-14, 2001.
2. Schwaitzberg SD: Imaging systems in minimally invasive surgery, *Semin Laparosc Surg,* 8:3-11, 2001.
3. Emam TA, Hanna G, Cuschieri A: Comparison of orthodox vs off-optical axis endoscopic manipulations, *Surg Endosc* 16:401-405, 2002.
4. Boppart SA, Deutsch TF, Rattner DW: Optical imaging technology in minimally invasive surgery. Current status and future directions, *Surg Endosc* 13:718-722, 1999.
5. Berci G, Rozga J: Miniature laparoscopy, Quo vadis? The basic parameters of image relay and display systems, *Surg Endosc* 13:211-217, 1999.
6. Seibel EJ: Proceedings of SPIE—The International Society of Optical Engineering, V4158, 2001, Biomonitoring and Endoscopy Technologies, July 5-6, 2000, Amsterdam, pp. 29-39.
7. Hanna G, Cuschieri A: Image display technology and image processing, *World J Surg* 25:1419-1427, 2001.
8. Hanna G, Cuschieri A: Influence of two-dimensional and three-dimensional imaging on endoscopic bowel suturing, *World J Surg* 24:444-449, 2000.
9. Aslan P and others: Advances in digital imaging during endoscopic surgery, *J Endourol* 13:251-255, 1999.
10. Herline A and others: Technical advances toward interactive image-guided laparoscopic surgery, *Surg Endosc* 14:675-679, 2000.
11. Suzuki T and others: Infrared observation during thoracoscopic surgery for bullous disease, *J Thorac Cardiovasc Surg* 119:182-184, 2000.
12. Gurfinkel M and others: Pharmacokinetics of ICG and HPPH-car for the detection of normal and tumor tissue using fluorescence, near-infrared reflectance imaging: a case study, *Photochem Photobiol* 72:94-102, 2000.
13. Koenig F and others: Autofluorescence guided biopsy for the early diagnosis of bladder carcinoma, *J Urol* 159:1871-1875, 1998.
14. Chwirot BW and others: Spectrally resolved fluorescence imaging of human colonic adenomas, *Photochem Photobiol* 50:174-183, 1999.
15. Park AE and others: Laparoscopic dissecting instruments, *Semin Laparosc Surg* 8:45-42, 2001.
16. Salzberg AD and others: Microelectrical mechanical systems in surgery and medicine, *J Am Coll Surg* 194:463-476, 2002.
17. Den Boer KT and others: Problems with laparoscopic instruments: opinions of experts, *J Laparoendosc* 11:149-155, 2001.
18. Scott DJ and others: Laparoscopic skills training, *Am J Surg* 182:137-142, 2001.
19. Voitk AJ, Tsao SGS, Ignatius S: The tail of the learning curve for laparoscopic cholecystectomy, *Am J Surg* 182: 250-253, 2001.
20. Malassagne B and others: Teleeducation in surgery: European Institute for Telesurgery experience, *World J Surg* 25:1490-1494, 2001.
21. Schulam PG and others: Telesurgical mentoring. Initial clinical experience, *Surg Endosc* 11:1001-1005, 1997.
22. Mewman RM, Traverso LW: Cost-effective minimally invasive surgery: what procedures make sense? *World J Surg* 23:415-421, 1999.
23. Kohler L: Endoscopic surgery: what has passed the test, *World J Surg* 23:816-824, 1999.
24. Long KH and others: A prospective randomized comparison of laparoscopic appendectomy with open appendectomy: clinical and economic analyses, *Surgery* 129:390-400, 2002.
25. Richter KP: Laparoscopy in dogs and cats, *Vet Clin North Am Small Anim Pract* 31:707-727, 2001.
26. Marien T: Standing laparoscopic herniorrhaphy in stallions using cylindrical polypropylene mesh prosthesis, *Equine Vet J* 33:91-96, 2001.
27. Walton RS: Video-assisted thoracoscopy, *Vet Clin North Am Small Anim Pract* 31:729-759, 2001.
28. Trumble TN, Ingle-Fehr J, Hendrickson DA: Laparoscopic intra-abdominal ligation of the testicular artery following castration in a horse, *J Am Vet Med Assoc* 216:1596-1598, 2000.

第十六章　软质内镜展望

兽医内镜的未来与人类内镜的发展密切相关。近来诊断内镜领域的创新包括视频内镜、超声内镜及小肠内镜。治疗性内镜领域不断扩大。对狭窄处病变和人类空腔器官胃肠道出血病变，现在更好的方法是通过内镜治疗而不是外科医生。计算机革命已经发展到内镜领域。电脑用来生成报告并存储和传播视频内镜获得的图像。未来它们将提供模拟培训并协助对病变进行诊断。在这里将这些创新加以叙述，它们在兽医领域应用潜力将是无限的。

第一节　视频内镜和内镜技术展望

软质内镜包含一个连贯的图像光纤束传输图像指南和一个用于传输光的非相干光导纤维束。在可视内镜，引导图像的纤维束被基于电子耦合元件（CCD）的电子影像信号传输系统代替。视频监视器上的图像是一个脱离了器械，而不是通过控制房里附加到该器械的目镜来观察。视频内镜保留了用于照明的非相干光纤传导束。

CCD是可视内镜中最重要的元件。CCD的功能是基于硅将光转化为电子。CCD图像传感的表面由一系列单独的感光元件组成。CCD光敏表面的一个光图像产生横跨整个光敏元件的电荷分布，此电荷在任何特定的感光元件下与光强度呈正比。创建电荷分布所需要的曝光时间为10～50ms。电荷分布方法是读出了光敏分子建筑与CCD的性能差异的方法。

在CCD构架中，尺寸是一相当重要因素。CCD和它的电子连接器必须放在内镜头里。在当今所用内镜里有三种类型的CCD结构：帧转移、全帧读出和转机。

帧转移CCD传感器由敏感区和一个保护光的存储区域组成。经过相对于一个领域的（1/60s）时间间隔光照后，在光敏感区表面积累的电荷被迅速移动，进入存储领域并被读出。与此同时，光照在传感器领域的光敏深区创建一个电荷分布，在传感器领域的持续时间里，即被转移到存储区并读出。交替电荷分布经由框架转移CCD读出，允许敏感区容纳一半必要的列数来创建一个全屏控制图像。然而，帧转移CCD的存储面积必须与传感器区域的面积一样；因此，存储区域是设备大小的两倍。

全帧读出CCD由大量的通过垂直CCD通道连接到水平中间寄存器的光敏器件组成。当没有受到照明时，电荷分布只能从光敏器件读出。因此每个区域的时间必须由照明期和相位跟随的黑暗期组成，在此期间电荷分布从光敏器件中读出。

行转移CCD由很多光敏器件元素组成，每个光敏器件连接到保护光的CCD传输寄存器的一个平行柱内，路由到一个添加的水平CCD寄存器内。每柱光敏元件的数量与在监视屏上的行数相符合。一个单一的CCD运输单元服务两个相邻的光敏器件。在一个区域持续时间的头半部分，电荷从一个光敏器件被运输，后半部分从邻近光敏器件运输。因为致力于电荷分布的内部运输CCD区域相对较大，所以与其他CCD体系结构相比光敏感性降低。

当一个CCD光照过度，就会在光敏器件上产生多余的电荷，然后通过产生一个“白色输出”滑进邻近元件，这种现象被称为加膜。在这3种CCD的描述中，隔行转移CCD是最易受膜保护的也是唯一一种能耐受激光的CCD。

CCD创建彩色图像的方法有两种，滤光镜由3种基本颜色镶嵌而成：红色、黄色和绿色，或者由它们的补充色青色、品红和黄色镶嵌而成。某种确切的颜色是由各自的光敏器件所决定，而且所有的颜色都同时传送。CCD所采用的这种产生色彩的方法涉及彩色芯片。第二种色彩产生的方法涉及用三原色对CCD的连续照明。通过转动轮的光所组成的原色滤色器连续地照亮带有红、蓝、绿3色光视野的CCD区域。在视频处理器部件里，一个同步开关电路连接到CCD的连续开关上，从而在各原色相应照明期间，将CCD上的信号转换成一种特定原色的专用存储库。视频处理器从特色存储库中同时创建红、蓝、绿3种颜色的视频信号，它们组成了RGB视频信号，然后通过将RGB信号传送到视频监视器的RGB输入端，产生彩色图像。

与软质内镜相比视频内镜有许多优势（框6-1）。因为带有活检接入端口的视频内镜的控制区不必靠近内镜师的脸，因此，内镜师被粪便或胃酸喷洒在面部的可能性很小。随着时间的推移，视频内镜使冗长程序的完成变得更加简单，因为内镜师不用再凭器械去感知了。与光学图像相比，视频图像相当容易观察。监视器上的图像可以允许多个人同时观察，提高了助手的效率和兴趣，并且有利于教学。视频内镜处理器产生的数字信号允许录像带和多种计算机存储设备对图像进行实时存储。最后，数字信号能以过去完成减法摄影的方式来加强各种图像的特征。红色、蓝色、绿色是屏幕颜色。印刷出版后，它们被转换为青色、品红、黄色和黑色。

框16-1 视频内镜的优点

术者的安全性增加
术者的疲乏性降低
影像的存储有所改善
实时影像存储能力
图像处理能力
图像处理可以改善诊断能力

视频内镜缺点很少。当前可用设备的携带，在某种程度上受到影像观察所必需的电视监视器的尺寸和重量的制约。视频处理器和大量光源增加了携带的困难。对于CCD体系结构的类型，一些缺点是特别的；对具体的厂商或器械，视频内镜体系所使用的上色方法是唯一的。比方说，原色序列字段照明的上色技术体系对暗出血是敏感的。暗出血是一种在重盲区以红色显示，而不是黑色显示的现象。红色影区可能被内镜师误解为血液。对内镜师来说以框转移CCD和全帧转移CCDS所看到的模糊现象是令人讨厌的，因为在近距离试图观察对象将导致一非常明亮的影像失明。

CCD技术已经带动能安装在光纤内镜设备上的微小摄像机的发展。合成摄像机光纤内镜系统具有使视频内镜以小的代价获得清晰图像的优点。带有专用内镜的小型摄像机系统是尤其有用的，例如肠镜，它不是随着视频内镜的产生而产生的。

视频内镜的优点很多，然而缺点很少，随着各种手术器械的产生，缺点变得更少。毋庸置疑的是视频内镜将代替纤维内镜。

第二节　超声内镜成像

医学超声成像设备使用1～25MHz（100万r/s）频率的声波。一个短期声波之后跟随着一段简短的音歇期（脉冲回声技术）。组织中声波的传播依赖于组织的密度和弹性。声波很难透过非弹性组织（如伤疤），容易透过弹性组织。高密度组织比低密度组织更容易传播声波。高密 度非弹性物质（如骨）可反射超声，而极低密度物质（如气体）可吸收超声。然而穿透深度随频率增加而降低。

内镜超声检查可利用超声成像原理，将超声传感器置于在内镜顶部，这样可形成非常详细的内脏器官图像。因为传感器被放置在极其靠近目标器官、目标气体、目标骨骼，非常容易建立自由路径。也可用这个方法得到胃肠道壁的结构详图。

本文对两种类型的超声内镜进行详述。这些设备采用不同的超声扫描方法，因此在性能上存在细微的差别。

第一种类型是机械扇形扫描内镜，其传感器安装在插入轴的弯曲部分。传感器可能的操作频率是7.5～12MHz，可产生360°辐射图像垂直于远端插入轴的中心轴线。超声传感器可把内镜的末端转换到一个42mm的刚性轴内。为了排除超声能量中的气体，将一充满水的橡胶气球围绕在超声传感器上。传感器上的电动机驱动的旋转声学反射镜装在控制室的正下方。通过设备上的目镜可获得80°视野的65°斜视图。有一个2mm活组织检查通道。该设备笨重且操作困难。此设备的特点是仅用于估测顶端位置。

第二种类型是基于相位数组技术的超声上部胃肠道纤维镜。一系列固定的超声传感器被包在设备顶端的一凸出空间内。由于不存在移动的部分，所以不需要旋转扫描器和驱动电动机。此装备允许顶端到弯曲段的距离缩短，还允许观看时存在轻微斜角。该设备相对轻便且操作更加容易。该设备可在5～7MHz进行操作，此外还有彩色多普勒超声仪作用，用其可研究血流量。产生的超声影像为矢状切面，而不是横切面（就像机械函数尺所产生的切面）。机械扇形扫描设备所产生的横断面影像是经验的最好解释。然而一旦获得经验，设想由相控阵设备产生的矢状切面影像会更难被解释是没有理由的。

内镜超声检查技术的某些原理普遍适用。通过超声内镜获得狭窄角度的倾斜视野的原理仅仅适用于在不损害扫描目标的前提下估测内镜的顶端位置。因为这些器械正如内镜一样存在限制能力，在内镜超声检查前应该先对前视内镜进行检查。目标伤口的成功超声成像要求在超声传感器和扫描目标之间形成一个空气自由通道。有3种方法被用来建立空气自由扫描通道：① 直接把传感器并列靠在胃肠道壁上；② 将脱氧水装置装在胃肠道上，使其完全围绕超声内镜顶端的传感器；③ 将顶端的气球充满脱氧水，使其能够接触到胃肠道壁。使用哪种方法取决于所检查的胃肠道的位置和扫描目标的特性。顶端气球充水法对大多数情况都有很好的效果。然而要获得最好的结果，现场试验往往是必需的。精心除掉胃肠道内的过量空气可提高成像质量。胃肠道的蠕动会影响超声成像，因此给予抗胆碱类药或者胰高血糖素来减少胃肠蠕动是有益的。最后，用视频内镜对内部解剖结构获得的独特非传统显像可能是难以解释的，并且对内镜超声检查的学习也是漫长的。起初，活体内透视指导促进了定位，这对程序的运转很有帮助。

超声内镜在人类医学的功用正在研究中。这种技术对诊断使胃肠道壁增厚的疾病有帮助。超声内镜在诊断和分析食管癌、胰腺癌、直肠癌、乳腺癌、胰脏瘤、胆管癌、肾上腺肿瘤和某些肾脏肿瘤方面都要优于普通体外成像技术。内镜超声检查对血管内壁外壁的异常情况，如更容易完成对胃静脉曲张的鉴定。

第三节　小肠内镜

通过内镜对食道、胃、十二指肠、结肠鉴定后发现，患有胃肠道出血的人中大约有5%不存在出血源头。这种情形推动了内镜技术和小肠检查设备的发展。目前应用三种方法来实现小肠镜检查（肠镜检查）：外科肠镜检查、推压肠镜检查和被动辅助肠镜检查。

外科肠镜检查可对整个小肠进行检查。检查过程中要求外科医师和内镜师都已经掌握了这种技能。在适当的患病动物处置后，外科医师进行剖腹手术并分离小肠。用非破碎性夹子夹在回肠末端防止结肠充气膨胀和防止剖腹术结束困难。同时，内镜师（经消毒的儿童用或成人用结肠镜）通过口腔和导航把结肠镜放入十二指肠末端。当内镜进入空肠且在腹膜外时，外科医师抓住并固定内镜顶端，使内镜师能够通过内镜看到整个小肠。当外科医师巧妙地将小肠越过内镜的顶端，内镜师就可以观察小肠黏膜了。若发现了伤口，内镜师要示意外科医师，然后外科医师在小肠浆膜上通过结扎做标记。当内镜的插入完成，检查也就完成了。将小肠越过内镜顶端时容易造成肠机械性损伤，因此在不精确的退回时要给予检查。内镜退回后，外科医师切除小肠患病部分，并结扎做标记。

推压肠镜检查不需要剖腹手术，但它只能检查近端空肠。操作过程需要经消毒的儿童用或成人用结肠镜完成。结肠镜优于普通的上消化道内镜，因为它有足够长度和硬度。硬度可降低内镜在胃中回转的可能，以便使其在小肠内插入得更深。对于推压肠镜检查，儿童用结肠镜通过口腔插入直至进入空肠末端。通过一系列的左右扭转和前后抽动使设备进入到空肠近端。操作过程病人会感到相当不适，常规的上消化道内镜检查需要深度镇静。

推压肠镜特别设计有一个长度1 675mm，直径2.8mm的治疗管道，它允许适当尺寸的装置通过。上下、左右顶端所成角度分别是180° 和160° 。设备有一个850mm的上球管被用来阻止其在胃中弯曲。我使用该内镜的经验是：人体空肠中段通常是能够到达的。这种内镜的机械特点使大动物的上消化道内镜检查变得理想。

检查是由探条式小肠镜执行完成的。这种内镜直径为5mm，工作长度2675mm。有一个顶端膨胀囊允许缓缓活动来拖着器械通过小肠。不存在顶端控制器。顶端变位可通过处理腹腔表面完成。设备缺乏治疗管道。但有一个1mm的顶端囊喷射槽和一个1mm的气-水槽。

被动辅助肠镜检查的操作有以下方式:用2%的利多卡因和1%的新福林完成鼻面麻醉后，将被动辅助肠镜经鼻放置在胃中。然后用消毒的儿童用结肠镜通过口腔传送到胃。推压肠镜通过结肠进入空肠近端。当结肠镜退回进入胃后，活检钳通过结肠镜夹住绑在被动辅助肠镜顶端的结扎线。一旦结扎线被夹住，被动辅助肠镜通过儿童用结肠镜引导进入空肠近端，此处松开结扎线，被动辅助肠镜顶端囊膨胀。当肠内镜通过膨胀的顶端囊固定在空肠时，把结肠镜退回。静脉注入甲氧氯普胺，刺激肠收缩。在接下来的6 ~ 8h，设备每15min往前推进20cm。在人体上，这种技术可使设备进入大多数病人的回肠。检查完成退出时需要花费45 ~ 60min。通过的小肠可检查50% ~ 70%的病例。

第四节 狭窄治疗的展望

恶性肿瘤或组织损伤形成的疤痕导致人类胃肠道狭窄。内镜治疗所采用的方法取决于病人肠道狭窄的类型。疤痕形成而引起的良性狭窄通过肠道扩张治疗（框16-2），恶性狭窄通过肠道扩张和组织切除技术同时治疗。

框 16-2 狭窄病变扩张处理方法

推动扩张器
- 装满水银的橡胶扩张器
- 埃德尔Puestow橄榄色金属扩张器
- 萨沃里导丝扩张器
- 静压气球扩张器

通过导丝定位
- 在适度范围

水压气球扩张器的引入使得内镜能够进入到上消化道和结肠的扩张病变中，这是推动扩张器无法实现的。扩张递送通过水动力而非机械途径，这消除了推动扩张器所遇到的弯曲和卷曲问题。在胃部、十二指肠和整个结肠上的病变能够通过水压气球扩张器治愈。目前，能以内镜观看到的任何病变都能用这种设备治疗，在荧光镜或内镜的引导下已安放在狭窄区的焊接尖端弹性导丝或内镜治疗通道可使水压气球扩张器传送到病变中，这时就能直接看到狭窄区。因为水压气球扩张器是利用水力学原理来实现顺利扩张的，所以它们必须充满水或者稀释的对比介质，且没有空气。空气是很容易被压缩的，这就使得灌注器的力很难传送到狭窄区。扩张时，只有当水和对比溶液剂不可压缩时，灌注器的力才能直接传到狭窄区。填缝枪和螺旋压力机装置能够推动灌注器上的活塞并且确保维持适当的操作压力。

有多种不同直径和导管长度的水压气球。大部分都有指定的操作压力。最初，水压气球是部分填满的，从而可以使它前后移动，集中穿过狭窄区。当水压气球被放置到适当的位置，它就会被填充直到达到其指定的操作压力。所达到的操作压力至少要能维持3min。要重复进行3次扩张。一般来说，荧光镜的监控静压气球扩张器是明智的，从而确保在扩张结束时狭窄区的气球压痕完全消除。当气球在其操作压力下时，没有压痕就意味着扩张成功了。

医师使用静压气球扩张器扩张人类食道的狭窄病变时已经积累了丰富的经验。最初，人们认为静压气球扩张器比推动扩张器安全，因为它是在无轴向元件的条件下传送辐射力的，但是这种想法还没有被人们所证明。在治疗食道变形中，静压气球扩张器比起推动扩张器似乎并没有什么特殊的优势。它真正的优势是能够到达食道或末端结肠，这是推动扩张器的机械属性所不能实现的。

用于治疗胃肠道腔性器官恶性狭窄的内镜组织切除技术包括激光和电凝。

“激光”一词是“受激辐射光放大”的首字母缩写。因为来自于激光设备的辐射能是一个相干单波，这些辐射能激光束能够被很好地聚焦，并且能够很好地预测它的吸收特性。这些特性使得激光辐射能可以很好地应用在医学领域中，但这种领域要求严格非接触的传递组织所破坏的能量。氩、钕、钇、铝、石榴石（Nd:YAG）和二极管激光器都用于内镜，因为来自于这些设备的辐射电波能够被引导通过柔性石英纤维，而这些纤维可以穿过内镜活检通道。二氧化碳激光器不用于内镜，因为得不到构建柔性光导线的合适材料。

热能是激光损害组织的原因。当激光被组织吸收时，热能就随之产生。辐射电波产生的热能多少取决于它的光强度，波长和组织的类型。氩激光在500nm的波长下工作，钕钇石榴石激光工作波长为1 064nm，而二极管激光器工作波长在810～980nm，钕钇石榴石激光渗入组织的深度要比氩激光大。使用钕钇石榴石激光时，处于50~100W的能量可用于肿瘤切除。激光束对组织破坏的其他变种可通过改变光束与靶组织的距离，脉冲宽度和脉冲频率来实现。钕钇石榴石激光是胃肠道内镜检查的最常用激光。

对腔性器官胃肠道的外发性阻塞恶性肿瘤的治疗，钕钇石榴石激光法很有用。由于很难确定黏膜下层的肿瘤边界，穿孔的危险性很高，并且这个治疗对病人来说是很痛苦的，这就使得黏膜下层的肿瘤比外发性肿瘤更难治疗。用钕钇石榴石激光来减缓阻塞食道癌和消除直肠乙状结肠腺瘤，人们具有丰富的经验。然而，内镜激光治疗对胃肠道腔性器官狭窄病变所起的作用仍然令人质疑，因为还有其他更便宜、更简单却有同样疗效的方法来治疗这些病变。

高频电流（400～1 000kHz）通道也能产生具有组织损伤能力的热能。BICAP肿瘤探针是一个用高频电流产生组织损伤的双极设备。BICAP肿瘤探针是一个长60cm、末端带有一定大小的灯泡和变形弹簧的软棒。装置的软棒部分以1cm的校准单位标记。每个灯泡都绕满着包有绝缘材料的金属条。灯泡的直径有6、 9、 12和15mm的。附加探针可用于治疗非周围性肿瘤，这个附加探针带有一个直径为15mm的灯泡并且灯泡的表面有一半是被金属导丝覆盖着。整个肿瘤探针装置能被导丝穿过。从发电机到肿瘤探针都由套管索提供电流。

使用BICAP肿瘤探针来治疗恶性狭窄需要狭窄扩张，监控内镜，并且在使用过程中要对肿瘤探针进行内镜检查和透视监控。恶性狭窄必须扩大到足以允许内镜通过。在扩大之后，监控内镜开始运行，位于切牙（或者另一界标）处的肿瘤边缘远端和近端的距离被仔细地测量。外部标志可能被置于带有透视导向的肿瘤边缘。最后，内镜被用于定位一根通过肿瘤的导丝。选择一根可以舒适且容易通过狭窄处的肿瘤探针（通常为12～15mm探针）。借助活体透视或内镜引导，人们使用驻地技术前后推拉着使肿瘤探针的灯泡通过狭窄处。

使用BICAP肿瘤探针以缓和梗阻的食道癌正在研究之中，它的优点在于成本低，便于携带和能治疗黏膜下层肿瘤。它的缺点是有使正常组织凝固的危险，因而不能用其治疗非周围性肿瘤，因器械的刚性而难以治疗恶性狭窄性肿瘤。

钇铝石榴石激光和BICAP肿瘤探针呈现了在使用内镜引导疗法时，恶性组织内的大量有害热能是如何产生的。钇铝石榴石激光对于治疗外寄生菌的非周围性肿瘤尤其有用，然而BICAP肿瘤探针对于治疗周围黏膜下层的肿瘤有用。因此BICAP肿瘤探针和钇铝柘榴石激光对于人类食管癌的缓和显示出其互补技术。

第五节　出血病变治疗的展望

通过辐射能量（激光）、电能（双极型和单极电系统）和热能（热凝系统）的应用，可以实现胃肠道血管出血的内镜凝血。任何这3种能量的应用，其最终的共同机制是在靶细胞产生热量或者热能。热能会使组织蛋白变性，从而导致流动的蛋白质和其他组织的聚合物以及周围物质凝固在一起。在出血部位创造足够的热量能产生凝结的组织成分，从而形成止血塞。

破裂血管的快速出血可以带走足够的热量远离该部位，从而防止热导致的凝血。在能量应用之前，对血管进行机械式的压缩（创口接合），可以防止目标区域的自然冷却。在应用热能之前，触摸技术如电凝和热凝技术可以使血管接合。激光是一种无接触的技术。因此，当把激光辐射的能量应用到目标区域时，只能通过增加目标区域的能量密度来散热。既要提高激光器的功率又要将光束更靠近目标。

尽管如此，这些演习趋向于使组织汽化而不是凝固，因此会破坏现有凝块，导致出血，增加而不是创造更多的凝块。在发送热量之前，激光束引导下的红色接触技巧的应用允许血管进行缝接。即使拥有红色光接触技术，由于激光成本高、缺乏便携性，不会成为具有吸引力的止血方法。

传送热量时，物理接触的主要麻烦是凝块附着在探测器上。当撤回探测器时，刚刚凝固的血块会附着在探测器上，受伤部位又会开始流血。各种电凝系统的金属导体表面是恼人的凝块附着于发生的地方。撤回探针前，在探针尖端提供强大的水注使内镜医师洗去自由附着的凝块，从而减少黏附带来的问题。除了水枪，双极金探针（Microvasive, Milford, Mass）使用金色反应带减少附着量。奥林巴斯热探针组（奥林巴斯公司，纽约州，成功湖）不依赖于传输电流穿过组织产生的热量。因此，整个探针是由聚四氟乙烯制造的。聚四氟乙烯可以大大减少凝块的附着，但是不能解决这个问题。加热器探头有与它同轴的水枪，这有助于进一步减少凝块的附着。

哪种能源是预防人类胃肠道出血性病变再出血最有效的方法尚存在争议。结果表明，Nd:YAG激光是与一些迹象相矛盾的，这些迹象表明Nd:YAG激光不比保守治疗效果好；而其他的能量则预示着巨大的利润。当与多极化的凝血和加热器探头相比时，Nd:YAG激光也同样有效。由于参与的内镜医师对于Nd:YAG激光装备的经验水平的差异，以及对患者研究的差异，可能出现不同的结果。类似的问题也存在于加热的探头和多极电技术的评估中。一般来说，能量应用的3种方法都是有效的，但目前还不清楚哪一种是最有效的。方便和理论因素支持避免使用激光这一趋势。更多具有严格入门标准并易于控制的研究是必要的。

第六节　内镜的电脑自动化

计算机硬件价格的持续下降，使得功能强大的计算机可以以较低的成本应用于内镜。计算机用于内镜报告生成和数据库管理。有些基于计算机的内镜报告生成系统由语音触发内镜医师直接向计算机口述，瞬间产生打印的报告，并将报告变量输入到数据库中。在与视频内镜一起配备的这些设施中，数字化图像可包括病人数据库中的程序报告。

使用计算机技术，由视频内镜获得的数字化图像可以被操控。例如，颜色可能会改变，添加或从图像中减去。这种操作，可以提高细微的图像细节和诊断援助。

对内镜自发荧光组织的光谱研究是另一种图像创新技术，该技术以电脑和CCD为基础。大部分生物组织在受到某些特定波长的光刺激时会发出荧光。这种发出的荧光总是同入射光一样，或者比入射光能量更低（波长更长）。通过使用单色（单一波长）的激光作为入射光，以及一个过滤系统、CCD和计算机技术，荧光模式的各种组织都可以被检测出来。已经证明，内镜自发荧光组织光谱可以区分正常的结肠组织与腺瘤性结肠组织。随着这一技术的进一步发展，使得内镜医师在得到最初病变的内镜显谱时就可获得本质上的病理诊断。

通过在病人身上“练习”来获得内镜技能长期以来被认为不可取。为了解决这个问题，各个组织正在积极努力地制定内镜模拟训练。成功的内镜模拟器基于的概念见框16-3。建立现实内部图像的无缝运动已经成为开发内镜模拟器的一个主要问题。目前，录像、电脑动画以及电脑多边形绘图技术正在研发之中，以作为无缝图像运动仿真的方法。各种原型模拟器使用这些技术。质感上的舒适也给内镜模拟器带来了一个难题。尽管如此，原型设备已发展到可以被用来评估它们对内镜培训的影响。

框16-3　内镜模拟器发展的基本概念

仿真必须是参与性的体验
必须创建现实的触觉和视觉体验
“内部图像”必须准确模拟在内镜中看到的运动的各个视角
图像的出现必须是实时的
图像应该是无缝的
该仿真系统应该开放，且不受编制和主观规则的约束

结　论

内镜的未来是光明的。视频内镜的发展使得获取和管理内镜图像更加容易。新的成像方法，如超声内镜，使得内镜医师可以非常精确地看到胃肠道内壁。激光光谱技术使得内镜医师根据激光光谱图就可以现场对观察的病灶进行组织学分析。电子成像用于肉眼检验，超声传感器用于远观检测，导像束和电源中的石英纤维用于激光光谱组织学分析，电脑用于操作过程中数据的分析和存储，毫无疑问，这种“超视镜”已经不太遥远了。治疗性内镜的发展将会使其应用到更多的疾病上，而这些疾病必须首先由内镜医师治疗而不是外科医生。机器人、计算机以及视频内镜的应用发展会很快使得内镜模拟器可用。内镜技能的获取难度将降低，将诊断内镜扩展到日常健康检查的趋势也将加快。

本书特别用于表达对我对祖父的怀念，詹姆斯 H. 约翰逊，执业兽医，1890—1981。

Veterinary Endoscopy for the Small Animal Practitioner, 1/E
Timothy C. McCarthy
ISBN-13: 9780721636535
ISBN-10: 0721636535

Authorized Simplified Chinese translation from English language edition published by the Proprietor.
ISBN-13: 978-981-272-752-7
ISBN-10: 981-272-752-3

Elsevier (Singapore) Pte Ltd.
3 Killiney Road
#08-01 Winsland House I
Singapore 239519
Tel: (65) 6349-0200
Fax: (65) 6733-1817

First Published 2010
2010 年初版